Gerhard Hauser
Hygienegerechte Apparate und Anlagen

Beachten Sie bitte auch weitere empfehlenswerte Titel zu diesem Thema

G. Hauser

Hygienische Produktionstechnologie

2008
ISBN: 978-3-527-30307-6

H. P. Schuchmann, H. Schuchmann

Lebensmittelverfahrenstechnik

Rohstoffe, Prozesse, Produkte

2005
ISBN: 978-3-527-31230-6

W. Umbach (Hrsg.)

Kosmetik und Hygiene von Kopf bis Fuß

3., vollständig überarbeitete und erweiterte Auflage

2004
ISBN: 978-3-527-30996-2

Gerhard Hauser

Hygienegerechte Apparate und Anlagen

für die Lebensmittel-, Pharma- und Kosmetikindustrie

WILEY-VCH Verlag GmbH & Co. KGaA

Autor

Dr. Gerhard Hauser
Goethestraße 43
85386 Eching

Umschlagbild:
GEA-Tuchenhagen, Büchen

■ Alle Bücher von Wiley-VCH werden sorgfältig erarbeitet. Dennoch übernehmen Autoren, Herausgeber und Verlag in keinem Fall, einschließlich des vorliegenden Werkes, für die Richtigkeit von Angaben, Hinweisen und Ratschlägen sowie für eventuelle Druckfehler irgendeine Haftung.

**Bibliografische Information
der Deutschen Nationalbibliothek**
Die Deutsche Nationalbibliothek verzeichnet diese Publikation in der Deutschen Nationalbibliografie; detaillierte bibliografische Daten sind im Internet über http://dnb.d-nb.de abrufbar.

© 2008 WILEY-VCH Verlag GmbH & Co. KGaA, Weinheim

Alle Rechte, insbesondere die der Übersetzung in andere Sprachen, vorbehalten. Kein Teil dieses Buches darf ohne schriftliche Genehmigung des Verlages in irgendeiner Form – durch Photokopie, Mikroverfilmung oder irgendein anderes Verfahren – reproduziert oder in eine von Maschinen, insbesondere von Datenverarbeitungsmaschinen, verwendbare Sprache übertragen oder übersetzt werden. Die Wiedergabe von Warenbezeichnungen, Handelsnamen oder sonstigen Kennzeichen in diesem Buch berechtigt nicht zu der Annahme, dass diese von jedermann frei benutzt werden dürfen. Vielmehr kann es sich auch dann um eingetragene Warenzeichen oder sonstige gesetzlich geschützte Kennzeichen handeln, wenn sie nicht eigens als solche markiert sind.

Printed in the Federal Republic of Germany
Gedruckt auf säurefreiem Papier

Satz Manuela Treindl, Laaber
Druck betz-druck GmbH, Darmstadt
Bindung Litges & Dopf GmbH, Heppenheim

ISBN: 978-3-527-32291-6

Inhaltsverzeichnis

Vorwort *XIII*

1 Einleitung *1*
1.1 Oberflächen *3*
1.1.1 Produktberührte Oberflächen *4*
1.1.1.1 Feinstruktur von produktberührten Oberflächen *4*
1.1.1.2 Hygienerelevante Bearbeitungsverfahren *7*
1.1.1.3 Strukturen und Effekte an gegenseitigen Berührflächen von Materialien im Produktbereich *14*
1.1.1.4 Oberflächengeometrie und konstruktive Ausführung von Oberflächen *15*
1.1.2 Nicht produktberührte Oberflächen *20*
1.2 Schweißverbindungen *20*
1.2.1 Nicht rostender Edelstahl *20*
1.2.1.1 Nahtgefüge und -umgebung *21*
1.2.1.2 Nachbehandlung von Schweißnähten *25*
1.2.1.3 Schweißverfahren *26*
1.2.1.4 Hygieneanforderungen an die Nahtausführung *29*
1.2.1.5 Hygienegerechte Gestaltung von Schweißverbindungen *35*
1.2.2 Kunststoffe *38*
1.2.2.1 Schweißverfahren *39*
1.2.2.2 Hygieneanforderungen *41*
1.3 Löt- und Klebeverbindungen *41*
1.3.1 Löten *42*
1.3.2 Kleben *43*
1.4 Gestaltung von Dichtungen *45*
1.4.1 Statische Dichtungen *45*
1.4.1.1 Metallische Dichtungen *48*
1.4.1.2 Elastomerdichtungen *49*
1.4.2 Dynamische Dichtungen *55*
1.4.2.1 Dichtungen für Längsbewegungen *55*
1.4.2.2 Dichtungen für drehende Bewegungen *58*

1.5	Schraubenverbindungen	61
1.5.1	Hygienegerechte Schrauben und Muttern	62
1.5.2	Gestaltung der Verbindung	63
1.6	Achsen und Wellen	66
1.7	Wellen-Naben-Verbindungen	68
1.8	Wellenkupplungen	69
1.9	Lager	69
1.10	Getriebe	71
1.11	Elektromotoren	72
2	**Komponenten von Rohrleitungssystemen**	**75**
2.1	Rohrleitungssysteme	75
2.1.1	Werkstoffe und Oberflächenqualität von Rohren	78
2.1.1.1	Edelstahlrohre	79
2.1.1.2	Kunststoffrohre	88
2.1.1.3	Glasrohre	90
2.1.2	Werkstoffe und Oberflächen von Schläuchen	93
2.1.2.1	Schläuche mit glatter Innenoberfläche	93
2.1.2.2	Wellschläuche	95
2.1.3	Allgemeine Gesichtspunkte der hygienegerechten Gestaltung	96
2.1.3.1	Selbstentleerung	96
2.1.3.2	Luft- oder Gaseinschlüsse	100
2.1.3.3	Totwasserbereiche	102
2.1.3.4	Isolierung	107
2.1.4	Leitungselemente	108
2.1.4.1	Formstücke	108
2.1.4.2	Schaugläser	110
2.1.4.3	Dehnungskompensatoren	111
2.1.5	Anordnung und Befestigung von Rohrleitungen	114
2.1.6	Prüfung nach Installation des Systems	118
2.1.6.1	Dichtheitsprüfung	118
2.1.6.2	Druckprüfung	119
2.2	Lösbare Verbindungen für Rohrleitungen und Apparateanschlüsse	119
2.2.1	Edelstahlverbindungen für Prozesse mit Flüssigkeiten	120
2.2.1.1	Verbindungen mit metallischer Dichtstelle	120
2.2.1.2	Verschraubungen mit Elastomer- bzw. Plastomerdichtungen	122
2.2.1.3	Klemmverbindungen	129
2.2.1.4	Flanschverbindungen	132
2.2.2	Verbindungen bei Kunststoffbauelementen	135
2.2.3	Verbindungen für Glasbauteile	137
2.2.4	Verbindungen für Bauteile aus unterschiedlichen Werkstoffen	138
2.2.5	Schlauchanschlüsse	138
2.2.6	Verbindungen für trockene Prozesse	140

2.3	Armaturen 143
2.3.1	Schwenkbogen-Schaltelemente 145
2.3.2	Absperrorgane 147
2.3.2.1	Drehklappen oder Scheibenventile 149
2.3.2.2	Kugelhähne 155
2.3.2.3	Bogenventile 158
2.3.2.4	Tellerventile 158
2.3.2.5	Membranventile 169
2.3.2.6	Quetschventile 177
2.3.3	Mehrwegeventile 179
2.3.3.1	Membranventile in Blockausführung 179
2.3.3.2	Mehrwege-Tellerventile 182
2.3.4	Ventile zur Probennahme 200
2.3.5	Bodenventile für Behälter 205
2.3.6	Armaturen für molchbare Systeme 208
2.3.7	Regelventile 213
2.3.8	Andockarmaturen 214
2.3.9	Sicherheitsventile 216
2.3.9.1	Überdruckventile 217
2.3.9.2	Vakuumventile 218
2.3.9.3	Rückschlagventile 220
2.4	Pumpen 221
2.4.1	Allgemeine Hygieneanforderungen 222
2.4.2	Allgemeine betriebstechnische Anforderungen 226
2.4.2.1	Kavitation 226
2.4.2.2	Einbauverhältnisse 227
2.4.3	Kreiselpumpen 227
2.4.3.1	Normalsaugende Kreiselpumpen 227
2.4.3.2	Selbstansaugende Kreiselpumpen 240
2.4.4	Verdrängerpumpen 244
2.4.4.1	Betriebsverhalten der Verdrängerpumpen 245
2.4.4.2	Kreiskolbenpumpen 247
2.4.4.3	Zahnradpumpen 251
2.4.4.4	Exzenterschneckenpumpen 252
2.4.4.5	Sinuspumpen 258
2.4.4.6	Schlauchpumpen 259
2.4.4.7	Hubkolbenpumpen 260
2.4.4.8	Membranpumpen 266
2.5	Sensoren 270
2.5.1	Beispiele der produktberührten Bereiche von Sensorelementen 271
2.5.2	Gestaltung der Prozessanbindung 278

3	Ausgewählte Komponenten und Elemente von offenen Anlagen 283
3.1	Allgemeine Anforderungen 286
3.2	Kontinuierliche offene Fördereinrichtungen 287
3.2.1	Transportband-Anlagen 290
3.2.1.1	Nicht modulare Förderbänder 291
3.2.1.2	Modulare Förderbänder 296
3.2.1.3	Abgrenzungen an Bändern 305
3.2.1.4	Umlenk-, Führungs- und Antriebselemente von Bändern 313
3.2.1.5	Geräte zur Bandreinigung 324
3.3	Anforderungen an relevante Gehäuse, Rahmen und Gestelle 326
3.3.1	Gehäuse 326
3.3.2	Rahmen und Gestelle 331
3.3.3	Füße und Räder von Apparaten und Gestellen 341
3.3.4	Plattformen und Leitern über Produktbereichen 347
4	Behälter, Apparate und Prozesslinien 351
4.1	Behälter 352
4.1.1	Allgemeine Gesichtspunkte der hygienegerechten Gestaltung 354
4.1.1.1	Behälterinnenbereich 355
4.1.1.2	Anschluss von Behältern an Rohrleitungssysteme 356
4.1.1.3	Außenbereich von Behältern 359
4.1.2	Druckbehälter 365
4.1.2.1	Stutzen 370
4.1.2.2	Schaugläser und Mannlochverschlüsse 373
4.1.3	Drucklose Behälter 377
4.1.3.1	Behälterformen 377
4.1.3.2	Deckel 381
4.1.3.3	Ränder 382
4.1.4	Silos für Feststoffe 384
4.1.4.1	Massenfluss 385
4.1.4.2	Kernfluss 387
4.1.4.3	Silogestaltung 388
4.2	Beispiele von Apparaten und Maschinen 390
4.2.1	Apparate ohne bewegte Elemente 390
4.2.1.1	Wärmeübertragungssysteme 390
4.2.1.2	Röhrenwärmetauscher 392
4.2.1.3	Statische Mischer 398
4.2.1.4	Statische Filterapparate 399
4.2.2	Apparate und Maschinen mit bewegten Elementen 410
4.2.2.1	Rühr- und Mischapparate 411
4.2.2.2	Zentrifugen 416
4.2.2.3	Maschinen nach Normen des CEN/TC 153 für die Lebensmittelindustrie 423
4.2.3	Isolatoren 428

4.3	Beispiele von Prozesslinien- und Anlagenbereichen	437
4.3.1	Beispiele für geschlossene Prozesse	437
4.3.1.1	Mischanlage für alkoholfreie Getränke	437
4.3.1.2	Anlagen für Wasser mit definierten Reinheitsanforderungen	439
4.3.1.3	Gewürzverarbeitung als Beispiel eines Trockenprozesses	446
4.3.2	Abfüll- und Verpackungsmaschinen als Beispiel für offene Prozesse	448
4.3.2.1	Rundläufer-Maschinen	454
4.3.2.2	Lineare Abfüll- und Verpackungsmaschinen	468
5	**Anlagengestaltung**	**475**
5.1	Grundlegende Voraussetzungen für Hygienic Design innerhalb eines Gesamtkonzepts	477
5.1.1	Projektmanagement	478
5.1.1.1	Projektierungsorganisation	480
5.1.1.2	Masterplan	483
5.1.1.3	Integration und Vernetzung hygienischer Systeme	485
5.1.2	Definition von hygienerelevanten Zonen	489
5.1.2.1	Hygienezonen in der Lebensmittelindustrie	489
5.1.2.2	Zonen in der Pharmaindustrie	493
5.1.3	Kontaminationsgefahren durch die Umgebung	496
5.1.3.1	Umwelteinflüsse	496
5.1.3.2	Schädlinge	497
5.2	Außenbereiche von Anlagen	500
5.2.1	Strukturen für das Betriebsgelände	502
5.2.2	Gestaltung des Betriebsgeländes	508
5.2.3	Gebäude	515
5.2.3.1	Außenwände	517
5.2.3.2	Dächer	524
5.2.3.3	Fenster	532
5.2.3.4	Äußere Tore und Türen	536
5.2.3.5	Verladestellen, Plattformen and Verladeschleusen	544
5.3	Innenbereiche von Gebäuden	552
5.3.1	Rechtliche Vorgaben	553
5.3.1.1	Lebensmittelindustrie	553
5.3.1.2	Pharmaindustrie	556
5.3.2	Empfehlungen für die Ausführung der baulichen Gestaltung	557
5.3.2.1	Allgemeine Anforderungen an die Raumanordnung	558
5.3.2.2	Böden	572
5.3.2.3	Wände	584
5.3.2.4	Decken	593
5.3.2.5	Innere Raumtore und -türen	600
5.3.3	Ver- und Entsorgung sowie Ausstattung von Räumen	607
5.3.3.1	Luft	608
5.3.3.2	Wasser	633

5.3.3.3	Beleuchtung 645
5.3.3.4	Elektroinstallation 652
5.3.3.5	Grenzen von Hygienezonen 659

6 Reinigung und Reinigungssysteme 681

6.1	Reinigung und Keimabtötung 685
6.1.1	Alkalische Mittel 686
6.1.2	Saure Mittel 687
6.1.3	Tenside 688
6.1.4	Desinfektionsmittel 689
6.1.4.1	Alkalische Desinfektionsmittel 690
6.1.4.2	Neutrale Desinfektionsmittel 691
6.1.4.3	Saure Desinfektionsmittel 692
6.2	Maßgebende Effekte bei der Reinigung 693
6.2.1	Einflüsse der Reinigungssubstanzen 694
6.2.1.1	Zeiteffekte 695
6.2.1.2	Temperatureinflüsse 696
6.2.1.3	Effekte der Benetzung 697
6.2.2	Physikalische Reinigungseffekte 700
6.2.2.1	Nassverfahren 701
6.2.2.2	Trockenverfahren 709
6.3	Effekte der Desinfektion 712
6.3.1	Chemische Wirkung 712
6.3.2	Physikalische Einflüsse 712
6.3.2.1	Nasse Hitze 713
6.3.2.2	Autoklavieren 714
6.3.2.3	Trockene Hitze 714
6.3.2.4	UV-Strahlung 715
6.3.2.5	Sterilfiltration 715
6.4	Gestaltung von Reinigungsanlagen und -geräten 715
6.4.1	Anlagen für die automatische In-place-Nassreinigung geschlossener Prozesse (CIP-Prozesse) 716
6.4.1.1	Verlorene Reinigung 720
6.4.1.2	Gestapelte Reinigung 723
6.4.1.3	Komponenten und Geräte für CIP-Anlagen 726
6.4.2	Automatische In-place-Trockenreinigung geschlossener Prozesse 743
6.4.3	Automatische In-place-Nassreinigung offener Apparate 744
6.4.4	Reinigungsgeräte und -verfahren für die Führung von Hand 744
6.4.4.1	Nieder- und Hochdruckgeräte für die Nassreinigung 745
6.4.4.2	Schaum- und Gelreinigung 747
6.4.4.3	Scheuer- und Wischgeräte für die Nassreinigung 749
6.4.4.4	Trockenes Absaugen mit Sauggeräten 754
6.4.4.5	Trockeneisreinigung 759

6.4.5	Out-of-place-Nassreinigung	760
6.4.5.1	Ultraschallreinigung	761
6.4.5.2	Reinigungs- und Desinfektionstauchbäder	763
6.5	Anforderungen an die Reinigung und Reinigungsvalidierung	763
6.5.1	Anforderungen in der Lebensmittelindustrie	764
6.5.2	Anforderungen in der Pharmaindustrie	767
7	**Bewertung und Testen von hygienegerecht gestalteten Komponenten und Apparaten**	**771**
7.1	Beispiele für Bewertungssysteme	772
7.1.1	Verfahren in Europa	772
7.1.1.1	Konformitätsbewertung des Herstellers nach der Maschinenrichtlinie	773
7.1.1.2	Zertifizierung nach Maschinenrichtlinie durch BGN	774
7.1.1.3	Zertifizierung nach Leitlinien der EHEDG	775
7.1.1.4	Qualified Hygienic Design des VDMA	776
7.1.2	Verfahren in den USA	777
7.1.2.1	Zertifizierung nach 3-A-Normen	777
7.1.2.2	NSF-Zertifizierung	778
7.1.2.3	USDA-Zertifizierung	779
7.2	Testmethoden	780
7.2.1	Reinigbarkeitstests	781
7.2.1.1	Abstrichtests mit Mikroorganismen als Testsubstanzen	784
7.2.1.2	Ausgusstest mit mikrobieller Verschmutzungsmatrix für kleinere Bauteile von geschlossenen Anlagen (EHEDG-Reinigbarkeitstest)	786
7.2.1.3	Test mit organischer Verschmutzungsmatrix für mittelgroße Bauteile geschlossener Anlagen (EHEDG-Reinigbarkeitstest)	792
7.2.1.4	ATP-Test für Bauteile von geschlossenen Anlagen (VDMA-Reinigbarkeitstest)	793
7.2.1.5	Riboflavin-Test für Apparate geschlossener Anlagen	795
7.2.1.6	Fluoreszin-Test für offene Apparate (IPA-Reinigbarkeitstest)	795
7.2.1.7	Farbeindringtest zur Unterstützung von Reinigbarkeitstests	797
7.2.1.8	Reinigbarkeitstest für Anlagen	797
7.2.2	Tests zur Sterilisierbarkeit und Pasteurisierbarkeit geschlossener Bauteile	799
7.2.2.1	Prüfung der Sterilisierbarkeit in der Biotechnologie	800
7.2.2.2	EHEDG-Test für die In-line-Dampfsterilisierbarkeit	802
7.2.2.3	Pasteurisierbarkeitstest (EHEDG-Test)	805
7.2.3	Dichtheitstest	806
7.2.3.1	EHEDG-Durchdringungstest mit Mikroorganismen als Tracer	807
7.2.3.2	Verfahren zur Prüfung der Leckagesicherheit für biotechnische Anlagen	807
7.2.3.3	Vakuumtest	809

8	**Abschließende Aspekte zu den hygienischen Anforderungen an den Anlagenbau** *811*
8.1	Anforderungen an die Konstruktion *811*
8.2	Raumzuordnung *815*
8.3	Raumausführung *815*
8.4	Führung von Versorgungsleitungen *815*
8.5	Anordnung und Ausführung von Ablaufeinrichtungen *816*
8.6	Anordnung und Gestaltung von Raumausrüstungen *816*
8.7	Gebäudegestaltung *817*
8.8	Außenbereiche von Anlagen *817*
8.9	Ausblick *818*

Literatur *821*

Stichwortverzeichnis *843*

Quellenverzeichnis *859*

Vorwort

Aus der jahrzehnte langen Beschäftigung mit den konstruktiven Anforderungen, die zu einer leicht reinigbaren Gestaltung aller Bereiche der Produktion in hygienerelevanten Industrien wie der Lebensmittel-, Pharma-, Kosmetik- und Bioindustrie führen, soll auf Anregung des Wiley-VCH Verlags im Rahmen des vorliegenden Buches, dem bereits ein erstes Buch „Hygienische Produktionstechnologie" vorausgegangen ist, anhand von grundlegenden Darstellungen und praktischen Beispielen die Idee von „Hygienic Design" vermittelt werden. Die wesentlichen Grundlagen dafür beruhen auf eigenen Erfahrungen im Bereich Beratung in der Gestaltung, dem Testen und Zertifizieren hygienegerechter Konstruktionen, dem intensiven Kontakt und Austausch mit den maßgebenden Industriebetrieben sowie die langjährige Tätigkeit in der Executive Group sowie als Chairman der Working Group „Design Principles" der „European Hygienic Engineering and Design Group (EHEDG)" im Rahmen der Entwicklung von europäischen Leitlinien.

Zu dem Bereich Hygienic Design ist generell zu bemerken, dass die staatlichen Gesundheitsbehörden in Abstimmung mit der Lebensmittel-, Bio-, Pharma- und Kosmetikindustrie im Rahmen des Verbraucherschutzes eine entscheidende Aufgabe darin sehen, Produkte zur Ernährung oder Behandlung von Menschen und im erweiterten Sinn auch von Tieren so weit wie möglich frei von schädlichen Einflüssen zu halten um Unbedenklichkeit, Qualität und Haltbarkeit der Produkte zu garantieren. Während ursprünglich die Haupt-Zielrichtung allein den Hygiene- und Qualitätsmaßnahmen der hergestellten *Produkte* galt und bei den *Prozessanlagen* lediglich der Reinigungszustand vor Prozessbeginn eine wichtige Randbedingung darstellte, ist in den vergangenen Jahren die leicht reinigbare und *hygienegerechte Gestaltung von Apparaten und Anlagen* als wichtige Voraussetzung für eine sichere Produktion im Sinne des Verbraucherschutzes hinzugekommen.

In Zusammenhang mit einer Gesamtbetrachtung von Hygienefragen dürfen wirtschaftliche Gesichtspunkte nicht außer acht gelassen werden. Bei den immer sensibler werdenden modernen Produkten lassen sich trotz allen Sicherheitsbestrebens Probleme nicht völlig vermeiden. Schätzungen besagen, dass etwa ein Viertel der Kosten, die nicht für den Verbrauch geeignete bzw. kontaminierte oder verdorbene Produkte verursachen, auf nicht ausreichend hygienegerecht gestaltete

Komponenten, Apparate, Anlagen und Räumlichkeiten zurückzuführen sind. Dies deutet auf ein enormes wirtschaftliches Potential für mögliche Verbesserungen in Bezug auf eine hygienegerechte Apparate- und Anlagengestaltung hin, dessen man sich bewusst sein sollte, um es sinnvoll zu nutzen und erhöhten Aufwand bei Verbesserungen zu begründen. Nicht zu vernachlässigen ist dabei der Beitrag zur Umweltentlastung, der aus der Minimierung von Reinigungsaufwand und Produktkontamination während der Produktion durch hygienegerecht gestaltete Anlagen resultiert. Ein zielgerichtetes Kostenmanagement muss daher nicht nur Produkt und Herstellungsprozess sondern auch Hygienic Design der Produktionsanlage und umweltschonende Gesichtspunkte umfassen.

Als Konsequenz ergibt dies zunächst eine Herausforderung für den Apparate- und Anlagenhersteller, der für die Entwicklung neuer Konzepte sowie die Gestaltung hygienegerechter Konstruktionen verantwortlich zeichnet. Ein hygienisches Gesamtkonzept ist nur dann erfolgreich, wenn man sich möglicher Kontaminationsquellen innerhalb des Konstruktionsbereichs von Produktionsanlagen sowie in deren direktem Einflussbereich bewusst wird und sie durch konstruktive Maßnahmen auszuschalten versucht. Da der Konstrukteur vor allem in mikrobiologischen Fragen nicht geschult ist, benötigt er die Kommunikation und den Erfahrungsaustausch mit Fachleuten der entsprechenden Gebiete sowie mit dem Produkthersteller oder „Anwender". Um die entsprechenden Voraussetzungen zu vermitteln, werden daher vom Anlagenbetreiber heute Lastenhefte erstellt, die dem Anlagenhersteller die notwendigen Anforderungen transparent machen sollen. Am Ende des Entwicklungsprozesses sollte eine Design-Qualifizierung und -Validierung stehen, die Hygienic Design zu einem der Hauptgesichtspunkte der Konstruktion macht. Im Ergebnis soll dadurch ein nicht unerheblicher Beitrag zum Erreichen einer optimalen Produkthygiene im Rahmen des Verbraucherschutzes geleistet werden.

Während das erste Buch, das im Frühjahr 2008 beim Wiley-VCH Verlag erschien, einen tieferen Einblick in die grundlegenden Anforderungen wie in gesetzliche Regelungen, Normen und Leitlinien, in Risikobeurteilungen, in Mechanismen der Kontamination durch Mikroorganismen und andere unerwünschte Substanzen, in Werkstoffe sowie in elementare Details der Konstruktion im Hinblick auf die hygienegerechte Gestaltung vermitteln sollte, werden im vorliegenden zweiten Buch vor allem praktische Beispiele von Konstruktionen aus der Sicht von „Hygienic Design" zusammen mit konstruktiven Problembereichen angesprochen. Sie umfassen neben einer Einleitung über hygienegerechte Maschinenelemente Komponenten von geschlossenen und offenen Prozessen, Beispiele von Behältern, Apparaten und Prozesslinien sowie von Anlagen, wobei in diesem Bereich auch auf die Gesamtplanung, die Ausführung des Betriebsgeländes sowie die Gestaltung der Gebäude und Räumlichkeiten bis hin zu Anforderungen an die hygienegerechte Versorgung mit Hilfsmedien eingegangen wird. Aufgrund der enormen Vielfalt von Anlagentypen, Apparaten und Komponenten ist lediglich die Behandlung einer beschränkten Auswahl von Beispielen vor allem aus dem Erfahrungsbereich des Autors möglich, an Hand derer vor allem auch hygienische Risikobereiche aufgezeigt werden sollen. Die gestalterischen Prinzipien und Grundlagen lassen sich jedoch in entsprechender Weise auf andere Konstruktionsbereiche übertragen, wobei sie dem Konstrukteur gleichzeitig Anregungen für innovative Lösungen geben sollen.

Des Weiteren beschäftigt sich ein Kapitel mit einem Überblick über die Reinigung sowie mit Geräten und Anlagen zur Reinigung, die ebenfalls hygienegerechten Anforderungen genügen müssen. Schließlich werden vorhandene Testmethoden zur Verifizierung von reinigungsgerecht gestalteten Konstruktionen und die zur Zeit vorhandenen Möglichkeiten zur Zertifizierung von hygienegerechten Ausführungen aufgezeigt.

Das Buch richtet sich zum einen an Ingenieure von Anlagenbau und Zulieferindustrie für die relevanten Industriezweige wie Lebensmittel-, Pharma- und Kosmetikindustrie oder Biotechnik, die im konstruktiven Bereich tätig sind. Zum anderen erhalten Betriebsangehörige, die für Risikoanalysen, Qualität und Produktsicherheit bei der Produktherstellung verantwortlich sind, viele praktische Hinweise auf apparatives Design.

Dem Wiley-VCH Verlag und dessen zuständigen Mitarbeitern möchte ich für die rasche Durchsicht und großzügige Unterstützung in der letzten Phase vor Drucklegung und Fertigstellung des zweiten Buches, das sich auf die Grundlagen des ersten stützt und damit eng mit diesem verbunden ist, meinen herzlichen Dank aussprechen.

Auch dieses zweite Buch möchte ich meiner Familie widmen und mich gleichzeitig für jegliche Unterstützung herzlich bedanken. Sie hat mit viel Verständnis in allen Bereichen auf meine Arbeit Rücksicht genommen und mir den dafür notwendigen zeitlichen Freiraum gewährt.

Eching, im Juli 2008 *Gerhard Hauser*

1
Einleitung

In allen hygienerelevanten Industriebereichen ist die reinigungsgerechte Gestaltung von Apparaten und Anlagen eine grundlegende Voraussetzung, um Produkte kontaminationsfrei und den Anforderungen des Verbraucherschutzes entsprechend produzieren zu können. Als Voraussetzung muss deshalb neben allgemein üblichen Konstruktions- und Designregeln sowohl bei der Detailkonstruktion als auch bei der Gestaltung von Bauteilen, gesamten Maschinen und Apparaten bis hin zu Anlagen einschließlich ihres Umfelds Hygienic Design realisiert werden, um hygienische und leicht reinigbare Verhältnisse zu schaffen. Grundlagen über Einflüsse, Problembereiche sowie Werkstoffe und Gestaltungsmaßnahmen sind in [1] ausführlich dargelegt.

In der Praxis werden Hygieneanforderungen meist auf Prozessbereiche bezogen. Aus diesem Grund hat die „European Hygienic Engineering and Design Group", früher „European Hygienic Equipment Design Group" (EHEDG) eine Unterscheidung getroffen, nach der Prozesse als „geschlossen" [2] bzw. „offen" [3] bezeichnet werden. Bei einem geschlossenen Prozess findet die Produktverarbeitung gemäß Abb. 1.1 im Inneren eines Apparats oder einer Anlage statt. Produkte und Produktionshilfsmittel werden in die Anlage ein- bzw. ausgeschleust, indem das gleiche Hygieneniveau hergestellt wird. In der Biotechnik wird der Begriff „geschlossenes System" in [4] definiert. Es wird als System bezeichnet, *„in dem eine Schranke Mikroorganismen bzw. Organismen von der Umgebung trennt"*. Als Schranke dienen dabei die Innenwände der gesamten Anlage, die zudem dicht sein müssen.

Einem offenen Prozess ist entsprechend der Prinzipdarstellung nach Abb. 1.2 ein Apparat oder eine Anlage zugeordnet, die während der Produktherstellung und der Reinigung zur Umgebung hin offen ist. In der Biotechnologie bezeichnet ein offenes System [4] *„eine Anlage oder ein Gerät, bei dem es keine Schranke zwischen den zu bearbeitenden Mikroorganismen und der Umgebung gibt"*. Damit ist eine Kreuzkontamination aus dem Prozessumfeld oder in umgekehrter Richtung entweder während der Produktion oder während und nach der Reinigung möglich, wenn nicht von vornherein gleiche Hygienestufen innerhalb der Prozessanlage und im Einflussbereich des Umfelds vorliegen. Dies wiederum hat zur Folge, dass sowohl die Prozessanlage als auch der relevante Bereich der Umgebung als Produktbereich zu definieren und entsprechend hygienegerecht zu gestalten sind.

Hygienegerechte Apparate und Anlagen für die Lebensmittel-, Pharma- und Kosmetikindustrie. Gerhard Hauser
Copyright © 2008 WILEY-VCH Verlag GmbH & Co. KGaA, Weinheim
ISBN: 978-3-527-32291-6

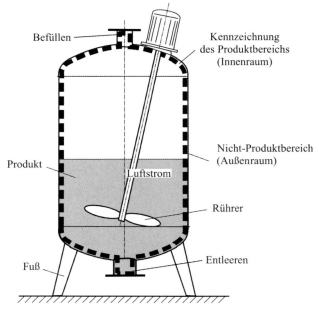

Abb. 1.1 Hygienerelevanter Konstruktionsbereich bei einem geschlossenen Prozess (Beispiel: geschlossener Behälter).

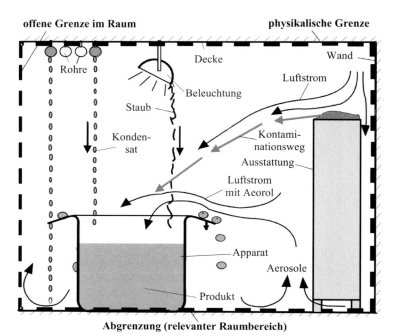

Abb. 1.2 Prinzip, Kontrollbereich und Kontaminationsrisiken eines offenen Prozesses.

Auch wenn verschiedentlich zwischen „direkt" und „indirekt" produktberührten Flächen und Bereichen gesprochen wird, sind sie nach denselben hygienischen Prinzipien und Aspekten zu gestalten, wenn sie ein Kontaminationsrisiko bedeuten. Deshalb sollte grundsätzlich die prinzipielle Abgrenzung des Produktbereichs entsprechend der EHEDG-Definition nach [3] vorgenommen werden, die konkret durch eine Risikoanalyse, Qualifizierung bzw. Validierung verifiziert wird.

Neben der Definition der Prozessart stellt das Risiko durch die Art des Schmutzes, der durch Reinigung zu entfernen ist, einen entscheidenden Hygieneaspekt dar. In *Trockenbereichen*, wo das Wachstum von Mikroorganismen ausgeschlossen werden kann, ist es erheblich geringer als in *nassen Zonen*, wo Wachstum und Vermehrung von Mikroorganismen sowie Entstehung von Biofilmen eine starke Belastung bedeuten.

Als weiterer Einfluss ist die Gewichtung des Hygienerisikos aufgrund der konstruktiven Gestaltung zu berücksichtigen, die im Rahmen eines Hygienekonzepts für den gesamten Anlagenbereich vorzunehmen ist. Beispielsweise ergeben sich im Detailbereich erfahrungsgemäß durch nicht reinigbare Spalte, unzugängliche Ecken, Totzonen, nicht entleerbare Bereiche und andere Problemzonen häufig wesentlich höhere Risikopotenziale als an durchgehenden, meist ausreichend glatt hergestellten, großen Oberflächen.

Im Folgenden sollen zunächst Aspekte der Detailgestaltung diskutiert werden, die die Grundlagen aller Apparate und Anlagen bilden. Dabei wird lediglich im Überblick auf wesentliche Gestaltungsaspekte eingegangen. Eine ausführliche Darstellung der elementaren Konstruktionselemente wird in [1] gegeben. Die weiteren Bereiche dieses Buches umfassen Komponenten von geschlossenen Prozessen, Beispiele von offenen Prozessen, Einflüsse durch die Prozessumgebung bis hin zum Design von Gesamtanlagen und deren Umfeld.

Dabei soll vor allem auf hygienische Problemstellen hingewiesen und vorhandene Lösungen als Stand der Technik aufgezeigt werden. Wie Erfahrung und Entwicklung zeigen, entstehen unterschiedliche innovative Konstruktionen, wenn Konstrukteure die Anforderungen an Hygienic Design verinnerlicht haben und in die Praxis umsetzen. Außerdem zieht der Anstoß neuer Gestaltungsmaßnahmen eines Teilbereichs oder ganzer Apparategruppen weitere Neukonstruktionen nach sich.

1.1
Oberflächen

Im Rahmen der Detailkonstruktion sollte zunächst zusammen mit der Werkstoffwahl die Oberflächenqualität als grundlegendes Element von Hygienic Design diskutiert werden. Dabei sind besondere Anforderungen an das Verschmutzungsverhalten, die Reinigbarkeit und das Risiko von Rekontaminationen *produktberührter Oberflächen* zu stellen. Aber auch der sogenannte *Nicht-Produktbereich* ist in Betrieben mit Hygieneanforderungen gut reinigbar zu gestalten und sauber zu halten, obwohl er aufgrund geringerer Hygienerelevanz nicht den gleichen konstruktiven Status erreichen muss.

1.1.1
Produktberührte Oberflächen

Sowohl Korrosionsbeständigkeit, Haftvermögen von Mikroorganismen, Anhaften von Produktresten und -belägen, Aufbau von Krusten sowie Entstehung von Biofilmen als auch das Reinigungsverhalten in Bezug auf das Ablösen und Entfernen von Verschmutzungen hängen von den Eigenschaften des Werkstoffs und dessen Oberflächenqualität ab. Problematisch ist, dass diese meist nur einen Anfangs- oder Ausgangszustand darstellt, der sich im Lauf der Zeit während der Produktion durch mechanischen Verschleiß, chemischen Angriff, Alterungsprozesse – vor allem bei Kunststoffen – und andere Effekte verändert und zwar meist verschlechtert. Grundsätzlich bestimmen Vorgaben durch gesetzliche Anforderungen, Leitlinien, Normen oder betriebsinterne Erfahrungen die zu realisierende Oberflächenqualität. Dabei wird ihr häufig in der Praxis ein zu hoher Stellenwert zugeschrieben, der erst dann zu rechtfertigen ist, wenn andere Konstruktionselemente mit höheren Kontaminationsrisiken hygienegerecht gestaltet sind.

1.1.1.1 Feinstruktur von produktberührten Oberflächen

Grundsätzlich ist die Wahl der Oberflächenqualität sowohl ein Aspekt der Hygiene als auch ein entscheidender wirtschaftlicher Aspekt. Sowohl die Minimierung der Verschmutzung als auch die Optimierung des Reinigungsvorgangs spielen für beide Gesichtspunkte eine wesentliche Rolle. An der Oberfläche anhaftende, schwer entfernbare Substanzen sind ganz allgemein organische und anorganische Substanzen in Submikrongröße, wie z. B. Mikroorganismen, Proteine, Fettbeläge, zelluläre Reststücke aus Produkten, krustenbildende Stoffe sowie Kalk- oder Steinablagerungen. In trockenen Prozessen stellen feinste Partikel aus Pulvern den Schmutzanteil, die sowohl organischer als auch anorganischer Natur sein können. Die geforderte leichte Reinigbarkeit und eventuell Sterilisierbarkeit von Oberflächen lässt sich nur dann erreichen, wenn Materialkenngrößen zur Verfügung stehen, die die Reaktionen an den Grenzflächen beim Verschmutzen und Reinigen ausreichend wiedergeben [5–7].

Als Beurteilungsmaßstab wird zurzeit meist nur der Mittenrauwert Ra gemäß

$$Ra = \frac{1}{l} \int_0^l |Z(x)|\, dx \tag{1}$$

nach DIN EN ISO 4287, Teil 1 [8], mit der Messlänge l und dem Rauheitsprofil $Z(x)$ für eine geeignete Tastschnittmessung der Oberfläche herangezogen. Ausgehend von Edelstahloberflächen wird z. B. ein Höchstwert von $Ra = 0{,}8$ µm gefordert [9]. Ein entscheidender Grund ist, dass bei Wahl solcher Rauheitsverhältnisse die Abmessungen von Mikroorganismen, von denen die größte Kontaminationsgefahr ausgeht, in der gleichen Größenordnung wie die Rauheiten selbst liegen. Sie sind damit einem chemischen Angriff durch Reinigungsmittel gemäß Abb. 1.3 direkt zugänglich und nicht in enge Rauheitstäler eingebettet. Ein zweite

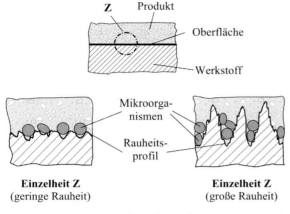

Abb. 1.3 Prinzipielle Darstellung der Größenordnung von Rauheiten und Mikroorganismen bezüglich der Relevanz für die Reinigbarkeit.

Begründung betrifft die Tatsache, dass kaltgewalzte Edelstahlbleche und -bänder als Hauptkonstruktionselemente des Apparatebaus diese Rauheitsanforderungen erfüllen und sich in der Praxis als leicht reinigbar erweisen. Bezeichnung von Oberflächen für Fertigerzeugnisse aus rostfreiem Edelstahl, wie Bleche, Bänder, nahtlose und geschweißte Rohre sind nach DIN EN 10 088-2 [10] festgelegt.

Für die Milchindustrie waren für produktberührte Oberflächen und Schweißnähte abgestufte Werte nach DIN 11 480 gemäß Tabelle 1.1 [11] festgelegt. Die Norm soll allerdings im Mai 2008 zurückgezogen werden. In der Steriltechnik sowie in der Pharmaindustrie werden oft noch kleinere Rauheitswerte im Bereich von $Ra = 0{,}5$ µm bis $Ra = 0{,}25$ µm – häufig verbunden mit einer Behandlung durch Elektropolieren – gefordert. Grundlage dafür ist zum einen das zurückgezogene VDMA-Einheitsblatt 24432 [12] sowie die Empfehlungen nach DIN 11 866 [13] gemäß Tabelle 1.2.

Wichtige Erkenntnisse in Bezug auf das Reinigungsverhalten von Oberflächen, die durch Einzelpartikel verschmutzt sind, werden durch Untersuchungen in [14] deutlich. Einflussgrößen sind neben den verwendeten Partikeln (Größe, Mate-

Tabelle 1.1 Oberflächen mit Produktkontakt von milchwirtschaftlichen Tanks und Apparaten [11].

Anforderungs-stufe	Arithmetischer Mittenrauwert Ra (µm)	Anwendungsbeispiel
A	< 1,0	Produktbehandlung
B	< 0,6	Produktlagerung Prozessbehälter
C	< 0,2	Besondere mikrobiologische Anforderungen

Tabelle 1.2 Rauheitsempfehlungen nach DIN 11 866 [13] für Rohre aus nicht rostendem Stahl für die Bereiche Aseptik, Chemie und Pharmazie.

Hygieneklasse	H1	H2	H3	H4	H5
Innere Oberfläche Ra in µm	< 1,60	< 0,80	< 0,80	< 0,40	< 0,25
Äußere Oberfläche	gebeizt oder blankgeglüht ohne besondere Ra-Vorgaben oder Ra < 0,80 µm geschliffen				

rial), die Werkstoffoberflächen (Rauheit Ra, Material bzw. Oberflächenenergie, Anisotropien) und das Reinigungsmittel (pH-Wert, Temperatur, Reinigungszeit, Tensidzugabe). Eine wesentliche Erkenntnis aus den Untersuchungen ist, dass kein Einfluss der Rauheit in dem Bereich von Ra = 0,15 µm bis Ra = 2 µm auf den Reinigungserfolg von Edelstahl gefunden wurde, wenn der Partikeldurchmesser d entsprechend obigem Hinweis $d \geq Ra$ gewählt wurde. Der Vergleich der verschiedenen Einflussgrößen zeigt, dass der Reinigungserfolg am stärksten durch das Reinigungsmedium zu beeinflussen ist. Wie zu erwarten, verbessert die Zugabe von Tensiden zusätzlich das Ergebnis, während deutliche Verschlechterungen durch scharfkantige Vertiefungen (Kratzer, Spalte, Risse) in der Oberfläche auftreten.

Ergebnisse neuer Untersuchungen über den Einfluss kontinuierlicher Beläge sind in Kürze zu erwarten. Diese legen sich zunächst über die Rauheitsstruktur und bilden anfangs eine „neue" Oberfläche. Lösliche Schichten werden in erster Linie durch Diffusion des Reinigungsmittels in der laminaren Unterschicht entfernt. Neben dem Einfluss des Reinigungsmittels ist der Reinigungsvorgang hauptsächlich zeitabhängig. Bei viskosen Belägen wirkt die Wandschubspannung ablösend, wobei zum Teil Inseln aus der Schicht entfernt werden, die den Ausgangspunkt für den Forschritt der Reinigung durch Scherbeanspruchung bilden.

Aufgrund praktischer und theoretischer Erkenntnisse lässt sich die Reinigbarkeit einer Oberfläche aber nicht allein durch Ra-Werte erfassen. Eine gut reinigbare Oberfläche zeichnet sich z. B. zusätzlich durch weite Abstände der Rauheitsberge und -täler sowie abgerundete Profilformen aus, was z. B. die Pharmaindustrie durch die bevorzugte Verwendung von elektropolierten Oberflächen nutzt. Der zusätzliche Vorteil des Elektropolierens, nämlich dass dabei inhomogene Oberflächenschichten bis zu Tiefen von etwa 40 µm entfernt und stabilere, dichtere *Passivschichten* erzeugt werden, wird als Vorteil oft nicht mit betrachtet.

Ein weiteres wesentliches Merkmal aus hygienischer Sicht stellt die Porigkeit von Oberflächen dar, die als regelmäßige oder unregelmäßige örtliche Unterbrechung der Oberflächenstruktur durch Löcher, Poren, Risse oder andere Oberflächenfehler charakterisiert werden kann. Bei entsprechender Größe können vor allem Mikroorganismen in solche Fehlstellen eindringen und zum Ausgangspunkt für das Wachstum von Biofilmen werden. Porenfreiheit ist daher eine wesentliche zusätzliche Voraussetzung für eine hygienegerechte Oberflächenqualität.

1.1.1.2 Hygienerelevante Bearbeitungsverfahren

Bei Edelstahl beruht die Beständigkeit gegen Korrosionsangriff auf einer komplexen, chromreichen „passiven" Oxidschicht auf der Oberfläche. Sie stellt den normalen mit Passivität bezeichneten Oberflächenzustand dar. Das enthaltene Chrom bildet ab etwa 12 % Massenanteil eine Chromoxidschicht, wodurch weitere Oxidation verhindert wird. Wird diese Oxidschicht beschädigt und gelangt blankes Metall in Kontakt mit einer sauerstoffreichen Umgebung (Atmosphäre, Wasser), so bildet sich automatisch eine neue passivierende Schicht, d. h. die Oberfläche ist selbstheilend. Der Vorgang läuft spontan und automatisch ab, wobei die Dicke der Schicht mit der Zeit weiter zunehmen kann. Die Ausbildung der Schicht sowie weitere Oberflächeneigenschaften wie Rauheit, Textur und Oberflächenenergie lassen sich durch chemische, elektrochemische oder mechanische Bearbeitungsverfahren stark beeinflussen.

Bei der mechanischen Bearbeitung von Edelstahl muss eine strenge Abtrennung von rostenden Stahlwerkstoffen erfolgen, um Korrosion durch Fremdrost zu vermeiden. Auf Maschinen zur Bearbeitung von Edelstahl darf deshalb kein rostender Stahl bearbeitet werden. Generell ist die mechanische, chemische oder elektrochemische Oberflächenbearbeitung immer dann erforderlich, wenn Beschädigungen der Oberfläche entstehen oder durch die Vorbehandlung die Korrosionsbeständigkeit z. B. durch Zunder, Fremdeisenpartikel oder Anlauffarben vermindert wurde.

Bei den mechanischen Bearbeitungsverfahren ist vor allem darauf zu achten, dass im Mikrobereich keine Verletzungen durch eine vorausgehende Grobbearbeitung, umgebogene Grate oder Eindrücke und Rückstände durch Schleifmittel zurückbleiben, wo sich Mikroorganismen ansiedeln können.

Beim Schleifen ist zu starker Andruck zu vermeiden, da aufgrund der geringeren Wärmeleitfähigkeit und damit verbundener örtlicher Erwärmung von austenitischen Edelstählen gegenüber unlegiertem Stahl das Material anlaufen oder sich verwerfen kann. Um Fremdrost zu vermeiden, dürfen für Schleifscheiben, -bänder oder -korn nur eisenoxidfreie Mittel verwendet werden. Für Fertigschliff sind die Kornabstufungen 80 – 120 – 180 – 240 bis eventuell 400 in Trocken- oder Nassschliff üblich. Beim mechanischen Polieren eines hochlegierten Stahls wird praktisch kaum Material abgetragen, da infolge einer leichten plastischen Verfor-

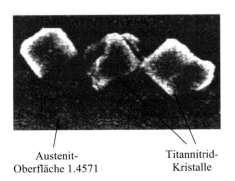

Abb. 1.4 Polierte Oberfläche mit harten Titannitrid-Kristallen.

Austenit-Oberfläche 1.4571

Titannitrid-Kristalle

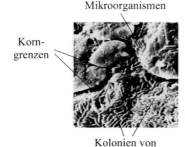

Korngrenzen

Mikroorganismen

Kolonien von Mikroorganismen

Abb. 1.5 Besiedlung durch Mikroorganismen auf einer Edelstahloberfläche.

mung einer sehr dünnen Schicht eine Art beweglicher Film ähnlich einer zähen Flüssigkeit aufgrund der Oberflächenkräfte eine möglichst plane Struktur erzeugt (s. auch [1]). Grundsätzlich kann ein zu grober Schliff nicht geglättet werden. Die Oberfläche muss zudem frei von Kratzern und Beschädigungen sein, da ansonsten Vertiefungen zugeschmiert werden und später Hygieneprobleme bereiten. Hochglanzpolitur lässt sich nur auf unstabilisierten Stählen erreichen, da härtere Gefügebestandteile, wie Karbide gemäß Abb. 1.4, Titan oder Martensite, geringer geglättet werden als weichere wie z. B. Ferrit oder Austenit. Auch können solche Oberflächenabweichungen die Ausbildung einer geschlossenen Passivschicht verhindern und Ausgangspunkt für eine Koloniebildung von Mikroorganismen entsprechend Abb. 1.5 sein. Hier ist vor allem Biofouling [15] und Biokorrosion von Bedeutung [16, 17].

Im Gegensatz zur chemischen Abtragung sind bei der mechanischen Bearbeitung je nach Bearbeitungsgüte außer der Bearbeitungsrichtung häufig scharfe Kanten an den Profilspitzen, Riefen in den Tälern oder überhängende Grate erkennbar, unter denen Mikroorganismen Schutz finden. Beim Schleifen entstehen gemäß Abb. 1.6 je nach verwendeter Körnung deutlich gerichtete Spuren, wobei je nach Korngröße zum Teil Löcher in die Oberfläche gerissen werden. Für die fachgerechte mechanische Oberflächenbearbeitung werden in der Literatur [18] Empfehlungen gegeben. Bei gerichteten Riefen in der Oberfläche lässt sich außerdem die Problematik der Richtungsabhängigkeit von *Ra*-Messungen erkennen.

Durch mechanisches Strahlen z. B. mit Glasperlen lassen sich matte, nicht richtungsorientierte Oberflächenstrukturen herstellen. Nach eigenen Untersuchungen entstehen jedoch entsprechend Abb. 1.7 z. B. an ungünstigen Stellen stets schuppenartige Aufwerfungen und Ablösungen der Oberfläche, obwohl Tastschnittmessungen häufig die notwendigen Anforderungen an die *Ra*-Werte erfüllen. Unter den Schuppen anhaftende Produktreste und Mikroorganismen lassen sich bei der Reinigung nicht entfernen. In produktberührten Bereichen sollte deshalb dieses Bearbeitungsverfahren auf keinen Fall eingesetzt werden. Auch bei Anwendungen im Nicht-Produktbereich ist auf die Problematik zu achten. Wenn das Verfahren dort eingesetzt wird, sind Reste anderer Strahlmittel vor dem Strahlen von Edelstahl sorgfältig aus den Strahleinrichtungen zu entfernen, um Fremdrost zu vermeiden.

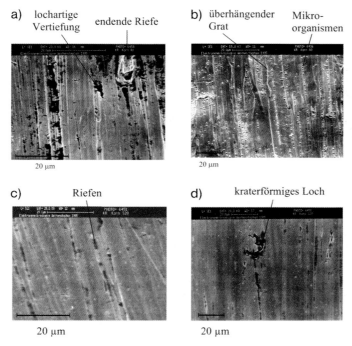

Abb. 1.6 Vergleich von geschliffenen Edelstahloberflächen:
(a) Korn 40, (b) Korn 80, (c) Korn 320, (d) Korn 320 mit Beschädigung aus Vorbearbeitung.

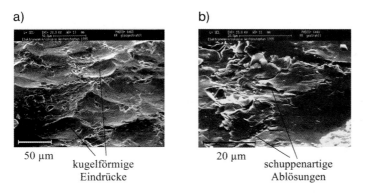

Abb. 1.7 Glasperlengestrahlte Edelstahloberflächen in unterschiedlicher Vergrößerung.

Als chemische bzw. elektrochemische Behandlungsverfahren von Edelstahl werden in erster Linie das Passivieren, Beizen und Elektropolieren angewendet.

Durch *Passivieren* beschleunigt man die Bildung der Passivschicht auf einer Edelstahloberfläche, die durch Sauerstoffeinwirkung die Beständigkeit der rostfreien Edelstähle bewirkt [19]. Es wird in erster Linie angewendet, wenn keine Anlauffarben vorliegen, aber nicht sichergestellt ist, dass nach der Fertigung alle Bereiche sauber und durch eine ausreichende Passivschicht geschützt sind.

Die Behandlung umfasst eine alkalische Heißreinigung, anschließendes Spülen mit Wasser, gefolgt vom Einwirken einer hochprozentigen oxidierenden Säure wie Salpetersäure bei erhöhter Temperatur. Dabei wird die Oberfläche praktisch nicht angegriffen, der Aufbau der Passivschicht jedoch erheblich unterstützt. Nach [20] wird ein Repassivieren von Apparaten und Anlagen in vorgegeben Zeitabständen (z. B. nach 1–2 Jahren) empfohlen, um veränderte oder beschädigte Oberflächenbereiche mit einer neuen Passivschicht zu versehen.

Das *Beizen* von nicht rostenden Stählen ist zwingend notwendig, wenn Zunderschichten oder Anlauffarben zu beseitigen sind, um eine metallisch blanke Oberfläche herzustellen sowie die erforderliche Passivschicht zu erzeugen. Für das Beizen ist die Entfernung aller störenden Substanzen in wässrigen Lösungsmitteln mit elektrolytischen Verfahren oder mit Ultraschall erforderlich. Als Beizmittel werden Säuren wie Schwefel-, Fluss- oder Salpetersäure in verschiedener Zusammensetzung bzw. Mischungen verwendet. Der Abtrag muss alle unerwünschten Schichten beseitigen, die die Passivität beeinflussen. Gebeizt wird in Beizbädern, durch Besprühen oder mit Beizpasten. Letztere sind hauptsächlich zum örtlichen Entfernen von Anlauffarben und Zunder – z. B. an Schweißnähten – von Bedeutung. Zum Abschluss jeder Beizbehandlung müssen alle Beizmittel mit Wasser unter eventuell Zugabe von Netzmitteln und möglichst unter Druck völlig entfernt werden. Wenn aufgrund hoher Ansprüche Wasserflecken Probleme bereiten, muss mit deionisiertem Wasser gespült und anschließend bei Raumtemperatur getrocknet werden. Eine typische Oberflächenstruktur eines gebeizten Edelstahlblechs stellt Abb. 1.8 dar. Reinigungstests zeigen, dass die Oberfläche mit relativ weiten Tälern und abgerundeten Erhebungen, die in Relation zur Größe von Bakterien dargestellt sind, gut zu reinigen ist.

Nach dem Beizen muss nicht zusätzlich passiviert werden, da sich die Oberfläche unter Einwirkung von Luftsauerstoff selbst passiviert. Dieser Vorgang nimmt jedoch bis zum vollständigen Aufbau einer Passivschicht längere Zeit in Anspruch. Ist die Oberfläche vor restlosem Aufbau der Passivschicht bereits wieder korrodierenden Bedingungen ausgesetzt, empfiehlt sich jedoch ein Passivieren mit einer Lösung, die ein so hohes Oxidationspotenzial hat, dass die Passivschicht bereits in wenigen Minuten ausgebildet wird.

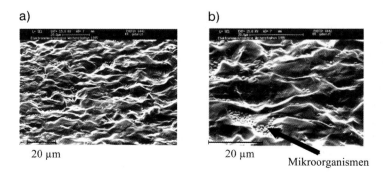

Abb. 1.8 Gebeizte Edelstahloberflächen in verschiedener Vergrößerung mit Mikroorganismen.

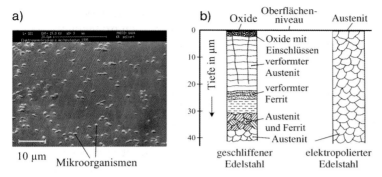

Abb. 1.9 Elektropolierter Edelstahl:
(a) mikroskopische Aufnahme der Oberfläche mit Mikroorganismen,
(b) Vergleich der Gefügestruktur mit geschliffenem Material [23].

Beim *Elektropolieren* erfolgt eine elektrochemische Abtragung [21], die zur Einebnung der Oberfläche dient. Im Gegensatz zur mechanischen Bearbeitung oder zu chemischen Beizvorgängen werden dadurch gemäß Abb. 1.9a die Oberflächenprofile im Mikrobereich geglättet, wobei der Angriff bevorzugt an Profilspitzen erfolgt [22]. Bei längerer Behandlungsdauer werden aber auch Makrorauheiten abgebaut. Insgesamt entsteht im Vergleich zu einem geschliffenen Blech eine riss- und porenfreie Oberfläche, die bei Austeniten durch das ursprüngliche austenitische Kristallgefüge ohne höhere Fremd- und Ferritanteile gekennzeichnet ist (Abb. 1.9b) und entsprechend [23] eine optimale Passivschicht aus hauptsächlich Chromoxid aufweist. Diese beeinflusst zum einen die Kontaktverhältnisse zum Produkt hin und erhöht zum anderen die Korrosionsbeständigkeit, sodass die zeitabhängige Verschlechterung der Oberflächenstrukturen und -eigenschaften vermindert wird. Die starke Einebnung im Mikrobereich ergibt außerdem einen geringeren Reibungskoeffizienten, der einen Bruchteil von mechanisch polierten Oberflächen betragen kann. Je nach Zusammensetzung des Elektrolyten kann mit dem Elektropolieren ein Glanzeffekt an der Oberfläche erzielt werden, der auch als elektrolytisches Glänzen bezeichnet wird.

Als Elektrolyten werden hochkonzentrierte Gemische von Phosphor- und Schwefelsäure verwendet, die im stromlosen Zustand die Oberfläche nicht angreifen. Voraussetzung ist ein möglichst feines, gleichmäßiges und homogenes Gefüge ohne nichtmetallische Einschlüsse, gleiches Auflösungsvermögen der verschiedenen Legierungsbestandteile und gute elektrische Leitfähigkeit. Der Abtrag liegt in einem Bereich zwischen 10 und 40 µm. Da sich bei titan- und niobstabilisierten Stählen die Kristallstrukturen dieser Legierungselemente wesentlich schwächer angreifen lassen, sind solche Werkstoffe nur bedingt für das Elektropolieren geeignet. Mikroskopische Oberflächenaufnahmen zeigen, dass diese nicht glättbaren Kristallstrukturen aus der Grundmatrix des Werkstoffs herausragen. Auch nichtmetallische Einschlüsse und in die Oberfläche eingedrückt Partikel des Schleifmittels werden durch eine Elektropolierbehandlung sichtbar.

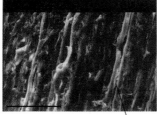

20 µm   Faserstruktur

Abb. 1.10 Struktur von PTFE nach zerspanender Bearbeitung.

Bauteile aus Kunststoff werden entweder in endgültiger Form durch Gießen, Spritzen oder Extrudieren oder durch mechanische Bearbeitung aus Halbzeugen und Formteilen gefertigt. Im erwärmten Zustand können vor allem Thermoplaste mit geringem Kraftaufwand geprägt oder durch Tiefziehen umgeformt, sowie auf speziellen Vorrichtungen gebogen und gerichtet werden. Bei Verwendung von Formen erhalten die Kunststoffteile die negative Oberflächenstruktur der Form, die meist aus Metall gefertigt ist. Das erforderliche Rauheitsprofil ist daher bei Erstellung der Form zu beachten. Das fertige Bauteil hat vom Kontakt mit der Form meist eine porenfreie dichte „Oberflächenhaut". Bei der mechanischen Bearbeitung wird diese Haut entfernt, ein neues Mikroprofil geschaffen und die innere Struktur des Materials freigelegt, wie Abb. 1.10 aufzeigt. Der Bearbeitungsvorgang muss deshalb zu einer Mikrostruktur führen, die den Anforderungen entspricht. Zum anderen muss der Kunststoff in seinem Inneren durch Füllstoffe ein porenfreies Gefüge besitzen.

Für die maschinelle Bearbeitung ist es daher wichtig, nur harte, gut gefüllte Kunststoffe zu verwenden. Da Kunststoffe eine wesentlich geringere Wärmeleitfähigkeit als Metalle besitzen, leiten sie die bei der Bearbeitung entstehende Wärme sehr viel schlechter ab, sodass es zu lokalen Überhitzungen kommen kann. Durch hohe Arbeitsgeschwindigkeiten und geringen Vorschub wird ein hoher Wärmeeintrag vermieden. Bei den Werkzeugen ist auf die erforderliche Schneidengeometrie zu achten. Obwohl mithilfe scharfer Werkzeugschneiden eine gute Wärmeabfuhr über den Span erreichbar ist, sollte durch Wasser (Bohrwasser) bzw. durch Pressluft für zusätzliche Kühlung gesorgt werden. Um Deformationen zu vermeiden, sollte bei der Bearbeitung mit niedrigem Spanndruck gearbeitet werden. Zum Erreichen enger Toleranzen müssen bereits vor der Bearbeitung die zu erwartenden Maßabweichungen berücksichtigt werden.

Bei *Elastomeren*, die hauptsächlich für Dichtungen verwendet werden, ist ebenfalls die Struktur der zum Extrudieren verwendeten Form für die Oberflächenqualität entscheidend. In Abb. 1.11a sind Ausschnitte aus der Oberfläche einer Silikondichtung dargestellt, die die Bearbeitungsriefen der Form aufzeigt. Ihre Größe kann das Dichtverhalten bei Kontakt mit der Gegenfläche beeinflussen, gegenüber der abzudichten ist. Zusätzlich weist die Oberfläche zahlreiche lochartige Vertiefungen und Löcher auf, die eine Tiefe und einen Durchmesser von bis zu 50 µm aufweisen können, wodurch ein erhebliches Kontaminationsrisiko entsteht. Sie rühren z. B. von nicht ausreichender Auskleidung der Extrudier-

1.1 Oberflächen | 13

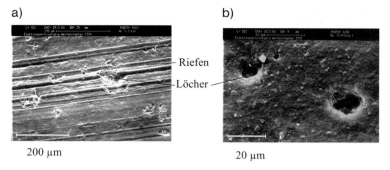

Abb. 1.11 Beispiele von Oberflächenfehlern an Dichtungen:
(a) Silikondichtung mit wulstartiger Längsstruktur durch Riefen
in der Form sowie muldenartige Löcher durch fehlendes Trennmittel,
(b) EPDM-Dichtung mit lochartigen Vertiefungen.

oder Gießform mit Trennmittel her, sodass beim Entfernen der Dichtung aus der Form Material aus der Dichtungsoberfläche herausgerissen wird. Andere Beschädigungen von Dichtungen treten bei unsachgemäßer Herstellung bzw. Lagerung und mechanischer Verletzung bei Montage auf.

Die EPDM-Dichtung nach Abb. 1.11b lässt praktisch keine Riefen erkennen. Dagegen sind relativ häufig Beschädigungen der Oberfläche in Form von Löchern bzw. Poren zu sehen, die bei Vergrößerung eine erhebliche Tiefe erkennen lassen.

Im Bereich von *Keramik* sind bei technischen Anwendungen unterschiedliche Oberflächenqualitäten festzustellen. Die Abb. 1.12a zeigt eine zerklüftete bzw. poröse Oberfläche des Sintermaterials, das Mikroorganismen ausreichenden Schutz vor der Reinigung bieten kann. Der nicht völlig an der Oberfläche verschmolzene Werkstoff ist für hygienische Einsatzbereiche nicht geeignet. Eine gut reinigbare Oberflächenstruktur entsprechend Abb. 1.12b besitzt dagegen einen hohen Verschmelzungsgrad an der produktberührten Schicht, der zu einer glatten Oberfläche mit relativ geringen Vertiefungen führt.

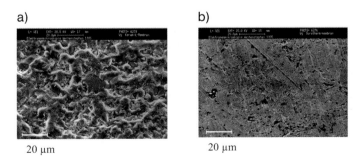

Abb. 1.12 Keramikoberflächen:
(a) raue gesinterte Struktur, (b) glatte Keramikmembran.

1.1.1.3 Strukturen und Effekte an gegenseitigen Berührflächen von Materialien im Produktbereich

Kontaktflächen von zwei oder mehreren Bauteilen oder Konstruktionselementen werden bei ausreichend glatter Oberfläche im Allgemeinen als spaltfrei angesehen. Aus mikroskopischer Sicht sind jedoch, wie die Prinzipdarstellungen nach Abb. 1.13a und b zeigen und in [1] im Einzelnen ausgeführt ist, sowohl wegen geometrischer Formfehler als auch wegen der Rauheitsprofile Spalte und räumliche Kanäle vorhanden, in die feine Schmutzsubstanzen und vor allem Mikroorganismen eindringen können. Bei flüssigen Produkten wird dies durch die Kapillarwirkung der engen Spalte zusätzlich begünstigt, wenn gasförmige Umgebung z. B. beim Befüllen von Apparaten vorliegt. Eine Reinigung solcher Stellen ist nur bei Demontage der Teile möglich. Infolge von Isoliereffekten in gefüllten Spalten kann im montierten Zustand je nach Werkstoff der Kontaktflächen auch eine thermische Desinfektion wirkungslos sein. Deshalb sind nicht abgedichtete, metallische Kontaktflächen in Nassbereichen bei Anwendung von CIP-Verfahren zu vermeiden.

Ausnahmen können bei Apparaten für Trockenprodukte gemacht werden [24], wenn Produkt- und Luftfeuchte ein Wachstum von Mikroorganismen nicht zulassen und die Partikelgröße ausreichend groß ist. Zusätzliche Bedingung ist, dass jeweils eine trockene Reinigung durch Absaugen, Ausblasen oder Strahlen mit körnigen Substanzen (z. B. Trockeneis) durchgeführt wird. Ein Eindringen von staubförmigen Anteilen in die engen Spalte zwischen Kontaktflächen ist dabei nicht auszuschließen. Sie gefährden den Produktionsprozess aus hygienischer Sicht und unter Qualitätsgesichtspunkten jedoch kaum, solange jeweils das gleiche Produkt hergestellt wird und keine Alterung stattfinden kann. Eine Kontaminationsgefahr nach Chargenwechsel hängt von den Qualitätsanforderungen und Nachweisgrenzen ab.

Bei Kontaktflächen zwischen Kunststoffen (Abb. 1.14a) oder Edelstahl und Elastomeren (Abb. 1.14b), wie sie z. B. bei Dichtungen gebildet werden, vermindert die meist hohe Verformbarkeit der elastischen Werkstoffe die Gefahr der Spaltbildung erheblich. Trotzdem ist nur durch hygienegerechte Gestaltung der

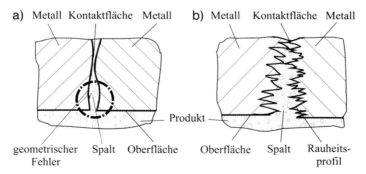

Abb. 1.13 Prinzipielle Probleme der Berührflächen von Edelstahl:
(a) Grobstruktur (Formfehler), (b) Feinstruktur (Rauheitsprofil; Vergrößerung von (a)).

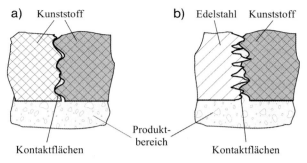

Abb. 1.14 Feinstruktur im Kontaktflächenbereich.
Abdichtung räumlicher Kanäle durch Verformung
(a) zwischen Kunststoffen, (b) zwischen Metall und Elastomer.

Berührflächen und Dichtheit unmittelbar an der produktberührten Oberfläche ein Kontaminationsrisiko zu vermeiden.

1.1.1.4 Oberflächengeometrie und konstruktive Ausführung von Oberflächen

Neben der Feinstruktur ist die Geometrie von produktberührten Oberflächen von entscheidender Bedeutung für die Reinigbarkeit. Grundlegende Anforderungen dazu sind in der Maschinenrichtlinie, Anhang 2, zu finden [25]. Die zur Erfüllung dieser grundlegenden Anforderungen entwickelte Norm DIN EN 1672-2 [26] ist als allgemeine Norm zur Definition von Begriffen und generellen konstruktiven Gefahrenquellen gedacht. Gleiches gilt für die international entwickelte und ähnlich abgefasste DIN EN ISO 14 159 [27]. Die Empfehlungen beider Normen beruhen zum großen Teil auf Leitlinien und Beispielen der EHEDG, wobei in deren Publikationen z. B. auch Größenangaben für bestimmte Gestaltungsvorschläge gemacht werden, um Anhaltswerte für die Behandlung von Problemzonen zu geben.

In allen Empfehlungen wird ausgeführt, dass Oberflächen wegen der erforderlichen Reinigbarkeit glatt, kontinuierlich durchgehend oder abgedichtet sein müssen. Inner*e* rechte Winkel und Ecken müssen nach Stand der Technik gemäß Abb. 1.15a stets ausgerundet werden. Spitze Winkel ($\leq 90°$) entsprechend Abb. 1.15b sollten vermieden werden, da sie trotz Ausrundung ein Hygienerisiko darstellen. Sie sind lediglich bei sehr großen Rundungsradien akzeptabel. Bei stumpfen Winkeln kommt es im Allgemeinen auf die Größe an, ob die Reinigbarkeit vermindert wird. Die EHEDG empfiehlt, Ecken vorzugsweise mit einem Radius von $r = 6$ mm oder mehr auszurunden [3, 9]. Als Mindestradius sieht sie, wie DIN 1672-2, $r = 3$ mm an. Falls spitze Winkel nicht zu vermeiden sind oder der Radius eines Winkels aus technischen Gründen kleiner als 3 mm sein muss, ist die Konstruktion durch einen Reinigbarkeitstest zu überprüfen, wobei verminderte Reinigbarkeit durch andere Maßnahmen wie z. B. höhere Reinigungsgeschwindigkeit oder längere Reinigungszeit zu kompensieren ist. Bei stumpfen Winkeln sollte auch die Möglichkeit des abgestuften Abwinkelns nach Abb. 1.15c in Erwägung gezogen werden.

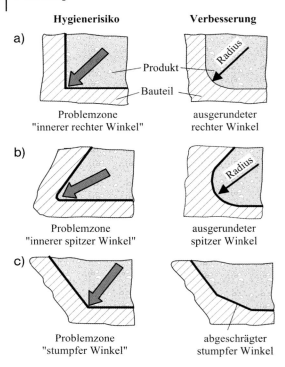

Abb. 1.15 Beispiele der Gestaltung innerer Ecken:
(a) rechte Winkel, (b) spitze Winkel, (c) stumpfe Winkel.

Nach der Maschinenrichtlinie [25] dürfen Flächen keine Vertiefungen aufweisen, in denen sich organische Stoffe festsetzen können. Verbindungen müssen so gestaltet werden, dass vorstehende Teile, Leisten und versteckte Ecken auf ein Mindestmaß beschränkt werden. Auch in Normen und Empfehlungen wird in verschiedenen Zusammenhängen darauf hingewiesen, dass stufenartige Rücksprünge oder Vertiefungen zu vermeiden sind, in denen sich organische Stoffe festsetzen können. Entsprechend Abb. 1.16a sind sie z. B. in Form von Rillen oder Nuten in horizontalen Flächen mit entsprechenden Ausrundungen akzeptabel, wenn sie in Längsrichtung der Vertiefung gereinigt werden können. Bei Queranströmung müssen Vertiefungen ausreichend breit und mit ausgerundeten Ecken gestaltet werden, wobei die Tiefe so gering wie möglich auszuführen ist.

Außerdem ist bei horizontaler Anordnung auf die Entleerbarkeit zu beachten.

Horizontale vorstehende Teile wie z. B. Leisten oder andere stufenartigen Erhöhungen (Abb. 1.16b) sind auf ein Mindestmaß zu beschränken. Leisten sind während der Reinigung möglichst in Längsrichtung anzuströmen. Bei Queranströmung ist die Höhe so gering wie möglich zu halten. Die Übergänge sind entsprechend großzügig auszurunden. Stufen infolge nichtfluchtender Bauteile [2] sind generell zu vermeiden.

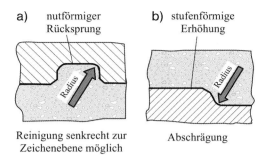

Abb. 1.16 Beispiele für Rück- und Vorsprünge in glatten Oberflächen: (a) nutförmige Vertiefung (Gefahr der Luftansammlung), (b) Stufe.

Ein wesentliches Problem ist durch großräumige Totwasserbereiche und nicht reinigbare tote Enden gegeben, deren Auswirkung auf Produktkontaminationen enorm sein kann. Sie entstehen häufig aus Unachtsamkeit bei Konstruktion oder Montage von Anlagen.

Untersuchungen über die Problematik der Reinigung von Toträumen in Rohrleitungen werden z. B. in [28] kurz zusammengefasst, wo unterschiedliche Einbausituationen von T-Stücken gemäß Abb. 1.17a diskutiert werden. Den äußerst geringen Strömungsanteil im Totraum in Abhängigkeit der Totraumtiefe für die ungünstigste Reinigungsposition eines T-Stücks zeigt das beispielhafte Ergebnis nach Abb. 1.17b, das als Ausgleichskurve von Messwerten wiedergegeben ist. In diesem Fall können zusätzlich Lufteinschlüsse im Totraum das Wachstum von Mikroorganismen und Biofilmen fördern.

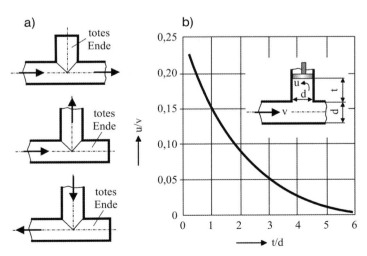

Abb. 1.17 Tote Enden von T-Stücken nach [28]:
(a) mögliche Lage und Anströmung, (b) Beispiel mit Ausgleichskurve für Versuchsergebnisse (d = 60 mm, t und v variiert).

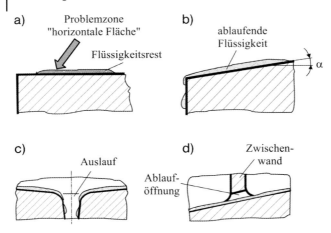

Abb. 1.18 Selbstablaufen von Oberflächen:
(a) nicht ablaufende horizontale Fläche, (b) geneigte Fläche,
(c) Auslaufstelle, (d) Durchbruch in Zwischenwand.

Unvermeidbare tote Enden von T-Stücken werden bei Verhältnissen $t/d < 1$ als reinigbar angesehen, wenn sie in Richtung des Totraums angeströmt werden. Reinigungsströmung in umgekehrter Richtung führt zu nahezu keiner Wirkung. Ausrundungen der toten Enden verbessern die Reinigbarkeit. Toträume bzw. Strömungsschatten können auch hinter angeströmten Bauelementen wie Stangen, Spindeln, Speichen oder Rippen entstehen.

Schließlich ist zu beachten, dass gesetzlich nach [25] von Lebensmitteln, kosmetischen und pharmazeutischen Erzeugnissen sowie von Reinigungs-, Desinfektions- und Spülmitteln stammende Flüssigkeiten, Gase und Aerosole vollständig aus der Maschine ableitbar sein müssen, z. B. möglichst in Reinigungsstellung. Nach [26, 27] ist vorzugsweise selbsttätiges Ablaufen (Selfdraining), eventuell auch in einer „Reinigungs"-Stellung, sicherzustellen. Das selbsttätige Ablaufen wird auch nach [9] gefordert wird. Dies bedingt z. B. auch, dass horizontale Flächen zu einer Seite hin mit einem Neigungswinkel versehen werden müssen (Abb. 1.18). Ausgehend von wasserähnlichen Flüssigkeiten wird in [2] für Rohrleitungen und geschlossene Apparate ein Neigungswinkel von $\alpha > 3°$ empfohlen (Abb. 1.18b). Beispiele für selbsttätiges Ablaufen zeigen Abb. 1.18c für einen Behälterauslauf bzw. Abb. 1.18d für einen Durchlass durch ein vertikales Wandelement. Ist in Sonderfällen ein selbsttätiges Ablaufen nicht möglich, so ist dafür zu sorgen, dass es durch andere Maßnahmen wie z. B. Trocknen durch Strahlung oder Heißluft erreicht werden kann. Dabei ist ein Auskristallisieren aus Flüssigkeiten (z. B. durch Kalkbildung) zu vermeiden.

Häufig müssen durchgehende horizontale Profile aus Edelstahl z. B. als Trag- oder Versteifungselemente im Außenbereich von Apparaten bzw. zu Heiz- oder Kühlzwecken im Produktbereich verwendet werden. Dabei ist bei offenen Prozessen z. B. im Reinraum auch der Außenbereich der Konstruktion als Produktbereich anzusehen. Auf oben freien Quadratrohren mit horizontalen

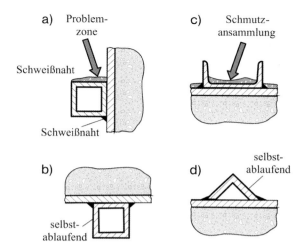

Abb. 1.19 Profile zur Versteifung oder als Heizflächen:
(a) Quadratrohr mit horizontaler, nicht ablaufender Oberfläche,
(b) selbstablaufende Position eines Quadratrohrs,
(c) nach oben offenes U-Profil, (d) selbstablaufendes Winkelprofil.

Flächen gemäß Abb. 1.19a ist das selbsttätige Abfließen von Flüssigkeiten nicht gewährleistet, während die Befestigung unter horizontalen Wänden gemäß Abb. 1.19b dieses Problem vermeidet. In beiden Fällen ist jedoch auf die inneren rechten Winkel als zusätzliche Problemstelle zu achten, die z. B. durch Kehlnähte vermindert werden kann. Bei offenen Profilen entsprechend Abb. 1.19c wird die Schmutzablagerung gefördert. Gleichzeitig ist die Reinigung behindert und praktisch nur von Hand durchführbar. Besonders geeignet ist die Verwendung von Winkel- oder Rundprofilen nach Abb. 1.19d, die in den verschiedensten Lagen selbsttätig ablaufen.

Es muss noch erwähnt werden, dass geschlossene Hohlprofile als „hollow bodies" von manchen Anwendern abgelehnt werden. Ursache dafür ist, dass in der Praxis Risse in Hohlkörpern gemäß Abb. 1.20 zu Kontamination im Produktbereich geführt haben. Vermeiden lassen sich solche Probleme nur durch konsequenten Einsatz von offenen Profilen, was sich allerdings nicht überall, wie z. B. an Heiz- oder Kühlelementen, durchführen lässt.

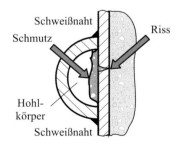

Abb. 1.20 Problematik des Kontaminationsrisikos durch Rissbildung geschlossener, undichter oder seitlich offener Hohlelemente.

1.1.2
Nicht produktberührte Oberflächen

Nach [26] und [27] sollen auch nicht produktberührte Oberflächen und Beschichtungen die allgemeinen Anforderungen erfüllen: haltbar, reinigbar und eventuell desinfizierbar zu sein. Sie sind aus korrosionsbeständigen Werkstoffen herzustellen oder z. B. mit festhaftenden Beschichtungen oder Farbauftrag zu behandeln. Bei bestimmungsgemäßer Verwendung dürfen sie keine Brüche aufweisen, müssen widerstandsfähig gegen Brechen, Splittern, Abblättern, Korrosion sowie Abrieb sein und das Eindringen unerwünschter Substanzen verhindern. Die Oberflächen müssen nichtabsorbierend ausgeführt werden, ausgenommen wenn es technisch oder technologisch unvermeidbar ist. Sie dürfen Produkte weder nachteilig beeinflussen noch kontaminieren. Einrichtungsteile sind so zu gestalten und herzustellen, dass Ansammlungen von Feuchtigkeit und das Festsetzen von Verschmutzungen und Schädlingen verhindert werden. Außerdem müssen Überwachung, Wartung, Instandhaltung, Reinigung und gegebenenfalls Desinfektion möglich sein. Hohle Rahmenelemente müssen vollständig geschlossen oder wirksam abgedichtet werden.

1.2
Schweißverbindungen

Nach Stand der Technik und wenn technisch möglich sollten Schweißverbindungen lösbaren Verbindungen als Verbindungselemente grundsätzlich vorgezogen werden. Sie bieten bei hygienegerechter Ausführung bei allen schweißbaren Werkstoffen eine optimale technische und mikrobiologische Sicherheit. Bei dem am häufigsten eingesetzten Werkstoff Edelstahl können bei Schutzgasschweißung unter Inertgas vor allem in Verbindung mit automatisierten Schweißverfahren porenfreie Nähte ohne merklichen Wulst garantiert werden, die allen hygienischen Anforderungen gewachsen sind [29]. Gleiches gilt für das Schweißen von Kunststoffen, das bei entsprechender Erfahrung mit Nahtvorbereitung, Temperatur, Zusatzwerkstoff und Schweißgeschwindigkeit hohe Nahtqualitäten erlaubt.

1.2.1
Nicht rostender Edelstahl

Die am häufigsten verwendeten austenitischen Edelstähle können mit den meisten für unlegierte Stähle üblichen Verfahren und Maschinen des Schmelz- und Widerstandsschweißens geschweißt werden. Zu berücksichtigen ist, dass nicht rostende Edelstähle gegenüber unlegierten Stählen nur etwa ein Drittel der Wärmeleitfähigkeit, aber einen um etwa 50 % höheren Wärmeausdehnungskoeffizienten haben. Dies ist für die Vorbereitung der Bauteile zum Schweißen wichtig, indem der Abstand an der Nahtwurzel höher zu wählen ist. Um Verzug und Verzunderung gering zu halten, sollte möglichst wenig Wärme beim Schweißen

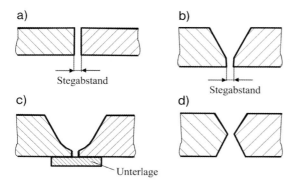

Abb. 1.21 Beispiele für die Vorbereitung von Blechen für das Schweißen bei verschiedenen Stumpfstößen:
(a) I-Naht dünner Bleche, (b) V-Naht, (c) U-Naht mit Unterlage, (d) X-Naht.

eingebracht werden. Als Folge werden schmale Schweißnähte mit engen Bereichen von Anlauffarben erreicht, die weniger Nacharbeit erfordern. Außerdem vermindern eine dichte Folge von Heftschweißungen mit allseitigem Inertgasschutz [30] oder Einspannungen, die auch beim Abkühlen der geschweißten Bleche aufrechterhalten bleiben sollten, das Verziehen. Bei den austenitischen Stählen besteht keine Gefahr der Aufhärtung.

Bei der Vorbereitung der Stoßstellen ist auf fettfreie, saubere und glatte Schnittkanten zu achten. Bei größeren Wandstärken müssen Bauteile durch spanende Bearbeitung entsprechend vorbereitet werden. Art und Abmessungen der Nahtvorbereitung gemäß den Beispielen nach Abb. 1.21 hängen wesentlich vom gewählten Schweißverfahren ab.

Eine wesentliche Rolle spielt der Schutz der Schmelze vor Veränderungen, die sich auf die Oberflächenqualität oder die Zusammensetzung des Gefüges auswirken. Um z. B. einen C-Anstieg in der Schmelze zu vermeiden, müssen Pulver von Unterpulver-Schweißverfahren frei von C-abgebenden Bestandteilen sein. Flussmittel im Pulver müssen unerwünschte Oxide in der Schmelze ausreichend benetzen und lösen können. Sauerstoffzutritt zur Schmelze wird durch ausreichend reines Schutzgas wie z. B. Schweißargon 99,95 % verhindert. Der Schutz muss sowohl auf der Schweißseite als auch auf der Seite der Nahtwurzel erfolgen. Glatte Raupenoberflächen können beim maschinellen WIG-Schweißen für austenitische Stähle durch Argon-Wasserstoff-Mischgase erreichtwerden. Bei Montagearbeiten im Freien sollten Schirme gegen Zugluft aufgestellt werden.

1.2.1.1 Nahtgefüge und -umgebung
Die Art der verwendeten nicht rostenden Edelstähle und das angewendete Verfahren bestimmen vor allem das Gefüge an der Nahtoberfläche sowie in der Wärmeeinflusszone der Nahtumgebung (Abb. 1.22), wodurch die Korrosionsbeständigkeit beeinflusst werden kann.

Voraussetzung für eine hohe Beständigkeit ist der Chromgehalt, der ein edles elektrochemisches Potenzial bewirkt [31]. Beim Schweißen, insbesondere mit

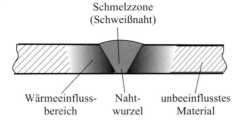

Abb. 1.22 Wärmeeinflusszone im Schweißnahtbereich.

Zusatz, sollte darauf geachtet werden, dass dieses möglichst hoch und gleichmäßig über die gesamte Oberfläche im Schweißbereich erhalten bleibt. Im Idealfall sollte beim Übergang vom Grundwerkstoff zur Schweißnaht als auch über den Nahtbereich hinweg keine Änderung des elektrochemischen Potenzials erfolgen, wie es Abb. 1.23a dem Prinzip nach zeigt. Vor allem mit unedlem Zusatzmaterial entsteht gemäß Abb. 1.23b ein Potenzialabfall, der Korrosionsprobleme verursachen kann.

Besonders bei den austenitischen Qualitäten kann sich in einem Temperaturbereich zwischen 500 und 850 °C Kohlenstoff mit Chrom zu Karbiden verbinden und diese an den Korngrenzen des Gefüges ausscheiden, was zu Chromverarmung im Bereich der Korngrenzen führt. Von Einfluss ist vor allem die Höhe der C- und N-Anteile im Werkstoff sowie die Verweilzeit im kritischen Temperaturbereich. Da während des Schweißens in einer bestimmten Entfernung von der Schweißnaht immer dieser Temperaturbereich vorliegt, ist die Gefahr der Chromkarbidbildung grundsätzlich gegeben. Bei anschließender chemischer Beanspruchung der Verbindung wird daher meist nicht die Naht selbst, sondern nur eine bestimmte Zone im angrenzenden Bereich angegriffen, wo gemäß Abb. 1.24 ein Potenzialabfall aufgrund der Chromverarmung entsteht.

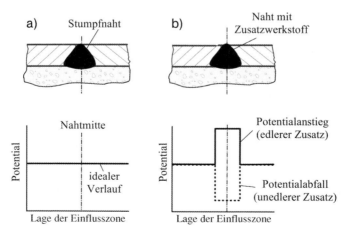

Abb. 1.23 Potenzialverlauf im Schweißnahtbereich:
(a) idealer Verlauf, (b) Potenzialanstieg bzw. -abfall in Abhängigkeit der Art des Zusatzwerkstoffs.

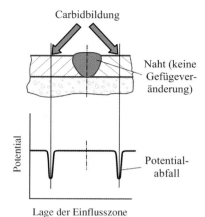

Abb. 1.24 Potenzialabfall neben der Naht aufgrund von Karbidbildung im Bereich der Wärmeeinflusszone.

Der im Apparatebau am häufigsten eingesetzte unstabilisierte Werkstoff 4301 mit einem Kohlenstoffgehalt von maximal 0,07 % nach [32] ist nur bei geringen Dicken wegen der meist ausreichenden Abkühlungsgeschwindigkeit als sicher gegen Ausscheidung von Chromkarbid und damit Kornzerfall anzusehen. Um Kornzerfall generell zu vermeiden, sind entweder Werkstoffe mit niedrigerem Kohlenstoffgehalt (low carbon steels) im Bereich von maximal 0,03 % anzustreben oder es muss eine Stabilisierung mit Titan oder Niob stattfinden, die Kohlenstoff weitgehend zu unlöslichen Titan- oder Niobkarbiden abbinden. Für eine ausreichende Stabilisierung austenitischer Stähle wird z. B. Titan mit einem 5-mal so hohen Gehalt wie an Kohlenstoff verwendet. Zu bemerken ist, dass stabilisierte Qualitäten wegen der harten Karbide in der weichen austenitischen Grundmasse nicht auf Hochglanzpolitur gebracht werden können.

Ti-Karbide in stabilisierten austenitischen Edelstählen gehen allerdings bei Temperaturen oberhalb 1150 °C zunehmend doch in Lösung. Wird von dieser Temperatur sehr schnell abgekühlt, ist der Werkstoff an Kohlenstoff übersättigt. Bei einer nachfolgenden Erwärmung scheidet sich wegen der rascheren Diffusion des Chroms im Vergleich zu dem Stabilisierungselement ein hochchromhaltiges Karbid aus, wodurch der Stahl in diesem Bereich interkristallin anfällig wird. Da beim Schweißen unmittelbar neben der Schweißnaht der Grundwerkstoff auf diese hohen kritischen Temperaturen gebracht wird und dabei die Titankarbide in Lösung gehen, scheidet sich in diesem Bereich bei einer nachträglichen Erwärmung, wie sie z. B. durch Schweißen einer Gegenlage (z. B. Nachschweißen der Nahtwurzel) gegeben sein kann, vorübergehend das Chromkarbid aus. Als Folge kommt es zu interkristalliner Korrosionsanfälligkeit, die sich in sogenannter „Messerlinienkorrosion" äußert. Diese Gefahr wird durch eine unzureichende Stabilisierung (z. B. zu geringer Ti-Gehalt) gefördert, während sie bei einer Überstabilisierung vermindert wird.

Zusammenfassend lassen sich zur Vermeidung der interkristallinen Korrosion und daraus folgender Hygieneprobleme bei einer kritischen Korrosionsbeanspruchung für austenitische Stähle drei Möglichkeiten anführen [33]:

- ein erneutes Lösungsglühen nach dem Schweißen mit nachfolgendem schnellen Abkühlen,
- ein Abbinden des Kohlenstoffgehaltes durch Titan- oder Niobzusatz,
- die Verwendung von austenitischen Stählen mit besonders niedrigen Kohlenstoffgehalten von max. 0,03 % (low carbon steels).

Die internationale Tendenz geht zu Stählen mit niedrigem Kohlenstoffgehalt. Wenn wegen der Blechdicke notwendig, sollten zum Schweißen dieser Qualitäten auch niedriggekohlte Zusatzwerkstoffe eingesetzt werden.

In der Pharmaindustrie werden besondere Anforderungen an den Gehalt an Delta-Ferrit in nicht rostenden Edelstählen gestellt, da er meist für Korrosionsprobleme verantwortlich ist, als deren Folge verminderte Reinigbarkeit der Oberflächen auftritt. Das Grundgefüge nicht rostender austenitischer Stähle ist im Walz- und Schmiedezustand sowohl bei Raumtemperatur als auch bei hohen Temperaturen vollaustenitisch. Infolge der chemischen Zusammensetzung entstehen im Schweißgut geringe Mengen an Delta-Ferrit (δ-Ferrit) [34], wodurch die Anfälligkeit gegen die Bildung von Heißrissen sinkt. Die Entstehung von δ-Ferrit hängt vom Verhältnis der Ferritbildner Cr, Mo, Si und Nb zu den Austenitbildnern Ni, C, Mn und N ab (s. auch [1]) und lässt sich näherungsweise im Schäffler-Diagramm nach Abb. 1.25 abschätzen. Zur Verdeutlichung sind einige Werkstoffe sowie Zusatzmaterialien für das Schweißen mit ihren nominellen Legierungsbestandteilen in das Diagramm eingetragen.

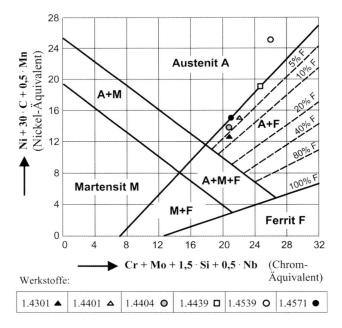

Abb. 1.25 Gefügearten von Edelstählen im Schäffler-Diagramm.

1.2.1.2 Nachbehandlung von Schweißnähten

Eine Wärmenachbehandlung ist bei austenitischen Edelstählen in der Regel nicht erforderlich. Bei unstabilisierten Werkstoffen mit normalem C-Gehalt kann z. B. bei großen Wandstärken Cr-Karbid an den Korngrenzen durch Glühen bei Temperaturen von 950–980 °C rückgängig gemacht werden. Schmiermittelreste sind vorher vollständig zu beseitigen. Die Haltezeit sollte je nach Wanddicke 30 min bis mehrere Stunden betragen. Ein Lösungsglühen bei Temperaturen von 1000–1150 °C mit nachfolgendem schnellen Abkühlen wird man bei geschweißten Bauteilen nach dem Schweißen durch Auswahl geeigneter Grund- und Zusatzwerkstoffe fast immer vermeiden können. Ein Spannungsarmglühen der austenitischen Stähle kann bei Temperaturen bis maximal 550 °C erfolgen.

Oxidhäute und Anlauffarben auf und neben der Naht, die eine Unterbrechung der passiven Werkstoffoberfläche ergeben, können bei Schutzgasschweißverfahren durch einen hinter dem Lichtbogen herlaufenden Schutzgasstrom wirksam vermindert werden. Entscheidend ist, dass der Sauerstoffgehalt in der Nahtumgebung im Bereich von $n < 40$ ppm liegt (s. auch [30]).

Flussmittel, Zunder und Anlauffarben lassen sich durch Schleifen oder Bürsten mit nicht rostenden Stahlbürsten mechanisch entfernen. Das Strahlen mit Glasperlen ist wegen der nicht reinigbaren Oberflächenstruktur zu vermeiden (s. auch Abschnitt 1.1.1). Trockenschleifen kann bei zu hohem Anpressdruck wegen der schlechteren Wärmeableitung die Oberfläche oxidieren, die mit Feuchtigkeit eine gelbbraune Farbe annimmt.

Es ist schwierig, Schweißnähte auf genau die gleiche Oberflächengüte des benachbarten Werkstoffes nachzuarbeiten. Mit einiger Erfahrung lassen sich aber gute Ergebnisse erzielen. Nach einem gröberen Vorschleifen benutzt man zum Fertigschleifen Körnungen bis 240 vorzugsweise in Kautschukbindung. Dabei ist darauf zu achten, dass die geschliffenen Bereiche nicht tiefer als die Oberfläche des umgebenden Metalls liegen.

Beim Polieren kann nach den Empfehlungen der Tabelle 1.3 verfahren werden. Der letzte Strich sollte immer so ausgeführt werden, dass die Riefen zu denen des benachbarten Metalls parallel gerichtet sind. Manchmal gelingt es besser, die Schweißnaht auf die Oberflächengüte des benachbarten Metalls nachzuarbeiten, indem man zunächst auf eine feinere Oberflächengüte vorbearbeitet und erst zum Schluss mit der richtigen, gröberen Körnung nachschleift.

Tabelle 1.3 Erreichbare Rauheitswerte Rt bei mechanischem Polieren bei einer Ausgangsrauheit von $Rt = 1,2$ µm.

Rauheit Rt in µm	bis 0,9	etwa 0,7	etwa 0,6	etwa 0,5	etwa 0,35	etwa 0,25
Polierpaste	besonders griffig und fett				hochglanz, trocken	
Polierhilfsmittel	Fiberbürste	Sisalkordelscheibe	Sisalscheibe imprägniert	Baumwollscheibe hart	Baumwollscheibe hart	Baumwollscheibe weich

Zur chemischen Behandlung von Schweißnähten werden Beizlösungen oder -pasten eingesetzt. Nach dem Fertigbeizen müssen sämtliche Teile gründlich gewässert werden, weil sonst Säurereste zurückbleiben, die gelbbraune Flecken hervorrufen.

1.2.1.3 Schweißverfahren

Bis auf Gasschmelzverfahren können nicht rostende Edelstähle mit denselben Verfahren und Schweißgeräten gefügt werden wie sie bei unlegierten oder niedrig legierten Stählen eingesetzt werden. Für hohe Nahtqualitäten sind allerdings spezielle Vorgaben zu beachten (s. auch [1]).

Beim Schweißen sollte nach Stand der Technik wegen der erforderlichen hohen Qualität soweit wie möglich automatisch geschweißt werden. In vielen Fällen lassen sich allerdings bei Fertigung und Installation Handschweißungen nicht vermeiden. Gut ausgebildete, geübte und geprüfte Schweißer erreichen jedoch ebenfalls ausgezeichnete Nahtqualitäten.

Blanke Stabelektroden können beim Schweißen von Edelstählen nicht verwendet werden, da der Lichtbogen instabil ist und das Schweißgut nicht die notwendige Zusammensetzung erhält. Beim Schweißen mit *umhüllten Stabelektroden* werden Stab und Umhüllung abgeschmolzen. Schutzgasbildner aus der Umhüllung bilden einen Schutzgasmantel aus CO_2 um den Lichtbogen. Die entstehende Schlacke schützt in erster Linie die von der Elektrode abschmelzenden Tropfen sowie das Schweißbad vor dem Zutritt von Luft. Sie soll sich nach dem Erkalten leicht von der Schweißraupe abheben lassen. Bei Feuchtigkeit in der Elektrodenumhüllung entstehen offene Poren in der Naht und bei empfindlichen Stählen Kaltrisse. Außerdem muss bei den hochlegierten Elektroden für Edelstähle mit niedrigerer Stromstärke und kürzerem Lichtbogenabstand als bei üblichen Elektroden geschweißt werden.

Beim *Unterpulverschweißen* (UP) brennt der Lichtbogen zwischen der blanken Drahtelektrode und dem Werkstück verdeckt unter dem lose aufgeschütteten Pulver, das den Schutz der Naht bewirkt und die Schlacke bildet. Bei falscher Zusammensetzung können durch Zu- bzw. Abbrand von Legierungselementen unerwünschte Gefügeänderungen entstehen. Das Verfahren benötigt kein Schutzgas, kann aber ohne Vorkehrungen nur in horizontaler Position angewandt werden [35]. Von Vorteil ist die hohe Schweißgeschwindigkeit bei großen Blechdicken, wie z. B. bei Druckbehältern ohne Nahtvorbereitung. Die Schlacke deckt dabei die Schmelze recht zuverlässig ab. Der metallische Zusatzanteil ist mit bis zu 30 % im Pulver enthalten. Von Nachteil ist die Empfindlichkeit gegen Feuchtigkeit. Außerdem muss sich die Schlacke gut von der Schmelze trennen und später abschlagen lassen.

Beim am häufigsten eingesetzten Woffram-Inertgas-Schweißen (WIG) enthält das Schweißgerät gemäß Abb. 1.26 eine Wolframelektrode, die von einem Schutzgasstrom hoher Reinheit umspült wird und den Schweißbereich vor Luftzutritt schützt [36]. Bei maschinellen Verfahren werden zur Erhöhung der Schweißgeschwindigkeit auch Argon-Wasserstoff-Gemische wie z. B. R1 [37] verwendet. Das Schweißen erfolgt mit Gleichstrom, wobei die nicht abschmelzende Wolframelektrode mit dem Minuspol verbunden wird.

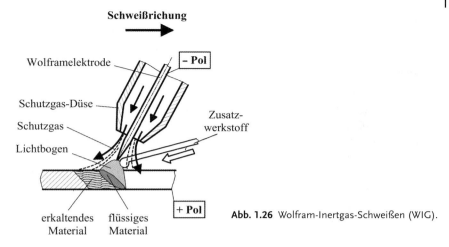

Abb. 1.26 Wolfram-Inertgas-Schweißen (WIG).

Das WIG-Schweißen ist für alle Positionen und besonders für dünne Bleche und Wurzelschweißungen geeignet. Es ermöglicht saubere, glatte, krater- und porenfreie Nähte, vor allem bei Wurzellagen, die nicht gegengeschweißt werden können. Um höchste Schweißnahtqualitäten zu erreichen, können Fehlstellen durch den Einsatz von Zündblechen oder die Überlagerung des Zündstroms mit Hochfrequenz ausgeschaltet werden. Um beim Zünden des Lichtbogens einen besseren Einbrand zu erzielen und beim Löschen starke Endkrater und Endkraterrisse zu vermeiden, kann die Stromstärke beim Zünden erhöht und beim Löschen vermindert werden. Die Endkrater sind vor dem Weiterschweißen zu entfernen. Um glatte Nahtunterseiten zu erhalten, kann man beim Mehrlagenschweißen nur die Wurzelseite mit WIG schweißen. Für die Folgelagen lässt sich dann z. B. das Metall-Inert-Gas-Verfahren (MIG) anwenden.

Die austenitischen Werkstoffe 1.4301, 1.4541, 1.4401 und 1.4571 lassen sich bis etwa 3 mm Blechdicke ohne Schweißzusatz fügen. Bei Stählen 1.4435, 1.4439, 1.4539 und 1.4462 werden vorwiegend Schweißzusätze verwendet.

Das *Orbitalschweißen* von Rohren, eine teilmechanisierte Anwendung des WIG-Schweißens, ist im Hinblick auf Hygienic Design Stand der Technik. Dabei wird der Lichtbogen gemäß Abb. 1.27 um die feststehenden Rohrenden geführt [38]. Das Verfahren wird heute bei hohen Qualitätsansprüchen an Schweißnähte überall eingesetzt. Von Vorteil ist die flache, gleichmäßige und mit geringer Rauheit erzielbare Wurzel, die häufig nicht mehr nachbehandelt werden muss. Die Nahtgüte hängt dabei wesentlich von der Nahtvorbereitung sowie der Minimierung der Toleranzen ab, die für jeden Anwendungsbereich individuell erprobt und festgelegt werden müssen. Für entstehende Anlauffarben ist hauptsächlich der Sauerstoffgehalt beim Schweißen verantwortlich. Nach [30] werden bei Anteilen von $n < 40$ ppm Sauerstoff akzeptable Nähte nahezu ohne Anlauffarben erzielt, sodass eine Nachbehandlung entfallen kann.

Dem beim *Plasmaschweißen* (WPL) verwendeten ionisiertem einatomigem Gas, das den Lichtbogen bildet, können beim Schweißen von austenitischen Edelstäh-

1 Einleitung

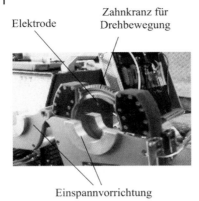

Abb. 1.27 Orbitalschweißgerät.

len geringe Anteile an Wasserstoff zugesetzt werden. Der Lichtbogen brennt unter einer inerten Schutzgasatmosphäre von der nicht abschmelzenden Elektrode zum Werkstück. Durch eine wassergekühlte Düse mit geringem Durchmesser wird der Lichtbogen eingeschnürt und scharf gebündelt, sodass eine erheblich höhere Energiedichte als beim WIG-Schweißen erreicht wird (Abb. 1.28). Häufig kann ohne Schweißzusatz gearbeitet werden. Ansonsten wird er extern zugeführt. Wesentliche Vorteile des Verfahrens liegen in der hohen Schweißgeschwindigkeit bei schmaler Raupe und schmaler Wärmeeinflusszone. Aufgrund des schmalen Nahtbereichs ist eine genaue Nahtvorbereitung nötig. Von Vorteil ist die qualitativ hochwertige Nahtoberfläche ohne Gefahr von Bindefehlern oder Problemen beim Durchschweißen sowie die geringe Empfindlichkeit gegen Toleranzen und kleine Abweichungen.

Zum Ausschneiden komplizierter Formen aus Blechen wird häufig das *Plasmaschneiden* eingesetzt, bei dem der metallische Werkstoff durch den Plasmastrahl geschmolzen und aus der Schnittfuge ausgeblasen wird. Mit dem Verfahren lassen sich nahezu alle metallischen und nicht metallischen Werkstoffe schneiden.

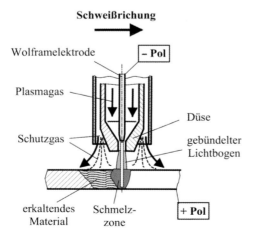

Abb. 1.28 Plasmaschweißen.

Das *Elektronenstrahlschweißen* ist das qualitativ hochwertigste Schmelzschweißverfahren. Dabei werden gebündelte Elektronen durch hohe Gleichspannung im Vakuum beschleunigt. Das Schweißteil befindet sich ebenfalls in einem evakuierten Raum. Das Verfahren erlaubt Schweißarbeiten mit schmaler Wärmeeinflusszone und großer Tiefenwirkung. Es können Bleche bis zu 150 mm Stärke mit hoher Präzision und ausgezeichneter Qualität der Nähte geschweißt werden. Aufgrund des gezielten Wärmeeintrags entstehen schlanke und damit verzugsarme, fast schrumpfungsfreie Nähte. Auch bei dickeren Blechen bis z. B. 100 mm ist keine Vorbehandlung erforderlich. Die Verbindung verschiedener Werkstoffe ist ebenfalls bei größter Reinheit der Naht möglich. Hochpräzise Trennflächen können bei Anwendung des Verfahrens zum Trennen erreicht werden.

Beim *Laserstrahlschweißen* wird aufgrund der Fokussierung des Strahls der Werkstoff lokal sehr eng begrenzt aufgeschmolzen. Dabei entsteht eine Dampfkapillare (keyhole), die einen Tiefschweißeffekt erzeugt. Aufgrund der konzentrierten Wärmeeinbringung und der schnellen Wärmeabfuhr lassen sich schmale Nähte mit einem großen Verhältnis von Tiefe zu Breite erzeugen [39]. Wesentliche Merkmale und Vorteile sind hohe Leistungsdichte, kleiner Strahldurchmesser, hohe Schweißgeschwindigkeiten, berührungsloses Werkzeug und das Schweißen ohne Zusatzwerkstoff. Die geringe Wärmeeinflusszone äußert sich in minimaler thermischer Belastung und geringem Verzug. Außerdem ist das Schweißen fertig bearbeiteter Bauteile sowie unterschiedlicher Werkstoffe möglich.

1.2.1.4 Hygieneanforderungen an die Nahtausführung

Schweißnähte unterscheiden sich von üblichen Edelstahloberflächen durch Gefügeveränderungen sowie eine raupenartige Nahtoberfläche mit höherer Rauheit und unterschiedlicher Struktur. Unbearbeitete, qualitativ hochwertige Schweißnähte erreichen bei guter Inertisierung Rauheitswerte von etwa $Ra = 3$ µm. Trotz der Höhe dieser Werte ist damit ein relativ geringes Hygienerisiko verbunden, da die Schweißnahtfläche im Verhältnis zur gesamten produktberührten Oberfläche von Apparaten klein und die Schweißraupe wellig ist. Man kann daher in vielen Hygienebereichen diese Rauheiten akzeptieren. Eine Validierung der Reinigung muss Nahtstellen einbeziehen. Bei unzugänglichen Schweißnähten ist die gefertigte Nahtqualität durch Probeschweißungen abzusichern. Nähte nach üblichen Industriestandards, bei denen die Ra-Werte im Bereich von 7–8 µm oder mehr liegen, sind aus hygienischer Sicht für Produktbereiche nicht akzeptabel [29].

Qualitativ hochwertige, z. B. automatisch geschweißte, Nähte können ohne mechanische Nachbearbeitung akzeptiert werden. Konkrete Angaben über Anforderungen an Rauheiten sind für manche Produktbereiche vorgegeben. Für milchwirtschaftliche Tanks und Apparate werden für Schweißnahtrauheiten von zugänglichen Nähten z. B. Werte nach Tabelle 1.4 nach DIN 11 480 [40] gefordert. Weiterhin wird in DIN 10 502 [41] für Transportbehälter für flüssige Lebensmittel ebenso wie bei Bearbeitung durch Schleifen bei geschweißten kaltgewalzten Blechen eine mittlere Rauheit von $Ra < 1,6$ µm gefordert, während die Rauheit bei geschweißten warmgewalzten Blechen $Ra < 3,2$ µm betragen soll.

Tabelle 1.4 Rauheitsanforderungen an Schweißnähte nach DIN 11 480 [40].

Anforderungsstufe	Arithmetischer Mittenrauwert Ra der Schweißnaht [µm]	Anwendungsbeispiel
A	< 1,0	Produktbehandlung
B	< 1,2	Produktlagerung Prozessbehälter
C	< 0,2	besondere mikrobiologische Anforderungen

Um eine korrosionsbeständige passive Oberfläche zu erreichen, wird nach Stand der Technik das Beseitigen von Anlauffarben vorgeschrieben. Im Allgemeinen werden dafür Beizverfahren eingesetzt. Wenn die hygienerelevanten Anforderungen der Schweißnaht nicht erreicht werden, müssen an zugänglichen Oberflächen Schweißspritzer, Anlauffarben oder andere Oxidationsprodukte durch mechanische Behandlungen in Form von bürsten, schleifen oder polieren entfernt werden. Bei hohen Anforderungen an die Korrosionsbeständigkeit sind ein anschließendes Beizen und eventuell zusätzliches Passivieren erforderlich [19].

Beim Abtrag der Schweißraupe durch Schleifen sollte die Oberflächenqualität des nicht geschweißten Materials durch die verwendete Feinheit des Korns erreicht werden. Besondere Anforderungen können ein mechanisches Polieren oder Elektropolieren erforderlich machen.

Bei einer hygienischen Gesamtbeurteilung stellen Schweißnähte hochsensible Stellen dar, die im mikroskopischen und makroskopischen Bereich durch Poren, Spalte und Anrisse erhebliche Auswirkungen auf die Reinigbarkeit haben können. Ursachen für Werkstofffehler in der Naht wie Heiß- und Kaltrisse oder Poren sind meist falsche Einstellung der Schweißparameter wie z. B. Strom, Spannung und Schweißgeschwindigkeit. Für Bindefehler zwischen der Schmelze und dem umgebenden Material kann zu geringer örtlicher Wärmeeintrag verantwortlich sein. Nicht metallische Einschlüsse führen zum Terrassenbruch (lamellar tearing). Gase wie N_2 oder H_2, die beim Erstarren der Schmelze nicht mehr entweichen können, ergeben Poren. Daher muss bei erkennbarem Sieden langsamer geschweißt werden, damit keine Gase in der Schmelze verbleiben. Bei Überkopfschweißen ist das Entweichen der Gase nicht möglich. Heißrisse entstehen bei der Erstarrung der Schmelze durch unterschiedliche Erstarrungstemperaturen und Schrumpfung, z. B. an den Korngrenzen zwischen erstarrtem Werkstoff und der Schmelze, weil die Schmelze dort nicht mehr nachfließen kann. Für Kaltrisse, die meist erst nach längerer Zeit (nach Stunden bis Jahren) auftreten, ist das Vorhandensein von Wasserstoff notwendig, der erst in verformte Bereiche eindiffundieren muss. Bei dicken Blechen ist wegen der höheren Ankühlgeschwindigkeit eher mit Kaltrissen zu rechnen als bei dünnen.

Um die Einsatzfähigkeit von Bauteilen nicht zu beeinträchtigen, müssen Schweißverbindungen nach DIN EN 1011-3 [36] generell frei von Unregelmäßig-

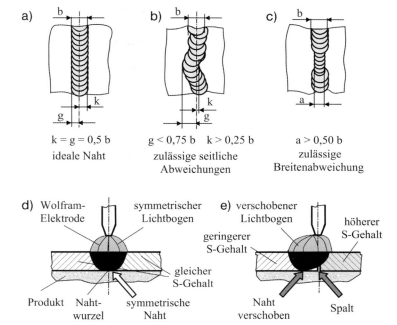

Abb. 1.29 Gleichmäßigkeit von Nähten:
(a) ideale Naht, (b) zulässige seitliche Abweichungen,
(c) zulässige Abweichung der Nahtbreite,
(d) Naht bei gleichem Schwefelgehalt der zu verbindenden Teile,
(e) Lichtbogen und Naht durch unterschiedlichen Schwefelgehalt verschoben (Hygienerisiko) [26].

keiten sein, was auch die hygienegerechte Ausführung unterstützt. Fehlstellen im Produktbereich können sowohl auf der Schweißseite als auch an der Nahtwurzel auftreten, je nach Lage des Produktkontakts. Generell ist es sicherer, von der Produktseite aus zu schweißen. Ist diese nicht zugänglich, so liegt die kritischere Nahtwurzel mit erhöhtem Risiko für die Nahtqualität auf der produktberührten Seite. In sichtbaren Bereichen ist eine direkt Überprüfung der Nähte möglich, während an unsichtbaren Stellen endoskopisch untersucht werden kann oder Probenähte überprüft werden müssen. Nach [30, 42] sind gemäß Abb. 1.29 sowohl zulässige Abweichungen im seitlichen Verlauf (Abb. 1.29b) auch in der Nahtbreite (Abb. 1.29c) für eine hygienegerechte Naht maßgebend. Eine zusätzliche wichtige Rolle für die Ausbildung des Lichtbogens sowie der Naht spielt der Schwefelgehalt der zu verschweißenden Werkstoffe. Grundsätzlich sollte er möglichst gleich sein, wodurch gemäß Abb. 1.29d eine symmetrische Naht entsteht. Bei ungleichem Gehalt wird der Lichtbogen zur Seite des geringeren abgelenkt (Abb. 1.29e), was zu einer verschobenen Nahtausbildung führt [30]. Bei von außen geschweißten Rohren besteht dadurch die Gefahr, dass die Wurzel nicht durchgeschweißt wird, sodass ein unzulässiger Spalt entsteht.

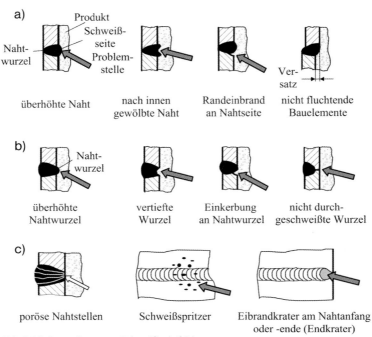

Abb. 1.30 Darstellung von Schweißnahtfehlern:
(a) auf der Schweißseite, (b) an der Nahtwurzel, (c) spezielle Fehlstellen.

Entsprechend Abb. 1.30a können auf der produktberührten Seite Problemzonen sowohl durch Nahtüberhöhungen als auch durch Vertiefungen in der Naht entstehen. Dem sogenannten Durchhängen von horizontalen Nähten infolge Schwerkraftwirkung auf die Schmelze kann durch Pulsen des Lichtbogens mit niedriger Frequenz entgegengewirkt werden. Zum Vermeiden von Versatz an Nähten ist das Fluchten eine wichtige Voraussetzung. Vor allem wenn Bleche mit unterschiedlichen Wandstärken zu verbinden sind, muss die produktberührte Seite zum Fluchten gebracht werden.

Auf der Seite der Nahtwurzel ist die Gefahr von Spalten neben der Nahtwurzel oder eine nicht völlig bzw. gleichmäßig durchgeschweißte Wurzel entsprechend Abb. 1.30b besonders zu beachten. Die Abb. 1.30c zeigt eine poröse Naht durch nicht richtig eingestellte Stromstärke oder Schweißgeschwindigkeit. Die zur Produktseite offenen Fehlstellen können Rekontamination nach der Reinigung durch überlebende Mikroorganismen nach sich ziehen. Im Nahtbereich entstehende Schweißspritzer müssen sorgfältig beseitigt werden. Bei Nahtenden ist darauf zu achten, dass die gleiche Nahtqualität erreicht wird, wie in den restlichen Nahtbereichen. Sogenannte Endkrater, die als Vertiefungen hygienische Problembereiche darstellen, sind z. B. durch Nachschweißen zu beseitigen.

Grenzwerte für Nahtfehler sind in den Unterlagen von ASME bzw. EHEDG in [30] bzw. [42] enthalten. In Anlehnung daran gibt Abb. 1.31 als Beispiele Versatz, Wurzeleinzug, Nahtrückzug und -überstand wieder.

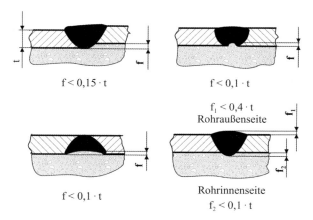

Abb. 1.31 Angaben von Toleranzen für Schweißnahtfehler nach ASME [42] bzw. EHEDG [30].

Ergänzend sind in Abb. 1.32 einige Praxisbeispiele von Edelstahlnähten dargestellt. Die Abb. 1.32a zeigt eine schlecht geschweißte Handnaht mit unregelmäßiger, stark überhöhter Raupe. Die unbehandelt Naht nach Abb. 1.32b weist neben einer Überhöhung Stellen mit geringfügigen Absätzen auf. Die völlig gleichmäßige unbehandelte Naht nach Abb. 1.32c ist maschinengeschweißt und lässt deutlich die Ausbildung der Raupe sowie die hellere Wärmeeinflusszone erkennen. Die einzelnen Raupenglieder sind bogenförmige ausgebildet und haben leicht geneigte glatte Oberflächen, die zum nächsten Glied schräg abfallen. In Abb. 1.32d ist ein fehlerhafter Endkrater einer überlappenden Naht dargestellt, der nachträglich überschweißt wurde. Die Abb. 1.32e zeigt eine automatisch geschweißte Nahtüberlappung mit zwei lochartigen Fehlstellen am Nahtende.

Beim Schweißen von Rohrleitungen ist auf ausreichende Inertisierung der Innenseite zu achten, um nach [29] eine nicht zu reinigende aufgeraute Nahtwurzel gemäß Abb. 1.33a zu vermeiden. Die Ansicht der Wurzel in Abb. 1.33b nach [42] lässt deutlich den Durchhang (Überstand) der Naht mit einer breiten Zone von Anlauffarben erkennen. Nicht inertisierte Nähte dieser Art müssen neu geschweißt werden, um hygienegerechte Verhältnisse zu erreichen.

Kurze Rohrstücke werden zur Inertisierung mit Schutzgas an den Enden mit Blindkappen verschlossen und das Inertgas an einer Seite durch eine Bohrung zugeführt. Bei längeren Rohrleitungsstrecken kann man gemäß Abb. 1.34 ballonartige Abschlussteile verwenden, die mit Druckluft aufgeblasen werden und beiderseits der Naht abdichten. Das Inertgas wird in den abgedichteten Bereich eingeleitet und tritt an der Stoßstelle aus. Nach Fertigstellung der Schweißnaht kann die Vorrichtung am offenen Ende herausgezogen werden.

Bei der Nahtvorbereitung ist auf einen rechtwinkligen, glatten Schnitt der Rohr- oder Fittingenden zu achten. Abrundungen der Schnittkanten führen zu schlechter Nahtausbildung und damit zu hygienischen Problemzonen (Abb. 1.35a). Die Rohrenden müssen fluchtend gespannt werden, da Desaxialitäten zu schlecht reinigbaren Stufen führen. Maximale Abweichungen [29] sind in Abb. 1.35b angegeben. Auch die Rundheit der Rohre spielt eine entscheidende Rolle.

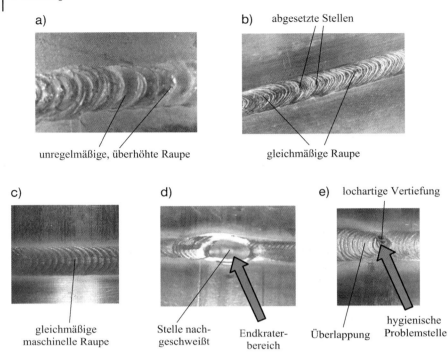

Abb. 1.32 Bilder von Schweißnähten:
(a) unregelmäßige Handschweißung mit hohem Hygienerisiko,
(b) gleichmäßige Schweißraupe mit Unterbrechungen,
(c) maschinengeschweißte, hygienegerechte Schweißnaht,
(d) überschweißter Endkrater,
(e) überlappendes Nahtende mit Fehlstelle.

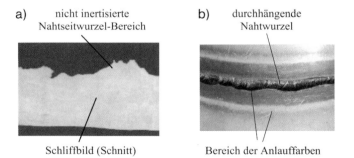

Abb. 1.33 Nicht inertisierte Innenseite einer Rohrnaht:
(a) Querschnitt (nach [29]), (b) Wurzeldurchhang und Anlauffarben (nach [43]).

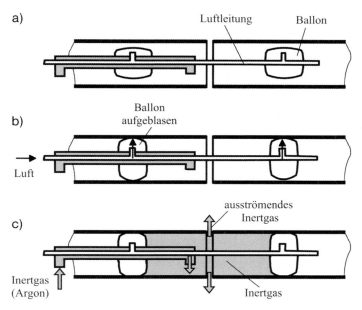

Abb. 1.34 Vorrichtung zum Inertisieren in Rohrleitungen.

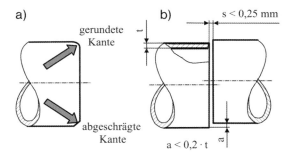

Abb. 1.35 Fehler bei der Nahtvorbereitung:
(a) Abrunden der Kanten am Außendurchmesser,
(b) Toleranzen für den Versatz an Rohrenden (nach [29]).

1.2.1.5 Hygienegerechte Gestaltung von Schweißverbindungen

Zunächst sind bei Schweißkonstruktionen alle grundlegenden Gestaltungsprinzipien anzuwenden und Problembereiche auszuschalten, die bereits in Abschnitt 1.1 genannt wurden (s. auch [1]). Einfache grundlegende Beispiele für Hygienerisiken bzw. Hygienic Design sollen im Folgenden als Orientierung dienen.

Schweißnähte in inneren Ecken ergeben aus hygienischer Sicht noch größere Reinigungsprobleme als Ecken ohne Nähte. Obwohl die von innen geschweißte Naht nach Abb. 1.36a eventuell in Qualität und Oberflächenstruktur während des Schweißens kontrolliert werden kann, stellen vor allem die Nahtseiten schlecht reinigbare Bezirke dar. Wegen der ungünstigen Lage ergeben von außen durch-

a) Ecknaht von außen geschweißt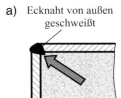

b) Ecknaht von innen geschweißt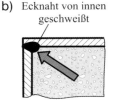

c) Stumpfnaht von innen geschweißt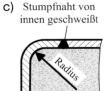

Problembereich überstehende Wurzel mit inneren Ecken

Problembereich überstehende Wölbnaht mit inneren Ecken

Ecke ausgerundet

Abb. 1.36 Schweißnähte in Ecken:
(a) Hygieneproblem durch im Eck überstehende Nahtwurzel,
(b) hygienische Fehlstelle durch Nahtwölbung im Eck einer von innen geschweißten Naht,
(c) hygienegerecht gestaltete und ausgeführte Schweißung.

geschweißte Nahtwurzeln bei dünneren Blechen (Abb. 1.36b) ein erhebliches Hygienerisiko. Eine hygienegerechte Gestaltung setzt entsprechend Abb. 1.36c voraus, dass das Blech in dem Eckbereich mit einem ausreichenden Radius gebogen wird und die Naht in den nicht verformten Teil verlegt wird.

Beim Verschweißen unterschiedlicher Wandstärken beeinflussen geringe Unterschiede die hygienegerechte Gestaltung der Naht kaum. Bei größeren Unterschieden bilden häufig die unsymmetrisch ausgebildete Naht und deren Wölbung gemäß Abb. 1.37a hygienische Probleme. Eine Verbesserung ist durch Abschrägen der Kante des dickeren Blechs (Abb. 1.37b) möglich, was eine mechanische Vorbereitung erfordert. Um auf sichere Weise hygienegerechte Verhältnisse zu erreichen, sollte das Blechende des dickeren Blechs auf die Dicke des dünneren gebracht und in ausreichendem Abstand l zur Abschrägung gemäß Abb. 1.37c geschweißt werden. Wenn möglich, sollte eine Stufe in den Nicht-Produktbereich verlegt werden.

T-Stöße im Produktbereich sollten soweit wie möglich vermieden werden, da sie zwangsläufig gemäß Abb. 1.38a innere Ecken ergeben, die nicht ausgerundet werden können. Falls nicht vermeidbar, sind Kehl- oder Hohlkehlnähte Wölbnäh-

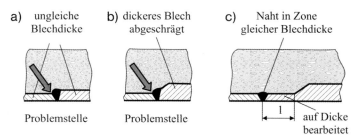

Abb. 1.37 Schweißen unterschiedlicher Blechstärken:
(a) Hygienerisiko durch Stufe und überstehende Naht,
(b) verbesserte Gestaltung durch abgeschrägtes Blech, aber vorgewölbte Naht,
(c) hygienegerechte Gestaltung durch Naht im Bereich gleicher Wandstärken.

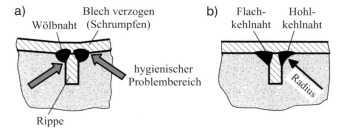

Abb. 1.38 T-Stoß:
(a) Hygienerisiko durch Wölbnähte und Verziehen durch Schrumpfen,
(b) hygienegerechte Hohlkehlnaht.

ten vorzuziehen, da sich dadurch günstiger reinigbare Eckbereiche (Abb. 1.38b) ergeben. Auch überlappende Schweißverbindungen entsprechend Abb. 1.39a oder in verbesserter Form nach Abb. 1.39b sind wegen der entstehenden Stufen möglichst zu vermeiden. Außerdem müssen aus hygienischen Gründen alle produktberührten Schweißnähte mit Ausnahme von Trockenbereichen durchgehend geschweißt werden. Unterbrochene Nähte ergeben an Stellen der direkten Werkstoffberührung eine mikroskopische Spaltbildung. Zusätzlich können sich durch

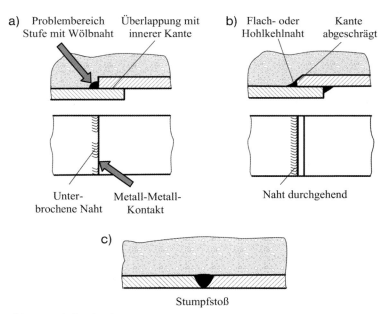

Abb. 1.39 Blechverbindungen:
(a) Hygienerisiko durch überlappende unterbrochene Wölbnaht,
(b) verbesserte Gestaltung bei überlappenden Blechen durch durchgehende Flach- oder Hohlkehlnaht und Abschrägung der Blechkante,
(c) hygienegerechte Gestaltung als Stumpfstoß mit durchgehender, einwandfrei ausgeführter Naht.

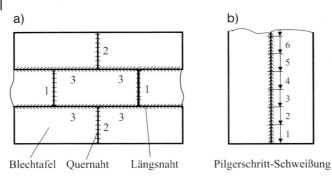

Abb. 1.40 Ausführung größerer, ebener Blechwände:
(a) Schweißfolge um Verformungen durch Schrumpfen zu minimieren,
(b) Pilgerschritt-Verfahren zur Verringerung des Schrumpfens.

Schrumpfen Bereiche verziehen. Mittel der Wahl sind durchgehend geschweißte Stumpfstöße unter Einhaltung der geforderten Nahtausführung (Abb. 1.39c).

Bei größeren ebenen Blechplatten, die z. B. als Böden von Behältern verwendet werden, ist das Verziehen durch Schrumpfspannungen ein besonderes Problem. Verwerfungen in horizontalen Bereichen behindern vor allem das selbsttätige Ablaufen. Grundsätzlich sollte von innen nach außen geschweißt werden, um Dehnungen nicht zu behindern. Aus dem gleichen Grund werden gemäß Abb. 1.40a zuerst Quernähte und danach Längsnähte geschweißt. Außerdem kann dadurch der Schweißspalt jeweils konstant gehalten werden. Bei langen Längsnähten sollte vor allem beim Handschweißen abschnittsweise geschweißt werden, wie es Abb. 1.40b am Beispiel des Pilgerschrittschweißens zeigt. Dabei können die einzelnen kleineren Bereiche abkühlen, bevor ein Weiterschweißen erfolgt.

1.2.2
Kunststoffe

Beim Schweißen von Kunststoffen können bei entsprechender Erfahrung mit Nahtvorbereitung, Temperatur, Zusatzwerkstoff und Schweißgeschwindigkeit hohe Nahtqualitäten garantiert werden, die allen Anforderungen an Hygiene gerecht werden. Umgekehrt können durch nicht fachgerechtes Schweißen erhebliche hygienische Problembereiche entstehen.

Je nach Ausführung der Bauteile und Art der Kunststoffe werden unterschiedliche Verfahren verwendet, von denen einige beispielhaft beschrieben werden (siehe z. B. [44, 45]).

Kunststoffe die – wie Polymere – schmelzbar sind, können im Grenzbereich zwischen plastischem Fließen und voll aufgeschmolzenem Zustand geschweißt werden. Eine einwandfreie Schweißverbindung ist jedoch im Gegensatz zu Metallen nur möglich, wenn die erwärmten Stoßstellen mit Kraft gefügt werden. Dabei werden die Makromoleküle der Randzonen ineinander verschoben, sodass sie sich durchdringen und verfilzen. Die beim Schweißen notwendigen Arbeitsgänge umfassen im Wesentlichen das Bearbeiten, Reinigen, Erwärmen und Zusammenpressen der Fügeflächen. Das Abkühlen erfolgt anschließend meist ebenfalls unter Anpressdruck. Die Art des Verfahrens ist gleichzeitig entscheidend für die erzielbare Oberflächenqualität der Schweißstelle.

1.2.2.1 Schweißverfahren

Beim *Heizelementschweißen* werden die Werkstücke aus thermoplastischen Kunststoffen mit Heizelementen erwärmt und unter Kraft mit oder ohne Schweißzusatz gemäß Abb. 1.41 gefügt. Durch das Anpressen entsteht im Allgemeinen ein Wulst, der als hygienische Problemstelle anzusehen ist. Bei unverstärkten Kunststoffen kann dabei die Festigkeit des Grundmaterials erreicht werden.

Spezielle Anwendung ist das mechanisierte Schweißen von Rohrleitungselementen aus Polymeren, die sich für eine Vielzahl von Anlagen und Medien bis hin zu hochreinem Wasser eignen. Für Letzteres bietet sich PVDF wegen seiner hochwertigen Oberfläche sowie des zulässigen Temperaturbereichs an. Zum Beispiel wird beim *WNF-Verfahren* [46] mittels halbschaliger Heizelemente eine definierte Wärmeenergie in die zu verschweißenden Rohrenden eingebracht. Zur Vermeidung eines Wulstes stützt ein elastischer Druckkörper die Innenseite der Schweißzone ab, die nahezu spannungsfrei ist und eine Oberflächengüte von $Ra \leq 0{,}25$ µm erreicht. Ein Vergleich von Naht mit Wulst und WNF-Naht ist in Abb. 1.42 dargestellt. Das Verfahren erlaubt, komplexe Installationen und lange Rohrleitungsabschnitte wulst- und nutfrei reproduzierbar zu verschweißen.

Bewährte andere Werkstoffe für das Heizelementschweißen sind z. B. PMMA, PP, PVC, PE, PS, ABS, POM und bestimmte PA-Sorten. Außerdem lassen sich PMMA mit ABS, PVC und PS gut verschweißen. Anwendungsgebiete sind das Schweißen von Rohrkörpern aller Art, Sensoren, Bauteile der Medizintechnik und Gehäuse von Geräten.

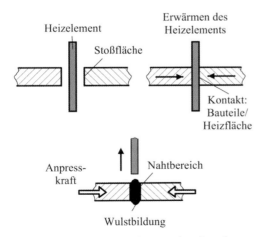

Abb. 1.41 Prinzip des Heizelementschweißens bei Kunststoffen.

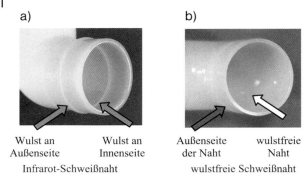

Abb. 1.42 Schweißnähte an Kunststoffrohren:
(a) infrarotgeschweißter Rohranschluss mit Wulst,
(b) wulstfreie Heizelementschweißung eines Rohrs.

Beim *Warmgasschweißen* wird als Wärmequelle ein Gasstrom verwendet, der den Bauteilen über eine Düse zugeführt wird. Der erforderliche Druck wird meist durch den Schweißzusatz ausgeübt. Für Anwendungen in hygienerelevanten Bereichen sind Nahtvorbereitung, Schweißposition, Temperatur und Zusatzmaterial entscheidend. Dabei müssen die Schweißparameter über Steuerung oder Regelung von Temperatur und Gasmenge konstant gehalten werden. Typische Anwendungsbereiche sind das Schweißen von dickeren Formteilen und Rohren.

Beim *Ultraschallschweißen* von Polymeren werden die zu verbindenden Bauteile in der Fügezone durch gezieltes Umwandeln von Schallenergie in Wärme unter Druck plastifiziert. Der dabei normalerweise an der Nahtstelle entstehende Grat, der im Produktbereich eine hygienische Problemzone darstellt, kann meist durch gezielte konstruktive Maßnahmen vermieden werden.

Das *Infrarotschweißen eignet* sich gut für kleinflächige Bereiche und kann automatisiert werden. Durch geringe Tiefenwirkung und kurze Einwirkzeit der Infrarotstrahlung wird das Zersetzen des Werkstoffes vermieden.

Für das Schweißen von Rohrleitungen kann das Infrarot-Stumpfschweißen eingesetzt werden, bei dem man die erwärmten Rohrenden um einen definierten Weg (Fügeweg) zusammenfährt, wodurch sich der Anpressdruck ergibt. Dadurch lässt sich ein wesentlich kleinerer Wulst als er bei herkömmlichen Verfahren erzielen. Fast alle gebräuchlichen Thermoplaste wie PE, PP, PC und bestimmte PA-Sorten können problemlos verarbeitet werden.

Beim *Laserschweißen* von thermoplastischen Kunststoffen erfolgt die Wärmeerzeugung mit einem Laserstrahl [47]. Typisch für dieses Verfahren ist die überlappende Verbindung, wobei der obere Fügepartner für die eingesetzte Laser-Wellenlänge weitgehend transparent sein muss, während der untere sie deutlich absorbieren muss. Dies führt zum Schmelzen an der Stoßstelle. Neben der Automatisierbarkeit ist die gute Zugänglichkeit an kompliziert geformten Bauteilen ein Vorteil des Verfahrens. Es kann z. B. Für Dichtschweißungen von Vorratsbehältern für Flüssigkeiten angewendet werden.

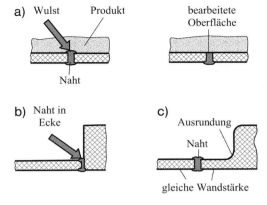

Abb. 1.43 Gestaltung von Kunststoff-Schweißverbindungen:
(a) Stumpfstoß mit unbearbeitetem Wulst und bearbeiteter Naht,
(b) Schweißnahtwulst in Ecke bei ungleichen Wandstärken,
(c) Naht im Bereich gleicher Wandstärke, Ecke ausgerundet.

1.2.2.2 Hygieneanforderungen

Wie erwähnt, wird beim Schweißen von Kunststoffen durch den notwendigen Anpressdruck häufig ein überstehender Wulst erzeugt, der entsprechend Abb. 1.43a einen hygienischen Problembereich darstellt. Eine mechanische Bearbeitung zur Beseitigung des Wulstes kann zu einer aufgerauten porigen Oberfläche führen. Besonderes Augenmerk ist zusätzlich auf die Gestaltung der Bauteile im Nahtbereich zu legen, da Kunststoffbauteile stark kerbempfindlich sind, sodass an Kerbstellen Anrisse entstehen können. Die Gestaltungsmaßnahmen sind daher nicht mit denen von Metallen zu vergleichen. Vor allem müssen Schweißnähte in Ecken gemäß Abb. 1.43b vermieden und entsprechend Abb. 1.43c weit genug von Querschnittsänderungen entfernt sein, die z. B. durch Änderung der Wandstärke, durch Bohrungen oder Nuten entstehen. Besonders wichtig ist das Ausrunden von Ecken, um Kerbwirkung zu vermeiden.

1.3
Löt- und Klebeverbindungen

Löten und Kleben gehören ebenso wie das Schweißen zu den festen unlösbaren Verbindungen, die als Stoffschlussverbindungen bezeichnet werden. Sie ermöglichen ein Fügen auch nicht schweißbarer Werkstoffe, wobei ein Bindemittel zum Fügen der Bauteile benutzt wird. Aufgrund der grundlegenden Aussagen von DIN EN 1672-2 [26] und ISO 14 159 [27] ist Kleben nach dem Schweißen die bevorzugte Fügeart, während Löten nur in besonderen Ausnahmefällen angewendet werden sollte.

Bei beiden Verbindungsarten ist aus hygienischer Sicht die Eignung des Bindematerials entscheidend, das bei Anwendung im Produktbereich die Anforderungen bezüglich Produktverträglichkeit erfüllen muss. Zusätzlich ist die hygienegerechte Gestaltung der Verbindung an der Stoßstelle wichtig.

1.3.1
Löten

Unter Löten versteht man das Verbinden erwärmter, nicht schmelzender Metallbauteile durch schmelzende Lote, d. h. metallische Zusatzwerkstoffe. An der Lötstelle müssen die zu lötenden Werkstücke während des Vorgangs mindestens die Bindetemperatur oder Benetzungstemperatur erreichen. Damit flüssige Lote benetzen und fließen können, müssen die Werkstückoberflächen metallisch rein sein. Dicke Oxidschichten werden mechanisch entfernt. Dünne Oxidschichten, die zum Teil noch während der Erwärmung auf Löttemperatur entstehen, lassen sich durch Flussmittel lösen oder durch Flussmittel bzw. Gase reduzieren.

Die Bindung ist abhängig von den Reaktionen zwischen Lot und Grundwerkstoff sowie der Verarbeitungstemperatur. Neben der reinen Oberflächenbindung im Fall fehlender Legierungsbildung zwischen Grundwerkstoff und Lot tritt in den meisten Fällen Diffusion einer oder mehrerer Komponenten des Lots in den Grundwerkstoff und umgekehrt ein.

In Bezug auf die Verwendung von Lötverbindungen sagt DIN EN ISO 14 159 [27] aus, dass sie ebenso wie Press- und Schrumpfpassungen nur verwendet werden dürfen, wenn Schweißen oder Verkleben nicht möglich ist und es zwingende technologische Gründe erfordern. Wenn nicht vermeidbar, müssen Lötverbindungen ebenso wie andere Verbindungsarten fehlerfrei und ohne Überlappungen hergestellt werden. Zum Glätten von Verbindungen und zur Herstellung von Kehlungen, um die Mindestanforderungen an Ausrundungen zu erfüllen, dürfen Silberlote verwendet werden. Die Abb. 1.44 zeigt als prinzipielles Beispiel eine Lötverbindung zwischen zwei unterschiedlichen Metallen, von denen das dünne Blech z. B. eine Membran sein kann. Da an der Verbindungsstelle im Produktbereich eine scharfe innere Kante entstehen würde, muss die Ecke mit Silberlot ausgerundet bzw. gebrochen werden.

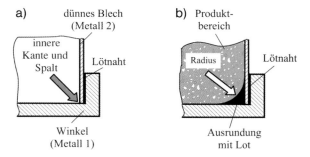

Abb. 1.44 Lötverbindung unterschiedlicher Metalle:
(a) rechtwinklige innere Kante,
(b) Ausrundung der inneren Kante mit Silberlot.

1.3.2
Kleben

Kleben wird zum einen bei Metallen angewendet, wenn eine unlösbare Verbindung notwendig ist, die zu fügenden Werkstoffe aber durch das Schweißen nachteilige Veränderungen ihrer mechanisch-technologischen Eigenschaften erfahren, wie z. B. bei sehr dünnen Blechen. Zum anderen dient es zum Fügen von Metallen mit Nichtmetallen, von Nichtmetallen untereinander oder von Kunststoffen. Charakteristische Eigenschaften sind der fehlende oder geringe Wärmeeintrag sowie die Aufrechterhaltung der stofflichen Struktur der zu klebenden Teile im makroskopischen Bereich [48].

Im Wesentlichen sind Adhäsion und Kohäsion für das Kleben verantwortlich. Die Bindefähigkeit gegenüber Materialien wird vorwiegend auf die Adhäsion zwischen Klebstoff und Oberfläche zurückgeführt. Eine Voraussetzung dafür ist, dass der Klebstoff die Oberfläche benetzt und sich ihr damit bis in den Nanobereich anpasst. Um dies zu gewährleisten, ist für die Benetzung eine geringe Viskosität des Klebers erforderlich. Außerdem müssen die Klebeflächen sauber und ausreichend glatt sein. Weiterhin werden zwischen der benetzten Oberfläche und dem benetzenden Klebemittel physikalische oder chemische Wechselwirkungen wirksam. Der mechanischen Haftung infolge mechanischer Verankerung wird weitaus geringere Bedeutung zugemessen. Sie spielt z. B. beim Kleben poröser Stoffe eine Rolle.

In der Schicht des Klebemittels wirkt als physikalischer Effekt Kohäsion, die die Festigkeit oder die Viskosität bewirkt. Eine Erhöhung der Kohäsion wird dadurch erreicht, dass der Klebstoff in der Klebefuge erstarrt oder aushärtet. Dies kann entweder durch eine chemische Reaktion bei Zweikomponentenklebstoffen oder durch einen physikalischen Vorgang, wie das Verdunsten des Lösungsmittels, erfolgen. Der Klebstoff sollte eine möglichst geringe Neigung zum Schrumpfen besitzen. In der Kleberschicht müssen Gas- oder Lufteinschlüsse vermieden werden.

Bei metallischen Werkstoffen eignen sich für Klebverbindungen besonders gut Leichtmetalle auf Aluminium- und Magnesiumbasis und Stahl, weniger gut dagegen Buntmetalle. Spezielle Anforderungen in Zusammenhang mit Klebeverbindungen bei Edelstahl werden in [49] diskutiert. Beim Verkleben von Kunststoffen spielt die Polarität eine besondere Rolle. So können z. B. im Allgemeinen nur polare Kunststoffe miteinander verklebt werden, während die Verbindung von Kunststoffen mit unterschiedlicher Polarität schwierig ist. Die Polarität des Klebemittels lässt sich häufig durch Weichmacher, Harze oder Säuren verändern.

Die hygienischen Anforderungen besagen nach DIN EN ISO 14 159 [27] zunächst, dass Klebstoffe und die daraus hergestellten Verbindungen mit den Oberflächen, Produkten und den Reinigungs- und Desinfektionsmitteln verträglich sein müssen, mit denen sie in Kontakt kommen. Ausführungen über die zulässige Zusammensetzung von Klebstoffen sowie die Anwendung im Lebensmittelbereich finden sich außerdem in [50]. Alle Verbindungen müssen

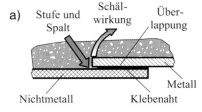

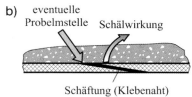

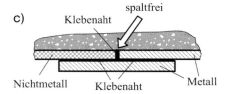

Abb. 1.45 Klebeverbindungen: (a) unzulässige Überlappung im Produktbereich, (b) Schäftung, (c) außenliegende Überlappung mit spaltfreier Klebung des Stumpfstoßes im Produktbereich.

durchgehend und vollständig verklebt sein, sodass sich die Klebstoffe nicht von den Werkstoffen ablösen können. Außerdem müssen die zu verklebenden Oberflächen bündig sein. Da Klebeverbindungen aus Gründen der Festigkeit hauptsächlich in tangentialer Richtung belastet werden sollten, ergibt sich dadurch eine Beeinflussung der konstruktiven Gestaltung. Die Abb. 1.45a zeigt zunächst eine unter Gesichtspunkten von Hygienic Design nicht zulässige überlappende Klebeverbindung, da neben der Stufe im Produktbereich die nicht bündig endende Naht als Risiko zu beachten ist. In Abb. 1.45b sind die zu verbindenden Elemente geschäftet. Diese Art der Verbindung wird dann angewendet, wenn z. B. wie bei Transportbändern beiderseits der Verbindung keine Stufe entstehen darf. Als Problemstelle ist das Nahtende im Produktbereich zu betrachten, da hier durch Beschädigungen oder Beanspruchungen ein Ablösen der geklebten Teile erfolgen kann. Vor allem sogenannte Schälbeanspruchungen unterstützen diesen Vorgang. Eine hygienegerecht ausgeführte Klebeverbindung ist in Abb. 1.45c dargestellt. Im Produktbereich stoßen die verklebten Enden der Bauteile stumpf aneinander und ergeben eine bündige Verbindung. Zu beachten ist dabei, dass der Klebstoff am Stumpfstoß die Fuge völlig bis zur Blechoberfläche füllt. Die eigentliche Klebestelle, die der Kraftübertragung dient, wird zwischen den Bauelementen und dem überlappenden Blech außerhalb des Produktbereichs gefügt.

1.4
Gestaltung von Dichtungen

Produktberührte Dichtungen sind häufig die hygienisch sensibelsten Elemente im Hinblick auf reinigungsgerechte Gestaltung. Die Rekontamination von Produktchargen durch nicht hygienegerechte Dichtstellen ist in der Praxis oft latent vorhanden, selbst wenn eine Validierung der Reinigung vorgenommen wurde oder wenn auf eine In-place-Reinigung ein Sterilisationsprozess folgt. Die Risiken werden häufig mit zunehmender Betriebszeit größer und können sich in hohen Kosten, z. B. durch Rückrufaktionen von kontaminierten Produkten, niederschlagen. Ausführlichere Grundlagen über die Gestaltung von hygienegerechten Dichtungen finden sich in [1].

Dichtungen haben die Aufgabe, Bereiche mit ungleichen Bedingungen voneinander dicht abzutrennen. Diese können z. B. durch unterschiedliche Drücke (Überdruck, Vakuum), chemische Medien (Laugen, Säuren, Produkte), Zustandsformen von Materialien (Feststoffe, Flüssigkeiten, Gase), Prozesszustände (Produktion, Reinigung/Sterilisation), Hygienezustände (rein, unrein oder verkeimt, keimarm, keimfrei) oder Luftzustände (feucht, trocken) vorgegeben sein. Dabei sollen Stoffverluste oder Vermischung von Medien vermieden, Kontamination (z. B. aus der Umgebung) und Rekontamination (z. B. unterschiedlicher Chargen) von Produkten durch Mikroorganismen verhindert oder die Umwelt vor dem Austritt toxischer Medien geschützt werden.

Im allgemeinen Maschinenbau bewährte und sichere Lösungen für Dichtungen können in Hygienebereichen nicht akzeptiert werden, wenn sie besondere hygienische Problemstellen enthalten, die von der Art des Werkstoffs, der porösen Oberflächenstruktur oder der Geometrie der Dichtstelle verursacht werden. An hygienegerecht gestaltete Dichtstellen werden spezielle Anforderungen dadurch gestellt, dass z. B. Mikroorganismen zusammen mit Produktresten in nicht visuell feststellbare Dichtspalte und Fehlstellen von Dichtungen eindringen, sich dort vermehren und anschließend neue Produktchargen kontaminieren können. An solchen Problemstellen entfalten Reinigung und Sterilisation oft nicht ausreichend zuverlässig ihre Wirkung. So kann z. B. durch die Pressung zwischen Dichtung und Dichtfläche durch die Verdrängung von Wasser ein Milieu mit reduzierter Feuchte entstehen, in dem Mikroorganismen die üblichen temperaturbedingten Sterilisationsverhältnisse überleben. Viele Kontaminationen in der Praxis werden auf nicht erfolgreiche Reinigung von Spalten und Toträumen von Dichtstellen und in Rissen von verschlissenen Dichtungen oder das Nichterreichen von Desinfektionstemperaturen an „kalten" Stellen zurückgeführt [51].

1.4.1
Statische Dichtungen

Bei statischen Dichtungen führen die abzudichtenden Bauelemente keine Relativbewegung zueinander aus. Dazu gehören zum einen Dichtstellen mit nach Montage relativ zueinander feststehenden Bauteilen, wie z. B. lösbare Flansch-,

Schraub- oder Klemmverbindungen von Rohrleitungen oder Behältern. Meist werden aber auch Dichtstellen dazu gezählt, bei denen die Bauelemente bis zum Dichtzustand aufeinander zu bewegt werden, wie es z. B. bei Tellerdichtungen von Ventilen oder Abdichtungen von schwenkbaren Behälter-Mannlöchern der Fall ist.

Bei *berührenden* Dichtstellen können die Bauteile entweder unmittelbar oder mittelbar über ein zusätzliches Dichtelement abgedichtet werden, das als Zwischenglied fungiert. Die zur Abdichtung notwendige Vorspannung der Dichtelemente erfolgt bei Montage oder nach Betätigung durch äußere Kräfte, die im Wesentlichen vom Verformungswiderstand der Werkstoffe und von den Abmessungen sowie der Gestaltung der Dichtfläche abhängen. Der Einsatz von weichen, elastischen Dichtelementen wird dann gewählt, wenn die Vorspannkräfte nicht zu hoch werden dürfen. Zusätzlich zu diesen werden die Dichtflächen im Betriebszustand z. B. durch Über- oder Unterdruck und Temperaturen der vorhandenen Medien be- oder entlastet. Die im Folgenden verwendeten Darstellungen sind in den meisten Fällen keine Konstruktionszeichnungen, sondern sollen als Skizzen lediglich das Wirkprinzip verdeutlichen.

Theoretisch sind absolut glatte und ebene Dichtflächen nicht poröser Werkstoffe in unmittelbarem Kontakt absolut dicht. Praktisch sind solche Verhältnisse jedoch nicht erreichbar, da Dichtflächen sowohl eine Mikrostruktur in Form ihrer Oberflächenrauheit gemäß Abb. 1.46 als auch eine Makrostruktur durch sichtbare Unebenheiten und Formfehler besitzen (s. auch [1]). Beide Größen sind abhängig vom verwendeten Dichtwerkstoff sowie der Qualität (z. B. Struktur, Bearbeitungszustand) seiner Oberfläche. Bei zunehmender Annäherung zweier Dichtflächen steigt die Dichtwirkung an. Dabei erfolgt ein Angleichen der Oberflächen durch elastische oder plastische Verformung ihrer Mikro- und Makrostrukturen. Gleichzeitig nimmt der als räumliches Spaltsystem ausgebildete Dichtspalt ab. Aufgrund von molekularen Kohäsions- und Kapillarkräften im Dichtspalt sowie der Oberflächenspannung ist eine „leckagefreie" Abdichtung z. B. bei Flüssigkeiten trotz eines mikroskopischen Spaltes möglich. Für das Abdichten gegenüber Gasen, müssen die Dichtflächen entsprechend stark vorgespannt werden. Bei feuchten Gasen kann Kondensation im Dichtspalt auftreten, sodass ähnliche Verhältnisse wie bei Flüssigkeiten auftreten. Bei trockenen Gasen wird im Allgemeinen versucht,

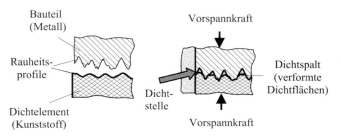

Abb. 1.46 Einfluss auf den Dichtspalt:
(a) Rauheitsprofile vor Abdichtung, (b) nach Montage.

eine geschlossene Dichtlinie bzw. einen durchgehenden Dichtbereich senkrecht zur Abdichtungsrichtung zu erzielen, der wesentlich von der Struktur (z. B. Bearbeitungsrillen der Dichtflächen) abhängt. Außerdem ist zu berücksichtigen, dass manche Polymere und Elastomere selbst eine gewisse Gasdurchlässigkeit aufweisen. Die Vorspannung muss in diesen Fällen so hoch gewählt werden, dass ein Schließen der Mikroporen erreicht wird. Die Gasdurchlässigkeit von Dichtstellen wird üblicherweise mit dem Heliumtest überprüft.

Eine Reinigung mikroskopisch enger Spalte nicht hygienegerecht gestalteter Dichtstellen ist ohne Zerlegen, d. h. Entfernen der Dichtung von den Dichtflächen, nicht möglich. Außerdem kann bei flächenartigen Dichtflächen mit konstanter Anpressung, wie z. B. bei Flachdichtungen, die Mikrostruktur des Dichtspalts aufgrund der Rauigkeiten und geometrischen Formfehler nicht genau definiert werden. Das bedeutet, dass in solchen Fällen zwar ausreichend abdichtende Dichtstellen erzeugt werden, örtlich aber trotzdem Mikroorganismen unterschiedlich weit eindringen können. Hygienedichtungen sollten daher so gestaltet werden, dass die höchste Anpressung und damit die stärkste Verformung der Dichtung möglichst in einer definierten Zone unmittelbar am mediumberührten Rand der Dichtfläche entsteht. Die Wirksamkeit dieser Maßnahme kann mithilfe besonders kleiner und mobiler Bakterien überprüft werden, die auch zum Testen der Bakteriendichtheit [52] von Abdichtungen verwendet werden.

Zusammengefasst lassen sich folgende Anforderungen an die hygienegerechte Gestaltung von statischen Dichtungen definieren:

- Die Dichtstelle muss unmittelbar und möglichst bündig an der produktberührten Oberfläche liegen.
- Die Dichtstelle sollte „spaltfrei" sein (Berücksichtigung makroskopischer und mikroskopischer Einflüsse).
- Es ist eine definierte Pressung der Dichtstelle bzw. des Dichtelements erforderlich (z. B. durch Anschlag der zu dichtenden Bauteile).
- Die größte Pressung des Dichtelements muss unmittelbar an der produktberührten Oberfläche liegen, um das Eindringen von Mikroorganismen in Spalte zu vermeiden.
- Die abzudichtenden Bauteile und die Dichtelemente müssen an der produktberührten Oberfläche fluchten (Zentrierung oder Versatz).
- Für die Dichtelemente muss eine Dehnungs- bzw. Kontraktionsmöglichkeit zur Kompensation bei Temperaturänderung ohne Bildung eines Wulstes oder einer Vertiefung gegenüber dem Produktraum gegeben sein (Elastomere sind volumenkonstant).
- Das Einziehen von Dichtelementen in den Produktraum bei Vakuum ist zu verhindern.
- Die Dichtelemente sollten unverlierbar sein (Fixierung in einem der abzudichtenden Bauteile).

Allgemeine Anforderungen bezüglich richtiger Werkstoffwahl und rechtlicher Voraussetzungen müssen zusätzlich in folgender Hinsicht erfüllt werden:

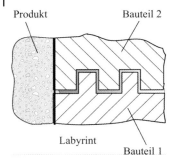

Abb. 1.47 Prinzipdarstellung einer berührungslosen Dichtung.

- Die physikalischen Anforderungen an die Dichtstellen und Dichtelemente wie z. B. Festigkeit, Dehnung oder Temperatur müssen berücksichtigt werden.
- Chemische Beständigkeit gegen Produkt, Reinigungs- und Desinfektionsmittel ist erforderlich.
- Physiologische Unbedenklichkeit ist nachzuweisen (Erfüllung rechtlicher Vorgaben bezüglich Produktverträglichkeit z. B. nach LFBG [53–56] in der Nahrungsmittelindustrie bzw. allgemein nach FDA (CFR [57]).
- Die funktionellen Anforderungen müssen erfüllbar sein.

Bei *berührungslosen* Dichtungen werden die Dichtflächen einander nur so weit angenähert, dass es zu keiner Berührung kommt. Der in diesem Fall auftretende, möglichst geringe Spalt sowie die damit verbundene Undichtheit werden dabei in Kauf genommen. Der Spalt wird deshalb so gestaltet, dass ein möglichst hoher Durchflusswiderstand entsteht, wie Abb. 1.47 am Beispiel einer Labyrinth-Abdichtung zeigt. Auf der Produktseite sind berührungslose Dichtungen für hygienegerechte Abdichtungen nicht einsetzbar, da im montierten Zustand keine Reinigungsmöglichkeit besteht.

Die überwiegende Mehrheit von Dichtungen wird für rotationssymmetrische Anwendungen eingesetzt, wo bereits bewährte hygienegerechte Lösungen zur Verfügung stehen. Im Bereich linearer Dichtungen fehlen entsprechende Konstruktionen noch weitgehend, wenn aus technischen Gründen die Erfahrung mit Runddichtungen nicht übernommen werden kann.

1.4.1.1 Metallische Dichtungen

Im Maschinenbau sind berührende metallische Dichtungen durchaus üblich. Sie nutzen die elastische Materialverformung unter mechanischer Vorspannung zur Dichtwirkung aus. Bei Anwendung im Hygienebereich sind sie notwendig, wenn aufgrund des Produkts Elastomerdichtungen nicht einsetzbar sind. Nach Stand der Technik wird in solchen Fällen die Dichtung direkt durch den Werkstoff Edelstahl gebildet. Eine konstruktiven Lösung für rotationssymmetrische Bauteile verwendet z. B. eine konische Dichtfläche in Form eines Kegelsitzes gemäß Abb. 1.48. Der innere Konus besitzt eine geringfügig steilere Neigung als der äußere. Bei axialem Vorspannen wird die Berührfläche (Dichtfläche) unmittelbar auf der Produktseite in einem geringen Bereich teilplastisch verformt, wobei die stärkste Verformung am Umfang des kleinsten Durchmessers vorliegt.

1.4 Gestaltung von Dichtungen

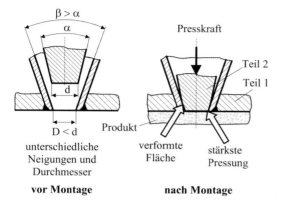

Abb. 1.48 Prinzip einer metallischen Dichtung mit unterschiedlich geneigten Dichtflächen (höchste Pressung unmittelbar an Produktseite).

Eine andere für Rohrverbindungen eingesetzte Konstruktion [58] verwendet gemäß Abb. 1.49 eine frontbündige definiert vorgespannte, etwa sinusförmige Dichtkontur, deren Reinigbarkeit von der EHEDG zertifiziert wurde (s. auch Abschnitt 2.2). Aufgrund der zentrischen Führung sowie des metallischen Anschlags werden die Hygieneanforderung an die Dichtstelle erfüllt.

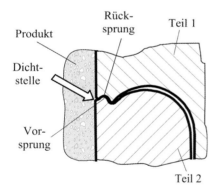

Abb. 1.49 Gestaltung der metallischen Dichtstelle für eine Flanschverbindung [58].

1.4.1.2 Elastomerdichtungen

In den weitaus überwiegenden Fällen werden als berührende Dichtelemente Elastomer- oder Thermoplastdichtungen verwendet. Neben ihrer hohen elastischen Verformbarkeit ist die Oberflächenstruktur hygienisch maßgebend, die durch die Bearbeitungsgüte der Form sowie die beim Extrudieren entstehende dichte Oberflächenhaut festgelegt wird. Bei bearbeiteten Polymeren sind die Bearbeitungsqualität sowie die Dichtheit des Werkstoffs entscheidend. Der Dichtspalt zwischen dem Dichtelement und den Metall- oder Kunststoffgegenflächen wird bereits bei relativ geringer Anpresskraft durch elastische Verformung soweit vermindert, dass Dichtheit erreicht wird.

Nach [59] kann davon ausgegangen werden, dass man z. B. bei einer Elastomer-Flachdichtung mit einer Härte von 70 Shore A eine Zusammenpressung von

$$a = 0{,}15 \cdot t$$

d. h. etwa 15 % der ursprünglichen Dicke t benötigt, um Dichtheit gegen Bakterien zu erreichen. Bei freier Ausdehnung ist mit der Kompression gleichzeitig eine Querdehnung verbunden, die sich mit der Poisson'schen Konstanten ν gemäß

$$q = \nu \cdot a$$

bestimmen lässt. Für eine praktisch volumenbeständige Elastomerdichtung ist ν = 0,5, sodass sich für das vorliegende Beispiel eine Ausdehnung der Dichtung von 7,5 % der ursprünglichen Dicke ergibt. Abb. 1.50a soll diese Verhältnisse für eine quaderförmige Flachdichtung verdeutlichen, die sich in einer Richtung bei Vernachlässigung der Reibung an der Dichtungsoberfläche ergeben würde. Würde man die Dichtung gemäß Abb. 1.50b allseitig pressen, so wäre keine Verformung möglich. Die Dichtung würde sich wie ein starrer Körper verhalten.

Aufgrund ihrer einfachen Form wird die *Rundringdichtung* (O-Ring) entsprechend ISO 3601 [60] bzw. DIN 3771 [61] in der Praxis bevorzugt eingesetzt. Die im Maschinenbau herkömmliche Form der Dichtstelle mit rechteckförmiger Nut nach Abb. 1.50c lässt zwar Raum für die freie Verformung des Dichtrings, erfüllt aber nicht die Voraussetzungen eines hygienischen und reinigungstechnischen Einsatzes, wenn keine Zerlegung erfolgt. Aufgrund der Nutform kann die Dichtung nicht direkt an der abzudichtenden Produktseite liegen. Es entsteht

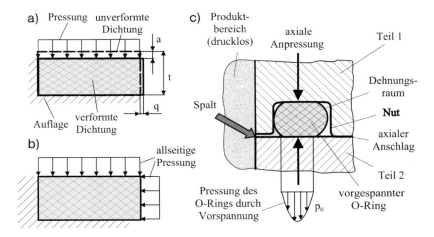

Abb. 1.50 Prinzipien bei Elastomeredichtungen:
(a) Flachdichtung bei freier Dehnungsmöglichkeit,
(b) allseitig gepresste Flachdichtung (Volumenkonstanz),
(c) O-Ringdichtung mit Rechtecknut.

1.4 Gestaltung von Dichtungen | 51

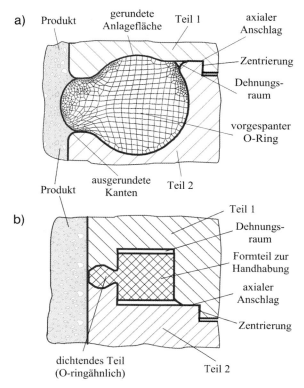

Abb. 1.51 Optimierte hygienegerechte O-Ring-Abdichtung mit axialem Anschlag und Zentrierung nach DIN 11 864 [62]: (a) O-Ringnut nach Form A (FE-Darstellung nach [59]), (b) Formdichtung nach Form B.

eine metallische Kontaktfläche mit einem engen mikro- oder makroskopischen Spalt. Untersuchungen zeigen, dass solche Dichtstellen stets eine Kontaminationsgefahr bedeuten.

Um eine optimierte hygienegerechte O-Ringdichtung zu verwirklichen, wurde in Zusammenarbeit zwischen EHEDG [59] und DIN eine Lösung mit Hilfe finiter Elemente gemäß Abb. 1.51a erarbeitet und getestet, die zu DIN 11 864 [62] für Schraub-, Flansch- und Klemmverbindungen geführt hat. Die der Rundung angepasste Nut umfasst den O-Ring weitgehend. In der Praxis zeigt sich, dass zur hygienegerechten Funktion der Dichtung eine Auswahl der O-Ring-Abmaße sinnvoll ist.

Eine zweite hygienegerechte Dichtung stellt Form B nach DIN 11 864 entsprechend der Prinzipdarstellung nach Abb. 1.51b dar. Sie besteht im produktberührten Bereich aus einem O-ringähnlichen Teil mit kleinem Querschnitt, um eine kleine Oberfläche zum Produkt hin zu erreichen und das Expansions- und Kontraktionsverhalten bei Temperaturänderungen zu vermindern. Zur leichteren Handhabung ist an den O-ringförmigen ein größerer rechteckiger Querschnitt

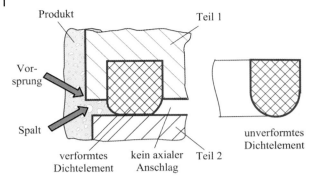

Abb. 1.52 Elastomer-Formdichtungen der Milchrohrverschraubung nach DIN 11 851 [63] mit Spalt an Dichtstelle (ohne Zentrierung und axialem Anschlag).

angeschlossen. Für diesen ist in der Nut seitlich ein Dehnungsraum vorgesehen, der eine Expansion zulässt. Entscheidend ist, dass in jedem Fall ein ausreichend großer, richtig angeordneter Dehnungsraum verhindert, dass die gesamte Verformung zum Produktraum hin erfolgt.

Eines der am weitesten verbreiteten Dichtelemente ist der Profilring der Verschraubung nach DIN 11 851 [63] gemäß Abb. 1.52. Das Dichtelement ist gegenüber dem Produktraum zurückversetzt und aufgrund eines fehlenden Anschlags nicht definiert gepresst, sodass ein mehr oder minder weiter Spalt entsteht. Außerdem fehlt eine Zentrierung, sodass die zu dichtenden Bauteile nicht fluchtend, d. h. mit einer Stufe, montiert werden können. Außerdem wird durch die mögliche Bewegung der zu verbindenden Elemente der Dichtring durch Scherbeanspruchung relativ rasch beschädigt. Die Dichtung wird wegen ihrer Einstellbarkeit und Beweglichkeit, die zulasten der hygienegerechten Gestaltung geht, vor allem in der Lebensmittelindustrie häufig verwendet. Bei Einsatz in Hygienebereichen muss die Dichtstelle bei der Reinigung zerlegt werden, wenn Kontaminationen vermieden werden sollen.

Um CIP-Verfahren anwenden zu können, wurden Verbesserungen in Form von Kombinationsringen aus einem Elastomer und Edelstahlteil (s. Abschnitt 2.2) entwickelt, die bei Beibehaltung der Nut die Problemstellen beseitigen, indem das Dichtelement den Spalt zur Produktseite hin ausfüllt und das Edelstahlteil für axialen Anschlag sowie Zentrierung sorgt.

Für Klemmverbindungen nach ISO 2852 (Zollmaße) [64] und DIN 32 676 (Millimetermaße) [65] ist die Formdichtung gemäß Abb. 1.53a so gestaltet, dass sie zum Produkt hin als Flachdichtung ausgeführt ist und über das O-ringförmige Mittelteil sowie den außenliegenden Ring die beiden zu dichtenden Teile zentrieren soll. Die Dichtung ist nicht definiert gepresst und die Zentrierung durch die weiche Dichtung zumindest fraglich. Eigene Versuche sowie Hygienetests zeigten, dass bei höheren Belastungen (z. B. Biegebeanspruchung) einseitige Spalte an der Dichtstelle entstehen, die zu Kontaminationen führen können. Eine definierte Pressung und Zentrierung ist z. B. durch die Kombinations-

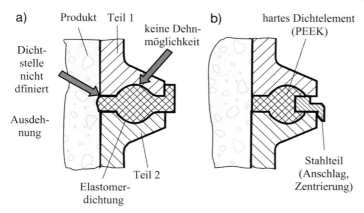

Abb. 1.53 Elastomerdichtung für Klemmverbindung:
(a) übliche Elastomer-Formdichtung (Zentrierung durch Dichtelement, keine definierte Pressung) nach DIN 32 676 [65],
(b) Kombinationsdichtung mit Edelstahlring (Zentrierung und definierte Pressung der Dichtung) [66].

dichtung nach Abb. 1.53b möglich, die aus einem Dichtelement aus Kunststoff (PEEK) und einem Edelstahlring besteht [66]. Der Dichtring wurde mittlerweile weiterentwickelt.

Flachdichtungen werden aus Tradition wegen der einfachen Fertigung der Dichtflächen (z. B. Drehen, Schmieden) sowie der günstigen geometrischen Form der Dichtelemente für Flansche von Apparaten, Behältern und Rohrleitungen verwendet. Das Dichtelement muss unmittelbar an der produktberührten Oberfläche montiert sein. Bei großen Abmessungen runder Bauteile (Behälterdeckeldichtungen) werden Flachdichtungen meist aus Bandmaterial mit Rechteckquerschnitt ausgeschnitten und der kreisförmigen Dichtstelle ohne Nut mehr oder minder gut angepasst (Abb. 1.54a). Nur durch Zentrierung oder Versatz können Vor- bzw. Rücksprünge der abzudichtenden Bauteile vermieden werden. Aufgrund von Formfehlern und Rauheitsunterschieden ist die Dichtstelle bei parallelen Dichtflächen jedoch nicht ausreichend definiert, wodurch Mikroorganismen wie z. B. Sporen vom Produktbereich her in die Dichtstelle eindringen, die beim Erhitzen Wasser aufnehmen [51].

Durch z. B. eine einseitige Abschrägung der Dichtungsnut gemäß Abb. 1.54b kann erreicht werden, dass aufgrund der Verformung die stärkste Pressung und damit die Dichtstelle unmittelbar an der Produktseite liegt [2]. Außerdem muss ein Dehnungsraum vorgesehen werden, damit sich die Dichtung nicht völlig zum Produktraum hin ausdehnt. Durch die resultierende Radialkraft aufgrund der Abschrägung wird die Expansion in einen im Rückraum liegenden Dehnungsraum unterstützt.

Werte für die Abmessungen solcher Dichtelemente sind in [1] zusammengestellt. Um Probleme im Betrieb auszuschalten, muss das Dichtelement im Verhältnis zu seiner Nut mit Dehnungsraum richtig dimensioniert werden.

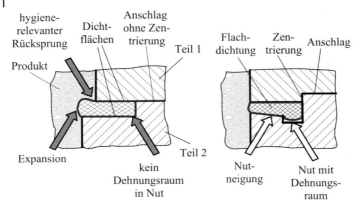

Abb. 1.54 Gestaltung von Flachdichtungen: (a) Dichtstelle mit parallelen Dichtflächen mit Anschlag, ohne Zentrierung (Hygienerisiko durch Vorsprung), (b) Prinzip einer hygienegerechten Dichtstelle mit axialem Anschlag und Zentrierung: Nut auf einer Seite geneigt, Expansionsraum für Dichtung.

Membranen z. B. von Membranventilen oder -pumpen werden häufig an den Rändern im Hauptschluss eingespannt. Entsprechend Abb. 1.55a entstehen an der Einspannstelle unmittelbar am Produktraum dieselben Probleme wie bei Flachdichtungen mit Rechteckquerschnitt, d. h. mit parallelen Flächen. Hinzu kommt, dass die Membran eine Bewegung durchführt, wodurch an der Einspannstelle vor allem durch Dehnung und Durchbiegung der Membran ein Spalt entstehen kann. Um eine definierte Anpressung der Membran unmittelbar am Produktbereich zu erzielen, wird bei manchen Konstruktionen entweder an der Membran (Einzelheit Z_1) oder am Gehäuserand (Einzelheit Z_2) eine wulstartige Verdickung vorgenommen.

Druckluftbeaufschlagte Dichtungen in Form schlauchförmiger Dichtelemente können entsprechend Abb. 1.56 mit innerem Überdruck beaufschlagt und damit zum Abdichten gegenüber einer Dichtfläche gebracht werden. Die Dichtelemente

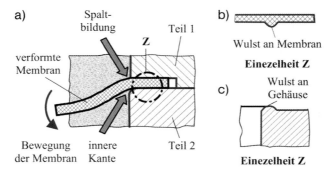

Abb. 1.55 Dichtstelle von Membranen:
(a) Prinzip mit Problemstellen, (b) Wulst an Membran zur definierten Dichtwirkung, (c) Wulst am Gehäuse zur Reduzierung der Spaltbildung.

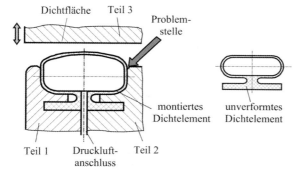

Abb. 1.56 Prinzipbeispiel einer Dichtung mit Druckbeaufschlagung.

werden als Hoch- oder Niederdruckprofile in sehr unterschiedlichen Formen hergestellt und lassen sich der abzudichtenden Fläche beliebig anpassen. Sie werden z. B. zum Abdichten von Ventilen für Trockenprodukte, Kühlkammern, Trockenschränken und Reinraumschleusen verwendet. Einwandfreie Reinigung ist nur bei zugänglicher Dichtfläche möglich.

1.4.2
Dynamische Dichtungen

Dynamische Dichtungen dichten relativ zueinander bewegte Bauteile gegeneinander ab. Eine wichtige Voraussetzung für die Funktionsfähigkeit einer hygienegerechten Dichtung ist, dass eine einwandfreie Lagerung mit geringen Toleranzen für die bewegten Elemente vorliegt. Neben den bei statischen Dichtstellen aufgezeigten Hygienerisiken besteht das Hauptproblem im Eindringen von Schmutz und Mikroorganismen in den Dichtspalt sowie deren aktiven Transport durch die Dichtstelle hindurch. Generell unterscheidet man zwischen Abdichtungen für geradlinig hin- und hergehende sowie drehende Relativbewegungen, für die es unterschiedliche Wirkprinzipien und Dichtelemente gibt.

1.4.2.1 Dichtungen für Längsbewegungen
Bei relativer Längsbewegung zweier gegeneinander abgedichteter Bauteile (z. B. Ventilstange – Gehäuse) wird an dem bewegten Teil anhaftendes flüssiges Medium (Produkt, Schmutz), das einen Schmierfilm bildet, an der Dichtstelle vorbei transportiert. Ursache ist das Anhaften eines dünnen Films aufgrund der Rauheiten, der zunächst zu sogenannten Mischreibung führt. Darüber hinaus kann je nach Form des Dichtelements und Geschwindigkeit der Bewegung ein Schmierkeil mit hohem Druck entstehen, der einen deutlichen Spalt zwischen Dichtfläche und Dichtelement erzeugt. Auf diese Weise findet bei relativer Bewegung ein Transport eventuell kleinster Mengen durch die Dichtstelle statt, während sie im Ruhezustand völlig dicht ist. Aus hygienischer Sicht kann auf diese Weise trotz üblicher Dichtheit die Kontamination eines reinen Bereichs durch einen unreinen erfolgen.

Abdichtung mit elastischen Dichtelementen

Die Abb. 1.57a verdeutlicht die Transportverhältnisse durch den Dichtspalt in prinzipieller Form am Beispiel der hygienisch nicht akzeptablen O-Ringdichtung. Die Dicke des Spalts zwischen Dichtung und bewegtem Element hängt im Wesentlichen von den Rauigkeitsverhältnissen an der Dichtfläche, der Zähigkeit der anhaftenden Schicht sowie der Anpressung (Vorspannung) des Dichtelements ab. Neben der Kontaminationsgefahr durch den Transport können angetrocknete Filme oder auskristallisierte Bestandteile die Dichtung beschädigen. Beim Rücktransport wird gemäß Abb. 1.57b der kontaminierte Film in den Produktraum zurücktransportiert, wenn nicht besondere Maßnahmen getroffen werden.

Eine Minimierung des transportierten Films lässt sich z. B. durch Dichtelemente mit Dichtlippe durch „Abstreifwirkung" gemäß Abb. 1.58a erreichen, die außerdem bündig zur Produktseite gestaltet werden können. Ein Werkstoff mit gutem Gleitverhalten wie PTFE kann diese Wirkung unterstützen. Die Lippe wird außerdem durch den produktseitigen Druck zusätzlich angepresst. In diesem Fall muss wegen des Fließverhaltens von PTFE ein elastisches Element z. B. in Form eines Elastomers entsprechend der Kombinationsdichtung nach Abb. 1.58b durch elastische Vorspannung das Dichtelement anpressen und nachstellen. Um Verschleiß zu vermindern, kann die Dichtung auf der Produktseite „druckkompensiert" ausgeführt werden.

Hygienegerechte Verbesserungen sind in verschiedenen Stufen möglich. So zeigt Abb. 1.59a zunächst eine doppelt wirkende Lippendichtung. Gemäß Abb. 1.59b kann zwischen den Dichtungen ein Spülraum angeordnet werden,

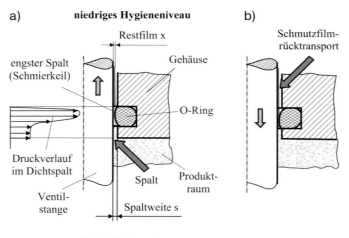

Abb. 1.57 Prinzipielle Darstellung des Hygienerisikos bei dynamischen Dichtungen für hin- und hergehende Bewegungen am Beispiel des O-Rings:
(a) Spalte und Filmtransport bei Bewegung aus dem Produktraum,
(b) Schmutzrücktransport bei Rückbewegung.

1.4 Gestaltung von Dichtungen | 57

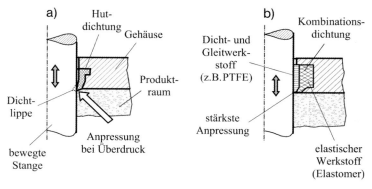

Abb. 1.58 Prinzipien dynamischer Dichtungen für keimarme Verhältnisse:
(a) Elastomerdichtung mit Lippe, Anpressung durch Betriebsüberdruck,
(b) Prinzip einer Kombinationsdichtung mit stärkster Anpressung an Produktseite.

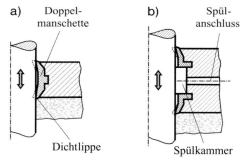

Abb. 1.59 Prinhipien der hygienegerechten Gestaltung dynamischer Dichtungen für unterschiedliche Anforderungen: (a) doppelte Lippendichtung, (b) zwei Lippendichtungen mit dazwischenliegender Spülkammer.

der von einem Spülmedium wie z. B. Kondensat oder Heißwasser durchflossen wird. Die Kammerhöhe muss dabei größer als der Hub des bewegten Elements sein, um transportierte Haftfilme lediglich in den Spülraum eintreten zu lassen. Der Spülraum muss auch einer In-place-Reinigung sowie eventuell einer Sterilisation unterzogen werden.

Bei speziellen Abdichtungen wie z. B. von Kolben wird das Dichtelement meist im bewegten Teil untergebracht. Zur Führung im Zylinder kann der Kolben z. B. mit Gleitelementen aus PTFE gelagert werden. Für keimarme Verhältnisse können Edelstahlkolben mit Kunststoffummantelung oder Vollkunststoffkolben gemäß Abb. 1.60 jeweils mit Dichtlippen ausgestattet werden, die wegen leichter Reinigbarkeit unmittelbar an der produktberührten Seite anzuordnen sind. Eine sichere Reinigung ist zu erreichen, wenn der Kolben in eine spezielle Reinigungsposition gebracht werden kann, in der eine völlige Umspülung der Lippen gewährleistet ist.

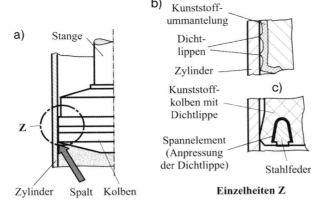

Abb. 1.60 Beispiele von Kolbendichtungen:
(a) Prinzipdarstellung, (b) Kolben mit Kunststoffbelag,
(c) Kunststoffkolben mit Dichtlippe.

Hermetische Abdichtungen

Hermetische Abdichtungen werden in Form von elastischen Elementen, die an den relativ zueinander bewegten Elementen befestigt oder statisch abgedichtet werden und aufgrund ihrer Gestaltung bzw. ihres Materials die Bewegung ermöglichen, zum völligen Ausschluss von Kontaminationen durch Transport von Haftfilmen z. B. bei Sterilprozessen verwendet. Die Abb. 1.61 zeigt das Prinzip einer solchen Abdichtung in Form eines Faltenbalgs. Problematisch bei der Reinigung können die Falten im Strömungsschatten sein. Bei der Lösung nach Abb. 1.61b wird eine Membran als Abdichtung verwendet.

1.4.2.2 Dichtungen für drehende Bewegungen

Bei der Abdichtung rotierender Bauteile wird das Kontaminationsrisiko durch Transport im Allgemeinen geringer eingeschätzt als bei hin- und hergehend bewegten Konstruktionen. Dies hängt damit zusammen, dass der Transport durch den Dichtspalt senkrecht (radial) zur abzudichtenden Bewegung (Rotation) liegt

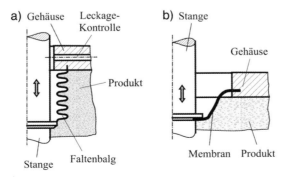

Abb. 1.61 Prinzipien hermetischer Abdichtungen: (a) Faltenbalg, (b) Membran.

1.4 Gestaltung von Dichtungen

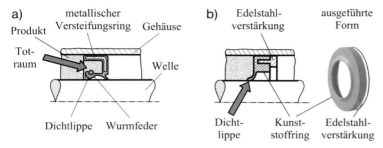

Abb. 1.62 Abdichtung einer Rotationsbewegung:
(a) Wellendichtring (Hygienerisiko),
(b) Prinzip eines bündigen Kunststoffrings mit Edelstahlverstärkung [68].

und damit nicht durch die Bewegung unterstützt wird. Hinzu kommt, dass der abzudichtende, hygienisch sensible Bereich häufig unter Überdruck steht, sodass ein Druckgefälle von der „reinen" zur „unreinen" Seite hin vorhanden ist, was eine Kontamination in umgekehrter Richtung vermindert, aber nicht ausschließt.

Wellendichtringe
Im Maschinenbau werden bei drucklosen Verhältnissen, geringen Drücken oder langsamen Bewegungen radiale Wellendichtringe für die Abdichtung rotierender Maschinenteile (z. B. Wellen) verwendet, da sie als funktionsfähige Dichteinheiten gemäß Abb. 1.62a zur Verfügung stehen und in den gebräuchlichsten Ausführungen z. B. in DIN 3760 [67] genormt sind.

Aus hygienischer Sicht können sie bei In-place-Reinigung im Produktbereich nicht eingesetzt werden, da sie einen deutlichen Totraum zur Produktseite hin bilden, der nicht ausreichend reinigbar ist. Dagegen sind sie häufig im nicht produktberührten Bereich zur Abdichtung von Motoren, Getrieben usw. zu finden. Hygienisch verbesserte Konstruktionen gemäß dem Prinzip nach Abb. 1.62b oder 1.62c müssen frontbündig gestaltet werden. Grundsätzlich ist zu berücksichtigen, dass ein Transport durch die Dichtstelle hindurch stattfindet, mit dem Kontaminationsgefahren verbunden sind.

Gleitringdichtungen
Bei Gleitringdichtungen, die hauptsächlich für Fluide vom Vakuum- bis zum Hochdruckbereich eingesetzt werden, erfolgt die dynamische Abdichtung gemäß Abb. 1.63a zwischen einem mit dem rotierenden Bauteil umlaufenden Gleitring und einem feststehenden Gegenring [69]. Zum Vorspannen der Gleitringe werden Federn verwendet, die in offenliegender, produktberührter Ausführung ein Hygienerisiko darstellen. Durch Verwendung von abgedichteten Schutzhülsen kann dieses Problem beseitigt werden (s. auch [70]). Die statischen Dichtstellen müssen ebenfalls hygienegerecht gestaltet werden.

Bei hohen Hygieneanforderungen kann gemäß Abb. 1.64 eine doppelte Gleitringdichtung mit Spülkammer [71, 72] verwendet werden. Durch Spülen mit Kondensat oder Reinwasser wird ein direkter Kontakt zwischen Außen- und In-

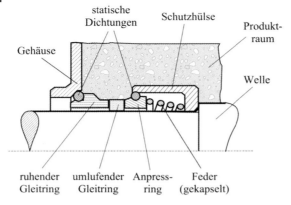

Abb. 1.63 Prinzip einer leicht reinigbaren Gleitringdichtung mit abgedeckter Feder.

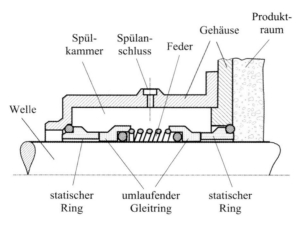

Abb. 1.64 Doppelte Anordnung von Gleitringdichtungen mit außenliegender Spülkammer für höhere hygienische Anforderungen.

nenbereich und damit die Kontamination der Produktseite durch den Dichtspalt hindurch vermindert bzw. vermieden. Auch in diesem Fall sollte der Federbereich hygienegerecht gestaltet, d. h. gekapselt werden.

Hermetische Abdichtungen

Bei rotierenden Bewegungen ist eine hermetische Trennung von Produktraum und Umgebung durch einen Magnetantrieb gemäß Abb. 1.65 möglich. Aus hygienischer Sicht ist dabei die Lagerung des angetriebenen Elements im Produktbereich zu lösen, da sich zwischen der Welle und der als Lager dienenden Trennwand ein enger Spalt ergibt. Durch Nuten im rotierenden Teil des Lagers lässt sich jedoch eine gute Reinigungswirkung erzielen. Außerdem ist auf Entleerbarkeit im Produktbereich zu achten.

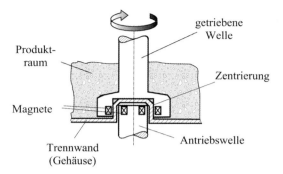

Abb. 1.65 Prinzip einer hermetischen Abdichtung mit einem Magnetantrieb.

1.5
Schraubenverbindungen

Schraubenverbindungen gehören zu den lösbaren Verbindungen. Sie sollten nur eingesetzt werden, wenn das Lösen bzw. Demontieren von Bauelementen unbedingt erforderlich ist. Die zur Verbindung dienenden Schrauben können unterschiedliche Funktion und Gestalt haben. Beim Anziehen von Befestigungsschrauben wie z. B. Durchsteckschrauben entsteht durch Drehen der Mutter eine Vorspannkraft, die eine Dehnung der Schraube und ein Zusammendrücken der verschraubten Bauteile bewirkt.

Aus hygienischer Sicht ergeben sich bei Befestigungsschrauben gemäß Abb. 1.66 eine Reihe von Problemstellen, die mit der Verbindung der Bauteile, den Formen von Schraubenkopf und Mutter sowie den Toleranzen in den Gewinden bzw. Bohrungen zusammenhängen. Metall-Metall-Kontaktflächen an der Auflage der Muttern auf den Blechen sowie der Auflage der Bleche auf dem überlappenden Blechteil, Spalte zwischen aneinander angrenzenden Blechen und offene Gewinde ergeben gravierende Hygieneprobleme, wenn sie im Produktbereich angeordnet sind.

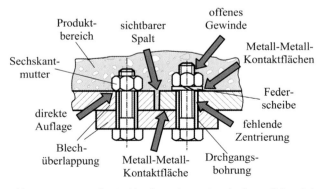

Abb. 1.66 Hygienische Problembereiche an einer herkömmlichen Schraubenverbindung.

Anhand der aufgezeigten Problemzonen kann man die Anforderungen an die hygienegerechte Gestaltung in produktberührten Bereichen allgemein folgendermaßen formulieren:

- Schraubenverbindungen sollten im Produktbereich nur in Fällen verwendet werden, wo dies wegen erforderlicher Zerlegbarkeit der Bauelemente unumgänglich ist.
- Offene Gewinde sind zu vermeiden.
- Aneinander stoßende Bauteilenden müssen hygienegerecht abgedichtet werden (Gewinde von Schrauben zentrieren im Allgemeinen nicht).
- Kontaktflächen von Metallen sind zu vermeiden bzw. hygienegerecht abzudichten.
- Sicherungselemente mit Spalten sind zu vermeiden.

Bei Apparaten für trockene Produkte, die auch trocken gereinigt werden, sind metallische Berührflächen zulässig, wenn eine definierte Anpressung garantiert ist.

Schrauben werden auch häufig zur Umsetzung einer Drehbewegung in eine Längsbewegung oder umgekehrt eingesetzt, um eine Relativbewegung zwischen den Bauteilen zu erzeugen. Bewegungsschrauben werden dabei wie bei Maschinenspindeln zur Erzeugung einer Bewegung verwendet, während bei Stellschrauben die Bewegung zum Einstellen einer bestimmten Lage der Bauteile zueinander wie z. B. an Maschinenfüßen genutzt wird. In der eingestellten Lage befinden sich die Bauelemente dann in Ruhe. In beiden Fällen muss bei der hygienegerechten Gestaltung darauf geachtet werden, dass vor allem in Muttern geführte Gewindeteile im Produktbereich vermieden werden.

1.5.1
Hygienegerechte Schrauben und Muttern

Die Benennung von Schrauben, Muttern und Zubehör ist in [73, 74] international festgelegt. Die meisten Ausführungen sind im Produktbereich wegen Hygienerisiken zu vermeiden. Eine leicht reinigbare Lösung bieten Hutmuttern [75, 76], wenn sie gemäß Abb. 1.67a das Gewinde abdecken und an der Auflage abgedichtet sind. Um eine Beschädigung der Dichtung beim Anziehen (Drehbewegung) zu vermeiden, sollten nur Muttern mit Bund eingesetzt werden. Der dargestellte Dichtring mit Metallanschlag wurde von der EHEDG empfohlen und in DIN EN ISO 14 159 [27] übernommen. In [26] wird der Einsatz von nicht genormten Hutmuttern empfohlen, die mit unterschiedlichen Ansätzen an der Auflage ausgeführt werden können, wie z. B. die in Abb. 1.67b dargestellte Mutter mit konischer Kopfform und zwei ebenen Flächen als Schlüsselweite. In Verbindung mit einer hygienegerecht gestalteten Abdichtung, deren Nut direkt in die Mutter integriert werden kann, sind auch solche Formen als hygienegerecht einzustufen.

Sechskantschrauben nach DIN EN ISO 4014 [77] sind ebenfalls leicht reinigbar, wenn sie mit Bund und Abdichtung zwischen Schraubenkopf und Auflage ver-

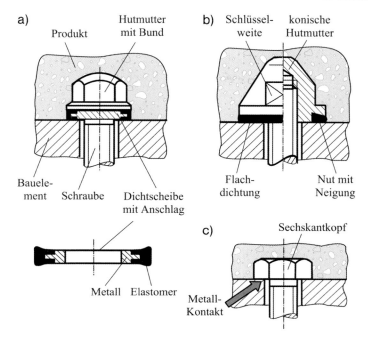

Abb. 1.67 Beispiele für hygienegerechte Schraubenköpfe bzw. Muttern:
(a) Hutmutter mit kombinierter Elastomer-Metall-Beilagscheibe,
(b) konische Hutmutter,
(c) Schraubenkopf mit Metallkontakt bei Trockenprodukten.

wendet werden. In der in Abb. 1.67c gezeigten Form sollten Sechskantschrauben nur für Trockenprodukte eingesetzt werden. Ein geringes Hygienerisiko besteht bei Queranströmung im Strömungsschatten hinter den abgebildeten Köpfen (Vorsprung), das sich jedoch durch wechselnde Reinigungsrichtung weitgehend beseitigen lässt.

1.5.2
Gestaltung der Verbindung

Bei der Gestaltung von Schraubenverbindungen wird davon ausgegangen, dass im Produktbereich in-place gereinigt wird. Bei Reinigung im zerlegten Zustand gelten vereinfachte Anforderungen.

Nach DIN EN 1672-2 [26] müssen lösbare Verbindungen „eine bündige und hygienische einwandfreie Passung haben". DIN EN ISO 14 159 [27] fordert darüber hinaus, dass sie „an der produktberührten Oberfläche bündig und hygienisch abgedichtet" werden müssen. Den gleichen Standpunkt nimmt die EHEDG [3] ein, die ebenfalls grundsätzlich eine Abdichtung fordert. Zu den bereits in Abb. 1.66 aufgezeigten Hygienerisiken zeigt Abb. 1.68 als weitere Problembereiche die durch die Überlappung der Bleche entstehende Stufe sowie die Metallkontakte

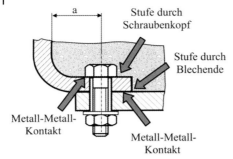

Abb. 1.68 Problembereiche einer überlappenden Schraubenverbindung.

mit eventuellem Spalt am Blechende und am Schraubenkopf. Hinzu kommt, dass ein zu geringer Abstand *a* zur Seitenwand die Reinigung behindert.

Bei nicht vermeidbaren Überlappungen muss das überstehende Blechende hygienegerecht abgedichtet und bei dickeren Blechen zusätzlich abgeschrägt werden. Die Schraubenverbindung sollte außerdem weit genug von der inneren Kante entfernt sein. Generell sollten sich mehrere Stellen mit Hygienerisiken nicht in einem engen Bereiche häufen.

Bei bündigen Blechen müssen die Enden abgedichtet werden, um Spalte zu vermeiden. Da Durchsteckschrauben (linke Seite von Abb. 1.69a) aufgrund der größeren Bohrung keine einwandfreie Pressung der Dichtung am Stoß der Bleche ermöglichen, kann dies nur durch eine definierte Fixierung der Bauteile z. B. durch Zylinder- oder Kegelstifte erreicht werden. Obwohl Stifte eine Presspassung erhalten, werden sie im Produktbereich wegen eventueller mikroskopischer Spalte nicht überall akzeptiert. Außerdem sind sie bei häufigerem Zerlegen der Verbindung problematisch. Bei Montage ist die Dichtung quer zur Verschraubungsrichtung vorzuspannen.

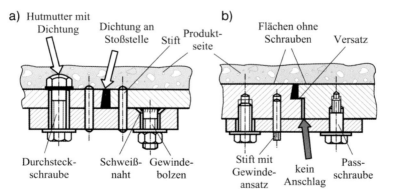

Abb. 1.69 Prinzipien hygienegerechter Schraubenverbindungen mit abgedichteten Blechenden:
(a) Stifte zur Festlegung der Bleche mit Durchgangsschraube bzw. außerhalb des Produktbereichs angeschweißtem Gewindebolzen,
(b) Anordnung von Schrauben außerhalb des Produktbereichs.

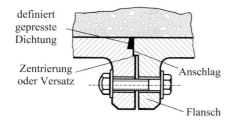

Abb. 1.70 Flanschverbindung mit hygienegerechter Abdichtung.

Durch Anschweißen von Gewindebolzen an der Nicht-Produktseite der Bleche (rechte Seite von Abb. 1.69a) können Schraubenköpfe im Produktbereich vermieden werden (siehe auch [3]). Aber auch im Nicht-Produktbereich sollte eine Abdeckung des offenen Gewindes mithilfe einer Hutmutter vorgenommen werden, um die Reinigung solcher Stellen zu ermöglichen.

Bei dickeren Wandstärken der Bleche lassen sich Schrauben und Stifte in Sackbohrungen von der Nicht-Produktbereich aus montieren (linke Seite von Abb. 1.69b), sodass die produktseitige Oberfläche frei von Schraubenköpfen oder Muttern bleiben kann. Die definierte Lage der Bleche zueinander kann nicht nur durch Stifte, sondern auch durch Passschrauben gemäß der rechten Seite von Abb. 1.69b festgelegt werden.

Auch Flanschverbindungen lassen sich sowohl bei rotationssymmetrischen als auch bei flächigen Bauteilen hygienegerecht einsetzen. Von Vorteil ist, dass in diesem Fall die Dichtung an den Blechenden durch die Schraubenkraft bis zum Anschlag entsprechend Abb. 1.70 definiert gepresst werden kann. Das Fluchten der Bleche wird durch eine Zentrierung oder einen Versatz gewährleistet.

Es ist noch darauf aufmerksam zu machen, dass an offenen Apparaten sowie in hygienerelevanten Räumen (z. B. Reinräumen) auch die Außenseiten von Schraubenverbindungen eventuell zum Produktbereich zu zählen sind. Das Beispiel nach Abb. 1.70 lässt erkennen, dass in diesem Fall nicht nur Schraubenkopf und Mutter hygienegerecht zu gestalten sind, sondern auch der Spalt zwischen den

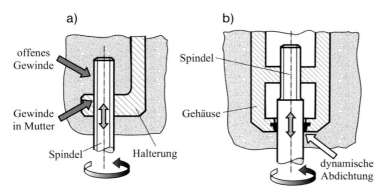

Abb. 1.71 Prinzip der Gestaltung von Gewindespindeln: (a) hygienische Gefahrenstellen, (b) hygienegerechte Gestaltung.

Flanschen sowie das Gewinde der Verschraubung in diesem Bereich Hygienerisiken ergeben und deshalb vermieden werden müssen. Dies wäre bei runden Teilen z. B. durch eine zusätzliche hygienegerechte Dichtung am äußeren Spaltende des Flansches möglich, wie es ein Beispiel von abgedichteten Kupplungsflanschen nach Abb. 1.76 zeigt.

Im Produktbereich liegende offene Gewindespindeln von Bewegungsschrauben gemäß Abb. 1.71a müssen wegen des Gewindes und des spiralförmigen, nicht reinigbaren Spalts zwischen Spindel und Mutter vermieden werden. Um diese Hygienerisiken auszuschalten, muss das Gewinde entsprechend Abb. 1.71b in den Nicht-Produktbereich verlegt und zum Produktbereich hin hygienegerecht abgedichtet werden. Bei Bewegungsschrauben sind dafür dynamische Dichtungen erforderlich, während bei selten verstellten Stellschrauben, hygienegerecht gestaltete, statische Dichtungen mit guten Gleiteigenschaften ausreichen können.

1.6
Achsen und Wellen

Achsen dienen zur Lagerung von Bauteilen und können ruhend oder umlaufend verwendet werden. Wellen übertragen ein Drehmoment und führen meist eine Drehbewegung oder Teile davon aus.

Im Allgemeinen werden im Produktbereich nicht rostende Edelstähle eingesetzt, die in manchen Fällen bzw. Bereichen härtbar sein müssen. Bei der Oberflächenqualität sollten die empfohlenen Anforderungen an Rauheit und Struktur eingehalten werden. Höhere Qualitäten wie z. B. Polieren oder Läppen müssen bei der Art der Bearbeitung entsprechend berücksichtigt werden. Soweit möglich sollten Wellen mit gleich bleibendem Durchmesser verwendet werden. Notwendige Wellenabsätze sind gemäß Abb. 1.72 ausreichend auszurunden, Wellenenden abzuschrägen oder zu runden.

Spezielle Wellenausführungen im Produktbereich erfordern zusätzliche hygienegerechte Gestaltungsmaßnahmen. So müssen z. B. biegsame Wellen, die gemäß Abb. 1.73 aus mehreren Lagen schraubenförmig gewickelter Drähte bestehen, mit einem hygienegerechten Schutz (z. B. Schutzschlauch) aus einem zugelassenen Material ummantelt werden, der an den Enden hygienegerecht abzudichten ist. Eine erheblich einfachere Hygienelösung stellen glatte Biegestäbe dar, die sich bei geringen Durchbiegungen und entsprechender Länge einsetzen lassen.

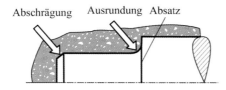

Abb. 1.72 Gestaltung von Wellen (Wellenende und Absatz).

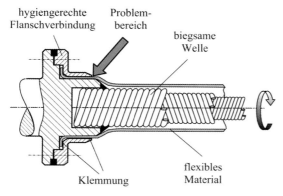

Abb. 1.73 Biegsame Welle mit Schutzhülse.

Teleskopwellen für notwendige Längsbewegungen von Antrieben im Produktraum, bei denen zur Übertragung des Drehmoments z. B. ein Vielnutprofil oder eine Gleitfederverbindung benutzt werden, können am Problembereich der Verbindungsstelle nach Abb. 1.74a mit einer hygienegerecht gestalteten dynamischen Dichtung ausgestattet werden. Dabei ist jedoch durch den möglichen Transport durch den Dichtspalt zwischen Innen- und Außenraum ein Kontaminationsrisiko verbunden (s. auch Abschnitt 1.4.2). Eine hygienegerechte Lösung kann durch ein hermetisch dichtendes Schutzelement wie z. B. einen Faltenbalg gemäß der Prinzipdarstellung nach Abb. 1.74b erreicht werden.

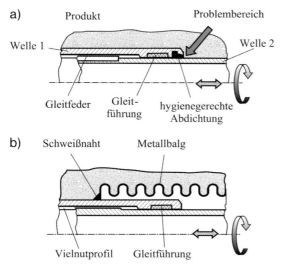

Abb. 1.74 Detail einer Teleskopwelle:
(a) mit dynamischer Dichtung, (b) mit Faltenbalg.

1.7
Wellen-Naben-Verbindungen

Wellen-Naben-Verbindungen dienen zur Übertragung von Drehmomenten und axialen Kräften zwischen Welle und Nabe und können durch Formschluss, vorgespannten Formschluss, Reibschluss oder Stoffschluss realisiert werden. In produktberührten Bereichen müssen auch im Detail die essenziellen Anforderungen von Hygienic Design erfüllt werden. Während Abb. 1.75a das Übertragungsprinzip an einer üblichen Passfederkonstruktion zeigt, sind bei der hygienegerecht verbesserten Gestaltung nach Abb. 1.75b metallische Kontaktflächen sowie die Passfedernut in der Nabe abzudichten. Die Dichtung sollte auch im Bereich der Nut definiert gepresst werden. Das bedeutet, dass ihr innerer Durchmesser außerhalb der Nut liegen muss. Auf die Vielfalt der Verbindungsarten sowie auf Einzelheiten von Konstruktionsmöglichkeiten wird in [1] ausführlich eingegangen.

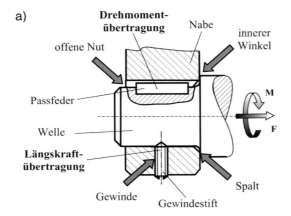

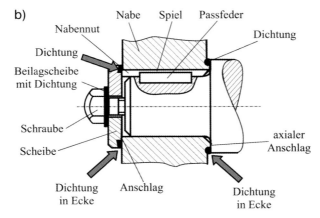

Abb. 1.75 Beispiel einer formschlüssigen Wellen-Naben-Verbindung: (a) Problemstellen, (b) hygienegerechte Verbesserung.

1.8 Wellenkupplungen

Kupplungen haben die Aufgabe, Wellen miteinander zu verbinden, um Drehmomente ohne Wandlung zu übertragen. Das heißt, dass sie im stationären Zustand gleich große Drehmomente am Ein- und Ausgang aufweisen. Grundsätzlich können Kupplungstypen verwendet werden, bei denen die zu verbindenden Wellen entweder fluchten müssen oder zur Kompensation axialer bzw. winkeliger Abweichungen gegeneinander speziell konstruiert sind. Außerdem können bestimmte Kupplungen zum „Schalten", d. h. zum Verbinden und Trennen von zwei Wellen verwendet werden.

Als Beispiel für die Verwendung in produktberührten Hygienebereichen ist in Abb. 1.76 eine einfache elastische Scheibenkupplung dargestellt. Sie ist durch eine hygienegerechte Abdichtung der Flansche mit Zentrierung und axialem Anschlag, Ausrundung innerer Ecken, geneigte horizontale Flächen sowie eine hygienegerecht gestaltete Schraubenverbindung gekennzeichnet. Die Elastomeroberfläche muss porenfrei sein. Eine Problemstelle kann der Rand der Vulkanisierung darstellen, die sich ablösen kann, wenn sie nicht entsprechend geschützt ist. Weitere Kupplungen werden in [1] diskutiert.

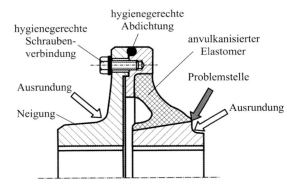

Abb. 1.76 Beispiel einer hygienegerecht gestalteten elastischen Kupplung.

1.9 Lager

Lager dienen zum Führen von Maschinenelementen, die eine drehende Bewegung wie z. B. Wellen, Achsen und Bolzen oder eine hin- und hergehende Bewegung wie z. B. Ventil- oder Kolbenstangen ausführen. Gleichzeitig müssen sie die Belastungen der zu lagernden Bauteile aufnehmen. Unter hygienischen Aspekten ist eine exakte Lagerung, die möglichst statisch bestimmt ausgeführt werden sollte, eine wesentliche Voraussetzung für die Funktion dynamischer Dichtungen.

Im Allgemeinen sollten Lagerstellen von bewegten Bauelementen in den Nicht-Produktbereich verlegt werden und soweit erforderlich durch dynamische Dichtungen wie Gleitringdichtungen oder vorgespannte Lippendichtungen zum Produktraum hin abgedichtet werden. Nach DIN EN ISO 14 159 [27] müssen geschmierte Lager einschließlich solcher Lagertypen, die rundherum abgedichtet sind, außerhalb der produktberührten Oberfläche angeordnet werden. Zwischen Lager und der produktberührten Oberfläche sollte ein angemessener Abstand für Kontrollzwecke offen sein. Für Fälle, in denen sich aus funktionellen Gründen eine Lagerung direkt im Produktbereich nicht vermeiden lässt, müssen hygienegerechte Konstruktionen eingesetzt werden, um Kontaminationsgefahren auszuschließen.

Bei Gleitlagern wird bei Drehbewegungen der Wellenzapfen der Welle oder bei hin- und hergehender Bewegung die Stange bzw. der Kolben unmittelbar im Lager axial oder radial geführt. Der direkte Kontakt zwischen Lager und Bauteil führt bei Bewegungsbeginn jeweils zu fester Reibung und damit Verschleiß, der durch geeignete Werkstoffwahl herabgesetzt werden kann. Im Betriebszustand sollte flüssige Schmierung stattfinden. Da Edelstahl bei Kontakt mit Edelstahl zum Fressen neigt, werden entsprechende Lagerwerkstoffe mit guter Gleitfähigkeit wie Legierungen aus Zinn, Nickel und Silber oder Auskleidungen mit geeigneten PTFE-Werkstoffen eingesetzt. Zugelassene Schmierstoffe wie z. B. H1-Schmiermittel [78, 79] dürfen nur bei abgedichteten Lagern verwendet werden.

Die Prinzipdarstellung eines produktgeschmierten radialen Gleitlagers ohne axiale Führung nach Abb. 1.77 veranschaulicht, dass axiale Nuten mit großen Ausrundungen im Wellenzapfen eine ausreichende Produktschmierung sowie eine leichte Reinigung gewährleisten [3, 26, 27, 80]. Nutfreie Wellen und Lager bilden einen engen Spalt, der sich nicht reinigen und daher nicht im Produktbereich einsetzen lässt.

Für Drehbewegungen eingesetzte Wälzlager sind entsprechend Abb. 1.78 im Allgemeinen einbaufertige Maschinenelemente, die wegen ihres komplizierten Aufbaus nicht direkt für produktberührte Bereiche geeignet sind. Für hygienische Anforderungen muss der Lagerbereich durch eine Doppeldichtung eventuell mit

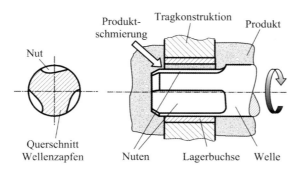

Abb. 1.77 Reinigbar gestaltetes radiales Gleitlager (nach [80]).

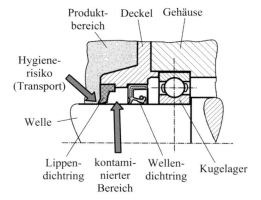

Abb. 1.78 Prinzip einer hygienegerechten Abdichtung von Wälzlagern für keimarme Einsatzfälle.

dazwischenliegendem Spülraum sowohl gegenüber dem Produktraum als auch dem Lager wegen Fettaustritts abgedichtet werden. Das Prinzipbeispiel zeigt die Abdichtung durch einen Wellendichtring zum Lager hin, während die Produktseite durch einen bündigen Elastomerring mit Lippe (siehe auch Abschnitt 1.4.2.2) abgedichtet wird. Auf das Hygienerisiko durch den Transport dünner Filme durch den Dichtspalt wurde im Abschnitt 1.4 bereits hingewiesen.

Durch Reinigbarkeitstests konnte die leichte Reinigbarkeit von direkt durchströmten Kugellagern z. B. aus Keramik nachgewiesen werden. Allerdings liegen bei solchen Konstruktionen nur Betriebserfahrungen mit Wasser vor.

1.10 Getriebe

Getriebe wie z. B. Riemen-, Ketten-, Reibrad- oder Zahnradgetriebe dienen zum Wandeln von Drehzahlen und Drehmomenten zwischen Wellen. In dieser Funktion handelt es sich um Maschinenelemente, die nicht im Produktbereich eingesetzt, sondern in getrennten Gehäusen oder gekapselten Bereichen von Maschinen und Apparaten untergebracht werden sollten. Eine Abdeckung z. B. von Keil-, Flach- oder Kettenantrieben durch Schutzbleche oder andere Schutzvorrichtungen in hygienerelevanten Produktionsräumen, in denen Produkte in offener Weise hergestellt oder abgepackt werden, ist im Allgemeinen keine ausreichende Maßnahme, um Kreuzkontamination durch Schmiermittel und Schmutz einschließlich Mikroorganismen zu vermeiden. In Sonderfällen (z. B. Orbital-Reinigungsgeräte) werden Getriebe offen gestaltet und in die Reinigung einbezogen.

1.11
Elektromotoren

Meist werden Elektromotoren im Nicht-Produktbereich eingesetzt, in dem übliche Ausführungen den Anforderungen genügen. Sie unterliegen auch nicht der Maschinenrichtlinie [25], sondern der sogenannten Niederspannungsrichtlinie [81]. Bei Einsatz in Hygienebereichen oder bei Produktkontakt ist jedoch eine hygienegerechte Ausführung unbedingt notwendig. Problematische Bereiche wie z. B. Vertiefungen im Gehäuse, schlecht zugängliche Bereiche der Kühlrippen, nicht selbsttätig ablaufende Stellen, Wellenenden mit Passfeder, Gehäuseschrauben sowie Klemmkästen mit elektrischem Anschluss müssen dann hygienegerecht ausgeführt werden. Ventilatoren zur Belüftung und Kühlung gemäß Abb. 1.79 sind in solchen Fällen zu vermeiden. Außerdem können Einbauort und -lage im Fall offener Prozessanlagen hygienische Probleme bereiten.

Hauben aus Edelstahl zur Motorabdeckung sollten in Hygienebereichen im Allgemeinen nicht verwendet werden. Wenn sie dennoch eingesetzt werden, müssen sie einfach zu entfernen sein, um eine regelmäßige Reinigung der abgedeckten Bereiche zu ermöglichen.

Für die Standardausführung von Elektromotoren wird meist eine Innenbelüftung durch Axial- oder Radiallüfter zur Kühlung verwendet, die eine wesentliche Ursache für Staub- und Schmutzansammlungen gemäß Abb. 1.80 sowie Kontaminationen darstellt.

Bei dem hygienegerecht gestalteten Motor ohne Lüfter und Rippen mit geneigten Flächen und abgerundeten Kanten entsprechend Abb. 1.81, der von der EHEDG zertifiziert wurde, erfolgt die Kühlung direkt über die Gehäuseoberfläche [82].

Für Anwendungen mit hoher Leistung in hygienerelevanten Produktionsräumen wie z. B. Reinräumen stellen Elektromotoren mit Flüssigkeitskühlung oftmals eine technisch und wirtschaftlich sinnvolle Lösung dar. Der Einsatz ist auch unter schwierigen Umgebungsbedingungen wie bei Staub, Wärme oder Kälte möglich.

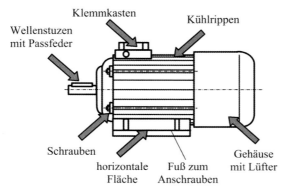

Abb. 1.79 Hygienische Problembereiche von Elektromotoren.

1.11 Elektromotoren | 73

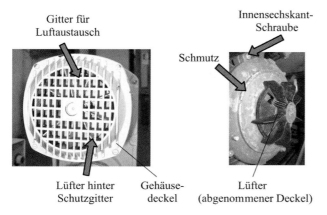

Abb. 1.80 Kontaminationsgefahr durch Motoren mit Lüfter in Hygienebereichen: (a) Schutzgitter, (b) schwer reinigbare Schmutzstellen im Ventilatorbereich.

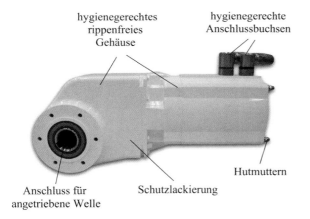

Abb. 1.81 Hygienegerecht gestalteter Motor ohne Ventilator [82].

Um Hygienerisiken auszuschließen, sollten Antriebe auch bei offenen Prozessen möglichst in den Nichtproduktbereich verlegt werden.

Ein Beispiel für die Gefahr von Kontaminationen zeigt die Anordnung eines herkömmlichen Motors mit Lüfter gemäß Abb. 1.82a in unmittelbarer Nähe eines Transportbandes mit gereinigten Flaschen zum Abfüllen. Die Luft des Lüfters kann unmittelbar die Flaschenmündung kontaminieren. Bereits durch Änderung der Anordnung entsprechend Abb. 1.82b kann die Situation erheblich verbessert werden.

Bei Antrieben über Produkten kann eine Verbesserung der Hygienesituation z. B. durch Schutzabdeckungen und andere Hygienemaßnahmen erfolgen (siehe z. B.[3]). Beim Einsatz über Behältern lässt sich der Antrieb gemäß Abb. 1.83 auf einen Deckel montieren, sodass Prozess und Reinigung geschlossen ablaufen.

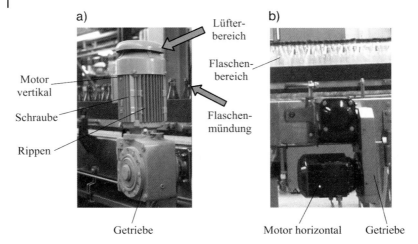

Abb. 1.82 Anordnung von Motoren in offenen Bereichen des Transports gereinigter Flaschen:
(a) Kontaminationsgefahr durch Motorventilator im Flaschenhalsbereich,
(b) Anordnung des Motors unterhalb der Flaschenöffnungen.

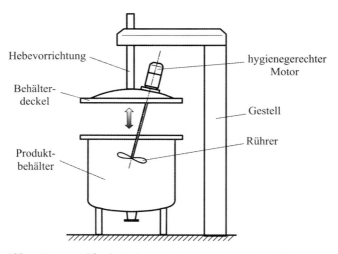

Abb. 1.83 Beispiel für die Verlegung des Motors während der Produktion in den Nicht-Produktbereich.

Wenn z. B. zum Befüllen der Behälter geöffnet wird, muss eine Kontamination aus der Umgebung auszuschließen sein, was eine hygienegerechte Gestaltung und Reinigung des gefährdenden Umfelds erfordert.

2
Komponenten von Rohrleitungssystemen

Neben verfahrens- und produktbezogenen Apparaten zur Produktbearbeitung spielen Bauelemente von Anlagen, die üblicherweise als Komponenten bezeichnet werden, eine wesentliche Rolle für den Hygienestatus eines Prozesses. Sie umfassen im Allgemeinen Produkttransportsysteme (z. B. Rohrleitungen), lösbare Verbindungselemente (z. B. Verschraubungen, Flanschverbindungen), Schaltelemente (z. B. Ventile), Druckerzeuger (z. B. Pumpen) und Messgeräte (z. B. Sensoren), die in erster Linie für den Bau geschlossener Anlagen verwendet werden, sodass nur deren innere Oberflächen produktberührt sind [1].

Zumindest teilweise sind verschiedene Komponenten wie Verbindungen, Ventile und Pumpen auch Elemente offener Anlagen in hygienisch relevanten Räumen, bei denen das Produkt mit der Umgebung in Kontakt steht. Wenn in solchen Fällen eine Kontaminationsgefahr von ihnen ausgeht, sind auch die äußeren Oberflächen in gleicher Weise wie produktberührte Bereiche hygienegerecht zu gestalten.

Bestimmte Komponenten werden häufig von unterschiedlichen Spezialfirmen gefertigt. Da neben den rechtlichen Verpflichtungen der starke Konkurrenzkampf dazu zwingt, sind in diesem Bereich wahrscheinlich die größten Fortschritte in Bezug auf Hygienic Design erzielt worden.

2.1
Rohrleitungssysteme

Rohrleitungssysteme dienen zum geschlossenen Transport sowohl von flüssigen bis viskosen Produkten als auch von pulverförmigen bis grobkörnigen Schüttgütern. Dabei werden sie nicht nur zur Verbindung und Versorgung benachbarter Prozessbereiche, sondern auch zur Überwindung größerer Entfernungen eingesetzt. Sowohl Produkte der Lebensmittel-, Pharma- und Bioindustrie als auch Hilfsmedien können in ihnen transportiert werden, sodass je nach Einsatzgebiet durchaus unterschiedliche Anforderungen an Hygiene gestellt werden können. Sie stellen z. B. auch das zentrale Element zum Transferieren von aseptisch herzustellenden oder chemisch kritischen Produkten von einem Prozess zum anderen dar. Wie auf den meisten Gebieten der Technik hat sich eine ständig zunehmende Automatisierung bei Herstellung, Verarbeitung und Transport von

Hygienegerechte Apparate und Anlagen für die Lebensmittel-, Pharma- und Kosmetikindustrie. Gerhard Hauser
Copyright © 2008 WILEY-VCH Verlag GmbH & Co. KGaA, Weinheim
ISBN: 978-3-527-32291-6

Abb. 2.1 Ausschnitt aus einem komplexen Rohrleitungssystem (Fa. GEA Tuchenhagen).

Produkten vollzogen. Als Folge davon sind zu speziellen Produktanforderungen eine ganze Reihe von weiteren hinzugekommen, die zum Teil neue Konzepte der Leitungsführung und -vernetzung sowie konstruktive Ideen für die erforderlichen Schaltelemente notwendig machten [2]. Bei geschlossenen Prozessen entstehen z. B. durch Vernetzung von Produktlinien mit Reinigungskreisläufen komplexe Rohrleitungsführungen, die entsprechend abgesichert werden müssen.

Hierbei ist die Installation der Rohrleitungen zusammen mit den verwendeten Rohrverbindungen sowie den für die Prozesse notwendigen Armaturen entscheidend für die Prozesssicherheit im gesamten Anforderungsumfeld und in vielen Fällen auch für die häufig vernachlässigte Wirtschaftlichkeit einer Produktionsanlage. Insgesamt stellen sie meist einen hohen apparativen Aufwand dar, wie das Beispiel nach Abb. 2.1 zeigt. Damit ergibt sich auch ein erheblicher kostenmäßiger Anteil, der in speziellen Bereichen 20 % [3] und mehr der gesamten Anschaffungskosten einer Prozessanlage betragen kann.

Unter diesen Aspekten sind bereits im Planungsstadium Leitungsführung, Wahl der Rohrverbindungen und Armaturen, Anordnung von Messeinrichtungen sowie Abstimmung der Schaltpläne auf Anfahrvorgänge, Produktwechsel und Reinigung kritisch zu durchleuchten. Ein Masterplan der gesamten Anlage stellt die Grundlage der Rohrleitungsplanung in ihrer Gesamtheit sowie im Detail dar. Den gleichen Stellenwert wie die Sicherheit des Transports hat die Reinhaltung des geförderten Produktes sowie die Vermeidung von Kontaminationen mit Mikroorganismen und Fremdstoffen, d. h. die Vermeidung quantitativer Verluste sowie qualitativer Veränderungen. Das bedeutet zunächst, dass Produkte im Betriebsablauf auf dem vorgesehenen Weg ohne Verluste und ohne unerwünschte Beeinflussung z. B. durch Temperatur, Druck, Feuchtigkeit und andere Prozessparameter von ihrem Ausgangspunkt sicher an ihren Bestimmungsort gelangen.

Dies kann sowohl kontinuierlich als auch in getrennten Chargen erfolgen, die bei entsprechenden Maßnahmen zur Trennung auch einzeln deklariert werden können. Hierbei ist auch die gegenseitige Absicherung feindlicher Medienströme zu nennen, wenn beispielsweise Produktförderung und Reinigung in unmittelbar angrenzenden Netzteilen gleichzeitig stattfinden. Der Abdichtung solcher Leitungsteile gegeneinander kommt eine wesentliche Bedeutung zu, da bereits geringe Undichtigkeiten zu einer dauerhaften Kontamination des Produktes führen. Negativen Einfluss auf die Qualität können auch geringe Rückstände von Reinigungs- und Desinfektionsmitteln haben, falls sie nach einem Reinigungsprozess nicht ausreichend entfernt werden können. Auch von Korrosionsprodukten können bei ungenügender Abstimmung von Werkstoffen auf Produkt und Reinigungsmedien Qualitätseinbußen ausgehen.

Da viele Produkte empfindlich gegen Sauerstoff sind, muss in solchen Fällen durch konstruktive Maßnahmen der Kontakt mit Luft verhindert werden. Gefahrenquellen können sich beim Anfahren, Umschalten und Mischen von Produkten sowie an Leckstellen ergeben, an denen unter Umständen Luft eingezogen wird. Weiterhin sollen Veränderungen oder Verluste an wertgebenden Inhaltsstoffen vermieden werden. Bei kohlendioxidhaltigen Getränken besteht z. B. eine Gefahr in einer meist lokalen Unterschreitung des Sättigungsdruckes und damit der Entbindung von Kohlendioxid in Diffusoren, Krümmern, Armaturen und anderen Einbauten. Ähnliches gilt für leicht flüchtige Bestandteile wie Aromastoffe.

Eine erhebliche Gefährdung für bestimmte Produkte besteht schließlich in Veränderungen durch Toxine oder dem Verderb durch Mikroorganismen. Diese können entweder bereits im Produkt enthalten sein oder durch konstruktive Schwachstellen in den Produktraum eindringen, sich in Spalten oder Toträumen festsetzen, die der Reinigung nur ungenügend zugänglich sind, sich dort vermehren und zu Infektionen führen.

Aus diesen Anforderungen folgt, dass neben der Gesamtplanung, die durch optimale Führung der Produktleitungen und Abstimmung der Reinigungsprogramme auf den Produktionsablauf in erster Linie die funktionelle Sicherheit des automatisierten Leitungssystems bestimmt, die Detailplanung die entscheidende Rolle für die Erhaltung einer einwandfreien Produktqualität auf den Transportwegen spielt.

Obwohl Rohrleitungen wegen ihrer einfachen Konstruktion und der günstigen Strömungsbedingungen generell als leichter reinigbar eingestuft werden können als andere Komponenten oder Apparate, sollte ihrer Planung und Verlegung vor allem unter hygienischen Gesichtspunkten entsprechende Aufmerksamkeit gewidmet werden. Bei der systematischen Kontrolle ausgeführter Produktleitungssysteme im Hinblick auf hygienegerechte Gestaltung kann man in Industriebetrieben häufig sehr unterschiedliche Problem- und Schwachstellen entdecken, die für erhebliche Schwierigkeiten bei der Reinigung verantwortlich sind und Rekontaminationen von Produktchargen verursachen können.

Aus diesem Grund sollten im Rahmen der Prozess- und Anlagenplanung bei umfangreicheren Systemen räumliche isometrische Rohrleitungspläne (Abb. 2.2) erstellt werden, die in der Detailplanung auf hygienische Problemzonen zu

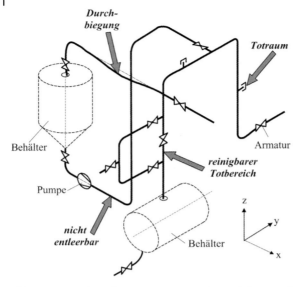

Abb. 2.2 Prinzipdarstellung eines isometrischen Rohrleitungsplans mit Darstellung hygienischer Problemstellen.

untersuchen sind. Eine Checkliste von Anforderungen an die hygienegerechte Gestaltung kann dabei wertvolle Dienst leisten. Rohrleitungsbereiche sollten zusätzlich bezüglich Abmessungen und Hygieneanforderungen (z. B. Art der Rohre und Formstücke, Werkstoff, Oberflächenqualität usw.) in Kategorien eingeteilt und erfasst werden.

Soweit möglich, sollten Teile von komplizierten gebogenen Rohrleitungsstrecken bevorzugt in der Herstellerfirma vorgefertigt und vorgeformt werden, um Verbindungen in solchen Bereichen zu vermeiden, die unter Hygienegesichtspunkten Problemstellen ergeben können. Wenn Verbindungen notwendig sind, ist nach Stand der Technik bevorzugt das Schweißen von Rohren mit geeigneten Verfahren anzuwenden. Nur wo ein Öffnen von Leitungen unbedingt erforderlich ist, sollten lösbare Verbindungen verwendet werden.

Wegen ihrer Flexibilität setzt man für kurze, nur durch komplizierte Rohrverlegung realisierbare Strecken häufig Schläuche ein. Das Gleiche gilt für zu wechselnde Verbindungen zwischen Rohrleitungen und Anlagenelementen, für die sich eine feste Verrohrung als zu aufwändig erweist. Schläuche mit meist kleinerem Durchmesser findet man zur Anbindung von Messgeräten an Behälter und Rohrleitungen oder zur Verbindung zwischen Probenahmeventilen und Gefäßen.

2.1.1
Werkstoffe und Oberflächenqualität von Rohren

Eine definierte Oberflächenqualität neuer Rohre sowie die Vermeidung von Veränderungen z. B. durch Korrosionserscheinungen als Langzeiteffekt sind entscheidende Einflussgrößen für die reinigungsgerechte Gestaltung. Die Ausführung von Rohrleitungen erfolgt am häufigsten nach Stand der Technik in austenitischem Edelstahl (siehe z. B. [4, 5]), wobei Werkstofftyp und Behandlung der produktberührten Oberfläche nach Art des Einsatzgebietes gewählt werden. In Spezialbereichen, wie bei Reinstwasseranlagen der Pharmaindustrie (z. B. water for injection, WFI), wird häufig ein Mindestgehalt an Ferrit gefordert, um Migrationen oder Korrosion wie „Rouging" zu vermeiden [6, 7]. Eine vor allem in den USA erprobte und in Europa zunehmend eingesetzte Alternative bietet der Kunststoff PVDF (Polyvinylidenfluorid) für hochreine Medien, der eine äußerst glatte und dichte innere Oberfläche aufweist. Bei Kunststoffen wie PTFE, die z. B. bei bestimmten Produkten als Innenbeschichtungen von Rohren oder als Schläuche verwendet werden, ist vor allem auf eine porenfreie und glatte innere Oberfläche [8] zu achten. Eine weitere Alternative bieten Glasleitungen (z. B. Borosilikatglas), die für spezielle Prozesse in den verschiedenen Industriezweigen eingesetzt werden.

2.1.1.1 Edelstahlrohre

Für Edelstahlrohrleitungen gelten als wesentliche Vorteile, dass sie über große Temperaturbereiche eine hohe Festigkeit besitzen, die chemische Beständigkeit weitgehend bekannt ist und Erfahrungen über die Verarbeitung und Behandlung über lange Zeiträume vorliegen. Als Nachteil ist zu nennen, dass generell Metallionen aus dem Werkstoff in Lösung gehen können (siehe z. B. Reinstwasser) und dass Korrosion durch bestimmte aggressive Substanzen, vor allem durch Chlor oder Chloride erfolgen kann.

Die nach Stand der Technik am häufigsten verwendeten Rohre sind längsgeschweißt. Sie werden in verschiedenen Werkstoffen und Oberflächenqualitäten ausgeführt. Der Herstellungsprozess geht entsprechend Abb. 2.3 von Bandstahl aus, der durch Umformen in Rohrform gebracht und anschließend mit WIG- oder Elektronenstrahlschweißen längsgeschweißt wird.

Danach kann die Schweißnaht innen geglättet und geglüht werden, um Gefügeveränderungen auszugleichen. Anschließend werden die Rohre kalibriert, eventuell gebeizt und z. B. außen geschliffen. Die ökonomisch und qualitativ günstigste Herstellung erfolgt kontinuierlich und voll automatisch vom Band. Alle Arbeitsgänge wie Kaltumformung, Schweißen, Wärmebehandlung, Kalibrierung und zerstörungsfreie Prüfung werden dabei nacheinander in einer Prozesslinie ausgeführt. Die Abb. 2.4 zeigt die Ausführung der Naht auf der Rohrinnenseite nach der Einebnung und dem Beizvorgang.

Bei nahtlosen Rohren, die aufgrund der fehlenden Schweißnaht eine homogenere Qualität besitzen, aber nur bis zu bestimmten Nennweiten erhältlich sind, wird durch Walzen oder Schmieden und anschließendes Lochen (Abb. 2.5) ein Mutterrohr erstellt. Dieses wird schrittweise gezogen und lösungsgeglüht, um durch das Umformen entstandene Gefügeveränderungen (z. B. Ferritausscheidungen) rückgängig zu machen.

Nach dem Herstellungsprozess erfolgt die erforderliche Nachbearbeitung oder Nachbehandlung, um die gewünschte Oberflächenqualität zu erreichen, wie in

2 Komponenten von Rohrleitungssystemen

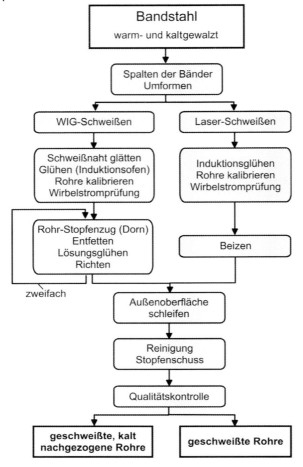

Abb. 2.3 Beispiel für die Herstellung von längsnahtgeschweißten Edelstahlrohren (nach Fa. Dockweiler).

Abb. 2.4 Bild der produktberührten Innenseite einer Längsschweißnaht.

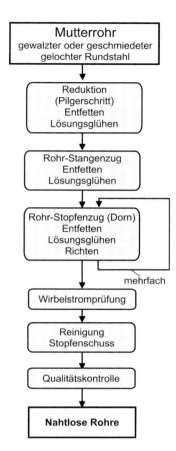

Abb. 2.5 Beispiel für die Herstellung von nahtlosen Edelstahlrohren.

Abb. 2.6 am Beispiel Elektropolieren gezeigt ist. Bei mechanischer Bearbeitung besteht die Gefahr, dass in die Oberfläche Fremdpartikel wie z. B. Schleifkörner eingearbeitet wurden oder an Materialspitzen ein Gratüberhang vorliegt. Defekte oder Mängel in der Oberflächenstruktur können durch Konturhonen beseitigt werden (s. auch [9]).

Dabei findet eine homogene Oberflächenbearbeitung statt, bei der auch in Längsrichtung verlaufende Oberflächenunterschiede ausgeglichen werden. Erhöhungen wie Schweißnahtüberstände werden stärker bearbeitet und an die übrige Oberflächenqualität angeglichen. Durch kontrollierte Verfahrensparameter wie Körnung, Anpressdruck, Kühlung zur Verhinderung thermischer Überhitzung und Bearbeitungsgeschwindigkeit lassen sich die verschiedenen erforderlichen Oberflächenqualitäten erreichen.

Durch Elektropolieren (anodische Abtragung der Oberfläche) werden lockere Teilchen entfernt und gleichzeitig wird die Oberfläche zusätzlich geglättet. An der Oberfläche eingelagertes ferritisches Gefüge wird ebenfalls abgetragen, wodurch die Korrosionsbeständigkeit zusätzlich erhöht wird. Außerdem werden nach dem

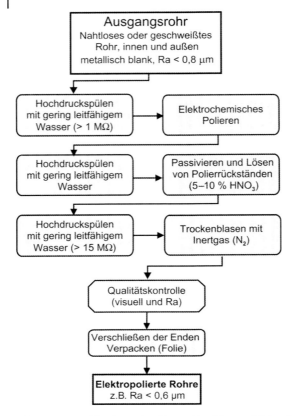

Abb. 2.6 Beispiel für den Behandlungsablauf der produktberührten Innenoberfläche von Rohren durch Elektropolieren.

Elektropolieren kleinste Oberflächenfehler, wie Haarrisse an ungenügend durchgeschweißten Nähten sowie Kratzer, die beim Schleifen zugeschmiert wurden, deutlich sichtbar. Die Endkontrolle elektropolierter Oberflächen erfolgt daher erst nach diesem Schritt. Der Ra-Wert der Oberfläche wird durch das Elektropolieren um bis zu 30 % verbessert.

Einen Überblick über erhältliche Rohrwerkstoffe gibt Tabelle 2.1. Nach wie vor sind die Werkstoffe 1.4301 und 1.4571 in vielen Industriezweigen wie z. B. der Lebensmittelindustrie [10] am häufigsten anzutreffen. Für spezielle Anwendungsfälle werden dort aber auch Rohre aus 1.4401, 1.4435 und 1.4541 zunehmend vermehrt eingesetzt [11]. Die zur Wahl stehenden Oberflächenbeschaffenheiten sind für die unterschiedlichen Rohrarten in Tabelle 2.2 zusammengestellt. Aufgrund der Forderung aus hygienischen Gründen produktberührte Flächen mit einer Rauheit $Ra \leq 0,8$ µm auszuführen, sind z. B. nach Tabelle 2.2 längsgeschweißte Rohre mit metallisch blanken Innenoberflächen und unterschiedlichen äußeren Oberflächen (Qualität BC, CC, BD und CD) geeignet. Für Schweißnähte wird für diese Rohre der doppelte Wert, nämlich $Ra = 1,6$ µm, zugelassen. Bei

Tabelle 2.1 Austenitische Edelstahlwerkstoffe für Rohrleitungen.

Werkstoffnummer nach DIN 17 007	Bezeichnung nach DIN 17 006	Verwendung
1.4301	X 5 CrNi 18-10	Lebensmittelindustrie
1.4401	X 5 CrNiMo 17-12-2	
1.4541	X 6 CrNiTi 18-10	
1.4571	X 6 CrNiMoTi 17-12-2	
1.4404	X 2 CrNiMo 17-13-2	Pharmaindustrie
1.4435	X 2 CrNiMo 18-14-3	
1.4539	X 1 NiCrMoCUN 25-20-50	
1.4306	X 2 CrNi 19 11	Sonderbereiche
1.4307	X2CrNi 18-9	
1.4436	X 5 CrNiMo 17 13 3	
1.4438	X 2 CrNiMo 18 16 4	
1.4439	X 2 CrNiMoN 17 13 5	
1.4311	X 2 CrNiN 18 10	
1.4406	X 2 CrNiMoN 17 12 2	
1.4429	X 2 CrNiMoN 17 13 3	
1.4335	X 1 CrNi 25 21	Spezialstähle
1.4573	X 6 CrNiMoTi 18 12	
1.4565	X 2 CrNiMnMoN 24 17 64 (Remanit)	
1.4558	X 2 NiCrAlTi 32 20 (Incoloy 800)	

Formstücken nach DIN 11 852 (Bögen, T-Stücke usw.) [12] gelten entsprechende Vorgaben.

In der Pharmaindustrie kommt als häufigster Werkstoff 1.4404 zum Einsatz, der annähernd die gleiche Korrosionsbeständigkeit wie 1.4435 besitzt. Für spezielle Anforderungen wie z. B. im Wasserbereich wird meist der Werkstoff 1.4435 oder 1.4539 mit Ferritgehalten < 0,5 % nach Basler Norm [6] gefordert, obwohl diese Anforderungen inzwischen bereits wieder relativiert werden. Als Oberflächenqualitäten sind sowohl metallblanke Rohrinnenflächen mit Rauheitswerten von $Ra \leq 0,8$ μm bis etwa $Ra = 0,4$ μm als auch elektropolierte Rohre mit $Ra \leq 0,6$ μm bis $Ra = 0,25$ μm erhältlich (Beispiele s. Tabelle 2.3). Letztere werden hauptsächlich in sterilen Prozessbereichen eingesetzt. Für Aseptik, Chemie und Pharmazie werden die Kennzeichnung sowie Hygieneklassen für die Oberflächenbeschaffenheit in DIN 11 866 [13] festgelegt. Ein Beispiel der industriellen Ausführung von Rohren ist in Tabelle 2.4 angegeben.

Tabelle 2.2 Oberflächenbeschaffenheit von Edelstahlrohren für die Lebensmittelindustrie nach DIN 11 850.

Behandlungs-zustand	Oberfläche innen		Oberfläche außen	Kurz-zeichen
	Beschaffenheit	Ra-Wert		

Nahtlose Rohre, Herstellverfahren nach DIN 17 456

Behandlungs-zustand	Oberfläche innen		Oberfläche außen	Kurz-zeichen
wärmebehandelt	metallisch blank	2,5 µm	metallisch blank, h oder m	AA
			geschliffen (Körnung 400) oder poliert	AB
		1,6 µm	metallisch blank, h oder m	AC
			geschliffen (Körnung 400) oder poliert	AD

Geschweißte Rohre, Herstellverfahren nach DIN 17 455

Behandlungs-zustand	Oberfläche innen		Oberfläche außen	Kurz-zeichen
wärmebehandelt	metallisch blank, ab NW 25 Naht wanddicken-gleich ein-geebnet und geglättet	2,5 µm, Naht-bereich aus-genom-men	metallisch blank, k2 oder k3	BA
nicht wärmebehandelt			metallisch blank, k0 und k1	CA
wärmebehandelt			geschliffen (Körnung 400) oder poliert	BB
nicht wärmebehandelt				CB
wärmebehandelt	metallisch blank	0,8 µm, Naht-bereich 1,6 µm	metallisch blank, k3, k2, l1 oder l2	BC
nicht wärmebehandelt			metallisch blank, k0 und k1	CC
wärmebehandelt			geschliffen (Körnung 400) oder poliert CD	BD
nicht wärmebehandelt				CD

Für die USA fordert FDA für bestimmte Produkte (z. B. Parenteralia) eine Begrenzung der Fremdpartikelanzahl. Bei Neuanlagen ist diese im Rohrleitungsbereich praktisch durch Elektropolieren der produktberührten Oberflächen zu erreichen.

Edelstahlrohre von Rohrleitungssystemen sollten generell durch automatische Schweißverfahren wie z. B. das schweißzusatzfreie WIG-Orbitalschweißverfahren

Tabelle 2.3 Beispiele für Oberflächen von Edelstahlrohren für die Pharmaindustrie.

Oberfläche innen		Oberfläche außen	Kurz-zeichen
Beschaffenheit	Ra-Wert		
Nahtlose Rohre (DN < 20 obligatorisch, DN > 20 optional)			
metallisch blank	0,4 µm	geschliffen (Körnung 400), glänzend, $Ra \approx 0{,}76$ µm	L2
elektropoliert	0,25 µm		
Geschweißte Rohre (DN > 20)			
metallisch blank	0,8 µm	metallisch blank, $Ra \approx 0{,}76$ µm	K3G

Tabelle 2.4 Beispiele von Werkstoff und Oberflächenbearbeitung von Rohren (Fa. Dockweiler).

Bezeichnung	Material	Oberfläche		Prüfverfahren
		außen Ra in µm	innen Ra in µm	
Finetron (abh. vom ⌀ nahtlos oder geschweißt)	1.4404, 1.4435, 316 L	≤ 0,80	≤ 0,40–63,5 mm ⌀ ≤ 0,60 bis über 63,5 mm ⌀	Vorzeugniskontrolle, Baumaßkontrolle, visuelle Prüfung, Rauheitsmessung, endoskopische Untersuchung
Safetron (abh. vom ⌀ nahtlos oder geschweißt)	1,4435/316 L nach BN2 1.4404/316 L 1.4539/904 L	≤ 0,80	anodisch gereinigt ≤ 0,40 elektopoliert ≤ 0,25	
Ultron (abh. vom ⌀ nahtlos oder geschweißt)	1.4404, 1.4435, 316 L	≤ 0,80	≤ 0,15, ≤ 0,18, ≤ 0,25	zusätzliche Prüfungen: Leitfähigkeit, TOC, Partikel, REM, XPS/ESCA, Auger-Analyse (AES)

samt Innenformierung miteinander verschweißt werden. Allgemeine Angaben für das Schweißen der Rundnähte von Rohrleitungen sind z. B. in [14] und [15] zu finden. Um optimale Ergebnisse zu erzielen, sollten nur sortengleiche Materialien verwendet und nicht unterschiedliche Werkstoffe gemischt werden, obwohl die heutige Schweißtechnik dies grundsätzlich in hohem Maße gestattet. Die Schweißpartner sind vorwiegend dünnwandige Rohre und Formstücke sowie entsprechend vorbereitete Komponenten wie Ventile, Durchflussmesser etc. Alle Elemente sollten nach Stand der Technik zum Orbitalschweißen geeignet sein.

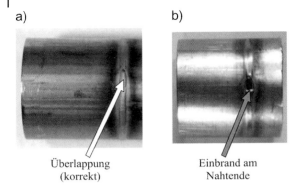

Abb. 2.7 Nahtenden einer automatisch geschweißten Rundnaht:
(a) Ausführung der Überlappung in Ordnung, (b) Einbrand am Nahtende.

Die Güte bzw. Qualität der zu erzielenden Schweißnaht kann innen wie außen exakt definiert werden und orientiert sich an der Qualität des Leitungsmaterials und den gestellten Anforderungen. Außerdem sollten nur gleiche Wandstärken miteinander verschweißt werden. Lassen sich unterschiedliche Wandstärken nicht vermeiden, sollten unbedingt vorgefertigte Übergangsstücke eingesetzt werden. Wenn Rohre üblicherweise vor dem Schweißen geheftet werden müssen, ist ebenfalls ein Inertisieren des Innenbereichs zu empfehlen.

Zur Überprüfung der richtigen Einstellung des Schweißgerätes sind entsprechende Probeschweißungen unter Montagebedingungen zu fordern und zu dokumentieren. Das bedeutet, dass nicht nur zu Beginn der Arbeiten, sondern auch während des Fortgangs der Montage des Rohrleitungssystems stichprobenartig die Nahtqualität kontrolliert werden sollte. Vor allem das Nahtende, das den Nahtanfang geringfügig überlappt, kann eine Schwachstelle aus schweißtechnischer und hygienischer Sicht darstellen. Die Abb. 2.7 zeigt eine einwandfreie Überlappung im Vergleich zu einem fehlerhaften Nahtende mit Einbrand an der Außenseite eines Rohres. Die Überprüfung der Nahtproben sollte auf technische und hygienische Anforderungen hin erfolgen. Die Rohre dürfen keinen Versatz haben, sondern müssen fluchtend ausgerichtet sein, was bei Orbitalschweißung durch die Einspannung grundsätzlich gewährleistet ist (Abb. 2.8). Geprüfte Handschweißer können nahezu gleiche Nahtqualitäten erreichen, wie es bei automatischem Schweißen der Fall ist. Allerdings ist die Gefahr von einzelnen Fehlstellen größer. Eine optimale Nahtqualität erfordert innen wie außen ein gleichmäßiges Nahtbild, wobei ein Wurzelrückfall (Abb. 2.8c) grundsätzlich verboten ist. Die Nahtüberhöhung außen und die Wurzelüberhöhung innen sollten jeweils kleiner als 10 % der Rohrwandstärke sein [16], wie in Abb. 2.8d dargestellt.

Bei Verwendung des offenen Orbitalschweißverfahrens ergeben sich außen die typischen thermisch bedingten Anlauffarben durch Fe-Mischoxide. Bei gekammerten Verfahren werden sie nahezu völlig vermieden. Anlauffarben müssen durch sachgerechtes chemisches Beizen und Passivieren völlig entfernt werden.

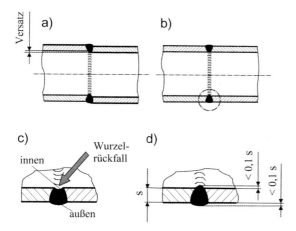

Abb. 2.8 Ausführungen von Rundnähten:
(a) Versatz (Rohrenden nicht fluchtend), (b) einwandfreie, fluchtende Rohranordnung, (c) Nahtrückfall auf produktberührter Seite, (d) zulässiger Nahtüberstand.

Kriterium ist eine metallisch blanke und saubere Naht- und Umgebungsfläche. Selbstverständlich sind auch z. B. Ölkohlespuren nicht erlaubt.

Auf der Rohrinnenseite wird durch sachgerechte Formierung sowohl die homogene Nahtausbildung gesichert, als auch die Bildung von Fe-Oxiden weitgehend unterdrückt [17]. Einwandfreie Schweißnähte im Rohrinneren (Nahtwurzel) müssen bei den üblichen Werkstoffqualitäten ohne Mo (z. B. 1.4301) metallisch blank sein. Molybdänhaltige Rohre (z. B. 1.4435) dürfen an der Schweißnaht innen eine leichte strohgelbe Kolorierung aufweisen, die hauptsächlich von CrNi-Oxiden herrührt und kein Risiko bedeutet. Umfangreiche Untersuchungen haben gezeigt, dass trotz aller Sorgfalt bei den übrigen erwähnten Einflussfaktoren die Qualität der Rohroberfläche letztlich entscheidet, ob die Forderung nach maximal strohgelber Verfärbung von Naht und Nahtumgebung sicher erreicht werden kann. So sind z. B. mechanisch gefertigte Oberflächen, die kalt gezogen und mechanisch geschliffen werden, selbst bei Werten von $Ra \leq 0{,}4$ µm und chemisch gebeizte Rohre über alle Ra-Bereiche (bis $\leq 0{,}6$ µm) nicht sicher kolorierungsfrei zu verschweißen. Elektrochemisch polierte Oberflächen lassen sich dagegen ab einem Wert von $Ra = 0{,}4$ µm eindeutig und gesichert frei von Färbungen mittels üblicher Orbitalverfahren verschweißen. Dieser Umstand erklärt sich einerseits vor allem aus der Reinheit der Oberfläche. Andererseits wird durch das Abtragen von Rauheitsspitzen und durch die entstehende Welligkeit die tatsächliche freie Oberfläche minimiert, womit eine Minimierung des oberflächlich absorbierten freien Sauerstoffs verbunden ist.

Neben Anlauffarben ist auch die Ausbildung von Metallkarbiden in Form einzelner kleiner schwarzer Punkte, die vor allem an Heftstellen auftreten, nicht erlaubt. Die Kontrolle der Nähte kann im Inneren mittels Endoskop und automatisierter Aufzeichnung erfolgen und dokumentiert werden.

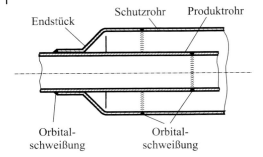

Abb. 2.9 Endstück des Außenrohrs einer geschweißten Doppelrohranordnung.

Für Sonderzwecke stehen Doppelwand-Rohrsysteme gemäß Abb. 2.9 zur Verfügung. Das innere Rohr dient dabei der Produktförderung, während das äußere zur Sicherheit verwendet werden kann, um z. B. gefährliche Medien bei Undichtwerden des Innenrohrs detektieren und ableiten zu können oder mit einer Schutzgasfüllung wie z. B. Stickstoff das Produkt im Innenbereich vor Sauerstoffzutritt zu schützen. Die produktberührten Innenrohre werden mit den erforderlichen Oberflächenqualitäten hergestellt und orbital miteinander verschweißt. Außen- und Innenrohr werden durch Abstandshalter zueinander zentriert. Die Außenrohre können ebenfalls orbital miteinander verschweißt werden. Außerdem kann das Prozessrohr mit Endstücken des Außenrohrs durch Orbitalschweißung verbunden werden. Auch Doppelwandbögen und doppelwandige T-Stücke stehen zur Verfügung.

2.1.1.2 Kunststoffrohre

Zur Sicherstellung der Produkthygiene ist vor allem bei Kunststoffrohren die physiologische Unbedenklichkeit der eingesetzten Werkstoffe, eine glatte und porenfreie Oberfläche und gute Reinigungs- und Desinfektionsmöglichkeiten entscheidend. Hinzu kommt, dass bei einigen Kunststoffen aufgrund ihrer Eigenschaften (z. B. unpolar, hydrophob) die Anlagerung von Schmutz vermindert ist. Bezüglich der Besiedlung der Rohroberfläche mit Mikroorganismen bestehen unterschiedliche Erfahrungen [18]. Die Einhaltung der gültigen technischen Regeln, Normen und erforderlichen Zulassungen sind weitere Aspekte, die bei der Realisierung von kompletten Rohrleitungssystemen beachtet werden müssen.

Nach heutigem Stand der Technik werden in der Nahrungsmittelindustrie für eine Vielzahl von Medien und Anlagen Kunststoffrohrleitungssysteme eingesetzt, wie z. B. für Hilfs- und Betriebsstoffe, Reinigungslösungen, Chemikalien oder Betriebswasser. Aber auch bei der Produktion höchstreiner Produkte z. B. in der Pharma- und Kosmetikindustrie sind Kunststoffe eine wichtige Alternative.

Bei Kunststoffrohren besteht gegenüber Edelstahl eine Begrenzung bezüglich der Betriebstemperaturen. Außerdem haben sie einen erheblich höheren Wärmeausdehnungskoeffizienten. Aufgrund der größeren Längenänderung ist bereits bei der Planung des Rohrleitungssystems die Verlegetemperatur und die minimale und maximale Betriebstemperatur in Zusammenhang mit technischen Maßnahmen zu berücksichtigen, damit ein sicherer Anlagenbetrieb gewährleistet werden kann.

Leitungen aus PVDF
Die allgemeinen Vorteile von Leitungen aus Polyvinylidenfluorid (PVDF) liegen in der leichten Verarbeitung, der guten chemischen Beständigkeit, der glatten hydrophoben Oberfläche und der Tatsache, dass kein Leach-out wie bei Edelstahl stattfindet. Nachteilig können sich die eingeschränkte thermische Belastbarkeit, die hohe Wärmedehnung und die eingeschränkten Möglichkeiten der Adaption und Integration von anderen Komponenten auswirken.

Vor allem für Produktleitungen (s. Abb. 2.10) findet bei entsprechenden Anforderungen der Hochleistungskunststoff PVDF [11] als Alternative zu Edelstahl immer stärkere Verwendung. Rohre aus dem hochkristallinen Thermoplast haben neben sehr guten mechanischen, physikalischen und chemischen Eigenschaften eine hohe Temperaturbeständigkeit, die einen Einsatzbereich zwischen –40 und +140 °C zulässt.

Die Rohre können unter Reinraumbedingungen definiert hergestellt und anschließend doppelt verpackt werden, um jede Kontamination bei der Fertigung auszuschließen [19, 20]. Die hohe Oberflächenqualität, die in der Größenordnung von Ra = 0,2 μm liegt, wird ohne mechanische oder chemische Bearbeitung erreicht. Als unlösbare Verbindung sowie zur Erfüllung der hygienischen Anforderungen können komplexe Installationen und lange Rohrleitungsabschnitte wulst- und nutfrei (Abb. 2.10) miteinander automatisch verschweißt werden. Als Erfolgsfaktoren für gute Ergebnisse in der Schweißtechnik sind zu nennen:

- keine Rohre unterschiedlicher Hersteller, sondern nur sortengleiche Materialien verwenden;
- Rohre mit gleichen Wandstärken verarbeiten oder Übergangspassstücke einsetzen;
- Rohrenden sorgfältig vorbereiten, Nahtbereich und Heizflächen sauber halten;
- bei Außenmontage Wind und Wasser vom Nahtbereich fernhalten, da die Arbeitstemperaturen (232–248 °C) die Qualität stark beeinflussen;
- Verarbeitungsvorgaben bezüglich Druck und Zeit exakt einhalten;
- nur vom Rohrhersteller zugelassene Geräte und Maschinen zur Verarbeitung und zum Schweißen verwenden.

Insgesamt bestätigten sich durchgeführte Reinigbarkeitstests in der Praxis auch in anderen Industriezweigen. Bei hohen Anforderungen an Reinheit, Partikelfreiheit, Oberflächengüte und Verbindungstechnik stellen PVDF-Rohrleitungssysteme unter hygienischen Gesichtspunkten eine einwandfreie Lösung dar. Bewährt hat sich der Einsatz von PVDF für Produktleitungen der Lebensmittelindustrie, z. B. für die Herstellung von Suppenwürze oder Senf sowie in der Pharma- und Kosmetikindustrie für bestimmte heiße Medien, vollentsalztes Wasser (VE) sowie „water for injection" (WFI).

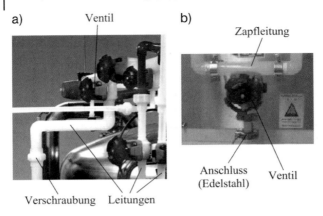

Abb. 2.10 Beispiele für Kunststoffleitungen im Reinstwasserbereich: a) Teilansicht von Leitungen, b) Zapfstelle.

Leitungen aus anderen Kunststoffen

Im Bereich der Wasseraufbereitung, Chemikalienversorgung und -entsorgung sowie für Kühlsoleleitungen haben sich Kunststoffrohrleitungssysteme aufgrund des günstigen Eigenschaftsprofils bereits seit vielen Jahren etabliert. Eingesetzt werden für Wasseraufbereitungsanlagen vorwiegend die Werkstoffe PVC-U (Polyvinylchlorid, weichmacherfrei) und PP (Polypropylen). Im Segment Kühlsoleleitungen wird vorwiegend PE (Polyethylen) eingesetzt, da es auch bei Temperaturen < 0 °C flexibel und schlagzäh bleibt. Alternativ zu PE eignet sich bei indirekten Kühlsystemen der Rohrleitungswerkstoff ABS (Acrylnitril-Butadien-Styrol), der sehr robust sowie kälteschlagzäh ist und durch Kleben einfach verarbeitet werden kann. Bei aggressiven Chemikalien wie z. B. Säuren und Laugen sowie Reinigungsmitteln für CIP-Systeme können nach Prüfung der Betriebsbedingungen Rohrleitungssysteme aus PVC, PP, PE oder PVDF eingesetzt werden. Mit Ausnahme von PVC werden die Rohrleitungskomponenten durch Muffen- oder Stumpf- bzw. Infrarotschweißen miteinander verbunden. Die genannten Werkstoffe sind außerdem auch als Doppelrohrsystem im Einsatz, wobei das äußere Schutzrohr in der Regel aus PE besteht und das Innenrohr je nach Anforderung ausgewählt wird.

2.1.1.3 Glasrohre

Glasrohrleitungen werden in der chemischen und pharmazeutischen Industrie sowie in artverwandten Betrieben der Nahrungs- und Genussmittelherstellung verwendet, wenn aggressive Medien oder Produkte von höchstem Reinheitsgrad zu transportieren sind oder Verfahren visuell kontrolliert werden sollen [21]. Die Rohrleitungsbauteile entsprechen DIN EN 12 585 [22], ISO 3587 [23] und ISO 4704 [24], sofern sie von diesen Normen erfasst werden. Dadurch ist eine vollständige Austauschbarkeit vergleichbarer Bauteile, z. B. 90°-Bogen, T-Stücke, Kreuzstücke und Eckventile, untereinander gewährleistet.

Glas besitzt den erheblichen Vorteil [11, 25], dass es gegen viele Produkte inert ist. Für die technische Ausführung von Rohrleitungen kommen Spezialgläser in Form von Borosilikatglas in Frage. Vor allem, wenn Kontakt mit Eisenanteilen (Ferrit) des Edelstahls für die Produktion ausgeschlossen werden muss, stellt es eine mögliche Alternative dar. Hinzu kommen weitere positive Eigenschaften, die den Einsatz von Glas vorteilhaft erscheinen lassen. Unter diesen ist am augenfälligsten die Durchsichtigkeit zu nennen, die es ermöglicht, den Produktverlauf an jeder Stelle verfolgen und nach Produktionszyklen sowie nach der Reinigung die Sauberkeit der Leitungen optisch überprüfen zu können. Neben diesen technischen Nutzeffekten dürfte die Beobachtung des Produktes in der Glasleitung seine Werbewirkung z. B. in der Getränkeindustrie auf jeden Besucher ausüben. Aus der Cognac- und Whiskyerzeugung liegen gute Erfahrungen mit dem Einsatz dieses Werkstoffes vor. In größtem Ausmaß werden Glasleitungen wegen der Inertheit in der chemischen Industrie verwendet.

Wenn die Lichtdurchlässigkeit stört, kann diese durch eingebrannte Schutzfarben eingeschränkt werden. Dabei bleibt die Durchsichtigkeit erhalten. Weiterhin sind die geringen Rauheiten der sehr glatten Oberfläche zu erwähnen, was die Reinigbarkeit begünstigt. Borosilikatglas leitet die Wärme schlecht, sodass Rohre aus diesem Werkstoff bereits eine gewisse Isolierwirkung haben. Diese reicht allerdings meist nicht aus, wenn solche Rohre z. B. in Rohrkanälen zusammen mit Leitungen verlegt werden, gegenüber denen höhere Temperaturdifferenzen bestehen. Weiterhin ist die Wärmedehnung nur etwa 1/5 der von Edelstahl. Wegen der außerordentlich geringen Längenänderung bei Wärmeeinwirkung, vertragen Borosilikatglas-Rohre raschere Temperaturschwankungen bis zu einer Temperatur von etwa 120 °C.

Trotz der sprichwörtlichen Zerbrechlichkeit von Glas, die vor allem aus der Sicht des Verbraucherschutzes ein Problem darstellt, tritt bei fachmännisch verlegten Leitungen und automatisch erfolgendem Arbeitsablauf nur selten ein Bruch auf. Nahezu alle Rohrleitungsbauteile sind außerdem mit Beschichtungen oder Ummantelungen zum Schutz gegen Splittern erhältlich.

Bemerkenswert ist, dass Glasrohre vakuumfest sind. Allerdings hat Borosilikatglas eine verhältnismäßig geringe Zugfestigkeit, sodass der zulässige Betriebsdruck beschränkt ist. Er liegt z. B. bei Nennweiten bis NW 50 bei 4 bar, bis NW 80 bei 3 bar und bis NW 150 bei 2 bar. Dabei ist zu beachten, dass es in Rohrleitungen bei schnellem Schließen von Armaturen, also insbesondere bei Schnellschlussventilen, zu Druckstößen kommt, die sich dem Betriebsdruck überlagern. Der Druckstoß ist um so größer, je höher die Strömungsgeschwindigkeit, je länger die Leitung und je kürzer die Schließzeit ist. Für die vereinfachte Annahme, dass der Durchfluss am Absperrorgan während der Schließzeit linear abnimmt, beträgt der Druckstoß

$$h_D = \frac{2 \cdot L \cdot u_m}{g \cdot t} \quad \text{in mWS} \tag{1}$$

wobei L die Länge der Leitung, u_m die mittlere Fließgeschwindigkeit, g die Erdbeschleunigung und t die Schließzeit bedeuten. Bei einer Rohrleitung von $L = 22$ m,

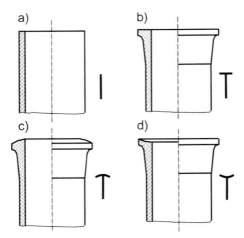

Abb. 2.11 Rohrenden von Glasrohren für lösbare Verbindungen:
(a) plan geschliffenes Rohrende, (b) Planflansch, (c, d) Kugelflansche.

einer mittleren Strömungsgeschwindigkeit von $u_m = 1$ m/s, einer Schließzeit von $t = 1$ s und mit $g = 9{,}81$ m/s^2 ergibt sich $h_D = 5$ mWS, was einem Druckstoß von $p = 0{,}5$ bar entspricht.

Bei den normalen Absperrorganen verringert sich der Durchfluss allerdings nicht linear, sondern nimmt erst unmittelbar vor dem völligen Schließen stark ab. Dadurch ist der Druckstoß größer, als er sich nach der Formel ergibt.

Die standardmäßig lieferbaren Rohrleitungsbauteile unterscheiden sich einmal durch die Rohrenden, die in Abhängigkeit von den Nennweiten differenziert sein können, und zum anderen durch die Form der Dichtfläche. Rohrleitungsbauteile mit Planflansch führen zu einer kraftschlüssigen, hochbelastbaren Verbindung und werden wegen ihrer zahlreichen Vorteile heute fast ausschließlich eingesetzt. Bei Verwendung von Kugelschliff sind Winkelabweichungen bis 3° möglich, wobei Gelenkdichtungen verwendet werden (Abb. 2.11). Kugelschliff- und Planflanschrohrleitungsteile können unter Verwendung von Glas- bzw. PTFE-Anschlussstücken direkt miteinander verbunden werden. Viele Teile mit Planschliff werden auch im Kolonnen- und Apparatebau verwendet, z. B. glatte Rohrlängen bei Extraktionskolonnen, Reduzier-T-Stücke zur Flüssigkeits- und Gaseinleitung, Reduzierstücke als oberer und unterer Abschluss von Kolonnen.

Die vorhandenen Dichtungssysteme können hygienische Problemstellen darstellen, wenn keine Zerlegung bei der Reinigung stattfindet. Aufgrund der notwendigen Ausrundung der Flansche und der mangelnden Anpressung unmittelbar am Produktbereich entstehen Spalte, die sich mit CIP-Verfahren schlecht oder gar nicht reinigen lassen.

Wenig bekannt ist, dass sich Borosilikatglas auch vor Ort bei Montage durch Spezialverfahren schweißen (Abb. 2.12) und anschließend wärmebehandeln lässt, sodass es nicht notwendig wird, vorgefertigte Rohrlängen mithilfe von Flanschen zu verbinden (s. Abschnitt 2.2).

Abb. 2.12 Bild einer geschweißten Glasrohrverbindung.

2.1.2
Werkstoffe und Oberflächen von Schläuchen

Schläuche dienen in erster Linie zur flexiblen Verbindung von Rohrleitungen und Apparaten, wobei sie in den meisten Fällen mit lösbaren Verbindungen eingesetzt werden. Da sie aufgrund der zwangsläufig vorherrschenden Dynamik und wegen der verwendeten Materialien einer höheren Belastung ausgesetzt sind als stationäre Rohrleitungen, ist die zu erwartende Lebensdauer solcher Komponenten entsprechend kürzer. Im Besonderen sind Schlauchsysteme empfindlich gegen Druckschläge sowie gegen Keimansammlungen an den Übergängen, weshalb sie auch hohe Anforderungen an die Steriltechnik stellen.

Schläuche können bei richtiger Herstellung mit glatter, porenfreier innerer Oberfläche ausgeführt werden, die alle hygienischen Anforderungen erfüllt. Dabei können Elastomer- und die meisten Plastomerwerkstoffe extrudiert werden, während bei nicht extrudierbaren Materialien nahtlose Folien in das Tragmaterial einvulkanisiert werden.

Bei Schläuchen mit gewellter innerer Oberfläche, die aus Kunststoff oder Edelstahl hergestellt werden können, ist bei Einsatz im Produktbereich die Reinigbarkeit zu überprüfen. Sie hängt wesentlich von der Gestaltung und Geometrie der gewellten Oberfläche ab. Dank hoher Flexibilität können Wellschläuche besonders gut zur Kompensierung von Schwingungen zwischen Apparaten und Rohrleitungssystemen verwendet werden.

Bei beiden Schlaucharten ist die Gestaltung der Verbindung zwischen dem Schlauchmaterial und anderen Apparateteilen ein wesentliches Hygienemerkmal, auf das in Abschnitt 2.2 im Rahmen von Verbindungen näher eingegangen wird.

2.1.2.1 Schläuche mit glatter Innenoberfläche

Der prinzipielle Aufbau eines Schlauches ist in Abb. 2.13 dargestellt. Die Innenseite von Schläuchen, die mit dem jeweiligen Fördermittel in Berührung kommt, wird als Seele bezeichnet. Ihr Material sowie die Qualität ihrer Ausführung sind sowohl für den Produktkontakt als auch für die Sicherheit und Dauer der Haltbarkeit eines Schlauches entscheidend. Das zu fördernde Medium bestimmt deshalb die Auswahl der Seele. Als Beurteilungsmaßstab gelten Inertheit und Eignung für das Produkt. Charakteristische Eigenschaften sind neben der erforderlichen

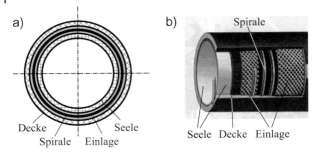

Abb. 2.13 Aufbau eines Schlauches:
(a) Querschnitt, (b) angeschnittene Schichten (Phoenix Fluidhandling [26]).

Werkstoffzulassung für den Lebensmittel-, Pharma- oder Biotechnologiebereich die chemische Beständigkeit, das Temperaturverhalten, das Abriebverhalten und das Verhalten gegenüber elektrischen Spannungen, Leitfähigkeit oder Isolierwirkung.

Häufig wird die Seele von einem Einlagematerial ummantelt, das aus Gewebe oder Draht besteht und dem Schlauch die notwendige mechanische Festigkeit gegen Über- oder Unterdruck des Durchflussmediums verleiht. Außerdem sichert es den Schlauch gegen Knicken. Die Auswahl des Einlagematerials wird in Abhängigkeit von der Druckstufe getroffen. Drucklos eingesetzte Schläuche benötigen keine Einlage.

Um die Beständigkeit gegen Knicken sowie gegen Unterdruck zu erhöhen, kann die Einlage durch eine Spirale verstärkt werden. Wird die Spirale als Außenwendel über der Decke angebracht, dient sie dem erhöhten Schutz gegen mechanische Einflüsse. Um die Montage zu vereinfachen, werden Spiralschläuche häufig mit spiralfreien Enden oder Muffen hergestellt.

Um den Schlauch gegen äußere Einflüsse wie mechanische Belastungen, Abrieb, Chemikalien, Ozon, UV-Strahlung und elektrische Spannung zu schützen, kann er mit einer Schlauchdecke ummantelt werden.

In der Lebensmittelindustrie werden z. B. Schläuche mit weißer und glatter EPDM- oder NBR-Seele eingesetzt, die durch eine Gewebeeinlage verstärkt wird. Die Decke besteht z. B. aus abriebfestem NR/SBR mit Stoffimpression. Die Schläuche sind dämpfbar und lassen sich mit üblichen Reinigungsmitteln reinigen, wobei für Temperaturgrenzen und Reinigungslösungen die Herstellerangaben zu beachten sind.

Vor allem im Pharmabereich werden Schläuche aus hochreinen, inerten, chemisch und thermisch resistenten Materialien wie z. B. Silikonen, PTFE oder FEP eingesetzt [27]. Die meist weißen Seelen sind physiologisch und toxikologisch unbedenklich (z. B. FDA-konform) und können nach der Reinigung sterilisiert werden. Eine Verstärkung kann durch Textileinlage und Edelstahlumflechtung erfolgen. Ein beständiger Mantel aus speziellen PE-Typen oder EPDM ergibt den äußeren Schutz. Es sind auch innen leitfähige Schlauchtypen mit schwarzer PTFE-Seele erhältlich.

2.1.2.2 Wellschläuche

Wellschläuche werden mit ringförmigen ausgebildeten Wellen oder mit einer Steigung der Wellen in Form einer endlosen Spirale hergestellt. Das Argument, dass spiralige Wellrohrschläuche leichter reinigbar sind als solche mit ringförmigen Wellen lässt sich nicht bestätigen, da die Strömung bei der Reinigung aufgrund ihrer axialen Geschwindigkeit den Spiralen nicht folgt. Entscheidend für die Reinigbarkeit ist die Gestaltung der Wellen gemäß Abb. 2.14. Nur wenn sie weit genug sowie gut ausgerundet sind und das Verhältnis von Tiefe a zu Breite b gering ist, lässt sich eine leichte Reinigbarkeit erreichen. Wichtig ist bei der fest eingebauten Anwendung bei In-place-Reinigung, dass auf das Leerlaufen geachtet wird.

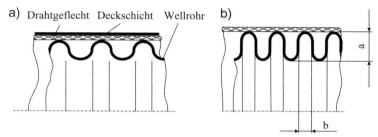

Abb. 2.14 Prinzipdarstellung des Querschnitts von Wellrohrschläuchen: (a) weite, gut gerundete Wellen, (b) enge, schlecht reinigbare Wellen.

Für Anwendungen hygienerelevanter Industrien besitzen Metallschläuche im produktberührten Bereich Profile aus Edelstahl (z. B. Werkstoffs 1.4571). Außen sind sie von einem Edelstahlgeflecht umgeben, um die erforderliche Druckbeständigkeit zu gewährleisten. An beiden Enden sind Ringwellprofil und Stahlgefecht gemäß Abb. 2.15 mit einer Abschlusshülse verschweißt, die ein hygienegerechtes Anschlussprofil zur Verbindung mit Rohrleitungen oder Apparaten erhalten sollte (s. Abschnitt 2.2). Da das äußere Drahtgeflecht schlecht zu reinigen ist, sollten die Schläuche mit einer hygienegerechten Außenhaut versehen werden.

PTFE-Wellschläuche sind wie glatte Schläuche antiadhäsiv, temperaturbeständig, chemisch resistent und universell einsetzbar. Je nach Anforderungen können sie entweder mit elektrisch antistatischer oder isolierender PTFE-Innenschicht und mit Edelstahldraht- oder Kunststoffumflechtung verwendet werden.

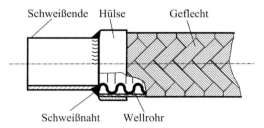

Abb. 2.15 Geschweißter Anschluss eines Wellrohrschlauches.

2.1.3
Allgemeine Gesichtspunkte der hygienegerechten Gestaltung

Im Rahmen der Gesamtplanung eines Rohrleitungssystems innerhalb einer Anlage wird die funktionelle und technische Sicherheit in erster Linie durch optimale Auslegung und Führung der Produktwege sowie die Abstimmung des Produkttransports auf den Prozessablauf bestimmt. Für das Hygienekonzept spielen Hygienic Design und als Folge davon der erzielbare Reinigungserfolg sowohl im Detail als auch im Gesamtsystem die entscheidende Rolle für die Erhaltung einer einwandfreien Produktqualität [28]. Unter beiden Aspekten sind bereits im Planungsstadium Leitungsführung, Verlegetechnik, Wahl der Verbindungen und Armaturen, Anordnung von Messeinrichtungen sowie Abstimmung der Schaltpläne auf Anfahrvorgänge, Produktwechsel, Reinigung und Sterilisierung im Detail zu planen und die Planungsergebnisse zu analysieren und kritisch zu überprüfen.

Es ist eine leicht zu verstehende Erfahrungstatsache, dass gerade Rohrleitungsabschnitte mit konstantem Durchmesser am leichtesten zu reinigen sind. Gerade Rohrstrecken sollten daher so weit wie möglich bevorzugt werden. Vor allem bei der Erweiterung bestehender Systeme wird häufig gegen dieses einfache Prinzip verstoßen, da meist ohne Detailplanung des Verlaufs direkt vor Ort montiert wird.

Vor allem Mischungen von inneren Rohrdurchmessern nach unterschiedlichen Normen sowie unterschiedlichen Wandstärken sollten aus Hygienegründen vermieden werden.

2.1.3.1 Selbstentleerung

Während bei der Verlegung von Rohrleitungssystemen in der allgemeinen Technik üblicherweise den baulichen Gegebenheiten gefolgt wird, ist bei Anlagen der Lebensmittel-, Pharma-, Kosmetik- und Bioindustrie darauf zu achten, dass generell eine selbsttätige Entleerung möglich sein muss. Sinn dieser Anforderung ist, dass z. B. bei längeren Stillstandzeiten nach Produktentleerung oder nach der Reinigung keine Reste in der Leitung zurückbleiben. Außerdem soll auch eine einwandfreie Trennung von Chargen ohne gegenseitige Beeinflussung garantiert werden können. Die Entleerbarkeit ist durch die Maschinenrichtlinie [29] sogar gesetzlich vorgeschrieben.

Die Abb. 2.16 zeigt als Beispiel einer nicht zulässigen Leitungsführung das Umfahren eines baulich vorgegebenen Tragwerks und von anderen Rohrleitungen. Die damit verbundene Absenkung eines Rohrleitungsabschnitts führt dazu, dass er nicht selbsttätig leer laufen kann.

Da auch bei glatten, nahtlosen, horizontalen Rohrleitungen das völlige Entleeren z. B. durch Formfehler und Beschädigungen behindert sein kann, muss je nach Anforderung eine Neigung gemäß Abb. 2.17 von etwa 1 % bis maximal 3 % oder bis 3° [4] zur Entleerungsstelle hin vorhanden sein. Auch Durchbiegungen horizontaler Rohrstrecken behindern die geforderte Entleerung. Ursache können das Gewicht bei zu weit entfernten Lagerungen oder Verspannungen bei Tempe-

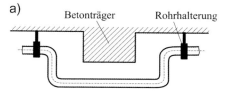

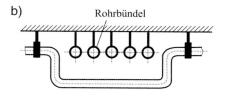

Abb. 2.16 Nicht entleerbare Rohrabschnitte:
(a) Umfahrung von räumlichen Hindernissen,
(b) Umgehung von Querleitungen.

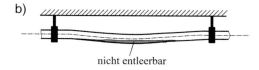

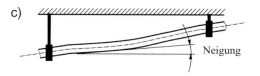

Abb. 2.17 Selbstentleerung horizontaler Rohrleitungen:
(a) erforderliche Neigung,
(b) nicht entleerbare Durchbiegung,
(c) erforderliche Neigung zur Entleerung der Problemstelle von (b).

raturänderungen sein. Um die Entleerung zu gewährleisten, müsste die Neigung hierbei die Durchbiegung berücksichtigen.

Übergangsstellen von horizontal oder schräg angeordneten Rohren aus unterschiedlichen Herstellungs- bzw. Normenbereichen mit zum Teil differierenden Wandstärken oder Innendurchmessern (D_1 bzw. D_2) können ebenfalls das Entleeren behindern (Abb. 2.18). In der Lebensmittel- und Pharmaindustrie sowie bestimmten Bereichen der chemischen Industrie stellt der Innendurchmesser (Nennweite ND) die maßgebende Kenngröße dar. Sie unterscheidet sich allerdings je nach Anwendung von DIN 11 850 [30] oder DIN EN ISO 1127 [31], sodass sich Übergänge ergeben, wenn nicht einheitliche Rohre verwendet werden, um Probleme zu vermeiden. Bei Leitungen in anderen Gebieten ist häufig der Außendurchmesser die genormte Größe [32]. Daneben sind Rohre mit Zoll-Maßen bei Apparaten aus den angloamerikanischen Ländern (Großbritannien, USA) üblich (siehe z. B. [16, 33, 34]). Sie werden z. B. häufig mit Apparaten nach metrischem Maßsystem in bestehenden Anlagen kombiniert. Auch in diesen Fällen wäre eine

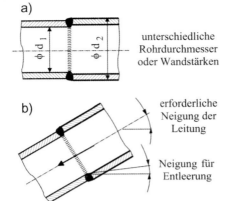

Abb. 2.18 Schweißstelle von Rohren unterschiedlicher Normbereiche: (a) nach links nicht entleerbar, (b) zur Entleerung erforderliche Neigung.

entsprechende Neigung notwendig, wenn nach der ungünstigeren Seite hin die Entleerung erfolgen soll. Praktisch lässt sich dies für horizontale Leitungsteile nicht realisieren, sodass unvermeidbare Übergangsstellen von Rohren unterschiedlicher Normungsbereiche nur vertikal angeordnet werden sollten.

Aus hygienischen Gründen sollte die Verwendung unterschiedlicher Rohre in einem Leitungssystem grundsätzlich unterbleiben.

Die spannungsfreie Verlegung von Rohrleitungen ist eine Bedingung, die sowohl aus hygienischen als auch aus technische Gründen eine maßgebend Forderung darstellt. Wie bereits erwähnt, behindern Verformungen von horizontalen Rohrleitungen, die in Gestalt von Durchbiegungen aufgrund von Druckspannungen oder bei Temperaturunterschieden durch zusätzliche Wärmedehnungen entstehen, die Selbstentleerung dieser Bereiche. Damit werden Anforderungen an die hygienegerechte Gestaltung nicht erfüllt. Bei der Auslegung nicht berücksichtigte Verspannungen, die z. B. durch Änderungen der Betriebsverhältnisse entstehen können, belasten die Rohrleitungen zusätzlich zum festgesetzten Berechnungsdruck.

Für die Längenänderung ΔL einer geraden Rohrleitung der Länge L gilt

$$\Delta L = \alpha \cdot \Delta t \cdot L \qquad (2)$$

mit dem Wärmeausdehnungskoeffizienten α und dem Temperaturunterschied Δt.

Wird schon die Ausdehnung bei Rohrleitungen häufig unterschätzt, so gilt dies noch mehr für die auftretenden Spannungen und die dadurch wirksamen Kräfte, die bei verhinderter Ausdehnung entstehen. In einem geraden Rohrstück, dessen Anschlüsse unverrückbar, d. h. z. B. mit einem Behälter oder Apparat verbunden sind, sodass keine Längenänderung eintreten kann, entsteht eine Spannung σ, die innerhalb des elastischen Bereichs gemäß

$$\sigma = \alpha \cdot \Delta t \cdot E \qquad (3)$$

mit dem Elastizitätsmodul E berechnet werden kann.

Bei der Durchflussreinigung mit heißer Reinigungsflüssigkeit entsteht z. B. bei einem Temperaturunterschied von etwa 65 °C bei einer Chromnickelstahl-Leitung eine Wärmedehnung von $\Delta L \approx 1$ mm je Meter Rohrlänge. Bei verhinderter Dehnung würde eine Druckspannung von $\sigma_d \approx 200$ N/mm^2 entstehen, die bereits in der Größenordnung der maßgebenden Festigkeit $\sigma_{1,0}$ von Edelstahl liegt. Für eine Leitung mit einer Nennweite von $D_i = 65$ mm würde eine Druckkraft von etwa $F_d = 80.000$ N entstehen. Bei gerader Rohrführung von einem Anschlusspunkt zum anderen würde bei kurzer Leitungslänge eine zu starke Beanspruchung oder sogar eine Beschädigung der angeschlossenen Apparate, Maschinen oder Behälter eintreten können. Bei größerer Länge wird die Leitung zwischen den Anschlussstellen die Druckbeanspruchung nicht vollständig übertragen, sondern „ausknicken", d. h. sich durchbiegen.

Man muss deshalb entweder Rohrleitungselemente zum Dehnungsausgleich wie z. B. Kompensatoren, Lyrabögen oder Schläuche verwenden, was hygienegerechte Gestaltung dieser Bauteile voraussetzt. Beim Einsatz von Kunststoffschläuchen, die als sehr „weiche" dehnbare Elemente dienen können, ist auf eine ausreichend häufige Lagerung zur Vermeidung von Durchbiegungen zu achten, die die Dehnung in der horizontalen Ebene nicht behindern darf. Durch Vorgabe einer leichten Welligkeit bei Montage wird dies unterstützt.

Um Verspannungen und Verformungen horizontaler Leitungsteile zu vermeiden, ist im Allgemeinen der Vorzug der natürlichen Kompensation zu geben. Durch Abwinkeln des Rohrleitungsverlaufs gemäß Abb. 2.19 können dabei Wärmedehnungen durch elastische Biege- und Torsionsverformung bei

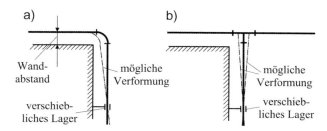

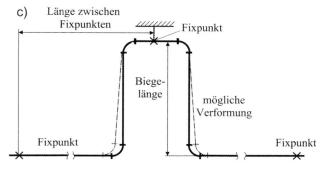

Abb. 2.19 Längenausgleich durch natürliche Kompensation:
(a) Rohrschenkel, (b) T-förmige Abzweigung, (c) U-förmige Kompensation.

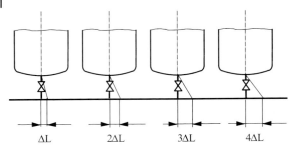

Abb. 2.20 Verhinderte Dehnung bei Apparaten mit kurzen Anschlussverbindungen zu einer Hauptleitung.

entsprechend großer Schenkellänge der abgewinkelten Teile und abgestimmte Abstände der Lagerstellen aufgenommen werden. Diese müssen für die abgewinkelten Rohrbereiche so berücksichtigt werden, dass keine neuen Problemzonen entstehen.

Nicht immer lassen die Raumverhältnisse eine Ausfederung der Leitung zu. Wenn z. B. mehrere Tanks oder Apparate entsprechend Abb. 2.20 mit nur kurzen Zwischenstücken an lange, gerade Leitungsabschnitte oder Leitungen angeschlossen werden, sind Durchbiegungen ohne die Verwendung von Kompensatoren zu nicht vermeiden.

Bei Kunststoffen wie PVDF ist besonders auf diese Problematik zu achten, sodass die Verlegung von entsprechenden Fachleuten vorzunehmen ist. Voraussetzung für eine wirtschaftliche Montage ist nach heutigem Stand die Vorfertigung von Rohrabschnitten. Die Aufnahme der Längenänderung erfolgt in der Regel durch einen Biegeschenkel mit dazugehörigem Fest- und Lospunkt. Neben dieser einfachen und kostengünstigen Variante wird auch die Verlegung unter Vorspannung bzw. die starre Montage angewendet. In der Literatur finden sich entsprechende Angaben für Abstände von Rohrschellen bei PVDF-Rohrleitungen. Je nach Position der Befestigung ist die Rohrschelle entsprechend ihrer Funktion als Fest- oder Lospunkt einzuplanen.

Bei hohen Gewichtsbelastungen durch das Produkt oder bei höheren Betriebstemperaturen können vor allem nachgiebige Kunststoffleitungen auch in oder auf kontinuierlich verlegten Schalenkonstruktionen gelagert werden. Dabei ist einerseits die Verformung des Rohrquerschnitts zu vermeiden. Andererseits muss je nach Anforderung des umgebenden Raums auf hygienegerechte Gestaltung der Lagerung geachtet werden.

2.1.3.2 Luft- oder Gaseinschlüsse

Sowohl aus funktionellen als auch aus hygienischen Gründen sind erhöhte Stellen in Rohrleitungssystemen nicht zulässig, an denen sich Luft oder andere Gase sowie Schaum ansammeln oder nach Befüllen des Systems längere Zeit halten können. Da viele Produkte bei Anwesenheit von Sauerstoff durch Oxidation gefährdet sind, müssen Ansammlungen von Luft verhindert werden. Gefahrenquellen können vor allem beim Anfahren von Prozessen entstehen. Bei entleerter

Leitung wird an erhöhten Stellen Luft eingeschlossen, wenn dort nicht entlüftet werden kann. Gleiches ist beim Umschalten und Mischen von Produkten sowie an Leckstellen durch Einziehen von Luft möglich. Bei kohlendioxidhaltigen Produkten wie Getränken kann durch eine meist lokale Unterschreitung des CO_2-Gleichgewichtsdruckes (Sättigungsdruckes) Entbindung von Kohlendioxid (CO_2) z. B. in Diffusoren, Krümmern und anderen Formstücken entstehen. Das entbundene CO_2 löst sich entweder erst nach längeren Wegstrecken oder gar nicht mehr in dem Medium. Es kann sich dann ebenfalls an erhöhten Stellen sammeln und ein Gas- oder Schaumpolster bilden. Im Bereich von Gaspolstern können bei Anwesenheit von Luft aerobe, bei z. B. CO_2 anaerobe Mikroorganismen wachsen, Biofilme bilden und das Produkt kontaminieren. Außerdem bilden sich im Übergangsbereich Produkt/Gas bevorzugt Verkrustungen, die bei der Reinigung schwer zu entfernen sind.

Solche typischen Problembereiche können durch unachtsame Verlegung von Rohrleitungen entsprechend den baulichen Gegebenheiten oder bei Umfahrung von Rohrleitungen entstehen, wenn nachträgliche An- oder Umbauten nötig sind (Abb. 2.21). Häufig sind auch vorsorglich Abzweigungen installiert, die eventuell bei Anlagenerweiterung genutzt werden sollen.

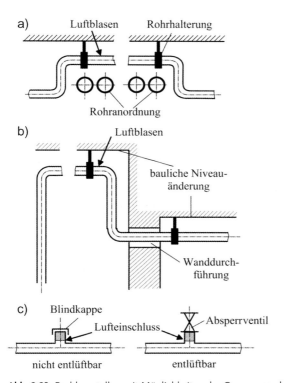

Abb. 2.21 Problemstellen mit Möglichkeiten der Gasansammlung:
(a) Umgehung von Querleitungen, (b) Anpassung an räumliche Gegebenheiten,
(c) Blindstutzen.

2.1.3.3 Totwasserbereiche

Die größten praktischen Probleme entstehen durch Strömungsablösung sowie Toträume oder Totzonen, weil dort die mengenmäßig größten Schmutzansammlungen zu finden sind. Die Reinigbarkeit und auch die Sterilisierbarkeit kann in solchen Bereichen in unterschiedlichster Weise behindern werden.

Bereits das sehr einfache und notwendigerweise überall eingesetzte Bauelement „Rohrbogen" weist gegenüber einem geraden Rohrelement hygienisch schlechter zu reinigende Bereiche auf, die strömungstechnisch begründet sind, wie Abb. 2.22a und b anhand einer prinzipiellen Darstellung der Strömungsprofile und Stromlinien zeigt. Aus Traditions-, Fertigungs- und Kostengründen werden solche Bogen konzentrisch ausgeführt. Je nach Krümmungsradius bilden sich aufgrund der Strömungsumlenkung an bestimmten Stellen des äußeren und inneren Radius Ablösungen mit Wirbelbildung und damit behindertem Austausch. Man weiß aus Erfahrung mit analogen Verhältnissen, dass sich an jeder Flusskrümmung aufgrund der geringeren Strömungsgeschwindigkeit im Innenbereich Sediment absetzt, während außen ein Abtrag des Ufers stattfindet. Die Gefahr von Ansatzbildung z. B. durch Biofilme im inneren Wandbereich des kleineren Radius ist bei stark gekrümmten Rohren größer als bei Bögen mit großem Radius. Dies bedeutet, dass vor allem sehr enge Bögen nicht nur wegen größerer Druckverluste, sondern auch aus hygienischer Sicht zu vermeiden sind. Mit Methoden der Evolutionstheorie für minimale Druckverluste optimierte Rohrbogen weisen, wie das Beispiel nach Abb. 2.22c zeigt, ungewohnte Formen in Bezug auf veränderlichen Biegeradius [35] bzw. Querschnittverlauf [36] auf. Sie würden auch unter hygienischen Gesichtspunkten eine gute Lösung darstellen, da verminderte Wirbel- bzw. Totbereichbildung auftritt. Technische Realisierungen ähnlicher Art für den allgemeinen industriellen Einsatz sind jedoch noch nicht verfügbar. Um die Neigung von horizontalen Leitungen beim Anschluss an vertikale problemlos zu ermöglichen, werden Bögen mit 88° bzw. 92° angeboten.

Unter dem Gesichtspunkt der Reinigbarkeit bezeichnet man Toträume als relevant, wenn bei der Reinigung einer Leitung im Totbereich ein Reinigungseffekt erzielt werden sollte, dies aber nicht ausreichend der Fall ist. Ein Beispiel in

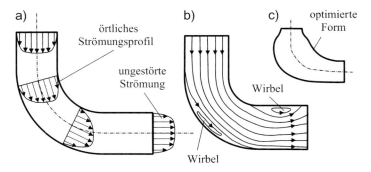

Abb. 2.22 Selbstentleerung bei horizontalen Reduzierungen:
(a) zentrische absatzförmige Übergänge, (b) zentrisch konische Reduzierungen,
(c) exzentrisch-konische Übergänge.

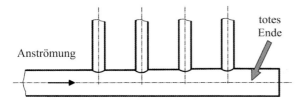

Abb. 2.23 Strömungsverhältnisse in Rohrbogen:
(a) Prinzipdarstellung von Strömungsprofilen, (b) Verlauf der Stromlinien,
(c) Bogenform mit geringstem Druckverlust (Evolutionstheorie).

Form einer Leitungsverteilung ist in Abb. 2.23 dargestellt. Infolge der Verteilung der Gesamtmasse des Reinigungsmediums auf die einzelnen Leitungen entsteht eine entsprechende Abnahme zum toten Ende hin, sodass der für die Reinigung wichtige Austausch von Medium nicht ausreicht, um eine zuverlässige Reinigungswirkung zu erzielen. Zudem ist ein Totraum dieser Art vermeidbar, wenn rechtzeitig eine Kontrolle unter dem Gesichtspunkt Hygienic Design erfolgt.

Als nicht relevant werden Toträume eingestuft, die nur während der Produktion vorhanden sind, anschließend aber mit dem Leitungssystem im Durchfluss gereinigt werden. In diesem Fall ist dieser Totraum während der Produktionszeit als Bereich mit behindertem Produktaustausch einzustufen, sodass dort z. B. Produktveränderungen durch Alterung oder Verkrustung auftreten können. Die Abb. 2.24a zeigt einen Bypass, der dazu dient, einen bestimmten Prozessbereich im Bedarfsfall zu umgehen. Wenn die Bypass-Leitung geschlossen ist, bleibt Produkt ohne wesentlichen Austausch in den beiden Totbereichen stehen. Bei Reinigung des Leitungssystems kann auch der Bypass entsprechend im Durchlauf gereinigt werden. Eine Verbesserung lässt sich dadurch erreichen, dass man den Bypass durch zwei Ventile abschließt, die unmittelbar totraumfrei an der Hauptleitung absperren oder, wie in Abb. 2.24b dargestellt, die beiden Zweige der Hauptleitung unmittelbar aneinander legt und durch ein Drei-Wege-Ventil verschaltet.

In analoger Weise ist es manchmal auch möglich und sinnvoll eine Reinigungsleitung an einen nicht vermeidbaren Totraum anzuschließen und diesen dadurch in die Reinigung zu integrieren.

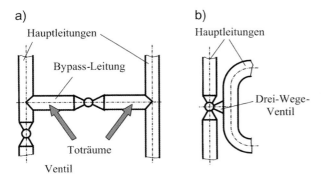

Abb. 2.24 Mehrfachverzweigung mit totem Ende als hygienische Problemstelle.

Bei Überprüfungen der hygienegerechten Gestaltung von Anlagen findet man in der Praxis am häufigsten T-Stücke, die entweder für Erweiterungen vorgesehen waren und (noch) nicht genutzt werden, oder totgelegte Abzweigungen für nicht mehr verwendete Leitungsbereiche, die dauerhaft durch Ventile abgesperrt sind. Auch für die Effektivität von Dekontaminationsbehandlungen ist die Lage solcher Stellen wichtig. Ein abwärts gerichteter Totstutzen lässt sich nicht oder nur teilweise entleeren, wodurch verhindert wird, dass die zur Sterilisation benötigte Temperatur nicht oder nicht für die gesamte Sterilisationszeit erreicht wird. In solchen Fällen kann auch, wenn Heißwasser zur Behandlung verwendet wird, die Temperatur an der Oberfläche des Totstutzens zu gering sein. Bei aufwärts weisenden Toträumen entsteht beim Befüllen ein Lufteinschluss, der nach der Produktion Flüssigkeiten wie Heißwasser oder Reinigungschemikalien daran hindern kann, alle zu behandelnden Oberflächen zu erreichen. Nur die Sterilisation mit Dampf wäre erfolgreich.

Wenn Toträume mit T-förmiger Abzweigung überhaupt verwendet werden, so muss das tote Ende entsprechend Abb. 2.25a mit gleichem Durchmesser wie die Hauptleitung ausgeführt werden. Dabei bezeichnet D den Leitungsdurchmesser. Der Abstand L wird zum Teil von der Rohrmitte, zum Teil vom Rohrrand der Hauptleitung gemessen. Wie ausführliche Versuche zeigen [37], ist als noch reinigbare Länge L eines T-Stücks, vom Rohrrand aus betrachtet, etwa $L = D$ anzusehen. Bei kleinerem Durchmesser D_1 gemäß Abb. 2.25b ergeben sich erheblich ungünstigere Verhältnisse für die Reinigung. In einigen Veröffentlichungen werden zulässige Tiefen L für relevante tote T-Enden, die von einer Hauptleitung abzweigen, mit $L = 3 D$ bis zu $L = 6 D$ meist ohne Begründung als Grenze angegeben. Bei einem T-förmigen Abzweig von einer Hauptleitung beträgt z. B. in einer Tiefe von $L = 3 D$ die mittlere Geschwindigkeit nur noch etwa 4 % der Geschwindigkeit in der Hauptleitung. Das bedeutet, dass dort nur eine geringe Reinigungswirkung durch Austausch von Reinigungsmittel besteht und die Wandschubspannung erheblich herabgesetzt ist. Umgekehrt setzt sich dort bevorzugt Produkt ab.

In der EHEDG-Leitlinie, Dokument 10 [4], wurde in der Erstfassung als zulässige Länge für die Tiefe von T-Stutzen ein Maß von $L = 28$ mm angegeben, was zur Zeit der Veröffentlichung der geringste orbital schweißbare Abstand war.

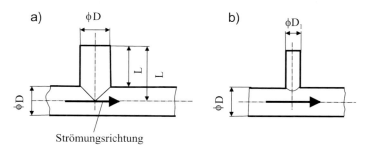

Abb. 2.25 Bypass-Leitung:
(a) übliche Gestaltung mit (reinigbaren) Toträumen, (b) Vermeidung der Toträume.

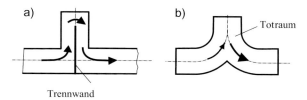

Abb. 2.26 Totzonen:
(a) T-Stück üblicher Bauweise mit gleichen Durchmessern,
(b) T-Stück mit Abzweigung mit kleinerem Durchmesser als Hauptleitung,
(c) Trennwand in Abzweig, (d) gebogenes T-Stück (Hosenrohr).

Grundsätzlich sollte die Tiefe möglichst gering sowie strömungsgünstig, d. h. so weit wie möglich ausgerundet, ausgeführt werden. Generell kann die geringste mögliche Länge auch dadurch behindert werden, dass ein angeschlossenes Gerät (z. B. Ventil) es nicht erlaubt, einen kurzen Ansatz zu schweißen. T-förmige Abzweigungen, die aus prozesstechnischen Gründen notwendig sind, sollten über sogenannte ausgehalste, d. h. ausgerundete Abzweigungen erfolgen. Damit ist ein günstigeres Strömungsverhalten an der Stelle der Abzweigung erreichbar, sodass die Bildung von Ansätzen minimiert wird (siehe auch [11]).

Die interessante Lösung, durch eine Zwangsbewegung im Totraum z. B. durch Trennwände gemäß Abb. 2.26a für günstige Strömungsverhältnisse zu sorgen [36], kann in der Praxis praktisch nicht genutzt werden, da die Fertigung schwierig ist. Eine entsprechende, hygienegerechte Lösung stellt dagegen der T-Bogen oder das Hosenrohr (Abb. 2.26b) dar, da in diesem Fall die Hauptströmung relativ günstig direkt durch den Totraum geführt wird.

Die Richtung der Strömung besitzt einen erheblichen Einfluss auf die Reinigungseffekte und die Verweilzeit in toten Enden. Die ungünstigste Situation ist gegeben, wenn der Totbereich gemäß Abb. 2.27 senkrecht zur Hauptströmung liegt. Die Darstellung in Abb. 2.27b zeigt auf der linken Seite die Strömungsgeschwindigkeiten der Wirbel im Totraum sowie den Effekt der Stauwirkung am Ansatz der Abzweigung stromabwärts; auf der rechten Seite wird zusätzlich die Form der Stromlinien verdeutlicht. Um eine Optimierung des Totraums zu erreichen, sollte er zunächst eine möglichst geringe Tiefe besitzen und gemäß Abb. 2.27c sowohl am toten Ende als auch an der Abzweigung ausgerundet ausgeführt werden. Dadurch folgt die Gestaltung auf der einen Seite der Form des entstehenden Wirbels, während auf der anderen Seite eine möglichst geringe Stauwirkung am Ansatz des Abzweigs in Richtung der Hauptströmung entsteht.

Grundsätzlich sollte jedoch der Totraum eines T-Stücks stets so angeordnet werden, dass er entsprechend Abb. 2.27d unmittelbar in Strömungsrichtung liegt. Auch in diesem Fall kann die Konfiguration aus hygienischen Gründen nur dann akzeptiert werden, wenn das tote Ende sehr kurz ist. In seltenen Fällen kann diese Anordnung unzweckmäßig sein, wenn Produkte stückige Bestandteile enthalten, die sich in dem toten Ende ansammeln. Auf alle Fälle muss bei der Reinigungsvalidierung das Vorhandensein des Totraums als Problembereich in Betracht gezogen werden.

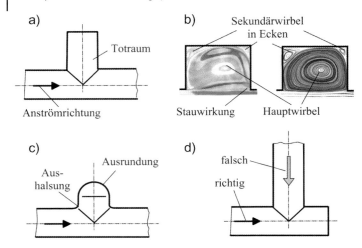

Abb. 2.27 Totzonen:
(a) Anströmung in Hauptrichtung eines T-Stücks,
(b) prinzipieller Verlauf der Strömung im Totraum,
(c) ausgehalste Abzweigung mit ausgerundetem Ende,
(d) richtige und falsche Anströmung eines T-Stücks.

Die Abb. 2.28 zeigt die Strömungsprofile in einem T-Bogen sowie einem T-Eckstück. Wie bereits erwähnt, wird in beiden Fällen im toten Ende der Flüssigkeitsaustausch durch Wirbelbildung behindert, was sich entscheidend auf die Wirksamkeit der Reinigbarkeit auswirkt. Beide Abbildungen verdeutlichen aber auch, dass in der Hauptströmung aufgrund der Umlenkung ein Gebiet der Ablösung entsteht. Dabei stellt der T-Bogen die günstigere Lösung dar.

Um Totzonen im Leitungsbereich weitgehend auszuschließen, wird empfohlen, generell T-Stücke mit einem blinden Ende z. B. zum Einbau von Zubehör wie Sensoren oder Schaugläsern zu vermeiden. Für solche Fälle stellen Kugelgehäuse mit Deckeln eine günstige Form dar.

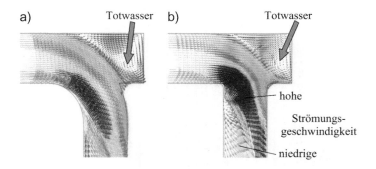

Abb. 2.28 Strömungsbilder der T-Stück-Strömung:
(a) T-Stück mit großem Radius im durchströmten Bereich,
(b) eckiges T-Stück.

2.1.3.4 Isolierung

Rohrleitungsisolierungen dienen zur Dämmung gegen Wärme und Kälte, um Energieverluste zu begrenzen und um zu vermeiden, dass sich Kondensat an den äußeren Oberflächen von Rohren bildet. Da sie aus hygienischer Sicht sehr unterschiedliche hygienerelevante Probleme verursachen können, sind sie in Überlegungen zu Hygienic Design einzubeziehen.

Um eine schlechte Wärmeleitung und damit gute Dämmeigenschaften zu erreichen, werden Isolierungen für Edelstahlrohre aus hochporösen, chloridfreien Materialien wie Steinwolle oder Kunststoffschäume hergestellt. Durch das Eindringen von Feuchtigkeit werden zum einen die Isoliereigenschaften z. B. durch Zusammenfallen von Faserstoffen stark vermindert und Korrosion begünstigt. Zum anderen können Schimmelbildung und Wachstum anderer Mikroorganismen innerhalb des Isoliermaterials auftreten. Bei Reinraum-Umgebung ist damit rückwirkend eine Kontamination des Umgebungsbereichs vorprogrammiert. Grundsätzlich sollten daher Isolierungen dampf- und wasserdicht gemäß Abb. 2.29a ummantelt werden. Praktisch kann dies mit einem dünnwandigen Edelstahlrohr vorgenommen werden, das völlig dicht verschweißt wird, um das Eindringen von Luft, Feuchtigkeit oder auch von Insekten zu verhindern. Das Vernieten von Ummantelungen entsprechend Abb. 2.29b ist nur in trockener Umgebung als ausreichend zu betrachten, da solche Verbindungen nicht völlig dicht sind. Selbst wenn ein Dichtungsband an den Stoßstellen unterlegt wird, ist wegen des meist zu großen Nietabstands die Ummantelung nicht dampfdicht.

Wie ein praktisches Beispiel aus der Lebensmittelindustrie zeigt, können aus Kostengründen technisch falsch ausgeführte Isolierungen zu Korrosionsschäden führen. Dabei wird das Rohr von außen angegriffen. Im Frühstadium kann Lochfraß zu feinsten Löchern führen, die durch die Wand hindurch gehen können und zunächst nicht bemerkt werden. Sie ziehen dann aber erhebliche hygienerelevante Schwierigkeiten durch Kontamination nach sich. Im Spätstadium kann ein Versagen der Rohrleitungsbereiche erfolgen, was ein völliges Ersetzen der geschädigten Leitungen mit Stillstandzeiten und damit verbundenen hohen Kosten zur Folge hat. In einem konkreten Fall wurde ein Isolierschaum direkt auf die Rohrleitung aus Edelstahl aufgetragen. Durch Fehlen einer Dampfsperre bzw. Abdichtung ergab sich aus kondensierter Feuchtigkeit bzw. eingedrungener Flüssigkeit an

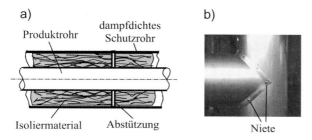

Abb. 2.29 Isolierung von Rohrleitungen:
(a) Prinzipdarstellung einer hygienegerechten Gestaltung,
(b) Bild einer nicht dampfdichten, genieteten Isolierung.

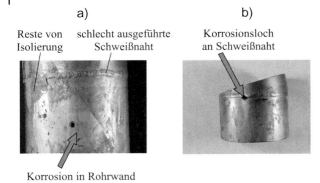

Abb. 2.30 Korrosionserscheinungen an einer Edelstahlleitung durch fehlerhaft ausgeführte Isolierungen:
(a) Lochfraß im Rohrmantel, (b) Lochfraß an der Schweißnaht.

der äußeren Rohrwand, d. h. innerhalb der Isolierung, Tropfenbildung an der Rohrunterseite. In den Tropfen gelöste Chloride konnten sich aufkonzentrieren und das Rohr von außen angreifen. Die von außen nach innen vordringenden Lochfraßerscheinungen sowie das Undichtwerden der Leitung wurden aufgrund der feuchten Umgebung zunächst nicht bemerkt. Im Produkt auftretende Kontaminationen führten schließlich zu Untersuchungen, die die bereits erheblich fortgeschrittenen Korrosionserscheinungen (Löcher) in der Rohrwand gemäß Abb. 2.30 zutage förderten.

Eine andere Möglichkeit der Isolierung von Rohrleitungen besteht darin, doppelwandige Rohre zu verwenden [4], deren Zwischenraum evakuiert werden kann. Dies ist zwar eine sehr kostspielige, aber auch effektive Art eine hygienegerechte Lösung zu erreichen.

2.1.4
Leitungselemente

Neben geraden Leitungsteilen werden verschiedene geformte Leitungselemente in Rohrleitungssystemen verwendet. Für das Orbitalschweißen werden diese Elemente mit höherer Präzision hergestellt als es für den üblichen Rohrleitungsbau erforderlich ist. Entscheidend sind konstante Wandstärke, Rundheit und exakt senkrecht abgeschnittene Enden, um einwandfreie Nähte herstellen zu können.

2.1.4.1 Formstücke
Rohrbogen können aus nahtlosen oder geschweißten Edelstahlrohren mit definierter Oberflächenqualität hergestellt werden. Außerdem sind bei verschiedenen Anbietern Sonderanfertigungen von Rohrbogen mit Mehrfachbiegungen aus Edelstahl erhältlich. In manchen Anwendungsbereichen wie z. B. pneumatischen Förderanlagen werden Bogen mit großem Biegeradius eingesetzt.

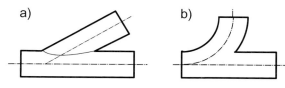

Abb. 2.31 Abzweigungen:
(a) gerader Winkel, (b) gebogener Winkel.

Für die Lebensmittelindustrie werden je nach Anwendungsbereich Rohrbogen aus geschweißtem Edelstahlrohr mit nachbearbeiteter Innennaht nach DIN 11 850 [30], Tabelle 2, Ausf. BC, BD, CC oder ASTM A 269/270 verwendet. Für die Pharmaindustrie werden Bogen je nach Anwendungsbereich und Anforderungen mit verschiedenen Ausführungen der Oberflächenrauheit und -behandlung sowohl innen als auch außen hergestellt. Die Enden können für Orbitalschweißung entsprechend bearbeitet werden. Auch Bogen für Molch-Reinigungssysteme oder durch Lösungsglühen wärmebehandelte, ferritfreie Ausführungen sind erhältlich.

Bei der Abzweigung oder Zusammenführung von Leitungen ergeben ausgehalste oder bogenförmige T-Stücke wesentliche hygienische Verbesserungen gegenüber Abzweigungen ohne Radius. Eine strömungsgünstige und damit auch hygienegerechte Ausführung für einfache Verzweigungsstellen von Rohrleitungen stellen Edelstahl-Abzweigstücke mit einem Winkel von 30° bzw. 45° gemäß Abb. 2.31a oder T-Bogen (Abb. 2.31b) dar.

Rechtwinklige Übergänge zwischen unterschiedlichen Rohrdurchmessern führen wegen Wirbelbildung zu schlecht reinigbaren Stellen mit Produktansatz und gelten deshalb als nicht hygienegerecht. Als Stand der Technik gelten konische Reduzierungen unbeschränkt für vertikale Leitungen. In horizontalen Rohrsys-

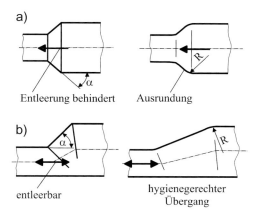

Abb. 2.32 Rohrerweiterungen:
(a) konzentrischer Konus, (b) konzentrischer ausgerundeter Konus,
(c) asymmetrischer kurzer Übergang, (d) asymmetrischer langer Übergang.

temen ist dagegen gemäß Abb. 2.32a auf die Entleerungsrichtung zu achten. Um Selbstentleerung zu garantieren, sollten dort generell asymmetrische Übergänge (Abb. 2.32b) eingesetzt werden. Da scharfkantige Reduzierungen Strömungsablösungen verursachen, sollten sie entsprechend ausgerundet werden. Aus dem gleichen Grund sollten die Übergänge lang genug sein.

2.1.4.2 Schaugläser

Zur Sichtkontrolle von Produkten werden Schaugläser in verschiedenen Ausführungen in Rohrleitungen eingesetzt. Wenn dabei aus Gründen der Produktsicherheit Bedenken gegen die Verwendung von Glas bestehen, kann auch Polycarbonat gewählt werden, das ebenfalls glasklar durchsichtig und gegen viele Produkte und Reinigungsmittel beständig ist.

Herkömmliche Elemente sind Schaulaternen, die gemäß Abb. 2.33 aus einem Glaszylinder bestehen, der in Anschlussverbindungen eingesetzt und mit Schrauben befestigt wird. Problematisch aus hygienischer Sicht ist die meist fehlende Zentrierung, wodurch Stufen auf der Rohrinnenseite nicht zu vermeiden sind. Als Abdichtung zwischen Glaszylinder und Edelstahlgehäuse sind Runddichtungen zu vermeiden, da die ebene Glasfläche dem O-Ring nicht angepasst ist und dadurch nicht reinigbare Spalte verursacht. Bei zentrierten Konstruktionen kann durch Einsatz von Flachdichtungen eine hygienegerechte Lösung dadurch erzielt werden, dass die metallische Anlagefläche zum Produktraum hin abgeschrägt wird, um die stärkste Pressung in definierter Weise unmittelbar an der Produktseite zu erhalten.

Die Verwendung von Kreuzungselementen mit angeschweißten Stutzen zur Aufnahme von Sichtgläsern gemäß Abb. 2.34 ist aus hygienischer Sicht zu vermeiden, da die entstehenden Toträume schlecht reinigbar sind und zusätzlich die Abdichtung des Schauglases im Randbereich des Totraums liegt. Eine selbsttätige Entleerung ist zudem nur bei horizontaler Lage der Stutzen möglich.

Als hygienegerechte Lösung ist die Verwendung von Kugelgehäusen mit Schaugläsern entsprechend Abb. 2.35 anzusehen, wenn die Abdichtung spaltfrei erfolgt. Dabei muss entsprechend der Darstellung die innere Glasoberfläche mit dem Rohrdurchmesser fluchten, um das Leerlaufen bei horizontalen Leitungen zu garantieren. Durch die in den Deckel des Gehäuses eingesetzten Glaselemente ist eine visuelle Kontrolle auch von trüben Produkten möglich, wenn zusätzlich eine Beleuchtungseinrichtung verwendet wird.

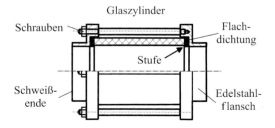

Abb. 2.33 Hygienegerecht gestaltetes Schauglas.

2.1 Rohrleitungssysteme

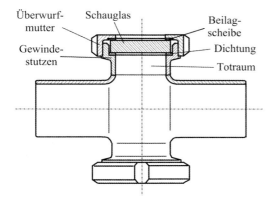

Abb. 2.34 T-Stück mit Schauglas.

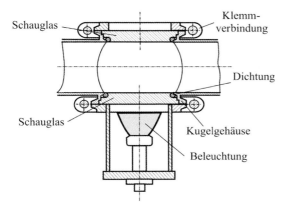

Abb. 2.35 Kugelgehäuse mit Schauglas und Beleuchtung.

2.1.4.3 Dehnungskompensatoren

Wie bereits erwähnt ist sowohl aus hygienischen als auch aus technische Gründen die spannungsfreie Verlegung von Rohrleitungen unumgänglich. Durch Druckspannungen in horizontalen Leitungsteilen, z. B. durch Wärmedehnung, entstehen Durchbiegungen, die die Selbstentleerung behindern, sodass die Verlegung nicht den Anforderungen der hygienegerechten Gestaltung entspricht. Auch in Ventilknoten, in denen mehrere Ventile unmittelbar nebeneinander angeordnet sind, müssen Wärmedehnungen bei gleichzeitig unterschiedlichen Temperaturen benachbarter Ventile kompensiert werden. Aus diesem Grund werden häufig Dehnungskompensatoren verwendet, um eine möglichst freie Ausdehnung zu gewährleisten. Entscheidend ist dabei die konstruktive Gestaltung, um die notwendigen Hygieneanforderungen zu erfüllen.

Wichtig ist bei der künstlichen Kompensation die Wahl der Festpunkte (Abb. 2.36), die dort angebracht werden müssen, wo es besonders auf eine gleichbleibende Lage der Leitung ankommt. An allen anderen Stellen dürfen

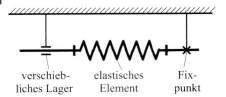

Abb. 2.36 Prinzipdarstellung der Lagerung einer Rohrleitung mit Expansionselement.

nur Unterstützungen verwendet werden, die zwar das Gewicht aufnehmen, die Ausdehnung des Rohres aber zulassen.

Verbindungen, die eine direkte Verschiebung von Rohrenden gegeneinander ermöglichen, benötigen eine dynamische Dichtung, die meist als O-Ring- oder Formdichtung gestaltet ist und gemäß der prinzipiellen Darstellung nach Abb. 2.37 zwischen den verschieblichen Elementen angebracht ist. Der durch metallische Berührung entstehende Spalt, durch den aufgrund der Beweglichkeit ein Transport möglich ist, sowie die Stufe stellen hygienerelevante Problemzonen dar. Außerdem ist die Selbstentleerung bei horizontalem Einbau behindert, sodass ein Einsatz in horizontalen Leitungsteilen nicht in Frage kommt.

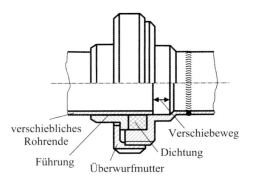

Abb. 2.37 Dehnungsausgleich durch verschiebliches Bauteil (Probleme: bei horizontalem Einbau nicht entleerbar; Transport durch den dynamischen Spalt zwischen den Bauelementen).

Letzteres gilt auch für metallische Faltenbalgkompensatoren entsprechend Abb. 2.38 mit einer oder mehreren Falten, bei denen zwar keine Spalte entstehen, aber die Vertiefungen hygienische Problemstellen darstellen. Solche Elemente sollten nur bei entsprechend weiten, gut ausgerundeten und nicht zu tiefen,

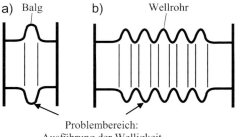

Abb. 2.38 Dehnungsausgleich durch Balgelemente: (a) einwelliger Balg, (b) Wellrohr.

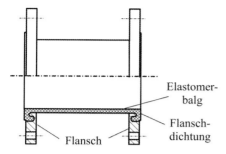

Abb. 2.39 Prinzip eines Dehnungsausgleichs durch Elastomerelement.

d. h. leicht reinigbaren Rillen in vertikalen Leitungen verwendet werden, wenn zwingende Gründe wie z. B. das Vermeiden von Elasto- oder Plastomeren den Einsatz erfordern.

Balgkompensatoren aus Elastomeren nach Abb. 2.39 können bei bündiger und definiert gepresster Flanschdichtung als hygienegerecht eingestuft werden. Sie sind jedoch ebenfalls nicht entleerbar, da durch Zusammendrückung eine Auswölbung verursacht wird. Sie sind deshalb nur für entsprechend geneigte oder vertikale Systeme geeignet.

Eine hygienegerecht gestaltete Form einer Dehnungsverbindung, die EHEDG-zertfiziert ist, ist dem Prinzip nach in Abb. 2.40 dargestellt [38]. Das dehnbare Elastomerteil, das auf der nicht produktberührten Seite einem Faltenbalg entspricht und zur Stabilisierung mit Edelstahlverstärkungen versehen ist, dichtet zu den Anschlussflanschen ab. Die Abdichtung erhält durch einen axialen Anschlag die notwendige definierter Pressung. Wie bei anderen Dichtungsarten müssen die innenliegenden Kanten an der Dichtstelle gebrochen bzw. geringfügig abgerundet werden, wodurch nicht vermeidbare Vertiefungen entstehen, wie sie auch bei anderen hygienegerecht gestalteten Dichtstellen z. B. nach DIN 11 864 [39] vorhanden sind. Der Anschluss an die Rohrleitung kann als Schweißverbindung ausgeführt werden.

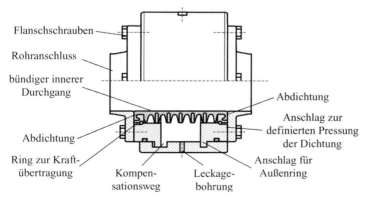

Abb. 2.40 Dehnungskompensator (Fa. GEA Tuchenhagen).

2.1.5
Anordnung und Befestigung von Rohrleitungen

Rohrleitungshalterungen dienen zur definierten Lagerung des Rohrleitungssystems. Dabei ist festzulegen, wo die Leitung verschieblich zu lagern ist bzw. wo unverschiebliche Fixpunkte zu setzen sind. Die Stelle eines festen Lagers sollte so gewählt werden, dass thermische Längenänderungen sich nach beiden Seiten symmetrisch auswirken. Zwischen zwei Festlagern muss eine freie Dehnung entweder durch natürliche Kompensation oder durch Verwendung von hygienegerecht gestalteten Kompensatoren möglich sein. In Gleitlagern muss sich die Rohrleitung verschieben lassen. Obwohl bei Wärmedehnung große Kräfte entstehen, sollte die Reibung in den Lagerstellen durch Gleitwerkstoffe wie PE oder PTFE herabgesetzt werden.

Wenn möglich sollten lange Rohrleitungen vom Prozessraum getrennt und in zugänglichen Rohrkanälen oder -gängen verlegt werden. Werden sie im Produktionsbereich in einem Raum mit Hygieneanforderungen wie z. B. einem Reinraum verlegt, so spielt die hygienegerechte Gestaltung eine entscheidende Rolle. Um eine gute Zugänglichkeit für Installation, Isolierung, Reinigung und Wartung zu gewährleisten, sind Rohrleitungen gemäß Abb. 2.41 mit ausreichendem Abstand zueinander sowie zu Decken und Wänden zu verlegen. Nach [40] wird z. B. vorgeschrieben, dass Rohrleitungen untereinander und zur Wand einen Mindestabstand von $a = 100$ mm haben sollten, während sie von der Decke $b = 120$ mm entfernt zu verlegen sind. Unter Gesichtspunkten der Außenreinigung der Leitungen und Aufhängungen sind diese Mindestabstände vor allem bei mehreren nebeneinander liegenden Rohren eher zu knapp bemessen.

Wenn Rohrbefestigungen hygienerelevant eingesetzt werden, müssen sie leicht reinigbar ausgeführt werden. Vorgefertigte Rohrhalterungen müssen auf ihre hygienische Eignung überprüft werden, vor allem wenn von ihnen Kontaminationsgefahren ausgehen können. In diesem Bereich ist noch ein weites Feld für die Entwicklung hygienegerechter Konstruktionen vorhanden. Die folgenden Darstellungen sollen die konstruktive Problematik aufzeigen.

Als Halterungen zur Verlegung von Produktleitungen, deren Betrieb bei niedrigen Temperaturen (z. B. Raumtemperatur) erfolgt, werden einerseits

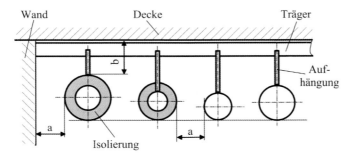

Abb. 2.41 Prinzipielle Anordnung hängend gelagerter Rohre.

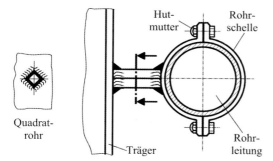

Abb. 2.42 Beispiel einer horizontalen Rohrhalterung mit Schelle.

Kunststoffrohrschellen, andererseits Schellen aus Metall mit entsprechenden Kunststoffeinlegebändern eingesetzt. Die Abstände zur Anbringung der Rohrschellen in Richtung der Rohrleitung sind abhängig von Rohrdurchmesser und Wanddicke, vom Werkstoff und dem Produktgewicht sowie den äußeren Randbedingungen. Eine Ausführung einer Befestigung mit einer Rohrschelle, die als Festlager dienen kann, ist in Abb. 2.42 dargestellt. Das an einen Wandträger angeschweißte Quadratprofil ist über Eck angeordnet, um horizontale Flächen zu vermeiden, auf denen sich Flüssigkeit ansammeln kann. Bei der Verschraubung der Rohrschelle ist das Gewinde mit einer Hutmutter abgedeckt. In dieser Form erfüllt die Befestigung weitgehend die Anforderungen an Hygienic Design, wenn zusätzlich durch ein Kunststoffmaterial eine Abdichtung zwischen Rohr und Schelle erreicht wird, um Spalte weitgehend zu vermeiden.

Als verschiebliches Lager kann bei Versorgungsleitungen entsprechend Abb. 2.43a ein Bügel aus einem U-förmig gebogenen Rundmaterial direkt an die Rohrleitung angeschweißt werden, der in einer Führung beweglich gelagert ist. Bei Produktleitungen kann gemäß Abb. 2.43b eine ähnliche Anordnung gewählt werden. Es empfiehlt sich allerdings, den Bügel nicht direkt an die Leitung anzuschweißen, um Gefügeveränderungen auszuschließen. Stattdessen kann eine Rohrschelle verwendet werdet, die das Rohr umgibt. Für die Lagerung sowie Tragkonstruktion sollte man horizontale Flächen vermeiden, von denen Flüssigkeitsansammlungen nicht ablaufen.

Als einfach gestaltete Führungen können auch Auflagen in Schalenform gemäß Abb. 2.44a dienen, die zusätzlich mit einem Gleitmaterial ausgekleidet werden können. Der zur Befestigung dienende horizontale Tragarm besteht aus einem über Eck gestellten Vierkantrohr. Aufhängungen in Bügelform entsprechend Abb. 2.44b besitzen zur Befestigung jeweils Gewindeenden, die ein Hygienerisiko ergeben. Durch einen Bund als Anschlag sowie dem Abschließen der Enden mit Hutmuttern lässt sich diese Gefahrenstelle beseitigen. Allerdings werden in der dargestellten Form Spalte durch metallische Berührflächen nicht vermieden. Die horizontalen Flächen des Trägers, der für die Aufhängung verwendet wird, sind ebenfalls als nicht hygienegerecht zu betrachten.

Bei der Befestigung von Kunststoffrohren sind die Betriebsbedingungen entscheidend, da sowohl Wärmedehnungen als auch Durchbiegung aufgrund geringerer Festigkeit als bei Stahl wichtige Einflussfaktoren sind. Falls Rohrschellen

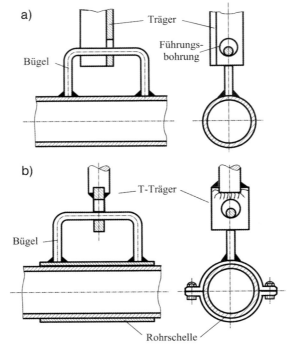

Abb. 2.43 Verschiebliche Lagerung von Rohrleitungen:
(a) Führungsbügel an Rohrleitung angeschweißt,
(b) Führungsbügel mit Rohrschelle verbunden.

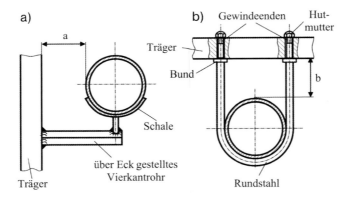

Abb. 2.44 Rohrhalterungen:
(a) Haltearm mit Lagerschale, (b) Aufhängung in Bügel.

verwendet werden, ist darauf zu achten, dass die notwendigen Abstände nach Herstellerangaben eingehalten werden. Ein Beispiel zeigt die Klemmhalterung nach Abb. 2.45, die z. B. aus PDVF hergestellt und auf Halterungen aus Edelstahl aufgeschraubt werden kann.

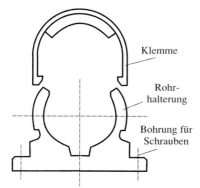

Abb. 2.45 Klemmhalterung aus Kunststoff.

Insbesondere bei höheren Temperaturen kann es bei horizontalen Leitungen notwendig werden, anstelle von eng zu setzenden Rohrschellen durchlaufende Unterstützungen zu verwenden. Die häufig vorgeschlagenen Lösungen für solche Unterstützungen, die in den Abb. 2.46a–c dargestellt sind, lassen sich in hygienerelevanten Räumen wie Reinräumen mit offenen Apparaten nicht einsetzen, da Schmutzansammlungen in den Lagerelementen unvermeidbar sind und eine Reinigung wenig Aussicht auf Erfolg verspricht. Durch die Lagerung auf Vierkantrohren gemäß Abb. 2.46d lässt sich zumindest ein Ablaufen von Flüssigkeiten erreichen. Durch abgedichtete Schalen aus Edelstahl, wie im Prinzip in Abb. 2.46e dargestellt, lassen sich hygienegerechte horizontale Unterstützungen realisieren.

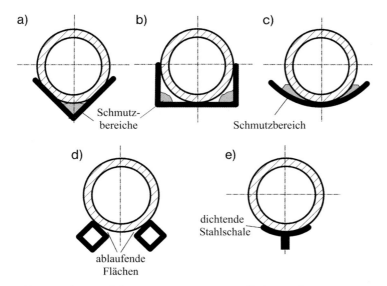

Abb. 2.46 Kontinuierliche Lagerungen von Kunststoffrohren und hygienische Problemstellen:
(a) Winkelprofil, (b) U-Profil, (c) weite Schale, (d) doppelte Winkelprofile,
(e) umgekehrtes U-Profil, (f) angepasste Schale.

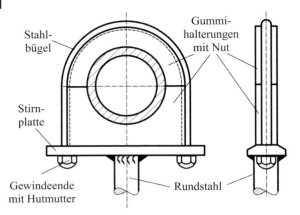

Abb. 2.47 Halterung mit Gummielement und Stahlbügel.

Um ein seitliches Ausweichen der Rohrleitung bei Erwärmung zu verhindern, müssen in festgelegten Abständen zusätzlich Fixierbänder verwendet werden.

Bei Glasrohren können zum einen klauenförmige Befestigungen direkt an die Rohrflansche angeschraubt werden. Zum anderen kann eine elastische Lagerung der Rohre gemäß Abb. 2.47 in einer zweiteiligen Gummiplatte vorgenommen werden, die mit einem Bügelhalter aus Stahl mit einer Stirnplatte verschraubt wird. Mithilfe eines angeschweißten Rundstahls kann die Befestigung an den entsprechenden Trägern oder Gestellen erfolgen.

2.1.6
Prüfung nach Installation des Systems

Nach der Installation muss das Rohrleitungssystem auf hygienegerechte Ausführung entsprechend der Planung überprüft werden. Neben der Kontrolle der letzten Schweißnähte sind besonders lösbare Verbindungen und die Anschlüsse an Apparate zu überprüfen. Ein weiterer wichtiger Punkt betrifft die spannungsfreie Verlegung. Für diese ist die Anordnung und Ausführung der Rohrhalterungen entscheidend, die zum einen für freie Verschieblichkeit und zum anderen für Fixpunkte verantwortlich sind.

Das fertig installierte Leitungssystem muss schließlich auf Dichtheit und Druck geprüft werden. Beide Prüfungsarten können auch dazu beitragen, Fehler in hygienischer Hinsicht aufzudecken.

2.1.6.1 Dichtheitsprüfung

Zur Überprüfung der Dichtheit kann das ganze Rohrleitungssystem unter einen leichten Luft- oder Stickstoffüberdruck gesetzt werden, der unter $p = 0{,}5$ bar liegen sollte. Während der Prüfung sind alle Verbindungsstellen mit einem schaumbildenden, gut benetzenden Medium einzustreichen oder zu besprühen. An Leckagestellen bilden sich leicht erkennbare Blasen.

2.1.6.2 Druckprüfung

Vor Inbetriebnahme ist das Rohrleitungssystem einer Druckprüfung zu unterziehen, wobei relevante gesetzliche Regelungen einzuhalten sind. Ansonsten sollte der Prüfdruck über dem zulässigen Betriebsdruck liegen (Faktor z. B. 1,5), um die Betriebssicherheit nachweisen zu können. Der Prüfdruck sollte an der tiefsten Stelle des Systems gemessen werden. Als Prüfmedium lässt sich Wasser oder das Betriebsmedium einsetzen. Beim Befüllen ist die Leitung an der höchsten Stelle sowie an nach oben weisenden toten Enden zu entlüften. Bei Druckprüfungen mit Gas sind die relevanten Sicherheitsbestimmungen (z. B. [41, 42]) einzuhalten. Die Prüfdauer sollte mehr als $t = 3$ h betragen. Während dieser Zeit sollte der Prüfdruck aufgezeichnet werden.

Infolge von Dehnung und durch Temperaturänderungen kann es vor allem bei Kunststoffleitungen zu Druckschwankungen kommen. Aus diesem Grund sollte das Rohrleitungssystem während der Druckprüfung ständig überwacht werden.

Im Hinblick auf die hygienegerechte Gestaltung sollte überprüft werden, ob z. B. infolge von Dehnungen unzulässige Durchbiegungen im System entstehen, die die Selbstentleerung behindern oder nicht entlüftbare Bereiche ausbilden, in denen sich durch Gaspolster Kontaminationsrisiken ergeben.

2.2
Lösbare Verbindungen für Rohrleitungen und Apparateanschlüsse

Wie bereits erwähnt, ist nach dem Stand der Technik aus hygienischer Sicht für Rohrleitungen grundsätzlich eine feste Verrohrung anzustreben, die so weit wie möglich beim Hersteller vorgefertigt werden sollte. Soweit Verbindungen notwendig sind, sollten feste Verbindungen wie z. B. Schweißverbindungen vorgezogen werden, die als automatische inertisierte Orbitalschweißung mit Inertgas-Innenfüllung der Rohre porenfreie, glatte und damit hygienisch einwandfreie Nähte ergeben. Nur wenn ein Öffnen z. B. zur Kontrolle sensibler Bereiche oder zum Austausch von Geräten erforderlich ist, werden lösbare Verbindungen in Form von Verschraubungen oder Flanschkonstruktionen verwendet. Gleiche Voraussetzungen gelten für Anschlüsse an Apparate und Behälter. Außerdem sind sie bei empfindlicheren Werkstoffen wie Email und meist auch bei Glas aus Gründen der Gestaltung erforderlich.

Mit den Dichtstellen von lösbaren Verbindungen können grundsätzlich mikrobiologische Gefahren und Risiken verbunden sein, die durch enge Spalte und Toträume entstehen und durch Reinigung nicht zu beseitigen sind. Aus diesem Grund spielt die hygienegerechte Gestaltung der lösbaren Verbindungen eine entscheidende Rolle.

Für hygienegerechtes Design solcher Elemente ist ein Anforderungsprofil erforderlich (s. auch Abschnitt 1.4.1 und [11]), das die folgenden wesentlichen Punkte betrifft:

- die Verbindung muss dem jeweiligen Anwendungsfall in Hinblick auf die Dichtheitsanforderungen (z. B. undurchdringbar für Mikroorganismen oder gasdicht) genügen;
- die Dichtstelle muss unmittelbar am Produktraum angeordnet sein und mit den angrenzenden Bauelementen fluchten;
- die zu verbindenden Teile müssen zentriert sein, um Fluchten der Innenflächen zu gewährleisten;
- die Dichtstelle muss möglichst spaltfrei gestaltet werden;
- ein axialer Anschlag der zu verbindenden Elemente muss für eine definierte Pressung der Dichtung unter Berücksichtigung des Dichtungsmaterials und Festlegung der Toleranzen für Dichtung und Dichtungsnut sorgen;
- die Dichtung soll sich bei Temperaturänderungen an der produktberührten Seite möglichst nicht verändern, z. B. bei Elastomerdichtungen weder in den Produktraum austreten noch sich in die Nut zurückziehen;
- die Dichtung soll in einem der beiden zu verbindenden Teile so fixiert sein, dass sie bei Demontage der Verbindung nicht herausfallen kann;
- bei Anwendung von Vakuum darf die Dichtung nicht in den Produktbereich hineingezogen werden.

Eine hygienegerecht gestaltete Dichtstelle stellt damit hohe Anforderungen an Konstruktion, Fertigung und Montage. Vor allem das erforderliche exakte Fluchten der Anschlussteile macht ein genaues Ausrichten der zu verbindenden Bauteile unumgänglich, wie es auch bei hygienegerechten Schweißverbindungen erforderlich ist.

2.2.1
Edelstahlverbindungen für Prozesse mit Flüssigkeiten

Wie bereits erwähnt, ergibt sich bei Anwesenheit von Flüssigkeit bzw. Feuchtigkeit im Prozessbereich das grundlegende Problem, dass Mikroorganismen die entscheidende Kontaminationsgefahr darstellen. Dabei ist nicht allein das Produkt ausschlaggebend, sondern es können auch durch Restfeuchtigkeit in Spalten nach einem nassen Reinigungsprozess bei trockenen Produkten Probleme mit Mikroorganismen entstehen. Aus diesen Gründen sind lösbare Verbindungen bei diesen Anforderungen besonders sorgfältig hygienegerecht zu gestalten, wenn keine Zerlegung zur Reinigung erfolgt.

Die verwendeten Elemente der Verbindungen sind meist so gestaltet, dass sie an Apparate oder Rohrenden angeschweißt werden können. Für Orbitalschweißung werden entsprechend genau gefertigte Teile angeboten. Fittings wie Bögen, T-Stücke usw. sind im Allgemeinen bereits mit den Verbindungselementen versehen.

2.2.1.1 Verbindungen mit metallischer Dichtstelle
Von metallischen Dichtflächen können Hygienerisiken infolge von engen räumlichen Kanälen erwachsen, die durch die Rauheitsprofile entstehen. Nur wenn

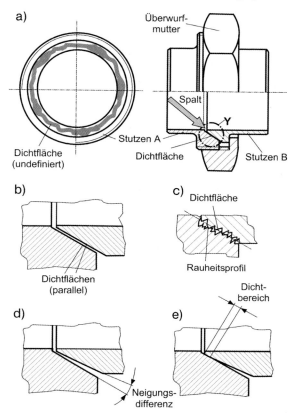

Abb. 2.48 Rohrverschraubung mit konischen Kontaktflächen: (a) konstruktive Ausführung, (b) vergrößerte Darstellung der parallelen Berührflächen und (c) deren mikroskopische Darstellung, (d) Ausführung mit unterschiedlichem Neigungswinkel und (e) deren Dichtbereich.

diese örtlich z. B. durch Einschleifen oder plastische Verformung praktisch zum Verschwinden gebracht werden, kann eine metallische Verbindung in hygienerelevanten Bereichen mit genügender Sicherheit eingesetzt werden.

Um eine ausreichende Anpressung zu erreichen, ist z. B. eine kegelförmige Ausbildung der Dichtflächen gemäß Abb. 2.48 notwendig. Wegen dieser Form, die sowohl aufgrund der Fertigung als auch zum Schutz der Dichtflächen nicht scharfkantig an der Innenseite (Produktseite) enden kann, entsteht ein geringer Spalt (s. Pfeil). Weiterhin kann infolge von Toleranzen und Ungenauigkeiten bei der Fertigung zum einen die Dichtstelle nicht definiert unmittelbar an der Produktseite eingehalten werden (Abb. 2.48a). Bei gleicher Neigung der Dichtflächen (Abb. 2.48b) ist der Dichtbereich vielmehr zufällig. Zum anderen kann durch die Rauheit der Kontaktflächen (Abb. 2.48c) bis zur Dichtstelle ein mikroskopischer räumlicher Spalt entstehen, in den Mikroorganismen und feine Schmutzsubs-

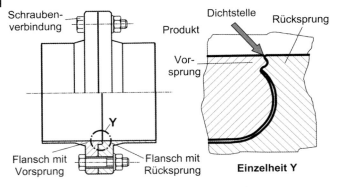

Abb. 2.49 Rohrverschraubung Connect S (Fa. Neumo).

tanzen eindringen, wo sie einer Reinigung ohne Zerlegung der Verbindung nicht zugänglich sind. Eine Rekontamination des Produktes ist die Folge. Praktische Erfahrungen mit solchen Verbindungen haben dazu geführt, dass nach [43] metallische Dichtflächen für Bauteile als nicht geeignet eingestuft wurden.

Durch geringfügig unterschiedliche Winkel der beiden Kontaktflächen könnte dieses Problem theoretisch behoben werden (Abb. 2.48d). Aufgrund hoher Pressung auf eine geringe Fläche (Abb. 2.48e) wird eine elastisch-plastische Verformung möglich, wodurch die Spaltbildung an der Dichtstelle – vor allem bei geringer Rauheit bzw. glatter Oberfläche – vermieden werden kann. Testergebnisse von solchen Verbindungen mit dem EHEDG-Reinigbarkeitstest [44] beweisen diese Tatsache. Praktisch ergeben sich allerdings Probleme, wenn solche Verbindungen zum häufigen Lösen und Verbinden eingesetzt werden, da die verformten Bereiche bei erneuter Pressung sich anders verhalten als bei Erstmontage. Für die Montage von Sensoren, die nur nach Beschädigung oder am Ende ihrer Lebensdauer ausgetauscht werden, sind richtig gestaltete metallische Verbindungen einsetzbar, da nach dem Austausch ein neues Teil eingesetzt wird und die Gegenfläche nachgeschliffen werden kann.

Da in manchen Bereichen der Pharmaindustrie elastomer- bzw. kunststofffreie Dichtungen notwendig sind, hat man versucht neue Wege zu gehen. Ein Beispiel dafür ist die Verbindung „Connect S" [45], deren Dichtstelle gemäß Abb. 2.49 gestaltet ist. Die patentierte Kontur der Abdichtung ist vor Beschädigung geschützt. Die Verbindung aus Werkstoff 1.4435, deren Reinigbarkeit getestet und zertifiziert wurde [46], weist nach allgemeinen Kriterien sowie nach Herstellerangaben alle Merkmale einer hygienegerechten Gestaltung auf, wie glatte Oberfläche, definierte Vorspannung der Dichtfläche, axiale Fixierung durch metallischen Anschlag, exakte Positionierung durch zentrische Führung und völlige Dichtheit auch bei wechselnden Temperaturbeanspruchungen.

2.2.1.2 Verschraubungen mit Elastomer- bzw. Plastomerdichtungen

Lösbare Verbindungen können in Form von Verschraubungen ausgeführt werden. Dabei erhält eines der beiden Anschlussteile ein Außengewinde, während das andere ohne Gewinde ausgeführt wird. Mithilfe einer Überwurfmutter mit Innengewinde, die meist als Nutmutter mit axialen Nuten am äußeren Umfang gestaltet wird, werden die beiden Teile miteinander verbunden und die Dichtung entsprechend gepresst. In den meisten Fällen werden für solche Verbindungen wegen der elastischen Eigenschaften Elastomerdichtungen eingesetzt. Die Gestaltung der Dichtstelle hat wegen immer höher werdender hygienischer Anforderungen zunehmend an Bedeutung gewonnen. In der Industrie eingeführte Verbindungen, die früher als ausreichend hygienisch sicher angesehen wurden, genügen den heutigen Ansprüchen häufig nicht mehr.

Außerdem ist zu bemerken, dass alle Verschraubungen außen nicht reinigbar gestaltet sind. Durch das freiliegende Gewinde kann Schmutz in diesen Bereich sowie in Spalte an der Anlagefläche der Überwurfmutter eindringen, der durch Reinigen von außen nicht entfernt werden kann. Werden solche Verbindungen in Reinbereichen von offenen Prozessen mit hohen Hygieneanforderungen eingesetzt, so ist eine Reinigung nach Zerlegung unumgänglich, um Kreuzkontaminationen auszuschließen.

Milchrohrverschraubung

Eine in der Lebensmittelindustrie seit Langem eingeführte und am häufigsten verwendete Verbindung ist die sogenannte Milchrohrverschraubung nach DIN 11 851 [47], die bereits 1976 als Verschraubung zum Einwalzen bzw. Verschweißen mit Rohrleitungen genormt wurde. Sie besteht gemäß Abb. 2.50 aus dem Gewindestutzen, der die Dichtung enthält, dem Kegelstutzen und der Überwurfmutter. Obwohl so weit verbreitet, enthält sie einige typische hygienische Problembereiche, wodurch sie bei der Herstellung sensibler Produkte in Verbindung mit einer In-place-Reinigung modernen Hygieneanforderungen nicht mehr genügt. Wie die Abbildung zeigt, liegt die Profildichtung nicht bündig zum Produktbereich, sodass sich zwischen Rohrinnenwand und Dichtstelle ein deutlicher Spalt bildet. Da sie keine Zentrierung besitzt, kann zusätzlich zwischen den zu verbindenden Teilen eine Stufe entstehen, die ein Hygienerisiko darstellt. Außerdem besitzt die Verbindung keinen axialen Anschlag, sodass die Dichtung je nach Anziehen der Verschraubung unterschiedlich stark gepresst werden kann. Der fehlende Anschlag kann allerdings funktionell einen Vorteil bedeuten, da in axialer Richtung Toleranzen für die Dichtung keine Rolle spielen und auch unterschiedliche axiale Abstände zwischen Gewinde- und Kegelstutzen möglich sind. Damit können Dichtungen aus unterschiedlichem Material mit unterschiedlicher Härte problemlos eingesetzt werden. Dem technischen Vorteil, dass die Verbindung aufgrund ihrer Beweglichkeit auch bei nicht fluchtenden Teilen verschraubt werden kann und meist bereits bei geringem Anziehen der Überwurfmutter dicht ist, steht der Nachteil gegenüber, dass die damit verbundene Beweglichkeit z. B. bei Wärmedehnungen zu einem starken Verschleiß der Dichtung durch Scherbeanspruchung führt, wie Abb. 2.51c zeigt. Fasern der Dichtung sind in solchen Fällen im Produkt zu finden. Manchmal werden auch die Spritzköpfe zur Reinigung von Behältern durch verschlissene Dichtungsbestandteile verstopft, was zu ungenügender Reinigung führt. Wird die Milchrohr-

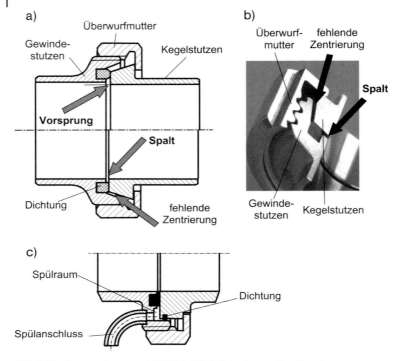

Abb. 2.50 Verschraubung nach DIN 11 851 (Milchrohrverschraubung):
(a) konstruktive Ausführung und Problembereiche,
(b) bildliche Darstellung,
(c) Sonderausführung mit dämpfbarem Außenraum.

verschraubung dagegen ausreichend häufig und in zerlegtem Zustand gereinigt sowie genügend gewartet, wie es in manchen Branchen der Lebensmittel- oder Pharmaindustrie der Fall ist, so kann sie bei auch bei Prozessen mit höheren Hygieneanforderungen eingesetzt werden.

Eine Sonderausführung, die bei allen lösbaren Verbindungen in ähnlicher Weise gestaltet werden kann, zeigt Abb. 2.50c. Hier ist der Raum hinter der produktseitigen Dichtung abgedichtet und mit einem Spülanschluss versehen. Damit kann dieser Raum sowohl mit Reinstwasser gespült als auch mit Dampf sterilisiert werden, was bei aseptischen Anwendungen von Vorteil sein kann, um eine Kontamination von außen zu vermeiden. Allerdings ist eine solche Maßnahme bei nicht hygienegerecht gestalteten Verbindungen nur sinnvoll, wenn eine Zerlegung zur Reinigung erfolgt.

Man hat versucht, die Milchrohrverschraubung durch Gestaltung der Dichtung zu einer Hygieneverbindung zu machen. Eine Lösung ist in Abb. 2.50b zu erkennen: Die Dichtung besitzt einen Ansatz, der den Spalt zum Produktraum hin ausfüllen soll. In der Praxis hat sich gezeigt, dass durch die Beweglichkeit der Verbindung sowie durch Expansion und Kontraktion dieser Ansatz meistens

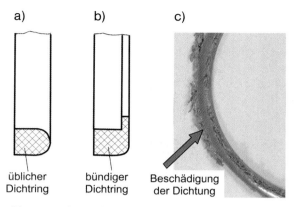

Abb. 2.51 Dichtung der Milchrohrverschraubung:
(a) übliche Form, (b) Dichtung mit Ansatz zur Ausfüllung des produktseitigen Spalts, (c) beschädigte Dichtung.

abgeschert wird, sodass das gesetzte Ziel nicht erreicht wird. Einen anderen Lösungsweg hat man in jüngerer Zeit beschritten, indem man einen Stahlring gemäß Abb. 2.52c zur Zentrierung der beiden Verbindungsteile verwendet und eine Formdichtung einsetzt, die zum Produktraum bündig abschließt. Durch den Edelstahlring wird der Verschraubung die Beweglichkeit völlig genommen, sodass ein Fluchten der zu verbindenden Teile Voraussetzung für die Montage ist. Häufig ist das bei bestehenden Konstruktionen nicht zu erreichen. Beim Einsatz solcher Dichtungen hat man außerdem in der Praxis festgestellt, dass die Nuten der Verschraubung zum Teil so unterschiedlich gefertigt sind, dass die Kombinationsdichtung nicht passt. Nur wenn die Nut normgerecht ausgeführt wurde, ist eine einwandfreie Funktion gewährleistet. Die Kombinationsdichtung wurde Ende der 1990er Jahre der EHEDG von der Fa. Siersma Scheffers vorgestellt und von einigen Herstellerfirmen weiterentwickelt.

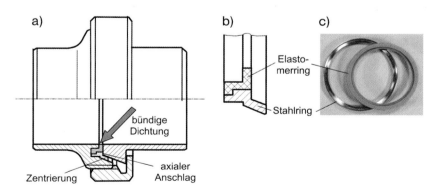

Abb. 2.52 Milchrohrverschraubung mit hygienegerechter Dichtung:
(a) konstruktive Ausführung, (b) Gestaltung von Dicht- und Zentrierring mit
(c) bildlicher Darstellung.

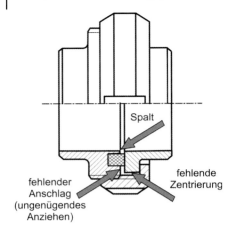

Abb. 2.53 SMS-Verschraubung.

SMS-Verschraubung
Die Verbindung nach den „Swedish Manufacturing Standards" für die Milchindustrie hat die gleichen hygienischen Problemstellen wie die Milchrohrverschraubung (Abb. 2.53). Die Dichtung mit Rechteckprofil liegt in einer Nut des Gewindeteils, die einen Abstand zur Innenfläche besitzt. Damit dichtet die Dichtung nicht unmittelbar und bündig zum Produktraum hin ab. Zwischen dem Gewindestutzen und dem Bundstutzen besteht dementsprechend ein Spalt bis zur Dichtung. Außerdem sind die beiden Verbindungsteile nicht zentriert. Wegen der in radialer Richtung ebenen Anschlagseite des Bundstutzens benötigt die Verbindung keine axiale Verschiebung, um montiert zu werden. Für die Dichtung der Verschraubung stehen verschiedene Werkstoffe wie z. B. NBR, EPDM und PTFE zur Verfügung.

Verschraubung nach ISO 2853
Die ISO-Verschraubung [48], auch als IDF-Verbindung bezeichnet, besitzt aus hygienischer Sicht den Vorteil, dass die T-förmige Dichtung nach Abb. 2.54a und b bei richtiger Montage bündig zum Produktbereich angeordnet ist. Der Verbindung fehlt allerdings ein metallischer axialer Anschlag, sodass die Dichtung bei zu starker Pressung infolge der Verformung in den Produktraum hineinragen kann (siehe auch [11]). Außerdem ist keine Zentrierung vorhanden, wodurch ein Versatz der beiden Verbindungsteile nicht ausgeschlossen wird und damit Hygieneprobleme entstehen können.

Durch Verbindung der Dichtung mit einem Edelstahlring (s. auch [49]) können sowohl axialer Anschlag als auch Zentrierung erreicht werden [4], womit die Verbindung den Anforderungen an Hygienic Design entspricht (Abb. 2.54c und d). Die zum Produktraum bündige Elastomerdichtung wird damit definiert gepresst, da die Verschraubung nur bis zum Anschlag am Metallring angezogen werden kann.

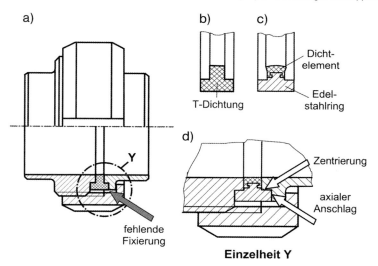

Abb. 2.54 Verschraubung nach ISO 2853:
(a) konstruktive Ausführung, (b) Elastomer-T-Dichtring,
(c) Sonderdichtung mit Elastomerdichtring und Edelstahlzentrierring (nach [4]),
(d) Einbaulage der Sonderdichtung.

Verschraubungen mit Rundringdichtungen
Eine wesentliche Rolle spielen Rundringdichtungen bei der konstruktiven Gestaltung von Verbindungen, da das Dichtelement einfach, genormt und weitgehend erprobt ist. Allerdings ist es in der im Maschinenbau üblichen Gestaltung nicht für Hygieneanwendungen geeignet (siehe [11]). Die ebenfalls genormte Rechtecknut, die dem Dichtring den notwendigen Platz zur Verformung gibt, kann nicht unmittelbar an der Produktseite angeordnet werden, wodurch dort eine metallische Berührfläche mit den entsprechenden Hygieneproblemen entsteht. Frühere ausführliche Untersuchungen haben bestätigt, dass in den Nuten sowohl auf der dem Produkt zugewandten Seite als auch hinter dem O-Ring Verkeimungen festzustellen waren. Für lösbare Rohrverbindungen und Apparateanschlüsse wurden daher vor allem für die Pharmaindustrie verschiedene Lösungen entwickelt, die Gesichtspunkte der leichten Reinigung zu berücksichtigen versuchten.

Ausgehend von diesen vorhandenen Lösungen, wie sie z. B. in Abb. 2.55 [4] dargestellt ist, wurde die Problematik nochmals von Grund auf diskutiert und durchdacht. Wie bereits in Abschnitt 1.4.1 erwähnt, wurde von der EHEDG [50] in Zusammenarbeit mit dem DIN-Ausschuss für Armaturen als Konsequenz zu den vorhandenen und teilweise hygienisch unbefriedigenden Lösungen die Verbindung nach DIN 11 864 [39] entwickelt. Im Vordergrund stand dabei, eine O-Ringverbindung zu gestalten, die allen Anforderungen an Hygienic Design gerecht wird.

Um allen Anforderungen gerecht zu werden, wurde die Verbindung sowohl als Verschraubung als auch als Flansch- und Klemmverbindung genormt. Durch

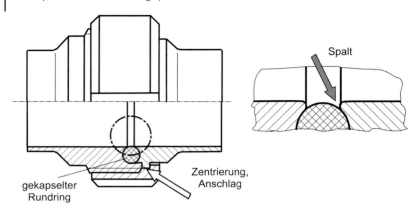

Abb. 2.55 Beispiel einer Verschraubung mit O-Ringabdichtung (frühere Pharmaausführung).

EHEDG-Reinigbarkeitstests wurde die hygienegerechte Gestaltung der Verbindung nachgewiesen, während in der Industrie Temperaturwechselversuche durchgeführt wurden und die Eignung bestätigten. Die bei der Normung gewählte Bezeichnung „aseptische Verbindung" ist vielleicht nicht ganz zutreffend, da dieses Verhalten zumindest nach der Definition der EHEDG, wo es „undurchdringlich gegen Mikroorganismen" bedeutet, nicht getestet wurde. Wesentlich ist, dass infolge Zentrierung und axialem Anschlag die Montage ein einwandfreies Ausrichten der Anschlussteile verlangt, was bei unzentrierten Verbindungen nicht erforderlich ist. Außerdem ist zu beachten, dass wegen der Zentrierung ein axiales Verschieben möglich sein muss, da die zu verbindenden Elemente ineinander geschoben werden müssen.

Die Norm bezieht sich gemäß Abb. 2.56 auf zwei unterschiedliche Arten von Dichtungen. Die O-Ringvariante (Form A) hat sich weitgehend in der Praxis eingeführt, wenn entsprechende Hygieneanforderungen gestellt werden. Auch bei weiteren Reinigbarkeitstests, bei denen Bauteile zum Anschluss an die Testanlage mit dieser Verbindung ausgestattet waren, wurde die leichte Reinigbarkeit bestätigt. Allerdings besteht ein erhebliches Problem darin, dass häufig wegen mangelnder Sachkenntnis nicht die für diese Verbindung genormten Rundringe verwendet werden, sondern beliebige andere O-Ringe. Damit ergibt sich ein nicht zu unterschätzendes Hygienerisiko, das den Erfolg der Verbindung in Frage stellt. Die Verbindung nach Form B hat den Vorteil, dass zum einen die Formdichtung eine kleinere produktberührte Oberfläche besitzt und zum anderen eine Verwechslung nicht möglich ist. Allerdings hat sich dieser Typ bisher nicht in gleicher Weise wie die O-Ringlösung in der Praxis durchsetzen können.

Mittlerweile entstehen von verschiedenen Herstellern neue Verbindungen, die sich an DIN 11 864 orientieren. Das Ziel ist zum einen, weitere Verbesserungen zu erreichen und zum anderen Anwender an sich zu binden. Ein Beispiel ist die Rundringverbindung nach Abb. 2.57 [45], die eine anders geformte Nut für den O-Ring besitzt, ansonsten aber im Wesentlichen die gleichen Eigenschaften aufweist wie DIN 11 864.

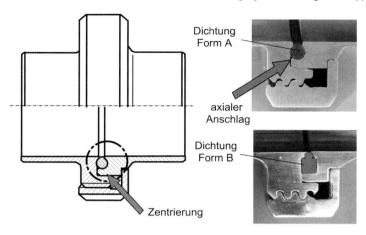

Abb. 2.56 Hygienegerechte Verschraubung nach DIN 11 864.

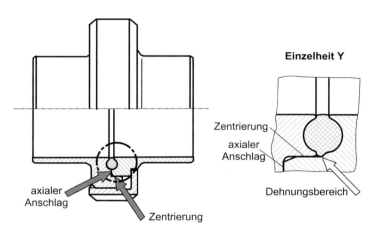

Abb. 2.57 Hygienegerechte Verschraubung mit O-Ring (Bio-connect, Fa. Neumo).

2.2.1.3 Klemmverbindungen

Vor allem im Bereich der Pharmaindustrie, im Ausland, aber auch in der Lebensmittel- und Getränkeindustrie werden traditionsgemäß Klemmverbindungen (z. B. Tri-clamp) mit symmetrischen Anschlussteilen verwendet. Im Allgemeinen ist der Innenbereich der Verbindung produktberührt, sodass dort die entsprechenden Hygieneanforderungen zu erfüllen sind. Muss z. B. in einem Reinraumbereich die Verbindung auch außen reinigbar gestaltet sein, so ist sie infolge der nicht zugänglichen Stellen unter den Klemmen sowie in den Gewinden der Schrauben nur einsetzbar, wenn sie zerlegt wird.

Die Verbindung nach Abb. 2.58 ist nach [51] genormt und wird als GMP-gerecht bezeichnet, obwohl sie keine metallische Zentrierung besitzt. Die Dichtung ist

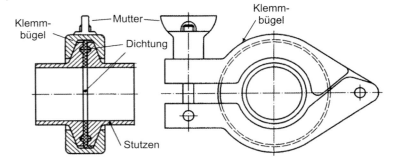

Abb. 2.58 Klemmverbindung mit Formdichtung.

zur Produktseite hin flach ausgeführt, besitzt dann im Mittelteil eine O-ringartige Verdickung und greift außen ringförmig über einen der beiden Stutzen über. Eine gewisse Zentrierung der beiden Stutzen erfolgt bei ausreichend guter Ausrichtung und anschließender Pressung über den O-ringartigen Bereich. Eine weitere Zentrierwirkung wird beim Anlegen der Klammer beim Spannen des Bügels wirksam. Obwohl die Verbindung keinen axialen Anschlag besitzt und damit die Dichtung nicht definiert gepresst wird, lässt sie bei normaler Belastung keinen Spalt zu. Außerdem ist die Dichtstelle durch die parallelen Dichtflächen nicht zwangsläufig unmittelbar an der Produktseite, sondern undefiniert. Weiterhin haben Versuche gezeigt, dass bei höheren Biegebeanspruchungen ein Spalt an der Produktseite entstehen kann, in den z. B. Mikroorganismen eindringen können.

Bereits bei geringen axialen Abständen sowie Winkelabweichungen und axialen Fehlern der Anschlusselemente, die durch Temperaturänderungen und andere Einwirkungen im Laufe der Zeit bei jedem Prozesssystem mehr oder weniger auftreten, ist die Herstellung der Verbindung sehr schwierig, wenn nicht gar in Frage gestellt. Die Verbindung hat infolge des Klemmbügels den Vorteil einer Schnellkupplung. Ihr Einsatz wird daher in erster Linie dort empfohlen, wo Verbindungen häufig geöffnet und geschlossen werden müssen. Die Abb. 2.59 und 2.60 zeigen die Klemmverbindung mit verschiedenen Ausführungen der Klemmbügel.

Wie bereits erwähnt, sind die hygienischen Nachteile der Klemmverbindung bekannt, sodass bereits hygienegerechte Lösungen angeboten werden. Eine dieser Lösungen geht von der vorgegebenen Form der Flanschelemente aus, verändert aber das Dichtelement. Durch die Verwendung einer Kombination von elastischer Dichtung und Stahlring können die beschriebenen Nachteile der Klemmverbindung beseitigt werden [52]. Der Dichtring übernimmt entsprechend Abb. 2.61a die zum Produktbereich bündige Abdichtung. Er besteht aus dem Werkstoff PEEK, der sehr hart, aber auch ausreichend elastisch ist und eine einwandfreie Abdichtung ermöglicht. Über den O-ringförmigen Teil des Dichtrings erfolgt im Rahmen der engen Toleranzen, die bei PEEK möglich sind, sowie aufgrund der Härte des Werkstoffs die Zentrierung der Verbindung. Der Edelstahlformring

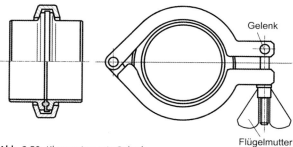

Abb. 2.59 Klemmring mit Gelenk.

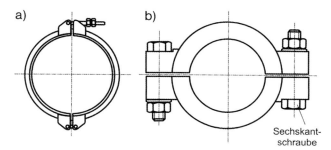

Abb. 2.60 Klemmvorrichtungen: a) Spannring, b) Flanschverbindung.

greift in die Dichtung ein und ist so gestaltet, dass sich ein axialer metallischer Anschlag an beiden Stutzen ergibt, sodass die Dichtung an der Produktseite definiert gepresst wird. Außen überlappt er sich mit einem der beiden Stutzen. Mittlerweile wurde ein neuer Dichtring gemäß Abb. 2.61b mit verbesserter Funktionalität auf den Markt gebracht.

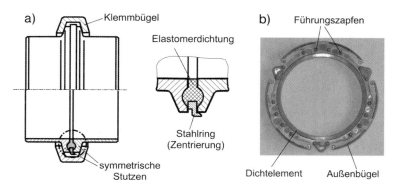

Abb. 2.61 Hygienegerecht gestaltete Dichtung für herkömmliche Klemmverbindung mit Edelstahlzentrierring (Fa. Hyjoint): (a) ursprüngliche Form, (b) Neuentwicklung.

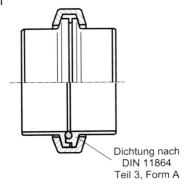

Dichtung nach DIN 11864 Teil 3, Form A

Abb. 2.62 Hygienische Klemmverbindung nach DIN 11 864-3.

Neu ist eine weitere Verbesserung, bei der der gesamte Ring aus PEEK gefertigt ist und alle notwendigen Funktionen wie Abdichtung, Zentrierung und axialer Anschlag übernimmt.

Inzwischen wurde die Klemmverbindung mit einer Dichtung nach DIN 11 864, Form A, gemäß Abb. 2.62 ebenfalls genormt [39]. Dadurch werden die genannten Mängel vermieden und ein hygienegerechtes Dichtungsprinzip übernommen. Die symmetrische Stutzen, die die Anlagenplanung erleichtern, entfallen damit, da sowohl die Dichtungsnut als auch die Zentrierung unterschiedliche Stutzen erfordern.

Wenn durch den Außenbereich besondere Hygieneanforderungen wie z. B. in einem Reinraum gestellt werden, muss die Klemmverbindung grundsätzlich regelmäßig zerlegt und von Hand gereinigt werden, um die notwendigen Hygienestandards zu erfüllen. Sowohl die Verschraubung und das Gelenk als auch Spalte und metallische Berührflächen an der Klemmverbindung stellen ansonsten erhebliche hygienische Gefahrenstellen dar.

2.2.1.4 Flanschverbindungen

Übliche Flanschverbindungen besitzen häufig keine Zentrierung und sind daher aus Sicht von Hygienic Design unzulässig. Die Durchsteckschrauben haben ein deutliches Spiel in den Flanschbohrungen und können daher diese Aufgabe nicht übernehmen. Dabei entsteht die Gefahr, dass eine hygienische Problemstelle infolge einer Stufe an der Verbindungsstelle entsteht. Die Abdichtung erfolgt meist mit Elastomer-Flachdichtungen entsprechend Abb. 2.63. Sie werden entweder ohne Nut zwischen den Flanschen liegend eingesetzt (Abb. 2.63b) und reichen dann unmittelbar bis zum Produktraum, besitzen aber aufgrund der Herstellungstoleranzen keine definierte Dichtlinie, oder liegen in einer Nut (Abb. 2.63c), sodass eine metallische Berührfläche (Spalt) bis zur Dichtung entsteht. Während im ersten Fall ein axialer metallischer Anschlag fehlt und die Dichtung deshalb unterschiedlich gepresst werden kann, ist im zweiten Fall ein Anschlag vorhanden, der eine definierte Pressung garantiert. Allerdings werden bei der Version mit Nut auch Dichtungen angeboten, die zusätzlich einen Ringansatz entsprechend Abb. 2.63d besitzen, der bis zum Produktraum reicht. In

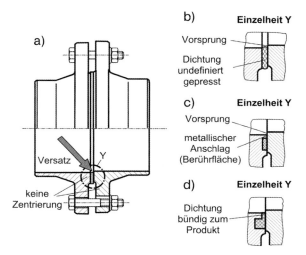

Abb. 2.63 (a) Flanschverbindung ohne Zentrierung, (b) herkömmlicher Flachdichtring, (c) Flachdichtung in Nut, (d) Profildichtung.

diesem Fall entfällt der metallische Anschlag, sodass der Ansatz zu stark gepresst und beschädigt werden kann.

Bei hygienegerechter Gestaltung müssen entsprechend dem anfangs genannten Anforderungsprofil bei Flanschverbindungen sowohl Zentrierung als auch axialer metallischer Anschlag vorhanden sein. Bei der Lösung nach Abb. 2.64 mit einer Flachdichtung zwischen parallelen Dichtflächen ist die Dichtfläche nicht exakt definiert, sodass Hygienegefahren entstehen können. Außerdem kann die Dichtung bei Vakuum eingezogen werden. Bei Verwendung einer Profildichtung nach Abb. 2.64c wird zwar das Dichtproblem an der Produktseite nicht gelöst, die Dichtung ist aber fixiert, sodass auch bei Vakuum keine Probleme entstehen. Ein Dehnungsbereich im Dichtungsrückraum ermöglicht außerdem die erforderliche Dehnung. Wird dagegen entsprechend Abb. 2.64d eine Flanschfläche abgeschrägt, so entsteht die höchste Pressung der Flachdichtung unmittelbar am Produktraum. Außerdem sollte ebenfalls ein Dehnungsraum (Prinzipdarstellung) in einem hygienisch nicht relevanten Bereich vorgesehen werden, damit sich die Dichtung z. B. bei Wärmedehnung hauptsächlich dort verformen kann, ohne dies zu stark an der Produktseite zu tun. Die Gefahr des Einziehens bei Vakuum im Produktbereich ist außerdem bei der Konstruktion mit abgeschrägtem Flanschbereich aufgrund des Formwiderstands geringer als bei parallelen Dichtflächen, wo nur Reibung durch die Pressung der Dichtung vorliegt.

Als hygienegerechte Flanschverbindung ist schließlich die Gestaltung der Dichtstelle nach DIN 11 864 Teil 2 gemäß Abb. 2.65 zu nennen [39]. Wie bereits bei der Verschraubung beschrieben, sind hier die Ausführungen Form A mit Rundring und Form B mit Profildichtung genormt.

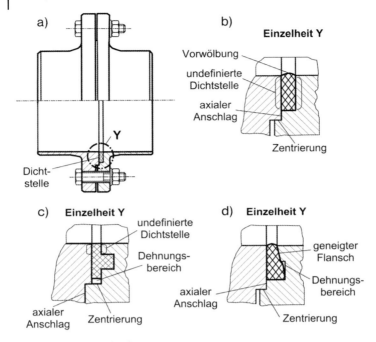

Abb. 2.64 Flanschverbindung:
(a) mit Zentrierung, (b) mit herkömmlichem Flachdichtring,
(c) mit Profildichtung, (d) mit hygienegerechter Abdichtung mit Flachdichtring.

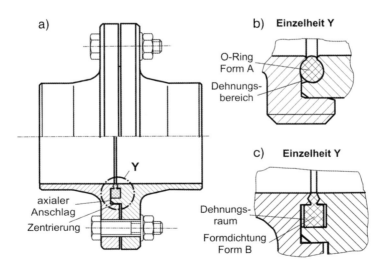

Abb. 2.65 Hygienegerechte Flanschverbindung nach DIN 11 864:
(a) konstruktive Ausführung, (b) Dichtring nach Form A,
(c) Dichtring nach Form B.

Schließlich muss noch erwähnt werden, dass bei Flanschverbindungen, bei denen erhöhte Hygieneanforderungen im Außenbereich, z. B. in einem Reinraum gestellt werden, sowohl der Spalt zwischen den Flanschen als auch die Schrauben hygienische Problembereiche darstellen. Das Eindringen von Schmutz muss in beiden Fällen verhindert werden, wenn nicht ein völliges Zerlegen zur Reinigung stattfindet. Das bedeutet, dass die Flansche auch von außen her abzudichten sind und geeignete Schraubenverbindungen wie z. B. zum Flansch hin abgedichtete Hutformen für Kopf und Mutter eingesetzt werden sollten.

2.2.2
Verbindungen bei Kunststoffbauelementen

Die bei den Edelstahlrohren üblichen Verbindungsarten werden im Prinzip auch für andere Werkstoffe angewendet. Dabei sind aber Abwandlungen erforderlich, die die speziellen Werkstoffeigenschaften berücksichtigen.

Bei der Herstellung von Flanschverbindungen für Kunststoffrohre und andere Bauelemente wie z. B. Armaturen muss darauf geachtet werden, Flansche mit ausreichender thermischer und mechanischer Stabilität zu verwenden. Da die Flansche im Allgemeinen keine Zentrierungen (Abb. 2.62) aufweisen, müssen vor dem Aufbringen der Schraubenvorspannung die Dichtflächen planparallel zueinander ausgerichtet sein und eng an der Dichtung anliegen. Das Beiziehen der Flanschverbindung mit den dadurch entstehenden Zugspannungen ist unter allen Umständen zu vermeiden. Dem Anzugsmoment der Schrauben von Flanschverbindungen ist besondere Aufmerksamkeit zu widmen. Obwohl sich in der Praxis durch die Verwendung schwergängiger Schrauben oder durch nicht fluchtende Rohrachsen Abweichungen ergeben können, ist die Verwendung eines Drehmomentschlüssels die sicherste Methode. Bei höher liegenden Temperaturen sind Flansche mit ausreichender thermischer und mechanischer Stabilität wie z. B. verstärkte PP-Flansche zu verwenden, da ansonsten langfristig mit Verformungen zu rechnen ist. Auch die Shore-Härte der Dichtung beeinflusst die notwendige Anzugskraft.

Für die hygienegerechte Gestaltung der Dichtstelle gelten die gleichen Anforderungen wie für Edelstahlverbindungen. Allerdings sind die bisher angebotenen Lösungen zwar den Erfordernissen des Konstruktionswerkstoff „Kunststoff" angepasst, nicht jedoch unter Hygienic-Design-Gesichtspunkten gestaltet. Daher sind bei den meisten Lösungen Probleme vorprogrammiert, wenn die Verbindungen nicht zur Reinigung zerlegt werden.

Bei erhöhten Betriebs- und Prüfdrücken haben sich aus konstruktiver Sicht profilierte Flachdichtungen sowie O-Ringdichtungen bewährt. Gegenüber dem Flachdichtring besteht die profilierte Flachdichtung aus zwei Komponenten. Zum einen aus dem balligen Flachdichtungsteil, welcher zusätzlich mit einer Stahleinlage armiert ist, und zum anderen aus dem Profildichtungsteil (O-Ring, Lippenring) an der Dichtungsinnenseite. Die Verwendung von Dichtungswerkstoffen mit größerer Härte, wie z. B. in Stahlrohrleitungen, ist bei thermoplastischen Kunststoffrohrleitungen nur eingeschränkt möglich, weil durch die großen

Dichtungskräfte eine Verformung des Flansches bzw. Bundes hervorgerufen wird. Vorzugsweise sind Elastomerwerkstoffe wie EPDM oder FPM mit einer Shore-A-Härte bis 70° zu verwenden.

Soweit verfügbar, sind für die Verbindung von Kunststoffbauteilen Verschraubungen den Flanschverbindungen vorzuziehen, da bei Letzteren durch den größeren Abstand der Schrauben von der Mitte Biegebeanspruchungen und Verspannungen Probleme bereiten können. Aus hygienischen Gründen sollten die Verschraubungsteile mit den jeweiligen Komponenten oder Apparaten stumpf verschweißt werden, um keine Stufen im produktberührten Innenbereich zu erhalten. Schweißverbindungen mit Muffen sind daher zu vermeiden.

Wie bei den Flanschverbindungen ergeben sich aus der Gestaltung der Dichtstelle hygienische Problembereiche, wenn O-Ringe gemäß Abb. 2.66 in der herkömmlichen Rechtecknut aus Gründen der Dehnbarkeit der Dichtung eingesetzt werden. Außerdem fehlt bei den Verbindungen meist die Zentrierung, sodass Stufen an der Dichtstelle entstehen. Verschraubungen sind für verschiedene Werkstoffe wie z. B. für zugelassene PP, PE oder PVDF verfügbar. Außer dem üblichen Trapezgewinde werden neuerdings häufig kunststoffgerechte Sägezahngewinde eingesetzt.

Bei der Verwendung von Verschraubungen ist auf spannungsarme Montage zu achten. Die Überwurfmutter sollte deshalb nur von Hand oder bei größeren Dimensionen mit einem Schlüssel mit Lederband angezogen werden. Die Verwendung der im Stahlrohrleitungsbau üblichen Werkzeuge ist nicht zulässig.

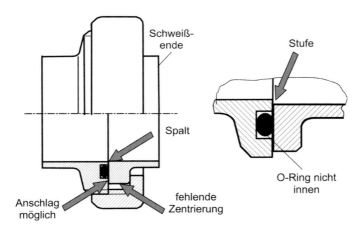

Abb. 2.66 Verschraubung mit O-Ringdichtung (Hygienerisiken) als Beispiel für die Verbindung von Kunststoffrohren.

2.2.3
Verbindungen für Glasbauteile

Apparate und Anlagen aus Glas werden sowohl in der chemischen Industrie als auch in hygienerelevanten Bereichen von pharmazeutischen, lebensmittel- und getränkeherstellenden Betrieben eingesetzt. Als Verbindungen werden im Allgemeinen Flansche verwendet. Sie müssen dem Werkstoff entsprechend gestaltet werden und bei Hygieneanforderungen leicht reinigbare inerte Dichtungen besitzen. Insbesondere in der Pharmazie werden in Verbindung mit Glas Dichtungen aus PTFE-Werkstoffen nach FDA-Anforderungen verwendet.

Flanschverbindungen können für produktseitige Betriebstemperaturen bis zu 200 °C und für den der Nennweite entsprechenden zulässigen Betriebsüberdruck geeignet sein. Kunststoff-Flanschringe dürfen meist nur bis zu einer Betriebstemperatur von 150 °C eingesetzt werden. Auch Verbindungen mit Bauteilen aus anderen Werkstoffen, wie mit PTFE-ausgekleideten emaillierten Anschlüssen oder Edelstahlapparaten, sind möglich.

Bei Flanschringen aus Edelstahl, die abhängig vom Durchmesser der Anschlussteile in verschiedenen Ausführungen wie z. B. nach Abb. 2.67 hergestellt werden, müssen Einlagen aus Kunststoff gegenüber den Glasanschlüssen verwendet werden, um die nötige Elastizität zu gewährleisten. Außerdem ist der Schraubenverbindung besondere Aufmerksamkeit zu widmen. Durch den Einsatz von Druckfedern wird sichergestellt, dass nach erfolgter Montage stets gleichmäßige und in der Höhe richtige Schraubenkräfte auf die Verbindung wirken, was auch eine definierte Pressung der Dichtung ermöglicht.

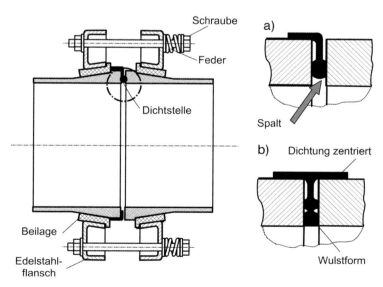

Abb. 2.67 Beispiel der Verbindung für Glasrohre (Prinzip):
(a) O-Ring mit winkelförmigem Ansatz als Halterung,
(b) frontbündige Dichtung mit T-förmigem Zentrierteil.

Verbindungen mit Flanschringen aus Kunststoff werden häufig aus glasfaserverstärktem Duroplast mit Einlagen aus glasfaserverstärktem Polypropylen hergestellt. Diese Verbindungen erfordern auch dann keine Erdungsmaßnahmen, wenn aufgrund der verarbeiteten Medien mit elektrostatischen Aufladungen zu rechnen ist, da alle metallischen Teile (Schrauben etc.) ausreichend geringe Kapazitäten aufweisen.

Für die Dichtungsgestaltung werden verschiedene Lösungen angeboten, die aus hygienischer Sicht Probleme bereiten können. Eine universell eingesetzte Möglichkeit stellt eine in einer Nut der Flansche liegende Profildichtung dar, die der üblichen Dichtung der Klemmverbindung entspricht. Sie endet entweder mit der Rundringform und besitzt gemäß Abb. 2.67a einen deutlichen Spalt bis zum Produktraum oder der Spalt wird durch einen Ansatz ausgefüllt, der bis zum Produktbereich reicht (Abb. 2.67b). Die Dichtungen werden im Allgemeinen aus PTFE gefertigt.

Bei größeren Nennweiten ist der dichtende O-Ring zusätzlich in einer Rille gekammert. Aufgrund des Rücksprungs sowie der Dichtfläche der O-Ringdichtung gegenüber der planen Fläche des Rohrendes sind Hygieneprobleme voraussehbar, wenn nicht zur Reinigung zerlegt wird.

2.2.4
Verbindungen für Bauteile aus unterschiedlichen Werkstoffen

Um Rohre aus unterschiedlichen Werkstoffen, wie z. B. aus Kunststoff, Glas, Edelstahl usw. miteinander zu verbinden, verwendet man meist Flansche. Die heute dafür auf dem Markt befindlichen Kunststofffittings sind bei den verschiedenen Materialien den jeweiligen Werkstoffeigenarten und Rohrabmessungen angepasst. Neben diesen Übergangsverschraubungen gibt es auch durch Metallarmierung verstärkte Kunststofffittings, mit deren Hilfe Metallrohre oder Metallarmaturen direkt mit Kunststoffleitungen verschraubt werden können. Dagegen eignen sich vollkommen aus Kunststoff hergestellte Gewindefittings ausschließlich zur Verbindung mit gleichartigen Teilen. Ringdichtungen sind in vielen Fällen auch für den Anschluss an Komponenten aus anderen Werkstoffen geeignet, sofern keine größeren Unebenheiten zu überbrücken sind. Die zu erwartenden Hygieneprobleme wurden bereits bei den Kunststoffverbindungen erwähnt.

2.2.5
Schlauchanschlüsse

Während bei Wellrohrschläuchen aus Edelstahl oder PTFE in den meisten Fällen das Anschlussteil in das Schlauchende integriert ist, müssen glatte Schläuche auf ein entsprechendes Bauelement wie z. B. eine Tülle aus Edelstahl aufgebracht und befestigt werden. Die Art der Verbindung hängt von dem verwendeten Schlauch und seinem Durchmesser ab. Harte Schläuche mit größeren Durchmessern müssen vor der Montage mechanisch aufgeweitet werden, um sie über das Tüllenende ziehen zu können.

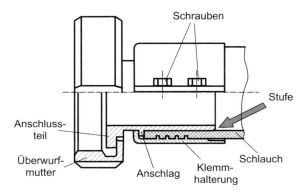

Abb. 2.68 Schlauchverbindung für Heißwasser oder Dampfschläuche.

Für Dampf- und Heißwasserschläuche wird häufig eine Schlauchverbindung empfohlen, bei der der Schlauch gemäß Abb. 2.68 über das glatte Stutzenende gezogen wird. Die Befestigung erfolgt durch eine geteilte Klemmhalterung, die den Schlauch formschlüssig klemmt. Auf der Innenseite, die produktberührt ist, entsteht eine Stufe, an der sich Schmutzansammlungen bilden können. Kritischer zu bewerten ist ein eventuell nicht sichtbarer Spalt zwischen Stutzenende und Schlauch, in den Mikroorganismen eindringen und sich vermehren können. Dieser Bereich ist nicht reinigbar.

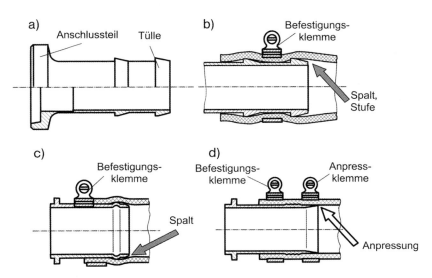

Abb. 2.69 Schlauchtüllen:
(a) herkömmliche Tülle nach DIN 11 854,
(b) Hygienerisiko an Verbindungsstelle zwischen Schlauch und üblicher Tülle,
(c) Befestigung mit einer Schelle bei verbesserter Tüllenform (Hygienerisiko),
(d) hygienegerechte Befestigung mit zwei Schellen.

Bei üblichen Schlauchtüllen z. B. entsprechend DIN 11 854 [53] entsteht der hygienische Nachteil, dass sich am Übergang von Tülle zu Schlauch ein deutlicher Spalt sowie eine Stufe bilden, die durch die Form des Tüllenendes und die Aufweitung des Schlauchs entsprechend Abb. 2.69b entstehen. Damit ergeben sich Schmutzansammlungen, die zu Infektionsgefahren vor allem durch den Spalt führen. Wie Abb. 2.69c zeigt, entstehen die gleichen Probleme trotz verbesserter Gestaltung durch Abrunden der Haltebunde. Diese Maßnahme verringert hauptsächlich die Beanspruchung des Schlauches, hat aber auf der produktberührten Seite praktisch keine Auswirkung. Durch Montage der Schelle möglichst nahe am Übergang zum Schlauch (s. Abb. 2.68), die den Spalt verhindert, kann diese Gefahr verringert werden. Eine zweite Schelle kann zur Aufnahme der zu übertragenden Kräfte dienen. Einige Hersteller bieten bereits optimierte Schlauchverbindungen an, die eine hohe hygienische Sicherheit bieten.

2.2.6
Verbindungen für trockene Prozesse

Gewisse Erleichterung bezüglich der Anforderungen an die hygienegerechten Gestaltung können bei trockenen Prozessen gewährt werden [54], da in diesem Fall eine Kontamination meist nur durch sehr geringe, oft nicht nachweisbare Mengen an „totem" Schmutz möglich ist. Entscheidende Voraussetzung ist dabei, dass zum einen eine hygienegerechte Gesamtgestaltung erfolgt und sich zum anderen Mikroorganismen nicht vermehren können. Bei Produkten, die ein Nährmedium für Mikroorganismen darstellen, muss der Feuchtigkeitsgehalt während des Prozesses so gering sein, dass Mikroorganismen nicht lebensfähig sind. Das bedeutet aber auch, dass eine trockene Reinigung durchzuführen ist, da erfahrungsgemäß nach einer nassen Reinigung Feuchtigkeitsreste in engen Spalten selbst dann zurückbleiben, wenn anschließend getrocknet wird. Nur die Trocknung nach völliger Zerlegung relevanter Bauteile ist akzeptabel.

Unter diesen Voraussetzungen können z. B. bei Atmosphärendruck in der Anlage Flanschverbindungen gemäß Abb. 2.70 verwendet werden, bei denen Metall-Metall-Kontakt vorliegt. Bei geringem Überdruck können Papierdichtun-

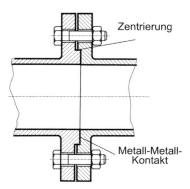

Abb. 2.70 Hygienisch zulässige Flanschverbindung mit Metall-Metall-Kontakt für trockene Prozesse.

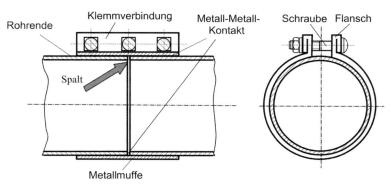

Abb. 2.71 Muffenverbindung für trockene Prozesse (Hygienerisiko).

gen ausreichen. Allerdings müssen die Flansche zentriert werden, um Stufen zu vermeiden. Außerdem müssen die Verbindungen geeignet sein, um Probleme während des Prozesses, wie Lufteinzug oder Austritt von Staub, zu vermeiden.

Nicht geeignet sind Klemmverbindungen mit Muffen gemäß Abb. 2.71. Da ein axiales Anpressen der Rohrenden nicht möglich ist, können auch größere Spalte entstehen, aus denen sich Schmutz nicht mehr entfernen lässt.

Zum Beispiel sind teleskopartig ineinander gesteckte Rohrenden (Abb. 2.72) zum Entkoppeln beim Wiegen zu vermeiden, da sie Lufteintritt in den Prozessbereich und Staubaustritt nicht verhindern und außerdem eine Quelle für Verschmutzungen bilden. Auch eine flexible Kunststoffmanschette verbessert den Hygienestatus nicht, kann aber Staubaustritt beseitigen. Wenn aufblasbare Manschetten gemäß Abb. 2.73 zwischen den Rohren verwendet werden, muss eine häufigere Demontage zur Reinigung erfolgen, da sich Bereiche mit Spalten nicht völlig vermeiden, sondern nur minimieren lassen.

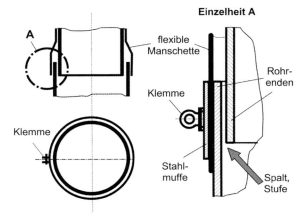

Abb. 2.72 Verbindung zur Entkopplung von Geräten bei trockenen Prozessen (Hygienerisiko).

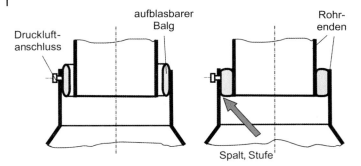

Abb. 2.73 Rohrverbindung mit aufblasbarer Manschette für trockene Prozesse.

An flexiblen Verbindungen zwischen Rohrenden, die nicht hygienegerecht gestaltet sind, entstehen häufig größere Ansammlungen von Staub aus den Produkten, die sich schlecht oder gar nicht entfernen lassen. Die Enden müssen daher mit einem geeigneten flexiblen Kunststoffmaterial dicht und spaltfrei verbunden werden wie es Abb. 2.74 dem Prinzip nach zeigt. Um dies zu erreichen, können z. B. Klemmen verwendet werden, die direkt am Rohrende angebracht werden müssen, um dort eine spaltfreie Anpressung zu erreichen (s. auch Abschnitt 2.2.5). Die Kunststoffmanschette muss dabei ausreichend weich sein, um geringe axiale und radiale Bewegungen ohne Kraftaufwand zu erlauben.

Alle Verbindungen müssen zur Wartung leicht demontierbar gestaltet werden. Deshalb sollten die Abstände der Rohrenden groß genug sein, um die Kunststoffmanschette leicht entfernen zu können.

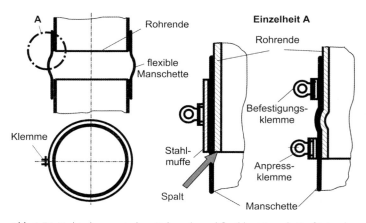

Abb. 2.74 Verbindung zwischen Rohrende und flexibler Manschette für trockene Prozesse [54].

2.3
Armaturen

Unter Armaturen versteht man im allgemeinen technischen Sinn Komponenten und Regeleinrichtungen zum Verschließen, Öffnen und Verschalten von Rohrleitungen und Apparaten, zum Absichern feindlicher Medienströme sowie zur Festlegung physikalischer Zustände in Anlagenbereichen:

Als Schaltelemente dienen z. B. Absperrorgane, die die Strömung eines Fluids unterbinden oder zulassen. Sie müssen dicht absperren und im Allgemeinen so schließen, dass die Geschwindigkeit nicht schlagartig null wird, um Druckstöße zu vermeiden. Eine Ausnahme bilden Schnellschlussarmaturen wie Schieber, die zur Absicherung bei Gefahr Leitungsteile schlagartig absperren müssen. Von Mehrwege- oder Umschaltarmaturen spricht man, wenn durch die Armatur abwechselnd unterschiedliche Wege geschlossen oder freigegeben werden können.

Bei speziellen Anforderungen sichern Schaltungen mit „Block-and-bleed"-Funktion im geschlossenen Zustand Leitungen mit feindlichen Medien doppelt gegeneinander ab, während sie durch Öffnen eine Verbindung zwischen ihnen herstellen. Dabei wird bei Versagen der Dichtung eines Weges die Leckage nach außen erkenntlich, um Maßnahmen zum Abschalten des Prozesszweiges treffen zu können. Die Abb. 2.75 zeigt das prinzipielle Schaltbild solcher Anordnungen bei reiner Leckageerkennung bzw. bei Leckageanzeige mit Spülmöglichkeit des Leckagebereichs. Bei abgesperrter Leitung (Ventile 1 und 2 geschlossen) ist der Leckageraum zur Leckageerkennung nach außen offen (Ventil 3 geöffnet). Bei durchgängigem Produktweg sind die Ventile 1 und 2 geöffnet, während das Leckageventil 3 geschlossen wird. Ist der Leckageraum mit einer Spülmöglichkeit ausgestattet, so kann mit einem Spülmedium (Wasser, Dampf) bei abgesperrten Ventilen 1 und 2 und geöffneten Ventilen 3 und 4 der Leckageraum gespült werden. Eine Reinigung in diesem Zustand ist zu vermeiden, da jeweils nur eine Abdichtung wirksam ist. Allerdings besteht in diesem Zustand eine druck-

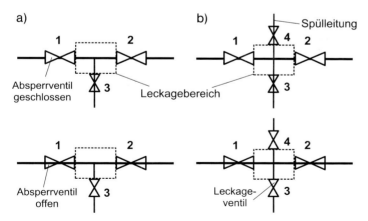

Abb. 2.75 Prinzip der „Block-and-bleed"-Anordnung von Ventilen: (a) mit Leckageauslass, (b) mit Spül- und Leckageanschluss.

lose Verbindung nach außen, sodass das Risiko einer Kontamination durch Druckaufbau gering ist. Speziell gestaltete Ventile, die jeweils in den einzelnen Abschnitten mit diskutiert werden, vereinigen die dargestellten Schaltungen in einer einzigen Konstruktion.

Armaturen zur Probenahme zweigen aus einem strömenden oder ruhenden Produkt einen Teilstrom oder ein definiertes Volumen ab. Regelorgane beeinflussen den Volumenstrom in Abhängigkeit von einer zu regelnden Größe. Sicherheitsorgane geben bei unzulässigem Druck einen Querschnitt zum Druckausgleich frei.

Außerdem ist zu erwähnen, dass für bestimmte Ventilausführungen und Produktanwendungen doppelwandige Ventilgehäuse zur Verfügung stehen, die einen optimalen Wärmeübergang erzielen. Zum einen kann über einen Wärmeträger gezielt Wärme in die Gehäuse eingebracht werden, um den Ventilmantel in einen Wärmekreislauf einzubinden. Viskose Produkte wie z. B. Schokolade, Margarine oder ähnlich problematische Medien können damit ausreichend flüssig gehalten werden. Zum anderen können die Gehäuse aber auch in Kühlkreisläufe einbezogen werden, um Produkte gekühlt zu halten.

An Armaturen in hygienerelevanten Rohrleitungsnetzen sowie Apparaten und Behältern wurden von je her besondere Anforderungen bezüglich der Reinigbarkeit gestellt. Durch zunehmend sensiblere Produkte und angestrebte längere Haltbarkeitszeiten werden immer wieder konstruktive Verbesserungen notwendig, um Reinigung und Sterilisation sicherer zu machen, sodass Rekontaminationen infolge von Schwachstellen vermieden werden. Zusätzlich sind die konstruktiven Anforderungen unterschiedlich, wenn es sich um Armaturen für sogenannte „keimarme" Bereiche oder für Sterilprozesse handelt.

Neben den teilweise schon angesprochenen allgemeinen Anforderungen wie Dichtheit nach dem Schließen oder Umschalten, Schalten mit geringen Druckstößen, geringe Druckverluste bei Durchfluss und automatische Steuerbarkeit sind konstruktive Merkmale unter Gesichtspunkten reinigungstechnischer und mikrobiologischer Gefahrenstellen besonders zu beachten.

In den produktberührten Bereichen müssen zunächst die Qualitätsanforderungen an Oberflächen eingehalten und damit Spalte, Poren, Vertiefungen usw. vermieden werden. Alle inneren Ecken sind entsprechend auszurunden. Gewinde und Federn sind grundsätzlich zu vermeiden. Unvermeidbare tote Enden und Totwasserzonen sollten so gestaltet werden, dass eine leichte Reinigung möglich wird. Sind dafür bestimmte Vorgehensweisen wie z. B. Richtungswechsel bei der Reinigung erforderlich, so müssen sie in der Betriebsanweisung deutlich angegeben werden.

In der Praxis spielen vor allem Spalte an statischen und dynamischen Dichtstellen eine besondere Rolle, da sie häufig als Risikostellen nicht erkannt werden und sich erst im Laufe des ständigen Betriebs bemerkbar machen. Aus diesem Grund sollte die Anzahl an Dichtstellen möglichst minimiert werden. Zur Problematik der Spaltbildung an Dichtungen siehe Abschnitt 1.4 und [11]. Bei dynamischen Dichtungen lässt es sich nicht vermeiden, dass beim Schalten, d. h. während der dabei ausgeführten Bewegung, ein Film von Schmutz oder Produkt durch die

Dichtung hindurch transportiert wird. Damit ist grundsätzlich ein Kontaminationsrisiko aus der äußeren Umgebung vorhanden, obwohl es durch entsprechende konstruktive Lösungen wie Optimierung der Dichtung oder Anordnung einer Doppeldichtung mit Spülkammer minimiert werden kann. Dabei ist die hin- und hergehende Bewegung (z. B. Ventilspindel) häufig schwieriger hygienegerecht abzudichten als eine Drehbewegung. Da bei Ventilen insgesamt eine Vielzahl unterschiedlicher Dichtungsausführungen verwendet wird, können nur einige beispielhaft in Zusammenhang mit ausgewählten Ventilkonstruktionen diskutiert werden. Grundsätzlich ist bei allen Dichtstellen darauf zu achten, dass die stärkste Pressung der Dichtung gegenüber der zugeordneten Nut jeweils unmittelbar am Produktbereich (Nutbeginn) liegt, um Spaltbildung in der Nut und das Eindringen von Mikroorganismen in unzugängliche Bereiche zu vermeiden.

Bei hermetischen Abdichtungen wird ein elastisches Element (Membran, Faltenbalg) verwendet, das gegenüber dem Gehäuse eine statische Abdichtung bildet und gleichzeitig die hin- und hergehende Bewegung der Ventilstange gegenüber dem Ventilgehäuse ermöglicht. Auf diese Weise wird eine Kontamination von außen völlig ausgeschlossen, sodass eine aseptische Verwendung möglich wird. Der Außenbereich der Dichtung sollte eine eventuelle Leckage des Dichtelements anzeigen.

Jedes Ventil muss selbsttätig entleerbar sein, was entweder durch die Konstruktion selbst oder die Einbaulage erreichbar sein muss.

Im Folgenden werden verschiedene Armaturen bezüglich ihrer hygienegerechten Gestaltung beispielhaft diskutiert. Dabei wird vor allem auf grundlegende Problembereiche hingewiesen. Durch systematische Anwendung von Finite-Element sowie Tests können häufig Optimierungen der Konstruktionen vorgenommen werden.

2.3.1
Schwenkbogen-Schaltelemente

Als eine sehr einfache und sichere Trennung von feindlichen Medienströmen in Rohrleitungen gelten Schwenkbogen. Man versteht darunter lösbare Rohrbogen, die eine Verbindung zwischen jeweils zwei Anschlüssen herstellen, wobei die Anschlussstellen nach Bedarf gewechselt werden können. Bei Verwendung gleicher Bogen ist es dazu erforderlich, dass die zu verbindenden Stellen jeweils gleiche Entfernung voneinander besitzen, was eine exakte Fertigung mit geringen Toleranzen erfordert. Schwenkbogen stellen die einfachste und kostengünstigste Lösung einer Schaltstelle dar, wenn keine Automatisierung gefordert wird. Sie werden nur bei Bedarf von Hand verschaltet. Ohne Einsatz von Absperrventilen ist allerdings ein Wechseln der Verbindungen nur bei leeren Leitungen möglich. Aus Sicherheitsgründen sollte für eine Verteilung (z. B. Paneel) nur ein Schwenkbogen vorhanden sein, um Fehlschaltungen durch Doppelverbindungen zu vermeiden. Eine Überwachung der Stellung durch Sensoren ist wegen der Gefahr von Verwechslungen trotzdem ratsam. Als Einsatzgebiet kommen meist kleinere Produktionsbetriebe in Frage.

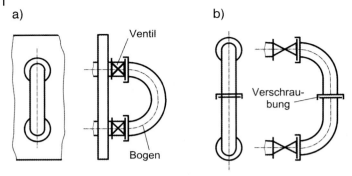

Abb. 2.76 Ausführung von Schwenkbogen für Paneel:
(a) üblicher 180°-Rohrbogen, (b) weiter zweiteiliger 180°-Bogen.

Starre Schwenkbogen können aus Gründen von Toleranzen und wegen auftretender Wärmedehnung nur als 180°-Bogen entsprechend Abb. 2.76a gefertigt werden, wobei hohe Anforderungen an die Parallelität der Anschlüsse und an die Montage gestellt werden. Verschraubungen, die die Anforderungen der hygienegerechten Gestaltung wie z. B. nach DIN 11 864 erfüllen, erlauben wegen der Zentrierung und dem axialem Anschlag kein Spiel an den Verbindungsstellen. Weniger Probleme entstehen, wenn als Verbindung die Milchrohrverschraubung nach DIN 11 851 verwendet wird, bei der weder Zentrierung noch axialer Anschlag vorhanden sind. Da die Verbindung wie beim Schalten auch zur Reinigung geöffnet wird und die freiliegenden Flächen, die bei CIP-Verfahren nicht reinigbare Spalte bilden, von Hand bzw. in einem Reinigungsbad gereinigt werden können, bestehen keine Einwände für deren Einsatz. Aus 90°-Bögen zusammengesetzte Schwenkbögen (Abb. 2.76b) sollten möglichst vermieden werden, da die zusätzlich benötigte Rohrverbindung eine unnötige Schwachstelle darstellt und meist nicht durch Zerlegen gereinigt wird. Die Leitungsanschlüsse müssen durch Absperrventile verschlossen werden können. In den meisten Fällen werden dafür Scheibenventile eingesetzt, die ebenfalls eine preiswerte Lösung darstellen.

Die praktische Ausführung von Schwenkbogen-Anordnungen kann durch Rohrzäune oder Paneele verwirklicht werden. Bei Rohrzäunen werden gemäß Abb. 2.77a die einzelnen Leitungen parallel übereinander verlegt. Aufgrund der Montage im Betrieb und den damit verbundenen hohen Toleranzen sind solche Anordnungen praktisch nur in Verbindung mit Verschraubungen zu realisieren, die wie die Milchrohrverschraubung einen Ausgleich zulassen. Eine Reinigung der Anschlussstutzen nach Zerlegung ist daher unerlässlich.

Bei Verteilerpaneelen werden die Rohrleitungen durch eine Platte geführt und auf der Anschlussseite mit einem Absperrventil verschlossen. Jeweils zwei der verschiedenen Anschlüsse können dann wahlweise über einen Schwenkbogen gemäß Abb. 2.77b miteinander verbunden werden. Wenn verschiedene Leitungen jeweils abwechselnd mit einer Zentralleitung verbunden werden müssen, erfolgt die Anordnung der Leitungen kreisbogenförmig um das Zentralrohr. Der

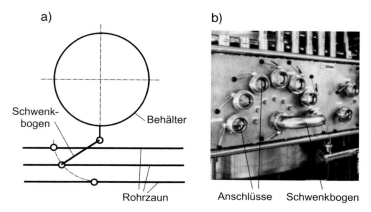

Abb. 2.77 Leitungsanordnung für Paneele:
(a) Rohrzaun, (b) Anschlüsse in Halbkreisbogen mit Zentralrohr.

Vorteil von Paneelen ist, dass die Platten zusammen mit den Anschlüssen und dem Schwenkbogen im Herstellerbetrieb gefertigt werden können, sodass hohe Anforderungen an die Genauigkeit erreichbar sind.

Wenn das Leitungssystem mit CIP-Methoden gereinigt wird, stellen die nicht durchströmten Absperrventile ein Hygienerisiko dar, da sie einerseits am Leitungsende einen Totraum bilden, andererseits zur Umgebung hin offen sind, aber auch auf dieser Seite gereinigt werden müssen. Meist wird deshalb auf den offenen Anschlussstutzen des Ventils eine Blindkappe gesetzt und das Ventil im offenen Zustand in die Reinigung einbezogen. Der dadurch entstehende Totraum des Stutzens stellt eine erhebliche hygienische Problemzone dar.

2.3.2
Absperrorgane

Obwohl im praktischen Gebrauch der Begriff Ventil heute als Sammelbegriff für die meisten Absperrorgane verwendet wird, werden aus technischer Sicht häufig verschiedene Kategorien festgelegt. Bei Absperrorganen mit dynamischen Dichtungen, bei denen eine Bewegung entlang der Dichtstelle erfolgt, unterscheidet man aus konstruktiver Sicht zwischen verschiedenen Ausführungsarten, die dem Prinzip nach in Abb. 2.78 dargestellt sind. Die Hauptdichtstellen sind durch Kreise dargestellt:

Bei Ventilen im eigentlichen Sinn wird zum Öffnen ein Absperrkörper z. B. in Form einer Scheibe, eines Kegels, eines Kolbens, einer Kugel oder einer Membran im Wesentlichen in oder gegen die Strömungsrichtung bewegt (Abb. 2.78a), wodurch der Strömungsquerschnitt freigegeben oder abgesperrt wird. Spezielle Ventiltypen sind aufgrund ihres Einsatzbereiches z. B. Sicherheits-, Regel- oder Probenahmeventile. Bei Doppelsitz-Leckage-Ventilen können feindliche Medienströme wie Produkt und Reinigungsmittel sicher voneinander getrennt werden oder bei Vorhandensein nur eines Mediums miteinander verbunden werden.

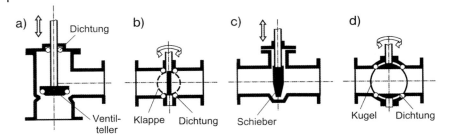

Abb. 2.78 Prinzipdarstellung unterschiedlicher Absperrorgane: (a) Tellerventil, (b) Drehklappe oder Scheibenventil, (c) Schieber, (d) Kugelhahn oder -ventil.

Drehklappen oder Scheibenventile sperren gemäß Abb. 2.78b senkrecht zur Strömungsrichtung mithilfe einer drehbar angeordneten Scheibe ab, deren Drehachse im Allgemeinen senkrecht zur Rohrachse liegt. Zum Öffnen wird die Scheibe in eine Stellung parallel zur Rohrachse geschwenkt und gibt damit den ganzen Rohrquerschnitt frei oder bleibt im Rohrquerschnitt parallel zur Rohrachse stehen.

Bei Schiebern (Abb. 2.78c) wird der Strömungsquerschnitt durch den Absperrkörper, der z. B. eine kreisförmige Platte mit parallelen oder keilförmig gestellten Flächen sein kann, quer zur Strömungsrichtung freigegeben.

Der Absperrkörper von Hähnen, dessen Form ein Kegelstumpf oder eine Kugel mit Querbohrung entsprechend Abb. 2.78d sein kann, wird um seine Achse quer zur Strömungsrichtung gedreht und gibt damit einen kreisförmigen Querschnitt frei. Hähne mit vollständig zu öffnenden Kreisquerschnitten sind für den Einsatz von Molchen geeignet, die durch die Leitung bewegt werden können und zur Trennung von verschiedenen geförderten Fluiden oder zur mechanischen Reinigung dienen.

Bei Absperrorganen mit hermetischen Dichtungen sind ebenfalls unterschiedliche prinzipielle Konstruktionsarten entsprechend Abb. 2.79 möglich.

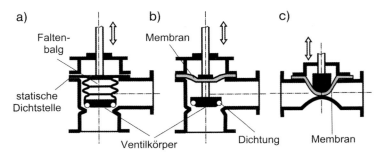

Abb. 2.79 Prinzipien hermetischer Ventilabdichtungen: (a) Faltenbalg, (b, c) Membran.

Zum einen kann das elastische Element, das die dynamische Dichtung ersetzt und die Bewegung ermöglicht, ein Faltenbalg (Abb. 2.79a) oder eine Membran (Abb. 2.79b) sein, während ein speziell gestalteter Ventilkörper mit Dichtung die Funktion des Öffnens und Absperrens gewährleistet. Da die Ventilbezeichnung im Allgemeinen die Art des Absperrkörpers charakterisiert, werden diese Ventile nicht zu den Membranventilen gezählt. Zum anderen kann, wie es bei klassischen Membranventilen der Fall ist, das elastische Element sowohl die Abdicht- als auch die Ventilfunktion des Öffnens oder Schließens übernehmen (Abb. 2.79c). Grundlegende Ausführungen zu Problemstellen sowie zur Reinigbarkeit von Ventilen finden sich in [55].

2.3.2.1 Drehklappen oder Scheibenventile

Drehklappen kommen überall dort zum Einsatz, wo einfaches Absperren von Flüssigkeitsströmen im Verfahrensablauf erforderlich ist. Für die Anwendung in der Getränke- und Nahrungsmittelindustrie sowie in kosmetischen oder pharmazeutischen Betrieben bieten Drehklappen einfach gestaltete, zuverlässige und strömungsgünstige Konstruktionen mit geringen Druckverlusten, wenn „keimarme" Anforderungen vorliegen. Allerdings sollten die hygienischen Problemzonen bekannt sein, die in erster Linie die Gestaltung der Dichtung und speziell den dynamischen Dichtbereich an der Wellen- bzw. Zapfendurchführung betreffen.

Als Beispiel ist in Abb. 2.80 eine Drehklappe dargestellt, bei der die Bereiche der Hygienerisiken genauer beschrieben werden sollen. Die Konstruktion besteht aus zwei, symmetrischen Gehäuseteilen, die über Flansche verschraubt sind, und in

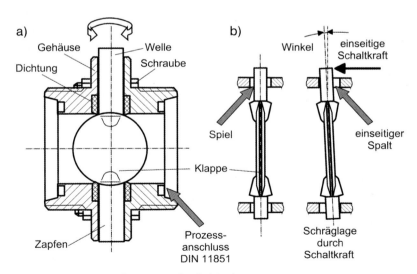

Abb. 2.80 Prinzipdarstellung unterschiedlicher Absperrorgane: (a) Tellerventil, (b) Drehklappe oder Scheibenventil, (c) Schieber, (d) Kugelhahn oder -ventil.

der dargestellten Ausführung mit der problematischen Milchrohrverschraubung nach DIN 11 851 (s. Abschnitt 2.2) als Prozessanschlüsse besitzt. Grundsätzlich werden die Anschlüsse aber auch in anderen hygienegerechten wie z. B. als Verschraubung nach DIN 11 864, Klemmverbindung oder Schweißanschluss angeboten. In den meisten Fällen wird in den hygienerelevanten Bereichen rostfreier Edelstahl für Gehäuse, Klappe, Betätigungswelle, Zapfen und meist auch für den Antrieb eingesetzt. Je nach Anforderung stehen die unterschiedlichen austenitischen Sorten zur Verfügung. Die Gehäuseteile sorgen für die Lagerung des Ventiltellers sowie die definierte axiale Pressung des Dichtrings, der aus Elastomermaterial besteht. Im Wesentlichen werden Dichtungen aus zugelassenen Qualitäten von VMQ, EPDM, FKM, NBR, HNBR und PTFE-beschichtetem EPDM verwendet. In den meisten Fällen stellen der stromlinienförmig gestaltete Ventilteller sowie die Antriebswelle und der Lagerzapfen ein gemeinsames Bauteil dar, das entweder durch Schmieden oder Schweißen gefertigt wird. Wenn bestimmte Anwendungsfälle es erfordern, können Ventilteller und Welle auch demontierbar gestaltet werden, wobei zur Drehmomentübertragung meist eine formschlüssige Verbindung wie z. B. ein Kerbzahnprofil verwendet wird. Das Schalten der Drehbewegung von Welle und Ventilkörper erfolgt meist durch einen pneumatischen Antrieb, in selteneren Fällen auf mechanische Weise über einen Hebel z. B. von Hand.

Der massive Dichtring, der zwei radiale Bohrungen für die Durchführung der Betätigungswelle und des Zapfens der Ventilscheibe besitzt, hat gleichzeitig zwei Funktionen zu erfüllen. Zum einen dient er zum Abdichten gegenüber dem Ventilkörper bei geschlossenem Ventil. Zum anderen muss er Welle und Zapfen gegenüber dem Produktraum abdichten.

Vom Grundkonzept her stellen Scheibenventile wegen des zylindrischen Innenraums und des stromlinienförmigen Ventiltellers meist leicht reinigbare Konstruktionen dar, die für CIP-Prozesse geeignet sind. Die Doppelfunktion der Dichtung kann jedoch Hygieneprobleme ergeben, wenn die Detailkonstruktion nicht auf beide Funktionen abgestimmt ist. Grundsätzlich können sowohl an der Stelle, an der der Dichtring gegenüber dem Gehäuse abdichtet sowie an den Durchführungen von Zapfen und Welle Spalte entstehen.

Der statische Dichtungsbereich, der durch die beiden Hälften des Gehäuses axial vorgespannt wird, liegt den hygienischen Anforderungen entsprechend unmittelbar am Produktraum. Nach Art von Flachdichtungen gestaltete Dichtringe mit parallelen Dichtflächen ergeben das Problem, dass die Dichtstelle aufgrund von Toleranzen und Formfehlern praktisch undefiniert ist (siehe Abschnitt 1.4.1). Eine hygienegerechte Gestaltung erfordert das definierte Abdichten an der Produktseite. Dieses kann z. B. bei parallelen Gehäuseflanschen durch eine schwache Neigung der Dichtung erreicht werden. Zur Expansion der Dichtung bei Erwärmung muss außerdem im Gehäuse ein Dehnungsraum zur Verfügung stehen, da sich der Dichtring ansonsten in den Produktraum hinein ausdehnen würde, was zu Problemen beim Schließen des Ventils führt. Ein in der Gehäusenut verankerter Bund am äußeren Umfang der Dichtung verhindert ebenso wie schräge Seitenflächen das Einziehen der Dichtung bei Vakuum.

Der dynamische Dichtbereich, der die Drehbewegung abdichtet, wird durch dasselbe Dichtungselement übernommen und kann prinzipiell entweder als axiale oder radiale Dichtung gestaltet werden. Bei axialer Abdichtung erfüllt ein entsprechend als Dichtfläche gestalteter Bund am Übergang von Welle bzw. Zapfen zum Ventilteller diese Funktion. Die Dichtung wird durch den Bund axial, d. h. in Richtung der Achse von Welle bzw. Zapfen, vorgespannt. Bei radialer Dichtung besitzen Welle und Zapfen ein entsprechendes Übermaß gegenüber den Bohrungen im Dichtungsring. Eine genau definierte Dichtstelle, die unmittelbar am Produktraum liegen sollte, ist dadurch meist nicht zu erreichen. Eine entscheidende Voraussetzung für eine einwandfreie Abdichtung gegenüber der Drehbewegung ist außerdem eine genaue Lagerung von Welle und Zapfen im Gehäuse, wie es Abb. 2.81 zeigt. Generell kann die dynamische Dichtung ihre Funktion nur dann erfüllen, wenn eine Lagerung mit geringen Toleranzen vorhanden ist und nicht die Dichtung als Lager fungiert. Da der Werkstoff Edelstahl zum „Fressen" neigt, müssen bei einem reinigungsgerecht ausgeführten Scheibenventil mit Edelstahlgehäuse und Edelstahlwelle bzw. -zapfen grundsätzlich geeignete Gleitlagerbuchsen aus Sintermetall oder Kunststoff verwendet werden.

Problemfälle in der Praxis und aus diesem Grund durchgeführte Untersuchungen an Scheibenventilen aus Edelstahl ohne definierte Lagerung haben gezeigt, dass in allen getesteten Fällen Mikroorganismen aus dem Produktraum in den Dichtspalt an Welle und Zapfen eingedrungen waren. Ursache dafür ist, dass sich aufgrund der notwendigen großen Toleranzen die Achse von Welle und Zapfen beim Schalten gemäß Abb. 2.79b schräg stellt, wodurch die Dichtung jeweils einseitig bis zu einer eventuellen Spaltbildung entlastet wird. Als Folge können Mikroorganismen in diesem Bereich eindringen, wo sie z. B. durch Abstriche nachgewiesen werden können. Bei hygienegerecht gestalteten Ventilen mit Lagern traten dagegen solche Befunde nicht auf.

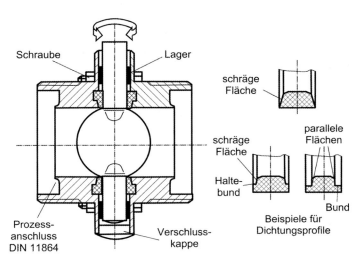

Abb. 2.81 Scheibenventil mit Spindellagern und Beispielen verschiedener Dichtungsformen.

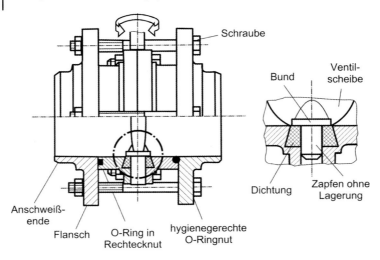

Abb. 2.82 Scheibenventil in Zwischenflansch-Ausführung.

Zum Anschweißen werden Scheibenventile häufig auch als Zwischenflanschausführung eingesetzte, wie Abb. 2.82 verdeutlicht. Dabei wird die Drehklappe zwischen Flanschen mithilfe von Schrauben geklemmt. Wenn eine Zentrierung zwischen Ventilgehäuse und Flanschen fehlt, kann durch nicht ausreichendes Fluchten eine hygienische Problemstelle in Form einer Stufe entstehen. Außerdem ist auf eine hygienegerechte Gestaltung der Abdichtung zu achten. Der übliche O-Ring in einer rechteckförmigen Nut (linke Dichtung in Abb. 2.82) kann nicht akzeptiert werden, da dadurch Kontaminationen vorprogrammiert sind. Eine erprobte Abdichtung mit O-Ring, wie rechts in Abb. 2.82 dargestellt, kann aus DIN 11 864 übernommen werden.

Wenn bei bestimmten Produkten die Verwendung von Edelstahl vermieden werden muss, können Scheibenventile mit Kunststoffauskleidung eingesetzt werden, wie das Beispiel nach Abb. 2.83 zeigt. Das Ventil ist als Zwischenflansch-Konstruktion ausgeführt. Außer der Ventilscheibe sind ein Teil der Welle und des Zapfens mit PTFE ummantelt. Die primäre Wellen- bzw. Zapfendichtung wird von der kugelig geformten PTFE-Beschichtung gebildet, die gegen die ebenfalls kugelförmig bearbeitete Nabe abdichtet, wobei die Anpressung durch den dahinter liegenden Elastomerring erzeugt wird. Dieser erhält die definierte Pressung und Vorspannung durch die entsprechend geformte Nut des Edelstahlgehäuses. Damit wird auch die Dichtheit bei geschlossener Klappe garantiert.

Eine weitere Dichtung mit graphitgefülltem PTFE dient zur Lagerung und Abdichtung des Übergangs der PTFE-Auskleidung und der beschichteten Welle. Diese Dichtung wird durch eine Schraubenfeder vorgespannt, die auch zum Ausgleich von Expansionen bei Temperaturänderung sowie bei Abrieb dient. Die Flanschabdichtung erfolgt durch die Pressung der Auskleidung zwischen dem Ventilgehäuse und den Flanschen. Ein Elastomerrundring, der unter der Auskleidung montiert ist, gleicht Formfehler an der Dichtstelle aus.

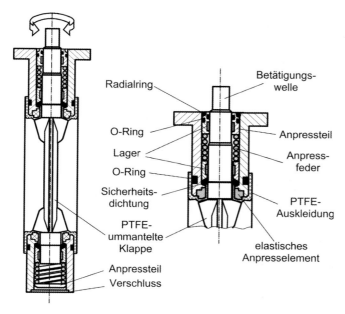

Abb. 2.83 Beispiel eines Scheibenventils mit PTFE-Auskleidung (Fa. Amri [56]).

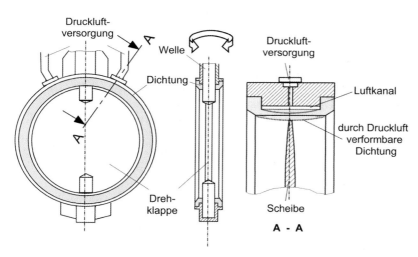

Abb. 2.84 Beispiel eines Scheibenventils mit aufblasbarer Dichtung für den Einsatz bei Trockenprodukten (nach [54]).

Scheibenventile können auch im Trockenbereich für körnige bis pulverförmige Produkte eingesetzt werden. Dort haben sich z. B. druckbeaufschlagte Dichtungen gemäß Abb. 2.84 bewährt, die beim Schalten drucklos sind, damit ein Blockieren durch Einklemmen von Produkt zwischen Dichtung und Ventilscheibe durch deutliche Spaltbildung vermieden wird. Nach beendetem Schaltvorgang wird die

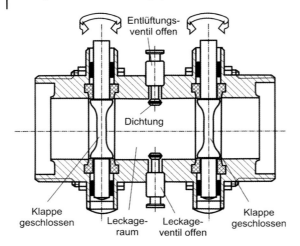

Abb. 2.85 Doppeltes Scheibenventil (Prinzip) als „Block-and-bleed"-Ausführung zur Trennung feindlicher Medien.

Dichtung pneumatisch mit Druck beaufschlagt, sodass sie sich in den Produktraum ausdehnt und die Abdichtung gegenüber der Ventilscheibe übernimmt.

Sonderkonstruktionen in kompakter Ausführung, bei denen zwei Scheibenventile mit einem dazwischenliegenden Leckagebereich in einem gemeinsamen Gehäuse untergebracht sind, können zur abgesicherten Trennung von Medien eingesetzt werden. Dabei werden die Ventilscheiben über einen gemeinsamen Hebelmechanismus zwangsgesteuert. Die Abb. 2.85 zeigt den prinzipiellen Aufbau ohne den mechanischen Hebelmechanismus zum Schalten. Dabei enthält der Leckageraum zwei zusätzliche Ventile, die bei geschlossenen Klappen den Leckageraum mit der äußeren Umgebung verbinden, sodass eine Entlüftung stattfindet und bei Undichtwerden einer der Klappen das in den Leckageraum eindringende Produkt nach außen austritt. Damit kann die Undichtigkeit registriert werden. Die beiden Klappen sowie das Leckageventil können entweder elektronisch oder mechanisch zwangsverriegelt werden, sodass Fehlbedienungen ausgeschlossen sind. Bezüglich der reinigungsgerechten Gestaltung dieser Kombinationsausführung gelten für die Scheibenventile die bereits oben gemachten Ausführungen. Eine zusätzliche Problemstelle kann sich durch das Leckageventil in Form eines Spaltes an der Dichtung und eines Totraums durch den zurückgesetzten Ventilteller ergeben. Bei der Reinigung muss das Leckageventil mehrfach kurzzeitig geöffnet werden, um eine zuverlässige Reinigung in diesem Bereich zu erreichen. Es muss darauf hingewiesen werden, dass die EHEDG [57] diese Ventilart wegen der Problemstellen und unsicheren Reinigungsverhältnisse für Hygieneanwendungen nicht empfiehlt.

Eine „Block-and-bleed"-Lösung zur Verwirklichung des Doppeldichtprinzips zeigt die Darstellung einer Leckageklappe in Abb. 2.86. Die beiden zwangsgesteuerten Klappen wurden hier zu einer einzigen breiteren Scheibe zusammengefasst und der Leckageraum auf einen Ringspalt in diesem Teller reduziert. Die Verbin-

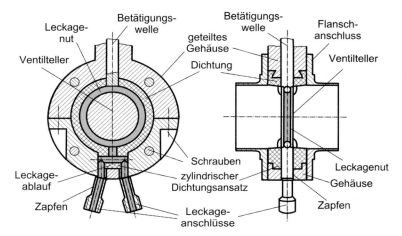

Abb. 2.86 Ein-Scheiben-Ventil in „Block-and-bleed"-Ausführung (Fa. Kieselmann).

dung des Leckageraumes nach außen erfolgt über den teilweise hohlen kurzen Ventiltellerzapfen sowie über Bohrungen in Dichtung und Gehäuse. Bei geschlossener Klappe werden die Auslaufbohrungen freigegeben, sodass Undichtigkeiten durch Austritt von Leckage angezeigt werden. Bei Öffnen des Ventils werden die Querbohrungen im Zapfen durch die Dichtung verschlossen. Eine Trennwand im Zapfen und getrennte Bohrungen in Dichtung und Gehäuse ermöglichen eine Zwangsreinigung des Leckageraumes bei geschlossenem Ventil.

Von Vorteil ist die kompakte Bauweise dieser Konstruktion, die nicht mehr Platz benötigt, als eine Drehklappe üblicher Art. Auch hier ist der produktdurchströmte, einfach gestaltete Innen- und Leckageraum des Ventils gut zu reinigen. Eine konstruktionsbedingte Problemstelle ergibt sich am Übergang der Leckage- bzw. Reinigungsbohrung vom Zapfen zur Dichtung. Da ein verlustfreies Schalten nicht möglich ist, kann Produkt in die Bohrungen eindringen. Beim Schaltvorgang wird es durch die Drehbewegung des Zapfens in den Dichtungsspalt mitgenommen. Hierdurch kann eine Infektionsgefahr entstehen, falls diese Stelle der Reinigung nicht zugänglich ist.

2.3.2.2 Kugelhähne

Früher waren Kükenhähne mit kegelförmigem Absperrkörper und glatter Durchgangsbohrung die am meisten verbreitete Art von Absperrhähnen. Infolge von hygienischen Problemstellen an der Abdichtung und im Sitz des Kükens, die zuverlässig nur durch Zerlegen gereinigt werden können, ist die Verwendung zumindest bei In-place-Reinigung nicht mehr Stand hygienegerechter Gestaltung.

Bei Kugelhähnen waren die hygienischen Probleme ursprünglich noch gravierender, sodass sie in manchen Industriezweigen generell nicht mehr eingesetzt wurden. Kugelhähne besitzen, wie der Name andeutet, einen kugelförmigen Ventilkörper, der wie bei Scheibenventilen beim Schalten eine Drehbewegung ausführt. Sie zeichnen sich generell dadurch aus, dass der Ventilkörper einen

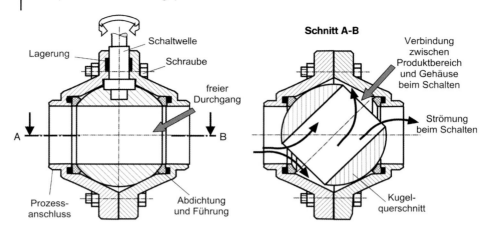

Abb. 2.87 Darstellung der Hygienerisiken bei herkömmlichem Kugelhahn mit Kugelabdichtung durch Dichtringe (Prinzipbeispiel).

freien zylindrischen Durchgang besitzt, der dem Querschnitt der angeschlossenen Rohrleitung entspricht. Damit gehören diese Absperrorgane zu den wenigen Konstruktionen, die im offenen Zustand molchbar sind. Wie Abb. 2.87 zeigt, wird in der ursprünglichen Ausführung der Ventilkörper gegenüber dem Gehäuse durch zwei Dichtringe (z. B. Elastomerdichtungen) in Umfangsrichtung abgedichtet, die ursprünglich als übliche O-Ring-Konstruktionen ausgeführt waren, heute jedoch meist in hygienegerechter Form als spaltfreie Profilringe gestaltet sind.

In der ursprünglichen Gestaltungsform konnten Kugelventile in hygienerelevanten Bereichen nicht eingesetzt werden, da sich zwischen Gehäuse und Kugel ein mehr oder minder großer Spalt- bzw. Gehäusezwischenraum befindet, der jeweils beim Schließen des Ventils mit dem Produktraum verbunden wird. Damit gelangt Produkt oder Reinigungsmittel in diesen Raum, das praktisch nicht wieder entfernt werden kann. Empfehlungen das Ventil während der Reinigung zu schalten oder in 45°-Stellung zu reinigen, bringen keine ausreichend guten Reinigungsergebnisse. Hinzu kommt, dass das Ventil nur in bestimmten Einbaustellungen leer laufen kann.

Eine konstruktive Verbesserung wurde dadurch versucht, dass die innere Gehäuseform dem kugelförmigen Ventilkörper „spaltfrei" angepasst wurde (Abb. 2.88). Da bei Edelstahlausführungen infolge der Schaltbewegung das Problem des Fressens besteht, wurde entweder die Außenseite des Ventilkörpers oder die Innenseite des Gehäuses mit einem Gleitwerkstoff (z. B. PTFE) beschichtet. Bei einigen Konstruktionen werden Kunststoffschalen zur Fassung der Kugel eingesetzt. Allerdings lässt sich auch durch diese Verbesserung ein Hygieneproblem nicht völlig vermeiden. Beim Schalten wird jeweils der Bereich des Gehäuses, der dem Durchmesser der Bohrung des Ventilkörpers entspricht, mit Produkt oder Reinigungsmittel benetzt. Untersuchungen haben gezeigt, dass dieser benetzte Bereich ein Risiko darstellt, da nach der Reinigung verschiedentlich

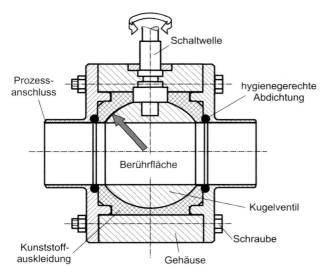

Abb. 2.88 Beispiel eines Kugelhahns mit elastischer kugelförmiger Gehäuseauskleidung als Abdichtung.

sowohl dünne Schmutzreste als auch Mikroorganismen nachgewiesen werden konnten, die ein Kontaminationsrisiko darstellen. Auch haben sich filmartige Beläge außerhalb der direkt benetzten Bereiche in den verbleibenden mikroskopischen Spalten der Berührflächen zwischen Kugel und Kugelfassung gefunden, wo eine Beseitigung nur durch Zerlegen der Ventile möglich wurde. Abhängig von Werkstoffbenetzungsverhalten und Produkt können solche Konstruktionen für keimarme Verhältnisse dennoch geeignet sein.

Neue Konstruktionen vergrößern den ursprünglichen Spalt zwischen Ventilkörper und Gehäuse entsprechend der Prinzipdarstellung nach Abb. 2.89 deutlich und nutzen ihn sowohl als Leckageraum als auch zur Reinigung dieses kritischen Bereichs. Er wird dabei über Querbohrungen in der Hohlwelle und dem Hohlzapfen des Ventilkörpers oder durch getrennte Gehäusebohrungen mit der äußeren Umgebung verbunden. Bei geschlossenem Ventil kann auf diese Weise kontrolliert werden, ob die beiden Dichtungen ihre Funktion erfüllen. Bei Undichtwerden tritt Medium in den Leckageraum ein, von wo es über die Bohrungen nach außen abläuft und dort z. B. automatisch detektiert werden kann. Während der Reinigung kann bei offenem Ventil der Leckageraum über Anschlüsse an den Bohrungen in-place gereinigt und auch sterilisiert werden. Bei hygienegerechter Gestaltung der Dichtungen sowie des Raums zwischen Gehäuse und Ventilkörper können solche Kugelventile weitgehend den Anforderungen an reinigungsgerechte Konstruktionen entsprechen. Sie können damit in Anlagen eingesetzt werden, in denen Molchen erforderlich ist. Aufgrund der doppelten Abdichtung der Kugel sowie der Leckageerkennung lassen sich solche Ventile auch zur Trennung unterschiedlicher Medien einsetzen. Kugelventile dieser Art werden von mehreren Firmen in verschiedenen Ausführungen hergestellt.

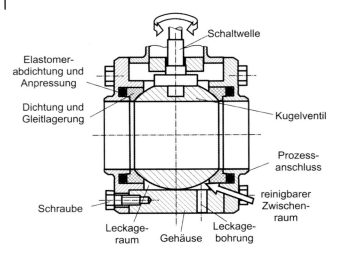

Abb. 2.89 Beispiel eines Kugelhahns mit spülbarem Gehäuse und Leckageerkennung.

2.3.2.3 Bogenventile

Eine interessante Konstruktion aus Sicht der Reinigbarkeit, die wie Kugelhähne einen freien Durchgang besitzt, ist das Bogenventil. Wie die Prinzipdarstellungen der Abb. 2.90a und b als Draufsicht verdeutlichen sollen, führt das Schließsegment beim Öffnen und Schließen des Ventils eine Drehbewegung um die Achse der Welle aus. Um die notwendige Dichtwirkung zu erzielen, wird das Dichtelement durch Federwirkung gegen das Ventilgehäuse gepresst. Aufgrund der Federvorspannung, die man durch einen zentrisch gelagerte Federbogen (Abb. 2.90c) erreicht, wird der Anpressdruck des Schließers selbsttätig nachgestellt. Er lässt sich außerdem verändern. Zudem berührt der Federbogen das Schließelement nahezu punktförmig, das sich im Gehäuse zentriert. Bei horizontalem Einbau wirkt das Gehäuse nicht selbsttätig entleerend. An der Oberseite entsteht ein leichter Dom, der Lufteinschlüsse beim Befüllen bedingt.

Das Schließelement kann in modifiziertem PTFE, glasfaserverstärktem PTFE oder PEEK hergestellt werden. Für die dynamische Dichtung ist eine Leckageüberwachung oder Dampfsperre möglich.

Bei Anwendung von CIP-Verfahren werden im Gegensatz zum Kugelhahn durch Schalten des Ventils alle produktberührten Flächen erreicht bzw. umspült. Reinigbarkeitstests wurden bisher noch nicht durchgeführt.

2.3.2.4 Tellerventile

Tellerventile werden in unterschiedlichen Ausführungen wie z. B. als Geradsitz-, Schrägsitz- oder Eckventile zum Absperren von Leitungsteilen verwendet. Während sich Gerad- und Schrägsitzventile in gerade verlaufende Rohrleitungen direkt einbauen lassen, ergibt sich bei Eckventilen eine entsprechende Richtungsänderung. Das gemeinsame Merkmal von Tellerventilen besteht darin, dass entsprechend der Prinzipdarstellung eines Eckventils nach Abb. 2.91, an dem

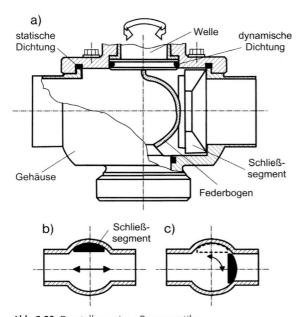

Abb. 2.90 Darstellung eines Bogenventils:
(a, b) Skizze der Offen- und Schließstellung,
(c) Prinzip der konstruktiven Gestaltung (Fa. Läufer LIAG).

gleichzeitig die unterschiedlichen Problemstellen aufgezeigt werden sollen, der Ventilteller beim Öffnen und Schließen des entsprechenden Leitungswegs eine hin- und hergehende Bewegung ausführt, die entweder eine dynamische oder hermetische Abdichtung erfordert. Die Art dieser Abdichtung bestimmt gleichzeitig das Einsatzgebiet, dass sich damit von „keimarm" bis „steril" erstreckt. Für die

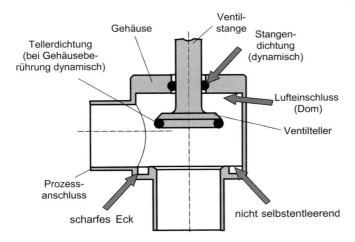

Abb. 2.91 Prinzipdarstellung eines Tellerventils und mögliche Hygienerisiken.

Gestaltung der dynamischen Dichtung gelten die in Abschnitt 1.4.2 genannten Anforderungen an eine hygienegerechte Gestaltung. Das bedeutet in erster Linie, dass die Dichtung unmittelbar am Produktbereich dichten, einen axialen Anschlag wegen definierter Pressung erhalten und zentriert werden muss.

Beim Schließen des Tellers gegenüber dem Gehäuse wird eine weitere Dichtung wirksam, die meist in einer Nut des Tellers, seltener im Gehäuse liegt. Man bezeichnet sie manchmal als quasistatisch, da sie häufig beim Schließen des Ventils nur an den Sitz angepresst und dabei verformt wird, aber dabei keine Gleitbewegung stattfindet. Sie bildet im Schließzustand eine Dichtfläche zwischen Gehäuse und Ventilteller, die im geöffneten Zustand des Ventils frei zugänglich ist. Das bedeutet, dass diese Dichtfläche entsprechend leicht gereinigt werden kann, wenn sich beim Schalten keine Spalte in der Dichtungsnut öffnen und wieder schließen.

Wesentlich für die hygienegerechte und technisch zuverlässige Funktion beider Dichtungen ist eine gut gestaltete Lagerung der Ventilspindel mit geringen Lagertoleranzen und großem Lagerabstand. Es gilt der Grundsatz, dass die Dichtungen um so besser ihre hygienegerechte Funktion erfüllen können, je zuverlässiger die Lagerung gestaltet ist und je geringer die Toleranzen zwischen Ventilspindel und Lager sind. Eine Dichtung kann nicht gleichzeitig als Lager fungieren, selbst wenn Werkstoffe wie PTFE oder PEEK als Dichtmaterial verwendet werden. Durch eine zuverlässige Lagerung wird vermieden, dass zusätzlich zu der hin- und hergehenden Bewegung eine Kipp- oder Exzenterbewegung entsteht, die Einfluss auf eine Spaltbildung an den Dichtungen hat und an der dynamischen Dichtung zusätzlich eine Art Pumpbewegung hervorrufen kann.

Das Ventilgehäuse wird meist als Teil einer Hohlkugel oder eines Hohlzylinders ausgeführt, an die die Rohranschlüsse angeschlossen sind. Die Durchströmung des Gehäuses und damit die Reinigungswirkung wird durch die Gehäuseform, die Gestaltung von Ventilstange und -teller sowie die Lage der Rohrstutzen beeinflusst. An der Rückseite des Ventiltellers in Anströmrichtung sowie im strömungsabgewandten Bereich der Ventilstange entstehen nicht vermeidbare Strömungsschatten, die sich als hygienische Problemzonen erweisen können. Optimierungen bezüglich Teller- und Gehäuseform sowie Stangendurchmesser lassen sich mit Hilfe von FE-Berechnungen und Tests überprüfen. Durch Wechseln der Reinigungsrichtung kann meist trotzdem eine befriedigende Lösung gefunden werden. Der meist ebene obere Gehäusedeckel enthält die dynamische oder hermetische Dichtung, zur Abdichtung der beweglichen Ventilstange. Wenn der Deckel mit einem der beiden Rohranschlüsse nicht fluchtet, sondern zu diesem versetzt ist, entsteht ein Rücksprung oder der sogenannte „Dom", der beim Befüllen des Ventils Luft enthält, die schlecht zu verdrängen ist.

Tellerventile mit dynamischer Dichtung
Die Abb. 2.92 zeigt eine Prinzipdarstellung eines üblichen Schrägsitzventils mit zylindrischem Gehäuse und einfacher dynamischer Dichtung. Auf die Möglichkeiten zur Gestaltung der Dichtungen wird am Beispiel von Eckventilen ausführlicher eingegangen. Ventile dieser Art wurden ursprünglich wegen des geraden

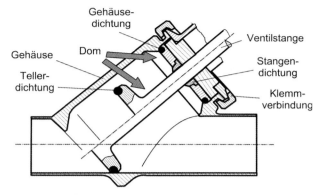

Abb. 2.92 Herkömmliches Schrägsitz-Tellerventil (Hygienerisiko).

Durchgangs verwendet, wodurch sich ein relativ günstiger Verlustbeiwert bei Durchströmung ergibt. Aus hygienischer Sicht entstehen aber erhebliche Reinigungsprobleme dadurch, dass sich im Bereich der Ventilstange stationäre Wirbel bilden, die den Austausch bei der Reinigung behindern und von der nahezu gerade durch das Ventil durchlaufenden Kurzschlussströmung angetrieben werden. Die dynamische Dichtung sowie die statische Gehäusedichtung liegen damit in einer Totwasserzone. Bei oben liegendem Betätigungsteil ist, wie dargestellt, ein nicht entlüftbarer Dom vorhanden, während bei Einbau mit unten liegendem Antrieb das Ventil nicht entleert werden kann.

Am Beispiel eines kugelförmigen Gehäuses für ein Schrägsitzventil gemäß Abb. 2.93 mit strömungsgünstig gestaltetem Ventilkörper zeigen Ergebnisse von Finite-Elemente-Berechnungen die Verteilung der Wandschubspannung an der Gehäusewand [59]. Die hellgrauen Färbungen charakterisieren Spannungen, wie sie bei durchschnittlichen Strömungsgeschwindigkeiten in Rohrleitungen auftreten und für günstige Reinigungsergebnisse sorgen. An den dunklen Stellen, die hauptsächlich im Deckelbereich und in Nähe der Rohranschlüsse an das Gehäuse liegen, sind erheblich geringere Werte vorhanden. Bei einer „idealen" Konstruktion wären gleiche, ausreichend hohe Werte der Wandschubspannung anzustreben, sodass der mechanische Einfluss der Strömung an der Wand und damit die Reinigbarkeit überall gleich groß wären. Bei dem dargestellten Beispiel verbessert der strömungsgünstig gestaltete Ventilteller bei geöffnetem Ventil die Strömungsverhältnisse zusätzlich, was bei den Rechenergebnissen nicht berücksichtigt wurde.

Hygienegerechte Ventilgehäuse von Eckventilen sind gemäß Abb. 2.94 ebenfalls meist kugelförmig gestaltet, um günstige Durchströmung zu gewährleisten. Trotz der optimierten Form bildet der Ventilteller einen nicht vermeidbaren Strömungsschatten bzw. Staubereich, je nachdem wie die Anströmung erfolgt. Außerdem liegt die Gehäusedichtung im Deckelbereich in einer Zone, in der der Austausch von Reinigungsmittel während der Reinigung gering ist. Deshalb ist eine hygienegerechte Gestaltung der statischen Deckeldichtung eine wesentliche Voraussetzung für leichte Reinigbarkeit des Ventils.

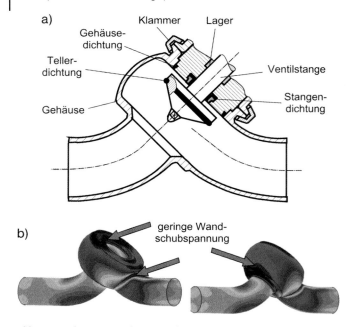

Abb. 2.93 Schrägsitzventil mit Kugelgehäuse:
(a) konstruktive Ausführung, (b) Berechnung der Wandschubspannungsverteilung [58].

Um einen Dom zu vermeiden, muss der Deckelbereich des Gehäuses fluchtend zum Außendurchmesser des angeschlossenen Rohres ausgeführt werden.

Der Antrieb lässt sich im Allgemeinen zusammen mit dem Gehäusedeckel, der Ventilstange und dem Ventilteller demontieren, sodass das Gehäuse in die Rohrleitung orbital eingeschweißt werden kann. Damit können zwei lösbare Prozessanschlüsse entfallen, die häufig Ursache für hygienische Problemstellen sind (s. auch Abschnitt 2.2).

Der in erster Linie hygienisch relevante Problembereich ergibt sich durch die Abdichtung der hin- und herbewegten Ventilstange. Zunächst erfordert die hygienegerechte Gestaltung der dynamischen Dichtung, dass sich die Dichtstelle unmittelbar am Produktraum befindet und nicht, wie in Abb. 2.89 bewusst aufgezeigt, abgesetzt vom Produkt. Nur dadurch können zusätzliche mikroskopische oder makroskopische Spalte zwischen Ventilstange und Gehäuse bis zur Dichtung hin sowie Totbereiche in der Dichtungsnut vermieden werden (s. auch [11]). Die Dichtung muss außerdem an dieser Stelle definiert gepresst werden. Expansions- und Kontraktionsmöglichkeiten aufgrund von Temperaturänderungen sollten konstruktiv in Form von Dehnungsräumen berücksichtigt werden und sich so gering wie möglich auf den produktberührten Bereich der Dichtung auswirken.

Wie bereits ausgeführt, ist mit der Bewegung der Ventilspindel ein Transport von Produkt bzw. Schmutz verbunden, der zwar durch die Gestaltung der Dichtstelle minimiert, aber nicht völlig vermieden werden kann. Hinzu kommt, dass im Ru-

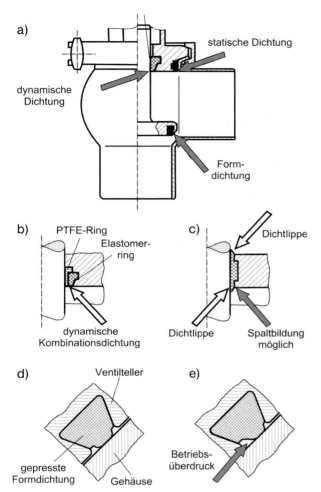

Abb. 2.94 Gestaltungsmöglichkeiten der Dichtungen bei Tellerventilen:
(a) Lage der Dichtstellen, Spindeldichtung, (b) als dynamische
Kombinationsdichtung, (c) als doppelte Lippendichtung,
Verformung der Tellerdichtung, (d) durch Anpressung im Sitz,
(e) durch zusätzlichen Betriebsdruck (nach Fa. Freudenberg/Fa. Kieselmann).

hezustand zwischen Ventilstange und Dichtung Haftreibung mit im Allgemeinen höherem Haftreibungswert herrscht. Bei Bewegung wird der Zustand der Gleitreibung mit niedrigerem Reibwert erreicht. Hochgeschwindigkeitsaufnahmen haben gezeigt, dass bei ungünstigen Gleitpaarungen Ventilstange/Dichtung bei beginnender Bewegung (Übergang Haften/Gleiten) sich kurzzeitig ein Spalt öffnen kann, der durch Überwindung der Haftreibung entsteht und schließlich bei flüssigen Medien zu flüssiger Reibung führt. Dadurch wird das Eindringen von Schmutz in den Dichtbereich noch begünstigt.

Bezüglich der Hygieneanforderungen kann in erster Linie aufgrund der Gestaltung der dynamischen Dichtstelle eine Abstufung der Ventile vorgenommen werden, wenn zwischen Produktbereich und Umgebung ein „Hygienegefälle" besteht.

Für Produkte, bei denen „keimarme" Verhältnisse während der Produktion im Prozessbereich ausreichen, können Tellerventile mit *einer* dem Produktraum zugewandten hygienegerecht gestalteten dynamischen Dichtung eingesetzt werden (Abb. 2.94a). Der produktberührte Teil der Ventilstange gelangt zwar beim Schalten in den „unreinen" Umgebungsbereich, wo z. B. eine Kontamination stattfinden kann, die beim Rückhub in den Produktbereich eingebracht wird. Der Eintrag ist allerdings durch die Abstreifwirkung bei gut gestalteter Dichtung mit Dichtlippe begrenzt. Dabei muss beachtet werden, dass durch den Betriebsüberdruck im Gehäuse die Dichtlippe zwar verstärkt an die Ventilstange angepresst wird, auf der Rückseite aber gegenüber dem Gehäuse ein Spalt vermieden werden muss. Die richtige Wahl der Vorspannung der Dichtung ist daher bei solchen Konstruktionen entscheidend. Bei manchen Konstruktionen wird daher der produktberührte Bereich der Dichtung so gestaltet, dass Druckausgleich besteht. Außerdem sollte das Ventil bei der Reinigung geschaltet werden, um den gesamten produktberührten Teil der Ventilstange zumindest zu benetzen, der bei geöffnetem Ventil zum Teil hinter der dynamischen Dichtung liegt und der Reinigung damit nicht zugänglich ist.

Bei gut auf Edelstahl gleitenden Materialien wie z. B. PTFE sind Haft- und Gleitreibwert nahezu identisch, sodass eine dynamische Spaltbildung am Übergang von Haft- zu Gleit- oder flüssiger Reibung nicht zu beobachten ist. Aus diesem Grund werden z. B. Kombinationsdichtungen gemäß Abb. 2.94b eingesetzt, die einen Elastomerwerkstoff als elastisches Element benutzen, um das als Dichtung mit Gleiteffekt verwendete, aber zum Fließen neigende PTFE-Element an die Ventilstange anzupressen. Auch hier sollte die stärkste Pressung der Dichtung unmittelbar am Produktraum durch konstruktive Optimierung von Dichtung und Nut erreicht werden.

Bei der als Beispiel dargestellten Dichtung nach Abb. 2.94c sorgen die lippenförmig gestalteten Enden der Dichtung sowohl im Produktraum als auch im Außenbereich für eine verstärkte Abstreifwirkung an der Ventilstange, um den Transport durch die dynamische Dichtstelle zu minimieren. Im Produktbereich erhöht sich die Anpressung der Lippe bei vorhandenem Überdruck. Den gleichen Effekt kann man durch Anordnung von zwei getrennten Dichtungen erreichen. Wichtig dabei ist, dass die produktseitige und umgebungsseitige Abdichtung einen Abstand voneinander besitzen, der größer als der Ventilhub ist. In diesem Fall gelangt der produktberührte Teil der Ventilstange nicht in den Umgebungsbereich, sodass ein direkter Transport von schmutzbenetzten Bereichen in den Produktraum und damit eine direkte Kontamination verhindert wird. Es kann allerdings nicht vermieden werden, dass von außen Schmutz in den Bereich zwischen den Dichtungen eindringt und dort z. B. ein Wachstum von Mikroorganismen stattfindet, das zu Kreuzkontamination im Produktraum führt.

Bei der Ventiltellerdichtung ist der Einsatz von O-Ringen insofern problematisch, als die Abdichtung gegenüber einer ebenen Gehäusefläche erfolgt. Untersuchungen bei Gestaltung der Dichtung für die Verbindung nach DIN 11 864 haben gezeigt, dass in diesem Fall eine starke Pressung an der Berührstelle entstehen kann, die durch Belastung infolge des Betriebsüberdrucks noch einseitig verstärkt wird. Als Folge der damit verbundenen Verformung des volumenkonstanten Werkstoffs (Ausdehnung aus der Nut heraus) ist häufig ein Verschleiß an der Oberfläche festzustellen. Bei Formdichtungen kann durch entsprechende Gestaltung einfacher eine Anpassung an die Verhältnisse erfolgen (siehe auch [1]). Ein Beispiel einer mithilfe von Finite-Elemente-Berechnungen gestalteten Dichtungsform zeigt Abb. 2.94d bei symmetrischer Belastung und Abb. 2.94e bei einseitigem Betriebsüberdruck. Wichtig ist, dass bei einseitiger Zusatzbelastung durch den Druck kein Spalt in der Nut entsteht, der ein Hygienerisiko bilden würde. Entscheidend bei dem gezeigten Beispiel ist vor allem die Wahl der Toleranzen der Nut in Verbindung mit dem Dichtelement. Außerdem kann die Zusatzbelastung durch Verformung der Dichtung stets außerhalb der Nut aufgenommen werden. Ein anderes Beispiel wird in Abb. 2.126 aufgezeigt.

Um feindliche Medienströme wie z. B. Reinigungslösung und Produkt auch bei Tellerventilen gegeneinander absichern zu können, lässt sich das *Doppeldichtprinzip* anwenden. Dabei dichtet der Ventilteller gemäß Abb. 2.95a mit zwei in einem Abstand zueinander angebrachten Tellerdichtungen im abgesperrten Zustand gegenüber dem Gehäuse ab, wodurch ein Leckageraum gebildet wird. Wenn eine der beiden Tellerdichtungen undicht wird, kann Medium in den Leckageraum

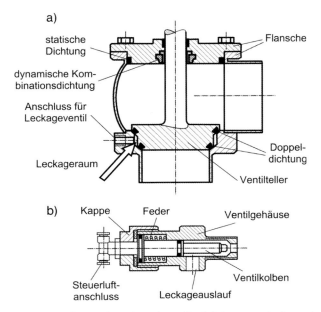

Abb. 2.95 Tellerventil mit doppelter Tellerabdichtung zur Leckageerkennung: (a) Prinzip der konstruktiven Ausführung, (b) Prinzip des Leckageventils (nach Fa. APV).

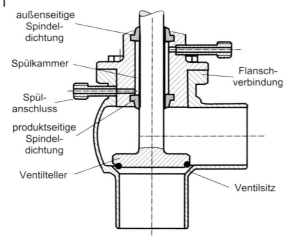

Abb. 2.96 Prinzip eines Tellerventils mit doppelter dynamischer Stangenabdichtung und Spülraum.

strömen, ohne dass eine gegenseitige Vermischung der unverträglichen Medien stattfindet. Über ein Leckageventil (Abb. 2.95b), das in das Gehäuse eingeschraubt wird, ist der Leckageraum bei geschlossenem Tellerventil nach außen verbunden. Damit kann die Leckage überwacht werden. Beim Öffnen des Tellerventils wird das Leckageventil luftgesteuert geschlossen und damit die Leckagebohrung abgedichtet. Die eventuell produktberührten Oberflächen des Leckageraums sind dabei für die Reinigung frei zugänglich.

Ein wesentlich höherer Hygienestandard bezüglich der *dynamischen* Abdichtung ist erreichbar, wenn zwischen zwei hygienegerecht gestalteten Dichtelementen, die gegenüber dem Produkt- sowie dem Außenraum abdichten, eine Spülkammer gemäß Abb. 2.96 angeordnet wird. Diese muss in ihrer Länge mindestens dem Hub der Ventilstange entsprechen. Durch Beaufschlagung des Spülraums mit einem keimfreien Medium wie z. B. Kondensat oder auch Dampf können zum einen in den Raum transportierte Stoffe z. B. gelöst und damit abtransportiert werden, zum anderen wird Keimwachstum nicht unterstützt bzw. verhindert. Wesentlich ist, dass die Spülkammer in die Reinigung einbezogen wird. Durch eine angepasste Wahl der Reinigungsintervalle lassen sich zusätzlich Verschmutzung und Wachstum von Mikroorganismen begrenzen. Bei ständigem Spülen mit Dampf oder Sterilwasser und zusätzlicher Reinigung und Sterilisation der Spülkammer lassen sich auch aseptische Verhältnisse erreichen. Es liegt dann an den Anforderungen des Produktherstellers, ob ein solcher Einsatz gerechtfertigt werden kann. Die Spülkammer und deren Anschlüsse sollten außerdem so gestaltet werden, dass in Einbaulage ein Dom vermieden wird und die Selbstentleerbarkeit garantiert ist.

Tellerventile mit hermetischer Dichtung
Wie bereits dem Prinzip nach gezeigt, lässt sich für steriltechnische Anwendungen die dynamische Dichtung völlig vermeiden, indem der Ventilhub über

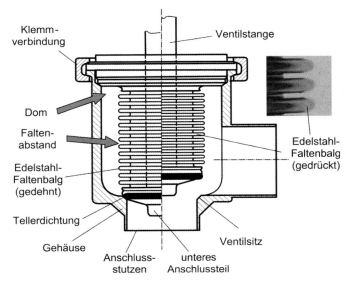

Abb. 2.97 Prinzipdarstellung eines Tellerventils mit hermetisch dichtendem Edelstahl-Faltenbalg und Darstellung potenzieller Risikobereiche.

ein elastisches Element überbrückt wird, das direkt am Ventilgehäuse sowie am Ventilteller befestigt ist. Elemente dieser Art werden als hermetische Dichtungen bezeichnet.

Die Abb. 2.97 zeigt ein Tellerventil mit einem Faltenbalg aus Edelstahl als hermetische Dichtung. Da der Balg als Verschleißteil auswechselbar sein muss, ist er in diesem Fall an Befestigungsteile angeschweißt, die sowohl am Gehäuse als auch am Ventilteller mit einer hygienegerecht gestalteten statischen Dichtung abgedichtet werden müssen. Eine Ventiltellerdichtung wird dabei zusätzlich erforderlich.

Um Undichtigkeit des Faltenbalgs anzuzeigen, muss der Innenraum des Balgs durch einen Feuchtesensor überwacht oder über eine Leckagebohrung mit der äußeren Umgebung verbunden werden.

Für die Reinigbarkeit des Faltenbalgs ist neben der Oberflächenqualität in erster Linie das Verhältnis von Höhe zu Tiefe der Falten entscheidend. Dabei ist die Lage der Falten von Vorteil, wenn bei der Reinigung in Richtung der Falten angeströmt wird und nicht wie bei Wellrohren entlang der Wellen. Die Länge des Balgs ist abhängig vom Ventilhub sowie der Elastizität der Falten. Wie die Abbildung zeigt, entsteht aufgrund der notwendigen Länge des Faltenbalgs ein Rücksprung oder Dom im Gehäuse, in dem sich beim Befüllen Luftansammlungen halten können. Außerdem stellt dieser Bereich einen schlecht reinigbaren Totraum dar. Die Tiefe des Totraums bezogen auf den Durchmesser ist bei kleinen Ventilabmessungen meist größer als bei großen Ventilen. Eine Verbesserung der Reinigbarkeit kann dadurch erreicht werden, dass das Gehäuse vom seitlichen Rohranschluss bis zum Deckelbereich konisch erweitert wird (s. Regelventile).

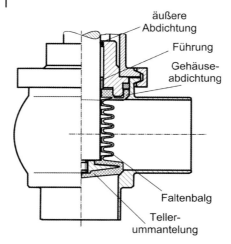

Abb. 2.98 Beispiel eines Tellerventils mit Kunststoff-Faltenbalg und Ummantelung des Ventiltellers.

Da der Faltenbalg einen verhältnismäßig großen Durchmesser benötigt, entsteht an der der Strömung abgewandten Seite ein Schattenbereich, der ebenfalls als hygienische Schwachstelle einzustufen ist, da er die Reinigbarkeit beeinträchtigt. Er ist aber bei Eckventilen nicht vermeidbar. Wie Tests zeigen, kann durch Wechsel der Reinigungsrichtung in manchen Fällen die Reinigbarkeit erheblich verbessert werden.

Eine andere Lösung zeigt die Darstellung nach Abb. 2.98, bei der ein Faltenbalg aus einem Elasto- oder Plastomer wie z. B. aus PTFE oder dessen Modifikationen verwendet wird. In diesem Fall ist zusätzlich der Ventilteller mit dem Kunststoff beschichtet, der damit auch als Ventiltellerdichtung fungiert. Das Gehäuse ist außerdem so gestaltet, dass kein Dom entsteht. Hierbei ist jedoch jeweils zu prüfen, ob dies nur ab bestimmten Ventildurchmessern möglich ist. Ausführungen mit Polymerfaltenbalg werden auch als Schrägsitzventile angeboten.

Eine andere aseptische Gestaltungsmöglichkeit zeigt das Ventil nach Abb. 2.99, wo als hermetische Dichtung eine Membran zwischen Gehäuse und Ventilschaft verwendet wird. Vorteilhaft ist dabei die glatte faltenfreie Oberfläche, die bei porenfreiem Kunststoffmaterial leicht reinigbar gestaltet werden kann. Wesentlich bei Auswahl des Membranmaterials ist dessen Temperatur- und Produktbeständigkeit sowie Oberflächenqualität. Um den Ventilhub zu überbrücken, muss die Membran gedehnt werden. Die mögliche Dehnung hängt von Material, Abmessungen und Gestaltung der Membran ab. Hygienische Probleme können die Einspannstellen der Membran bereiten, da sich aufgrund der Bewegung und der damit verbundenen Dehnung und Entspannung mikroskopische Spalte ergeben können, in die Mikroorganismen eindringen können (s. auch Membranventile). Um eine ideale Membrangestaltung zu erreichen, müssten die Einspannstellen frei von Dehnungsbeanspruchungen durch die Membranbewegung bleiben. Bei der dargestellten Konstruktion werden Lufteinschlüsse beim Befüllen weitgehend vermieden, solange die Membran bündig mit der inneren Oberkante des Einlaufstutzens verläuft.

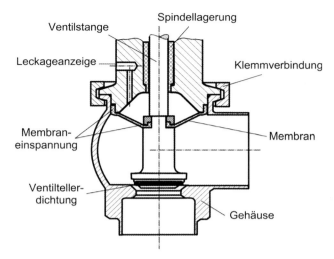

Abb. 2.99 Tellerventil mit hermetischer Membranabdichtung und getrennter Tellerabdichtung (nach Fa. Kunzmann + Hartmann).

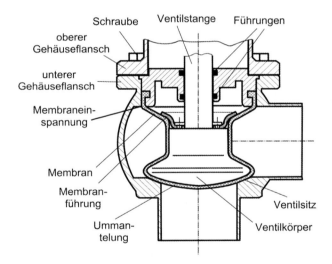

Abb. 2.100 Tellerventil mit Membranabdichtung und integrierter Tellerummantelung (nach Fa. Südmo).

Die hermetisch zwischen Ventilstange und Gehäuse dichtende Membran kann auch zur Ummantelung des Ventilkörpers verwendet werden, wie das Beispiel nach Abb. 2.100 zeigt. Damit kann eine zusätzliche Ventiltellerdichtung entfallen.

2.3.2.5 Membranventile

Klassische Membranventile gehören zu der Gruppe von Absperrorganen, die ihre Absperrfunktion nicht mit dynamischen Dichtungen, sondern mithilfe von

Tabelle 2.5 Beispiele für Membranwerkstoffe von Membranventilen.

Gehäusewerkstoff DIN EN/ANSI	Herstellungsverfahren	Membranwerkstoff	max. Sterilisierungstemperatur Dampf in °C
1.4408	Feinguss	FPM (Viton)	
1.4435/316 L	Feinguss	EPDM	150
1.4435/316 L	geschmiedet	PTFE (lose)/EPDM	150
1.4539	Feinguss	PTFE (kaschiert)/EPDM	150
		PTFE (lose)/FPM	150
		PTFE (lose)/Silikon	160

hermetischen Dichtelementen in Form von Membranen erfüllen. Wie bereits erwähnt dienen diese sowohl als bewegliches Absperrelement als auch als statische Gehäuseabdichtung. Aufgrund dieser Doppelfunktion der Membran sowie der Gestaltung können bestimmte Hygieneprobleme entstehen. Trotzdem sind Membranventile, die in der Pharmaindustrie am häufigsten verwendeten Armaturen, da sie in aseptischen Prozessen eingesetzt werden können und die notwendigen GMP- und FDA-Anforderungen erfüllt werden. Sie finden aber auch in anderen hygienerelevanten Industriezweigen wie der Lebensmittel- und Bioindustrie in aseptischen Anlagen Anwendung.

Das Gehäuse besteht im Allgemeinem aus einem produktberührten Unterteil, das die Rohrstutzen für den Prozessanschluss und die nicht produktberührten Flansche zur Membraneinspannung enthält, sowie dem nicht produktberührten Oberteil mit den Gegenflanschen. Das Gehäuseunterteil wird in unterschiedlichen Materialausführung in Kombination mit verschiedenen Herstellungsverfahren gefertigt (Tabelle 2.5) und ist in Oberflächenqualitäten im Produktbereich von $Ra = 6{,}3$ µm (z. B. unbearbeitet, Feinguss) bis $Ra = 0{,}25$ µm (elektropoliert) erhältlich.

Die gegossenen Gehäuse (Abb. 2.101a) können z. B. mit dem Wachsausschmelzverfahren hergestellt werden, bei dem eine Form als Wachsabdruck der Gehäusekontur erzeugt wird, die in einen Keramikwerkstoff getaucht oder mit diesem besprüht und dann in einem Ofen gebrannt wird. Das verdampfte Wachs lässt eine harte Keramikschale zurück, in die der geschmolzene Werkstoff gegossen wird. Das Ergebnis ist ein komplettes Ventilgehäuse mit Durchflussweg, Löchern für die Schrauben sowie Ablaufmarkierungen und Körperkennzeichnung in einem Stück. Der Ferritgehalt des Gusses kann Schwankungen unterliegen, die von Wandstärke, Metallurgie des Werkstoffes und anderen Einflüssen abhängen. Die Erstarrung des geschmolzenen Metalls kann zu Porositäten an und unter der Oberfläche führen, die vor allem vom Gussverfahren abhängen. Bei Feinstguss ist die Oberfläche nicht porös und die Maßhaltigkeit sehr gut, sodass die spanende Nachbearbeitung gering ist oder – je nach Anforderung – sogar entfallen kann.

2.3 Armaturen | 171

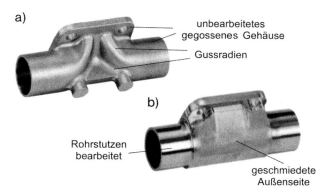

Abb. 2.101 Gehäuse von Membranventilen (nach Fa. Gemü):
(a) Feinguss, (b) geschmiedet.

Warm- oder kaltverformte Gehäuse werden aus Rohlingen gefertigt, die mit entsprechenden Werkzeugen verformt werden. Das entstehende Formstück erhält anschließend durch spanende Bearbeitung die erforderliche Gestalt. Das Spanen ist dabei aufwändiger als bei der Gussausführung. Bei Schmiedeausführungen (Abb. 2.101b) werden Ferritgehalte bis zu 0,5 % erreicht.

Außerdem sind Gehäuse verfügbar, bei denen das Gehäuseunterteil nach Abb. 2.102 durch Umformung aus einem Rohr entsprechender Nennweite gefertigt und mit einem Guss- oder Schmiedeflansch verschweißt wird. Die Rohrenden sind als Schweißstutzen ausgebildet, an die unterschiedliche Prozessanschlussverbindungen angeschweißt werden können.

Als Verfahren zum Erreichen der erforderlichen Oberflächenqualität der produktberührten Gehäuseoberflächen werden nach entsprechender Vorbearbeitung

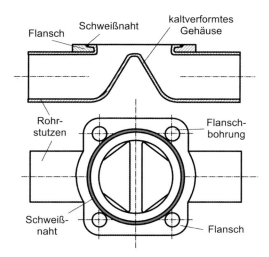

Abb. 2.102 Prinzipdarstellung eines Membranventilgehäuses in Schweißkonstruktion (nach Fa. Bürkert).

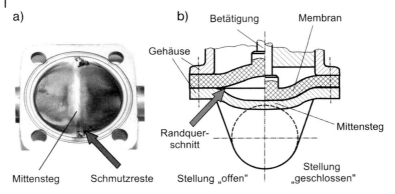

Abb. 2.103 Prinzipdarstellung einer potenziellen Risikostelle (Strömungsschatten) an Membranventilen: (a) Draufsicht, (b) Vorderansicht im Schnitt.

mechanisches Polieren und Elektropolieren eingesetzt. Glasperlengestrahlte Oberflächen sollten nur verwendet werden, wenn nachweisbar ist, dass überall eine gleichmäßig bearbeitet Oberfläche erzeugt wurde, bei der kein schuppenartiges Aufreißen (siehe Abschnitt 1.1.1.2 und [11]) festzustellen ist. Nach allen bisherigen Erfahrungen und Untersuchungen sind glasperlengestrahlte Oberflächen für den Produktbereich ungeeignet. Aus Hygienegründen werden alle inneren Gehäuseteile außerdem entsprechend ausgerundet.

Für Bereiche, in denen metallische Werkstoffe nicht verwendet werden können, werden Gehäuse aus Plastomeren wie z. B. PFA mit porenfreier, leicht reinigbarer Oberfläche hergestellt.

Generell kann gesagt werden, dass die produktberührte Oberflächenqualität der meisten herkömmlichen Gehäuse den Hygieneanforderungen nach Stand der Technik entspricht. Allerdings können, wie Abb. 2.103a als Beispiel zeigt, strömungstechnische Schattenbereiche in den Ecken stromabwärts hinter dem Gehäusesteg vorhanden sein, in denen sich Schmutzreste auch nach der In-place-Reinigung halten können. Ursache dafür ist zusätzlich die Querschnittsverengung an diesen Stellen, die aus Abb. 2.103b zu ersehen ist, wo eine Verringerung der Strömungsgeschwindigkeit und damit ein behinderter Austausch von Reinigungsmittel stattfindet.

In den meisten Fällen werden Membran, Gehäuseflansch und Gegenflansch, zwischen denen die Membran zur Gehäuseabdichtung eingespannt ist, im Wesentlichen quadratisch mit vier Schrauben ausgeführt, wie es die Abb. 2.103 und 2.105 zeigen. Ein Anschlag zwischen den beiden Flanschen, der eine definierte Pressung der Membran ergeben würde, ist meist nicht vorhanden. Dadurch ist es möglich die Schrauben unterschiedlich anzuziehen. Eine unterschiedliche Pressung der Membran auf der Gehäuseseite ist die Folge davon. Nur in seltenen Fällen wird ein definiertes Drehmoment zum Anziehen der Schrauben angegeben bzw. bei Montage verwendet. Dieses ist zudem noch abhängig von dem jeweils eingesetzten Membranmaterial.

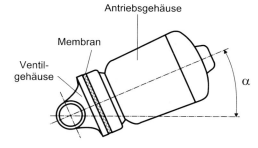

Abb. 2.104 Neigung von horizontal eingebauten Membranventilen zur Entleerung.

Um eine gute Dichtwirkung am Flansch zu erreichen, wird daher meist entweder aufseiten des Gehäuseflansches oder der Membran (Abb. 2.103) ein Wulst angebracht. Der Wulst befindet sich aus technischen Gründen allerdings nicht unmittelbar am Produkt, sondern ist gegenüber der Gehäusekante zurückversetzt, sodass ein hygienischer Problembereich in Form eines mikroskopischen Spaltes entsteht. Dieser wird dadurch verstärkt, dass sich die Membran beim Öffnen und Schließen des Ventils verformt und aufgrund der Biegebeanspruchung an der Einspannstelle dabei meist gedehnt bzw. gestaucht wird. Ein Reihe von Testergebnissen bestätigen, dass zwischen der produktseitigen Berührstelle von Flansch und Membran Schmutzreste einschließlich Mikroorganismen vorhanden sein können, die ein grundsätzliches Kontaminationsrisiko darstellen. Für die Spaltbildung ist entscheidend, dass die Einspannung der quadratischen Membran und die damit verbundene Pressung meist ungleichmäßig ist und beim Schalten die Verformung der Membran am Umfang unterschiedlich ist. Vor allem die Ecken bilden hierbei Problemstellen.

Um bei horizontalem Einbau ein völliges Entleeren des Ventils in eine Richtung zu gewährleisten, muss es entsprechend Abb. 2.104 geneigt werden. Die erforderlichen Neigungswinkel α werden jeweils vom Hersteller in der Betriebsanleitung angegeben.

Die Membran wird in zwei unterschiedlichen Ausführungen hergestellt. Sogenannte konvexe Formen sind auf der Produktseite zum Gehäuse hin gewölbt und daher in Schließstellung des Ventils unverformt. Sie benötigen lediglich die Anpresskraft, die zum Abdichten gegenüber des Stegs erforderlich ist. Konkave Membranen sind auf der Produktseite nach außen gewölbt und daher in Offen-Stellung unverformt. Beim Schließen des Ventils muss zunächst der Verformungswiderstand überwunden werden, der zum Durchdrücken der Wölbung erforderlich ist. Anschließend wird dann zusätzlich zum notwendigen Halten der verformten Membran der zum Dichten erforderliche Anpressdruck aufgebracht. Die Abb. 2.105a zeigt eine konkave Elastomermembran mit Wulst am Dichtrand sowie am Mittelsteg. Der Fortsatz an der einen Membranseite greift zur Lagesicherung in einen entsprechenden Spalt im Gehäuse, um ein Verdrehen der Membran zu verhindern.

Der notwendige Metallanschluss auf der Membranrückseite für den Betätigungsmechanismus ist bei Elastomeren meist an die Membran anvulkanisiert.

Die Membranen sind gemäß Tabelle 2.5 in verschiedenen Werkstoffen erhältlich, die den gesetzlichen Vorgaben z. B. der EU oder von FDA entsprechen. Grundsätzlich muss vor der Werkstoffauswahl jeder Anwendungsfall analysiert werden. Da innerhalb einer Anlage an verschiedenen Stellen oftmals unterschiedlichste Betriebsbedingungen herrschen können, kann es dazu führen, dass unterschiedliche Werkstoffe eingesetzt werden müssen. Insbesondere die chemischen Eigenschaften und die Temperatur der Betriebsmedien führen zu vielfältigen Wechselwirkungen. Die Eignung der Werkstoffe muss daher immer individuell geprüft werden. Nur auf diese Weise wird sichergestellt, dass die Anwendung über einen langen Zeitraum sicher und hygienegerecht arbeitet.

Weichelastomermembranen bestehen aus vernetzten Gummimischungen. Abhängig von der verwendeten Mischung sowie von Vernetzungsdauer, -temperatur und -druck erhalten die Membranen unterschiedliche technische Eigenschaften. Grundsätzlich kann man bei Weichelastomerwerkstoffen die Aussage treffen, dass je größer die Temperaturbelastbarkeit ist, desto weniger sind sie mechanisch belastbar in Bezug auf Wechselkräfte und Walkbewegungen, d. h. desto niedriger ist die Lebensdauer bezüglich der mechanischen Belastung. Bei Membranen von Membranventilen muss daher eine anwendungsorientierte Optimierung im Hinblick auf Temperaturbelastung und Umformbarkeit realisiert werden. Aus diesem Grund existieren verschiedene Mischungen und Membranausführungen.

Weiche und elastische EPDM-Membranen stehen in unterschiedlichen Typen zur Verfügung und sind daher für die meisten Anwendungen einsetzbar, auch wenn hohe Arbeitstemperaturen vorliegen oder mit Dampf sterilisiert werden muss. Ein typisches Merkmal weicher Elastomermembranen ist ihre Unempfindlichkeit gegenüber Medien, die z. B. zelluläre Agglomerate, Feststoffanteile und Ähnliches enthalten. Die elastische Struktur des weichen Elastomers ermöglicht es, diese Medien ohne Störung zu verwenden, die ansonsten Schwierigkeiten für die Funktion der Ventile und die Dichtheit der Dichtung bereiten. Eine zusätzliche mechanische Stabilität lässt sich durch faserverstärkte EPDM-Membranen erzielen, bei denen das Innere (der Kern) durch Kunststofffasern verstärkt ist. Sie eignen sich wegen ihrer Struktur für lange Sterilisierungszeiten mit sehr hohen Temperaturen.

PTFE-Membranen bieten ein Höchstmaß an chemischer Beständigkeit und besitzen eine größere Lebensdauer auch bei Hochtemperatur-Anwendungen. Darüber hinaus altert der Werkstoff PTFE selbst bei Dampfbeaufschlagung wesentlich langsamer als ein Weichelastomer, sodass auch die ursprüngliche Oberflächenqualität entsprechend lange erhalten bleibt. Deshalb ist vor allem auf eine hygienegerechte produktberührte Oberfläche vor Einsatz der Ventile zu achten, die die entsprechenden Rauheitsanforderungen erfüllen und frei von Poren und Schuppen sein muss. Beim Einsatz von PTFE auf der Produktseite wird ein zusätzliches elastisches Material auf der Rückseite der Membran erforderlich, das die elastische Anpressung des gering fließenden Werkstoffs PTFE kompensiert. Die PTFE-Elastomerkombination ist in Form von zwei getrennten Membranen (Abb. 2.105b) oder als Verbundmembran (z. B. PTFE-EPDM) erhältlich, wobei das elastische Element mit einem Verstärkungsmaterial (Gewebe) versehen sein kann.

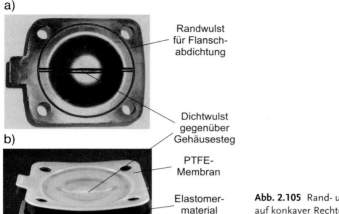

Abb. 2.105 Rand- und Stegwulst auf konkaver Rechteckmembran.

a) Randwulst für Flanschabdichtung / Dichtwulst gegenüber Gehäusesteg

b) PTFE-Membran / Elastomermaterial

Für häufig zu schaltende Ventile werden zweiteilige Membranen empfohlen, die eine längere Lebensdauer als Verbundmembranen garantieren, da sie flexibler sind. Bei entsprechender Gestaltung minimiert die konvexe Kontur der zweiteiligen Ausführung die Verformungskräfte, die auf die Membran wirken, wenn sich das Ventil in geschlossener Position befindet. Das Standardmaterial für das elastische Material ist EPDM. Für hohe Temperaturen wird Silikon als Werkstoff für die Stützmembran auf der Rückseite angeboten. Die Verbundmembran besitzt eine höhere Steifigkeit als die zweiteilige, da die in Sandwichbauweise fest miteinander verbundenen Werkstoffe PTFE und Elastomer durch die unterschiedlichen Elastizitätsmodule mechanisch miteinander verspannt sind. Wegen des höheren Verformungswiderstands setzt man sie häufig für kleinere Ventile ein.

Obwohl das Grundprinzip der Gestaltung von Membranventilen unter funktionellen Gesichtspunkten ausreichend erprobt und optimiert zu sein scheint,

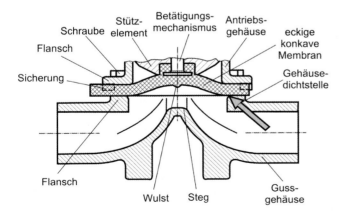

Abb. 2.106 Potenzieller Risikobereich an Membraneinspannung (Prinzipdarstellung).

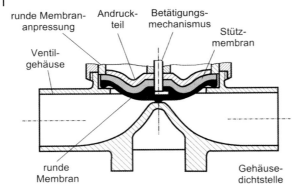

Abb. 2.107 Membranventil mit Rundmembran und runder Einspannstelle (Fa. Zwick).

können die konstruktiven Ausführungen im Detailbereich sehr unterschiedlich sein und die Reinigbarkeit stark beeinflussen. Ein grundlegendes Beispiel eines Ventils mit Gussgehäuse und quadratischem Flansch ist in Abb. 2.106 dargestellt. Das Gehäuseoberteil ist mit dem produktberührten Unterteil durch vier Schrauben verschraubt. Die dazwischenliegende Membran wird dabei zwischen den Gehäuseflanschen eingespannt, gepresst und durch den fixierten Ansatz in ihrer Lage gesichert. In der abgebildeten Offen-Stellung ist der bewegliche produktberührte Teil der konkaven Membran unverformt. Beim Schalten wird er durch den Betätigungsmechanismus zusammen mit dem Abstützkörper nach unten durchgedrückt, sodass der mittige Membranwulst in Schließstellung am Gehäusesteg abdichtet. Für den Prozessanschluss werden die Ventilstutzen in unterschiedlichen Ausführungen angeboten.

Die Prinzipdarstellung einer Ventilausführungen mit rundem Gehäuseflansch und runder konvexer Membran zeigt das Beispiel nach Abb. 2.107. Durch das ebenfalls runde Anpressteil wird eine gleichmäßige Pressung der Membran am Umfang der Einspannstelle erreicht und damit ein wesentliches Problem der rechteckigen Membraneinspannung beseitigt. Außerdem verformt sich eine runde Membran aufgrund der punktsymmetrischen Belastung an jeder Stelle in Umfangsrichtung gleich, womit ein weiterer wesentlicher Nachteil der quadratischen Membran vermieden wird. Das Anpresselement sollte keine Drehbewegung gegenüber der Membran ausführen. Um eine definierte Auflage- und Abdichtstelle zu erreichen, ist die Membran am Umfang wulstförmig ausgebildet. Bei Ausführung in PTFE auf der Produktseite wird gemäß der Darstellung eine zusätzliche elastische Stützmembran eingesetzt. Im vorliegenden Fall wurde das produktberührte Gehäuse strömungstechnisch optimiert.

Wird die Anpressung von runden Membranen mithilfe von Flanschen und Einzelschrauben vorgenommen, so sind der Schraubenabstand und die Härte der Membran ausschlaggebend für die Gleichmäßigkeit der Anpressung. Vor allem bei großen Ventilabmessungen können sich dabei Probleme ergeben, da häufig zu große Schraubenabstände vorliegen.

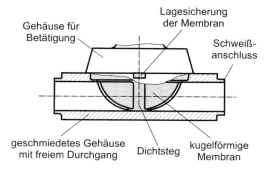

Abb. 2.108 Membranventil mit kugelförmiger Membran (kleine Nennweiten) (Fa. Handtmann).

Für kleine Nennweiten sind Edelstahl-Membranventile mit kugelförmiger Membran und freiem Durchgang verfügbar, wie die Skizze in Abb. 2.108 zeigt. Ein Vorteil besteht in der leichteren Reinigbarkeit aufgrund der einfacheren Gehäuseform.

Wenn spezielle Anforderungen vorliegen, bei denen rostfreier Edelstahl nicht eingesetzt werden kann, stehen Ventile aus verschiedene Kunststoffen wie z. B. ABS, PVC, PP, PVDF oder PFA zur Verfügung. Die grundsätzliche Gestaltung dieser Ventile entspricht den Ausführungen von Edelstahl wie das Beispiel nach Abb. 2.109 zeigt, wobei die Eigenschaften des Kunststoffes bei Oberflächenqualität, Wandstärke, Ausrundung usw. berücksichtigt werden müssen. Ebenso ist auf die Temperatur- und Produktbeständigkeit in Verbindung mit Alterungseffekten zu achten.

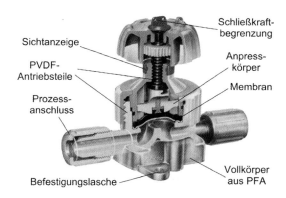

Abb. 2.109 Membranventil aus Kunststoff (Fa. Gemü).

2.3.2.6 Quetschventile

Quetschventile, häufig auch Schlauchventile genannt, werden in verschiedenen Bereichen und für sehr unterschiedliche Produkte meist als Absperrventile eingesetzt. Sie eignen sich nicht nur für Flüssigkeiten, sondern auch für Schlämme und können vor allem auch im Schüttgutbereich verwendet werden. Dem Prinzip nach

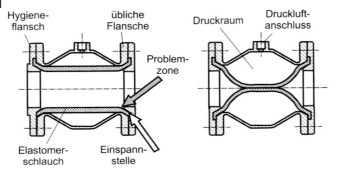

Abb. 2.110 Quetschventil mit Schlaucheinspannung.

stellen sie eine Vereinfachung des klassischen Membranventils dar. Dabei wird ein Schlauch mit rundem Querschnitt als Schaltorgan verwendet, der zum Schließen des Ventils von außen durch mechanische Vorrichtungen oder durch pneumatischen Druck gequetscht wird. Das Ventil hat damit im offenen Zustand einen freien Durchgang. Der Widerstandsbeiwert in geöffnetem Zustand ist deshalb nur geringfügig größer als der eines Rohrstücks gleicher Abmessung. Allerdings ist zu beachten, dass die Flüssigkeit einen bestimmten Mindestdruck haben muss, um den freien Durchflussquerschnitt beim Öffnen wieder herzustellen.

Wie die Prinzipdarstellung nach Abb. 2.110 zeigt, besitzt das Ventil keine dynamische Dichtung gegenüber dem Gehäuse, sondern ist hermetisch dichtend. Wie beim Membranventil ist außer bei Beschädigung keine Möglichkeit gegeben, dass Produkt nach außen austritt oder von außen z. B. durch Schmierstoff des Außenteils oder durch Mikroorganismen aus der Umgebung kontaminiert wird. Für die statische Abdichtung wird ebenfalls der Schlauch verwendet. In der dargestellten üblichen Konstruktionsweise ist der Schlauch ähnlich wie beim Membranventil zwischen zwei Flanschen geklemmt. Die Gestaltung dieser Stelle kann zu Hygieneproblemen führen, wenn Kriterien der spaltfreien hygienegerechten Abdichtung nicht beachtet werden.

Wie bei Membranventilen werden die Gehäuse der Quetschventile für hygienerelevante Einsatzbereiche aus rostfreiem Edelstahl verschiedener Typen mit unterschiedlichen Verfahren (Verformen, Gießen) hergestellt. Als Schlauchmaterialien stehen z. B. zugelassene EPDM-, FKM- oder PTFE-beschichtete Elastomerqualitäten zur Verfügung. Als Prozessanschlüsse werden neben Flanschen auch

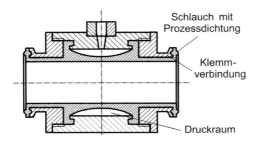

Abb. 2.111 Hygienegerechtes Quetschventil für Klemmanschluss.

Klemm- und Schraubverbindungen hergestellt. Das Beispiel nach Abb. 2.111 zeigt eine Schlauchkonstruktion mit integrierter Abdichtung für eine herkömmliche Klemmverbindung.

2.3.3
Mehrwegeventile

Beim Verschalten von Produktleitungen sind vielfältige Aufgaben zu erfüllen. Sie können z. B. das Verteilen von Produkt auf mehrere Leitungen, das Zusammenfassen mehrerer Produktwege zu einer Sammelleitung oder das Wechseln von Leitungswegen umfassen. In den meisten Fällen können diese Aufgaben durch Kombination von Absperrventilen erfüllt werden. Dabei sind jedoch schlecht reinigbare Stellen wie Totwassergebiete oft nicht zu vermeiden. Aus diesem Grund wurden spezielle Ventilkonfigurationen entwickelt und hygienegerecht gestaltet, die Kombinationen von Einzelventilen ersetzen und generell als Mehrwegeventile oder Blockventile bezeichnet werden. Dem geringeren Platzbedarf steht die häufig kompliziertere Konstruktion gegenüber, die hohe Anforderungen an die hygienegerechte Gestaltung stellt.

Eine wesentliche Gruppe solcher Ventile stellen Membranventile dar, die aus funktionellen Gründen in den verschiedensten Kombinationen miteinander verschaltet werden müssen. Dabei können bei Montage vor Ort längere Zwischenräume meist nicht vermieden werden, die häufig Totbereiche enthalten, die Reinigungsprobleme und damit Hygienerisiken nach sich ziehen. Durch Abstimmung der Anordnung auf die jeweilige Anwendung können z. B. jeweils zwei Ventile bereits beim Hersteller mit geringsten Abständen in der erforderlichen Lage zusammengeschweißt werden, um ein Maximum an Funktionalität auf engstem Raum zu erreichen und Hygieneprobleme zu vermeiden. Außerdem kann dabei auf Fittings wie z. B. T-Stücke verzichtet werden, sodass sich der Totraum zwischen den Ventilen erheblich reduziert und zwei Schweißnähte entfallen können.

Als eine andere große Ventilgruppe für Mehrweg-Anwendungen haben sich Tellerventile etabliert. Aufgrund der unterschiedlichen Anwendungen und Anforderungen hat man in diesem Bereich Gehäuseformen entwickelt, die häufig aus Grundelementen in verschiedener Anordnung zusammengesetzt werden können. Da eine einheitliche Bezeichnungsweise für die verschiedenen Ventiltypen fehlt, wird im Folgenden zwischen Ein- und Doppelsitzventilen unterschieden. Bei Letzteren spielt in verschiedenen Industriebereichen eine spezielle Gruppe mit spezifischen Konstruktionsmerkmalen eine Rolle, die heute allgemein als Doppelsitz-Leckageventile bezeichnet wird.

2.3.3.1 Membranventile in Blockausführung
Die einfachste Lösung für Mehrwegeventile lässt sich zunächst durch das Verschweißen von erforderlichen Konfigurationen beim Hersteller realisieren. Dabei kann vor allem eine definierte Schweißnahtgüte erzielt werden. Außerdem entfallen unnötige Verbindungslängen und die ansonsten nötige lösbare Verbindung.

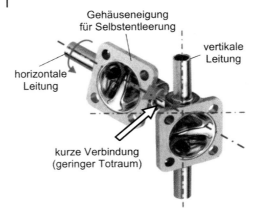

Abb. 2.112 Anordnung von Membran-Absperrventilen zum Schalten von zwei unterschiedlichen Wegen (Fa. Gemü).

Die Abb. 2.112 zeigt eine Konfiguration von zwei miteinander verschweißten Membranventilen, bei welcher das Durchgangsventil horizontal angeordnet und in Einbaulage soweit gedreht ist, dass im drucklosen Zustand die Selbstentleerung gewährleistet wird. Das zweite Ventil wird je nach Anwendung vor oder nach dem Dichtsteg des Durchgangsventils vertikal angeschweißt. Dabei können die Nennweiten beider Ventile gleich oder unterschiedlich sein. Anordnungen dieser Art sind typisch für Bereiche der Pharmaindustrie.

Aufgrund der Ventilgeometrien und der zur Verfügung stehenden Platzsituation, die vor allem durch die Abmessungen der Ventilgehäuse und der Antriebe vorgegeben ist, lassen sich nicht alle geforderten Kombinationen hygienegerecht verwirklichen, sodass es auch Einschränkungen bei der Kombination von Ventilen gibt. In diesen Fällen können mit Blockventilen (z. B. Mehrwege-Ventilblöcken), die aus einem Stück mit einem gemeinsamen kompakten Gehäuse hergestellt werden, individuelle hygienegerechte Lösungen angeboten werden. Da alle Ventilsitze, Anschlussgeometrien und Querverbindungen in einem einzigen Bauteil vereinigt sind, ergeben sich als Vorteile, dass die Ventile kundenspezifisch in kompakter Bauweise unter Minimierung von Toträumen selbstentleerend ausgeführt werden können. Außerdem entfallen Fittings, Schweißstellen und aufwändige Nacharbeitungen. Allerdings lassen sich die bei der Gestaltung von Membranventilen bereits besprochenen Problemzonen wie Bereiche mit Strömungsschatten im Gehäuse oder Spalte an den Einspannstellen der Membran nicht vermeiden.

Die Abb. 2.113 zeigt einen einfachen T-Ventilblock mit einem nicht absperrbaren Durchgang und einer absperrbaren Abzweigung. Wie die Schnittdarstellung in Abb. 2.113a verdeutlicht, geht die Abzweigstelle direkt in den Ventilkörper über, ohne dass ein Rohrzwischenstück wie beim Anschweißen eines Ventils an ein T-Stück erforderlich wäre. Die Schaltskizze nach Abb. 2.113b zeigt die senkrecht zueinander angeordneten Leitungen (1) und (2) mit Ventil (V1).

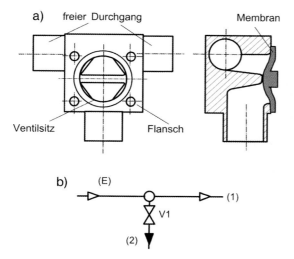

Abb. 2.113 Membranventil-Block für absperrbare Abzweigung (nach Fa. Gemü): (a) Prinzipdarstellung, (b) Ersatzschaltung.

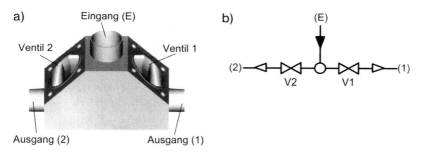

Abb. 2.114 Einfaches Blockventil (Fa. Gemü): (a) Gehäuse, (b) Ersatzschaltung.

In Abb. 2.114 ist anhand des einfachen Beispiels einer Verzweigung mit einer Zuleitung und zwei absperrbaren Ausgängen das Ventilgehäuse und die zugehörige Schaltung dargestellt.

Die Abb. 2.115a verdeutlicht anhand einer Verzweigung auf vier Ausgänge die Problematik von Toträumen und erforderlichen Schweißnähten, wenn der Ventilknoten mit Einzelventilen realisiert wird. Demgegenüber lässt das Schnittbild eines entsprechenden Blockventils die kompakte und leicht reinigbare Gestaltung erkennen. Unterschiede und Möglichkeiten in der Gestaltung der Gehäuse sowie der Anschlussleitungen für einen vorgegebenen Ventilknoten zeigt Abb. 2.116. Die Ventilantriebe mit Dichtkörper (Membran) können entweder an vertikalen oder schrägen Gehäuseflächen angeordnet werden. Der Platzbedarf sowie der Abstand für die Anschlüsse kann ebenfalls individuell erfolgen.

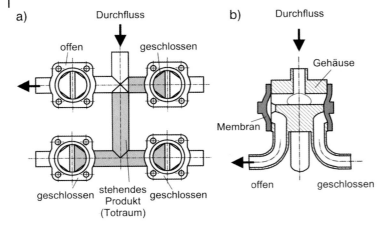

Abb. 2.115 Umschaltung von Stoffströmen (Prinzip):
(a) Realisierung durch Einzelventile mit (reinigbaren) Totbereichen, (b) Blockventil.

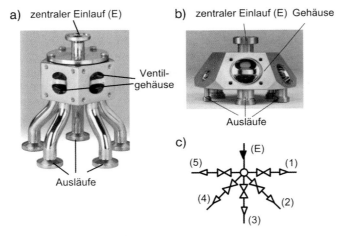

Abb. 2.116 Beispiel für unterschiedliche Anordnung der Dichtflächen von Blockventilen:
(a) vertikal (Fa. ITT Pure-Flo), (b) schräg geneigt (Fa. Gemü), (c) Ersatzschaltbild.

2.3.3.2 Mehrwege-Tellerventile

Einsitzventile haben gemäß Abb. 2.117a bzw. b die Aufgabe, einen durchgehenden Leitungsweg mit einem zusätzlichen Weg zu verbinden oder von diesem zu trennen. Ventile dieser Art werden in der Praxis häufig als Umschaltventile bezeichnet. Bei Doppelsitzventilen mit gemeinsamem starrem Betätigungsmechanismus kann gemäß Abb. 2.117c bzw. d zwischen zwei Wegen gewechselt werden. Für diese Typen ist die Bezeichnung „Wechselventil" gebräuchlich. Eine Sonderstellung nehmen Doppelsitzventile ein, bei denen zwei gegeneinander bewegliche Ventilteller mit je einem Sitz vorhanden sind, die in einer Schaltstel-

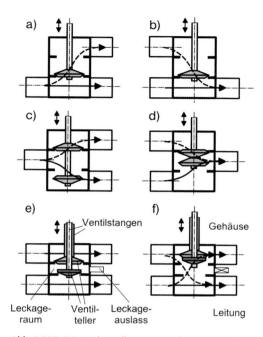

Abb. 2.117 Prinzipdarstellung von Mehrwegeventilen:
(a, b) Einsitzventile mit absperrbarer Abzweigung (Umschaltventile),
(c, d) Doppelsitzventile mit gemeinsamer Spindel (Wechselventile),
(e, f) Doppelsitzventile mit gegeneinander beweglichen Tellern
(Doppelsitz-Leckageventile) in Schließ- bzw. Offenstellung.

lung einen drucklosen „Leckageraum" zwischen den Ventiltellern bilden. Diese sogenannten „Doppelsitz-Leckageventile" dienen in einer Schaltstellung zum sicheren Trennen feindlicher Medienströme (Abb. 2.117e) durch einen doppelt abgedichteten drucklosen Raum, während sie in der anderen eine Verbindung zwischen den Leitungen herstellen (Abb. 2.117f).

Im Folgenden werden die verschiedenen Ventiltypen häufig nur durch Prinzipdarstellungen wiedergegeben, da die meisten Details wie z. B. Gehäuse, Anschlüsse usw. bereits im Rahmen von Tellerventilen (s. Abschnitt 2.3.2.4) diskutiert wurden. Auch die verschiedenen Arten der Dichtungsgestaltung wurden sowohl in Abschnitt 1.4 [11] als auch unter dem oben genannten Abschnitt ausführlich aufgezeigt, sodass die relevanten dynamischen Dichtstellen durch gefüllte Kreise oder entsprechende elastische, hermetisch dichtende Elemente wiedergegeben werden, während statische Gehäusedichtungen nicht dargestellt sind. Lediglich bei speziellen Details werden technische Zeichnungen verwendet. Zusätzlich werden bei einigen durch eine einfache Skizze die möglichen Schaltstellungen verdeutlicht.

Spezielle konstruktive Details wie radiale oder axiale Abdichtung der Ventilteller sowie Druckkompensation werden im Einzelnen bei Doppelsitz-Leckageventilen aufgezeigt und besprochen.

Einfach dichtende Tellerventile

Bei diesen Ventilen dichtet in Absperrposition jeweils nur ein einteiliger Ventilteller die entsprechenden Rohrleitungswege mit einer Tellerdichtung gegeneinander ab. Damit ist immer nur eine Dichtung zwischen den getrennten Rohrleitungsteilen vorhanden. Bei einem Dichtungsdefekt kann es deshalb zu einer unbeabsichtigten Vermischung der in den Rohrleitungen befindlichen Produkte kommen. Ventile mit einem Teller übernehmen in geöffnetem Zustand die Funktion, Produkt entsprechend Abb. 2.118 von einer Rohrleitung auf zwei zu verteilen oder von zwei Rohrleitungen in eine zusammenzuführen. Die einzelnen Anschlüsse für die Rohrleitungen können entweder in parallelen Ebenen in beliebigen Richtungen oder wie bei Eckventilen über Eck verlaufen, wie in Abb. 2.119 dargestellt.

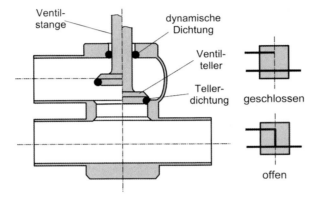

Abb. 2.118 Beispiel für Umschaltventil mit dynamischer Dichtung (keimarm).

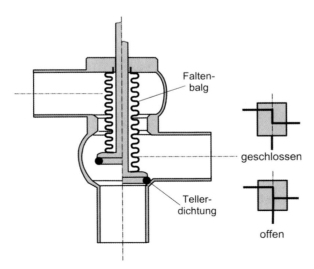

Abb. 2.119 Beispiel für Umschaltventil mit Faltenbalg zur hermetischen Abdichtung (aseptisch).

Der Ventilsitz kann im oberen oder unteren Teil des Gehäuses angeordnet werden, das meist aus definierten, leicht austauschbaren Bausteinen kombiniert werden kann. In beiden Darstellungen wird der Ventilteller in geschlossenem Zustand bei Überdruck im oberen Gehäusebereich zusätzlich angepresst, was eine entsprechende Zusatzverformung der Tellerdichtung zur Folge hat. Bei Druckstößen im unteren Gehäuseteil kann ein kurzzeitiges Öffnen der Ventiltellerdichtung gegen die Feder-Anpresskraft nicht ausgeschlossen werden.

Die Bewegung der Ventilstange wird entweder durch eine einfache dynamische Dichtung (Abb. 2.118), eine dynamische Doppeldichtung mit Spülkammer oder eine hermetische Dichtung mit elastischem Element wie Faltenbalg (Abb. 2.119) oder Membran abgedichtet, was bereits in Abschnitt 2.3.2.4 ausführlich erläutert wurde. Damit wird auch wesentlich der Einsatzbereich in Bezug auf „keimarm" oder „aseptisch" festgelegt. Für die Ausbildung der Falten, die stark die Reinigbarkeit beeinflusst, sowie deren Belastung spielt die von der Konstruktion her zur Verfügung stehende Länge für den Faltenbalg eine wesentliche Rolle. Wenn entsprechend der Skizze nach Abb. 2.119 eine große Länge möglich ist, besteht kein großer Unterschied zwischen dem Faltenabstand in offener und geschlossener Ventilposition. Damit besitzen die Falten auch bei offenem Ventil einen für die Reinigung günstigen, ausreichend großen Abstand. Allerdings ist von Nachteil, dass im Bereich des Übergangs von oberem zu unterem Gehäuse der Faltenbalg nicht umströmt wird, was die Reinigbarkeit unterstützt, sondern die Strömung axial verläuft. Wird der Faltenbalg bei Ventilen eingesetzt, deren Sitz entsprechend Abb. 2.118 im oberen Gehäuseteil angeordnet ist, so steht nur eine geringe Bauhöhe für den Faltenbalg zur Verfügung, wenn man einen Dom vermeiden möchte. Als Folge werden die Falten in Reinigungsposition relativ stark zusammengedrückt und die Reinigbarkeit dadurch erheblich verschlechtert. Bei einigen Konstruktionen hat sich gezeigt, dass durch Schalten der Ventile während der Reinigung die Reinigungswirkung verbessert werden kann.

Ventile mit mehreren Gehäuseelementen können je nach Einsatzgebiet in ihren Gehäuseteilen unterschiedlich wärmebelastet werden, indem z. B. ein Leitungsteil kaltes und das andere heißes Medium enthält. In diesem Fall spielt die Gehäuseverbindung eine entscheidende Rolle. Sie kann als Klemm- oder Flanschverbindung ausgeführt sein und muss die entstehenden Wärmespannungen aufnehmen können, um keine Spaltbildung an den statischen Gehäusedichtungen zuzulassen. Um zusätzliche Belastungen für die Gehäuse zu vermeiden, müssen die Anschlussleitungen dehnungskompensiert werden.

Aus strömungstechnischer Sicht ergibt sich der hygienisch kritische Bereich an den Stellen der Durchströmung der Ventilsitze sowie der Umströmung des Ventiltellers. Hier sind Strömungsschatten nicht zu vermeiden. Eine mögliche Maßnahme, um die Reinigbarkeit zu verbessern, besteht im Wechsel der Durchströmungsrichtung in diesen kritischen Bereichen.

Will man abwechselnd eine Leitung mit zwei verschiedenen verbinden, so kann man dies gemäß Abb. 2.120 durch zwei starr miteinander verbundene Teller realisieren, die jeweils mit einer Tellerdichtung ausgestattet sind. Nach jedem Schaltvorgang dichtet jeweils nur einer der beiden Teller gegenüber dem

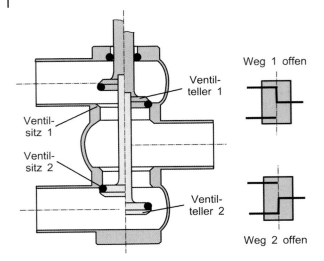

Abb. 2.120 Beispiel eines Wechselventils in keimarmer Ausführung.

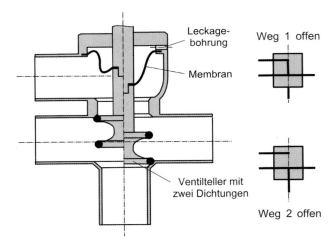

Abb. 2.121 Beispiel eines Wechselventils mit hermetischer Abdichtung für aseptischen Einsatz.

Sitz im Gehäuse ab. Ventile dieser Art werden häufig auch als Wechselventile bezeichnet.

Je nach Art der Anordnung der Sitze können die beiden Teller auch zu einem gemeinsamem zusammengefasst werden, der in einem entsprechenden räumlichen Abstand die beiden abwechselnd dichtenden Tellerdichtungen enthält. Eine solche Anordnung zeigt Abb. 2.121, bei der beispielhaft zum einen der Ventilteller strömungsgünstig gestaltet und zum anderen eine hermetische Abdichtung in Form einer Membran dargestellt ist. Das Ventil ist damit für aseptische Anwendungen einsetzbar, wenn es zusätzlich sterilisierbar ist. Ein

Undichtwerden der Membran kann über eine Leckagebohrung im Rückraum der Membran kontrolliert werden.

Doppelt dichtende Tellerventile mit einem Teller

Häufig enthalten Anlagen Mehrzweck-Leitungswege, die von verschiedenen Medien genutzt werden. Dabei wird oft ein Teilbereich gereinigt, während der andere Produkt enthält. Wenn die beiden Medien gegeneinander an einer Stelle nur durch ein Ventil mit einer Sitzdichtung getrennt sind, kann bei Undichtheit eine gefährliche Situation durch Kontamination des Produktes mit Reinigungsmittel entstehen. Anstelle der einfachen Anordnung kann man durch drei Einsitz-Ventile in einer „Block-and-bleed"-Schaltung die notwendige Sicherheit erreichen. Die gleiche Absicherung zur Vermeidung von Vermischungen wird durch Doppeldicht-Ventile erzielt, die das gleiche Prinzip in einer Konstruktion vereinigen. Die Zusammenfassung verschiedener Funktionen in einem Ventil vermindert Risiken und Kosten, die bei kundenspezifischen, vor Ort installierten Kombinationen von Einsitzventilen entstehen. Zum Beispiel werden Toträume minimiert und Verluste an Produkt, Reinigungsmitteln und Wasser verringert. Diese Vorteile werden durch die Genauigkeit vorgefertigter Verteilungen und Ventilknoten ergänzt. Die parallele Verwendung mehrerer Wege für Medien kann die Effektivität und Kapazität einer Anlage erheblich erhöhen. Weiterhin werden im Ergebnis Installation, Betrieb, Validierung und Wartung schneller, einfacher und billiger.

Ventile dieser Art werden zur Produktverteilung oder -vereinigung in Rohrleitungen eingesetzt, wenn gemäß der Prinzipdarstellung eines 2-Wege-Ventils nach Abb. 2.122 das „Block-and-bleed"-Prinzip zur Absicherung feindlicher Medien gefordert wird. Im geschlossenen Zustand des Ventils (Ruhelage) befinden sich immer zwei Dichtungen, die in einem gemeinsamen Teller montiert sind, zwischen den beiden abgesperrten Rohrleitungen (unteres zu oberem Gehäuse). Sollte es zu einem Defekt einer Dichtung kommen, so kann die Leckage aus dem dafür vorgesehenen Leckageauslauf austreten, ohne sich mit dem Produkt in der zweiten Rohrleitung zu vermischen. Die Leckageleitung kann als geschlossene Leitung ausgeführt werden und die Leckage durch Sensoren überwacht werden.

Als Nachteil der Konstruktion ist anzuführen, dass der Leckageanschluss mit einem Ventil ausgestattet werden muss, dass bei Öffnen des Ventils die Leckageleitung schließt. Dadurch entsteht jedoch ein Totraum bis zum Absperrventil der Leckageleitung. Weiterhin kann die Entleerung des Leckageraums in der dargestellten Lage des Ventils (vertikale Achse) je nach Gestaltung problematisch sein. Dagegen ist bei einer Einbaulage mit um 90° gedrehter Ventilachse die Entleerung gewährleistet.

Die Ventile können auch mit Spülanschlüssen für den Leckagebereich ausgestattet werden, die dazu dienen, nach einer eingetretenen Verunreinigung oder von Zeit zu Zeit den Leckageraum sowie den Leitungstotraum der Spülleitung mit Wasser oder Dampf einer entsprechenden Qualität zu spülen. Eine Reinigung des Leckagebereichs bei geschlossenem Ventil sollte nicht durchgeführt werden, da damit gegen das Doppeldichtprinzip verstoßen wird. Als Gegenargument wird

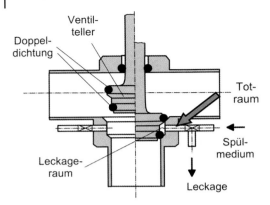

Abb. 2.122 Beispiel eines Doppelsitz-Umschaltventils mit Spül- bzw. Leckageventil.

angeführt, dass die Reinigung im Leckageraum nahezu drucklos abläuft, sodass keine Gefahr für das Produkt entsteht. Wenn eine Reinigung des gesamten Ventils (in offenem Zustand) stattfindet, wird der Leckage-Bereich zwischen den beiden Dichtungen automatisch mitgereinigt, da der Raum sowie die Dichtungen der Reinigung direkt zugänglich sind.

Doppelt dichtende Ventile gibt es ähnlich wie bei einfach dichtenden Ventilen in unterschiedlichen Mehrwege-Ausführungen. Für hohe Hygieneanforderungen sowie aseptische Anwendungen sind dynamische Doppeldichtungen mit dazwischen liegender Spülkammer sowie hermetische Abdichtungen mit Faltenbalg oder Membran erhältlich.

Doppelsitz-Leckageventile

Die sogenannten Doppelsitz-Leckageventile [57] wurden dem Prinzip nach aus den doppelt dichtenden Ventilen entwickelt, wobei in erster Linie der hygienische Problembereich des Leckageventils und des Spülanschlusses für den Leckageraum Ziel der Umgestaltung waren. Sie werden nunmehr seit mehr als 20 Jahren in der Getränke-, Milch- und Lebensmittelindustrie sowie in den letzten Jahren auch in biotechnologischen Anlagen (Enzymbereitung usw.) mit Erfolg an Kreuzungs- oder Knotenpunkten eingesetzt, um eine sichere Trennung zu erreichen. Mittlerweile sind mehr als eine Million solcher Ventile erfolgreich im Einsatz.

Wie das Prinzip einer Matrixanordnung von Doppelsitz-Leckageventilen in einem „Ventilknoten" nach Abb. 2.123 zeigt, ist die Hauptaufgabe solcher Armaturen, als Schaltelemente meist in einer kompakten räumlichen Anordnung Leitungselemente miteinander zu verschalten. Verbindungen zwischen Leitungen sind nur über die Ventile möglich. Die geschalteten Verbindungen innerhalb der Ventile sind in der Darstellung durch dicke Linien gekennzeichnet. Von den vier wiedergegebenen Behältern wird aus dem ersten Produkt 1 in die Entleerungsleitung entleert. In diesem Fall ist die vom Behälter kommende Leitung mit der Entleerungsleitung durch das zugeordnete (mittlere) Ventil verbunden, während die beiden anderen Ventile geschlossen sind. Der zweite Behälter wird gleichzeitig

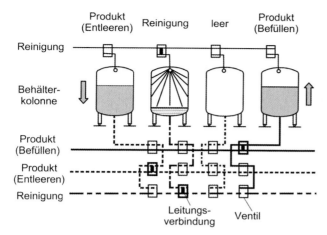

Abb. 2.123 Beispiel für die Anordnung von Doppelsitzventilen mit gegeneinander beweglichen Tellern (Doppelsitz-Leckageventile).

gereinigt. Dabei wird über die Sprühkugel Reinigungsmittel im Behälter versprüht oder eine Zielstrahl-Reinigung durchgeführt. Die Leitung des Behälterauslaufs ist nur mit der Reinigungsleitung über das entsprechende Ventil verbunden. Bei dem dritten leeren Behälter sind alle Verbindungen zu den Leitungen geschlossen. Der vierte Behälter wird über die Befüllungsleitung mit Produkt 2 befüllt. Die Behälterleitung ist deshalb über das obere Ventil mit der Leitung verbunden. Gleichzeitig sind die anderen Ventile der Behälterleitung geschlossen. Entscheidend ist, dass bei den geschlossenen Ventilen die doppelte Abdichtung gegenüber den verschiedenen Medien wirksam ist und eine eventuelle Leckage nach außen abgeleitet wird, wo sie registriert werden kann. Zusätzlich notwendige Absperrventile sind bei der Prinzipdarstellung nicht berücksichtigt.

Die teils sehr unterschiedlichen Konstruktionen der verschiedenen Hersteller realisieren die heutigen funktionellen und hygienischen Anforderungen nach Stand der Technik. Trotzdem arbeiten die meisten Doppelsitz-Leckageventile nach demselben Prinzip. Da für die Funktionsweise und damit auch für Gestaltungsmaßnahmen in Bezug auf Hygiene der Ventilantrieb eine wichtige Rolle spielt, wird in Abb. 2.124 das Prinzip eines Doppelsitz-Leckageventils einschließlich Antrieb aufgezeigt. Die Armaturen werden sowohl „federschließend" als auch „federöffnend" hergestellt, während die entgegengesetzte Bewegung durch einen pneumatischen Antrieb realisiert wird. Die konstruktive Ausführung beeinflusst nicht nur die technische und funktionelle Zuverlässigkeit, sondern ist auch von wesentlicher Bedeutung für die mikrobiologische Eignung der Armaturen. Deshalb müssen bei einer Beurteilung im Rahmen von Hygienic Design die verschiedenen Zusammenhänge und gegenseitigen Rückwirkungen genau erfasst werden.

Bei dem typischen Design der Prinzipdarstellung enthält das produktberührte Ventilgehäuse zwei Hauptbereiche, von denen jeder mit einer der Leitungen des Rohrleitungssystems getrennt verbunden ist. Zwischen den beiden Leitungen

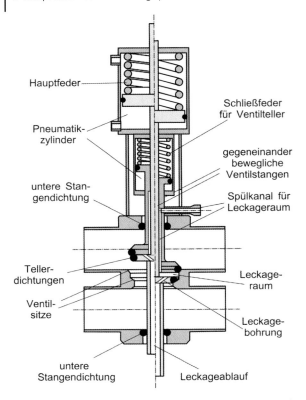

Abb. 2.124 Prinzipieller Aufbau eines Doppelsitz-Leckageventils.

dichten im Schließzustand des Ventils zwei getrennte und getrennt steuerbare bzw. bewegliche Ventilteller in den beiden Gehäusesitzen ab. Der untere Teller wird von der Hauptfeder, der obere von einer zweiten Feder angepresst. Der Betriebsdruck wirkt entsprechend der Prinzipskizze am unteren Teller gegen den Federdruck, während der obere Teller zusätzlich angepresst wird.

Zwischen den Tellern wird im Schließzustand des Ventils ein Hohlraum zur Leckageerkennung gebildet (rechter Teil der Abb. 2.124). Dieser ist über eine direkte Verbindung, die als axiale Bohrung in der unteren Ventilstange ausgeführt werden kann, zur Umgebung hin offen. Wenn eine der Dichtungen undicht wird, lässt sich das auslaufende Medium erkennen und registrieren. Im Gegensatz zu den doppelt dichtenden Ventilen mit einem Ventilteller wird in diesem Fall kein Leckageventil benötigt, da der Leckageraum durch die auseinander gefahrenen Ventilteller und das Gehäuse gebildet und beim Öffnen des Ventils (linker Teil der Abb. 2.124) automatisch zum Verschwinden gebracht wird, indem die Ventilteller gegeneinander gefahren werden. Das heißt, es wird entsprechend der Prinzipskizze der untere Ventilteller nach oben bewegt, bis er gegenüber dem oberen Teller abdichtet. Damit ist der Leckageraum verschwunden. Die gegenseitige Anpressung der Teller erfolgt durch die Schließfeder. Anschließend fahren beide

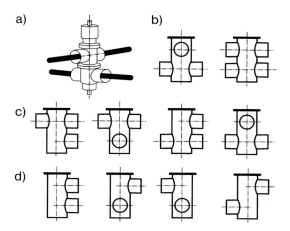

Abb. 2.125 Gehäuseausführungen von Doppelsitz-Leckageventilen:
(a) räumliche Darstellung, (b) Anschlüsse für zwei durchgehende Leitungen,
(c) eine durchgehende und eine endende Leitung, (d) zwei endende Leitungen.

Teller gemeinsam weiter nach oben, um die Offen-Stellung zu erreichen. Bei den meisten Konstruktionen kann der Leckageraum über einen Flüssigkeitskanal gespült bzw. gereinigt werden, der meist axial entweder zwischen den Ventilstangen oder innerhalb der inneren Stange zum Leckageraum führt.

Um die Funktion sicherzustellen, muss ein Alarmsignal eine Fehlmeldung geben, wenn die Ventilteller in der Geschlossen-Position nicht vollständig ihren Sitz erreicht haben. Außerdem sollte noch erwähnt werden, dass in den USA der Leckageauslauf den gleichen Querschnitt besitzen muss, wie die größere der angeschlossenen Leitungen, um einen Druckaufbau im Leckageraum zu vermeiden.

Um unterschiedliche Anschlussrichtungen und Anzahl der Anschlüsse durch eine einzige Grundkonstruktion verwirklichen zu können, werden in den meisten Fällen die Gehäuse nach dem Baukastenprinzip aus einzelnen Bausteinen aufgebaut. Die Abb. 2.125 zeigt Gehäuse mit den unterschiedlichen Anschlussmöglichkeiten. Es sind sowohl Gehäuse mit durchgehenden parallelen oder gekreuzten Leitungen als auch nur einseitigen Anschlüssen in verschiedenen Kombinationen verfügbar. Die Verbindung der Gehäuseelemente kann durch Flansch- oder Klemmverbindungen bzw. in geschweißter Ausführung erfolgen. Da bei unterschiedlichen Temperaturen durch Wärmedehnung oder -kontraktion in den angeschlossenen Leitungen zum Teil erhebliche Kräfte auf das Gehäuse ausgeübt werden können, ist auf ausreichende Dimensionierung der Bauteile und vor allem ihrer Verbindungen zu achten, um ein Verformen oder Verziehen zu vermeiden.

Durch die Kompliziertheit der Konstruktion ergeben sich spezielle Risikoquellen, die für eine Überwachung der Hygiene systematisch erfasst werden müssen:

Bei der Vielzahl an statischen und dynamischen Dichtstellen ist die konstruktive hygienegerechte Gestaltung der Dichtungen von entscheidender Bedeutung

(s. auch [11]). Eine einwandfreie definierte Lagerung der Hauptspindel im Gehäuse sowie beider Spindeln gegeneinander sind wesentliche Voraussetzungen für die einwandfreie Dichtwirkung der dynamischen Dichtungen an den Ventilspindeln und -tellersitzen. Sie ist um so effektiver, je größer der Abstand der Lagerstellen in axialer Richtung ist. Nur dadurch kann eine ausreichende Zentrierung gewährleistet werden, die die Funktionalität hygienegerecht gestalteter Dichtungen sicherstellt. Andernfalls entstehen durch Verkanten ungleiche Belastungen, die Beschädigungen der Dichtungen oder Undichtwerden der Dichtstellen zur Folge haben können. Untersuchungen haben auch gezeigt, dass häufig Gleitflächen der Ventilspindeln bei Montage oder Demontage beschädigt werden. Oft weisen bereits fabrikneue Ventilspindeln Spuren unsachgemäßer Behandlung wie Kratzer von Schraubenziehern und Wasserpumpenzangen auf. Durch solche Beschädigungen wird die Lebensdauer der Dichtungen drastisch verkürzt. Hier sind eine sorgfältige Wareneingangskontrolle und eine gezielte Aufklärung des Personals wirksame Maßnahmen.

Bei den Ventiltellerdichtungen werden bei den verschiedenen Ventiltypen axiale, radiale oder schräge Dichtflächen ausgeführt. Wie die Prinzipdarstellung nach Abb. 2.126 am Beispiel eines schrägen Sitzes zeigt, führt die Dichtung beim Schließvorgang nach Beginn der Berührung eine Relativbewegung gegenüber dem Ventilsitz aus. Dadurch entstehen eine zunehmende Anpress- und Scherkraft, die mit entsprechenden Verformungen verbunden sind. Außerdem baut sich der Betriebsdruck auf, der die Dichtung zusätzlich beansprucht (siehe auch Abb. 2.94c und d). Die Konstruktion muss daher bei der Gestaltung der Dichtungsnut zum einen der volumenbeständigen Dichtung einen ausreichenden Raum für die Verformung zur Verfügung stellen. Zum anderen kann die Beanspruchung im entlasteten Bereich der Dichtung zu einer Spaltbildung in der Dichtungsnut führen. Bei der konstruktiven Auslegung muss daher die Vorspannung der Dichtung in der Nut ausreichend hoch gewählt werden, um an dieser Stelle mikrobiologische Probleme auszuschließen. Außerdem kommt es zu Produkteinschluss im Ausdehnungsraum der Dichtung sowie zwischen den metallischen Berührflächen von Ventilteller und -sitz.

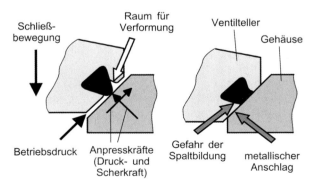

Abb. 2.126 Prinzipdarstellung der Belastung einer Tellerdichtung bei konischem Sitz (nach Fa. GEA Tuchenhagen).

Für alle Prozessdichtungen wie Gehäuse-, Stangen und vor allem Sitzdichtungen müssen definierte Wege für eine rasche Detektion von Leckagen vorgesehen werden, um eine unmittelbare Anzeige einer notwendigen Wartung zu gewährleisten. Die Gestaltung dieser Wege darf sich aber nicht auf den Produktionsbetrieb auswirken.

Manche Konstruktionen sind beim Schalten nicht leckagefrei wie auch das Beispiel nach Abb. 2.125 zeigt. Wenn der untere Teller beim Öffnen des Ventils den Sitz verlässt, entsteht zunächst eine Verbindung zwischen dem Gehäuseunterteil und dem Leckageraum mit einer sogenannten Schaltleckage. Erst danach erreicht er den oberen Teller und dichtet gegen diesen ab. Das Gleiche in umgekehrter Reihenfolge geschieht beim Schließen des Ventils. Das Volumen dieser Leckage hängt von der Gestaltung der Sitze, der Schaltzeit, der Ventilgröße und dem Prozessdruck ab. Da in diesem Fall eine getrennte Reinigung des Leckagebereichs nach dem Schalten erforderlich wird, ist die hygienegerechte Gestaltung des Leckagesystems von besonderer Bedeutung. Durch die direkte Verbindung nach außen ist die Kontaminationsgefahr besonders groß.

Soll das Ventil leckagefrei arbeiten, so muss die konstruktive Gestaltung gewährleisten, dass beim Öffnen die Sitzdichtung zwischen Teller und Gehäuse solange dicht bleibt, bis die beiden Teller gegeneinander abdichten. Beim Schließen gilt das gleiche in umgekehrter Weise.

Bei Ventilen in der Ausführung nach Abb. 2.127a kann es durch Druckstöße in der Leitung zu einem kurzzeitigen Anheben des unteren Ventiltellers gegen die Anpressung des Antriebs kommen, weil kein mechanischer Anschlag im Ventilsitz vorhanden ist. Dadurch bildet sich eine Verbindung zum Leckageraum, sodass Produkt in diesen eintritt. Gleichzeitig entsteht eine Druckentlastung zum drucklosen Leckageraum hin. Soll dieser Effekt grundsätzlich vermieden werden, so muss die Konstruktion eine Druckentlastung vorsehen. Diese wird dadurch erreicht, dass der druckbeaufschlagten axialen Querschnittsfläche des Tellers

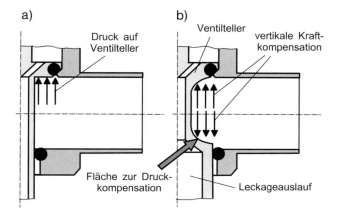

Abb. 2.127 Belastung des Ventiltellers:
(a) einseitige Belastung durch Betriebsdruck, (b) Druckkompensation durch Gegenfläche.

gemäß Abb. 2.127b eine gleich große Fläche gegenübergestellt wird, die durch den Druck in entgegengesetzter Richtung belastet wird. Dadurch heben sich die axialen Komponenten der Druckkräfte gegenseitig auf, sodass Druckstöße keinen Einfluss haben. Die Form der Druckentlastungsfläche kann bei entsprechender Ausrundung zu günstigeren Strömungsbedingungen im Ventilgehäuse und damit zu leichterer Reinigbarkeit führen. Eine Druckentlastung kann auch für den Ventilteller vorgesehen werden, der durch den Betriebsdruck im Sitz zusätzlich angepresst wird. In diesem Fall wird die Anpresskraft ausschließlich durch die Schließfeder erzeugt. Das Öffnen des Ventils erfolgt in diesem Fall nur gegen den Federdruck.

Wenn das Ventil geöffnet wird, verschwindet der Leckageraum, bis die beiden Ventilteller gegeneinander abdichten. Dabei werden auch die Leitungskanäle für die Zuführung der Spül- bzw. Reinigungsflüssigkeit zum Leckageraum geschlossen. Das kann zur Folge haben, dass Medium zwischen den Tellern eingeschlossen wird, aus dem eine Kontaminationsgefahr erwächst. Deshalb sollten die Teller bei der Reinigung voneinander abgehoben werden, um diese Bereiche zu reinigen. Für die Abdichtung der Ventilteller gegeneinander ist in erster Linie der Federdruck der Schließfeder maßgebend. Um den Innenraum der Ventilteller und -stangen zuverlässig abgedichtet zu halten, ist deshalb eine ausreichende Vorspannung notwendig.

Bei normalem Einsatz von Doppelsitz-Leckageventilen werden die folgenden Bereiche durch Produktreste verschmutzt:

- das obere Ventilgehäuse durch Produkt, das dort ansteht oder durchfließt;
- der Sitzbereich des oberen und unteren Gehäuses, wenn das Ventil offen ist;
- der Hohlraum im unteren Ventilschaft bei Undichtheit oder bei vorhandener Schaltleckage;
- das untere Ventilgehäuse durch Produkt, das dort ansteht oder durchfließt.

Um die erwähnten produktberührten Oberflächen zu reinigen, kommen als typische Reinigungsmethoden in Frage:

- In-place-Leitungsreinigung der Gehäusebereiche;
- taktweises Anlüften der Ventilteller bei geschlossenem Ventil, um die Sitzdichtungen, den metallischen Anschlag, den Leckageraum und die Leckageleitung zu spülen;
- Sprühreinigung des Leckageraums einschließlich der offenen Bereiche der Sitzdichtungen und der Leckageleitung bei geschlossenem Ventil;
- Reinigung der dynamischen Dichtungsbereiche der Stangenabdichtung bei vorhandener Spülkammer.

Die Zuführung des Mediums zur Spülung bzw. Sprühreinigung von Leckageraum und -leitung kann entsprechend Abb. 2.128 z. B. in einem Ringspalt zwischen den Ventilspindeln oder durch eine Bohrung im inneren Schaft erfolgen. Der Reinigungseffekt kann durch Rotation der Strömung beim Austritt oder durch Spritzwirkung intensiviert werden. Die Sitzreinigung bei Anlüften der Ventilteller ist dem Prinzip nach in Abb. 2.129 dargestellt. Dabei sollen in erster Linie

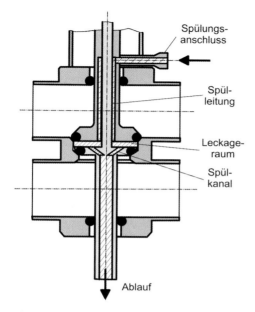

Abb. 2.128 Prinzipdarstellung der Spülung des Leckageraums.

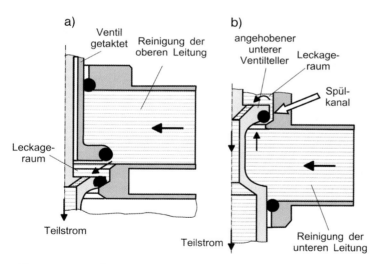

Abb. 2.129 Prinzip der Reinigung bei Anlüften der Ventilteller:
(a) oberer Teller, (b) unterer Teller.

Kontaktflächen der Sitze und Dichtungen umspült werden. Um eine sichere Arbeitsweise zu garantieren, muss der drucklose Zustand sichergestellt werden, da in diesem Fall jeweils nur eine Dichtung zwischen dem zu reinigenden Raum und dem Produkt im Ventilgehäuse liegt. Durch spezielle Einbauten kann die

Turbulenz im Leckageraum erhöht werden, um die Reinigungswirkung an den metallischen Oberflächen und Dichtungen zu verbessern. In den USA verlangt FDA aufgrund bestehender Anforderungen, dass der Leckageraum erst dann gereinigt werden darf, wenn das Produkt entleert wurde. Abweichungen davon können bei entsprechenden Maßnahmen individuell bewertet und genehmigt werden.

Im Folgenden werden einige Beispiele von Konstruktionen mit unterschiedlichen Merkmalen besprochen. Die Abbildungen sind nicht im Detail originalgetreu. Sie sollen vor allem die unterschiedlichen Möglichkeiten der Gestaltung wiedergeben. Um die Situation in den beiden Schaltstellungen besser erkennen zu können, zeigt jeweils die linke Ventilhälfte das geöffnete Ventil, während die rechte den Schließzustand darstellt. Die meisten der folgenden Ventile sind abgesehen von unterschiedlichen Rohranschlüssen in verschiedenen Variationen erhältlich, wie z. B. mit doppelter Ventilschaftdichtung und Spülkammer, Taktung der Ventilteller für die Reinigung der Sitze und kontrollierter Ableitung der Leckageflüssigkeit.

Das Gehäuse des Ventils nach Abb. 2.130 ist aus einzelnen Bauelementen aufgebaut, die durch Klemmverbindungen fixiert werden. Damit lassen sich auf einfache Weise unterschiedliche Gehäusekombinationen verwirklichen.

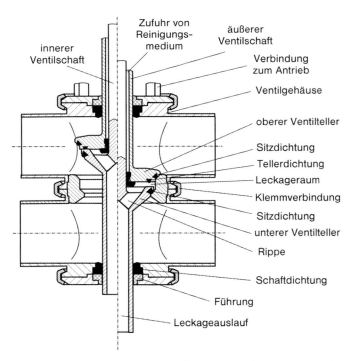

Abb. 2.130 Beispiel eines nach oben öffnenden Doppelsitz-Leckageventils mit konischen Sitzen in keimarmer Ausführung (nach Fa. GEA Tuchenhagen).

Die Ventilkörper öffnen nach oben in den oberen Gehäusebereich hinein. Eine Druckkompensation ist bei diesem Typ nicht vorgesehen. Um beim Schließen Druckstöße zu vermeiden, sollte die Strömung vom unteren zum oberen Gehäuse führen. Bei geschlossenem Ventil dichten die an ihren Sitzflächen konischen Ventilteller schräg an den beiden abgestuften Kegelflächen des Gehäuses ab. Wenn beim Öffnen der untere Teller die Dichtstelle zum Gehäuse verlässt, bevor die Tellerdichtung zwischen den beiden Ventiltellern wirksam wird, kann Medium (z. B. Produkt) in den Leckageraum gelangen. Bei größeren Schaltverlustmengen kann das in den Leckageraum eintretende Medium noch einige Zeit nach dem Schalten aus der Leckageöffnung ins Freie tropfen, sodass in diesem Zeitraum eine Überwachung der Tellerabdichtung nicht gewährleistet ist. Außerdem werden die Oberflächen des Leckageraums mit Medium benetzt, das antrocknen kann und dann schwer zu entfernen ist. Wasser oder Reinigungslösung zur Reinigung des Leckageraumes wird über einen Ringspalt zwischen der Hauptspindel und der Spindel des oberen Ventiltellers zugeführt und radial in den Leckageraum gespritzt. Die Abführung erfolgt über die Leckagebohrung nach unten. Wichtig für den Reinigungserfolg ist eine reinigungsfreundliche Gestaltung des Leckageraumes, die Kurzschlussströmungen und Totwassergebiete vermeiden hilft. Die Reinigung des Leckageraums kann in jeder Ventilstellung erfolgen.

In Abb. 2.131 ist ein Ventil dargestellt, dessen produktberührter Gehäusebereich geschweißt ist. Um die Demontage bei in die Leitung eingeschweißtem Gehäuse zu ermöglichen, sind der untere Gehäusedeckel und der Ventilantrieb am Gehäu-

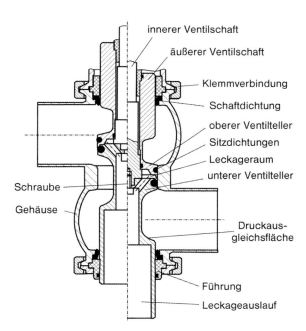

Abb. 2.131 Beispiel eines nach oben öffnenden Doppelsitz-Leckageventils mit radialen Sitzen in keimarmer Ausführung (nach Fa. Rieger).

se mit Klemmverbindungen befestigt. Auch hier erfolgt das Öffnen des Ventils nach oben. Der untere Teller enthält am Schaft eine Fläche zum Druckausgleich, sodass ein Öffnen bzw. Verschieben durch Druckstöße nicht möglich wird. Die strömungsgünstige Gestaltung dieses Bereichs durch Ausrundung unterstützt außerdem die Durchströmung des Ventils, vor allem auch im geöffneten Zustand. Der Schaft für den oberen Teller ist im oberen Teil ebenfalls mit einem größeren Durchmesser ausgeführt, um eine vergrößerte Gegenfläche zum Teller zu erreichen. Da diese aber nicht den gleichen wirksamen Querschnitt wie der zugeordnete Ventilteller hat, erfolgt nur eine entsprechende Druckverminderung.

Die Ventilteller dichten radial in den Gehäusesitzen ab. Diese Dichtungsart erfordert eine genaue Führung der Ventilschäfte sowie eine leichte Abschrägung und Abrundung der Gehäusekanten, um die Tellerdichtungen beim Schalten nicht zu verletzen. Außerdem ist gegenüber schräg angeordneten Sitzen kein Anschlag im Gehäuse gegeben. Aufgrund der radialen Sitzdichtfläche kann sich bei Öffnen des Ventils der untere Teller bis zum Abdichten am oberen Teller verschieben, ohne dass Leckage auftritt. Die untere Sitzdichtung übernimmt dann die Dichtfunktion der Teller gegeneinander.

Das Gehäuse des Ventils nach Abb. 2.132 ist als Schweißkonstruktion ausgeführt. Das Oberteil mit Antrieb wird an das Gehäuse angeflanscht. Im Gegensatz zu den anderen beiden Ventilen erfolgt das Öffnen nach unten. Entsprechend ist der obere Ventilteller druckkompensierend ausgeführt. Der untere Bereich enthält

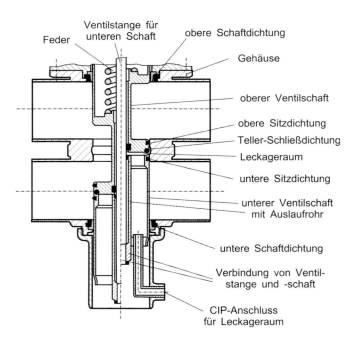

Abb. 2.132 Beispiel eines nach unten öffnenden Doppelsitz-Leckageventils mit radialen Sitzen und Leckageraumspülung von unten.

keinen eigentlichen Ventilteller, sondern ein zylindrisches Rohr als Schließelement, das über Rippen mit der Ventilstange verbunden ist. Durch die zylindrische Gestaltung erzeugt der Betriebsdruck keine axiale Komponente, sodass in diesem Bereich kein Einfluss durch den Druck ausgeübt wird.

Die Sitzdichtungen dichten in radialer Richtung. Beim Öffnen des Ventils und damit Schließen des Leckageraums entsteht keine Schaltleckage, da der obere Ventilteller den Leckageraum abdichtet, bevor die Sitzdichtung den Sitz verlässt. Eine vom Prinzip her interessante Lösung stellt die Reinigung des Leckageraums dar, da sie von unten erfolgt. Durch die dargestellte CIP-Leitung wird der Leckageraum ausgesprüht. Da mit dieser Maßnahme die relativ kompliziert gestaltete Zuführung des Reinigungsmittels durch den oberen Schaftbereich entfällt, kann der Leckageraum einfach und leicht reinigbar gestaltet werden.

Die Abb. 2.133 zeigt schließlich ein nach oben öffnendes Ventil, dessen produktberührtes Gehäuse aus Elementen zusammengesetzt ist, die durch eine Klemmverbindung verbunden sind. Das Oberteil mit Antrieb ist angeflanscht. Die Abdichtung des oberen Ventiltellers erfolgt auf einer horizontalen Sitzfläche in axialer Richtung, die gleichzeitig als Anschlag dient. Die Größe der Anpresskraft

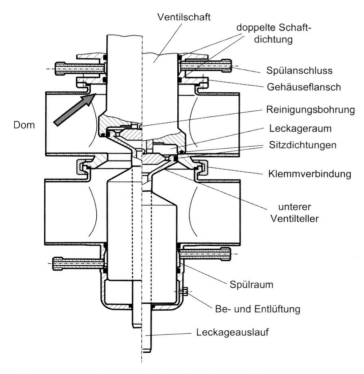

Abb. 2.133 Beispiel eines nach oben öffnenden Doppelsitz-Leckageventils mit axialem und radialem Sitz sowie dynamischen Doppeldichtungen mit dazwischenliegendem Spülraum für höhere Hygieneanforderungen (nach Fa. LKM AlphaLaval).

durch den Betriebsdruck resultiert aus der Differenz von Teller- und Schaftfläche. Die Sitzfläche des unteren Ventiltellers ist zylindrisch mit radial wirksamer Dichtung ausgeführt, was wiederum eine besonders gute Führung der Ventilstange voraussetzt. Der untere Ventilteller ist so gestaltet, dass in vertikaler Richtung Druckausgleich erfolgt. Dadurch wird ein Öffnen des Ventils durch Druckstöße vermieden. Die Reinigung des Leckageraumes erfolgt durch eine Zentralbohrung in der Hauptspindel sowie durch radial angeordnete Bohrungen im Leckageraum. Bei diesem Ventil ist außerdem die Möglichkeit dargestellt, die dynamischen Gehäuseabdichtungen in jeweils doppelter Ausführung mit dazwischen liegender Spülkammer für ein Sperrmedium auszurüsten. Ventile dieser Art kommen für aseptischen Einsatz in Frage.

Für aseptische Zwecke stehen auch Ventile mit hermetischer Faltenbalgdichtung zur Verfügung.

Bei den kompliziert gestalteten und mit verschiedenen Möglichkeiten der Reinigung ausgestatteten Doppelsitz-Leckageventilen gehört es in den Verantwortungsbereich des Ventilherstellers, die notwendigen Informationen über die Arbeitsweise der Ventile bereitzustellen und in der Betriebsanleitung zu beschreiben, in welcher Weise eine zuverlässige In-place-Reinigigung zu erfolgen hat, ohne dass z. B. ein Druckaufbau in der Leckagezone auftreten kann.

2.3.4
Ventile zur Probennahme

Die Entnahme von Proben während der Produktion spielt bei der Prozessüberwachung und Qualitätskontrolle in der Lebensmittel-, Pharma- und Bioindustrie eine wichtige Rolle, wenn man zuverlässige Aussagen über die Qualität, Beschaffenheit oder Zusammensetzung des Produktes machen will. Dabei können je nach Anforderung des Prozesses nicht nur einzelne Probenahmearmaturen, sondern gesamte Systeme erforderlich werden, die unterschiedliche Anforderungen in Bezug auf Hygiene oder Aseptik erfüllen müssen. Bei Anwendung der verfügbaren modernen Techniken sind genaue Analysen allerdings nur dann verlässlich, wenn die Probenahme ohne äußere Einflüsse wie Fremdverschmutzung oder Kontamination durch Mikroorganismen durchgeführt wird.

Die On-line-Probenahme aus dem laufenden Prozess kann kontinuierlich oder diskontinuierlich erfolgen. In beiden Fällen stellen Probenahmeventile die Schnittstelle zur Produktionsanlage dar. Dadurch dass sie z. B. abwechselnd mit dem Prozess und der Umgebung in Verbindung stehen oder unabhängig von der Anlage gereinigt werden müssen, sind besondere Anforderungen an die Reinigbarkeit und Sterilisierbarkeit zu stellen. Im Folgenden sollen daher einige prinzipielle Konstruktionen vereinfacht dargestellt werden. Wichtig ist dabei der Hinweis, dass bei getrennter Reinigung der Probenahmeventile in geschlossenem Zustand im Allgemeinen nur eine Dichtung gegenüber dem Produktraum wirksam ist. Die mögliche Gefährdung des Produktes kann nur dadurch verringert werden, dass bei der Reinigung ein Druckaufbau im Ventilgehäuse durch freien Auslauf vermieden wird.

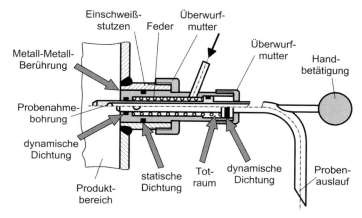

Abb. 2.134 Darstellung der Hygienerisiken bei einem Probenahmeventil.

In Abb. 2.134 ist das Prinzip eines einfachen Probenahmeventils dargestellt, das in einem Stutzen eines Prozessbehälters oder einer Rohrleitung mit einer Überwurfmutter befestigt wird. Die Probenahme erfolgt über ein Rohr, das von Hand in den Produktraum geschoben werden und über eine Querbohrung des Probenahmerohres (obere Hälfte der Darstellung) Produkt entnehmen kann. Durch eine Rückstellfeder wird das Rohr in die Probenahmevorrichtung geschoben und die Verbindung zum Produktraum verschlossen.

Das Ventil weist eine Reihe von typischen Mängeln in Bezug auf reinigungsgerechte Gestaltung auf, die kurz diskutiert werden sollen: Das Gerät wird in einen vorgefertigten Stutzen der Prozessanlage montiert, in diesem gedichtet und durch eine Überwurfmutter befestigt. Die als üblicher O-Ring ausgeführte Dichtung mit den bekannten Hygienemängeln ist relativ weit vom Produktraum entfernt. Dadurch und infolge der fehlenden Zentrierung ist ein Spalt nicht vermeidbar, der für den Produktbereich der Anlage ein erhebliches Hygienerisiko darstellt. Außerdem enthält der Stutzen keinen axialen Anschlag für das Ventil, sodass es nicht bündig zum Produktbereich eingebaut werden kann. Dies ist im Übrigen ein Problem der Verwendung vorgefertigter, eventuell sogar genormter Stutzen zum Einbau von Geräten, die hygienegerecht eingesetzt werden sollen.

Die dynamische Abdichtung des Probenahmerohrs ist ebenfalls ein O-Ring in einer Rechtecknut. Damit ist eine Verschmutzung der Nut vorprogrammiert, die sich außerdem nicht in-line reinigen lässt. Nach der Probenahme könnte die Querbohrung beim Herausziehen des Rohrs aus dem Produktbereich per Hand in eine Lage gebracht werden, in der sie verschlossen wird, sodass Produkt nicht direkt in den Raum austritt, in dem sich die Feder befindet. Durch die Feder wird das Rohr jedoch in eine Lage gebracht, in der sie zu diesem Raum offen ist. Wenn das Rohr noch nicht völlig entleert ist, wird damit Produkt dorthin austreten. Das bedeutet, dass dieser Bereich nach jeder Probenahme gereinigt werden muss, wofür der obenliegende Stutzen vorgesehen ist. Bei der Reinigung, die zusätzlich durch die Feder behindert wird, bildet sich im Wesentlichen eine

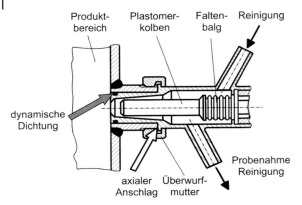

Abb. 2.135 In Behälterstutzen eingeschraubtes, hermetisch abgedichtetes Probenahmeventil mit Spülanschluss (Fa. Asepto).

Kurzschlussströmung zwischen dem Zulauf und dem als Ablauf dienenden Probenahmerohr aus, sodass der Endbereich in Nähe des Federanschlags als totes Ende nicht reinigbar ist. Nach der Reinigung lässt sich der Raum auch nicht entleeren. Aus hygienischer Sicht lässt sich eine solche Probenahmevorrichtung nur nach Zerlegen von Hand reinigen, wobei die Anlage leer stehen muss.

Hygienische Anforderungen werden weitgehend vom Ventil nach Abb. 2.135 erfüllt, obwohl aufgrund des Einbaus in einen Stutzen ein Problembereich vorliegt. Die nötige Abdichtung ist nicht frontbündig ausgeführt, sodass sich ein Spalt durch die metallischen Kontaktflächen bis zur Dichtstelle ergibt. Die verwendete Profildichtung lässt jedoch nicht wie ein O-Ring in einer Rechtecknut das Eindringen von Schmutz in die Dichtungsnut zu. Um bündig zum Produktraum montiert werden zu können, besitzt das Ventilgehäuse einen axialen Anschlag, der jedoch mit dem Stutzen abzustimmen ist.

Das Ventil selbst ist weitgehend hygienegerecht gestaltet: Durch die hermetische Abdichtung mit einem Faltenbalg wird eine dynamische Dichtung im Innenbereich vermieden, die einen Transport von Schmutz durch die Dichtstelle zur Folge hätte. Der Kolben aus einem Elasto- oder Plastomer ergibt in Schließstellung eine zuverlässige Abdichtung zum Produktraum hin. Bei geöffnetem Ventil wird das Produkt über die Auslauföffnung entnommen. Die beiden Anschlüsse können zur Anbindung an ein geschlossenes Probenahmesystem verwendet werden. Eine In-place-Reinigung und Sterilisation bei geschlossenem Ventil ist grundsätzlich möglich, wobei vor allem der enge Spalt am Kolbenende in diesem Zusammenhang als schwer reinigbar zu bewerten ist. Der Innenraum, der selbstentleerend gestaltet ist, muss daher zusätzlich in die Reinigung der Gesamtanlage einbezogen werden.

Für die Probenahme aus Rohrleitungen lässt sich ein wesentlicher Problembereich durch den Einbau von Probenahmeventilen in Gehäuse beseitigen, die für unterschiedliche Einbauten hygienegerecht gestaltet und für statische Abdichtungen erfolgreich getestet sind. Ein Beispiel dafür zeigt Abb. 2.136. Die statische

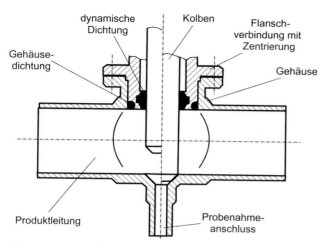

Abb. 2.136 Dynamisch gedichtetes Kolbenventil zur Probenahme aus einer Rohrleitung (Fa. APV).

Dichtung zwischen dem in die Leitung integrierten Gehäuse und dem Ventil ist frontbündig und hygienegerecht ausgeführt. Der zylindrische Ventilkörper ist durch eine frontbündige dynamische Dichtung, d. h. keimarm, zum Gehäuse hin abgedichtet und führt durch die Produktleitung hindurch zum unten liegenden Sitz für die Probenahme. Wenn dieser durch metallische Berührung abdichtet, besteht das Problem, dass bei häufigem Öffnen und Schließen die Dichtheit durch Abrieb im Sitz gefährdet ist. Durch Verwendung einer Dichtung am Kolben kann dieses Problem vermieden werden. Die Umströmung des Ventilkörpers unterstützt die Reinigung der kugelig erweiterten Seitenwände der Rohrleitung. Der Auslauf für die Probenahme kann nur zusammen mit der Rohrleitung gereinigt werden. Um den gesamten produktberührten Bereich des Ventilkörpers zu reinigen, muss mehrfach geschaltet werden. Aufgrund der dynamischen Dichtung ist das Ventil für keimarme, nicht jedoch aseptische Einsatzbereiche geeignet.

Die Ventilkonstruktion nach Abb. 2.137 zur Probenahme aus einer Rohrleitung ist für ein übliches Kugelgehäuse konzipiert und in diesem hygienegerecht abgedichtet. Das Gehäuse zur Probenahme wird in der gezeigten Darstellung an der Unterseite der Rohrleitung angebracht. Der Ventilkörper dichtet hermetisch mit einem Faltenbalg zum Ventilgehäuse hin, sodass das Ventil für aseptische Verwendung geeignet ist. Als Sitzdichtung wird ein Elastomerring eingesetzt. Der produktberührte Bereich des Ventilgehäuses ist hygienegerecht und selbstentleerend gestaltet. Reinigung und Sterilisation lassen sich zusammen mit der Rohrleitung durchführen.

Eine hygienegerechter Anschluss eines Probenahmeventils an den Prozessbereich kann durch Anschweißen an einen kurzen ausgehaltenen Stutzen gemäß Abb. 2.138 erreicht werden. Das dabei entstehende tote Ende ist nicht relevant, da es bei Öffnen des Ventils durchströmt wird und auf diese Weise auch gereinigt werden kann. Der Ventilkörper besteht aus einem Kolben, der mit einer

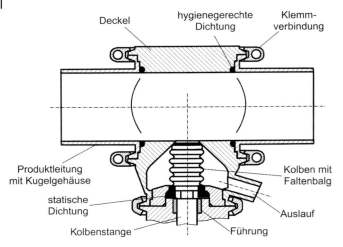

Abb. 2.137 Hermetisch gedichtetes Probenahmeventil für Rohrleitungen (Variventanschluss Fa. GEA Tuchenhagen).

hermetisch zum Gehäuse dichtenden Membran ummantelt ist. Damit entfällt die dynamische Dichtung zum Gehäuse. Der produktberührte Bereich des Gehäuses sowie der Ventilkörper sind strömungsgünstig und damit leicht reinigbar gestaltet. Infolge der beiden Anschlüsse kann das Ventil im geschlossenen Zustand gereinigt und sterilisiert werden.

Im Bereich der Pharmaindustrie wird meist auf Membranventile zurückgegriffen. Ein Beispiel für die Probenahme aus einer Rohrleitung zeigt Abb. 2.139 in der Ausführung als Blockventil (s. auch Abschnitt 2.3.3.1).

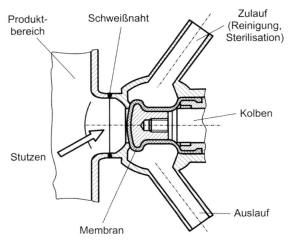

Abb. 2.138 Angeschweißtes hermetisch gedichtetes Probenahmeventil mit Spülanschluss (Fa. Südmo).

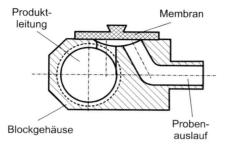

Abb. 2.139 Prinzip eines Membranventils zur Probenahme aus Rohrleitungen.

2.3.5
Bodenventile für Behälter

Ventile für den Auslauf aus Behältern und Apparaten werden je nach Einsatzbereich in unterschiedlichen Ausführungen hergestellt. Für den hygienegerechten Einsatz ist zum einen der Anschluss an den Behälter maßgebend. Entsprechend den Anforderungen an Hygienic Design sollte der Einbau des Ventilgehäuses bündig zum Behälterboden durch Einschweißen erfolgen. Dies ist jedoch nur möglich, wenn das entsprechende Gehäuseteil speziell dafür ausgelegt ist. Beim Anschrauben an einen üblichen angeschweißten Blockflansch des Behälters entsteht eine zusätzliche Dichtstelle, die einen Risikobereich darstellen kann. Bei hygienegerechten Ventilen sind deshalb Flansch und Gehäuse aufeinander abgestimmt und werden mit einer frontbündigen Hygienedichtung abgedichtet. Zum anderen muss der produktberührte Bereich des Ventils leicht in-place reinigbar ausgeführt werden und ein selbsttätiges Leerlaufen gewährleistet sein.

Neben üblichen Tellerventilen mit einem Sitz stehen auch doppelt dichtende Ventile mit einem gemeinsamem Teller, Doppelsitz-Leckageventile oder klassische Membranventile zur Verfügung. Zur Abdichtung des Ventilschaftes dienen übliche dynamische Abdichtungen ebenso wie Faltenbälge und Membranen.

Die Abb. 2.140 zeigt ein Bodenventil, das an dem zugehörigen Flansch durch eine Klemmverbindung befestigt ist und über eine frontbündige Dichtung entsprechend DIN 11 864 abgedichtet wird. Wie in Abschnitt 2.2 beschrieben, benötigt die hygienegerechte Verbindung eine Zentrierung sowie einen axialen Anschlag, um die Dichtung definiert zu pressen. Der Ventilsitz ist mit schrägen Flächen versehen, an denen der Ventilteller in geschlossenem Zustand abdichtet. Eine dynamische Dichtung des Ventilschaftes gegenüber dem Gehäuse wird durch den Edelstahl-Faltenbalg vermieden. Damit ist das Ventil grundsätzlich auch bei aseptischen Verhältnissen einsetzbar. Eine Leckagebohrung, die das Innere des Faltenbalgs mit der Umgebung verbindet, lässt Schäden am Balg erkennen. Der produktberührte Innenraum des Ventils besitzt eine ausreichende Höhe, um den notwendigen Hub des Faltenbalges zu erreichen. Die innere Gehäuseform ist strömungsgünstig und selbstentleerend gestaltet.

Wenn eine doppelte Absicherung des Behälterinhalts gegenüber dem Rohrleitungssystem notwendig ist, können Ventile gemäß Abb. 2.141 oder Doppelsitz-

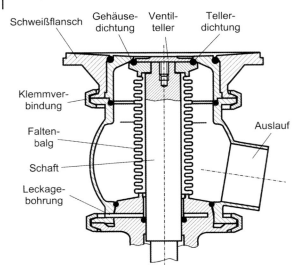

Abb. 2.140 Einteller-Bodenablassventil mit hermetischer Faltenbalgdichtung (nach Fa. Guth).

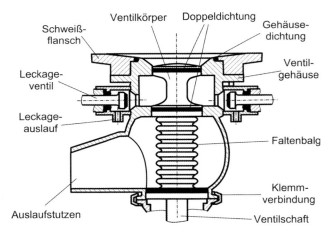

Abb. 2.141 Prinzip eines Bodenablassventils mit Doppeldichtung und Leckage- sowie Spülventil und Faltenbalgdichtung zum Gehäuse (nach Fa. GEA Tuchenhagen).

Leckageventile eingesetzt werden. Das gezeigte Ventil ist in diesem Fall mit dem Einschweißflansch verschraubt, wobei die beschriebenen Hygieneanforderungen berücksichtigt sind. Es ist ebenfalls frontbündig und hygienegerecht abgedichtet. Der strömungsgünstig gestaltete Ventilkolben enthält zwei radial wirkende Dichtungen, zwischen denen ein Leckageraum liegt, der über zwei Ventile geöffnet oder geschlossen werden kann. Bei geschlossenem Bodenventil sind beide Ventile offen, sodass sich eine Leckage nach außen erkennen lässt. Die Abdichtung des Ventilschaftes gegenüber dem Gehäuse erfolgt auch hier durch den hermetisch

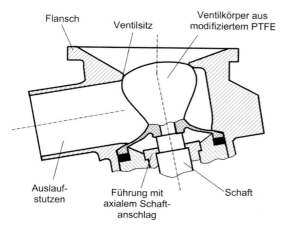

Abb. 2.142 Anschweißbares Bodenablassventil mit Membranabdichtung am Gehäuse (nach Fa. ITT Pure-Flo).

dichtenden Faltenbalg. Zur Unterstützung der Selbstentleerung sollten im unteren Ventilbereich entsprechende Neigungen vorhanden sein.

In Abb. 2.142 ist ein Bodenventil mit einem Ventilkörper dargestellt, dessen produktberührte Flächen aus modifiziertem PTFE bestehen. Die Abdichtung zum Gehäuse erfolgt durch eine Membran aus demselben Material. Der Ventilschaft besitzt im Gehäuse einen axialen Anschlag, um im Schließzustand eine definierte Pressung im Ventilsitz sicherzustellen.

Vor allem in der Pharmaindustrie werden bevorzugt Bodenventile in der klassischen Membranausführung gemäß Abb. 2.143 eingesetzt. Die in Bezug auf Hygiene maßgebenden Problemstellen wurden bereits in Abschnitt 2.3.2.5 ausführlich diskutiert. Bei dem abgebildeten Ventil mit konkaver Membran ist vor allem auf völlige Selbstentleerung in offenem Zustand zu achten. Außerdem enthält das Gehäuse einen Dom, in dem Lufteinschlüsse möglich sind. Er kann betriebsbedingt keine Rolle spielen, sollte jedoch grundsätzlich beachtet werden.

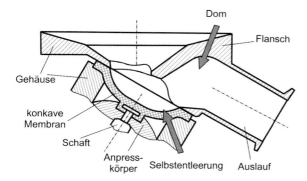

Abb. 2.143 Membranventil als Bodenablassventil (nach Fa. ITT Pure-Flo).

2.3.6
Armaturen für molchbare Systeme

Unter Molchen versteht man das Transportieren eines Lauf- oder Passkörpers durch eine Rohrleitung, der dabei eine bestimmte Tätigkeit ausführt. In der Nahrungsmittel-, Pharma und Kosmetikindustrie hat sich aufgrund der schnellen Innovationszyklen für Produkte, der großen Anzahl an Rohstoffen, Zwischen- und Fertigprodukten, die in einer Anlage gefahren werden müssen, und des Handlings komplexer Produktionsverfahren eine anwenderfreundliche und wirtschaftliche Molchtechnik entwickelt. Die wesentlichen Anwendungsbereiche umfassen das Trennen und das Ausschieben von Produkten sowie die Reinigung von Rohrleitungen. Molchsysteme sind aber auch beim schonenden Befüllen von Rohrleitungen mit empfindlichen und schäumenden Produkten vorteilhaft einzusetzen, indem z. B. beim Abwärtsbefüllen senkrechter Leitungen ein Molch vor dem Produkt herläuft.

Die Vorteile der Molchtechnik liegen im nahezu restlosen Ausschieben wertvoller Produkte, der Reduzierung von Produktverlusten, Produktionsstillstandszeiten, Reinigungszeiten, Reinigungswasser- und Reinigungsmittelverbrauch sowie Verminderung der Abwasserbelastung. Nachteile sind damit verbunden, dass in diesem Bereich viele in der Praxis eingesetzte Armaturen nicht hygienegerecht gestaltet sind und daher Kontaminationsrisiken ergeben.

In Abb. 2.144 ist das Prinzip eines einfachen molchbaren Systems mit Beispielen einiger notwendiger Armaturen dargestellt. Am Anfang der zu molchenden Produktleitungen wird jeweils eine Sendestation benötigt, in der der Molch bis zu seinem Einsatz fixiert ist und die gleichzeitig zum Einschleusen des Molchs dienen kann. Produkte können, wie das Beispiel zeigt, nach dieser Station über 3-Wege-Ventile zugeführt werden oder diese durchströmen. Am Ende des molchbaren Systems befindet sich eine Empfangsstation, wo der Molch aufgefangen wird. Im dargestellten Beispiel wird das Produkt durch diese Station hindurchgeführt. Bei In-place-Reinigung des Systems wird der Molch in einer Reinigungsstation gereinigt. Als Treibmedium für die Molche dienen Wasser oder komprimierte Luft.

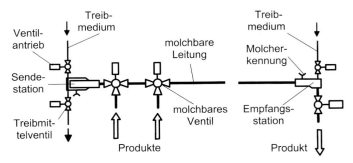

Abb. 2.144 Prinzipdarstellung eines einfachen molchbaren Leitungssystems mit Molcharmaturen.

Für den reibungslosen Betrieb einer molchbaren Anlage ist neben der Form der Molche und der richtigen Ausführung der Rohrleitungen die Gestaltung der Molcharmaturen und deren Verbindungselemente wichtig. Um Beschädigungen von Molchen zu vermeiden, sieht das Anforderungsprofil für Edelstahlleitungen gemäß [59] kleine Toleranzen für den Innendurchmesser, glatte innere Oberflächen und keine inneren Schweißnahtüberhöhungen vor. Bei schlecht ausgeführten Schweißnähten kann z. B. der Wurzeldurchgang Probleme bereiten oder es können bei zu starkem Anziehen der Halterungen von dünnwandigen Bereichen Einschnürungen entstehen. Für lösbare Verbindungen sollten hygienegerecht gestaltete Flanschverbindungen nach DIN 11 864 verwendet werden. Die nach DIN 2430-2 empfohlenen Flansche berücksichtigen zwar die notwendigen Toleranzen, haben aber keine unmittelbar am Produktbereich dichtende Dichtstelle. Eine Zentrierung aller Verbindungsstellen ist unbedingt notwendig, um eine einwandfreie, hygienegerechte Funktion zu gewährleisten.

Molche werden in unterschiedlichen Formen aus einer Vielzahl von Kunststoffen oder Elastomeren wie z. B. PU, FKM, EPDM oder NBR hergestellt [60]. Durch einen zentral gelagerten Magnetkern ist es möglich, sie im Rohrleitungsverlauf und in den Stationen sicher zu orten. Außerdem ist das Spülen oder Reinigen in Molchstationen möglich, ohne die Molche aus der Rohrleitung entnehmen zu müssen. Die Abb. 2.145a zeigt als Beispiel einen Molch in Doppelkugelform, der sich gut an Rohrleitungen und Rohrbogen selbst bei kleineren Mittenradien anpassen kann. Er enthält im Innenbereich die üblichen Magnete für die Ortung in den Molchstationen. Wenn Magnete nicht eingesetzt werden können, müssen andere physikalische Ortungssysteme Verwendung finden. Der Molch nach Abb. 2.145b dichtet durch seine flexiblen Dichtlippen selbst in Rohrleitungen mit niedrigerer Qualität gut ab und weist außerdem günstige Laufeigenschaften auf.

Zur Reinigung von Schüttgut-Leitungen werden häufig Molche aus weichem Schaumstoff in Ball- oder Zylinderform durch die Rohrleitung gefördert, die meist wegen ungenügendem Ausschieben nur eine Hilfsmaßnahme darstellen. Außerdem stellen sie aufgrund ihrer Porosität ein hohes Kontaminations- oder Verschleppungsrisiko dar, wenn die Oberfläche nicht völlig geschlossen und damit porenfrei ist. Effektiver für viele pulverförmige Produkte sind Molche, die aus Bürstenscheiben aufgebaut sind [61], und dem jeweiligen Anwendungsfall entsprechend in Härte und Form ausgelegt werden können. Um die Reinigungswirkung in der Leitung zu erhöhen, lassen sich solche Molche während des Transports in Rotation versetzen. Eine gründliche Reinigung sollte grundsätzlich außerhalb des Systems in nasser Form mit anschließendem sorgfältigem Trocknen durchgeführt werden.

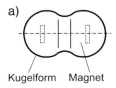
a) Kugelform   Magnet

b) Dichtlippen

Abb. 2.145 Beispiele für Molche: (a) Kompaktmolch, (b) Molch mit Dichtlippen.

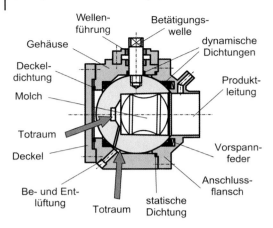

Abb. 2.146 Kugelventil zum Einschleusen von Molchen.

Generell ist beim Einsatz von molchbaren Armaturen neben der leichten Reinigbarkeit, bei der vor allem das Vermeiden von Spalten und Toträumen eine wesentliche Rolle spielt, auf gleiche Durchmesser und genaue Positionierung der Anschlüsse sowie der Halte- und Fangvorrichtungen für Molche zu achten.

In Abb. 2.146 ist als Beispiel zum Ein- und Ausschleusen von Molchen das Prinzip eines Kugelhahns dargestellt, wie er hauptsächlich in der chemischen Industrie eingesetzt, aber zum Teil auch für hygienerelevante Einsatzbereiche übernommen wird. Die Kugel enthält eine schwach konische Bohrung zur Aufnahme des Molches, die wechselseitig mit der Produktleitung bzw. nach Entfernen des Deckels mit dem Außenbereich verbunden werden kann. Die wesentlichen Schwachstellen aus hygienischer Sicht sind die Totbereiche und Berührflächen zwischen Gehäuse und Kugel, wie sie bereits in Abschnitt 2.3.3.2 diskutiert wurden. Hinzu kommt das tote Ende der Bohrung in der Kugel. Eine hygienegerechte Lösung unter Berücksichtigung des gleichen Funktionsprinzips findet man in Kugelhähnen mit reinigbarem Zwischenraum zwischen Gehäuse

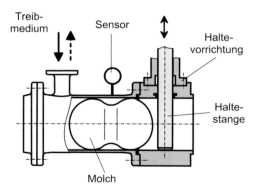

Abb. 2.147 Prinzip einer leicht reinigbaren Sendestation für Molche.

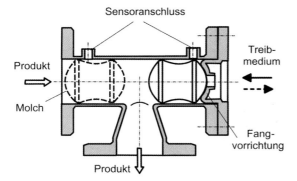

Abb. 2.148 T-Stück als Empfangsstation für Molche.

und Kugel, wobei auch Kugeln mit drei Wegen verfügbar sind. Auch leicht reinigbar gestaltete Bogenventile können als Armatur zum Einschleusen von Molchen verwendet werden.

Die Prinzipskizze nach Abb. 2.147 zeigt eine einfache Molchsendestation, bei der das Produkt die Armatur nicht durchströmt, sondern dahinter zugeführt wird. Der Molch wird durch eine einfache reinigbare Vorrichtung mit rundem Haltedorn in der Station gehalten und durch einen Sensor detektiert. Wenn die Stange nach oben gezogen wird, kann der Molch durch das Treibmittel in die Leitung transportiert werden.

Die Molchempfangsstation nach Abb. 2.148 besteht aus einem T-Stück, das im geraden Durchgang molchbar ist. Der T-Abgang für das Produkt wird während des Molchvorgangs durch die Dichtlippen des Molchs komplett abgedichtet. Sie ist mit einem Molchfangeinsatz ausgestattet, der den Molch abfängt und für einen Molchwechsel herausnehmbar ist. Stutzen für Treibmedium, Molchsensoren und manuelle Molchtaster können nach Bedarf vorgesehen werden. Damit der Molch nicht durch Produktturbulenzen aus seiner Endlage gezogen wird, kann auch ein Molchhaltedorn installiert werden.

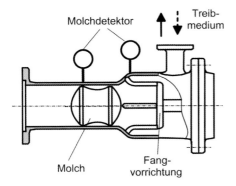

Abb. 2.149 Molch-Empfangsstation mit reinigbarem Käfig.

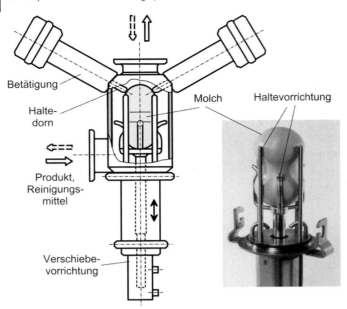

Abb. 2.150 Reinigungsstation für Molche (Fa. GEA Tuchenhagen).

Die einfach gestaltete Vorrichtung lässt sich leicht reinigen, wenn die Reinigung zusätzlich vom Anschluss der Treibmittelleitung erfolgen kann.

Häufig wird als Empfangsstation eine einfache Vorrichtung in Form eines leicht reinigbaren Käfigs aus Rundstäben gemäß Abb. 2.149 oder stabförmigen Anschlags verwendet, die in ein glattes Rohrstück eingebaut ist. Der am Ende des Rohrs angebrachte Anschluss für das Treibmittel gewährleistet eine gute Reinigbarkeit, wenn er zusätzlich während der Reinigung genutzt wird.

In Abb. 2.150 ist eine Reinigungsstation für Molche dargestellt, die gleichzeitig als Sende- bzw. Empfangsstation dienen kann. Der Molche wird radial in einem Käfig mit einem beweglichen Teil gehalten, der aus Haltedornen mit rundem Querschnitt gebildet wird. Seine axiale Fixierung erfolgt durch schräg angeordnete Dorne, die in das Rohr der Station eingefahren werden können. Aufgrund der hygienegerechten Gestaltung ist eine gute Reinigbarkeit des Molches sowie der Station samt Einbauten möglich.

Durch die Zwei-Zwei-Wegeweiche nach Abb. 2.151 können Produktströme gleichzeitig in zwei Richtungen umgeleitet werden. Auf diese Weise lassen sich unterschiedliche Rohrleitungen verbinden und molchen. Die Armatur kann auch zum Schalten eines molchbaren Bypasses verwendet werden. Wie die Prinzipdarstellung zeigt, ist das Küken zylindrisch ausgeführt. Damit lassen sich nicht reinigbare Spalte an den Berührflächen zwischen Gehäuse und Küken nicht vermeiden. In Verbindung mit einem Molchfangeinsatz und einem Molchmelder ist die Zwei-Zwei-Wegeweiche auch als Molchfang- und Sendestation einsetzbar.

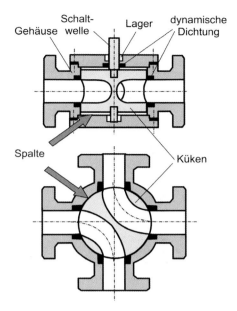

Abb. 2.151 Molchbare Umschalteinheit in Kükenausführung.

Vorteilhaft ist hierbei, dass der Molch in dieser Variante in eine andere Rohrleitung umgelenkt werden kann. In der Ausführung mit Küken sind auch Armaturen mit Abzweigungen erhältlich. Voraussetzung für leichte Reinigbarkeit sind auch bei diesen Ausführungen hygienegerecht gestaltete Dichtungen.

2.3.7
Regelventile

Um in Rohrleitungssystemen Druck oder Massenstrom von Flüssigkeiten oder Gasen zu regeln, werden Regelventile eingesetzt. Ihr Aufbau entspricht im produktberührten Bereich im Wesentlichen der Gestaltung von Eckventilen mit Ventilteller. Die Regelcharakteristik wird durch einen speziell gestalteten Ventilkörper erreicht, dessen Lage den Öffnungsquerschnitt gegenüber dem Sitz bestimmt und ein lineares oder gleichprozentiges Regelverhalten ergibt.

In Abb. 2.152 ist das Beispiel eines Regelventils dargestellt. Aus Sicht der hygienegerechten Gestaltung sind die statische und dynamische Abdichtung sowie die Gehäuseform die entscheidenden Einflussgrößen. Der Edelstahl-Regelkegel kann im oberen Bereich eine Dichtung erhalten, wenn zusätzlich zum Regeln dichtes Absperren gefordert wird. Wenn aseptische Anforderungen gestellt werden, kann die für keimarme Verhältnisse ausreichende dynamische Abdichtung zwischen Gehäuse und Ventilstange durch Konstruktionen mit hermetischen Dichtungen wie Faltenbalg oder Membran ersetzt werden.

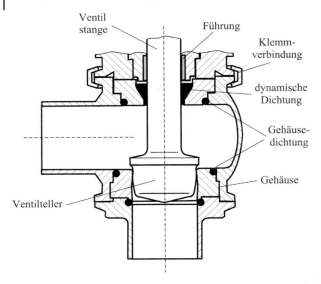

Abb. 2.152 Prinzipdarstellung eines Regelventils für keimarme Verhältnisse.

2.3.8
Andockarmaturen

Wenn Produktleitungen für sensible oder gefährliche Produkte wie z. B. Wirkstoffe in der Pharmaindustrie häufig mit Behältern oder Apparaten verbunden werden müssen, sind spezielle Armaturen zum Andocken erforderlich, mit denen der Austritt von Produkt vermieden und z. B. staubfrei gearbeitet werden kann. Umgekehrt gilt Gleiches auch für den Eintritt von unerwünschten Substanzen in den Produktbereich.

Die prinzipielle Funktion solcher Andockarmaturen kann am einfachsten an einem Doppelklappensystem erläutert werden, wie es in einer Funktionsskizze in Abb. 2.153 dargestellt ist. Es besteht aus zwei Halbklappen, die gemäß Abb. 2.153a getrennt voneinander an den miteinander zu koppelnden Geräten (Aktiv- und einer Passivklappe) angebracht sind und diese dicht verschließen. Die aktive Halbklappe, die im getrennten Zustand verriegelt werden kann, ist an einem der beiden Geräte angebracht und wird über eine Welle manuell oder automatisch angetrieben. Die passive Halbklappe ist mittels unterschiedlichster Befestigungsvarianten mit dem anderen Gerät verbunden und verfügt im abgedockten Zustand über eine zusätzliche mechanische Sicherung. Beim Andocken werden die Gehäuse entsprechend Abb. 2.153b über Bolzen zueinander zentriert, die beiden Klappenhälften zueinander in Kontakt gebracht und miteinander verriegelt. Dadurch berühren sich die im getrennten Zustand zur Umgebung weisenden planen Flächen. Sie können dabei auch durch eine hygienegerecht gestaltete Dichtung am Umfang gegeneinander abgedichtet werden. Wenn die Außenflächen vor dem Andockvorgang z. B. nicht gereinigt wurden, wird an

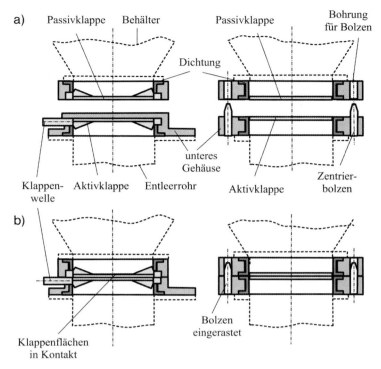

Abb. 2.153 Prinzipdarstellung einer Andockklappe:
(a) getrennter Zustand, (b) gekoppelter Zustand.

diesen anhaftender Schmutz zwischen den Flächen eingeschlossen, sodass eine Kontaminationsgefahr für das Produkt ausgeschlossen wird. Nach dem Andocken können die miteinander verbundenen Halbklappen wie ein übliches Scheibenventil geschaltet werden.

Die Abb. 2.154a zeigt als Beispiel eine andere konstruktive Ausführung einer Kupplung zum Andocken. Die beiden getrennt dargestellten Teile enthalten in der gezeigten Ausführung zur Befestigung an den entsprechenden Geräte- oder Rohrleitungsstutzen jeweils einen Anschluss für eine Rohrverschraubung nach DIN 11 864, Form B. Das linke Teil (Teil 1) besteht aus einem Gehäuse, das am äußeren Umfang eine Nut enthält, die als Kulisse dient. Im Inneren verschließt ein kegelförmiger, mit einer Elastomerdichtung abgedichteter Ventilteller den Auslass. Das rechte Teil (Teil 2) besteht aus dem Anschlussgehäuse, auf dem sich das Kupplungsteil mit einem Handrad drehen lässt. Die axiale Fixierung zwischen beiden Teilen übernimmt ein Gleitring.

Zum Andocken wird Teil 1 so in Teil 2 eingeschoben, dass der Führungsbolzen von Teil 2 in die Kulisse einrastet. Dabei berühren sich die beiden Außenseiten der Ventilteller, dichten am Umfang gegeneinander ab und werden durch die Feder in Teil 1 aneinander gepresst. Durch Drehen des Handrads verschiebt das

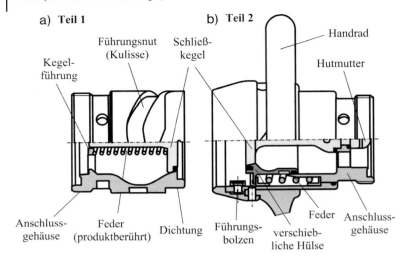

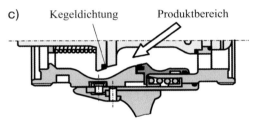

Abb. 2.154 Andockarmatur (Seliger Armaturenfabrik):
(a) Darstellung von Teil 1 und (b) Teil 2, (c) angedockter Zustand.

Gehäuse von Teil 1 die Hülse in Teil 2 in axiale Richtung gegen den Federdruck, sodass Teil 2 öffnet und der Strömungsquerschnitt freigegeben wird. Der angedockte Zustand ist in Abb. 2.154b dargestellt. Problematisch ist die offene Feder im Produktbereich.

2.3.9
Sicherheitsventile

Zu den Ventilen, die zur Absicherung von Rohrleitungen und Behältern dienen, gehören z. B. Überdruckventile, Vakuumventile und Rückschlagventile. Sie können sowohl Behälter als auch Rohrleitungen absichern. Da sie bei Betätigung meist eine Verbindung zwischen dem Produktbereich und einer unreineren Umgebung herstellen, die ein Hygienerisiko darstellt, müssen sie auch in diesem Bereich hygienegerecht gestaltet werden. Das bedeutet, dass z. B. die Selbstentleerung auch zum Auslass hin gewährleistet sein muss, um Schmutzansammlungen zu vermeiden [55]. Sie müssen außerdem mit einer Vorrichtung versehen sein, mit der sich die Außenseite sowie die Sitze nach Betätigung reinigen lassen. Ventile dieser Art sind mit einem Teller mit Dichtung ausgestattet, der durch eine Anhebevorrichtung von seinem Sitz abgehoben werden kann.

In der Ausführung als Behälterarmaturen, die am oberen Boden oder Deckel angeordnet werden, dienen Sicherheitsventile als Schutz gegen unzulässigen Überdruck, Vakuum oder Überfüllung. Sie gewährleisten auch den freien Aus- oder Einlass von Gas oder Luft während des Befüllens oder Entleerens. Sie können so gestaltet werden, dass sie in CIP-Anordnung einbezogen und bei der Behälterreinigung mitgereinigt werden.

2.3.9.1 Überdruckventile

Überdruck-Sicherheitsventile sind zur Sicherheit von Druckbehältern und Rohrleitungen konzipiert. Sie verhindern einen unzulässigen Überdruck, wenn andere automatischen Regel-, Steuer- und Überwachungsgeräte versagen sollten. Im Ruhezustand sind die Ventile geschlossen. Aus funktionellen Gründen sind einschlägige Vorschriften zu berücksichtigen (siehe z. B. [62]), die bestimmte Konstruktionsparameter festlegen. Übliche Ventile öffnen in einer ersten Phase bis zu einem bestimmten Druckanstieg proportional. Danach erfolgt ein weiteres Öffnen mit hohem Massenstrom, um einen zusätzlichen Druckanstieg zu vermeiden. Bei Flüssigkeiten sind die Abblasleitungen fallend, bei Dämpfen und Gasen steigend zu verlegen, wobei durch das Abblasen keine Gefährdung entstehen darf. Um Schmutz und Fremdkörper aller Art von dem Sicherheitsventil fernzuhalten, muss die Abblasleitung selbstentleerend gestaltet werden. Außerdem dürfen die beweglichen Teile auch bei unterschiedlicher Erwärmung in ihrer Bewegung nicht behindert werden. Deshalb sind Abdichtungen unzulässig, die die Funktion durch auftretende Reibungskräfte behindern können. Aus funktionellen Gründen sind Entleerungsleitungen ohne Einschnürung, mit Gefälle, frei beobachtbarem Auslauf und gefahrloser Abführung des Mediums zu verlegen. Bei Dampf kann dies durch Einbau von Kondensatableitern erreicht werden.

Sicherheitsventile mit Faltenbalg haben eine Entlastungsbohrung in der Haube. Tritt Medium aus dieser Bohrung aus, so ist der Faltenbalg defekt. Bei toxischen und gefährlichen Medien muss das Medium gefahrlos abgeleitet werden.

Die Abb. 2.155 zeigt ein Beispiel eines Überdruckventils, dessen zweiteiliger Teller mit einer geeigneten Elastomerdichtung im Ventilsitz abdichtet. Wenn der Außenbereich des Ventils mit einer hygienegerechten reibungsarmen dynamischen Dichtung ausgestattet ist, lassen sich dort bei Anschluss an eine Rohrleitung keimarme Verhältnisse aufrechterhalten. Dazu muss dieser Bereich bei angelüftetem Ventilteller in die Reinigung einbezogen werden. Wird die Konstruktion als Behälterarmatur für Gas oder Dampf verwendet, so ist im Allgemeinen eine Verbindung zur Umgebung vorhanden, deren Hygienestatus die Verhältnisse im nicht direkt produktberührten Teil des Ventils bestimmt.

Für höhere Hygieneanforderungen kann der Gehäusebereich, der den Federteil enthält, gemäß der Prinzipdarstellung nach Abb. 2.156 mit einer hermetischen Abdichtung wie Membran oder Faltenbalg abgedichtet werden, wobei die Membran meist widerstandsärmer gestaltet werden kann. Der Ventilteller dichtet im Sitz mit einer Elastomerdichtung ab. Die Ventilstange ist mit dem Teller über

2 Komponenten von Rohrleitungssystemen

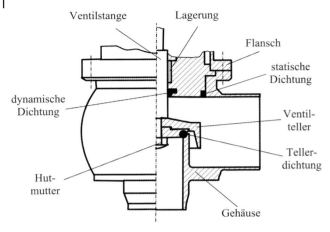

Abb. 2.155 Beispiel eines Überdruck-Sicherheitsventils in keimarmer Ausführung.

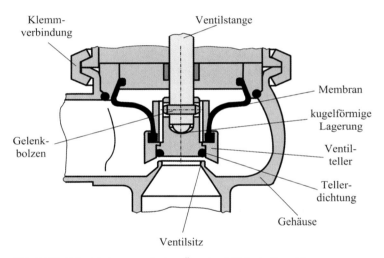

Abb. 2.156 Beispiel eines aseptischen Überdruck-Sicherheitsventils.

eine Kugel-Pfanne-Konstruktion sowie einen schwimmend gelagerten Bolzen verbunden, wodurch eine selbsttätige Einstellung möglich ist. Gehäuse und statische Dichtringe sind hygienegerecht gestaltet. Auch der Anschluss für die Abführung des Mediums sollte in diesem Fall entsprechend in den Hygienebereich einbezogen werden. Bei systematischer Reinigung oder nach Betätigung ist eine Anlüftung des Ventiltellers erforderlich.

2.3.9.2 Vakuumventile

Vakuumventile schützen Anlagen vor unzulässigem Unterdruck. Sie sind im Ruhezustand geschlossen und öffnen, wenn der Innendruck um mehr als den

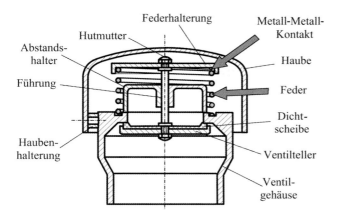

Abb. 2.157 Beispiel eines einfachen Vakuum-Sicherheitsventils mit Federbelastung (nach Fa. PAT).

eingestellten Differenzdruck unter den Betriebsdruck sinkt. Die Anlage wird dann „belüftet", bis der eingestellte Differenzdruck wieder erreicht wird. Gegen unzulässigen Druckanstieg im Innenbereich können Vakuumventile nicht schützen, da sie aufgrund ihrer konstruktiven Gestaltung geschlossen bleiben.

Um eine Gefährdung zu vermeiden, sind bei toxischen oder gefährlichen Medien Vorkehrungen zu treffen, die bei einem Defekt der Abdichtung des Ventiltellers das Medium kontrolliert abfließen lassen. Da die Ansaugbereiche meist zur Atmosphäre hin offen sind, müssen sie gegen Staub und Schmutz ausreichend geschützt sowie gereinigt werden. Bei Gefahr des Einfrierens wird eine Begleitheizung erforderlich. Um eine einwandfreie Funktion zu gewährleisten, müssen Vakuumventile regelmäßig gewartet werden, wobei vor allem die Leichtgängigkeit der Ventilspindel zu überprüfen ist.

Die Prinzipdarstellung nach Abb. 2.157 zeigt ein einfaches Vakuumventil mit seinen wesentlichen Gestaltungsmerkmalen und hygienischen Risikobereichen. Der Ventilteller dichtet mit einer Elastomer- oder Plastomerscheibe, die durch einen Edelstahlteller gehalten wird, im Sitz ab. Die notwendige Vorspannung wird durch eine Schraubenfeder erzeugt, die sich am Gehäuse und der verschieblichen Halterung mit möglichst geringer Berührfläche abstützt. Die vertikale Verschiebung beim Öffnen des Ventils erfolgt durch die Ventilstange, die in der Nabe des Abstandhalters geführt wird. Hygienische Problemstellen bilden die metallischen Kontaktflächen zwischen der Feder und ihren Auflageflächen, dem Abstandshalter und dem Gehäuse sowie den Muttern und ihren Kontaktflächen. Weiterhin bildet die Führung der Ventilstange einen nicht reinigbaren Spalt. Obwohl die meisten hygienischen Risikostellen außerhalb des eigentlichen Produktbereichs liegen, ist eine Kreuzkontamination zum Innenbereich hin nicht auszuschließen.

Bei dem Vakuumventil nach Abb. 2.158 ist der Federbereich im oberen Gehäusebereich untergebracht, der mit einer dynamischen Dichtung gegen die

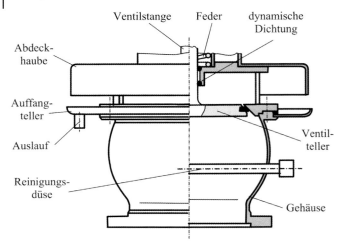

Abb. 2.158 Vakuum-Sicherheitsventil mit Sitzanlüftung und Sprüheinrichtung im Produktbereich (nach Fa. Handtmann).

bewegliche Ventilstange abgedichtet ist. Damit werden die oben erwähnten Hygieneprobleme vermieden. Der Ventilteller ist gegenüber dem Sitz mit einer Elastomerdichtung abgedichtet. Der Innenraum des Ventils kann mit einer Spritzvorrichtung ausgestattet werden, sodass bei angelüftetem Teller eine Sprühreinigung einschließlich des Sitzes und der Tellerdichtung durchgeführt werden kann. Der hygienegerecht gestaltete Bereich oberhalb des Tellers ist durch eine Abdeckhaube vor direkter Einwirkung aus der Umgebung geschützt. Unter der Haube ist eine Auffangvorrichtung für Kondensat und Feuchtigkeit angebracht, die selbstentleerend gestaltet ist und einen Ablauf besitzt.

2.3.9.3 Rückschlagventile

In Produktleitungen sollten Rückschlagventile wegen ihrer hygienischen Risiken, die z. B. durch Federn oder Führungen gegeben sind, so weit wie möglich vermieden werden. Sie können in automatisierten Systemen meist durch hygienegerecht gestaltete computergesteuerte Ventile ersetzt werden. Bei der in Abb. 2.159 dargestellten Konstruktion wurden die Risikostellen so weit wie möglich reduziert. Das Ventil öffnet, sobald der Druck unterhalb des Ventiltellers größer wird als der Gegendruck. Bei ausgeglichenem Druck auf beiden Seiten schließt die Federkraft das Ventil. Der Ventilteller, der im Sitz mit einer Elastomerdichtung abdichtet, wird im unteren Gehäusebereich metallisch geführt. Damit entfällt die sonst notwendige Ventilstange. Bei Betätigung wird der Führungsbereich weitgehend freigegeben, sodass eine Reinigung der abgedeckten Stellen möglich wird. Die Schließfeder wird in einem Käfig mit geringen Berührflächen geführt. Gleiches gilt für die Auflagestellen am Ventilteller und an der oberen Abstützung. Der Käfig wird gegenüber dem Gehäuse mit statischen Dichtungen abgedichtet. Die Reinigung wird im Durchfluss bei geöffnetem Ventil durchgeführt.

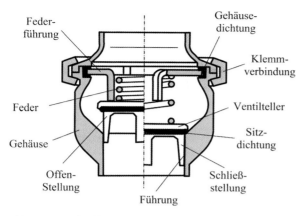

Abb. 2.159 Rückschlagventil mit reinigbarer Feder im Produktbereich (nach Fa. AWH).

2.4
Pumpen

Jeder Produktionsprozess ist eng mit der Förderung des herzustellenden Produktes verknüpft. Dies gilt sowohl für Flüssigkeiten als auch für Feststoffe wie Pulver und stückige Güter. Während früher der Transport mithilfe der Schwerkraft üblich war, erfolgt heute die Förderung von flüssigen und viskosen Produkten fast ausschließlich durch Pumpen in verschiedener Bauart und Größe, die den bestehenden Verhältnissen sowie den Produktanforderungen angepasst werden können. Ihre Bedeutung ist mit zunehmender Prozessautomatisierung gewachsen. Dabei müssen die jeweiligen Produkte zuverlässig und außerdem möglichst schonend gefördert werden. Das Streben nach höherer Produktionsleistung sowie zunehmender Wirtschaftlichkeit führt zu größeren Förderströmen und fordert eine gründliche Gestaltung, sowohl entsprechend dem zu fördernden Produkt als auch in Bezug auf Hygienic Design.

Für flüssige Medien kann das Fördern zwischen zwei unterschiedlichen statischen Druckniveaus in allen Bereichen der Produktion von verschieden gestalteten Pumpen wahrgenommen werden. Bei Kreiselpumpen entsteht dabei eine kontinuierliche Strömung, während bei Verdrängerpumpen ein periodisches oder periodisch schwankendes Strömungsverhalten maßgebend ist. Dabei wird durch Energieeintrag, der z. B. durch mechanischen Antrieb oder durch Gase wie Luft erfolgen kann, Strömungsenergie in Druck umgewandelt. Die verschiedenartigen Arbeitsbedingungen sowie die Art der zu fördernden Produkte wie z. B. Temperatur, Zähigkeit, Dichte und Feststoffgehalt bedingen eine Vielfalt von Konstruktionen, die sich in der Praxis bewährt haben. In vielen Fällen wurden sie aber nicht unter dem Gesichtspunkt der Reinigbarkeit gestaltet, sodass für den Einsatz in Hygienebereichen Neu- oder Weiterentwicklungen notwendig wurden. Eine Zusammenstellung grundlegender Pumpenarten zeigt Tabelle 2.6.

Tabelle 2.6 Zusammenstellung grundlegender Pumpenarten.

Strömungspumpen	• Kreiselpumpen	• normalsaugend (radial, diagonal oder axial fördernd) • unmittelbar selbstansaugend • mittelbar selbstansaugend
	• Wasser- und Dampfstrahlpumpen	
Verdrängerpumpen	• Kreiskolbenpumpe • Zahnradpumpe • Exzenterschneckenpumpe • Sinuspumpe • Schlauchpumpe	• Rotationsbewegung des Antriebs
	• Hubkolbenpumpe	• hin- und hergehende Antriebsbewegung

Grundsätzlich kann man feststellen, dass aufgrund des Energieeintrags und der Strömungsverhältnisse bei vielen Pumpentypen eine verbesserte Reinigbarkeit vorliegt als bei „passiv" durchströmten Bauelementen. Trotzdem sind besondere Maßnahmen zur Beseitigung von schlecht reinigbaren Spalten, Ecken und Toträumen zu treffen, um die biologischen Risiken zu minimieren. Dabei stellt die Abdichtung der bewegten Bauelemente wie Wellen oder Kolbenstangen gegenüber dem stillstehenden Gehäuse die wichtigste Aufgabe für Hygienic Design dar. In den meisten Fällen besitzt die Welle nur eine Lagerstelle mit Abdichtung zum Produktbereich wie z. B. bei fliegender Lagerung des Laufrads von Kreiselpumpen, um das Infektionsrisiko so gering wie möglich zu halten. Zur konstruktiven Ausführung kommen Anforderungen an die Integration der Pumpe in die Anlage wie sie z. B. durch die Forderung nach Selbstansaugen oder selbsttätiger Entleerung entstehen. Aus betriebstechnischer Sicht ist der Werkstoffwahl in Hinsicht auf eine Verschlechterung der Oberfläche mit zunehmender Betriebsdauer durch Korrosion, Abrasion oder Kavitation besondere Aufmerksamkeit zu widmen.

2.4.1
Allgemeine Hygieneanforderungen

Bei Pumpen sind unter dem Gesichtspunkt der reinigungsgerechten Gestaltung neben den üblichen Problemstellen in erster Linie zwei Gesichtspunkte zu beachten:

- die Ausführung der dynamische Wellendichtung und
- die selbsttätige Entleerbarkeit.

Typischerweise entstehen bei rotierenden und oszillierenden Bauteilen von Pumpen durch die Relativbewegung von Gehäuse und bewegten Elementen sowie durch den damit verbundenen Energieeintrag hohe Geschwindigkeiten und Turbulenzen, was zu hohen Wandschubspannungen und günstigeren Reinigungsverhältnissen als bei Bauteilen ohne Bewegung führen kann. Allerdings haben Testergebnisse gezeigt, dass die Art der Pumpe sowie ihre konstruktive Gestaltung und die Betriebsbedingungen erheblichen Einfluss auf das Reinigungsverhalten haben [64]. Produktberührte Oberflächen mit Rauheiten über $Ra = 0,8$ μm bis zu etwa $Ra = 3,2$ μm können durchaus gute Reinigbarkeit aufweisen. Höhere Rauheitswerte sollten aber zwischen Hersteller und Anwender abgesprochen und die Reinigbarkeit durch Tests nachgewiesen werden. Für CIP-fähige Pumpen muss nach obiger EHEDG-Empfehlung eine Oberflächenrauheit von $Ra \leq 3.2$ μm eingehalten werden. In den USA setzt dagegen 3A [66] für alle CIP-fähigen und aseptischen Pumpen eine Rauheit von $Ra \leq 0.8$ μm fest, die für alle üblichen Geschwindigkeiten ($w \approx 10\text{--}5$ ft/s oder $w \approx 3{,}05\text{--}1{,}53$ m/s) und Viskositäten eingehalten werden muss.

Beschädigungen wie Kratzer, Riefen oder Poren sind bei bearbeiteten Oberflächen nicht akzeptabel. Bei gegossenen Bauteilen, die aufgrund des Herstellungsverfahrens meist unvermeidbare Unregelmäßigkeiten aufweisen, die über die angegebenen Werte hinausgehen, muss ebenfalls ein Reinigbarkeitstest die leichte Reinigbarkeit bestätigen. Häufig ist vor allem bei Feinguss die zwar rauere, aber gleichzeitig welligere Oberflächenstruktur von meist positivem Einfluss auf die Reinigbarkeit, wenn Oberflächenfehler durch Lunker und Poren ausgeschlossen werden können. Zulässige und nicht zulässige produktseitige Vertiefungen, Löcher und Lunker in gegossenen Oberflächen von Pumpen werden in [64] zwar entsprechend Abb. 2.160 genau definiert und beschrieben. Es ist aber nicht erkenntlich, ob die Ergebnisse durch Tests bestätigt sind oder Erfahrungswerte darstellen. Der Durchmesser von zulässigen Oberflächenlunkern darf danach $0,3$ mm $\leq a \leq 1,0$ mm betragen, wobei für die Tiefe $t < a$ gilt. Hinterschnittene oder zu tiefe Löcher entsprechend Abb. 2.161 sind nicht zulässig. Wenn vier oder mehr Vertiefungen der zulässigen Art auftreten, müssen sie durch einen Abstand von mindestens $b = 6$ mm getrennt sein. Ansonsten werden maximal sechs lochartige Lunker mit den oben angegebenen Abmessungen auf einer Fläche von $A = 0{,}9$ cm^2 zugelassen.

Entsprechend den EHEDG-Empfehlungen dürfen auf produktberührten Oberflächen Oberflächenbehandlungen und Beschichtungen angewendet werden, wenn sie die Reinigbarkeit nicht beeinflussen und entsprechende Parameter eingehalten werden. So sollte z. B. die Dicke von Plattierungen auf Edelstahl mindestens 5 μm betragen. Gegossene oder gesprühte metallische Beschichtungen sollten eine Dicke von mindestens 300 μm aufweisen. Imprägnierungen, die die

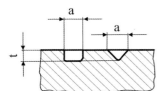

Abb. 2.160 Zulässige Oberflächenvertiefungen bei gegossenen Bauelementen (nach [64]).

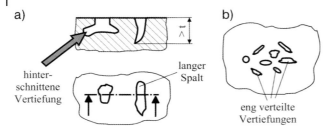

Abb. 2.161 Unzulässige Oberflächenfehler bei Gussmaterialien: (a) tiefreichende Löcher, (b) eng verteilte Vertiefungen.

Korrosions- oder Abrasionsbeständigkeit verbessern, sollten mindestens 100 µm tief reichen, während keramische Materialien, die als Überzug verwendet werden, mindestens 800 µm dick sein sollten.

Während bei verschiedenen Bauteilen und Komponenten ein Zerlegen bei der Reinigung eine Problemlösung darstellen kann, sollten bei Pumpen wegen der meist schwierigen Zerlegbarkeit alle produktberührten Bereiche in-place reinigbar ausgeführt werden. Deshalb sind in erster Linie Totwasserbereiche und Strömungsschatten zu vermeiden. Radien von inneren Winkeln, die kleiner als 135° sind, sollten nach [64, 65] mindestens mit $R = 3$ mm ausgeführt werden. Wenn aus funktionellen Gründen kleinere Radien erforderlich sind, muss ein Nachweis über die leichte Reinigbarkeit erbracht werden. Alle nicht abgerundeten (äußeren) Ecken müssen mindestens entgratet werden.

Gewinde, Wellen-Nabenverbindungen wie Passfedern, Keile, Kerbzahnprofile sowie Bolzen, Stifte und Gelenke müssen im Produktraum vermieden werden, indem sie hygienegerecht abgedeckt und abgedichtet werden (s. auch [11]). Gleiches gilt auch für Schraubenfedern, die z. B. zum Anpressen von Gleitringen verwendet werden. Nach EHEDG-Empfehlungen für Gleitringdichtungen [66] sind Federn im Produktbereich nicht erlaubt. Zum einen ist die Reinigbarkeit bei zu geringen Windungsabständen schlecht. Zum anderen stellen die Auflageflächen metallische Berührflächen dar, die nach Stand der Technik generell vermieden werden sollten. 3A lässt dagegen Federn zu, wenn sie als offene Wendel mit ausreichendem Windungsabstand und mit Ausnahme der Enden allseitig freiliegender Oberfläche ausgeführt sind. Die Enden der Federn, an denen sie sich abstützen, sollten dabei eine minimale Kontaktfläche besitzen.

Dichtungen für Pumpen erfordern aus hygienischen Gründen häufig besondere Gestaltungsmaßnahmen. Dabei sind die allgemeinen Anforderungen zu berücksichtigten, die in [11] ausführlich diskutiert werden. 3A fordert darüber hinaus, dass nicht demontierbar ausgeführte statische Dichtungen verklebt sein müssen. Die Klebestelle muss kontinuierlich durchgehend und unbeschädigt ausgeführt werden. Außerdem darf sich die Dichtung im Laufe des Betriebs nicht von der Klebestelle ablösen und keine nicht reinigbaren Spalte bilden.

Bei dynamischen Dichtungen dürfen O-Ringe im Produktraum nicht eingesetzt werden. Da ein sichelförmiger Spalt zwischen Welle und Dichtelement nicht vermeidbar ist, wird durch die verstärkte hydrodynamische Wirkung der unvermeidbare Transport durch die Dichtung erheblich verstärkt. Dies ist vor allem bei hin- und hergehend bewegten Pumpenelementen von Verdrängerpumpen stärker der Fall als bei Drehbewegungen. Dynamische Profildichtungen mit Lippen sind daher O-Ringen vorzuziehen. Sie erfordern neben einer hygienegerechten Gestaltung eine hohe Oberflächenqualität der Stange oder Welle, gegenüber der sie sich bewegen, sowie eine ausreichende Anpressung, um den dynamischen Spalt zu minimieren. Da nicht druckentlastete Dichtlippen durch den Betriebsdruck verstärkt angepresst werden, kann an der entlasteten Rückseite der Dichtung ein Spalt gegenüber der Nut entstehen, der ein Hygienerisiko darstellt. Es muss außerdem darauf hingewiesen werden, dass in 3-A-Standards Lippendichtungen nicht erlaubt sind. Nach EHEDG und 3-A-Vorschriften dürfen Wellendichtringe mit Feder gemäß Abb. 1.62a (s. Abschnitt 1.4.2.2) im Produktbereich nicht eingesetzt werden. Die Dichtstelle solcher Ringe ist nicht bündig zum Produktraum ausgeführt, wodurch sich ein schlecht reinigbarer Totwasserbereich ergibt.

Stopfbuchsen mit Stopfbuchsenpackungen sollten in Hygienebereichen grundsätzlich nicht eingesetzt werden. Wenn sie aus funktionellen Gründen unvermeidbar sind, müssen sie hygienegerecht gestaltet und, wenn erforderlich, von beiden Seiten mit einem speziellen CIP-System gereinigt werden. Als Schmier- oder Kühlflüssigkeit verwendetes Wasser muss die jeweils erforderliche Qualität (z. B. Trinkwasser, Reinstwasser usw.) haben.

Das Element der Wahl als dynamische Dichtung für ausreichend schnelle, rotierende Bewegungen ist die Gleitringdichtung. Die eigentliche Dichtwirkung erfolgt durch einen dünnen Fluidfilm zwischen den Gleitringen, der meist von der Produktseite her durch das Produkt, manchmal auch von der Außenseite durch ein zulässiges Spülmedium wie reines Wasser aufgebaut wird. Mit dem Flüssigkeitsfilm findet zwangsläufig ein Transport des Mediums durch die Dichtstelle statt, wobei Wasser meist verdampft. Einfach dichtende Ausführungen von Gleitringdichtungen können von der atmosphärischen Umgebungsseite von Mikroorganismen durchdrungen werden. Bei doppelter Anordnung mit dazwischenliegender Spülkammer kann dieser Einfluss weitgehend durch das Spülmedium ausgeschlossen werden, wenn eine ausreichende Reinigung in diesem Bereich stattfindet.

Die im Produktraum angeordneten Teile der Gleitringdichtung müssen hygienegerecht gestaltet und damit leicht reinigbar sein. Produktberührte Schrauben- oder Tellerfedern zum Vorspannen der Gleitringe dürfen nicht verwendet werden. Im Allgemeinen können Gleitringdichtungen in vormontierte Einheiten integriert werden, die als Module zur Montage vorbereitet sind, Federn, Dichtungsgehäuse, Dichtungen usw. enthalten und als Gesamtheit auf die Welle aufgeschoben werden können. Damit lassen sich Beschädigungen der empfindlichen Teile bei Transport oder Montage vermeiden.

Aufgrund der Maschinenrichtlinie [29] ist für Maschinen die Entleerbarkeit („Drainability") von Bauteilen und Anlagen vorgeschrieben. Vor allem für die Bereiche von Pharma- und Bioindustrie, wo häufig chargenweise produziert und deklariert werden muss, ist die Erfüllung dieser Anforderung notwendig.

Bei verschiedenen Pumpentypen ist bei der herkömmlichen Betriebsweise eine Selbstentleerung nicht von vornherein gegeben. Daher wurden mittlerweile verschiedene Maßnahmen ergriffen, um die Anforderung erfüllen zu können. Eine Möglichkeit besteht z. B. in der Anordnung der Pumpe, wenn eine bestimmte Lage die Entleerung des Pumpengehäuses gewährleistet. Dabei ist zu beachten, dass die Pumpenkonstruktion eine entsprechende Aufstellung bzw. Anordnung gestatten muss, wobei z. B. die Aufnahme zusätzlicher Kräfte durch die Lager der Pumpenwelle eine wesentliche Rolle spielen kann. Eine Entleerung ist auch dann möglich, wenn ein zusätzliches Entleerungsventil entweder direkt oder über eine Leitung an das Pumpengehäuse angebunden wird. Bei der konstruktiven Gestaltung ist besonders darauf zu achten, dass dadurch keine zusätzlichen hygienischen Problemstellen entstehen.

2.4.2
Allgemeine betriebstechnische Anforderungen

Die Betriebsverhältnisse können sich auf die Anforderungen auswirken, die durch die hygienegerechte Gestaltung von Pumpen gegeben sind und müssen daher beachtet werden. Zum einen können sie Veränderungen der betriebsbedingten Hygieneverhältnisse bewirken, zum anderen kann die Integration in die Anlage die Reinigbarkeit oder die Infektionsgefahr beeinflussen. Aus diesem Grund muss die Installation auch aus der Sicht von Hygienic Design, d. h. bezüglich der Einbausituation, rechtzeitig geplant und Anschlüsse unter Hygienegesichtspunkten ausgewählt und fachgerecht ausgeführt werden.

2.4.2.1 Kavitation
Kavitation entsteht, wenn durch eine örtliche Druckabsenkung der Dampfdruck einer Flüssigkeit bei der entsprechenden Temperatur unterschritten wird. Bei solchen Verhältnissen auftretende lokale, mit Dampf gefüllte Hohlräume brechen in Zonen höheren Druckes schlagartig zusammen. Dabei können in kleinsten Bereichen entstehende Flüssigkeitsstrahlen mit hoher Energie Metallpartikel aus der Oberfläche herausschlagen und Löcher erzeugen. Kavitation tritt besonders bei Heißförderung leicht auf, weil der Flüssigkeitsdampfdruck bei hohen Temperaturen progressiv zunimmt. Der Praktiker erkennt Kavitation im Betrieb an dem eigenartigen knatternden Geräusch der Pumpe, das sich bei Kreiselpumpen in manchen Fällen anhört, als ob Kieselsteine gegen das Pumpengehäuse schlagen. Um Kavitation zu vermeiden, darf der absolute Druck der Flüssigkeit an keiner Stelle der Pumpe den Dampfdruck bei Fördertemperatur unterschreiten.

Die Auswirkung von Kavitation führt zum Angriff der Metalloberfläche, die zunächst mit örtlichem Aufrauen der betroffenen Zonen beginnt und bis hin zur Zerstörung von gefährdeten Bereichen mit Lochbildung führt, wie das Beispiel von Abb. 2.162 zeigt. Die in der Oberfläche entstehenden Anfressungen und Löcher führen neben Festigkeitsproblemen dazu, dass an diesen Stellen die Reinigbarkeit erheblich eingeschränkt wird. Eine einwandfreie Reinigung ist an solchen Stellen nicht mehr gewährleistet. In den meisten Fällen sind duk-

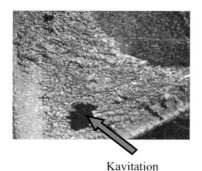

Abb. 2.162 Oberflächenzerstörung und Lochbildung durch Kavitation.

Kavitation

tile Edelstahlsorten aufgrund ihrer Verformbarkeit weniger empfindlich gegen Kavitation als relativ spröde Metalle.

2.4.2.2 Einbauverhältnisse

Bei Einbau von Pumpen in Rohrleitungssysteme müssen neben funktionellen auch Anforderungen an Hygienic Design berücksichtigt werden. Dies betrifft zum einen die produktseitigen Anschlüsse, für die reinigungsgerechte Flanschverbindungen oder Verschraubungen verwendet werden müssen. Zum anderen muss beim Einbau je nach Pumpentyp, wie bereits erwähnt, die Vermeidung von Kavitation und die Möglichkeit der Selbstentleerung berücksichtigt werden.

2.4.3 Kreiselpumpen

Grundsätzlich lassen sich Pumpen danach unterscheiden, ob sie dynamisch oder statisch arbeiten. Bei dynamisch fördernden Pumpen wie Kreiselpumpen sind Saug- und Druckraum miteinander verbunden. Eine Druck- oder Geschwindigkeitserhöhung erfolgt nur bei Betrieb aufgrund eines dynamischen Effekts wie z. B. Zentrifugalwirkung. Bei statisch wirkenden Pumpen wie Kolbenpumpen ist der Arbeitsraum abwechselnd gegenüber der Saug- bzw. Druckseite abgesperrt. Das Fördern des Produktes erfolgt durch Verdrängung aufgrund der Veränderung des Arbeitsraums. Im Folgenden wird auf die Reinigbarkeit einiger dieser Pumpen beispielhaft eingegangen.

2.4.3.1 Normalsaugende Kreiselpumpen

Die Kreiselpumpe wird aufgrund der gleichmäßigen Förderung, der robusten und einfachen Bauweise ohne Ventile oder Klappen und der einfachen Regulierung des Förderstroms im Anlagenbau am häufigsten eingesetzt. Sie ist zur Förderung flüssiger Produkte unterschiedlicher Viskosität ohne oder mit geringem feinkörnigem Feststoffanteil geeignet. Bei den fast ausschließlich verwendeten Radial-Kreiselpumpen, deren Prinzip in Abb. 2.163 dargestellt ist, strömt die Flüssigkeit dem Saugstutzen axial zu, wird vom rotierenden Laufrad mitgenommen und durch die Wirkung der Fliehkraft radial nach außen beschleunigt.

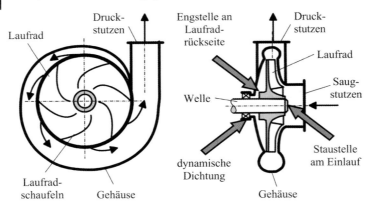

Abb. 2.163 Prinzipdarstellung einer Kreiselpumpe.

Dadurch wird Geschwindigkeitsenergie erzeugt, die infolge der anschließenden Verzögerung außerhalb des Laufrads in Druckenergie umgewandelt wird und so eine Druckzunahme ergibt. Durch entsprechende Form des Laufrads können die Kreiselpumpen sehr unterschiedlichen Betriebsanforderungen angepasst werden. Da die Fördermenge mit zunehmender Druckerzeugung immer stärker abnimmt, bezeichnet man Kreiselpumpen als selbstregelnd.

Die wichtigste Problemzone aus Sicht der Reinigbarkeit stellt die dynamische Wellenabdichtung und deren Umgebung dar. In der am häufigsten verwendeten Form mit *einer* Gleitringdichtung [66] ist sie wegen deren „Durchlässigkeit" z. B. für Mikroorganismen nur für keimarme Prozesse geeignet. Im Beispiel der Prinzipdarstellung nach Abb. 2.164a ist sie im Produktraum zwischen Laufrad und Gehäuserückwand angeordnet. Die Andruckfeder ist durch eine Hülse abgedeckt und somit nicht produktberührt. Entscheidend für die Reinigbarkeit ist neben der freien Zugänglichkeit der Oberflächen die hygienegerechte Gestaltung der statischen Dichtstellen. Eine andere Ausführung der Gleitringdichtung zeigt Abb 2.164b. Der umlaufende Gleitring ist im Laufrad elastisch gedichtet, der feststehende im Gehäuse. Die Ringe sind druckentlastet gestaltet. Die Anpressfeder befindet sich außerhalb des Produktbereichs. Um die Reinigbarkeit der Gleitringe zu erhöhen und den Austausch von Reinigungsmittel bei der Reinigung sicherzustellen, sind im Gehäuse rippenartige Strombrecher angeordnet, die selbst hygienegerecht zu gestalten sind.

Für aseptische Einsatzbedingungen kann die Gleitringdichtung doppelt in Tandem- oder „back-to-back"-Ausführung und Spülraum für ein aseptisches Medium wie Kondensat oder Reinstwasser ausgerüstet werden. Die Prinzipdarstellung nach Abb. 2.164c zeigt ein Beispiel mit symmetrisch in der Spülkammer angeordneten Gleitringdichtungen. Zum Produktraum hin liegt der feststehende Ring, der gegenüber dem Gehäuse mit einem O-Ring dichtet. Von Nachteil erweist sich der in dieser Ausführung notwendige Spalt zwischen Ring und Welle, der nicht leicht reinigbar ist. Die offene Feder im Spülraum kann durch eine abgedichtete Hülse abgedeckt werden, um die Konstruktion in diesem Bereich

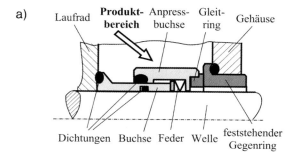

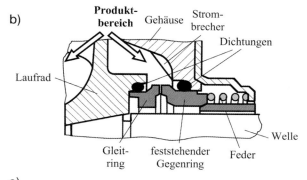

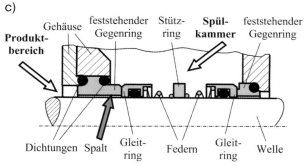

Abb. 2.164 Gleitringdichtungen:
(a) Gleitringe und abgedeckte Feder im Produktraum,
(b) Feder im Nicht-Produktbereich,
(c) doppelte symmetrische Anordnung mit Spülkammer.

leichter reinigbar zu gestalten. Völlig ohne dynamische Dichtelemente können für aseptische Anwendungen Konstruktionen mit hermetisch dichtender Magnetkupplung verwendet werden.

Weitere hygienische Problemzonen können am Gehäuse- bzw. Laufradeintritt entstehen, wenn dort aufgrund unzureichend strömungsgünstiger Gestaltung eine Stauflache entsteht, sowie auf der Rückseite des Laufrads bis zur Gleitringdichtung, wo ein geringer Abstand zum Gehäuse hin den Flüssigkeitsaustausch behindert und eventuell Totbereiche vorhanden sein können.

Ein weiterer entscheidender Gesichtspunkt ist die Anforderung der Entleerbarkeit, die anhand von Abb. 2.165 diskutiert werden soll. Da Kreiselpumpen einen zentrischen axialen Zulauf besitzen, sind sie bei Montage mit horizontal liegender Welle und üblicherweise nach oben angeordnetem Druckstutzen gemäß Abb. 2.165a nicht entleerbar. Das bedeutet, dass vor dem Reinigen ein „Sumpf" an Produkt und nach dem Spülen Wasser im unteren Bereich der Pumpe vorliegt. Die Pumpe wäre nur dann entleerbar, wenn der tangential zum Gehäuse liegende Druckstutzen entsprechend Abb. 2.165b an der tiefsten Stelle angeordnet

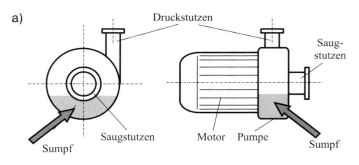

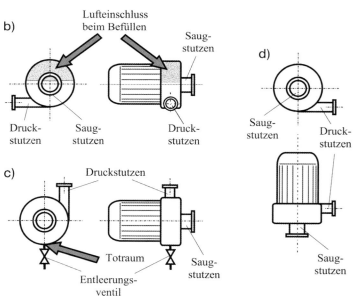

Abb. 2.165 Anordnung von Kreiselpumpen:
(a) nicht entleerbare übliche Montage mit horizontaler Welle und vertikal nach oben gerichtetem Druckstutzen,
(b) Gefahr des Lufteinschlusses bei untenliegendem Druckstutzen,
(c) Einbau wie bei (a) mit Entleerungsventil,
(d) Welle vertikal und untenliegender Saugstutzen (Gefahr des Trockenlaufs für Gleitringdichtung).

würde. In dieser Stellung wäre aber die Pumpe im oberen Gehäusebereich nicht entlüftbar, sodass anfangs Luft eingeschlossen bliebe und Störungen verursachen würde. Eine Maßnahme kann bei horizontal liegender Pumpenwelle die Verwendung eines Entleerungsventils darstellen, das entweder an einen kurzen Stutzen montiert (Abb. 2.165c) oder direkt an der tiefsten Stelle in das Gehäuse integriert werden kann. Die Montage mit vertikaler Welle und unten liegendem Zulauf gemäß Abb. 2.165d lässt sich nur dann realisieren, wenn die Wellenlagerung dies zulässt und der Druckstutzen an der höchsten Stelle des Gehäuses angebracht ist, um eine Entlüftung zu gewährleisten und Trockenlauf der Gleitringdichtung zu vermeiden.

Unter Gesichtspunkten der hygienegerechten Gestaltung spielt das Gesamtkonzept der Pumpe eine wesentliche Rolle. Den einfachsten Aufbau besitzen einstufige Ausführungen, bei denen das Laufrad fliegend auf der Welle gelagert ist, sodass diese nur einmal abgedichtet werden muss. Den geringsten Raumbedarf haben Pumpen in Blockbauweise, bei denen das Laufrad auf der verlängerten Motorwelle sitzt. Sie werden meist für eine entleerbare Aufstellung mit entsprechenden Füßen oder Halterungen zur Montage geliefert.

Nachteilig beim Einsatz der Kreiselpumpe kann sich auswirken, dass sie normalsaugend ist, d. h. die Saugleitung nicht selbst entlüften kann. Die Saugfähigkeit ist erst vorhanden, wenn die Saugleitung und die Pumpe mit Flüssigkeit gefüllt wird. Gemäß Abb. 2.166a darf außerdem wegen der Gefahr von Kavitation die Zulaufhöhe nicht zu klein und die saugseitige axiale Zulaufstrecke zu kurz sein. Um eine gerade störungsfreie Zulaufstrecke mit geringen Druckverlusten zu gewährleisten, sollten aus dem gleichen Grund notwendige Krümmer nicht gemäß Abb. 2.166b unmittelbar vor dem Pumpeneinlauf liegen. Häufig wird ein axial zentrisch montierter Sensor an der Saugseite eingesetzt, der bei Trockenlauf die Pumpe abschaltet, um eine Beschädigung der Gleitringdichtung zu vermeiden. Wie Abb. 2.166c zeigt, ist in diesem Fall ein gerader Zulauf nicht möglich, sodass sichergestellt werden muss, dass keine Kavitation auftreten kann. Ganz besonders ungünstig wirkt sich dabei das Drosseln in der Saugleitung aus, was in der Praxis öfters mithilfe des Bodenauslaufventils von Behältern durchgeführt wird. Während durch Drosseln in der Druckleitung nur der Förderstrom der Kreiselpumpe verringert wird, vermindert der Drosselwiderstand in der Saugleitung zusätzlich den Druck vor dem Laufrad und verursacht eine die Kavitation begünstigende Störung der Strömung in der Saugleitung. In diesem Zusammenhang ist zu empfehlen, bei Neuplanungen, Pumpenwahl, Anlagen- und Leitungsänderungen rechtzeitig den Pumpenlieferanten einzuschalten. Dieser ist am besten in der Lage, für ungünstige Zulauf- und Betriebsverhältnisse die Pumpe zweckmäßig auszulegen.

Aus Sicht der hygienegerechten Ausführung ist neben einer möglichst einfachen leicht reinigbaren Gestaltung die Werkstoffwahl wichtig. Für Produktpumpen ist austenitischer Edelstahl entsprechend dem Fördermedium Stand der Technik. Aber auch für die Förderung von Neben- und Hilfsprodukten, für die gesamte Reinigung wie auch für den Energie- und Versorgungsbereich besteht zu Recht aus Gründen der Korrosionsbeständigkeit und Lebensdauer die Tendenz zur

2 Komponenten von Rohrleitungssystemen

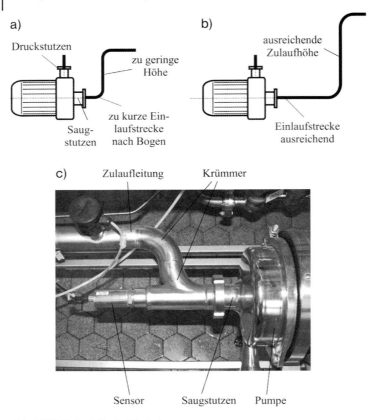

Abb. 2.166 Zulaufhöhe bei Kreiselpumpen:
(a) zu gering (Kavitationsgefahr), (b) ausreichend,
(c) Widerstand durch Krümmer in Saugleitung (Kavitationsgefahr).

Verwendung von nicht rostendem Stahl. Für Spezialanwendungen stehen Kunststoff-, Emaille- und Glaspumpen zur Verfügung. Die Gehäuse und zum Teil auch die Laufräder aus Edelstahl können zum einen aus tiefgezogenem porenfreiem Walzmaterial in Schweißausführung hergestellt werden. Zum anderen sind Gusskonstruktionen verfügbar, bei denen durch besondere Gieß- und Oberflächenverfahren für Gehäuse und Laufrad die geforderten Ra-Werte sowie Poren- und Lunkerfreiheit eingehalten werden können. Das dickwandigere und damit steifere Gussgehäuse ist gegen Vordrücke sowie Druckschläge weniger empfindlich und dämpft die Pumpengeräusche. Durch Baukastensysteme sowie eine geringe Zahl von Baugrößen mit möglichst vielen identischen und damit austauschbaren Einzelteilen kann die Wartung erleichtert und der hygienegerechte Zustand nach Wartungsarbeiten sichergestellt werden. Bei entsprechend gestalteten Pumpen kann zur Inspektion oder Reparatur das mit der Rohrleitung verschraubte oder auch verschweißte Teil des Pumpengehäuses in der Leitung verbleiben, während der Motor mit den restlichen Elementen und dem Laufrad abgezogen wird.

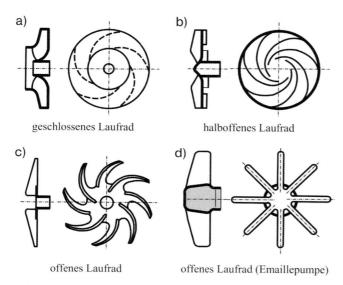

Abb. 2.167 Beispiele von Laufrädern:
(a) geschlossen, (b) halboffen, (c) offen, (d) offen für Emaille-Ausführung.

Pumpenlaufräder werden je nach Produkt und Förderaufgabe aus betriebstechnischen Gründen in unterschiedlichen Ausführungen eingesetzt. Das geschlossene Laufrad (Abb. 2.167a) besitzt meist den größten Wirkungsgrad und ist damit wirtschaftlich am effektivsten. Unter Gesichtspunkten der Reinigbarkeit muss der Bereich zwischen Laufrad und Gehäuse so weit gestaltet werden, dass er gut durchströmt wird und sich dadurch leicht reinigen lässt. Das halboffene Laufrad gemäß Abb. 2.167b ist an der Vorderseite zum Gehäuse hin offen, was sich einerseits negativ auf den Wirkungsgrad der Pumpe auswirkt, andererseits aber die Reinigbarkeit in dieser Zone verbessert. Noch stärker gilt dies für das offene Laufrad, das auf der Vorder- und Rückseite entsprechend Abb. 2.167c keine Abdeckung der Laufradschaufeln besitzt. Es fördert aber schonend, ist für gashaltige Flüssigkeiten geeignet und unempfindlich gegen geringe Feststoffmengen. Die bessere Reinigbarkeit wirkt sich in diesem Fall auf Vorder- und Rückseite des Gehäuses aus. Das Beispiel eines emaillierten Laufrads mit radialen Schaufeln ist in Abb. 2.167d dargestellt. Es muss ebenso wie das Gehäuse aus Gründen des Emaillierens möglichst an allen Stellen gut ausgerundet sein. Die Reinigbarkeit wird durch diese Anforderung sowie das Verhalten und die Struktur der Oberfläche meist verbessert, während die Verbindungen der Anschlüsse an die Rohrleitungen hygienische Probleme bereiten.

Die Anordnung von Pumpe und Motor ist je nach Pumpentyp in unterschiedlicher Ausführung verfügbar. Gemäß Abb. 2.168a kann die Pumpe mit getrennter Welle versehen sein, deren Lagerung in einem Lagerbock erfolgt. Über eine Wellenkupplung wird die Verbindung zum Motor hergestellt. Die Pumpe kann aber auch entsprechend Abb. 2.168b über eine Steckwelle mit dem Motor ver-

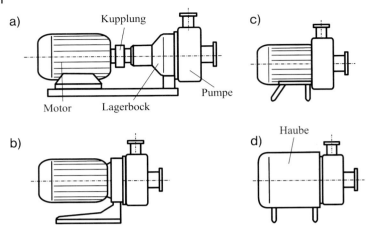

Abb. 2.168 Ausführung Pumpe–Motor:
(a) getrennte Wellen, (b) Steckwelle, (c) Laufrad auf Motorwelle befestigt,
(d) Motor mit Verkleidung.

bunden werden, die entweder gelagert oder ungelagert ausgeführt sein kann. In vielen Bereichen hygienerelevanter Industrien wird das Pumpenlaufrad direkt auf der verlängerten Motorwelle befestigt, wie Abb. 2.168c vom Prinzip her veranschaulichen soll. Für Anwendungen in aseptischen Räumen ist der Motor ohne Kühlrippen in leicht reinigbarer Ausführung erhältlich (siehe Abschnitt 1.11). Häufig werden, wie Abb. 2.168d zeigt, Edelstahlverkleidungen zum Schutz des Elektromotors oder aus optischen Gründen verwendet. Auch wenn sie leicht demontiert werden können, sind sie aus Hygienegründen abzulehnen, da sie wegen der Belüftung des Motors nicht völlig geschlossen sind. Außerdem sind mögliche Leckagen der Wellenabdichtung nicht rasch genug erkennbar.

Sterile Anlagen der pharmazeutischen Industrie wie z. B. zur Reinstwasserherstellung (WFI) sowie Sterilprozesse der Biotechnologie und Verfahrenstechnik erfordern für den Einsatz von Pumpen höhere Hygiene- und Sicherheitsmaßstäbe als sie bei keimarmen Anlagen nötig sind. Zusätzlich sind häufig Anforderungen an eine schonende Förderung empfindlicher Produkte zu erfüllen. Im europäischen Bereich wurden mit DIN EN 12 462 [67] die ersten konkreten Leistungskriterien für Pumpen hinsichtlich der Reinigungs- und Sterilisationsfähigkeit, der Leckdichtheit, der Werkstoffe und deren Oberflächen sowie konstruktiver Details in Bezug auf die CIP-/SIP-Fähigkeit aufgestellt.

Im Folgenden sollen einige Pumpenkonstruktionen beispielhaft und meist in Form von Prinzipzeichnungen aufgezeigt werden, in denen nicht alle Details dargestellt sind. Viele der Konstruktionen wurden bezüglich ihrer Reinigbarkeit mit dem EHEDG-Test [44] überprüft.

Das Prinzip der konstruktiven Gestaltung einer Kreiselpumpe zum Einsatz in der Lebensmittelindustrie zeigt die Ausführung nach Abb. 2.169. Die produktberührten Teile des Gehäuses sowie des Laufrads und dessen Befestigungsschraube

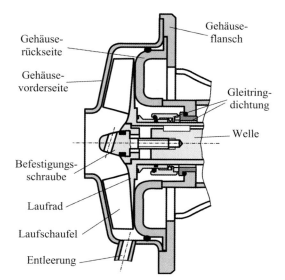

Abb. 2.169 Prinzipdarstellung einer Kreiselpumpe mit Auslaufstutzen (Fa. Packo).

bestehen aus austenitischem Edelstahl 1.4404 (316 L). Die produktberührten Oberflächen sind elektropoliert und entsprechen mit $Ra < 0{,}8$ μm den Rauheitsempfehlungen. Die zwischen dem Laufrad und dem Gehäuse liegenden Bereiche in unmittelbarer Umgebung der Gleitringdichtung sind weiträumig gestaltet, um eine leichte Reinigbarkeit zu erreichen. Die Gleitringdichtung ist hygienegerecht mit einer innen liegenden Feder ausgestattet. Die Ringe der Gleitringdichtung sind mit leicht reinigbaren Dichtungen gegenüber Gehäuse und Welle abgedichtet. Die in horizontaler Anordnung nicht selbsttätig entleerende Pumpe kann über ein Membranventil entleert werden, dessen Anschluss an der tiefsten Stelle des Gehäuses angebracht ist.

Bei der Edelstahlpumpe nach Abb. 2.170, die unter Gesichtspunkten der leichten Reinigbarkeit konstruiert wurde, bestehen die Seitenwände des Gehäuses aus tiefgezogenem Blech. Der Bereich des Gehäuseumfangs wird durch ein Spiralgehäuse gebildet, das mit den Seitenwänden verschraubt und mit zwei O-Ringdichtungen zur Produktseite hin gedichtet wird. Das Ende der Antriebswelle im Pumpeneinlauf ist mit einer strömungsgünstig gestalteten Mutter verkleidet, die gegenüber dem Laufrad mit einer definiert gepressten Dichtung abgedichtet ist. Die Abdichtung der Welle zum Gehäuse hin erfolgt mit einer Gleitringdichtung, deren umlaufender Ring im Produktbereich liegt und mit einer statischen O-Ringdichtung mit definierter Pressung zum Laufrad hin dichtet. Ein zweiter statischer O-Ring dichtet den Ring im nicht produktberührten Bereich zur Welle ab. Der nicht rotierende Teil der Gleitringdichtung wird mit einer statischen O-Ringdichtung gegenüber dem Pumpengehäuse abgedichtet. Der Bereich um die produktberührten Teile der Gleitringdichtung ist aus Gründen der Reinigbarkeit weiträumig gestaltet. Die spezielle Ausführung des Laufrads entsprechend Abb. 2.167b, das durch die Gestaltung der beidseitigen Laufradschaufeln neben

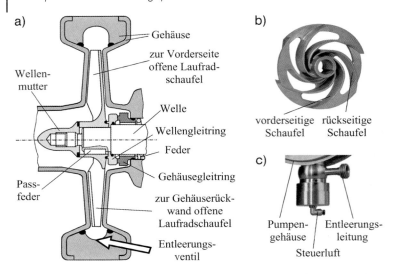

Abb. 2.170 Kreiselpumpe mit Speziallaufrad und integriertem Entleerungsventil (Fa. GEA-Tuchenhagen).

dem axialen Kraftausgleich eine leichte Reinigbarkeit auf beiden Gehäuseseiten erreicht, ermöglicht eine gute Durchströmung des produktseitigen Bereichs der Gleitringdichtung.

Die Kreiselpumpe gemäß Abb. 2.171 gehört ebenfalls zu einer Reihe von Konstruktionen, die die Anforderungen an reinigungsgerechte Gestaltung erfüllen und für CIP-/SIP-Verfahren geeignet sind. Die Bauelemente sind aus rostfreiem Edelstahl gefertigt. Das offene Laufrad läuft in einem eng gestalteten Gehäuse, das im Bereich der Gleitringdichtung erweitert ist. Die innere Rückwand des Gehäuses kann in diesem Bereich mit Strudelbrechern versehen werden, die einen intensiven Flüssigkeitsaustausch ermöglichen und z. B. zur Optimierung der Reinigung dienen. Die dynamische Standarddichtung besteht aus einer einfach wirkenden Gleitringdichtung. Als Werkstoffe werden für den rotierenden Ring Siliziumkarbid, den stationären Ring Graphit und die O-Ringdichtungen EPDM eingesetzt. Für den Fall von aseptischen Anwendungen mit einem Sperrmedium können zwei identische Gleitringdichtungen mit einem Adapter verwendet werden. Die in Abb. 2.171 dargestellte Pumpe ist am Einlauf mit einem „Inducer", d. h. mit einem Saugstutzen mit integrierter schneckenförmiger Schraube versehen. Damit kann das Risiko von Kavitation und damit verbundener Probleme erheblich herabgesetzt werden, die bei Prozessen mit Vakuum oder hohen Temperaturen auftreten können. Beispiele sind Verdampfungsanlagen, Entgasungsanlagen, Prozesse mit viskosen Produkten oder Medien mit niedrigem Siedepunkt. Für die Entleerung dient ein in das Pumpengehäuse integriertes Bodenventil.

Die Edelstahlkreiselpumpe der Firma Hilge, deren Prinzip in Abb. 2.172 mit einfach wirkender Gleitringdichtung dargestellt ist, wurde entsprechend den Anforderungen an Reinigbarkeit (CIP) und Sterilisierbarkeit (SIP) entwickelt. Dies gilt

2.4 Pumpen | 237

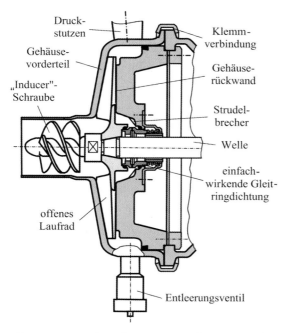

Abb. 2.171 Prinzipdarstellung einer Kreiselpumpe mit Inducer (Fa. APV).

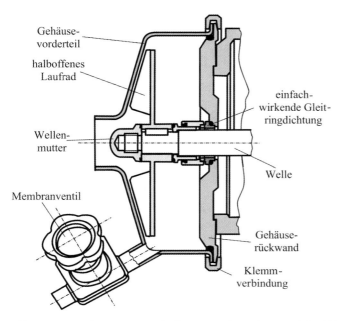

Abb. 2.172 Kreiselpumpe mit Auslaufstutzen und Membranventil (Fa. Hilge).

zunächst für die verwendeten Materialien und deren Oberflächenbeschaffenheit, die besonders im Bereich der pharmazeutischen Industrie hinsichtlich Qualität und Sicherheit bei der Prozessführung eine entscheidende Rolle einnehmen. Die Sterilpumpe ist aus rostfreiem low carbon Walzstahl gefertigt. Die produktberührten Oberflächen sind mechanisch geschliffen, poliert und entsprechend dem Oberflächenstandard der Sterilklassen einer Endbehandlung durch Elektropolieren unterzogen. Die statischen Dichtungen bestehen bei normaler Ausführung aus EPDM, können aber auch in PTFE, FEPS und FFP geliefert werden. Die Werkstoffpaarung der Gleitringe der dynamischen Dichtung ist Siliziumkarbid/Siliziumkarbid. Die CIP-fähige und sterilisierbare Wellenabdichtung ist frei im Produktraum angeordnet und mit reinigbar gestalteten O-Ring-Abdichtungen zum Gehäusedeckel und Laufrad hin abgedichtet. Für sterile Anwendungen sollte die Pumpe mit doppelt wirkender Tandem-Gleitringdichtung eingesetzt werden.

Durch das offene Laufrad und das weite Gehäuse wird die Reinigbarkeit aller Bereiche der Pumpe unterstützt. Durch Frequenzumrichter zwischen Pumpe und Versorgungsnetz kann die Drehzahl und somit die Leistung der Pumpe stufenlos den Betriebsverhältnissen angepasst werden.

Die konstruktive Gestaltung der Pumpe mit Magnetantrieb gemäß Abb. 2.173 wurde in erster Linie für den Einsatz in aseptischen Bereichen nach Gesichtspunkten leichter Reinigbarkeit vorgenommen. Durch den Magnetantrieb ergibt sich eine hermetische Abdichtung, sodass dynamische Dichtungen im Produktbereich vermieden werden.

Die mit dem Produkt in Berührung stehenden Teile der Kreiselpumpe sind aus rostfreiem low carbon Edelstahl bzw. aus dem Keramikwerkstoff SSIC gefertigt. Abweichend davon besteht der Spalttopf aus Hastelloy C4 und die aufgeschrumpfte Lagerbuchse aus Inconel 686. Der produktberührte Bereich der Pumpe ist elektropoliert. Als Dichtungsmaterial für die statischen Dichtungen wird normalerweise HNBR eingesetzt.

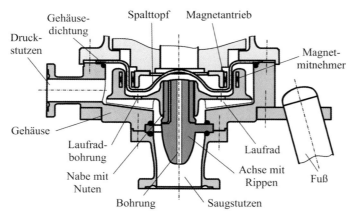

Abb. 2.173 Prinzipdarstellung einer Kreiselpumpe mit vertikaler Welle und Magnetantrieb für Sterilbetrieb (Fa. CP Pumpen AG, Schweiz).

Die Pumpe ist als selbstentleerende Konstruktion mit vertikalem Saugstutzen konzipiert. Der Spalttopf des Pumpengehäuses bildet die hermetische Abdichtung zum Magnetantrieb hin. Das untere Teil des Gehäuses, in das der Druckstutzen integriert ist, dichtet mit einer statischen Dichtung gegenüber dem Spalttopf ab. Für O-Ringdichtung und Dichtungsnut wurde das leicht reinigbare Design nach DIN 11 864, Form B, adaptiert.

In das Laufrad sind die Magnetmitnehmer integriert. Im Bereich der Lagerung ist das Laufrad mit einer Buchse verschweißt, die auf die Lagerbuchse aus Keramik aufgeschrumpft ist. Das feststehende Teil des Lagers (Achse) besteht ebenfalls aus Keramik und wird zwischen dem unteren Gehäuseteil und dem Saugstutzen über drei Rippen fixiert und zentriert. Die Abdichtung erfolgt durch O-Ringe, die ebenfalls DIN 11 864 entsprechen. In der Ansaugzone ist das Keramikteil strömungsgünstig gestaltet. Außerdem enthält es eine axiale Bohrung, die eine Rückströmung aus dem Bereich der Rückseite des Laufrads gewährleistet. Damit wird der gesamte Raum zwischen Spalttopf und Laufrad-Rückseite, der zudem unter Berücksichtigung strömungs- und reinigungstechnischer Gesichtspunkte gestaltet ist, zwangsweise durchströmt. Durch Bohrungen im Laufrad kann er auch entleert werden. Für höhere Drücke werden die Pumpen mit mehreren hintereinander geschalteten Förderstufen hergestellt. Ein Beispiel einer konstruktiven Ausführung zeigt Abb. 2.174. Die in ihrem Grundkonzept aus der Pumpe nach Abb. 2.172 entwickelte Konstruktion ist im Bereich der letzten Stufe durch das weite Gehäuse mit freiliegender, leicht reinigbarer Gleitringdichtung gekennzeichnet. Die einzelnen Stufen sind aus Bauelementen aufgebaut, die jeweils das Laufrad, den Gehäuseeinsatz mit Leitschaufeln und Gehäuseabdichtung sowie

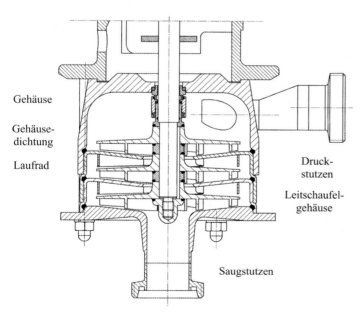

Abb. 2.174 Mehrstufige Kreiselpumpe mit vertikaler Welle (Fa. Hilge).

eine Buchse mit Abdichtungen zur Welle enthalten. Die Pumpe ist wegen der Entleerbarkeit für den Einsatz in vertikaler Position vorgesehen. Zur Aufstellung dient eine nicht dargestellte Halterung.

2.4.3.2 Selbstansaugende Kreiselpumpen

Eine selbstansaugende Pumpe muss einen Unterdruck erzeugen können, der das zu fördernde Medium in die Pumpe saugt. Anders ausgedrückt bedeutet dies, dass sie die in der Pumpe enthaltene Luft fördern und damit die Pumpe entlüften kann.

Normale Bauarten sind nicht in der Lage, die Saugleitung selbsttätig zu entlüften und selbst anzusaugen. Daher müssen Pumpe und Saugleitung mit Flüssigkeit aufgefüllt werden, um fördern zu können. Um die gefüllte Leitung auch nach Stillstand gefüllt zu halten, können Rückschlagventile in die Saugleitung eingebaut werden. Diese sind allerdings meist nicht so dicht, dass die Pumpe bei längeren Betriebspausen gefüllt bleibt. Außerdem können sie ein zusätzliches Hygienerisiko darstellen.

Grundsätzlich lassen sich zwei Gruppen von selbstansaugenden Kreiselpumpen unterscheiden: *Unmittelbar* selbstansaugende Kreiselpumpen können aufgrund ihrer Konstruktion die Saugleitung entlüften, während bei *mittelbar* selbstansaugenden Ausführungen eine besondere Hilfsvorrichtung dazu erforderlich ist.

Bei unmittelbar selbstansaugenden Pumpen ist vor dem erstmaligen Betrieb ein Füllen mit Flüssigkeit erforderlich. Beim Anlaufen wird diese durch die Zentrifugalwirkung nach außen gefördert, wo sie einen rotierenden Flüssigkeitsring bildet. Der dabei entstehende Unterdruck saugt Luft aus der Saugleitung nach, wodurch im Laufrad ein Luft-Flüssigkeitsgemisch entsteht. Im Druckbereich wird entweder in einem speziell ausgebildeten Druckraum des Gehäuses oder einem aufgesetzten Behälter die Luft von der Flüssigkeit getrennt und in die Druckleitung gefördert. Die entlüftete Flüssigkeit strömt zurück, um den Flüssigkeitsring aufrechtzuerhalten. Wenn die Förderung von Luft beendet ist, arbeitet die Pumpe wie eine übliche Kreiselpumpe. Der Vorteil von Pumpen dieser Art ist, dass sie häufig das leicht reinigbare Grundkonzept normaler Kreiselpumpen verwenden.

Eine konstruktive Lösung stellt die CIP-Return-Pumpe gemäß Abb. 2.175 dar, deren Entwicklung auf der Grundlage der normalen Edelstahl-Kreiselpumpe nach Abb. 2.169 aufbaut. Bei der selbstansaugenden Konstruktion ist das übliche Spiralgehäuse mit einem vergrößerten Druckstutzen versehen, um Gas besser entweichen zu lassen. Über dem Druckstutzen ist ein horizontaler „Entspannungsbehälter" angeordnet, der an seinem gegenüberliegenden Ende über einen Bypass mit dem Spiralgehäuse der Pumpe verbunden ist. Der eigentliche Druckstutzen zum Anschluss an die Rohrleitung befindet sich auf dem Entspannungsbehälter.

Die Pumpe fördert das Medium-Gas-Gemisch in den Entspannungsbehälter. Wenn im Extremfall außer Gas kein Fördermedium an der Saugseite ansteht, bricht die Förderung kurzfristig ab. Dadurch kann das Medium aus dem Behälter über den Bypass wieder ins Pumpengehäuse zurückfließen, sodass die Pumpe angefüllt und die Wirkung der Kreiselpumpe aufrechterhalten bleibt. Darüber

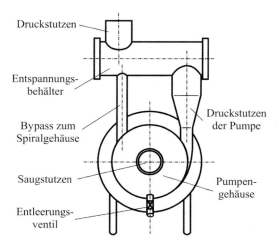

Abb. 2.175 Unmittelbar selbstansaugende CIP-Return-Pumpe (Fa. Packo).

hinaus kann die Pumpe nicht trockenlaufen, die Versorgung der Gleitringdichtung mit Flüssigkeit bleibt erhalten. Von Vorteil ist die übliche hygienegerechte Gestaltung der Pumpe mit offenem Laufrad, die auch zur verschleißarmen Förderung von Medien mit groben Inhaltsstoffen geeignet ist. Die Pumpe kann mit verschiedenen Varianten der Gleitringdichtung wie z. B. Doppeldichtung mit Spülkammer ausgerüstet werden.

Eine ähnliche Gestaltung besitzt die LKH-SP-Pumpe der Firma Alpha Tetrapak mit dem gleichen Aufbau wie die normale, nicht selbstansaugende und hygienegerecht gestaltete Kreiselpumpe der Firma. Auf der Druckseite sitzt ein kleiner Vorlagebehälter, der mit einer Rückführleitung über ein T-Stück mit der Saugseite der Pumpe verbunden ist. In dieser Rückführleitung ist ein Rückschlagventil eingebaut. Auch die Saugleitung enthält ein Rückschlagventil, um die vollständige Entleerung der Pumpe zu vermeiden.

Der selbstansaugenden Pumpe nach Abb. 2.176 liegt die Normalausführung der Kreiselpumpe nach Abb. 2.171 mit offenem Laufrad zugrunde. Der für den Selbstansaugeffekt nötige Wasserring beim Anfahren der Pumpe wird durch eine „Luftschraube" erzielt, die exzentrisch zum Gehäuse angeordnet ist und an der Oberseite völlig vom Wasserring bedeckt wird. Der Wasserring fungiert damit als Dichtung, sodass nur das Fördermedium oder Luft die Schraube passieren kann. Im Gegensatz zu der in Abb. 2.171 abgebildeten Schraube zur Verringerung der Kavitation erfordert die „Luftschraube" ein weites und exzentrisch gestaltetes Gehäuse, um den Luftanteil handhaben zu können. Bei hohem Luftdurchsatz besteht die Gefahr, dass zu viel Flüssigkeit in die Druckleitung gefördert wird und der Wasserring seine Wirkung verliert. Um dies zu vermeiden, wird eine Rücklaufleitung verwendet, die den Druckstutzen mit der Saugseite der Schraube verbindet.

Bei mittelbar selbstansaugenden Kreiselpumpen werden spezielle Hilfseinrichtungen wie Flüssigkeitsring-, Seitenkanal- oder Strahlpumpen verwendet, die

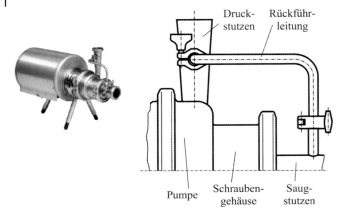

Abb. 2.176 Unmittelbar selbstansaugende Pumpe (Fa. APV).

mit der Hauptpumpe auf einer gemeinsamen Welle sitzen und zum Entlüften der Saugleitung dienen.

Die am weitesten verbreitete Konstruktionsform von selbstansaugenden Pumpen mit Kreiselrad ist die Seitenkanalpumpe, die deshalb auch fälschlicherweise als selbstansaugende Kreiselpumpe bezeichnet wird. Sie soll hier trotzdem im Rahmen der Kreiselpumpen diskutiert werden. Sie unterscheidet sich äußerlich nur wenig von der normalen Kreiselpumpe, obwohl ihr Wirkungsprinzip ein völlig anderes ist. Ein Sternrad, d. h. ein offenes Laufrad mit radialen Schaufeln, läuft mit geringem seitlichem Spiel entsprechend der Prinzipdarstellung nach Abb. 2.177 im Gehäuse, in dem sich auf der einen Seite die Saugöffnung befindet. Auf der anderen Seite des Laufrads liegt der sich vertiefende und wieder verflachende Seitenkanal, der gegenüber der Saugöffnung beginnt, sowie die Drucköffnung. Sofern sich im Gehäuse eine gewisse Flüssigkeitsmenge befindet, kann die Pumpe die Saugleitung selbst entlüften, wodurch ein selbsttätiges Ansaugen möglich wird. Die Pumpe ist daher auch gut geeignet, luft- oder gashaltiges und zum

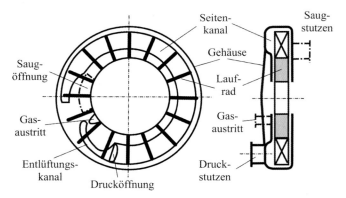

Abb. 2.177 Prinzip einer mittelbar selbstansaugenden Pumpe.

Schäumen neigendes Fördergut anzusaugen und zu fördern. Selbst bei hohem Gasanteil oder Aussetzen des Flüssigkeitszulaufes wird das Fördern immer wieder fortgesetzt. Der Förderstrom folgt der Drehrichtung des Laufrads und ist damit umkehrbar. Allerdings ergibt sich bei Änderung des Drehsinns des Laufrads ein geringerer Druck.

Beim Einschalten der Pumpe wird die Flüssigkeitsfüllung vom Sternrad mitgenommen und in den Seitenkanal gefördert. Bei Flüssigkeitsförderung entsteht der Druck überwiegend durch Impulsaustausch. Dieser beruht darauf, dass das Medium im rasch rotierenden Sternrad während einer Umdrehung wiederholt Energie auf die im Seitenkanal langsamer umlaufenden Flüssigkeitsteile überträgt. Dadurch erzeugt eine Seitenkanalpumpe einen höheren Druck als eine vergleichbare Radial-Kreiselpumpe. Bei der Luftförderung arbeitet die Pumpe nach dem Verdrängungsprinzip. Am Ende des Seitenkanals verlässt der größte Teil der Flüssigkeit den Arbeitsraum durch die Drucköffnung. Der restliche Teil wird durch den sich verjüngenden und nach innen führenden Fortsatz des Kanals entgegen der Fliehkraft zur Nabe des Laufrads umgelenkt. Dadurch wird mitgefördertes Gas, das sich im Nabenbereich des Laufrads sammelt, in die Gasaustrittsöffnung und weiter in den Druckraum gedrückt.

Die Druckleitung der Seitenkanalpumpe sollte niemals ganz geschlossen werden, damit das angesaugte Gas entweichen kann und der Motor nicht überlastet wird. Die Regelung kann über einen Bypass oder durch Drosseln erfolgen.

Die Seitenkanalpumpe wird in verschiedenen Ausführungen und Abwandlungen am häufigsten als Rückführungspumpe für die Reinigung benutzt. Schätzungsweise werden in der Praxis rund 85 % dieser Pumpen im Bereich von CIP-Anlagen bzw. -Anwendungen eingesetzt, da hier immer wieder größere Luft- bzw. Gasanteile im Fördermedium auftreten. Bei Behältern erreicht man dadurch z. B., dass kein Sumpf entsteht. Der Boden wird von der Reinigungslösung nur beschwallt und bis zum Auslauf gereinigt. Außerdem kann die Rücklaufleitung leer gesaugt werden. Die Pumpe ist infolge der engen Spalte zwischen Gehäuse und Laufrad anfällig gegen Rückstände aus den zu reinigenden Behältern. Die Flüssigkeit darf nur trüb sein und keine groben Verunreinigungen enthalten.

Aufgrund der engen Spaltmaße zwischen Laufrad und Pumpengehäuse hat das Pumpenprinzip einige Nachteile in Bezug auf das hygienegerechte Design. Weiterhin soll durch die meist oben angeordneten Anschlüsse für die Saug- und Druckseite das Fördermedium nach dem Abschalten in der Pumpe gehalten werden. Dadurch wird ein Sumpf gebildet, der betriebstechnisch notwendig ist. Nur über zusätzliche Ablassventile lässt sich eine Entleerung in diesem Bereich erreichen.

Die dem Prinzip nach in Abb. 2.178 dargestellte Pumpe ist eine selbstansaugende Seitenkanalpumpe, die speziell für den Einsatz in der Lebensmittel-, Genussmittel- und Kosmetikindustrie entwickelt wurde. Sie wird bevorzugt als CIP-Rücklaufpumpe in eingesetzt und besitzt eine hohe Beständigkeit gegen Laugen, Säuren und andere chemische Produkte. Durch ihr Arbeitsprinzip ist die Pumpe in der Lage, Flüssigkeiten mit Gaseinschlüssen oder schäumende Fördermedien mit relativ hohen dynamischen Viskositäten zu fördern.

244 | 2 Komponenten von Rohrleitungssystemen

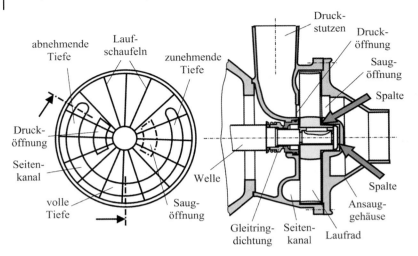

Abb. 2.178 Selbstansaugende Seitenkanalpumpe (Fa. Tetra-Alpha).

Die Pumpe ist modulartig aufgebaut. Pumpengehäuse, Laufrad und Welle bestehen aus low carbon Edelstahl. Das Laufrad sitzt auf der Pumpenwelle, die über zwei Schrumpfringe kraftschlüssig mit der Motorwelle verklemmt wird. Standardmäßig ist die Pumpe mit einfacher federbelasteter Gleitringdichtung ausgestattet.

Wenn zwischen der umlaufenden Laufradnabe und der Gehäusevorder- und rückwand enge Spalten vorhanden sind, kann der Flüssigkeitsaustausch bei der Reinigung an diesen Stellen behindert sein. Außerdem müssen Wellenmutter und Nabe zur Welle hin abgedichtet sein, um unzulässige Spalte zu vermeiden. An den anderen Stellen zwischen Gehäuse und Laufrad sind ebenfalls enge Spalttoleranzen gegeben, die sich jedoch durch das rotierende Laufrad gut reinigen lassen.

2.4.4
Verdrängerpumpen

Verdrängerpumpen sind meist für jedes Fördergut geeignet, wobei sie sich zusätzlich durch eine besonders schonende Förderung auszeichnen können, die bei einigen Produkten und Prozessabläufen von Vorteil ist. In erster Linie werden sie für Suspensionen unterschiedlicher Zähigkeiten und Feststoffkonzentrationen sowie Flüssigkeiten mit hoher Viskosität bis hin zu im Extremfall nicht mehr fließfähige Substanzen genutzt. Obwohl sie auch für niedrigviskose Flüssigkeiten verwendbar sind, werden dafür Kreiselpumpen aufgrund der robusten Bauart, des problemlosen Betriebs und der einfachen Regelung bevorzugt. Verdrängerpumpen sind daher nur dort zu finden, wo es die Eigenschaft des Fördergutes oder die Förderaufgabe wie z. B. beim Dosieren bedingt.

Für die richtige Auswahl und den optimalen Betrieb von Verdrängerpumpen ist das jeweils charakteristische Betriebsverhalten zu beachten. Es kann ebenso wie die

Fördermenge durch das jeweilige Fördergut (z. B. durch Viskosität und Konsistenz) bei den einzelnen Konstruktionen unterschiedlich beeinflusst werden. Ein weiterer wesentlicher Gesichtspunkt ist das Verschleißverhalten der hochbeanspruchten Teile, das sich sowohl auf die Lebensdauer als auch die Reinigbarkeit stark auswirkt und damit Instandhaltungskosten und Wirtschaftlichkeit beeinflusst.

2.4.4.1 Betriebsverhalten der Verdrängerpumpen

Während bei Kreiselpumpen die Zentrifugalwirkung den entscheidenden Effekt liefert, wird bei Verdrängerpumpen die Flüssigkeit mithilfe von Verdrängerelementen zwangsweise aus dem Saugraum in den Druckraum gefördert. Im Unterschied zu Kreiselpumpen ist dadurch der Förderstrom nahezu unabhängig vom Gegendruck. Ein Einfluss entsteht lediglich durch Spaltverluste, die von der Pumpenart, der Viskosität der Flüssigkeit und dem erzeugten Druck abhängen. Besonders groß werden diese inneren Leckverluste bei Pumpen mit elastischen Elementen (z. B. Flügeln), die nur einen begrenzten Dichtungsdruck ausüben können. Wegen der Unabhängigkeit der Fördermenge vom Druck darf in die Druckleitung kein Drosselventil eingebaut werden, wenn nicht ein Überströmventil zum Schutz der Anlage dient.

Die meisten Verdrängerpumpen sind ohne Hilfsflüssigkeit selbstansaugend. Dadurch können sie ohne vorausgehendes Füllen der Saugleitung und des Pumpengehäuses zu fördern beginnen. Außerdem bereiten im Medium enthaltene oder auch mitgerissenes Gasblasen wie Luft- und Schaumblasen keine Förderprobleme. Sie verringern lediglich den Förderstrom um das Gasvolumen, das einen Teil des Arbeitsraums einnimmt. Der tatsächliche Verlust an Fördermenge kann jedoch beträchtlich sein, wenn sich das Gas bei Vakuum im Pumpeneinlass entsprechend ausdehnt. Sowohl aus betriebstechnischen als aus hygienischen Gründen ist es wichtig, dass die Leitungen stetig ansteigend verlaufen, damit keine Gaspolster entstehen können. Eine weitere charakteristische Eigenschaft ist, dass die Förderung im normalen Bereich proportional der Drehzahl verläuft. Dies trifft nicht mehr zu unterhalb einer Mindest- und oberhalb einer maximalen Drehzahl. Beide sind von der Pumpenbauart und der Viskosität des Fördergutes abhängig. Bei zu geringer Drehzahl wird die theoretische Fördermenge in etwa durch die Spaltverluste aufgebraucht. Bei zu hoher Drehzahl wird nichts mehr gefördert, weil das Fördergut nicht schnell genug in das Gehäuse nachströmen kann und der Volumenstrom abreißt. Die Hersteller geben deshalb bei ihren Pumpen abhängig von der Viskosität die mögliche Pumpendrehzahl und die damit erzielbare Fördermenge an. Grundsätzlich gilt für alle Verdrängerpumpen, dass die Pumpendrehzahl um so niedriger sein muss, je viskoser das Fördergut ist. Dies trifft in noch stärkerem Maße für die Verdrängerpumpen zu, die in der Lage sind, Suspensionen mit größerem, abrasiv wirkendem Feststoffanteil zu fördern. Durch geringe Drehzahl wird der Verschleiß und damit die Oberflächenstruktur der besonders beanspruchten produktberührten Pumpenteile in vertretbaren Grenzen gehalten.

Infolge der vom Druck unabhängigen volumetrischen Förderung kann die Drosselregelung bei Verdrängerpumpen nicht angewendet werden. Eine Mengenregelung ist deshalb nur durch eine Veränderung der Drehzahl oder durch die Bypass-Regelung möglich, bei der ein wandelbarer Teilstrom von der Druckseite zur Saugseite der Pumpe zurückfließt. Dabei ist zu beachten, dass das Fördergut zusätzlich beansprucht und erwärmt wird. Bypass-Anordnungen werden aber auch manchmal aus prozesstechnischen Gründen eingesetzt, um z. B. eine Prozess- oder Dosierpumpe in bestimmten Phasen völlig oder zum Teil zu umfahren. Ein typisches Beispiel ist die Reinigung, bei der viele Verdrängerpumpen nicht mit dem vollen Volumenstrom durchfahren werden können, der für die Anlagenreinigung erforderlich ist. Bei allen Bypass-Schaltungen ist auf hygienegerechte Maßnahmen der Gestaltung zu achten. In vielen Fällen entstehen aufgrund der benötigten Ventilanordnung Toträume und nicht entleerbare Bereiche, die vermieden oder zumindest minimiert werden können. In jedem Fall ist darauf zu achten, dass sie in die Reinigung mit einbezogen werden. Die Abb. 2.179a zeigt als Beispiel eine übliche Bypass-Schaltung, bei der während der Produktförderung mit der Pumpe der Bypass nicht genutzt wird und aufgrund der Anordnung große tote Bereiche ergibt, in denen das Produkt nicht ausgetauscht wird und dadurch geschädigt werden kann. Da während der Reinigungsphase ein Durchlauf möglich ist, sind sie grundsätzlich reinigbar und damit als Totzonen nicht relevant. Zusätzlich erfolgt bei der dargestellten Schaltung zum einen beim Befüllen der Leitung ein Einschluss von Luft bei geschlossenem Ventil (Produktschädigung im Totbereich durch Oxidation), zum anderen ist die Pumpe nur mit Entleerungsventil entleerbar. Im Fall der Schaltung nach Abb. 2.179b wurde der Totraumbereich durch die gewählte Leitungs- und Ventilanordnung minimiert. Außerdem ist die Pumpe in der gezeigten Einbaulage entleerbar. Da die Leitung vor der Pumpe

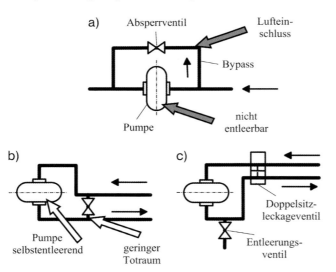

Abb. 2.179 Bypass für Verdrängerpumpen (horizontale Leitungsanordnung):
(a) nicht entleerbare Pumpe bei üblicher Schaltung,
(b) Entleerbarkeit und Minimierung des Totraums (Problem: Lufteinschluss möglich),
(c) Schaltung mit Doppelsitz-Leckage- und Entleerungsventil.

einen höchsten Punkt erreicht, sind dort Lufteinschlüsse beim Befüllen möglich. In Abb. 2.179c ist dieser Nachteil vermieden. Als Beispiel eines Bypass-Ventils ohne Totraum kann ein Doppelsitzventil verwendet werden. Die tiefste Stelle kann durch ein zusätzliches totraumarmes Ventil entleert werden, das unmittelbar an der Leitung angeordnet wird.

Rotationsverdrängerpumpen
Bei den Verdrängerpumpen unterscheidet man solche mit hin- und hergehenden sowie mit rotierenden Verdrängern. Bei Letzteren haben sich aus der Vielfalt von Ideen nur einige typische Bauarten für die Flüssigkeitsförderung durchgesetzt. Es sind dies Drehkolbenpumpen (Kapselpumpen), normal- und innenverzahnte Zahnradpumpen, Flügelzellen-, ein- und mehrwellige Schraubenspindelpumpen, Exzenterschnecken- und Schlauchpumpen.

Die Rotationsverdrängerpumpen haben im Gegensatz zu den Pumpen mit oszillierendem Verdränger keine Ventile. Der erforderliche abwechselnde Abschluss des Arbeitsraums gegenüber dem Saug- und Druckraum erfolgt durch den Verdränger selbst. Das kann durch berührende Dichtung zwischen einem starren und einem meist flexiblen Teil der Verdrängerpumpe oder berührungslos, also mittels Spaltbildung erfolgen. Die berührungslose Abdichtung erfordert eine steife Konstruktion mit genauer Fertigung und größtenteils einen eigenen, synchronen Antrieb jeden Verdrängers, bei dem dadurch kein Verschleiß auftritt. Allerdings darf das Medium keine Festkörper und schmirgelnden Bestandteile enthalten. Die Abdichtungsart wirkt sich auch auf die Saughöhe beim Trockenansaugen aus, die bei Pumpen mit Spaltdichtung wesentlich geringer als bei Nassförderung ist.

2.4.4.2 Kreiskolbenpumpen
Die Kreis oder Drehkolbenpumpe, deren Prinzip in Abb. 2.180 dargestellt ist, hat infolge der engen, flächenförmigen seitlichen Spalte zwischen Gehäuse und Drehkolben sowie den engen Toleranzen zwischen den Drehkolben selbst auf der einen Seite auch bei gashaltigen Flüssigkeiten ein gutes Saugvermögen. Auf der anderen Seite entstehen durch diese Spalte Risikozonen, die sich unter Umständen nicht leicht reinigen lassen. Dass EHEDG-zertifizierte Pumpen existieren [46], zeigt jedoch, dass die konstruktive Gestaltung durchaus zu leicht reinigbarem Design führen kann.

Die beiden als Kreiskolben ausgebildeten Verdrängerelemente werden über ein Zahnradpaar mit gleicher Winkelgeschwindigkeit gegenläufig angetrieben. Wie Abb. 2.180 zeigt, werden unterschiedliche Ausführungen der Drehkolben angeboten. Die Pumpen arbeiten mit gegeneinander drehenden Rotoren, die weder untereinander noch zum Gehäuse Kontakt haben. Dieses Prinzip kombiniert eine schonende Förderung mit hohen Förderdrücken und -leistungen. Durch die Form der Rotoren wird ein besonders hoher Wirkungsgrad erzielt.

Drehkolbenpumpen werden überall dort eingesetzt, wo hohe Anforderungen an Hygiene und Produktqualität gestellt werden, wie beispielsweise in der Brauerei-, Getränke-, Nahrungsmittel- und Genussmittelindustrie, z. B. für Pasten, Hefen,

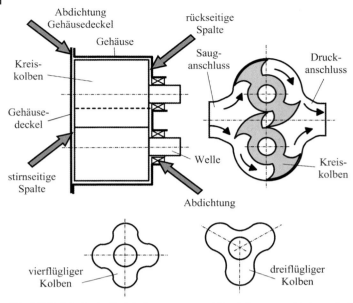

Abb. 2.180 Prinzip der Kreiskolbenpumpe und Darstellung verschiedener Kreiskolben.

Soßen, Fruchtfleisch, Teig und Fette. In der pharmazeutischen, kosmetischen und chemischen Industrie werden vornehmlich aseptische Ausführungen mit besonderen Eigenschaften für Sterilprozesse z. B. für Blutprodukte, Fermenterzuführung und -ernte, Hefen, Proteine usw.

Das Fördermedium tritt auf der Saugseite in den leeren, sich beim Rotieren vergrößernden Arbeitsraum ein, wird in Umlaufrichtung der Drehkolben mitgenommen und infolge der Verringerung des Arbeitsraumes vor der Drucköffnung in den Druckstutzen verdrängt. Die Förderung erfolgt bei den zweiwelligen Verdrängerpumpen stets der Drehrichtung der Drehkolben folgend am Gehäuseumfang entlang. Weil sich die Flanken der Drehkolben nicht berühren, tritt bei normalem Druck keine Abnutzung auf.

Trotz der höheren Anschaffungskosten gegenüber anderen Verdrängerpumpen ist die exakte Bauart mit entsprechend langer Lebensdauer bei geringem Verschleiß und damit Erhaltung der anfänglichen Oberflächenqualität sowie die Sicherheit gegen Trockenlauf von Vorteil. Die Förderung erfolgt aufgrund der verhältnismäßig niederen Drehzahlen schonend. Gefördert werden können flüssige bis pastenförmige Medien, die aufgrund der relativ großen Arbeitsräume zwar weiche, aber wegen des geringen Spaltes von weniger als 0,1 mm keine abrasiven Beimengungen enthalten dürfen.

Das Pumpengehäuse, der Pumpendeckel und die Wellen werden aus rostfreiem Edelstahl, die Kreiskolben bei manchen Ausführungen aus Nickellegierungen hergestellt, die ein eventuell bei Überlastung auftretendes gegenseitiges Gleiten besser als der Chromnickelstahl vertragen. Die Abdichtung der Pumpenwellen erfolgt durch Gleitringdichtungen. Durch die fliegende Lagerung der Kreiskolben ist das Pumpeninnere über den abschraubbaren Frontdeckel gut für Wartungsarbeiten zugänglich. Dadurch kann auch der Reinigungserfolg von Zeit zu Zeit überprüft werden. Infolge der Präzisionsausführung muss jedoch große Sorgfalt bei der Montage geübt werden. Um ein Verziehen des Gehäuses und damit Anstreifen der Kolben zu vermeiden, dürfen die Rohrleitungen erst bei geschlossener Pumpe montiert werden. Dabei sollen die Leitungen keine Kräfte auf die Pumpe ausüben. Außerdem sind die Pumpenteile sorgfältig zu behandeln, um eine Beschädigung der Kanten oder Dichtflächen zu vermeiden. Auch dürfen keine anhaftenden Fremdkörper wie Späne oder Stahlpartikel in die Pumpe gelangen.

Unter Gesichtspunkten der Reinigbarkeit entstehen flächenhafte Risikobereiche an den engen Spalten zwischen Gehäusedeckel bzw. Gehäuserückseite und Drehkolben (siehe Abb. 2.180). Dabei sind vor allem die Stellen in Nähe des Drehpunkte bzw. der Wellen wegen der geringen Umfangsgeschwindigkeiten zu beachten. Dagegen wird am Gehäuseumfang durch die Bewegung der Kolben eine gute Reinigung erreicht.

Wie Abb. 2.181a zeigt, kann die Pumpe mit horizontalen Anschlüssen eingesetzt werden. Sie ist aber dann nicht entleerbar, da ein Entleerungsventil aus funktionellen Gründen sowie wegen der engen Toleranzen nicht sinnvoll ist. Die Frontdichtung, die der Gehäuseform angepasst ist, wird im vorliegenden Fall in eine Nut im Deckel eingelegt. Der Frontdeckel muss, um die Lage der Dichtung zum Gehäuse genau festzulegen, zentriert werden, was meist über Stifte erfolgt. Die statische Deckeldichtung muss hygienegerecht frontbündig zum Rotorgehäuse gestaltet und definiert gepresst werden, um spaltfreie Verhältnisse zu garantieren (Abb. 2.181c). Übliche O-Ringanordnungen sind nicht geeignet. Sie können für Hygieneanwendungen nur eingesetzt werden, wenn der Deckel zur Reinigung abgenommen und die Dichtung entfernt wird. Für den Einsatz in aseptischen Anlagen können Doppeldichtungen mit Spülraum gemäß Abb. 2.181d verwendet werden. Die meisten Pumpen können selbstentleerbar mit vertikalen Anschlussstutzen angeordnet werden, wie Abb. 2.181b zeigt. Die Frontdichtung liegt in diesem Fall in einer Nut des Gehäuses und nicht des Deckels.

Die Anordnung der Gleitringdichtung ist wegen der engen Toleranzen zwischen Rotoren, Welle und Gehäuse kompliziert. Meist lassen sich schwierig zu reinigende Bereiche um die Gleitringe herum nicht völlig vermeiden. Sie können, wie Abb. 2.182a vom Prinzip her zeigt, mit dem umlaufenden Ring in die Rotornabe eingesetzt werden. Der feststehende Ring ist im Gehäuse abgedichtet. Die Anpressung durch die Feder erfolgt im gezeigten Beispiel über den feststehenden Ring von außen. Bei höheren Hygieneanforderungen werden doppelte Gleitringdichtungen mit Spülkammer verwendet (Abb. 2.182b).

Die Prinzipdarstellung einer ausgeführten Drehkolbenpumpe [68] nach Abb. 2.183 soll ein Beispiel einer konstruktiven Ausführung mit Rotoren zeigen, die im Gegensatz zu Abb. 2.182 an der Frontseite mit der Welle durch abgedichtete Hutmuttern verschraubt sind. Der Deckel enthält die Gehäusedichtung sowie die Aussparungen für die Wellenmuttern. Sowohl die statische Dichtung als auch die Gleitringdichtungen sind in der Darstellung nicht im Detail gezeigt.

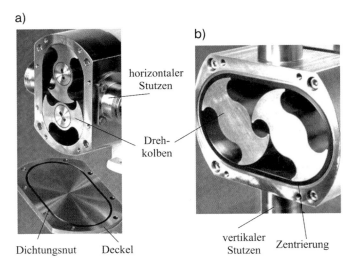

Abb. 2.181 Kreiskolbenpumpe:
(a) nicht entleerbar, (b) selbsttätig entleerbar, (c) Deckelzentrierung,
(d) doppelte Abdichtung mit Spülraum für aseptische Verhältnisse.

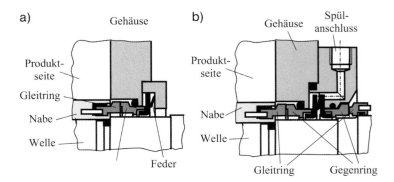

Abb. 2.182 Wellenabdichtung mit Gleitringdichtung:
(a) einfach wirkend, (b) doppelt dichtend mit Spülkammer (aseptisch).

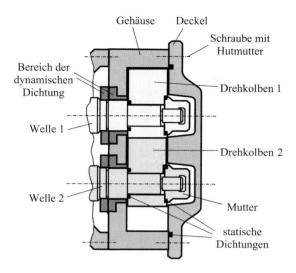

Abb. 2.183 Kreiskolbenpumpe mit Hutmuttern am Wellenende (nach Fa. Waukesha Cherry).

Viele Drehkolbenpumpen können im Prozess mit CIP- und SIP-Verfahren gereinigt und sterilisiert werden. Meist wird aber auch auf eine schnell Zerlegung und manuelle Reinigung Wert gelegt.

Wenn bei der Reinigung eine separate CIP-Pumpe verwendet wird, muss die Kreiskolbenpumpe mit einer entsprechenden Drehzahl mitlaufen, um eine ausreichende Menge durch die Pumpe strömen zu lassen. Wird hierdurch keine ausreichende Strömungsgeschwindigkeit im System erreicht, muss ein Bypass installiert werden, um eine ausreichende Flüssigkeitsmenge an der Pumpe vorbeizuleiten. Bei sterilisierbaren Ausführungen ist es möglich, Dampf durch die Pumpe zu leiten und damit die inneren Oberflächen zu sterilisieren, ohne dass eine Zerlegung erforderlich wird. Die Sterilisierungszeit muss ausreichend lang gewählt werden, damit alle Oberflächen eine ausreichend hohe Temperatur erreichen, um Mikroorganismen abzutöten. Die Kreiskolbenpumpe sollte in dieser Zeit nur laufen, wenn es zum Erreichen steriler Verhältnisse unbedingt erforderlich ist, da die Gleitringdichtungen dabei gefährdet sind. Normalerweise erreichen alle produktberührten Pumpenkomponenten die erforderliche Sterilisationstemperatur, ohne dass die Pumpe läuft. Am Ende der Sterilisationszeit muss die Pumpe abkühlen. Diese Zeit kann durch sterile Luft oder Gas verkürzt werden. Während der Abkühlphase darf die Pumpe nicht laufen. Außerdem darf sie nicht schlagartig z. B. durch kaltes Wasser abgekühlt werden. Bei einer chemischen Sterilisierung kann wie bei der CIP-Reinigung vorgegangen werden.

2.4.4.3 Zahnradpumpen

Die Zahnradpumpe, deren Prinzip in Abb. 2.184 dargestellt ist, fördert prinzipiell in gleicher Weise wie die Drehkolbenpumpe. Die als Verdrängerelemente arbeitenden Zahnräder, die im Gehäuse mit geringem Spiel laufen, dienen zugleich

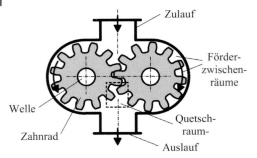

Abb. 2.184 Prinzip der Zahnradpumpe.

als Getriebeelemente zur Kraftübertragung vom angetriebenen Hauptrad auf das lose gelagerte Nebenrad. Dadurch wird das bei der Drehkolbenpumpe zusätzlich erforderliche Getriebe eingespart. Die Förderflüssigkeit muss deshalb eine gewisse Schmierfähigkeit haben. Die mit entsprechender Flächenpressung aufeinander abwälzenden Zähne pressen das Fördermedium in den Zahnlücken am Gehäuse entlang von der Saugseite in den Druckraum. Saug- und Druckseite werden durch die ineinandergreifenden Zahnflanken voneinander getrennt. Bei Übergang von der Druck- zur Saugseite bildet sich innen wegen der berührenden Zahnflanken ein abgeschlossener Quetschraum, der sich zunehmend verkleinert. Um bei geringem Spiel das Medium in dieser Zone nicht zu stark zu komprimieren, werden seitliche Aussparungen angebracht, durch die die Restflüssigkeit in den Druckraum zurückfließen kann.

Vor der Inbetriebnahme muss der Pumpenkopf mit Medium gefüllt werden, da er nicht trockenlaufen darf. Auch ist besonders darauf zu achten, dass keine partikelhaltigen Medien gepumpt werden, da bereits kleinste Partikel die Zahnräder abnutzen und beschädigen können. Als Werkstoff für Gehäuse und Zahnräder wird häufig rostfreier Edelstahl verwendet. Es stehen aber auch Pumpenköpfe mit Zahnrädern aus verschiedenen Kunststoffen wie z. B. PTFE oder PPS zur Verfügung. Unter Gesichtspunkten der leichten Reinigbarkeit sind auch hier Risiken mit den Spalten zwischen den Seitenflächen der Zahnräder und dem Gehäuse sowie der dynamischen Abdichtung durch Gleitringdichtungen verbunden. Für die hygienegerechte Gestaltung spielt weiterhin, ebenso wie bei anderen Pumpen, die Wahl des geeigneten Prozessanschlusses eine entscheidende Rolle, je nachdem ob der Einbau in eine Edelstahlrohrleitung erfolgt oder ein Schlauchanschluss vorliegt. Für aseptische Anwendungen, die eine dynamische Dichtung nicht zulassen, stehen Pumpen mit Magnetantrieb zur Verfügung.

Wegen des definierten, vom der Zahnzwischenraum abhängigen Volumens, das je Teilung gefördert wird, werden Zahnradpumpen häufig zur Dosierung in allen hygienerelevanten Industriebereichen eingesetzt.

2.4.4.4 Exzenterschneckenpumpen

Die Exzenterschneckenpumpe, deren Konstruktionsprinzip in Abb. 2.185 skizziert ist, gehört ebenfalls zu den Rotationsverdrängerpumpen. Kennzeichnend ist die berührende Dichtung zwischen dem starren Rotor (Schnecke) und dem elasti-

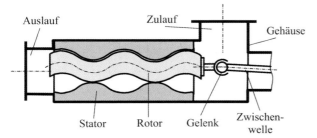

Abb. 2.185 Prinzip der Exzenterschneckenpumpe.

schen Werkstoff der feststehenden inneren Gehäuseseite (Stator). Glatte und porenfreie Oberflächen der Bauelemente sind Voraussetzung für hygienische, leicht reinigbare Bedingungen. Weiterhin ist zwischen der zentrischen Antriebswelle und dem exzentrischen Rotor die Übertragung des Drehmoments erforderlich, die meist über eine Gelenkwelle erfolgt. Die Gelenke in üblicher Ausführung sind schlecht reinigbar, sodass sie hygienische Risikobereiche darstellen. Schließlich ist die Gleitringdichtung zu erwähnen, die häufig in einer Totwasserzone bzw. einem toten Ende liegt und damit für die Reinigung schlecht zugänglich ist. Für Hygieneanforderungen besteht die Herausforderung, alle erwähnten Bereiche leicht reinigbar zu gestalten.

Die Fördermedien können dünnflüssig bis gerade noch fließend bzw. fast stichfest ohne erkennbaren Wassergehalt sein. Daher kommen alle Produkte im Umfeld von Lebensmittel-, Pharma-, Kosmetik- und Bioindustrie in Frage, die niedrig- bis hochviskos, mit Feststoffen beladen, temperaturempfindlich, scherempfindlich oder klebrig sind, wie z. B. Molkereiprodukte, Eiprodukte, Fette, Wurstmassen, Teige, Gelatine, Schokolade, Eiscremes, Fertiggerichte, Soßen, ganzes Steinobst mit Kernen, Fruchtzubereitungen, Fruchtsaftkonzentrate, Petfood, Cremes und Salben.

Durch die sehr unterschiedlich gearteten Produkte sind Ausführungsformen und verwendete Werkstoffe im Produktbereich sehr vielfältig, von denen die hygienegerechte Gestaltung von Oberflächenbeschaffenheit, Rotor-Stator-Kombinationen und Gehäuseformen stark beeinflusst wird. Der Rotor wird durch eine Art Rundgewindeschraube mit sehr hoher Steigung und großer Gewindetiefe gebildet. Da der Stator mit einen Gewindegang mehr als der Rotor ausgeführt wird, entstehen zwischen Stator und Rotor Hohlräume, die sich beim Drehen des Rotors von der Saug- zur Druckseite bewegen. Der Rotor fördert deshalb ähnlich einem sich ständig weiterbewegenden Kolben nahezu kontinuierlich und schonend. Außerdem liegt der elastische Stator am Rotor mit Vorspannung an, sodass sich zwischen beiden Teilen eine Abdichtung ergibt, welche Saug- und Druckventile überflüssig macht. Aufgrund der guten Abdichtung sind Exzenterschneckenpumpen selbstansaugend. Die Saugverhältnisse sind bei geringer Strömungsgeschwindigkeit im Saugstutzen sowie langsamer Drehzahl der Pumpe am günstigsten. Die Dreh- und damit Förderrichtung der Pumpe kann grundsätzlich umgedreht werden, sodass die Förderung gegen die Wellenabdichtung geht, durch die allein beim geschlossenen System Luft eindringen könnte, wenn jegliches Einziehen von Luft vermieden werden soll. Davon wird z. B. bei der Herstellung von Getränken Gebrauch gemacht, wo das Wasser aus Behältern mit relativ hohem Vakuum abgesaugt und Luft vermieden werden muss.

Die Rotoren bestehen bei Hygieneausführungen aus rostfreiem Edelstahl mit polierter Ausführung, sodass die maßgebenden Oberflächenanforderungen erfüllt werden. Für Sonderzwecke sind Keramik-Rotoren (Siliziumkarbid) verfügbar. Bei den Statoren gibt es eine Fülle unterschiedlicher Materialien, für die sowohl die relevanten gesetzlichen Vorgaben (z. B. LFGB-, EU- oder FDA-Konformität) als auch die notwendigen Oberflächenanforderungen erfüllt werden müssen. Beispiele für eingesetzte Materialien sind im Elastomerbereich NR, BR/NBR-Verschnitt, NBR, HNBR, EPDM, FPM, Q und PUR und bei Plastomeren PE-hm, PA, PP, PTFE und POM. Für Sonderanwendungen sind Metall-Statoren aus verschiedenen mechanisch zerspanbaren Werkstoffen verfügbar.

Vor allem bei Kunststoff-Statoren ist aus hygienischen Gründen die produktberührte Oberflächenqualität der neu installierten Ausführung sowie nach längeren Betriebszeiten auf Verschleiß zu kontrollieren, um leicht reinigbare Verhältnisse zu garantieren. Ein Problem ergibt sich vor allem bei Trockenlaufphasen, in denen sich die Reibung zwischen Stator und Rotor stark erhöht. Durch die entstehende Wärme, die nicht ausreichend abgeleitet werden kann, wird die Oberfläche in Mitleidenschaft gezogen. Meist werden die Kunststoff-Materialien unbrauchbar und müssen ausgewechselt werden. Trockenlauf macht sich durch geräuschvollen, quietschenden und unruhigen Lauf bemerkbar. Eventuell kann bei rechtzeitigem Abschalten der Pumpe eine unzulässige Erhitzung vermieden werden, die einen Schaden verursacht. Grundsätzlich ist bei der Installation und Anordnung der Pumpe darauf zu achten, dass ein ausreichender Zulauf beim Anfahren gesichert ist. Gefährdet sind vor allem Pumpen, die z. B. nach dem Zerlegen völlig entleert sind und beim Anlaufen nicht genügend Flüssigkeit erhalten. Außerdem gibt es mehrere Möglichkeiten, den Stator durch einen Trockenlaufschutz vor vorzeitiger Zerstörung abzusichern.

Das Fördern feststoffhaltiger Medien wird durch elastisches Statormaterial begünstigt. Wenn der im Stator abrollende Rotor kleine Feststoffteilchen in den Stator eindrückt, werden sie aufgrund der Elastizität anschließend wieder in den Förderstrom zurückgedrückt.

Die Ausführung des Rotors kann sowohl bezüglich der Gangzahl als auch der Querschnittsform unterschiedlich sein. In Abb. 2.186 sind zwei Beispiele nach [69] dargestellt. Die Form nach Abb. 2.186a zeichnet sich durch kompakte Abmessung aus und ergibt eine sehr schonende Förderung bei hoher Stufenzahl. Aufgrund des großen Eintrittsquerschnitts erreicht man niedrige Strömungsgeschwindigkeiten. Die zu fördernden Produkte können stichfest sein oder große Feststoffe enthalten.

Die Kombination nach Abb. 2.186b eignet sich zur nahezu pulsationsfreien Förderung großer Fördermengen und ist durch hohe Dosiergenauigkeit gekennzeichnet. Aufgrund der langen Dichtlinie zwischen Rotor und Stator lassen sich hohe Standzeiten erreichen.

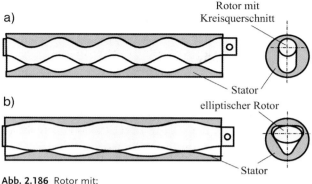

Abb. 2.186 Rotor mit:
(a) Kreisquerschnitt, (b) elliptischem Querschnitt.

Bei Substanzen mit schaufelfähiger Konsistenz besteht die Schwierigkeit, das Gut dem Saug- und Arbeitsraum der Pumpe, d. h. dem Statoreintritt, zuzuführen. Dies gelingt einerseits durch eine erweiterte Eintrittsöffnung und andererseits dadurch, dass die Antriebswelle als Zuführschnecke ausgebildet werden kann.

In Abb. 2.187 ist das grundlegende Gestaltungsprinzip einer Pumpe dargestellt. Die produktberührten Teile der Pumpe bestehen aus rostfreiem Edelstahl und zugelassenen Kunststoffen (Dichtung, Stator) entsprechend den rechtlichen Anforderungen von LMBG oder FDA. Die medienberührten Edelstahloberflächen sind poliert. Der exzentrische Antrieb des Rotors erfolgt bei der Hygienepumpe (Abb. 2.187a) durch eine Gelenkwelle mit speziell ausgeführten Gelenken, während für die Aseptikausführung eine biegsame Welle verwendet wird, um Gelenke zu vermeiden. Die Abdichtung der Welle zum Gehäuse hin erfolgt jeweils mit Gleitringdichtungen, die nahe dem Zulaufstutzen angeordnet sind und deren Federn im nicht produktberührten Bereich liegen.

Die Pumpe ist mit CIP-Anschlüssen ausgestattet (Abb. 2.187b), die tangential zum Gehäuse in Nähe des Stators angeordnet sind und gleichzeitig zum Entleeren des Pumpengehäuses dienen. Durch Verwendung von Klemmverbindungen zwischen den Gehäuseteilen ist die Pumpe zur Überprüfung der Reinigung sowie für Wartungszwecke leicht zerlegbar gestaltet. Als Prozessanschlüsse können unterschiedliche Hygieneverbindungen wie Verschraubungen oder Flansche eingesetzt werden.

Speziell zu erwähnen sind die Gelenke der dargestellten Ausführung. Grundsätzlich sind Stellen dieser Art schwierig zu reinigen, da meist enge Spalte vorliegen. Im vorliegenden Fall wurde durch ausreichendes Spiel unter den Köpfen des Gelenkbolzens sowie in der Bohrung der Gelenkstange versucht, möglichst wenig Kontaktflächen zu schaffen und dadurch die Reinigbarkeit zu verbessern. Bei der Bohrung nimmt z. B. das Spiel bogenförmig von der Mitte nach außen hin zu. Durch die Bewegung des Gelenks während der Reinigung wird ein Austausch von Reinigungsmittel an diesen Stellen begünstigt. Grundsätzlich ist die Ausführung nur für Flüssigkeiten geeignet, die keine hartnäckige Verschmutzung bilden.

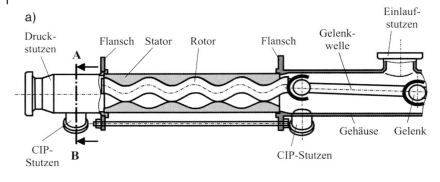

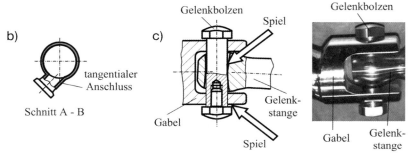

Abb. 2.187 Details einer Exzenterschneckenpumpe (Fa. Netzsch):
(a) Prinzip, (b) tangentiale Auslaufstutzen, (c) reinigbare Gelenkkonstruktion.

Bei einigen Exzenterschneckenpumpen werden in hygienerelevanten Bereichen auch noch Gelenke verwendet, welche eine Schmierung und damit eine Gelenkabdichtung benötigen. Es ist jedoch davon generell abzuraten, da die Gelenkabdichtungen Verschleißteile sind und ein Ausfall zu Beaufschlagung des Produktes mit Schmiermittel führt.

Bei höheren Reinigbarkeitsanforderungen wird die Gelenkstange durch einen Biegestab ersetzt, der die exzentrische Bewegung des Rotors durch die Biegung des Stabes ausgleicht. Er überträgt das Drehmoment von der Antriebswelle auf den Rotor sowie entstehende Axialkräfte. Durch diese Art der Kupplung entfallen alle Antriebsteile, die sich gegeneinander bewegen, wodurch Verschleiß vermieden wird. Die Pumpen benötigen weniger Wartung, enthalten weniger Teile und sind weniger störanfällig. Der Biegestab ist besonders für hygienische Anwendungen geeignet, da er im Gegensatz zu Gelenken auch bei schwierigen Produkten leicht reinigbar ist.

Noch weiter verbessert ist das grundlegende Gestaltungskonzept bei der sogenannten Aseptikpumpe. Der Zulaufstutzen liegt noch näher am Dichtungsbereich, um die Gleitringdichtung bei der Reinigung unmittelbar zu erreichen. Das Pumpengehäuse wird mit kleinerem Durchmesser ausgeführt, um die Menge des Produktes im Gehäuse zu reduzieren. Um eine selbsttätige Entleerung zu gewährleisten, ist die Pumpe zur vertikalen Aufstellung geeignet. Für wechselnde

Produkttemperaturen kann ein patentierter Stator mit reduzierter Elastomerwand, eingesetzt werden.

Bei einer weiteren Ausführung, die hauptsächlich für emissionsfreien Betrieb eingesetzt wird, wird die Exzenterschneckenpumpe mit einer Magnetkupplung angetrieben, sodass die dynamische Wellenabdichtung entfällt. In der Regel muss dabei die Magnetkupplung mit ihrer Lagerung vom Produkt getrennt werden, da manche Medien aufgrund ihrer Eigenschaften wie z. B. hochviskos, feststoffhaltig oder aushärtend nicht in den Magnetkupplungsraum gelangen dürfen. Die Pumpe wird dann mit einem geeigneten Sperrmedium beaufschlagt, um die entstehende Wärme aus der Magnetkupplung abzuführen. Meist trennt eine Einzel-Gleitringdichtung den Produktraum vom Fördermedium und den Magnetkupplungsraum vom Sperrmedium, dessen Druck über dem des Fördermediums liegen soll. Die Sperrflüssigkeit muss rein ohne Feststoffanteile sein und darf dem Fördermedium nicht schaden, obwohl nur geringste Mengen durch den Dichtspalt der Gleitringdichtung in das Fördermedium gelangen.

Ein anderes Beispiel einer reinigungsgerechten konstruktiven Ausführung einer Exzenterschneckenpumpe ist in der Prinzipdarstellung nach Abb. 2.188 dargestellt. Die produktberührten Teile der Pumpe bestehen aus rostfreiem Edelstahl und zugelassenen Kunststoffen (Dichtungsmaterial: NBR-L) entsprechend den rechtlichen Anforderungen. Die medienberührten Edelstahloberflächen sind poliert. Der exzentrische Antrieb des Rotors erfolgt durch eine biegsame Welle, die zur besseren Reinigung mit Kunststoff überzogen werden kann. Als Material wird hierfür NBRL verwendet. Als Statormaterial kann wahlweise EPDM-L,

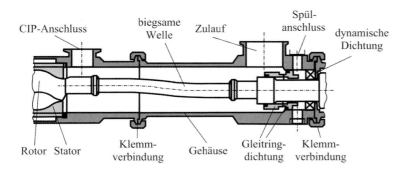

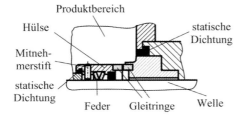

Abb. 2.188 Beispiel der Detailgestaltung einer Exzenterschneckenpumpe mit biegsamer Welle und leicht reinigbarer Gleitringdichtung (Fa. Viscotec).

NBR-L, Viton oder PTFE eingesetzt werden. Außerdem können Pumpen- und Statorgehäuse optional für Heiz- oder Kühlzwecke des Produktes doppelwandig ausgeführt werden.

Die Abdichtung der Welle zum Gehäuse hin erfolgt mit einer Gleitringdichtung, deren Feder abgedeckt ist und damit im nicht produktberührten Bereich liegt. Die Gleitflächen bestehen aus Flächen-SiC. Der mit der Welle umlaufende Teil der Gleitringdichtung wird durch eine Mitnehmervorrichtung gegen Rutschen gesichert und durch einen statischen Dichtring aus FK gegenüber der Welle abgedichtet. Um ein gutes Umspülen der Dichtung bei der Reinigung zu erreichen, ist sie direkt im Bereich des Pumpenzulaufs angeordnet. Die Gleitringdichtung kann in doppelter Ausführung mit Spülanschluss (Sperrmedien: Sterilwasser oder Dampf) geliefert werden. In wassergespülter Form ist die Gleitringdichtung auf der Produktseite trockenlauffähig.

Die Pumpe ist mit CIP-Anschlüssen ausgestattet, die tangential angeordnet sind, um die Reinigungswirkung durch die entstehende Rotationsströmung zu intensivieren. Durch Verwendung von Klemmverbindungen zwischen den Gehäuseteilen ist die Pumpe leicht zerlegbar gestaltet.

2.4.4.5 Sinuspumpen

Die Sinuspumpe [70] ist eine Verdrängerpumpe, die zur schonenden Förderung von dickflüssigen, mit Stücken durchsetzten Produkten dient. Sie besteht im produktberührten Bereich aus modularen Bauteilen, die in Abb. 2.189 in einer Explosionszeichnung dargestellt sind. Die wesentlichen Bauelemente aus rostfreiem Edelstahl sind das Gehäuse, der Rotor, der Scraper (Steuerschieber), die Welle und das Frontlager. Der Stator besteht aus PA und die Dichtringe aus EPDM. Diese Werkstoffe entsprechen den Anforderungen des LBGF bzw. von FDA. Die sinusförmig gestaltete Rotorscheibe bildet je Umdrehung viermal eine Kammer im Gehäuse, durch die das zu fördernde Produkt hindurchgeschoben

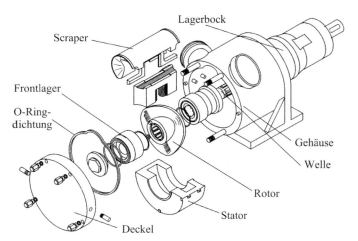

Abb. 2.189 Sinuspumpe (Fa. Maso).

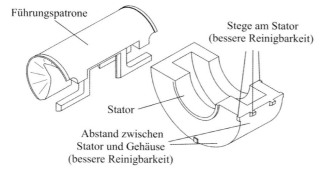

Abb. 2.190 Details der Sinuspumpe (Fa. Maso).

und verdrängt wird. Sobald eine Kammer schließt, öffnet sich auf der gegenüberliegenden Seite eine Kammer in entsprechender Weise. Der Scraper verhindert dabei einen Druckausgleich zwischen Saug- und Druckseite. Gleichzeitig sorgt der Scraper für eine Zwangsschmierung der Lager. Bei der CIP-Reinigung sorgt er für entsprechende Turbulenz, die eine Durchspülung der Lager sowie der Gleitringdichtung bewirkt.

Die relativ kompliziert aufgebaute Pumpe enthält eine Reihe von Spalten, deren Reinigung problematisch war. Es wurde daher der Versuch unternommen, mithilfe von Tests eine schrittweise Verbesserung der Reinigbarkeit zu erreichen. Die wesentlichen Punkte betrafen die Berührfläche zwischen den Statoren und dem Pumpengehäuse, wo die Enden des Stators Führungsstege erhielten. Der Restbereich wurde deutlich vom Gehäuse abgesetzt, um einen reinigbaren Zwischenraum zu erhalten (Abb. 2.190). Die verbesserte Form der Pumpe lässt sich zwar bei günstigen Produkten einer In-place-Reinigung unterziehen. Um den Reinigungserfolg sicherzustellen, sollte jedoch in zeitlichen Abständen, die produktabhängig nach Erfahrung festzulegen sind, ein Zerlegen der Pumpe zur Kontrolle stattfinden.

2.4.4.6 Schlauchpumpen

Die Schlauchpumpe, deren Prinzip in Abb. 2.191 dargestellt ist, stellt ein im Produktbereich völlig, d. h. hermetisch abgeschlossenes Pumpensystem dar. Bei guter produktberührter Oberflächenqualität des Schlauches und hygienegerechter Abdichtung zum Prozessanschluss ergibt sich eine leichte Reinigbarkeit, sodass höchste Hygieneanforderungen sowie aseptische Verhältnisse erfüllt werden können. Aus diesem Grund werden Schlauchpumpen z. B. auch in der Medizintechnik bei hohen Reinheitsanforderungen eingesetzt.

Da Schlauchpumpen trocken selbstansaugen können, lassen sich im Allgemeinen auch für längere Zeit Gase fördern. Ein Ansaugen aus dem Vakuum ist möglich. Allerdings besteht je nach Material und Druckbedingungen eine gewisse Gasdurchlässigkeit. Für erhöhte Betriebstemperaturen sind Schlauchpumpen wegen der erforderlichen Elastizität und Temperaturbeständigkeit des Schlauchmaterials nicht geeignet. Schläuche können sich auch statisch aufladen.

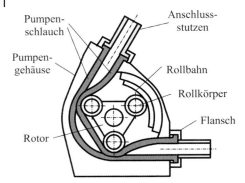

Abb. 2.191 Prinzip der Schlauchpumpe.

Grundsätzlich ist der Schlauch ein billiges auswechselbares Element, das jedoch eine entsprechende Elastizität benötigt, um nach dem Zusammendrücken wieder seine ursprüngliche Form annehmen zu können. Vorwiegend werden handelsübliche Schläuche aus Silikonkautschuk verwendet, die sich bezüglich ihrer mechanischen Haltbarkeit bewährt haben. Bei höheren Anforderungen kommen Schläuche aus Polyethylen, Fluorkautschuk, Polyurethan oder Butylkautschuk zum Einsatz. Die Lebensdauer der Schläuche hängt von der Beständigkeit des Schlauchmaterials, dem mechanischen Angriff der im Fördergut enthaltenen Feststoffe, von der Temperatur des Fördergutes, der Antriebsdrehzahl und nicht zuletzt vom sachgemäßen Einspannen des Schlauches ins Pumpengehäuse ab. Hohe Drehzahlen verkürzen die Lebensdauer eines Schlauches ganz erheblich. Der Schlauch muss außerdem so eingelegt werden, dass ein Strecken oder Stauchen infolge zu kleiner bzw. zu großer Einbaulänge nach Möglichkeit vermieden wird.

Bei vielen Modellen ist es ohne Änderung möglich, Schläuche verschiedener Durchmesser einzulegen, wobei die Durchmesser entsprechend unterschiedliche Förderströme zur Folge haben. Eine weitere Änderung des Förderstroms kann durch Verstellen der Antriebsdrehzahl erreicht werden. Eine Sonderausführung verwendet einen Spezialschlauch mit Verstärkungsrippen am Schlauchrücken, die sich außerdem auf einer mit Silikonschmiermittel versehenen gleitgünstigen Tefloneinlage abstützt. Die geringere Reibung und Schlauchstreckung wirken sich günstig auf die Lebensdauer sowie die hygienischen Eigenschaften wie den Erhalt der ursprünglichen Struktur der produktberührten Oberfläche aus.

Ein wichtiges Hygienemerkmal besteht in der Verbindung des Schlauches zum Prozess, die reinigungsgerecht ausgeführt werden muss, um Kontaminationen zu vermeiden.

2.4.4.7 Hubkolbenpumpen

Hubkolbenpumpen gehören zur Kategorie der Verdrängerpumpen mit oszillierender Bewegung. Im Unterschied zu den bisher besprochenen Pumpen sind diese Pumpen auf der Saug- und Druckseite mit Ventilen ausgestattet, die das Füllen und Entleeren des Förderraums steuern. Die oszillierenden Verdrängerpumpen können trocken selbstansaugen. Das Ansaugen und die Druckerhöhung

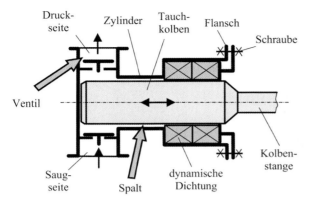

Abb. 2.192 Prinzip der Hubkolbenpumpe.

erfolgen durch einen hin- und hergehenden Kolben. Dabei wird der Arbeitsraum periodisch vergrößert und verkleinert sowie abwechselnd durch die Ventile mit der Saug- bzw. Druckleitung verbunden. Aufgrund dieser Arbeitsweise pulsiert der Förderstrom relativ stark.

In vielen Bereichen sind Kolbenpumpen bei den meisten Anwendungen zur Förderung von Flüssigkeiten durch Kreiselpumpen verdrängt worden. Dagegen wurde ihnen als Dosierpumpen ein großes Arbeitsgebiet erschlossen. Die für eine hohe Dosiergenauigkeit erforderliche Fördermengenregelung erfolgt meistens durch Änderung der Kolbenhublänge.

Die Abb. 2.192 zeigt die Prinzipdarstellung des produktberührten Pumpenkopfes einer Tauchkolbenpumpe, bei der der Tauchkolben oder Plunger die Zylinderwand nicht berührt, sondern sich in der Kolbenstangenführung abstützt. Die Abdichtung erfolgt mit einer außenliegenden dynamischen Dichtung (Stopfbuchse).

Als hygienerelevante Problemzonen sind in erster Linie der relativ weite, produktberührte Spalt zwischen Kolben und Zylinder sowie die Ventile anzusehen. Die behinderte Reinigbarkeit betrifft in erster Linie die produktberührte Kolbenoberfläche, während sich die Zylinderwand durch eine In-place-Reinigung dann ausreichend reinigen lässt, wenn der Kolben bewegt und dabei bis zum dynamischen Dichtungsbereich zurückgezogen wird. Verbesserungen bezüglich leichter Reinigbarkeit können sich hauptsächlich auf den Bereich des Kopfraums und der Ventile erstrecken.

Bei den Ventilen ergeben sich bei üblicher Gestaltung Risikozonen durch Federn, Führungen, Ventilsitze und strömungstechnische Schattenbereiche, die schwierig zu reinigen sind. Das Tellerventil nach Abb. 2.193a zeigt als Beispiel schlecht reinigbare Stellen im Strömungsschattenbereich auf der Ventilrückseite, im Führungsspalt für die Ventilstange, am Ventilsitz sowie an der Feder. Da sich Federn in vielen Fällen nicht vermeiden lassen, müssen die Gewindegänge frei umspülbar gestaltet und die Auflageflächen so klein wie möglich gehalten werden. Erheblich einfacher lassen sich Hygienic-Design-Maßnahmen anwen-

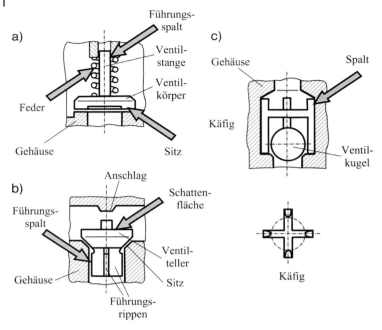

Abb. 2.193 Details von Hubkolbenpumpen:
(a) Tellerventil mit Feder, (b) Kegelventil, (c) Kugelventil.

den, wenn die Belastung des Ventils durch das Eigengewicht ausreicht, wie dies z. B. bei dem Kegelventil nach Abb. 2.193b der Fall ist. Problematisch ist der Strömungsschatten auf der Ventilrückseite, der allerdings durch eine strömungsgünstige Gestaltung erheblich vermindert werden könnte. Dagegen sind die Führungsbereiche zwischen den Rippen des Führungskörpers und dem Gehäuse bei Bewegung des Ventils zumindest weitgehend leicht reinigbar. Eine Verbesserung der Anlageflächen der Rippen würde die Reinigung weiter begünstigen. Das ebenfalls gewichtsbelastete Kugelventil nach Abb. 2.193c stellt die günstigste Lösung dar, wenn der Käfig hygienegerecht gestaltet wird und der Spalt zwischen Käfig und Gehäuse vermieden wird. Für eine einwandfreie Dosierfunktion sind Kugelventile am besten geeignet.

In Abb. 2.194a ist als Beispiel einer Tauchkolbenpumpe der Flüssigkeitsteil zur Hochdruckanwendung (über 700 bar) von CO_2 dem Prinzip nach dargestellt [71]. Die Pumpe ist für den Einsatz von überkritischem CO_2 in der Lebensmittel- und pharmazeutischen Industrie zur Extraktion von Wert-, Wirk- und Geruchsstoffen aus Pflanzenteilen konzipiert.

In Abb. 2.194b soll der prinzipielle Aufbau der komplizierten Gestaltung der Führungen und dynamischen Abdichtungen des Tauchkolbens aufgezeigt werden. Bei allen Reibung erzeugenden Elementen wird darauf geachtet, dass im Betrieb möglichst wenig Reibungswärme entsteht. Die verwendeten Materialien benötigen daher einen niedrigen Reibungskoeffizienten. Bei den Packungsringen

a)
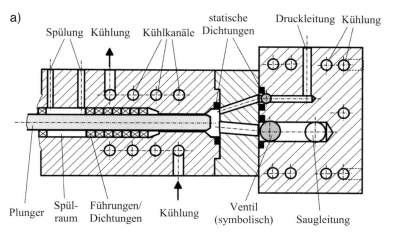

b)
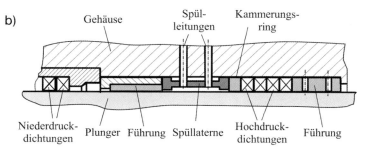

Abb. 2.194 Beispielhafte Detailausführung von Hochdruck-Hubkolbenpumpen: (a) Tauchkolben, (b) Plungerführung und Abdichtung (nach URACA Pumpenfabrik).

erreicht man das durch den Einsatz moderner PTFE-ummantelter Packungen. Im Führungsbereich kommen Werkstoffe wie PEEK zum Einsatz, das sich im Kompressoren- und Pumpenbau als Führungs- und auch als Ventilwerkstoff bewährt hat. Außerdem ist eine Spülung im Dichtungsbereich vorhanden, die zum einen zur Abführung der Leckage dient und zum anderen diesen Bereich der Stopfbuchse temperiert, um Einfrieren durch die infolge des expandierenden CO_2 entstehende Abkühlung zu vermeiden. Um hohe Standzeiten zu erreichen, wird für den Plunger Hartmetall eingesetzt. Dabei ist besonders darauf zu achten, dass das Hartmetall ebenso wie alle anderen produktberührten Teile der Pumpe korrosionsbeständig sind. Da im Prozess Spuren von Wasser vorhanden sein können, kommt es zur Bildung von Kohlensäure, die bei ungeeigneten Werkstoffen zu Korrosionsangriff führen kann. Auch im Bereich der Spülung wird durch die Dichtung hindurch tretendes CO_2 in Wasser gelöst und bildet Kohlensäure. Eine weitere Besonderheit stellt die Kühlung der Pumpe dar, deren Kanäle im Stopfbuchs- und Ventilkörperbereich zu erkennen sind. Generell lassen sich aber die oben erwähnten hygienischen Risikobereiche am Kolben und den nur symbolisch angedeuteten Ventilen nicht vermeiden.

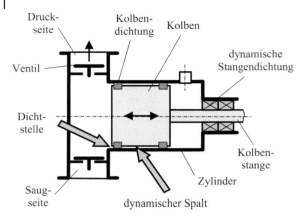

Abb. 2.195 Prinzip der Scheibenkolbenpumpe.

Interessant ist die Tatsache, dass in vielen Bereichen der Medizintechnik und in Laboren Miniatur-Kolbenpumpen eingesetzt werden, die den hohen Anforderungen an Sterilisierbarkeit genügen.

Pumpen mit Scheibenkolben werden am Umfang mit Dichtringen gemäß Abb. 2.195 zum Gehäuse hin abgedichtet. Daher muss der Zylinder eine gut gleitfähige Oberflächenstruktur mit hoher Bearbeitungsgüte erhalten, was bei Verwendung von Tauchkolben nicht notwendig ist. Wie bei allen dynamischen Dichtungen für oszillierende Bewegungen ist ein Transport von Produkt bzw. Schmutz durch den Dichtspalt nicht vermeidbar. Die Abdichtung stellt daher grundsätzlich eine hygienische Risikostelle dar. Trotzdem sollte sie unmittelbar am Produktraum liegen und möglichst leicht reinigbar gestaltet werden, um definierte keimarme Verhältnisse zu erreichen.

Übliche Kolbenabdichtungen genügen im Allgemeinen nicht diesen Anforderungen wie das Beispiel nach Abb. 2.196a zeigt. Zur Produktseite hin wird der Edelstahlkolben gegenüber dem Edelstahlzylinder durch einen O-Ring in der üblichen Rechtecknut abgedichtet. Zusätzlich wird ein Kunststoff-Gleitring zur Führung des Kolbens verwendet. Die dargestellte Lösung ist für Hygieneanwendungen nicht akzeptabel, da die Nut nicht reinigbar ist. Bei dem beschichteten Kolben nach Abb. 2.196b wird eine gute Abstreifwirkung der Dichtlippen erzielt. Allerdings liegen sie zu weit entfernt vom Produktbereich, sodass die Reinigung des produktberührten Spalts bis zur ersten Dichtlippe problematisch ist. Allerdings lässt sich durch einen genügend weiten Spalt und Bewegung des Kolbens während der Reinigung die Situation verbessern. Eine günstige Lösung der Abdichtung [72] ist in Abb. 2.196c dargestellt. Die elastisch vorgespannte produktseitige Dichtlippe liegt unmittelbar am Kolbenrand, sodass ein enger produktberührter Spalt vermieden wird. Von Vorteil ist der einteilige Dosierkolben, der außerdem sterilisierbar ist.

Eine interessante Lösung, dem Problem der Risikobereiche im Spalt zwischen Kolben und Zylinder sowie bei den Ventilen zu begegnen, ist in Abb. 2.197 am

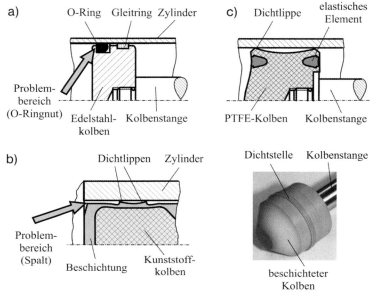

Abb. 2.196 Kolbenabdichtungen:
(a) O-Ring, (b) ummantelter Kolben mit Dichtlippen,
(c) Kunststoffausführung mit frontbündiger Abdichtung.

Beispiel einer Dosierkolbenpumpe als Teil eines Abfüllsystems aufgezeigt. Aus Gründen der Übersichtlichkeit ist die gesamte Anordnung vereinfacht dargestellt.

Die Anordnung besteht gemäß der Darstellung aus der horizontal angeordneten Kolbenpumpe und der vertikalen Ventilsteuerung. Der horizontal liegende Kunststoffkolben ist entsprechend Abb. 2.197b ausgeführt und dichtet mit einer doppelten Dichtlippe gegenüber dem Zylinder ab. Ein produktseitiger Spalt bis zur ersten Dichtlippe ist damit nicht auszuschließen. Die mit dem Kolben starr verbundene Kolbenstange ist gegenüber dem Gehäuse mit einer nur dem Prinzip nach abgebildeten Dichtung dynamisch abgedichtet. Unmittelbar davor, d. h. auf der produktabgewandten Seite zwischen Kolben und dynamischer Dichtung, enthält der Zylinder zwei Reinigungsanschlüsse.

In dem vertikalen Ventilgehäuse wird durch den Führungskolben aus Kunststoff die Ventilstange geführt und abgedichtet. Das Saugventil und das druckseitige Auslassventil werden durch die Zwangssteuerung der Ventilstange betätigt.

Das Produkt fließt dem Ventilgehäuse zu, umfließt dabei das geöffnete Saugventil und wird durch den Kolben der Pumpe angesaugt. Der Hub des elastisch dichtenden Dosierkolbens bestimmt während des Abfüllvorgangs das Füllvolumen. Beim Ausschieben und Dosieren durch den Pumpenkolben wird entsprechend das Ansaugventil geschlossen und der Auslauf geöffnet.

Aus Sicht der Reinigbarkeit sind bei der Gestaltung der produktberührten Bereiche die wesentlichen erforderlichen Gesichtspunkte wie Oberflächenqualität,

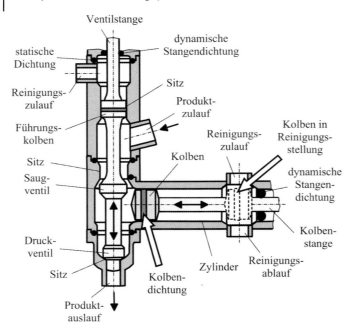

Abb. 2.197 Beispiel einer Dosierkolbenpumpe mit horizontalem Kolben und vertikaler Ventilsteuerung [73].

strömungsgünstige Konstruktion, Entleerbarkeit usw. berücksichtigt worden. Die typischen Problemstellen von Kolbenpumpen wie der Spalt zwischen Kolben und Zylinder sowie das damit verbundene Kontaminationsrisiko dieser dynamischen Dichtung lassen sich konstruktiv nicht verbessern. Aus diesem Grund wurde für den Kolben der Dosierpumpe eine spezielle Reinigungsstellung mit einem erweiterten Raum im Bereich der Reinigungsanschlüsse konzipiert. Zur Reinigung wird der Kolben in den Reinigungsbereich verfahren und kann dort während der Reinigung allseitig umspült werden. Schließt man den Reinigungsauslauf und öffnet das Druckventil, so kann auch der Pumpenzylinder gereinigt werden. Die ähnliche Situation ist für den Ventilbereich einschließlich Dosierraum vorgesehen. Die Ventilstange kann zur Reinigung so weit nach oben verfahren werden, dass der Führungskolben den oberen Reinigungsraum erreicht. In dieser Stellung lassen sich Führungskolben und beide Ventile vollkommen umströmen und können so gereinigt werden.

2.4.4.8 Membranpumpen

Bei Membranpumpen, deren Prinzip Abb. 2.198 zeigt, wird als oszillierendes Verdrängerelement eine deformierbare Membran verwendet, die den Produktraum vom Antriebsbereich hermetisch trennt. Sie besteht meist aus einem ein- oder mehrschichtigen Elastomer oder Polymer. Aber auch Edelstahlmembranen sind im Einsatz. Membranpumpen sind selbstansaugend und absolut trockenlauf-

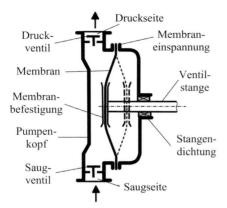

Abb. 2.198 Prinzip der Membranpumpe.

sicher, da der Produktraum keine dynamische Abdichtung enthält. Der erforderliche Hub, der zur Einstellung des verdrängten Volumens verstellt werden kann, wird auf der dem Produkt abgewandten Seite entweder entsprechend der Darstellung mechanisch durch eine Schubstange oder durch ein Fluid (Flüssigkeit, Gas) erzeugt. Bei mechanischem Antrieb wird die Membran auf der Produktseite durch den vollen Förderdruck belastet, wobei auch eine Überlastung der Pumpe stattfinden kann. Bei Antrieb durch ein Fluid wird die Membran nahezu völlig entlastet, da vor und hinter der Membran etwa gleicher Druck herrschen. Außerdem kann der Förderdruck der Pumpe maximal den Antriebsdruck erreichen, sodass eine Überlastung ausgeschlossen werden kann. Wegen der Gefahr von Mikro- oder Makrorissen in der Membran müssen die verwendeten Fluide produktverträglich sein und den jeweiligen rechtlichen Voraussetzungen entsprechen.

Der wesentliche Vorteil von Membranpumpen aus hygienischer Sicht besteht darin, dass eine produktseitige dynamische Dichtung fehlt. Durch die hermetische Abdichtung der Membran am Gehäuse entsteht eine vollkommene Trennung zwischen dem geförderten Stoff und dem Antrieb. Dadurch können Membranpumpen zur aseptischen Förderung sowie für aggressive, empfindliche oder gefährliche (toxische) Medien wie z. B. Wirkstoffe, Blutersatzprodukte oder Produktionsorganismen bei besonders hohen Anforderungen an Hygiene verwendet werden. Auch für Fördermedien mit hohem, stark scheuerndem Feststoffanteil werden sie seit Langem eingesetzt, weil nahezu keine gleitende Berührung zwischen Membran und Fördergut auftritt, sodass die Membranen eher durch Werkstoffermüdung als durch Verschleiß ausfallen.

Eine praktische Ausführung einer Membranpumpe für den Niederdruckbereich, die unter Gesichtpunkten der leichten Reinigbarkeit konstruiert wurde, ist dem Prinzip nach in Abb. 2.199 dargestellt [74]. Das Gehäuse besteht bei der Hygiene-Ausführung aus Edelstahl und ist strömungsgünstig gestaltet. Die Kugelventile sind als bewegte Teile aus verschleißfestem Edelstahl hergestellt und ebenfalls hygienegerecht optimiert. Sie lassen sich zur Inspektion mithilfe der Klemmverbindung leicht demontieren. Die Oberflächenausführung kann entsprechend den Reinigungsanforderungen des Prozesses variiert werden. Die

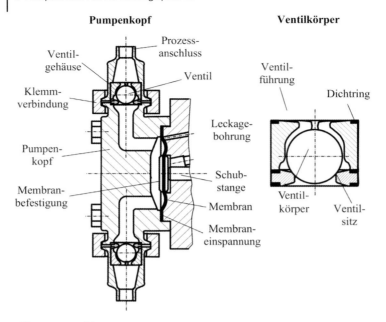

Abb. 2.199 Ausführung einer Membranpumpe (Fa. LEWA).

totraumarmen Abdichtungen im Bereich der Ventilsitze werden kontrolliert gepresst. Die Dichtungen sind vollständig gekammert und können dadurch nicht in den Produktraum wandern. Die Prozessanbindung von Saug- und Druckstutzen erfolgt entsprechend DIN 11 864. Die Sicherheitsmembran enthält vier Lagen mit zwei Arbeits-, einer Überwachungs- und einer druckfesten Schutzmembran. Der produktberührte Membranbereich besteht aus modifiziertem PTFE. Durch ein druckgesteuertes Membranüberwachungssystem können vor allem bei sterilen Prozessen eventuelle Membranschäden angezeigt werden, deren Ursache z. B. auf Verschleiß zurückzuführen ist. In diesem Fall übernimmt eine druckfeste Sicherheitsmembran die Aufgabe der Arbeitsmembranen und sorgt dafür, dass die Pumpe noch eine gewisse Zeit weiterbetrieben werden kann.

Das äußere Design der Pumpe sowie die korrosionsbeständigen Werkstoffe bzw. Außenbeschichtungen sind so gewählt, dass eine leichte Reinigung möglich ist.

Als zweites Beispiel wird in Abb. 2.200 das Prinzip einer Druckluft-Membranpumpe aufgezeigt, die wechselweise über zwei Kammern fördert. Die benötigte Antriebsluft beaufschlagt über ein Steuerventil jeweils die Rückseite der fördernden Membran und verdrängt dadurch das Fördergut aus der Produktkammer. In der abgebildeten Pumpe befindet sich gerade die linke Förderkammer in Ansaugstellung. Durch das Zurückziehen der Membran ergibt sich ein Unterdruck, der das Produkt in die Förderkammer saugt. Gleichzeitig drückt die rechte Membran das in dieser befindliche Produkt hinaus. Da beide Membranen durch eine Kolbenstange miteinander verbunden sind, saugt immer die eine Seite, während die

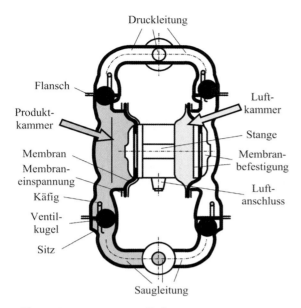

Abb. 2.200 Prinzip einer Druckluft-Mempranpumpe.

andere fördert. Die verwendete Druckluft wird damit sowohl für den eigentlichen Fördervorgang als auch für das Ansaugen des Produktes genutzt. Die Pumpen sind außerdem selbstansaugend und trockenlaufsicher. Die Fördermenge wird über die Luftzufuhr geregelt.

Spezielle Ausführungen der Pumpe wurden auf die Belange der Lebensmittel-, Pharma- und Kosmetikindustrie, wie auch der Biotechnologie hin entwickelt. Ihre produktschonende Arbeitsweise ermöglicht die Förderung auch mit Feststoffen versetzter und empfindlicher Lebensmittel. So können ganze Obst-, Gemüse- oder Fleischstücke mitgefördert werden, ohne dass sie in der Pumpe zerstört werden. Das schonende Förderverfahren schützt auch die Pumpen vor hohem Verschleiß. Deshalb sind sie bei abrasiven Medien eine wirtschaftliche Lösung.

Für die angegebenen hygienerelevanten Bereiche sind die Pumpen reinigungsgerecht gestaltet und für CIP- und SIP-Verfahren geeignet. Da keinerlei Schmierung durch Fett oder Öl erforderlich ist, sind Verunreinigungen des Produktes durch Schmierstoffe ausgeschlossen.

Die Schlauchmembran-Dosierpumpe, deren Prinzip die Abb. 2.201 zeigt, gehört ebenfalls zu den oszillierenden Membran-Verdrängerpumpen mit hermetischer Abdichtung. Sie arbeitet mit hydraulischer Unterstützung des Verdrängers durch eine Druckmittlerflüssigkeit. Dabei bildet der im Pumpenkopf eingespannte Elastomerschlauch einen glatt durchgehenden Förderraum für das Produkt. Außen ist der Schlauch von allen Seiten mit Druckmittlerflüssigkeit umgeben, die automatisch um die Leckageverluste an der dynamischen Dichtung ergänzt wird. Beim Druckhub drückt der Kolben die Flüssigkeit gegen den Schlauch, der sich zusammendrückt und das Medium durch das Druckventil aus dem Pum-

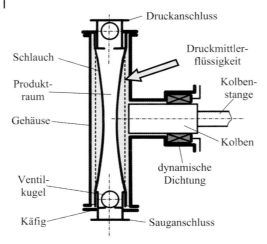

Abb. 2.201 Prinzip der Schlauchmembranpumpe.

penkopf in die Druckleitung fördert. Beim Saughub wird der Elastomerschlauch entlastet und kehrt aufgrund seiner Elastizität in seine ursprüngliche Form und Ausgangslage zurück. Der hierbei entstehende Unterdruck im Förderraum lässt das Medium durch das Saugventil nachströmen. Die Pumpe ist damit selbstansaugend und kann bis zur Ausgasungsgrenze der Druckmittlerflüssigkeit aus dem Vakuum fördern.

2.5
Sensoren

Geschlossene Anlagen und Systeme mit fester Verrohrung, die in vielen hygienerelevanten Industriebereichen immer häufiger weitgehend automatisiert sind, verwehren dem Bedienungspersonal einen direkten Eingriff oder auch Einblick in die Produktion. Um den Produktionsprozess in jeder Phase zentral zu steuern sowie reproduzierbar und transparent zu halten, werden Kontrollgeräte und Sensoren in die Anlagen integriert. Dies ist eine wesentliche Voraussetzung für den Nachweis, dass Produktionsanlagen, deren Ausrüstungen und Leitsysteme für die vorgesehenen Aufgaben geeignet und qualifizierbar sind. Dabei enthalten moderne Anforderungsprofile gleichrangig zur bestimmungsgemäßen Funktion der Geräte die Reinigbarkeit und Sterilisierbarkeit mithilfe von CIP-/SIP-Verfahren. In vielen Fällen wird die Einbausituation, d. h. der Anschluss an den Prozess, als ausschlaggebendes Merkmal für die Reinigbarkeit zu beurteilen sein. Aus diesem Grund ist es notwendig, dass Sensorhersteller ein schlüssiges Gesamtkonzept für hygienerelevante Industriebereiche anbieten, das die Integration der Elemente in leicht reinigbarer Weise in den Prozessbereich ermöglicht.

2.5.1
Beispiele der produktberührten Bereiche von Sensorelementen

In vielen Fällen können Sensoren und Kontrollgeräte aufgrund ihres Aufbaus im produktberührten Bereich auf einfache Weise an die Anforderungen an eine leicht reinigbare Gestaltung angepasst werden. Am einfachsten sind die Verhältnisse, wenn geschlossene produktberührte Oberflächen vorliegen, die nur Schweißverbindungen enthalten, sodass keine Dichtstellen an den Bauelementen selbst notwendig werden. Werkstoffwahl, Oberflächenrauheit und -struktur, Schweißnahtausführung, Ausrundung von Ecken und strömungsgünstige Gestaltung sind dann die entscheidenden Merkmale (siehe Kapitel 1).

Typische Geräte dieser Art sind Sensoren zur Temperaturmessung oder Stabantennen zur Füllstandmessung, z. B. [75] gemäß Abb. 2.202a, die im Produktbereich im Wesentlichen aus einem glatten oder abgesetzten zylindrischen Edelstahlstab mit hygienegerecht gestalteter Oberfläche bestehen, der die Sensorelemente enthält. Der stabförmige Teil kann direkt mit dem Prozessanschlussteil (Flansch, Verschraubungselement) verschweißt werden. Die Reinigbarkeit hängt im Wesentlichen von der Einbausituation in den Prozess und nicht vom produktberührten Sensorbereich ab.

Stabförmige Sensoren, die aus einem nicht mit dem Prozessanschlussteil verschweißbaren Werkstoff wie Email, Glas oder Kunststoff bestehen, müssen selbst in einer Buchse oder dem Prozessanschlussteil abgedichtet werden. Dabei ist die Dichtstelle die hygienische Problemstelle, deren Gestaltung leicht reinigbar gelöst werden muss. Ein Beispiel zeigt eine emaillierte pH-Messsonde nach Abb. 2.202b, die über eine Profildichtung gegenüber einem Edelstahlstutzen abgedichtet ist, der entweder in ein hygienegerecht gestaltetes Einschweiß- oder

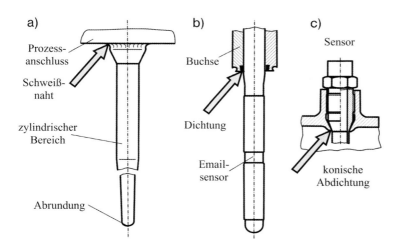

Abb. 2.202 Beispiele von stabförmigen Sensoren:
(a) Temperaturmessung, (b) Messung des pH-Werts (Pfandler-Werke),
(c) Einbauanschluss in Produktrohr (Fa. Vega).

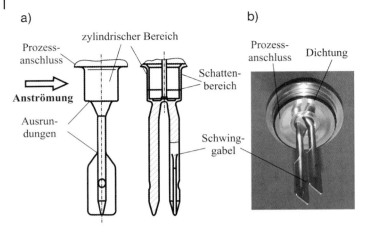

Abb. 2.203 Füllstandgrenzschalter (Fa. Endress + Hauser):
(a) Prinzipdarstellung, (b) praktische Ausführung.

anderes Prozessanschlussteil eingebaut werden kann (z. B. [76]). In Abb. 2.202c ist der Einbau eines stabförmigen Sensors wie z. B. eines Temperaturfühlers mit einer konischen Dichtfläche in ein Prozessanschlussteil dargestellt. Zur Problematik bei metallischer Abdichtung (s. Abschnitt 2.2.1.1). Der Sensor hat im produktberührten Messbereich eine zylindrische Form, während er im Dichtbereich konisch gestaltet ist. Die Dichtwirkung wird durch metallische Pressung zwischen Einschweißstutzen und Sensorkonus erzielt. Bei Anziehen der Verschraubung entsteht eine entsprechende plastische Verformung der Metallflächen. Um einen Dichtungsspalt zu vermeiden, erfolgt die höchste Pressung dabei unmittelbar an der Produktseite.

Ein anderes Beispiel stellt der Füllstandgrenzschalter nach Abb. 2.203 dar, der in Rohrleitungen mit Flüssigkeiten, aber auch in Lager- und Rührwerksbehältern verwendet werden kann [77]. Bei dem Gerät aus Edelstahl mit polierter Oberfläche sind die geforderten Verhältnisse im Produktbereich nach Hygienegesichtspunkten im Wesentlichen realisiert. Lediglich im Bereich des zylindrischen Teils (Abb. 2.203a), das an den Prozessanschluss angrenzt, sind je nach Einbausituation Schattenbereiche oder Totzonen nicht zu vermeiden. Die Situation verbessert sich entsprechend, wenn die Gabel gemäß Abb. 2.203b direkt mit der Frontfläche des Anschlussteils verschweißt ist.

Die Bedingungen für leichte Reinigbarkeit erfüllen aufgrund ihrer einfachen konstruktiven Gestaltung viele Rohrsensoren, da sie im produktberührten Bereich aus glatten, durchgehenden Oberflächen bestehen. Das jeweilige Messrohr kann an seinen Enden mit entsprechenden hygienegerechten Prozessanschlüssen (Flansche, Verschraubungen) versehen und in ein Rohrleitungssystem eingebaut werden [78], um einen einfachen Austausch zu ermöglichen. Das Beispiel nach Abb. 2.204a zeigt ein im Inneren glatt durchgehendes Rohr eines Temperaturmessgeräts. Die Messung erfolgt ohne Kontakt des Produkts mit dem Messwiderstand und ohne Querschnittsveränderung der Produktleitung.

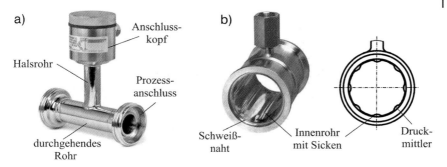

Abb. 2.204 Rohrmembransensoren (Fa. WIKA):
(a) glatter Durchgang, (b) Membran mit Sicken.

Eine entsprechende Gestaltung liegt bei Rohrdruckmittlern vor, wenn die Rohrmembran glatt durchgehend ausgeführt und mit dem Außenrohr hygienegerecht verschweißt ist. Die leichte Reinigbarkeit ist auch gewährleistet, wenn die Rohrmembran mit Sicken zur Versteifung gemäß Abb. 2.204b versehen werden muss. Wenn die Sicken in den Rohrquerschnitt hineinragen, ist die Leitung nicht molchbar. Man kann die Membran jedoch zurückversetzen, sodass die Sicken bündig zum Nennquerschnitt der Rohrleitung liegen. In diesem Fall ist bei horizontalem Einbau darauf zu achten, dass die zurückliegenden tieferen Stellen selbsttätig entleerbar sein müssen. In den meisten Fällen reicht dafür bereits die erforderliche Neigung der horizontalen Leitung aus.

Ebenfalls als Rohr mit freiem Durchgang sind induktive Durchflussmessgeräte ausgeführt. Wie die vereinfachte Darstellung nach Abb. 2.205 zeigt (siehe z. B. [79]), bestehen die mit Produkt in Berührung stehenden Teile des Messrohrs aus Kunststoff wie z. B. PFA oder PEEK, dessen Oberflächenqualität ein Merkmal für die Reinigbarkeit darstellt und zu überprüfen ist. In das Kunststoffrohr sind einander gegenüberliegend die Messelektroden eingelassen, deren produktberührte Oberfläche sowie die spaltfreie, frontbündige Abdichtung gegenüber dem Rohr weitere Hygienemerkmale darstellen. Außerdem müssen die Enden des Messrohrs zu den Prozessanschlussteilen hin mit hygienegerecht gestalteten Verbindungen abdichten. Bei O-Ringdichtungen bedeutet dies, dass man sich an erprobten und getesteten Konstruktionen wie DIN 11 864 orientiert oder diese übernimmt. Der O-Ring benötigt dazu sowohl im Messrohr als auf der Seite des

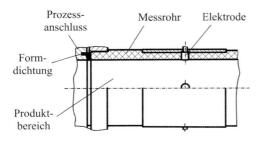

Abb. 2.205 Prinzipieller Aufbau eines induktiven Durchflussmessgeräts.

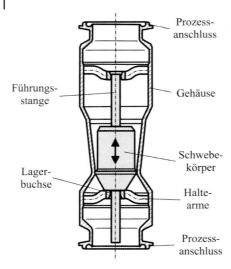

Abb. 2.206 Durchflussmessgerät mit Schwebekörper (Fa. Krohne).

Prozessanschlusses eine entsprechende Nut. Wenn das Messrohr aus Keramik besteht, muss auf der Seite der Keramik an einer ebenen Dichtfläche abgedichtet werden. In diesem Fall ist eine Profil- oder Flachdichtung mit stärkster Pressung direkt an der Produktseite als Lösung zu empfehlen.

Das Durchflussmessgerät mit Schwebekörper nach Abb. 2.206 besteht im Wesentlichen aus einem Gehäuse mit zwei Führungsteilen sowie dem Schwebekörper. Die Gesamtkonstruktion kann für Hygienebereiche aus rostfreiem Edelstahl ausgeführt werden. Das Gehäuse enthält ein Mittelteil mit den Führungen für den Schwebekörper sowie jeweils zwei an den beiden Enden angeschweißte Teile, in die der Prozessanschluss integriert ist [80]. Neben dem reinigungsgerecht ausgeführten Produktbereich mit entsprechender Oberflächenqualität, Ausrundungen der inneren Ecken und einwandfreien produktseitigen Schweißnähten spielen die Führungen für den Schwebekörper eine entscheidende Rolle für die Reinigbarkeit. Die radial angeordneten Halterungen für die Führungen bestehen aus Rundmaterial, das jeweils innen an das Gehäuse angeschweißt ist. Die Lagerstellen in den Führungsteilen sind jeweils als zentrale Bohrungen ausgeführt, die an den beiden Enden unterschiedlich stark konisch angepasst sind, um den Lagerbereich leichter reinigbar zu gestalten. Tests haben gezeigt, dass sich bei Bewegung des Schwebekörpers während der Reinigung auch die Spalte der Führungen als leicht reinigbar erweisen.

Der Massendurchflussmesser nach Abb. 2.207 dient zur Durchflussmessung, unabhängig von den Eigenschaften des Mediums nach dem Prinzip des Coriolis-Effekts. Dabei durchfließt das Medium zwei parallele gebogene Messrohre, die von einem elektromagnetischen Erreger (nicht dargestellt) in Resonanzschwingungen versetzt werden. An beiden Enden des Messgeräts (Produktein- und -auslauf) erfolgt jeweils ein Übergang vom Prozessanschluss mit Kreisquerschnitt auf die beiden ebenfalls kreisförmigen Messrohre, der im Gegensatz zu den glatten durchgehenden Rohren eine hygienisch kritische Stelle darstellen kann. Wie

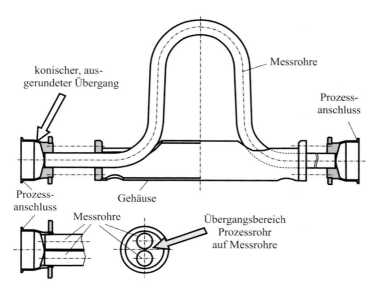

Abb. 2.207 Massendurchfluss-Messgerät in Doppelrohrausführung (nach Fa. Rota Yokogawa).

Tests zeigten, kann diese Stelle durch konische Gestaltung und Ausrundung des Übergangsbereichs hygienegerecht verbessert werden [81]. Falls der Durchmesser des Anschlussquerschnitts größer als die nebeneinander endenden Messrohre ist, lässt sich eine verbesserte Reinigbarkeit der Übergangsstelle erreichen, wenn die Rohrenden zusätzlich konisch erweitert werden. Die Problemstelle lässt sich bei Konstruktionen mit einem Messrohr vermeiden.

Einen großen Bereich innerhalb der Messtechnik nehmen Drucksensoren ein, die im Bereich hygienerelevanter Einsatzgebiete keine Toträume enthalten dürfen, und deshalb mit frontbündigem produktberührtem Druckübertragungselement ausgeführt werden müssen. Da die Gestaltung der Konstruktionen sehr unterschiedlich sein kann, sollen einige Beispiele prinzipiell dargestellt werden.

Die mit Produkt in Berührung stehende Frontfläche des Drucktransmitters nach Abb. 2.208 ist bis auf die Edelstahlmembran im Wesentlichen eben ausgeführt und entspricht bezüglich der Oberflächengüte den Anforderungen an leichte Reinigbarkeit. Im angeführten Beispiel ist das Mittelteil zur Druckübertragung durch einen wellig gestalteten Membranring direkt mit dem Gehäuse bzw. dem Prozessanschlussteil verschweißt (z. B. [82, 83]). Je nach Druckstufe ist der Membranring unterschiedlich ausgeführt. Bei der Ausführung nach Abb. 2.208a ist die Membran bei kleinerem Durchmesser gegenüber der Frontfläche leicht zurückversetzt. Die Membran mit größerem Außendurchmesser nach Abb. 2.208b ist frontbündig und flachwellig ausgeführt. Alle Übergänge und Membranwellen sind gut ausgerundet. Die Druckmittlerflüssigkeit, die zur Druckübertragung von der Membran auf den eigentlichen Sensor dient, muss den jeweiligen gesetzlichen Anforderungen entsprechen, da z. B. ein Riss zum Austritt der Flüssigkeit in den Produktbereich führen kann.

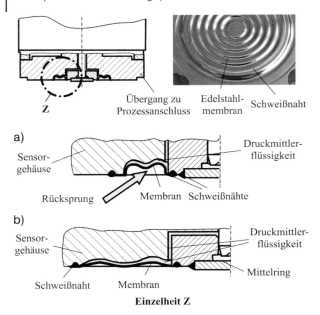

Abb. 2.208 Prinzip der Gestaltung von Drucksensoren mit Edelstahl-Frontmembran und Druckmittlerflüssigkeit (links: Fa. Foxboro Eckard 1998, rechts: Fa. Labom):
(a) Membran zum Schutz zurückversetzt (Fa. Foxboro Eckard 1998),
(b) Membran frontbündig (Fa. Foxboro Eckard 1998).

Ein anderes Beispiel der konstruktiven Ausführung zeigt Abb. 2.209. Die wellige Frontmembran des Druckmessumformers ist mit dem Sensorgehäuse verschweißt und zum Schutz vor Beschädigungen gegenüber der Frontfläche geringfügig zurückversetzt, wobei der Übergang von der ebenen Prozessanschlussfläche zur Membran zur besseren Reinigbarkeit ausgerundet ist. Der gesamte Bereich ist damit leicht reinigbar ausgeführt. Das Sensorgehäuse ist gegenüber dem Prozessanschluss durch eine modifizierte O-Ringdichtung abgedichtet, die nach Hygienegesichtspunkten gestaltet ist. Dabei entsteht aufgrund der geringfügig zurückversetzten Dichtung ein Bereich mit Metall-Metall-Berührung, der eine Problemstelle darstellt.

In Abb. 2.210 sind die mit Produkt in Berührung stehenden Teile des Drucksensors mit einer geringfügig zurückversetzten Keramik-Frontmembran ausgestattet. Als Beispiel ist die produktseitige Verbindung mit einer Elastomerabdichtung dargestellt, die gegenüber dem Prozessanschlussteil mittels eines Elastomer-Rundrings erfolgt, der in Anlehnung an DIN 11 864 gestaltet ist. Die produktberührten Bereiche sind damit leicht reinigbar ausgeführt.

Eine hygienegerecht gestaltete Verbindung zwischen den Werkstoffen Edelstahl und Glas zeigt das Trübungsmessgerät nach Abb. 2.211. Es enthält einen Sensor, der 90°-Streulicht und Vorwärtsstreulicht gleichzeitig misst. Die produktberührte Seite besteht aus einem modifizierten Stahlflansch, der mit dem Anschluss für ein übliches Kugelgehäuse versehen ist. Die innere Oberfläche des Flansches hat

2.5 Sensoren | 277

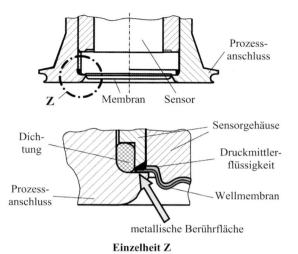

Abb. 2.209 Beispiel des eines Drucksensors mit metallischer Wellmembran (Prinzipdarstellung und Detail der Membrananbindung, Fa. Vega).

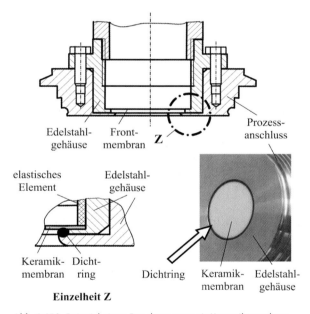

Abb. 2.210 Beispiel eines Drucksensors mit Keramikmembran und Prinzip der produktseitigen Membranabdichtung (Foto Fa. Vega, Schnittzeichnungen Fa. Endress + Hauser).

die Form einer Kugelkalotte, in die ein speziell geformter Glaskörper eingesetzt und elastisch abgedichtet ist. Die Gesamtanordnung kann damit in ein Rohrleitungssystem integriert und für In-line-Messungen verwendet werden.

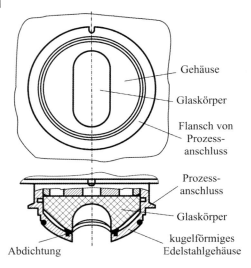

Abb. 2.211 Beispiel eines Trübungsmessgeräts (Fa. Sigrist).

2.5.2
Gestaltung der Prozessanbindung

Wie die Beispiele der verschiedenen Sensoren zeigen, ist bereits bei der Auswahl selbst auf Gesichtspunkte der Reinigbarkeit zu achten. Hinzu kommt, dass die traditionelle Art, Sensoren in Prozesslinien zu montieren, nicht akzeptable Totzonen oder Problembereiche ergibt. Ein Beispiel dafür ist in Abb. 2.212 in Form eines üblichen T-Stücks dargestellt. Die an der Abzweigung mit totem Ende vorbeiführende Strömung führt je nach Tiefe zu mehreren gegenläufig rotierenden Wirbeln, deren Geschwindigkeit mit der Entfernung zur Hauptleitung stark abnimmt und damit den Austausch sowie die Reinigbarkeit behindert. Lediglich Totraumtiefen mit dem Verhältnis $L/d < 1$ gelten als noch ausreichend reinigbar.

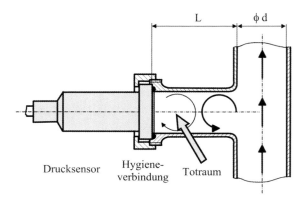

Abb. 2.212 Nicht reinigbarer Anschluss eines Drucksensors in einem T-Stück.

2.5 Sensoren | 279

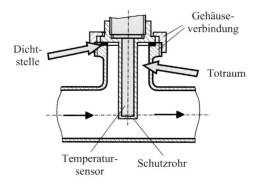

Abb. 2.213 Nicht reinigbare Einbausituation eines Temperatursensors in einem T-Stück.

Hinzu kommt, dass bei einem eingebauter Sensor wie z. B. einem Druckmittler die Abdichtungen für den Prozessanschluss (Verschraubung) genau in den Ecken des Totraums angeordnet sind, was eine zusätzliche Verschlechterung der Reinigbarkeit bedeutet. Abzweigungen mit Ausrundung (Aushalsung) zeigen ein günstigeres Reinigungsverhalten als scharfkantig abzweigende Stutzen.

Die in Abb. 2.213 dargestellte Einbausituation eines Temperaturfühlers oder Schutzrohrs ist wegen des verengten Totraums noch problematischer zu reinigen als ein freies totes Ende, da das Einbauteil den Austausch in diesem Bereich stark behindert. Selbst wenn das Einbauteil mit dem Deckel verschweißt ist, ist die Reinigbarkeit nur bei sehr kurzen Toträumen zufriedenstellend. Für Hygienebereiche sollten daher solche Anbindungen von Sensoren vermieden werden.

Bei ausreichend großen Rohrdurchmessern besteht für Temperatursensoren bzw. Schutzrohre die Möglichkeit sie gemäß Abb. 2.214 direkt einzuschweißen.

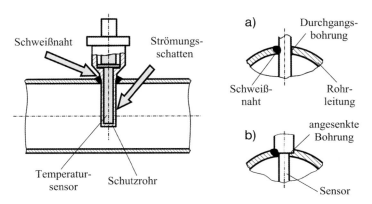

Abb. 2.214 Reinigbare Einbausituation eines Schutzrohrs für einen Temperatursensor: (a) Schweißnaht auf Rohroberfläche, (b) Naht auf angesenkter, ebener Oberfläche (eventuell Hygieneproblem auf Nahtwurzelseite).

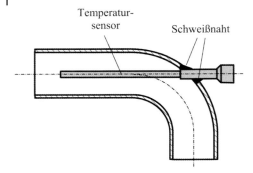

Abb. 2.215 Reinigbarer Anschluss eines Temperatursensors in Rohrbogen.

In diesem Fall ist aus hygienischer Sicht bei einwandfrei ausgeführter Schweißnaht lediglich der Strömungsschatten hinter dem Einbauteil zu beachten. Da die Schweißnaht von außen geschweißt werden muss, stellt die Nahtwurzel den produktberührten Problembereich dar. Wenn entsprechend Abb. 2.214a der Sensor auf das Rohr aufgesetzt wird, steht für die Rundschweißung um den Sensor jeweils die gesamte und damit gleichmäßige Rohrwandstärke zur Verfügung. Wird das Rohr entsprechend Abb. 2.214b von außen angesenkt, um eine Auflagefläche für den Sensor zu erhalten, so ist die restliche Rohrwandstärke für das Schweißen aufgrund der Rohrkrümmung unterschiedlich. Die Gefahr, dass die Wurzel der Schweißnaht dadurch am Umfang des Sensors unterschiedlich ausfällt, ergibt ein höheres Hygienerisiko.

Eine günstige Lösung für einen eingeschweißten Sensor ist in Abb. 2.215 dargestellt. Aufgrund des Einbaus in einen Rohrbogen liegt der Sensor in einem weiten Bereich in Anströmrichtung, was eine gute Reinigbarkeit gewährleistet. Die Schweißnaht ist in diesem Fall allerdings schwieriger auszuführen.

Um nicht reinigbare Totzonen zu vermeiden, ist es möglich, Drucktransmitter gemäß Abb. 2.216 auf das Ende von sogenannten Hosenrohren zu montieren.

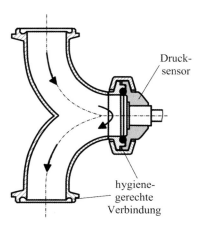

Abb. 2.216 Beispiel des Einbaus eines Drucktransmitters in reinigbares Hosenrohr.

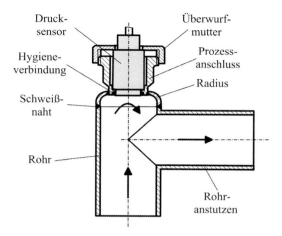

Abb. 2.217 Reinigbare Einbausituation eines Drucksensors in T-Stück mit Ausrundung (nach Fa. Pfaudler).

Indem die Anströmung in Richtung des toten Endes führt, erfolgt ein guter Flüssigkeitsaustausch, sodass eine leichte Reinigbarkeit erzielt werden kann. Beim Einbau ist in gleicher Weise wie bei herkömmlichen Membranventilen auf die Entleerbarkeit der Anordnung zu achten. Die Reinigbarkeit ließe sich noch verbessern, wenn der Sensor mit kleinerem Durchmesser in einen angeschweißten Deckel eingebaut würde.

Eine ausreichende Reinigbarkeit lässt sich auch erzielen, wenn bei einem T-Stück der Totraum direkt angeströmt wird und die Tiefe entsprechend den Empfehlungen eingehalten wird. Die Anordnung lässt sich noch verbessern, indem bei ausreichend großen Rohrdurchmessern das Rohrende gemäß Abb. 2.217 ausgerundet wird. Die Strömung erreicht damit den kritischen Bereich der Dichtung des Prozessanschlusses. Eine Aushalsung des Abzweigs verbessert die Situation zusätzlich.

Eine Prozessanbindung von Sensoren in leicht reinigbarer Form ist durch sogenannte kugelförmige In-line-Gehäuse mit zwei Anschlussstutzen realisiert worden, die mit zwei gegenüberliegenden, hygienegerecht abgedichteten Deckeln ausgestattet sind, wie das Beispiel nach Abb. 2.218 zeigt. In die Deckel können Sensoren sowohl eingeschweißt als auch mithilfe von abgedichteten Verbindungen integriert werden. Ein Beispiel dafür ist in Abb. 2.218b dargestellt. Obwohl das Gehäuse ohne Einbauten oder mit montiertem frontbündigen Druckmittler im Wesentlichen gemäß Abb. 2.218a gerade durchströmt wird, ist die Reinigbarkeit der kugelförmig gestalteten Wandbereiche gut, was durch entsprechende Tests nachgewiesen wurde. Wird in das Gehäuse ein zylindrischer Sensor, wie z. B. ein Temperaturfühler mit entsprechend großem Durchmesser eingebaut, der ausreichend weit in das Gehäuse hineinragt, so erfolgt eine Umlenkung der Strömung entsprechend Abb. 2.219. Die Reinigbarkeit der Wandbereiche wird in diesem Fall erheblich verbessert.

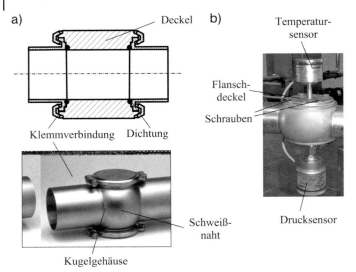

Abb. 2.218 Reinigbare Prozessanbindung von Sensoren mithilfe von Kugelgehäusen: (a) Gehäuseausführung (Fa. GEA Tuchenhagen), (b) Einbaubeispiel.

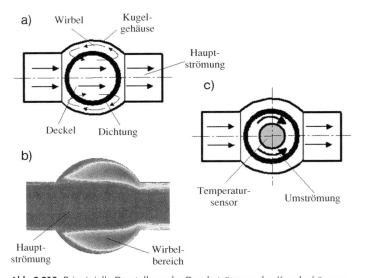

Abb. 2.219 Prinzipielle Darstellung der Durchströmung des Kugelgehäuses:
(a) Prinzip der freien Durchströmung (Kurzschlussströmung),
(b) berechnetes Strömungsbild (Graufarben),
(c) Prinzip der Strömung um zylindrischen Einbau.

Wie die Beispiele zeigen, ist sowohl die Wahl geeigneter Sensorkonstruktionen als auch die Gestaltung des Prozessanschlusses entscheidend für die Reinigbarkeit. Totbereiche, wie sie vor allem durch T-Stücke gegeben sind, sollten so weit wie möglich vermieden werden.

3
Ausgewählte Komponenten und Elemente von offenen Anlagen

Im Gegensatz zu geschlossenen Anlagen, bei denen nur das Innere von Komponenten und Apparaten produktberührt und damit leicht reinigbar zu gestalten ist, müssen bei offenen Elementen nicht nur der direkt mit Produkt in Berührung stehende Bereich, sondern auch alle umgebenden Flächen und Bereiche berücksichtigt werden, von denen ein Kontaminationsrisiko ausgehen kann [1, 2]. Wie verschiedene Untersuchungen von Kontaminationswegen gezeigt haben (siehe z. B. [3]), können zu ihnen nicht nur Gehäuse- und Apparateaußenwände in unmittelbarer Nähe der offenen Produkte, sondern auch weiter entfernte Teile wie Gestelle, Rahmen, Verkleidungen, Füße, Rollen, Bedienpaneele sowie alle weiteren Bestandteile von Geräten, Apparaten oder Maschinen zählen. Nur eine ausführliche mikrobiologische Überprüfung erlaubt eine Abgrenzung der maßgebenden Bereiche. Zwei Beispiele aus der Lebensmittelindustrie sind zur Veranschaulichung der betroffenen Stellen in Abb. 3.1 dargestellt. Die Abb. 3.1a zeigt einige der Hauptelemente, die bei der hygienegerechten Ausführung eine wichtige Rolle spielen. Während die direkte Berührung mit Produkt hauptsächlich bei der Produktzuführung und auf dem Förderband stattfindet, gehen von den Außenflächen in unmittelbarer Umgebung wie Gehäusen, Gestellen, Rahmen und Verstelleinrichtungen ebenfalls Kontaminationsgefahren aus, da sie mit Produkt bespritzt und verschmutzt werden. Das Beispiel in Abb. 3.1b soll die Kompliziertheit vieler Apparatebereiche von offenen Prozessen zeigen, die im Detail hygienegerecht zu gestalten sind, um Kontaminationsrisiken zu vermindern.

Zu diesen spezifischen Bereichen der Prozesseinrichtung kommen der umgebende Raum mit allen Konstruktionselementen wie Wänden, Decken, Böden, Fenstern, Türen sowie im Raum vorhandene kontaminierende Medien wie Luft, Aerosole, Kondensattropfen, Staub usw. hinzu, die unter Aspekten der Hygiene eine entscheidende Rolle spielen können. Wenn keine unmittelbaren Maßnahmen wie gezielte Luftführung getroffen werden oder Untersuchungen über die Einflüsse und Wege von Kreuzkontaminationen vorliegen, muss man davon ausgehen, dass alle Außen- und Umgebungsbereiche einer offenen Anlage hygienegerecht, d. h. leicht reinigbar gestaltet werden müssen. Deshalb ist es wichtig, den maßgebenden Bereich so klein wie möglich zu halten und entsprechend abzugrenzen.

Hygienegerechte Apparate und Anlagen für die Lebensmittel-, Pharma- und Kosmetikindustrie. Gerhard Hauser
Copyright © 2008 WILEY-VCH Verlag GmbH & Co. KGaA, Weinheim
ISBN: 978-3-527-32291-6

3 Ausgewählte Komponenten und Elemente von offenen Anlagen

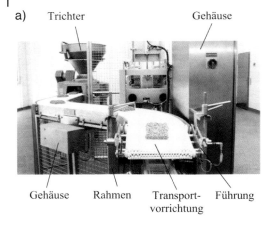

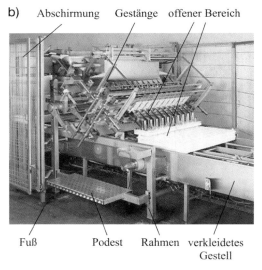

Abb. 3.1 Apparate mit offenem Produktbereich:
(a) Fleischdosierung (Fa. Handtmann), (b) Käseportionierung (Fa. Alpma).

Wegen der zum Teil räumlich weitgehenden Kontaminationsgefahren werden damit an offene Prozessbereiche von der konstruktiven Gestaltung her sehr umfassende Anforderungen gestellt, die eine große Herausforderung für den Konstrukteur und Anlagenbauer darstellen und entsprechende Erfahrung verlangen. Vor allem wurde dieser Konstruktionsbereich im Verhältnis zu geschlossenen Anlagen nicht für alle Produkte in gleicher Weise unter Gesichtspunkten der Reinigbarkeit fortentwickelt. Hinzu kommt, dass der Hersteller einer Anlage nur für deren Konstruktion verantwortlich zeichnet. In das Gesamtkonzept ist aber zusätzlich die leicht reinigbare Gestaltung in der Nähe aufgestellter Apparate und Geräte sowie der umgebende Raum einzubeziehen, soweit er von Einfluss ist.

3 Ausgewählte Komponenten und Elemente von offenen Anlagen | 285

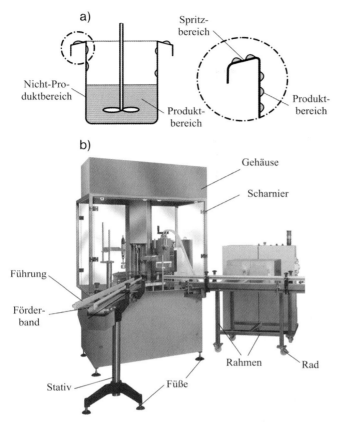

Abb. 3.2 Produktberührte Bereiche: (a) Definition nach DIN EN 1672-2, (b) relevante Außenzonen eines Füllapparats für Pharmaprodukte (Fa. Bosch).

Im Folgenden wird die Problematik und die daraus abzuleitenden Konsequenzen an einigen prinzipiellen Beispielen von direkt produktberührten Komponenten für offene Apparate und Anlagen sowie indirekt produktberührten Außenbereichen aufgezeigt und deren Gestaltung diskutiert. Dabei erweist sich deutlich, dass die Definitionen nach DIN EN 1672-2 [4] und DIN EN ISO 14 159 [5] mit unterschiedlichen Zonen an Apparaten mit abgestuften Anforderungen grundsätzlich richtig sind. Das heißt, dass es durchaus sinnvoll sein kann, Abstufungen der Anforderungen an die Gestaltung nach Art und Qualität des Produktes sowie der Höhe des Kontaminationsrisikos in Erwägung zu ziehen. Die beiden Normen sind jedoch als „maschinenbezogen" zu betrachten, sodass die evtl. produktberührte Umgebung unberücksichtigt bleibt. Die prinzipielle Darstellung nach Abb. 3.2a am Beispiel eines einfachen Behälters verleitet deshalb dazu, den Spritzbereich sowie den nicht produktberührten Außenbereich eines Apparats zu eng auszulegen. Wenn von einer Außenfläche eine Kreuzkontamination des Produktes erfolgen kann, muss ein solcher Bereich grundsätzlich als produktberührt betrachtet werden, wobei der Begriff „produktberührt" nicht auf das hergestellte Produkt bezogen sein muss, sondern alle Medien umfasst, die Mikroorganismenwachstum nach sich ziehen und eine Kontamination des Produktes verursachen. So können z. B. bei feuchten Umgebungsverhältnissen Mikroorganismen an den Gehäuse- und Gestellwänden wachsen und durch ungünstige Luftströmung das offene Produkt auf dem Förderband kontaminieren (Abb. 3.2b). Auch Aerosole aus der Umgebung, die mit der Luftströmung auf Produkt am Band übertragen werden können, tragen dazu bei. Dagegen ist der zum größten Teil abgeschlossene Innenraum, in dem die Abfüllung stattfindet, durch Schmutz an den Außenwänden des Gehäuses nicht gefährdet. Die differenzierte Betrachtungsweise zeigt aber grundsätzlich, dass praktisch alle Außenflächen der Gehäuse sowie der Gestelle als produktberührt betrachtet und damit hygienegerecht gestaltet werden müssen, da von ihnen eine Gefährdung an unterschiedlichen Stellen ausgehen kann. Die daraus erwachsende Forderung, alle relevanten Bereiche in der Umgebung offener Prozesse als „produktberührt" anzusehen, zieht weitgehende konstruktive Folgen nach sich. Abgemildert können diese Anforderungen dadurch werden, dass in vielen Teilbereichen die Reinigung per Hand ausgeführt werden muss, wodurch spezielle Stellen und Elemente besonders erfasst werden können.

3.1
Allgemeine Anforderungen

Wie erwähnt, müssen bei offenen Prozessen zusätzlich zu den *direkt* mit Produkt in Berührung stehenden Bereichen von Bauelementen und Apparaten auch für relevante *nicht unmittelbar produktberührte* Oberflächen alle prinzipiellen Voraussetzungen erfüllt werden, um eine leichte Reinigbarkeit zu gewährleisten. Obwohl erhebliche Unterschiede bezüglich des zu verarbeitenden Produktes bestehen, die z. B. im Lebensmittelbereich von offen zu verarbeitendem Rohgemüse oder frisch geschlachtetem Fleisch bis hin zu aseptischen Abfüllanlagen für Milch oder Wasser reichen, ist zu berücksichtigen, dass z. B. nach [6] keine Unterschiede in den konstruktiven Anforderungen gemacht werden. Die festgelegten Vorgaben verfolgen das grundsätzliche Ziel, die Reinigbarkeit von Maschinen unabhängig vom herzustellenden Produkt zu verbessern. Allerdings können die Kontaminationswege und -mengen von den Außenflächen von Apparaten und von Umgebungsbereichen zum Produkt sehr unterschiedlich sein, sodass z. B. bestimmte Bereiche durch eine sorgfältige Untersuchung und Validierung als nicht relevant ausgeschlossen werden können. Dass für die Abgrenzung der offenen Prozesse unterschiedliche Auffassungen herrschen, zeigt zum einen die weitreichende Definition des Einflussbereichs durch die EHEDG nach [2], während zum anderen [4, 5] bereits in unmittelbarer Produktumgebung den Spritzbereich definieren, für den in mancher Hinsicht (Rauheiten, Radien) geringere Anforderungen gestellt werden als für den Produktbereich. Zusätzlich ist hierzu festzustellen, dass die bei offenen Prozessen anzutreffenden Verhältnisse bisher noch zu wenig in Leitlinien und Normen berücksichtigt wurden.

Prinzipiell sollten in allen hygienisch relevanten Bereichen die bereits für direkt produktberührte Elemente besprochenen grundlegenden Anforderungen erfüllt werden wie z. B.:

- die richtige Wahl des Werkstoffs unter Berücksichtigung von Reinigungsmittel und Produkt,
- eine leicht reinigbare Struktur und Rauheit der Oberflächen,
- das Ausrunden innerer Ecken,
- das Entgraten und Abschrägen bzw. Abrunden von äußeren Ecken, das auch aus Gründen der Verletzungsgefahr generell gefordert wird,
- das Vermeiden von Vor- und Rücksprüngen,
- das Vermeiden von Totwasserbereichen, in denen Flüssigkeiten und Schmutz nicht leicht zu entfernen sind und
- eine ausreichende Neigung von horizontalen Flächen, um das selbsttätige Abfließen bzw. Entleeren von wässrigen Flüssigkeiten zu gewährleisten.

Generell sind Schweißkonstruktionen auch an nicht unmittelbar produktberührten Außenbereichen verschraubten Bauelementen vorzuziehen, wenn nicht funktionelle Gründe oder vereinfachte Wartung dagegen sprechen. Auch dort sind Schweißnähte durchgehend auszuführen und aus Kanten und Ecken herauszulegen. Verbindungsstellen müssen dicht und spaltfrei sein. Wenn Schraubenverbindungen erforderlich sind, darf das Gewinde z. B. am Ende nicht offen zugänglich sein, sondern muss durch eine Hutmutter oder Kappe abgedeckt werden, um Spalte und damit die Gefahr einer Kreuzkontamination auszuschließen. Es dürfen nur leicht reinigbare Schraubenköpfe ohne Vertiefungen eingesetzt werden. Hohlräume, die der Reinigung nicht zugänglich sind, müssen geschlossen und dicht ausgeführt werden.

3.2
Kontinuierliche offene Fördereinrichtungen

Als Beispiel unmittelbar produktberührter Anlagenelemente sollen Fördereinrichtungen in offener Bauweise diskutiert werden, da sie häufig aus komplizierten Elementen aufgebaut sind und daran typische Problembereiche aufgezeigt werden können. Die Anforderungen an leichte Reinigbarkeit sind dann zu erfüllen, wenn auf ihnen offen zugängliche Produkte transportiert werden, sie zum Fördern offener Gebinde oder Verpackungsmaterialien dienen, die mit Produkt in Berührung kommen, oder wenn sie in unmittelbarer Umgebung anderer offener Anlagen eingesetzt werden, sodass sie eine Gefahr der Kreuzkontamination darstellen.

Von großer Bedeutung ist die Gruppe der mechanischen Stetigförderer, wie z. B. Transportbänder und -ketten, die überwiegend elektromechanisch angetrieben und sowohl für Schütt- und Stückgüter als auch für in Formen gegossene viskose Produkte verwendet werden. Beispiele für die Integration der Fördereinrichtung in ein Apparatesystem sind in Abb. 3.3 dargestellt, wo zusätzlich die bereits diskutierten Elemente wie Gehäuse, Gestelle, Rahmen und Füße zu sehen sind.

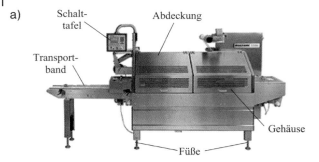

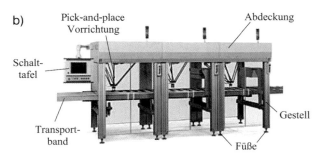

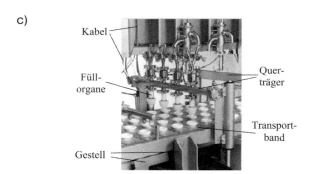

Abb. 3.3 Beispiele von Maschinenansichten mit integrierten Fördereinrichtungen:
(a) Siegelmaschine (Fa. Multivac),
(b) Pick-and-place-Maschine (Fa. Loesch),
(c) Dosierapparat für Eiscreme.

Einzelheiten der Gestaltung sollen dabei zunächst nicht diskutiert werden, da die Abbildungen nur zur Übersicht dienen sollen. Die Abb. 3.3a zeigt eine Siegelmaschine, deren kritischer Bereich mit Ausnahme der Förderbandzuführung mit einer geschlossenen Abdeckung versehen ist, die geöffnet werden kann. Damit kann der Einflussbereich für Kontaminationen auf das Innere der Maschine beschränkt werden, wo komplizierte Siegel-Elemente vorliegen. Für den Bandbereich, soweit Produkte oder Behältnisse offen transportiert werden, ist dagegen der Umgebungsbereich von Einfluss, z. B. auch die Abdeckung, der Rahmen für das Band bis hin zu den Füßen. Die Pick-and-place-Maschine in Abb. 3.3b, die zum Befüllen von Trays oder Faltschachteln mit Produkten wie Süß- und Dauerbackwaren dient, ist zum Schutz des Produktes mit einer Überdachung über der Fördereinrichtung versehen, um das Kontaminationsrisiko aus der Umgebung vor allem von oben herabzusetzen. Das Band ist für die Reinigung gut zugänglich und nach unten mit ausreichendem Bodenabstand offen. Die Rahmenkonstruktion ist einfach gestaltet und ebenfalls gut zugänglich. Die Dosiervorrichtung für Eiscreme nach Abb. 3.3c benötigt Dosierorgane und Halterungen über dem Produkt, sodass dieses direkt von diesen Bauteilelementen und der Rahmenkonstruktion gefährdet werden kann. Eine übersichtliche, leicht reinigbare und für die Reinigung gut zugängliche Gestaltung hilft Kontaminationen zu vermeiden.

Der Förderweg der Transporteinrichtung kann geradlinig oder eben bzw. räumlich gekrümmt verlaufen, wobei das Fördergut in waagerechter, geneigter oder senkrechter Richtung bewegt werden kann. Bei Schwerkraftförderern wie z. B. Rutschen wirkt die Schwerkraft als Antriebskraft, wodurch nur nach unten geneigte Förderwege einsetzbar sind.

Wenn sich lange Förderstrecken ergeben, überwiegt die ortsfeste Aufstellung. Fahrbare, ortsveränderliche Ausführungen werden meist zur variablen Überbrückung abwechselnd benötigter kurzer Transportstrecken eingesetzt.

Die produktberührten offenen Förderbänder sind dem Prinzip nach entsprechend Abb. 3.4 aufgebaut und werden entweder für den Transport zwischen bzw. in Apparaten und Anlagen oder für die Kontrolle von Größe, Form oder Gewicht von Nahrungsmitteln oder Pharmaprodukten verwendet. Wesentliche Bestandteile sind das eigentliche Fördermittel, das z. B. aus kontinuierlichen glatten oder strukturierten Bändern, modularen Kettenbändern, Rollenbahnen oder Rutschen bestehen kann, der Antrieb, eventuell notwendige Führungen sowie Traggestelle bzw. -rahmen mit Füßen.

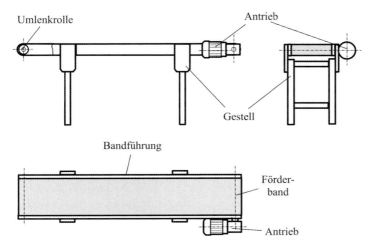

Abb. 3.4 Prinzipdarstellung eines nicht modularen Förderbandes mit Antrieb und einfachem Gestell.

Die offen transportierten Produkte sind äußerst vielfältig. Aus hygienischer Sicht muss bezüglich der Kontaminationsrisiken zwischen trockenen und Feuchtigkeit enthaltenden Produkten und deren unmittelbaren Umgebungsbereichen unterschieden werden. Trockene Produkte, die in trockener Umgebung transportiert werden, sind z. B. stückige, körnige und pulverförmige Schüttgüter wie Tabletten, getrocknete Teigwaren, Schrot, Getreide, Mehl, Milchpulver oder pharmazeutische Pulver. In diesem Fall kann unter einem bestimmten a_W-Wert [1]. Mikroorganismenwachstum ausgeschlossen werden, was das Kontaminationsrisiko erheblich vermindert. Eine Voraussetzung dabei ist, dass entweder trocken gereinigt wird oder dass nach einer Nassreinigung alle Bereiche vor Prozessbeginn in trockenem Zustand vorliegen.

Beispiele für Feuchtigkeit enthaltende Produkte umfassen z. B. im Lebensmittelbereich Gemüse, Früchte, Pasten, Fleisch, Fisch, die sowohl in roher als auch in behandelter Form offen transportiert werden, sowie rohe Teigwaren wie Nudeln, Keks, Kuchen oder Pizza. Neben dem vorhandenen Substrat der Produkte bietet der im Allgemeinen nass durchgeführte Reinigungsprozess ausreichend Feuchtigkeit für das Wachstum von Mikroorganismen und damit die Gefahr von Kreuzkontaminationen.

Die produktberührten Oberflächen von Transporteinrichtungen müssen für den Kontakt mit den relevanten Produkten bedenkenlos einsetzbar und leicht reinigbar sein, d. h.:

- geschmacksneutral,
- nicht haftend,
- temperaturbeständig für den vorgesehenen Betriebsbereich,
- chemisch widerstandsfähig z. B. gegen Reinigungs- und Sterilisationsmittel,
- hoch formstabil und
- widerstandsfähig gegen Mikroorganismen.

In manchen Fällen wird verlangt, dass sie auch kompatibel mit Mikrowellen-Systemen, z. B. für Trockner, sein müssen. Wenn eine Formerfassung z. B. durch Bildanalyse erfolgt, ist ein ausreichender Kontrast zwischen Produkt und Transportelement erforderlich.

3.2.1
Transportband-Anlagen

Zum Fördern von Produkten oder offenen Behältnissen über gerade Transportstrecken werden für bestimmte Anwendungsfälle nicht-modulare Transportbänder mit geschlossener glatter oder strukturierter produktberührter Oberfläche verwendet, die meist durch Rollen über Reibung angetrieben werden. Modulare Bänder, deren Antrieb durch Formschluss erfolgt und größere Antriebskräfte ermöglicht, lassen sich einsetzen, wenn große Beweglichkeit zur Überwindung komplizierter Förderstrecken z. B. mit Kurven oder eine hohe Durchlässigkeit der Bandfläche zum Erwärmen oder Kühlen gefordert wird. Ihre vielfältig gestaltbaren Elemente sind gegeneinander beweglich gelagert, wodurch hygienische

Problemstellen entstehen können, die besonders zu beachten sind. In der Lebensmittelindustrie verwendete Transportbänder werden z. B. beim Backen, Kühlen, Gefrieren, Dämpfen und Trocknen durch hohe und tiefe Temperaturen sowie Temperaturwechsel besonders beansprucht. Hohe Qualität in Form von glatt und eben bleibenden Oberflächen, Formstabilität, Abriebfestigkeit und konstante Bandlaufeigenschaften sind wichtige Voraussetzungen für gute Reinigbarkeit.

Aufgrund des Verschleppens oder direkten Durchtretens der transportierten Produkte sind Ober- und Unterseite der Bänder als direkt produktberührt zu betrachten und damit als leicht reinigbar zu gestalten und entsprechend zu reinigen. Letzteres bedeutet, dass die Bänder beidseitig gut zugänglich sein müssen.

Im Folgenden wird auf die Ausführung der Bänder, die erforderlichen Antriebselemente und die Gestaltung des notwendigen Zubehörs beispielhaft im Einzelnen eingegangen.

3.2.1.1 Nicht modulare Förderbänder

Nicht modulare Transportbänder werden im Allgemeinen geradlinig und endlos oder mit Stoßstellen ausgeführt, wie es die Prinzipdarstellung nach Abb. 3.5 zeigt. Ihr Antrieb erfolgt meist durch Rollen über Kraftschluss, d. h. durch Reibung. An der Bandinnenseite können aber auch Formelemente wie bei modularen Bändern angebracht sein, die einen Antrieb über Formschluss ermöglichen. Für die Spannung der Bänder werden meist nachstellbare Spannrollen verwendet. Wenn diese entsprechend der Skizze von außen angebracht werden, was den Umschlingungswinkel an der Antriebsrolle vergrößert und damit die Antriebsleistung verbessert, berühren sie zwangsläufig die direkt produktberührte Außenseite des Bandes. Damit ist auch die Spannrolle als direkt produktberührt anzusehen.

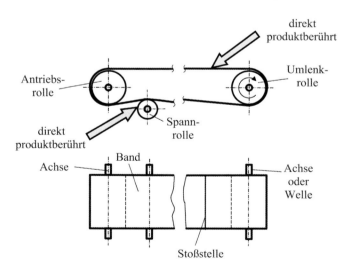

Abb. 3.5 Prinzipdarstellung eines nicht modularen Förderbandes mit Stoßstelle sowie Antriebs-, Umlenk- und Spannrolle.

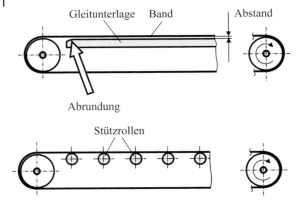

Abb. 3.6 Stützelemente für nicht modulare Bänder.

Bei üblichen Ausführungen zum Fördern leichter Produkte läuft das Transportband über eine Antriebs- und eine Umlenkrolle als Endtrommeln. Die Antriebsrolle sollte vorzugsweise an der Abgabeseite oder Kopfstation der Förderanlage liegen, da bei dieser Anordnung günstigere Kraftverhältnisse vorliegen. Die Umlenktrommel sollte dabei verstellbar angeordnet werden, um die Funktion der Spannrolle zu übernehmen.

Gleitunterlagen zur Bandunterstützung, wie z. B. Tische, müssen exakt ausgerichtet werden, da sie aufgrund der gleitenden Reibung das Band sehr stark führen. Ihre Kanten müssen entsprechend Abb. 3.6a abgerundet werden, um das auflaufende Band nicht zu beschädigen. Die Stützflächen sollten etwa 2–3 mm tiefer als das Band liegen. Als Material der Stützflächen werden im Allgemeinen Edelstahlbleche oder ausreichend harte Kunststoffe verwendet. Bei gut gleitfähigen Bandunterseiten ergibt sich mit diesen Werkstoffen ein günstiges Reibverhalten.

Bei langen Förderstrecken und großer Gesamtbelastung kommen anstelle von Gleittischen zur Reduzierung der Umfangskraft auch Tragrollen gemäß Abb. 3.6b zum Einsatz. Bei Achsabständen über 2 m sollten auch im Untertrum Tragrollen eingebaut werden. Hierdurch wird ein zu großer Durchhang aufgrund des Eigengewichtes des Bandes vermieden. Allerdings können sich vor allem an den Lagerstellen der Rollen zusätzliche hygienische Problembereiche ergeben. Mit der Anzahl der Rollen wächst einerseits das Kontaminationsrisiko, während andererseits die Zugänglichkeit zur Bandrückseite und damit ihre Reinigung behindert wird.

Hygienegerechte Förderbänder zeichnen sich durch leicht reinigbare Oberflächen der Bandober- und Unterseiten, gute Zugänglichkeit der zu reinigenden Teile und einfache, gut zugänglich gestaltete Gestelle mit oder ohne Verkleidungen aus, deren horizontale Flächen selbsttätig ablaufend gestaltet werden müssen.

Für spezielle Anwendungen, wie hohe Temperaturen z. B. beim Transport durch Tunnelöfen, können Edelstahlbänder eingesetzt werden. Die glatte Oberfläche entspricht den Anforderungen an leichte Reinigbarkeit und ermöglicht die

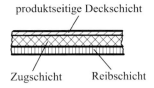

Abb. 3.7 Querschnitt durch die Schichten eines Kunststoffbandes.

Förderung zäher und klebriger Güter, die zudem zuverlässig abgenommen oder abgestrichen werden können. Die Bandenden werden mit üblichen Schweißverfahren reinigungsgerecht verschweißt.

Bänder aus Kunststoffen sind meist in gleicher Weise wie Flachriemen aus mehreren Schichten gemäß Abb. 3.7 aufgebaut. Sie erhalten eine produktberührte Deckschicht, die aus Gründen der Reinigbarkeit geschlossen, d. h. nicht porös sein muss, eine Zugschicht für die erforderliche Festigkeit und Kraftübertragung sowie eine Schicht, die mit den Antriebselementen in Berührung steht und die Reibungskraft zu übertragen hat. In vielen Fällen werden Bänder mit weißen Deckschichten hergestellt, um Produktreste und Schmutz besser zu erkennen. Zusätzlich wird auf der produktberührten Seite einerseits häufig ein ausreichend hoher Reibungskoeffizient gefordert, um ein Rutschen der transportierten Güter auf dem Band vor allem bei der Aufgabe oder bei Neigung zu vermeiden, andererseits müssen sich die Produkte, vor allem wenn sie wie Teigwaren, Pasten und Cremes klebrig sind, möglichst rückstandsfrei von den Bändern lösen lassen, was durch raue reibungsfördernde Strukturen behindert wird. Hier stehen entsprechende Bandmaterialien zur Verfügung. Die Bandrückseite, die für den Antrieb des Bandes wegen der erforderlichen Kraftübertragung eine geeignete Werkstoffpaarung gegenüber den Antriebsrollen benötigt, muss ebenfalls leicht reinigbar sein, da Produktanteile und andere Verschmutzungen unvermeidlich sind.

Als Werkstoffe für die Oberflächen werden häufig Plastomere mit Verstärkungsschichten aus Textil-, speziellen Glasfaser- oder Aramid-Geweben verwendet. Die Aramid-Faser ist eine feuerbeständige, hochfeste synthetische Faser, die teilweise als Asbestersatz verwendet wird. Die Bezeichnung ist eine Abkürzung von „aromatisches Polyamid". Bei Kunststoffen mit Weichmachern sind die entsprechenden gesetzlichen Vorgaben oder Empfehlungen einzuhalten, die den vorgesehenen Verwendungszweck, die zulässige Konzentration an Weichmachern, die Art des Weichmachers sowie teilweise eine Migrationsbegrenzung festlegt. Für Bedarfsgegenstände geben die Regelungen der EU nach [7] oder die BfR-Empfehlungen [8] die Anforderungen wieder. Wird begründet davon abgewichen, so tragen Hersteller und Anwender die volle Verantwortung bei Problemen oder Beanstandungen aufgrund z. B. lebensmittelrechtlicher Vorschriften des LFGB [9].

Häufig werden Silikon- oder PTFE-beschichtete Gewebe verwendet, die bei entsprechender Fertigung und geschlossener Oberfläche hygienisch unbedenklich sind. Bei Transportbändern mit Beschichtungen aus PU wird eine eingeschränkte Verwendung empfohlen. Nach [10] erfolgt eine Einteilung in Kategorien nach Kontaktzeiten mit Lebensmitteln wie z. B. Kategorie 2 mit Kontakt bis höchstens acht Stunden bei bestimmungsgemäßem Gebrauch oder Kategorie 3 mit Kurzzeit-

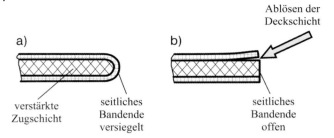

Abb. 3.8 Gestaltung eines Kunststoffbandes:
(a) völlige Ummantelung als Schutzschicht,
(b) Spaltbildung zwischen den Schichten bei fehlender Ummantelung.

kontakt bis höchstens 10 Minuten, wie z. B. bei Förderbändern für Schüttgüter, Schokoladen- oder Pralinenformen und Schüttwänden.

Obwohl Glasfaserverstärkungen mit entsprechender Ummantelung in vielen Bereichen kein Sicherheitsrisiko aus Sicht des Verbraucherschutzes oder von Medizinern darstellen, werden sie in manchen Industriezweigen völlig abgelehnt, vor allem wenn die Produkte für hochsensible Personenkreise wie Kleinstkinder oder Kranke hergestellt werden. Grundsätzlich müssen Bänder mit mehreren Schichten oder Verstärkungen aller Art an den Rändern gemäß Abb. 3.8a völlig ummantelt bzw. beschichtet werden [2]. Einerseits kann dadurch der Kontakt des Verstärkungsmaterials mit Produkt vermieden werden. Andererseits können sich, wie Abb. 3.8b zeigt, durch Lösen der Schichten an den Rändern infolge der Beanspruchung und unterschiedlichen Dehnung Anrisse und Spalte bilden, in die Feuchtigkeit und Mikroorganismen eindringen. Um eine Rekontamination von Produkten auszuschließen, müssen auch alle Schnittkanten von Bändern, die aus mehreren Lagen bestehen, versiegelt werden.

Edelstahlbänder müssen an den Stoßstellen hygienegerecht verschweißt werden. Bei Gewebebändern sind sowohl endlose als auch endliche Ausführungen erhältlich. Bei Letzteren kann die Verbindung, je nach Material und Hygieneanforderungen, unterschiedlich hergestellt werden und davon abhängig sich eine hygienische Problemstelle ergeben. Bei Bändern aus einheitlichen und schweißbaren Kunststoffen ist die geschweißte Verbindung leicht reinigbar, wenn bei fachgerechter Ausführung keine Poren, Vorwölbungen oder Rücksprünge der Naht entstehen. Klebeverbindungen können, wie Abb. 3.9a zeigt, stumpf in Zackenform oder gemäß Abb. 3.9b überlappend in Keilform ausgeführt werden, wobei die Anwendungsart vom Bandtyp, wie z. B. der Art oder Anzahl der Schichten abhängt. Risikobereiche können sich dadurch ergeben, dass sich Klebestellen durch chemische oder mechanische Beanspruchungen von den Rändern her zu lösen beginnen und Spalte und Anrisse bilden. Es wird daher empfohlen, bei Zickzacknähten, die an einer stillstehenden Bandbegrenzung schleifen, die Laufrichtung gemäß Abb. 3.9c zu wählen. Dabei liegt der spitze Winkel der Klebung an der Berührstelle in Laufrichtung, wodurch das Risiko des Lösens des Kleberandes vermindert wird. Entsprechendes ist bei der Keilklebung zu beachten. Bei

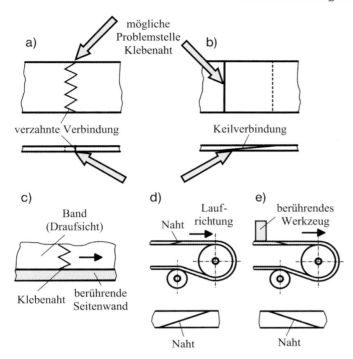

Abb. 3.9 Gestaltung der Klebeverbindung von Bändern:
(a, b) verzahnte Verbindung, (c) Keil- oder Schaftverbindung,
(d, e) Laufrichtung bezüglich der Stoßstellen.

üblicher Anwendung ohne schleifende oder schneidende Vorrichtungen auf der Produktseite ist entsprechend Abb. 3.9d der spitze Klebewinkel auf der Unterseite in Laufrichtung anzuordnen, sodass bei Auflaufen auf die Rolle kein Aufschälen stattfinden kann. Sind dagegen auf der Bandoberseite schleifende oder schneidende Werkzeuge vorhanden, so ist dort das höhere Risiko der Beschädigung der Klebestelle vorhanden, sodass die Klebestelle nach Abb. 3.9e entsprechend umgekehrt liegen sollte. Mechanische Verbindungen werden z. B. gemäß Abb. 3.10 mit Edelstahlklammern, die in das Band eingelassen oder in die Beschichtung eingeheizt und dadurch ummantelt werden, oder als eingeheizte weiße Kunststoffklammern eingesetzt. Die Verbindung ergibt aufgrund der Unstetigkeit einen Problembereich. Außerdem lassen sich an den Berührstellen der Klammern mit dem Kupplungsstab enge, nicht reinigbare Spalte nicht vermeiden.

Bei den meisten Plastomeren wie z. B. PE- und PEEK-Geweben ist für einen guten Bandlauf eine höhere Bandspannung notwendig als bei PTFE-beschichteten Glas- und Aramid-Geweben, wo diese möglichst gering sein soll. Dem Material entsprechend sind die Wege für Spannwalzen anzupassen. Rollen zur Erzeugung der Bandspannung dürfen nur achsparallel zu allen anderen Rollen verstellbar sein. Umlenkrollen sollten unbedingt parallel zueinander stehen. Bei PTFE-beschichteten Glas- und Aramid-Geweben dürfen nur zylindrische Rollen verwendet

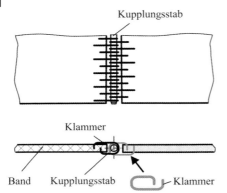

Abb. 3.10 Klammerverbindung eines Kunststoffbandes.

werden, während ansonsten auch zylindrisch konische Antriebstrommeln zur Bandzentrierung eingesetzt werden können.

3.2.1.2 Modulare Förderbänder

Als Gesichtspunkte für die Entwicklung modularer Bänder sind der formschlüssige Antrieb, die hohe Festigkeit neben geringen Reibungsverlusten, die hohe Abriebfestigkeit und bei der Verwendung von Kunststoffen die Korrosionsbeständigkeit entscheidend. Sie werden zum offenen Transport der unterschiedlichsten Produkte eingesetzt und bestehen über die gesamte Bandbreite und -länge aus einzelnen ineinandergreifenden Elementen, die meist mithilfe von Verbindungsbolzen Gelenkverbindungen bilden. Der erforderliche Zahnradantrieb sowie die Spurführung verhindern im Gegensatz zu glatten Bändern ohne Formschlussantrieb ein Durchrutschen und ermöglichen meist höhere Zugkräfte. Für modulare Bänder werden als Werkstoffe sowohl Edelstahl als auch verschiedene Kunststoffe eingesetzt. Letztere müssen wegen der Produktberührung die entsprechenden Voraussetzungen wie EU-Anforderungen für Werkstoffe oder z. B. FDA- bzw. USDA-Vorgaben erfüllen. Allerdings ist Kunststoff kratzempfindlicher und lässt sich in manchen Fällen schlechter von Biofilmen reinigen.

Edelstahl wird als Bandwerkstoff in erster Linie wegen seiner hohen Festigkeit sowie Temperatur- und Abriebbeständigkeit eingesetzt. Außerdem wird die Gefahr der Entstehung von Biofilmen in manchen Bereichen als geringer eingeschätzt als bei Kunststoffen. Forscher der Londoner South Bank University stellten fest, dass Bänder aus Kunststoffmodulen 10- bis 100-mal mehr Bakterien ansammeln als Bänder aus Edelstahl. Hinzu kommt ein relativ hoher Reibungskoeffizient, der vor allem das Rutschen von transportierten Produkten und offenen Behältnissen verhindert. Mit Ausnahme der Anwendung von chlorhaltigen Reinigungsmitteln bei manchen Sorten ist Edelstahl gegen die meisten Chemikalien beständig. Als wesentlicher Nachteil ist bei Edelstahlbändern die Tatsache anzusehen, dass sie geschmiert werden müssen. Weiterhin wird der meist höhere Lärmpegel als nachteilig angesehen.

Bei Kunststoffmodulen wird als Standardwerkstoff für allgemeine Anwendungen Polypropylen verwendet, das eine gute chemischen Beständigkeit gegenüber Säuren, Laugen, Salzen und Alkoholen besitzt, bei niedrigen Temperaturen jedoch etwas verspröden kann. Speziell für Anwendungen in der Lebensmittelindustrie, wo Verunreinigungen des Förderguts durch Kunststoffabrieb eine Rolle spielen, wurde ein „nachweisbares" Polypropylen entwickelt. Der metallhaltige Werkstoff rostet nicht, besitzt keine scharfen, hervorstehenden Fasern und kann in kleinen Mengen von Metalldetektoren oder von Röntgengeräten erfasst werden [11]. Außerdem ist für bestimmte Anwendungen ein elektrisch leitender PP-Verbundwerkstoff einsetzbar, der statische Aufladungen ableitet.

Polyethylen ist neben seiner guten chemischen Beständigkeit gegenüber vielen Säuren, Laugen und Kohlenwasserstoffen sehr flexibel, äußerst stoßfest und beständig gegenüber Materialermüdung.

Wesentlich höhere Festigkeiten als Polypropylen und Polyethylen weisen Acetal-Thermoplaste auf. Neben guten mechanischen, thermischen und chemischen Eigenschaften ist der niedrige Reibungskoeffizient ein wichtiger Vorteil. Bei antistatisch wirkendem Acetal wird der elektrische Widerstand durch Zusätze erheblich verringert.

Speziell für Anwendungen in Trockenbereichen ist Nylon geeignet, da es in feuchter Umgebung oder in Kontakt mit Wasser quillt und sich dadurch ausdehnt. Es ist empfindlich für mechanische Verletzungen wie Stöße und Beanspruchung beim Schneiden, während die chemische Beständigkeit als gut zu bezeichnen ist. Auch niedrige Temperaturen bis etwa −45 °C sind möglich. Hitzebeständiges, FDA-konformes Nylon kann einer ständigen Betriebstemperatur von bis zu etwa 115 °C und kurzzeitig bis 132 °C ausgesetzt werden.

Schließlich ist noch zu erwähnen, dass schwer entflammbares thermoplastisches Polyester so zusammengesetzt ist, dass es im Gegensatz zu den meisten Kunststoffen nicht brennt. Allerdings entspricht dieses Material nicht den Anforderungen von FDA oder USDA/FSIS.

Modulare Bänder umfassen ein weites Anwendungsspektrum. Beispielsweise ermöglichen die Gestaltung und das Spiel in den Gelenken oder Verbindungen sowie die Ausbildung der Kettenelemente gemäß Abb. 3.11a sowohl die Realisierung geradliniger als auch kurvenförmiger Förderstrecken entsprechend Abb. 3.11b.

Aus der Sicht der Reinigbarkeit ist es bei der Konstruktion von modularen Bändern äußerst wichtig, dass die Gelenk- und Verbindungsstellen möglichst offen, gut zugänglich und hygienegerecht gestaltet werden, damit sie sich leicht reinigen lassen. Um ähnliche Effekte bei Konstruktionen mit Gelenkbolzen zu erreichen, muss zum einen die Lagerstelle oder Öse des Modulteils so schmal wie möglich gewählt werden, um große Bereiche des Bolzens offen zu lassen. Zum anderen sollte es den Bolzen möglichst nicht völlig, sondern nur haken- oder gabelförmig umfassen, um auch Teile des Umfangs frei zu lassen. Entscheidend ist zusätzlich die Beweglichkeit der Verbindung, durch die möglichst alle spaltbildenden Stellen für die Reinigung geöffnet werden. Die geringen Zwischenräume (Spalte) der Elemente auf der Bandoberseite bei Bändern mit geschlossener Oberfläche werden durch die Bewegung beim Umlenken an den Zahnrädern für die Reini-

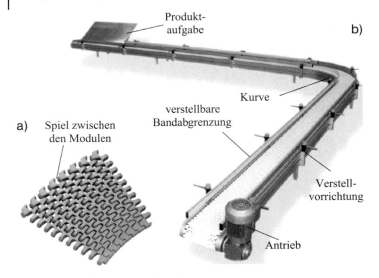

Abb. 3.11 Modulares Kunststoffband:
(a) Beispiel der Ausführung und Anordnung von Modulen (Fa. Habasit),
(b) Beispiel eines modularen Bandes (Fa. Maytec).

gung teilweise zugänglich. Da sich aus konstruktiver Sicht abgedeckte Spalte bei Gelenken nicht völlig vermeiden lassen, ist eine sorgfältig ausgearbeitete Strategie für die Reinigung erforderlich, um alle kritischen Stellen zu erreichen. Die unterschiedlichen konstruktiven Möglichkeiten sollen im Folgenden an einigen Beispielen erläutert werden.

Wenn beim Transport möglichst durchgehende Flächen verlangt werden, keine Durchströmung des Produktes erforderlich ist oder es vor dem Durchfallen durch das Band geschützt werden muss, werden modulare Bänder mit geschlossener Oberfläche und möglichst geringem Abstand der Elemente notwendig. Ein Beispiel dafür sind die häufig in der Getränkeindustrie zum Transport von Flaschen eingesetzten Plattenbandketten, die meist aus Edelstahl bestehen. Sie haben einerseits auf der produktseitigen Oberfläche eine ausreichende Reibung, um z. B. Glasbehälter mitzunehmen. Andererseits können diese z. B. an Zusammenführungen und in Pufferzonen gegenüber dem Band rutschen. Eine Prinzipskizze einer Transportanordnung zur Förderung von offenen Flaschen, die zur Abfüllung gelangen, ist in Abb. 3.12 nach [12] dargestellt. Die Fördereinheiten, die aus einzelnen Bahnen von hintereinander angeordneten Kettenmodulen bestehen, können geradlinig oder in Kurvenform ausgeführt werden. Durch Führungsvorrichtungen ist es möglich, die Transportrichtung zu verändern bzw. von einem auf ein anderes Band zu leiten.

Einen Ausschnitt aus einem solchen Band mit einer Schiene zum Zusammenführen von gereinigten Flaschen zeigt Abb. 3.13a. Die gesamte Breite besteht dabei gemäß Abb. 3.13b aus parallelen Bahnen. Die einzelnen Elemente haben zwar entsprechend Abb. 3.13c auf der Oberseite eine ebene geschlossene Oberfläche,

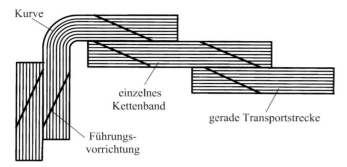

Abb. 3.12 Prinzip der Anordnung von Plattenbandketten und Führungen zum Transport von Getränkeflaschen [12].

bilden aber aufgrund der modularen Bauweise zwangsläufig einen geringen Abstand zueinander, wodurch Spalte als Risikobereiche entstehen. Diese öffnen sich jedoch bei Umlenkung des Bandes und sind dabei einer Reinigung in gewissem Maße zugänglich. An der Unterseite sind die scharnierartigen Gelenke angeordnet, die zwar auf der dem Produkt abgewandten Seite liegen, aber durchaus von der Bandoberseite verschmutzt werden können. Die engen Spalte zwischen dem Bolzen und Lagerstellen bilden abgedeckte Spalte, die einer gründlichen Reinigung nicht zugänglich sind.

In Abb. 3.13c ist die Gestaltung eines Elements einer Edelstahl-Plattenkette zur Verdeutlichung der Situation prinzipiell dargestellt. Der Bolzen wird von den

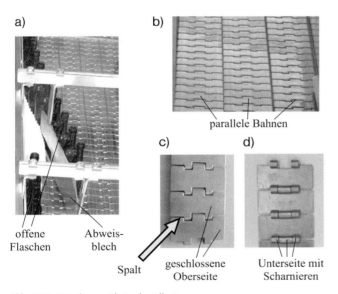

Abb. 3.13 Details von Plattenbandketten:
(a) Ausschnitt mit Führung für Getränkeflaschen,
(b) parallele Bahnen, (c, d) Gestaltung der Bandelemente.

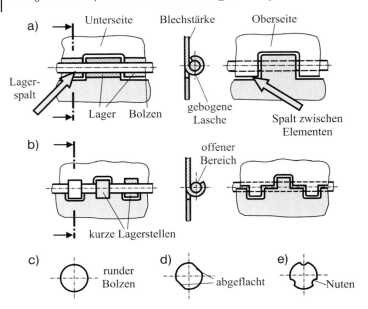

Abb. 3.14 Prinzipielle Möglichkeiten zur hygienegerechten Gestaltung der Bandgelenke:
(a) übliche Konstruktion, (b) Verringerung der Lagerbreite im Gelenk,
(c–e) Prinzipien zur Änderung der Bolzengeometrie.

sehr breit ausgeführten Lagerstellen, die aus rund gebogenen Laschen gebildet werden, nahezu völlig umschlossen. Durch das Spiel zwischen den einzelnen Modulen ist eine gewisse Querbeweglichkeit in den Gelenken gegeben. Grundsätzliche Überlegungen zu Verbesserungen der hygienischen Problembereiche können in zwei Richtungen gehen: Zum einen sollten die Lagerstellen so kurz wie möglich gewählt und die Laschen nicht völlig geschlossen werden, um den abgedeckten Bereich entsprechend Abb. 3.14b klein zu halten. Zum anderen könnte der üblicherweise runde Bolzen, wie ihn Abb. 3.14c zeigt, beispielsweise an zwei Seiten abgeflacht oder mit Nuten versehen werden. Dadurch kann bei der Reinigung eine teilweise Durchspülung der problematischen Gelenke erreicht werden. Die Drehbewegung des Bolzens bei Umlenkung und Bewegung des Bandes wirkt dabei unterstützend. Allerdings kann mit solchen Maßnahmen erhöhter Verschleiß in den Gelenken verbunden sein.

Bei der Verwendung von Kunststoff für die Module sind z. B. durch verschiedene Formgebungsverfahren wie Spritzen oder Extrudieren sehr vielfältige Gestaltungsmöglichkeiten im Hinblick auf gute Reinigbarkeit gegeben. Trotzdem sind viele Plattenbandketten den Edelstahlausführungen nachempfunden. Als Vorteile werden jedoch das leichtere Gewicht und die geringere Lärmentwicklung z. B. beim Flaschentransport angesehen. Bei hohen Anforderungen an Reibung können Gummimodule aus zwei verschiedenen Werkstoffen eingesetzt werden, ohne Obertrum und Zahnräder zu behindern. Sie sind z. B. in weißem Gummi mit

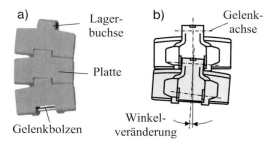

Abb. 3.15 Plattenbandelemente für Kurven (siehe z. B. Fa. Unichains): (a) Oberseite, (b) Unterseite.

weißem Polypropylen und weißem Gummi mit ungefärbtem Polyethylen erhältlich und entsprechend den FDA-Vorschriften für den Lebensmitteltransport und für Verpackungslinien geeignet. Umgekehrt sind auch Antihaftbeschichtungen möglich, die das Anhaften von klebrigen Produkten wie z. B. Teigen verringern.

Als Beispiel einer Ausführung für Kurvenbahnen zeigt Abb. 3.13 Vorder- und Rückseite der Module. Um die Kurvenform zu erreichen, besitzen die beiden Achsen der Gelenke eines Moduls eine leichte Neigung gegeneinander, wie aus Abb. 3.15b zu ersehen ist (siehe z. B. [13]). Bei den Gelenkstellen der ineinandergreifenden Module liegen die Lagerbuchsen unmittelbar nebeneinander und weisen gegenüber dem Bolzen einen engen Spalt auf, der in Bezug auf Reinigung eine Risikozone darstellt.

Abweichend von der traditionellen Form der Plattenbandkette sind die verschiedenartigsten Bandelemente verfügbar, bei denen neben Anforderungen durch Produkte der Gesichtspunkt der Reinigbarkeit im Vordergrund steht. Hygienegerecht gestaltete Bänder zeichnen sich vor allem durch ausgeformte und abgerundete Kanten aus, die keine Nischen oder scharfen Ecken bilden, an denen sich Rückstände sammeln könnten. Beispiele für Module mit geschlossener Oberfläche, die entweder glatt oder für spezielle Produkte – z. B. zur Erzeugung eines Mitnahmeeffekts bzw. einer geringen Berührfläche für große, stückige Produkte genoppt sein kann – sind in Abb. 3.16a, b dargestellt. Die Konstruktion zeichnet sich durch einen geringen Abstand zwischen den Modulen auf der produktberührten Seite sowie ein weitgehend offen gestaltetes Gelenk entsprechend Abb. 3.16c nach [11] aus. Die Gelenke mit einer Art Nockenverbindung ermöglichen es, dass sich das Band nahezu vollständig öffnet, wenn es um die Zahnräder herumläuft. Der Bolzen wird in diesem Fall nur auf einer möglichst geringen Breite von der Lagerhülse umschlossen, um wenig abgeschlossene Spaltbereiche zu erzeugen. Das Öffnen der engen Spalte zwischen den einzelnen Modulen bei Umlenkung durch das Antriebszahnrad ist in der Gegenüberstellung der Seitenansichten bei gestreckter Anordnung und Umlenkung um das Zahnrad dem Prinzip nach in Abb. 3.16d veranschaulicht. In dieser Stellung ist eine weitgehende Reinigung der zuvor abgedeckten Stellen zwischen den Modulen möglich. In Abb. 3.16e ist die prinzipielle Gestaltung einer solchen Gelenkstelle in der Unter- und Seitenansicht nochmals verdeutlicht.

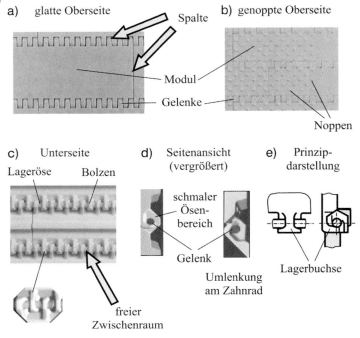

Abb. 3.16 Ausführung von Modulen bezüglich Reinigbarkeit (Fa. Intralox):
(a) glatte produktberührte Oberseite,
(b) genoppte Oberseite,
(c) Abbildung der Gelenke auf der Unterseite,
(d) Seitenansicht des Gelenks in gestreckter Lage und bei Umlenkung des Bandes,
(e) Prinzipdarstellung der Gelenkausführung.

Eine andere leicht reinigbare Gestaltung der Gelenke von modularen Transportbändern mit geschlossener Oberfläche ist in Abb. 3.17 dargestellt. Die Untersicht in Abb. 3.17a zeigt den Abstand zwischen den Gelenklaschen, wodurch ein Teil des Gelenkbolzens frei zugänglich ist. Die Ausführung zeichnet sich zusätzlich gemäß Abb. 3.17b durch je zwei schräg liegende Langlöcher in jedem Kettenmodul aus, die spiegelbildlich zueinander angeordnet sind [14]. Da die Kette im Lasttrum gespannt und auf Zug beansprucht ist, wird der Bolzenabstand am größten. Das bedeutet, dass die Bolzen im Langloch der Lasche jeweils außen anliegen. Bei der Umlenkung am Zahnrad ändert sich die Lage infolge der entstehenden Winkel bis hin zum geringsten Bolzenabstand bei Entlastung im Leertrum. Die Konstruktion bietet durch das patentierte Langloch das Eindringen der Reinigungsflüssigkeit in die Verbindungsbereiche zwischen Stab und Modulgelenk und den Zugang zum Gelenkstab in seiner gesamten Länge. Die Gelenkbolzen können dadurch bei der Reinigung durch Sprüheinrichtungen weitgehend umspült werden, wobei die Bewegung beim Umlenken an den Zahnrädern unterstützend wirkt. Auch die Spalte auf der Bandoberseite zwischen den Modulen werden durch die Umlenkung für die Reinigung zugänglich, wie in Abb. 3.17c dargestellt, sodass

3.2 Kontinuierliche offene Fördereinrichtungen | 303

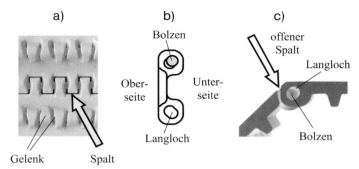

Abb. 3.17 Ausführung von Modulen bezüglich Reinigbarkeit (Fa. Habasit):
(a) Darstellung der Unteransicht der Gelenke,
(b, c) Seitenansicht mit reinigbarem Langloch im Modulteil
in gestreckter und abgewinkelter Lage.

sich die Gelenke in Linie reinigen lassen, wenn entsprechende Vorrichtungen mit Spritzdüsen verwendet werden.

Eine besondere Seitenfestigkeit erhalten solche modularen Kunststoffbänder, wenn die Elemente in benachbarten Reihen gemäß Abb. 3.18 versetzt ineinander greifen und sich damit seitlich gegeneinander abstützen. Die Hauptaufgabe der Verbindungsstäbe ist es in diesem Fall, die Scherkräfte in den Gelenken zu übertragen und nicht das Band in der Querrichtung zusammenzuhalten.

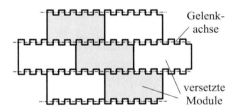

Abb. 3.18 Prinzipielle Anordnung von Modulen zur Stabilisierung eines Bandes.

Wenn z. B. zum Kühlen oder Erwärmen von Produkten die Wärmeübertragung direkt in das Produkt erforderlich ist und damit eine Durchströmung der Bandelemente erfolgen muss, werden durchlässige Module verwendet. Für hohe Temperaturen können die Bandmodule entsprechend der Prinzipdarstellung nach Abb. 3.19a aus Edelstahl-Drahtelementen sehr offen und durchlässig gestaltet werden. Industrie-Fritteusen und Öfen können Temperaturen von 200 °C und mehr erreichen. Außerdem ist Edelstahl bei bestimmten Produkten wegen der Abriebfestigkeit von Vorteil, da z. B. Brotkrusten stark scheuern und bei Kunststoffen Abrieb erzeugen können. Die Abb. 3.19b zeigt als Beispiel den Ausschnitt einer Gefrieranlage nach [15] für Geflügel, deren Transportband ebenfalls aus weitmaschigen Modulen aufgebaut ist. Die Förderbewegung kann dabei in turmartig aufgebauten Apparaten je nach Anforderung spiralförmig aufwärts oder abwärts erfolgen. Ein Ausschnitt aus der Bandanordnung eines spiralförmigen Trocknungsapparats ist in Abb. 3.19c abgebildet.

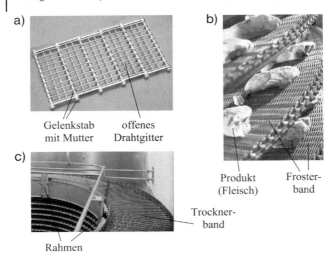

Abb. 3.19 Durchlässige Bänder aus Edelstahl:
(a) Beispiel eines Gitterbandes (Nickel Institute),
(b) Beispiel eines Frosterbandes (Fa. Heinen Freezing GmbH),
(c) Anordnung eines Trocknerbandes.

Bei Bändern aus Drahtelementen werden die Berührstellen gemäß Abb. 3.20 durch den runden Querschnitt der Drähte, die Form der Verbindung und das vorhandene Spiel zwar klein gehalten, Spalte lassen sich dennoch nicht vermeiden. Durch die beim Fördern ständig auftretenden kleinen Relativbewegungen der Drahtelemente kann sich Schmutz nur schwer zwischen den Berührstellen ansetzen. Allerdings können Produktreste von stückigen Lebensmitteln z. B. beim Panieren die Maschen des Bandes teilweise zusetzen. Bei der Umlenkung des Bandes zur Rückführung verschieben sich die Berührstellen, sodass bei der

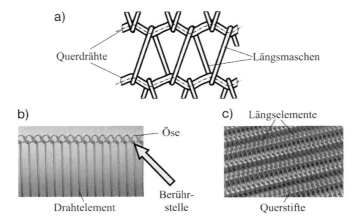

Abb. 3.20 Beispiele von durchlässigen Edelstahlbändern:
(a) Maschenband, (b) Elemente mit Ösen, (c) Bolzenverbindung.

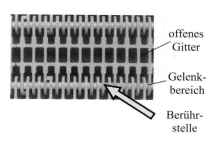 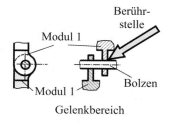

Abb. 3.21 Durchlässiges Kunststoffmodul:
(a) Unteransicht mit Gelenken, (b) Einzelheit der Gelenkgestaltung.

Reinigung alle Bereiche relativ gut zugänglich werden. Eine völlig freie Zugänglichkeit aller Berührstellen lässt sich jedoch praktisch nicht erreichen.

Bei modularen Kunststoffbändern können die Bandmodule in verschiedenster Weise durchlässig gestaltet werden, wobei gleichzeitig offene Gelenke die Reinigbarkeit begünstigen. Ein Beispiel eines Moduls mit durchlässiger Gitterkonstruktion ist in Abb. 3.21a dargestellt. Die prinzipielle Gestaltung der Gelenke mit geringen Berührflächen und großen Abständen der Hülsenteile zeigt Abb. 3.21b. Solche Module können bei der Lebensmittelverarbeitung ohne Koch- oder Backvorgang z. B. aus HD-Polyethylen als Alternative für Edelstahl hergestellt werden. Die schlechte Benetzbarkeit lässt Wasser gut ablaufen. Allerdings ist der Kunststoff kratz- und abriebempfindlicher als Edelstahl.

Im Zusammenhang mit Kunstoffen ist zu erwähnen, dass Transportbänder mit einem antimikrobiellen Zusatzstoff hergestellt werden können [16], um unerwünschtes Mikroorganismenwachstum auf Bandoberflächen zu verhindern. Sie sollen neben der In-line-Reinigung ein zusätzliches Mittel darstellen, um Mikroorganismenwachstum und die Bildung von Biofilmen zu verhindern. Generell muss dazu bemerkt werden, dass manche Behörden [17] dem Einsatz von Bioziden skeptisch gegenüberstehen. Grund dafür ist zum einen der Übergang von bakteriziden Stoffen auf das jeweilige Produkt. Selbst wenn er in äußerst geringen Mengen erfolgt, wird er als rechtlich bedenklich eingestuft, selbst wenn Substanzen wie Silber in Spuren zulässig sind. Zum anderen erreichen die Stoffe häufig die Mikroorganismen nicht direkt, da diese meist auf einer dünnen Schicht des Produktes oder in einem Biofilm wachsen. Wesentlich bedenklicher aber ist, dass Mikroorganismen sich anpassen (mutieren) können und dann nicht mehr angreifbar sind, wie wir es z. B. von der Anwendung von Antibiotika kennen. Das bedeutet, dass lang anhaltende Erfolge als zweifelhaft eingestuft werden müssen.

3.2.1.3 Abgrenzungen an Bändern

Bänder für bestimmte feste Produkte können gemäß Abb. 3.22a auf glatten ebenen Unterlagen aus Edelstahl wie z. B. Tischen oder Platten geführt werden, ohne dass seitliche oder querstehende Abtrennungen auf der Produktseite notwendig

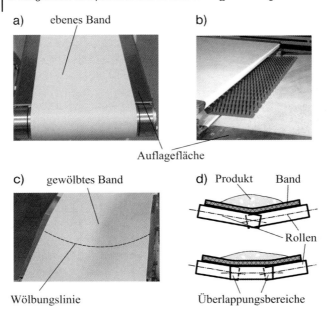

Abb. 3.22 Beispiele von Bandanordnungen:
(a) mit ebener Fläche, (b) mit gewölbter Fläche, (c) Rollenüberlappung bei Bandwölbung.

werden. Ein Beispiel aus der Produktion von Schokoladeriegeln zeigt Abb. 3.22b. Da in solchen Fällen die Bandauflage im Allgemeinen hygienegerecht gestaltet werden kann, ist es vor allem wichtig, das Band zur Reinigung ausreichend abheben zu können, um Bandunterseite und Auflagefläche für die Reinigung zugänglich zu machen. Für Schüttgüter sind auch gemuldete Bandanlagen ohne Seitenwände entsprechend Abb. 3.22c im Einsatz. Wie Abb. 3.22d zeigt, erfolgt dabei die Unterstützung des Bandes durch zwei- oder dreireihige Tragrollensätze. Um zu vermeiden, dass das Band dabei knickt, dürfen die Rollen nicht mit seitlichem Abstand angeordnet werden, sondern müssen überlappen und deshalb in Bandrichtung versetzt montiert werden.

Wenn jedoch z. B. bei Überwindung von Höhenunterschieden das Rutschen von Produkten vermieden werden muss oder wenn festgelegte Produktmengen abzugrenzen sind, werden auf dem Band Querwände oder Mitnehmerleisten verwendet. Zum anderen ist in vielen Fällen wie bei Schütt- oder Stückgütern eine seitliche Begrenzung notwendig, um die Produkte gegen Herabfallen vom Band zu sichern. In diesem Fall sind sowohl mit dem Band umlaufende als auch stillstehende seitliche Abgrenzungen im Einsatz. In Bänder integrierte umlaufende Vorrichtungen haben den Vorteil, dass die Verschmutzung im Umgebungsbereich besser eingeschränkt werden kann. Bei feststehenden Seitenwänden oder Schienen bilden sich immer Spalte oder Öffnungen zum Band, durch die Produkt hindurchtreten kann, was zur Verschmutzung auch weiter entfernter Bereiche führen kann.

Trenn-leisten

feststehende Seiten-begrenzung

Produkt

Abb. 3.23 Schräge Bandanordnung mit Trennleisten bei feststehenden Seitenbegrenzungen (Fa. Scanbelt).

In Abb. 3.23 ist zunächst ein Beispiel einer grundlegenden Transportanordnung für stückige Lebensmittelprodukte wie Fische dargestellt, die sowohl die Quer- als auch die seitliche Abgrenzung zeigt. Die Elemente zur Quertrennung können auf unterschiedliche Weise mit dem Band verbunden sein. Die seitliche Begrenzung steht im gezeigten Beispiel still.

Bei glatten Transportbändern können sowohl mitlaufende Quer- als auch Längsabgrenzungen eingesetzt werden, die je nach Bandwerkstoff aufgeschweißt oder geklebt werden. Wichtig ist, dass die Verbindungen durchgehend sind, um nicht reinigbare Spalte zwischen Band und Trennelementen zu vermeiden. In den Abb. 3.24a und b sind Beispiele von Bändern mit solchen Abgrenzungen dargestellt. Neben geraden Querwänden können entsprechend Abb. 3.24c je nach Anforderung auch gepfeilte oder an den Seiten abgewinkelte Formen verwendet werden. Der Wandquerschnitt sollte in der dargestellten Weise abgerundet werden und dadurch leicht reinigbar sein. Zur seitlichen Begrenzung werden z. B. entsprechend Abb. 3.24d Wellkantenwände eingesetzt, die sich beim Umlenken um die Laufrollen entsprechend verformen lassen. Auch hierbei werden je nach Werkstoff unterschiedliche Verbindungsarten verwendet.

Mit modularen Bändern umlaufende Abgrenzungen sind in Abb. 3.25a am Beispiel des schräg aufwärts gerichteten Transports bei der Verarbeitung von Meerestieren sowie gemäß Abb. 3.25b zur Trennung von Produktmengen oder -stücken dargestellt. Als querliegende Trennwände dienende Elemente sind in verschiedenen Höhen erhältlich und werden, wie Abb. 3.25c zeigt, in die Module integriert, sodass sie keine eigenen Befestigungselemente benötigen. Dadurch entstehen keine zusätzlichen nicht reinigbaren Spalte. Die Elemente selbst sollten ebenfalls am Übergang zum Bandmodul ausgerundet werden, um die Reinigung zu erleichtern. Als seitliche Bandabgrenzung sind neben festen Wänden auch in das Band integrierte mitlaufende Bordkanten gemäß Abb. 3.25d einsetzbar. Die Elemente, die in verschiedenen Höhen angeboten werden, sind überlappend angeordnet und an den Bolzen der außenliegenden Module befestigt, sodass keine zusätzlichen Befestigungsteile erforderlich sind. Beim Umlauf um die Zahnräder fächern die Elemente auf. Je nach Zahnzahl der verwendeten Zahnräder kann sich dadurch an der Spitze der Bordkante ein Spalt bilden, durch den kleines Fördergut seitlich austreten könnte.

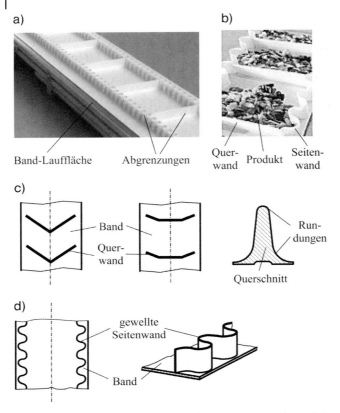

Abb. 3.24 Mitlaufende Quer- und Längsabgrenzungen an nicht modularen Bändern:
(a, b) Ausschnitte von Bändern mit Abgrenzungselementen,
(c) Ausführung von Quertrennelementen, (d) gewellte Längswand.

Bei feststehenden Seitenwänden entstehen Probleme aus hygienischer Sicht hauptsächlich durch nicht zugängliche Bereiche oder Spalte am seitlichen Rand der Transportbänder oder an der Auflagestelle. Im Folgenden werden einige Beispiele kritischer Stellen aufgezeigt, wobei die Gestaltung der Rahmen nicht betrachtet werden soll und auch nicht beispielhaft ist. In manchen Fällen werden seitliche Produktabgrenzungen entsprechend Abb. 3.26a über dem Rand des Bandes angeordnet, wobei sie mit unterschiedlichen festen oder verstellbaren Halterungen an der Rahmenkonstruktion befestigt werden. Wenn sie zur Abgrenzung von fließenden Produkten auf dem Band schleifen, um praktisch eine dynamische Abdichtung zu erreichen, kann die außerhalb der Abgrenzung auftretende Produktmenge dadurch zwar begrenzt, aber aufgrund des dynamischen Spalts nicht völlig vermieden werden. Bei stückigen Produkten wird häufig gemäß Abb. 3.26b ein Abstand zwischen dem seitlichen Begrenzungsblech und dem Band gelassen, um Abrieb zu vermeiden. In diesem Fall können jedoch kleinere Produktteile und Produktabrieb in die Umgebung gelangen und zu größeren Verschmutzungen

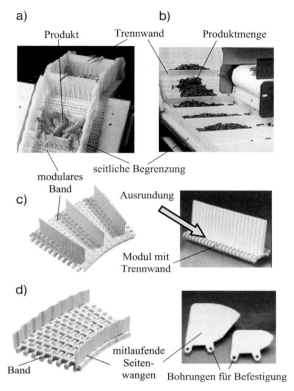

Abb. 3.25 Mitlaufende Quer- und Längsabgrenzungen an modularen Bändern: Ausschnitte aus (a) schräg und (b) horizontal angeordneten Bändern (Fa. Siegling), (c) quer angeordnete Elemente, (d) in Längsrichtung verwendbare Wangenteile (Fa. Habasit).

im Umfeld des Bandes führen. Eine Kreuzkontamination von außen in den unmittelbaren Produktbereich wird dadurch außerdem begünstigt. Grundsätzlich vermieden werden sollte, die seitlichen Ränder von Bändern in U-förmigen Kunststoff- oder Metallschienen zu führen, wie in Abb. 3.26c prinzipiell dargestellt. Die engen Spalte zwischen Band und Führung lassen sich nicht reinigen. Auch bei Demontage der Schienen sind diese Stellen schlecht reinigbar.

Wenn feststehende Seitenwände aus Blechen mit der Gestellkonstruktion des Bandes entsprechend Abb. 3.26d verschraubt werden, entsteht zwischen Band und Blech ein mehr oder weniger enger Spalt, der sich nicht reinigen lässt. Auch bei Entfernung oder Anheben des Bandes bleibt die Ecke zwischen Seitenblech und Bandauflage ein kritischer, schlecht zu reinigender Bereich. Um solche Stellen besser zugänglich zu machen, werden manchmal seitliche Bandabgrenzungen gemäß Abb. 3.26e um Gelenke schwenkbar gestaltet (s. auch [2]). Bei gekippter Vorrichtung sind Band und Auflagefläche bis auf die Stellen der senkrechten Rahmenträger, die die Gelenke tragen, frei zugänglich für die Reinigung. Zwischen den Trägern und der Bandauflage können jedoch innere, schlecht zu reinigende

310 | 3 Ausgewählte Komponenten und Elemente von offenen Anlagen

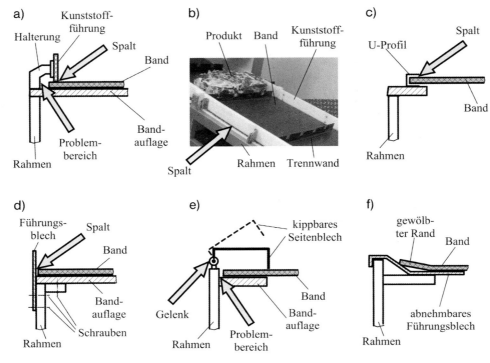

Abb. 3.26 Beispiele feststehender Seitenabgrenzungen und Führungen von nicht modularen Bändern:
(a, b) Prinzip und praktische Anordnung von fester Halterung und Abgrenzung,
(c) Bandführung in U-Schiene, (d) festes Führungsblech, (e) kippbares Seitenblech,
(f) abnehmbare Vorrichtung zur Randwölbung des Bandes.

Ecken nicht vermieden werden. Zusätzlich ergeben sich durch die Gelenke, die nahe am unmittelbaren Produktbereich angeordnet sind, erhebliche Kontaminationsgefahren. Die EHEDG schlägt daher in [2] als prinzipielle Idee eine Verbesserung nach Abb. 3.26f vor. Das Förderband, dessen Rand gewölbt oder eben sein kann, liegt in diesem Fall auf leicht entfernbaren seitlichen Schutzblechen auf, die gleichzeitig mit dem Band eine seitliche Begrenzung bilden können. Die Lagerung auf dem Rahmen und einer horizontalen Führungsleiste gestattet es, die darunter liegende Konstruktion weitgehend offen, zugänglich und damit leicht reinigbar zu gestalten.

Die grundlegende Problematik von verstellbaren seitlichen Abgrenzungen und Führungen aus Sicht der reinigbaren Gestaltung soll am Beispiel von Transportketten für offene Flaschen aufgezeigt werden. Wegen der erforderlichen Verstellbarkeit werden in solchen Fällen verschiebliche und drehbare Elemente eingesetzt, die in der jeweiligen Position geklemmt werden müssen. Ebenso wie Gelenke ergeben sich bei diesen Konstruktionen Spalte an den Verbindungsstellen, die sich ohne Zerlegen nicht reinigen lassen. Bei der in Abb. 3.27a gezeigten Anord-

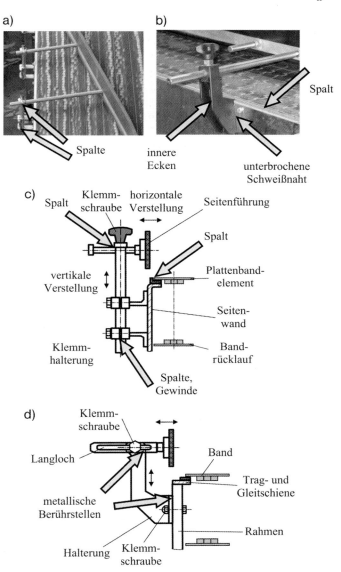

Abb. 3.27 Verstellbare Seitenführungen an Plattenketten-Bändern:
(a, b) Beispiele praktischer Ausführungen,
(c, d) Prinzipien und Problembereiche der verstellbaren Halterungen.

nung verläuft die Schiene, die zur Führung der Flaschen dient (s. auch Abb. 3.11) schräg zum Transportband. Die Befestigung erfolgt über Halterungen, die jeweils aus einer geklemmten vertikalen und horizontalen Stange mit Rundquerschnitt bestehen. Insgesamt sind damit 4 Bewegungsmöglichkeiten gegeben, da jede Stange gedreht und längs verschoben werden kann. Die Klemmverbindungen bedingen hygienische Risikobereiche an den Kopplungsstellen, den Auflagen der Schraubenköpfe sowie den offenen Gewinden in Form nicht reinigbarer Spalte, wie die Prinzipdarstellung in Abb. 3.27c verdeutlichen soll. Für diese Stellen ist ein Zerlegen bei der Reinigung erforderlich, wenn man nicht auf die Verstellbarkeit verzichten und feste Verbindungen (Schweißverbindungen) einsetzen kann. Hinzu kommt als Risikostelle die seitliche Führung der Transportkette, die sowohl seitlich als auch unter der Kette einen Spalt bildet. Bei Edelstahlbändern, die aufgrund des Werkstoffs geschmiert werden müssen, versucht man den bekannten Kontaminationsrisiken dadurch zu begegnen, dass man den Schmiermitteln Substanzen zur Desinfektion zusetzt.

Die Halterung nach Abb. 3.27b, deren vertikales Element an die Seitenwand des Gestells angeschweißt ist, gestattet nur eine horizontale Längsbewegung des Rundprofils. Die Verbindung an dieser Stelle weist die bereits beschriebenen Problemzonen der Klemmverschraubung auf. Das vertikale Element ist an der Seitenwand mit unterbrochenen Nähten angeschweißt, wodurch in den nicht geschweißten Zonen Spalte entstehen. Außerdem ist der U-förmig gestaltete innere Bereich infolge nicht gerundeter innerer Ecken und Kanten problematisch bei der Reinigung.

Auch die alternative Gestaltung der seitlichen Halterung nach Abb. 3.27d enthält einige Risikostellen. Dazu gehören die metallischen Kontaktflächen zwischen Halterung und Rahmen sowie Querführung und die Schraubendurchführung im Langloch. An diesen Stellen ist eine sichere Reinigung ohne Zerlegen nicht möglich.

Durch die Verwendung von Schienen gemäß Abb. 3.28a (Querschnitt), auf denen das Band gleitet, wird die Lebensdauer von Förderrahmen und modularem Band durch Verminderung der Reibung verlängert. Zusätzlich bilden Flüssigkeiten wie Öl oder Wasser einen Schmierfilm zwischen Band und Gleitbahn, wodurch der Reibungskoeffizient weiter herabgesetzt wird. Die Gleitunterlagen bestehen aus Streifen von hochdichtem Polyethylen, sonstigen geeigneten, verschleißarmen Kunststoffen nach FDA bzw. USDA-FSIS oder bei Produkten mit abrasiven Stoffen aus Edelstahl. Sie müssen eben und symmetrisch sein. Durch ungleiche Einbauhöhen und Niveauunterschiede kann sich sonst das Band von einer Seite zur anderen bewegen, was als „wandern" bezeichnet wird. Parallele Gleitschienen werden in Laufrichtung des Bandes am Rahmen montiert. Sie bestehen häufig aus ineinander fügbaren Leisten gemäß Abb. 3.28b mit Rechteckquerschnitt. Ihr Nachteil liegt darin, dass der Bandverschleiß auf die schmalen Zonen beschränkt ist, in denen die Schienen das Band berühren. Diese Ausführung wird deshalb nur bei Anwendungen mit geringer Belastung empfohlen. Durch Anordnen der Leisten in einem überlappenden V-Muster (Fischgrätenanordnung) entsprechend Abb. 3.28c wird die Unterseite des Bandes beim Laufen über die Gleitbahn auf der gesamten Breite unterstützt, sodass der Verschleiß gleichmäßiger verteilt wird. Außerdem können die schrägen Flächen dazu beitragen, dass die Unterseite des Bandes von körnigem oder abrasivem Material freigehalten wird, da eine Art Abstreifwirkung erreicht wird. Die Querschnitte der Gleitschienen sind in verschiedenen Ausführungen verfügbar. Die

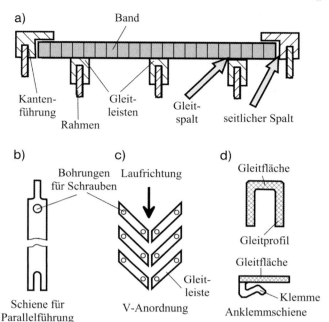

Abb. 3.28 Gleit- und Führungsschienen an modularen Bändern:
(a) Anordnung, (b) Schiene für Parallelanordnung, (c) V-Anordnung,
(d) Beispiele von Querschnitten von Gleitprofilen.

Abb. 3.28d zeigt ein anschraubbares U-Profil sowie ein aufsteckbares Profil, das ohne Befestigungsmaterial am Rahmen befestigt werden kann. Man verwendet Letzteres hauptsächlich, wenn die Bandkanten geschützt werden müssen oder eine seitliche Produktübergabe erfolgt.

Die Verwendung von Niederhalteprofilen an beiden Seiten des Bandes (Abb. 3.28a) wird vor allem in Kurven über das gesamte Obertrum empfohlen. Die Profilleisten werden direkt auf dem Rahmen angebracht und mithilfe von Kunststoffschrauben und -muttern durch Schlitzlöcher befestigt. Auf diese Weise können sich die Leisten bei Temperaturschwankungen ungehindert ausdehnen oder zusammenziehen.

Aus hygienischer Sicht bilden sich zwischen den Rahmen und den Gleit- oder Aufsteckleisten sowie an den Befestigungselementen vor allem durch unkontrollierbare und nicht reinigbare Spalte Problembereiche, von denen Kontaminationsrisiken ausgehen können. Nur durch eine sehr aufwändige Demontage ist eine sichere Reinigung an diesen Stellen zu erreichen.

3.2.1.4 Umlenk-, Führungs- und Antriebselemente von Bändern

Die mit Transportbändern in Berührung stehenden Umlenk-, Führungs- und Antriebselemente sind zwar meist nicht direkt produktberührt, es lässt sich jedoch nicht vermeiden, dass sie durch Produkt und andere Substanzen verschmutzt werden. Dies ist z. B. zwangsläufig der Fall, wenn die Bänder für bestimmte Prozesse und Produkte durchlässig gestaltet werden müssen. Damit sind die genannten Elemente hygienisch relevant, sodass von ihnen ein Kontaminationsrisiko ausgeht. Als Bestandteile des offenen Prozesses sind sie damit hygienegerecht zu gestalten.

Rollen, auch als Trommeln bezeichnet, von nicht modularen Bändern stellen im Allgemeinen hygienisch nicht kontrollierbare Hohlkörper dar. Sie können entweder auf einer starren Achse laufen, die am Rahmen befestigt wird, oder mit der Achse starr verbunden sein, die im Gestell drehbar gelagert ist. In beiden Fällen ist eine hygienegerechte Gestaltung der Lagerstellen notwendig, die eine entsprechende Abdichtung erforderlich macht, um Spalte und den Austritt von Schmiermittel aus den Lagern zu vermeiden. Die Außenfläche der demontierbaren Deckel ist vollkommen glatt und aus rostfreiem Edelstahl. Das Trommelrohr besteht üblicherweise aus rostfreiem Edelstahl oder blankem Stahl mit unterschiedlichen Gummierungen. Wie bei den Trommelmotoren sind die Rohre der Umlenktrommeln konisch-zylindrisch überdreht, um einen optimalen Geradeauslauf des Bandes zu gewährleisten. Die Wellenzapfen sowie die Verschlussdeckel für die Dichtkammer werden ebenfalls aus rostfreiem Edelstahl oder einem entsprechenden zugelassenen Kunststoff hergestellt. Einen speziellen Problembereich bildet die Dichtstelle im Deckel, die bei üblichen Konstruktionen mit einem speziellen, doppelt wirkenden Wellendichtring ausgerüstet ist, der in der Dichtkammer und damit nicht unmittelbar am Produktbereich dichtet.

Die Prinzipdarstellung in Abb. 3.29a zeigt die Ausführung einer im Gestell gelagerten Umlenktrommel, wobei die linke und rechte Seite unterschiedliche Konstruktionen veranschaulichen sollen. Um das Band zu zentrieren, sollte die Rolle ballig oder an den Enden leicht konisch und in der Mitte zylindrisch ausgeführt werden. Die Zentrierwirkung ist um so größer, je höher dabei die Bandgeschwindigkeit liegt. Die Lagerung im Gestell kann grundsätzlich sowohl durch Gleitlager (linke Seite) als auch durch Wälzlager (rechte Seite) erfolgen. Letztere besitzen bei den relativ geringen Drehzahlen den Vorteil geringerer Reibung. Wichtig ist, dass nur ein ausreichender Abstand zwischen Rolle und Halterung (rechte Seite) bei hygienegerechter Gestaltung der Elemente eine einwandfreie Reinigung ermöglicht, während sich bei zu engem Abstand (linke Seite) nicht reinigbare Spaltbereiche ergeben. Die praktischen Ausführungen zeigen meist sehr geringe Abstände in diesem Bereich, was die Reinigung erheblich beeinträchtigt.

In Abb. 3.29b ist für die Einzelheit Z das Prinzip einer *nicht* hygienegerecht gestalteten Lagerstelle mit einem Gleitlager dargestellt. Wenn dieses aus einem Gleitmetall besteht, muss es für die verwendeten Produkte zugelassen und geschmiert werden. Die Buchse könnte spaltfrei in das Gestell eingepresst werden, muss aber wegen der erforderlichen Schmierung abgedichtet werden. Zwar gefährdet eventuell austretendes Schmiermittel nicht unmittelbar das auf dem Band transportierte Produkt, eine Verschleppung in den Produktbereich ist jedoch nicht ausgeschlossen. Aus diesem Grund muss das Schmiermittel für die entsprechende Anwendung zugelassen sein. Der beispielhaft dargestellte Rück-

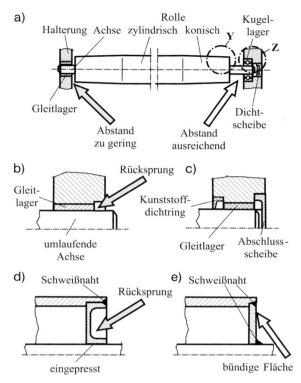

Abb. 3.29 Gestaltungsbeispiele von Umlenk- und Führungstrommeln mit drehender Achse: (a) Rolle mit Lagerung im Rahmen, (b) offenes Gleitlager, (c) abgedichtetes Gleitlager (Prinzip), (d, e) Ausführung der Seitenwand von Rollen.

sprung auf der dem Band abgewandten Seite, in dem sich Schmutz sammeln kann, soll darauf aufmerksam machen, dass auch von dort ein Kontaminationsrisiko ausgehen kann.

Für eine hygienegerecht gestaltete Lagerstelle entsprechend Abb. 3.29c kann z. B. ein Kunststoff-Gleitlager verwendet werden, das nicht geschmiert werden muss. Um die Anzahl der dynamischen Dichtungen zu verringern, wird die Achse nicht wie in Abb. 3.29b durch die Halterung im Rahmen durchgeführt, sondern auf der Außenseite durch eine Abschlussscheibe abgedeckt. Auf der dem Band zugewandten Seite sorgt ein Lippendichtring aus Kunststoff mit ebener Außenfläche für die Abdichtung des Lagers. Der nicht vermeidbare Spalt an der dynamischen Dichtstelle stellt zwar ein grundlegendes Hygienerisiko dar. Es ist jedoch aufgrund einer fehlenden Druckbelastung von außen oder innen gering, wenn der Ring jeweils rechtzeitig ersetzt wird. Sollte es sich als notwendig erweisen, den Bereich der Lagerung reinigbar zu gestalten, müsste die Achse durch die Halterung durchgeführt und auf die Abdichtung beiderseits verzichtet werden. Es ist dann erforderlich, dass das Lager oder die Welle Axialnuten erhält, die bei der

Reinigung bei laufendem Band axial durchspült werden (siehe z. B. Abschnitt 1.9). Die Maßnahme ist jedoch zweifelhaft, da geeignete selbstschmierende Werkstoffe benötigt werden und sich die Nuten während des Betriebs durch viskosen oder aushärtenden Schmutz zusetzen.

Auch bei der Gestaltung der Rollen oder Trommeln (Detail Y in Abb. 3.29a), die in diesem Fall mit der Achse starr verbunden sind, ist darauf zu achten, dass sie leicht reinigbar gestaltet werden. Die Seitenfläche, die im Beispiel nach Abb. 3.29d mit der Lauffläche verschweißt und auf die Achse aufgepresst ist, darf daher keine Rücksprünge in der Frontfläche aufweisen, in denen sich Schmutz ansammeln kann. Durch die Gestaltung nach Abb. 3.29e [2] mit frontbündigen Seitenscheiben lässt sich auf einfache Weise eine leichte Reinigbarkeit erreichen.

Häufiger wird in der Praxis für die Lagerung von Rollen die andere Möglichkeit angewandt, die in der Prinzipdarstellung nach Abb. 3.30 dargestellt ist. Die Achse ist in diesem Fall starr mit dem Gestell verbunden oder in speziellen aufschraubbaren Halterungen befestigt, während die Rolle auf der Achse drehbar gelagert ist. Häufig werden die Enden der Achse lediglich in die Halterung gemäß Abb. 3.30a eingepresst oder durch die Aufnahmevorrichtung durchgesteckt und außen mit einer Mutter gesichert, da solche Maßnahmen zur Aufnahme des Lager-Reibmoments ausreichen. Im Bereich trockener Produkte ist dies auch aus hygienischer Sicht meist ausreichend, wenn das Gewinde abgedeckt ist. Besteht jedoch ein Kontaminationsrisiko durch Mikroorganismen, so muss die Stelle entsprechend Abb. 3.30b abgedichtet werden, da Spalte nicht vermeidbar sind (s. auch Abschnitt 1.5.1). Im dargestellten Beispiel dichtet die Achse auf der Innenseite der Halterung durch eine hygienegerecht zu gestaltende Dichtung ab. Auf der Außenseite ist sie mit einem Gewinde versehen, das durch eine Hutmutter mit Dichtscheibe zur Halterung hin abdichtet. Nur durch diesen erheblichen Aufwand lässt sich der dargestellte Bereich hygienegerecht gestalten.

Für die Lagerung der Rolle auf der Achse wird in Abb. 3.30c als Beispiel ein Rillenkugellager mit Dichtscheiben verwendet, das den Fettinhalt für seine Lebensdauer enthält. Die dargestellte radiale Labyrinthdichtung, die durch zwei eingepresste Kunststoffringe gebildet wird, ist für hygienische Bereiche mit der Gefahr der Biofilmbildung nicht einsetzbar, da die Labyrinthspalte nicht gereinigt werden können. Bei Spezialausführungen kann die Labyrinthdichtung an der Außenseite mit einer bündigen FPM-Dichtlippe ausgerüstet werden, die dann eine spaltarme, berührende dynamische Dichtung bildet.

Die Rollenlagerung nach Abb. 3.30d enthält ebenfalls ein Rillenkugellager, das in einer Blechhalterung gehalten und stirnseitig durch einen Lippenring aus Kunststoff abgedichtet wird, da das Lager bei Einbau mit einem Fettvorrat zur Schmierung versehen werden muss. Aufgrund des Rücksprungs ist die Gestaltung der Stirnseite als nicht hygienegerecht anzusehen.

In Abb. 3.30e erfolgt die Abdichtung durch einen Wellendichtring. Wellendichtringe üblicher Bauweise, die für langsame Bewegungen gut geeignet sind, ergeben im Allgemeinen hygienische Probleme, da sich aus konstruktiven Gründen Totbereiche und Spalte nicht vermeiden lassen. Häufig sind deshalb einfache Kunststoffringe mit Dichtlippe (s. auch Abschnitt 1.4.2.2), die eine

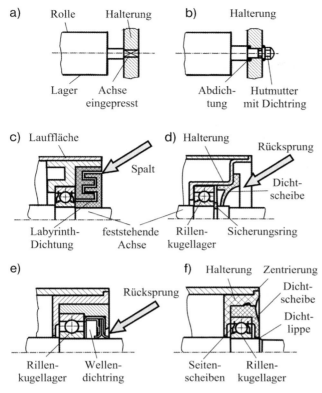

Abb. 3.30 Gestaltung von Rollen mit feststehender Achse:
(a, b) Befestigung der Achse im Rahmen,
(c–f) Beispiele der Rollenlagerung und Abdichtung.

Eigenvorspannung besitzen, günstiger als Wellendichtringe mit Federvorspannung. Allerdings hat sich die im Prinzip dargestellte Spezialausführung eines Wellendichtrings, der mit je einer Lippe nach innen und nach außen abdichtet, als sehr zuverlässig erwiesen. Bei dieser Konstruktion ist ein Rücksprung in der Stirnfläche nicht zu vermeiden.

Schließlich ist in Abb. 3.30f eine Kunststoffhalterung für das Lager in den Laufkranz der Rolle eingepresst und durch Deckscheiben abgedichtet. Ein zusätzlicher äußerer Elastomerring mit Dichtlippe (Prinzipdarstellung) dient als dynamische Dichtung nach außen. Die Stirnseite ist im Wesentlichen eben und damit leicht reinigbar gestaltet. Der verbleibende dynamische Dichtspalt lässt sich konstruktiv nicht vermeiden.

Wenn für den Produktionsprozess Messerkanten erforderlich sind, ergibt sich durch die Reibung an der feststehenden Kante bei hohen Laufgeschwindigkeiten eine starke Erwärmung. Dabei wird das Band vor allem bei starker Biegung, d. h. bei großem Umschlingungswinkel wie es dem Prinzip nach in Abb. 3.31a dargestellt ist, hoch beansprucht [18]. Einen zusätzlichen Einfluss beim Lauf über

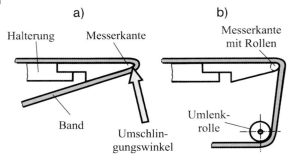

Abb. 3.31 Beispiele der Gestaltung von Messerkanten:
(a) großer Umschlingungswinkel,
(b) Umschlingungswinkel durch Anordnung einer Umlenkrolle verringert.

feststehende Messerkanten übt die Bandspannung aus, die möglichst gleichmäßig während des Umlaufs und über die gesamte Bandbreite wirken sollte. Wird der Umschlingungswinkel gemäß Abb. 3.31b klein gewählt, so sinkt die Beanspruchung und damit der Verschleiß des Bandes. Eine erhebliche Reduzierung der Reibungskraft kann durch rollende Messerkanten mit Radien von 4–10 mm erreicht werden.

Bänder mit Reibschluss-Antrieb müssen zur Übertragung der Umfangskraft durch Reibung vorgespannt werden. Dies kann durch eine starre Spannvorrichtung erfolgen, mit der die Umlenktrommel verstellbar angeordnet und achsparallel verschoben wird. Das Prinzip einer solchen Vorspannvorrichtung ist in Abb. 3.32a dargestellt: Auf zwei mit einer Halterung starr verbundenen Schienen ist die starre Achse der Umlenktrommel in einem Gleitschuh befestigt. Durch eine Gewindespindel werden Achse mit Gleitschuh verstellt und in der Spannlage fixiert. Durch eine solche Spannanordnung können keine Änderungen der Banddehnung ausgeglichen werden, die z. B. beim Anfahren, durch unterschiedliche Belastungen oder durch Temperatureinflüsse entstehen. Die hygienischen Problemstellen der starren Spannvorrichtung, die beiderseits neben dem Band angeordnet und damit nicht direkt produktberührt ist, liegen hauptsächlich in den Spalten der Gleitführung und der Achse sowie im Gewinde von Spindel und Achse, die als Mutter für die Verstellung fungiert. Gleichermaßen kann auch der Gleitschuh bewegt werden, in dem die Achse starr befestigt ist.

Von Vorteil für die Bandreinigung ist es, wenn die Spannrolle gemäß Abb. 3.32b schwenkbar angeordnet wird (s. auch [2]). Das Band kann in diesem Fall durch Schwenken der Spannrolle um 90° so weit entlastet werden, dass z. B. unter das Zugtrum lose Rollen geschoben werden, um die Unterseite des Bandes für die Reinigung zugänglich zu machen. Je nach Platzverhältnissen kann durch eine zusätzliche Umlenktrommel der Bandabstand weiter vergrößert werden. Wie die Ansichten nach Abb. 3.32c zeigen kann die Entlastung auch in Laufrichtung des Bandes durch einen Hebelmechanismus erfolgen [19], der auf einfache Weise gehandhabt werden kann, wie aus den Ansichten des gespannten (oben) und entlasteten Bandes (unten) zu ersehen ist.

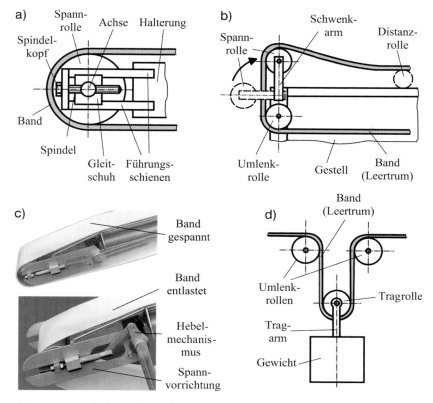

Abb. 3.32 Beispiele für Spannvorrichtungen:
(a) Spannschiene, (b) kippbare Spannschiene zur Bandentlastung,
(c) längs verschiebliche Spannschiene zur Bandentastung (Fa. Apullma),
(d) gewichtsbelastete Spannvorrichtung.

Läuft das Band in einer Richtung, so kann die Vorspannung kraftabhängig durch eine gewichtsbelastete Spanntrommel erfolgen [18], die nach der Antriebsrolle angeordnet wird und für eine gleichmäßige Banddehnung sorgt. Eine solche Anordnung ist dem Prinzip nach in Abb. 3.32d dargestellt.

Der Antrieb von Rollen oder Trommeln, die die Kraftübertragung auf das Förderband übernehmen, kann durch Getriebemotoren entweder direkt oder mittels Riemen- oder Kettentrieb erfolgen. Sowohl für nicht modulare als auch für modulare Bänder spielt die Gestaltung und Anordnung von Motor und Getriebe eine entscheidende Rolle für das Risiko von Kreuzkontaminationen. Für Förderbänder, die Rohprodukte wie z. B. im Lebensmittelbereich Gemüse, Fleisch oder Fisch transportieren, können Getriebemotoren mit Lüfter durchaus eingesetzt werden. Die Motoren müssen trotzdem leicht reinigbar und selbsttätig ablaufend gestaltet werden. Problematisch ist dabei der Lüfterbereich, der nicht reinigbar ist, da er durch eine Haube abgedeckt wird. Von ihm gehen bekanntermaßen erhebliche Kontaminationsgefahren aus (s. auch Abschnitt 1.12). Bei der Anordnung von

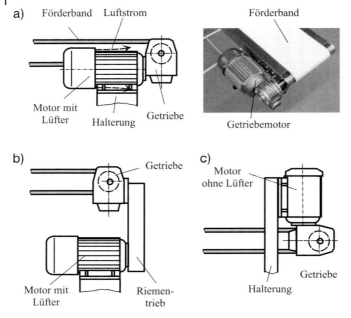

Abb. 3.33 Motoranordnungen zum Bandantrieb:
(a, b) Getriebemotoren mit Lüfter unter produktberührtem Bandniveau (Fa. Prefqu),
(c) lüfterfreier Getriebemotor über Bandniveau.

Motoren muss daher generell darauf geachtet werden, dass kontaminierte Luft weder auf das Produkt geblasen wird noch andere Bereiche mit höheren Hygieneanforderungen gefährdet. Die Abb. 3.33a zeigt das Prinzip einer üblichen Anordnung, bei der der Motor mit Lüfter horizontal neben dem Bandende bzw. knapp unterhalb angeordnet ist. Ein Beispiel einer praktischen Ausführung zeigt das Foto nach [20]. Der zum Motor hin gerichtete Luftstrom bläst in diesem Fall im Wesentlichen am Ende des Bandes vorbei. Es ist aber nicht auszuschließen, dass auf dem Band transportiertes Produkt mit der verwirbelten Luft in Kontakt kommt. Günstig bezüglich der Motoranordnung ist der in Abb. 3.33b dargestellte Antrieb über einen Riemen oder Kettentrieb, bei dem der Motor deutlich unter dem Produktniveau liegt. Muss aus räumlichen Gründen der Motor über dem Band angeordnet werden, wie es Abb. 3.33c zeigt, so sollte ein lüfterloser Motor eingesetzt werden, um Kreuzkontaminationen zu vermeiden. Für höhere Hygieneanforderungen bis hin zu offen aseptischen Prozessbereichen sind lüfterlose Antriebe unerlässlich. Grundsätzlich sollte bei allen Motorausführungen auf eine hygienegerechte Gestaltung geachtet werden, um Schmutzansammlungen an Rippen und in Rücksprüngen zu vermeiden.

Eine raumsparende und gleichzeitig gekapselte Lösung stellen der Trommelmotoren dar, dem Prinzip nach in Abb. 3.34 dargestellt (eine detaillierte Darstellung ist z. B. [21] zu entnehmen). Sie werden im Rahmen der Lebensmittelherstellung sowohl im rauen Betrieb der Fisch-, Fleisch- und Geflügelverarbeitung als auch

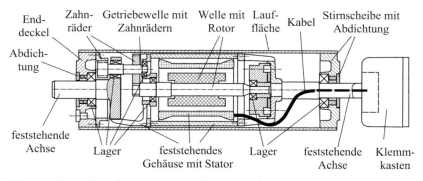

Abb. 3.34 Prinzipdarstellung eines Trommelmotors (nach BDL Maschinenbau GmbH).

in den verschiedensten Prozessen der Milchveredelung eingesetzt. Bei diesem Antriebssystem sind Elektromotor, Getriebe, Lagerung und Dichtungssystem geschützt in das Rolleninnere integriert. Der Trommelmantel ist normalerweise ballig überdreht, um die Mittigkeit des Bandlaufs zu gewährleisten. Er kann mit einer für Lebensmittel zugelassenen Gummierung versehen werden, die eventuell z. B. öl- und fettbeständig sein muss. Diese Beschichtungen sind mit glatter oder strukturierter Oberfläche erhältlich. Die Auswahl hat jeweils nach Gesichtspunkten der leichten Reinigbarkeit zu erfolgen, was bei manchen Oberflächenstrukturen nicht gewährleistet ist. Gleiches kann für Führungsnuten zur Erhöhung der Bandlaufgenauigkeit gelten, die in die Gummierung eingebracht werden können.

Der Stator des Motors ist in dem feststehenden Gehäuse befestigt, das beidseitig mit den feststehenden Achsen verbunden ist. Das Ritzel der Rotorwelle wirkt direkt auf das Getriebe, das die Kraft durch einen im Enddeckel eingebauten Innenzahnkranz direkt auf den Mantel der Trommel überträgt. Hierdurch wird ein geringer Reibungswiderstand gewährleistet und die Erwärmung begrenzt. Das Förderband dient gleichzeitig der Wärmeabfuhr. Außerdem ist darauf zu achten, dass der Trommelmotor das Band mitnimmt und sich nicht darunter durchdreht.

Die Kabelenden werden dabei durch die durchbohrte Welle zum Klemmenkasten geführt. Die Kühlung des Motors sowie die Schmierung der Getriebeteile und Lager erfolgt über eine Füllung mit Getriebeöl. Dieses sollte für die jeweiligen Produkte zugelassen sein, die auf dem Band gefördert werden, da eine Kontamination nicht völlig auszuschließen ist. Da z. B. Lebensmittelöle im Allgemeinen langsam altern, ist ein Auswechseln zum Teil erst nach 50.000 Betriebsstunden nötig.

Modulare Bänder werden meist formschlüssig über Kunststoff- oder Edelstahlzahnräder angetrieben, wie es Abb. 3.35a zeigt. Da die Zahnräder in den Produktbereich hineinragen, müssen sie einschließlich der antreibenden Wellen als produktberührt und damit hygienerelevant betrachtet werden. Die Antriebswellen können mit Kreis- oder Vierkantquerschnitt ausgeführt werden. Dabei hat die Vierkantwelle den Vorteil, das Drehmoment ohne hygienisch problematische

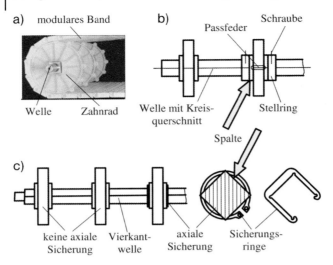

Abb. 3.35 Befestigung von Zahnrädern auf Antriebswellen für modulare Bänder:
(a) Ausschnitt der Anordnung,
(b) runde Welle mit Stellring- und Passfederbefestigung,
(c) Vierkantwelle mit Sicherungsring.

Passfedern und Nuten zu übertragen. In Abb. 3.35b ist eine übliche Befestigungsform für Zahnräder mit Stellringen dargestellt, die mit Schrauben sowohl auf Wellen mit Kreis- als auch mit Vierkantquerschnitt befestigt werden können, und einen axialen Anschlag ergeben. Dabei benötigen die Zahnradnaben jeweils ein Spiel zu den Stellringen, um Veränderungen beim Eingriff in das Band ausgleichen zu können. Bei Kreisquerschnitt der Welle muss zur Übertragung des Drehmoments zusätzlich eine Passfeder eingesetzt werden, die in üblicher, nicht abgedichteter Ausführung einen nicht reinigbaren hygienischen Problembereich darstellt (s. auch [1] und Abschnitt 1.7). Bei quadratischen Wellen werden für die axiale Fixierung auch Wellensicherungsringe eingesetzt, die in Abb. 3.35c in zwei Ausführungen dargestellt sind. Auch bei diesen Konstruktionen lassen sich Spalte in den Nuten und an den Anlageflächen zu den Zahnradnaben nicht vermeiden. Auf jeder Welle wird im Allgemeinen nur ein Zahnrad axial befestigt, damit sich die anderen frei, entlang der Welle bewegen können, wenn sich das Band ausdehnt oder zusammenzieht.

Um Verschleiß zu minimieren, der sich z. B. in der Veränderung der Bandteilung und damit unkorrektem Eingriff der Zahnräder bemerkbar macht, ist die Auswahl des richtigen Werkstoffs für die Zahnräder wichtig. Vor allem für abrasive Produkte können Edelstahlzahnräder und abriebresistente Verbindungsstäbe in den modularen Bändern die Lebensdauer verlängern. Die Zahnräder werden in diesem Fall meist geteilt ausgeführt werden, wie es dem Prinzip nach in Abb. 3.36a dargestellt ist. Hygienische Problemstellen ergeben sich durch die Teilungsfuge sowie die Verschraubungen, wenn diese nicht reinigungsgerecht ausgeführt werden. Normalerweise blockieren die Zähne von geraden Zahnrä-

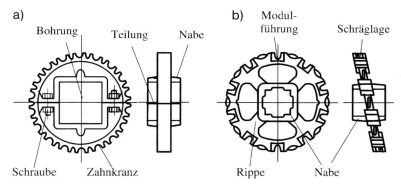

Abb. 3.36 Ausführung von Zahnrädern:
(a) geteiltes Rad in üblicher Ausführung,
(b) ungeteiltes Rad in Schräganordnung mit Öffnungen zur Durchspülung.

dern den Zugang zum Antriebsbereich auf der Bandunterseite, da sie ununterbrochen in denselben Bereich des Bandes eingreifen. Speziell gestaltete schräge Zahnräder und verbesserte Bohrungsausschnitte nach Abb. 3.36b ermöglichen dagegen einen vollkommenen Zugang zur Bandunterseite sowie der Welle und der inneren Zahnradbereiche zu Reinigungszwecken. In diesem Fall empfiehlt sich für optimale Sauberkeit die Verwendung eines in-line reinigenden Systems.

Durch das Eingreifen der Bandmodule in die Antriebszahnräder entsteht der sogenannte Polygoneffekt, der zu einem Oszillieren der linearen Bandgeschwindigkeit führt, was grundsätzlich für alle modularen Bänder und Ketten mit Zahnradantrieb charakteristisch ist. Für Anwendungen, die eine sehr gleichmäßige Bandbewegung erfordern, sollten Zahnräder mit der höchsten Zahnzahl verwendet werden, da hierdurch der Polygoneffekt geringer wird. Polypropylen-Zahnräder, die für die Lebensmittelverarbeitung den FDA-Anforderungen entsprechen, werden für Einsatzbedingungen verwendet, bei denen Beständigkeit gegen Chemikalien erforderlich ist. Der zulässige Temperaturbereich liegt zwischen etwa 1 °C und 100 °C.

Für den Antrieb modularer Bänder können Edelstahlzahnräder und auf bestimmte Trommelmotoren mit zylindrischem Mantel auch Kunststoffkettenräder montiert werden (Abb. 3.37a). Für breite Bänder sind Trommelmotoren mit einer verlängerten Vierkantwelle gemäß Abb. 3.37b verfügbar [22].

Für den praktischen Einsatz ist es entscheidend, dass Transportbänder nicht zur Seite weglaufen. Um dies zu vermeiden, können z. B. elektronische Regler für den Bandlauf eingesetzt werden, die erfahrungsgemäß die Bänder wenig beanspruchen und damit eine günstig Lebensdauer zulassen. Für langsam laufende Bänder kann eine Zwangsführung notwendig werden, die z. B. durch Ketten, PTFE- oder Metallnoppen oder ein geeignetes Randprofil zu erreichen ist. Hierbei ist ganz besonders auf die Gestaltung und die damit verbundene Reinigbarkeit aller Teilbereiche zu achten.

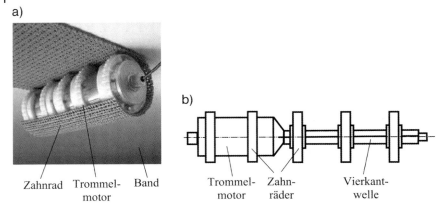

Abb. 3.37 Trommelmotor mit Zahnrädern:
(a) Ansicht, (b) Ausführung mit verlängerter Welle.

Bei Anwendungen, bei denen die Antriebswelle und die Zahnräder sauber gehalten werden müssen, kann eine Schnecke gemäß Abb. 3.38 nach [23] als Antrieb eine Lösung bieten. Dies ist vor allem der Fall, wenn größere Produktreste- oder Schmutzmengen die Leistung von Zahnrädern beeinträchtigen oder das Band beschädigen können. Die gedrehten, mit Mitnehmern versehenen Oberflächen der Schnecken schieben die Abfälle von der Innenseite des Bandes zu den äußeren Rändern, wo sie in entsprechende Auffangbehälter fallen können. Da die Schnecke auch das Umlenkende des Bandes unterstützt, gibt es für jeden Durchmesser eine entsprechende Mindestlänge der Schnecke, um eine ordnungsgemäße Bandunterstützung zu sichern. Für sehr schmale Bänder oder Bänder, die spezielle Unterstützung benötigen, sind Spezialschnecken mit doppelten Mitnehmern erhältlich. Die Schnecken sind jeweils auf Rundwellen montiert. Die Kanten der Schnecken sind an den Mitnehmerkanten mit einem Gleitprofil aus PE versehen. Für USDA-FSIS-Anwendungen sind Schnecken aus Edelstahl mit polierter Schweißnaht erhältlich.

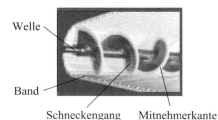

Abb. 3.38 Modulares Band mit Antriebsschnecke zum Schmutzaustrag (Fa. Intralox).

3.2.1.5 Geräte zur Bandreinigung

Die Kompliziertheit der Detailkonstruktionen bei Bandanlagen aller Art verdeutlicht die Bedeutung von Reinigbarkeit und Prozesshygiene. Im besten Fall kann eine unzureichende Reinigung den Anlauf verzögern. Im schlimmsten Fall kann sie zu kostspieligen Stilllegungen oder Produktrückrufen führen. Obwohl die produktspezifischen Reinigungsmethoden und -mittel wesentliche Bestandteile jedes Hygieneprogramms sind, kann die Konstruktion des Förderers und seiner Bänder am Ende für den Erfolg oder Misserfolg der Vermeidung von Problemen entscheidend sein. Meist ist es wichtig, dass leicht zu reinigende Konstruktionen gründlich getestet werden, damit das hygienegerechte Design nach Bedarf überprüft oder verbessert werden kann. Manche Hersteller betreiben Testeinrichtungen speziell für die wissenschaftliche Erprobung von Reinigungstechniken für Kunststoffbänder und führen Vergleichstests von Kunststoff- und anderen Bandtechnologien durch.

Wenn die Gestaltungsmöglichkeiten der modularen Bänder in Bezug auf leichte Reinigbarkeit keinen Spielraum mehr lassen, bleibt als vorrangiges Ziel die Sauberkeit während des Betriebs. Das bedeutet, dass die Bänder frei von Lebensmittelresten und Mikroorganismen sein müssen, um die strengen Anforderungen zur Vermeidung von Kontaminationen zu erfüllen. Ein großes Problem ist häufig die Beseitigung von Biofilmen, die sich auf den Oberflächen von Bändern und deren Gestellen und Gehäusen bilden. Eine Hauptstrategie hat zum Ziel, die Aufbauzeiten von Biofilmen durch Versuche produktabhängig zu ermitteln und die Reinigung so bald durchzuführen, dass eine Entfernung von entstandenen Kolonien von Mikroorganismen noch relativ einfach möglich ist.

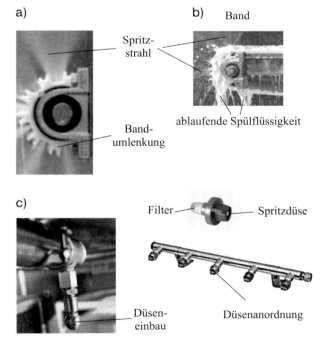

Abb. 3.39 Integrierte Bandreinigung: (a, b) Darstellung der Reinigung (Fa. Habasit), (c) Düsenausführung und -anordnung (Fa. Heinen).

Aus diesem Grund wird bei vielen Prozessbändern eine In-line-Reinigung durchgeführt, indem an günstigen Stellen wie z. B. bei der Umlenkung oder im Leertrum Sprühdüsen angeordnet werden. Die Abb. 3.39a zeigt die durch das Band durchtretende Sprühformation, die ein ständiges Freisprühen der kritischen Bereiche bewirken soll. In Abb. 3.39b ist ein Übersichtsbild der Reinigung dargestellt, wobei zu erkennen ist, dass auch Reinigungsflüssigkeit z. B. entlang der freien Stellen der Bolzen quer zum Band läuft und seitlich austritt. Düsen gemäß Abb. 3.39c mit unterschiedlichen Sprühformen können in Mehrfachanordnungen ober- oder unterhalb der Bänder oder an den Umlenkstellen angeordnet werden. Betriebsfertige Nassreinigungsanlagen mit Pumpenstation, Dosiereinheit für Reinigungsmittel und Trocknungsgebläse ermöglichen die komplette Reinigung des gesamten Gurtes im Durchlauf. Auch der gesamte Innenraum einer Bandanlage kann durch ein weit verzweigtes Druckleitungssystem mit einer Vielzahl von Rotationsdüsen sowie einer rotierenden Düsenleiste an der Trommelinnenseite über ein Reinigungsprogramm reinigen, das Schäumen, Spülen und Desinfizieren umfassen kann.

3.3
Anforderungen an relevante Gehäuse, Rahmen und Gestelle

Ein wichtiger und grundlegender Aspekt für die Gestaltung von äußeren Apparatebereichen, die nicht mit Lebensmitteln in direktem Kontakt stehen, aber aufgrund der offenen Produktherstellung Kontaminationsrisiken ergeben, sind möglichst einfache, glattwandige Gestaltung sowie gute Sichtbarkeit und Zugänglichkeit aller relevanten Stellen. Für größere Apparate bietet sich eine aus einzelnen Modulen, die getrennt gestaltet und variabel kombiniert werden können, bestehende Bauweise an. Typische Module sind z. B. Antriebseinheiten, Tragrahmen für den Produktions- und Transportbereich, Halterungen und Tragarme von Werkzeugen zur Produktbearbeitung, Ständer für Hubelemente oder Bedienungselemente.

3.3.1
Gehäuse

Bauelemente mit kompliziertem Aufbau und schlechter Reinigbarkeit wie z. B. Antriebe oder elektrische und elektronische Bauteile zur Bedienung oder Steuerung lassen sich in geschlossenen Gehäuse unterbringen, deren Außenflächen leicht reinigbar ausgeführt werden müssen. Aus Gründen der Wartung und Kontrolle müssen sich solche Gehäuse einfach öffnen lassen und zuverlässig abgedichtet sein, um ein Eindringen von Schmutz in das Innere sowie Rekontamination der Außenbereiche in umgekehrter Richtung zu verhindern. Als Prinzipbeispiel ist in Abb. 3.40 ein einfaches Gehäuse eines Antriebs dargestellt, der aus Elektromotor und Riemen- oder Kettentrieb besteht. In den Außenraum des offenen Prozesses führen aus dem Gehäuse nur die Antriebswelle sowie die elektrischen Versorgungskabel, die im Gehäuse hygienegerecht abzudichten

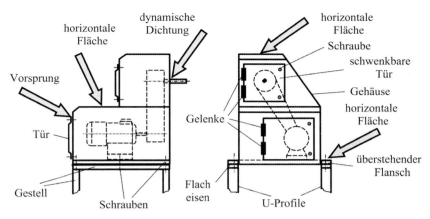

Abb. 3.40 Prinzipdarstellung zur Gehäusegestaltung.

sind. Hierbei ist vor allem die dynamische Abdichtung der Welle zu beachten. Wichtig ist, dass die Kühlung des Antriebs über die Gehäuseoberfläche ausreicht. Ansonsten müssen andere Maßnahmen erwogen werden.

Zunächst werden einige typische Problemstellen beispielhaft aufgezeigt, die im Außenbereich von geschlossenen Prozessen nicht relevant wären, während im Einflussbereich offener Produktherstellung eine hygienegerechte Ausführung notwendig ist. Gehäuse dieser Art werden üblicherweise als Schweißkonstruktion ausgeführt, wobei häufig unterbrochene Nähte verwendet werden, die lediglich für die Aufnahme der entstehenden Beanspruchungen ausgelegt sein müssen. Für offene Prozesse ist dies in allen relevanten Bereichen nicht erlaubt, da die Kontaktflächen der Bleche an den nicht geschweißten Stellen nicht dicht gegenüber Mikroorganismen sind und somit ein Hygienerisiko darstellen [1–3]. Die durchgehenden Nähte können, wo keine Trageeigenschaften gefordert werden, als dünne sogenannte Dichtnähte ausgeführt werden, um Nahtvolumen zu sparen. Falls erforderlich, können auch Lötverbindungen eingesetzt werden. Versteifungen sollten soweit wie möglich nur im Inneren des Gehäuses angebracht werden, um vorstehende Teile an den äußeren Oberflächen zu vermeiden und Spalte zu schließen.

Im gezeigten Beispiel ist das Gehäuse in der Form des Antriebs und damit platzsparend ausgeführt. Von der Herstellung muss dies nicht die günstigste Form sein, da die Verformung der Bleche und die erforderlichen Nahtlängen der Schweißnähte aufwändig sein können. Außerdem sind nicht hygienegerechte horizontale Flächen vorhanden, die am Gehäuseabsatz sowie am außenliegenden Befestigungsflansch durch die gewählte Formgebung entstehen. Als Zugang sind zwei Öffnungen erforderlich, die als Türen mit Gelenken und zwei zentralen Verriegelungen ausgebildet sind. Wesentliche Problembereiche sind vor allem die horizontalen Vorsprünge, die durch die Türen entstehen, die äußerst schlecht reinigbaren Gelenke oder Scharniere sowie die eventuell nicht ausreichende Anpressung an die Türdichtung. Türbefestigungen mit hygienegerecht gestalteten Schrauben und einer frontbündigen Türdichtung sind solchen Lösungen vorzuziehen.

Die Flansche des Gehäuse sind in dem Beispiel mit einem Gestell verschraubt, das aus U-Profilen besteht. Um glatte Außenflächen zu erhalten, sind die offenen Seiten der Profile nach innen gekehrt und dadurch nicht sichtbar. Sowohl die Reinigung als auch deren Kontrolle sind an diesen Stellen erheblich behindert.

In Abb. 3.41 sind einige Gesichtspunkte beispielhaft dargestellt, durch die eine hygienegerechte Gestaltung des Gehäuses erreicht werden kann. Sie sind etwas ausführlicher gehalten, da sich ähnliche konstruktive Ausführungen an verschiedenen Stellen der Außenflächen von Apparaten und Maschinen ergeben. Die horizontale obere Fläche wird durch eine abgeschrägte Haube vermieden, die das geforderte selbsttätige Ablaufen von Flüssigkeiten sicherstellt. Durch Wahl eines rechteckigen Querschnitts werden Abstufungen vermieden und durchgehend glatte Wände erzielt. Die vertikalen Schweißnähte sollten aus den Ecken herausgelegt werden, was z. B. durch Umbiegen der Seitenwände erreicht werden kann.

Ein technisches Problem stellt die Ausführung des seitlichen Deckels dar, der entfernbar und in Nassbereichen abgedichtet sein muss. Nur in offenen Prozessbereichen, wo trockene Produkte hergestellt werden und ausschließlich trocken gereinigt wird, sind metallische Kontaktflächen ohne Dichtungen zulässig. Man muss sich bei der Ausführung von Dichtstellen darüber im Klaren sein, dass ein geschweißtes Blechgehäuse kein Präzisionsbauteil wie z. B. eine

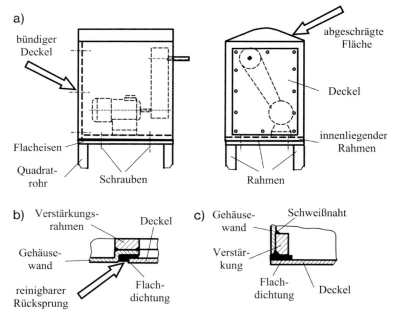

Abb. 3.41 Gehäuse zur Aufnahme eines Motorantriebs:
(a) Gestaltungsbeispiel, (b, c) Deckelabdichtungen.

lösbare Verbindung einer Rohrleitung ist. Eine hygienisch ideale Lösung wäre der bündige und spaltfreie Einbau in die Seitenwand, wie es Abb. 3.41a andeutet ist. Als Deckeldichtung kommt in diesem Fall ohne unzumutbaren Aufwand nur eine Flachdichtung in Frage, die die erforderliche Anpressung durch die dargestellten Schrauben erhält und bei senkrechter Lage auf einen Rahmen des Gehäuses aufgeklebt sein muss, um eine einwandfreie Montage zu gewährleisten. Der zwischen Gehäuse und Deckel unvermeidliche Spalt mit der Tiefe der Blechstärke kann durch richtige Wahl der Dichtung ausgeglichen werden. Entsprechend Abb. 3.41b entsteht dann anstelle des Spalts lediglich ein leichter Rücksprung an der Dichtung.

Eine andere Lösung wäre es, den Deckel auf die Seitenwand des Gehäuses aufzusetzen. Um einen allseitigen Vorsprung am Gehäuse zu vermeiden, könnte in diesem Fall der Deckel so breit wie die Seitenwand des Gehäuses ausgeführt werden und die seitliche Abdichtung entlang der Gehäusekanten erfolgen, wie dies die Prinzipskizze nach Abb. 3.41c zeigt. In gleicher Weise kann dies an der Unterseite geschehen. An der Oberseite lässt sich ein horizontaler Vorsprung mit der Tiefe von Dichtung und Blechstärke des Deckels nicht vermeiden.

Wenn das Gehäuse auf einen Rahmen gestellt werden muss, kann im dargestellten Fall die Befestigung durch Schrauben von unten erfolgen. Der Rahmen ist zum Gehäuse hin aus Flacheisen hergestellt, das mit vier vertikalen Rohren mit quadratischem Querschnitt verschweißt ist.

Schließlich ist noch zu beachten, dass Gehäuse in relevanten Bereichen von offenen Prozessen keine Lüftungsöffnungen oder -schlitze erhalten dürfen, da diese zu Schmutzansammlungen im Gehäuseinneren führen und sich als Konsequenz Kreuzkontamination im Außenbereich nicht vermeiden lässt. Es ist allerdings zu erwähnen, dass nach [24] Lüftungsschlitze im Spritzbereich erlaubt werden, wenn es aus technischen Zwängen notwendig ist. Sie müssen in diesem Fall entsprechend Abb. 3.42 gestaltet und reinigbar sein. Dazu ist anzumerken, dass unter Gesichtspunkten der Hygiene eine solche Maßnahme nur verantwortet werden kann, wenn durch Validierung eine Kreuzkontamination ausgeschlossen werden kann. Eine zuverlässige Reinigung der Schlitze ist zwar denkbar, wenn sie sich

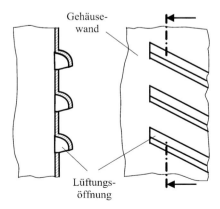

Abb. 3.42 Lüftungsschlitze in Gehäusewand nach DIN EN 1678.

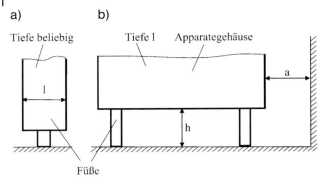

Abb. 3.43 Beispiele für Boden- und Seitenabstand von Apparaten (Tabelle 3.1).

z. B. in einem abnehmbaren Deckel befinden. Das Gehäuseinnere mit den darin angebrachten Geräten lässt jedoch eine einwandfreie Reinigung im Allgemeinen nicht zu. Wenn die Geräte selbst leicht reinigbar sind, kann man von vornherein auf ein Gehäuse verzichten, außer es muss eine Schutzfunktion erfüllen.

Ein weiterer wichtiger Einfluss im Hinblick auf Kontaminationsrisiken geht in der Umgebung von offenen Prozessen vom Bereich in Nähe des Bodens der Konstruktionen aus. Wo Gehäuse oder Stützkonstruktionen für Komponenten und Apparate mit dem Boden oder mit Wänden verbunden sind, muss entweder ein Mindestabstand für Reinigung und Kontrolle eingehalten oder eine zuverlässige Abdichtung gegenüber Boden oder Wand vorgenommen werden.

Die als Stand der Technik angesehenen Wand- und Bodenabstände, die für eine einwandfreie Reinigung sowohl des Bodens als auch der Unterseite der Apparate als ausreichend angesehen werden, sind stark umstritten und werden in veröffentlichten Publikationen sehr unterschiedlich ausgelegt. So werden z. B. nach [6] die empfohlenen Mindestabstände (h) in Abhängigkeit der Maschinenbreite bzw. -tiefe (l) gemäß der Prinzipdarstellung in Abb. 3.43 angegeben. Bei schmalen Gehäusen oder geschlossenen Gestellen mit Füßen ist sie am geringsten und steigt bei breiten Abmessungen in Abhängigkeit der Tiefe entsprechend Tabelle 3.1. Die EHEDG [2] sieht generell einen Bodenabstand von $h \geq 300$ mm als erforderlich an. Auch gegenüber Wänden wird ein Abstand von $a \geq 300$ mm empfohlen.

Tabelle 3.1 Maße von Mindestbodenabstand h und Maschinenbreite bzw. Maschinentiefe l z. B. nach DIN EN 1678 [24].

Bodenabstand h	Maschinenbreite bzw. -tiefe l
≥ 50	< 120
≥ 75	120–500
≥ 100	500–650
≥ 150	> 650

3.3 Anforderungen an relevante Gehäuse, Rahmen und Gestelle

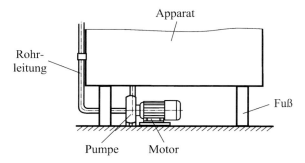

Abb. 3.44 Nicht zu empfehlende Montage von Komponenten unter einem Apparat.

Weiterhin ist es wichtig, die zur Reinigung notwendigen freien Räume zwischen Boden und Gehäusen oder Apparaten nicht durch Geräte zu verstellen, wie es Abb. 3.44 an einer Pumpe mit Motor beispielhaft zeigt. Zum einen müssen auch die im Zwischenraum untergebrachten Bauteile gereinigt werden, zum anderen wird die Wartung erheblich erschwert.

Wenn Maschinen, Apparate oder Gestelle gemäß Abb. 3.45 unmittelbar am Boden befestigt werden, muss dazu eine durchgehende und dichtende Verbindung verwendet werden. Es ist sorgfältig darauf zu achten, dass keine Risse, Spalte oder unzugänglichen Öffnungen entstehen, in denen sich Mikroorganismen oder Insekten nach der Reinigung halten können. Entsprechend [6, 24] sollte die Art der Verbindung in die Betriebsanleitung des Apparats aufgenommen werden.

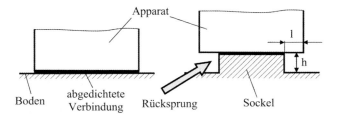

Abb. 3.45 Lagerung von Apparaten (Bodenbefestigung).

3.3.2
Rahmen und Gestelle

Für Rahmen und Gestelle von Maschinen und Apparaten werden im Wesentlichen tragende Elemente in Form von Profilträgern mit unterschiedlichen Querschnitten verwendet. Sie können unverkleidet oder verkleidet ausgeführt werden. Unverkleidete Konstruktionen haben den Vorteil, dass wegen reinigungsgerechter Ausführung alle Elemente gut zugänglich gestaltet werden müssen. Meist werden verkleidete Konstruktionen aus optischen Gesichtspunkten vorgezogen, da sie eine geschlossene Gestaltung zulassen und die Möglichkeit bieten, zusätzliche Aggregate unsichtbar zu integrieren. Weil dabei die meist großflächigen Außen-

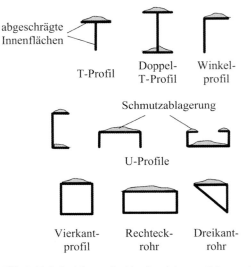

Abb. 3.46 Beispiele von Problembereichen an Trägerprofilen bei horizontaler Verwendung für Rahmenkonstruktionen.

wände die erforderlichen Hygieneanforderungen zu erfüllen haben, lassen sich die dahinter verborgenen Rahmenkonstruktionen häufig auch einfacher konstruieren, da sie zum Nicht-Produktbereich zählen (s. auch Abschnitt 3.2.1).

Neben den bekannten allgemeinen Anforderungen an die Reinigbarkeit spielt vor allem das geforderte Abfließen von flüssigen Medien bei horizontalen Elementen der Konstruktionen eine entscheidende Rolle. Daher können für diesen Fall keine Trägerquerschnitte in Einbaulagen eingesetzt werden, in denen horizontale Flächen entstehen. Einige Beispiele sind in Abb. 3.46 mit eingezeichneten Schmutzansammlungen zur Verdeutlichung der Problemstellen dargestellt. Zu ihnen gehören die offenen Profile mit T-, Doppel-T-, L- und U-Querschnitt in den gezeigten Anordnungen. Dazu ist zu bemerken, dass die inneren Schenkel von T- sowie einigen Doppel-T- und U-Trägern schwach geneigt ausgeführt werden, sodass sie die Anforderung des selbsttätigen Ablaufens von Flüssigkeiten bei horizontaler Trägerlage erfüllen. Die Neigung kann bei üblichen Stahlausführungen, die in Hygienebereichen kunststoffbeschichtet sein müssen, je nach Profil zwischen 2 % und 14 % liegen. Bei den häufig eingesetzten Rohrprofilen entstehen in den abgebildeten Lagen bei quadratischem, rechteckigem und dreieckigem Querschnitt horizontale Problemflächen. Wie Abb. 3.47 beispielhaft zeigt, kann man bei einigen Trägerprofilen durch Drehen des Querschnitts ein einwandfreies selbsttätiges Ablaufen erreichen. Dies gilt z. B. für das offene L-Profil und Halbrohr sowie die geschlossenen Profile mit Quadrat- und Dreieckquerschnitt. Außerdem trifft es generell für das Rundrohr zu. Das selbsttätige Ablaufen ist auch gewährleistet, wenn bestimmte Träger z. B. mit U-Profil oder mit quadratischem Rohrquerschnitt in den dargestellten Anordnungen unter einer ebenen Fläche angebracht werden.

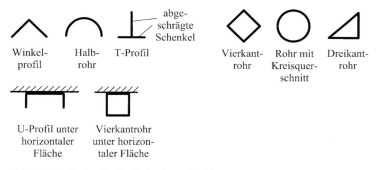

Abb. 3.47 Zulässige Profile für horizontalen Einsatz.

Das U-Profil mit nach innen umgebogenen Schenkeln (letzter Querschnitt der offenen U-Profile in Abb. 3.46) ist auch für senkrecht oder schräg verlaufende Rahmenteile aus Gründen der schlechten Reinigbarkeit innerhalb des Profils ungeeignet, während alle anderen in den Abb. 3.46 und 3.47 gezeigten Querschnitte grundsätzlich verwendet werden können.

In Abb. 3.48 ist eine unverkleidete Rahmenkonstruktion als prinzipielles Beispiel dargestellt, die in dem gezeigten Fall zur Aufnahme einer Rolle von Verpackungsmaterial dient, deren innere Oberfläche beim Verpacken von Produkt mit diesem in Berührung kommt. Der Bereich ist damit Teil eines offenen Prozesses. Ähnliche Konstruktionen werden aber auch z. B. als Tragrahmen für produktberührte Förderbänder eingesetzt. Ausgehend von dem Beispiel sollen zwei verschiedene einfache Ausführungsformen mit den entsprechenden Problemstellen beispielhaft diskutiert werden.

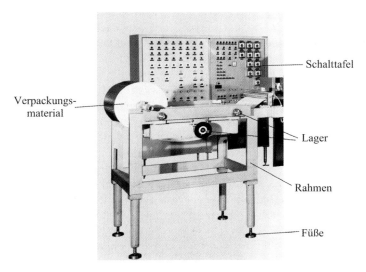

Abb. 3.48 Beispiel einer Gestellausführung.

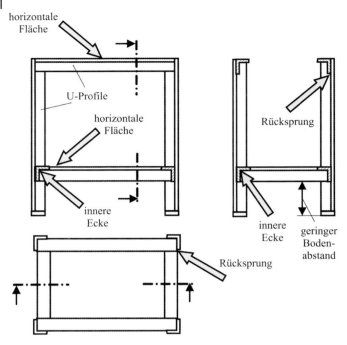

Abb. 3.49 Problembereiche an offenen Gestellen von Apparaten.

Die Konstruktion nach Abb. 3.49 besteht aus U-Profilen, die miteinander verschweißt sind. Wie bereits oben erläutert entstehen bei den horizontal angeordneten Trägern unvermeidbare horizontale Flächen, die den Anforderungen an Hygienic Design nicht entsprechen, da sich auf ihnen Schmutz und Flüssigkeitsreste ansammeln können. Die vertikalen Träger, die gleichzeitig als Füße dienen, stehen um die Profildicke nach außen über, sodass sich gegenüber den horizontalen Profilen Rücksprünge mit inneren Winkeln ergeben. Durch ausreichend dicke Hohlkehlnähte können diese Stellen verbessert werden. Die inneren Seiten der Profile sind aus optischen Gründen in den Innenbereich des Rahmens gerichtet. Dadurch ergeben sich vor allem dann Probleme, wenn diese Flächen bei der Reinigung nicht frei zugänglich, d. h. die inneren Abstände nicht groß genug sind. Dies ist vor allem bei den unteren horizontalen Trägern der Fall, deren Unterseiten aufgrund des geringen Bodenabstands nicht zugänglich sind. Außerdem bilden die Innenseiten der Träger innere Winkel von 90°, deren Kanten sowie mit den Querträgern entstehende Ecken dreiseitig umschlossen und damit schlecht reinigbar sind. Die Auflageflächen am Boden werden durch Flacheisen gebildet, die horizontale Flächen und innere Ecken und Kanten mit den U-Trägern bilden.

In Abb. 3.50 ist die gleiche Rahmenkonstruktion mit Vierkantrohren dargestellt, was unter Gesichtspunkten der Reinigbarkeit wesentlich vorteilhafter ist. Gleiches würde für Rohre mit rundem Querschnitt gelten. Wichtig dabei ist, dass

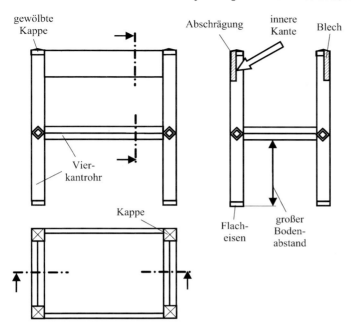

Abb. 3.50 Beispiel einer hygienegerecht gestalteten Rahmenkonstruktion.

alle offenen Enden der verwendeten Rohre zuverlässig geschlossen werden, was am besten durch Verschweißen mit einem Deckel geschieht. Es muss aber darauf hingewiesen werden, dass manche Anwender in bestimmten Prozessbereichen geschlossene Profile und Konstruktionen nicht akzeptieren. Grund dafür ist, dass es dokumentierte Fälle gibt, wo z. B. Schwingungsrisse in den Rohren entstanden sind, die das Eindringen von Feuchtigkeit, Schmutz und Mikroorganismen ermöglichten. Von Mikroorganismen, die sich im Rohrinneren ungestört vermehren konnten, ergaben sich nachweislich Kontaminationen im Produktbereich während des Herstellungsprozesses. Für Rahmenkonstruktionen, die z. B. bei Trockenanlagen oder offenen Rührbehältern ständigen Vibrationen ausgesetzt sind, sollte eine Bauweise mit offenen Profilen in Betracht gezogen werden.

Die Seitenteile, die z. B. zur Aufnahme von Antriebselementen oder anderen Geräten dienen sollen, sind als dickwandige Bleche oder Flacheisen ausgeführt. Durch Abschrägen der Oberseiten lassen sich horizontale Flächen vermeiden und das erforderliche Abfließen von Flüssigkeiten erreichen. Ansonsten werden horizontale Flächen der horizontalen Träger durch über Eck gestellte Vierkantrohre vermieden, deren Flächen um 45° geneigt sind. Das horizontale Rahmenteil ist so hoch angeordnet, dass ein ausreichender Bodenabstand entsteht, um guten Zugang für die Reinigung zu gewährleisten. Die entstehenden inneren Winkel von 90° lassen sich bei dieser einfachen Konstruktion nicht vermeiden. Ausrundungen mit kleineren Radien können durch Schweißen von Hohlkehlnähten erzeugt werden. Es liegen aber in diesem Fall keine dreiseitig umschlossenen

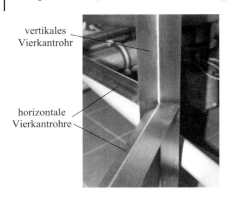

Abb. 3.51 Beispiel eines Rahmens aus Vierkantrohren.

vertikales Vierkantrohr

horizontale Vierkantrohre

Ecken, sondern nur durchgehende innere Kanten vor, die sich mechanisch relativ leicht reinigen lassen.

Ein Ausschnitt eines hygienegerecht gestalteten Rahmens aus Vierkantrohren ist in Abb. 3.51 abgebildet. In diesem Fall sind auch die vertikalen Träger um 45° gedreht angeordnet, was nicht notwendig ist und die Anschlüsse der horizontalen Profile schwieriger gestaltet, da sie entsprechend angepasst werden müssen.

In vielen Fällen werden Gestelle oder Rahmenkonstruktionen teilweise oder völlig mit Blechen verkleidet, um eine optisch günstigere Gestaltung zu erreichen, was bei hygienerelevanten Konstruktionen gegenüber der Reinigbarkeit zweitrangig sein sollte, oder um Rahmenteile und andere Geräte vor zu starkem Verschmutzen zu schützen. Bei völliger Verkleidung ist eine geschlossene Konstruktion notwendig, die die bereits in Abschnitt 3.3.1 beschriebenen Anforderungen für Gehäuse zu erfüllen hat. Das bedeutet, dass nur die Außenflächen hygienegerecht gestaltet werden müssen.

Ist dagegen nur eine teilweise Verkleidung möglich oder sinnvoll, so sind Außen- und Innenbereich hygienisch relevant. Als wesentlicher Gesichtspunkt ist dabei zu berücksichtigen, dass nicht nur alle Außenbereiche, sondern auch alle Innenflächen und Elemente gut zugänglich sein müssen, um sie reinigen zu können. Die Verkleidungen müssen der einfachen Reinigung wegen glatt, durchgängig und ohne Spalte sein. Kanten, Vorsprünge, Rücksprünge, Taschen und Hohlräume müssen vermieden werden, weil sich an solchen Stellen Schmutz ablagern kann. Nicht vermeidbare waagerechte Kanten und Vorsprünge müssen abgeschrägt werden. Außerdem müssen Verkleidungen so angebracht werden, dass nach [2] zwischen parallel verlaufenden Flächen ein Mindestabstand von $a = 30$ cm eingehalten wird.

In Abb. 3.52 ist ein einfaches Gestell aus Rundrohren dargestellt, das an drei Seiten verkleidet und von einer Seite her offen und leicht zugänglich ist. Im oberen Bereich dienen zwei dickwandige Bleche z. B. zur Lagerung von Geräten. Wegen der vorausgesetzten guten Zugangsmöglichkeit in den Innenraum können die Verkleidungsbleche an die Rohre angeschweißt werden. Um keine Hinterschneidungen innen oder außen zu erhalten, ist es notwendig, die Bleche sowohl an den vertikalen als auch an den horizontalen Rohren mittig anzuschweißen. Aus

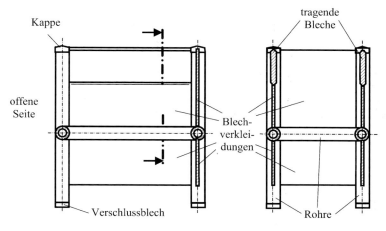

Abb. 3.52 Teilverkleideter Rahmen aus Rundrohren.

hygienischen Gründen sind durchgehende Nähte erforderlich. Da sowohl innen als auch außen einfach gereinigt werden kann, könnten die unteren Bleche ohne Nachteil relativ weit nach unten gezogen werden. Bei dem horizontalen Rahmen ist dagegen ein ausreichender Bodenabstand erforderlich, um die Unterseite der Rohre reinigen und kontrollieren zu können.

Einige Detailbereiche und Problemstellen sind in Abb. 3.53 aufgezeigt. Bei Schweißkonstruktionen sind die erforderlichen durchgehenden Schweißnähte relativ aufwändig. So erfordert z. B. das hygienegerechte mittige Anschweißen von Blechen an Rohre mit Kreisquerschnitt bei dickeren Blechen entsprechend Abb. 3.53a eine beidseitige Schweißnaht, um nicht reinigbare Spalte zu vermeiden. Bei dünnwandigen Blechen kann durchgeschweißt werden, wenn die Nahtwurzel zuverlässig ausgeführt werden kann. Auch bei Vierkantrohren ist gemäß Abb. 3.53b eine Innennaht zwischen Blech und Rohr erforderlich, da die Kontaktflächen Spalte bilden. Wenn die Bleche zum Reinigen abgenommen werden, lässt sich z. B. durch Anschrauben der Bleche an Vierkantrohre gemäß Abb. 3.53c eine erheblich einfachere Lösung erzielen. Eine Abdichtung ist in diesem Fall nicht erforderlich. Allerdings entsteht ein erheblicher Zeitaufwand durch das Entfernen der Bleche. Günstigere Lösungen lassen sich erzielen, wenn die Verkleidungsbleche in den Rahmen eingehängt werden können, sodass sie sich ohne Aufwand zum Reinigen entfernen lassen.

Bei innen offenen Rahmen mit geschweißten Verkleidungen können horizontale Rund- oder Vierkantrohre nicht eingesetzt werden, da gemäß Abb. 3.53d und e nicht reinigbare Hinterschneidungen entstehen. Dagegen lassen sich Winkelprofile in der in Abb. 3.53f gezeigten Lage sowohl bei verschweißter als auch bei abnehmbarer Verkleidung hygienegerecht verwenden.

Bei Dunstabzugshauben ist eine besonders sorgfältige Gestaltung notwendig, wenn sie unmittelbar über Produktbereichen angeordnet werden, da ein hohes Risiko des Ablaufens oder Abtropfens von verspritztem Produkt oder Kondensat

338 | 3 Ausgewählte Komponenten und Elemente von offenen Anlagen

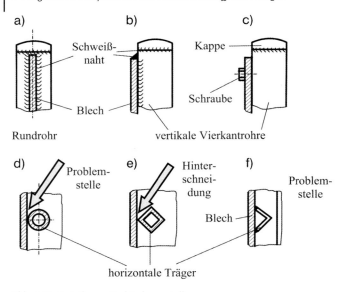

Abb. 3.53 Details von Verbindungsstellen:
(a, b) Schweißnahtanschlüsse an Rohrenden und Verkleidungsblechen,
(d–f) Problemstellen bei Trägeranschlüssen.

zurück in den Produktbereich besteht. Das Beispiel nach Abb. 3.54 zeigt eine prinzipielle Anordnung einer Abzugshaube. Als Gerüst wird im Allgemeinen eine einfache Rahmenkonstruktion verwendet, die im Allgemeinen wegen leichter Reinigbarkeit innen und außen verkleidet werden sollte. Der Zwischenraum kann in diesem Fall zur Isolierung genutzt werden. Wegen der Verkleidung spielt die Auswahl der Profile für horizontale Träger keine Rolle. Alle Verbindungen der Bleche untereinander oder mit der Tragkonstruktion müssen durchgehend

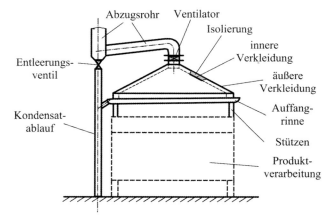

Abb. 3.54 Prinzipdarstellung einer Haubenkonstruktion über dem Produktbereich.

geschweißt oder dicht verschraubt werden. Insbesondere wenn Kondensatbildung möglich ist, muss zwischen den Verkleidungsblechen dampfdicht isoliert werden. Das Dunstabzugsrohr, in das je nach Anforderungen ein Ventilator eingebaut sein kann, sollte von der Haube weg mit deutlichem Gefälle verlegt werden, um den Rücklauf von Kondensat in den Produktbereich zu verhindern. Um eine vertikale Dunstableitung zu vermeiden, die ansonsten so kurz wie möglich sein sollte, kann das Rohr auch seitlich in die Haube integriert werden. Kondensat, das sich in der Leitung sammelt, kann über ein automatisch öffnendes Ventil und eine Rohrleitung in einen verschlossenen Gully abgeleitet werden. Um das Rücktropfen von Schmutz in den Produktbereich zu vermeiden, können unterhalb des Haubenrandes, wenn erforderlich entweder innen oder außen, Auffangrinnen angebracht werden, deren Entleerung ebenfalls in die Leitung für den Kondensatablauf erfolgen kann. Die Haubenkonstruktion kann sich entweder direkt auf dem darunter liegenden Apparat abstützen oder an der Decke aufgehängt werden.

Abdeckungen (z. B. für Bereiche von Transportsystemen oder Untersuchungstische) werden verwendet, um die Kontaminierung von Nahrungsmitteln während des Prozesses oder der Lagerung durch unmittelbare äußere Einflüsse zu verhindern. Sie können vollständig abnehmbar sein wie es Abb. 3.55a dem Prinzip nach zeigt. Das Abdeckblech kann dann entweder frei auf dem Maschinenrahmen aufliegen oder mit seitlichen Laschen in angeschweißten Halterungen gemäß Abb. 3.55b fixiert sein. Nicht abnehmbare Abdeckungen müssen wegen des Abfließens von Flüssigkeiten geneigt sein. Wenn Abdeckungen mit Scharnieren verwendet werden, muss das Scharnier so konstruiert sein, dass es leicht gereinigt werden kann, um Ansammlungen von Produkt, Staub und Fremdkörpern, Insekten usw. zu vermeiden. Im Wesentlichen bedeutet dies, dass die Scharnierbolzen auf einfache Weise entfernbar sein müssen, um die Scharnierteile für die Reinigung leicht zugänglich zu machen. Rohre oder Einbauten, die an festen Abdeckungen befestigt sind oder durch sie hindurchführen, müssen angeschweißt oder sorgfältig abgedichtet werden.

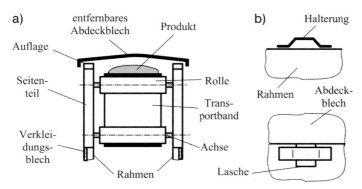

Abb. 3.55 Beispiel einer abnehmbaren Abdeckung für den Produktbereich: (a) prinzipielle Darstellung, (b) Detail der Halterung für die Abdeckhaube.

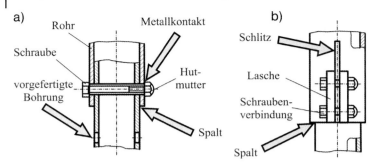

Abb. 3.56 Beispiele für übliche Verstellmöglichkeiten bei Gestellen: (a) Verschraubung mit Bohrungsraster, (b) Klemmvorrichtung.

Eine weite Verbreitung z. B. bei ausgedehnten Transportanlagen haben zum Teil noch heute verstellbare Gestelle, die einer groben Höhenveränderung dienen und im Einflussbereich offener Prozesse angeordnet sind. Entsprechend dem Prinzipbild nach Abb. 3.56 werden solche Konstruktionen meist mit teleskopisch ineinander verschiebbaren vertikalen Rohren mit Kreis- oder Vierkantquerschnitt verwirklicht, die rasterweise oder kontinuierlich verschoben werden können und in der erreichten Position entweder verschraubt oder geklemmt werden. Die Prinzipskizze zeigt die wesentlichen Problemstellen auf, die durch konstruktive Maßnahmen verbessert werden müssen, um hygienegerecht gestaltete Konstruktionen zu erhalten. In beiden Darstellungen ist ein deutliches Spiel zwischen den verschiebbaren Rohren erforderlich, durch das nicht reinigbare Spalte entstehen, die abgedichtet werden müssten. Außerdem ergeben sich an den Auflageflächen von Schraubenkopf und Mutter metallische Berührflächen, die ebenfalls Dichtungen erfordern würden. Völlig unzulässig sind die offenen Rasterbohrungen der inneren Rohre in Abb. 3.56a, durch die Mikroorganismen und Schmutz wesentlich schneller als an den Kontaktflächen in den Innenraum gelangen und in umgekehrter Richtung Rekontaminationen verursachen können. Sie lassen sich z. B. dadurch verhindern, dass man sie entweder mit Kappen verschließt oder erst nach dem Verstellen bohrt. Bei der in Abb. 3.56b skizzierten Möglichkeit, die Rohre durch Klemmenverbindungen zu fixieren, ergeben sich zusätzlich die Problemstellen zwischen den Laschen, der Schlitz im äußeren Rohr und das in der rechten Lasche offene Gewinde.

In einem Fall aus der Praxis, wo eine hohe Belastung durch Aerosole infolge von Feuchtigkeit vorlag, wurden nach langwierigen Untersuchungen Kontaminationen von Produkten durch Keime aus dem Innenbereich solcher verstellbaren Gestelle aufgrund der vorhandenen Spalte nachgewiesen [4]. Als Konsequenz wurden alle verschieblichen Stellen hygienegerecht verschweißt, worauf das Problem gelöst war.

3.3.3
Füße und Räder von Apparaten und Gestellen

Den Stellen der Lagerung von Maschinen, Geräten und Gestellen am Boden oder auf Plattformen wird meist keine hygienerelevante Bedeutung zugemessen, da sie sich im Allgemeinen unterhalb der eigentlichen Prozessebene befinden und Kreuzkontamination von diesen Stellen in den Produktbereich als unwahrscheinlich angesehen wird. Wie Untersuchungen gezeigt haben, trifft dies jedoch nicht zu, wenn in Feuchträumen Aerosole, die Schmutzpartikel und Mikroorganismen enthalten, durch Luftströmungen in den Bereich der Produktverarbeitung getragen werden.

Am leichtesten lassen sich hygienegerechte Konstruktionen bei starren Füßen realisieren. Die meist nur bei Dreipunkt-Lagerung des Apparats wie z. B. bei stehenden Behältern realisierbare Ausführung lässt sich nicht ein- und verstellen, was häufig zum Ausrichten von Maschinen notwendig ist. Die Abb. 3.57a zeigt ein Beispiel, bei dem die vertikale Stange mit der an die Bodenplatte angeschweißten Buchse verschraubt ist. Der Fuß ist ohne Dichtung mit dem Boden verschraubt. Die Problemstellen dieser häufig anzutreffenden Ausführung sind die ebenen, nicht selbsttätig ablaufenden Flächen sowie die Spalte zwischen Stange und Buchse und an den Schrauben. In Abb. 3.57b ist die Bodenplatte deutlich abgeschrägt und mit der Stange direkt verschweißt. Es ist keine Bodenbefestigung vorgesehen. Die Platte kann z. B. durch Verfugen oder Vergießen

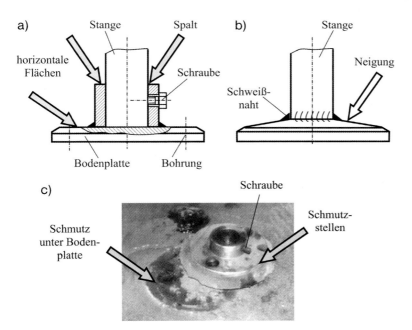

Abb. 3.57 Befestigung von Fußplatten an Gestellen:
(a) Verschraubung, (b) Schweißverbindung, (c) Hygieneproblem im Befestigungsbereich.

mit Kunststoff zum Estrich des Bodens abgedichtet werden. Wie gravierend die sich fehlende Abdichtung zwischen Bodenplatte und Boden auf die hygienischen Verhältnisse auswirkt, zeigen die Verschmutzungen nach Demontage des Fußes in Abb. 3.57c.

Sollen Bodenplatte und Fuß getrennt ausgeführt werden, so können z. B. radiale Fixierungen in Form von kugelförmigen Kappen verwendet werden, die mit der Bodenplatte verbunden sind und an denen die Füße radial anstehen. Die Platten werden gemäß Abb. 3.58a und b quadratisch oder rund eingesetzt. In Abb. 3.58a ist eine Konstruktion dargestellt, bei der die Platte mit dem Boden verfugt ist. Ansonsten muss eine hygienegerechte Abdichtung zum Boden erfolgen. Ein Verfugen mit Silikon ist nicht ratsam, da bei der Reinigung rasch Beschädigungen auftreten. Häufig wird eine elastische scheibenförmige Unterlage verwendet, die meist nicht ausreichend abdichtet, sodass Mikroorganismenwachstum in unvermeidbaren Spalten erfolgen kann. Anhand von Abb. 3.58c werden weitere typische Problemstellen aufgezeigt. Die horizontale Oberfläche der Bodenplatte lässt Flüssigkeiten nicht selbsttätig ablaufen. Zwischen der ebenen Berührfläche von Bodenplatte und Fußauflage lässt sich ein Spalt durch Metallkontakt nicht vermeiden, der einen potenziellen Gefahrenbereich darstellt. Durch entsprechende Neigung der Platte und kugelförmige Abrundung der Auflage des Fußes auf der Platte gemäß Abb. 3.58d lassen sich hygienegerechte Verbesserungen erzielen,

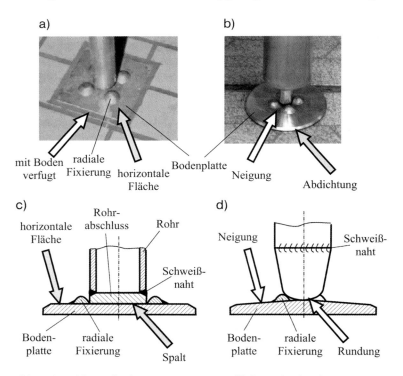

Abb. 3.58 Problemstellen bei Lagerung von Gestellfüßen auf Bodenplatten.

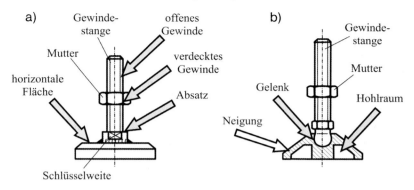

Abb. 3.59 Beispiele von Problemstellen an verstellbaren Füßen mit Gewinden: (a) starre Anordnung, (b) gelenkige Konstruktion.

da praktisch nur Linienberührung an den Kontaktstellen herrscht. Ob dies für die notwendige Kraftübertragung ausreicht, hängt von der vorhandenen Belastung ab. Wie in Abb. 3.58d angedeutet, sind drei radiale Fixierungen ausreichend. Durch die bessere Zugänglichkeit wird die Reinigung begünstigt.

Häufig ist eine Höhenverstellung notwendig, um Unebenheiten der Bodenfläche auszugleichen oder um Apparate aneinander anzupassen. Die Abb. 3.59a zeigt an der Prinzipdarstellung einer üblichen starren Ausführung mit Gewindestange die möglichen hygienischen Problemstellen. Neben den meist vorhandenen horizontalen Flächen, die sich bei Hygieneanforderungen einfach ändern lassen, liegt die entscheidende Schwierigkeit in der Verstellung über ein Gewinde. Während der offen liegende Teil des Gewindes einer Reinigung zumindest zugänglich ist, stellt der von der Mutter abgedeckte nicht reinigbare Bereich mit relativ großem Spiel ein erhebliches Kontaminationsrisiko dar. Verbesserungen dieser Stellen sind wegen der notwendigen Verstellung konstruktiv aufwändig. Wenn die Konstruktion zusätzlich im Neigungswinkel verstellbar sein soll, kommt entsprechend dem Beispiel nach Abb. 3.59b noch der unvermeidliche Spalt im Kugelgelenk als Risikostelle hinzu. Außerdem muss der nach unten offene Hohlraum im Fuß vermieden werden.

Bei der Anbindung der Füße am Maschinenrahmen kommen meist noch weitere hygienische Problembereiche hinzu. So stellt z. B. in Abb. 3.60a das an den vertikalen Träger angeschweißte horizontale Blech mit der Verschraubung der Gewindestange einen Risikobereich dar. Bei dem Stativ nach Abb. 3.60b wird die vertikale Stange verstellbar durch eine Klemmverbindung befestigt. Der Fuß enthält zusätzlich eine Gewindestange, die am unteren Ende mit einem Kugelgelenk in der Fußplatte gelagert ist. Spalte an diesen Stellen sind damit unvermeidlich.

In der Konstruktion nach Abb. 3.61 deckt eine Hülse das Gewinde dadurch ab, dass sie im unteren Bereich mit metallischem Kontakt auf der zylindrischen Spindel gleitet. Im oberen Bereich hat sie im montierten Zustand ihren Anschlag an der jeweiligen Aufnahme des Gestells oder Apparats. Nach EHEDG-Anforde-

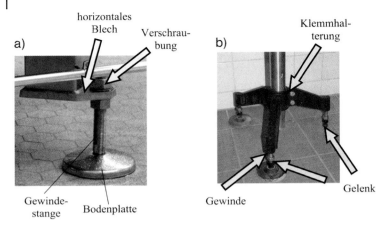

Abb. 3.60 Beispiele für Verbindungen der Füße mit Gestellen: (a) Schraubverbindung, (b) Klemmverbindung.

rungen ist eine solche Ausführung für trockene Produktbereiche bei trockener Reinigung als hygienegerecht zu betrachten. Bei vorhandener Feuchtigkeit können sich zwischen Hülse und Spindel sowie an der Verbindungsstelle zum Gerät Mikroorganismen in den Spalten ansiedeln, die eine Kreuzkontamination des Produktes hervorrufen können, vor allem wenn Aerosole durch Luftströmungen transportiert werden.

Eine hygienisch einwandfreie, aber damit auch aufwändige Lösung ist als Beispiel in Abb. 3.62 dargestellt, die von der Konstruktion nach Abb. 3.59 ausgeht. Die starre Spindel des Fußes ist mit dem Tragelement des Apparats verschraubt. Die Hülse wird gegen das Apparateteil festgezogen und dichtet dort mit einer hygienegerechten Dichtung spaltfrei ab. Auch gegenüber dem glatten unteren Teil der Spindel erfolgt eine entsprechende Abdichtung der Hülse.

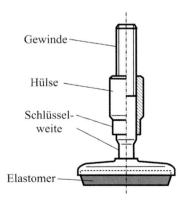

Abb. 3.61 Verstellbarer Fuß mit abgedecktem Gewinde ohne Abdichtung.

3.3 Anforderungen an relevante Gehäuse, Rahmen und Gestelle

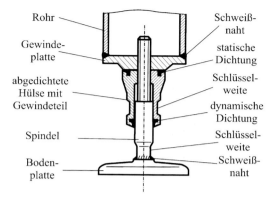

Abb. 3.62 Verstellbarer Fuß mit abgedecktem Gewinde und Abdichtungen (Prinzip).

Falls eine elastische Lagerung zur Schwingungsdämpfung im Bereich der Füße erforderlich ist, sind verschiedene konstruktive Lösungen denkbar. Die einfach gestalteten Elemente nach Abb. 3.63a können direkt auf die Gewindespindel von Füßen aufgeschraubt und, wenn notwendig, abgedichtet werden. Der Dämpfer selbst besteht aus zwei Stahlplatten mit z. B. Innengewinde, auf die das elastische Element aufvulkanisiert ist. Die elastischen Elemente können auch gemäß Abb. 3.59 in die Bodenplatte integriert werden. Der im Außenbereich hygienegerecht gestaltete Schwingungsdämpfer nach Abb. 3.63b bildet auf der Unterseite einen Hohlraum, der ein Kontaminationsrisiko darstellen kann, wenn der Fuß nicht zuverlässig gegenüber dem Boden abgedichtet werden kann.

Bei üblichen Rädern von Apparaten und Gestellen, wie es in dem Beispiel nach Abb. 3.64 aufgezeigt wird, behindern die meist zu geringen Abstände zwischen Rad und Gabel und eventuell vorhandenen Bremsvorrichtungen die Reinigbarkeit, wobei die Nähe zum Boden zusätzliche Schwierigkeiten bereitet. Wesentlich problematischer sind die engen Spalte, die wegen der erforderlichen Drehbeweglichkeit zwischen Achse und Lager potenzielle Kontaminationsquellen durch Mikroorganismenwachstum und Bildung von Biofilmen darstellen. In der grundlegenden Skizze nach Abb. 3.65a wird daher beispielsweise in [6] und [25]

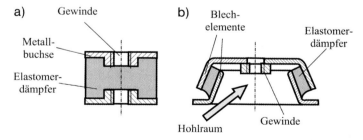

Abb. 3.63 Beispiele von Elementen zur Schwingungsdämpfung:
(a) zwischen Bauteilen anschraubbares Element,
(b) als Fußplatte verwendbarer Dämpfer.

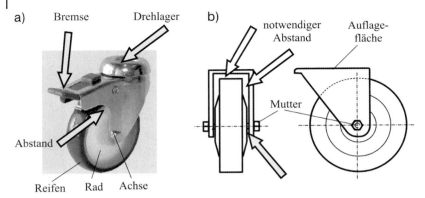

Abb. 3.64 Beispiele von Radausführungen:
(a) übliches Rad mit Bremse und Drehlager, (b) Rad nach DIN EN 12 855.

darauf aufmerksam gemacht, dass Rollen reinigbar gestaltet werden müssen, wobei die Abstände der Gabel zur Rolle festgelegt werden. Auf die Problematik der Lagerung des Rades wird nicht eingegangen. Normalerweise können Kunststoffräder gemäß Abb. 3.65b direkt auf einer starren Achse laufen, die in der Gabel z. B. durch Muttern fixiert ist. Eine Abdichtung der Drehbewegung bedeutet einen erheblichen Aufwand und ist bei einfachen Rädern nicht vorgesehen. Räder aus Stahl für größere Lasten können auf Gleit- oder Wälzlagern laufen. Wälzlager müssen in diesem Fall Dichtscheiben erhalten. Mögliche Lösungen für Abdichtungen wurden bei Laufrollen für Förderbänder in Abschnitt 3.2.1.4 besprochen. Durch abgesetzte Bolzen kann der Abstand zwischen Rad und Gabel so vergrößert werden, dass die Reinigung einfacher möglich wird. Offene Gewinde der Achse müssen durch Hutmuttern abgedeckt werden.

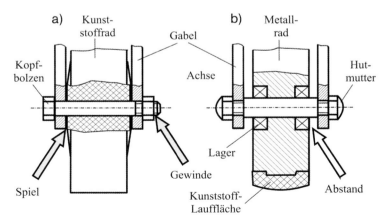

Abb. 3.65 Beispiele der Radlagerung:
(a) hygienische Problemstellen bei üblichen Ausführungen,
(b) hygienisch verbesserte Konstruktion.

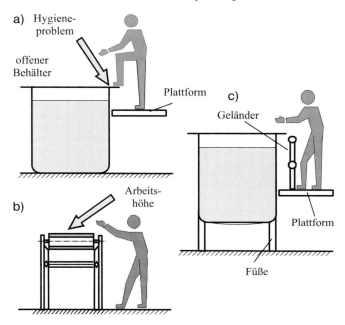

Abb. 3.66 Beispiele für Arbeitssituationen an offenen Apparaten:
(a) Bedienungsplattform zu hoch, (b) Bedienebene zu hoch,
(c) Plattform angepasster Höhe und Schutzwand.

3.3.4
Plattformen und Leitern über Produktbereichen

In Bereichen von offenen Prozessen ist es für das Personal häufig notwendig, Prozessbereiche zu überschreiten oder an höher gelegenen Bereichen von Apparaten Tätigkeiten auszuüben. Im zweiten Fall muss die Arbeitshöhe für das Bedienungspersonal grundsätzlich der jeweiligen Arbeitsweise, wie z. B. Produkthandling, -bearbeitung, -kontrolle oder Wartungsarbeiten angepasst werden, wobei darauf zu achten ist, dass keine zusätzlichen Kontaminationsrisiken entstehen. Bei hoch liegenden Arbeitsflächen sind deshalb Plattformen notwendig, die auf einfache Weise gefahrlos über Treppen zu erreichen sein sollen. In Abb. 3.66 sind prinzipielle Situationen dargestellt, die bei der Bedienung von offenen Prozessen angetroffen werden können. Ist die Arbeitsplattform entsprechend Abb. 3.66a zu hoch angeordnet und enthält keine Schutzvorrichtungen, so besteht die Gefahr, dass das Personal aus Unachtsamkeit auf Rahmen oder Ränder von Apparaten tritt, die als Produktbereich anzusehen sind. Dadurch ist eine unmittelbare Kontaminationsgefahr durch das Schuhwerk oder die Kleidung gegeben. Liegt der Maschinenbereich gemäß Abb. 3.66b so hoch, dass er zwar erreichbar, aber nicht ausreichend kontrollierbar ist, so besteht die Gefahr, dass z. B. Produkt bei Entnahme oder Aufgabe verschüttet wird und Verschmutzungen an sonst sauberen Außenbereichen von Apparaten ergeben kann, die dann zu Kreuzkon-

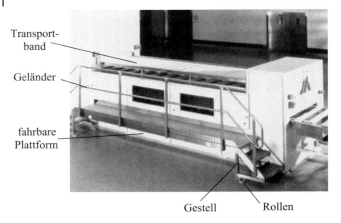

Abb. 3.67 Beispiel einer Transporteinrichtung mit fahrbarer Bedienungsplattform.

taminationen führen können. Die Arbeitsbühne in Abb. 3.66c zeigt die richtige Bedien- und Beobachtungshöhe. Zusätzlich ist das Arbeitspersonal durch ein Geländer daran gehindert, zu weit über den Produktbereich zu langen.

Das praktische Beispiel nach Abb. 3.67 zeigt einen Apparat, bei dem die Bedienfläche nicht ohne Hilfsmittel erreichbar ist. Wenn nicht ständig eine Arbeit in diesem Bereich zu verrichten ist, kann eine fahrbare Plattform eingesetzt werden. Elemente, die in Nähe des Produktes angeordnet sind, wie z. B. Geländer, müssen dabei hygienegerecht gestaltet werden.

Besondere Aufmerksamkeit muss der hygienegerechten Ausführung gewidmet werden, wenn entsprechend Abb. 3.68 ein Überschreiten eines Produktbereiches durch Personal erforderlich wird. Grundsätzlich sollten erhöhte Gänge oder Stufen oberhalb eines offenen Produktionsbereiches vermieden werden, weil Schmutz aus der Kleidung oder dem Schuhwerk in das Produkt gelangen und es kontaminieren kann. Wenn in solchen Bereichen Mitarbeiter Zugang haben müssen, sollten vollständig abgeschlossene Maschinen und Apparate eingesetzt werden. Häufig lassen sich jedoch Übergänge aus Platzgründen nicht vermeiden. In diesem Fall müssen alle Flächen von Treppen und Plattformen oberhalb des Produktbereichs völlig geschlossen ausgeführt werden. Seitlich sind ausreichend hohe geschlossene Schutzbleche zu verwenden. Stützen für Geländer oder andere Bauelemente sollten nicht außerhalb dieser Bleche angeordnet werden, da sich an Befestigungen und anderen Verbindungen schlecht reinigbare Rücksprünge und Spalte ergeben können, durch die das unterhalb befindliche Produkt kontaminiert werden kann. Die Trittflächen sollten aus festem Material mit rutschfester Oberfläche bestehen. Es dürfen keine Gitterroste verwendet werden, durch die Schmutz und andere Dinge in das Produkt fallen können. Die Zwischenräume von Stufen müssen ebenfalls abgedeckt werden (s. auch [2]). Die Stufen sollten aus dem gleichen rutschfesten Material wie die obere Trittfläche bestehen. Die letzte Stufe sollte nicht direkt auf dem Boden enden, da die Verbindung an dieser Stelle schwierig ist und häufig nicht zugängliche Hohlräume entstehen. Neben Schutzblechen

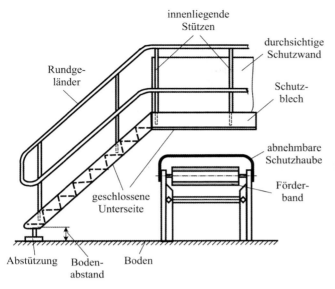

Abb. 3.68 Prinzipielle Gestaltung einer Treppe und Plattform über einem offenen Produktbereich.

kann man im Übergang direkt über dem Produktbereich zusätzliche Schutzwände anbringen, die z. B. aus durchsichtigem Material bestehen sollten.

Eine zusätzliche Schutzmaßnahme für das Produkt im Bereich des Übergangs kann darin bestehen, dass leicht entfernbare Abdeckungen verwendet werden, wie das Beispiel in Abb. 3.68 dem Prinzip nach zeigt.

Risiken an Treppen entstehen in erster Linie dadurch, dass sie in Nähe des Produktbereichs nicht völlig geschlossen ausgeführt werden wie das Beispiel nach Abb. 3.69a zeigt. Der nach oben gebogene rückwärtige Rand der Stufen soll zwar verhindern, dass Schmutz von der Treppe in die Umgebung gelangt. Diese Maßnahme ist aber völlig unzureichend. Der vordere nach unten gebogene Rand soll das Reinigen erleichtern, wie die nebenstehende Abbildung zeigt. Da der Seitenrand einen Spalt ergibt und kein ausreichend hohes Schutzblech vorhanden ist, wird Schmutz bei der Reinigung zwangsläufig in die Umgebung gelangen, wo er ein Kontaminationsrisiko darstellt.

In Abb. 3.69b sind zwei Ausschnitte aus einer hygienegerecht gestalteten Treppe gezeigt. Die Stufen bestehen aus einem geeigneten Riffelblech und sind völlig geschlossen. Die innere Ecke zwischen vertikalem Teil und Trittfläche ist ausreichend ausgerundet. Die horizontale Fläche ist außerdem geneigt. Die Verbindung mit dem seitlichen Schutzblech ist durchgehend geschweißt. Durch die Naht ergibt sich auch an diesen Stellen eine geringe Ausrundung. Zusätzlich ist zu bemerken, dass das Geländer aus über Eck gestellten Vierkantrohren besteht, um keine horizontalen Flächen entstehen zu lassen und leichte Reinigbarkeit zu erreichen.

Wenn Leitern zu Wartungs- oder Kontrollzwecken direkt an Apparaten angebracht sind, müssen sie über Produktbereichen ebenfalls leicht reinigbar

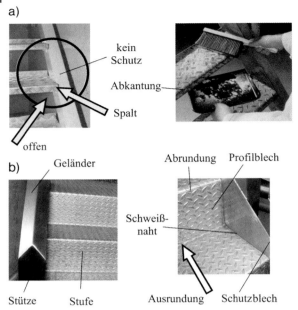

Abb. 3.69 Gestaltung von Treppenstufen:
(a) typische Problemstellen, (b) hygienegerechte Gestaltung.

ausgeführt werden. In Abb. 3.70a ist das Ende einer Leiter dargestellt, deren Seitenteile aus Flachprofilen bestehen. Am unteren Ende kann die Leiter z. B. direkt an die Apparatewand angeschweißt oder mit einer hygienegerecht ausgeführten Schraubenverbindung verschraubt werden. Häufig werden Leitern gemäß Abb. 3.70b aus Edelstahlrohren hergestellt, die entsprechend gebogen und an den Befestigungsstellen mit Platten verschweißt werden können. Die Verbindung mit der Wand kann wiederum durch Verschweißen oder Verschrauben erfolgen. Als Sprossen werden meist Rundprofile verwendet.

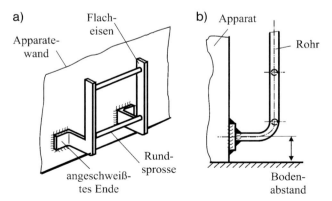

Abb. 3.70 Anschluss von Leitern an Apparatewände.

4
Behälter, Apparate und Prozesslinien

Im folgenden Kapitel sollen grundlegende Konstruktionsprinzipien von Behältern, einigen ausgewählten Apparaten sowie Beispielen von Prozesslinien hauptsächlich unter Gesichtspunkten der Reinigbarkeit diskutiert werden. Bei Behältern, die im gesamten Bereich hygienerelevanter Industrien eine wesentliche Rolle spielen, soll ausführlicher auf geschlossene und offene Konstruktionen sowie ihre Ausrüstung und Prozessanbindung eingegangen werden. Bei verschiedenen Ausführungen von Apparaten dienen Behälter häufig als grundlegende Elemente geschlossener Anlagen, in denen Baugruppen, Einbauten und Zubehör untergebracht werden. Eine wichtige Rolle bei der Produktverarbeitung spielen aber auch Apparate in offener Form, bei denen Hygienic Design wegen möglicher Kontaminationen aus der Umgebung einen besonderen Stellenwert einnehmen sollte. Bei der Gestaltung von Prozesslinien, die sich im Wesentlichen aus Baugruppen und Komponenten zusammensetzen, sind für unterschiedliche Produktarten und Verarbeitungsprozesse typische Anordnungen üblich. Die grundlegenden Anforderungen und verwendeten Prinzipien erfordern die Anwendung von Hygienic Design im Rahmen des gesamten Gestaltungskonzepts, um leicht reinigbare Verhältnisse für die Produktion zu gewährleisten.

Im Behälter- und Apparatebau steht der Konstrukteur vor einer Reihe sehr unterschiedlicher Probleme, wenn er funktionelle Eigenschaften mit hygienegerechter Gestaltung in Einklang bringen muss. Hinsichtlich der Sicherheit und Funktion sind die physikalischen Anforderungen an den Werkstoff wie Verformbarkeit, Schweißbarkeit und Korrosionsbeständigkeit die wichtigsten Auswahlkriterien. Hinzu kommen die aus hygienischen Gründen wichtigen Merkmale der Oberflächenstruktur und -behandlung sowie der Konstruktion von Detailbereichen. Meist werden für Behälter und Apparate duktile, rostfreie Edelstähle mit austenitischem Gefüge verwendet, d. h. verformungsfähige Materialien mit einem ausgeprägten elastischen (Hooke'schen) und plastischen Bereich. Beim Einsatz von Werkstoffen, die ein anderes Festigkeits- und Bruchverhalten aufweisen wie z. B. Edelstahlguss, Kunststoff, Email oder Glas muss dies in der Auslegung und Gestaltung entsprechend berücksichtigt werden.

Anhand von ausgewählten Beispielen von Behältern, Apparaten und Prozesslinien soll in erster Linie neben funktionellen Anforderungen auf konstruktive Prinzipien unter hygienischen Aspekten eingegangen werden. Da sich bei den häufig hoch komplizierten Ausführungen hygienegerechte Gesamtkonzepte zum Teil erst in der Entwicklung befinden, soll vor allem auch auf Problemzonen hingewiesen werden. Erfahrungsgemäß werden entsprechende Lösungen von Konstrukteuren in sehr unterschiedlicher Weise realisiert, wenn die grundlegenden Anforderungen an Hygienic Design umgesetzt werden. Ein wesentliches Ziel sollte dabei die Einfachheit der Konstruktion sein, was sich meist nur durch Neugestaltung ermöglichen lässt. Die Verbesserung hergebrachte, nicht zufriedenstellende Lösungen erfordern häufig einen großen Aufwand, der gleichzeitig die Kosten erheblich steigern kann.

4.1
Behälter

Behälter in den unterschiedlichsten Formen und Ausführungen stellen in Prozessen der Lebensmittel-, Pharma- und Bioindustrie oft die Grundelemente von Herstellungs- und Reinigungsprozessen dar. Die in den verschiedenen Produktbereichen eingesetzten Behälter können je nach Anforderung von sehr unterschiedlicher Form sein, je nachdem ob sie mit Druck beaufschlagt oder drucklos eingesetzt werden. Eine wichtige Einflussgröße stellt das Produkt dar, das flüssig, gasförmig oder fest, d. h. pulverförmig bis stückig sein kann. Druckbeaufschlagte und verschiedene drucklose Prozessbehälter werden während der Produktherstellung und meist auch bei der CIP-Reinigung in geschlossenem Zustand verwendet, sodass nur der Innenraum produktberührt und damit für die Hygieneverhältnisse maßgebend ist. Diese Behälter werden entweder nur zur Wartung geöffnet, oder wenn z. B. definierte Chargen herzustellen sind und die Entleerung oder die Überprüfung des Reinigungserfolges bei geöffnetem Behälter erfolgen muss. Bei drucklosen Behältern in offener Betriebsweise ist bei der Beurteilung von Hygienemaßnahmen der Umgebungsraum in die Betrachtungen einzubeziehen, da das Produkt durch Kontamination aus dem Behälterumfeld beeinträchtigt werden kann.

Um einen Überblick über die Unterschiede der in hygienerelevanten Industrien eingesetzten Behälter zu geben, werden zunächst einige Beispiele dargestellt. Die Abb. 4.1a zeigt eine Anordnung von Outdoor-Puffertanks mit rundem Querschnitt zur temporären Einlagerung von Frischmilch [1]. Die Behälter aus Edelstahl mit geneigtem Boden und 600.000 l Inhalt sind isoliert und mit einem dichten Edelstahlmantel umgeben. Die Bedien- und Wartungszone auf dem Dach ist über eine angebaute Edelstahlbühne zugänglich. Für pulverförmige bis körnige Produkte werden Großraumsilos meist ebenfalls mit Rundquerschnitt sowie mit konischem Boden und Standzarge gemäß Abb. 4.1b verwendet (siehe z. B. [2]), die je nach Größe ebenfalls häufig außerhalb geschlossener Räume aufgestellt werden und mit Bedienungsgängen auf dem Dach ausgestattet sind. Die Silos werden meist aus Edelstahl gefertigt, können jedoch bei ausreichend trockenen Produkten, wenn keine Korrosion zu befürchten ist, auch aus Aluminiumlegierungen hergestellt werden.

Abb. 4.1 Ausführungsformen von geschlossenen Behältern:
(a) zylindrische Outdoor-Großtanks zur Lagerung von Milch (Bolz-Edel-Gruppe),
(b) Silos mit konischem Auslauf und Standzarge zur Lagerung von pulverförmigen Produkten (Fa. Zeppelin Silos & Systems GmbH),
(c) innerbetrieblich eingesetzte Behälter zur Zwischenlagerung von Flüssigprodukten,
(d) stehender Druckbehälter mit Heizmantel und Isolierung,
(e) liegender, transportabler Druckbehälter.

Zur Zwischenlagerung oder Behandlung von Produkten werden Behälter unterschiedlicher Größe in stehender Form mit Rundquerschnitt aus Edelstahl sowohl ohne Temperierung gemäß Abb. 4.1c als auch kühl- bzw. heizbar mit Isolierung entsprechend Abb. 4.1d eingesetzt. Die Gestaltung der Böden erfolgt druckabhängig. Das äußere Finish reicht je nach Anforderung von poliert über geschliffen bis zu glasperlengestrahlt. In vielen Fällen werden auch liegende Behälter verwendet, wie es das Beispiel nach Abb. 4.1e zeigt.

Kleinere Druckbehälter aus Edelstahl können gemäß Abb. 4.2a fahrbar ausgeführt werden, um z. B. in der Pharmaindustrie den Transport von Produktchargen schnell und hygienisch einwandfrei zu bewerkstelligen. Sie können z. B. zur Produktherstellung geschlossen betrieben und zur Reinigung sowie Kontrolle mithilfe von Schnellverschlussschrauben einfach geöffnet werden. Drucklose

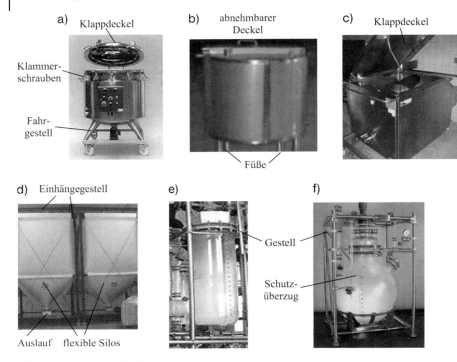

Abb. 4.2 Beispiele von Behältern:
(a) fahrbarer Behälter mit Schnellverschlussdeckel,
(b) zylindrischer Behälter mit abnehmbarem Deckel,
(c) Rechteckbehälter mit Klappdeckel, (d) flexible Textilsilos,
(e) zylindrischer Glasbehälter, (f) kugelförmiger Glasbehälter.

runde Behälter gemäß Abb. 4.2b sowie eckige entsprechend Abb. 4.2c können je nach Anforderungen während des Prozesses offen eingesetzt oder mit abnehm- oder kippbaren Deckeln abgedeckt werden. Die Abb. 4.2d zeigt zwei flexible Silos aus Kunststoff- bzw. Textilfaser, die in Haltegestelle eingehängt werden können. Vor allem in der Pharmaindustrie werden für Produkte, für die Edelstahl nicht geeignet ist, Glasbehälter z. B. in zylindrischer Form gemäß Abb. 4.2e oder als Kugeln eingesetzt. Moderne Glasbeschichtungen erfüllen dabei die hohen Anforderungen, die an Oberflächen-, Berst- und Splitterschutz gestellt werden. Zudem sind solche Beschichtungen beständig gegen höhere Temperaturen sowie gegen Lösungsmittel, transparent und antistatisch.

4.1.1
Allgemeine Gesichtspunkte der hygienegerechten Gestaltung

Neben speziellen Anforderung für einzelne Kategorien von Behältern sollen zunächst generelle Gesichtspunkte diskutiert werden, die für die Gestaltung im Hinblick auf leichte Reinigbarkeit wichtig sind.

4.1.1.1 Behälterinnenbereich

Die Abb. 4.3 zeigt in Anlehnung an [3] einige Prinzipdarstellungen von Behältern unterschiedlicher Art mit hygienischen Problembereichen, denen hygienegerechte Ausführungen gegenübergestellt sind. Ein charakteristisches Beispiel eines geschlossenen Behälters mit verschraubtem gewölbtem Deckel, konischem Boden und vertikalem Auslauf ist in Abb. 4.3a dargestellt. Als direkt produktberührt ist

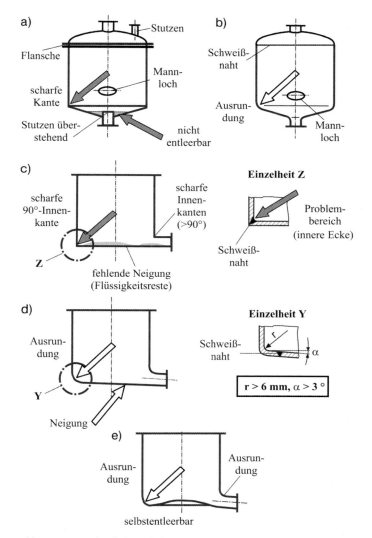

Abb. 4.3 Unterschiedliche Behälterarten mit eventuellen Problemstellen:
(a) geschlossener Behälter mit angeflanschtem Deckel und konischem Boden,
(b) geschlossener Behälter mit geschweißtem Deckelbereich,
(c) offener Behälter mit horizontalem Auslauf, (d) offener Behälter mit geneigtem Auslauf, (e) offener Behälter mit Dom im Boden.

in diesem Fall die gesamte innere Oberfläche einschließlich aller Stutzen und Einbauten zu betrachten. Typische Problemstellen ergeben sich an der Kante zwischen Zarge und konischem Boden, die nicht ausgerundet und damit je nach Winkel schwierig zu reinigen ist, sowie am nach innen überstehenden Auslaufstutzen, der eine Restentleerung nicht zulässt, selbst wenn nur die Schweißnaht einen Überstand bildet. Spezielle Problemstellen, auf die später im Abschnitt 4.1.2 noch eingegangen wird, sind die Gestaltung der Flansche mit Abdichtung, das Mannloch sowie die Stutzen im Deckelbereich. Im Gegensatz dazu zeigt Abb. 4.3b eine Ausführung mit angeschweißtem Deckel, ausgerundeten Kanten und einem richtig gestalteten Auslauf. Der Zugang kann durch ein Mannloch erfolgen, das mit einem runden Deckel versehen ist, der von außen hygienegerecht dichtet.

Bei dem offenen Behälter mit horizontalem Auslauf nach Abb. 4.3c entstehen Hygienerisiken in erster Linie an der rechtwinkligen, nicht ausgerundeten Kante am Übergang der Zarge zum ebenen Boden. Besonders kritisch ist dieser Bereich anzusehen, wenn die verbindende Schweißnaht, die ein zusätzliches Risiko ergibt, gemäß der Einzeldarstellung Z direkt in die Ecke gelegt wird. Als weiteres Problem erweist sich der horizontale Boden, der ohne Neigung ausgeführt ist. Aufgrund von Formfehlern bleiben an solchen Stellen mehr oder weniger große Flüssigkeitsreste zurück, die zu Rekontaminationen führen können. Die hygienegerechte Ausführung eines solchen Behälters ist in Abb. 4.3d dargestellt. Gemäß der Einzelheit Y ist die Schweißnaht aus dem Eckbereich heraus verlegt. Alle relevanten Kanten sind ausgerundet und die Bodenfläche zum Auslauf hin geneigt. Grundsätzlich sollten die Radien so groß wie möglich ausgeführt werden. Als empfohlene Werte gelten Rundungsradien mit $r \geq 6$ mm [4], wobei Mindestradien von $r = 3$ mm nicht unterschritten werden sollen. Der empfohlene Neigungswinkel wird nach [5] mit $\alpha \geq 3°$ angegeben. Schließlich zeigt Abb. 4.3e einen Behälter mit nach innen gewölbtem Boden als Heizfläche und horizontalem Auslauf. Der Übergang von der Zarge zum Boden ist vorschriftsmäßig ausgerundet. Die Entleerung erfolgt ringförmig um den gewölbten Boden herum zum geneigten Auslauf hin.

4.1.1.2 Anschluss von Behältern an Rohrleitungssysteme

Da üblicherweise zwischen Behälterzu- bzw. -auslauf und den zugeordneten Rohrleitungen ein Abstand besteht, ergeben sich in diesem Bereich während der Produktion Toträume, die je nach Reinigungskonzept – meist mit den Behältern der Sammelleitungen – gereinigt werden. Das bedeutet, dass solche Zonen nur zwischen den Reinigungszyklen ein Risiko für das darin verbleibende Produkt darstellen. Je kürzer der Abstand aufeinanderfolgender Reinigungen ist, desto geringer ist die Gefahr. Bei längeren Zeitabständen und großen Totzonen ist jedoch die Vermehrung von Mikroorganismen und damit ein Kontaminationsrisiko nicht auszuschließen.

In Abb. 4.4 sind einige grundsätzliche Anordnungen beispielhaft dargestellt. Die Abb. 4.4a zeigt zunächst eine übliche Situation, bei der ein Absperr- oder Bodenauslassventil (s. Abschnitt 2.3) am Behälterauslauf die Verbindung zur Entleerungsleitung herstellt. Wenn diese als eine mit mehreren Behältern verbundene Sammelleitung konzipiert ist, entsteht bei geschlossenem Ventil ein Totraum mit

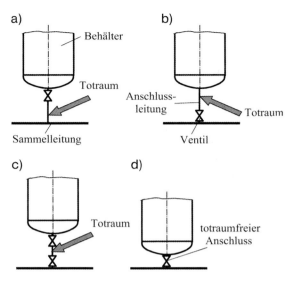

Abb. 4.4 Anschluss von Behältern an Rohrleitungen:
(a) üblicher Anschluss, (b) totraumfreies Ventil an Sammelleitung,
(c) Anschluss mit zwei Ventilen, (d) unmittelbare totraumfreie
Verbindung zwischen Behälter und Sammelleitung.

der Größe des Inhalts der Verbindungsleitung. Ein Produktaustausch in diesem Bereich erfolgt bei gefülltem System nicht, sondern erst wenn das Behälterventil geöffnet wird. Bei Reinigung der Sammelleitung und geschlossenem Ventil wird der Totraum nicht ausreichend mitgereinigt. Dies ist erst bei Reinigung des Behälters und geöffnetem Ventil der Fall. In Abb. 4.4b ist das Absperrventil bündig zur Sammelleitung installiert. Bei dieser Ausführung ist die Anschlussleitung Teil des Behälters und wird mit dem Behälter gereinigt. Allerdings nimmt der Totraum nicht an evtl. verfahrenstechnischen Vorgängen teil, die im Behälter stattfinden. Die Leitung mit zwei Ventilen sowohl gegen den Behälter als auch die Sammelleitung abzusperren, ergibt keine sinnvolle Verbesserung. Um den Totraum zu verkleinern, muss die Sammelleitung entsprechend Abb. 4.4c so nah wie möglich an den Behälter herangeführt und zusammen mit einem totraumarmen Ventil eine hygienegerechte Situation geschaffen werden.

Eine Vielzahl von Totzonen und hygienerelevanten Problembereichen kann an Ventilknoten von Leitungssystemen gemäß Abb. 4.5a entstehen (s. auch Abschnitt 2.3, Abb. 2.123). In diesem Fall werden die Behälter abwechselnd automatisch an Befüll-, Entleer- und Reinigungsleitungen angeschlossen, was z. B. mithilfe von Doppelsitz-Leckageventilen (Prinzipdarstellung s. Abb. 4.5b) erfolgen kann. In diesem Fall ergeben sich nicht nur Totwasserbereiche in den Anschlussleitungen zu den Behältern, sondern auch zwischen den einzelnen Ventilen. Nicht relevant sind dabei häufig die Strecken der Sammelleitungen zwischen den Ventilen, da sie bis auf wenige Ausnahmen ständig in Betrieb sind, d. h. durchflossen werden.

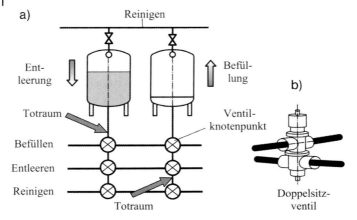

Abb. 4.5 Verschaltung von Behältern mit mehreren Leitungen:
(a) Ventilknoten mit Doppelsitz-Leckageventilen,
(b) Prinzip eines Doppelsitz-Leckageventils.

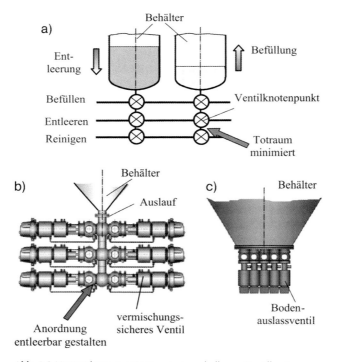

Abb. 4.6 Vermeidung von Toträumen innerhalb von Ventilknoten:
(a) Optimierung des Ventilabstands,
(b) Ventilanordnung unmittelbar am Behälterboden (Fa. GEA Tuchenhagen),
(c) in den Behälterboden integrierte Auslassventile (Fa. GEA Tuchenhagen).

Aufgrund gewachsener Anforderungen wurden zunehmend Systeme entwickelt, bei denen gemäß der Prinzipdarstellung nach Abb. 4.6a sowohl die Toträume der Anschlussleitungen als auch die zwischen den Ventilen minimiert wurden. Ein Beispiel einer Ausführung zeigt Abb. 4.6b nach [6], bei der der Ventilknoten unmittelbar an den Behälteranschluss angrenzt. In Abb. 4.6c werden Bodenauslassventile eingesetzt, die direkt in den Behälterboden integriert werden können. Die Reinigung erfolgt in diesen Fällen jeweils mit der Reinigung des Gesamtsystems.

4.1.1.3 Außenbereich von Behältern

Soweit sich Behälter in einem Hygieneraum mit hohem Reinheitsstatus (z. B. Raum für offene Produktion oder Reinraum) befinden, muss auch der Außenbereich leicht reinigbar gestaltet werden. In diesem Fall gelten dieselben Anforderungen wie für produktberührte Bereiche. Handelt es sich dagegen um einen Nicht-Produktbereich, so können sich Gestaltungsmaßnahmen auf einer geringeren Stufe bewegen. Das bedeutet z. B., dass geringere Oberflächenqualitäten zur Erfüllung grundlegender Sauberkeitsanforderungen ausreichen. Um Schmutzansammlungen und Wachstum von Mikroorganismen zu vermeiden, sollten aber Spalte, Engstellen sowie unzugängliche Bereiche vermieden und alle Flächen so gestaltet werden, dass ein selbsttätiges Ablaufen von Flüssigkeiten gewährleistet wird. Da auf Beispiele von Außenbereichen von Apparaten in Kapitel 3 bereits ausführlich eingegangen wurde, sollen nur spezielle Bereiche angesprochen werden, die für Behälter charakteristisch sind.

Einen solchen Fall stellen Isolierungen von Behältern dar, da sie sowohl den Produktbereich als auch die Prozessumgebung gefährden können. Sie sind, wie dem Prinzip nach Abb. 4.7a an einem geschlossenen und Abb. 4.7b an einem offenem Behälter zeigt, in einem Hohlraum zwischen Behälteraußenwand und Isoliermantel untergebracht. Damit haben sie zunächst grundsätzlich keinen Kontakt zum Produktraum. Trotzdem können sich zwei unterschiedliche Arten von

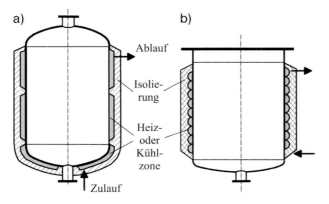

Abb. 4.7 Isolierung von Behältern:
(a) geschlossener Behälter, (b) offener Behälter.

Risiken ergeben: Wenn sich Feuchtigkeit im Bereich der Isolation befindet, die an der isolierten, dem Produkt abgewandten Außenwand des Behälters z. B. in Form von Tropfen kondensiert, kann zum einen an diesen Stellen Korrosionsangriff entstehen. Durch Bildung elektrochemischer Elemente wird in solchen Fällen die Edelstahlwand punktuell angegriffen und kann schließlich bis in den Produktbereich perforiert werden. Beispiele aus der Praxis bestätigen dieses grundlegende Problem. Zu relativ schnellen Schäden kann die von Isolierbereichen ausgehende Korrosion führen, wenn Halogene in dem kondensierten Wasser gelöst sind und sich bei nicht beständigen Edelstahlsorten dadurch Lochfraß bildet.

Zum anderen kann bei undichter Außenhaut ständig Feuchtigkeit in die Isolierung eindringen. Der dadurch verursachte technische Effekt besteht darin, dass das Isoliermaterial zusammenklumpt oder -backt, wodurch die Isolierwirkung verloren geht. Das hygienische Problem entsteht durch Wachstum von Mikroorganismen innerhalb der Isolierung, die – wie Erfahrungen aus der Praxis nachweislich zeigen – an den undichten Stellen nach außen treten und die Umgebung kontaminieren können. Dies ist im Bereich offener Prozesse unbedingt zu vermeiden.

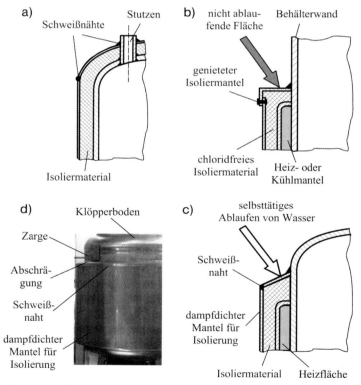

Abb. 4.8 Ausführung der Behälterisolierung:
(a) Stutzenbereich, (b) nicht ablaufende horizontale Fläche,
(c, d) abgeschrägte Flächen.

Deshalb müssen Isolierungen sowohl von offenen als auch von geschlossenen Behältern zunächst trocken verlegt werden und in feuchten Räumen einen dichten Außenmantel erhalten, um zu verhindern, dass Feuchtigkeit in den isolierten Bereich eindringt. Die zuverlässigste Art ist es, den die Isolierung umgebenden Mantel aus dünnem rostfreien Edelstahlblech zu fertigen und mit der Behälterwand und vorhandenen Rohrstutzen gemäß Abb. 4.8a dicht zu verschweißen. Unterbrochene Nähte reichen dazu nicht aus. Das Nieten entsprechend Abb. 4.8b oder Verschrauben des äußeren Mantels ergibt keine dichte Verbindung, selbst wenn ein Dichtungsband zwischen die Stoßstellen gelegt wird. Solche Verbindungen sollten daher nur in Trockenräumen angewendet werden, wo ein Wachstum von Mikroorganismen ausgeschlossen ist. Das obere Ende des Isoliermantels darf außerdem keine horizontalen Flächen aufweisen, auf denen sich Schmutz ansammeln kann, sondern diese müssen entsprechend Abb. 4.8c und Abb. 4.8d geneigt werden, um das Ablaufen von Flüssigkeiten sicherzustellen.

Am Beispiel praktischer Ausführungen genieteter Mäntel von Behälterisolierungen gemäß Abb. 4.9 lassen sich die typischen Problembereiche erkennen. Um Durchführungen durch die Isolierung, wie z. B. um Halterungen und Füße, müssen entsprechend Abb. 4.9a Ausschnitte am Isoliermantel gemacht und entsprechende Passteile eingefügt werden, die an den Rändern sickenartige Überlappungen mit den Mantelbereichen bilden. An diesen Stellen muss eine sichere Abdichtung erfolgen, um als Dampfsperre zu wirken. Wie sich in Abb. 4.9b erkennen lässt, ist meist der Nietabstand zu groß, um eine ausreichen-

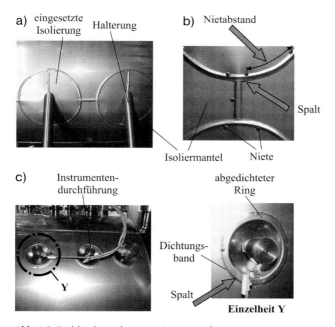

Abb. 4.9 Problembereiche an genieteten Isolierungen:
(a) eingesetzte Bereiche bei Abstützungen, (b) Nietabstand, (c) Spaltbildung.

de Anpressung des Dichtungsbandes zu gewährleisten. Außerdem ergeben die Überlappungsstellen der sickenförmigen Auswölbungen Problembereiche, an denen deutlich sichtbar Spalte entstehen. Auch in Abb. 4.9c sind vor allem in dem vergrößerten Ausschnitt Y die beschriebenen Stellen deutlich zu erkennen.

Einen zweiten für Behälter typischen Außenbereich stellen die Lagerungen, Stützen oder Füße dar, die wiederum aus Sicht der Reinigbarkeit vor allem in Bereichen offener Prozesse eine wichtige Rolle spielen. Die Krafteinleitung von Behältern in einzelne Stützen oder Füße muss aus Gründen der Festigkeit möglichst tangential erfolgen, wobei der Wandbereich durch aufgeschweißte Bleche zu verstärken ist. Die Abb. 4.10 zeigt zwei Beispiele der Gestaltung des Übergangs vom Behälter in den Fußbereich. In Abb. 4.10a ist das Gestaltungsprinzip einer Behälterabstützung dargestellt, die unter dem Behälter angebracht ist und bei der ein geschlossenes Profil verwendet wird, das entweder als Vierkant- oder als Rundrohr ausgeführt werden kann. Die Oberseite der Grundplatten der Füße sollte eine Neigung aufweisen, um das Ablaufen von Flüssigkeit zu ermöglichen. Außerdem muss auf ausreichenden Bodenabstand geachtet werden, damit Reinigung und Wartung unterhalb des Behälters einfach auszuführen sind. Bei der über den Behälter seitlich überragenden Stütze nach Abb. 4.10b ist darauf zu achten, dass obenliegende horizontale Flächen vermieden werden, indem eine ausreichende Neigung vorgesehen wird. Wird für die Stütze ein geschlossenes Profil (z. B. Rechteckrohr) verwendet, so ist die obere Öffnung durch einen angeschweißten Deckel dicht zu verschließen. Bei offenem Querschnitt (z. B. U-Profil) sollte die offene Seite nach außen weisen, um eine leichte Reinigung zu ermöglichen.

Häufig werden Behälter und Apparate in Gestelle eingehängt. Zur Befestigung dienen in solchen Fällen Pratzen mit ebener Auflagerfläche, die an die Behälter angeschweißt werden (siehe auch [7]). In Abb. 4.11 ist in der linken Ansicht die Anordnung solcher Pratzen in der Draufsicht auf einen Behälter dargestellt. Einzelheiten der üblichen Ausführung zeigt Abb. 4.11b. Mit der am Behälter angeschweißten Verstärkung ist die Auflagerplatte verschweißt. Durch zwei Rippen

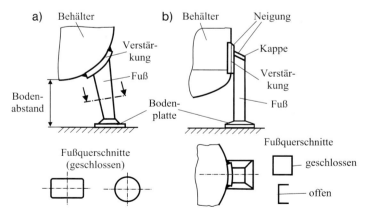

Abb. 4.10 Anordnung von Stützen und Füßen an Behältern: (a) schräge Stütze, (b) tangentiale Stütze.

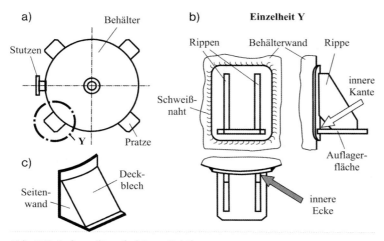

Abb. 4.11 Auflager für aufgehängte Behälter:
(a) Anordnung von Pratzen, (b) Beispiel einer offenen Ausführung mit horizontalen Bereichen, (c) Prinzip einer geschlossenen Ausführung.

wird die Verbindung entsprechend versteift. Die einzelnen Schweißnähte der Konstruktion sind nicht dargestellt. In der Nähe von und vor allem über offenen Prozessen ist zum einen die horizontale Oberseite der Pratze als Risikobereich zu betrachten. Zum anderen entstehen zwischen Verstärkung, Auflagerplatte und Rippen innere Ecken, die sich praktisch nicht reinigen lassen, wenn die Bauteile dort zusammenlaufen. Wie in der Seitenansicht angedeutet, lassen sich die Ecken dadurch vermeiden, dass die Rippen an der Unterseite eine abgeschrägte Aussparung erhalten, sodass von der Seite her die rechtwinkligen Kanten durchgehend zugänglich sind und damit eine Reinigung dieses Bereichs möglich wird. Als hygienegerechte Ausführung müsste entsprechend Abb. 4.11c eine geschlossene Konstruktion durch Deckbleche angestrebt werden, wobei die Rippen gleichzeitig als Seitenwände dienen können.

Horizontale Behälter können außer durch Füße auch durch Sattelung gemäß Abb. 4.12 gelagert werden. In der üblichen Gestaltung werden Sattelungen hauptsächlich im nicht produktberührten Bereich eingesetzt. Um innere Ecken zu vermeiden, kann die Versteifungsrippe zur leichteren Reinigung der rechtwinkligen

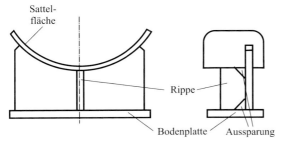

Abb. 4.12 Beispiel der Sattelung eines liegenden Behälters.

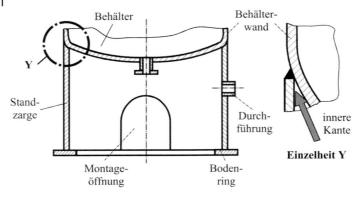

Abb. 4.13 Beispiel einer Standzarge.

Kanten jeweils ausgespart werden. Wenn bei unterschiedlichen Werkstoffen zur Isolierung zwischen Behälter und Sattelvorrichtung Kunststoffmatten verwendet werden, ist auf Spaltbildung mit den dadurch entstehenden Risiken der Kontamination zu achten, falls der Einsatz in Hygienebereichen erfolgt.

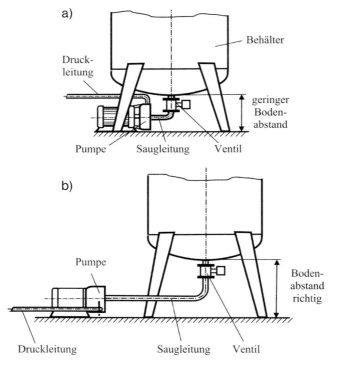

Abb. 4.14 Zugänglichkeit unter Behältern (siehe [3]):
(a) Problemzone, (b) günstige Ausführung.

Vor allem bei Großtanks und Silos, die in Außenbereichen aufgestellt werden, kann die Lagerung der Behälter durch Standzargen erfolgen (s. auch [8]). Im Allgemeinen handelt es sich hierbei um nicht produktberührte Bereiche mit geringeren Hygieneanforderungen. Eine einfache Ausführung ohne Verstärkung am Behälter ist in Abb. 4.13 dargestellt. Der Innenbereich der Standzarge wird durch entsprechende Öffnungen für Montage, Kontrolle und Wartung zugänglich gemacht. Für die Durchführung von Leitungen werden im Allgemeinen Schutzrohre verwendet. Eine kritische Zone entsteht im Innenraum an der Verbindungsstelle des Behälters mit der Standzarge, wo sich eine spitzwinklig zulaufende Kante ergibt. An dieser Stelle ist neben schlechter Reinigbarkeit auch auf Spaltkorrosion zu achten.

Die Höhe unterhalb von Behältern muss vor allem in Produktionsräumen von offenen Prozessen nötige Montage-, Wartungs- und Inspektionsarbeiten sowie eine leichte Reinigung ermöglichen. Armaturen, Pumpen und andere Geräte dürfen nicht, wie in Abb. 4.14a dargestellt, unterhalb des Behälters angeordnet, sondern gemäß Abb. 4.14b in den Außenbereich verlegt werden. Hygienegerechte Gestaltung der Komponenten sowie leichter Zugang sind entscheidende Anforderungen.

4.1.2
Druckbehälter

Druckbehälter werden in erster Linie für Flüssigkeiten und Gase als Lager-, Puffer- oder Prozessbehälter eingesetzt. Im Bereich pulverförmiger und körniger Feststoffprodukte dienen sie vor allem als Sende- und Empfangsgefäße bei pneumatischer Förderung. Druckbehälter können mit innerem oder äußerem Betriebsüberdruck beaufschlagt werden. Maßgebende Größe ist dabei die Differenz der Drücke, die innerhalb und außerhalb des Behälters vorliegen. In vielen Anlagen herrscht im Außenbereich des Behälters der Atmosphärendruck, während der Druck im Bereich des Produktes, das im Inneren eines Behälters bearbeitet wird, höher ist. Beispiele für äußeren Überdruck sind Vakuumbehälter oder Behälter mit einem Heiz- oder Kühlmantel, der bei höherem als der Behälterinnendruck betrieben wird. Bei der Auslegung wurden in Deutschland bisher die technischen Regeln der AD-Merkblätter (Arbeitsgemeinschaft Druckbehälter) nach [9] verwendet. Nach neuestem Stand gilt die Druckgeräterichtlinie der EU gemäß [10], wobei die AD-Merkblätter weiterhin den Stand der Technik wiedergeben werden, wo dieser nicht auf andere Weise festgelegt ist. Neben den Grundlagen für die technische Auslegung von Apparaten enthalten die AD-Merkblätter eine Liste der für den Behälterbau geeigneten Werkstoffe, mit Sicherheitsbeiwerten und Anwendungsgrenzen bezüglich Einsatztemperatur und Abmessungen. Die Werkstoffe werden nach den einschlägigen Normen wie z. B. nach [10, 11] ausgewählt und Kennwerte entsprechend z. B. den AD-Vorschriften ermittelt. Für Behälter, die in den USA gebaut werden, sind die technischen Regeln der American Society of Mechanical Engineers als Stand der Technik zu betrachten [12]. Diese Regelwerke enthalten ebenfalls Auslegungsgleichungen und Listen zugelassener Werkstoffe.

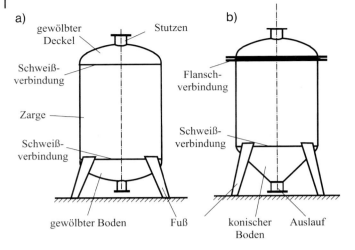

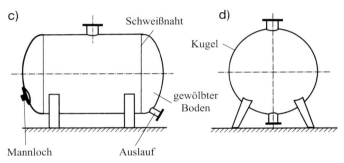

Abb. 4.15 Arten geschlossener Behälter:
(a) stehender geschweißter Behälter mit gewölbten Böden,
(b) stehender Behälter mit Flanschdeckel und konischem Auslauf,
(c) liegender zylindrischer geschweißter Behälter, (d) Kugelbehälter.

Praktisch werden Druckbehälter meist in zylindrischer Form mit gewölbten oder konischen Böden gemäß Abb. 4.15 hergestellt und liegend oder stehend betrieben. Seltener werden kugelförmige Behälter verwendet. Die Fertigung zylindrischer Behälterzargen erfolgt je nach Behälterabmessung aus einzelnen Schüssen, die der Breite genormter Blechtafeln oder Coils (Blechrollen) entsprechen. Bei austenitischem Edelstahl liegt die Oberflächenrauheit bei angelieferten Blechen im Allgemeinen bereits bei $Ra = 0{,}2$ μm bis $Ra = 0{,}5$ μm, d. h. sie entspricht mindestens der üblicherweise aus hygienischen Gründen geforderten Rauheit von $Ra = 0.8$ μm [4]. Zum Schutz der Oberfläche sind die Bleche bei Anlieferung mit einer Kunststofffolie beschichtet. Während bei der Fertigung aus Blechtafeln bei größeren Durchmessern ein Schuss meist aus mehreren Tafeln hergestellt wird und damit mehrere Verbindungsnähte (Längsnähte) notwendig sind, ist es bei der Verwendung von Coils nur eine einzige. Die Anzahl der Schweißnähte kann im Hinblick auf Oberflächenqualität und Ferritgehalt auch aus hygienischer Sicht

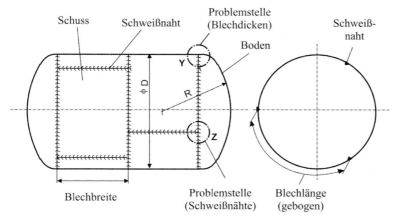

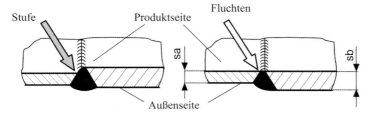

Abb. 4.16 Schweißnähte an zylindrischem Behälter.

relevant sein. Die einzelnen Schüsse werden dann mit Rundnähten zur Zarge verschweißt. Für alle Schweißvorgänge werden heute ausschließlich automatische Schweißverfahren wie WIG- oder Unterpulver-Schweißung angewendet, die ausgezeichnete Nahtqualitäten ergeben. Als Problemstelle ist, vor allem bei nicht fachgerechter Ausführung, die Überlappung von Längs- und Quernähten anzusehen. Sie kann sowohl eine potenzielle mechanische als auch hygienische Schwachstelle darstellen.

Behälterböden werden in genormter Form mit Kugelkalotte und Krempe als Klöpperböden ($R/D = 1$), tiefgewölbte Böden ($R/D = 0{,}8$) oder Kugelböden ($R/D = 0{,}5$) meist von Spezialfirmen hergestellt. Wenn Behälter nicht durch Abheben des Deckels geöffnet werden müssen, werden die Böden direkt mit der Zarge verschweißt und ein Mannloch als Zugangs- und Besichtigungsöffnung integriert. Im Fall unterschiedlicher Wandstärken von Zarge und Boden ist eine einwandfreie Ausführung der Verbindungsschweißnaht besonders wichtig, wobei aus Gründen der Reinigbarkeit generell auf Fluchten auf der Produktseite gemäß Abb. 4.16 ohne Durchhängen oder Überhöhung der Naht geachtet werden sollte. Jeder Vor- oder Rücksprung an der Schweißnaht stellt eine schlechter als der übrige Wandbereich zu reinigende Problemzone dar.

Bei Konstruktionen mit demontierbarem Deckel erhalten Zarge und Deckel einen Flansch, der funktions- und hygienegerecht zu gestalten und zu verschweißen

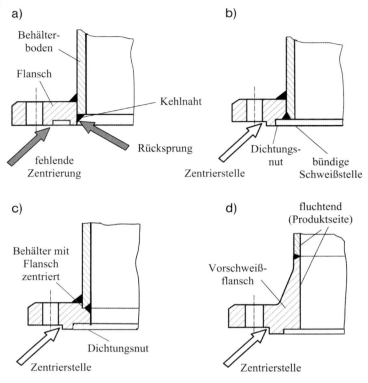

Abb. 4.17 Flanschkonstruktionen:
(a) Stufe zwischen Behälterwand und Flansch, (b) bündige Schweißstelle,
(c) Zentrierung von Behälter und Flansch, (d) Vorschweißflansch.

ist. Die Flansche können als Ringe gefertigt werden. Bei der Schweißverbindung ist darauf zu achten, dass aus hygienischen Gründen Vor- und Rücksprünge im Produktbereich vermieden werden wie dies in Abb. 4.17a der Fall ist, auch wenn dort die innere Kehlnaht die Situation verbessert. Die Behälterteile sind daher mit dem Flansch bündig zu verschweißen, wobei im Fall von Abb. 4.17b die Schweißnaht im Bereich der Dichtstelle je nach Art der zu fertigenden Dichtungsnut ein Problem darstellt. Die Abb. 4.17c zeigt eine zentrierte und im Produktbereich fluchtende, d. h. hygienegerecht ausgeführte Schweißkonstruktion. Bei kleineren Behälterdurchmessern stellen Vorschweißflansche, die häufig als Schmiedeteile gefertigt werden, eine hygienisch und konstruktiv günstige Lösung dar (Abb. 4.17d). Zu beachten ist bei speziellen Anforderungen wie z. B. nach Basler Norm BN 2 [13], dass durch die Verformung beim Schmieden in manchen Bereichen ein erhöhter Ferritgehalt auftreten kann.

Da die ursprüngliche Oberflächenqualität bei der Kaltverformung im Allgemeinen beeinträchtigt wird, werden Behälter auf der Innenseite (Produktseite) mechanisch geschliffen. Gleichzeitig wird dadurch eine einheitliche Oberflächenstruktur an Blech und Schweißnaht erreicht und nicht zulässige Anlauffarben

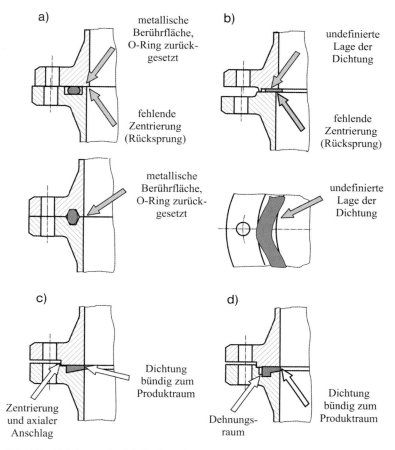

Abb. 4.18 Abdichtung der Behälterflansche:
(a) O-Ring und (b) Flachdichtung zwischen nicht zentrierten Flanschen,
(c) zentrierte Flansche mit Flachdichtung in abgeschrägter Nut,
(d) zentrierte Flansche mit unverlierbarer Profildichtung.

werden entfernt. Bei besonderen Anforderungen kann eine mechanische oder elektrochemische Politur erfolgen. Im Bereich der Lebensmittelindustrie werden etwa nur 20 % der Behälter elektropoliert, während es in der Pharmaindustrie etwa 60 % sind.

Aus hygienischer Sicht stellt die Flanschdichtung vor allem bei großen Durchmessern ein erhebliches Hygienerisiko dar. Dichtstellen mit Rundringen ergeben das Problem, dass bei den üblichen Konstruktionen der O-Ring nicht bündig zur Produktseite hin angeordnet ist, sondern wegen der üblichen Nut entsprechend Abb. 4.18a etwas zurückversetzt werden muss (siehe auch Abschnitt 1.4.1). Die O-Ringnut kann außerdem in unterschiedlichen Formen ausgeführt werden. Durch die Metallauflage der beiden Flansche an der Produktseite entsteht ein nicht sichtbarer Spalt zwischen den Berührflächen, der nicht reinigbar ist und deshalb zu Kontaminationen führt. Die Übertragung der O-Ring-Lösung nach DIN 11 864 ist auf große Durchmesser, wie sie bei größeren Behältern vorliegen, nicht erprobt und wäre außerdem schwierig herzustellen.

In vielen Fällen wird die Dichtung als Flachdichtung ausgeführt, die vom Band geschnitten wird. Die Dichtung wird dabei von Hand eingelegt und manchmal verklebt. Zum Beispiel verlangt 3-A in den USA zurzeit das Verkleben solcher Dichtungen, obwohl die Maßnahme aus hygienischer Sicht fragwürdig ist. In der Praxis zeigt sich, dass vom Band geschnittene Dichtungen meist entweder gemäß Abb. 4.18b in den Produktbereich hineinragen oder zurückversetzt sind. In beiden Fällen entsteht ein Hygieneproblem, da Ansätze von Schmutz nicht zu vermeiden sind, die während der CIP-Reinigung nicht entfernen werden. Nur beim Öffnen der Behälter und getrennter Reinigung von Dichtung und Flanschflächen lassen sich solche Konstruktionen als hygienegerecht verantworten. Wie bereits in Abschnitt 2.3 ausgeführt, ist als hygienegerechte Lösung die zentrierte Ausführung der Flansche mit einer geeigneten Dichtungsgestaltung anzusehen. Als Beispiel ist die Flachdichtung zu nennen, bei der eine Flanschseite leicht angeschrägt wird, sodass die Stelle der stärksten Pressung gemäß Abb. 4.18c unmittelbar an der Produktseite liegt. Außerdem muss die Dichtung einen radialen Anschlag erhalten, damit sie definiert mit dem inneren Behälterrand fluchtet. Um bei innerem Unterdruck nicht eingezogen zu werden, ist die Dichtung so zu gestalten, dass sie in einem der beiden Flansche verankert ist, wie es in Abb. 4.18d verwirklicht ist. Die gezeigten Darstellungen sind als Prinzipskizzen aufzufassen, die in unterschiedlicher Weise konstruktiv realisiert werden können.

4.1.2.1 Stutzen

Bei der Gestaltung von Stutzen, die zum Einbau von Geräten dienen, ist bei nicht durchströmten Stutzen besonders auf die Reinigbarkeit zu achten. In vielen Fällen werden zusätzliche tot endende Stutzen mit Deckel vorsichtshalber auf Behälterdeckeln angebracht, um im Bedarfsfall Erweiterungen vornehmen zu können. Wenn der Behälter mit Sprühkugeln oder Zielstrahlgeräten gereinigt wird, müssen Stutzen so gestaltet werden, dass keine Sprühschatten entstehen. Wie die Prinzipdarstellung nach Abb. 4.19a zeigt, ist die zuverlässig reinigbare Stutzentiefe von der Lage zum Reinigungsgerät abhängig. Vor allem konische Stutzen, die zurzeit noch wenig eingesetzt werden, sind bei der Reinigung von Vorteil. Um tiefere Totzonen sicher zu reinigen, kann entsprechend Abb. 4.19b eine Abzweigung von der Reinigungsleitung an den Stutzen angeschlossen werden. Als Beispiel dafür kann die Anschlussleitung für einen sterilen Beatmungsfilter nach Abb. 4.19c angeführt werden. Bei der Gestaltung von Stutzen ist darauf zu achten, dass keine Spalte an der Produktseite entsprechend Abb. 4.20a entstehen oder dass Stutzenenden wie in Abb. 4.20b in den Produktbereich hineinragen und damit Totzonen für die Reinigung ergeben. Ausgehalste Behälteröffnungen mit angeschweißten zylindrischen gemäß Abb. 4.20c oder konischen Stutzen entsprechend Abb. 4.20d ergeben bei angepasster Stutzenlage und -tiefe hygienegerechte Verhältnisse.

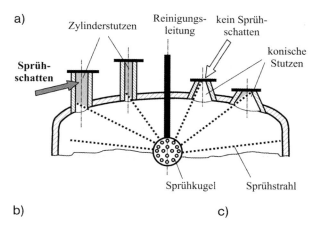

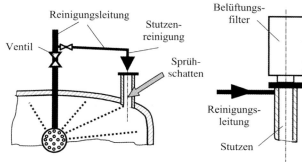

Abb. 4.19 Blindstutzen an Behältern:
(a) Ausführungsmöglichkeiten und Problembereiche,
(b) Reinigungsmöglichkeit, (c) Reinigung bei Stutzen mit Belüftungsfilter.

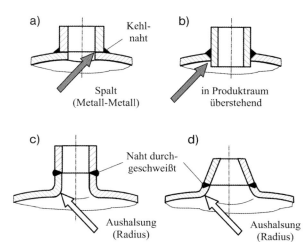

Abb. 4.20 Schweißverbindungen an Stutzen:
(a) Spaltbildung, (b) Überstand nach innen, (c, d) Aushalsungen am Behälter.

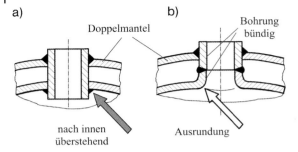

Abb. 4.21 Stutzen an Doppelmantel-Behältern: (a) innerer Überstand, (b) Aushalsung der Innenwand.

Bei der leicht reinigbaren Gestaltung von Stutzen für doppelwandige Behälter, die Kühl- oder Heizzonen besitzen, sind die erwähnten Gesichtspunkte in gleicher Weise maßgebend: Eingesetzte Stutzen dürfen gemäß Abb. 4.21a nicht in den Produktraum hinein überstehen oder durch Kehlnähte innen angeschweißt werden, da dadurch schwierig zu reinigende Bereiche mit Schattenwirkung und Ecken entstehen. Bei der hygienegerechten Lösung mit Aushalsung des Behälterteils und aufgesetztem Rohrstutzen nach Abb. 4.21b ist darauf zu achten, dass die Bohrung keinen Versatz hat, sondern fluchtend verläuft.

Auch ringförmige Platten, die als Blockflansche zum Befestigen von Geräten verwendet werden, dürfen nicht in den Produktraum gemäß Abb. 4.22a überstehen, sondern müssen entsprechend der Darstellung nach Abb. 4.22b nach innen bündig eingeschweißt werden, um Problemzonen zu vermeiden. Wenn sie auf die Behälterwand aufgesetzt werden, darf kein Rücksprung (Abb. 4.22c) entstehen, der die Reinigung behindert. Die Bohrung muss entsprechend Abb. 4.22d glatt durchgehend ausgeführt werden. Eine Abschrägung am Übergang zum Inneren des Behälters unterstützt die Reinigbarkeit bei Sprüh- oder Spritzreinigung.

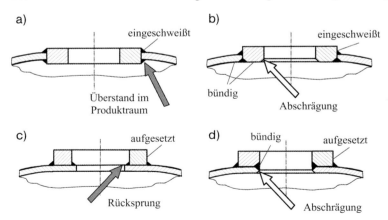

Abb. 4.22 Ausführung von Blockflanschen: eingeschweißter Flansch mit (a) innerem Überstand und (b) bündiger Gestaltung, aufgesetzter Flansch mit (c) Stufe und (d) fluchtend.

4.1.2.2 Schaugläser und Mannlochverschlüsse

Unter dem Gesichtspunkt Hygienic Design ist bei Schaugläsern und Mannlochverschlüssen in erster Linie zu beachten, dass Totzonen, Schattenbereiche und Spalte vermieden und hygienegerechte Dichtungskonstruktionen verwendet werden. Außerdem ergeben sich häufig Probleme mit dem selbsttätigen Ablaufen von Flüssigkeiten, vor allem bei rechteckigen Formen. Übliche Ausführungen lassen sich meist nicht ausreichend in-place reinigen.

Schaugläser werden in vielen Branchen in bruchsicherem Glas ausgeführt. Da ein Absplittern bei Montage z. B. durch mechanische Verletzung an den Rändern nicht auszuschließen ist und Glassplitter im Produkt sehr schwer zu detektieren sind, werden in solchen Bereichen häufig zugelassene durchsichtige Kunststoffe wie Polycarbonate eingesetzt, die allerdings nicht laugenbeständig sind. Bei beiden Werkstoffen muss gegenüber der Edelstahlhalterung ein Elastomerwerkstoff nicht nur für die Abdichtung, sondern auch für ausreichenden elastischen Schutz sorgen. Die Dichtstelle muss dabei hygienegerecht gestaltet werden, was sich bei runder Ausführung des Schauglases leichter verwirklichen lässt als bei rechteckiger, wo sowohl die Gestaltung und Herstellung der Dichtungsnut als auch der Dichtung selbst vor allem an den Ecken konstruktiv schwierig ist und dadurch schlecht reinigbare Problembereiche ergeben kann.

Bei der Verwendung von Schaugläsern (s. auch [14]) werden im Allgemeinen Blockflansche gemäß Abb. 4.23a benutzt. Durch den Rücksprung gegenüber dem Produktraum entstehen häufig schlecht reinigbare und nicht entleerbare Bereiche, vor allem wenn das Schauglas zu weit von der Behälterwand zurückversetzt ist. Durch Abschrägen der Flanschbohrung und Minimierung des Abstandes zum

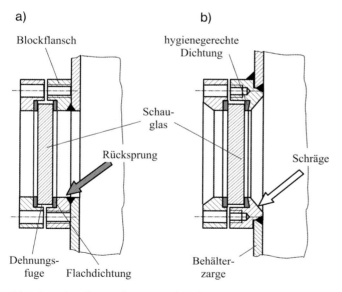

Abb. 4.23 Schauglasgestaltung (Verschneidung nicht dargestellt):
(a) mit nicht entleerendem Rücksprung, (b) konische Ausführung des Flanschteils.

Produktraum hin entsprechend Abb. 4.23b wird die Reinigbarkeit deutlich verbessert und das Ablaufen von Flüssigkeit erreicht. Die produktberührte Dichtstelle des Schauglases muss eine hygienegerecht gestaltete Dichtung erhalten, die mit definierter Pressung bündig an der Produktseite ist.

Mannlöcher von Druckbehältern mit innerem Überdruck besitzen traditionsgemäß eine elliptische Form, um den Deckel durch die ovale Öffnung in den Behälter einführen und von innen abdichten zu können (s. auch [15]). Im Betrieb erhält die Deckeldichtung durch den Überdruck eine zusätzliche druckabhängige Anpresskraft. Wegen der Rundung des Behälters und der elliptischen Form von Öffnung und Deckel ergeben sich bei üblicher Gestaltung dieses inneren Bereichs Probleme durch Vor- und Rücksprünge sowie tote Ecken. In Abb. 4.24a wird anhand einer Prinzipskizze das Problem verdeutlicht. Es besteht darin, dass bereits ein elliptischer Stutzen mit ebenem, d. h. der Behälterrundung nicht angepasstem Ende, der an der im Schnitt (linke Seite der Skizze) dargestellten Stelle A innen zur zylindrischen Behälterwand bündig eingeschweißt wird, gegenüber der Stelle B einen Vorsprung mit dem Maß a ergibt. Durch diesen Vorsprung, der von den Abmessungen des Behälterradius R und der Stutzenweite abhängt, entsteht z. B. bei Sprühreinigung des Behälters an der der Sprühvorrichtung abgewandten Seite ein Schattenbereich, in dem Schmutzansammlungen bei der Reinigung nicht erreicht werden. Das Problem wird noch erheblich vergrößert, wenn der Stutzen gemäß der Darstellung der rechten Seite nach innen vorsteht, um ihn z. B. durch eine innere Kehlnaht mit dem Behälter innen spaltfrei zu verschweißen.

Die Abb. 4.24b zeigt eine Ausführung einer Mannlochkonstruktion, bei der anstelle des eingeschweißten Stutzens der Behälter ausgehalst bzw. ein ausgehalster Stutzen eingeschweißt ist. Durch die entstehende Ausrundung werden zwar innere Ecken vermieden, nicht jedoch Schattenbereiche unterhalb der Aushalsung. Außerdem können sich erhebliche Kontaminationsrisiken durch die Mannlochdichtung ergeben, die in diesem Fall meist auf den Deckel aufgesteckt ist und am seitlichen Rand nicht reinigbare Spalte bildet, wenn sie zur Reinigung nicht jedes Mal entfernt wird. Für eine hygienegerechte Dichtungsgestaltung fehlen außerdem Zentrierung und definierter Anschlag.

Die linke Seite von Abb. 4.24c zeigt einen Ausschnitt einer häufig anzutreffenden Ausführung der Mannlochdichtung. Die Dichtung ist dabei über den Deckelrand gestülpt und ergibt zum Deckel hin einen deutlichen Spalt, da dort meist keine ausreichende radiale Anpressung gegeben ist. Die rechte Seite zeigt einen Ausschnitt dieser Stelle, wobei der Deckel schräg in der Mannlochöffnung zu sehen ist, wie es beim Einfügen während der Montage der Fall ist.

In Abb. 4.25a ist die Gestaltung der Dichtstelle insoweit verbessert als die Flachdichtung, die in diesem Fall in dem Behälterstutzen angebracht ist, in einer Nut mit Neigung am Rand am stärksten gepresst wird. Es fehlt jedoch ein definierter metallischer Anschlag, um die Dichtung nicht zu überpressen. Die Abb. 4.25b zeigt eine prinzipielle Möglichkeit, wie die Dichtstelle hygienegerecht zu gestalten und die innere Ecke durch ein Formteil auszurunden ist. Nicht vermeiden lässt sich jedoch auch bei dieser Ausführung der Schattenbereich unterhalb der Deckelkonstruktion.

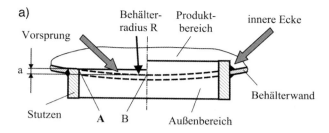
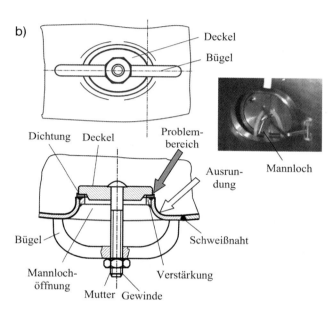
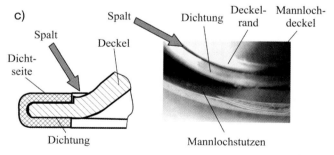

Abb. 4.24 Problembereiche an Mannlochausführungen mit innenliegendem Deckel: (a) Vor- und Rücksprung sowie Totbereiche bei unterschiedlicher Gestaltung, (b) ausgehalster Stutzen, (c) Problemstellen an Mannlochdichtung.

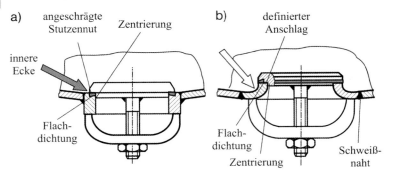

Abb. 4.25 Mannlochgestaltung bei innenliegendem Deckel:
(a) eingeschweißter Stutzen mit Flachdichtung, (b) ausgehalster Stutzen.

In vielen Fällen werden bei modernen Konstruktionen runde Mannlöcher verwendet, die als zylindrische Stutzenkonstruktion gemäß Abb. 4.26a außen auf den Behälter aufgesetzt werden. Bei höherem Innendruck wird der Deckel dabei entweder gewölbt (linke Ansicht) oder flach (rechte Ansicht) ausgeführt und mit dem Flansch des Stutzens entsprechend den Anforderungen der gesetzlichen Vorschriften verschraubt. Bei häufigem Öffnen erleichtern schnell zu lösende Verschraubungen wie Klammerschrauben (rechte Ansicht) oder gelenkig angebrachte Augenschrauben die Demontage. Um eine leichte Reinigbarkeit zu

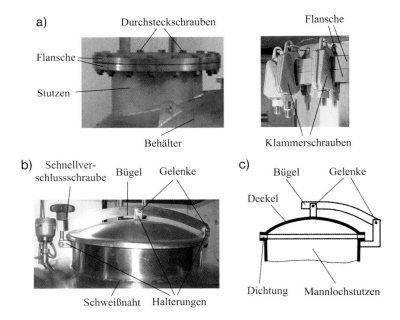

Abb. 4.26 Außenliegender Mannlochdeckel:
(a) Flansch mit Durchsteckschrauben bzw. Klammerschrauben,
(b) Deckel mit Bügel, praktische Ausführung, (c) Prinzipskizze.

erreichen, ist dabei, wie bereits in Abschnitt 4.1.1.1 ausgeführt, auf die Gestaltung der Dichtung nach Regeln von Hygienic Design zu achten. Bei geringem inneren Überdruck genügt häufig das Verschließen mit einem gelenkig gelagerten schwenkbaren Deckel gemäß der linken Ansicht in Abb. 4.26b, der von außen gedichtet und mit einem Schnellverschluss befestigt wird. Für drucklose Behälter genügt meist das Deckelgewicht entsprechend der Skizze auf der rechten Seite, um das Mannloch zu verschließen.

4.1.3
Drucklose Behälter

Behälter, die ohne Betriebsüberdruck arbeiten, können während der Herstellung von Produkten sowie bei der Reinigung geschlossen oder offen betrieben werden. Die geschlossene Arbeitsweise hat den Vorteil, dass die äußere Umgebung während der Produktion keine Rolle spielt. Werden Behälter in offenem Zustand für die Produktion verwendet, so ist die gesamte Umgebung in die Hygienemaßnahmen und Gestaltungsregeln einzubeziehen, wobei die Hygieneanforderungen an das Produkt die Gestaltungsmaßnahmen wie z. B. die Raumgruppe oder -zone bestimmen und damit auch die Anforderungen an das hygienegerechte Design festlegen.

Drucklose Behälter werden mit kreisförmigem oder rechteckigem Querschnitt in verschiedenen Formen und Ausführungen z. B. auch als Wannen oder Tröge einzeln oder innerhalb von Maschinen und Apparaten eingesetzt. Runde Querschnitte verleihen den Behältern meist ausreichende Stabilität, sodass im Allgemeinen keine speziellen Versteifungen der Zarge notwendig sind. Bei rechteckigen Formen neigen größere ebene Wände bei Füllung mit Flüssigkeiten zum Ausbeulen. Aus hygienischer Sicht müssen alle inneren Ecken im Produktbereich ausreichend ausgerundet werden. Außerdem ist auf eine selbsttätige Entleerung durch ausreichendes Gefälle zu achten.

4.1.3.1 Behälterformen
Auf unterschiedliche runde Behälterformen wurde bereits in Abschnitt 4.1.1.1 sowie mit Beispielen in Abb. 4.3 eingegangen. Bei den meisten drucklosen Behältern, die geschlossen betrieben werden, sind dieselben Elemente und Gestaltungsregeln relevant wie bei Druckbehältern. Allerdings erhalten sie häufig ebene Böden, sodass bei hygienegerechten Konstruktionen in erster Linie auf die Ausrundung aller Innenkanten und inneren Ecken und die entsprechende Bodenneigung zu achten ist. Vor allem bei rechteckigen Formen wie z. B. bei offenen Behältern und Wannen zur Lagerung und zum Transport von Produkten wird aus Gründen der Herstellung häufig auf die Ausrundung in allen Richtungen verzichtet, da dies höheren Aufwand bei der Herstellung bedeutet. Damit wird aber die Reinigung erheblich erschwert. In Abb. 4.27a ist zunächst eine innere Ecke eines Rechteckbehälters mit ebenem Boden dem Prinzip nach dargestellt, bei der die Schweißnähte direkt in den Kanten liegen und in der Ecke zusammenlaufen. Diese Form ist vor allem in den Ecken nicht ausreichend reinigbar

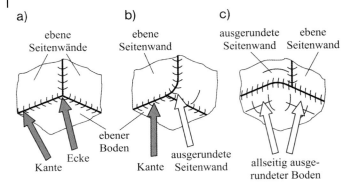

Abb. 4.27 Innere Ecken rechteckiger druckloser Behälter:
(a) unzulässige innere Ecke, (b) Abrundung entlang einer Kante,
(c) allseitige Ausrundung.

und sollte in hygienerelevanten Bereichen von Anlagen nicht eingesetzt werden. Die Abb. 4.27b zeigt die Ausführung, wenn nur an zwei gegenüberliegenden Behälterseiten zum Boden hin ausgerundet wird. Auf diese Weise lässt sich die innere Ecke vermeiden, während rechtwinklige Kanten in horizontaler Richtung erhalten bleiben. Diese leicht verbesserte Form lässt sich einfach herstellen, da zwei gegenüberliegende Seiten an den unteren Enden gebogen und die anderen entsprechend abgerundet zugeschnitten werden müssen. Sie ist aber ebenfalls nicht hygienegerecht. Bei der Form nach Abb. 4.27c ist der gesamte Boden an allen Kanten ausgerundet, was durch einen Umformprozess (Ziehen) geschehen muss, der relativ aufwändig ist. Von Vorteil ist dabei, dass die Bodenneigung gleichzeitig hergestellt werden kann.

Die Abb. 4.28a zeigt als Beispiel die Darstellung eines wannenförmigen Behälters, bei dem nur zwei gegenüberliegende Seitenwände ausgerundet sind. Außerdem fehlt die Neigung des Bodens in Richtung des Auslaufs, sodass eine ausreichende Entleerung nicht gewährleistet ist. Dem gegenüber zeigt Abb. 4.28b einer hygienegerechte Lösung mit Radien in allen relevanten Richtungen und der erforderlichen Neigung für Selbstentleerung.

Bei größeren dünnwandigen Behältern, vor allem wenn sie Rechteckquerschnitt aufweisen, müssen, wie bereits erwähnt, außerdem die Wände versteift werden. Dies kann z. B. durch Sicken gemäß Abb. 4.29a oder außenliegende Profile entsprechend Abb. 4.29b erfolgen. Während Sicken aufgrund ihrer Herstellung durch Verformung und der damit verbundenen nötigen Ausrundung meist leicht reinigbar gestaltet sind, ist dies bei äußeren Versteifungen schwieriger zu erreichen. Wenn der versteifte Außenbereich wegen Kontaminationsgefahr zum Produktbereich zu zählen ist, müssen die Elemente mit durchgehenden Nähten an die Wand angeschweißt werden, um Spalte zu vermeiden. Problematisch sind die nicht zu vermeidenden inneren rechtwinkligen Kanten zwischen Behälterwand und Profil, wenn Halbzeuge verwendet werden. Da Vierkantrohre gegenüber nach außen offenen U-Profilen weniger Vor- und Rücksprünge ergeben, sind sie

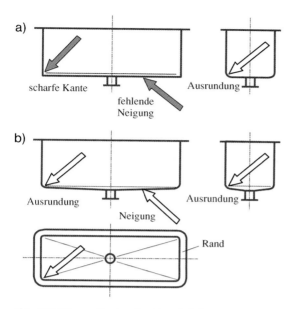

Abb. 4.28 Wannenförmige drucklose Behälter:
(a) Ausrundung gegenüberliegender Seitenwände, fehlende Auslaufneigung,
(b) selbstentleerende Gestaltung mit Ausrundungen aller Kanten.

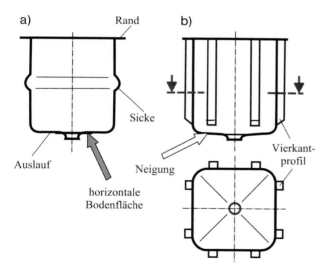

Abb. 4.29 Versteifungen druckloser Behälter:
(a) Sicken, (b) Profile an Außenwand.

als Versteifungen vorzuziehen. Vertikal angeordnete Elemente, wie in Abb. 4.29b dargestellt, sorgen für selbsttätigen Ablauf von Flüssigkeiten. Bei horizontal um den Behälter umlaufenden Versteifungen ist dies nicht der Fall.

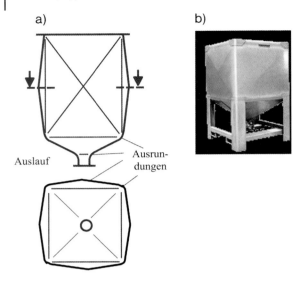

Abb. 4.30 Versteifung druckloser Behälter durch Formgebung: (a) Prinzipdarstellung, (b) ausgeführter Behälter.

Ausreichend Stabilität kann bei den Seitenwände auch durch eine entsprechende Formgebung erreicht werden, indem entsprechend Abb. 4.30a die Wände entlang der Diagonalen schwach gekantet werden. Das Foto nach Abb. 4.30b zeigt einen transportablen Behälter dieser Form, der auf entsprechenden Stützen steht.

Behälter und Wannen, die keine Auslauföffnungen am Boden enthalten, müssen zum Entleeren von Produkt und Reinigungsflüssigkeiten soweit gekippt werden können, dass eine Entleerung möglich ist, wie es Abb. 4.31 zeigt. Auch in diesem Fall sind Ecken und Kanten gut auszurunden, um leichte Reinigung und vollständige Entleerbarkeit zu ermöglichen.

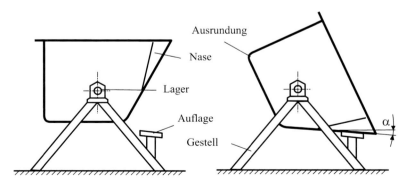

Abb. 4.31 Behälterentleerung durch kippbare Anordnung.

4.1.3.2 Deckel

Um die Kontaminationsgefahr zu verringern, sollten drucklose Behälter so weit wie möglich während der Produktherstellung und/oder Reinigung mit Deckeln verschlossen werden. Dadurch werden der relevante Hygienebereich und die damit verbundenen Gestaltungsmaßnahmen auf den Behälterinnenraum beschränkt. Die verwendeten Deckeldichtungen müssen hygienegerecht und damit leicht reinigbar gestaltet werden. Außerdem muss gewährleistet sein, dass nach dem Schließen des Deckels bzw. vor Beginn der Herstellung von Produkten dieser Raum den Hygieneanforderungen entspricht, d. h. dass der Innenraum zu diesem Zeitpunkt sauber und falls erforderlich steril ist.

Bei der Verwendung von Behälterdeckeln, die schwenkbar gestaltet sind, ist zur Lagerung ein Gelenk erforderlich. Wird dieses gemäß Abb. 4.32a angeordnet

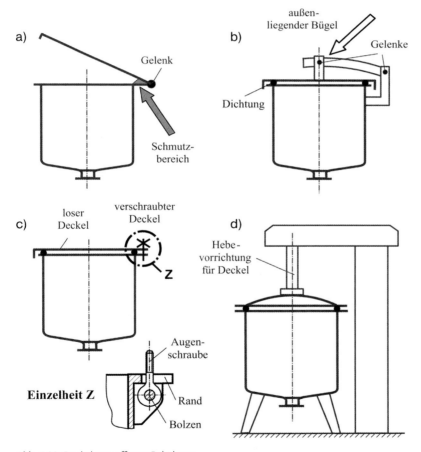

Abb. 4.32 Deckel von offenen Behältern:
(a) Gelenk in Produktnähe, (b) außenliegendes Gelenk,
(c) lose aufliegend oder fixierbar durch Schnellverschraubung,
(d) mit Vorrichtung anhebbar.

und gestaltet, so entsteht im Bereich des Behälterrandes zwischen Gelenk und Innenraum eine keilförmige Stelle, an der sich Produkt ansammelt, das bei der Reinigung nicht völlig entfernt werden kann und bei Schließen des Behälters als Kontaminationsrisiko einzustufen ist. Zusätzlich stellt das Gelenk bei geöffnetem Behälter ein Hygieneproblem dar, da es unmittelbar in Nähe der Problemstelle angeordnet ist. Wird der Deckel entsprechend Abb. 4.32b mithilfe eines Gelenkbügels schwenkbar angeordnet, so sind alle Problemzonen einschließlich der Gelenke in den Außenbereich verlagert. Bei geschlossenem Behälter besteht somit keine unmittelbare Kontaminationsgefahr durch nicht reinigbare Stellen sowie die Gelenke.

Bei Lagerbehältern oder Behältern, die bei Chargenproduktion zum Transport von Station zu Station dienen, können lose aufliegende (linke Seite) oder mit Schnellverschlüssen befestigte Deckel (rechte Seite) gemäß Abb. 4.32c verwendet werden. Je nach Anwendungsfall lassen sich dafür entweder hakenartige Befestigungen oder Schrauben verwenden. Wie die Einzeldarstellung Z in dieser Abbildung zeigt, können z. B. Augenschrauben nach Lösen der Mutter um einige Umdrehungen um den Gelenkbolzen gedreht werden und beim Öffnen des Deckels aus dem geschlitzten Deckelbereich herausgeschwenkt werden. Dabei ist zu beachten, dass eine Gefahr der Kreuzkontamination von den Schlitzbereichen des Deckels bzw. von den Schrauben ausgehen kann, obwohl sie nicht direkt produktberührt sind. Bei chargenweiser Produktion wird häufig der Deckel, in den entsprechende Werkzeuge wie Rührer usw. integriert sein können, über eine Hebevorrichtung auf den Behälter aufgesetzt und angepresst (s. auch [16]), die entsprechend Abb. 4.32d an einem Gestell befestigt ist.

4.1.3.3 Ränder

Kontaminationsrisiken können auch mit den Rändern von Behältern verbunden sein. Aus Sicht der hygienegerechten Gestaltung stellt der Behälterrand einen Übergangsbereich dar, von dem Produkt oder Schmutz sowohl direkt in den Produktbereich gelangen kann als auch in den Außenbereich abfließt oder -tropft. Wenn der Randbereich gemäß Abb. 4.33a von dünnwandigen offenen Behältern und Wannen nicht zur Versteifung als Flansch ausgeführt ist, wird er im Allgemeinen in unterschiedlicher Weise nach außen umgebogen, um Verletzungsgefahren auszuschließen. Dabei besteht entsprechend der Einzelheit Z die Möglichkeit, dass an den Rand spritzendes Produkt zum Teil in den Prozessbereich zurück- oder nach außen abfließt. Reste können mit anderen Substanzen den Rand verschmutzen und müssen bei der nachfolgenden Reinigung gut zugänglich und leicht entfernbar sein. Eine Problemzone stellt auch die Unterseite des Randes dar, wenn sich dort Schmutz ansammeln kann und sich daraus Gefährdungen für andere hygienisch relevante Bereiche ergeben. Dies kann z. B. der Fall sein, wenn ein solcher Behälter höher steht als andere Apparate mit offen zugänglicher Produktverarbeitung.

Eine grundlegende Möglichkeit der Gestaltung von Rändern besteht in offener Konstruktion, bei der das umgebogene Randende nicht mit dem Behälter verschweißt wird. Diese Art wird häufig vorgezogen, da damit bei richtiger

4.1 Behälter | 383

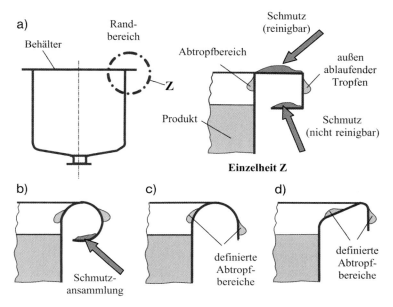

Abb. 4.33 Ränder offener Behälter (s. auch [3]):
(a) rechtwinklig umgekantet, (b) kreisförmig gebogen,
(c) halbkreisförmig gebogen mit vertikalem Außenrand,
(d) abgeschrägt mit vertikalem Außenrand.

Ausführung alle Stellen zugänglich sind und kontrolliert werden können. Die Abb. 4.33b zeigt zunächst einen kreisförmig gebogenen Rand, dessen Oberseite hygienegerecht gestaltet ist, da sich keine horizontalen Flächen ergeben und somit Flüssigkeiten selbsttätig ablaufen. Auf der zu weit umgebogenen, nicht einzusehenden Unterseite kann sich dagegen Schmutz ansammeln, der sich nicht entfernen lässt und damit zu einem Kontaminationsrisiko werden kann. Die hygienisch richtige Gestaltung zeigt Abb. 4.33c, bei der der Rand halbkreisförmig ausgeführt ist und eventuell in einem vertikalen Teil enden kann. Die Unterseite des Randes wird dadurch gut zugänglich und leicht reinigbar. Eine andere Ausführung ist in Abb. 4.33d dargestellt, bei der der Außenbereich des Randes im Wesentlichen vertikal verläuft und ebenfalls von unten einsehbar und reinigbar ist.

Als andere Möglichkeit kann das Randende mit der Behälterwand geschlossen verschweißt werden, wie es dem Prinzip nach Abb. 4.34 zeigt. Bei solchen geschlossenen Profilen besteht die Gefahr, dass infolge von Beschädigungen und Rissen in den Hohlräumen Mikroorganismen wachsen können. Dabei kann nicht ausgeschlossen werden, dass unbemerkte Risse direkt vom Produktraum ausgehen, sodass eine Kontamination des Produktes vom Hohlraum her möglich wird. Schließt man den Rand rohrförmig gemäß Abb. 4.34a, so kann sich Schmutz in der sichelförmig enger werdenden Eckzone zwischen der Behälterwand und dem Randprofil ansammeln, der bei Zugänglichkeit dieser Stelle durch Absprit-

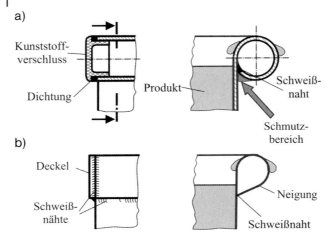

Abb. 4.34 Verschluss von Behälterrändern:
(a) Kunststoffeinsatz, (b) geschweißtes Ende.

zen entfernt werden kann. Bereiche dieser Art sollten jedoch vermieden werden, da sie in der Praxis zu Problemen führen. Demgegenüber ist der geschlossene Rand nach Abb. 4.34b hygienegerecht gestaltet. In beiden Fällen ist darauf zu achten, dass die Schweißnaht rissfrei, dicht und damit kontinuierlich, d. h. ohne Unterbrechung ausgeführt wird, um das Eindringen von Mikroorganismen zu verhindern. Lediglich in Trockenbereichen, wo aufgrund geringer Raumfeuchte ein Wachstum von Mikroorganismen ausgeschlossen ist, kann man stückweise geschweißte geschlossene Ränder verwenden. Bei Behältern oder Wannen, bei denen der Rand Enden besitzt, müssen diese dicht verschlossen werden. Eingepresste Kunststoffkappen mit oder ohne Dichtung gemäß Abb. 4.34a sind erfahrungsgemäß unter Praxisbedingungen vor allem bei Temperaturänderungen nicht ausreichend dicht. Die beste Lösung besteht entsprechend Abb. 4.34b in angeschweißten Endstücken, die auch an nicht kreisförmige Formen angepasst werden können.

4.1.4
Silos für Feststoffe

Silos für fließende Feststoffprodukte nehmen innerhalb der Gruppe „Behälter" eine Sonderstellung ein, da aufgrund des Auslaufverhaltens die verfahrenstechnische Auslegung in Kombination mit Hygienic Design verantwortlich für die Hygiene des Produktes ist. Fließförmige Produkte wie körnige und pulverförmige Schüttgüter (z. B. Zucker, Mehl, Milchpulver usw.) werden seit jeher in Silos gelagert. Ein Beispiel einer typischen Siloanlage wurde in Abb. 4.1b dargestellt. Silos können in ihren Abmessungen einen großen Bereich umfassen. Nicht selten werden Höhen von 50 m und Durchmesser von 10 m erreicht, wie dies beispielsweise bei Getreidesilos in Hafenanlagen der Fall ist. Mittlere Größen sind im innerbetrieblichen Ablauf häufig zur Zwischenlagerung von Produkten notwendig. Behälter von wenigen Litern Inhalt benötigt man in Dosieranlagen oder in Getränke- (Kakao, Kaffee) oder Bouillonautomaten, wo das pulverförmige Produkt portioniert werden muss. Im Hinblick auf eine rationale Massenproduktion und Verarbeitung von Lebensmitteln und Pharmaprodukten nimmt die Bedeutung von Siloanlagen noch ständig zu. Dabei ist vor allem auf die richtige Gestaltung und Auslegung zu achten, um hygienische Probleme zu vermeiden. Wenn die Produkt- und Umgebungsfeuchtigkeit ausreichend gering sind und die technischen Prozessanforderungen es zulassen, werden Silos in den meisten Fällen nicht in die Nassreinigung einbezogen, sondern – wenn überhaupt – trocken gereinigt.

Grundsätzlich sollten Silos so ausgelegt werden, dass sie selbsttätig unter Schwerkrafteinfluss entleert werden können, um den technischen Aufwand durch Zusatzgeräte so gering wie möglich zu halten. Die wesentlichen Hygiene- und Auslegungsaspekte werden dabei durch die Produkte sowie die Einbindung in den Prozessablauf bestimmt. Bei leicht verderblichen Produkten sowie bei einer Arbeitsweise, bei der immer wieder auf vorhandenes Produkt im Silo nachgefüllt wird, muss Massenfluss angestrebt werden, wodurch das Prinzip „first in/first out" verwirklicht wird. Wird dagegen das Silo immer völlig entleert, was bei chargenweiser Produktion der Fall ist, kann Kernfluss angestrebt werden. Beide Fließarten hängen mit der Auslegung des Silos zusammen, wobei neben dem Produkteinfluss Werkstoff, Oberflächenstruktur und Geometrie charakteristische Parameter darstellen.

Die Fließverhältnisse können heute zuverlässig aufgrund von Schertests mit den jeweiligen Produkten unter Variation der Produktparameter festgelegt werden. Eine Auslegung nach Erfahrungswerten aus ähnlichen Aufgabenstellungen reicht im Allgemeinen nicht aus. In solchen Fällen kommt es deshalb nicht selten zu Auslaufstörungen durch Brücken- bzw. Schachtbildung des Schüttgutes oder zu Verfestigung und Verklumpung durch den statischen Druck der Schüttgutsäule, wodurch ein Entleeren allein durch Schwerkrafteinwirkung unmöglich wird. Als Folge einer unbefriedigenden Entleerung müssen häufig nachträglich mechanische oder pneumatische Austrags- bzw. Ausräumeinrichtungen mit einem hohen Kostenaufwand installiert werden.

4.1.4.1 Massenfluss

Massenfluss ist entsprechend Abb. 4.35a dadurch charakterisiert, dass beim Entleeren das gesamte eingelagerte Material in Bewegung versetzt wird, sodass keine toten Zonen entstehen. Dadurch gibt die Zusammensetzung einer Schicht des Schüttgutspiegels ein repräsentatives Maß für den Siloinhalt wieder. Das Schüttgut fließt im Allgemeinen entlang der Silo- und Trichterwand. Aufgrund der gleichmäßigen und geringen Geschwindigkeit ergibt sich ein regelmäßiger Auslaufmassenstrom. Das zuerst eingetragene Produkt fließt auch als erstes wieder aus dem Silo aus (first in/first out). Da das gesamte Material nahezu gleichmäßig in Bewegung ist, besitzen Massenflusssilos eine sehr enge Verweilzeitverteilung. Eine beim Befüllen entstandene Entmischung über dem Querschnitt wird durch eine im Trichter auftretende Rückvermischung meist ausreichend rückgängig gemacht.

Meist bleibt die Oberflächenkontur beim Ausfließen weitgehend erhalten. In manchen Fällen ist jedoch die Feststoffgeschwindigkeit nicht unbedingt über Silohöhe und Siloquerschnitt konstant. Insbesondere bei Silos mit kurzem zylindrischen Schaft sinkt das Schüttgut beim Entleeren oberhalb der Auslauföffnung etwas schneller ab, als in der Nähe der Silowand. Dadurch bildet sich an der Schüttgutoberfläche ein Fließtrichter. Nur durch Betrachtung der Schüttgutoberfläche beim Entleeren ist daher nicht zu erkennen, ob es sich um Massenfluss oder Kernfluss handelt [17].

Entscheidend für das Erreichen von Massenfluss ist die richtige Dimensionierung von Auslauftrichter und Auslauföffnung in Abhängigkeit der Produktparameter. Die Trichterwände müssen ausreichend glatt und steil sein. Außerdem dürfen im Siloquerschnitt keine scharfen Kanten oder abrupte Übergänge vorkom-

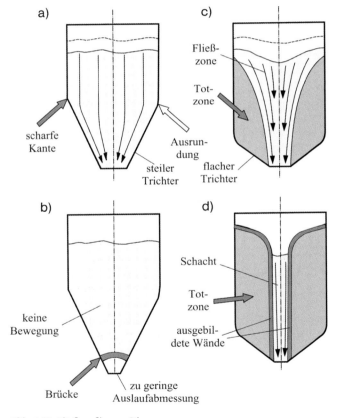

Abb. 4.35 Fließprofile von Silos:
(a) Auslauf bei richtig ausgelegtem Massenfluss,
(b) Brückenbildung bei Massenfluss, (c) Auslauf bei Kernfluss,
(d) Schachtbildung bei Kernfluss.

men. Eine Änderung der Reibungsverhältnisse an der Wand muss ebenfalls ausgeschlossen werden. Die richtige Trichterneigung allein stellt jedoch noch keine Gewähr für den störungsfreien Produktaustrag dar. Wird der Auslaufdurchmesser zu klein gewählt, so können sich stabile Schüttgutbrücken gemäß Abb. 4.35b bilden, die wie ein Gewölbe die weitere Entleerung unmöglich machen.

Im Vergleich zu Kernflusssilos stehen den hygienischen und verfahrenstechnischen Vorteilen als Nachteil die etwas höheren Investitionskosten gegenüber, die sich aufgrund der größeren Bauhöhe von Massenflusssilos durch steilere Trichter ergeben.

4.1.4.2 Kernfluss

Beim Kernflusssilo bildet sich gemäß Abb. 4.35c eine aktive Fließzone oberhalb der Auslauföffnung, in der das Schüttgut durch die Schwerkraft ausströmt. Die Entnahme des Produktes erfolgt ausschließlich an der Oberfläche der Schüttung im Bereich des Fließtrichters. Die eigentliche Fließzone ist von einer toten Zone umgeben, in der keine Schüttgutbewegung stattfindet. Erst mit absinkendem Spiegel wird der Totbereich bis zur völligen Entleerung verkleinert. Bei richtiger Bodenneigung laufen Kernflusssilos jedoch ebenfalls völlig leer. Bei gleichzeitiger Beschickung und Entleerung eines Kernflusssilos bleibt der Totbereich am Fließprozess unbeteiligt.

Nachteilig bei Kernfluss ist, dass das zuletzt eingefüllte Schüttgut zuerst ausgetragen wird. Das Produkt in den toten Zonen wird u. U. sehr lange gelagert, wenn kein chargenweises Arbeiten erfolgt, bei dem das Silo jeweils völlig entleert wird. Dadurch können die Produkteigenschaften verändert werden oder es kann gar Verderb eintreten. Außerdem bedeutet dies, dass im Gegensatz zu Massenflusssilos eine breite Verweilzeitverteilung entsteht. Weiterhin kann es durch die lange anhaltende Verdichtung zum Zusammenbacken und Verklumpen von Produkt kommen. Da im Fließkern hohe Relativgeschwindigkeiten zwischen den Partikeln in der aktiven und in der passiven Fließzone auftreten, kann es insbesondere bei weichen Partikeln, wie z. B. perlierten Pulvern, zu einer teilweise erheblichen Kornzerstörung und Staubentwicklung kommen. Eine Füllstandkontrolle wird erschwert, eine Rückvermischung im Trichter erfolgt vor allem bei Beginn des Abzugs nicht. Wird der Auslaufquerschnitt bei Kernflusssilos zu klein gewählt, kommt es zu einer stabilen Schachtbildung, wie es Abb. 4.35d veranschaulichen soll, die eine Entleerung ohne zusätzliche Maßnahmen unmöglich macht. Durch Einsturz der Schachtwände kann vor allem pulverförmiges Produkt „schießen", d. h. mit hoher Geschwindigkeit aus dem Silo auslaufen. Damit ist kein geregelter Massenstrom möglich. Auch bei größeren Durchmessern können sich schachtförmige Hohlräume bis zum Trichterauslauf bilden. Auch bei Kernflusssilos kann es zu Brückenbildung mit behindertem Ausfließen kommen. Durch Zeitverfestigung in toten Zonen kann der Austrag zusätzlich erschwert oder bei stabiler Schachtbildung, bei der tote Zonen stehen bleiben, teilweise verhindert werden. In diesen Fällen sind Austragshilfen erforderlich.

4.1.4.3 Silogestaltung

Silos für feuchte Produkte sollten grundsätzlich aus Edelstahl hergestellt werden, um Korrosion weitgehend zu vermeiden. Gleiches gilt für Silos zur Zwischenlagerung, die in Prozesse einbezogen und in-place gereinigt werden. Vor allem für Großraumsilos werden aus Gewichtgründen Aluminiumlegierungen eingesetzt. Getreide und andere Rohprodukte werden auch in Outdoor-Betonsilos gelagert. Als weitere Werkstoffe kommen Kunststoffe sowie Textilien für nicht abrasive pulverförmige Produkte in Frage. Außerdem können Silotrichter mit Gleitmaterialien ausgekleidet werden, die bei besonderen Anforderungen wie bei modifiziertem PTFE auch in der Pharmaindustrie eingesetzt werden.

Für Massenfluss, der in etwa 80 % aller Auslegungsfälle angestrebt wird, ist die häufigste Form der runde Metallbehälter mit schlankem konischem Trichter und rundem Auslauf, wie es die linke Hälfte in Abb. 4.36a verdeutlichen soll. Häufig werden aber auch rechteckige Silos mit keilförmigem Trichter gemäß Abb. 4.36b ausgeführt. Bei meiselförmigem Trichter mit schlitzförmigem Auslauf ergibt sich im Allgemeinen ein flacherer Konus. In manchen Fällen wird ein Trichter verwendet, der einen Übergang von der runden Zarge zu einer rechteckigen oder quadratischen Auslauföffnung schafft, wie in Abb. 4.36c angedeutet. Massenflusssilos haben den Nachteil, dass sie schlanke und hohe Trichter erfordern und damit relativ viel Platz bei einem vorgegebenen Speichervolumen benötigen.

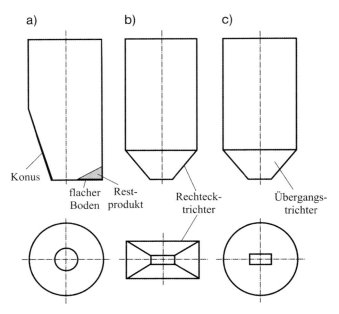

Abb. 4.36 Siloausläufe:
(a) links steiler, rechts flacher konischer Trichter, (b) rechteckiger Trichter, (c) Trichter mit Übergang von rund zu rechteckig.

Abb. 4.37 Big Bags aus Textil- oder Kunststoffmaterial:
(a) mit Auslauftrichter, (b) mit runder Befüll- bzw. Entleeröffnung.

Um sanfte Übergänge zu schaffen, erfordern sie eine sorgfältige Formgebung, was die Konstruktion verteuert. Da das Produkt beim Entleeren ständig an den Wänden gleitet, kann Verschleiß mit Änderung der Wandreibung auftreten und zu Fließproblemen führen.

Kernflussbunker aus Metall werden ebenfalls sowohl mit rundem als auch rechteckigem Querschnitt mit runder oder rechteckiger Auslauföffnung gestaltet. Gemäß der rechten Hälfte in Abb. 4.36a kann dabei der Boden auch eben ausgeführt werden. Allerdings ist in diesem Fall eine Selbstentleerung nur bis zum Schüttwinkel des Produktes möglich. Bei konischem Trichter mit rundem oder quadratischem Auslauf ist der Konus flacher als bei Massenflusssilos.

Zunehmend werden heute auch flexible Silos aus Geweben wie z. B. entsprechend Abb. 4.37a nach [18] eingesetzt, die den speziellen Erfordernissen des jeweiligen Schüttguts in der Pharma-, Lebensmittel- und Futtermittelindustrie angepasst werden können. Dabei sind z. B. beschichtete und unbeschichtete Materialien sowie für Lebensmittel zugelassene und elektrostatisch ableitfähige Ausführungen erhältlich. Ihre Vorteile liegen in den guten Auslaufeigenschaften mit restloser Entleerung sowie der leichten Reinigung. Die Festigkeitswerte sind denen von Metallsilos vergleichbar.

Auch sogenannte Big Bags gemäß Abb. 4.37b nach [19], die aus verschiedenen produktverträglichen Fasern bestehen, werden als Kleinsilos im Betrieb sowie zum Transport eingesetzt.

4.2
Beispiele von Apparaten und Maschinen

Bei der Vielzahl der unterschiedlichen Apparate und Maschinen, die in hygienerelevanten Prozessen eingesetzt werden, können nur wenige Beispiele in Bezug auf Hygienic Design etwas ausführlicher diskutiert werden. In den meisten Fällen ist bei der konstruktiven Ausführung als erster Schritt eine Analyse der konstruktiven Bereiche hilfreich. Bei der konstruktiven Gestaltung von weiteren apparatespezifischen Problemstellen sollte dann versucht werden, grundlegende Hinweise aus Normen und Leitlinien heranzuziehen und damit verbundene Ideen auf den jeweiligen Fall zu übertragen. Die Praxis zeigt, dass ständig eine Vielfalt interessanter, leicht reinigbarer Neukonstruktionen entsteht, wenn die Grundlagen von Hygienic Design als Konstruktionsprinzip in Gestaltungskonzepte integriert wird.

Im Wesentlichen besteht in konstruktiver Hinsicht ein grundlegender Unterschied zwischen rein statischen Apparaten, wie sie z. B. alle Arten von Behältern mit nicht bewegten Einbauten darstellen, und solchen, die dynamische Elemente und Werkzeuge enthalten. Letztere sind nach [20] eigentlich als „Maschinen" zu bezeichnen. Bei ihnen sind infolge von bewegten Elementen zusätzliche Aufgaben bei der hygienegerechten Gestaltung zu lösen.

4.2.1
Apparate ohne bewegte Elemente

An einigen Beispielen dieser Kategorie soll im Folgenden gezeigt werden, welche unterschiedlichen Anforderungen an Hygienic Design auftreten können.

4.2.1.1 Wärmeübertragungssysteme

Wärmeübertrager, häufiger auch als Wärmetauscher bezeichnet, sind Apparate, die vorwiegend thermische Energie wie Wärme oder Kälte von einem Stoffstrom auf einen anderen übertragen. Dabei handelt es sich häufig um indirekte Wärmeübertragung, bei der die beteiligten Stoffströme räumlich durch eine wärmedurchlässige Wand getrennt sind. Bei Gegenstrom werden die beteiligten Stoffe entgegengesetzt zueinander geführt, wobei die Temperaturen so getauscht werden, dass das ursprünglich kältere Medium aufgeheizt, das wärmere abgekühlt wird. Bei Gleichstrom strömen die Stoffe in gleicher Richtung, sodass beide Medientemperaturen, die immer zwischen den Ausgangstemperaturen liegen, einander angenähert werden. Kreuzen sich die Richtungen der Stoffströme, so spricht man von Kreuzstrom, dessen Ergebnis zwischen Gegen- und Gleichstrom liegt. Bei direkter Wärmeübertragung wird ein Medium, wie z. B. Dampf, in das Produkt eingetragen, um es aufzuheizen. Auch der umgekehrte Prozess, wie z. B. das Abkühlen durch Eintrag von Eis in ein Produkt, wird technisch durchgeführt.

Die Ausführungsformen von indirekten Wärmeübertragern sind sehr unterschiedlich und umfassen z. B. Doppelwandrohre, Rohrschlangen, Rohrbündel mit Rohrböden, Plattenwärmetauscher und Druckbehälter mit Außenbeheizung.

Ein Hauptproblem besteht darin, dass viele Produkte und Energieträger Ablagerungen an den Oberflächen der Wärmetauscher hinterlassen, die die Effizienz der Wärmeübertragung einschränken, aber auch die hygienischen Verhältnisse der Oberflächen infolge poröser Schichten verändern. Deshalb müssen durch ausreichend häufig erfolgende Reinigungsprozeduren, die entsprechend auszulegen sind, die Oberflächenschichten wieder entfernt werden. Die Zusammensetzung von Foulingschichten kann aus harten kristallinen sowie aus viskosen organischen Bestandteile bestehen. Die Art des Mediums, die Strömungsgeschwindigkeit und die Wandtemperatur sind die wichtigsten Variablen, die Auswirkungen auf die Foulingraten haben. Da die Reinigung einen hohen zeitlichen Aufwand und zum Teil aggressive Substanzen erfordert, werden in verschiedenen Forschungsvorhaben Untersuchungen zur Entwicklung neuer Materialien durchgeführt, die gegen Fouling widerstandsfähig sind. Auch an verfeinerten Methoden zum Monitoring und an verbesserten Techniken zur Entfernung von auftretenden Verschmutzungen wird intensiv gearbeitet.

Wärmetauscher für Produkte der Lebensmittel- und Pharmaindustrie werden wegen der notwendigen Korrosionsbeständigkeit im Allgemeinen aus rostfreiem Edelstahl verschiedener Typen hergestellt. Dabei spielen vor allem wegen des Gefüges der Schweißnähte und ihrer unmittelbaren Umgebung titanlegierte Stähle noch immer eine wesentliche Rolle. Sie werden allerdings zunehmend durch low carbon Steels mit Stickstoffanteil ersetzt, die die Chromkarbid-Bildung vermindern. Vor allem im Pharmabereich ist die Verwendung von reinen Austeniten mit elektropolierter Oberfläche in vielen Bereichen Stand der Technik. Daneben werden aber bei speziellen Anwendungen auch Sondermaterialien eingesetzt.

Für viele Apparateausführungen, bei denen hohe Reinheit des Werkstoffs ohne Migration von Substanzen in das Produkt erforderlich ist, eignet sich neben Glas, emailliertem Stahl oder Siliziumguss praktisch nur noch Kohlenstoff. Ein spezielles Beispiel stellt die Anwendung von Tantal dar, das ein selten vorkommendes, duktiles, graphitgraues, glänzendes chemisches Element mit dem Symbol Ta mit hoher Korrosionsbeständigkeit bei Normaltemperaturen ist, und ein Übergangsmetall darstellt. Der Werkstoff ist gegen zahlreiche oxidierende und reduzierende Medien höchst korrosionsbeständig, weil sich die Passivschicht aus Tantal-Pentoxid (Ta_2O_5) über einen breiten Potenzialbereich extrem stabil verhält, sodass selbst Chloride oder oxidierende Metallionen in Schwefelsäure keinen Angriff ergeben. Ein weiterer Aspekt besteht darin, dass sich mit hochkorrosiven Medien kein Abtrag zeigt. Dagegen wirken Flusssäure bzw. Fluoridionen schon in geringer Konzentration korrosiv. Der gute Wärmeübergang prädestiniert das Tantal speziell für Wärmeübertrager wie Heizkerzen, Wärmetauscher oder Heizschlangen. Es ist im Vergleich etwa zu Kunststoffen ein hundertfach besserer Wärmeleiter.

Ebenfalls wegen der hohen Beständigkeit werden trotz der schlechten Wärmeübertragung Kunststoff-Wärmetauscher eingesetzt. Sie eignen sich nicht nur für den Einsatz bei aggressiven, sondern bieten sich auch für hochreine oder stark verschmutzte Medien an. Durch ihre kompakte Bauweise lässt sich auf engstem Raum eine große Austauschfläche realisieren und somit die schlechte Wärmeleitfähigkeit ausgleichen. Mit Varianten aus PE kann bereits eine Vielzahl von aggressiven Medien im gesamten pH-Bereich gekühlt und beheizt werden. Aufgrund seines stabileren Zeitstandverhaltens im höheren Temperaturbereich wird PP dem PE-RT, das bei Temperaturen bis etwa 80 °C eingesetzt wird, bei Heizprozessen vorgezogen. PFA hat eine beinahe uneingeschränkte Resistenz gegenüber Chemikalien. Sein Permeationsverhalten und seine Temperaturbeständigkeit machen es zu dem Werkstoff für Reinstapplikationen in der Pharma- und Halbleiterindustrie. Die hohe Reinheit und die exzellente thermische, mechanische und chemische Beständigkeit von PVDF stellen eine weitere interessante Anwendungsmöglichkeit für die Pharmaindustrie dar.

4.2.1.2 Röhrenwärmetauscher

Dieser älteste Typ von Wärmetauschern wird in der Industrie am häufigsten verwendet, da sich seine Konstruktion an Druck, Druckabfall, Temperatur und Korrosivität der Medien leicht anpassen lässt. Wenn keine Strömungstotzonen vorhanden sind, hat er aus hygienischer Sicht den Vorteil, dass infolge der geraden Produktwege eine leichte Reinigung möglich ist. Außerdem ist er aufgrund seiner Gestaltung relativ einfach zu warten und zu reparieren. Bei schwierigen Bedingungen wie z. B. höheren Viskositäten der Produkte ist bei Röhrenwärmetauschern oft das Einsetzen von Leitblechen im Mantel erforderlich, um die Strömung zu führen. Ein Nachteil des Röhrenwärmetauschers besteht darin, dass meistens kein reiner Gegenstrom angewendet werden kann. Wenn die Durchflussmenge auf der Produktseite nicht hoch genug ist, wird die notwendige Geschwindigkeit zu niedrig, um einen akzeptablen Wärmeübergangskoeffizienten oder einen angemessenen Schutz gegen Fouling zu erreichen. In diesem Fall müssen die Rohre mehrgängig verschaltet werden. Die meisten Wärmetauscher haben eine gerade Anzahl von Rohren bzw. eine gerade Gängigkeit, sodass sowohl Rohreintritt als auch -austritt auf derselben Seite des Wärmetauschers angeschlossen werden können.

Wärmeübertrager in Einrohrausführung werden sowohl im Pharma- als auch im Lebensmittelbereich häufig in Form von geraden Rohren eingesetzt, die durch 180°-Bögen miteinander verbunden werden. In Anlagen des Lebensmittelbereichs dienen sie als Kernelemente zum Erhitzen bei Pasteur- und UHT-Anlagen, zum Wärmeaustausch bei der Wärmerückgewinnung sowie als Kühler. Als Wärmeträger wirken z. B. Wasser oder Glykol. Die Abb. 4.38a zeigt ein Beispiel einer Anordnung von Wärmetauscherrohren in einer UHT-Erhitzungsanlage für Milch, deren Querschnitt in Abb. 4.38b dargestellt ist. Einrohr-Wärmetauscher sind aus der Sicht von Hygienic Design konstruktiv am einfachsten zu gestalten. Aufgrund des freien Durchgangs der geraden Rohre und Bögen lassen sich die Produktleitungen leicht reinigen und auch molchen. Um leichte Reinigbarkeit und totraumfreie Gestaltung zu erreichen, werden die Rohrverbindungen der produktführenden Rohre nach DIN 11 864 ausgeführt. Milchrohrverschraubungen nach DIN 11 851 mit üblichen Dichtungsringen sollten nur verwendet werden, wenn sie zur Reinigung zerlegt werden. Zusätzlich besteht aber die Gefahr, dass durch die mögliche Bewegung bei Dehnungen die Dichtungen beschädigt werden und Fasern ins Produkt gelangen. Die Einrohr-Konstruktionen erlauben außerdem

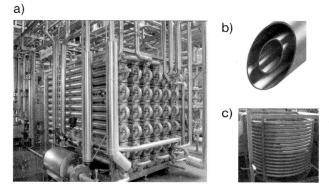

Abb. 4.38 Einrohr-Wärmeübertrager:
(a) Beispiel eines Ausschnitts einer UHT-Anlage (Fa. GEA Tuchenhagen),
(b) Detail eines Doppelwandrohrs (Fa. GEA Tuchenhagen),
(c) wendelförmige Ausführung.

eine spannungsfreie Kompensation von unterschiedlichen Dehnungen zwischen Mantelrohr und Lagerung sowie zwischen Innenrohr und Mantelrohr. Einrohrausführungen können aber auch gemäß Abb. 4.38c in Spiralform hergestellt werden und als konfektionierte Bestandteile in Anlagen integriert werden.

Rohrbündelwärmetauscher werden in allen Bereichen der Industrie seit Langem verwendet. Ihr in der Technik übliches Prinzip soll in Abb. 4.39 an zwei Konstruktionsbeispielen diskutiert werden. Der Wärmetauscher nach Abb. 4.39a enthält auf beiden Enden einen Kopfraum zum Verteilen und Sammeln des Produktes. Die geraden Produktrohre, die von dem Wärmeträgermedium umströmt werden, sind beiderseits jeweils in Trägerplatten eingeschweißt. Um das Rohrbündel zu Überwachungs- und Wartungszwecken einfach demontieren zu können, ist die linke Trägerplatte mit Flansch ausgeführt und mit Mantel und Kopfende dicht verschraubt. Die rechte Platte des Rohrbündels ist im rohrförmigen Mantel des Wärmetauschers bzw. im Kopfteil zentriert und abgedichtet. Die Prinzipdarstellung nach Abb. 4.39b zeigt eine Konstruktion mit gebogenen Rohren. Sie besteht auf der linken Seite aus einem geteiltem Kopfraum, der dem Produktzulauf und -ablauf dient. Die Rohre des Rohrbündels sind mit der Endplatte verschweißt, die mit dem Kopfstück und dem Mantelteil verflanscht ist.

Aus Sicht von Hygienic Design besteht ein grundlegendes strömungstechnisches Problem darin, dass das zugeführte Produkt bzw. Reinigungsmittel auf die einzelnen Rohre möglichst gleichmäßig verteilt werden sollte. Zusätzlich ergeben sich an der Trägerplatte zwischen den Rohrenden Staubereiche, an denen sich Produktreste ansetzen können, die bei der Reinigung nur schwer zu entfernen sind. Das gleiche Problem ist am Produktaustritt festzustellen, wo zwischen den Rohren Strömungsschatten entstehen. Ein wichtiger Gesichtspunkt betrifft die Zentrierung und hygienegerechte Abdichtung der Trägerplatten gegenüber den produktführenden Kopfenden, um an diesen Stellen mit geringem Strömungsaustausch Totbereiche und Spalte zu vermeiden.

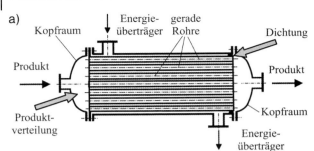
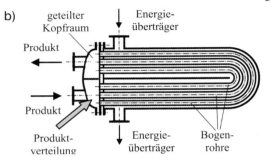

Abb. 4.39 Prinzipdarstellungen von Rohrbündelwärmetauschern: (a) gerades Rohrbündel, (b) Bündel mit gebogenen Rohren.

Schließlich können die Schweißnähte zwischen den Rohrenden und den Trägerplatten Risikobereiche ergeben, wenn sie nicht hygienegerecht ausgeführt sind. Die Nähte zwischen Rohr und Rohrträger sollten automatisch geschweißt werden. Vor allem bei dünnen Böden aus Edelstahl ist es schweißtechnisch einfacher, das Rohr gemäß Abb. 4.40a etwas überstehen zu lassen. Aus der Sicht der reinigungsgerechten Gestaltung ergeben sich an überstehenden Stellen Schmutzansammlungen, die schwer zu entfernen sind. Deshalb sollten die Rohre bündig oder entsprechend Abb. 4.40b vertieft mit Anschrägung eingeschweißt werden. Damit wird bei vertikalem Einbau auch das Ablaufen von Flüssigkeiten begünstigt.

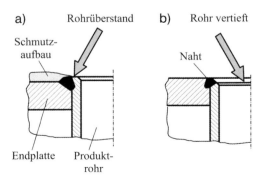

Abb. 4.40 Schweißverbindung zwischen Rohr und Trägerplatte: (a) überstehendes Rohr, (b) zurückversetztes Rohr.

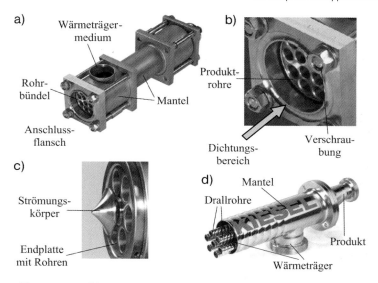

Abb. 4.41 Ausgeführte Beispiele von Rohrbündelwärmetauschern mit geraden Innenrohren:
(a) Gesamtansicht (Fa. GEA Tuchenhagen),
(b) Anschlussbereich mit Einlauf in Rohrbündel (Fa. GEA Tuchenhagen),
(c) Strömungskörper zur Strömungsführung am Einlauf (Fa. GEA Tuchenhagen),
(d) Bündel mit Drallrohren (Fa. Kiesel).

Die Abb. 4.41a zeigt ein Beispiel eines Rohrbündelwärmetauschers für die Lebensmittel- und Pharmaindustrie mit einer Produktführung in mehreren geraden Innenrohren, die von einem Wärmeträgermedium in einem Mantelrohr umströmt werden. Bei dieser Bauweise können die Innenrohre als komplettes Bündel zur Inspektion des Produktfließweges demontiert werden. Die Detailansicht in Abb. 4.41b verdeutlicht die Gestaltung von Endplatte, Flansch und Dichtungsbereich bei üblichen Verhältnissen. Zur Verbesserung der Strömungsverhältnisse am Einlauf zum Rohrbündel dient gemäß Abb. 4.41c ein Strömungskörper, durch den Ablagerungen vermieden werden sollen. Nach Angaben des Herstellers beruht der Haupteffekt auf einer Querströmung direkt vor der Rohrbodenplatte, die auf der Gestaltung des Körpers beruht. Durch eine besondere Ausführung der vom Produkt durchströmten Rohre können die Strömungsbedingungen optimiert und damit die indirekte Wärmeübergang verbessert werden. Das Beispiel nach Abb. 4.41d zeigt eine Ausführung eines Wärmetauschers mit Drallrohren, durch die die Turbulenz der Strömung des Produktes und des Energieträgers erhöht wird. Dadurch ergeben sich höhere Wärmedurchgangswerte als bei Bündeln aus glatten Rohren. Zum Teil werden auch statische Mischelemente in die Produktrohre eingebaut.

Rohrwärmetauscher mit einer Produktführung in mehreren Innenrohren, welche einmal um 180° gebogen sind, werden in ähnlicher Weise ausgeführt. Bei den verschiedenen Konstruktionen können sich bei hohen Temperaturdifferenzen die Innenrohre und das Mantelrohr unabhängig axial ausdehnen. Dies verhindert trotz hoher Temperaturdifferenzen mögliche Schäden durch die unterschiedliche Längenausdehnung.

Plattenwärmetauscher

Geschraubte oder gedichtete Plattenwärmetauscher werden vorwiegend in der Nahrungsmittelindustrie verwendet, da sie zerlegt werden können und dadurch leicht zu reinigen sind. Wie die Darstellung nach Abb. 4.42a zeigt, dient ein stabiler Rahmen mit oberem und unterem Tragteil zur Befestigung des Filterpakets, das aus einer Anzahl dünner, profilierter Edelstahlplatten besteht, die zwischen zwei Trägerplatten mittels Spannbolzen zusammengespannt und gegeneinander abgedichtet werden. Das Plattenpaket lässt sich durch den Einbau von Anschlussplatten mit austauschbaren Ecken in mehrere Abteilungen für unterschiedliche Aufgaben des Wärmeaustauschs unterteilen. Bei geeigneter Plattenauswahl und entsprechender Kombination kann im Gehäuse eines einzigen Wärmetauschers ein ganzes Wärmetauscher-Netzwerk realisiert werden. Gemäß dem Prinzipbild nach Abb. 4.42b strömen die Medien in den Platten im Gegenstrom, durch die von den Platten freigelassenen Öffnungen in den Ecken der Platten, verteilen sich infolge der Riffelungen über den Plattenquerschnitt und strömen über die Sammelöffnungen ab.

In Abb. 4.43a ist eine Wärmetauscherplatte dargestellt. Sie enthält an den Ecken Zu- und Ablauföffnungen, an die ein Verteilerbereich anschließt wie er beispielhaft in Abb. 4.43b dargestellt ist. In dieser Zone werden die Medien auf die gesamte Plattenbreite verteilt oder zusammengeführt. Dadurch wird eine gleichmäßige Produktführung über die Plattenoberfläche erreicht. Der Hauptbereich für der Wärmeübertragung enthält Riffelungen, die in unterschiedlicher Weise ausgeführt werden können. Ein Beispiel in Form einer fischgrätenartigen Wellung ist in Abb. 4.43c dargestellt. Die Platten werden gegeneinander durch

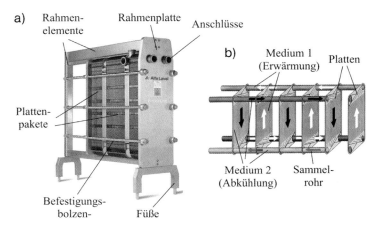

Abb. 4.42 Plattenwärmetauscher:
(a) Gesamtansicht (Fa. Alfa Laval), (b) Funktionsprinzip.

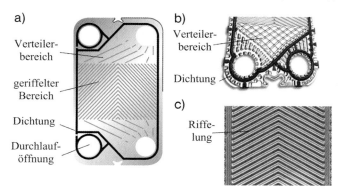

Abb. 4.43 Wärmetauscherplatten (Fa. Alfa Laval):
(a) Gesamtansicht, (b) Detailansicht des Verteilerbereichs, (c) Beispiel der Plattenriffelung.

Elastomerdichtungen abgedichtet, die in die Nuten eingeklebt oder eingedrückt (Clip-on-Dichtungen) werden. Die Kombination der mechanisch hochfesten Edelstahlbleche mit sehr elastischen und thermisch belastbaren Dichtungen ergibt ein Plattenpaket, das gegen Vibrationen, pulsierende Drücke und thermische Wechselbeanspruchungen widerstandsfähig ist. Eintritts- und Austrittsanschlüsse sind normalerweise in einer Ebene auf der Gestellplatte angeordnet, wodurch sich das Verrohren vereinfacht.

Wärmeübertrager sind im Betrieb einer gewissen Verschmutzung ausgesetzt. Entstehende Ablagerungen hängen in erster Linie vom Verschmutzungsgrad des Mediums und der Heizflächentemperatur ab. Durch die erzwungene, turbulente Strömung in den Plattenkanälen wird die Verschmutzung durch Ablagerungen zumindest wirkungsvoll verzögert. Durch Demontage der Pakete lassen sich verschmutzte Heizflächen warten und reinigen. Problemstellen können sich an den Dichtungen ergeben, wenn gemäß Abb. 4.44 Beschädigungen auftreten, die zu Vermischungen führen können. Außerdem kann sich Schmutz unter den Dichtungen festsetzen, wenn sie unzureichend geklebt oder bei Clip-on-Lösungen Spalte ergeben und nicht häufig genug gewartet werden.

Auch für Schüttgüter stehen Ausführungen von Platten-Wärmeübertragern zur Verfügung, in denen frei fließendes Schüttgut erwärmt oder gekühlt werden kann. Dabei bewegt sich das Schüttgut aufgrund der Schwerkraft langsam zwischen senkrecht angeordneten Wärmetauscherplatten, in denen das Heiz- bzw. Kühlmittel fließt. Eine Austragsvorrichtung regelt dabei den Produktdurchsatz.

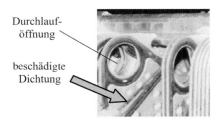

Abb. 4.44 Beispiel der Beschädigung einer Plattendichtung (Quelle: Vortrag Fa. Nestle).

4.2.1.3 Statische Mischer

In verschiedenen Bereichen der Prozesstechnik für hygienisch sensible Produkte werden heute statische Mischer eingesetzt, die gegenüber dynamischen Mischelementen den Vorteil besitzen, dass unbewegte Leitelemente durch fortlaufendes Umlagern und Wiedervereinigen des Produktstromes einen Mischeffekt bewirken. Dadurch werden nur die zu mischenden Fluide bewegt. Neben dem Vermischen von pumpbaren Flüssigkeiten kommen als weitere Anwendungsbereiche z. B.

- Wärmeaustausch von flüssigen bis viskosen Medien,
- Dispergieren und Emulgieren von ineinander unlöslichen Komponenten sowie
- Eintrag von Gasen in Flüssigkeiten in Frage.

Die starren statischen Mischelemente werden in verschiedenen Ausführungen und Gestaltungsformen eingesetzt. Das Beispiel nach Abb. 4.45a zeigt einen Kenics-Mischer, der aus strömungsgünstig ausgebildeten links- und rechtsgängigen Wendelelementen mit einem Verdrehungswinkel von 180° besteht, die hintereinander angeordnet sind. Die Kanten der Mischelemente sind dabei um 90° zueinander versetzt. Die Eintrittskante eines Mischelementes bewirkt eine Aufteilung der zu mischenden Flüssigkeiten in zwei Teilströme. Diese fließen durch die beiden Kanäle und werden an der Eintrittskante des folgenden Elementes erneut geteilt und gleichzeitig mit einem Teilstrom des anderen Kanals zusammengeführt. In Abb. 4.45b ist eine Mischanordnung nach Sulzer dargestellt, die aus wellenförmig gebogenen Blechen besteht, die gegeneinander sich erweiternde und verengende Kanäle bilden und an Längsstäben befestigt sind. Zur Führung der Strömung oder für andere Anwendungszwecke werden die Elemente im Allgemeinen in Rohre oder Kanäle eingebaut. Das Prinzip wird am Beispiel nach Abb. 4.45c verdeutlicht, das einen Kenics-Mischer als Schnittzeichnung in einem Rohr zeigt. Um die jeweilige verfahrenstechnische Aufgabe effektiv zu erreichen, werden gleichartige Elemente einzeln oder in Gruppen z. B. um 90° versetzt hintereinander verwendet, wie die Prinzipskizze nach Abb. 4.45d verdeutlichen soll. In diesem Fall dient die Anordnung dem Zudosieren von Gas in einen Flüssigkeitsstrom. Die Mischstrecke ermöglicht eine rasche Anreicherung und Sättigung der Flüssigkeit mit der zugegebenen Gaskomponente.

In statischen Mischer-Wärmetauschern erfolgt der Wärmeaustausch über die Rohrwand, wobei durch den Mischeffekt Temperaturunterschiede im Produktstrom ständig ausgeglichen werden. Es können somit in kontinuierlichen Verfahren und ohne bewegte Teile analoge Prozesse ausgeführt werden wie in gekühlten oder beheizten Rührkesseln.

Hygienegerecht ausgeführte statische Mischer lassen sich mit CIP-Verfahren reinigen, wie Untersuchungen am Lehrstuhl für Maschinen- und Apparatekunde der TU München zeigten. Wichtig ist dabei die Vermeidung von Totzonen und Strömungsschatten. Für kritische Anwendungsfälle stehen auch Anordnungen mit ausbaubaren Mischelementen zur Verfügung. Die Rohre einschließlich der Mischelemente können in Edelstahl mit elektropolierter Oberfläche und hygie-

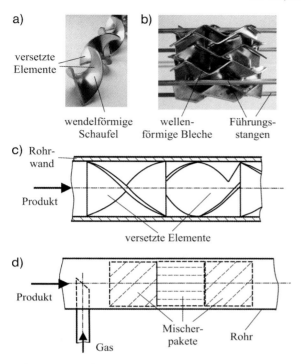

Abb. 4.45 Beispiele statischer Mischer: (a) Kenics-Mischer, (b) SV-Mischer (Fa. Sulzer), (c, d) in Rohrleitung eingebaute Mischerelemente.

negerechten Anschlüssen ausgeführt werden. Auch bei Betrieb unter Sterilbedingungen sind statische Mischer in bestimmten Anwendungsfällen wegen der fehlenden dynamischen Dichtungen von Vorteil.

4.2.1.4 Statische Filterapparate

In hygienerelevanten Industrien wird die Filtration, die zu den mechanischen Trennverfahren gehört, mit einer Vielzahl sehr unterschiedlicher Anwendungen eingesetzt. So werden Partikel verschiedener Größe und Form bis hin zu Mikroorganismen und molekularen Substanzen aus flüssigen und gasförmigen Produkten entfernt. Speziell bei Wasser können durch Filtration auch Geruchs- und Geschmacksstoffe wie Chlor beseitigt werden. Einen großen Bereich umfasst das Filtern von Luft, das sowohl für Produktluft als auch für Raumluft (s. Abschnitt 5.3.3.1) in verschiedenen Stufen eingesetzt wird.

Gemäß Abb. 4.46 dient die *herkömmliche Filtration* der Abtrennung von Grob- und Feinpartikeln aus Fluiden, für die meist Draht- oder Faserfilter eingesetzt werden, deren Gewebemaschen einen Größenausschluss bewirken. Dabei kann die Feinfiltration bis in den Bereich von etwa 10 µm reichen. Bei der Mikro- und Ultrafiltration werden vor allem Membranen in Form von Hohlfasern oder Platten als Filtermittel verwendet. Im Allgemeinen wird eine Filtration bei Porengrößen

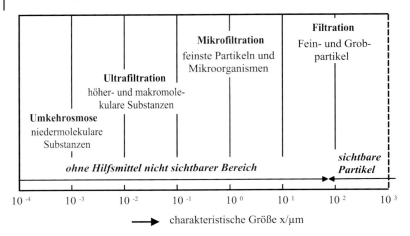

Abb. 4.46 Übersicht über die Größenordnungen verschiedener Trennverfahren durch Filtration.

> 0,1 µm als *Mikrofiltration* bezeichnet, bei der zusätzlich zu feinsten Partikeln vor allem Mikroorganismen wie Hefen und Bakterien sowie Sporen zurückgehalten werden können. In diesen Bereich fällt auch die sogenannte *Sterilfiltration* [21]. Nach [22] werden Sterilfilter für den Pharmabereich durch eine nominale Porengröße von < 0,22 µm oder mindestens gleichartigen Eigenschaften in Bezug auf das Rückhaltevermögen von Mikroorganismen festgelegt. Solche Filter können die meisten Bakterien und Schimmel entfernen, nicht jedoch Viren und Mykoplasmen, d. h. kleinste, selbstständig vermehrungsfähige, parasitär intra- und extrazellulär lebende Bakterien. Eine Untersuchung über die Effektivität der Entfernung von Mikroorganismen im Milchbereich ist z. B. in [23] wiedergegeben.

Bei Porengrößen < 0,1 µm spricht man von *Ultrafiltration*, die zur Abtrennung von höher molekularen Substanzen und Makromolekülen eingesetzt wird. Ein weiteres physikalisches Trennverfahren ist die *Umkehrosmose*, die im Bereich niedermolekularer Substanzen arbeitet und zur Aufkonzentrierung von Stoffen dient, die in Flüssigkeiten gelöst sind. Durch Anwendung eines Drucks, der höher als der osmotische Druck sein muss, kann der natürliche Prozess der Osmose umgekehrt werden, der einen Ausgleich von hoher zu niedriger Konzentration anstrebt. Bei Umkehrosmose trennt eine sogenannte semipermeable Membran das Medium, in dem eine Konzentrationserhöhung eines bestimmten Stoffes angestrebt wird, von dem Medium, in dem die Konzentration verringert werden soll.

Das Prinzip der Filtration besteht darin, dass ein Filtermittel wie z. B. ein Gewebe, eine poröse Membran oder eine Partikelschüttung dazu benutzt wird, Substanzen unter der Anwendung von Druck aus Fluiden abzutrennen und zurückzuhalten. Wie das Beispiel einer üblichen *Oberflächenfiltration* in Form einer *Dead-end-Filtration* nach Abb. 4.47a verdeutlicht, setzten sich die Partikel einer Suspension auf dem porösen Filtermittel ab, dessen Maschen- oder Porenweite zunächst die Trenngrenze festlegt, während der Filtratanteil hindurchströmt. Die aufgrund der Porengröße zurückgehaltenen Partikel bilden auf dem Filtermittel

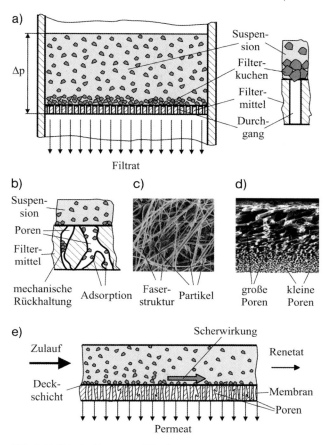

Abb. 4.47 Prinzipskizzen zur Filtration:
(a) herkömmliche Oberflächenfiltration mit Filterkuchenaufbau,
(b) Partikelanlagerung bei der Tiefenfiltration, (c) Filtergewebe zur Tiefenfiltration,
(d) asymmetrische Membran, (e) Querstromfiltration.

einen Filterkuchen. Es können aber auch kleinere Teilchen, die normalerweise aufgrund ihrer Größe das Filtermittel passieren müssten, durch Brückenbildung zurückgehalten werden. Der sich durch die zurückgehaltenen Teilchen oder durch Bildung von Brücken an der Filteroberfläche bildende Filterkuchen kann die Trenngrenze verschieben und die Trennwirkung steigern. Andererseits können längliche oder leicht verformbare gelartige Partikel, die im Mittel größer sind als die verwendete Porenweite, aufgrund ihrer Form oder durch Verformung das Gewebe passieren. Die Durchströmung des Filtermittels kann bei statischen Filtern durch die Flüssigkeitshöhe oder einen von außen erzeugten Druck bewirkt werden. Als treibende Größe ist die Druckdifferenz Δp maßgebend. Um den Filterkuchen durchlässig zu halten, können der Suspension z. B. gröbere Partikel als Filterhilfsmittel zugesetzt werden.

Im Gegensatz zur Oberflächenfiltration werden bei der *Tiefenfiltration* die Partikel hauptsächlich im Inneren der Filtermittel durch die dreidimensionale Faser- oder Porenstruktur mechanisch und durch Adhäsion oder Adsorption zurückgehalten, wie die Prinzipdarstellung nach Abb. 4.47b zeigen soll. Tiefenfilter können eine Faserstruktur aufweisen, wie die Mikroskopaufnahme nach Abb. 4.47c verdeutlicht. Oft weisen Membranen eine asymmetrische Porenstruktur auf, bei der die Porenstrukturen von der Anströmseite mit zunehmender Tiefe des Filtermediums gemäß Abb. 4.47d immer kleiner werden. Bei Ultrafiltrationsmembranen mit asymmetrischer Struktur besteht der Membrankörper aus einer trennaktiven Schicht mit Poren im Submikronbereich und einer offenporigen Stützschicht mit reiner Stützfunktion, die keinen Einfluss auf den Trennprozess ausübt.

Um vor allem bei den verschiedenen Feinfiltern und Membranverfahren den Aufbau von Deckschichten gering zu halten, die die Filtration behindern, kann eine tangentiale Anströmung gewählt werden. Wie in Abb. 4.47e dem Prinzip nach angedeutet, verringern bzw. vermeiden die bei dem sogenannten Querstrom oder Cross Flow entstehenden Scherkräfte den Aufbau eines Filterkuchens, wie er bei der klassischen Filtration entsteht. Ein Großteil der abgetrennten Substanzen wird mit der zurückgehaltenen Komponente, dem Retenat, abtransportiert, ohne die Filterfläche zu belasten. Zur Verminderung der Deckschicht kann auch eine periodische Rückspülung der Filter eingesetzt werden.

Unter hygienischen Gesichtspunkten stellen die verwendeten Filtermittel eine Besonderheit dar. Ihr wesentliches Merkmal besteht darin, dass einerseits ein Haupt- oder Teilstrom des Produktes durch das Filtermedium hindurchtritt, zum anderen aber relevante Stoffe wie Partikel, Mikroorganismen oder molekulare Substanzen an der Oberfläche oder im Inneren zurückgehalten werden sollen. Mit der Aufgabenstellung ist untrennbar verbunden, dass Filter durchlässige Strukturen aufweisen, die von grobem sieb- und netzartigem Aufbau bis hin zu feinporigen Membranen reichen, deren Reinigbarkeit sich zumindest als problematisch erweist, zudem die Einflussnahme in Bezug auf eine hygienegerechte Gestaltung relativ gering ist. In den meisten Fällen werden die Filter in Gegenrichtung zum Filtrationsstrom bei der Reinigung rückgespült, um die zurückgehaltenen Substanzen wieder zu entfernen. Dies ist jedoch wegen Schattenbereichen sowie der vorhandenen Haftkräfte, die vor allem bei kleinen Partikeln und Substanzen hoch wirksam sind, nicht vollständig möglich.

Bereits durch die grundlegende Struktur, die gemäß der Prinzipdarstellung nach Abb. 4.48 aus undurchlässigen und durchlässigen Stellen und Bereichen an der Anström- und Abströmseite der Oberfläche besteht, lassen sich Tot- und Schattenbereiche oder nicht reinigbare Spalte praktisch nicht vermeiden. Ihre Größe hängt zusätzlich von der Feinheit und Struktur des Filters ab. Bei der Ausführung von Filtergittern und -geweben gemäß Abb. 4.48a spielt z. B. die Draht- oder Fadenstärke bzw. -form eine wichtige Rolle, durch die schlecht reinigbare Spalt- und Überlappungsbereiche bestimmt werden. Sie können zusätzlich von der Stärke und der Geflechtart abhängig sein. Mit zunehmender Stärke nimmt zwar die Stabilität zu, jedoch wird die offene Filterfläche geringer und damit die

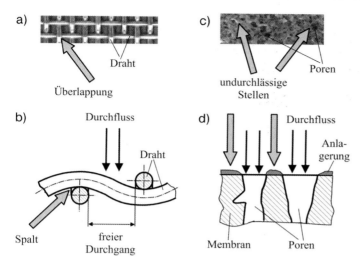

Abb. 4.48 Hygienische Problemstellen von Filtermitteln: (a) regelmäßige Gitterstruktur, (b) Überkreuzung von Drähten oder Fäden mit Spaltbildung, (c) Detailansicht einer Membran, (d) Stellen mit Restbelag nach Rückspülung.

undurchlässige Fläche größer. Dies liegt daran, dass die Stärke nicht proportional zur Maschenweite zunimmt. Ein zusätzliches Problem ergibt sich dadurch, dass die Maschenweiten nicht alle gleich sind, sondern aufgrund der Herstellung eine Größenverteilung haben. Um solche Effekte weitgehend auszuschalten, werden z. B. für bestimmte Anwendungsfälle geätzte Metallfilter verwendet, deren Porengröße gleich ausgeführt wird. Ein entsprechendes Beispiel stellt die Entwicklung eines Filters aus Metall nach [24] dar, der mit Poren gleicher Größe ausgestattet ist und sich außerdem während des Betriebs durch mechanische Schwingungen kontinuierlich reinigen lässt.

Bei Membranen entsprechend dem Beispiel nach Abb. 4.48c lagern sich zunächst an den undurchlässigen Oberflächenbereichen zwischen den Poren (Abb. 4.48d) feine Substanzen ab. Diese Stellen können z. B. auch von Mikroorganismen bewachsen werden, die sich beim Rückspülen nicht beseitigen lassen. Bei Sterilfiltern kann ein spezielles Problem dadurch entstehen, dass z. B. Mikroorganismen an der Filteroberfläche zunächst zurückgehalten werden, mit der Zeit aber zum Teil feinste Porenstrukturen „durchwachsen" können und dadurch den Sterilbereich infizieren. In solchen Fällen ist es wichtig, die Standzeit zu ermitteln, nach der ein Durchwachsen erfolgen kann, um entsprechende Sanierungsmaßnahmen rechtzeitig einleiten zu können.

Wenn Filtergewebe durch Stützmaterial z. B. aus dickeren Drahtgittern oder Kunststoffhalterungen versteift oder an den Rändern eingefasst werden müssen, entstehen weitere hygienisch besonders kritische Stellen. Das Beispiel nach Abb. 4.49 soll die Problematik dem Prinzip nach verdeutlichen. Durch die erheblich dickeren Versteifungselemente für das Filtergitter werden durchlässige

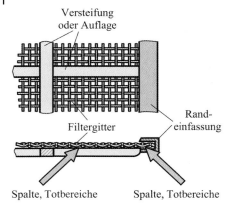

Abb. 4.49 Prinzipdarstellung von hygienischen Problemstellen an Filtermittelversteifungen und Randeinfassungen.

Teilbereiche abgedeckt, sodass sich unzugängliche Hohl- und Toträume sowie Spalte ergeben, die sich nicht reinigen lassen. Bei der als Beispiel gezeigten U-förmigen Randeinfassung entstehen ebenfalls Totbereiche, die durch Spalte mit dem Produktbereich in Verbindung stehen. Solche Stellen sind häufig Ausgangspunkte für die Bildung von Biofilmen. Sie müssten aus Hygienegründen z. B. durch Vergießen mit zugelassenen Lot- oder Kunststoffmaterialien geschlossen werden. Im Fall geätzter Metallgitter lassen sich solche Stellen z. B. aussparen und die Versteifungen hygienegerecht mit dem Filtermittel verbinden.

Ansonsten beschränken sich die Maßnahmen zur Beeinflussung des Reinigungsverhaltens der Filtermittel im Wesentlichen auf die Auswahl des Werkstoffes und die Benetzbarkeit der äußeren und inneren Oberfläche, um z. B. auf Haftmechanismen und das Rückhaltevermögen von Flüssigkeiten einzuwirken.

Metallische Werkstoffe wie Edelstahl werden hauptsächlich aus Festigkeitsgründen sowie wegen der erwähnten Eigenschaft eingesetzt, dass sie sich ätzen lassen. Sie sind mit wässrigen Flüssigkeiten gut benetzbar. Um hydrophobe Eigenschaften zu erreichen, werden Kombinationen aus Metall und Kunststoffen wie z. B. PTFE verwendet. Dessen schlechte Benetzungseigenschaften lassen wässrige Fluide besser ablaufen. Für Membranen stehen zum einen keramische Werkstoffe wie z. B. Zirkoniumoxid oder Siliziumkarbid sowie zum anderen hydrophile organische Materialien wie z. B. Polysulfon, Polyethersulfon, Polypropylen, Teflon oder Nylon zur Verfügung. Keramische Werkstoffe haben im Vergleich zu organischen den Vorteil einer größeren chemischen, thermischen und mechanischen Beständigkeit. Membranen für die Mikrofiltration sind meist offenporig und symmetrisch aufgebaut, sodass sich die Porenweite in Abhängigkeit der Membranstärke nicht ändert.

Weitere hygienerelevante Problemstellen ergeben sich an den Punkten der Abstützung und Lagerung der Filtermittel in den Gehäusen oder Rahmen der Filterapparate, wo nicht abgedichtete Kontaktflächen entstehen können oder nicht hygienegerecht gestaltete Abdichtungen eingesetzt werden.

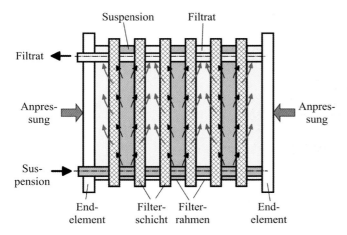

Abb. 4.50 Prinzip eines Schichtenfilters.

Die für die Filtration verwendeten statischen Apparate sind sehr vielfältig, z. B. als Schichten-, Platten-, Scheiben- oder Kerzenfilter gestaltet, sodass im Folgenden nur auf wenige beispielhaft eingegangen werden kann.

Ein Beispiel einer Gruppe von Filtern mit einem speziellen Aufbau stellen *Rahmen- und Kammerfilter* dar. Bei ihnen werden mehrere Filterschichten zusammen mit Platten oder Rahmen in Form von Stapeln angeordnet, um durch Parallelschaltung die Filterfläche zu vergrößern. Wie die Prinzipdarstellung nach Abb. 4.50 verdeutlichen soll, besteht der Stapel z. B. bei Schichten- und Rahmenfiltern aus quadratischen oder rechteckigen Filterplatten als Filtermittel und Filterrahmen, die abwechselnd angeordnet werden. Sie werden zwischen einem festen und einem losen Endelement eingespannt und meist hydraulisch gegeneinander angepresst. Die Abdichtung nach außen erfolgt am außenliegenden Dichtrand des Rahmens gemeinsam mit dem zwischengelegten Filtermedium. Die zugeführte Suspension wird über horizontale Bohrungen, z. B. unten im Dichtrand, zugeführt und tritt durch vertikale Bohrungen oder Schlitze in die einzelnen Zulaufrahmen ein. Danach erfolgt die Filtration, indem das Filtermedium durchströmt wird und sich der Filterkuchen in der Zulaufkammer aufbaut. Das Filtrat gelangt in die Sammelkammer, von wo aus es durch weitere Bohrungen im oberen Dichtrand aus der Kammer abgeführt wird und durch die aus den einzelnen Abschnitten gebildete Filtratleitung abfließt.

Bei Kammerfiltern, die eine Weiterentwicklung der Rahmenfilter darstellen, ist der Rahmen gemäß Abb. 4.51a in die beiden benachbarten Platten integriert. Im Dichtbereich, d. h. am äußeren Umfang, ist die Platte planparallel ausgeführt. Im Innenbereich ist die Oberfläche zurückgesetzt, um eine Kammer für die Kuchenbildung zu ergeben. Die Suspension wird meist über einen zentrisch angebrachten Kanal zugeführt. Das Filtertuch wird über die mit Noppen oder Rippen versehene Filtratplatte gespannt, in der der Ablauf des Filtrats erfolgt, das über Ablauf- und Sammelkanäle in den Ecken der Platten abgeleitet wird.

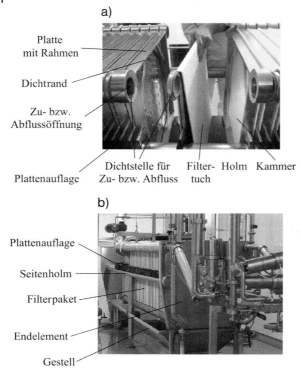

Abb. 4.51 Beispiel eines Tuchfilterapparats (Fa. Filtrox): (a) Detailansicht mit geöffnetem Bereich, (b) Gesamtansicht.

Eine weitere Ausführungsform stellen Membrantuchfilter dar, bei denen eine mechanische Komprimierung des Filterkuchens erfolgt. Zu diesem Zweck ist je nach Ausstattung jede oder jede zweite Platte ein- oder beidseitig mit einer aufblasbaren Membran versehen. Nach Ende der Förderung der Suspension werden die Membranen in den Kammern mit Druckwasser oder -luft unter Druck gesetzt und dadurch gegen den Kuchen gedrückt. Dies führt zu einer Komprimierung und zusätzlichen mechanischen Entwässerung des Kuchens.

In Abb. 4.51b ist ein Filterapparat als Beispiel dargestellt. Die Grundbausteine bestehen aus dem Gestell, dem Filterplattenpaket, zwei Endelementen sowie Zusatzeinrichtungen wie Leitungsanschlüssen, Ventilen und Messeinrichtungen. Das Filterplattenpaket kann in dem Gestell auf Seiten- oder Brückenholmen gelagert sein.

So kann z. B. eine Schichtenfiltration mit Tiefenfilterwirkung auch mit Filtermodulen durchgeführt werden, die aus linsenförmigen Elementen gemäß der Prinzipdarstellung nach Abb. 4.52a bestehen. Nach Durchströmung der außenliegenden Filterschicht wird das Filtrat im Inneren der Elemente gesammelt und zur Mitte geleitet. Mehrere solcher Elemente werden übereinander zentrisch auf einem rohrförmigen Drainagekörper befestigt und gegeneinander abgedichtet. Sie

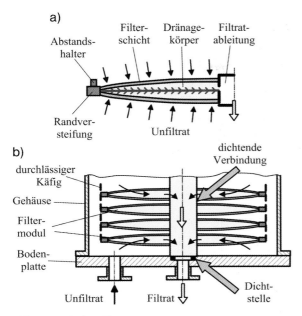

Abb. 4.52 Schichtenfilter:
(a) Filterelement, (b) Aufbau eines Filtermoduls.

bilden entsprechend Abb. 4.52b ein Modul, dessen Filterfläche durch die Anzahl der Einzelelemente bestimmt wird. Die Elemente können am äußeren Umfang durch Abstandshalter oder einen durchlässigen Käfig fixiert werden. Eine weitere Erhöhung der Filterfläche ist dadurch möglich, dass mehrere Module übereinander angeordnet werden. Als Gehäuse dient ein zylindrischer Druckbehälter. Das Unfiltrat wird dem Innenraum des Behälters zugeführt, verteilt sich dort und durchströmt die Filterflächen aller Modulscheiben gleichmäßig von außen nach innen. Das vertikale Drainagerohr im Inneren der Modulscheiben ist an die Filtratleitung angeschlossen, durch die das Filtrat aus dem Filtergehäuse austritt.

Unter Gesichtspunkten der hygienegerechten Gestaltung sind die Einfassungen der Filterelemente sowie deren gegenseitige Abdichtung zu beachten. Gleiches gilt für die Verbindungen der Module untereinander und deren Anschluss an das Gehäuse, wo eine hygienegerechte Dichtungsgestaltung erforderlich ist, um Probleme der Verschmutzung und Bildung von Biofilmen zu vermeiden.

Bei der großen Gruppe von Kerzenfiltern, werden ebenfalls Druckbehälter als Gehäuse verwendet, wie Abb. 4.53 dem Prinzip nach verdeutlichen soll. Wie der Name besagt, erfolgt in diesem Fall die Filtration mithilfe kerzenförmig gestalteter Elemente aus verschiedenen Filtermitteln wie Geweben oder Membranen (siehe z. B. [25]) oder als Anschwemmfiltration, für die verschiedene Produkte wie z. B. Kieselgur verwendet werden können. Die zu filtrierenden Fluide durchströmen dabei die Filtermittel der Kerzen meist von außen nach innen, wo das Filtrat im Hohlraum der Kerzen abgeführt wird. Die einzelnen Kerzen werden hängend oder

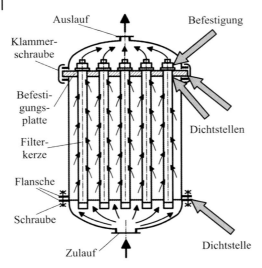

Abb. 4.53 Prinzipdarstellung eines Kerzenfilters.

stehend in Platten befestigt, die meist zwischen Flanschen der Behälterzarge und den Boden- oder Deckelelementen eingespannt werden. Hier ist besonders auf eine hygienegerechte Flanschabdichtung zu achten, wenn z. B. drei Elemente wie Zarge, Kerzenplatte und Behälterdeckel miteinander verspannt und abgedichtet werden müssen. Die Behälter sind außerdem mit den nötigen Rohrstutzen für Anschlussleitungen zur Zuführung des Unfiltrats, zur Abführung von Filtrat und Filterkuchen sowie den Elementen für Entlüftung und Drucksteuerung versehen.

Selbstverständlich ist darauf zu achten, dass bei CIP-Verfahren zur Reinigung der Filterbehälter Spalte, Vor- und Rücksprünge sowie Totbereiche vermieden werden, um den Reinigungserfolg nicht zu behindern.

Membranfilterkerzen eignen sich besonders für die Endstufen eines Filtrationsprozesses, bei dem die Vorfiltration durch Schichtenfilter oder Schichtenmodule vorgenommen wird. Aufgrund unterschiedlicher Werkstoffe in Kombination mit einer Vielfalt von Membranen werden Kerzen für die verschiedensten Anwendungsfälle hergestellt. So werden z. B. Polymerwerkstoffe für Spiralwickelmembranen, die bei kompakter Bauweise eine hohe Filterfläche erreichen, von der Mikrofiltration bis zur Umkehrosmose eingesetzt. Eine sehr hohe Packungsdichte wird mit Hohlfasermembranen erreicht, die hauptsächlich für Verfahren von der Mikrofiltration bis zur Umkehrosmose verwendet werden. Die Durchmesser der Hohlfasern liegen in einem Bereich von 0,2–0,6 µm [26]. Die Filterelemente bestehen meist aus einem Bündel von mehreren tausend Hohlfasern. Sie werden zu Modulen zusammengefasst und in ein rohrförmiges Gehäuse eingebaut, an dessen Enden jeweils ein Modulkopf befestigt ist, in dem die Zuführung des Unfiltrates sowie die Abführung des Filtrates erfolgt. Das Unfiltrat wird statisch von außen nach innen durch die Membran gedrückt.

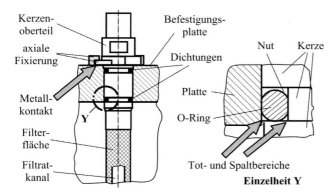

Abb. 4.54 Beispiel für die Befestigung von Filterkerzen.

Anorganische Membranen aus Keramik zeichnen sich durch chemische Beständigkeit aus, sodass sie z. B. bei hohem pH-Wert, Lösungsmitteln sowie bei hohen Temperaturen verwendet werden können. Für robuste Ausführungen ist vor allem Edelstahl geeignet. Bei den Kerzen selbst sind die Verbindungsstellen der Membranen zum Kerzenkopf und -fuß spaltfrei zu gestalten, um Problembereiche zu vermeiden. Die einzelne Filterkerze muss dann, wie dem Prinzip nach Abb. 4.54 veranschaulichen soll, in der Halterungsplatte zentriert, axial fixiert und zuverlässig abgedichtet werden. Als axiale Befestigung werden häufig Bajonettverschlüsse eingesetzt, bei denen metallische Berührflächen als Problembereiche anzusehen sind. Sie können jedoch bei Zerlegung, d. h. nach Demontage der Kerzen gereinigt werden. Ein zweiter Problembereich kann sich an der Abdichtung der Kerzen ergeben. Wie das Beispiel verdeutlichen soll, stellen Lösungen mit üblichen O-Ring-Konstruktionen hygienische Risiken dar. Zum einen kann die Abdichtung nicht unmittelbar zum Produkt hin erfolgen, sodass Spalte und Totbereiche im Einbauzustand unvermeidlich sind. Zum anderen werden die radial dichtenden O-Ringe bei der axialen Fixierung der Kerze in der Nut durch Scherwirkung belastet. Die Außenfläche der O-Ringe lässt sich nach Zerlegen zwar reinigen; die Erfahrung zeigt jedoch, dass durch die Scherwirkung bei Montage und Demontage Schmutz in den Rückraum der Nuten gelangt, der sich nur beseitigen lässt, wenn auch die O-Ringe entfernt werden. Es ist noch anzumerken, dass die hygienegerechte Gestaltung von Verbindungen nach DIN 11 864 [27] nur für axial belastete Dichtstellen geeignet ist. Bei Übertragung auf radiale Anwendung stellt die Anpassung der Nutform ein besonderes Problem dar.

Ein Ausführungsbeispiel eines aus Modulen zusammengesetzten Kerzenfilters ist in Abb. 4.55 dargestellt. Es zeigt zum einen das unten offene Gehäuse mit Flansch, das aus zylindrischer Zarge und gewölbtem Oberteil besteht, an dem die Anschlüsse für Entlüftung sowie Druckeinstellung und -kontrolle befestigt sind. Zum anderen ist die Filterkerze in einem ebenen Boden befestigt, der mit den Anschlüssen für Unfiltrat und Filtrat versehen ist. Die Verbindung von Gehäuse und Bodenplatte erfolgt durch Klemmschrauben, mit denen eine schnelle Montage und Demontage möglich ist.

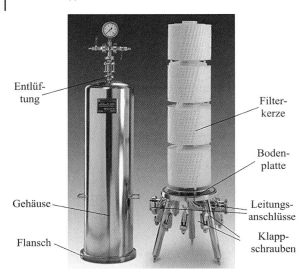

Abb. 4.55 Beispiel einer aus Modulen zusammengesetzten Filterkerze mit Gehäuse (Fa. Sartorius).

Die diskutierten Filter enthalten in der Regel keine bewegten Elemente. Eine Ausnahme machen Filtrationsapparate wie Scheibenfilter, bei denen die Filtration statisch erfolgt, die Filterelemente zum Abschleudern des Filterkuchens aber in Rotation versetzt werden.

4.2.2
Apparate und Maschinen mit bewegten Elementen

Bei Apparaten mit bewegten Bauteilen sind gegenüber statischen Apparaten im Wesentlichen drei zusätzliche Grundelemente vorhanden, die aus hygienischer Sicht Problembereiche ergeben können. Dabei hängt es davon ab, ob solche Apparate für *offene* oder *geschlossene Prozesse eingesetzt werden*.

1. Zum einen benötigen dynamisch arbeitende Elemente einen Antrieb, der aus Elektromotor und Getriebe besteht. Solche Bauteilgruppen sind hygienisch nur relevant, wenn sie bei offenen Prozessen im Sinne der EHEDG [3] als produktberührt einzustufen sind. Hygienegerecht gestaltete Getriebemotoren stehen inzwischen für solche Anwendungsfälle zur Verfügung (s. Abschnitt 1.12).

2. Zum zweiten werden durch die Antriebe Baugruppen oder Einzelelemente über Wellen angetrieben, die gelagert werden müssen. Wenn diese bei offenen Prozessen in hygienerelevanten Bereichen liegen, müssen Wellen und Lager hygienegerecht gestaltet werden, wobei Lager – je nach Ausführung und Prozess – eventuell abgedichtet werden müssen, um eine hygienegerechte Einheit zu bilden. Bei geschlossenen Apparaten werden bei fliegender Anordnung die

Wellen außerhalb gelagert. Bei zweiseitiger Lagerung kann das zweite Lager z. B. im Produktraum angebracht und produktgeschmiert ausgeführt werden (s. Abschnitt 1.5).

3. Zum dritten erfolgt bei geschlossenen Apparaten die Abdichtung zum Produktraum mit einer dynamischen Dichtung, deren Gestaltung je nach Art des Prozesses sehr unterschiedlich erfolgen kann. Die Ausführungen reichen von keimarm bis aseptisch (s. Abschnitt 1.42). Sie erfordern in jedem Fall auf der Produktseite eine hygienegerechte Gestaltung, um Problembereiche zu vermeiden.

Auch für diesen Bereich der Prozesstechnik können nur einige Apparate ausgewählt werden, um Problembereiche bzw. hygienegerechte Ausführungen beispielhaft aufzuzeigen.

4.2.2.1 Rühr- und Mischapparate

Um fließfähige Produkte und andere Substanzen mit gleichem oder unterschiedlichem Aggregatzustand z. B. zu mischen, kneten, emulgieren, lösen oder dispergieren, verwendet man verschiedenartige Typen von rotierenden Rührern und anderen Werkzeugen. Die angestrebte Homogenität kann dabei stofflicher oder auch thermischer Art sein. Dabei ist in hygienerelevanten Prozessen zusätzlich zur verfahrenstechnischen Aufgabe die konstruktive Gestaltung in Bezug auf Hygienic Design zu berücksichtigen. Das Grundprinzip der Konstruktion ist, dass meist feststehende Behälter verwendet werden, in denen angetriebene rotierende Werkzeuge umlaufen. In selteneren Fällen rotiert zusätzlich der Behälter.

In *geschlossenen* Prozessbereichen werden für die unterschiedlichen Rühr- und Homogenisieraufgaben meist zylindrische druckbeaufschlagte oder drucklose Behälter entsprechend Abb. 4.56 eingesetzt. Die verwendeten Rührerformen sind vielfältig und der jeweiligen Rühraufgabe angepasst [28]. Die Apparate werden bei größeren Ausführungen mit in den CIP-Kreislauf eingebunden und mit den üblichen Sprüh- oder Spritzverfahren gereinigt. Dabei ist vor allem auf die Vermeidung von Schattenbereichen durch die Rührwerkzeuge und die Welle zu achten.

Der Antrieb liegt außerhalb des Produktbereichs, und muss daher den verminderten Hygieneanforderungen des Nicht-Produktbereichs genügen. Neben der bereits in Abschnitt 4.1.1 diskutierten Flanschabdichtung sowie den Stutzen für Produktzulauf- und -ablauf ist vor allem die Durchführung der Rührerwelle durch die Behälterwand hygienegerecht auszuführen. Wie die Beispiele verdeutlichen sollen, kann es je nach Prozessanforderung notwendig sein, die Wellen in verschiedener Weise anzuordnen, wodurch auch für die Abdichtung unterschiedliche Anforderungen entstehen können (s. Abschnitt 1.42). Speziell ist zu berücksichtigen, dass z. B. bei der Wellendurchführung durch den Deckel gemäß Abb. 4.56a die produktseitige Dichtstelle im Luft- bzw. Gasbereich liegt. Bei Einsatz einer Gleitringdichtung bedeutet dies, dass sie z. B. durch Wasser fremdgeschmiert werden muss. Bei aseptischen Ausführungen, bei denen selbst geringste Mengen von Fremdmedien nicht zugelassen werden können, ist die

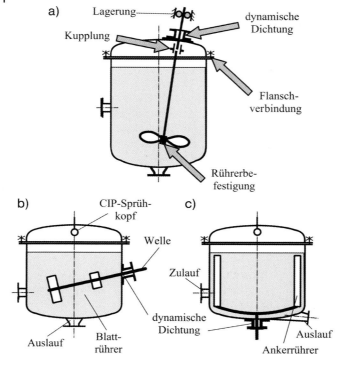

Abb. 4.56 Prinzipdarstellung von geschlossenen Rührbehältern mit Beispielen der Wellendurchführung: (a) im Deckel, (b) seitlich, (c) im Boden.

Anwendung von magnetgetriebenen Rührern erforderlich. Dies muss jedoch bei der Gesamtgestaltung des Rührapparats berücksichtigt werden. Auch bei Verwendung von Lippendichtungen kann die trockene Reibung Probleme bereiten. Bei Durchführung der Rührerwelle durch die Wand der Zarge entsprechend Abb. 4.56b oder durch den Behälterboden gemäß Abb. 4.56c liegen die möglichst frontbündig auszuführenden Dichtelemente im Produktbereich. Damit ist auch die Schmierung durch flüssige Produkte möglich.

In Abb. 4.57 soll ein zusätzliches hygienerelevantes Problem durch die Prinzipskizze angedeutet werden, das sich bei schräger Wellendurchführung durch die Zargenwand gemäß Abb. 4.56b ergibt. Selbst bei frontbündig gestaltbaren Dichtelementen ergibt sich zwangsläufig an der Unterseite der Dichtfläche ein Rücksprung, der vom erforderlichen Neigungswinkel abhängt. Zusätzlich liegt diese Stelle bei Anwendung von Sprühreinigung im Strömungsschatten der Welle, sodass die Reinigung problematisch ist.

Weitere hygienische Problemzonen können sich an der Rührerwelle und den Rührwerkzeugen ergeben. Häufig wird das Antriebsaggregat auf dem Behälter angeflanscht, sodass die verlängerte Motor- oder Getriebewelle durch die Wand in den Produktbereich ragt. Diese wird dann mit der Rührerwelle durch eine

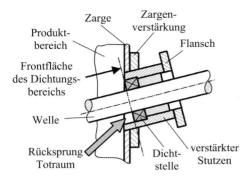

Abb. 4.57 Hygienerisiko bei schräg angebrachter, seitlicher Wellendurchführung.

Kupplung verbunden, die als produktberührt zu gestalten ist. Übliche Schalenkupplungen, die nicht reinigbare Schrauben und Rippen enthalten, können in diesem Bereich nicht eingesetzt werden. Man muss daher auf spezielle Konstruktionen, wie z. B. abgedichtete Flanschkupplungen zurückgreifen, die einen hohen Aufwand erfordern [3].

Die einfachere hygienische Lösung, die Kupplung außerhalb des Produktbereichs anzuordnen, ergibt umgekehrt konstruktive und montagetechnische Schwierigkeiten in Zusammenhang mit der dynamischen Abdichtung.

Der zweite Bereich, der eine hygienegerechte Gestaltung erfordert, umfasst die *Befestigung* der Rühr- oder Homogenisierwerkzeuge an der Welle. Als hygienisch günstigste Verbindung muss das Anschweißen der Elemente an die Welle mit hygienegerecht ausgeführten Schweißnähten angesehen werden. Häufig werden jedoch auswechselbare Werkzeuge gewünscht, was die Gestaltung erheblich kompliziert. Eine im Maschinenbau übliche Wellen-Naben-Verbindung mit nicht abgedichteter Passfeder oder mit offenen Schraubenverbindungen kann im Produktbereich aus hygienischer Sicht nicht eingesetzt werden (s. auch [3]). Bei auf die Welle aufschiebbaren Naben sollte ein Metall-Metall-Kontakt vermieden werden, sodass die Nabe gegenüber der Welle abzudichten ist. Außerdem ist eine hygienegerechte axiale Fixierung erforderlich. Problematisch erweist sich die Konstruktion, wenn die Nabe geteilt ausgeführt wird. Selbst wenn notwendige Schrauben und Muttern hygienegerecht gestaltet werden können, entstehen in der Teilungsfuge der Nabe nicht reinigbare Spalte. Auch die erforderliche axiale Abdichtung macht in diesem Fall Probleme. Um bei solchen Konstruktionen das Wachstum von Mikroorganismen und die Entwicklung von Biofilmen auf Dauer zu vermeiden, müsste konsequenterweise eine Zerlegung bei der Reinigung stattfinden.

Wenn bei Anwendung von CIP-Verfahren die Unterseite von Rührelementen von den Reinigungssubstanzen nicht ausreichend erreicht wird, sollten zusätzliche Spritzdüsen für diesen Bereich eingebaut oder der Behälter so weit gefüllt werden, dass der Rührer im Reinigungsmittel umläuft.

Werden Mischapparate für trockene Produkte eingesetzt, so können konstruktive Erleichterungen berücksichtigt werden. Ein Beispiel dafür ist, dass metallische Kontaktflächen zwischen Bauelementen ohne Abdichtung zugelassen werden können. Wesentliche Voraussetzung ist aber, dass der Feuchtigkeitsgehalt des Produktes, der durch den a_W-Wert charakterisiert wird, sowie die Feuchtigkeit im Mischer das Überleben und die Vermehrung von Mikroorganismen nicht zulässt. Dies setzt auch voraus, dass keine Nassreinigungsverfahren eingesetzt werden, da eine nachträgliche Trocknung z. B. in den Kapillarkanälen der metallischen Berührflächen nicht möglich ist.

In Abb. 4.58a werden am Beispiel eines Mischers mit horizontaler Welle und pflugscharähnlichen Mischwerkzeugen die grundlegenden Problembereiche aufgezeigt, die hygienegerecht auszuführen sind. Diese umfassen vor allem *innere*

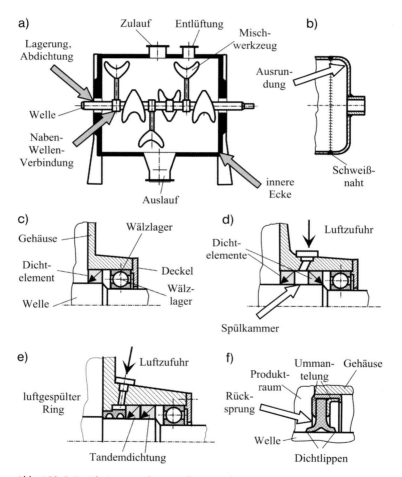

Abb. 4.58 Beispiel eines Mischers mit horizontaler Welle für trockene Produkte:
(a) Prinzipdarstellung, (b) Gestaltung der Trommelenden,
(c) Wellendurchführung mit einfacher Dichtung,
(d) Dichtstelle mit gespülter Doppeldichtung,
(e) Dichtstelle mit Spülring und Tandemdichtung,
(f) Prinzip einer Lippendichtung.

Ecken der Mischtrommel sowie eventuell an der Befestigung der Mischwerkzeuge. Gemäß Abb. 4.58b sollten die Ecken der Trommel ausgerundet und die Schweißnaht aus der Ecke herausgelegt werden. Weitere hygienerelevante Stellen betreffen z. B. die Ausführung der Naben zur Befestigung der Mischwerkzeuge, für die metallische Kontaktflächen ohne Abdichtung zulässig sind, nicht aber übliche geteilte Klemmverbindungen mit breitem Spalt zwischen den Elementen, wenn keine Zerlegung zur Reinigung erfolgt. Auch für Verbindungen zwischen Nabe und Rührarmen oder die Befestigung der Werkzeuge sind metallischer Kontakt z. B. bei Schraubenverbindungen zulässig, nicht dagegen offene Gewindeenden.

Die Lagerung der Welle erfolgt meist mit Wälzlagern, die als Baueinheit oder Gruppe mit Dichtscheiben ausgeführt werden sollten, um das Eindringen von Staub in die Lager zu minimieren. Für die Abdichtung zur Produktseite hin werden meist Wellendichtringe eingesetzt (s. auch Abschnitt 1.42), die gemäß der Prinzipskizze nach Abb. 4.58c zur Produktseite hin dichten. Um die Dichtstelle sauber und funktionsfähig zu erhalten, hat sich gemäß Abb. 4.58d die Anordnung mit Spülkammer und das Spülen mit Druckluft als günstig erwiesen. Ein verbesserter Schutz der Dichtungen lässt sich durch einen luftgespülten Ring entsprechend Abb. 4.58e erreichen.

Für die produktseitige Dichtstelle sollten herkömmliche Wellendichtringe wegen der Totbereiche sowie der Vorspannfeder nicht eingesetzt werden. Neue Entwicklungen versuchen den Hygieneanforderungen Rechnung zu tragen und berührende Kunststoffringe mit Dichtlippe einzusetzen, die die erwähnten Nachteile nicht besitzen. Das Prinzip ist in Abb. 4.58f angedeutet. Der Ring kann mit einer oder zwei Lippen ausgeführt werden, die z. B. aufgrund ihrer elastischen Verformung (Übermaß) vorgespannt werden. Dabei ist auch an harte elastische Kunststoffe mit guter Gleitfähigkeit zu denken.

Offene Rührapparaten werden hauptsächlich verwendet, wenn z. B. das Personal während des Prozesses manuell eingreifen muss, um Proben zu nehmen, die Konsistenz zu überprüfen oder Substanzen zuzugeben. Die Abb. 4.59a zeigt als Beispiel einen Behälter mit einem durch eine Hubvorrichtung anhebbaren Deckel. Ein herkömmlicher Motor mit Lüfter treibt über ein Getriebe die Rührerwelle des Spiralrührers an. Wenn der Deckel während der Produktion angehoben werden muss oder eine Kontrollöffnung besitzt, muss der Prozess als offen betrachtet werden. Kritische Problembereiche des Apparats sind in diesem Fall zusätzlich zum umgebenden Raum alle Oberflächen, von denen ein Kontaminationsrisiko ausgehen kann. Beispiele dafür sind:

- der Motor mit Lüfter, von dem kontaminierte Luft in den Produktbereich geblasen werden kann,
- obenliegende horizontale Flächen auf der Abdeckung des Antriebs für die Rührerwelle und auf dem Motor,
- Spalte an der Durchführung der Hubvorrichtung durch die Abdeckung,
- die auch bei geschlossenen Prozessen vorhandenen kritischen Bereiche unterhalb des Deckels wie Wellendichtung und Rührerkupplung.

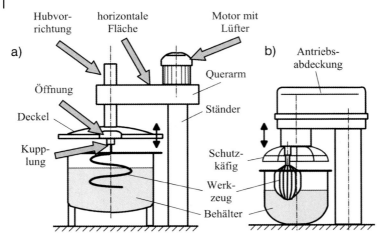

Abb. 4.59 Beispiele von Rührbehältern:
(a) zu öffnendes System mit anhebbarem Deckel,
(b) offener Behälter mit Schutzvorrichtung.

Durch Einsatz eines hygienegerecht gestalteten Motors ohne Lüfter sowie Erfüllung der Anforderung an Hygienic Design bei den genannten Risikobereichen lässt sich eine hygienegerechte Produktion erreichen.

Nur wenn der Deckel keine Öffnungen enthält und während der gesamten Prozessdauer vom Füllen bis zum Entleeren geschlossen bleibt, kann der Apparat als *geschlossen* eingestuft werden. Die Reinigung könnte dann mit CIP-Verfahren erfolgen. Wenn sie offen durchgeführt wird, ist sicherzustellen, dass die Apparatur bei Prozessbeginn, d. h. nach dem Schließen, *sauber* ist.

In Abb. 4.59b ist als weiteres Beispiel ein offener Rührapparat mit einem planetengetriebenen, exzentrisch umlaufenden Rührwerkzeug dargestellt, das ebenfalls angehoben werden kann. Motor, Antrieb und Hubvorrichtung sind in einem gemeinsamen Gehäuse untergebracht. Außerdem ist ein absenkbares Schutzgitter vorhanden. Auch in diesem Fall müssen zusätzlich zu den direkt produktberührten Flächen alle anderen, bereits beim Beispiel nach Abb. 4.59a genannten äußeren Oberflächen der Apparatur einschließlich Gehäuse und Ständer als relevante Kontaminationsquellen angesehen werden. Das bedeutet, dass sie hygienegerecht zu gestalten und regelmäßig in die Reinigung einbezogen werden müssen.

4.2.2.2 Zentrifugen

Zentrifugierprozesse zählen zu den mechanischen Trennverfahren, die in vielen Prozessen unter Ausnutzung der Zentrifugalwirkung sowohl der Filtration als auch der Sedimentation dienen. Bei der Filtration werden wie bei statischen Anwendungen Filtermittel eingesetzt, durch die die Trennung bewirkt wird. Bei der Sedimentation setzen sich die sedimentierten Bestandteile in einer Trommel ab und müssen entweder kontinuierlich oder diskontinuierlich nach außen abgeführt werden. In vielen Fällen soll durch das Zentrifugieren eine hohe Qualität der Endprodukte erreicht werden, wobei auch hochsensible Verfahren wie z. B. die Abtrennung von Mikroorganismen, die Aufbereitung von Fermentationsprodukten oder die Extraktion von Wirkstoffen für die Gewinnung von Antibiotika eine große Rolle spielen. Ein grundlegendes Werk über Zentrifugen aller Ausführungsarten wurde von Stahl [30] verfasst.

Das Hauptmerkmal der konstruktiven Gestaltung besteht darin, dass die verfahrenstechnische Aufgabe mithilfe umlaufender Elemente wie Trommeln oder Teller realisiert wird, die von außen angetrieben werden. Aus hygienischer Sicht sind neben der hygienegerechten Gestaltung der Bauelemente häufig komplizierte Dichtungsaufgaben zu lösen. Im Folgenden soll auf zwei Beispiele eingegangen werden, um einige hygienische Aspekte zu diskutieren.

Bei diskontinuierlichen Filterzentrifugen, die in horizontaler oder vertikaler Bauweise ausgeführt werden, dienen die Siebtrommel zusammen mit eingesetzten Filtermedien als Filterelemente, durch die das Filtrat austritt. In Abb. 4.60 ist das Prinzip einer horizontalen Ausführung dargestellt, zu der sich ausführliche Ausführungen bezüglich Verfahrenstechnik und Konstruktion in [30] finden. Auf der rotierenden Siebtrommel stützt sich am inneren Umfang ein entsprechend ausgewähltes Filtermedium ab, das wie bei der statischen Filtration aus unterschiedlichen Materialien wie Metall oder Kunststoff bestehen kann, wobei eventuell höhere Belastungen berücksichtigt werden müssen. Die Probleme der hygienegerechten Gestaltung sind in diesem Bereich ebenfalls mit den statischen Ausführungen vergleichbar. Zwischen innerem Umfang und Seitenwand der Trommel sollten Ausrundungen der inneren Kanten die Reinigbarkeit verbessern. Außerdem ist die Befestigung des Filtermittels leicht reinigbar zu gestalten. Die Trommel wird von einem Gehäuse und einem Deckelelement umgeben, die miteinander verschraubt sind und hygienegerecht statisch abgedichtet werden müssen. Außerdem ist der gesamte produktberührte Innenbereich der beiden Teile nach den Anforderungen von Hygienic Design zu gestalten. Eine wesentliche Maßnahme besteht darin, dass auch hier die inneren Kanten auszurunden sind. Außerdem wird durch die Gehäusewand die Antriebswelle der Trommel durchgeführt, die eine hygienegerechte, bündig gestaltete dynamische Abdichtung erfordert. Auf der Deckelseite sind mehrere Durchführungen vorhanden. Zum einen ist die Schälvorrichtung einstellbar, d. h. schwenkbar im Deckel gelagert, sodass bündig zum Innenraum eine hygienegerechte dynamische Dichtung für die Schwenkbewegung erforderlich wird. Zum anderen sind die Rohrdurchführungen für das Füllrohr, die Waschflüssigkeit sowie den Feststoffaustrag statisch abzudichten. Für den Austrag des Feststoffs kann auch ein Schneckenförderer dienen, dessen Gehäuse dann durch die Deckelwand durchgeführt wird und ebenfalls statisch abzudichten ist. Aufgrund der durch den Deckel führenden Einbauten muss die Wand entsprechend verstärkt werden. Hierbei sollte angestrebt werden, im Gegensatz zur Prinzipdarstellung die Innenwand ohne Vorsprung und innere Kanten glatt auszuführen und die Verstärkung in den nicht produktberührten Außenbereich zu verlegen.

Bauarten dieser Art können z. B. sehr günstig in Reinräumen eingesetzt werden, indem die Rückwand des Gehäuses mit Wellendurchführung in die Raumwand

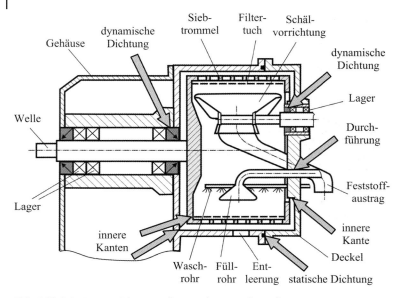

Abb. 4.60 Prinzip einer Filterzentrifuge mit horizontaler Welle.

integriert wird, sodass sich nur die produktberührte Gehäuseinnenseite und der zu öffnende Gehäusedeckel mit dem gesamten Zubehör im Reinraum befinden, während die Antriebsaggregate außerhalb z. B. in einem Technikbereich untergebracht werden können. In diesem Fall ist der im Reinraum befindliche Außenbereich von Deckelzuführungen und Steuerelementen zusätzlich hygienegerecht, d. h. leicht reinigbar zu gestalten. In Abb. 4.61 ist ein Beispiel einer Zentrifuge dieser Art für den Pharmabereich dargestellt. Der Gehäusedeckel ist mit der Gehäuserückwand durch eine hydraulisch oder manuell angetriebene Schnellspannvorrichtung verbunden, die sich einfach öffnen und schließen lässt. Nach dem Öffnen kann der Gehäusedeckel mit dem eingebauten Zubehör mithilfe einer Schwenkvorrichtung seitlich weggeklappt werden. Dadurch ist der Produktraum mit allen Elementen gut kontrollierbar.

Das konfektionierte Filtertuch wird mit Schnellspannringen in der Filtertrommel befestigt und durch die Zentrifugalwirkung gegen die Trommel gepresst. Die Oberflächen von Gehäuse, Trommel und Zubehör können in der jeweils erforderlichen Qualität ausgeführt werden. Die produktseitige Abdichtung der Trommelwelle kann mit flüssigkeits- oder gasgeschmierten Gleitringdichtungen erfolgen. Zur Reinigung wird ein vollautomatisches, validierbares CIP-Verfahren verwendet, bei dem die Zentrifuge bis zum Trommelrand mit Reinigungsmittel gefüllt wird.

Tellerseparatoren sollen im Folgenden als zweites Beispiel von Apparaten herangezogen werden, die die Zentrifugalwirkung ausnützen. Sie dienen der mechanischen fest-flüssig Klärung und flüssig-flüssig Trennung mithilfe der Sedimentation von einer oder zwei dispersen Phasen von einer kontinuierlichen

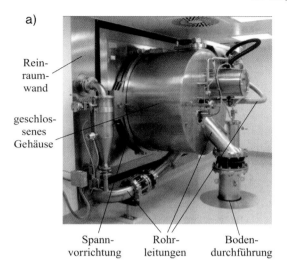

Abb. 4.61 Beispiel einer Filterzentrifuge für die Pharmaindustrie (Fa. KMPT AG):
(a) Ansicht des geschlossenen Gehäuses mit Zubehör auf Reinraumseite,
(b) Detailansicht der geöffneten Zentrifuge mit Siebtrommel und Deckeleinbauten.

Phase. Zur Erhöhung der äquivalenten Klärfläche sind sie mit einer großen Anzahl an konischen Tellern versehen. Bezüglich des Austrags des abgeschleuderten Feststoffes aus der Trommel unterscheidet man Vollmantel- und Düsentrommeln sowie selbstentleerende Trommeln.

Die Trommel mit vertikaler Achse ist im Allgemeinen durch einen Kegelsitz gemäß Abb. 4.62 mit der fliegend gelagerten Welle verbunden. Gegenüber dem Gehäuse können je nach Anforderungen und Einsatzgebiet unterschiedlich gestaltete dynamische Dichtungen verwendet werden. Die Verbindung des geteilt ausgeführten Gehäuses erfolgt z. B. durch statische abgedichtete Flansche. Die

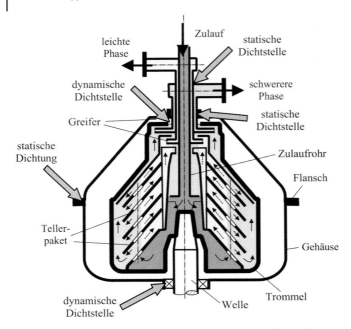

Abb. 4.62 Prinzipdarstellung eines Tellerseparators mit Vollmanteltrommel und Doppelgreifer.

Abtrennung der Phasen erfolgt nicht an der Trommelwand, sondern an den eingebauten eigensteifen konischen Tellern, die mit radialen Langlöchern als Steigkanäle ausgestattet sind. Sowohl die Verbindungen der Teller mit der Nabe als auch Verbindungsstellen der Trommel müssen hygienegerecht gestaltet und abgedichtet werden.

Der Austrag kann mithilfe von stillstehenden Greifern erfolgen, die in den jeweiligen Flüssigkeitsbereich eintauchen. Die als Rohrstutzen endenden Ausgänge können dann mit Hygieneverbindungen an die entsprechenden Rohrleitungen angeschlossen werden. Risikobereiche aus hygienischer Sicht können je nach konstruktiver Gestaltung an allen potenziellen Dichtstellen entstehen. Gemäß Skizze liegt z. B. eine dynamische Dichtstelle zwischen dem äußeren Greiferablauf und der rotierenden Trommel vor. Statische Dichtstellen sind z. B. zwischen den Greifern bzw. Greiferrohren untereinander sowie dem unteren Greifer und dem Zulaufrohr vorhanden. Einige der aus hygienischer Sicht wichtigen Stellen sind in der Darstellung durch Pfeile gekennzeichnet.

Ein Beispiel des Einsatzes eines Tellerseparators mit Antrieb, Verrohrung und Zubehör ist in Abb. 4.63 zur Veranschaulichung abgebildet.

Die Distanz der Teller gegeneinander wird gemäß Abb. 4.64 durch aufgeschweißte radiale oder gebogene Distanzstreifen oder Laschen festgelegt, die zusätzlich die Strömung möglichst radial nach innen richten sollen. Um mikroskopische Spalte durch Metallkontakt zwischen Lasche und Teller zu vermeiden, sollten die Schweißnähte durchgehend geschweißt werden. Die Teller werden

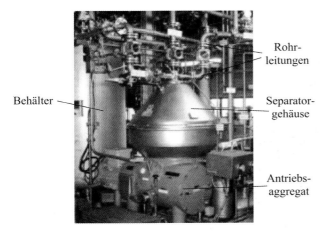

Abb. 4.63 Praxiseinsatz eines Tellerseparators (Fa. Westfalia).

üblicherweise einzeln auf eine Nabe aufgesteckt und mithilfe einer Passfederverbindung gegen Verdrehen gesichert, wodurch gleichzeitig ein Fluchten der Langlöcher zu Steigkanälen erreicht wird. Eine solche Verbindung ist allerdings nur bei einer sorgfältigen hygienegerechten Abdichtung der entstehenden Spalte für die Reinigung mit CIP-Verfahren geeignet.

Wie bereits erwähnt und in der Prinzipskizze angedeutet, kann die Flüssigkeit mithilfe von Greifern ausgetragen werden. Bei diesen halbgeschlossenen Systemen erfolgt der Ablauf unter Flüssigkeitsabschluss. Die stillstehende Greiferscheibe enthält entsprechend der Darstellung nach Abb. 4.65 eine Reihe von Kanälen, die im Ablaufrohr enden. Die umlaufende Flüssigkeit wird in die Greiferscheibe gedrückt und nach außen abgeführt. Wenn das Ablaufrohr gemäß der Darstellung z. B. das Zulaufrohr umgibt, erfolgt der Ablauf in entsprechenden Nuten. Aus hygienischer Sicht entsteht zwischen den beiden Rohren ein Spalt, der ein Kontaminationsrisiko bedeuten kann.

Eine weitere wichtige Rolle spielt die diskontinuierliche bzw. kontinuierliche Betriebsweise von Tellerseparatoren, die in erster Linie durch den Austrag von

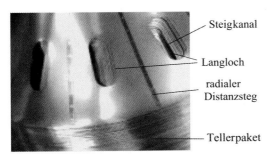

Abb. 4.64 Teilansicht eines Tellerpakets mit Abstandsstegen und Steigkanälen.

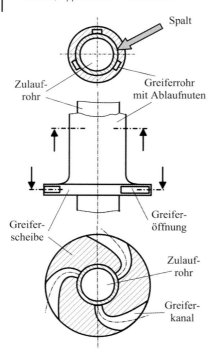

Abb. 4.65 Prinzipdarstellung eines Greifers mit genutetem Austragsrohr und innenliegendem Zuführungsrohr.

Sedimenten bestimmt wird. Bei quasi kontinuierlichen oder teilkontinuierlichen Separatoren haben die Trommeln gemäß der Prinzipskizze nach Abb. 4.66a einen doppelkonischen Feststoffraum, in dem sich die ausgeschleuderten Sedimente sammeln. Nach Füllen dieses Raums wird ein Ringspalt hydraulisch geöffnet, um die Feststoffanteile bei voller Drehzahl auszutragen. Bei vollkontinuierlicher Arbeitsweise werden in der Trommel Düsen zum Austrag eingesetzt, die konstruktiv verschiedenartig ausgeführt werden können. Voraussetzung für die Anwendung von Düsen ist, dass das Sediment fließfähig ist. Eine Ausführungsform ist dem Prinzip nach in Abb. 4.66b dargestellt.

Bei bestimmten Prozessen, vor allem in der Pharmaindustrie, sind aseptische Ausführungen erforderlich. In diesem Fall muss der Separator zum einen leicht reinigbar und sterilisierbar gestaltet sein und zum anderen vollkommen geschlossen, d. h. dicht gegen die Umgebung ausgeführt werden. Hierfür sind z. B. selbstentleerende Konstruktionen mit sogenanntem hydrohermetischem Zulauf geeignet, die zusätzlich mit Dampf sterilisiert werden können. Bei hermetischen Separatoren werden die Zu- und Abläufe durch mechanische Dichtungen abgedichtet, deren Gestaltung ausführlich in [30] beschrieben ist. Hierbei ist vor allem auf eine hygienegerechte Gestaltung der produktberührten dynamischen Dichtelemente zu achten. Grundlegende Voraussetzung für die zuverlässige Reinigung und Sterilisierung solcher Systeme ist außerdem eine generelle hygienegerechte Gestaltung, zu der die erforderliche Oberflächenrauheit und -struktur, das Vermeiden von Toträumen sowie eine gute Entleerbarkeit gehören.

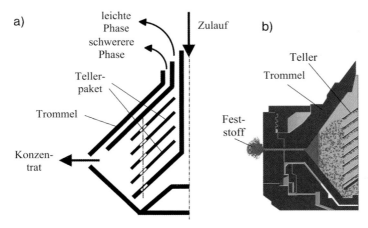

Abb. 4.66 Kontinuierlich arbeitender Tellerseparator:
(a) Prinzipdarstellung, (b) Ausführungsform (Fa. Westfalia).

Die chemische Reinigung wird mithilfe von CIP-Verfahren, d. h. ohne Zerlegung durchgeführt. Dazu ist die Installation von Sprühdüsen an verschiedenen Stellen im Separator und eine gute Benetzung aller produktberührten Flächen erforderlich. Zur Reinigung können neben heißem Wasser übliche Medien wie heiße Natronlauge zur Lösung organischer Bestandteile sowie heiße Salpetersäure für die Auflösung von anorganischen Belägen und Sedimenten eingesetzt werden. Zum Nachspülen ist bei solchen Prozessen meist Reinstwasser nötig.

Die Sterilisation, die unter anderem von der Bakterienart und der Keimzahl abhängig ist, wird im Stillstand mit Heißdampf bei Überdruck und Temperaturen von über 120 °C vorgenommen. Zur Abkühlung und zur Aufrechterhaltung des sterilen Zustands wird der Separator bis Prozessbeginn mit Sterilluft beaufschlagt.

Ein weiterer Aspekt ist genauso wichtig wie die Verhinderung von Produktkontaminationen: die Sicherstellung, dass keine toxischen Bakterien oder Wirkstoffe nach außen gelangen und damit Menschen und Umwelt gefährden.

4.2.2.3 Maschinen nach Normen des CEN/TC 153 für die Lebensmittelindustrie

Nach den Leitsätzen der EU trägt die Normung gemeinsam mit dem Grundsatz der gegenseitigen Anerkennung entscheidend zu einem reibungslosen Funktionieren des Binnenmarktes bei. Mithilfe harmonisierter europäischer Normen wird der freie Warenverkehr im Binnenmarkt gewährleistet und die Wettbewerbsfähigkeit der Unternehmen in der Europäischen Union (EU) gestärkt. Außerdem kommen Normen der Gesundheit und Sicherheit der europäischen Verbraucher und dem Umweltschutz zugute [31].

Das Technische Komitee CEN/TC 153 des Europäischen Normenausschusses CEN beschäftigt sich in diesem Zusammenhang mit der Normung von Anforderungen an die Sicherheit und Hygiene von Maschinen zur Aufbereitung, Vorbereitung, Herstellung, Be- und Verarbeitung von Nahrungs-, Genuss- und Futtermitteln. Wesentliche Ziele sind, dass

- Erkenntnisse, Erfahrungswissen und Fachmeinungen auf dem Gebiet des Arbeits- und Gesundheitsschutzes in den Arbeitsgebieten mit den Schwerpunkten sicheres Arbeiten mit Betriebsmitteln, Anlagen und Einrichtungen zusammengeführt werden,
- Arbeitshilfen zur Gefährdungsermittlung und praktische Lösungsansätze für Fragen des Arbeits- und Gesundheitsschutzes entwickelt werden,
- Berufsgenossenschaften, andere Unfallversicherungsträger, staatliche Stellen, Hersteller von Arbeitsmitteln und Einrichtungen sowie Arbeitsverfahren grundlegende Sicherheits- und Gesundheitsregeln für die behandelten Arbeitsbereiche erhalten.

Das Technische Komitee setzt sich entsprechend Tabelle 4.1 aus einzelnen Arbeitsgruppen (WG) zusammen, die Normen des jeweiligen Arbeitsgebiets entwickeln.

Tabelle 4.1 Untergremien des CEN/TC 153.

Kurzbezeichnung	Name	Spiegelgremium
CEN/TC 153/WG 1, Sekretariat: AFNOR	Bäckereimaschinen	NA 060-18-01 AA
CEN/TC 153/WG 2, Sekretariat: DIN	Fleischereimaschinen	NA 060-18-02 AA
CEN/TC 153/WG 3, Sekretariat: UNI	Aufschnittschneidemaschinen	NA 060-18-03 AA
CEN/TC 153/WG 4, Sekretariat: AFNOR	Großküchenmaschinen	NA 060-18-04 AA
CEN/TC 153/WG 5, Sekretariat: UNI	Maschinen und Einrichtungen für die Verarbeitung von Speiseölen und -fetten	NA 060-18-80 AA
CEN/TC 153/WG 7, Sekretariat: UNI	Nudelherstellungs- und Getreideverarbeitungsmaschinen	NA 060-18-07 AA
CEN/TC 153/WG 8, Sekretariat: AFNOR	Milchkühlgeräte auf dem Bauernhof	NA 060-18-08 AA
CEN/TC 153/WG 9, Sekretariat: BSI	Nudelherstellungs- und Getreideverarbeitungsmaschinen	NA 060-18-80 AA
CEN/TC 153/WG 11, Sekretariat: DS	Fischverarbeitungsmaschinen	NA 060-18-80 AA
CEN/TC 153/WG 12, Sekretariat: BSI	Sicherheit	NA 060-18-12 AA
CEN/TC 153/WG 13, Sekretariat: AFNOR	Hygiene	NA 060-18-80 AA

Für die Arbeitsgruppen existieren nationale Spiegelgremien, die den Standpunkt ihrer Länder ermitteln sowie bei Normentwürfen beraten. In Tabelle 4.2 sind als Beispiel einige DIN-EN-Normen aus der Zuständigkeit des Spiegelgremiums NA 060-18-02 AA für Fleischereimaschinen angeführt, die in der zugeordneten Arbeitsgruppe WG 2 des CEN/TC 153 als EN-Normen verabschiedet wurden.

Als Beispiel für die in den Normen enthaltenen Sicherheits- und Hygieneanforderungen sollen Kutter mit umlaufender Schüssel herangezogen werden, die in DIN EN 12 855 genormt sind [32]. Man versteht darunter diskontinuierlich arbeitende Nahrungsmittelmaschinen, in denen frisches oder gefrorenes Fleisch, Fleischprodukte, Fisch und Gemüse in einer umlaufenden Schüssel mit vertikalen, um eine nahezu horizontale Achse laufenden, Messern gemischt, zerkleinert oder emulgiert werden. Der Vorgang kann auch unter Vakuum, bei Zufuhr von flüssigem Stickstoff, Kohlenstoffdioxid oder Dampf geschehen oder bei einem gleichzeitigen Kochprozess stattfinden.

Zur Veranschaulichung ist in Abb. 4.67 ein Beispiel einer Ausführung dargestellt. Die wesentlichen Bauelemente umfassen das Maschinengehäuse mit Antrieb für Messerwelle und Schüssel sowie den notwendigen elektrischen, hydraulischen und pneumatischen Komponenten, den Messerschneidsatz, die umlaufende Schüssel, die Messerschutzhaube, die Beschickungs- und Entnahmeeinrichtung sowie eventuelle Komponenten für Erzeugung eines Vakuums, zum Begasen, Heizen und Kühlen. Die Messer sind auf der Welle durch Formschluss zur Übertragung des Drehmoments (s. Messer nach Abb. 4.67b) sowie eine axial

Tabelle 4.2 Beispiele der im Spiegelgremium NA 060-18-02 AA für Fleischereimaschinen behandelten Normen.

Nummer der Norm	Ausgabe	Titel
DIN EN 12 855	2004-07	Nahrungsmittelmaschinen – Kutter mit umlaufender Schüssel – Sicherheits- und Hygieneanforderungen; Deutsche Fassung EN 12 855:2003
DIN EN 12 463	2005-01	Nahrungsmittelmaschinen – Füllmaschinen und Vorsatzmaschinen – Sicherheits- und Hygieneanforderungen; Deutsche Fassung EN 12 463:2004
DIN EN 13 871	2005-08	Nahrungsmittelmaschinen – Würfelschneidemaschinen – Sicherheits- und Hygieneanforderungen; Deutsche Fassung EN 13 871:2005
DIN EN 13 570	2005-09	Nahrungsmittelmaschinen – Mischmaschinen – Sicherheits- und Hygieneanforderungen; Deutsche Fassung EN 13 570:2005
DIN EN 13 534	2006-12	Nahrungsmittelmaschinen – Pökelspritzmaschinen – Sicherheits- und Hygieneanforderungen; Deutsche Fassung EN 13 534:2006

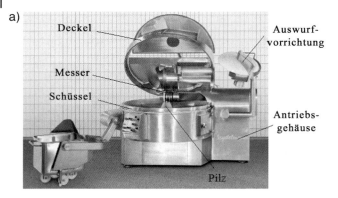

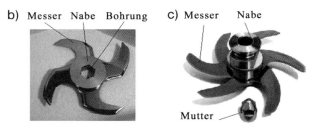

Abb. 4.67 Darstellung eines Kutters mit Zubehör:
(a) Gesamtansicht (Fa. Seydelmann), (b) Messer mit Sechskantaufnahme,
(c) Messer mit Nabe und Abschlussmutter (Fa. Kila).

sichernde Mutter entsprechend Abb. 4.67c befestigt. Der Messerdeckel umschließt den gesamten Schneidbereich des Kutters. Zum Zweck der Handhabung enthält der Deckel häufig eine Öffnung oder es ist ein Teil mithilfe von Scharnieren aufklappbar gestaltet.

Die Norm beschäftigt sich mit Gefährdungen, die durch die Konstruktion, die Bedienung, die Aufstellung und die Wartung solcher Maschinen entstehen können, auf die hier nicht näher eingegangen werden soll. In Bezug auf die hygienegerechte Gestaltung ist die übergreifende Norm EN 1672-2 [33] anzuwenden. Zusätzlich sind in Anhang C von DIN EN 12 855 Gestaltungsgrundsätze zusammengestellt, um die Reinigbarkeit sicherzustellen.

Zunächst sind entsprechend EN 1672-2 die verschiedenen Hygienebereiche festgelegt. Danach werden die Innenseite der Kutterschüssel mit Pilz und Rand, die Messerwelle mit Messern, die Messerschutzhaube mit Handschutzlappen, der Lärmschutzdeckel, die Innenseite eines eventuell vorhandenen Vakuumdeckels sowie der Auswerfer mit Schwenkarm dem *Lebensmittelbereich* zugeordnet. Zum Spritzbereich zählen die Außenseiten von Kutterschüssel, Messerschutzhaube, Lärmschutzdeckel und Vakuumdeckel sowie das Maschinengestell und die Umgebung der Schüssel. Der Nicht-Lebensmittelbereich umfasst alle übrigen Oberflächen des Maschinengestells, die Hebe-Kipp-Einrichtung sowie alle zusätzlich vorhandenen Einrichtungen.

Bezüglich der Hygieneanforderungen wird in DIN EN 12 855 ausgeführt:

- „Alle Oberflächen im Lebensmittelbereich müssen leicht zu reinigen und zu desinfizieren sein. Sie müssen so konstruiert sein, dass Reinigungsmittel leicht ablaufen können."
- „Im Benutzerhandbuch müssen Hinweise enthalten sein über die geforderten Methoden zur Reinigung von Oberflächen, besonders für Abdeckhauben, den Schüsseldeckel und die Messer. Ebenso müssen Hinweise über generelle Reinigungsmethoden und das ausreichende Entfernen von Reinigungs- und Desinfektionsmitteln und über jegliche ungeeigneten Reinigungsmittel vorhanden sein. Es müssen Empfehlungen über die sichere Beseitigung von Reinigungsprodukten und anderen Abfallprodukten gegeben werden. Anmerkung: Reinigung mit Druckwasser kann die Umgebung verunreinigen."

In dem normativen Anhang C werden die speziellen Gestaltungsgrundsätze festgelegt, um die Reinigbarkeit von Kuttern mit umlaufender Schüssel sicherzustellen. Neben Ausführungen zu den drei oben erwähnten Hygienebereichen werden z. B. für den Lebensmittelbereich für innere Ecken folgende Vorgaben gemacht:

- „Der durch die Schnittlinien zweier Flächen gebildete Winkel muss > 90° sein und muss einen Radius > 3,2 mm aufweisen. Kleinere Radien sind zulässig, wenn aus verfahrens- und herstellungstechnischen Gründen (z. B. Schweißnaht) oder wirtschaftlich vertretbar andere Lösungen nicht möglich sind."
- „Teile der Maschinen, z. B. Messer und deren Befestigungsteile, können Vertiefungen, Rillen und Ecken mit kleineren Maßen aufweisen. Die Teile müssen leicht reinigbar sein."
- „Ein Winkel > 135° ohne Radien ist zulässig. Der Abstand zwischen zwei Kanten muss > 8,0 mm sein." (Abb. 4.68a).
- „Wird eine Ecke durch den Schnittpunkt von 3 Flächen gebildet, müssen die Winkel > 90° und die Radien > 6,4 mm sein. Auch Winkel > 135° ohne Radien sind zulässig." (Abb. 4.68b).

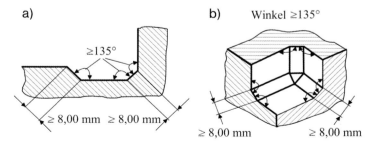

Abb. 4.68 Beispiel für Gestaltung von inneren Ecken nach DIN EN 12 855.

Weitere spezielle Anforderungen sagen aus, dass

- Rillen zulässig sind, wenn der Innenradius > 3,2 mm und die Tiefe < 0,7 des Radius ist,
- Verbindungen und Nähte geschweißt oder abgedichtet und glatt wie die verbundenen Flächen sein müssen und
- die Oberflächenrauheit $Rz < 25$ µm betragen muss. An den Stellen, wo es technisch möglich ist, muss $Rz < 16$ µm gewählt werden.

Zusätzliche Angaben, auf die hier nicht näher eingegangen werden soll, betreffen den Spritzbereich sowie den Nicht-Lebensmittelbereich.

Ergänzend muss noch erwähnt werden, dass in den verschiedenen vom TC 153 verfassten Normen in Anhang C jeweils die speziellen Hygieneanforderungen der behandelten Maschinen im Einzelnen präzisiert werden. Zusätzlich ist darauf hinzuweisen, dass nach Auffassung der EHEDG [3] bei offen arbeitenden Maschinen auch die äußeren Oberflächen sowie der relevante Umgebungsbereich, durch den Kontaminationen des Produktes möglich sind, als „produktberührt" eingestuft werden und entsprechend hygienegerecht zu gestalten sind. Der Umgebungsbereich als solcher wird in den Normen nicht betrachtet, da sie definitionsgemäß nur die Maschinenbereiche abdecken.

4.2.3
Isolatoren

Nach [34] wird ein Isolator im Wesentlichen als eine zusammenhängende Anordnung einer physikalischen abgeschlossenen und abgedichteten Umgrenzung definiert. Im Inneren sieht er einen Arbeitsbereich vor, der von der Umgebung getrennt ist. Betätigungen müssen von außen durchgeführt werden können, ohne die Integrität im Inneren zu verletzen. Die spezifizierten Vorgaben der Dichtheit des Isolators müssen durch einen üblichen Leckagetest mit innerem Überdruck kontrolliert werden können.

In diesem Zusammenhang wird in der Pharmaindustrie der Begriff *containment* verwendet, der nach ISPE [35] kurz Folgendes besagt: *„Wenn eine gesamte Produktionseinrichtung aus den drei Komponenten: pharmazeutisches Produkt, Personal und umgebende Umwelt besteht, bedeutet „containment" die Abtrennung der ersten von den beiden anderen Komponenten."*

Da Isolatoren zum einen in Form von Apparaten, als Teile von Maschinen oder als Umhausungen von Geräten ausgeführt werden, zum anderen ganze Raumbereiche umfassen, lassen sie sich schwer einordnen. Sie gewähren ebenso wie geschlossene aseptische Apparate oder Räume eine konsequente Trennung des Produktbereichs von Mensch und Umwelt. Dadurch können sie sowohl Produkte vor Kontaminationen durch Personen und die Umwelt schützen als auch umgekehrt die schädliche Einwirkung von Produkten auf Personen und die Umwelt verhindern.

Die Integration komplexer Prozesse in Isolator-Containment-Systeme bedeutet eine hohe Anforderung an Konzepte und Hygienic Design bezüglich der inneren

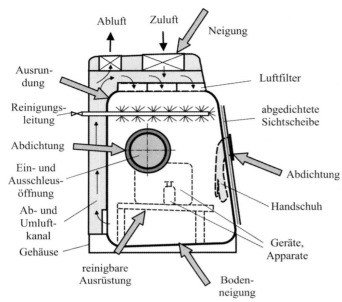

Abb. 4.69 Prinzipdarstellung eines Isolators.

Isolatorbereiche, der Gestaltung von Geräten sowie der Schleusenausführung, um einen zuverlässigen Betrieb einer Anlage sicherzustellen.

Die Prinzipdarstellung nach Abb. 4.69 soll den grundlegenden Aufbau sowie die Ausrüstung eines Isolators veranschaulichen. Der Innenbereich wird im Wesentlichen durch geschlossene dichte Wände gebildet. Handhabungen wie z. B. die Betätigung von Geräten werden durch nach außen abgedichtete Handschuhe ermöglicht. Außerdem stehen für das Einschleusen von Produkten und Geräten unterschiedliche Vorrichtungen zur Verfügung. Zur Versorgung mit Luft werden Filter der verschiedenen Reinheitsklassen (HEPA, ULPA) eingesetzt (s. Abschnitt 5.3.3.1).

Entscheidend für eine zuverlässige Reinigung ist neben der erforderlichen Oberflächenqualität und -gestaltung des Innenbereichs, dass alle Dichtstellen eine hygienegerechte Konstruktion aufweisen, Dichtungen frontbündig zum Innenraum ausgeführt und Spalte vermieden werden.

Die Realisierung eines Isolators dieser Art ist in Abb. 4.70 als Beispiel dargestellt. Der Innenraum ist aus Edelstahl mit der geforderten Oberflächenqualität hergestellt. Alle inneren Ecken und Kanten sind ausgerundet. An der Frontseite befinden sich zwei Sichtscheiben aus Sicherheitsglas, die elektrisch verriegelt sind. Die Abdichtung erfolgt durch Schlauchdichtungen, die im geschlossenen Zustand mit Druckluft beaufschlagt werden. Für Handhabungen im Innenraum sind abgedichtete Handschuhe in die Scheiben integriert. Seitlich befindet sich die verschließbare Anschlussöffnung für den Materialtransfer.

Die lufttechnische Versorgung ist oberhalb des Isolatorraums angeordnet. Die gefilterte Luft wird von oben eingeblasen und verlässt den Raum durch den

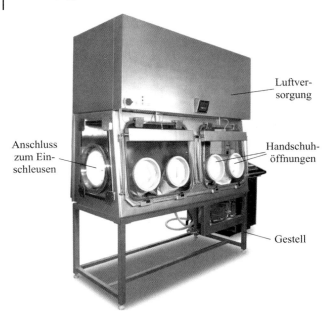

Abb. 4.70 Beispiel einer praktischen Ausführung eines Isolators (Fa. M+W Zander).

gelochten Doppelboden an der Unterseite sowie über Rückluftkanäle. Während der Dekontamination wird der Isolator luftdicht abgeschlossen.

Für Hygieneanforderungen ist es entscheidend, dass der gesamte Innenraum einschließlich nicht ausschleusbarer Einrichtungen gereinigt und desinfiziert bzw. sterilisiert werden kann. Deshalb müssen die Isolatoren im Inneren mit Reinigungssystemen ausgerüstet werden, die im Allgemeinen aus Rohrleitungen mit Sprühdüsen bestehen. Zusätzlich wird in vielen Fällen eine handbetätigte Sprühpistole verwendet. Zur Selbstentleerung müssen Rohrleitungen und horizontale Flächen in Richtung der Abflussvorrichtung ausreichend geneigt werden. Dies bestätigt, dass bei der Gestaltung des Innenraums sowie dort befindlicher Geräte und Apparate die hygienegerechte Ausführung eine wesentliche Rolle spielt. Um z. B. ein gefahrloses Öffnen eines Isolators für gefährliche Produkte zu ermöglichen, muss der gesamte Bereich einschließlich der Geräte entweder endgereinigt oder zumindest soweit vorgereinigt werden, dass keine Gefahren auftreten können. Vor dem Öffnen muss der Isolator eine definierte Reinheitsqualität aufweisen, die in der Regel im trockenen Zustand nachgewiesen wird. Außerdem müssen eventuell vorhandene Lösungsmitteldämpfe völlig beseitigt sein. In der Trocknungsphase nach der Reinigung steht meist keine Hitze zur Trocknung zur Verfügung. In solchen Fällen kann z. B. der Isolator mit trockenem Stickstoff gespült werden. Außerdem sollten beim letzten Sprühvorgang leicht flüchtige Reinigungs- und Lösemittel verwendet werden. Für verwendete offene Geräte sollten innerhalb des Isolators Ablage- und Hängesysteme mit möglichst großer, freier Oberfläche zur schnelleren Trocknung eingesetzt werden.

In der pharmazeutischen Industrie umfassen Isolatoren eine Vielzahl von Geräten, Apparaten und Einrichtungen völlig unterschiedlicher Größe und Ausführung, mit denen eine Abkapselung für die Handhabung von gefährlichen, aseptischen oder nicht aseptischen Produkten erreicht wird. In anderen Fällen kann ein mikrobiologisch überwachter Bereich notwendig sein, in dem aseptische Arbeiten ausgeführt werden können. In industriellen Isolatoren für aseptische Prozesse werden der Innenraum und die produktberührten Oberflächen mikrobiologisch kontrolliert und überwacht. Der aseptische Zustand wird mithilfe von Mikrofiltern, Sterilisationsprozessen, sporenabtötenden Verfahren, die gewöhnlich eine Begasung einschließen, sowie dadurch aufrechterhalten, dass eine Rekontamination aus der Umgebung verhindert wird. Deshalb ist das Gehäuse während der Produktion hermetisch gegenüber der Umgebung abgeschlossen. Handhabungen und Steuerung werden meist mithilfe von Handschuhen, die von außen in den Isolator hineinragen und ebenfalls hermetisch abgedichtet sind, oder neuerdings auch mit Robotern durchgeführt. Die meisten Isolatoren bleiben während des gesamten Herstellungsprozesses von Produkten abgedichtet. Dadurch lassen sich Prozesse unter kontrollierter Gasumgebung wie z. B. bei anaeroben Bedingungen durchführen. Bei Containment-Isolatoren wird häufig interner Unterdruck angewendet, während die meisten für aseptische Prozesse verwendeten Isolatoren unter innerem Überdruck arbeiten.

In der Lebensmittelindustrie ist bei der aseptischen Abfüllung von sensiblen Getränken eine Entwicklung zu verzeichnen, die von der Aufstellung des Füllers in einem begehbaren Reinraum weg zur Integration eines von außen bedienbaren Isolatorbereichs geht. Generell hat die Isolatortechnik häufig den Vorteil, dass aufgrund des kleineren Raumvolumens der Aufwand für die Luftaufbereitung reduziert und der Ausbaustandard für die Arbeitsräume wegen des Ausschlusses von Personal geringer ist. Während bei konventioneller Technik ein großer Reinraum gereinigt werden muss, kann z. B. ein kleinerer Isolator automatisch desinfiziert und eventuell täglich begast werden.

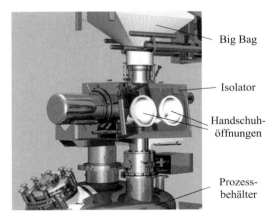

Abb. 4.71 Beispiel eines Containment-Isolators zur Verbindung von Behältern (Fa. Hecht).

432 | *4 Behälter, Apparate und Prozesslinien*

Beim innerbetrieblichen Abfüllen von gefährlichen Stoffen wie z. B. Wirkstoffkomponenten ist es wichtig, ein geeignetes Containment-System zu verwenden, ohne dass ein kontrollierter begehbarer Reinraum nötig wird. In Abb. 4.71 ist das Beispiel eines Containment-Isolators für Schüttgutprodukte dargestellt, der z. B. zur Produktübergabe zwischen flexiblen Gebinden wie Big Bags und innerbetrieblichen Gebinden für die Abfüllung verwendet wird. Dabei wird der Big Bag am Einlaufstutzen und am Auslaufstutzen mit je zwei In-linern ausgestattet. Der Innere ist mit Produkt gefüllt und wird innerhalb des Isolators angeschlossen. Der äußere In-liner wird als doppelter Schutz sowie zum Anschließen außen am Isolator benötigt. Beide In-liner werden während des Transportes durch die Außenhülle des Big Bag geschützt. Der Isolators kann mit 20-fachem Luftwechsel bei kontinuierlichem Unterdruck (−50 bis −70 Pa) betrieben werden.

In dem Beispiel nach Abb. 4.72 ist eine Zellenradschleuse in einen Isolator eingebaut, die innerhalb des Systems ohne Werkzeuge zerlegt und mit CIP-Verfahren gereinigt werden kann. Alle Oberflächen lassen die Reinigungsflüssigkeit ablaufen. Die Zellenradschleuse entspricht zusätzlich den ATEX-Vorschriften und kann als Sicherheitsschleuse für die Trennung verschiedener Zonen eingesetzt werden.

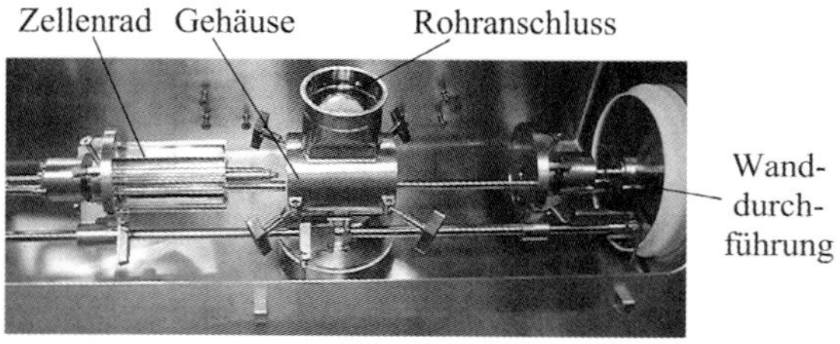

Abb. 4.72 Isolator zur Aufnahme einer Zellenradschleuse (Fa. Gericke): (a) Gesamtansicht, (b) Innenraum mit zerlegter Schleuse.

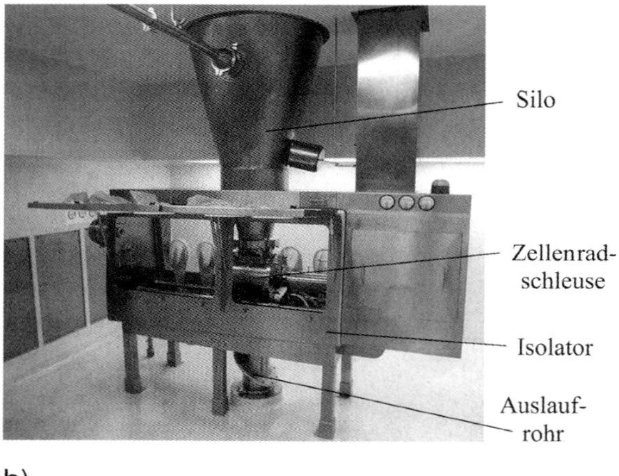

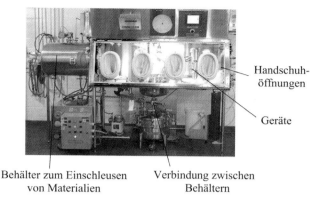

Abb. 4.73 Isolator mit durchgeführtem Behälter und angedocktem Transfercontainer (Ferro Pfanstiehl Laboratories, USA).

Eine wichtige Rolle beim Arbeiten mit Isolatoren spielen das kontaminationsfreie Ein- und Ausschleusen von Gegenständen oder Produkten. Ein Beispiel dafür zeigt der Isolator nach Abb. 4.73. Zum einen befindet sich an der linken Seite ein Transferbehälter, der an den Isolator angedockt ist und z. B. mit einem Doppeldeckelsystem versehen sein kann, was ein steriles Öffnen und Schließen erlaubt. Zum anderen ist der obere Teil eines Behälters in den Isolator integriert, während der untere aus dem Isolator herausragt und dadurch eine Verbindung mit einem weiteren Container herstellt, sodass ein steriler Ein- oder Austrag von Medien möglich ist.

Eine Prinzipskizze der Funktion eines Andockbehälters ist in Abb. 4.74 dargestellt. Verschiedene Ausführungen benutzen ein Doppeldeckelsystem für den sterilen Transfer. Dabei wird der Transfer-Container z. B. mit einem Hebesystem von außen am Isolator angedockt und automatisch gemäß Abb. 4.74a mit dem Doppeldeckel verriegelt, sodass sich die nicht sterilen Innenflächen der beiden Deckel gegenseitig abschirmen. Der Doppeldeckel wird dann mithilfe eines isolierten Handschuhs im Inneren des Isolators geöffnet und je nach System herausgenommen oder zur Seite geschwenkt. Damit lässt sich der Innenbereich des Containers mit dem Isolator kontaminationsfrei entsprechend Abb. 4.74b verbinden, sodass ein Transfer von vorher sterilisierten Geräten möglich ist. Wichtig aus der Sicht von Reinigung und Dekontamination ist bei diesen Systemen die hygienegerechte, d. h. spaltfreie und frontbündige Abdichtung der Elemente. Dies gilt sowohl für die gegeneinander dichtenden Deckelflächen, die nach dem Andocken die äußeren Oberflächen abdecken, als auch für alle zum Betriebsraum offenen Dichtungen. Zu berücksichtigen ist bei der Gestaltung der Dichtstellen, dass die Verschlüsse häufig durch eine Drehbewegung verbunden und arretiert werden.

Ein Ausführungsbeispiel eines solchen Systems ist in Abb. 4.75a abgebildet, das den aufgeklappten Deckel von der Innenseite des Isolators her zeigt. Die Sicherheit des Gesamtsystems beruht auf der Kombination von Alpha- und Beta-

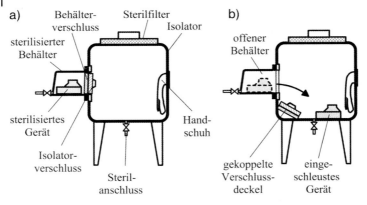

Abb. 4.74 Prinzip des Einschleusens von Material oder Geräten mithilfe eines Transfercontainers:
(a) angedockter sterilisierter Container mit Doppeldeckelverschluss,
(b) nach Entfernen der Deckel geöffneter Container (Entnahme transferierter Geräte).

Komponenten. Die im Alpha-Teil integrierte Tür lässt sich nur in Verbindung mit einem angedockten Beta-Teil öffnen. Ein Abdocken des Beta-Teils ist wiederum nur nach dem Schließen des Alpha-Teils möglich. In Abb. 4.75b ist ein Beispiel eines solchen Containers dargestellt. Es zeigt die zusammengeschlossenen Alpha- und Beta-Teile des geöffneten Deckels sowie den Blick in den Innenraum des Containers mit Rosten zum Ablegen von Transfermaterial.

Neben dem gezeigten Beispiel existieren noch weitere Übergabekonzepte, wie etwa Doppelklappensysteme oder Doppelauslaufkegel an Containern, die sich zur kontaminationsfreien Übergabe von Produkten eignen.

In Abb. 4.76 ist schließlich noch das Prinzip des kontaminationsfreien kontinuierlichen Einschleusens von Medien und Produkten in den Isolatorraum dargestellt. Der Einfachheit halber wird der Vorgang an einem Transfercontainer nach Abb. 4.74 verdeutlicht. Das für ein kontinuierliches Einschleusen verwendete

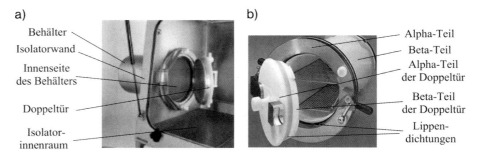

Abb. 4.75 Transfercontainer:
(a) Innenansicht von Isolator und Container mit aufgeklapptem Deckel
(Scan AG, Schweiz),
(b) Innenansicht mit Alpha- und Beta-Elementen (Fa. La Calhène, Frankreich).

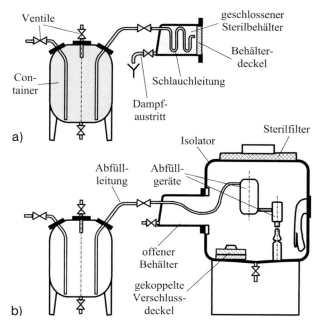

Abb. 4.76 Prinzipdarstellung des kontinuierlichen Produkttransports:
(a) Sterilisation von Produktbehälter und Transfercontainer mit Schlauchleitung,
(b) angedockter Container und Leitungsverbindung mit Abfüllsystem im Isolator.

Element ist ein Schlauch, der gemäß Abb. 4.76a mit einem Ende durch den Boden des Containers hindurchführt, dort statisch abgedichtet ist und an die Leitung zum Produktbehälter angeschlossen wird. Der restliche Teil des Schlauches wird zur Dekontamination im Transfercontainer aufgerollt, der anschließend mit dem zugeordneten Deckel verschlossen wird. Vor Prozessbeginn werden sowohl der leere Produktbehälter als auch der Schlauch und der Transfercontainer gereinigt und mit einem geeigneten Medium sterilisiert. Gleiches gilt für den Innenraum des Isolators. Danach wird der Container an den Isolator angekoppelt, der Doppeldeckel geöffnet und der Schlauch über Handschuhe mit der im Inneren des Isolators aufgestellten Abfülleinrichtung verbunden. Damit ist eine sterile Prozesslinie gewährleistet. Wesentliche Voraussetzung für eine einwandfreie Funktion ist die Sauberkeit der Einzelelemente und deren Verbindungen sowie die kontaminationsfreie Ankoppelung der entsprechenden Elemente an den Innenraum des Isolators. Dies wiederum setzt, wie bereits des öfteren erwähnt, eine einwandfreie hygienegerechte Gestaltung aller Elemente sowie die Aufrechterhaltung des aseptischen Zustands während der Produktion voraus. Besonders ist dabei auf die Ausführung von Schlauchanschlüssen zu achten, die in vielen Fällen hygienische Problembereiche darstellen.

Ein Beispiel aus der Pharmaindustrie zur Integration der Isolatortechnik in den Füll- und Verschließprozess von Injektions- und Infusionsflaschen zeigt Abb. 4.77.

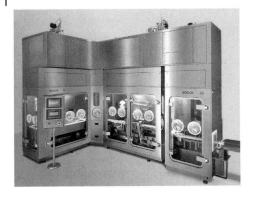

Abb. 4.77 Beispiel einer ausgeführten Abfüll- und Verpackungsanlage in Isolatortechnik (Fa. Bosch).

Abb. 4.78 Beispiel der Integration eines Isolators in ein kaltaseptisches Abfüllsystem (Fa. Krones AG).

Zum Füllen stehen je nach Eigenschaften des Füllprodukts verschiedene Systeme zur Verfügung. Produktions- und Antriebsteil sind aus Hygienegründen voneinander getrennt. Die Reinigung kann mit CIP-Verfahren durchgeführt werden. Die Sterilisation in SIP-Ausführung erfolgt in einem Dekontaminationsmodul, in dem Wasserstoffperoxid-Dampf erzeugt und anwendet wird.

In Abb. 4.78 ist ein weiteres Beispiel der Umsetzung des Isolatorprinzips dargestellt. Es zeigt die Isolatorausführung bei der kaltaseptischen Abfüllung von stillen, CO_2-haltigen oder pulpehaltigen Produkten mit Fasern in der Lebensmittelindustrie. Auch bei diesem Konzept sind nicht relevante Anlagenkomponenten vom Sterilbereich des Abfüllens und Verschließens der Gebinde abgetrennt.

Bei jeder Installation von Isolatoren ist für den Gesamtbereich, d. h. für Ports, Schleusen und Einhausung sowie Lüftungselemente, Dichtungsmodule, pneumatisch abgedichtete Frontglasscheiben, Schiebetüren und Handschuhe eine Risikobetrachtung durchzuführen. Da dabei auch Konzepte der Reinigung und Dekontamination eingeschlossen sein müssen, nimmt die hygienegerechte Gestaltung einen besonderen Stellenwert ein.

4.3
Beispiele von Prozesslinien- und Anlagenbereichen

Bei der Erstellung von Prozesslinien und Anlagen werden die verschiedenen Apparate, Maschinen und Komponenten in ein Gesamtkonzept integriert, für dessen Ausführung und Installation in den meisten Fällen Firmen für den Anlagenbau, manchmal aber auch die Anwender verantwortlich zeichnen. Aus Sicht von Hygienic Design ist es dabei wesentlich, dass sowohl die eingesetzten Einzelkomponenten und Teilanlagen als auch die Schnittstellen hygienegerecht gestaltet werden. Bei offenen Prozessen sind die relevanten äußeren Oberflächen der Maschinen und Apparate, das in der Umgebung angeordnete Zubehör sowie die Räumlichkeiten einzubeziehen, die in einem bestimmten Einflussbereich als Kontaminationsquellen wirken können. Wesentlich im Rahmen des Gesamtkonzepts ist es, die Reinigungsanlagen einzubeziehen, um eine Abstimmung der Maßnahmen für alle zu reinigenden Bereiche vorzusehen und zu gewährleisten.

Der Bereich der hygienerelevanten Prozesse umfasst eine so große Vielzahl, dass hier nur wenige Beispiele aufgezeigt werden können.

4.3.1
Beispiele für geschlossene Prozesse

4.3.1.1 Mischanlage für alkoholfreie Getränke

Eine Mischanlage zur Herstellung von Getränken aus vorgefertigtem Sirup stellt entsprechend Abb. 4.79 einen typischen Bereich einer *geschlossenen* Prozesslinie dar, die mit einem CIP-Verfahren gereinigt wird. Sie besteht hauptsächlich aus Behältern, Rohrleitungen und Komponenten wie Pumpen Ventilen und Sensoren (s. Kapitel 2). Zusätzlich werden eventuell spezielle Apparate wie Wärmetauscher,

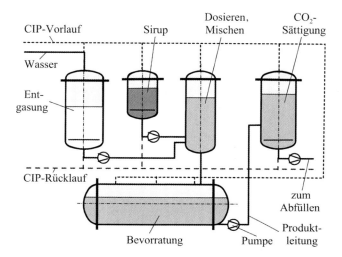

Abb. 4.79 Prinzipdarstellung einer Mischanlage zur Getränkeherstellung.

Filter und Mischer eingesetzt. Zum einen kann ein bereits konfektionierter Sirup, der in Containern angeliefert wird, mit Wasser, das entgast wird, zum fertigen Getränk ausgemischt und z. B. mithilfe eines Injektionsverfahrens oder durch statische Mischsysteme mit CO_2 gesättigt werden. Zum anderen lassen sich Grundstoffe wie Fruchtkonzentrat oder andere Grundsubstanzen für die Getränkeherstellung mit angelieferter konzentrierter Zuckerlösung und Wasser zum fertigen Getränk vermischen. Danach folgt jeweils in einem weiteren Anlagenbereich der Abfüllprozess.

Bei der Produktion von Mineralwasser wird das Wasser nach der Entgasung über den Dosierbehälter direkt dem Produktvorratsbehälter zugeführt. Von dort gelangt es ebenso wie Mischgetränke in den Karbonisierbehälter. Beim Herstellen von CO_2-freien Getränken wird in einer Bypass-Leitung der CO_2-Injektor umgangen und das Produkt fließt aus dem Produktvorratsbehälter direkt zum Füller.

Bei der Verwendung von Zucker als einem der Rohstoffe erfolgt gemäß Abb. 4.80 die Lagerung in Silos, die von Fahrzeugen aus z. B. pneumatisch beschickt werden. Durch Trocknung von Luft und Produkt wird das Entstehen von Feuchtigkeit in den Silos vermieden, sodass kein Antrocknen und keine Klumpenbildung erfolgen können. Zur Weiterverarbeitung wird der Zucker dann pneumatisch oder mit einer mechanischen Förderschnecke in einen Ausgleichsbehälter gefördert, von dem aus er z. B. mit einer Zellenradschleuse in den Lösebehälter dosiert wird. Der Bereich bis zum Lösen des Zuckers stellt einen geschlossenen *trockenen* Prozess dar, in dem in Bezug auf Hygienic Design einige konstruktive Erleichterungen gegenüber Nassprozessen möglich sind.

Sauerstoff beeinträchtigt in alkoholfreien Getränken Haltbarkeit und Geschmack. Deshalb ist es wichtig, für die Getränkeherstellung, weitgehend entgastes Wasser zu verwenden. Mit der zweistufigen Wasserentgasungsanlage beginnt auch der geschlossene flüssige Prozessbereich. In der ersten Stufe wird über die Vakuumentgasung der größte Teil des Sauerstoffs entzogen. Das teilentgaste Wasser wird in der zweiten Stufe zunächst mit CO_2 angereichert, um eine erhöhte Freisetzung von Sauerstoff zu ermöglichen. Das Gasgemisch wird dann mit einer Vakuumpumpe aus dem Behälter im Gegenstrom zum Sprühstrahl abgesaugt. Das entgaste Prozesswasser wird zum einen dem Lösebehälter zugeführt, in dem die Vermischung mit Zucker stattfindet und die Lösung des Zuckers eingeleitet wird. Die gewünschte Konzentration wird durch Regelung der Wasserzufuhr in Abhängigkeit der Konzentration erreicht. Anschließend wird der Lösungsprozess in einem Wärmetauscher weitergeführt, wo gleichzeitig eine Pasteurisierung der Zuckerlösung erfolgt. Die heiße Zuckerlösung durchfließt danach einen Entlüftungsbehälter und einen Filter. Die Zuckerlösung wird dann gekühlt und in Lagertanks für den weiteren Prozess bereitgestellt.

Zum anderen werden Prozesswasser und Grundstoffe entsprechend dem gezeigten Beispiel mithilfe von Mengenmessern durch frequenzgeregelte Pumpen in die Mischleitung dosiert. Die kontinuierlich arbeitende Mischstation kann z. B. mit statischen Mischern ausgestattet sein. Auch die Karbonisierung (CO_2-Lösung) kann kontinuierlich in einer statischen Mischstrecke erfolgen. Das fertige Getränk wird schließlich in Lagerbehältern für die Abfüllung bereitgestellt.

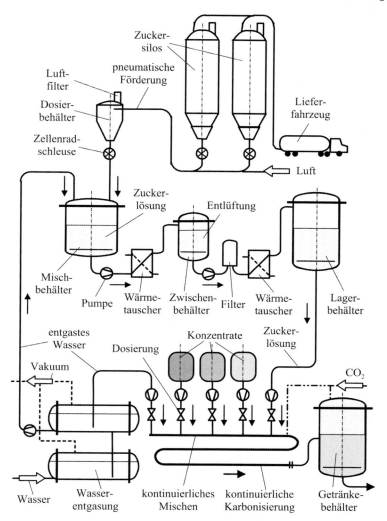

Abb. 4.80 Prinzipdarstellung einer Anlage zur Getränkeherstellung mit Zuckerbereitstellung und -lösung sowie Wasserentgasung.

4.3.1.2 Anlagen für Wasser mit definierten Reinheitsanforderungen

Während in der Lebensmittelindustrie Trinkwasser in den meisten Fällen als Prozesswasser ausreicht, werden in der Pharmaindustrie strenge Qualitätsanforderungen an Wasser für die Herstellung bestimmter Produkte gestellt. Die Wasserqualität wird dabei genau definiert [43] und umfasst z. B. Aqua Purificata (AP), Highly Purified Water (HPW) oder Water for Injection (WFI).

Zunächst ist *Trinkwasser* (Potable Water) für den menschlichen Gebrauch bestimmt. Bei behandeltem Trinkwasser ist der Gehalt an Mikroorganismen reduziert.

Gereinigtes Wasser (AP) ist ein Hilfsmedium zur Herstellung nicht steriler Produkte, die Ausgangsqualität für die Herstellung von Wasser, das für Injektionen benutzt wird, und von Reindampf in Pharmaqualität. Es wird auch für das Nachspülen bei der Reinigung von Anlagen und Behältern für AP sowie die Herstellung von Reinigungslösungen benutzt.

Hochreines Wasser (HPW) wird für die Herstellung medizinischer Produkte verwendet, wo bakterielle Endotoxine überwacht werden müssen, aber kein Wasser für Injektionen erforderlich ist.

Wasser für Injektionen (WFI) ist steriles Wasser, das für die Herstellung von Injektionsflüssigkeiten oder für Lösungen und Verdünnungen für parenterale Anwendungen eingesetzt wird. Auch für das letzte Spülen bei der Reinigung von WFI-Containern wird es verwendet.

Die verschiedenen Vorgaben für die unterschiedlichen Wasserqualitäten finden sich z. B. für Deutschland bzw. Europa in [36–38], internationale Vorschriften sowie solche der USA in [39–41].

Vor allem Wasseranlagen für Reinstwasser stellen eine große Herausforderung an Konstruktion und Hygiene dar. Um die notwendige Qualität zu erreichen und zu erhalten, muss eine Reduzierung der Wasserinhaltsstoffe sowie der mikrobiologischen Kontamination erfolgen und sichergestellt werden, dass keine Qualitätsveränderung durch Lagerung und Transport entsteht. Um dies zu gewährleisten, sind in der Pharmaindustrie aufwändige Kontrollen sowie die notwendige Dokumentation und Validierung erforderlich.

Bezüglich der Anlagengestaltung muss definiert werden, welche Wasserart in welchen Mengen erzeugt werden soll. Außerdem müssen die notwendigen Verfahren der Wasserbehandlung von vornherein ausgewählt und aufeinander abgestimmt werden, da sie das Konzept für die Anlagengestaltung sowie den apparativen Aufbau bestimmen [42].

Als mögliche Verfahren der Vorbehandlung kommen z. B. Filtration, Entkeimung, Enthärtung mit Ionentauschern, Härtestabilisierung, Behandlung mit Aktivkohle, Säurezugabe und CO_2-Dosierung, Entsalzung durch Umkehrosmose oder Deionisation und Destillation in Frage.

- Bei der *Filtration* erfolgt die Rückhaltung von Partikeln beim Durchtritt von Wasser durch ein Filtermedium mit entsprechender Porenweite.

- Für die *Ultrafiltration* werden Membranen mit 0,005–0,1 µm Porenweite zur Entfernung von Schwebstoffen, Kolloiden, Bakterien und Viren eingesetzt (s. auch Abschnitt 4.2.1.3).

- *Aktivkohle* wirkt als Adsorptionsmittel mit hoher spezifischer Oberfläche und dient zur Entfernung organischer Stoffe sowie von Chlor.

- Durch Quecksilberdampflampen erzeugtes *UV-Licht* mit einer Wellenlänge von 254 nm und einer Stärke von 300–400 J/m^2 wird zur Abtötung von Keimen verwendet.

- Durch *Enthärtung mit Ionenaustauschern* werden alle härtebildenden Ca- und Mg-Ionen unter Zugabe von Na entfernt. Von Vorteil ist, dass keine Resthärte zurückbleibt, während als Nachteil die erforderliche Regeneration zu verzeichnen ist.

- *Härtestabilisierung* ist ein physikalisches Verfahren; durch z. B. Antiscalant-Zugabe oder durch Dosierung von Säuren wie HCl, H_2SO_4 oder auch CO_2 wird das Kristallisationsverhalten der Wasserbestandteile derart verändert wird, dass die sehr kleinen Kristalle einzeln ausfallen und leicht zu entfernen sind.

- Für die Entsalzung von Wasser kann einstufige oder mehrstufige Umkehrosmose eingesetzt werden. In einer Stufe kann nur etwa 95 % der Salzbelastung zurückgehalten werden. Von Vorteil ist, dass keine Belastung durch Chemikalien erfolgt. Nachteilig wirkt sich aus, dass Gase die Membran passieren und eventuell Biofilme auf der Membranoberfläche entstehen können.

- Die Entsalzung kann auch durch elektrochemische Verfahren erfolgen, bei denen Ionenaustausch und Membrantechnik kombiniert werden. Bei der Elektro-Deionisation (EDI), die eine gute Entsalzung ermöglicht, erfolgt die Trennung durch ein elektrisches Feld. Als vorgeschaltetes Verfahren ist die Anwendung von Umkehrosmose erforderlich. Kontinuierliche elektrochemische Entsalzungsstufen (CDI) nutzen eine Kombination aus Elektrodialyse (Membrantechnik) und Ionenaustauschertechnik. Dabei werden mithilfe eines Gleichspannungsfelds die Rest-Ionen aus dem Wasser des Umkehrosmose-Permeats effektiv entfernt.

- Zur Entfernung von Kohlensäure werden Membrandiffusionsverfahren verwendet. Infolge der Partialdruckdifferenz diffundiert das gelöste CO_2 aus dem Wasser auf die Gasseite der Membran, die mit Luft oder Sauerstoff gespült wird.

- Destillation ist das sicherste Verfahren der Entsalzung von Wasser und wird daher bei der Herstellung von WFI für die Pharmaindustrie behördlich vorgeschrieben bzw. bevorzugt. Sie wirkt außerdem sterilisierend und Pyrogene werden weitgehend entfernt. Es werden ein- und mehrstufige Anlagen eingesetzt.

Ein Beispiel des Schemas einer Anlage zur Erzeugung von Aqua Purificata ist in Abb. 4.81 dem Prinzip nach dargestellt. Zunächst werden dem Wasser in einer Enthärtungsanlage die Härtebildner entzogen. Durch kontinuierliche Resthärteüberwachung mittels Sensoren lässt sich die Kapazität der Enthärter optimieren und der Salzverbrauch reduzieren. Danach erfolgt in der Umkehrosmosestufe die Abtrennung eines Großteiles der im Wasser enthaltenen Ionen, organischen Bestandteile und Bakterien. Häufig werden mehrere Osmoseeinheiten parallel geschaltet, in denen jeweils zwei in Reihe angeordnet sind. Die im Wasser gelöste Kohlensäure kann in der Membranentgasungseinheit durch Ausblasen mit Luft entfernt werden. Als letzter Behandlungsschritt schließt sich die kontinuierliche Elektro-Deionisation (EDI) an. Hier wird die Leitfähigkeit des Wassers abgesenkt. Am Ende der Behandlung müssen die spezifischen Anforderungen hinsichtlich Leitfähigkeit, TOC (Total Organic Carbon) und Keimgehalt nachgewiesen werden. Das erzeugte Wasser wird in einem Lagertank gesammelt, von dem aus die einzelnen Zapfstellen im gesamten Prozessbereich über Ringleitungen versorgt werden, die redundant auslegt sein müssen.

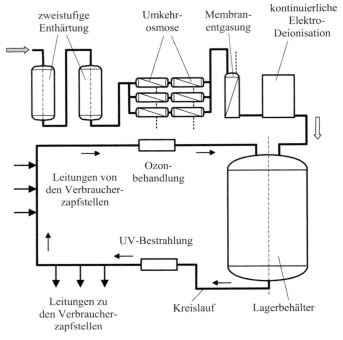

Abb. 4.81 Prinzipdarstellung einer Anlage zur Herstellung von Reinwasser (AP).

Die mikrobiellen Vorgaben werden während der Lagerung des Reinwassers im Lagertank kontinuierlich über Zugabe von Ozon aufrechterhalten, das aufgrund der stark oxidativen Eigenschaften der Mikroorganismen wirksam ist. Tagsüber wird das Ozon mittels UV-Bestrahlung zersetzt, bevor das Wasser zu den Zapfstellen gefördert wird. Nachts erfolgt eine Sanitisierung des gesamten Ringsystems durch zirkulierendes ozonhaltiges Wasser. Trotzdem ist nicht ausgeschlossen, dass von der Vorbehandlung her überlebende Keime Biofilme bilden können, die sich entlang der Rohrleitungen und anderer Anlagenelemente ausbreiten und aufgrund ihrer extrazellulären polymeren Schutzschichten der Sanitisierung widerstehen. Auch bei Probenahmen sind solche abgekapselten Mikroorganismen häufig nicht sicher festzustellen. Zur Überwachung der weiteren Parameter für die Wasserqualität, enthält die Anlage entsprechende Probenahmestellen sowie On-line-Messgeräte für Leitfähigkeit, TOC und Durchsatz.

In Abb. 4.82 ist eine schematische Darstellung einer einstufigen Destillationsanlage wiedergegeben, die im Allgemeinen für die Endqualität von WFI Voraussetzung ist. Das vollsalzte Speisewasser (VE-Wasser) wird in einem Wärmetauscher vorgewärmt und mit Dampf oder einer elektrisch beheizten Destillierkolonne zugeführt. Diese ist mit Sterilbelüftung, Tropfenabscheidung und Konzentratabschlämmung ausgestattet. Das Destillat gelangt in einen Sammel- bzw. Vorratsbehälter, von wo es in die verschiedenen Kreisläufe mit Zapfstellen gelangt. Um mikrobiellen Kontaminationen vorzubeugen, werden

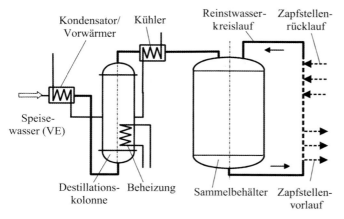

Abb. 4.82 Prinzip einer einstufigen Destillation zur Herstellung von WFI.

Vorratsbehälter und Loops häufig auf einer Temperatur von 80 °C gehalten. Bei korrekter Konstruktion, Wartung und Betriebsweise kann die Destillation als sehr sicheres Verfahren angesehen werden. Der Vorteil gegenüber der als Alternative in anderen Bereichen eingesetzten Umkehrosmose ist, dass durch die Erhitzung und Verdampfung des Wassers eine mikrobielle Kontamination in störungsfreien Fällen ausgeschlossen werden kann. Allerdings gilt dies jedoch nicht in gleicher Weise für den Gehalt an Pyrogenen.

In der Praxis werden meist mehrstufige Systeme eingesetzt, die im Prinzip eine Reihenschaltung der gezeigten Anlage darstellen. Auf der einen Seite wächst dabei die Anzahl von Wärmeaustauschvorgängen, während andererseits mit zunehmender Stufenzahl der Verbrauch von Dampf und Kühlwasser abnimmt. Als weiteres Verfahren ist noch die Thermokompression zu erwähnen, bei der ein Kompressor den Dampf auf 140 °C erhitzt. Aufgrund der bewegten Teile des Kompressors entsteht meist ein höherer Wartungsaufwand.

Um Kontaminationen in allen Stufen und Bereichen von Anlagen zur Wasserbehandlung ausschalten zu können, ist die hygienegerechte Gestaltung aller Komponenten entscheidend. Mit hochwertigen rostfreien austenitischen Edelstählen mit niedrigem C-Gehalt lässt sich Korrosion weitgehend vermeiden. Je stärker entsalzt das verwendete Wasser ist, desto aggressiver verhält es sich auch gegenüber Edelstahl. Bei Reinstwasseranlagen ist vor allem Rouging (s. auch [44]) ein bekanntes Korrosionsphänomen. Aus diesem Grund werden zunehmend Anlagen für WFI aus dem Kunststoff PVDF hergestellt, der nicht korrodiert, eine glatte gut reinigbare Oberfläche besitzt und wulstfrei geschweißt werden kann. Während PVDF in der Halbleiterfertigung seit Jahren das Material der Wahl ist, setzt es sich in der Pharmaindustrie in Europa im Gegensatz zu den USA erst langsam durch. Allerdings ist bei Verwendung von warmem Wasser die hohe Ausdehnung sowie Verformung von PVDF zu berücksichtigen. Die Verlegung von horizontalen Rohrleitungen erfordert in solchen Fällen eine kontinuierliche Unterstützung z. B. durch Halbschalen aus Edelstahl.

Generell sollten bei Montage vor Ort hygienegerecht ausgeführte Schweißverbindungen bei Rohrleitungen lösbaren Verbindungen vorgezogen werden. An Stellen, an denen ein Lösen nicht vermeidbar ist, müssen hygienegerecht gestaltete Schraub-, Klemm- oder Flanschverbindungen mit zu der inneren Oberfläche bündigen Dichtungen eingesetzt werden. Dichtmaterialien müssen mit Europäischen Anforderungen an die Unbedenklichkeit oder mit den Vorgaben im Code of Federal Regulations von FDA konform sein. Übliche Schlauchverbindungen sind zu vermeiden, da sie meist nicht reinigbare Spalte aufweisen. Außerdem ist in allen Bereichen auf eine strömungsgünstige Gestaltung zu achten, für die Ausrundungen, sanfte Übergänge bei Erweiterungen und Verengungen sowie das Vermeiden von Toträumen und Strömungsschatten wesentliche Merkmale sind.

Gerade bei Wasser ist auf die Gefahr der Entstehung von Biofilmen zu achten, die sich nach voller Ausbildung nur äußerst schwer beseitigen lassen und mit der Zeit große Bereiche und ganze Anlagen überziehen können. Deshalb müssen Wassererzeugungsanlagen regelmäßig gereinigt und desinfiziert werden, was z. B. mit chemischen Verfahren oder mit Dampf erfolgen kann. Um Kontaminationsgefahren erkennen und rechtzeitig ausschalten zu können, ist eine ständige Kontrolle der Reinigungs- und Desinfektionsergebnisse erforderlich.

Im Pharmabereich werden die Anlagen einer Qualifizierung unterworfen, die aus Design Qualification (DQ), Installation Qualification (IQ) und Operation Qualification (OQ) besteht. Als Basis für die verschiedenen Qualifizierungsschritte dient im Allgemeinen eine Risikoanalyse, in die ab 2009 auch Hygienic Design einzubeziehen ist [45]. Eine Anleitung dazu wird bereits jetzt auch für die Pharmaindustrie in [46] gegeben, wobei auch verschiedene Risikostufen angeführt werden.

Im Folgenden sind zwei Beispiele von ausgeführten Anlagen zur Wasserbehandlung abgebildet. Dabei haben beim Hersteller gefertigte Gesamtanlagen den Vorteil, dass alle Hygienic Design Maßnahmen bei Konstruktion und Fertigung berücksichtigt werden können. Kritische Montagemaßnahmen beim Anwender entfallen damit. Die Darstellung nach Abb. 4.83 zeigt eine Teilansicht einer anschlussfertigen und vorqualifizierten Kompaktanlage zur Erzeugung von Rein-

Abb. 4.83 Ausschnitt einer Rein- bzw. Reinstwasseranlage aus Edelstahl (Fa. Elga Berkefeld).

Abb. 4.84 Ansicht einer Reinstwasseranlage mit PVDF-Verrohrung (Fa. Werner).

wasser (AP) oder Reinstwasser (HPW). Die Anlage enthält zur Vorbehandlung des Speisewassers eine Stufe zur doppelten Enthärtung, gefolgt von einer Filtration. In den nächsten Stufe erfolgt eine Entsalzung mittels Umkehrosmose sowie eine Restentsalzung mit kontinuierlich arbeitender Elektro-Deionisation. Sämtliche Komponenten sind aus Edelstahl hergestellt. Nach Angaben des Herstellers entsprechen sonstige medienberührte Materialien den Werkstoffvorgaben von FDA. Außerdem kann die gesamte Anlage einer Heißwassersanitisierung bei 80–85 °C unterzogen werden.

Die Abb. 4.84 zeigt ebenfalls ein Kompaktsystem für die Herstellung von Highly Purified Water (HPW) in der Pharmaindustrie (s. auch [47]), das mit einem zusätzlichen Entpyrogenisierungsschritt nach der AP-Aufbereitung ausgestattet ist. Somit können Investitions- und Betriebskosten für den Final Rinse von Parenteraliabehältern und Ausrüstungsgegenständen gespart werden, die bisher mit WFI gereinigt werden mussten. Die Anlage enthält eine Doppelenthärtung, Umkehrosmose in ein- oder zweistufiger Ausführung, Membranentgasung zur CO_2-Reduktion, kontinuierliche Elektro-Deionisierung und einen Ultrafiltrationsschritt. Die produktberührten Leitungen sind zur Vermeidung von Korrosion in PVDF-HP ausgeführt und im WNF-Schweißverfahren verbunden. Die Anlage kann wahlweise chemisch oder mit Heißwasser von > 80 °C sanitisiert werden.

Die in Abb. 4.85 dargestellte Mehrstufendruckkolonne zur Destillation von WFI [48] besteht aus Vorwärmetauscher, Verdampferkolonnen inklusive Demister sowie querliegendem Wärmetauscher. Das Druckkolonnensystem wird durch eine Reihenschaltung von bis zu acht Reinstdampferzeugern aufgebaut. Die erste Kolonne wird mit Industriedampf beheizt. Das vollentsalzte Speisewasser durchläuft im Gegenstrom die gesamte Anlage und wird in der ersten Kolonne in Reindampf überführt. Dieser heizt dann die zweite Kolonne mit niedrigerem Druck und niedrigerer Temperatur und kondensiert dabei zu Destillat. Dieser Vorgang wiederholt sich entsprechend der Anzahl der Kolonnen. Durch die Vielzahl der Wärmeübertrager, durch die der Dampf abgekühlt und das Speisewasser aufgewärmt wird, ergibt sich eine optimale Ausnutzung der Medien. In der letzten Stufe wird das Konzentrat abgeschlämmt.

Abb. 4.85 Mehrstufendruckkolonne zur Destillation von WFI (nach [48]).

4.3.1.3 Gewürzverarbeitung als Beispiel eines Trockenprozesses

In vielen Bereichen trockener Prozesse, die aus Gründen der Staubbildung in geschlossenen Anlagen ablaufen, werden wie in der Gewürzindustrie nach Qualitätskontrollen der verwendeten Rohstoffe weitere Bearbeitungs- und Veredelungsschritte vorgenommen, da aus dem Rohstoff ein Produkt hergestellt werden muss, das zum industriellen oder privaten Endverbrauch geeignet ist. Zunächst erfolgt deshalb eine Reinigung und Sortierung nach jeweils spezifischen Verfahren, um aus den Rohgewürzen unerwünschte Bestandteile wie z. B. Stängel, Sand und andere Fremdkörper zu entfernen. Nach Bedarf schließen sich Arbeitsgänge wie Vorzerkleinern, Mahlen und Sieben bis zur gewünschten Korngröße an. Weil Gewürze leicht flüchtige, ätherische Öle enthalten, sind besonders schonende Mahlverfahren wie z. B. Kaltmahlung unter Inertgas anzuwenden. Die Endschritte umfassen dann das Wiegen und Mischen der einzelnen Gewürzkomponenten zum endgültigen konfektionierten Produkt.

Maßgeblich für die Auswahl des Anlagenkonzeptes ist einerseits die Anwendung schonender Verfahren, um sensorische Merkmale wie Geruch, Farbintensität etc. zu erhalten. Andererseits müssen Maßnahmen zur Vermeidung von Kreuzkontaminationen sowie von Vermischungen unterschiedlicher Gewürze getroffen werden. Für die Gestaltung bezüglich Hygienic Design spielt es eine wesentliche Rolle, ob die Anlagen als „trocken" zu betrachten sind, sodass das Wachstum von Mikroorganismen ausgeschlossen werden kann. Dazu darf der Feuchtigkeitsgehalt (a_W-Wert) nicht überschritten werden, der ein Wachstum von Mikroorganismen ermöglicht (s. auch [44]). Auch die Reinigung ist mithilfe von Trockenverfahren wie trockenes Absaugen oder Anwendung von Trockeneisverfahren durchzuführen. Wenn nass gereinigt wird, müsste die Anlage vor Produktionsbeginn völlig trocken sein, was infolge von Kapillarwirkung in engen Spalten nur sehr schwer zu erfüllen ist. Daher müssen sowohl bei höheren

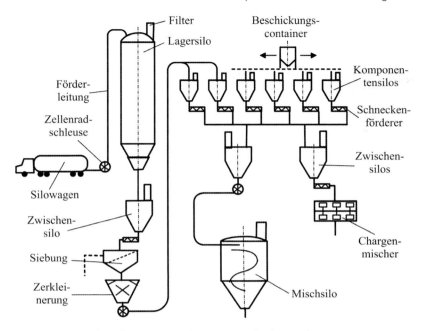

Abb. 4.86 Prinzipdarstellung eines Trockenprozesses für die Verarbeitung von Gewürzen.

Feuchtigkeitsgehalten der Produkte als auch bei Anwendung von Nassreinigungsverfahren dieselben höheren Anforderungen an die Reinigbarkeit erfüllt werden wie sie auch für Nassbereiche gelten.

Die Anlagen solcher Prozesse umfassen, wie das Beispiel nach Abb. 4.86 zeigt, im Wesentlichen Groß- und Kleinsilos, die entweder von Silowagen aus oder durch Kleincontainer versorgt werden und zur Zwischenlagerung eingesetzt werden. Weitere typische Apparate dienen der Zerkleinerung und Siebung bzw. Sichtung. In vielen Fällen werden zum Transport bei längeren Wegen pneumatische Förderanlagen eingesetzt. Kurze Strecken werden häufig mithilfe von Förderschnecken überwunden. Das Mischen zum Endprodukt kann je nach Eignung der Komponenten und der zu mischenden Mengen in stationären Mischsilos, die meist ohne Werkzeuge arbeiten, oder in ruhenden bzw. bewegten Mischern erfolgen. Die ruhenden Mischer sind mit entsprechenden Mischwerkzeugen ausgestattet.

Wichtige Schnittstellen aus hygienischer Sicht sind alle Verbindungsbereiche der einzelnen Apparate und Maschinen. So weit wie möglich sollten Rohrverbindungen auch bei trockenen Prozessen geschweißt werden. Für lösbare Verbindungen gibt es die Erleichterung, dass metallische Kontaktflächen im Produktbereich erlaubt sind. Zum Entkoppeln von Apparaten sind elastische Verbindungen erforderlich, die hygienegerecht zu gestalten sind (s. Abschnitt 4.1.4). Bei dynamischen Dichtungen empfiehlt sich das Spülen mit Luft (s. Abschnitt 4.2.2.1), um den Austritt von Staub in die Umgebung zu vermeiden. Für den Fall gefährlicher Produkte stehen Containment-Systeme zur Verfügung (s. Abschnitt 4.2.3).

4.3.2
Abfüll- und Verpackungsmaschinen als Beispiel für offene Prozesse

In allen Bereichen der Lebensmittel-, Pharma- und Bioindustrie steht am Ende des Herstellungsprozesses das Abfüllen und Verpacken, um die Erhaltung der Endqualität der hergestellten Produkte zu garantieren. Damit kommt diesem Bereich der Prozesslinie vor allem aus hygienischer Sicht eine wichtige Bedeutung zu. Über die Vielfalt von Verpackungsmaschinen stehen eine Reihe von Veröffentlichungen und Büchern zur Verfügung, in denen konstruktive, funktionelle und wirtschaftliche Daten und Fakten sowie Entwicklungstendenzen zu finden sind. In DIN EN 415 [49] sind Bezeichnungen und Klassifikationen von Verpackungsmaschinen und zugehöriger Ausrüstungen festgelegt. Speziell für die Getränkeabfülltechnik sind Begriffe für Abfüllanlagen und einzelne Aggregate in DIN 8782 [50] enthalten. Im Folgenden soll daher nur beispielhaft auf Verpackungsmaschinen im Zusammenhang mit dem Problemkreis Hygienic Design und Hygienemaßnahmen eingegangen werden.

Die Art des Verpackens bestimmt abhängig vom Produkt, der je Einheit abzupackenden Menge und der erforderlichen Anzahl an stündlichen Verpackungsvorgängen die Konstruktion der Verpackungsmaschine.

Beim aseptischen Füllen und Verschließen von Großgebinden wie Containern oder Big Bags werden die leeren geschlossenen Verpackungen mit den ruhenden Füll- und Verpackungsstationen über hermetisch abgedichtete Andockkupplungen (siehe z. B. Abschnitt 2.3.8) verbunden, deren Elemente sich sowohl an der Füllmaschine als auch an der Verpackung befinden. Durch Öffnen der Kupplungen nach dem Andocken wird eine Verbindung zwischen Verpackung und Füllstation hergestellt, sodass der gesamte Vorgang als *geschlossener Prozess* betrachtet werden kann. Aus hygienischer Sicht sind bei solchen Abfüllvorgängen nur die inneren produktberührten Oberflächen von Füllmaschine oder -apparat und Verpackung relevant.

Für pulverförmige Produkte können bei hermetischem Abschluss von Füllstation und Verpackung horizontal geteilte Klappenteller eingesetzt werden, die aus einer aktiven und einer passiven Klappenhälfte bestehen, wie es Abb. 4.87 am

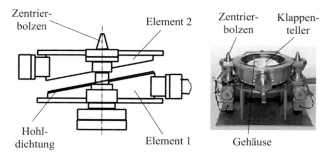

Abb. 4.87 Doppelklappensystem zur kontaminationsfreien Verbindung von zwei Systemen (Fa. Glatt).

Beispiel abgeschrägter Klappenelemente zeigt. Die antriebsfreie, passive Klappenhälfte mit statischer Dichtung befindet sich an der Verpackung wie z. B. am Container, während die aktive Hälfte mit dem Klappen- und Verriegelungsantrieb mit dem Abfüllsystem der Prozessanlage verbunden ist. Die Klappenteile sind dabei geschlossen und weisen mit den schrägen, kontaminierten Flächen nach außen zur Umgebung hin. Beim Ankoppeln berühren sich diese Flächen, dichten gegeneinander ab und schließen damit die kontaminierten Seiten zwischen sich ein. In diesem Zustand öffnet und schließt die Doppelklappe auf konventionelle Weise, wobei nur die vorher produktberührten Seiten produktberührt bleiben. Beim Abkoppeln teilen sich Klappe und Klappenteller wie die Prinzipskizze verdeutlicht. Die dann freiliegenden Flächen sind nicht kontaminiert.

Entsprechend Abb. 4.88 können sowohl beim Füllen als auch beim Entleeren von Gebinden mit pulverförmigem Inhalt Doppelfoliensysteme die Kontamination des Produktes verhindern und staubfreies Arbeiten ermöglichen. Hierbei wird der Einlauf z. B. eines Big Bags vor dem Öffnen mit einer Schutzfolie verbunden, die gleichzeitig den Systemanschluss verschließt, damit es zu keiner Kontamination kommt. Die In-liner im Big Bag und im Befüllsystem werden über einen Ring miteinander verbunden und staubdicht festgeklemmt. Anschließend kann die Entleerung erfolgen. Danach werden die In-liner oberhalb und unterhalb des Rings verschlossen.

Wenn das Andocken der Verpackungen an die Füllstationen von flüssigen oder festen Produkten ohne völlige Abdichtung nach außen erfolgt, handelt es sich bis zur Herstellung der Verbindung um einen *offenen* Vorgang, bei dem die Umgebung ein Kontaminationsrisiko darstellt. Nicht nur die produktberührten Elemente der Maschine und die verwendeten Gebinde, sondern auch das Äußere sowie das Prozessumfeld einschließlich dort befindlicher Apparate und Geräte können eine Kontaminationsgefahr für das zu verpackende Produkt durch Aerosole sowie luftgetragene Schmutzpartikel mit Mikroorganismen bedeuten (s. auch Abschnitt 3.1).

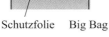

Abb. 4.88 Schutzfoliensystem zur kontaminationsfreien Befüllung und Entleerung trockener Produkte (Fa. Hecht).

Bei hohem Durchsatz der abzupackenden Produkte werden die offenen, schnell transportierten, meist kleinen Verpackungen mit den ebenfalls schnell bewegten geschlossenen Füllorganen synchronisiert und verbunden, sodass der Füllprozess ebenfalls *geschlossen* abläuft. Danach sind die gefüllten Verpackungen bis zum Verschließen kurzzeitig wieder offen. Wegen der hohen Geschwindigkeiten und kurzen Füllzeiten sind aseptische Andocksysteme nicht einsetzbar. Deshalb wird der gesamte Bereich, in dem diese Vorgänge stattfinden, als *offener Prozess* betrachtet, für den besondere Hygienemaßnahmen erforderlich sind. Lediglich für das Verpacken von Trockenprodukten gelten bezüglich der Gefahr durch Mikroorganismen die bereits oben erwähnten Einschränkungen.

Die Art der Verpackung ist aufgrund der Verschiedenartigkeit der Produkte äußerst vielfältig und reicht von Kartonagen über unterschiedliche Typen von Folien und Formen aus Kunststoff oder anderen Materialien bis hin zu Flaschen aus Glas oder Kunststoff. Mit dem hermetischen Verpacken von Produkten wird das Ziel verfolgt, ihre Qualität von der Herstellung bis zum Verbrauch zu erhalten und sie vor äußeren Einflüssen zu schützen. Die Unversehrtheit von Verpackungen ist ein wesentliches Kriterium dafür, dass zum einen das Eindringen von Mikroorganismen verhindert wird und zum anderen keine Leckage von Produkt oder Gas erfolgt. Deshalb benötigen Verpackungen von Produkten, die Gas wie z. B. CO_2 enthalten, mit Gas wie N_2 geschützt werden oder gegen das Eindringen von Gas von außen wie z. B. O_2 empfindlich sind, eine entsprechende Sperrschicht. Bei modernen Verpackungen dürfen nach [51] auch sogenannte „aktive Lebensmittelkontakt-Materialien" verwendet werden, die dazu bestimmt sind, die Haltbarkeit eines verpackten Lebensmittels zu verlängern oder dessen Zustand zu erhalten bzw. zu verbessern. Sie enthalten gezielt Bestandteile, die Stoffe an das verpackte Lebensmittel oder die das Lebensmittel umgebende Umwelt abgeben oder diesen entziehen können. Außerdem sind „intelligente Lebensmittelkontakt-Materialien" zulässig, mit denen der Zustand eines verpackten Lebensmittels oder die das Lebensmittel umgebende Umwelt überwacht werden kann.

Im Folgenden soll im Überblick nur auf Hygieneaspekte von Maschinen mit *bewegten* Füll- und Verpackungsbereichen eingegangen werden, die große Anzahlen kleinerer Gebinde abfüllen und verpacken. Aufgrund der Vielfalt und Kompliziertheit der in der Praxis eingesetzten Konstruktionen solcher Verpackungsmaschinen sind die Maßnahmen der hygienegerechten Detailgestaltung sehr unterschiedlich und können nur an konkreten Ausführungen diskutiert werden. Grundlegende Gestaltungshinweise für Hygienic Design sind jedoch durch die einschlägigen Richtlinien und Normen vorgegeben (siehe z. B. [20, 33, 45, 46]). Sie müssen in jedem Einzelfall bezogen auf die jeweilige Konstruktion umgesetzt werden. Spezielle Leitlinien, die von Organisationen wie der EHEDG auf Verpackungsmaschinen bzw. -vorgänge gerichtet sind, können zusätzlich konkrete Hilfestellung leisten.

Bei offenen Verpackungsprozessen besteht ein Hauptunterschied bezüglich hygienegerechter Gestaltung sowie Hygiene- und Reinigungsmaßnahmen zwischen *trockener* und *nasser Umgebung*, da in Trockenbereichen die Kontaminationsgefahr durch Mikroorganismen erheblich reduziert oder sogar ausgeschlossen werden kann. Wo immer es möglich ist, sollte man daher trockene Verhältnisse anstreben.

Grundlegende Hinweise für Hygienic Design sind in zwei EHEDG-Leitlinien zu finden. Entsprechend der Leitlinie nach [52] über hygienegerechte Verpackung muss eine hygienische Verpackungsmaschine zunächst die grundlegenden EHEDG-Kriterien nach [4] erfüllen. Zusammengefasst bedeutet dies, dass die produktberührten Oberflächen der Maschine leicht reinigbar ausgeführt sein müssen und dass es möglich sein muss, sie von relevanten Mikroorganismen zu befreien. Diese sehr allgemeine Formulierung enthält im Detail tiefgreifende Bedingungen und Einschränkungen, sodass ein hohes Maß an konstruktiver Umsetzung erforderlich ist. Speziell das Vermeiden von Problemstellen, zu denen z. B. alle Arten von Spalten, Totbereichen sowie Behinderungen beim Ablaufen von Flüssigkeiten von Oberflächen zählen, stellt hohe Anforderungen, die manchen Konstrukteuren erst anhand von Tests nahegebracht werden können.

Weiterhin empfiehlt die Leitlinie, dass bewegte Teile der Maschine möglichst außerhalb des Produktbereichs angeordnet werden sollten. Hierbei ist vor allem an Transportketten und Antriebe zu denken, die häufig in unmittelbarer Umgebung der offenen Produkte liegen und dadurch Quellen für Kontaminationsgefahren sind. In diesem Bereich sind vor allem bei linear arbeitenden Maschinen, bei denen die Verpackungselemente in der Maschine geformt werden, neue Entwicklungen denkbar. Dabei könnte man z. B. die hygienisch problematischen Verbindungsgelenke von Transportketten aus dem Produktbereich beidseitig nach außen verlegen und sie nur durch starre Trageelemente für die zu füllenden Verpackungen im Produktbereich verbinden. Beim Abfüllen von Flaschen sind bereits Entwicklungen vorhanden, Ketten durch andere Transportelemente zu ersetzen.

Zusätzlich zu konstruktiven Maßnahmen fordert die EHEDG einen Nachweis, dass sich alle produktberührten Flächen reinigen lassen. Hierbei ist darauf hinzuweisen, dass die EHEDG nach [3] im Gegensatz zu den erwähnten Normen den Produktbereich bei offenen Prozessen auch auf alle Flächen der Umgebung ausdehnt, von denen eine Kontamination für das Produkt ausgehen kann. Die inneren produktberührten Oberflächen von Füllmaschinen für fließfähige Produkte sollten möglichst in-place reinigbar und dekontaminierbar sein. Um dies sicherzustellen, dürfen vor allem keine Toträume, Strömungsschatten oder Bereiche mit langsamer Fließgeschwindigkeit vorhanden sein. Spezielle Aufmerksamkeit muss auf statische und dynamische Dichtungen gerichtet werden, da die notwendigen Temperaturänderungen wegen möglicher Unterschiede in der Ausdehnung unterschiedlicher Werkstoffe mikrobielle Probleme nach sich ziehen können. Außerdem sollten Gelenke im Produktbereich vermieden werden, da sie zu den Konstruktionselementen gehören, die am schwierigsten zu reinigen sind. Eine weitere generelle Forderung ist, große, ebene Flächen in unmittelbarer Umgebung des offenen Produktbereichs zu vermeiden, die Ansammlungen von Flüssigkeiten oder Flüssigkeitsfilmen aufnehmen können. Eine möglichst offene, durchlässige Gestaltung mit ausreichender Neigung ebener Flächen ermöglicht das ungehinderte Abfließen und Abtropfen. Wenn möglich sollten

Auffangwannen oder Rinnen unterhalb solcher Stellen für eine gesammelte Abfuhr von Flüssigkeiten sorgen, um den Boden unterhalb der Maschinen frei von Flüssigkeiten zu halten.

Um Kontaminationsrisiken aus der unmittelbaren Umgebung zu vermindern, sollte die hygienegerechte Gestaltung sowie die Wartung des Umgebungsbereichs um die Maschine besonders beachtet werden. Zum einen sollten Elektro- und andere Versorgungsleitungen nicht oberhalb des offenen Bereichs der Maschine verlaufen, da z. B. Schmutz oder Kondenswasser durch Herabtropfen oder -rieseln das Produkt gefährden. Zum anderen sollte sie nicht über Bodenrinnen und -abläufen aufgestellt werden, da damit sowohl eine Kontaminationsgefahr aus diesem Bereich z. B. durch Aerosole und luftgetragene Partikel für das Produkt verbunden sein kann als auch die Reinigung und Inspektion der Abläufe behindert wird. Maschinenfüße und -konsolen sollten gegenüber dem Boden zuverlässig abgedichtet werden. Außerdem sollte die Verpackungsmaschine so angeordnet werden, dass rundherum freier Zugang für Reinigung und Wartung gewährleistet ist.

Zusätzlich zu den Maßnahmen an der Maschine und in ihrem Umgebungsbereich ist es notwendig, das Verpackungsmaterial auf die Anzahl an Mikroorganismen vor Verwendung zu kontrollieren und diese eventuell zu reduzieren. Dies kann z. B. durch Anwendung von Dampf, trockener Hitze, Wasserstoffperoxid, ultraviolettem Licht oder durch andere Methoden geschehen.

In vielen Fällen reicht heute die früher in weiten Bereichen ausschließlich übliche sogenannte „keimarme" Verpackungsmaschine nicht mehr aus, um bei Produkten, die keine eigene Schutzwirkung wie z. B. einen niedrigen pH-Wert besitzen, eine möglichst lange Lebensdauer zu garantieren. Aus diesem Grund müssen sensible Produkte „aseptisch" verpackt werden, wie dies z. B. bei sterilen Produkten der Pharmaindustrie schon seit Langem der Fall ist.

Theoretisch ist aseptisches Verpacken aus Sicht der EHEDG einfach zu beschreiben [53]: *„Ein Produkt, das frei von unerwünschten Mikroorganismen ist, wird in Verpackungsmaterial verpackt, das ebenfalls frei von unerwünschten Mikroorganismen ist. Während dieses Vorgangs muss außerdem allen Mikroorganismen der Zugang zum Produkt und zum produktberührten Bereich des Verpackungsmaterials verwehrt werden."*

Für die Praxis bedeutet die Verwirklichung dieser Anforderungen durch einen technischen Prozess jedoch eine große Herausforderung. Wenn es sich beim Verpacken in dem Bereich, in dem das Produkt in die Verpackung eingebracht und diese verschlossen wird, um einen *offenen* Prozess handelt, sind aseptische Verhältnisse sowohl für den Maschinenbereich als auch für dessen relevantes Umfeld nicht auf einfache Weise zu realisieren. Aus Sicht der Konstruktion haben zunächst die direkt produktberührten Teile der Maschinen wie Füll- oder Arbeitsorgane aseptische Bedingungen zu erfüllen, indem sie leicht reinigbar gestaltet sind, sich für eine Dekontamination eignen und dicht gegen das Eindringen von Mikroorganismen sein müssen. Bei der Reinigung sollte In-place-Verfahren der Vorzug gegeben werden. Hinzu kommt, dass gleiche Verhältnisse für den Bereich der Umgebung gefordert werden, der für eine Kontamination des Produktes oder der produktberührten Bereiche der Verpackungsmittel in Frage kommt. Dies können zum einen Außenflächen der Maschine in unmittelbarer Nähe des offenen Prozesses sein, von denen Partikel oder Aerosole mit Mikroorganismen in das Produkt gelangen können. Zum anderen sind alle Bereiche um die Maschine herum einzubeziehen, von denen aufgrund der Schwerkraft oder durch Luftströmungen Kontaminationen entstehen können.

Um den Umgebungsbereich entsprechend streng kontrollieren und aseptische Verhältnisse aufrechterhalten zu können, werden aseptische Verpackungsmaschinen in Reinräume gestellt (s. Abschnitt 5.1.2). Das dabei realisierte Prinzip soll durch die Darstellung nach Abb. 4.89 verdeutlicht werden. Der gesamte Reinraum stellt einen „aseptischen" Bereich mit definierten Anforderungen dar, der entsprechend gereinigt und desinfiziert werden muss. In diesen müssen Produkte in fließfähiger oder stückiger Form, leere Verpackungen und Verpackungsmaterial, Personal, Versorgungsmedien und reine Raumluft eingeschleust werden. Die Schleusen dienen gleichzeitig zur Dekontamination. Nach Füllen und Verschließen der Behältnisse müssen diese wieder ausgeschleust werden. Außerdem ist das Ausschleusen von Abfällen und zu entsorgenden Materialien erforderlich. Je nach Anforderungen können z. B. Flüssigkeiten entweder in einen als Schleuse fungierenden Zwischentank oder über eine Wassersperre direkt in den Ablauf entsorgt werden. Auch die Entsorgung von Abluft muss hygienegerecht über eine Filtersperre erfolgen. Schließlich ist noch das Personal zu erwähnen, das den Reinraum entweder durch die gleichen oder getrennte Schleusen verlässt. Praktisch bestehen erhebliche Zweifel, ob für einen größeren Raum aseptische Bedingungen zu erreichen und aufrecht zu erhalten sind.

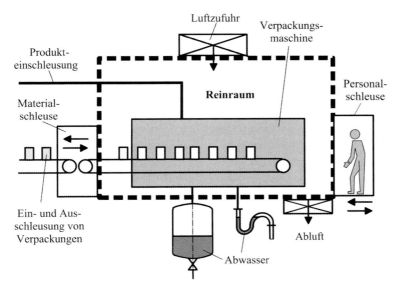

Abb. 4.89 Prinzipdarstellung eines Reinraums für ein Abfüllsystem mit Material- und Personalschleusen.

Da die Größe des Raums zusammen mit der Kompliziertheit der Maschine entscheidende Parameter für das Kontaminationsrisiko darstellen, wird bei Neuentwicklungen der letzten Jahre in manchen Branchen der Raum immer stärker verkleinert. Dies führt dazu, dass möglichst nur der relativ kleine offene Prozessbereich von dem Reinraum umschlossen wird. Darüber hinaus versucht man den Risikofaktor „Personal" aus dem Raum herauszunehmen, durch den ein erheblicher Anteil an Kontaminationen trotz Reinraumkleidung verursacht wird. Als Ergebnis wird der Reinraum in Form eines „Isolators" realisiert (s. Abschnitt 4.2.3), der während eines störungsfreien Verpackungsprozesses nicht betreten wird. Notwendige Bedienungsmaßnahmen werden von außen durch hermetisch abgedichtete Handschuhe vollzogen. Diese Idee hat zusätzlich den Vorteil, dass aufgrund des kleineren Raumvolumens der Aufwand für die Luftaufbereitung reduziert wird. Während bei konventioneller Technik ein großer Reinraum gereinigt werden muss, wird ein kleiner Isolator automatisch in-place gereinigt und z. B. mit H_2O_2 desinfiziert, was vor allem täglich erfolgen kann.

In der Pharmaindustrie wird häufig der Abfüllbereich nochmals in einer speziellen höher klassifizierten Zone eines Reinraumes angeordnet, der entsprechend im Bereich der Maschine mit Reinluft versorgt wird. Für das Abfüllen von hochwirksamen oder toxischen Arzneiprodukten, die hochrein verpackt werden müssen, werden ebenfalls bevorzugt Isolatoren eingesetzt, um das Umfeld um den Füllprozess aseptisch zu halten und die äußere Umgebung vor den Produkten zu schützen.

4.3.2.1 Rundläufer-Maschinen

Die prinzipielle Problematik der hygienegerechten Gestaltung soll zunächst am Beispiel der Abfüllung von Getränken auf Rundläufer-Maschinen aufgezeigt werden. Im Allgemeinen können mit diesen Maschinen höhere Geschwindigkeiten und damit Durchsatzleistungen von gefüllten und verschlossenen Verpackungen erreicht werden als bei Geradläufern. Die Ausführung des gesamten Anlagenbereichs, in den die Abfüllung eingebunden ist, kann je nach Anforderung sehr unterschiedlich erfolgen. Als Beispiel ist in Abb. 4.90 der prinzipielle Aufbau des Abfüll- und Verpackungsbereichs für Mehrwegflaschen dargestellt. Die Flaschen werden zunächst in einer Auspackstation den angelieferten Verpackungen entnommen, geöffnet und auf einem Transportband mit Staumöglichkeit einer Flaschenwaschmaschine zugeführt. Bei Anlagen zum Abfüllen von Getränken, die einen sogenannten Selbstschutz z. B. durch niedrigen pH-Wert besitzen, werden dann die sauberen Flaschen auf Transportbändern nach Durchlaufen einer Inspektionsstation offen zur Abfüllmaschine geleitet. Üblicherweise wird dieser Bereich nicht besonders geschützt, obwohl ein Kontaminationsrisiko für das Innere der Flaschen besteht, wie sich an Untersuchungsergebnissen in der Praxis zeigt. Nach dem Füllen und Verschließen kann das Getränk z. B. in einem Pasteur wärmebehandelt werden, um eventuell noch vorhandene Keime abzutöten, oder direkt der Einpackstation zugeführt werden. Dort erfolgt das Verpacken der Flaschen in Kästen oder Kartons. Erhöhte Anforderungen an Hygienic Design betreffen bei den Apparaten die Waschmaschine, die Abfüllmaschine und den Verschließer.

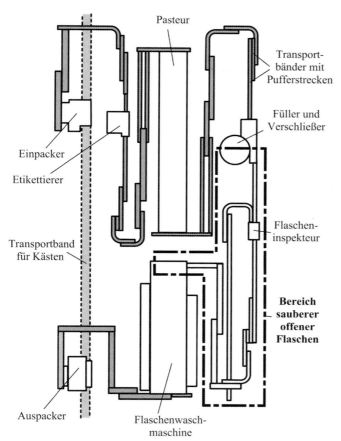

Abb. 4.90 Beispiel für den Aufbau des Abfüll- und Verpackungsbereichs für Mehrwegflaschen.

Zusätzlich ist der strichpunktiert gekennzeichnete Bereich einzuschließen, der die Transporteinrichtungen und deren Umgebung sowie den Einflussbereich um die Füll- und Verschließmaschine umfasst, wo die leeren Flaschen oder das abgefüllte Getränk der Umwelteinwirkung ausgesetzt sind. Aus hygienischer Sicht sollte der gekennzeichnete Bereich grundsätzlich einem getrennten, hygienegerecht gestalteten Raum entsprechen, der eine Abtrennung von der Umgebung gewährleistet, die mit höheren Schmutzfrachten belastet ist.

Ein völlig anderes Konzept besteht bei der sogenannten kaltaseptischen Abfüllung von Getränken, auch ACF (Aseptic Cold Filling) genannt. Sie wird vor allem bei Produkten, die keine eigene Schutzwirkung z. B. durch niedrigen pH-Wert besitzen, mit oder ohne CO_2-Gehalt, sowie pulpehaltige Produkte mit Fasern eingesetzt. Außer für übliche Getränke wie Softdrinks, Saft und Wasser verwendet man dieses Verfahren zunehmend für Refreshment-, Sport-, Energy-, Wellness- und Health-Getränke, Getränke mit Milch-, Joghurt- und Pflanzen-

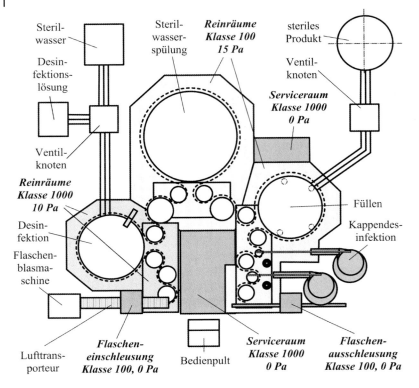

Abb. 4.91 Prinzipieller Aufbau eines Anlagenbereichs zur aseptischen Abfüllung von PET-Flaschen.

anteilen sowie Tee- und Kaffeegetränke. Das Beispiel nach Abb. 4.91 soll den prinzipiellen Aufbau eines Anlagenbereichs wiedergeben, in dem PET-Flaschen abgefüllt werden. Für ein aseptisches Konzept ist es wesentlich, dass der offene Prozessbereich in Reinräumen stattfindet, in denen die hygienisch erforderlichen Maßnahmen und Anforderungen einzuhalten sind. Im dargestellten Beispiel werden im relevanten Umgebungsbereich um die Abfülllinie Reinräume von zwei unterschiedlichen Klassen eingesetzt (s. Abschnitt 5.1.3), die bei neueren Anlagen als Isolatoren konzipiert werden, um Keimeintrag durch Personal zu vermeiden. Ein Überdruck innerhalb dieser Räume sorgt dafür, dass keine Kontamination von außen nach innen erfolgen kann.

Die in einer Blasmaschine gefertigten Flaschen werden mithilfe von Luft durch eine Schleuse in den Reinraumbereich transportiert und dort der mechanischen Transporteinrichtung (gestrichene Linie) übergeben, die die Weiterleitung übernimmt. In der Desinfektionsstation (Sterilisator) erfolgt zunächst ein externes Besprühen der Flaschen mit Desinfektionsmittel. Danach wird die gesamte Innenoberfläche z. B. durch ein Peressigsäure/Dampf-Gemisch entkeimt, wobei der Dampf als Trägermedium und Aktivator der Peressigsäure dient. Moderne

Verfahren benutzen als Alternative zur Nasssterilisation Trockenanwendungen mit H_2O_2. Aufgrund der Reinraumumgebung wird eine Rekontamination der Behälter verhindert. Anschließend werden die Flaschen in den Reinraum der nächst höheren Klasse eingeschleust und der Spülstation (Rinser) zugeführt, wo durch inneres Spülen mit Sterilwasser und Sterilluft eventuell Rückstände von Desinfektionsmittel entfernt und aseptische Verhältnisse aufrechterhalten werden. Im Füller wird das sterilisierte Produkt in die entkeimten Flaschen gefüllt, die anschließend verschlossen werden. Die sauberen Verschlüsse werden vorher in ein Desinfektionstauchbad eingeschleust und in einem definierten Zeitraum entkeimt.

Aufgrund des Reinraum- bzw. Isolatorkonzepts ist der Bereich klar abgegrenzt, in dem Hygienic Design in einem hohen Maß zu erfüllen ist, um leicht reinigbare Verhältnisse zu erreichen. Um zusätzlich aseptische Verhältnisse aufrechterhalten zu können, müssen die Reinräume definitionsgemäß das Eindringen von Mikroorganismen aus der äußeren Umgebung verhindern, d. h. sie müssen undurchlässig sein. In letzter Konsequenz bedeutet es auch, dass Personal während der aseptischen Abfüllung keinen Zutritt haben darf, da dadurch das größte Risiko des Eintrags von Mikroorganismen entsteht. Der Bereich sollte daher als Isolator konzipiert und wie die Maschinenbereiche sterilisiert werden.

Zusätzlich zum Reinraumbereich mit Desinfektion und Abfüllung sind in Abb. 4.91 einige Apparate der geschlossenen Prozesslinien angedeutet. Dazu gehören zum einen ein steriler Puffertank für das Produkt und ein Ventilknoten, über den der Produktfluss und die CIP-Reinigung gesteuert werden. Zum anderen werden Behälter für Desinfektionsmittel und Sterilwasser benötigt, die dem Sterilisator sowie dem Rinser zur Verfügung stehen müssen.

Da der Füllvorgang selbst den Kernbereich einer Verpackungslinie darstellt, soll im Wesentlichen auf ihn beispielhaft eingegangen werden.

Der Füller setzt sich nach [54] aus Grundgestell, Füllervortisch und Fülleroberteil zusammen, wie es dem Prinzip nach Abb. 4.92 wiedergibt. Je nach Werkstoff und Ausführung werden die Flaschen von den Transportvorrichtungen entweder stehend auf Förderketten (siehe z. B. Abschnitt 3.2.1) oder hängend in Klammern

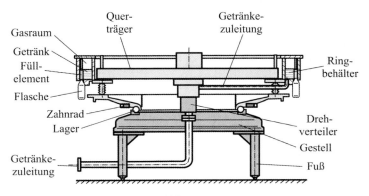

Abb. 4.92 Prinzipskizze eines Rundfüllers.

am Flaschenhals zu einer Schnecke oder einem Einlaufstern gefördert, wo sie synchron zum Füller auf dessen Teilung vereinzelt und an den Füller übergeben werden. Anschließend erfolgt das Anpressen an das Füllorgan, indem entweder die Flasche durch einen Teller unter dem Flaschenboden oder eine Klammer um den Flaschenhals angehoben wird. In manchen Fällen wird auch das Füllelement abgesenkt. Während des Umlaufs des Füllers wird der Füllvorgang durchgeführt, der mehrere Phasen enthalten kann. Dazu gehören z. B. Vorevakuieren, Vorspülen, Vorspannen mit Gas, Füllen, Beruhigen und Entlasten. Nach Absenken wird die volle Flasche durch den synchron mitlaufenden Transferstern übernommen und zum Verschließer transportiert, wo der Verschließvorgang erfolgt.

Differenziert man die verschiedenen Vorgänge unabhängig davon, ob keimarm oder aseptisch abgefüllt wird, so handelt es sich im Bereich der Zuführung der offenen Flaschen und des Austrags der vollen Flaschen bis zum Verschließen um *offene* Prozesse, während der Füllvorgang selbst, bei dem die Flaschen an den Füller angedockt sind, als *geschlossener* Prozess zu betrachten ist. Aus Sicht von Hygienic Design sind jedoch die freiliegenden Berührflächen der geschlossenen Füllorgane, die mit den Flaschen in Kontakt kommen, ebenso als produktberührt einzustufen wie die produktführenden Innenbereiche des Füllers. Hinzu kommen im Sinne der EHEDG [3] alle Flächen, von denen eine Kontaminationsgefahr für das Produkt ausgehen kann. Dies sind zunächst die Außenflächen der Füllelemente und des Füllers oberhalb und unterhalb der Füllorgane einschließlich Gestell, wenn für diesen Bereich keine besonderen Maßnahmen getroffen werden, durch die sich Kontaminationen vermeiden lassen. Es gehören dazu auch Decken, Wände und Boden des umgebenden Raumbereichs.

Obwohl in den vergangenen Jahren erhebliche Fortschritte erzielt wurden, enthält der geschlossene Bereich des Füllers wegen seiner Kompliziertheit einige Herausforderungen an die hygienegerechte Gestaltung. Ein Problem liegt darin, dass das Produkt und die Versorgungs- und Reinigungsmedien zunächst in festverlegten Leitungen dem Füller zugeführt werden, dann aber an den rotierenden Teil übergeben werden müssen, der den Ringkessel mit den Füllelementen enthält. Als Beispiel für die Realisierung dieser Aufgabe ist in Abb. 4.93 ein sogenannter

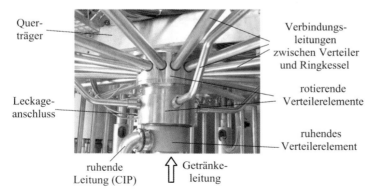

Abb. 4.93 Beispiel eines Drehverteilers in einem Rundfüller (Fa. Krones) [54].

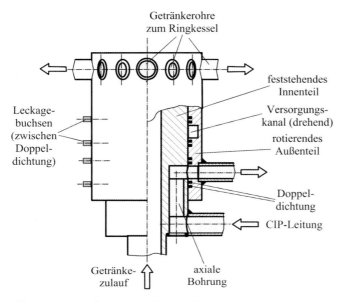

Abb. 4.94 Prinzip des Drehverteilers (nach Fa. Krones).

Drehverteiler nach [54] abgebildet. Er enthält im unteren Bereich zentral und seitlich die Zuführung von statischen Leitungen, während im oberen Bereich am rotierenden Oberteil die mitrotierenden Leitungen zum Ringkessel führen.

Eine Möglichkeit der konstruktiven Ausführung eines solchen Verteilers ist in Abb. 4.94 dem Prinzip nach wiedergegeben. Die beiden Hauptelemente, die aus einem ruhenden und einem rotierenden Teil bestehen, müssen in ähnlicher Weise gegeneinander gelagert und dynamisch abgedichtet werden, wie es bei einer drehenden Welle gegenüber einem feststehenden Gehäuse der Fall ist. Die Abdichtung erefolgt dabei radial. Die fest verlegten Leitungen, die das Produkt sowie die Reinigungs- und andere Versorgungsmedien enthalten, können dem statischen Element des Verteilers auf verschiedene Weise zugeführt werden. Das Produkt läuft in der abgebildeten Ausführung von unten der zentralen Bohrung des Verteilers zu und wird nach oben geleitet, wo die Übergabe an das rotierende Teil sowie die Leitungen erfolgt, die mit dem rotierenden Füllersystem umlaufen. Das Prinzip der Übergabe ist im Schnitt der Abbildung am Beispiel einer zweiten Leitung dargestellt. Diese ist im unteren Bereich am Umfang des feststehenden Verteilerelements befestigt. In diesem wird das Medium in Bohrungen weitertransportiert, die zunächst radial nach innen, dann axial nach oben und schließlich radial nach außen führen, sodass es in eine andere Ebene gelangt. Dort wird es an das äußere rotierende Verteilerelement übergeben, das an dieser Stelle eine Nut am inneren Umfang enthält. Von dieser Ringnut kann über eine oder mehrere radiale Bohrungen die Verbindung zu entsprechend vielen mitrotierenden Leitungen hergestellt werden, die zum Ringkessel führen. Das geschilderte Prinzip des Medientransports kann im ruhenden Teil mehrfach angewendet werden, indem am Umfang versetzt Leitungsanschlüsse angebracht werden. Die Weiterleitung der Medien kann durch verschieden lange axiale Bohrungen in unterschiedliche Ebenen führen, in denen die Übergabe an Ringnuten in diesen Ebenen im rotierenden Teil erfolgt. Bei den Axialbohrungen im feststehenden Verteilerelement ist es wichtig, dass keine toten Enden entstehen, die schlecht zu reinigen sind. Das heißt, dass die radialen Bohrungen so nah wie möglich an den Enden der axialen Bohrungen liegen sollten. Im Bereich der Übergabe des Mediums vom feststehenden zum rotierenden Teil ist an jeder Stelle das Problem der dynamischen Abdichtung und deren hygienegerechter Gestaltung zu lösen, da aus hygienischer Sicht aus dem dynamischen Dichtungsbereich generell ein Kontaminationsrisiko erwachsen kann, das eine entsprechende Überwachung erfordert. Grundsätzlich kommen als dynamische Dichtungen je nach den vorhandenen Umfangsgeschwindigkeiten und der Kompliziertheit der funktionellen Anforderungen entweder berührende Wellendichtringe oder Gleitringdichtungssysteme in Frage (siehe [44]). Bei dem gezeigten Prinzip der Abdichtung mehrerer Ebenen mit radialen Dichtungen scheiden Gleitringdichtungen aus. In diesem Fall muss im rotierenden Verteilerelement beidseitig jeder Ringnut mindestens je ein Wellendichtring oder Lippenring mit einer dazwischenliegenden Nut verwendet werden, die als Leckagekammer dient und eine Ableitung nach außen zur Leckageerkennung besitzt, um Undichtigkeiten anzuzeigen und Produktvermischungen auszuschließen. Im vorliegenden Beispiel ist beiderseits der Ringnut für die Produktübergabe aus Sicherheitsgründen eine Doppeldichtung mit dazwischenliegender Leckagekammer angeordnet. Im Fall aseptischer Abfüllung muss zusätzlich zu den Anforderungen an die Medientrennung und Reinigbarkeit das Eindringen von Mikroorganismen aus der Umgebung durch die dynamischen Dichtungen verhindert werden. Das bedeutet, dass entweder zwischen den unteren Doppeldichtungen, die gleichzeitig nach außen abdichten, eine Spülkammer mit Sterilmedium wie Sterilwasser verwendet wird, oder dass die äußere Umgebung des Verteilers z. B. durch einen Isolator aseptisch gehalten wird. Auf die Gestaltung der Lager, die z. B. als Gleitlager ausgeführt werden können, soll in diesem Zusammenhang nicht eingegangen werden. Bei der dynamische Abdichtung der Lager ist das gleiche Prinzip anwendbar wie bereits oben erwähnt.

Im produktführenden geschlossenen Bereich des Füllers ist als nächstes der rotierende Ringbehälter zu erwähnen, der vom Verteiler her mit den notwendigen Medien versorgt wird. Der Behälter mit einer Kammer hat im Allgemeinen der Prinzipdarstellung nach Abb. 4.95 entsprechend einen rechteckigen Querschnitt. Aufgrund der grundlegenden Anforderungen an Hygienic Design sollten neben der erforderlichen Oberflächen- und Schweißnahtqualität innere rechtwinklige Ecken entweder ausgerundet oder abgeschrägt werden, um den Winkel in den Ecken zu vergrößern. Wenn dies nicht möglich ist, fordert z. B. die EHEDG, dass ein entsprechender Nachweis über die leichte Reinigbarkeit erbracht werden soll.

Im dargestellten Beispiel sind in den Ringbehälter die Füllventile integriert, die aufgrund unterschiedlicher Anforderungen an den Füllprozess sehr kompli-

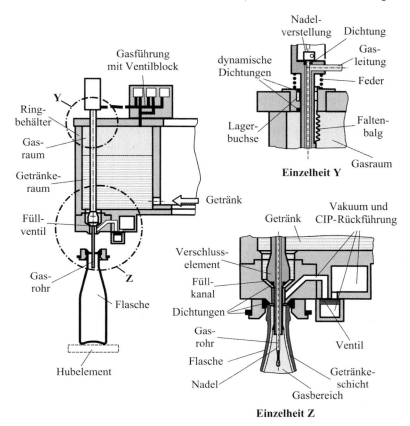

Abb. 4.95 Beispiel eines Ringbehälters mit Füllventil.

ziert gestaltet sein können. Mit dem Füllvorgang können z. B. das Evakuieren der Behälter, das Spülen mit Inertgas, das Füllen vom Flaschenboden her, eine Volumen- oder Gewichtsmessung und andere Schritte verbunden sein. Diese Vorgänge und ihre Kombinationen erfordern jeweils eine angepasste Gestaltung des Füllbereichs, die in Einzelheiten in [54] ausführlich wiedergegeben werden. Am Prinzipbeispiel nach Abb. 4.95 soll deshalb nur auf einige grundlegende Probleme aufmerksam gemacht werden.

Der Füllbereich im Boden des Ringbehälters (s. Einzelheit Z) enthält ein Bohrungssystem, das durch die Dichtung des Ventilkörpers verschlossen werden kann, der in die vertikal bewegliche, hohle Ventilstange integriert ist. Durch die zentrisch in der Ventilstange angeordnete, vertikal verstellbare Nadel wird ein innerer Ringraum innerhalb der Stange gebildet, der als Gasleitung dient. Im unteren Teil der Abfüllbohrung führt seitlich ein Kanal zu dem Bereich, der zum Evakuieren sowie zur Rückführung der CIP-Flüssigkeit dient. Er kann durch ein Ventil, das in der Skizze unterhalb des Ringbehälters angeordnet ist, abgeschlossen bzw. geöffnet werden. Die Ventilstange führt bei dem dargestellten

Prinzip durch den Ringbehälter hindurch und ist in dessen Deckel gelagert sowie dynamisch abgedichtet. Die Dichtungen können gemäß der linken Seite der Skizze bei keimarmer Gestaltung als Lippendichtungen ausgeführt sein, die zum einen zum Produktraum und zum anderen zum Außenbereich hin abdichten. Für aseptische Konstruktionen können gemäß der rechten Seite der Darstellung hermetisch dichtende Faltenbalgdichtungen verwendet werden. Die Gasleitung der Ventilstange führt über eine flexible Leitung zu dem Ventilblock, von dem aus die Gasversorgung gesteuert wird.

Zum Füllen wird zunächst die Flasche angehoben und an die Füllstation angepresst. Bei geschlossenem Füllventil kann sie dann über die Ringbohrung in der Ventilstange mit Gas gespült und über den seitlichen Kanal evakuiert werden. Für den Füllvorgang wird die Füllöffnung zum Ringkanal des Füllers freigegeben, indem die Ventilstange angehoben wird.

Aus Sicht von Hygienic Design sind die produktberührten Füllbohrungen im Ringbehälter sowie der Außenmantel der Ventilstange, so wie sie in der Skizze ausgeführt sind, leicht reinigbar gestaltet. Bei der Konstruktion der Dichtung des Verschlusskegels muss darauf geachtet werden, dass sie ebenfalls hygienegerecht ausgeführt wird und kein Produkt in die Dichtungsnut eindringen kann. Einen Problembereich stellt der Kanal für Vakuum dar. Obwohl er selbst aufgrund seiner Form bei entsprechender Oberflächenqualität als leicht reinigbar angesehen werden kann, wird er zum einen an seiner Mündung von Produkt benetzt, zum anderen ist er bei geschlossenem Füllventil der Umgebung ausgesetzt, sodass er z. B. durch Aerosolnebel verschmutzt und kontaminiert werden kann. Auch der Gaskanal in der Ventilstange ist am unteren Ende offen. Er kann zwar nach dem Beenden des Füllvorgangs mit Gas durchströmt werden, eine Kontamination dieses Bereichs lässt sich jedoch nicht verhindern. Entsprechend den Anforderungen an Hygienic Design müssten alle Öffnungen zur Umgebung hin bündig geschlossen und abgedichtet werden können, um Kontaminationen von außen zu vermeiden. Dies ließe sich nach dem vorliegenden Prinzip konstruktiv praktisch nicht realisieren. Die Dichtungen der Ventilstange im Deckel des Ringbehälters sowie zwischen Ventilstange und Nadel, die jeweils nur bei der Hubbewegung dynamisch wirken, lassen sich den Anforderungen entsprechend entweder als keimarme oder aseptische Konstruktionen hygienegerecht ausführen [44]. Da sie dem produktberührten und damit zu reinigenden Bereich angehören, sind weiterhin alle Ventile des Gas- und Vakuumbereichs den Anforderungen von Hygienic Design entsprechend leicht reinigbar und gegebenenfalls aseptisch zu gestalten.

In der Umgebung des offenen Prozesses sind, wie bereits erwähnt, alle äußeren Oberflächen als produktberührt zu betrachten, von denen ein Kontaminationsrisiko ausgehen kann. Diese Bereiche sollten, wenn für den umgebenden Raum keine speziellen Maßnahmen getroffen werden, durch Untersuchungen und Tests genau definiert werden. Dies wird z. B. auch durch das HACCP-Konzept gefordert. Wie weit die Einflüsse der Kontamination reichen und wie sich Verbesserungsmaßnahmen auswirken, wird sehr eindrucksvoll in [55] deutlich. Am Füller selbst sollten alle oben liegenden horizontalen Flächen geneigt werden, damit keine Flüssigkeitsansammlungen entstehen, die längere Zeit stehen bleiben und das Wachstum von Mikroorganismen sowie die Entstehung von Biofilmen ermöglichen. Bei rotierenden Teilen, wie der Oberseite des Ringbehälters und den darauf befindlichen Ventilblöcken, ist zu kontrollieren, ob die Zentrifugalwirkung im Betrieb ausreicht, Flüssigkeiten von horizontalen Flächen abzuleiten. Die Vorrichtungen zum Halten und Anheben der Flaschen, die bei manchen Systemen zum Teil kompliziert gestaltet sind, liegen im unmittelbaren Einflussbereich des Produktes, sodass von ihnen Gefahren der Kreuzkontamination ausgehen können. Diese Konstruktionen sollten an Ecken gut abgerundet oder abgeschrägt, möglichst offen und für Reinigungsmittel gut zugänglich gestaltet werden. Wenn horizontale Flächen nicht geneigt ausgeführt werden können, sollten sie möglichst schmal sein, um das Ablaufen von Flüssigkeiten trotzdem zu ermöglichen. Bei Zangen zum Fassen des Flaschenhalses lassen sich Gelenkverbindungen sowie Federn zum Spannen nicht vermeiden. Die Problematik von Gelenken, die aufgrund der metallischen Kontaktflächen bewegte Spalte enthalten und damit Risikozonen darstellen, wird z. B. in [44] diskutiert. Bei offen liegenden Federn ist darauf zu achten, dass die Auflagefläche, d. h. die metallische Kontaktfläche, möglichst klein und die Federwindungen mit möglichst großem Abstand gestaltet werden. Anhaltspunkte zur Verwendung von Federn sind z. B. in den 3-A Accepted Practices [56] erwähnt.

Dass auch von horizontalen Unterseiten von Bauelementen Kontaminationsrisiken ausgehen können, soll durch Abb. 4.96 verdeutlicht werden, wo Flüssigkeitstropfen z. B. durch Kondensation anhaften. Auch von solchen Stellen können durch Luftströmung Aerosole mit Mikroorganismen entstehen und in den Produktbereich transportiert werden.

Auch in allen Bereichen unterhalb der eigentlichen Füllzone sollten horizontale Flächen vermieden werden. Die Abb. 4.97a zeigt eine ältere Ausführung eines Füllervortisches, auf dessen horizontaler Oberfläche Flüssigkeitsansammlungen stehen bleiben. Von ihnen gehen besonders hohe Kontaminationsgefahren aus. Bei hygienegerechten Konstruktionen gemäß Abb. 4.97b und c werden solche Flächen heute geneigt, um aus dem Füllbereich abtropfende oder ablaufende Flüssigkeiten möglichst rasch entfernen zu können. Außerdem können für eine gezielte Reinigung diese Bereiche mit Reinigungsdüsen ausgestattet werden.

Abb. 4.96 Tropfenbildung mit Kontaminationsrisiko an einer horizontalen Unterseite in einem Füllsystem nach [55].

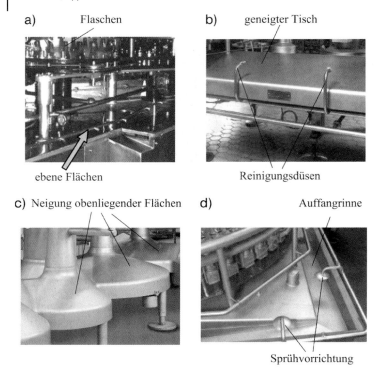

Abb. 4.97 Beispiele von Hygienic-Design-Maßnahmen:
(a) horizontale Flächen als Problemstellen am Füllervortisch,
(b) geneigte Flächen mit Sprühdüsen zur Reinigung (Fa. Krones),
(c) geneigte Tischelemente (Fa. KHS),
(d) Auffangrinne an Füllertisch zur Vermeidung des Ablaufens
von Flüssigkeiten auf den Boden (Fa. Krones).

Wenn ein Auffangen von Produkt erforderlich ist, können gemäß Abb. 4.97d Rinnen unterhalb der Füllzone in den Vortisch integriert werden. Gleichzeitig wird dadurch vermieden, dass Produkt und andere Flüssigkeiten auf den Boden gelangen, sodass er im Wesentlichen trocken bleibt. Dadurch wird die Kontaminationsgefahr in diesem Bereich erheblich vermindert. Speziell die Milchindustrie fordert so weit wie möglich einen trockenen Boden, um Kreuzkontaminationen einzuschränken.

Weitere Problemzonen können sich an den Sternen für die Flaschenführung sowie an den Transporteinrichtungen in unmittelbarer Nähe des Füllbereichs ergeben. Das Prinzipbeispiel nach Abb. 4.98a zeigt eine alte Ausführung einer Sternkonstruktion aus Kunststoff am Füllerauslauf. Zu bemängeln sind die horizontale Oberfläche sowie Einrichtungen unmittelbar oberhalb des Flaschenbereichs, die als Kontaminationsquellen dienen können. Im Gegensatz dazu ist der Stern nach Abb. 4.98b insgesamt durchlässig gestaltet, sodass Flüssigkeiten ablaufen können. Hygienegerechtes Design weisen vor allem die Nabe, die

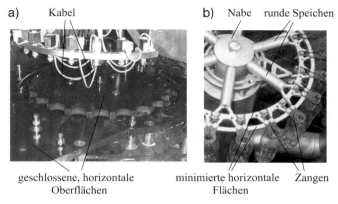

Abb. 4.98 Gestaltung von Führungssternen für Flaschen:
(a) horizontale geschlossene Fläche,
(b) selbsttätig ablaufende Speichenkonstruktion (Fa. Krones).

Speichen sowie die schmal ausgeführten Flächen des Kranzes auf, auf dem die Zangen zum Fassen des Flaschenhalses montiert sind.

Ein weiterer Bereich umfasst die Antriebe von Füller und Zuführaggregaten. Sie sollten von den unmittelbar relevanten Bereichen, die eine Kontaminationsgefahr für das Produkt oder die offenen Behälter bedeuten, entfernt angeordnet oder mit Schutzeinrichtungen abgeschirmt werden. Auch an den Einsatz von lüfterfreien Motoren ist zu denken, um zusätzliche Luftströmungen zu vermeiden (s. auch Abschnitt 1.12).

Wie die Untersuchungen in [55] zeigen, können durchaus auch Bereiche in Bodennähe für Infektionen beim Abfüllen von Getränken maßgebend sein, wenn Aerosole durch Luftströmungen in die Umgebung der gereinigten Flaschen oder der Füllelemente transportiert werden. Als ein Beispiel einer Verschmutzung ist in Abb. 4.99a die Verbindung für verstellbare Bandstützen dargestellt. Einen wichtigen Problembereich bildet das offene Gewinde am Stützenfuß, das in den Hohlraum der Stütze führt (s. auch Abschnitt 3.2.3). Wie die aufgeklappte Verbindungsschelle in Abb. 4.99b zeigt, sind auf den metallischen Berührflächen massive Verschmutzungen festzustellen, die sich auch in bestimmten Fällen als Kontaminationsquellen für den Außenbereich erwiesen haben. Eine weitere Problemstelle ergibt sich bei Kabelbündeln, wenn sie gemäß Abb. 4.99c in offenen Rohren verlegt sind. Das Milieu innerhalb der Rohre sowie zwischen den Kabeln fördert insbesondere bei Nässe oder Feuchtigkeit die Entstehung von Biofilmen und das Wachstum von Mikroorganismen, die als Verbreitungsquelle für die Umgebung dienen.

Bei der aseptischen Abfüllung sind für den Umgebungsbereich im Wesentlichen zusätzliche Gesichtspunkte zu berücksichtigen: Zum einen ist der Einfluss von Personal in unmittelbarer Nähe von kontaminationsgefährdeten Elementen auszuschließen, da von Personen die höchste Keimbelastung ausgeht, selbst wenn gewisse Schutzmaßnahmen wie Mund- und Haarschutz sowie Sonderkleidung

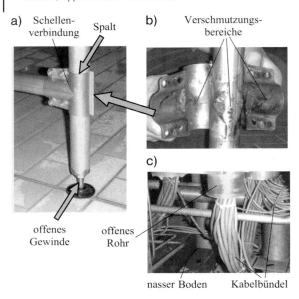

Abb. 4.99 Beispiele von hygienischen Problembereichen:
(a) Stütze eines Transportbandes,
(b) Verschmutzungsbereiche an Verbindungsstellen des Rahmens,
(c) offenes Rohr für Kabelführung im Maschinenbereich.

ergriffen werden. Deshalb sollte der kritische Bereich als Isolator ausgeführt werden, der den Zugang von Personal ausschließt und ein Handling nur durch hermetisch abgedichtete Handschuhe von außen zulässt. Das Ein- und Ausschleusen der Behälter darf keine Belastung des Raums durch Mikroorganismen ergeben. Der Isolator muss mit entkeimter Luft versorgt werden und in seinem gesamten Innenbereich sowohl reinigbar als auch sterilisierbar ausgeführt werden. Die Sterilisation muss ohne Zutritt von Personal möglich sein. Zum anderen sollten alle Bereiche, von denen bei üblichen Verhältnissen Kontaminationsgefahren ausgehen, möglichst ausgegrenzt werden. Hierzu gehört z. B. der Boden mit eventuell vorhandenen Abläufen oder offenen Antriebselementen, die geschmiert werden müssen. Um aseptische Verhältnisse aufrechterhalten zu können, sollte der Isolator so klein wie möglich ausgeführt werden. Ein zusätzliches Ziel sollte es sein, den kritischen Innenbereich so weit wie möglich trocken zu halten, indem nicht vermeidbare Flüssigkeitsmengen, die durch Abtropfen oder Verspritzen entstehen, möglichst rasch und vollständig abgeleitet werden.

In einem Hygienekonzept ist nicht zu vergessen, dass bereits die Behältnisse wie z. B. Flaschen, Tüten und andere Gebinde sowie deren Verschlüsse hygienegerecht zu gestalten sind, da sie zum einen vom Werkstoff und der Oberflächenqualität geeignet und zum anderen leicht zu reinigen sein müssen. Bei *Flaschen* wurde bisher am häufigsten der sehr gut reinigbare Werkstoff Glas verwendet. Eine deutliche Tendenz bei den verschiedenen Getränkearten wie Mineralwasser, Erfrischungsgetränke und auch Bier ist jedoch in Richtung Kunststoffbehälter festzustellen. In den meisten Fällen wird dabei PET eingesetzt (s. auch [44]). Wegen der Sauerstoffempfindlichkeit muss bei Bier auf Materialien mit besseren Barriereeigenschaften zurückgegriffen werden, als sie PET hat. So kann z. B. durch den Einsatz von PEN (Polyethylennaphthalat) die Durchlässigkeit von O_2 gegenüber der PET-Flasche etwa um den Faktor 2 bis 3 gesenkt werden [57]. Durch den Einsatz von Multilayerflaschen, z. B. mit Polyamiden oder EVOH (Ethylvinylalkohol = modifiziertes Polyethylen) als Barrieremateral in einer mittleren Schicht, kann die Sauerstoffbarriere weiter verbessert werden. Das Barrierematerial kann dem Kunststoff aber auch als sogenanntes Blend beigemengt werden. Die Multilayer- und Blendflaschen haben aber den Nachteil einer schlechten Recycelbarkeit. In ihrer Recycelbarkeit liegt dagegen der Vorteil der im Vakuum beschichteten Kunststoffflaschen, bei denen im Hochvakuum eine 20–100 μm dünne Schicht aus SiO_x oder $(CH_2)_n$ auf die Flaschenwand aufgebracht wird. Schließlich sind noch die PET-Flaschen mit integriertem O_2-Scavenger zu nennen, die bei aktiviertem Scavenger, keine O_2-Permeation über die Flaschenwand in das Bier aufweisen. Allerdings müssen auch diese Flaschen mit einer passiven Sauerstoffbarriere ausgestattet sein, damit das sauerstoffabsorbierende Material nicht zu schnell erschöpft wird.

Metalle kommen in Form von Weißblech oder Aluminium wegen der guten Verformbarkeit für Getränkedosen zum Einsatz.

Kartonverpackungen für Frischprodukte wie z. B. frische Vollmilch bestehen meist aus Schichten, die von innen nach außen durch PE, Papier und PE gebildet werden. Der Karton gibt der Verpackung die Standfestigkeit. Die sehr dünnen PE-Schichten werden ohne Klebstoffe oder Leim am Papier fixiert, indem der Kunststoff durch schmale Schlitzdüsen beidseitig auf die Papierbahn aufgetragen wird. Zum einen soll auf der Außenseite die Packung vor Feuchtigkeit von außen geschützt werden, zum anderen verhindert die Schicht auf der Innenseite, dass Flüssigkeit von innen nach außen dringen kann. Aus den bedruckten und beschichteten Kartonbahnen werden noch im Verpackungswerk Zuschnitte gestanzt und an der Siegelmaschine durch Fertigen einer Längsnaht Mäntel geformt. Diese Mäntel gelangen z. B. flachgefaltet zum Abfüllbetrieb, werden in die Maschine eingesetzt, aufgeformt, befüllt und versiegelt.

Für gängige *Verschließmittel* von Flaschen, an die ebenfalls hygienegerechte Anforderungen zu stellen sind, sind Metalle wie Weißblech, Aluminium oder verchromtes Feinstblech z. B. aus nicht rostendem Stahl für Kronenkorken [58] als Bördelverschlüsse, Aluminiumanrollverschlüsse und Kunststoffschraubverschlüsse üblich. Darüber hinaus sind z. B. für Milchflaschen noch Nockendeckel im Einsatz. Das früher eingesetzte Dichtungsmaterial Kork bzw. Kork mit Aluminiumfolie ist heute durch Kunststoff ersetzt worden. Die Dichtungsmasse besteht aus geschäumtem und ungeschäumtem PVC, ungeschäumtem EVA oder EVA-freien Blends. PVC-freie Compounds, die ohne Zugabe von Weichmachern hergestellt werden, bestehen aus Gemischen von PE, PP, Ethylen-Vinylacetat-Copolymeren und Elastomeren. Angaben über Anforderung, Gebrauchsfunktion und Prüfmethoden der Anrollverschlüsse aus Aluminium sind in den speziellen technischen Liefer- und Bezugsbedingungen (STLB) zu finden [58]. Die

Dichtungsmasse besteht aus den gleichen Kunststoffen wie bei Kronkorken. Die Schraubverschlüsse können ein- oder mehrteilig konstruiert sein. Für die Gasdurchlässigkeit ist der Kontaktbereich zwischen der Dichtfläche des Verschlusses und dem Mündungsbereich der Flasche maßgebend. Die Werkstoffe von einteiligen Schraubverschlüssen sind PE oder PP und somit als schlechte Sauerstoffbarrieren nicht zum Abfüllen sauerstoffempfindlicher Produkte geeignet. Mehrteilige Schraubverschlüsse besitzen deshalb eine Dichtscheibe mit geringer O_2- und CO_2-Durchlässigkeit. Die Dichtscheiben bestehen aus mindestens einer Barriereschicht in der Mitte (z. B. EVOH) und zwei äußeren Trägerschichten (z. B. LDPE). Da beim Verschließen mit Schraubverschlüssen über den Verschluss unerwünschter Sauerstoff miteingebracht wird, können anhaftende Getränkereste zwischen Verschluss und Mündung zu mikrobiologischen Problemen führen. Deshalb wurden in letzter Zeit zweiteilige Verschlüsse entwickelt. Zuerst wird über eine Formdichtung der Mündungsbereich abgedeckt, sodass kein zusätzlicher Sauerstoff über den Verschluss in den Kopfraum der Flasche gelangen kann. Danach wird das Gewinde mit einer Mündungsdusche von anhaftenden Getränkeresten befreit. Erst nachdem der Mündungsbereich gespült ist, folgt der eigentliche Verschließvorgang [59]. Auch werden vermehrt aktive Sauerstoffbarrieren, sogenannte Scavenger, in die Dichtscheiben miteingearbeitet, die sauerstoffverbrauchende Substanzen (z. B. Sulfite) enthalten und somit nicht nur den permeierenden, sondern zum Teil auch den im Flaschenhals vorhandenen Sauerstoff chemisch binden können [60].

Voraussetzung für eine einwandfreie Reinigung und Desinfektion der Behältnisse vor dem Befüllen sind eine leicht reinigbare Gestaltung der inneren Oberfläche, die durch die Kombination von geringer Rauheit, günstiger Struktur und Benetzbarkeit sowie eine strömungsgünstige Formgebung mit ausreichend großen Radien gekennzeichnet ist. Auch die Dichtung zwischen Flaschenmündung und Verschluss sollte hygienegerecht gestaltet werden, um z. B. Probleme in Spalten wie Auskristallisieren von Produkt zu vermeiden. Dichtungen mit porösen Oberflächen dürfen nicht verwendet werden.

4.3.2.2 Lineare Abfüll- und Verpackungsmaschinen

Moderne keimarme oder aseptische Verpackungsmaschinen produzieren bei entsprechend langen Laufzeiten in oftmals mehrschichtigem Anlagenbetrieb große Mengen verpackter Produkte. Neben Rentabilität und Wirtschaftlichkeit ist dabei auch ein hohes Risiko und eine große Verantwortung zu bewältigen, die vor allem in Zusammenhang mit der Einhaltung grundsätzlicher Hygieneanforderungen steht. Speziell im Bereich der linear arbeitenden Systeme werden flüssige, viskose und fließfähige trockene Produkte in die verschiedensten Gebinde wie Flaschen, Becher, Behälter, Beutel sowie stückige Produkte in Formbehälter verschiedener Größe und Konsistenz eingelegt, die in einem anschließenden Verpackungsschritt verschlossen werden. Entsprechend gibt es eine Vielzahl unterschiedlicher Produkte sowie darauf abgestimmter Maschinen. Aus diesem Grund kann lediglich auf wenige Beispiele und grundlegende Gesichtspunkte kurz eingegangen werden.

Je nach Sensibilität der Produkte umfasst die Gestaltung der Maschinen einen weiten Hygienebereich. Speziell die hohen Anforderungen von aseptischen Abfüllvorgängen werden durch die Anordnung der Systeme in Reinräumen oder durch Einbeziehung von Isolatoren erfüllt. Dabei schreitet die Entwicklung in Richtung der Isolatortechnik weiter fort, da dadurch Kontaminationsrisiken durch Personal ausgeschlossen werden können.

Grundsätzlich erfordert der komplizierte offene Prozess, in dem zum einen das Verpackungsmaterial zugeführt und geformt werden muss, zum anderen die Produkte eingefüllt oder eingelegt werden müssen und schließlich das Verschließen der Verpackung stattfindet, in jedem Fall spezielle Hygienemaßnahmen. Im Gegensatz zu rundlaufenden Maschinen werden bei horizontalen linearen Systemen zunehmend Konzepte entwickelt, bei denen die Antriebe von Transporteinrichtungen, Füll- und Verpackungsaggregaten und anderen Geräten möglichst abgeschirmt zum Produktbereich auf der einen Maschinenseite angeordnet werden, während notwendige Betätigungen und Handhabungen von der gegenüberliegenden Seite ausgeführt werden. Weiterhin sollten Geräte und Apparaturen über dem offenen Produkt so weit wie möglich eingeschränkt oder ausgeschlossen werden, da von ihnen die größten Kontaminationsgefahren ausgehen. Wo dies wie z. B. im Abfüll- und Verschließbereich nicht möglich ist, muss besonders auf einfache und hygienegerechte Gestaltung geachtet werden.

Besondere Anforderungen kommen in diesem Zusammenhang den Packstoffen zu, die heute aufgrund ihrer Herstellungsverfahren den Anforderungen hinsichtlich der kommerziellen Sterilität entsprechen. Zeugnisse über die Materialien sowie Prüfzeugnisse über die Keimbelastung sollten beim jeweiligen Hersteller angefordert werden. Außerdem sollten Kontrollmaßnahmen wie Überwachung des einwandfreien Transports, Eingangskontrolle der Packstoffe und richtige hygienegerechte Lagerung vor dem Einsatz zur Qualitätserhaltung beitragen. Die vom Hersteller angebrachte Schutzumhüllung sollte erst entfernt werden, wenn der Packstoff zu seiner Verarbeitung an der Maschine angelangt ist. Angefangene Rollen sollten vor ihrer erneuten Einlagerung wieder mit der Schutzumhüllung versehen werden. An der Verarbeitungsmaschine sollten die Packstoffbahnen durch entsprechende Abdeckungen gegen Verunreinigungen geschützt werden.

Bei automatischen Form-, Füll- und Verschließmaschinen werden die Packstoffe von der Rolle verarbeitet und das Folienmaterial ganzflächig entkeimt. Entscheidend für eine sichere Entkeimung ist, dass ein hygienisch einwandfreier Packstoff von seinem Herstellungsprozess bis zu seiner Verarbeitung auf die Verpackungsmaschine gelangt. Die sogenannte kommerzielle Sterilität wird z. B. durch Temperatur und Haltezeit von Sattdampf erreicht.

In Abb. 4.100 wird das Funktionsprinzip einer Tiefzieh-Verpackungsmaschine vereinfacht dargestellt. Der Packstoff für die Unterbahn, die zur Herstellung der Mulden dient, wird von einer Rolle unter entsprechender Vorspannung abgezogen. Danach erfolgt die Formung der Packungsmulden, indem die Folie im Formwerkzeug erhitzt wird. Die Mulden werden zur Abfüllstation transportiert, wo sie von Hand oder automatisch gefüllt werden. Nach dem Füllvorgang

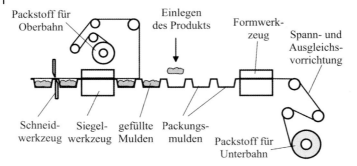

Abb. 4.100 Prinzipieller Aufbau einer Tiefzieh- und Verpackungsmaschine.

werden die Mulden durch die Packstoff-Oberbahn oder Deckelfolie abgedeckt. Im Siegelwerkzeug wird die Luft abgesaugt, falls erforderlich ein Schutzgas zugeführt und die Versiegelung von Ober- und Unterbahn durch Hitze und Druck vorgenommen. In der letzten Station erfolgt der Schneidevorgang, in dem die Einzelpackungen längs und quer voneinander getrennt werden. Dem jeweiligen Anwendungszweck entsprechend kann ein solches System mit Slicern, Zuführ-, Dosier-, Wäge-, Kennzeichnungs- und Abführsystemen aller Art kombiniert und synchronisiert werden.

Die Außenansicht einer nach obigem Prinzip ausgeführten Maschine ist in Abb. 4.101 als Beispiel dargestellt. Sie enthält die in der Prinzipskizze nach Abb. 4.100 dargestellten Bereiche wie die Packstoffrolle für die Muldenherstellung, den Formblock für die Mulden, die Einlegezone für das Produkt, die Zuführung der Oberfolie und das Siegelwerkzeug zum Verschließen der Packung.

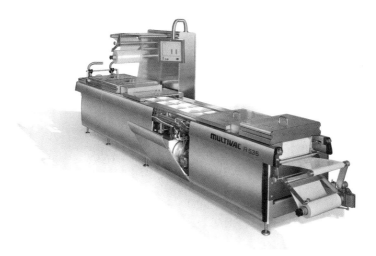

Abb. 4.101 Beispiel einer Tiefzieh- und Verpackungsmaschine (Fa. MULTIVAC Sepp Hagenmüller GmbH & Co. KG).

4.3 Beispiele von Prozesslinien- und Anlagenbereichen

Im vorliegenden Fall kann das Produkt von Hand eingelegt werden, sodass dafür keine besondere Vorrichtung erforderlich ist. Die Maschine wurde nach Hygienic-Design-Anforderungen neu gestaltet und lässt sich in allen Bereichen, d. h. auch innen, nass reinigen. Die glatten Außenflächen wurden in horizontalen Bereichen geneigt ausgeführt, um das Ablaufen von wässrigen Flüssigkeiten zu gewährleisten. Außerdem wurden im Außenbereich Ecken, Kanten und Toträume vermieden. Im Inneren wurden Kettenführung und -design, Hubwerke und mechanische Baugruppen, Motoren und Ventile sowie die gesamte Verkabelung in die hygienegerechte Gestaltung einbezogen.

Entsprechend der großen Vielfalt muss die apparative Ausführung für das Einlegen oder Abfüllen der Produkte in die Verpackungen sehr unterschiedlich gestaltet werden. Beim Abfüllen fließfähiger Produkte erfolgt die Dosierung von oben. Dadurch müssen komplizierte Füllvorrichtungen, Ventile und Zuführungsleitungen über dem produktberührten Bereich der Transporteinrichtung angeordnet werden. Die hygienegerechte Gestaltung stellt für diese eine große Herausforderung dar, um Kontaminationen während der Produktion zu vermeiden und danach eine einwandfreie Reinigung und gegebenenfalls Desinfektion zu ermöglichen. Ein Beispiel einer Füllvorrichtung für Eiscreme ist in Abb. 4.102a dargestellt. Die zu füllenden Behältnisse werden auf einem Band zur Füllstation transportiert. Die nebeneinander über den Verpackungen angeordneten Dosier- und Füllgeräte sind so weit wie möglich einfach sowie zerlegbar gestaltet. Rahmenteile und Hubzylinder sind seitlich aus dem unmittelbaren Produktbereich herausgelegt.

Die Abb. 4.102b zeigt ein weiteres Beispiel eines Abfüllbereichs als Detail einer Füll- und Verpackungsmaschine. Das Füllgut wird von einem Trichter aufgenommen und in unterhalb vorbeigeführte Becher dosiert. Um den Zugang zu

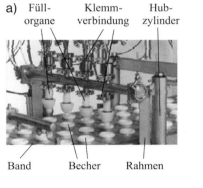

Abb. 4.102 Beispiele für den Füllbereich:
(a) Abfüllung von Eiscreme (Vortrag Fa. Nestle),
(b) ausfahrbare Füllvorrichtung mit Abfüllbehälter (Fa. Fillpack).

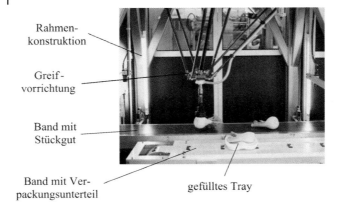

Abb. 4.103 Roboter zum Einlegen stückiger Produkte in Verpackungen (Fa. PFM Packaging Machinery).

allen produktberührten Bereichen zu ermöglichen, wird in diesem Fall bei der Reinigung der Füllmaschine das gesamte Füllaggregat seitlich herausgezogen. Auch hier sind alle für den unmittelbaren Füllvorgang nicht benötigten Elemente wie Rahmen und Stützen außerhalb der unmittelbaren Produktzone angeordnet. Zum Schutz des Produktes erfolgt hier eine Abschirmung durch Sichtwände.

In Abb. 4.103 ist eine automatische Vorrichtung als Roboter zum Einlegen von stückigen Produkten wie Obst oder Gemüse in Verpackungen dargestellt. In diesem Fall wird das Produkt ungeordnet auf einem Band antransportiert und von einer Kamera aufgenommen. Ein benachbartes Band fördert gleichzeitig Verpackungsmulden in Verpackungen, die ebenfalls vom Kamerasystem erfasst werden. Das Produkt wird dann vom Roboter mit einem speziellem Greifersystem, das abhängig vom verwendeten Produkt gestaltet ist, aufgenommen und nach einem bestimmten Schema in die Verpackung gesetzt.

Die gezeigten Beispiele verdeutlichen, dass aufgrund der vielfältigen Funktionen der Maschinen vor allem im Abfüll- und Einlegebereich hohe Anforderungen zu bewältigen sind. Die zusätzliche erforderliche Gestaltung im Hinblick auf Hygienic Design ist zum Teil noch in der Entwicklung begriffen, führt aber zunehmend zu neuen hygienegerechten Konstruktionen. Eine Reihe von Hinweisen auf die zusätzlichen Einflüsse des Umfelds der Maschine sind in [61] zu finden.

Eine andere Art von Abfüll- und Verpackungsmaschinen stellen Schlauchbeutelmaschinen dar. Die Abb. 4.104 verdeutlicht das Prinzip der apparativen Gestaltung sowie des Vorgangs der Beutelherstellung, -abfüllung und des Verschließens. Die Folie für die Beutel wird dabei über Führungs- und Spannrollen außen um ein hohles Formteil geführt, sodass ein Schlauch entsteht, dessen Stoßstelle in Längsrichtung durch ein Siegelwerkzeug verschweißt wird. Durch den vorausgegangenen Siegel- und Trennvorgang ist außerdem der Boden des Beutels bereits verschweißt. Durch das Formwerkzeug wird nunmehr das Füllgut zugeführt und der Beutel an der Oberseite versiegelt und abgetrennt.

4.3 Beispiele von Prozesslinien- und Anlagenbereichen | 473

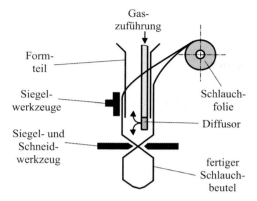

Abb. 4.104 Prinzipdarstellung der Herstellung von Beuteln bei einer vertikalen Schlauchbeutelmaschine.

Den prinzipiellen Aufbau einer vertikalen Schlauchbeutelmaschine zeigt Abb. 4.105. Das Füllgut wird gemäß der Prinzipskizze von oben durch abgestufte Trichter dosiert dem Formelement zugeführt. Die Folienzuführung und Siegelung erfolgt entsprechend dem in Abb. 4.104 dargestellten Prinzip, wobei im vorliegenden Beispiel das Siegel- und Trennwerkzeug rotiert. Die gefüllten Beutel werden vom Transportband aufgenommen und zu einer Station für die Endverpackung transportiert.

Mit Abb. 4.106 soll ein Beispiel für eine horizontale Schlauchbeutelmaschine mit ihren verschiedenen Zonen gegeben werden. Nach der Zuführung des Packstoffs werden die Beutel geformt und Boden sowie Seiten versiegelt. Danach müssen sie zum Abfüllen geöffnet werden. Der Füllvorgang erfolgt über ein Do-

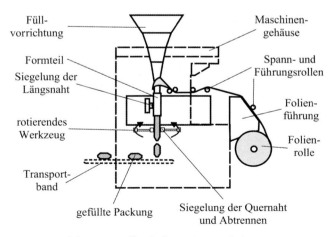

Abb. 4.105 Beispiel des prinzipiellen Aufbaus einer vertikalen Schlauchbeutelmaschine (Fa. Ishida).

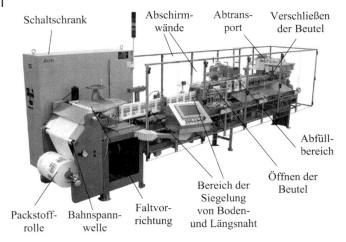

Abb. 4.106 Beispiel einer ausgeführten horizontalen Schlauchbeutelmaschine (Fa. KHS).

sier- und Füllelement von oben. Anschließend wird der Beutel an der Oberseite versiegelt und für den Abtransport bereitgestellt.

Das aseptische Verpacken als offener Prozess erfordert auch im Bereich der linearen Maschinen neben dem sterilen Zustand des abzufüllenden Produkts eine sterile Verpackung sowie ein Produktionsumfeld, das jede Produktkontamination vermeidet. Als *steril* wird dabei im Allgemeinen die in den USA geprägte Bezeichnung *kommerziell steril* verstanden. Das Gesamtkonzept sollte daher die aseptische Form-, Füll- und Verschließmaschine sowie das Maschinenumfeld als eine zusammengehörige Einheit umfassen. Dabei ist als Grundprinzip größtmögliche Hygiene und Sauberkeit erforderlich, was zwangsläufig mit hohen Anforderungen an Hygienic Design verbunden ist. Aufgrund der Kompliziertheit der unterschiedlichen Anlagen sind hygienegerechte Konzepte vielfach erst in der Entwicklung. Umfassende Lösungen können meist nur bei Neukonstruktionen realisiert werden. Leichte Reinigbarkeit und sichere Reinigung und Desinfektion beginnen bei der Aseptikanlage und setzen sich über Räumlichkeiten und Packstofflogistik fort. Die Isolatortechnik wird dabei mehr und mehr zum Stand der Technik.

5
Anlagengestaltung

In vielen Fällen stehen Standorte von Firmen im Nahrungsmittel-, Pharma- und Biobereich seit Langem fest, sodass an solchen Stellen meist nur Um- oder Ergänzungsbauten vorgenommen werden können. Im Rahmen der globalen Tätigkeit vieler Konzerne und Firmen ergibt sich aber auch immer häufiger die Chance für eine Neuerrichtung von Betrieben, bei denen Hygienekonzepte bereits bei der Standortwahl sowie der Gesamtplanung eine entscheidende Rolle spielen sollten. In der Praxis muss man jedoch feststellen, dass Hygienic Design in erster Linie im Prozessbereich angewendet wird, wo gesetzliche Regelungen entsprechende Maßnahmen fordern. Es ist durchaus sinnvoll, die mit Hygienic Design verbundenen Ideen auf das Gesamtkonzept von Betrieben und Anlagen ausgehend von der Planung über die Grundstückswahl bis hin zur Erstellung der Gebäude zu übertragen, um hygienegerechte Lösungen zu erreichen. Während in Deutschland wenige Grundlagen in diesem Bereich vorhanden sind, haben sich die USA sowohl in einigen Regelungen von FDA für Pharma und Food als auch in vereinzelten Veröffentlichungen darum bemüht, Voraussetzungen für hygienegerecht Lösungen zu schaffen.

Die Integration von Hygienic Design stellt generell für Gesamtkonzepte eine schwierige Aufgabe dar, bei deren Erfüllung eine Reihe von Einflussfaktoren zu berücksichtigen sind, und an der sehr unterschiedliche Personenkreise mitwirken. Vor allem muss man davon ausgehen, dass einige der Verantwortlichen und Mitwirkenden an Gesamtkonzepten zwar in den Anforderungen an Planung, Gestaltung, Konstruktion und Funktionalität als Experten anzusehen sind, für die aber der Begriff Hygienic Design gar nicht oder nur wenig bekannt ist. Somit besitzen sie meist keinerlei Ausbildung, sondern nur allgemeine Informationen auf diesem Gebiet.

Im allgemeinen Sprachgebrauch werden in Zusammenhang mit Gesamtkonzepten sehr häufig die Begriffe „Anlage" bzw. „Betrieb" gebraucht und mit verschiedenen Bedeutungen unterlegt. Der Begriff „Anlage" hat in erster Linie technische Bedeutung und wird sehr unterschiedlich ausgelegt, da er verschiedene Bereiche einer industriellen Einrichtung umfassen kann. Im weitesten Sinn wird unter Anlage die Gesamtheit aller für die Herstellung eines Produktes erforderlichen Einheiten und Strukturen verstanden, die das Grundstück mit Zu- und Abfahrtswegen sowie die notwendigen Gebäude einschließlich aller für die

Hygienegerechte Apparate und Anlagen für die Lebensmittel-, Pharma- und Kosmetikindustrie. Gerhard Hauser
Copyright © 2008 WILEY-VCH Verlag GmbH & Co. KGaA, Weinheim
ISBN: 978-3-527-32291-6

Produktherstellung und Verpackung erforderlichen Prozesseinrichtungen und Zusatzausrüstungen umfasst. Im engeren Sinn wird eine Anlage aber auch als Teil einer solchen Struktur betrachtet, der lediglich aus einer getrennt aufgestellten Produktionslinie für ein spezielles Produkt einschließlich der Prozessumgebung bestehen kann.

So wird z. B. im Baurecht [1] der Begriff „bauliche Anlage" verwendet, der allgemein Objekte bezeichnet, die vergleichsweise immobil sind, d. h. entweder nicht ohne technische Hilfsmittel versetzt werden können oder zum langfristigen Einsatz an einer Stelle verbleiben. Eine andere Definition versteht darunter mit dem Erdboden verbundene oder auf ihm ruhende, aus Bauprodukten hergestellte Anlagen. Für eine bauliche Anlage im Rahmen des Bauordnungsrechts bedürfen Errichtung oder Änderung in der Regel einer Baugenehmigung. In diesem Sinn umfasst eine Anlage in erster Linie die Betriebsgebäude.

In Bezug auf die durchzuführenden Prozesse hat die Betriebssicherheitsverordnung (BetrSichV) [2] dem Begriff „Anlage" einen besonderen Stellenwert gegeben. Die früher übliche Komponentenbetrachtung, die in der Regel nur Teile einer Gesamtanlage erfasste, wurde durch eine ganzheitliche Systembetrachtung abgelöst. Danach setzt sich eine (Gesamt-) Anlage aus mehreren Funktionseinheiten zusammen, die gegenseitig in Wechselwirkung stehen und deren sicherer Betrieb von dieser Wechselwirkung bestimmt wird. Anlagen können von der Definition her sowohl umfangreiche verfahrenstechnische Prozessanlagen umfassen als auch komplexe Maschinenanlagen bis hin zu kleinen Druckbehälteranlagen z. B. der Druckluftversorgung. Innerhalb einer Anlage werden alle Anlagenteile miterfasst, die für den sicheren Anlagenbetrieb erforderlich sind.

In den USA wird unter Anlage im Rahmen von „Good Manufacturing Practice (GMP)" [3] das Gebäude sowie die Einrichtungen oder Teile davon verstanden, die für oder in Verbindung mit der Herstellung, Verpackung, Kennzeichnung oder Lagerung von Lebensmitteln oder Pharmaprodukten verwendet werden. Allerdings sind in verschiedenen Regelungen auch allgemeine Vorgaben für die hygienegerechte Gestaltung des Grundstücks zu finden.

Die allgemeinen Vorschriften des europäischen Lebensmittelrechts nach [4] enthalten gemeinsame Grundregeln zum Schutz der öffentlichen Gesundheit, die die Pflichten der Hersteller von Produkten und der zuständigen Behörden sowie die Anforderungen an Struktur, Betrieb und Hygiene der Unternehmen betreffen. Der Begriff „Anlage" wird in diesem Zusammenhang nicht verwendet. Um das allgemeine Ziel eines hohen Maßes an Schutz für Leben und Gesundheit der Menschen zu erreichen, stützt sich das Lebensmittelrecht hauptsächlich auf Risikoanalysen, wobei die Risikobewertung auf den verfügbaren wissenschaftlichen Erkenntnissen beruht und in einer unabhängigen, objektiven und transparenten Art und Weise vorzunehmen ist. Im Ergebnis dürfen Lebensmittel, die nicht sicher sind, nicht in Verkehr gebracht werden. Als nicht sicher gelten sie, wenn davon auszugehen ist, dass sie gesundheitsschädlich oder für den Verzehr durch den Menschen ungeeignet sind.

In der europäischen Lebensmittelhygieneverordnung [5], die als produktbezogene Richtlinie einzuordnen ist, wird nicht der Begriff „Anlage, sondern „Betrieb" definiert. Man versteht darunter „jede Einheit eines Lebensmittelunternehmens". Über die Gestaltung wird in erster Linie ausgesagt, dass der Betrieb den hygienischen Anforderungen entsprechen und sauber sein muss. Konstruktive Regeln werden nur in allgemeiner Art im Bereich der Produktion und deren Umfeld angesprochen, auf die später eingegangen wird.

Für den Pharmabereich findet die Betriebsverordnung für pharmazeutische Unternehmer (PharmBetrV) [6] Anwendung auf „Betriebe und Einrichtungen", die Arzneimittel oder Wirkstoffe herstellen, die menschlicher, tierischer oder mikrobieller Herkunft sind. Hier wird ebenfalls nicht der Gesamtbereich der Anlage angesprochen, sondern lediglich die direkt für die Produktherstellung maßgebenden Einrichtungen wie Betriebsräume für die einwandfreie Herstellung, Prüfung, Lagerung, Verpackung und das Inverkehrbringen der Arzneimittel erwähnt.

Da erfahrungsgemäß die Gesamtheit der Anlage einschließlich der dazugehörigen Umgebungsflächen die Kontaminationsgefahren der Produktionsprozesse sowie deren Hygiene beeinflussen kann, sollte – wie bereit erwähnt – Hygienic Design im Bereich von Industrieanlagen für hygienerelevante Prozesse wie pharmazeutische und biotechnische Produkte sowie Nahrungsmittel ein von vornherein integrierter Bestandteil des Gesamtkonzepts sein. Als gleichberechtigtes Grundkonzept neben Funktionalität und Wirtschaftlichkeit wird es jedoch nur selten angewendet, da spezielle Anforderungen und Unterlagen über Ausführungen im Detail fehlen.

5.1 Grundlegende Voraussetzungen für Hygienic Design innerhalb eines Gesamtkonzepts

Ein Betrieb, der hygienerelevante Produkte herstellt, kann natürlich nicht als hermetisch von seiner Umgebung abgeriegelter Bereich funktionieren, sondern ist über Zugänge wie Fenster, Türen und Lüftungen mit der ihn umgebenden Landschaft verbunden. Die Bedingungen außerhalb beeinflussen deshalb auch die Verhältnisse innerhalb des Betriebes. Daher müssen bei Überlegungen zur Hygiene in einem Betrieb auch die Gegebenheiten der Umgebung des jeweiligen Standorts und die Einflüsse auf dem ausgewählten Grundstück mit einbezogen werden.

Die hygienischen Anforderungen können am besten erfüllt werden, wenn bei Neubauten bereits das Gelände für den Betrieb oder die Anlage entsprechend der günstigsten Lage sowie der Möglichkeiten für eine weitgehend freie, den Erfordernissen angepasste Gestaltung ausgesucht werden kann. Das Gleiche gilt aber auch für alle baulichen Maßnahmen auf einem Gelände, d. h. für Um- und Erweiterungsbauten bis hin zu den Räumen innerhalb der Gebäude sowie die Einrichtungen und Prozesslinien. Dabei sollten bereits bei Entscheidungen in diesem Rahmen Hygienic Design sowie Risikoanalysen bezüglich möglicher Kontaminationen eine wesentliche Rolle spielen (siehe z. B. [7]).

5.1.1
Projektmanagement

Wie bei allen Planungs- und Baumaßnahmen ist ein kompetentes Projektmanagement (siehe z. B. [8, 9]) mit professioneller Projektleitung, Erarbeitung einer effektiven Projektorganisation, Aufstellung eines optimalen und realistischen Terminplans, strikter Termin- und Kostenüberwachung und schließlich termingerechter Inbetriebnahme der fertigen Anlage die entscheidende Voraussetzung für eine sichere und qualitativ hochwertige Produktion. Hinzu kommt die notwendige technische und hygienische Sicherheit durch Einhaltung aller maßgebenden Richtlinien, Vorschriften und des Stands der Technik sowie Beachtung aller Vorgaben des Umweltrechts und zusätzlicher Behördenauflagen. Die damit verbundenen Aufgaben müssen von kompetenten Teams abgewickelt werden, denen auch ein Experte für Hygienic Design angehören sollte, der die Grundideen dieses Gebietes seinen Teamkollegen verständlich machen muss, um zu hygienegerechten Lösungen zu kommen. Da die generellen Konzepte sehr vielfältig und auch unterschiedlich sind, sollen im Folgenden einige grundlegende Gesichtspunkte beispielhaft aufgezeigt werden.

Häufig ist es wünschenswert, eine unabhängige dritte Partei einzubeziehen, die die Planung leitet und moderiert, um Objektivität und Zielbewusstsein zu bewahren. Dabei ist es hilfreich, die maßgebenden Elemente für Engineering und Hygienic Design, die sich zum Teil überschneiden bzw. miteinander verknüpft sind, ganz allgemein aufzulisten, um die wesentlichen Aufgabenbereiche vor Augen zu haben. Für die Planung des Gesamtbetriebs einschließlich Umfeld bis hin zu den Prozessen sind beispielsweise folgende Gesichtspunkte zu berücksichtigen, die in Anlehnung an [10] zusammengestellt sind und deren Relevanz von Fall zu Fall unterschiedlich sein kann:

- Zunächst sollten alle örtlichen, nationalen und internationalen rechtlichen Anforderungen, Empfehlungen und Genehmigungen gelistet werden, die für die Errichtung des Betriebs, angefangen vom Grundstück bis hin zu den herzustellenden Produkten, maßgebend sind. Ihre Berücksichtigung stellt für die Projektierung eine wichtige Grundlage dar.
- Bei der Auswahl der Lage des Baugrunds müssen die speziellen gesetzlichen Regelungen über Bauzonen und Emissionen, Anforderungen an die Baugenehmigung, Expansionsmöglichkeiten, Flexibilität, Einwirkungen aus der Umwelt, Zugang für Fahrzeuge und Personal, vorhandene Versorgungseinrichtungen wie Wasser, Elektrizität, Gas usw., Instandhaltungsmöglichkeiten sowie Parkmöglichkeiten für Lieferanten und Angestellte analysiert werden.
- Die existierende oder vorgeschlagene Grundstücksgröße ist in Abstimmung mit der Größe der vorgesehenen Gebäude und der zugeordneten Flächen z. B. für Lager und Prozessbereiche sowie für notwendige Anlagen für Kühlung, Luftaufbereitung oder Abwasserbehandlung usw. zu diskutieren. Dazu sollten die notwendigen Flächen für die vorgeschlagenen Einrichtungen in einem Plan (Zeichnung) dargestellt werden, anhand dessen auch eine Abschätzung der möglichen Erweiterungen diskutiert werden kann.

5.1 Grundlegende Voraussetzungen für Hygienic Design innerhalb eines Gesamtkonzepts

- Unter Gesichtspunkten von Engineering und Hygienic Design und Abwägung unterschiedlicher Realisierungsmöglichkeiten sollte eine Kostenabschätzung für den Betrieb vorbereitet werden.
- Für die Versorgung der Anlage müssen die Quellen und Kosten für Versorgungsmedien und Serviceleistungen ermittelt werden. Dazu ist eine Übersicht über unterschiedlichen Bedarf des Betriebes zu verschiedenen Zeiten und über Beschränkungen von Mengenströmen z. B. für Trinkwasser, die Entsorgung in Abwasserbehandlungssystemen usw. zu erstellen. Anhand der vorhandenen Möglichkeiten sollte der Verbrauch von Versorgungsmedien optimiert und Daten für eine effektive Nutzung vorbereitet werden.
- Für die Ausführung der Gebäude muss die Art der Konstruktionen wie z. B. verkleidete Stahlträgerbauweise, Betonausführung, Fertigträger- und -plattenelemente usw. festgelegt werden.
- Zur Verfügung stehende oder erforderliche Überkopf-Höhen in ausgewiesenen Bereichen wie Lagerhallen und Prozessbereichen, die die Gebäudegestaltung beeinflussen, sind zu ermitteln und zu dokumentieren.
- Über die Anforderungen, Anzahl und Größe von Zufahrten und Zugängen sowie Abmessungen von Zugangsöffnungen wie Toren und Türen muss eine Festlegung getroffen werden.
- Unter Berücksichtigung von Hygienic Design müssen Materialien und Design von Wänden und Dächern der Gebäude sowie von Böden, Wänden und Decken im Gebäudeinneren für alle maßgebenden Bereiche diskutiert und festgelegt werden.
- Für die Entsorgung und den Ablauf von Flüssigkeiten sollten in Prozess- und Wasch- bzw. Reinigungsbereichen Pläne erstellt werden.
- Art und Anzahl der Verbindungen für Versorgungseinrichtungen in Böden, Decken und Wänden für Strom, Dampf, Wasser Luft usw., speziell für Prozessbereiche sind zu planen.
- Anforderungen an gekühlte Lagerhaltung unter Gesichtspunkten geeigneter Handhabung, Anordnung der Produkte und turnusmäßigem Wechsel müssen festgelegt werden.
- Für eine Gruppierung der Tiefkühlräume ist eine Strategie zu erarbeiten, um Energieeffizienz, Anforderungen an die Handhabung von Materialien und Erweiterungsmöglichkeiten zu optimieren.
- Die Lagerung bei Umgebungstemperatur und die notwendigen Lagereinrichtungen für Rohprodukte, Fertigprodukte, Verpackungsmaterial, Langzeitlagerung für saisonale Produkte, Kontrolle von Eingangsprodukten und deren Lagerung, Wandabstände und Anforderungen an Inspektionsgänge, Stapelhöhen usw. sind zu erfassen. Für die Anordnung und Gruppierung separater Lagerbereiche ist eine Strategie zu entwickeln, um die Anforderungen an die Handhabung von Materialien und Produkten sowie an Erweiterungen zu optimieren.
- Die Anforderungen an die Einrichtungen für Beschäftigte wie Trinkwasserstellen, Wasch- und Toilettenräume, Umkleideräume, Schulungsräume usw. müssen festgelegt werden.

- Für allgemeine Lagerbereiche und Nutzflächen wie z. B. für die Kontrolle eingehender Materialien, Parkplätze und Reinigungsstationen von Last- und Eisenbahnwagen, Wandabstände und Anforderungen an Inspektionsgänge, Schutzeinrichtungen für Wände, Türen und Anlagen sind der jeweilige Raumbedarf und die Anforderungen an die Gestaltung zu ermitteln.
- Für das Gesamtkonzept von Reinigung und Desinfektion auf dem Betriebsgelände sind für Außen- und Innenbereiche Anzahl und Auslegung der notwendigen Geräte und Apparate, Handhabung der jeweiligen Medien und Substanzen, Lage von Entwässerungsvorrichtungen und Ölabscheidern, Sicherheitsvorrichtungen gegen Schädlinge usw. zu planen.
  Dazu gehört in Außenbereichen die Reinigung und Instandhaltung der gesamten Grundstücksfläche, die Dächer und Außenwände der Gebäude, alle Outdoor-Apparate wie z. B. Silos sowie z. B. die Reinigung von Fahrzeugen wie Last- und Eisenbahnwagen, Gabelstapler und sonstige Betriebsfahrzeuge.
  Für den Innenbereich müssen Überlegungen über die Reinigung von Räumen wie Böden, Wände und Decken entsprechend der gewählten Materialien, Arten der Oberflächenbehandlung bzw. Beschichtungen sowie der Belüftungs- und Beleuchtungseinrichtungen angestellt werden.
  Zum gesamten Bereich sind auch die Abwasserbehandlung in verschiedenen Stufen sowie die Luftaufbereitung zu zählen, wenn sie auf dem Gelände durchgeführt werden.
- Die elektrischen Nennleistungen für Prozessanlagen müssen ermittelt und die konstruktiven Anforderungen wie Schutz vor Wasser und Staub oder explosionsgeschützte Ausführung usw. festgelegt werden.
- Für den Betrieb müssen die elektrischen Einrichtungen wie Schalt- und Steuerungsräume geplant und ausgelegt werden.
- Für Notstromversorgungen muss der Bedarf in Abhängigkeit der Temperatur von Tiefkühlräumen bestimmt werden, die durch Notstromaggregate zu versorgen sind.
- Weiterhin sind Zufahrten und Parkplätze für Liefer- und Personenwagen sowie Aufenthaltsräume für Lastwagenfahrer und Beschäftigte und spezielle Bereiche für Kontrolleure, Besucher, Verbraucher usw. vorzusehen.

Mit den dargestellten Problemkreisen, die nicht in einer festen Rangfolge geordnet sein müssen, soll die Komplexität der Planungsaufgabe angedeutet werden. Die einzelnen Bereiche können entsprechend den jeweiligen Anforderungen weiter ergänzt, detailliert oder zusammengefasst werden.

5.1.1.1 Projektierungsorganisation

Die Projektierungsaufgaben umfassen entsprechend Abb. 5.1 im Rahmen der Initiierungs-, Planungs- und Realisierungsphase beispielsweise:

- die Bedarfsplanung, die Grundlagenermittlung und das Entwickeln von Konzepten im Rahmen eines Entwurfprojekts,
- das Erarbeiten von Gesamt- und Detailplänen sowie die Beschaffung aller relevanten Unterlagen,

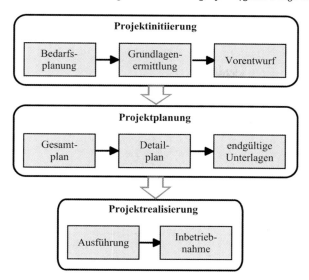

Abb. 5.1 Prinzipielle Vorgehensweise bei der Projektierung eines Betriebs oder einer Anlage.

- die Baueingabe und die Ausschreibungsplanung (Bau-, Gebäude- und Anlagentechnik),
- die Bauüberwachung und Koordination,
- die Inbetriebnahme und die Abnahmen.

In allen diesen Stufen sind auch Hygienefragen abzuklären, für die entsprechende Fachleute herangezogen werden müssen, die auch von der Gestaltungs- und Konstruktionsseite her geschult sein müssen.

Die Ingenieurtätigkeiten werden häufig in Projekt- und Detailengineering unterteilt und von unterschiedlichen Expertengruppen wahrgenommen. Unter Projektengineering versteht man die weit gefassten Aufgaben von der Strukturplanung über Basisengineering und Beschaffung bis hin zur Dokumentation. In diesem Bereich ist das Integrieren von Hygienic Design meist noch nicht üblich, spielt aber eine wichtige Rolle, die in Zukunft zu berücksichtigen ist.

Das Detailengineering beinhaltet das Anfertigen von RI-Fließbildern, die Diskussion von Apparatezeichnungen, Aufstellungsplänen und Rohrleitungsplänen, die Montage- und Inbetriebnahmeplanung, technische Spezifikationen und CAD-unterstützte Konstruktionszeichnungen sowie die CE-Kennzeichnung der Produktionslinien. Für diesen Bereich sind Anforderungen an Hygienic Design heute als Stand der Technik zu betrachten, sodass im Allgemeinen geschulte Fachleute ihr Wissen entsprechend einbringen.

Wichtig für die Ausführung des Projekts ist die Projektorganisation, die sich in erster Linie auf Teams stützt, die entsprechend der Aufgabenbereiche zusammengestellt werden müssen. Ein Beispiel dafür ist in Abb. 5.2 entsprechend [11] dargestellt. Das Zusammenwirken der verschiedenen Gruppen kann in unterschiedlicher Weise verknüpft sein und hängt von dem jeweiligen Projekt ab.

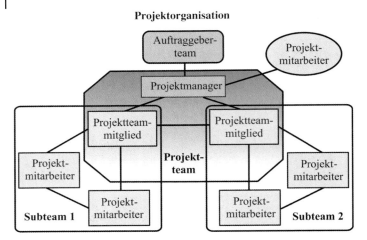

Abb. 5.2 Beispiel der personellen Organisation und Teambildung zur Projektbearbeitung.

Um möglichst viele Planungstätigkeiten in Form zeitlich optimierter Abläufe ausführen zu können und dadurch terminliche und wirtschaftliche Vorteile zu erzielen, bietet z. B. die Adaption von „concurrent engineering (CE)" oder „gleichzeitigem Engineering", das in vielen Bereichen mit Erfolg eingesetzt wird, in entsprechender Anpassung an die jeweiligen Verhältnisse der Gesamtprojektierung ein wertvolles strukturiertes System. Man versteht darunter eine Strategie, die den traditionellen stufenweisen Entwicklungsprozess durch ein System ersetzt, in dem Aufgaben parallel bearbeitet und Überlegungen über jeden Aspekt des Projekts bereits in einem sehr frühen Stadium getroffen werden (siehe z. B. [12, 13]). Diese Strategie konzentriert sich auf die Optimierung des Prozesses der Gestaltung und Entwicklung, um ein effektives und wirtschaftliches Ergebnis zu erzielen. Sie setzt Teamarbeit in einer Weise voraus, dass Entscheidungen durch gemeinsamen Konsens getroffen werden, wobei alle Sichtweisen parallel vom Beginn der Projektierung an einbezogen werden. Im Wesentlichen sieht CE ein gemeinschaftliches, kooperatives, kollektives und zeitgleiches Arbeiten vor. Dabei sind als Schlüsselelemente ein multidisziplinäres Team unter Einbeziehung von Hygienic Design, ein integriertes Design-Modell und eine Software-Infrastruktur erforderlich.

Man bedient sich hierbei vor allem bei kleineren Anlagen der Referenztechnik, die einen gleichzeitigen Lesezugriff auf eine Datei zulässt, die ein Planer seinen Kollegen als Referenz z. B. für das Gebäudemodell im Rahmen der Aufstellungsplanung zur Verfügung stellt. Dieses Modell kann nun von mehreren Konstrukteuren gleichzeitig im Lesezugriff genutzt werden. Wird im Gebäudemodell nun eine Wand verschoben, so bedarf es nur eines Bildaufbaus, um die Änderung bei der Aufstellungsplanung sichtbar zu machen. Der Konstrukteur kann unmittelbar reagieren und bei der Aufstellung einer Apparateanordnung die Änderung am Gebäudemodell berücksichtigen. Da hier die Bereiche sauber getrennt werden, liegt die Konfliktgefahr in erster Linie in möglichen Kollisionen zwischen Bereichen unterschiedlicher Gewerke. Umfangreiche Interference-Analysen sorgen in solchen Fällen für den rechnerischen Nachweis der Einhaltung von Konstruktionsregeln und konfliktfreien Konstruktionen.

Gerade bezüglich der letztgenannten Bereiche spielen Simulationstools eine wichtige Rolle, da sie eine sichere Grundlage für die übersichtliche Abbildung komplexer Prozessdynamik für die weitere Planung gestatten (siehe z. B. [14–16]). Da es während eines Projekts wichtig ist, möglichst frühzeitig ein hohes Maß an Planungssicherheit zu erlangen, erfolgt der Einsatz der Simulation vorwiegend in den frühen Planungsphasen wie Machbarkeits- und Konzeptstudien sowie im Basisengineering, um die Anlage bereits in der Entwicklung zu variieren und zu optimieren. Generell ist die Simulation mit einem gewissen Aufwand auch im Detailengineering möglich.

Die Durchführung von Projekten wird je nach Größe der Anlage und Umfang der Aufgabe in sehr unterschiedlicher Weise realisiert. Verschiedene Unternehmen bieten alle Projektleistungen aus einer Hand in Form von Turnkey-Anlagen an, die das komplette Projekt bis zur schlüsselfertigen Produktionsanlage umfassen [17]. In anderen Fällen liegt die Gesamtleitung beim Produktionsunternehmen selbst, das für die jeweiligen Fachaufgaben und -gebiete externe Firmen zu Dienstleistungen heranzieht [18].

5.1.1.2 Masterplan

Sowohl für große Industrieanlagen als auch für Klein- und Teilanlagen sollten für das Gesamtkonzept alle hygienisch relevanten Aspekte in einen Masterplan eingearbeitet werden, der die Gesamtsituation erfasst und dokumentiert, um äußere Einflüsse so weit wie möglich auszuschließen, die sich im Endeffekt in Kontaminationen von herzustellenden Produkten äußern können.

Speziell die Integration eines gesamten Betriebes in die vorhandene Umgebung, die Festlegung der Lage von Wegen für Zulieferung und Abtransport sowie Lagepläne für Betriebsgebäude bis hin zu den Aufstellungsorten der Prozesslinien lassen bereits im Planungsstadium mögliche Risiken der Kreuzkontamination zwischen Anlagenbereichen erkennen, die durch Rohmaterial, Zwischenprodukte, Endprodukte, Abfall oder Personal verursacht werden können. Dabei ist für die Planung die modellhafte Darstellung der Gebäudekomplexe innerhalb der gesamten zur Verfügung stehenden Grundfläche, wie es das einfache Prinzipbeispiel nach Abb. 5.3a zeigt, ebenso notwendig, wie die zusätzliche Einbeziehung der umgebenden, bereits vorhandenen Gebäude entsprechend des komplexen Modells des Campus der Firma Novartis [19] nach Abb. 5.3b. Ein sorgfältig durchdachtes, räumlich dargestelltes Gesamtmodell des Anlagenkonzepts und -layouts, das zahlreiche Bürogebäude sowie Forschungs- und Produktionsstätten umfasst, bedeutet durch Einbeziehung der Umgebung auch zusätzliche Erkenntnisse für Prozesse, die empfindlich gegen Umwelteinflüsse und hygienische Unzulänglichkeiten sind. Der Bau des Campus folgt einem Masterplan, der die einfache und klare Struktur des Areals nachzeichnet.

Auch für die später durchzuführende Validierung ist ein Masterplan eine grundlegende Voraussetzung, der ein Konzept für die komplette verfahrenstechnische

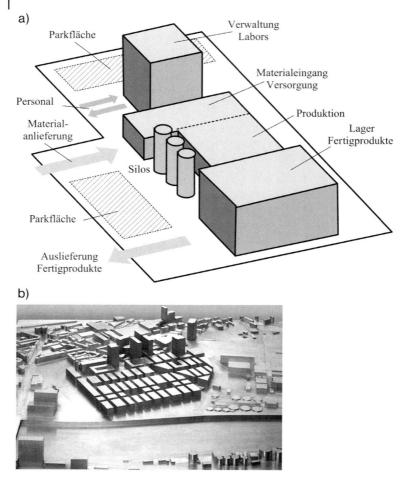

Abb. 5.3 Modellhafte Darstellung von Grundstück und Gebäudekomplexen als Grundlage für einen Masterplan:
(a) prinzipielle Darstellung, (b) Beispiel eines konkreten Planungsmodells (Novartis Campus Modell, Campus Photo Gallery, Schweiz, http://www.novartis.ch/about_novartis/de).

Produktionsanlage unter der Verantwortung des Anlagenbetreibers erfasst. Der Betreiber muss deshalb bereits vor der Beschaffung in diesen Masterplan die Vorgehensweise bei der Validierung einbeziehen, um einheitliche Anforderungen an die verschiedenen Bereiche der Anlage stellen zu können und im Ergebnis von den einzelnen Apparate- und Maschinenlieferanten möglichst einheitlich ausgeführte und strukturierte Unterlagen zu bekommen. Diese können dann zu einer übersichtlichen Dokumentation zusammengestellt werden. In der Praxis ist dieser Qualitätsplan zur Ausführung und Vorgehensweise der Validierung jedoch häufig in der frühen Projektphase noch nicht detailliert festgelegt. Dies resultiert meist aus der fehlenden Kenntnis, dass auch ein Validierungsmasterplan zur Validierung einer Anlage erforderlich ist. Meist wird daher vor allem bei kleineren Betrieben das vom Anlagenbauer individuell vorgeschlagene Vorgehen bei der Validierung als entscheidende Richtlinie für Art und Umfang der auszuführenden Tests und Dokumentationen angewendet.

Die Praxis zeigt, dass viele Kunden sehr unterschiedliche Anforderungsprofile an Anlagen und Apparate haben, die häufig in umfangreichen Pflichtenheften niedergelegt sind. Von einfachen Anforderungen, die den normalen Umfang einer Standarddokumentation mit Funktionsbeschreibung und Testprotokollen kaum übersteigt, bis hin zu Vorgaben, nach denen jede einzelne Funktion nachweisbar dokumentiert und getestet werden soll, gibt es nahezu jedes Niveau. Dabei sind in manchen Fällen auch nicht-sinnvolle Anforderungen enthalten.

5.1.1.3 Integration und Vernetzung hygienischer Systeme

Die Anforderungen, die an Produkte und Prozesse der Lebensmittel- und Pharmaindustrie gestellt werden, sind miteinander verflochten. Deshalb ist es nicht angebracht, eine weitgehend sequenzielle Betrachtungsweise bei der Gestaltung einer Produktionsanlage durchzuführen, wo man zuerst die grundlegenden Funktionen des Produktes wie Produktqualität anspricht und dann weitere Angelegenheiten wie Sicherheit, Hygienic Design, Reinigung, Flexibilität und Rückverfolgbarkeit berücksichtigt. Häufig werden deshalb in der Aufeinanderfolge von Gestaltung, Herstellung, Einrichtung, Vertragsabschluss, Änderung oder Instandhaltung eines Betriebs, einer Anlage oder einer Produktionslinie ungünstige bzw. falsche Entscheidungen getroffen, weil bei der Problemlösung die einzelnen Problemkreise der Reihe und Wichtigkeit nach bearbeitet werden. Da dadurch eine Verknüpfung der unterschiedlichen Gesichtspunkte nicht in allen Bereichen konsequent erfolgt, können unbeabsichtigte Gefahren in der Anlage entstehen, wie z. B. eine fehlerhafte Umgebungs- oder Gebäudegestaltung, ungünstige Anordnung von Einrichtungen oder falscher Einsatz von Komponenten in Detailbereichen, die z. B. die Reinigung oder Instandhaltung schwierig und kompliziert machen.

Um solche Probleme auszuschließen oder zu minimieren, die beste Entscheidung zu treffen und die unterschiedlichen Bedürfnisse ab- und auszugleichen, besteht zum einen die Notwendigkeit zur Vernetzung aller zusammenhängenden Bereiche und zum anderen die Integration bestehenden Wissens über die Gestaltung. Um eine optimal gestaltete oder arbeitende Anlage zu erhalten, muss außerdem sichergestellt werden, dass Prozessgestaltung und Arbeitsweisen systematisch erfolgen. Eine hohe Sicherheit im Hinblick auf das herzustellende Produkt ist erreichbar, indem man den gesetzlich vorgeschriebenen produktbezogenen Konzepten von HACCP oder GMP folgt (siehe [20]), die die Überwachung kritischer Kontrollpunkte, reproduzierbare validierte Prozesse und validierte Reinigungsverfahren fordern. Sie werden durch Einrichten und Pflegen von Dokumentationen über Errichtung, Automatisierung, Ablauf, Instandhaltung und Reinigung sowie durch Verbesserungen in der Aufstellung und Bedienung von Apparaten für den routinemäßigen Gebrauch unterstützt bzw. ergänzt.

Bei einer hygienischen Produktion ist aber auch die hygienegerechte Gestaltung aller Bereiche notwendig und gesetzlich verankert. Um eine umfassende vernetzte Betrachtungsweise zu erreichen, wurde auf Initiative der EHEDG eine Leitlinie über die Integration hygienischer Systeme erstellt [21, 22]. Der Ansatz stellt einen systematischen Weg dar, um Hygienic Design und hygienische Funktionseinheiten in einen Betrieb mit Hygieneanforderungen zu integrieren. Dies kann entweder eine völlige Neugestaltung einer Anlage oder eine Neuordnung bestehender Einheiten betreffen. Unter Einheit wird in diesem Zusammenhang ein Bereich eines hygienischen Systems verstanden, der eine ganze Anlage, eine Prozesslinie oder einen Teil davon umfassen kann. Die Bezeichnungsweise wurde entwickelt, um schlüssige vernetzte Strukturen zu ermöglichen und stimmt so weit wie möglich mit EN 61 512-1 [23] überein.

Die Leitlinie beschreibt zum einen die wesentlichen Abläufe der Integration, die Hygienic Design im Bereich von Installationen, Arbeitsabläufen, Automation, Reinigung und Instandhaltung betreffen. Dabei wird besonderer Wert auf Einflüsse gelegt, die üblicherweise oder besonders häufig für Fehler verantwortlich sind. Zum anderen wird die Integration bis hin zur Herstellung und zum Vertrieb von Produkten dargestellt, um sichere Lebensmittel oder zugehörige Produkte kostengünstig herzustellen. „Hygienische Integration" wird dabei als ein Prozess definiert, bei dem zwei oder mehrere Teile zusammenwirken, um hygienische Risiken zu eliminieren oder zu minimieren. Während das Augenmerk häufig auf den hygienischen Zustand der Apparate gerichtet wird, gibt es z. B. viele die Umgebung betreffende Einflüsse, die bewältigt werden müssen, um das Konzept „hygienische Integration" umfassend zu vervollständigen.

Die Entwicklung des Systems hat das Ziel, die Bedürfnisse der „Stakeholder", d. h. aller beteiligten Personen, Gruppen, Institutionen und Investoren sowie alle maßgebenden Dokumente (z. B. Gesetzestexte, Normen, Leitlinien usw.) zu berücksichtigen. Dabei können die Bedürfnisse und Ansprüche sehr unterschiedlich, d. h. auch gegenläufig und widersprüchlich sein. Die Definition des Begriffs Stakeholder stimmt dabei im Wesentlichen mit dem Begriff des Projektbeteiligten der DIN 69 905 [24] überein. Stakeholder sind damit die Informationslieferanten für Ziele, Anforderungen und Randbedingungen des System der Integration.

Im Prinzip wird ein Modell benutzt, das mithilfe von Flussdiagrammen und zugeordneten Beschreibungen der verwendeten Elemente in der konzeptionellen Phase der Entwicklung die unterschiedlichen Anforderungen berücksichtigen und verknüpfen soll. Die integrale Betrachtungsweise schließt auch ein, dass Problemkreise wie Produktfluss, zentrale Strategie, Automation, Instandhaltung, Management für Änderungen und Training des Personals bestimmt werden. Darüber hinaus stellt die Risikobewertung eine Notwendigkeit dar, die – wie bereits erwähnt – durch HACCP oder GMP vorgegeben wird. Eine Analyse über entstandene Fehler und deren Auswirkung (failure-made and -effect analysis FMEA), die ein strukturiertes Werkzeug der Risikobeurteilung für die Sicherheit von Einrichtungen und die Auswirkung von Fehlern innerhalb der Bereiche eines Prozesses darstellt, sollte ebenfalls durchgeführt werden.

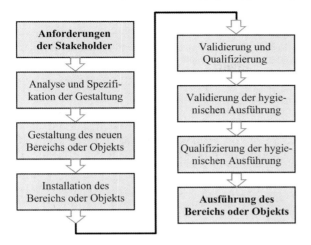

Abb. 5.4 Prinzipielle Vorgehensweise bei der Planung und Ausführung eines Bauvorhabens (Nutzung von Methoden der Integration und Vernetzung).

Der Prozess der Integration beinhaltet eine Reihe von Aktionen, die in Abb. 5.4 zusammengefasst sind.

Jede dieser Aktionen wird durch ineinander geschachtelte Flussdiagramme gemäß dem Beispiel nach Abb. 5.5 erweitert. Für jede Maßnahme der Integration müssen die Bereiche letztendlich eine vorausblickende Validierung erhalten, die wahrscheinliche Fehlerformen identifiziert. Die Hygieneintegration sollte auf einer modularen Basis mithilfe von Bereichen ausgeführt werden, die bereits die Anforderungen an die Integration erfüllt haben. Die Anweisungen müssen die Installation, Arbeitsweise, Reinigung einschließlich erforderlicher Sterilisation und Instandhaltung abdecken. Neben Hygiene stellt die Abstimmung von Design- und Validierungsaktivitäten eine Vorbedingung dar. Für nicht zugeordnete Module oder Gruppen müssen die beabsichtigten Prozesse und Produkte in einer vorausblickenden Liste definiert werden.

Die erste durchzuführende Aktion betrifft die Definition der „Anforderungen der Interessenten". Diese Anforderungen können von den Investoren, Anwendern oder Kunden sowie den Anforderungen der Produktsicherheit, der Funktionsfähigkeit, der Instandhaltung, der Umweltgesetzgebung usw. stammen und sollten gesammelt und aufgelistet werden. Danach sollte entsprechend Abb. 5.4 die konzeptionelle Gestaltung der Funktionseinheiten überprüft werden.

Das Durchlaufen der Liste für die Anforderungen der Interessengruppen ergibt eine konzeptionelle Gestaltung der zu überprüfenden Bereiche. Jedes Mal, wenn ein solcher Schritt vollzogen ist, führt das Flussdiagramm den Benutzer zu einem Bestätigungspunkt, der sicherstellen soll, dass zwischen den eingegebenen Informationen und dem Ergebnis der Analyse Übereinstimmung besteht. Wenn z. B. der Anwender in dem konzeptionellen Ziel der Gestaltung einige Bereiche der Gesetzgebung zu berücksichtigen vergisst, wird er darauf hingewiesen, ehe er mit dem speziellen Design fortfährt. Das Flussdiagramm veranlasst entsprechend

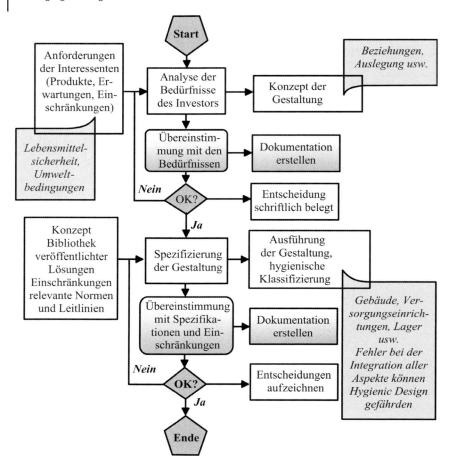

Abb. 5.5 Flussdiagramm zur Vorgehensweise bei der Integration (in Anlehnung an die EHEDG [22]).

Abb. 5.5 sowohl eine Aufzeichnung von Daten, die während des Entscheidungsprozesses erzeugt werden, als auch von der Entscheidung selbst.

Der Anwender fährt dann mit dem Integrationsprozess fort und gestaltet den neuen Bereich, installiert, validiert und qualifiziert die Arbeitsweise und die hygienische Ausführung. Für jede dieser Aktionen wird ein eigenes eingebundenes Flussdiagramm verwendet, das den Anwender durch die notwendigen Schritte führt, um eine spezielle Aktion zu vervollständigen.

Wenn die Qualifizierung der hygienischen Funktionseinheit vollständig ist, wurde der Bereich erfolgreich integriert. Sie kann dann in den speziellen Prozess eingeführt werden, für den sie vorgesehen war, oder an den Anwender übergeben werden. Wenn die Funktionseinheit nicht für ein spezielles Produkt oder einen bestimmten Prozess vorgesehen war, kann das Ergebnis einer zu errichtenden Sammlung für qualifizierte Einheiten zugeordnet werden.

Durch Unterstützung der integralen Betrachtungsweise soll die Leitlinie andere nicht die Hygiene betreffende Probleme wie z. B. Umwelteinflüsse, Kosten oder übermäßigen Verbrauch an Ressourcen wie Wasser, Chemikalien oder Energie reduzieren helfen. Das umfassende Ergebnis einer erfolgreichen Implementation dieser Empfehlungen ist sowohl für die Konstruktionsphase als auch die endgültige Ausführung gleichermaßen optimal und kosteneffektiv.

In der Pharmaindustrie werden vor allem in der Reinraumtechnik immer umfassendere Anforderungen an hochreine Bedingungen von Anlagen gestellt, für die Hygienic Design eine Grundvoraussetzung sein sollte. Hierbei ist die Philosophie eines integralen Reinheitssystems hilfreich [25], durch das die prozess- und produktspezifischen Reinheitsanforderungen in der Produktumgebung und die Einhaltung der geforderten reinheitsrelevanten Spezifikationen gewährleistet werden können. Man versteht darunter das Zusammenwirken aller notwendigen Komponenten, mit denen die Herstellung von kontaminationskritischen Produkten ermöglicht wird. Im erweiterten Sinn sollte dabei die Produktumgebung nicht nur die unmittelbaren Bereiche in der Nähe des Herstellungsablaufs wie Produktion, Transport, Pufferung, Lagerung und Verpackung umfassen, sondern die gesamte Anlage mit ihrem Umfeld in die erforderlichen Hygieneüberlegungen einbeziehen. Die Kontaminationsquellen und -ursachen müssen dabei dynamisch und vernetzt betrachtet werden, da die verschiedenen Einflussfaktoren eine Vielzahl von Schnittstellen bilden, die im Einzelnen zu definieren sind.

5.1.2
Definition von hygienerelevanten Zonen

Um die notwendigen Anforderungen an Hygiene sowie Hygienic Design erfüllen und Maßnahmen gegen Kontaminationen ergreifen zu können, müssen alle Bereiche einer Anlage, in der sensible Produkte hergestellt werden, in Klassen oder Zonen eingeteilt werden. Diese können sich entweder – wie in der Lebensmittelindustrie üblich – auf allgemein definierbare Hygienezustände oder – wie in bestimmten Bereichen der Pharmaindustrie – auf Partikel- und Mikroorganismenzahlen in der Raumluft stützen. Entscheidend ist, dass die Einteilung in die entsprechenden Klassen oder Zonen konsequenterweise Hygienic-Design-Maßnahmen nach sich ziehen sollten, um die jeweilige Hygienesituation zu verbessern und sie an allen Stellen dem Stand der Technik anzupassen. Nur durch zusätzliche hygienegerechte Gestaltung in allen Bereichen der Anlage sowie in sämtlichen Stufen der Prozesse kann den Hygieneanforderungen Rechnung getragen und das Risiko von Kontaminationen vermindert werden.

5.1.2.1 Hygienezonen in der Lebensmittelindustrie
Obwohl es gesetzliche Vorschriften nicht verlangen, ist es aus Sicht der Risikoanalyse sinnvoll, in Betrieben für die Lebensmittelherstellung Hygienezonen zu bilden, die Kontaminationsgefahren einzuschränken helfen. Im Allgemeinen ist es üblich, innerhalb des Betriebsbereichs zur Produktion von Lebensmitteln drei Zonen mit unterschiedlichen hygienischen Anforderungen zu bilden (siehe z. B.

[26]). Häufig werden sie in Richtung zunehmender Hygiene als schwarz, grau und weiß gekennzeichnet. In vielen Fällen wurden zwei weitere Zonen definiert, die vor allem Bereichen außerhalb der Gebäude sowie Räumen zugeordnet werden, die nicht für die Produktion von Produkten verwendet werden.

Da die Einteilung weder in Richtlinien noch in Normen allgemein festgelegt war, hat die EHEDG im Rahmen von [27] einen nicht nur für trockene Prozesse anwendbaren Vorschlag gemacht, in dem die Anforderungen definiert sowie die Kennzeichnung der Zonen festgelegt werden. Um die bisher üblichen Einteilungen auf einen einheitlichen Standard zu bringen, wird im Wesentlichen auf ihn sowie ergänzend auf zusätzliche Vorschläge aus eingeführten Systemen der Industrie zurückgegriffen.

Die niedrigste Hygienezone wird mit *Zone B* („Basic" oder „Basis"-Zone) bezeichnet. Sie umfasst meist Bereiche im Inneren des Betriebs, in denen ein Grundniveau von Anforderungen an Hygiene sowie Hygienic Design ausreicht, und entspricht in mancher Weise der bisher üblichen *schwarzen* Zone. Das Ziel besteht darin, zum einen Produktkontamination durch „gute Herstellungsverfahren" zu vermeiden und zum anderen die Entstehung von Gefahrenquellen zu verhindern oder zu beeinflussen, die sich auf die höheren Hygienezonen auswirken können. In Zone B kann normale Umgebungsluft verwendet werden.

In diesen Bereichen dürfen keine Produkte offen gehandhabt werden. Sie müssen sicher abgedeckt bzw. abgeschlossen oder verpackt sein. Dadurch kann z. B. erlaubt werden, dass empfindliche Produkte in Bereichen mit geringen Hygieneanforderungen gelagert werden. Typisch für Zone B sind deshalb z. B. Lagerhallen.

In diese Zone können auch entsprechend der zurzeit üblichen Praxis Bereiche einbezogen werden, in denen geschlossene Produktionsanlagen aufgestellt sind, bei denen keine Produktberührung und Kontamination während des Prozesses möglich ist. Wenn zur Behebung von Problemen oder aus Gründen der Wartung die Apparate geöffnet werden müssen und die produktberührten Flächen dabei mit Personen sowie mit Umgebungsluft in Kontakt kommen, muss anschließend in geschlossenem Zustand eine Reinigung und eventuell eine Desinfektion stattfinden, um Kontaminationen des herzustellenden Produkts auszuschließen.

Für Zone B wird saubere, aber nicht spezielle Kleidung empfohlen. Gabelstapler, Wagen und andere Fahrzeuge sollten nicht von außen in die Zone hineinfahren. Mithilfe spezieller Ladebuchten oder -stationen kann dies verhindert werden.

In vielen Fällen erweist es sich als notwendig, die Zone B zu unterteilen, um Bereiche erfassen zu können, die nicht unmittelbar mit Produkten zu tun haben, von denen aber Kontaminationsgefahren ausgehen können. Die EHEDG empfiehlt deshalb, zwei Unterkategorien zu verwenden, wenn Unterscheidungen innerhalb der Zone B notwendig werden.

Die *Zone B0* bezeichnet Bereiche außerhalb von Gebäuden, aber innerhalb der Umfassung des Betriebsgeländes. Das Ziel besteht dabei darin, Kontaminationsgefahren zu beeinflussen oder zu vermindern, die z. B. durch unerlaubten Zutritt von Personen oder durch stehendes Wasser, Schmutz, Staub sowie Anwesenheit von Tieren einschließlich Vögeln und Ungeziefer entstehen.

Zone B0 umfasst im Wesentlichen Zäune oder Mauern um das Betriebsgelände sowie Tore und Türen in diesen Umzäunungen, Kaie zum Anlegen von Schiffen, Straßen, Fußwege und Parkplätze für Lastwagen und PKW sowie Rasen und Parkflächen auf dem Gelände. Außerdem gehören zusätzliche Abgrenzungen um Gebäude sowie die Wand- und Dachflächen der Gebäude dazu.

Wenn sich z. B. Silos für Roh- oder Zwischenprodukte, Brunnen oder Stationen für die Wasserbehandlung auf den Flächen von Zone B0 befinden, können für diese Einrichtungen höhere Hygienestufen festgelegt werden.

Zone B1 ist für Bereiche in Gebäuden vorgesehen, in denen keine Lebensmittelproduktion stattfindet, von denen aber Kontaminationsgefahren für die Produktion ausgehen können. Zu dieser Zone zählen Bereiche, die für die Produktion wichtig und in deren Nähe untergebracht sind, wie z. B. Geschäftsräume, Werkstätten, Räume oder Gebäude für die Energieversorgung, Kantinen sowie nicht verwendete Gebäude oder Räume. Typisch und zur Produktion gehörend sind weiterhin Hallen für verpackte Roh-, Zwischen- oder Fertigprodukte.

In Zone B1 sollen z. B. Kontaminationsgefahren beeinflusst oder reduziert werden, die durch Ungeziefer und Vögel entstehen. Auch das Einführen von unerwünschten Produkten und Materialien in die Zonen mit höherer Hygieneklassifikation soll verhindert werden.

In Zone M sind, wie die englische Bezeichnung „medium" oder deutsch „mittel" bereits aussagt, mittlere Hygieneanforderungen einzuhalten. Die Zone M umfasst typischerweise Bereiche der Lebensmittelherstellung, in denen ein Kontakt mit Produkt oder mit dem Inneren von produktberührten Apparaturen gelegentlich für kurze Zeitdauer erfolgen kann.

In dieser Zone darf Produkt kurzzeitig offen gehandhabt werden. Es sollten aber an den entsprechenden Stellen, zu denen z. B. Probenahmestellen zählen, zusätzliche Maßnahmen wie z. B. durch Abdeckung der Bereiche getroffen werden, um Kontamination weitgehend zu unterbinden. Außerdem soll das Innere von Apparaten und Maschinen für die Lebensmittelherstellung vor Kontamination geschützt werden, wenn es durch Öffnen der Umgebungsluft ausgesetzt werden muss. Schließlich soll in dieser Zone die Entstehung von Gefahrenquellen beeinflusst oder reduziert werden, die eine angrenzende Zone mit höheren Hygieneanforderungen beeinträchtigen können. Die Raumluft darf nicht von außen kommen, sondern muss den notwendigen Hygieneanforderungen in dieser Zone genügen. Sie kann aber von einer Zone höherer Stufe stammen.

Beispiele für Tätigkeiten in Zone M sind zum einen die kurzzeitige offene Probenahme aus Produktströmen geschlossener Maschinen oder das Eingreifen in den Innenbereich von Apparaten, die blockieren oder andere Probleme aufweisen. Die notwendigen Arbeiten sollten mit behandschuhten Händen und mit sauberen Werkzeugen ausgeführt werden. Zum anderen dürfen Produkte mit mittlerer Empfindlichkeit gegen äußere Kontamination der Raumluft für längere Zeitspannen ausgesetzt werden. Beispielsweise zählen Räume zu Zone M, in denen mit geschlossenen Apparaten von hoher Hygieneklassifizierung produziert wird, die aber zeitweise geöffnet werden müssen.

In Zone M sollte Essen, Trinken, Kaugummikauen und Rauchen nicht erlaubt sein. Es werden saubere Kleidung und weiße Mäntel benötigt. Außerdem sollten Haarnetze getragen werden. Schuhüberzüge sind jedoch nicht notwendig.

Bei *Zone H* steht H für „high" bzw. „hoch". Sie trifft für Bereiche zu, in denen eine hohe Hygienestufe unentbehrlich ist. Beispielsweise ist sie typisch für offene Prozesse. In dieser Zone können je nach Produkt höchste Hygiene- und Hygienic-Design-Kriterien gefordert werden. Das wesentliche Ziel besteht darin, sowohl alle Gefahren der Produktkontamination zu kontrollieren als auch zu verhindern, dass das Innere von Apparaturen zur Produktherstellung der Atmosphäre ausgesetzt wird. In dieser Zone ist gefilterte Luft als Raumluft zu verwenden.

Zone H wird beispielsweise Bereichen der Anlage zur Herstellung von Lebensmitteln zugeordnet, in denen Produkte, die empfindlich gegen Kontamination sind, oder produktberührte Flächen von Apparaten ständig der Raumluft ausgesetzt werden. Außerdem gilt sie für kontaminationsempfindliche Produkte, bei denen bereits Sicherheits- oder Qualitätseinbußen auftreten können, wenn sie nur kurzzeitig der Atmosphäre ausgesetzt sind.

Zonen der Klasse H sollten so klein und einfach wie möglich gehalten werden, aber genügend Raum für Bedienung, Reinigung und Wartung lassen. Das bedeutet z. B., dass Versorgungseinrichtungen wie Geräte zur Energieversorgung oder Pumpen und Ventilationssysteme möglichst außerhalb der Zone installiert werden sollten. Üblicherweise besitzen solche Geräte einen niedrigeren Hygienestatus und deshalb eine schlechtere Reinigbarkeit, als für diese Zone erforderlich.

In Zone H ist Essen, Trinken, Kaugummikauen, und Rauchen nicht erlaubt. Es müssen Schutzkleidung, Haarnetze und Schuhüberzüge vor Betreten der Zone angezogen und während des Aufenthalts getragen werden. Die Zone muss vollständig in sich geschlossen sein.

Da den Hygienezonen unterschiedliche Stufen von Hygieneanforderungen zugeordnet sind, muss der Personenkreis, der für Hygienemaßnahmen zuständig ist, die jeweils anwendbare Zone bestimmen und sie als Bereich mit beschränktem Zugang sowie zusätzlich erforderlichen Maßnahmen festlegen. Die unterschiedlichen Zonen, speziell ihre Grenzen, sollten deutlich sichtbar kenntlich gemacht werden, weil Personal und Materialverkehr diese Grenzen überschreitet.

Zwischen Zone B und M kann die Grenze durch eine deutlich sichtbare Linie auf dem Boden markiert werden. In diesem Fall ist sie wie eine normale physikalische Schranke zu betrachten. Zone M und Zone H sollten möglichst durch physikalische Abgrenzungen wie Wände voneinander getrennt sein und für den Durchtritt Schleusen mit Türen oder Fenstern oder mindestens Lamellen-Kunststoffvorhänge besitzen. Häufig werden Plattformen oder Fenster zum Transport von Produkt eingerichtet, um auf diese Weise zu vermeiden, dass z. B. Gabelstapler oder andere Fahrzeuge die Grenzen passieren.

Bereiche derselben Klassifizierung sollten zusammenhängend angeordnet oder so weit wie möglich durch Korridore derselben Klasse verbunden werden. Mit dieser Maßnahme soll sichergestellt werden, dass normale Arbeiten ausgeführt werden können, ohne dass verschiedene Hygieneverfahren angewendet werden müssen. An Zugangsstellen zu den Zonen müssen die Anforderungen an Personal und Produkt, die Versorgung mit Luft, das Ein- und Ausbringen von Geräten sowie die Bedingungen für notwendigen Verkehr systematisch überdacht und geregelt werden, um sicherzustellen, dass die zutreffenden Hygienemaßnahmen eingehalten werden. Zugangsstellen bedeuten Öffnungen jeder Größe wie Türen, Fenster, Luft- und Wasserversorgung, Abflüsse usw. mit Strömen von Material und Produkt, die mögliche Träger von Kontaminanten sein können, sowie von Prozess- oder Raumluft, von Flüssigkeiten wie Prozess-, Kühl-, Trink- oder Reinstwasser sowie von Abwasser und anderen Dingen. Die Verkehrsverhältnisse umfassen mögliche Wege und Bewegungen von Personen, Gabelstaplern, Hub- und Transportwagen sowie mögliche Bewegungen von Tieren.

Wenn z. B. Material mithilfe von Transportbändern von Zone M nach Zone H gefördert wird, sollte dies nicht mit einem einzigen Förderband, sondern mit zwei Bändern durchgeführt werden. An der Grenze der Zonen wird das Material von dem einen auf das andere übergeben und durch einen laminaren Luftstrom der Eintritt von Kontaminanten in Zone H verhindert. Ein typisches Beispiel stellen Behälter oder Flaschen dar, die in Zone M gereinigt und in Zone H abgefüllt werden.

Das vorgeschriebene Schützen oder Wechseln von Kleidung und Schuhen sollte durchgeführt werden, wenn man sich von einer niedrigeren in eine höhere Hygienezone begibt.

In manchen Fällen können die Zonen in unterschiedlicher Weise festgelegt werden, wenn es sich z. B. um Trockenprodukte oder um empfindliche Produkte mit höheren Hygieneanforderungen wie Babynahrung handelt.

5.1.2.2 Zonen in der Pharmaindustrie

Der GMP-Leitfaden der EU [28] legt im Allgemeinen keine Zoneneinteilung für Anlagen der Pharmaindustrie fest, sondern fordert generell, dass die Produktionsstätten für die Herstellung der jeweiligen Produkte geeignet sein müssen. So wird beispielsweise ausgeführt, dass das Betriebsgelände vorzugsweise so ausgelegt werden sollte, dass die Produktion in Bereichen stattfinden kann, die in logischer Weise mit der Aufeinanderfolge von Arbeitsgängen und den erforderlichen Reinheitsstufen übereinstimmen. Die Eignung der Arbeits- und prozessinternen Lagerflächen sollte eine ordentliche und logische Anordnung der Einrichtungen und Materialien erlauben, um das Risiko von Verwechslungen zwischen verschiedenen medizinischen Produkten oder ihren Komponenten zu minimieren, Kreuzkontamination zu vermeiden und das Risiko der Unterlassung oder falscher Anwendung irgend eines Kontrollschritts herabzusetzen.

Mit diesen Aussagen wird unterstellt, dass die Trennung von Bereichen mit unterschiedlichen Anforderungen prozessabhängig vorgenommen werden soll. Eine konkrete Einteilung in Zonen wird jedoch nicht vorgegeben.

Für die Herstellung steriler Produkte der Pharmaindustrie wird dagegen in Annex 1 zum GMP-Leitfaden [29] eine Klassifizierung von Bereichen festgelegt, da solche Produkte spezielle Anforderungen erfüllen müssen. Oberster Grundsatz ist auch hierbei, dass Risiken der Kontamination durch Mikroorganismen, Partikel und Pyrogene zu minimieren sind.

Tabelle 5.1 Partikelzahlen in der Luft für Reinraumklassen nach GMP-Leitlinie, Annex 1.

Klasse	In Pausen (a)		Während der Arbeit (b)	
	Maximal erlaubte Partikelzahl/m^3 (gleich oder größer) (a)			
	0,5 µm (d)	5 µm	0,5 µm (d)	5 µm
A	3.500	1 (e)	3.500	1 (e)
B (c)	3.500	1 (e)	350.000	2.000
C (c)	350.000	2.000	3.500.000	20.000
D (c)	3.500.000	20.000	nicht definiert (f)	nicht definiert (f)

Anmerkungen:

(a) Partikelmessungen auf der Basis eines diskreten Luftpartikelzählers zur Messung der Partikelkonzentration von Partikeln definierter Größe gleich oder größer dem angegebenen Grenzwert. Ein kontinuierlicher Partikelzähler sollte zur Überwachung der Partikelkonzentration in Zone A verwendet werden und wird ebenfalls für die umgebende Zone B empfohlen. Für Routinetests sollte das Volumen nicht kleiner als 1 m^3 für die Klassen A und B und vorzugsweise auch für C-Bereiche sein.

(b) Die Bedingungen der Tabelle für „in Pausen" sollte nach einer kurzen Reinigungsperiode von 15–20 min im unbemannten Zustand nach Beendigung der Produktionstätigkeiten erfolgen.

Die Bedingungen in der Tabelle für Klasse A „während der Arbeit" sollten in dem Bereich unmittelbar um das Produkt ermittelt werden, wenn es oder der offene Behälter der Umgebung ausgesetzt ist. Es wird akzeptiert, dass die Übereinstimmung mit den Normen nicht immer unmittelbar am Ort der Abfüllung während des Füllens demonstriert werden kann, da dabei Partikel oder Tröpfchen vom Produkt freigesetzt werden.

(c) Um die Anforderungen an die Luft in den Stufen B, C und D zu erreichen, sollte die Zahl der Luftwechsel der Größe des Raums sowie der Ausrüstung und dem im Raum anwesenden Personal angepasst werden. Das Luftversorgungssystem sollte für die Stufen A, B und C mit ausreichenden Filtern wie HEPA-Filtern ausgerüstet sein.

(d) Die Leitlinie für die maximal erlaubte Zahl an Partikeln „in Pausen" und „während der Produktion" stimmt nahezu mit den Reinheitsklassen nach EN/ISO 14 644-1 für eine Partikelgröße von 0.5 µm überein.

(e) Von diesen Bereichen wird erwartet, dass sie völlig frei von Partikeln größer oder gleich 5 µm sind. Da es unmöglich ist, die Abwesenheit von Partikeln mit statistischer Signifikanz zu demonstrieren, werden die Grenzen auf 1 Partikel pro m^3 gesetzt. Während der Reinraumqualifizierung sollte gezeigt werden, dass die Bereiche innerhalb der festgelegten Grenzen gehalten werden können.

(f) Die Anforderungen und Grenzen hängen von den ausgeübten Tätigkeiten ab.

Es wird dabei zwischen 4 Klassen unterschieden:

- *Klasse A* kennzeichnet eine Zone für Arbeiten mit hohem Risiko, wie z. B. beim Abfüllen, wo Verschlüsse und offene Ampullen sowie Phiolen gehandelt und aseptische Verbindungen hergestellt werden. Die dazu notwendigen Verhältnisse können normalerweise durch Arbeitsplätze mit laminarer Luftströmung realisiert werden. Die homogene Luftgeschwindigkeit sollte an der Arbeitsstelle bei offener Reinraumanwendung in einem Bereich von 0,36–0,54 m/s (Leitwert) liegen. Die Aufrechterhaltung der laminaren Strömung sollte demonstriert und validiert werden.
  Eine in eine Richtung gerichtete Luftströmung und geringere Geschwindigkeiten sollten in geschlossenen Isolatoren verwendet werden.
- *Klasse B* ist als Hintergrund für Klasse A für aseptische Vorbereitung und Abfüllung vorgesehen.
- In den *Klassen C* und *D* können weniger kritische Phasen bei der Herstellung steriler Produkte durchgeführt werden.

Den Klassen werden Partikelzahlen von Partikeln definierter Größe in der Luft gemäß Tabelle 5.1 zugeordnet (s. auch [30]). Dabei wird darauf hingewiesen, dass die Klassen nahezu mit der Klassifizierung der Luftreinheit gemäß Tabelle 5.2 nach der Norm ISO 14 644 [31] übereinstimmen, in der außerdem die Festlegungen zur Prüfung, Überwachung, Messtechnik sowie Prüfverfahren zusammengestellt sind. Aufgrund dieser Norm wurden die früher landestypischen Normen wie der U.S. Federal Standard 209E [32] und die deutsche VDI-Richtlinie 2083 [33] auf einen Stand gebracht, die zum Vergleich als Literatur mit angegeben sind.

Tabelle 5.2 Reinraumklassen nach EN ISO 14 644-1 (1999).

ISO-Klasse (N)	Höchstwert der Partikelkonzentration (Partikel je m^3 Luft) gleich oder größer als die nachfolgenden Grenzwerte					
	0,1 µm	0,2 µm	0,3 µm	0,5 µm	1 µm	5 µm
ISO-Klasse 1	10	2	–	–	–	–
ISO-Klasse 2	100	24	10	4	–	–
ISO-Klasse 3	1.000	237	102	35	8	–
ISO-Klasse 4	10.000	2.370	1.020	352	83	–
ISO-Klasse 5	100.000	23.700	10.200	3.520	832	29
ISO-Klasse 6	1.000.000	237.000	102.000	35.200	8.320	293
ISO-Klasse 7	–	–	–	352.000	83.200	2.930
ISO-Klasse 8	–	–	–	3.520.000	832.000	29.300
ISO-Klasse 9	–	–	–	35.200.000	8.320.000	293.000

Tabelle 5.3 Mikroorganismen in koloniebildenden Einheiten (KbE) in Reinräumen nach GMP-Leitlinie, Annex 1.

Klasse	Empfohlene Grenzen für mikrobielle Kontamination[a]			
	Luftprobe KbE/m^3	Sedimentationsplatten (9 mm)[b] KbE/m^3	Kontaktplatten (55 mm) KbE/m^3	Handschuhabdruck (5 Finger) KbE/m^3
A	< 1	< 1	< 1	< 1
B	10	5	5	5
C	100	50	25	–
D	200	100	50	–

[a] Mittelwerte.
[b] Individuelle Sedimentationsplatten dürfen weniger als 4 h ausgesetzt werden.

Andere Eigenschaften wie Temperatur und relative Feuchtigkeit hängen vom Produkt und der Art des durchzuführenden Prozesses ab. Diese Parameter sollten aber die definierten Reinheitsvorgaben nicht störend beeinflussen. Für die mikrobiologische Überwachung von Reinräumen während der Produktion sind in Tabelle 5.3 empfohlene Grenzwerte zusammengestellt. Außerdem wird eine zusätzliche mikrobiologische Kontrolle außerhalb des Produktionsablaufs wie z. B. nach der Validierung, Reinigung und Desinfektion verlangt.

5.1.3
Kontaminationsgefahren durch die Umgebung

Wenn die Wahl des Standorts für einen Betrieb ansteht, der Lebensmittel, pharmazeutische oder biologische Produkte herstellt, sind zum einen die Vorgaben für das entsprechende Gebiet durch Vorschriften zu klären. Zum anderen müssen sowohl mögliche Einflüsse der Umgebung als auch die Beschaffenheit des Grundstücks auf Kontaminationsrisiken für die Produktion untersucht und Ver- und Entsorgungsfragen analysiert werden, die sich auf ein Hygienekonzept auswirken können.

5.1.3.1 Umwelteinflüsse

Aus hygienischer Sicht spielen sowohl die Gegebenheiten der Landschaft als auch die wirtschaftliche Nutzung der Umgebung einschließlich der Bebauung eine wichtige Rolle für einen zu errichtenden Betrieb (siehe z. B. [34]). So ergeben sich z. B. in der Nähe von Flüssen, Seen, Altwassern oder Sumpfgebieten höhere Luftfeuchtigkeiten als bei trockenem Umfeld in Form von Wäldern. Außerdem entstehen dadurch meist Brutstätten für Insekten und Ungeziefer, die sich auf das Betriebsgelände ausdehnen können. Die Nähe von Schwerindustrie, chemischen Betrieben, Müllverbrennungsanlagen, Mülldeponien, Geflügelzuchten, Tierkörperverwertungen und Schlachthäusern belastet die Luft trotz entsprechender

Umweltauflagen meist stärker mit chemischen Schadstoffen, Rußpartikeln oder mit Sporen von Mikroorganismen als es z. B. in der Umgebung von Betrieben der Elektronikindustrie der Fall ist. Zu problematischen Einrichtungen sollte generell ein größtmöglicher Abstand eingehalten werden. Auch intensiv landwirtschaftlich genutzte Flächen sind keine geeignete Umgebung für einen Lebensmittelbetrieb, da die Luft Staub von der Feldbearbeitung und der Ernte oder Pollen und Sporen von Pflanzen verbreitet. Außerdem können Luft, Boden und Grundwasser verstärkt mit Pestiziden belastet sein.

Besonders zu beachten sind weiterhin die klimatischen Bedingungen des Standortes. In trockenen, windigen Gebieten können Probleme durch Staub verursacht werden, gegen die gestalterische Maßnahmen wie z. B. natürliche oder künstliche windabweisende Vorrichtungen helfen können. In sehr feuchten und regenreichen Gebieten ist mit verstärkter Schimmelbildung zu rechnen, gegen die entsprechende Konzepte entwickelt werden müssen. In Zusammenhang damit ist gleichzeitig das Risiko von Überflutungen der Grundstücke durch Wasseranstieg in der äußeren Umgebung sowie bei starken Regenfällen zu untersuchen. Längere Zeit stehende Wasseransammlungen auf dem Grundstück selbst erzeugen zusätzliche Kontaminationsquellen für den Betrieb. Außerdem sollte die Hauptwindrichtung festgestellt werden, um die Gebäude so zu platzieren, dass empfindliche Prozessbereiche geschützt werden.

Für das Betriebsgelände stellt die Bodenqualität einen wichtigen Einfluss auf Kontaminationsrisiken dar. Dabei sind eine vorherige industrielle Nutzung des Geländes durch Vorgängerbetriebe zu prüfen, eine Analyse des Bodens durchzuführen, die an Stellen vorgesehener Gebäude bis in Nutztiefe reichen muss, und geschädigte Böden mit chemischer oder biologischer Belastung entsprechend abzutragen. Außerdem kann ein hoher Salzgehalt des Grundstücks Fundamente und Kellergeschosse aus Beton angreifen, sodass für Neubauten ein Spezialbeton mit Abdichtung zum umgebenden Boden erforderlich wird. Bei Neubau in mehreren zeitlichen Abschnitten oder beim Anbau von Gebäuden muss sichergestellt sein, dass der Untergrund ausreichend tragfähig ist und die Fundamente absinken können. Sich unterschiedlich setzende Gebäudeteile ergeben Hygienegefahren in verschiedenster Hinsicht. Zum einen können Absenkungen und Risse zwischen Gebäudeteilen zu Feuchtigkeit mit mikrobiologischen Risiken führen, zum anderen können bei produktführenden Rohrleitungen, die über die Abschnittsgrenzen hinwegführen, nicht entleerbare Bereiche mit Totwassergebieten entstehen.

5.1.3.2 Schädlinge

Eine der wesentlichsten Kontaminationsquellen in der Umgebung und auf dem Betriebsgelände besteht in Schädlingen aller Art, vor allem, wenn Zufluchtsstätten für Ungeziefer wie Nagetiere, Insekten, Vögel und andere Schädlinge vorhanden sind. Mülldeponien ziehen z. B. verstärkt Vögel und Ratten an, die unweigerlich in der Nähe liegenden Lebensmittelbetrieben erhebliche Probleme bereiten können.

Dass Nagetiere, Insekten, Vögel und andere Schädlinge wie Frösche und Reptilien nicht nur durch Kot, Federn, Haare usw. Produkte direkt kontaminieren, sondern auch pathogene Keime für Produktinfektionen verbreiten können, ist weitgehend bekannt und gut dokumentiert. Daher ist es notwendig, ein geeignetes Management-Programm zur Schädlingsabwehr zu etablieren. Dieses sollte zwei wesentliche Gesichtspunkte verfolgen: Zum einen müssen durch hygienegerechte Gestaltung Schutzmaßnahmen vorgesehen werden. Zum anderen muss ein Schädlingsbekämpfungs- und -kontrollprogramm für die Vernichtung und Minimierung der Verbreitung von Schädlingen sowie durch sie verursachte Schäden sorgen. Alle Maßnahmen müssen zunächst das Betriebsgelände und dessen Umfeld erfassen, aber auch auf die Betriebsgebäude, vor allem in den Übergangsbereichen zu den Produktionsräumen, ausgedehnt werden.

Im Folgenden soll zunächst auf die Gefahren durch Schädlinge und ihre direkte Bekämpfung durch geeignete Mittel eingegangen werden. Die hygienegerechten Gestaltungsmaßnahmen werden dann in den jeweiligen Abschnitten besprochen, die sich mit technischen Details und Konstruktion beschäftigen.

Um geeignete Schutzmaßnahmen ergreifen zu können, muss man zunächst die Eigenarten und Eigenschaften von bestimmten Schädlingen kennen. In [35] werden z. B. spezielle Angaben über die Aktivitäten von Nagern wie Mäuse und Ratten gemacht, die für die Gestaltung von Wichtigkeit sind. Der wichtigste Aspekt für Maßnahmen gegen diese Schädlinge ist darin zu sehen, die Umgebung für sie so feindlich wie möglich zu gestalten. Dies ist vor allem dann der Fall, wenn die Umgebung so wenig wie möglich Wasser, Nahrung und Unterschlupfmöglichkeiten für sie enthält. Mäuse und Ratten können in vielfältiger Weise in Gebäude eindringen. Eine besteht darin, dass sie den Abwasserkanal und den Entwässerungsablauf oder Entlüftungsrohre benutzen, die nicht abgesichert sind, und sogar durch den Geruchsverschluss (Siphon) in Toiletten gelangen. Da sie gute Kletterer sind, können sie Dächer oder hochgelegene Öffnungen erreichen, indem sie außen an vertikalen Rohren, die nahe an der Wand von Gebäuden verlegt sind, oder an rauen Wänden z. B. aus Ziegeln hinaufklettern. Außerdem können sie z. B. an Leitungen und Seilen hochklettern oder entlang laufen. Fundamente, die nicht tief genug in den Erdboden reichen, werden von ihnen untergraben. Manchmal werden sie auch mit Verpackungsmaterial oder anderen Gegenständen in Gebäude transportiert.

Junge Ratten können in Spalte von 12 mm oder Löcher von etwa 9 mm Durchmesser eindringen [36]. Aus dem Stand können sie etwa 60 cm und mehr und aus dem Lauf bis 1,20 m hoch springen. Hausmäuse gelangen durch etwa 6 mm breite Spalte und durch Öffnungen mit 12 mm Durchmesser. Wanderratten können von einem flachen Boden aus Gegenstände in mehr als 30 cm Höhe erreichen.

Insekten wie z. B. Mücken werden durch Licht sowie den Geruch aller Arten von Lebensmitteln angezogen. Sie können durch kleinste Öffnungen in Verpackungen gelangen, die für das menschliche Auge kaum wahrnehmbar sind. Die frisch geschlüpften Larven sind besonders klein. So sind z. B. die von bestimmten Mottenarten, die typisch in gelagerten Verpackungen zu finden sind, nur etwa 0,1 mm groß. Manche Insekten können sich auch durch versiegelte Packungen hindurchnagen. Viele haben die Fähigkeit, dadurch die verschiedensten Materialien wie z. B. auch Papier zu durchdringen.

Problematisch sind auch Fliegen. Untersuchungen haben gezeigt, dass eine einzelne Fliege etwa sechseinhalb Millionen Bakterien verbreiten kann, von den viele pathogen sind.

Ein weiterer wichtiger Schädling aus dem Bereich der größeren Insekten ist die Schabe. Sie hält sich während des Tages in ihren Schlupfwinkeln wie kleinen Rissen oder Spalten versteckt und ernährt sich als Allesfresser von unterschiedlichen organischen Substanzen wie Abfällen und Lebensmitteln, aber auch Geweben, Leder und Papier. Schaben können bis zu drei Monaten ohne Nahrung und einen Monat ohne Wasser überleben. Neben Relikten wie Flügeln oder Beinen besteht die Hauptgefahr darin, dass sie Erreger vieler bakterieller und viraler Erkrankungen übertragen können.

Oft werden Kontrollmaßnahmen gegen Schädlinge solange nicht ergriffen oder zur Kenntnis genommen, bis Schädigungen im Betrieb auftreten [37] oder sie als Kontaminationsursachen entdeckt werden. Wenn Nagetiere oder Insekten z. B. in einen Lagerraum für Lebensmittel eingedrungen sind, ergreift man häufig nur vorübergehende Maßnahmen zu ihrer Vernichtung. Das wirkliche Problem ist damit jedoch nicht beseitigt. Die Methode, nur den aktuellen Einzelfall zu behandeln, entspricht lediglich dem Konzept einer einmaligen Reinigung bzw. Desinfektion in einem infizierten Prozessbereich. Rechtliche Schritte werden in der stark regulierten Lebensmittelindustrie unternommen, wenn Lebensmittel durch Schädlinge kontaminiert werden können. Bereits kontaminierte Lebensmittel werden unter zusätzlicher Strafe gegen den Betrieb beschlagnahmt und vernichtet. Imageschäden, negative Werbung und ökonomische Verluste treffen einen Industriebereich meist schlimmer als Strafen.

Daher sollte man von vornherein alle passenden Vorkehrungen treffen, um Ungeziefer von allen Bereichen der Anlage fernzuhalten. Schädlingsbekämpfung ist daher für alle Betriebe eine Verpflichtung, die Produkte für Menschen oder Tiere herstellen [38]. Letztendlich ist die Unternehmensleitung dafür verantwortlich, eine kompetente Person zu benennen, die ein Schutz- und Kontrollprogramm für den gesamten Betriebsbereich gegen Ungeziefer entwickelt. Obwohl es möglich ist, Schädlinge mit geeigneten Verfahren und großer Sorgfalt durch eigenes Betriebspersonal zu bekämpfen, wird empfohlen, auf den Dienst eines erfahrenen Fachunternehmens auf diesem Gebiet zurückzugreifen. Eine günstige Möglichkeit besteht auch darin, einen Betriebsangehörigen mit der Dienstleistungsfirma für Schädlingsbekämpfung im Hinblick auf die Örtlichkeiten für Köder und Fallen, die Lagerung von Chemikalien und den Einsatz von geeigneten Verfahren zusammenarbeiten zu lassen. Mithilfe der notwendigen Unterstützung im Betrieb muss dann das Programm durchgeführt und sichergestellt werden, dass Schädlingsbekämpfungsmittel in Übereinstimmung mit den Anleitungen für ihre Verwendung eingesetzt werden.

Der Gebrauch von Pestiziden zur Kontrolle von Ungeziefer ist besonders kritisch zu bewerten, wo Produkte bearbeitet, verpackt oder gelagert werden [39]. Letztendlich wird eine giftige Substanz verwendet, die zwar gezielt auf die Bekämpfung der Schädlinge ausgerichtet ist, aber dennoch ein Risiko für Produkte darstellt. Mithilfe des punktuellen, nur auf die tatsächlich befallenen

Bereiche gerichteten Einsatzes der chemischen Substanzen ist eine effektive Ausrottung der Schädlinge möglich. Personen, die in Industriebereichen Pestizide einsetzen, haben die Verantwortlichkeit diese so zu anzuwenden, dass weder Gefahren für Menschen noch für die Umwelt entstehen. Deshalb müssen sie speziell die Chemikalienverbotsverordnung [40] und die Gefahrstoffverordnung [41] genau kennen. Zusätzlich gelten noch weitere Gesetze und Verordnungen, unter anderem die Rückstandshöchstmengen-Verordnung [42] und die Lebensmittelhygieneverordnung. Wurden Schädlingsbekämpfungsmittel ausgebracht, kann es zu Kontaminationen von Lebensmitteln kommen. Deshalb sind unter anderem Höchstmengen festgelegt, die nicht überschritten werden dürfen. Kommt es zu behördlich angeordneten Entseuchungen, so dürfen nach dem Infektionsschutzgesetz nur Mittel und Verfahren verwendet werden, die von der zuständigen Bundesoberbehörde im Bundesgesundheitsblatt bekannt gemacht wurden. Für die USA sind entsprechende Angaben über Schädlingsbekämpfung mit weiteren Hinweisen z. B. in [43] zu finden.

Eine aus den USA kommende und „Precision Targeting" genannte Methode [44] verwendet zur Schädlingsbekämpfung ein Computerprogramm in Verbindung mit einem GPS-System, um genaue Zeichnungen mit den lokalen Befallsstellen auf dem Grundstück und im Betrieb zu erstellen und nur dort die Bekämpfung mit genau festgelegten Dosen durchzuführen. Eine konsequente Ausführung des festgelegten Programms und eine detaillierte Dokumentation der angewendeten Maßnahmen ist für den Erfolg eines Gesamtprogramms für Hygiene entscheidend.

Eine Abwehr von Schädlingen sowie eine Verminderung von Kontaminationsgefahren schließt auch Hygienic-Design-Maßnahmen ein. In vielen Fällen kann man durch hygienegerechte Gestaltung im Umfeld des Betriebs, am Gebäude sowie in den Prozessbereichen die Risiken durch Schädlinge minimieren. Auf damit verbundene Maßnahmen wird in den einzelnen Abschnitten eingegangen.

5.2
Außenbereiche von Anlagen

Obwohl die maßgebenden Prozesse in Gebäuden ablaufen, stellen diese keinen hermetisch von der Umgebung abgeriegelten Bereich dar, sondern stehen mit der umgebenden Landschaft sowie dem unmittelbaren Grundstück in indirekter oder direkter Verbindung. Die Bedingungen außerhalb beeinflussen deshalb unweigerlich das Innere des Betriebs. Daher ist die Organisation des Arbeitsablaufs für den Hygienestatus im Inneren der Gebäude von entscheidender Bedeutung. Die Rohstoffe, Gebrauchs- und Verbrauchsmittel und nicht zuletzt das Personal kommen schließlich von außen in den Betrieb und sind deswegen potenzielle Träger von Hygienerisiken.

Als entscheidende Merkmale für eine hygienegerechte Anlage der Lebensmittel- oder Pharmaindustrie sind sowohl die Lage des Ortes als auch die Gestalt des Geländes zu betrachten. Auf der einen Seite sollte die Anlage im Idealfall abseits jeder Kontaminationsquelle errichtet werden [45], was bei bereits bestehenden Betrieben nicht auf Dauer durch die Betreiber zu beeinflussen ist, da z. B. andere Industrien nachträglich in der Nähe der Anlage angesiedelt werden.

Auf der anderen Seite bedingt ein günstiger Standort eine gute Anbindung an das öffentliche Verkehrsnetz wie an Straßen und Schiene. Für den Betrieb muss die Energieversorgung gesichert sein und eine geeignete Wasserversorgung mit hoher Wasserqualität und ausreichenden Mengenströmen sowohl für die Herstellungsprozesse als auch die Reinigung zur Verfügung stehen. Außerdem müssen geeignete Möglichkeiten gegeben sein, um Abfall und Abwasser auf günstige Weise zu entsorgen. Diese Merkmale bedingen meist eine Einbettung des Standorts in vorhandene Strukturen.

Schließlich ist zu prüfen, welche Anforderungen an den Betrieb selbst bezüglich der Nachbarschaft gestellt werden, wenn nicht industrielle Grundstücke mit z. B. Wohnbauten, Schulen und Kindergärten in der Nähe vorhanden sind, und welche Auflagen für mögliche Emissionen von der Anlage in Form von Lärm, Geruch, Dampf oder Staub z. B. von trockenen Produkten zu erfüllen sind. Einschränkungen sind meist sowohl durch festgelegte Emissionswerte für Staub als auch für bestimmte Inhaltsstoffe von Lebensmittel- und Pharmaprodukten gegeben.

Um Risiken der Beeinflussung für die herzustellenden Produkte und deren Qualität so weit wie möglich bereits im Umfeld zu minimieren, ist zu empfehlen, dass der Masterplan oder dessen Teil, der sich mit Hygiene- und Sicherheitsaspekten befasst, klar die relevanten Gefahren durch das HACCP-Konzept (siehe z. B. [5, 46]), GMP-Vorgaben (siehe z. B. [47, 48]) oder gleichbedeutender Studien über Gefahren einschließlich der möglichen Kreuzströme zwischen empfindlichen und potenziell kontaminierten Produkten oder Materialien aufzeigt. Wichtig ist dabei die Lage der Ver- und Entsorgungseinrichtungen wie Abb. 5.6 am Beispiel von Zu- und Abluft in Bezug zur Hauptwindrichtung verdeutlichen soll.

Weitere wichtige Bereiche stellen die Abfall- und Abwasserbeseitigung dar. In diesem Zusammenhang sind auch die Strukturen und Wege von ein- und ausgehenden Materialien sowie von Personal und Verkehr zu analysieren. Für die dadurch bedingten Einflüsse sollte eine Bewertung vorgenommen werden. Schließlich sind die Hauptbereiche der Anlage mit Bezeichnung der Hygienezonen, ihren Funktionen und den geplanten Reinigungsverfahren zu diskutieren und festzulegen. Zusätzlich wird empfohlen, dass sowohl die Langzeit- als auch

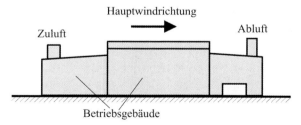

Abb. 5.6 Prinzipbeispiel für die Wahl von Zu- undAblufteinrichtungen in Bezug auf die Hauptwindrichtung.

die Kurzzeitplanung bezüglich möglicher Nutzung der Anlage durch andere Produkte, zukünftige Anlagenerweiterung usw. berücksichtigt bzw. festgehalten wird [10].

Eine wichtige Rolle kommt schließlich der Instandhaltung des Geländes und seiner Umgrenzung zu. Für alle Bereiche sollte ein Kontrollplan erstellt werden, der die regelmäßige Überprüfung aller maßgebenden Bereiche, angefangen von der Umzäunung über Bepflanzung, Straßen und Wege, Entwässerungssysteme usw. umfasst. Werden bei Kontrollgängen Mängel festgestellt, müssen unverzüglich die entsprechenden Instandhaltungsarbeiten eingeleitet werden.

5.2.1
Strukturen für das Betriebsgelände

In vielen Fällen werden örtliche oder staatliche Regeln für Umweltzonen maßgebend sein, die Emissionen von Lärm oder Geruch begrenzen. Auch die betriebsinternen Hygienezonen müssen in der Phase der Vorbereitung und Strukturierung des Grundstücks berücksichtigt werden. Besondere Maßnahmen für Zonen mit höheren Hygieneanforderungen wie z. B. Bereiche für Außensilos oder Lagerbehälter müssen eventuell zusätzlich abgegrenzt werden. Für eine umfassende Planung sollte der Grundriss des Grundstücks mit den vorgesehenen Gebäuden dienen, wie er für das einfache Beispiel des Modells nach Abb. 5.3a in Abb. 5.7 dargestellt ist. Anhand von Detailplänen können dann Einzelheiten festgelegt werden.

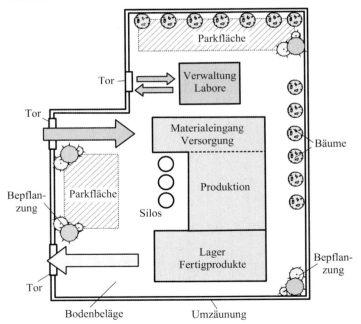

Abb. 5.7 Grobmodell zur strukturellen Planung eines Betriebsgeländes.

Für den Hygienestatus im Inneren der Gebäude ist die Organisation des Arbeitsablaufs auch im Außenbereich von entscheidender Bedeutung. Deshalb sollte ein Konzept erstellt werden, das die Gestaltung der Umgebung, die Wege für Rohstoffe, Gebrauchs- und Verbrauchsmittel, Entsorgung und Personals sowie die Lage und Anordnung der Gebäude den Anforderungen der Prozessabläufe anpassen muss, um Kontaminationsrisiken zu minimieren. Im Vorfeld der Planung sollten z. B. die Trassen für die erforderlichen Medien festgelegt und aufeinander abgestimmt werden, die von außen auf das Gelände führen. Dazu gehören die Leitungen für Trink- und Brauchwasser, Abwasser und Elektrizität. Um spätere Kollisionen zu vermeiden, sollte diese Abstimmung in der frühen Planungsphase erfolgen. Die Festlegung sollte verbindlich geregelt werden und Möglichkeiten für spätere Erweiterungen und Umbauten berücksichtigen. Art und Weise der Ausführung der Trassen sollten in Liefervorschriften aufgenommen werden und Bestandteil von Anfragen an Lieferanten sein. Auch die Wege für das Personal sowie Straßen für die Belieferung, den Ausgang von Waren, Entsorgung von Abfall usw. müssen systematisch dem Betriebsablauf angepasst werden. Bei Bearbeitung aller dieser Probleme sollten Experten für Hygienic Design mitwirken, um hygienegerechte Lösungen zu verwirklichen.

Im Folgenden sollen am Beispiel der Organisation des Verkehrs auf einem Betriebsgelände anhand von Prinzipdarstellungen, die lediglich die mögliche Verkehrsstruktur um ein Produktionsgebäude berücksichtigen, einfache Lösungsmöglichkeiten diskutiert werden. Eine Grundanforderung besteht darin, möglichst die „unreinen" von den „reinen" Bereichen zu trennen. Wenn es Lage sowie Form und Größe des Grundstücks und der Ablauf der Produktion zulassen, kann dies auf dem Gelände z. B. dadurch realisiert werden, dass für den Transportverkehr ein Einbahnstraßensystem angelegt wird, das Hygieneaspekte berücksichtigt. Wie das Beispiel nach Abb. 5.8a zeigt, ist eine kontrollierte Zufahrt zum Betriebsgelände vorgesehen. Die Fahrzeuge können von dort aus die beiden Verladerampen an den Stirnseiten des Gebäudes sowie den Silobereich erreichen. Das Gelände wird über ein ebenfalls kontrollierbares Tor verlassen. Mit diesem Konzept ist verbunden, dass am unreinen Ende des Produktionsgebäudes die Anlieferung von Rohprodukten, Leergut, Versorgungsmaterialien und Verbrauchsmitteln sowie die Entsorgung von z. B. leeren Behältnissen von Verbrauchsmitteln, anderem Verbrauchsmaterial und Abfall stattfindet. Am anderen, reinen Ende erfolgt die Anlieferung sauberer Verpackungsmittel und die Auslieferung der verpackten Fertigprodukte. Die Produktion im Gebäudeinneren läuft dann im Wesentlichen vom Rohprodukt zum fertig verpackten Endprodukt ab, was im Betrieb gleichzeitig die Richtung steigender Hygieneanforderungen bis zur Verpackung bedeutet. Die Zugänge für Personen können ebenfalls an oder in der Nähe der Stirnseiten vorgesehen werden. Treppen für Personal direkt an den Rampen sollten vermieden werden, um Schädlingen wie z. B. Nagern das Eindringen in die Betriebsräume zu erschweren. Die Verladerampen sollten daher nur vom Inneren des Gebäudes durch Türen erreichbar sein.

Eine andere Möglichkeit der Anordnung besteht darin, die beiden unterschiedlichen Bereiche entsprechend Abb. 5.8b an einer der beiden Längsseiten

504 | 5 Anlagengestaltung

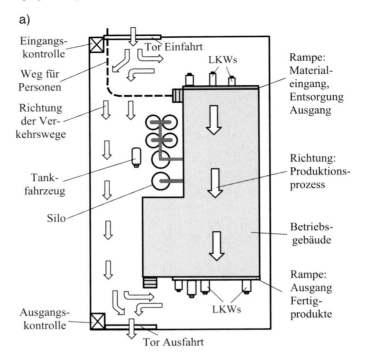

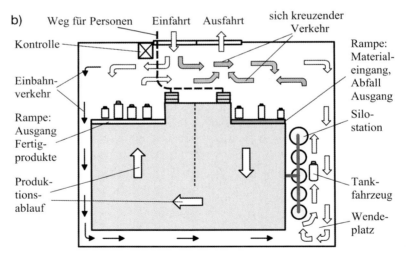

Abb. 5.8 Beispiele für die Struktur der Verkehrswege auf einem Betriebsgelände bei vorgegebenen Gebäudekomplexen:
(a) Trennung von Ein- und Ausfahrt, (b) gemeinsame Ein- und Ausfahrt.

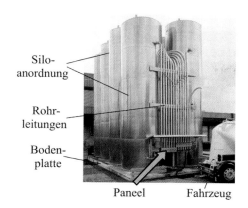

Abb. 5.9 Außensilos mit Einheit zur Produktübergabe (Fa. Bühler, Schweiz).

des Gebäudes, aber so weit wie möglich von einander getrennt anzulegen. In dem Prinzipbeispiel liegen Ein- und Ausfahrtstor nebeneinander und können gemeinsam eventuell von einer Stelle aus kontrolliert werden. Wenn die Anzahl der LKW-Bewegungen nicht zu groß ist, reicht der Platz vor den beiden Rampen für die Abwicklung des Verkehrs aus. Allerdings muss dabei in Kauf genommen werden, dass sich die Wege ein- und ausfahrender Fahrzeuge an der bezeichneten Stelle (graue Pfeile) überkreuzen. Will man dies vermeiden, lässt sich auch ein Einbahnverkehr realisieren (schwarze Pfeile), der um das Gebäude herumgeführt wird. Für Personen können zwei Eingänge vorgesehen werden, je nachdem in welchem Bereich sie arbeiten. Zusätzlich können in beiden Konzepten durch geeignete Personal- und Materialschleusen im reinen Bereich die Gefährdungen für die Produktion und das Produkt minimiert werden.

Als wichtig aus Sicht von Hygiene ist auch die Anordnung von Außensilos einzustufen, da Hygieneanforderungen an den Elementen der Übergabepaneele (Abb. 5.9) zu erfüllen sind, an denen die Silofahrzeuge andocken. Diese Bereiche sollten in die Hygienezonen der Produktion einbezogen und entsprechend abgegrenzt werden. Wie die Darstellung zeigt, sind die Silos auf einer getrennten Grundplatte aufgestellt. Außerdem können die Paneelbereiche z. B. durch Einhausungen von der Umgebung abgetrennt werden, um produktberührte Bauteile zu schützen. Auch der Verkehrsablauf zu den Silos muss entsprechend ohne Behinderung und Beeinflussung von Hygienemaßnahmen organisiert werden.

Bei dem in Abb. 5.10 gezeigten Beispiel sind vier verschiedenen Kategorien von Gebäuden voneinander räumlich getrennt, aber durch Gänge bzw. ein Verbindungsgebäude miteinander verknüpft. Die Aufgliederung erfolgt in diesem Fall in den Bereich für allgemeine Technik mit Energieversorgung sowie Luft- und Wasseraufbereitung und Werkstätten. Ein Gebäude für Logistik enthält den Anlieferungsbereich aller notwendigen Versorgungs- und Verpackungsmaterialien sowie den Abtransport der fertig verpackten Produkte. Die Produktion mit den notwendigen Reinräumen ist als getrenntes Gebäude bereits in der Bauausführung den speziellen Hygiene- und Reinheitsanforderungen angepasst. Im Bürotrakt kann sich z. B. auch die Kantine befinden. Im Verbindungsgebäude können alle sanitären Einrichtungen untergebracht sowie notwendige Abgrenzun-

506 | 5 Anlagengestaltung

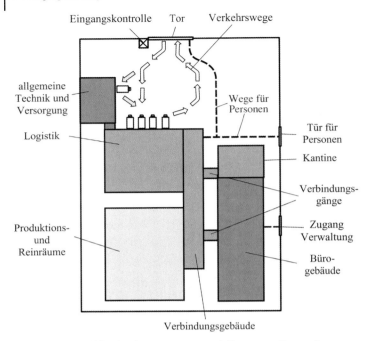

Abb. 5.10 Beispiel für die Planung von Zu- und Abgang von Personal- und Lastverkehr zu unterschiedlichen Gebäudekategorien.

gen zwischen den Gebäuden z. B. in Form von Material- und Personalschleusen vorgenommen werden. Außerdem wird dort der Transport zwischen den Teilen Logistik und Produktion abgewickelt.

Die Abb. 5.11 zeigt als Beispiel das Betriebsgelände eines Pharmabetriebs mit den entsprechenden Gebäuden in der Bauphase nach [49], in der das Gelände noch nicht angelegt ist, sowie eingeblendet das zugehörige Modell. Der Komplex besteht aus einem Logistikgebäude mit Warenlager, dem Produktionsbereich mit Reinraumanforderungen für die Tablettierung, dem Verwaltungstrakt einschließlich Labor, Sozialbereichen und Kantine, einem Verbindungstrakt (Backbone), der Technikzentrale sowie den Außenanlagen. In der Technikzentrale sind die Elektrohauptverteilung, die Gasversorgungszentrale sowie die Heizkesselanlage installiert. Über eine Technikbrücke werden die Medien zum Logistikgebäude geführt und von dort an die verschiedenen Abnehmer verteilt. Im Logistikgebäude werden Materialeingang und Warenausgang abgewickelt. Neben der Lagerverwaltung befinden sich dort auch Werkstatträume, Kleinteilelager, Archivräume sowie Technikbüros. Die Verwaltung beherbergt den Empfangsbereich, Besprechungs- und Büroräume, verschiedene Labors sowie einen Küchen- und Kantinentrakt. Auf dem Dach befindet sich eine Lüftungszentrale. Die Gebäude werden über den Verbindungstrakt auf drei Stockwerken untereinander erschlossen. Im Erdgeschoss befinden sich die Umkleideräume, Duschen und WC sowie die Schleusen in die Reinraumbereiche der Produktion. Im Reinraumbereich ist im Erdgeschoss

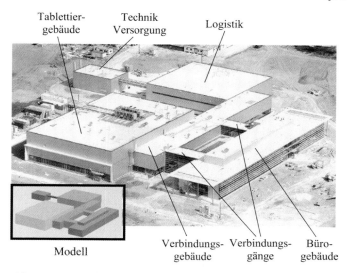

Abb. 5.11 Beispiel für ein Betriebsgelände mit Gebäuden in der Bauphase und das dazugehörige Modell (Pharmafabrik Altana in Cork).

des Produktionstraktes die Tablettenproduktion untergebracht, die komplett als Reinraum klassifiziert ist. Über der Reinraumdecke ist ein begehbares Zwischengeschoss zur Medienverteilung für die Produktion angeordnet. Die obere Etage wird von der umfangreichen Reinraum-Lüftungstechnik, Elektrounterverteilern, Kühlwasserverteilern sowie Teilen der Prozesstechnik ausgefüllt. Auf dem Dach sind dann noch die Kühlaggregate montiert. Unterkellert sind der Backbone sowie Teile des Logistikgebäudes. Im Untergeschoss befinden sich Wasseranschlussraum, Sprinklerzentrale, Drucklufterzeugung, Reinstwasseraufbereitung und weitere Technikräume.

Andere Bereiche auf dem Gelände, wie z. B. Abwasseraufbereitung, Entwässerung, Kanalsysteme, Luftaufbereitung usw. müssen in ähnlicher Weise in Strukturplänen erfasst und abgestimmt werden, um optimale Verhältnisse zu erreichen, die auch absehbare Erweiterungen einschließen sollten. Wenn eine Anlage zur Abwasseraufbereitung erforderlich ist, sollte sie auf dem Gelände möglichst fern von Stellen, an denen Frischluft angesaugt wird, sowie von sensiblen Hygienebereichen liegen, die zu öffnende Fenster oder Tore besitzen. Bei der Festlegung ihrer Lage muss vor allem die Hauptwindrichtung berücksichtigt werden, um Gerüche aus offenen Anlagenbereichen von den Betriebsgebäuden fernzuhalten.

Anlagen, die der Neutralisation von Abwässern mit starker Geruchsintensität dienen, sollten möglichst geschlossen gestaltet werden. Sie bestehen z. B. meist aus einem Sammelbecken und mehreren automatisierten Stufen mit Behältern, in denen die Neutralisation stattfindet.

Bei notwendiger Belüftung muss geruchsintensive Abluft ebenso wie Prozessabluft ebenfalls aufbereitet und gezielt abgeführt werden. Dabei wendet man in

Fällen, in denen lösliche und abbaubare Substanzen in der Luft vorhanden sind, biotechnologische Verfahren an, bei denen Mikroorganismen die vorhandenen Schad- und Geruchsstoffe in Produkte wie Kohlendioxid und Wasser zerlegen. Wesentliche Voraussetzung für eine gute Reinigungsleistung ist die Einhaltung optimaler Lebensbedingungen für die Mikroorganismen. Um Belästigungen der Umgebung zu vermeiden, werden solche Anlagen ebenfalls in geschlossener Form eingesetzt. Von besonderem Vorteil ist die Bauweise in Modulen wie z. B. Containereinheiten, da entsprechende Erweiterungen meist einfach möglich sind.

5.2.2
Gestaltung des Betriebsgeländes

Das Umfeld der Betriebsgebäude liefert einen ersten Eindruck über die Einstellung einer Firma zu Hygiene gegenüber der Öffentlichkeit. Das bedeutet, dass bei einem Betrieb der Lebensmittel-, Pharma- oder Bioindustrie bereits das Grundstück einen ordentlichen und sauberen Eindruck vermitteln muss, der darauf hindeutet, dass Produkte für den menschlichen oder tierischen Gebrauch erzeugt und verarbeitet werden. Grundlegende Anforderungen an ein neues Grundstück für eine Industrieanlage umfassen eine Reihe von Maßnahmen beim Anlegen und Gestalten, die sowohl allgemeine Hygienemaßnahmen z. B. im Hinblick auf die Abwehr von Schädlingen als auch Hygienic Design berücksichtigen sollten.

Das Betriebsgelände muss zu Beginn sorgfältig von allen potenziell giftigen und kontaminierenden Materialien und Bodenschichten sowie von Unrat gesäubert werden. Um eine geeignete Entwässerung zu erreichen und als Vorbeugung gegen stehendes Wasser muss das Gelände begradigt und von Gebäuden weg geneigt angelegt werden.

In Abb. 5.12 ist als Beispiel der fertiggestellte Bereich einer Lagerhalle eines Lebensmittelbetriebs [50] dargestellt, das einen Teil des Geländes um das Gebäude zeigt. Das Grundstück ist von einer Mauer umgeben, die eine Trennung gegenüber der Straße ergibt. Die Beleuchtung der Umgebung erfolgt durch frei stehende Außenbeleuchtungen, die nicht am Gebäude befestigt sind. Die Anfahrtszone zu den Be- und Entladestationen ist bis zur Gebäudefassade befestigt.

So weit möglich, sollte das Gelände von einer dichten Umzäunung eingefasst werden, um Tieren den Zugang zu erschweren. Am günstigsten ist es, diese Umgrenzung außen und innen mit einem ausreichend breiten Streifen von z. B. grobem Kies zu umgeben, der unbepflanzt sein sollte und das Wachstum von Unkraut einschränkt. Durch zulässige Herbizide, die für solche Zwecke gekennzeichnet sind, können diese Bereiche völlig frei von Unkraut gehalten werden. Außerdem können dort Fallen für Schädlinge angebracht werden. Auch die unmittelbare Umgebung des Außenbereichs um die Umzäunung herum sollte frei von Unrat, Schmutz, überwuchernder Vegetation und Abfall gehalten werden, um Nagetieren, Insekten und anderem Ungeziefer keine Zufluchtstätten zu bieten [51]. Die Anzahl von Toren und Türen in der Umzäunung sollte möglichst klein angesetzt werden, um die Einfahrt von Fahrzeugen und den Zugang von Personen gut kontrollieren zu können.

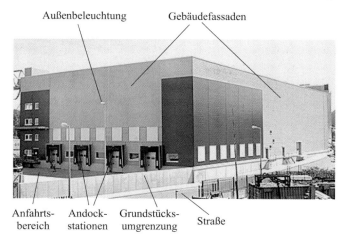

Abb. 5.12 Beispiel eines Lagerhallenneubaus sowie Teil des umgebenden Geländes (Schokinag-Schokolade-Industrie, Herrmann GmbH & Co. KG).

Flächen für Straßen, Wege und auch Parkplätze sollten aus tragfähigen, reinigbaren Materialien bestehen [52]. Außerdem wird durch solche versiegelten Flächen die Staubbildung minimiert. Zementgebundene Bauweisen werden in allen Bereichen bei Trag- und Deckschichten des Verkehrswegebaus eingesetzt. Hauptanwendungsgebiet ist dabei die Ausführung von Betondecken für hochbelastete Straßen und Wege, aber auch für Industrieböden. In vielen Fällen werden Pflasterarten mit ausreichender Tragfähigkeit für die zu erwartenden Belastungen z. B. durch Lastwagen oder PKW verwendet. Bei dieser Belagsart, die häufig vor allem auf Parkplätzen eingesetzt wird, stellen die Fugen die Problemstellen dar. Sie sollten so schmal wie möglich sowie fluchtend mit den Pflastersteinen mit einem dauerhaft haltbaren und belastbaren Material ausgeführt werden. In Abb. 5.13a ist das Pflaster eines Parkplatzes mit gut passenden Steinen dargestellt. Der Formschluss verhindert, dass sich die Steine verschieben. Die sehr kleinen Fugen können mit einer Feinsandmischung ausgefüllt werden, die das Wachstum von Unkraut verhindert. Die Abb. 5.13b zeigt eine Pflasterart mit größeren Fugen, bei der sich ähnlich wie gemäß Abb. 5.13c relativ schnell Unkraut ansiedeln kann. Wenn die Versiegelung von Flächen durch behördliche Vorschriften begrenzt ist, kann man mit Erde gefüllte Gittersteine als belastbare und befahrbare Unterlage von Parkplätzen für PKW verwenden, in denen Rasen angesät und gepflegt werden kann. Zu beanstanden ist, wenn entsprechend Abb. 5.13d keine Instandhaltungsmaßnahmen durchgeführt werden und Unkraut wächst.

Obwohl häufig der billigere Belag aus Asphalt vorgezogen oder sogar in Leitlinien empfohlen wird, ist dabei zu beachten, dass er relativ schnell Risse bekommt, die sowohl Verstecke für Ungeziefer bilden als auch das Wachstum von Unkraut ermöglichen. Bei schlechtem Untergrund sowie bei hohen Temperaturen können Spurrinnen entstehen, in denen nach Regen Wasseransammlungen stehen bleiben.

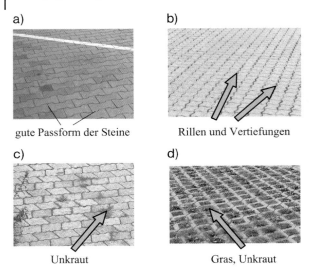

Abb. 5.13 Beispiele von gepflasterten Verkehrswegen und Parkzonen:
(a) gut verlegte Formsteine,
(b, c) Problembereiche „Fugen" bei unsachgemäß verlegten Formsteinen,
(d) nicht gepflegte Gittersteine.

Die Entwässerung des Geländes einschließlich eventueller Anschlüsse an ein kommunales Abwassernetz sollten im Geländeplan dargestellt werden. Generell muss entsprechend bestehender Vorschriften Wasser so entsorgt werden, dass keine Umwelt- oder Gesundheitsgefahren entstehen können und die Einleitung in kommunale Systeme den Auflagen entspricht. Wenn Klärbecken auf dem Betriebsgelände benutzt werden, müssen diese möglichst weit entfernt von empfindlichen Prozessbereichen angelegt werden. Wenn möglich sollten sie abgedeckt oder durch Netze vor Vögeln geschützt werden. Durch eine strenge Überwachung ist sicherzustellen, dass keine Überfüllung entstehen kann, durch die sich Problembereiche in der Umgebung ergeben. Es ist zwingend notwendig, dass ein Mitglied der Qualitätskontrolle Aufzeichnungen über die Wirkung des Systems sowie die Qualität des Abwassers und der abgesetzten Feststoffe ständig überprüft [37].

Unmittelbar um Gebäude herum muss die Kontamination von Lebensmitteln z. B. durch Sickerwasser, das in Gebäude eindringen kann, durch Schmutz, der mit Schuhen verschleppt wird, oder durch Ungeziefer, das in Feuchtbereichen Brutstätten findet, ausgeschlossen sein. Dies sollte die Gestaltung und Auslegung von Kanälen einschließen, um einen ausreichenden Abfluss für große Regenmengen wie z. B. bei Gewittern zu gewährleisten. Ein angepasstes Oberflächen-Drainagesystem, das die Neigung des Geländes sowie Sammelrinnen einbezieht, muss dafür sorgen, dass das gesamte Wasser von Fahrwegen und Parkplätzen rasch entfernt wird. Dabei muss auch die Lage von Gullys in Bezug auf sensible Prozessbereiche berücksichtigt werden. Für oberirdische Ablaufrinnen auf

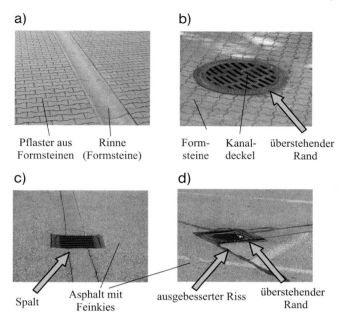

Abb. 5.14 Beispiele für Maßnahmen zum Ablauf von Regenwasser:
(a) Rinne aus Formsteinen, (b) schlecht verlegtes Kanalgitter,
(c, d) in bekiesten Asphalt eingelassenes Kanalgitter (Gefahr der Rissbildung).

gepflasterten Belägen können gemäß Abb. 5.14a Formsteine gewählt werden, die sich mit schmalen Fugen in den Belag einfügen lassen. Die Öffnungen von Ablaufkanälen müssen vor allem in Gebäudenähe ausreichend klein gewählt oder mit geeigneten Gittern versehen werden, die für Nagetiere undurchlässig sind und zur Reinigung sowie Wartung leicht entfernt werden können. Es sollte selbstverständlich sein, dass sie in dem zu entwässernden Bereich die tiefste Stelle bilden. Die Abb. 5.14b zeigt einen bei Straßeninstallationen üblichen Kanaldeckel mit zu weitem Gitter. Die runde Form eignet sich schlecht für Flächen mit Formsteinen, da die Anpassung Probleme bereitet. Durch den überstehenden Rand läuft das Wasser erst ab, wenn sich eine größere Pfütze gebildet hat. Die Abb. 5.14c und d zeigen mit Feinkies bestreute Asphaltoberflächen mit Kanaldeckeln in Rechteckform. Um den Ablauf in Richtung der Gullys sicherzustellen, wurde nachträglich versucht, den Belag rinnenartig zu vertiefen, wobei Spalte zurückblieben. An diesen Stellen sind bei längerer Belastung Risse zu erwarten. Solche bei Asphalt häufig auftretenden Problemstellen sollten jeweils unverzüglich ausgebessert werden.

Die Landschaftsgestaltung auf dem Betriebsgelände stellt einen weiteren wichtigen Einflussfaktor dar. Bäume, Büsche und Gras, die sich gemäß Abb. 5.15 zu nah an den Betriebsgebäuden befinden, erhöhen die Möglichkeit für Zufluchtsstätten von Ungeziefer. Deshalb sollten z. B. Bäume und Gebüsch mindesten $a = 10$ m und Rasenflächen $b = 1$ m von den Gebäudewänden entfernt sein. Zwi-

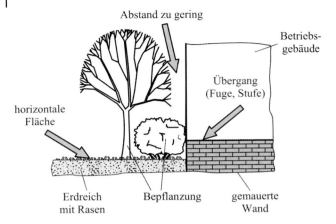

Abb. 5.15 Beispiel für fehlerhafte Außengestaltung von Grundstück und Gebäude.

schen Gebäude und Anpflanzungen sollte gemäß Abb. 5.16a ein Schotter- oder Kieszwischenraum mit mindestens 2,5 cm Kiesgröße dazu dienen, Ungeziefer möglichst wenig Nistgelegenheiten zu gewähren. Die Tiefe des Kiesstreifens sollte mindestens c = 15 cm betragen. Außerdem ist zu empfehlen, eine Unterlage aus Polyethylenfolie oder Teerpappe unter dem Feinkies sowie als seitlichen Schutz zum Gebäude hin zu verwenden [37]. Dadurch wird die Entwässerung nicht behindert und das Wachstum von Unkraut auf diesem Streifen eingeschränkt. Die Abb. 5.16b zeigt eine Ausführung des Kiesstreifens mit grobem Kies entlang einer glatten gestrichenen Gebäudemauer aus Beton, die mit außenliegenden Betonstützen versehen ist. Das Kiesbett ist zur Rasenseite hin mit Randsteinen und einem Mulchstreifen abgegrenzt, um Unkraut zu vermeiden. Die auf dem Kies befindlichen Laubreste müssen allerdings regelmäßig entfernt werden, da sie ansonsten als Unterschlupf von Ungeziefer genutzt werden und Wachstum von Unkraut begünstigen. In vielen Fällen, wo angrenzend an Gebäude keine Bepflanzung erfolgt, wird entsprechend Abb. 5.16c der Bodenbelag von Parkplätzen oder Straßen bis an die Gebäudewand herangezogen. Die Maßnahme an sich ist zu befürworten. Allerdings ist die Stelle, wo der Bodenbelag an der Wand endet, problematisch, da sich dort meist Risse durch das Setzen des Gebäudes oder durch Wärmedehnungen des Belags ergeben.

Auf dem Gelände sollten möglichst Bäume und Sträucher angepflanzt werden, deren Früchte nicht zur Nahrung von Schädlingen und Vögeln dienen, da diese dadurch auf das Betriebsgelände gelockt werden. Auch Verstecke unter niedrig wachsenden Sträuchern, Bodendeckern oder Mauern aus aufgehäuften Felsblöcken, die häufig zur Landschaftsgestaltung verwendet werden, sollten vermieden werden [36].

Auf dem Gelände selbst sollten keine ausrangierten Maschinen und Apparate gelagert werden. Herumliegender Unrat und weggeworfener Abfall müssen ständig entfernt werden. Er sollte grundsätzlich in Containern gesammelt werden, die sicher gegen Nagetiere gestaltet werden müssen, z. B. mit obenliegenden, durch

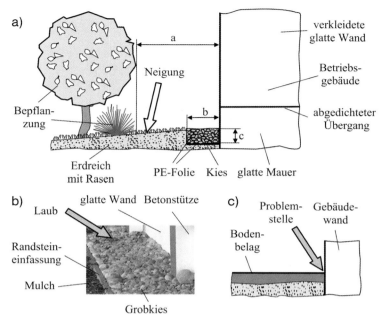

Abb. 5.16 Hygienegerechte Außengestaltung:
(a) Beispiel für Gelände und Gebäude, (b) Kiesstreifen um Gebäude,
(c) Anschluss des Bodenbelags an das Gebäude.

Federn automatisch schließenden Türen ausgestattet sind. Sie müssen häufig genug entleert werden, um nicht überfüllt zu werden, und sollten etwa alle zwei Wochen gereinigt werden [36].

Gerade diese Maßnahme wird meist als nicht notwendig angesehen. Man kann aber feststellen, dass bereits geringe Mengen von zurückbleibendem Abfall die Nahrungsquelle und Brutstätte für Millionen von Insekten bieten können, nicht zu erwähnen die Unzahl von Mikroorganismen. Deshalb sollten festgesetzte Abfallreste z. B. mit Druckreinigern entfernt und dann die Container gewaschen und ausgespült werden [37].

Außen zu lagerndes Bedarfsmaterial sollte auf Regalen oder Betonplatten aufbewahrt werden, die glatte Füße mit einer Mindesthöhe von 45 cm vom Boden haben und weit genug von Zäunen, Gebäuden und Bepflanzungen entfernt sind, um für Nager nicht erreichbar zu sein.

Sowohl aus Sicherheitsgründen als auch für Reinigungs- und Kontrollzwecke bei Dunkelheit ist eine ausreichende Beleuchtung des Betriebsgeländes und der Zugänge zu Gebäuden notwendig. Um Insekten vom Eindringen in Betriebsgebäude abzuhalten, ist die Anordnung von Außenbeleuchtungen besonders wichtig. Problematisch sind Beleuchtungen direkt über Gebäudeöffnungen wie Toren, Türen oder Verladeplattformen wie die Abb. 5.17a–c zeigen. Häufig werden sie aus Sicherheitsgründen mit hoch intensivem Ultraviolettlicht ausgestattet, das besonders anziehend auf Insekten wirkt. Es wird deshalb empfohlen, solche

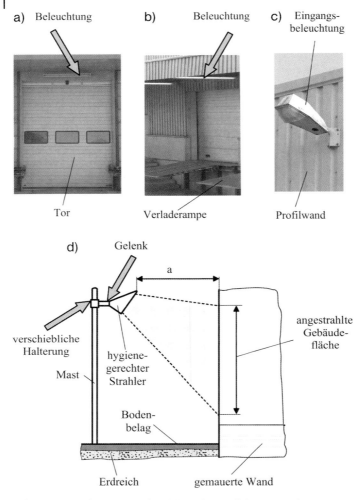

Abb. 5.17 Beleuchtung von Gebäudebereichen und deren Umgebung:
(a–c) am Gebäude angebrachte Beleuchtungskörper,
(d) Beleuchtung von außen.

Leuchtkörper an Stangen oder Masten zu befestigen, die mindestens 10 m von den Gebäuden entfernt sind. Das Licht sollte direkt auf die zu beleuchtenden Türen oder Tore gerichtet werden, wie es dem Prinzip nach in Abb. 5.17d dargestellt ist.

Obwohl die Leuchtkörper weit genug vom Gebäude entfernt sind, sollten sie hygienegerecht gestaltet werden. Obenliegende horizontalen Flächen gemäß Abb. 5.18a sollten vermieden werden, da sie zu Schmutzablagerungen führen. Wie das Prinzipbeispiel nach Abb. 5.18b zeigt, können die Oberflächen schräg und abgerundet ausgeführt werden. Die Leuchtkörper sollten mit Schirmen aus unzerbrechlichen transparenten Materialien ausgestattet und völlig dicht sein [53].

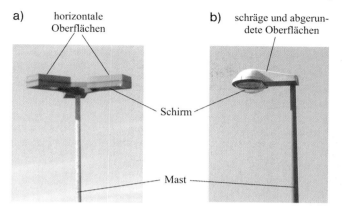

Abb. 5.18 Außenbeleuchtungen für die Gebäudeumgebung: (a) ungeeignete Beleuchtungskörper, (b) hygienegerechte Außengestaltung.

Hygienisch kritische Stellen wie verschiebliche Halterungen und Gelenke für die Beleuchtungskörper sollten ebenfalls vermieden werden, da erfahrungsgemäß eine Verstellung nach Montage nicht mehr erfolgt.

Eine wichtige Rolle im Rahmen des gesamten Hygienekonzepts spielen Instandhaltung und regelmäßige Wartung des Geländebereichs. Sie müssen dafür sorgen, dass die Bedingungen zum Schutz vor Kontamination der Produkte ständig aufrechterhalten werden. Grundsätzlich muss das Betriebsgelände in sauberem und ordentlichem Zustand gehalten werden und frei von starken oder fauligen Gerüchen durch Abfall usw. sein [52]. Die anfallenden Arbeiten umfassen das regelmäßige Schneiden von Büschen und Bäumen sowie das Mähen des Rasens in unmittelbarer Umgebung der Produktionsgebäude und Bauwerke, um Brut- oder Zufluchtsstätten für Ungeziefer zu vermeiden. Straßen, Höfe und Parkplätze müssen sauber gehalten werden. Dazu gehört auch die Entfernung von Papier und Abfall. Außerdem ist regelmäßig zu überprüfen, ob Reparaturarbeiten an den Straßen- und Bodenbelägen durchzuführen sind, damit sie keine Kontaminationsquelle für Bereiche darstellen, in denen hygienerelevante Produkte frei zugänglich sind. Eine angemessene Instandhaltung des Grundstücks beinhaltet eine geordnete Lagerung von Gerätschaften. Für die Durchführung der Arbeiten sollte ein Pflichtenheft angelegt werden, das die regelmäßige Ausführung der Arbeiten dokumentieren muss.

5.2.3
Gebäude

In hygienerelevanten Betrieben bilden Gebäude eine Barriere gegen negative Einflüsse von außen. Sie dürfen daher nicht selbst zum Risiko für die Prozessbereiche und das herzustellende Produkt werden. So beeinflusst z. B. direkte Sonneneinstrahlung auf Wände und Dachkonstruktionen einerseits deren Wärmeausdehnung, was zu äußeren und inneren Veränderungen führen kann, andererseits deren Isolationswirkung, wodurch der Taupunkt verändert werden kann. Die Bauweise dieser Gebäudeelemente sollte deswegen in bauphysikalisch geeigneter Weise auf die Nutzung der innenliegenden Räume abgestimmt werden.

Das Ziel der hygienegerechten Gestaltung der äußeren Gebäudekonstruktion besteht darin, Kontaminationsgefahren für Innenbereiche auszuschließen. Dazu ist es notwendig, durch gestalterische Maßnahmen wie glatte Flächen und entsprechende Werkstoffwahl Schmutzablagerungen oder -ansätze an den Außenkonstruktionen zu minimieren. Im Vordergrund steht dabei das Ziel, die äußeren Bereiche so weit wie möglich reinigen und in sauberem Zustand halten zu können.

Für manche Prozesse sind mehrgeschossige, für manche ebenerdige Gebäude besser geeignet. Vor allem in der Lebensmittelindustrie war dabei früher die Förderung von Produkten ein Entscheidungskriterium, die bei mehrgeschossigen Gebäuden von oben nach unten durch die Schwerkraft erfolgte. Dadurch konnten z. B. Fördereinrichtungen vermieden werden, die Hygieneprobleme mit sich bringen. Für die Auswahl sind zusätzlich die Größe des vorhandenen Grundstücks sowie die örtlichen Auflagen maßgebend. Bei jeder Ausführungsart sollten jedoch die erforderlichen Aspekte von Hygienic Design von vornherein integriert werden.

Hygienische Anforderungen der baulichen Gestaltung und Konstruktion betreffen sowohl Fundamente, Außenwände, Mauerwerk und Dächer als auch Fenster, Türen und Öffnungen für Be- und Entlüftung usw., um die Bereiche der Herstellung und Handhabung von Produkten an den Durchgangstellen von außen nach innen soweit wie möglich vor Kontaminationsquellen abzuschirmen. Dabei sollten auch einfache und kostengünstige konstruktive Maßnahmen gegen Schädlinge berücksichtigt werden. Das bedeutet im Wesentlichen, entsprechende Vorkehrungen gegen das Eindringen von Nagetieren, Vögeln, Insekten und Mikroorganismen ins Gebäudeinnere und vor allem in Räume zur Lagerung und Verarbeitung von Produkten zu treffen. Auch Feuchtigkeitsaufnahme an der äußeren Konstruktion muss vermieden werden, um Schimmelbefall zu verhindern. Zusätzlich müssen Gebäude wasserdicht und gegen Temperaturschwankungen isoliert ausgeführt werden. Insgesamt gesehen sind zwei Hauptgesichtspunkte zu berücksichtigen:

- Je mehr Kontaminationsquellen außen vorhanden sind, desto höher wird das Risiko für das Gebäudeinnere.
- Je mehr Kontaminanten vom Eindringen in das Gebäude abgehalten werden können, um so geringere Hygieneprobleme entstehen im Produktionsbereich.

In den meisten Fällen spielt bei der Entscheidung über die Ausführung neben hygienischen Aspekten der Zeitablauf und -aufwand für die Erstellung der Bauten eine entscheidende Rolle. Die erforderlichen Gebäude sollten großzügig genug ausgelegt werden, um den Prozessanlagen, Versorgungseinrichtungen und Büroräumen ausreichend Platz zu bieten und genügend Raum für Reinigungs- und Instandhaltungsarbeiten zur Verfügung zu haben. Sie können in unterkellerter oder nicht unterkellerter Form ein- oder mehrgeschossig ausgeführt werden. Vor allem wenn eine spätere Aufstockung erfolgen soll, ist es sinnvoll, Treppenhäuser mit Lastenaufzügen in getrennten Treppentürmen unterzubringen.

Meist erfolgt der Bau von Betriebsgebäuden in individueller, den Prozessen angepasster Weise. Während früher Gebäude in üblicher Weise als Beton-, Ziegel- oder Stahlkonstruktionen erstellt wurden, setzt heute die Bauindustrie zunehmend Fertigelemente aus Beton und Stahl in Stahlbeton-Skelettbauweise ein, die den Zeitaufwand für die Errichtung erheblich verkürzt. Als weitere Möglichkeit für eine optimierte Gestaltung von Betrieben kann die modulare Bauweise angesehen werden, die wesentliche Vorarbeiten fern von der Baustelle zulässt (siehe z. B. [54–56]). Sie wird vor allem in der Pharmaindustrie eingesetzt, wenn die Möglichkeit besteht, auf gewisse standardisierte Module zurückzugreifen. Dabei müssen keine Abstriche in Bezug auf Qualität, Architektur oder auch Hygienic Design der Gebäude im Vergleich zu konventionellen Errichtungsverfahren gemacht werden. Modulare Konstruktionen gestatten es, bereits erprobte Gestaltungsweisen stets wieder anzuwenden, sodass vermieden wird, für jeden neuen Betrieb neue Bauweisen und Verfahren zu erfinden. In erster Linie wird dies dadurch erreicht, dass definierte Blöcke von Gebäuden als Module standardisiert werden. So können Module für Gebäude wie z. B. Stahlrahmen mit den entsprechenden Gebäudeelementen entfernt vom Bauplatz unter kontrollierten Bedingungen vorgefertigt und bereits mit den notwendigen Elementen für die Prozesstechnologie ausgestattet werden. Alle erforderlichen Installationen für Versorgungsmedien, Befestigungen und Prozessanschlüsse können bereits in dieser Phase integriert und geprüft werden. Die Anschlüsse sowohl an Außen- als auch an Innenwänden werden durch fest installierte Flansche und Kupplungen vorgenommen. Die Module werden anschließend zerlegt, zur Baustelle gebracht und dort in der entsprechenden Position wieder zusammengebaut. Entsprechend den Anforderungen kann dann vor Ort z. B. eine einheitliche hygienegerechte Verkleidung der Außenfassade erfolgen.

Für ein schlüssiges Hygienegesamtkonzept ist es schließlich wichtig, dass alle konstruktiven Hygienemaßnahmen an Gebäuden in ihrer Wirksamkeit ständig überprüft werden und entsprechende Reinigungs- und Instandhaltungsarbeiten unverzüglich und zuverlässig ausgeführt werden.

5.2.3.1 Außenwände

Wie für alle hygienegerecht zu gestaltenden Elemente gilt als oberster Grundsatz für die Ausführung der Außenwände, dass die Oberflächen möglichst schmutzabweisend, eben und porenfrei gestaltet werden sollten, um leicht reinigbar zu sein. Alle Risse, Löcher und Vertiefungen in Beton oder Mauerwerk müssen zuverlässig beseitigt oder bündig zur Oberfläche abgedichtet werden. Als Maßnahmen gegen Nagetiere müssen alle Öffnungen in Außenwänden, die größer als etwa 5 mm sind, verschlossen oder mit engmaschigen Gittern versehen werden. Auch Übergänge zwischen unterschiedlichen Fassadenteilen oder Werkstoffarten müssen dauerhaft so abgedichtet werden, dass keine Spalte entstehen, in denen Insekten nisten können.

Gleiches gilt für Durchführungen z. B. von Rohrleitungen durch Wände. Vor allem jede Öffnung, die in Hygienebereiche des Gebäudes führt, stellt ein potenzielles Kontaminationsrisiko dar. Daher müssen alle Öffnungen, die wie z. B. Luftzu- oder -abführkanäle eine ständige Verbindung nach außen besitzen, je nach Anforderung mit Gittern oder Filtern versehen werden, um Kontaminationsrisiken durch Eindringen von Insekten oder Schmutz und Staub zu vermindern. Alle Rohrinstallationen sollten an den Durchtrittsstellen durch Schutzrohre vor Beschädigung geschützt – was meist durch behördliche Auflagen vorgegeben ist – und mit hygienegerechten Abdichtungen versehen werden. Sowohl Gitter und Filter als auch Dichtungen sind regelmäßig auf ihre Wirksamkeit zu überprüfen. Wenn Öffnungen nicht genutzt werden, müssen sie dicht verschlossen werden.

Außen befestigte Halterungen z. B. für Dachrinnen oder andere Bauelemente sollten keine horizontalen Flächen bilden, da sie zu Schmutzablagerungen führen und Vögeln Sitz- und Nistplätze bieten. Man denke dabei nur an die vielen nachträglich erforderlichen Maßnahmen gegen Tauben. Die Verlegung vertikaler Rohrleitungen an Außenflächen erfordert einen ausreichend großen Abstand zur Gebäudewand, um zu verhindern, dass Nagetiere zwischen ihnen und der Wand hochklettern können. Ebenso müssen bodennahe Halterungen hoch genug angebracht werden, um von ihnen nicht erreicht werden zu können.

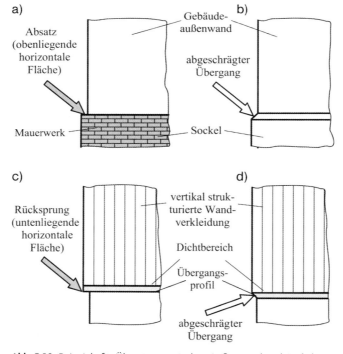

Abb. 5.19 Beispiele für Übergänge zwischen Außenwand und Sockel:
(a) horizontaler Vorsprung, (b) Abschrägung nach außen,
(c) horizontaler Rücksprung, (d) Abschrägung nach innen.

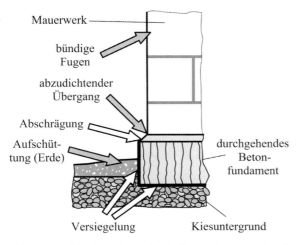

Abb. 5.20 Problembereiche an den Außenwänden von Gebäuden und deren Übergang zum Gelände.

Horizontale Unterbrechungen in ebenen Wandflächen wie z. B. durch Simse oder andere Vor- und Rücksprünge, die gemäß Abb. 5.19a obenliegende ebene Flächen bilden, sollten aus den gleichen Gründen vermieden werden. Wenn solche Stellen notwendig sind, sollten sie möglichst abgeschrägt werden (Abb. 5.19b), wobei nach [45] eine Neigung von mindestens 45° empfohlen wird. Eine andere Möglichkeit besteht darin, Vorsprünge entsprechend Abb. 5.19c so auszuführen, dass die horizontale Fläche unten liegt. Solche Verhältnisse sind häufig bei Übergängen von Grundmauern zu Außenverkleidungen zu finden. Eine hygienegerechte Konstruktion sollte allerdings auch in diesem Fall, wie Abb. 5.19d zeigt, einen schrägen Übergang vorsehen, da die innere rechtwinklige Kante generell eine Problemstelle darstellt.

Erfahrungsgemäß werden die Fundamente meist nicht in Maßnahmen von Hygienic Design einbezogen. Vor allem wenn die Gebäude wie z. B. Lagerhallen ohne Kellergeschoss errichtet werden, können bereits dort Hygieneprobleme entstehen. Die Skizze nach Abb. 5.20 zeigt, dass die Grundmauern meist aus Grobbeton auf einem entsprechenden Untergrund wie z. B. Kies errichtet werden. Sie sollten möglichst um das gesamte Gebäude herum durchgehend gestaltet werden und nicht nur z. B. unter Stützpfeilern oder tragenden Elementen. Unmittelbar verbunden mit der Grundplatte des Gebäudes sollte eine gegenüber dem Erdboden komplett geschlossene Konstruktion entstehen. Der Beton muss gegenüber dem Untergrund wasserdicht versiegelt werden. Wenn die Fundamente aus dem Boden herausragen, müssen die Oberflächen porenfrei und glatt sein.

Erfahrungsgemäß graben Nagetiere bevorzugt an der Fuge zwischen Mauern und Gelände, um unter die Grundmauern zu gelangen und an geeigneten Stellen in Gebäude einzudringen. Um sie davon abzuhalten, können z. B. in ausreichender Tiefe horizontale flanschartige Vorrichtungen angebracht werden (siehe z. B. [45]). Ausführungsmöglichkeiten sind z. B. gemäß Abb. 5.21a an der Grundmauer

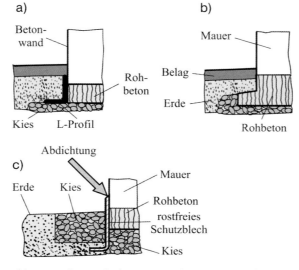

Abb. 5.21 Schutzmaßnahmen gegen das Untergraben flachgegründeter Gebäude durch Nager:
(a) versenktes L-Profil, (b) vorspringende Grundmauer,
(c) über den Boden hinausragendes Schutzblech.

befestigte L-Profile, deren senkrechte Teile mindestens 60 cm in den Erdboden reichen und deren waagerechte Schenkel etwa 30 cm lang sind [57]. Gleiches gilt, wenn horizontale Bleche verwendet werden. Sie sollten außerdem an der Gebäudewand dicht abschließen. In gleicher Weise könnte das untere Ende der Grundmauern nach außen L-förmig gestaltet werden, sodass sich entsprechend Abb. 5.21b ein nach außen vorstehender unterirdischer Betonstreifen ergibt. Vertikale Schutzbleche aus rostfreiem Edelstahl, die im Erdboden umgebogen werden, wie es Abb. 5.21c dem Prinzip nach zeigt, können gleichzeitig als Schutz für die Gebäudewand über den Boden herausragen. Vor allem oberirdisch darf sich kein Spalt zur Gebäudewand bilden. Auch in diesen Fällen lässt sich durch einen zusätzlichen Kiesstreifen der erwünschte Abstand zum bepflanzten Gelände schaffen, wie bereits in Abschnitt 5.2.2 erwähnt.

Die verwendeten Werkstoffe für äußere Wände unterscheiden sich untereinander in ihren Eigenschaften, z. B. bezüglich der Haltbarkeit, Reinigbarkeit, der Eignung für Abdichtungen von Durchführungen und Verbindungen sowie zur vorsorgenden Instandhaltung. Obwohl gegossene porenfreie Betonbauten teuer sind, da sie nur vor Ort erstellt werden können, benötigen sie z. B. weniger Aufwand bei der Instandhaltung als andere Ausführungen, da sie keine Fugen haben. Betonwände aus vorgefertigten Platten oder Blöcken gemäß Abb. 5.22a können schneller als an der Baustelle gegossene errichtet werden. Bei Verwendung von Betonplatten mit Feder-Nut-Verbindungen ist eine einfach Montage gewährleistet, die an der Oberseite bereits die Verbindung zu Dachträgern vorsieht. Allerdings müssen die Stoßstellen sorgfältig vergossen und abgedichtet werden,

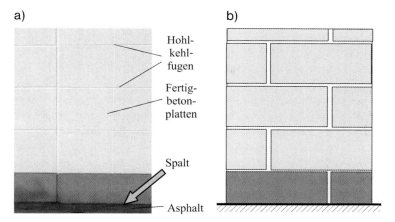

Abb. 5.22 Beispiele für Außenwände aus Betonelementen: (a) fluchtende Fugen, (b) versetzte Fugen.

um Instandhaltungsarbeiten gering zu halten. Wenn bei Hohlblöcken Armierungen und Versteifungen notwendig werden, sollten die Elemente nicht wie in Abb. 5.22b versetzt angeordnet werden [45]. Auch lassen sich bei übereinander liegenden Elementen die durchlaufenden Fugen einfacher bündig gestalten. Eine hygienische Problemstelle ergibt sich, wie Abb. 5.22a zeigt, am Boden an der angrenzenden Asphaltfläche, wo ein deutlicher Spalt sichtbar ist. Hier ist eine haltbare Abdichtung vorzusehen.

Betonblöcke mit niedriger Dichte wie z. B. aus Schlackenbeton, die normalerweise im privaten Hausbau eingesetzt werden, sind porös und sollten daher vermieden werden, außer wenn durch einen geeigneten dauerhaften Anstrich sowie entsprechendes Verbindungs- und Dichtmaterial verhindert wird, dass Feuchtigkeit und Schimmel in Poren eindringen können. Für alle Betonkonstruktionen sollte an Unter- und Oberseite eine sorgfältige Abdichtung zu anderen Baumaterialien vorgesehen werden.

Bei gemauerten Wänden aus Ziegeln oder bei äußeren Klinkerverkleidungen müssen die Fugen mit dauerhaftem Material und bündig zur Maueroberfläche ausgeführt werden. Während übliche Ziegel meist porös sind, bieten glasierte, gebrannte Klinker an Fassaden eine glatte porenfreie Oberfläche.

Profilierte Metall- oder Kunststoffverkleidungen wie z. B. Wellbleche gemäß Abb. 5.23a werden relativ häufig an isolierten Gebäuden und bei Lagerhallen eingesetzt, obwohl sie wegen der verwendeten Verbindungen und oft mangelhafter Abdichtung Hygieneprobleme bei Betriebsgebäuden mit sich bringen. Wenn sie verwendet werden, ist es zwingend notwendig, dass die Elemente gegeneinander sowie gegenüber anschließenden Materialien wie z. B. entlang der Basis, die in Abb. 5.23b zu sehen ist, ebenso wie an den Verbindungen abgedichtet werden. Außerdem benötigen solche Verkleidungen eine regelmäßige Kontrolle für die Instandhaltung, um die Abdichtung wirksam aufrechtzuerhalten. Die Häufigkeit der Überprüfung sollte auch von den klimatischen Verhältnissen abhängig ge-

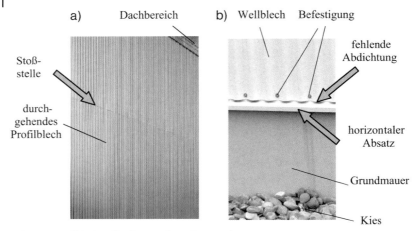

Abb. 5.23 Wellblechverkleidungen für Außenwände:
(a) Stoßstelle der vertikalen Elemente, (b) Übergang der Verkleidung zu Betonsockel.

macht werden. Wenn eine Belüftung durch die Wellprofile erforderlich ist, müssen hygienegerechte Konstruktionen an den Profilenden mit feinmaschigen Gittern versehen werden, um das Eindringen von Insekten und anderem Ungeziefer in die Hohlräume zu vermeiden.

Ein Beispiel eines Systems, das große äußere Wandflächen mithilfe von Fassadenpaneelen in Form einer vorgehängten Fassade bedeckt [58], ist in Abb. 5.24a dargestellt. Die Isolierelemente aus bandbeschichtetem Feinblech können in Sandwichtechnik oder einschalig vertikal, horizontal oder diagonal montiert werden. Sie sind bis 8 m lang in Breiten von 200–300 mm erhältlich. Die Abb. 5.24b zeigt dem Prinzip nach eine Ausführung der Verbindungsstelle, an der sich ein Spalt ergibt. Durch eine frontbündige Abdichtung könnte dieser Bereich hygienegerecht gestaltet werden. Auch bei der Verschraubung sollten hygienisch geeignete Köpfe wie z. B. Sechskantköpfe verwendet werden. Allerdings sind Ausführungsformen erhältlich, bei denen die Befestigung verdeckt erfolgen kann. Die Oberflächenausführung ist witterungs- und korrosionsbeständig und kann in unterschiedlichen Formen von glatt bis wellig erfolgen. Die Beschichtungen können auch farbig ausgeführt werden.

Da in immer stärkerem Maß gefordert wird, das äußere Erscheinungsbild eines Betriebes mit den hergestellten Produkten in Einklang zu bringen, wird auch Edelstahl für Fassaden von Industriebauten verwendet. Obwohl er als teuer in der Anschaffung einzustufen ist, eignet er sich besonders wegen seiner hohen Korrosionsbeständigkeit sowie der guten Verform- und Schweißbarkeit als Metallverkleidung [59]. Durch werkstoffgerechte Konstruktion können die Vorteile der hohen Festigkeit und Korrosionsbeständigkeit genutzt werden. Das bedeutet Leichtbaukonstruktionen mit dünnwandigen Bauteilen und niedrigem Gewicht, für die auch die Kaltverfestigung durch Umformen von Vorteil ist. Für Außenverkleidungen von Gebäudeteilen sind ebene Tafeln wegen der guten Reinigbarkeit aufgrund ihrer Oberflächenstruktur und -rauheit geeignet. Auf

a)

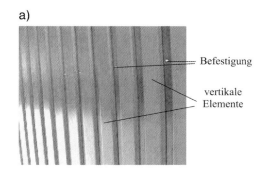

Befestigung

vertikale Elemente

b)

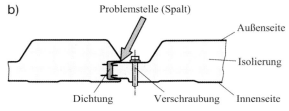

Problemstelle (Spalt)

Außenseite

Isolierung

Dichtung   Verschraubung   Innenseite

Abb. 5.24 Details von Profilwänden (nach ThyssenKrupp):
(a) Befestigungsstellen, (b) Querschnitt durch Verbindung isolierter Elemente.

ebenem glänzendem Blech machen sich einerseits geringste Ungenauigkeiten z. B. durch die Befestigung deutlich bemerkbar, sodass bei deren Herstellung und Verarbeitung große Sorgfalt erforderlich ist. Andererseits geben die Flächen die Umgebung bei unterschiedlicher Beleuchtung als dekorative Effekte wieder. Häufig werden neben glatten Flächen auch Oberflächenstrukturen verwendet, die das Licht streuen. Die Abb. 5.25 zeigt zwei Beispiele von Fassadenverkleidungen nach [60] mit vertikaler bzw. horizontaler Anordnung der Edelstahlelemente, die als wasserführende Schicht dienen und z. B. rollnahtgeschweißt werden. Bei gefalzten Verbindungen ist auf deren Dichtheit zu achten.

Erwärmung durch Sonneneinstrahlung kann zum Ausbeulen führen. Die Halterung muss deshalb Wärmedehnung zulassen. Für größere ebene Flächen empfiehlt es sich, dünne Bleche aus Edelstahl auf Grundplatten aus anderem Material zu kleben. Hierfür eignen sich verschiedene formbeständige Werkstoffe. Die im Bauwesen verwendeten Blechdicken liegen für Anwendungen im Sichtbereich vorwiegend zwischen 0,4 und 3 mm. Nur in Ausnahmefällen sollte die Materialdicke von 0,4 mm unterschritten werden. Für statisch tragende Bauteile kommen erheblich dickere Abmessungen gemäß der Zulassung der Bauaufsicht zur Anwendung. Neben Blechen stehen für Haltekonstruktionen Rund-, Flach-, Quadrat- und Profilstäbe in warmgewalzten, blankgezogenen oder blankgeschliffenen Ausführungen im Abmessungsbereich von 4–80 mm zur Verfügung.

Wenn aufgrund der Konstruktion eine Kombination mit anderen metallischen Werkstoffen wie z. B. un- oder niedriglegierten Stählen, verzinktem Stahl oder Aluminium erforderlich ist, muss Kontaktkorrosion der unedleren Werkstoffe vermieden werden. Die Wärmeausdehnung der nicht rostenden Stähle ist zwar

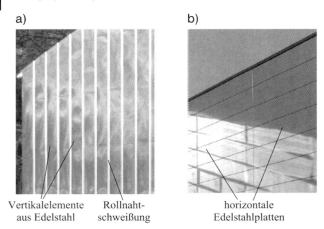

Abb. 5.25 Edelstahlverkleidungen [60]:
(a) vertikale, (b) horizontale Anordnung der Blechelemente.

größer als die unlegierter Stähle, jedoch teilweise wesentlich geringer als die anderer Baumetalle. Insbesondere bei großflächigen Konstruktionen oder Bauteilen muss dafür gesorgt werden, dass der Werkstoff „arbeiten" kann, ohne dass Spannungen auftreten, die zu Beulen oder Knackgeräuschen führen können.

5.2.3.2 Dächer

Auch die Gestaltung und Konstruktion von Dächern für Industriebauten der Lebensmittel- und Pharmabetriebe sollte unter Gesichtspunkten von Hygienic Design gesehen werden. Grundsätzlich sollten sie so gestaltet und konstruiert werden, dass sie insbesondere dort sauber gehalten werden können, wo Wasser, Staub und andere Ablagerungen am Dach Kontaminationen verursachen können. Eine gute Reinigbarkeit erfordert zum einen eine ausreichend glatte Oberflächenstruktur und zum anderen eine entsprechende Dachneigung, damit Wasser ungehindert ablaufen kann. Außerdem müssen Dächer grundsätzlich dicht sein, um nicht das Gebäudeinnere in tieferen Schichten oder an Innenwänden z. B. durch Schimmelbildung zu gefährden. Durch undichte Leitungen und schadhafte Filter können speziell in der Lebensmittelindustrie Ansammlungen von Produkten wie Mehl, Milchpulver oder Getreidekörner auf Vögel und Insekten anziehend wirken.

In der Praxis wird eine große Vielfalt an Dachausführungen eingesetzt, die unterschiedlich in Bezug auf die hygienegerechte Gestaltung zu beurteilen sind. In Abb. 5.26 sind einige Beispiele von Ausführungsformen mit ihren grundlegenden Problemstellen dargestellt. Die Abb. 5.26a zeigt das Prinzip des früher häufig verwendeten Flachdachs, das aus hygienischen Gründen abzulehnen ist. Traditionellerweise wurde es geteert und mit Kies bedeckt ausgeführt. Da bei großen horizontalen Flächen eine gewisse Welligkeit sowie Vertiefungen nicht zu vermeiden sind, bilden nach Regen zurückbleibende Wasserreste und Pfützen Risiken. Das Wasser von Dächern ist oft durch Mikroorganismen z. B. von

Vögeln infiziert, sodass Kreuzkontaminationen z. B. über die Luft oder durch abtropfendes Wasser verursacht werden können. Daher sollten Flachdächer und speziell Kiesabdeckungen generell vermieden werden. Um den Ablauf von Regenwasser sicherzustellen, sollte eine Mindestneigung von 3° verwendet werden. Undichtigkeiten entstehen in erster Linie an den Dachrändern, da die Kanten je nach verwendetem Material schwierig abzudichten sind. Günstig ist es, wenn die Ränder umgekantet und anschließend verklebt oder verschweißt werden können.

Wesentlich günstiger aus hygienischer Sicht sind Dächer mit stärkerer Neigung, die den Erfordernissen angepasst unterschiedlich stark ausgeführt werden kann. Die Abb. 5.26b zeigt das Prinzip eines Schrägdachs. Es kann in zwei Richtungen geneigt oder als Pultdach ausgeführt werden. Wenn die beidseitig geneigten Dachteile entsprechend der Darstellung an der höchsten Stelle zusammentreffen, ist eine Firstabdeckung erforderlich, die je nach verwendeten Materialien der Dachelemente an den Überlappungsstellen Problembereiche ergeben kann. Stehen Elemente aus Werkstoffen mit entsprechenden Bahnenlängen zur Verfügung, kann die Stoßstelle am First vermieden werden, sodass nur seitliche Stoßstellen vorliegen. Weitere Problembereiche können wie beim Flachdach an den Rändern entstehen. Dabei ist die Anbindung und Konstruktion von Dachrinnen für die Entwässerung hygienegerecht zu gestalten, um Kontaminationsrisiken durch Nisten von Vögeln, Überlauf oder Tropfen zu vermeiden. Die Dachränder können bündig zu den Seitenwänden oder überstehend ausgeführt werden. Hierbei sollte unter Gesichtspunkten der Hygiene geprüft werden, welche Gestaltungsart für den Dach-Wand-Übergang günstiger ist. Überstehende Dächer bieten z. B. einen Schutz der Wandbereiche vor Regen.

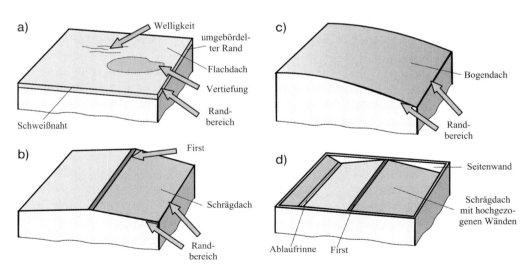

Abb. 5.26 Beispiele für Dachformen:
(a) Flachdach, (b) Schrägdach, (c) Bogendach, (d) Schrägdach mit überstehenden Seitenwänden.

Das in Abb. 5.26c dargestellte Bogendach wird häufig in Kombination mit anderen Formen unter architektonischen Gesichtspunkten ausgewählt. Es kann ein- oder zweiseitig geneigt sowie symmetrisch bogenförmig ausgeführt werden und enthält die gleichen Problemstellen wie das Schrägdach.

Bei der Dachform nach Abb. 5.26d sind die Außenwände über die Dachhöhe hochgezogen. Grund hierfür ist die Abschirmung des Dachbereichs gegenüber der Umgebung. Die Ableitung des Regenwassers erfolgt innerhalb der Umgrenzung, sodass Risiken der Kreuzkontamination durch nach außen überlaufende Regenrinnen sowie eine Beeinflussung der Umgebung eingeschränkt werden können. Allerdings muss die sichere Abdichtung gegenüber den inneren Bauelementen garantiert sein.

Im Folgenden werden einige Beispiele von ausgeführten Dächern im Detail dargestellt und eventuell vorhandene Problemzonen diskutiert. Die Abb. 5.27a zeigt einen Ausschnitt einer früher üblichen Konstruktion eines Flachdachs mit Kiesabdeckung. Geteerte und kiesbedeckte Oberflächen sind normalerweise nicht empfehlenswert, da sie Staub und Schmutz anziehen und sich schlecht reinigen und instandhalten lassen. Die prinzipielle Gestaltung im Schnitt bei hochgezogener Seitenmauer ist in Abb. 5.27b wiedergegeben. Die Dachhaut, die in unterschiedlichen Materialien ausgeführt werden kann und als Beschwerung

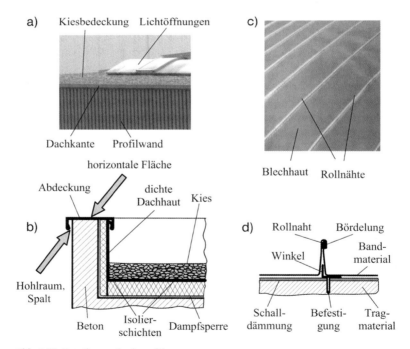

Abb. 5.27 Details von Dachausführungen:
(a) Flachdach mit Kiesabdeckung,
(b) Prinzip des Flachdachs mit Kiesabdeckung und überstehender Seitenmauer,
(c) Flachdach aus Edelstahl [65], (d) Detail der Verbindung der Edelstahlbleche.

eine Kiesbedeckung besitzt, ist an der Innenseite der Abschlusswand hochgezogen und an deren Abdeckung abgedichtet. Unter der dichten Haut kann eine Isolierung oder Schalldämmung verlegt werden, die gegenüber der tragenden Konstruktion z. B. aus Beton durch eine Dampfsperre abgedichtet ist. Die Abdeckung der Begrenzungsmauer aus Blech ist jeweils an den Seiten umgebördelt. Problembereiche ergeben sich an dieser Stelle durch seitliche Spalte sowie durch die horizontale Abdeckfläche.

Wie bei Fassaden lassen sich auch Dächer aus Edelstahlblech anfertigen (s. auch [61–64]). In Abb. 5.27c wird ein Ausschnitt einer Flachdachkonstruktion aus rostfreiem Edelstahl mit wasserdichten Falzen nach [65] gezeigt, die aus einzelnen Bahnen besteht. Die Ränder werden entsprechend der Skizze nach Abb. 5.27d an den Seiten aufgekantet und an den oberen Enden rollnahtgeschweißt. Durch Umkanten bzw. Umbördeln der Falze um 180° wird der durch den Schweißvorgang entstandene Verzug ausgeglichen und eine Verbindung mit hoher Belastbarkeit geschaffen. Die Stoßstellen werden durch Halterungen unterstützt, die verdeckt mit der Tragkonstruktion verbunden sind. Die Ausführung kann auch bei geneigten Dächern mit oder ohne Isolier- oder Dämmschicht angewendet werden.

Häufig werden profilierte wärmegedämmte Konstruktionen außer an Wänden auch für Dächer entsprechend Abb. 5.28 verwendet. Hygienische Problembereiche durch Spalte und tote Hinterschneidungen ergeben sich bei Abdeckung der Profile sowohl am Übergang vom Dachfirst zum Dach entsprechend Abb. 5.28a. Ein Beispiel des Prinzips der Dachelemente mit Dämmung sowie deren Verbindung und Abdeckung ist nach [66] in Abb. 5.28b dargestellt. Die Außenschale, die aus einem schmelztauchveredelten Feinblech mit einem beidseitigen Überzug aus einer Aluminium/Zink-Legierung besteht, ist trapezförmig profiliert, während die Innenschale geradlinig gestaltet ist. Der dämmende Kern besteht aus Polyurethan. Die Abdichtung der einzelnen Elemente erfolgt durch drei Dichtungen. Die Außendichtung soll das Eindringen von Oberflächenwasser verhindern, während die Innendichtung die Aufgabe einer Dampfsperre übernimmt. Die mittlere Abdichtung dient zum Ausgleich der Toleranzen im Bereich der Dämm-

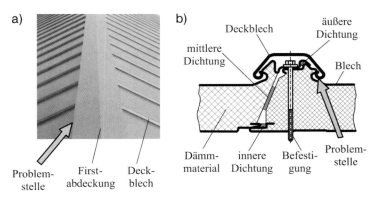

Abb. 5.28 Dachkonstruktion aus verbundenen Blechelementen: (a) Firstansicht, (b) Beispiel der Verbindung und Abdeckung von isolierten Elementen (nach [66]).

schicht. Die Befestigungsschrauben werden durch klammerartige Abdeckungen verdeckt. Hygienische Problemzonen in Form von Rücksprüngen und Spalten ergeben sich zwischen der Unterseite der Abdeckbleche und den Dachelementen, wie in Abb. 5.28b durch den Pfeil gekennzeichnet. Hygienegerechte Lösungen zur Abdichtung der Profilenden, z. B. am Ende der Dachtraufe, müssten noch entwickelt werden. Wenn Hinterlüftungen der Dachelemente erforderlich sind, sollten die Lüftungselemente mit Feingittern versehen werden, um Schmutz und Insekten abzuhalten.

Als weiteres Beispiel einer praktischen Ausführung für hygienerelevante Industrien ist in Abb. 5.29a ein flachgeneigtes Dach mit einer Kunststoffmembran-Deckschicht dargestellt. Diese Art wird sehr häufig im Ausland, vor allem in den USA eingesetzt [67]. Als Material stehen Kunststoffe wie z. B. EPDM, Butynol oder PVC zur Verfügung, die sich durch Sonnenlicht oder Ozon nicht verändern und flexibel sind (siehe z. B. [68, 69]). Da Rollen mit bis zu 15 m Breite und 30 m Länge hergestellt werden, können kleinere Gebäude mit wenig Nähten errichtet werden. Dabei ist es wichtig, dass die Folie auf einer glatten gleichmäßig ausgeführten Unterlage verlegt wird und an den Stoßstellen weit genug überlappt. Sie kann mit dem Untergrund sowie an allen Stößen kalt verklebt werden, wie es in Abb. 5.29b angedeutet ist. Für die Verbindung der Überlappungsstellen stehen auch Schweißverfahren zur Verfügung.

Bei allen Dachformen können Durchführungen durch die Dachfläche Problemstellen bilden, die vor allem durch Undichtigkeiten der Verbindungen bedingt sind. Beispiele für solche Stellen sind Zu-, Abluft- oder Abgasrohre und Kamine. Wenn möglich sind solche Öffnungen an die Seitenwände zu verlegen, wo Abdichtungen an glatten Flächen meist zuverlässiger auszuführen sind. Wenn die Vorrichtungen für die Belüftung auf dem Dach angeordnet werden, müssen Luftein- und -auslass weit genug voneinander entfernt liegen, um das Ansaugen von Abluft am Luftzutritt zu vermeiden.

Bei Aufbauten mit senkrechten Wänden auf Dächern, wie sie z. B. für Aufzüge, Ventilator- oder Kühlaggregate usw. notwendig sind, ist ebenfalls auf eine sichere

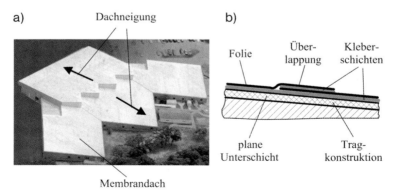

Abb. 5.29 Flachgeneigtes Dach mit Kunststoffabdeckung (Fa. Duro-Last Roofing Inc., USA): (a) Gesamtansicht, (b) Konstruktionsdetail.

Abdichtung am Übergang zum Dach zu achten. In dem Beispiel nach Abb. 5.30 ist der vertikale, seitlich versteifte Blechschacht auf einem Tragrahmen angeordnet. Problemstellen ergeben sich durch die horizontalen Flächen, den überstehenden Dachrand sowie die an der Wand befestigte Beleuchtung. Fenster in Dächern sollten so weit wie möglich vermieden werden, da sie Leckstellen verursachen können, durch die die Innenbereiche der Produktionsstätte gefährdet werden. Wenn Fenster nicht zu vermeiden sind, müssen sie hygienegerecht gestaltet werden. Wie das Beispiel von Lichtöffnungen in einem Dach mit profilierter Abdeckung nach Abb. 5.30b zeigt, sind die Fensterrahmen abgeschrägt ausgeführt und die durchsichtigen Scheiben abgerundet, um den Ablauf von Wasser sicherzustellen. Das Beispiel nach Abb. 5.30c zeigt, dass bei Blechdächern die Übergänge vom Dach zu den Fenstern aufgekantet und verschweißt werden können, um dichte Verbindungen zu erreichen. Der Übergang zwischen Rahmen und gewölbter Scheibe stellt wegen horizontaler Bereiche eine hygienische Problemzone dar. Generell sollten Dachfenster nur der Lichtzufuhr dienen und nicht zu öffnen sein, um Kontaminationsprobleme im Inneren zu vermeiden.

Bei einem Lebensmittelbetrieb (Molkerei s. [62]) entschied man sich z. B. wegen der Nähe zu einer Industrieanlage mit hoher Emission sowie wegen der Wärme

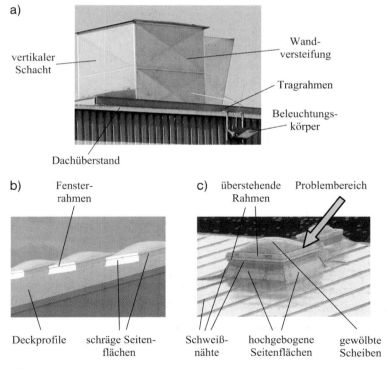

Abb. 5.30 Dachaufbauten:
(a) vertikaler Lüftungsschacht, (b, c) Beispiele für Dachfenster.

530 | 5 Anlagengestaltung

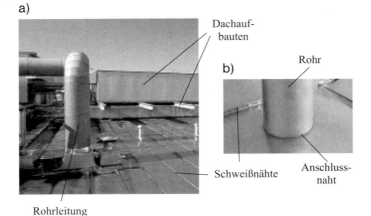

Abb. 5.31 Edelstahlflachdach:
(a) Beispiele von Dachaufbauten, (b) Schweißverbindung zwischen Rohrleitung und Dach.

der eigenen Molkeverdampfungsanlage, die einen raschen Bewuchs verursachte, zu einem rollnahtgeschweißten Edelstahldach gemäß Abb. 5.31a. Das Dach, das häufig gereinigt werden muss, lässt sich dabei völlig überfluten. Die notwenigen Dachaufbauten wie Rohrleitungen, Kühlaggregate und Träger können dabei mit gereinigt werden. Außerdem strahlt die reflektierende Oberfläche Außenwärme zurück und vermindert den Energieverbrauch von gekühlten Gebäudebereichen. Gemäß Abb. 5.31b können Dachdurchführungen wie z. B. von Rohren direkt mit der Dachfläche verschweißt werden.

Die Wasserableitung von Dachflächen sollte bereits beim Erstellen des Gesamtkonzepts berücksichtigt werden. Sie sollte möglichst nur an den Gebäudeseiten erfolgen, die keine hygienerelevanten nach außen begehbaren Nutzflächen, Verladeplattformen für Roh- oder Fertigprodukte, Türen oder zu öffnenden Fenster haben. Diese Forderung betrifft damit bereits die Richtung der Dachneigung und als Folge davon die Anordnung von Dachrinnen und Entwässerungsrohren.

Die Dachtraufe sollte gegenüber der Dachrinne gemäß Abb. 5.32a so enden und gestaltet werden, dass keine Totbereiche und spitzen inneren Winkel entstehen. Die Befestigung an der Traufe sollte spaltfrei erfolgen. Der Querschnitt sollte tief und groß genug gewählt werden, um ein Überlaufen zu vermeiden. Er kann rechteckig mit ausgerundeten Ecken oder halbrund gestaltet werden. Zum Ablaufrohr hin muss ein ausreichendes Gefälle verhindern, dass Wasser stehen bleiben kann. Die Gestaltung des Ablaufrohrs in Dachnähe bei Dachüberstand ist in Abb. 5.32b dargestellt. Das Rohr sollte direkt im Ablaufkanal des Entwässerungssystems enden.

Auf Dachflächen verlegte Ablaufrinnen für Regen und Reinigungswasser sollten wegen möglicher Undichtigkeiten vermieden werden. Bei mehrfach geneigten Dachkonstruktionen entsprechend Abb. 5.26d müssen sie zwischen den einzelnen Dachelementen bzw. entlang der Umgebungsmauer gemäß Abb. 5.33a ausgeführt

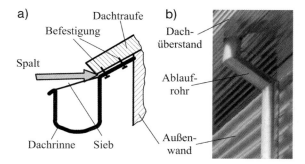

Abb. 5.32 Dachentwässerung:
(a) Prinzipdarstellung einer Dachrinne, (b) Beispiel eines Ablaufrohrs.

werden. Dabei sollte eine geschlossene dichte Haut aus Blech oder Kunststoff zur Auskleidung der Rinne verwendet und an den Dachelementen bzw. der Umrandungsmauer hochgezogen und abgedichtet werden. Wenn mehrere Bahnen notwendig sind, müssen sie überlappend verschweißt oder verklebt werden. Gleiches gilt für die Anschlüsse der vertikalen Regenrohre. Bei Dächern aus Blech werden für Rinnen und Rohre häufig vorgefertigte geschweißte Bauelemente verwendet.

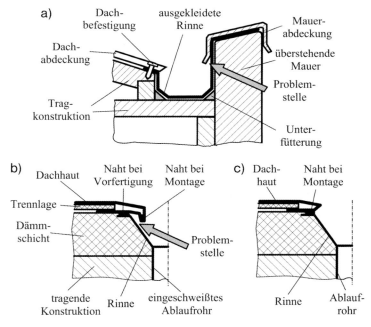

Abb. 5.33 Details von Metalldächern:
(a) Prinzip einer Dachrinne bei überstehender Seitenwand,
(b) übliche Ausführung einer überkragenden Dachhaut,
(c) verbesserte Ausführung.

Sie werden dann mit der Dachhaut an der Stoßstelle mit einer Rollnaht gemäß Abb. 5.33b verschweißt. Dabei entsteht ein Totbereich unter der überstehenden Dachkante, der eine hygienische Problemstelle ergibt. Eine Verbesserung lässt sich erreichen, wenn die Dachhaut gemäß Abb. 5.33c umgekantet und mit dem Rinnen- oder Rohrelement durch eine Kehlnaht von außen verschweißt wird. Der erhöhte technische Aufwand ergibt eine wesentliche Verbesserung in Bezug auf Hygienic Design.

5.2.3.3 Fenster

Hygienegerecht gestaltete Gebäude für sensible Produktbereiche sollten möglichst keine Fenster erhalten. Große Fensterflächen, vor allem auf der sonnigen Seite einer Produktionsanlage bewirken einen Treibhauseffekt im Inneren, wodurch das Raumklima nur schlecht kontrolliert werden kann. Wenn Gebäude mit Fenstern versehen werden sollen oder entsprechend örtlicher Anforderungen müssen, sind Anordnung und Ausführung neben den thermischen Anforderungen, für die Berechnungsunterlagen genormt sind (siehe z. B. [70]), unter Gesichtspunkten von Hygienic Design und Prozesshygiene zu diskutieren. Die beste Alternative stellen in diesem Fall Fenster dar, die nicht geöffnet werden können. Sie erlauben zwar den Zutritt von Licht, schließen aber andere Einflüsse wie Gerüche, Staub, Insekten oder Mikroorganismen aus der äußeren Umgebung aus. Im Bereich sensibler Prozesse mit offenen Produkten dürfen nur solche Ausführungen verwendet werden. Generell sind Fenster auf der Schattenseite zu bevorzugen. Werden Fenster auf der Sonnenseite notwendig, können sie auch durch geeignete Maßnahmen, wie richtig angelegte Vegetation oder Rollos, vor zu starker Sonneneinstrahlung geschützt werden. Sowohl aus thermischen Gründen als auch wegen schlechter Reinigungsfähigkeit ist allerdings davon abzuraten, Rollos oder ähnliches von Innen anzubringen.

Neben der Tatsache, dass sie bei falsch gewähltem Scheibenmaterial ein Risiko durch Bruch und dadurch hervorgerufene Kontaminationsprobleme darstellen, müssen Fenster und Rahmen regelmäßig gereinigt, instandgehalten und bezüglich ihrer Dichtheit überprüft werden. Wenn der Bruch von Scheiben ausgeschlossen werden muss, können sie aus unzerbrechlichen Werkstoffen wie z. B. Polycarbonat hergestellt werden.

Bei Fenstern müssen die Rahmen und Stöcke so konstruiert sein, dass weder Flüssigkeiten noch Schmutz in sie eindringen können. Die Fensterstöcke müssen so gegen die Wand abgedichtet werden, dass Wand und Fensterstock eine unlösliche Einheit bilden [71]. Am besten sind die Fensterstöcke einzuputzen und bei späteren Fliesenarbeiten mit Silikon zu umspritzen. Gute Lösungen für Werkstoffe sind vollständig verschweißte Hohlteile aus Edelstahl, Aluminium, galvanisiertem und lackiertem Stahl oder massiver Kunststoff. Bei Letzterem ist darauf zu achten, dass er nicht quellen und sich nicht verziehen kann. Holz kommt für Fester nicht in Frage, da es im Gegensatz zu anderen Werkstoffen nicht zu einem Stück verbunden werden kann. An den Fugen zwischen den Einzelteilen kann sich Schmutz ansammeln oder Feuchtigkeit ins Material eindringen. Auch wenn diese Fugen vollständig durch eine Lackierung versiegelt sind, können mit

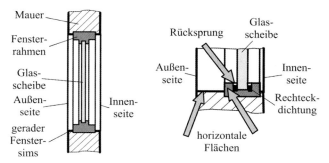

Abb. 5.34 Hygienische Problemstellen an Fenstern (Prinzipdarstellung).

der Zeit an diesen Stellen durch das natürliche Arbeiten des Holzes Risse im Lack auftreten.

Vorhandene Dichtungen sind ausreichend häufig zu erneuern, da Risse und andere Verletzungen Mikroorganismenwachstum begünstigen. Außerdem ist auf eine ausreichende Isolierwirkung sowie Belüftung auf der Innenseite zu achten, um das Beschlagen der Scheiben zu verhindern, das meist zu Schimmelbildung führt.

In vielen Fällen wird an eine hygienegerechte Gestaltung von Fenstern nicht gedacht, obwohl entsprechende Änderungen der Konstruktionen aufgrund der verwendeten Materialien und Elemente relativ einfach durchzuführen wären. Üblicherweise wird entsprechend der Prinzipdarstellung in Abb. 5.34a der Fensterrahmen in die Mitte der Fensteröffnung gesetzt, die an der Unterseite sowohl nach außen als auch nach innen ebene Flächen ergibt. Um Problemzonen im Innenbereich so gering wie möglich zu halten, wäre es am günstigsten, dass die Fensterrahmen gemäß Abb. 5.34b nahezu bündig mit der Innenwand gesetzt werden. In vielen Fällen werden die Fenster jedoch z. B. aus architektonischen Gründen möglichst außen bündig gestaltet. Zusätzliche hygienische Schwachstellen ergeben sich an den horizontalen Rahmen- und Dichtungsflächen, die mit Pfeilen gekennzeichnet sind.

Wenn die hygienegerechte Gestaltung ein Fluchten der Fenster mit den Innenwänden von Prozessräumen erfordert, lassen sich außenliegende horizontale Flächen an Fenstersimsen meist nicht vermeiden. Je nach Ausführung der Gebäudewände und Wahl des Werkstoffs für die Fensterrahmen fallen sie unterschiedlich groß aus. Um das Nisten von Vögeln zu verhindern, sind sie gemäß der Prinzipskizze nach Abb. 5.35 abzuschrägen. Nach [53] wird dafür eine Neigung von 60° vorgeschlagen, was über die in Abschnitt 5.2.3.1 erwähnte Forderung nach [45] hinausgeht, horizontale Absätze unter 45° abzuschrägen. Gleiche Anforderungen gelten für innenliegende Simse. Wie die Detaildarstellung in Abb. 5.35a aufzeigt, sollten auch die Fensterrahmen abgeschrägt werden, um Wasser von horizontalen Bereichen ablaufen zu lassen. Dadurch können Vor- und Rücksprünge mit rechtwinkligen inneren Ecken und Kanten vermieden werden, die sich schlecht reinigen lassen. Vor allem bei Metallrahmen lassen sich geringe Breiten von Fensterrahmen verwirklichen, wodurch sich auch Problemstellen minimieren lassen. Weiterhin

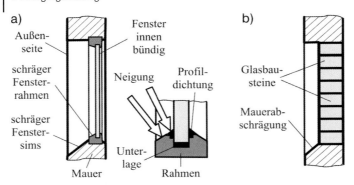

Abb. 5.35 Möglichkeiten für Hygienic Design:
(a) bei Fenstern, (b) durch Verwendung von Glasbausteinen.

ist auf die Gestaltung der Dichtungen für die Scheiben zu achten, die auf keinen Fall zurückversetzt sein sollten, da sich in den Vertiefungen Wasser ansammeln kann. Sie sollten leicht überstehend entweder mit Hohlkehlen versehen oder als abgeschrägte Profildichtungen ausgeführt werden.

Auch bei Fenstern in Dachflächen ist auf diese Konstruktionsprinzipien zu achten, die in erster Linie eine ausreichende Neigung aller Flächen und die Vermeidung nicht selbstablaufender Totbereiche fordern, auf denen sich Wasser ansammeln kann.

Eine gute Wahl stellen aus hygienischer Sicht Glasblockfenster oder -wände dar, wie es Abb. 5.35b verdeutlichen soll [72]. Sie sind ausreichend lichtdurchlässig, nicht zu öffnen und leicht zu reinigen, wenn die Fugen hygienegerecht, d. h. aus einem widerstandsfähigen Material, bündig zu den Glasblöcken und glatt ausgeführt werden. Zusätzlich müssen Wand- und Bodenfuge beidseitig dauerelastisch ausgefüllt werden, wofür sich z. B. außen und innen einsetzbarer Silikondichtstoff eignet. Je nach Wandkonstruktion werden bei größeren Wanddicken Simse erforderlich, die entsprechend abzuschrägen sind. Häufig liegen diese auf der Gebäudeinnenseite, da wegen der architektonischen Gestaltung meist außen bündige Glasflächen angestrebt werden. Für die Ausführung hinsichtlich Festigkeitsanforderungen sind entsprechende Normen zu beachten.

In Stahlbauten werden häufig nicht zu öffnende Fensterflächen integriert wie die Prinzipdarstellung in Abb. 5.36a verdeutlichen soll. Hierbei werden für Industriebauten in der typischen Stahlskelettbauweise unterschiedliche Systeme mit Fertigelementen eingesetzt, wie das Beispiel in Abb. 5.36b verdeutlichen soll. Wie bereits mehrfach erwähnt, sollten auch bei dieser Gestaltungsweise alle horizontalen Flächen geneigt ausgeführt werden, wenn es sich um Gebäude mit Hygieneanforderungen handelt. Bei den Horizontalträgern nach Abb. 5.36c bilden die schmalen Schenkeloberflächen nahezu keine Problembereiche, wenn die Dichtungen hygienegerecht ausgeführt werden können.

Generelle Anforderungen an Fenster von Industriebauten (s. auch [73]) enthalten meist keine Hinweise aus Hygienic Design. In Abb. 5.37a ist die prinzipielle Gestaltung eines Fensterrahmens im Ausschnitt für eine Doppelverglasung

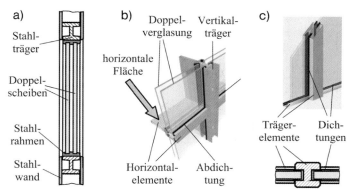

Abb. 5.36 Beispiele für die Ausführung von Fenstern in Stahlbauten:
(a) Prinzipdarstellung, (b) Ausführung: Fa. Akotherm, (c) Ausführung: Fa. Kiesinger.

dargestellt, wie er z. B. aus Metall oder Kunststoff hergestellt werden kann. Um Anforderungen an Funktionalität und Steifigkeit erfüllen zu können, bestehen die Rahmenelemente aus unterschiedlich kompliziert gestalteten, stranggepressten Profilen. Für Hygieneausführungen könnten die notwendigen Abschrägungen aufgrund des Herstellungsverfahrens für die Profile aus den erwähnten Materialien auf relativ einfache Weise realisiert werden. Auch eine hygienegerechte Anpassung der Dichtungen ließe sich erreichen. Hier werden vorhandene Möglichkeiten zur Zeit noch nicht voll ausgeschöpft. Die Abb. 5.37b zeigt zur Verdeutlichung der Konstruktionsweise eine Praxisausführung eines zu öffnenden Fensters. In Abb. 5.37c sind zusätzlich als Beispiel der Profilquerschnitt eines geöffneten Fensterflügels sowie des dazugehörigen Rahmens dargestellt. Hierbei ist der außenliegende Bereich sowohl des feststehenden als auch des beweglichen

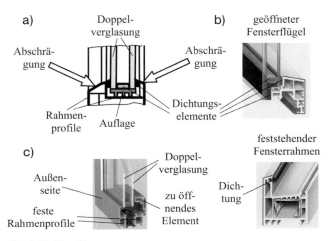

Abb. 5.37 Metallfenster:
(a) Prinzipskizze, (b) Ausführung mit horizontalen Flächen,
(c) geöffneter Fensterflügel und feststehender Rahmen mit Abschrägungen.

Fensterrahmens in abgeschrägter Form ausgeführt. Als Besonderheit ist die Außenscheibe geklebt ausgeführt. Während die Scheibendichtung (rechte Seite oben) bündig zum Rahmen gestaltet ist, lässt sich bei der Schließdichtung, die als Hohlprofil ausgebildet ist, ein Spalt in Schließstellung nicht vermeiden.

Wenn zu öffnende Fenster gefordert werden oder bereits vorhanden sind, müssen die Öffnungen durch gut befestigte, aber zur Reinigung entfernbare, ausreichend feine Gitter den Schutz vor größeren Partikeln und vor allem Insekten gewährleisten. Der Eintritt von Staub und daran haftenden Mikroorganismen lässt sich bei offenen Fenstern dadurch jedoch nicht vermeiden. Die Erfahrung zeigt, dass häufig kleinere Verletzungen und Beschädigungen der Gitter auftreten. Daher muss ein Kontrollprogramm dafür sorgen, dass ständige Überprüfungen und Instandhaltungsarbeiten durchgeführt werden. Zu öffnende Fenster sollten außerdem unbedingt in Konzepte der inneren Luftführung der Prozessräume eingebunden werden.

5.2.3.4 Äußere Tore und Türen

Im Gegensatz zu Fenstern *müssen* Türen und Tore geöffnet werden, da sie dem Ein- und/oder Ausgang von Personal, Produkten, Versorgungsmaterialien, Bauteilen und Fertigprodukten dienen. Dadurch zählen sie zu den Haupteintragsstellen von Ungeziefer, Schmutz und Mikroorganismen, die durch die Luft, die Kleidung und das Schuhwerk von Personen oder Rädern von Fahrzeugen in das Gebäudeinnere transportiert werden. Aus diesem Grund sollte die Anzahl von Türen und Toren in Betrieben, die Hygieneanforderungen zu erfüllen haben, grundsätzlich minimiert und der Verkehr kontrolliert werden. Obwohl sie nicht als produktberührt einzustufen sind und meist eine Verbindung zu Räumen herstellen, die in der Zoneneinteilung niedrig eingestuft sind, sollten die Bereiche, in denen sich Schmutz und Ungeziefer festsetzen können, entsprechend hygienegerecht gestaltet und regelmäßig gereinigt werden. Leider werden sie meist nicht unter Gesichtspunkten der Reinigbarkeit konstruiert.

Um Tore und Türen bei Nichtbenutzung ständig geschlossen zu halten, ist selbsttätiges Schließen empfehlenswert. Um sie von direkter äußerer Verschmutzung zu schützen, sollten sie bevorzugt mit allen Führungen und Betätigungsmechanismen im Innenbereich montiert und leicht zugänglich für Reinigung und Überwachung gestaltet werden. Überdachungen der Torbereiche, die meist als Sitz- oder Nistplatz von Vögeln genutzt werden und damit unmittelbare Kontaminationsquellen darstellen, sollten möglichst vermieden werden. Wenn sie erforderlich sind, um z. B. mit der Gebäudewand bündige nach außen öffnende Tore vor Regen und Verkehrsflächen vor zusätzlicher Nässe zu schützen, sollten gegen das Nisten von Vögeln konstruktive Maßnahmen wie z. B. starke Neigung der Flächen ergriffen werden. Der Ablauf von Regenwasser sollte dann seitlich an der Überdachungsfläche durch Regenrinnen und unmittelbar in das Abwassersystem führende Ablaufrohre erfolgen.

Je nach Anwendungsfall sind für Türen und Tore allgemeine Anforderungen für die Beanspruchung durch Windlast, für eventuell vorhandene thermische Isolierung, die in einer ISO-Norm [74] über das wärmetechnische Verhalten festgelegt ist, und für eine ausreichende Lebensdauer in Form von Betätigungszyklen zu erfüllen. Aus hygienischer Sicht ist zunächst die Dichtheit gegen Außenluft bei Windbelastung sowie gegen Eindringen von Wasser an allen Seiten der Toröffnung sowie an eventuell vorhandenen Fenstern in den Toren wichtig. Prüfverfahren für die Luftdurchlässigkeit sind in [76], für die Dichtheit gegen Schlagregen in [75] festgelegt. Weitere Anforderungen können der Produktnorm nach [77] entnommen werden.

Oft ist es schwirig, die richtigen Außentore oder -türen für die jeweilige Anwendung auszuwählen. Unterschiedliche Arten wie vertikale Hubtore, horizontale Schiebetore, Rolltore oder Flügeltore mit seitlicher Gelenkbefestigung stellen nur einige Beispiele dar. Um die Öffnungszeiten kurz zu halten, sollten schnellschließende, automatisch wirkende Konstruktionen eingesetzt werden. Ein weiteres Entscheidungsmerkmal ist die Öffnungsrichtung, die vertikal oder horizontal gewählt wird. Wenn z. B. jeweils die volle Torhöhe genutzt werden soll, sind horizontal öffnende Tore vorzuziehen, die in geteilter Version schneller die volle Öffnungsbreite freigeben. Als weiteres Auswahlkriterium wird die möglichst effektive Trennung von Außen- und Innenbereich angesehen, die von der Qualität der Randabdichtungen, der Arbeitsgeschwindigkeit sowie der Betätigungs- und Kontrollmöglichkeit abhängt. Durch eine hohe Passiergeschwindigkeit in Verbindung mit dem Öffnen und Schließen kann der Verkehrsfluss durch die Anlage optimiert werden, wodurch z. B. Kontaminationsrisiken neben dem durch den Verkehr direkt transportierten Schmutz vermindert werden können. In diesem Zusammenhang ist eine Automatisierung der Arbeitsweise der Tore zu sehen, die auf die Art des Verkehrs abgestimmt sein muss. Um Undichtheiten durch Beschädigungen auszuschließen, müssen die Tore ausreichend stabil sein.

Für die Anordnung der Außentüren und -tore an Gebäuden sind verschiedene Faktoren wie z. B. die Windrichtung oder die Lage von kontaminierenden Bereichen zu berücksichtigen. Vor allem Tore von Andockvorrichtungen, die für die Versorgung oder Auslieferung längere Zeit offen sind, sollten an der windabgewandten Seite von Gebäuden angeordnet werden. Als wichtigste Hygieneanforderung ist eine gute, sicher wirkende Abdichtung an allen Randbereichen, d. h. seitlich sowie oben und unten anzusehen, die zudem hygienegerecht ausgeführt werden sollte. Außerdem sollten an Toren und Türzargen keine unzugänglichen Toträume vorhanden sein.

Modern ausgestattete Produktions- und Logistikhallen kommen heute meist nicht mehr mit einem Außentor an Gebäudezugängen aus. Vielmehr sind sie heute zunehmend mit jeweils doppelten Toranlagen ausgestattet, von denen die äußere dem sicheren Abschluss außerhalb der Arbeitszeit dient, während ein zweites, dahinter angeordnetes Torsystem als Schleuse dient, die einen zügigen Materialfluss sicherstellt, Energieverluste sowie störende Zugluft minimiert und Geräuschemissionen mindert. Auch bei speziellen Hygieneanforderungen an zu schützende Produktionsbereiche können entsprechend ausgerüstete Hygieneschleusen mit Doppeltoren eingerichtet werden.

Bei linear öffnenden Türen und Toren können z. B. als erster Schutz äußere Luftvorhänge vorgesehen werden. Wenn sie für die jeweilige Anwendung richtig ausgelegt werden, können sie sehr effektvoll luftgetragenen Schmutz und Insekten vom Gebäudeinneren fernhalten. Die Luftströmung muss die gesamte Öffnung überdecken und von oben nach unten sowie auswärts gerichtet sein. Die Luftgeschwindigkeit sollte nach [57] mindestens 8 m/s in etwa 1 m über dem Boden betragen. Die Antriebe für die Luftvorhänge sollten direkt mit denen der Toröffner verbunden werden, um unmittelbar beim Öffnen die Luftströmung in Gang zu setzen. Sie darf erst abgeschaltet werden, wenn die Tore völlig geschlossen sind. Wenn manuelle Schalter für diese Vorrichtungen vorhanden sind, sollten sie von Aufsichtspersonal mithilfe von Schlüsselschaltern kontrolliert werden.

Für den unmittelbaren Gebäudeabschluss nach außen werden stabile Tore aus Metall oder verschleißfestem witterungsbeständigem Kunststoff verwendet. Da es sich bei den Konstruktionen meist um universelle Industrieausführungen handelt, ist es bei den steigenden Hygieneanforderungen im Rahmen des Gesamtkonzepts für hygienerelevante Industrien wünschenswert, hygienegerechte Ausführungen zu entwickeln, die Problemzonen vermeiden und sich mit einfachen Mitteln reinigen lassen.

Vertikal durch eine Zugvorrichtung öffnende, einteilige Hubtore gemäß der Prinzipdarstellung nach Abb. 5.38 sind häufig aus hygienischer Sicht anderen Konstruktionen vorzuziehen. Ein Grund dafür ist, dass die Führungsschienen vertikal verlaufen, womit leicht verschmutzende horizontale Flächen in diesen Bereichen entfallen. Außerdem werden durch das Torblatt verdeckte Stellen beim Anheben freigegeben und damit einer Reinigung zugänglich. Die Konstruktion wird bei ausreichendem Platz nach oben und geringem zu den Seiten hin eingesetzt. Beim Öffnen entsteht jeweils freie Sicht über die gesamte Breite der Toröffnung. Das Torblatt, das auch mit thermischer Isolierung ausgeführt werden kann, wird meist aus Metall wie kunststoffbeschichtetem oder verzinktem Stahl, Aluminium oder Edelstahl hergestellt. Es wird in den seitlich angeordneten, vertikalen Schienen auf unterschiedliche Weise geführt und abgedichtet, die im Inneren des Gebäudes

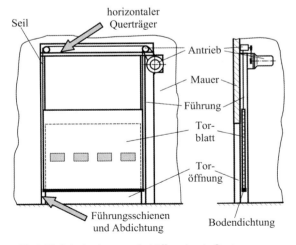

Abb. 5.38 Prinzip eines vertikal öffnenden Außentors.

angebracht sind. Wenn die Führungen abgedeckt gestaltet werden, sollten die Abdeckungen leicht entfernbar sein. Die vertikale Bewegung wird durch Seilwinden erreicht. Um das Herabfallen des Tors bei Beschädigung der Hubvorrichtungen zu verhindern, müssen spezielle Sicherheitsvorrichtungen angebracht werden.

Da sich die Torkonstruktion im Gebäudeinneren befindet, sollte aus Hygienegründen nicht nur eine regelmäßige Reinigung der Tore, sondern auch aller anderen Bauelemente durchgeführt werden. Vor allem in den Führungen, die in verschiedener Gestaltung und mit unterschiedlicher Abdichtung verfügbar sind, kann sich Schmutz und Ungeziefer verbergen. Sie sollten deshalb auf der gesamten Länge oberhalb und unterhalb der Toröffnung zur Reinigung zugänglich sein. Als günstig erweisen sich in diesem Bereich offene Konstruktionen. Falls Abdeckelemente vorhanden sind, müssen sie abnehmbar gestaltet werden. Ebenfalls sind alle anderen Elemente wie Führungsteile, Seile, Hubmotoren usw. in festgelegten Abständen mit entsprechenden Verfahren wie z. B. Trocken- oder Schaumverfahren zu reinigen.

Um die Geschwindigkeit beim Öffnen und Schließen zu erhöhen und Bauhöhe einzusparen, können Hubtore auch mit mehreren versetzt übereinander angebrachten Torblättern ausgeführt werden, wie Abb. 5.39 zeigt. Gegenüber den kürzeren Öffnungszeiten wird durch die sich überlappenden Torelemente und die komplizierteren Führungen allerdings die Reinigbarkeit verschlechtert. Die überlappenden Elemente bilden unzugängliche abgedeckte Spalte, die von Insekten als Versteck- und Nistplätze genutzt werden. Der unterste Torbereich kann mit einer Tür für Personen entsprechend Abb. 5.39a ausgestattet werden. Die Bodenabdichtung, meist aus Elastomer- oder Polymerwerkstoffen, lässt sich als Verschleißteil auswechselbar gestalten. Sie sollte regelmäßig kontrolliert und gewartet werden. In Abb. 5.39b sind zur Verdeutlichung der Wirkungsweise zwei Tore in unterschiedlichem Öffnungszustand dargestellt.

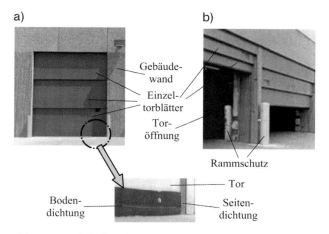

Abb. 5.39 Vertikal öffnende Tore mit versetzten Torelementen:
(a) geschlossenes Tor und Dichtungsdetail (Door Engineering and Manufacturing, USA),
(b) Tore unterschiedlich weit geöffnet (Quelle: Zesbangh Inc).

Bei horizontal verschieblichen Toren ist die Konstruktionshöhe nur geringfügig höher als die Höhe des Tores. Die hygienischen Problembereiche liegen gemäß der Darstellung nach Abb. 5.40a an den Torabdichtungen sowie am oberen Querträger für die Führung der Rollen.

Für die Dichtheit sorgen meist dreiseitig umlaufende Gummidichtungen. Die untere Abdichtung sollte nicht in U-förmigen Schienen geführt werden, die in den Boden eingelassen sind, da sich Verschmutzungen aus den Vertiefungen der Schiene nicht entfernen lassen. Für die Dichtung an der Torunterkante sind Ausführungen erhältlich, bei denen z. B. die Dichtung mit Gummilippe in das Tor integriert ist und sich erst beim Schließen auf den ebenen Boden absenkt, sodass geringerer Verschleiß entsteht. Bei anderen Konstruktionen werden als bewegte untere Abdichtung sogenannte „bristle strips" oder Bürstendichtungen verwendet. Ihre Verwendbarkeit hängt von dem jeweiligen Einsatzbereich ab. Die als Verschleißteile konzipierten Dichtelemente sind aufgrund der flexiblen Borstenstruktur grundsätzlich für hin- und hergehende Bewegungen geeignet, lassen sich aber nur bei Demontage ausreichend reinigen. Außerdem ist ihre Dichtheit begrenzt.

Die Konstruktion des Bereichs der Führungsrollen ist dem Prinzip nach in Abb. 5.40b beispielhaft dargestellt. Auf den horizontalen Flächen des Winkelprofils, das als Tragkonstruktion dient, sowie in den U-Schienen für die Führung der Rollen setzt sich Schmutz ab, der schwierig zu entfernen ist. Außerdem kann Wasser aus den U-Profilen nicht ablaufen. Durch die dem Prinzip nach in Abb. 5.40c angedeuteten Veränderungen mit geneigten und offenen horizontalen Flächen ließen sich diese Problemzonen beseitigen.

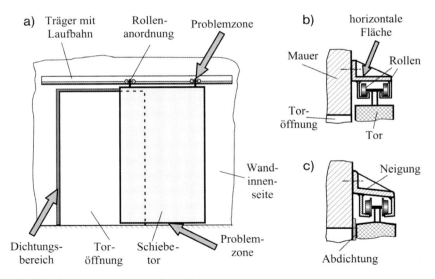

Abb. 5.40 Prinzip eines horizontalen Schiebetors:
(a) mögliche Problemzonen, (b) Detail der Rollenführung mit Problemstellen,
(c) Prinzip der hygienegerechten Verbesserung der Rollenführung.

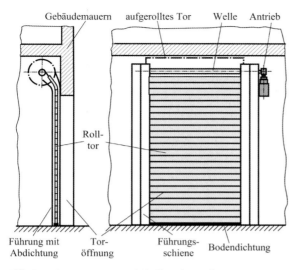

Abb. 5.41 Prinzip eines vertikal öffnenden Rolltors.

Als Hochgeschwindigkeitstore zum schnellen Öffnen und Schließen sind auch zweiteilige Schiebetore im Einsatz, die von der Mitte her betätigt werden. Dadurch soll das Passieren von Personen, Versorgungsmaterialien oder Fahrzeugen durch die Öffnungen beschleunigt und die Öffnungszeiten kurz gehalten werden. Bei richtiger Ausführung kann dadurch die Trennwirkung zwischen der Umgebung und dem Gebäudeinneren verbessert werden.

Rolltore, die gemäß der Prinzipdarstellung nach Abb. 5.41 in vertikaler Richtung vom Boden her öffnen, stellen eine weitere häufig verwendete Art von Außentoren dar, die auch als schnell öffnende Ausführungen mit Geschwindigkeiten im Bereich von 3 m/sec und mehr eingesetzt werden können. Sie eignen sich vor allem für Hallen, in denen unter der Decke kein oder nur ein begrenzter Raum vorhanden ist und bei denen Wärmedämmung eine untergeordnete Rolle spielt.

In Abb. 5.42 ist ein Beispiel einer Ausführung eines Rolltors sowie der Lammellen und Führungen dargestellt, wobei mögliche hygienerelevante Problemstellen gekennzeichnet sind. Die Seitenzargen bestehen aus Metall wie z. B. verzinktem Stahlblech oder rostfreiem Edelstahl. Die Laufschienen sind meist getrennt angebracht und dienen zur Führung des Torblattes. Dieses kann aus stranggepressten Aluminium- oder Kunststofflamellen bestehen, welche mit Gleitstücken zusammengehalten werden. Die Elemente können auch mit einer Isolierung entsprechend Abb. 5.42b ausgeführt werden. Zwischen den einzelnen Lamellen dient ein speziell angefertigtes Gummiprofil zur Schalldämmung. Zwischen den gegeneinander beweglichen Lamellen sind Spalte unvermeidlich, die hygienische Problemstellen bilden und schwierig zu reinigen sind.

Die Welle zum Aufwickeln des Tores besteht aus einem Stahlrohr mit angeschweißten Zapfen, die an beiden Seiten in Lagern laufen. Das oberste Torelement ist mit der Wickelrolle fest verbunden. Die Seitenführungen, die meist als Hohl-

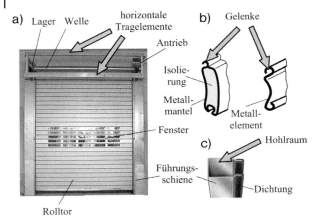

Abb. 5.42 Details eines Rolltors:
(a) Ansicht von innen, (b) isoliertes und nicht isoliertes Torelement,
(c) Detail der Seitenführung mit Dichtungen.

profile wie z. B. U-Schienen entsprechend Abb. 5.42c gestaltet sind, werden auf verschiedene Weise z. B. mithilfe von Bürsten oder Elastomerdichtungen seitlich abgedichtet. Die dahinter entstehenden Hohlräume lassen sich nicht oder nur schlecht reinigen und dienen häufig zum Aufenthalt und als Niststellen für Ungeziefer. Hygienegerecht gestaltete Führungselemente sollten so gestaltet werden, dass Hohlräume leicht zugänglich sind. Die Dichtelemente, die Verschleißteile darstellen, sollten ebenfalls leicht auszuwechseln sein. Falls die Seitenteile durch Abdeckungen geschützt werden, müssen diese zu Inspektions-, Reinigungs- und Wartungszwecken leicht zu öffnen sein.

Der Antrieb erfolgt meist durch Getriebemotoren, die entweder direkt oder durch einen Kettentrieb mit der Wickelwelle verbunden sind. Wenn seitlich des Tores wenig Platz vorhanden ist, lässt sich ein Rohrmotor in die Welle integrieren (s. auch Kapitel 3). Aus hygienischer Sicht sollten bei den Tragkonstruktionen für Lagerung und Motor horizontale Flächen vermieden werden, auf denen sich Schmutz anlagern kann, wie es generell bei offenen Rahmenkonstruktionen gefordert wird.

Zusätzlich in die Zargen integrierte Federn halten das Tor in den Führungsschienen auf Spannung, um die Laufgeräusche zu vermindern. Außerdem werden Rolltore mit Sicherheitsvorrichtungen wie Schließkantensicherung und Durchfahrtslichtschranken ausgeführt, die im Notfall das Tor bremsen.

In manchen Fällen werden als Zusatzabschluss zu den eigentlich massiven Toren Schnelllauftore mit flexiblem Behang eingesetzt, die während der Betriebszeiten benutzt werden. Sie können als vertikale, wie ein Rolltor funktionierende oder als nach beiden Seiten horizontal öffnende „zweiflügelige" Schnelllauftore ausgeführt werden. Auf ihre Gestaltung wird später ausführlicher eingegangen, da sie auch im Inneren von Gebäuden zur Raumtrennung eingesetzt werden.

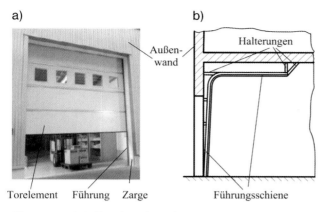

Abb. 5.43 Vertikal öffnendes Sektionaltor:
(a) Ausführungsbeispiel (Fa. Hörmann), (b) Prinzipdarstellung.

Wenn es die Platzverhältnisse erfordern, können Sektionaltore gemäß Abb. 5.43 verwendet werden. Dabei fährt das Tor, das aus einzelnen, gelenkig miteinander verbundenen Elementen besteht, beim Öffnen entsprechend der Prinzipskizze nach Abb. 5.43b unter die Decke, sodass die Toröffnung und der Bereich um das Tor frei bleiben. Torblatt, Rahmen und Führungen werden meist aus Metall wie z. B. Aluminium oder beschichtetem Stahl hergestellt.

Außentore und -türen mit Flügeln gemäß Abb. 5.44a und b sollten nach außen öffnen. Sie bieten Vorteile, wenn der Verkehr vorwiegend in Öffnungsrichtung abläuft. Sie sind an den Seiten gelenkig gelagert. Wenn die Gelenke außen angeordnet werden, liegen sie in einem hygienisch nicht eingeschränkt-relevanten Bereich. Da die seitlichen und oberen Dichtungen in die Zarge integriert werden können, werden sie nicht in der gleichen Weise dynamisch beansprucht wie bei Roll- oder Schiebetoren.

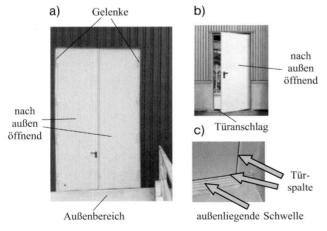

Abb. 5.44 Ausführungen mit Flügeln: (a) Tor, (b) Tür, (c) Türdetails.

Bei nach außen öffnenden Türen ist von Vorteil, dass die Tür an der Unterseite von außen gegen die Türschwelle angeschlagen und dort gedichtet wird. Dadurch können Schmutz und Ungeziefer in geschlossenem Zustand in erster Linie im Außenbereich gehalten werden. Dies gilt vor allem auch für den Spalt zwischen Tür und Schwelle. Bei innen liegenden Türen liegt dieser Bereich dagegen, wie der Ausschnitt in Abb. 5.44c verdeutlichen soll, bereits im Gebäudeinneren. Dies führt dazu, dass beim Öffnen der Tür in den Spalt eingedrungener Schmutz dann unmittelbar ins Gebäudeinnere gelangt. Zusätzlich ist zu bemerken, dass die vorhandene Wellblechschwelle ungeeignet ist und nicht dem Stand der Technik entspricht.

5.2.3.5 Verladestellen, Plattformen and Verladeschleusen

Rohstoffe oder Produkte sollten nicht auf Laderampen abgestellt werden, wo sie Witterungsverhältnissen und Kontaminationsgefahren durch Ungeziefer ausgesetzt sind. Die Übergabe aus Transportfahrzeugen in Gebäude sollte möglichst an geeigneten, weitgehend abgeschirmten Verlade- und Andockstellen stattfinden. Diese übernehmen damit eine entscheidende Rolle für den Schutz der Übergangsbereiche zwischen außen und innen, da sie eine Frontposition bei der Abwehr von Ungeziefer und der Bekämpfung von Kontaminationen einnehmen, die von außen kommen. Von Vorteil in Bezug auf Hygieneanforderungen ist, dass Andockstellen in vielen Fällen nicht unmittelbar in höhere Hygienezonen, sondern in vorgelagerte Bereiche wie Lager mit verpackten Produkten führen.

Verladebereiche und -plattformen sollten so weit wie praktisch möglich umschlossen oder gekapselt sein, um Kontaminationen aller Art so gering wie möglich zu halten. Ein unsachgemäß gestalteter und errichteter Verladebereich kann sich außerdem als eine attraktive Zufluchtsstätte für Vögel, Nagetiere und Insekten erweisen. Geschlossene und gekapselte Bereiche und Räume sind für sie weniger reizvoll als offene. Deshalb müssen teilweise oder völlig offene Durchgänge oder Tore möglichst vermieden oder durch konstruktive Maßnahmen und Kontrollen soweit abgesichert werden, dass ein ausreichender Schutz gegenüber Kontaminationen und dem Eindringen von Ungeziefer entsteht.

Be- und Entladestationen für Lastwagen sowie Plattformen sollten so gestaltet werden, dass die Zugangsmöglichkeiten für Schädlinge minimiert werden. Deshalb sollten sie mindestens 90 cm über dem Boden liegen. Die Unterseite sollte aus glattem Blech mit einem Überhang von 30 cm bestehen, damit Nager nicht in das Gebäude klettern können [45]. Gründlich installierte schnellschließende und öffnende Türen oder Luftvorhänge sollten verwendet werden, um Vögel und Insekten vom Eindringen in das Gebäude abzuschrecken. Überstehende Teile sollten so konstruiert werden, dass Vögel weder sitzen noch nisten können.

Moderne Docks sind mit großflächigen Dichtungen ausgestattet, die nach dem Anlegen an den Lastwagen einrasten und möglichst vollständig abdichten sollen. In Verbindung mit Luftüberdruck im Gebäudeinneren kann dadurch das Eindringen von Außenluft, luftgetragenem Schmutz mit Mikroorganismen und von Insekten wirksam verhindert werden. Bei richtiger Dichtungsgestaltung an der Oberseite und Verwendung von Ladebrücken sind keine Überdachungen der

Öffnungen oder Rampenvorbauten nötig, die ansonsten eine ständige Kontrolle oder Abwehrmaßnahmen erfordern, um das Sitzen und Nisten von Vögeln zu verhindern. Gerade mit dem Aufenthalt von Vögeln auf Überdachungen sowie in unmittelbarer Nähe der Andockstellen ist das Problem der Verschmutzung sowie die Gefahr verbunden, dass sie bei versehentlich nach dem Ablegen der Lastwagen offen gelassenen Toren in die Anlage eindringen können. Als Übergang vom Gebäude zu den Ladeflächen der LKWs werden Verladebrücken in den unterschiedlichsten Ausführungen verwendet. Um den jeweiligen Ladeflächen angepasst werden zu können, müssen sie längs verschieblich und höhenverstellbar ausgeführt werden. Bei Nichtbenutzung werden sie in das Gebäude eingezogen. Der mechanische oder hydraulische Verstellmechanismus, der automatisch oder von Hand betätigt werden kann, wird üblicherweise in einer Aussparung in der Rampe unterhalb der Verladebrücke angebracht. Als Abschluss der Anlegestellen dienen Tore in verschiedener Gestaltung (s. Abschnitt 5.2.3.4).

Die Prinzipdarstellung nach Abb. 5.45 soll zunächst die einzelnen Problemstellen eines Verladedocks aufzeigen. Zum einen können die sich überlappenden Dichtungselemente, die in unterschiedlicher Ausführung eingesetzt werden, enge Spalte und unzugängliche Toträume bilden. Hinzu kommen Verschleiß und Rissbildung durch hohe Beanspruchung beim Anlegen von Fahrzeugen. Zum anderen werden die zum Teil komplizierten Betätigungsmechanismen in den meisten Fällen in Hohlräumen unter der Rampe oder dem Geschossboden angebracht, die schlecht zugänglich sind. Dadurch können sie günstige Verstecke für Schädlinge wie Nagetiere bieten. Die notwendigen Hygieneanforderungen können z. B. dadurch erfüllt werden, dass die Brücken hoch- oder aufgeklappt und die Antriebe für die Reinigung zugänglich gemacht werden können. Auch zwischen dem Boden des Verladebereichs und den Verladebrücken können wegen der notwendigen Beweglichkeit unzugängliche Spalte entstehen, die Schmutzansammlungen fördern.

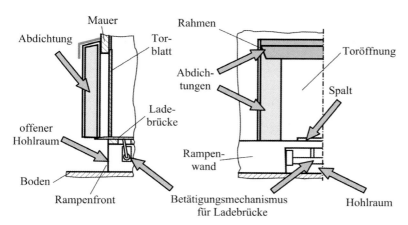

Abb. 5.45 Prinzipielle Darstellung einer Andockstelle für LKW und Kennzeichnung hygienischer Problembereiche.

Die in der Praxis anzutreffenden Ausführungen der Andockstationen sind unterschiedlich gestaltet und werden den jeweiligen funktionellen Anforderungen angepasst. Grundsätzlich sollten auch in diesem Bereich Hygieneanforderungen stärker berücksichtigt werden. Die verschiedenen Torabdichtungen dienen zunächst dazu, die Ladebereiche und die zu verladenden Güter vor Witterungseinflüssen zu schützen sowie die Hauptbarriere zwischen dem Außen- und Innenbereich der Gebäude darzustellen, um Schmutzeintrag zu minimieren, Energiekosten zu sparen und Zugluft zu verhindern. Die Dichtungselemente sollten sich deshalb der Fahrzeuggröße anpassen können, bei angedockten Fahrzeugen den Laderaum dicht umschließen und verschleißfest sowie reinigbar ausgeführt sein. Sie bestehen meist aus Kopf- und Seitenelementen, während an der Unterseite der Ladefläche die Ladebrücke den erforderlichen Schutz bieten soll. Die Abdichtungen können aus Kunststoffplanen, schaumstoffgefüllten Kunststoffkissen oder aufblasbaren Elementen bestehen.

In Abb. 5.46 sind zwei Beispiele üblicher Konstruktionen abgebildet und die wesentliche Anordnung der Frontabdichtungen zu erkennen. Um anpassungsfähig zu sein und Kollisionsschäden bei ungenauem Andocken zu verhindern, werden *Planenabdichtungen* (Abb. 5.46a) meist auf scherenförmige Metallrahmen montiert. Die Seitenplanen müssen in diesem Fall nicht nur flexibel sein, sondern auch über ausreichende Quersteifigkeit verfügen, was z. B. durch verstärktes Planenmaterial oder durch Blattfedern erreicht werden kann, die in die Planen integriert werden. Die Kopfplane kann durchgehend oder auch in Form überlappender Lamellen ausgeführt werden, um eine ausreichende Nachgiebigkeit zu erreichen.

Bei gestängefreien Konstruktionen werden *schaumstoffgefüllte Kissen* verwendet, die an einem stabilen Grundrahmen befestigt und an der Anfahrseite mit beson-

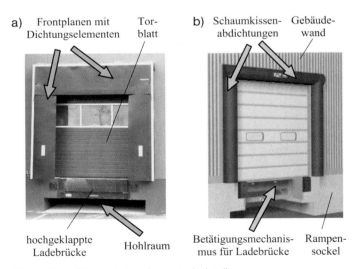

Abb. 5.46 Ausführungsbeispiele von Andockstellen:
(a) Frontabdichtung durch Planen, (b) Abdichtung durch Kunststoffkissen (Fa. Nani).

ders reißfesten Planen abgedeckt werden. Sie sind widerstandsfähig und können bei ungenauem Andocken seitlich beschädigungsfrei ausweichen. Ein bewegliches Hubdach und flexible Seitenteile, die mit Spezialschaumkern ohne Gestänge oder Profilrohre ausgeführt werden, verhindern z. B., dass andockende Fahrzeuge beschädigt werden. Dies wirkt sich vor allem günstig auf die Lebensdauer der Torabdichtungen aus. Außerdem weichen sie selbstständig einem schräg an die Verladestelle anlegenden Lkw sowohl nach hinten als auch zur Seite aus. Gleiches trifft für das von den Seitenteilen unabhängige Hubdach bei hohen Fahrzeugen nach hinten und nach oben zu.

Ein anderes Beispiel zeigt Abb. 5.46b. Für die Torabdichtung werden in diesem Fall drei runde Schaumstoffkissen verwendet, die mit Kunststoffplanen umhüllt sind. Diese bestehen im gesamten Anfahrbereich aus strapazierfähigem Kunststoff, der durch Gewebeeinlagen verstärkt ist. Als Anfahrhilfe sind die Seitenplanen mit gelben Streifen versehen.

Eine weitere Möglichkeit stellen aufblasbare Torabdichtungen dar, wie sie als Beispiel in Abb. 5.47 dargestellt und in ihrer prinzipiellen Konstruktion durch Schnittzeichnungen verdeutlicht sind. Während Planenabdichtungen aufgrund ihrer Flexibilität beim Anlegen von Ladefahrzeugen leicht in den Bereich der Ladeöffnung gelangen können, ist dies bei aufblasbaren Kissen nicht der Fall. Die Konstruktion besteht aus einem Metallrahmen, der an die Wand montiert wird. Seitlich und oben sind an diesem Rahmen aufblasbare Kunststoffkissen befestigt. Nach dem Anlegen des Fahrzeugs an der Rampe werden die Kissen aufgeblasen, sodass sie sich dem LKW optimal anpassen und ihn abdichten. Da-

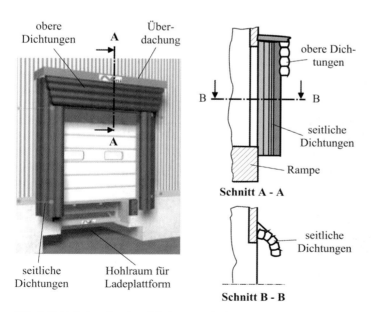

Abb. 5.47 Verladestelle mit aufblasbaren Dichtelementen (Fa. Nani) und Schnittdarstellungen zur Verdeutlichung der konstruktiven Gestaltung.

durch ist ein zuverlässiger Schutz für Personal und Ware während des Be- oder Entladens gegen Witterungseinflüsse gegeben. Nach dem Verladen werden die Kissen entlüftet, um das Fahrzeug wieder freizugeben. Manche dieser Modelle sind mit integrierten aufblasbaren Unterkissen ausgestattet, durch die die Öffnung unten an der Rückseite der Seitenkissen abgedichtet wird.

Für die Verladung zwischen LKWs und temperierten Bereichen wie z. B. Kühlräumen werden Schleusen eingesetzt. Diese können fest in das Gebäude integriert oder als sogenannte Vorsatzschleusen angebaut werden, die vor das Betriebsgebäude gesetzt werden, sodass das Gebäudeinnere voll genutzt werden kann. Außerdem werden sie eingesetzt, wenn die Innenräume keine Installation von Innenrampen zulassen oder Rampen nicht unterfahren werden können. Üblicherweise bestehen Vorsatzschleusen aus einem Podest mit Ladebrücke, einer Wand- und Deckenverkleidung und einer Ladeöffnung mit Torabdichtung. Solche Schleusen sollten aber nicht nur auf einen thermischen Schutz abgestimmt sein, sondern auch die notwendigen Hygieneanforderungen erfüllen. Bei Vorsatzschleusen sind deshalb im Außenbereich neben der hygienegerechten Ausführung der Dichtungselemente eine Dachkonstruktion mit entsprechender Neigung, glatte Wände ohne Rücksprünge und innere Ecken sowie eine gute Zugänglichkeit des Bodens unterhalb der Kabinen erforderlich. Beim Dach, das z. B. auch in Rundform ausgeführt werden kann, sollte vor allem auch auf das Abführen von Regenwasser geachtet werden. In Abb. 5.48 sind zwei Beispiele von Vorsatzschleusen dargestellt. Bei der Ausführung nach Abb. 5.48a ist kein Tor an der Frontseite vorhanden, sondern als Abschluss wird das Gebäudetor am Ende der Schleuse benutzt. Damit ist die Schleuse zur Umgebung offen und infolgedessen in ihrem Innenbereich den entsprechenden Umwelteinflüssen einschließlich Verschmutzung und Ungezieferbelastung ausgesetzt. Die Abb. 5.48b

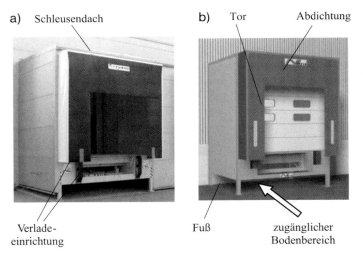

Abb. 5.48 Ausführungsbeispiele von Verladeschleusen in Vorsatzbauweise: (a) mit offener Vorderseite (Fa. Hörmann), (b) mit Fronttor (Fa. Nani).

Abb. 5.49 Andockstelle mit glatten Frontelementen an Dichtungselementen und Rampe.

glatte Frontwand   abgeklappte Verladebrücke

zeigt dagegen eine Schleuse mit Fronttor, wodurch der Innenbereich der Schleuse geschützt ist. Für den Abschluss gegenüber Hygienebereichen könnte zusätzlich am Ende der Schleuse ein weiteres, eventuell schnellschließendes Innentor eingesetzt werden.

Wie bereits erwähnt spielen bei Andocksystemen die Verladebrücken aus hygienischer Sicht eine spezielle Rolle, da sie bewegte Elemente und meist zusätzliche Antriebe benötigen. Zunächst sollte die Rampe der Andockstellen gemäß Abb. 5.49 möglichst mit glatter senkrechter Frontwand zum Geländeboden hin ausgeführt werden und keinen direkten Zugang in Form einer Treppe haben, um Nagetieren den Zutritt zu verwehren.

Übliche ausfahrbare und höhenverstellbare Ladeplattformen und -brücken müssen bündig zum Boden der Rampe oder des Gebäudes montiert werden, um problemlos befahren werden zu können. Sie werden daher häufig, wie in Abb. 5.50a dargestellt, in einem von außen zugänglichen Hohlraum der Rampe untergebracht, der bis zum Boden führt und zur Aufnahme des Antriebs dient. Dadurch entstehen tiefe offene Hohlräume und Spalte, die zusammen mit offenen Betätigungsmechanismen der Ladebrücken Nagetieren Verstecke und Möglichkeiten zum Nisten oder Hochklettern bieten. Die Abb. 5.50b zeigt als Beispiel eine elektrohydraulische Ladebrücke, die in den Hohlraum nach Abb. 5.50a montiert werden kann. Die Konstruktion ist dabei nach unten zur Montagegrube offen. Plattformen dieser Art, die sowohl längs verschieblich als auch in Höhe und Neigung verstellbar ausgeführt werden können, lassen sich von einem Paneel oder beweglichen Schaltelement aus automatisch betätigen. Sie sind meist in Längsrichtung mit Profilen verstärkt und können auch bei ungleicher Beladung LKW-Seitenneigungen ausgleichen.

Nach dem Andocken des LKWs wird das Hallentor geöffnet. Das Betätigungssystem bringt die Plattform in die höchste Position und fährt den Vorschub automatisch aus. Danach senkt sich die Plattform, bis sie auf der Ladefläche aufliegt, sodass sicher be- und entladen werden kann. Die Abb. 5.50c zeigt eine Ausführung einer Ladebrücke mit Klappkeil, der vor dem Anlegen eines Fahrzeugs

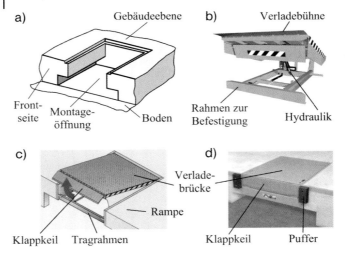

Abb. 5.50 Ausführung der Verladebereiche:
(a) Montageöffnung in Rampe, (b) hydraulische Ladebrücke (Fa. Butt),
(c) geöffnete Ladebrücke mit Klappkeil (Fa. Hörmann),
(d) geschlossene Ladebrücke mit Klappkeil (Fa. Nani).

getrennt hochgeklappt werden kann. Im nicht benutzten Zustand wird der Keil abgesenkt, sodass er mit der Rampe oder Gebäudeaußenmauer gemäß Abb. 5.50d eine bündige Fläche bildet.

Verschiebbare und in der Höhe einstellbare Ladeplattformen sollten im nicht benutzten Zustand vertikal gekippt werden können, um nicht reinigbare Hohlräume zu vermeiden. Eine solche Ausführungsform stellen z. B. stationäre Ladebrücken dar, die im nicht benutzten Zustand vertikal hochgeklappt werden. Ein Beispiel dieser Art zeigt Abb. 5.51. Die Verladebrücke wird in diesem Fall federmechanisch betätigt, ist an einer Rampe montiert und kann in Bezug auf Höhendifferenzen und Belastungen einen großen Bereich abdecken. Selbst große Plattformen dieser Art lassen sich durch nur eine Person bedienen. Eine automatisch einrastende Fallsicherung sichert die Brücken gegen Umstoßen ab. Auch zusätzlich seitlich verschiebbare Konstruktionen sind erhältlich. Die Brücke ist ebenso wie das breite, nach unten offene Stahl-Führungsprofil leicht einer Reinigung zugänglich. Hygienische Problemstellen ergeben sich in Spalten der Federn sowie an den Gelenken und Lagern, sind aber in diesem Bereich niedriger Hygieneanforderungen nicht in gleicher Weise relevant wie bei Prozessanlagen und deren unmittelbarem Umfeld.

Als eine auch unter hygienischen Gesichtspunkten günstige Lösung, hat es sich erwiesen, klappbare Verladebrücken gemäß Abb. 5.52 im Inneren des Gebäudes zu montieren. In diesem Fall kann an der Verladestelle eine Vertiefung im Gebäude vorgesehen werden, in der das Abschlusstor einrastet, wenn keine Verladung stattfindet. Außen erfolgt damit der Gebäudeabschluss durch das Tor. Die Brücke ist in diesem Fall entsprechend Abb. 5.52a vertikal hochgezogen und

5.2 Außenbereiche von Anlagen

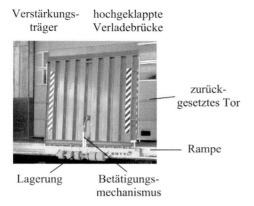

Abb. 5.51 Federmechanische, vertikal aufstellbare Ladebrücke an Rampe (Fa. Butt).

schützt das Tor von innen. Beim Anlegen eines LKWs wird das Tor geöffnet und so in die Brücke umgelegt, dass es von der Vertiefung aufgenommen wird. Die Oberseite, die dann bündig zum Gebäudeflur liegt, bildet die Verbindung zur Ladefläche des LKWs, wie aus Abb. 5.52b zu erkennen ist. Sowohl Vertiefung als auch Ladebrücke sind im hochgeklappten Zustand zugänglich und können einfach gereinigt werden. Außerdem befindet sich die Vorrichtung nicht im Außenbereich in Kontakt mit der Umgebung, was ebenfalls einen hygienischen Vorteil darstellt.

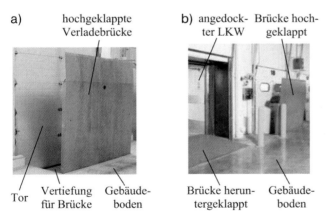

Abb. 5.52 Im Innenraum von Gebäuden montierbare, vertikal aufstellbare Verladebrücke (Fa. Pentalift):
(a) bei geschlossenem Tor, (b) in Gebrauch.

5.3
Innenbereiche von Gebäuden

Das Innere von betrieblichen Gebäuden kann je nach Industrie und Branche sehr unterschiedlich aufgebaut und ausgestattet sein. Die Prinzipskizze nach Abb. 5.53 zeigt zunächst die wesentlichen Bauelemente, für die es jeweils sehr unterschiedliche Werkstoffe und Ausführungsarten gibt. Zu den Hauptelementen gehören Böden, Wände, Decken, Türen und Fenster. Zusätzlich werden Einrichtungen zur Beleuchtung, Belüftung sowie Wasser- und Dampfver- und -entsorgung benötigt.

Außerdem enthält jeder Betrieb je nach Größe verschieden empfindliche Bereiche, die neben Produktions-, Lager- und Versorgungsräumlichkeiten auch Büroräume, Sanitäranlagen und Kantinen umfassen. Bei ihrer Anordnung ist auf eine konsequente Systematik der Aufeinanderfolge zu achten, die eine klare Trennung durch Zonenaufteilung bei unterschiedlicher Hygienerelevanz erforderlich macht. In Abb. 5.54 sind zur Verdeutlichung der Raumgestaltung zwei Ausschnitte aus Produktionsbereichen abgebildet. Boden, Wände und Decke des Produktionsraums für Fleischverarbeitung nach Abb. 5.54a sind mit glatten Belägen ausgestattet. Die Beleuchtung ist unmittelbar an der Decke angebracht, während die Rohrleitungen und Klimatisierungsgeräte einen deutlichen Abstand von der Decke aufweisen. Der Raum um die Prozesslinie sowie der Stauraum im Vordergrund sind großzügig bemessen. Die Abb. 5.54b zeigt einen Ausschnitt aus einem Produktionsraum eines Pharmabetriebes. Der Boden ist in diesem Fall gefliest und im rechten unteren Eck mit einem Ablauf versehen. Wände und Decke sind glatt ausgeführt. Insbesondere in klassifizierten Räumen der Pharmaindustrie wird auf bestimmte Bodenausführungen zurückgegriffen.

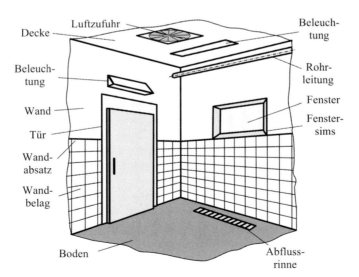

Abb. 5.53 Prinzipdarstellung der Elemente eines Innenraums.

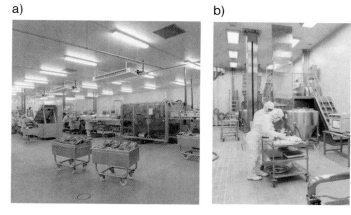

Abb. 5.54 Beispiele von Produktionsräumen:
(a) Fleischverarbeitung (Vinci Bautec), (b) Prozessraum für Pharmaprodukte (Fa. M+W Zander).

Wand und Deckenkonstruktionen werden meist in Modulbauweise mit integrierten Zusatzeinrichtungen erstellt. In dem gezeigten Beispiel erfolgt die Raumbeleuchtung mit rechteckigen Leuchtkörpern, die unmittelbar in die Decke eingebunden sind.

Außerdem ist es üblich, in größere Betriebsräume Kabinen für spezielle Anforderungen einzubauen. Dies können z. B. Reinraumkabinen für besondere Prozesse oder Arbeitsplätze für Überwachungspersonal für den Prozessablauf sein. Solche Kabinen werden meist in Modulbauweise ausgeführt.

5.3.1
Rechtliche Vorgaben

Maschinenbezogene Vorgaben und Normen erfassen naturgemäß nur die jeweiligen Maschinen vom produktberührten bis zum nicht produktberührten Bereich. Im Gegensatz dazu sind in den produktspezifischen europäischen Richtlinien oder Vorschriften Anforderungen an Hygiene für alle Bereiche zu finden, in denen mit Produkt umgegangen wird. Die Regelungen sind dabei unterschiedlich ausführlich abgefasst. Außerdem sind die maßgebenden rechtlichen Anforderungen von Bau- und Sicherheitsverordnungen zu berücksichtigen.

5.3.1.1 Lebensmittelindustrie
Die neue europäische Lebensmittelhygieneverordnung [5] enthält in dem Kapitel „Allgemeine Vorschriften für Betriebsstätten, in denen mit Lebensmitteln umgegangen wird" relativ ausführliche Anforderungen, die im Allgemeinen die Ziele, nicht aber technische Gestaltungsmaßnahmen wiedergeben. Als Grundvoraussetzungen werden genannt, dass die Betriebsstätten sauber und stets instandgehalten sein müssen. Außerdem müssen sie so angelegt, konzipiert, gebaut, gelegen und bemessen sein, dass

- eine angemessene Instandhaltung, Reinigung und/oder Desinfektion möglich ist, aerogene Kontaminationen vermieden oder auf ein Mindestmaß beschränkt werden und ausreichende Arbeitsflächen vorhanden sind, die hygienisch einwandfreie Arbeitsgänge ermöglichen;
- die Ansammlung von Schmutz, der Kontakt mit toxischen Stoffen, das Eindringen von Fremdteilchen in Lebensmittel, die Bildung von Kondensflüssigkeit oder unerwünschte Schimmelbildung auf Oberflächen vermieden wird;
- gute Lebensmittelhygiene, einschließlich Schutz gegen Kontaminationen und insbesondere Schädlingsbekämpfung, gewährleistet ist und
- soweit erforderlich, geeignete Bearbeitungs- und Lagerräume vorhanden sind, die insbesondere eine Temperaturkontrolle und eine ausreichende Kapazität bieten, damit die Lebensmittel auf einer geeigneten Temperatur gehalten werden können und eine Überwachung und, sofern erforderlich, eine Registrierung der Lagertemperatur möglich ist.

Ein Großteil dieser Anforderungen wurde bereits in Zusammenhang mit der Gestaltung der äußeren Umgebung sowie der Gebäudeausführung in den vorhergehenden Abschnitten diskutiert.

Zusätzliche Forderungen werden bezüglich der sanitären Bereiche und Einrichtungen gestellt. So müssen in den Sanitärräumen genügend Toiletten mit Wasserspülung und Kanalisationsanschluss vorhanden sein. Toilettenräume dürfen auf keinen Fall unmittelbar in Räume öffnen, in denen mit Lebensmitteln umgegangen wird. Alle sanitären Anlagen müssen über eine angemessene natürliche oder künstliche Belüftung verfügen. Reinigungs- und Desinfektionsmittel dürfen nicht in Bereichen gelagert werden, in denen mit Lebensmitteln umgegangen wird. Soweit erforderlich, müssen angemessene Umkleideräume für das Personal vorhanden sein.

Nicht nur in den Sanitärräumen, sondern auch an geeigneten Standorten im Betrieb müssen genügend Handwaschbecken mit Warm- und Kaltwasserzufuhr sowie Mittel zum Händewaschen und zum hygienischen Händetrocknen vorhanden sein. Soweit erforderlich, müssen die Vorrichtungen zum Waschen der Lebensmittel von den Handwaschbecken getrennt angeordnet werden.

Die Betriebsräume müssen ausreichend und angemessen natürlich oder künstlich belüftet werden, wobei künstlich erzeugte Luftströmungen aus einem kontaminierten in einen reinen Bereich zu vermeiden sind. Die Lüftungssysteme müssen so installiert sein, dass Filter und andere Teile, die gereinigt oder ausgetauscht werden müssen, leicht zugänglich sind. Außerdem wird für die Lebensmittelbereiche eine angemessene natürliche und/oder künstliche Beleuchtung vorgeschrieben.

Bei der Gestaltung der Abwasserableitungssysteme ist die Grundanforderung, dass jedes Kontaminationsrisiko vermieden wird. Daher dürfen Abwässer in offenen oder teilweise offenen Rohren nicht aus einem kontaminierten zu einem oder in einen reinen Bereich fließen. Dies ist besonders zu beachten, wenn dort mit Lebensmitteln umgegangen wird, die ein erhöhtes Risiko für die Gesundheit des Endverbrauchers darstellen könnten.

Speziell werden dann Räume angesprochen, in denen Lebensmittel zubereitet, behandelt oder verarbeitet werden, wobei Essbereiche und die Betriebsstätten ausgenommen sind. Sie müssen so konzipiert und angelegt sein, dass eine gute Lebensmittelhygiene gewährleistet ist und Kontaminationen zwischen und während Arbeitsgängen vermieden werden. Insbesondere müssen folgende Anforderungen erfüllt werden:

- Die Bodenbeläge sind in einwandfreiem Zustand zu halten und müssen leicht zu reinigen und erforderlichenfalls zu desinfizieren sein. Sie müssen entsprechend wasserundurchlässig, wasserabstoßend und abriebfest sein und aus nicht toxischem Material bestehen; gegebenenfalls müssen die Böden ein angemessenes Abflusssystem aufweisen.
- Die Wandflächen sind in einwandfreiem Zustand zu halten und müssen leicht zu reinigen und erforderlichenfalls zu desinfizieren sein. Sie müssen entsprechend wasserundurchlässig, wasserabstoßend und abriebfest sein und aus nicht toxischem Material bestehen sowie bis zu einer den jeweiligen Arbeitsvorgängen angemessenen Höhe glatte Flächen aufweisen.
- Decken, eventuell die Dachinnenseiten und Deckenstrukturen müssen so gebaut und verarbeitet sein, dass Schmutzansammlungen vermieden und Kondensation, unerwünschter Schimmelbefall sowie das Ablösen von Materialteilchen auf ein Mindestmaß beschränkt werden.
- Fenster und andere Öffnungen müssen so gebaut sein, dass Schmutzansammlungen vermieden werden. Soweit sie nach außen öffnen können, müssen sie erforderlichenfalls mit Insektengittern versehen sein, die zu Reinigungszwecken leicht entfernt werden können. Soweit offene Fenster die Kontamination begünstigen, müssen sie während des Herstellungsprozesses geschlossen und verriegelt bleiben.
- Türen müssen leicht zu reinigen und erforderlichenfalls zu desinfizieren sein. Sie müssen entsprechend glatte und wasserabstoßende Oberflächen haben.
- Flächen einschließlich Flächen von Ausrüstungen in Produktionsbereichen, insbesondere Flächen, die mit Lebensmitteln in Berührung kommen, sind in einwandfreiem Zustand zu halten und müssen leicht zu reinigen und erforderlichenfalls zu desinfizieren sein. Sie müssen entsprechend aus glattem, abriebfestem, korrosionsfestem und nicht toxischem Material bestehen.

In Bezug auf die erwähnten Eigenschaften der Materialien sind Abweichungen erlaubt, wenn die Lebensmittelunternehmer gegenüber der zuständigen Behörde nachweisen können, dass andere verwendete Materialien ebenso geeignet sind.

Zum Reinigen, Desinfizieren und Lagern von Arbeitsgeräten und Ausrüstungen müssen geeignete Geräte und Vorrichtungen vorhanden sein, die aus korrosionsfesten Materialien hergestellt, leicht zu reinigen sein und über eine angemessene Warm- und Kaltwasserzufuhr verfügen müssen.

Wenn Lebensmittel gewaschen werden müssen, sind dafür geeignete Vorrichtungen zu installieren, die über eine angemessene Zufuhr von warmem und/oder kaltem Trinkwasser verfügen sollten sowie sauber gehalten und eventuell desinfiziert werden können.

Der Code of Federal Regulations der USA [3] stellt im Wesentlichen die gleichen Anforderungen im Bereich von Räumen, enthält aber für manche Details speziellere Vorgaben. So muss z. B. die bauliche Gestaltung so ausgeführt werden, dass

- Böden, Wände und Decken angemessen gereinigt sowie sauber und in gutem Zustand gehalten werden können;
- tropfende Flüssigkeiten und Kondensat von Befestigungen, Durchbrüchen und Rohrleitungen Lebensmittel, produktberührte Oberflächen oder Verpackungsmaterial für Lebensmittel nicht kontaminieren können und
- Gänge oder Arbeitsabstände zwischen Apparaten und Wänden vorgesehen werden, die freien Zugang erlauben und angemessen weit sind, um den Angestellten die Ausführung ihrer Tätigkeiten zu ermöglichen und ausreichend vor Kontamination von Lebensmitteln und produktberührten Oberflächen durch Kleidung oder persönliche Berührung schützen.

In Bereichen, in denen Lebensmittel gefährdet werden können, müssen ausreichende Belüftungs- oder Kontrolleinrichtungen eingesetzt werden, um Gerüche, Dampf und schädlichen Rauch zu minimieren. Außerdem müssen Gebläse, Ventilatoren und andere Geräte, die Luftströmungen erzeugen, so aufgestellt und betrieben werden, dass Kontaminationsgefahren für Lebensmittel, Verpackungsmaterial und produktberührte Oberflächen so gering wie möglich gehalten werden können.

Sowohl in Sanitärräumen wie Handwaschbereichen, Umkleideräumen und Toiletten als auch in allen Bereichen, in denen Lebensmittel verarbeitet, untersucht oder gelagert und Apparate und Geräte gereinigt werden, muss eine angemessene Beleuchtung vorgesehen werden. Um zu vermeiden, dass Glassplitter in Lebensmittel gelangen, müssen Sicherheitsglühbirnen, Schutzgläser oder andere Sicherheitsvorrichtungen vorgesehen werden.

Wo immer notwendig, sind Gitter oder andere Maßnahmen zum Schutz gegen Schädlinge vorzusehen. Zusätzliche Anforderungen finden sich in speziellen Vorschriften wie z. B. in [78].

5.3.1.2 Pharmaindustrie

Rechtliche Vorgaben für die Pharmaindustrie regeln in erster Linie das Innere von Gebäuden. Sie betreffen dabei in den übergreifenden Anforderungen ganz allgemein die Räumlichkeiten, in denen Produkte hergestellt oder gelagert werden, und meist auch die Ausrüstungen, die zur Produktherstellung dienen. In den speziellen Anforderungen, die für definierte Produktgruppen gelten, werden dafür genauere Richtlinien vorgegeben.

Nach [79] sollen Räumlichkeiten und Ausrüstung so angeordnet, ausgelegt, ausgeführt, nachgerüstet und instandgehalten werden, dass sie sich für die beabsichtigten Zwecke eignen. Dabei muss das Risiko von Fehlern minimal und eine gründliche Reinigung und Wartung möglich sein, um Verunreinigungen, Kreuzkontamination und ganz allgemein jeden die Qualität des Produkts beeinträchtigenden Effekt zu vermeiden. Räumlichkeiten und Ausrüstungen, die für kritische Herstellungsvorgänge bezüglich der Produktqualität verwendet werden, müssen auf ihre Eignung hin durch eine Qualifizierung überprüft und validiert werden (siehe auch [20]). In solchen Bereichen spielt der Begriff „Reinraum" eine Rolle, der von Außenstehenden häufig falsch verwendet wird. Ein Reinraum ist nach dem EU-Leitfaden *„ein Bereich mit kontrollierten Bedingungen hinsichtlich partikulärer und mikrobieller Verunreinigungen, der so konstruiert ist und genutzt wird, dass das Eindringen, Entstehen und Verbleiben von Verunreinigungen vermindert wird."*

Für verschiedene Produkte sind in den Anhängen zur Good Manufacturing Practice spezielle Anforderungen an die Räumlichkeiten festgelegt. Nach [80] muss z. B. die Herstellung steriler Produkte in Reinräumen erfolgen, die durch Luftschleusen für Personal, Apparate und Materialien abgesichert werden sollten. Reine Bereiche sollten nach geeigneten Standards instandgehalten und mit Luft versorgt werden, die in entsprechender Weise wirksam gefiltert wird. Dabei soll die Einteilung in Zonen nach den jeweiligen Reinheitsanforderungen für die Umgebung verwendet werden, um das Risiko von Kontaminationen des Produkts durch Partikel oder Mikroorganismen zu minimieren. Für jeden Reinraum sollte der Status der Umgebung während des Betriebs sowie im Ruhezustand definiert werden. Betätigungen in Reinräumen, speziell bei aseptischen Arbeitsgängen, sollten minimiert und das Personal kontrolliert werden, um eine übermäßige Abgabe von Partikeln und Mikroorganismen zu vermeiden.

Für die USA wird im Code of Federal Regulations [81] als allgemeine Voraussetzung gefordert, dass jedes Gebäude, das für die Herstellung, Verarbeitung, Verpackung oder Aufbewahrung von Pharmaprodukten dient, ausreichend Platz für eine ordentliche Aufstellung der Apparate und Lagerung von Materialien zur Verfügung haben muss, um Vermischungen zwischen verschiedenen Produkten und Behältnissen zu vermeiden und Kontaminationen auszuschließen. Der Fluss von Komponenten, Produktbehältern, Verschlüssen, Etiketten, Prozessmaterial und Pharmaprodukten durch das Gebäude soll so geplant werden, dass Kontamination vermieden wird. Der Arbeitsablauf soll in speziell festgelegten Bereichen von angemessener Größe erfolgen. In allen Räumen muss ausreichende Beleuchtung und eine entsprechende Luftversorgung vorhanden sein.

5.3.2
Empfehlungen für die Ausführung der baulichen Gestaltung

Ein hygienegerechtes Gesamtkonzept für das Gebäudeinnere muss zunächst die systematische Anordnung der Räume und dann allgemeine Regeln für deren Gestaltung festlegen. Das Konzept der Raumanordnung muss im Wesentlichen auf die Prozessanlagen sowie den Personal- und Materialfluss abgestimmt werden, der sich durch die Produktion ergibt. Unabhängig davon sind für die Räume aus hygienischer Sicht allgemeine Anforderungen maßgebend, für die grundlegende Aussagen in den entsprechenden Richt- und Leitlinien gemacht werden.

Für spezielle Räume werden zusätzliche Hygienemaßnahmen erforderlich, die unterschiedlicher Art sein können.

Generell gilt, dass alle Räume dicht gegen Wasser von außen oder innen sein müssen. Wegen der Gefahr von Schimmelbildung sollten alle verwendeten Materialien keine Feuchtigkeit aufnehmen, was in erster Linie durch die richtige Auswahl der Eigenschaften der Werkstoffe selbst, aber auch durch glatte, nicht poröse Oberflächen erreicht werden kann. Außerdem müssen sie widerstandsfähig gegen die Art der Beanspruchung durch die jeweilige Nutzung sowie die verwendeten Produkte, Reinigungs- und Desinfektionsmittel sein. Gegebenenfalls müssen sie zusätzlich hohe mechanische Belastungen zulassen. In allen Räumen sollte offen stehendes Wasser, das z. B. in Behältnissen vorliegt oder als Pfützen durch Tropfwasser auf dem Boden entsteht, möglichst vermieden werden. Deshalb sollten keine horizontalen Flächen, Simse, Träger usw. verwendet werden, auf denen sich Tropfwasser oder Kondensat bilden kann, das nicht selbsttätig abläuft. Im Fall von trockenen Bereichen sind nicht elektrostatische Werkstoffe wie Metalle gegenüber üblichen Kunststoffen zu bevorzugen. Unter Gesichtspunkten von Hygienic Design sind folgende Grundregeln einzuhalten:

- Der Schutz von Produkten vor Kontamination durch die Umgebung sollte mit höchster Priorität eingestuft werden.
- Die Möglichkeiten für Wachstum von Mikroorganismen sowie für Zufluchtsbereiche und Nistplätze von Ungeziefer sind so weit wie möglich durch Maßnahmen der Gestaltung zu begrenzen.
- Die Reinigbarkeit aller hygienerelevanten Bereiche sollte optimiert werden, um den notwendigen Reinigungserfolg zu gewährleisten.

Ausgehend von diesen sehr allgemeinen Regeln müssen dann Einzelheiten der Raumausführung und -gestaltung diskutiert und festgelegt werden. Zusätzlich müssen neben Hygienic Design auch andere Anforderungen berücksichtigt und abgestimmt werden. Dazu gehört z. B. die Vermeidung von Explosionsgefahren, was besonders für Trockenbereiche zutrifft, in denen mit staubförmigen Produkten umgegangen wird. Hierfür ist die sogenannte ATEX-Betriebsrichtlinie [82] maßgebend, die eine Bewertung von Gefahren in Betriebsräumen verlangt. Die Richtlinie sieht seitens des Arbeitgebers eine Einteilung der Bereiche, in denen explosionsfähige Atmosphären vorhanden sein können, in Zonen vor und legt fest, welche Geräte und Schutzsysteme in den jeweiligen Zonen benutzt werden sollen. Diese Zonen sind zunächst unabhängig von Hygienezonen, müssen aber mit diesen abgestimmt werden.

5.3.2.1 Allgemeine Anforderungen an die Raumanordnung

Bei Neuanlagen sollten für die Raumanordnung spezifische Entwurfsprinzipien verwendet werden, die es gestatten, den vorgegebenen Ansprüchen an die Produktion gerecht zu werden und dennoch die Flexibilität und Erweiterbarkeit der Räumlichkeiten zu ermöglichen. Eine effiziente Auslegung und Gestaltung von Gebäuden wird meist erreicht durch:

- einfache, klare Strukturen eines Gesamtkonzepts für die Raumanordnung,
- Festlegung von Prinzipien für Anordnung und Aufbau von Einheiten, die sich an verschiedene Anforderungen und Gegebenheiten anpassen lassen,

- Anwendung modularer Struktur- und Bauelemente für die Raumanordnung und -gestaltung,
- Festlegung möglichst kleiner, d. h. nur unbedingt notwendiger Flächen für die verschiedenen, vor allem aber für höchste Reinheitsanforderungen.

In Abb. 5.55 ist ein Prinzipbeispiel für die Struktur des Materialflusses durch eine Anlage dargestellt. Dabei wird dem Bereich der Rohstoffannahme und -lagerung sowie dem Vertriebsbereich und der Palettenreinigung die niedrigste Stufe an Hygieneanforderungen zugeordnet. Mittlere Hygienemaßnahmen werden für die Produktverarbeitung, soweit sie hauptsächlich geschlossen erfolgt, die Hilfsstoffversorgung und das Verpackungsmaterial eingesetzt. Die höchste Hygienezone umfasst die offene Produktion mit eventueller Produktzwischenlagerung und die Abfüllung einschließlich des Verschließens der Gebinde. Die Zuordnung von Sozialbereichen zu den einzelnen Zonen hängt von den jeweils erforderlichen Hygieneanforderungen ab. Die einzelnen dafür notwendigen Räume können in Größe und Ausstattung sehr unterschiedlich gestaltet sein.

Im Allgemeinen empfiehlt es sich, Prozess- und Technikbereiche gemäß der Prinzipdarstellung nach Abb. 5.56 zu trennen, indem man Produkt verarbeitende

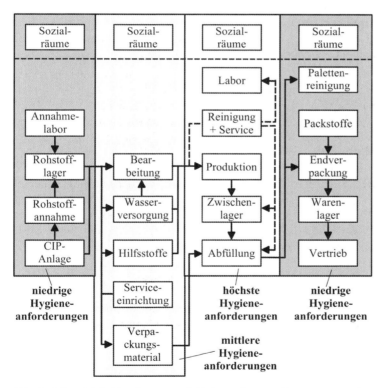

Abb. 5.55 Prinzipielle Zuordnungsmöglichkeit von Prozess-, Versorgungs- und Sanitärbereichen zu Hygienezonen.

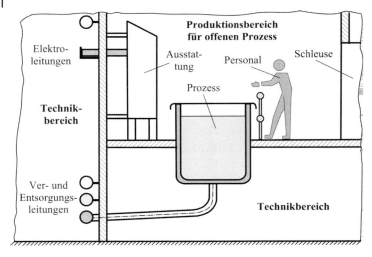

Abb. 5.56 Prinzipdarstellung zur Einteilung von Produktions- und Technikbereichen.

Prozesslinien oder deren Komponenten im *Produktionsbereich* anordnet, während die technisch notwendigen Versorgungsaggregate und -funktionen in einem abgetrennten, angrenzenden *Technikbereich* untergebracht werden. Neben dem Schutz des Produkts vor Kontamination können für diese Trennung als weitere Gründe z. B. die Verkleinerung teurer hygienerelevanter Produktionsflächen, leichtere Erfüllung von Hygieneanforderungen, Wartungsfreundlichkeit und der Schutz des Bedienungs- und Wartungspersonals angegeben werden. Praktisch lässt sich die Trennung dadurch vornehmen, dass man unmittelbar angrenzend an die Räume für die Produktion z. B. Technikräume, Technikkorridore, begehbare Zwischendecken oder Untergeschosse als sogenannte *Technikkerne* vorsieht. Im dargestellten Beispiel kann der offene Prozessbereich, für den besondere Hygieneanforderungen maßgebend sind, durch eine Personenschleuse betreten oder verlassen werden, die meist in einen Bereich der nächst niedrigeren Hygienestufe führt. Falls Produkte oder Materialien offen zu- oder abzuführen sind, erfolgt dies über entsprechende Materialschleusen. Die Rohrleitungen für Versorgungs- und Entsorgungsmedien sowie die elektrischen Kabel können in einem seitlich neben dem Produktionsraum verlaufenden, begehbaren Technikgang angeordnet werden. Alle Verbindungen zur Produktlinie sollten auf dem kürzesten Weg hygienegerecht erfolgen. Im Technikbereich unmittelbar unter dem Produktionsraum können Antriebe und andere Aggregate untergebracht werden, die dort für die Wartung zugänglich sind, ohne dass Produktbereiche betreten werden müssen.

Als günstige Lösung für Technikbereiche, die vor allem der Verlegung von Rohrleitungen für Versorgungsmedien sowie elektrischen Kabel- und Messleitungen dienen, können begehbare Zwischengeschosse über den Produktionsräumen angesehen werden, wie es die Prinzipdarstellung eines Querschnitts durch ein Betriebsgebäude in Abb. 5.57 verdeutlichen soll, wobei die unterschiedlichen

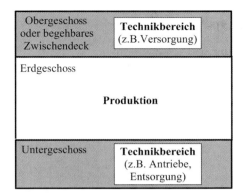

Abb. 5.57 Möglichkeit der Unterbringung von Technikbereichen über oder unter Produktionsräumen.

Abstufungen durch Grautöne wiedergegeben werden. In diesem Fall können vor allem Kabelzuführungen zu Prozesslinien durch die Decke vertikal direkt zu den Prozesslinien und in Schaltkästen geführt werden. Dadurch ergibt sich der Vorteil einer geringeren Verschmutzung und einer leichteren Reinigung. Es ist aber darauf zu achten, dass die Ver- und Entsorgungsleitungen nicht über offenen Prozessen verlaufen. Die skizzierte Möglichkeit lässt sich allerdings nicht bei Räumen verwirklichen, bei denen die Decke durch Luftfilter gebildet wird, um eine gezielte Luftführung im Produktionsraum zu erreichen.

Die Anordnung der Räume innerhalb von Betriebsgebäuden und die Einteilung in Raumzonen im Produktionsbereich muss der Produktionslinie und damit der logischen Herstellungsabfolge angepasst werden. Sie sollte in Übereinstimmung mit den definierten Hygienezonen (s. Abschnitt 5.1.2) geplant werden. Zonen ähnlicher Kategorien sowie entsprechende Prozesse sollten möglichst zusammengefasst und gemeinsam angeordnet werden. Eine Zone höherer Kategorie sollte möglichst von der nächst niederen her betreten, verlassen und versorgt werden. Das notwendige Umkleiden für Hygienezonen sowie weitere Hygienemaßnahmen für Personal sollten in entsprechenden Räumen und Schleusen an den Zonengrenzen stattfinden. Auch Materialien und Produkte müssen in Räume mit besonderen Hygieneanforderungen eingeschleust werden. Sanitärräume wie Toiletten, Dusch- und Umkleideräume müssen sich in einer niedrigen Hygienezone befinden und über Gänge außerhalb des Produktionsbereichs erreichbar sein. Für Notsituationen muss in Hygienezonen mit hoher Einstufung ein sonst nicht benutzter Notausgang vorhanden sein. Die Luftzufuhr sollte für alle Zonen von einer einzigen Versorgungsstelle erfolgen, mit der höchsten Qualität in die höchste Zone eintreten und danach die niedriger eingestuften Bereiche versorgen, indem ein entsprechendes Druckgefälle eingeplant wird.

Lagerräume für technische Materialien und Geräte, Verpackungsmaterial und Wartungswerkstätten sollten in getrennten Bereichen und nicht in Produktionsräumen untergebracht werden. Sie können aber trotzdem in das Zonenkonzept einbezogen werden.

Häufig lässt sich ein Zonenkonzept am einfachsten verwirklichen, wenn die Materialflüsse vom Rohprodukt zum Fertigprodukt in einer geometrischen Rich-

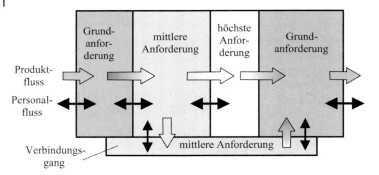

Abb. 5.58 Raumabfolge und -einteilung (Draufsicht) bei unidirektionalem Produktfluss.

tung ablaufen können, wie es Abb. 5.58 dem Prinzip nach verdeutlicht. Dabei ist eine unidirektionale Lösung für die Anordnung der Räume nach Zonen meist am einfachsten. Die Raumanordnung kann aber z. B. auch U-förmig erfolgen, wenn es die Gebäude erfordern. Die Produktionsbereiche werden dann je nach Nutzung, Fertigungsfortschritt und Reinheits- bzw. Hygienestatus in funktionale Blöcke verschiedener Größe unterteilt, die zunehmend ansteigende und wieder abnehmende Hygieneanforderungen zu erfüllen haben. Gleichzeitig sollte in den Räumen mit höchster Hygienestufe ein geringfügig höherer Luftdruck herrschen, der in Richtung niedriger Stufen abnimmt, um Kontaminationen durch Luftströmungen zu minimieren. Beim Materialfluss ist darauf zu achten, dass Rekontaminationen von gereinigtem Gerät oder Materialien ausgeschlossen werden müssen. Insgesamt sollten bei der Ausführung auch Möglichkeiten für zukünftige Erweiterungen der Produktionsbereiche mitberücksichtigt werden.

Bei mehrstöckigen Gebäuden kann die Raumanordnung nach Hygienezonen sowohl in horizontaler als auch in vertikaler Richtung erfolgen. In Industriebetrieben, in denen mehrere Produktarten parallel hergestellt werden, kann z. B. in jedem Stockwerk eine spezielle Prozesslinie je nach Produktion und Produkt untergebracht werden, wodurch eine horizontale Einteilung in Hygienezonen erforderlich wird. In der Lebensmittelindustrie ist es dagegen in manchen Branchen üblich, im obersten Stockwerk die Rohproduktzufuhr vorzusehen und Veredelungsschritte stufenartig in den darunter liegenden Etagen bis hin zum Fertigprodukt vorzunehmen. Diese Strategie ist ursprünglich durch den Produktfluss durch die Schwerkraft entstanden. Dadurch ergeben sich unterschiedliche Hygienezonen in vertikaler Richtung. Zur vertikalen Erschließung solcher Gebäude sind sogenannte Kerne bzw. Zonen für Personal, Material und Technik vorzusehen. Das Beispiel nach Abb. 5.59 soll dazu eine prinzipielle Anordnung für den Personalfluss mit entsprechenden Umkleide- und Hygieneschleusen aufzeigen. Wenn Fahrstühle verwendet werden, dürfen diese nicht innerhalb von Hygienezonen Verbindungen herstellen. Grund dafür ist, dass der Liftschacht insgesamt, vor allem aber im tiefsten und höchsten Bereich nicht hygienisch kontrollierbar bzw. reinigbar ist und daher keine Hygieneanforderungen erfüllt. Über den Liftkorb, der gegenüber dem Schacht nicht abdichtet, wird damit stets

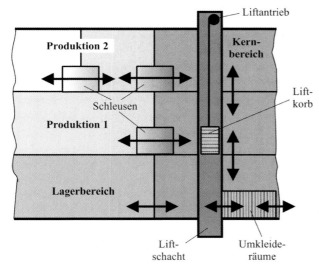

Abb. 5.59 Beispiel für die Raumeinteilung bei mehrgeschossigen Gebäuden (Seitenansicht) mit Kernbereich zur Versorgung der verschiedenen Etagen.

eine Verbindung zu dem „unreinen" Schacht hergestellt. Der Korb kann deshalb nicht als Hygieneschleuse betrachtet werden.

Die Abb. 5.60 zeigt ein Treppenhaus als Zugang zu unterschiedlichen Produktionsräumen. In diesem Fall ist es auch möglich, zwischen gleichartigen Produktionsräumen mit demselben Hygienestatus Verbindungen direkt über Treppen zu schaffen. Diese können mit oder ohne Türabschluss eingerichtet werden und sind hygienegerecht zu gestalten und mit den Räumen zu reinigen. Sie sind dann derselben Hygienekategorie zuzuordnen wie die verbundenen Räume.

Den Produktions- und Lagerräumen, die im Mittelpunkt der Planung stehen, sind die Räumlichkeiten für Nebenfunktionen strukturgerecht anzugliedern. Die Bereiche für direkte Nebenfunktionen wie Labors, Meisterbüro, Bereitstellungs- und Reinigungsbereiche sollten bevorzugt in der Nähe der reineren Produktionsseite angeordnet werden, um kurze Wege für sensible Versorgungsmedien zu erhalten. Weitere funktionale Raumkategorien enthalten sonstige Nebenfunk-

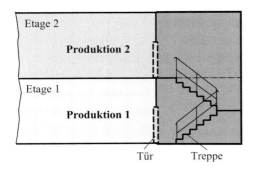

Abb. 5.60 Möglichkeit der direkten Verbindung von Räumen derselben Hygiene- und Produktklasse.

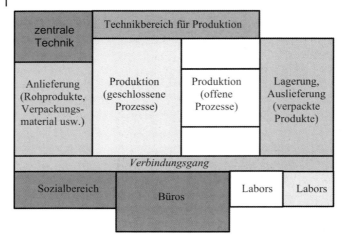

Abb. 5.61 Beispiel eines prinzipiellen unidirektionalen Raumkonzepts für die Produktion.

tionen außerhalb der Produktionsbereiche wie Administration, Sozialräume etc. und die zentrale Technik, wie es die Prinzipdarstellung nach Abb. 5.61 zeigt.

Der Weg zum Erreichen der Produktion muss durch Umkleideräume und Hygieneschleusen führen, die den jeweiligen Raumanforderungen anzupassen sind. Sozialräume, wie Kantinen- und Aufenthaltsräume sowie Toiletten sind außerhalb der hygienischen Bereiche vorzusehen. Dabei ist sicherzustellen, dass die Mitarbeiter nach dem Besuch dieser Räumlichkeiten nur durch Hygieneschleusen in die Produktion gelangen können.

Technologisch bietet der heutige Apparate- und Anlagenbau innovative Lösungen an, die die Gestaltung der Produktionsräume wesentlich vereinfachen. So geht der Trend hin zu geschlossenen Systemen in verschiedener Gestaltung. Außerdem werden Produkte in großen Herstellmengen zunehmend kontinuierlich verarbeitet.

Anordnung von Räumen in der Lebensmittelindustrie

Die Herstellung in der Lebensmittelindustrie umfasst zum einen sehr unterschiedliche Produktionsmengen, die von kleinen Chargen bis zu Massengütern reichen, zum andern stark voneinander abweichende Produkte im Verarbeitungsprozess, wenn man auf der einen Seite z. B. Rohprodukte wie Fleisch, Geflügel, Fisch, Gemüse, Milch oder Getreide und auf der anderen Seite Fertigprodukte in unbehandelter oder hitzebehandelter Form betrachtet. Damit sind trotz allgemeiner grundlegender Anforderungen die Betriebsverhältnisse und deren hygienische Auswirkungen je nach Branche sehr unterschiedlich. Dies zeigt sich auch in den Anforderungen an Räumlichkeiten und deren Zuordnung zu Hygienezonen. So kann z. B. die Zone H in einem Betrieb der Fleischverarbeitung den üblichen Anforderungen entsprechen, während sie im Abfüllbereich der Milch- oder Getränkeindustrie einen Reinraum im Sinne der pharmazeutischen Industrie erforderlich macht.

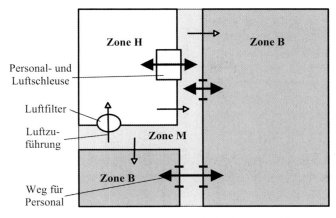

Abb. 5.62 Geringfügig abgewandeltes grundlegendes Beispiel der EHEDG zur Zoneneinteilung.

Zunächst soll in Abb. 5.62 ein geringfügig abgewandeltes Prinzipbeispiel der EHEDG nach [27] für die Zoneneinteilung (siehe Abschnitt 5.1.2.1) diskutiert werden, das den Personalfluss sowie die Luftführung wiedergibt. Die Zone mit den niedrigsten und höchsten Hygieneanforderungen, B und H, sind durch einen Korridor der Klasse M voneinander getrennt. Damit wird das Ziel verfolgt, benachbarte Räume an Zonen der jeweils nächsten Stufe angrenzen zu lassen. Die Wege von Personal sind daran angepasst, sodass der Zugang jeweils nur von benachbarten Zonen aus erfolgen kann. Die Luftzufuhr erfolgt über ein angepasstes Filtersystem mit entsprechendem Überdruck in die Zone H. Die Luft entweicht dann über den Korridor mit Stufe M in die Bereiche der Zone B. Dadurch wird ein gezielter Luftfluss in Richtung abnehmender Hygienezonen erreicht.

Es sollte noch erwähnt werden, dass die Klassifizierung von Hygienezonen auch danach erfolgen kann, ob es sich um „nasse" oder „trockene" Prozessbereiche handelt. Wie bereits bei konstruktiven Maßnahmen für Apparate für Trockenprodukte erwähnt, können auch bei Anforderungen an trockene Räume, z. B. für Pulververarbeitung, Erleichterungen geschaffen werden, wenn das Wachstum von Mikroorganismen ausgeschlossen werden kann.

In Abb. 5.63 ist ein Prinzipbeispiel aus der Fleischverarbeitung dargestellt, die auf der einen Seite einen rauen Betrieb umfasst, auf der anderen Seite aber hohe Hygieneanforderungen an das Rohprodukt Fleisch stellt. Der unidirektionalen Verarbeitungslinie, die im Wesentlichen in drei Bereiche aufgeteilt ist, sind die entsprechenden Hygienezonen zugeordnet. Die Tieranlieferung erfolgt in Zone B. Danach findet in Bereich M die Fleischgewinnung statt, die den Schlachtvorgang einschließlich Untersuchung und Klassifizierung umfasst. Eine Zwischenlagerung in einem Kühlraum ist möglich. In Zone H wird dann die Zerlegung vorgenommen, wonach das Fleisch zunächst umhüllt wird, um dann entweder der Verpackung zugeführt oder unverpackt ausgeliefert zu werden. In dieser Stufe sind besondere Hygienemaßnahmen erforderlich, da das Endprodukt keine Hitzebehandlung erfährt.

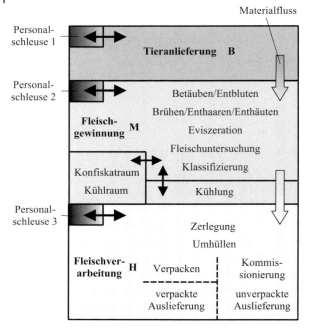

Abb. 5.63 Beispiel der Zoneneinteilung in der Fleischindustrie.

Im gezeigten Beispiel sind für die Personalwege in jedem Bereich eigene Zugänge über getrennte Schleusen vorgesehen, in denen unterschiedliche Schutzmaßnahmen anzuwenden sind. Ein direkter Übergang von einem Hygienebereich in einen anderen ist nicht möglich.

Die mikrobiologischen Maßnahmen zur Vermeidung von Kontaminationen innerhalb von Anlagen, in denen Rohprodukte verarbeitet und anschließend einem Kochvorgang unterzogen werden, können z. B. dadurch vereinfacht werden, dass man eine Trennung des Personals vornimmt, das im Bereich von rohen oder gekochten Produkten arbeitet. Gleichzeitig sollte dies durch getrennte Zugänge, Kantinen, Umkleideräume und Toiletten unterstützt werden.

In vielen Fällen werden in der Lebensmittelindustrie in größeren Produktionshallen über Produktionsbereichen nach oben offene Kontrollräume, Büros für Aufsichtspersonal und andere Räumlichkeiten angeordnet, die sich jeder Reinigung und Hygienekontrolle entziehen. Sie sollten grundsätzlich völlig geschlossen gestaltet werden, wobei die vertikalen Wände bis zur Hallendecke reichen sollten, um keinen unzulässigen, hygienisch problematischen Stauraum über den Räumen zu ergeben.

Raumanordnung in der Pharmaindustrie

Gegenüber der Lebensmittelindustrie sind im Pharmabereich meist noch strenger strukturierte und extrem kontaminationsarm ausgestattete Produktionskomplexe mit hohen Reinheitsanforderungen notwendig, um den Innenbereich von

Gebäuden für hohe Qualitätsanforderungen an Produkte geeignet zu machen. Im Gegensatz zur Lebensmittelindustrie werden deshalb die Hygienezonen durch zulässige Partikelzahlen charakterisiert. Die wesentlichen Prinzipien für Raumanordnung und -gestaltung lassen sich, wie bereits erwähnt, weitgehend aus den einschlägigen GMP-Richtlinien ableiten. Dabei wird nach der Produktionshauptfunktion, die den Verarbeitungsprozess umfasst, und den direkten Nebenfunktionen unterschieden, zu denen Wasch- und Bereitstellungsbereiche, IPC-Labors und Produktionsbüros gehören. Weitere Kategorien enthalten die lokale sowie zentrale Technik. Für das Personal sind Zugangsberechtigungen zu den einzelnen Reinheitsbereichen maßgebend. Diese folgen häufig einem sogenannten Schalenmodell, das die einzelnen Hygienezonen wiedergibt, deren Stufen schalenförmig den Bereich höchster Reinheitsanforderungen (Reinraum) umgeben. Dabei ist es üblich, dass Material- und Personalflüsse zentrale Ein- und Ausgänge durchlaufen.

Wenn möglich, wird ein gemeinsames Grundmuster für verschiedene Herstellungsschritte definiert, das als Grundlage für Module dient. Auf diese Weise lässt sich die Produktion einfacher strukturieren. Bei vielen Prozessen sind Reinraumbedingungen erforderlich oder werden von den einschlägigen Richtlinien vorgeschrieben. Die Festlegung der jeweiligen Reinraumklasse berücksichtigt den Reinheitsstatus des Produkts, die Art der Verarbeitung und das Risiko bzw. die Konsequenz einer Produktverunreinigung bzw. Kreuzkontamination. Das daraus resultierende übergreifende Reinheitskonzept bedarf der Abstimmung der Projektverantwortlichen aus Produktion, Technik und Qualitätssicherung.

Die auch in der Pharmaindustrie größer werdenden Herstellmengen werden zunehmend semikontinuierlich verarbeitet. Die geschlossene Sequenz mehrerer semikontinuierlicher Prozessschritte wird hierbei als Integration bezeichnet (s. auch Abschnitt 5.1.1.3). Da in der Pharmaindustrie die Chargendefinition eingehalten werden muss, wird dies in abschließenden chargenweisen Mischvorgängen erreicht.

In Abb. 5.64 ist ein einfaches Beispiel in Form eines Schalenmodells dargestellt, das die grundlegenden Prinzipien der Raumanordnung sowie des Flusses durch Produktionsräume verdeutlichen soll. In vielen Fällen genügt für die Produktion ein Konzept mit drei bis vier Zonen, wie es auch in der Lebensmittelindustrie üblich ist.

Im dargestellten Beispiel stellt der zur Produktion gehörende sogenannte graue Bereich, in dem z. B. die An- und Auslieferung von Produkten erfolgt und sich die Umkleideräume für das Personal befinden können, eine hygienisch kontrollierte Zone dar, auch wenn sie nicht klassifiziert ist. Im Allgemeinen sollten bereits die einzelnen Bereiche in dieser Zone ausreichend getrennt werden, wobei physikalische Grenzen durch modulare Wände empfehlenswert sind. Schleusen für Materialein- und -ausgang sind ebenfalls zu trennen. Außerdem ist darauf zu achten, dass genügend Verkehrsflächen zur Verfügung stehen. Durchgangsverkehr sowie Pendeln von Fahrzeugen zwischen ein- und ausgehenden Materialbereichen sollten vermieden werden. Im nächsten Raumbereich, der eine Klasse unter der

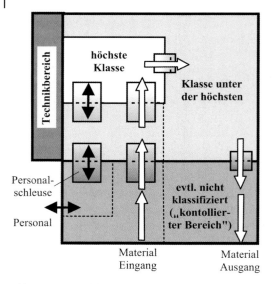

Abb. 5.64 Beispiel für Hygienezonen sowie Personal- und Materialfluss in der Pharmaindustrie.

höchsten verwendeten Zone liegen sollte, finden alle geschlossenen Prozesse statt. Außerdem können dort die notwendigen Wasch- und Sterilisationsprozesse durchgeführt werden. In der Zone mit den höchsten Anforderungen werden üblicherweise die offenen Prozesse untergebracht, bei denen das Produkt der Umgebung ausgesetzt wird. Hierbei ist bezüglich der Anforderungen zu unterscheiden, ob es sich um eine nicht sterile oder sterile Produktion handelt. Letztere kann eventuell noch weitere Zonen erforderlich machen.

Während der Zu- und Abgang von Personal auf denselben Wegen stattfindet, ist beim Materialfluss darauf zu achten, dass Kreuzkontaminationen vermieden werden. Deshalb sollten separate Schleusen für den Warenein- und -ausgang sowie für Zwischenprodukte und Abfall vorgesehen werden.

Eine herkömmliche Zonenabstufung für die Produktion ist produktbezogen unterschiedlich auszuführen. Sie kann zunächst einen sogenannten schwarzen Bereich enthalten, der als Lager oder für die allgemeine Technik der Anlage benutzt wird. Es folgt eine graue Zone, die bei nicht steriler Produktion in etwa den Reinheitsklassen E bis F entspricht. Bei der Herstellung steriler Produkte wird sie häufig als kontrollierte, aber nicht klassifizierte Zone ausgewiesen. Während für nicht sterile Produkte häufig D als höchste Reinheitszone ausreicht, umfassen die klassifizierten Zonen bei steriler Produktion die Klassen von D bis A.

In Abb. 5.65 soll ein vereinfachtes Prinzipbeispiel die Zonenkategorien verdeutlichen. Der klassifizierte Produktionsbereich kann teilweise von einer nicht klassifizierten, aber hygienisch kontrollierten Zone umgeben sein, die nicht dargestellt ist. Von ihr gehen einerseits alle Material- und Personalströme aus. Andererseits können an sie weitere, nicht dargestellte sogenannte schwarze Bereiche wie Kantinen und Büros angrenzen. Für den Material- und Personalfluss sind Schleusen

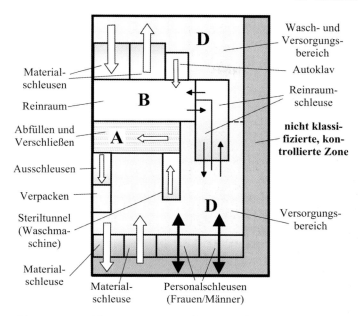

Abb. 5.65 Beispiel für Hygienezonen und kreuzungsfreien Materialfluss eines Pharmabereichs.

zur angrenzenden Zone D vorhanden, die wegen des notwendigen Umziehens für weibliches und männliches Personal getrennt sind. Die Zone D kann sowohl geschlossene Apparate aufnehmen als auch der Versorgung mit Materialien und Produkten für den Verarbeitungsprozess in den höher klassifizierten Zonen dienen. Eine weitere wichtige Aufgabe besteht im Waschen und Autoklavieren von Geräten und Behältnissen, die aus den höchsten Reinheitszonen ausgeschleust und nach der Reinigung und Sterilisation wieder in dieser Zone benötigt werden. Hierzu sind separate Schleusen vorhanden. Die zu füllenden Gebinde werden z. B. in D einer Waschmaschine zugeführt und sterilisiert. Sie gelangen dann durch einen Steriltunnel zur Fülllinie. Auch die Beladung von Autoklaven erfolgt von D aus, während die Entnahme von z. B. sterilisierten Geräten in B erfolgt. Wenn nötig können die beiden unterschiedlich genutzten Bereiche der Klasse D durch eine physikalische Grenze voneinander getrennt werden, die aber vom Personal durchschritten werden kann. Den Zentralbereich der Produktion bilden die höchsten Reinheitszonen, die je nach Anforderung als B und A zu klassifizieren sind. Im gezeigten Beispiel findet im Bereich B die sterile Produktion statt. Sogenannte kritische Prozesse wie die sterile Abfüllung und das Verschließen werden in der extra abgegrenzten Zone A durchgeführt. Das Produkt wird dem Füller im Allgemeinen geschlossen zugeführt. Anschließend erfolgt das Verschließen der Gebinde, die durch einen weiteren Tunnel ausgeschleust und verpackt in Zone D zum Abtransport bereitgestellt werden. Der Abfüllbereich für Sterilprodukte könnte auch als Isolator ausgeführt werden, der dann in einer Zone niedrigerer Klasse stehen kann.

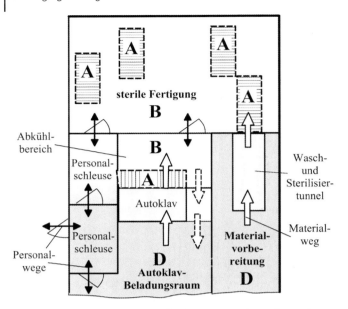

Abb. 5.66 Beispiel eines Konzepts für die Raumanordnung für sterile Produktion und Abfüllung mit möglichen Material- und Personalwegen.

Das Beispiel verdeutlicht neben der Bildung von Reinheitsklassen vor allem den eindeutigen Materialfluss, der kreuzungsfrei erfolgt. Gleiches gilt für die Personalschleuse zwischen D und B. Damit werden Kreuzkontaminationen weitgehend ausgeschlossen. Dagegen werden die Schleusen zwischen der nicht klassifizierten, aber kontrollierten Zone und dem Bereich D vom Personal sowohl für den Hin- als auch den Rückweg benutzt.

Eine etwas abgewandelte Variante ist in Abb. 5.66 dargestellt. Die verschiedenen Bereiche der Zone D nehmen die Materialvorbereitung sowie das Waschen von Geräten und die Beladung des Autoklaven auf. Die Schleusen für den Materialfluss in den Bereich D sind nicht dargestellt. Die Zone B nimmt im Wesentlichen die sterile Fertigung auf, die während der Produktion geschlossen ablaufen sollte. In den Bereichen A sind schließlich die kritischen offenen Prozesse wie z. B. das Abfüllen und Verschließen angesiedelt. Die vorgesehenen Personal- und Materialwege sind jeweils durch Pfeile gekennzeichnet. Die zugeordneten Schleusen müssen den Anforderungen an die einzelnen Hygienezonen angepasst werden.

Zu den geschilderten Maßnahmen für Personal- und Materialfluss kommt noch als wesentlicher Einflussfaktor ein gezielter Fluss der Raumluft hinzu. Dabei soll zunächst nicht die Strömung innerhalb von Räumen betrachtet werden, sondern an zwei einfachen Beispielen die Druckverteilung aufgezeigt werden. Sie soll wie bereits erwähnt einen Luftstrom von Räumen höherer Reinheitsklassen zu denen niederer ermöglichen, um luftgetragene Kontaminanten und Partikel von Räumen mit höheren Hygieneanforderungen fernzuhalten. Im Beispiel nach Abb. 5.67a ist ein Bereich eines Flüssigkeitsprozesses dargestellt, der im Wesentlichen die

5.3 Innenbereiche von Gebäuden

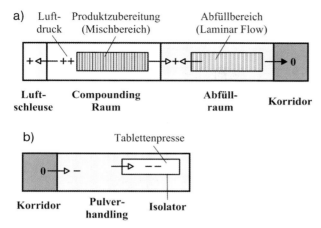

Abb. 5.67 Prinzipbeispiele des Druckverlaufs in Raumzonen: (a) bei Überdruck, (b) bei Unterdruck.

Produktzubereitung mit verschiedenen Prozessschritten sowie die Abfüllung und das Verschließen der Gebinde enthält. In diesem Fall besteht der höchst Druck (++) im Bereich der Produktzubereitung, sodass ein Gefälle zur Luftschleuse (+) sowie zum Abfüllbereich (+) entsteht. In diesem ist gleichzeitig in einem abgegrenzten Raum mit Laminarflow, in dem die Abfülllinie untergebracht ist, ebenfalls ein Überdruck (++) vorhanden, um auch hier ein Gefälle zu erreichen. Eine weitere Druckabnahme ergibt sich zum angrenzenden Korridor, in dem Umgebungsdruck (0) herrscht.

Das Beispiel nach Abb. 5.67b gibt den prinzipiellen Druckverlauf für einen Trockenprozess wieder. Der Raum für das Pulverhandling und z. B. Mischprozesse stehen unter einem Unterdruck, um luftgetragenen Feinstaub absaugen zu können und nicht in andere Anlagenbereiche zu transportieren. Damit besteht ein Druckgefälle vom drucklosen Korridor (0) zu diesem Bereich (–). Innerhalb des Raums kann z. B. die Tablettenpresse in einem Isolator aufgestellt werden. In diesem Fall sollte im Isolator, in dem die Hauptabsaugung stattfindet, ein geringerer Druck (– –) als im umgebenden Raum angewendet werden.

Eine wichtige Rolle in der Pharmaindustrie spielen Ergänzungs- und Umbauprojekte, die meist eine Überprüfung der GMP-Anforderungen sowie der Validierung nach sich ziehen. Meist müssen die Umbauzeiträume wegen des Produktionsausfalls sehr klein gehalten werden. Nur mit überdurchschnittlichem Planungsaufwand, sorgfältiger Koordination aller Beteiligten und mehreren praktischen Vorkehrungen kann dieses Ziel erreicht werden. Deshalb sollten bereits bei der Erstplanung Erweiterungsmöglichkeiten ins Auge gefasst und in die Strukturen integriert werden.

Pharmazeutische Herstellvorgänge erfordern Sicherheitsmaßnahmen, wie sie oft in der chemischen Industrie angewandt werden. Beispielhaft sind dabei Explosionsschutz, Wassergefährdung und erhöhter Brandschutz zu nennen. Bei den zunehmend verarbeiteten hochwirksamen Arzneistoffen kommt der Aspekt des maximalen Bedienerschutzes hinzu. Nach dem Prinzip des räumlichen „Double Containments" muss dabei der unmittelbare Verarbeitungsbereich von einem zweiten getrennten Raum als Sicherheitszone umgeben werden.

5.3.2.2 Böden

Bereits die Größe der erforderlichen Bodenfläche gibt häufig Anlass zu Diskussionen. Auf der einen Seite wird behauptet, dass in der Industrie die Tendenz besteht, die Bodenfläche übermäßig auszudehnen, d. h. größere Bereiche vorzusehen als ökonomisch genutzt werden können. Andererseits muss aber Vorsorge getroffen werden, dass genügend Raum um bestehende Prozesslinien für Versorgungsleistungen zur Verfügung steht und dass Ausdehnungsmöglichkeiten für Erweiterungen der Prozessanlagen eingeplant werden sollten. Üblicherweise wird gegenüber den von Apparaten beanspruchten Bereichen etwa die fünffache Bodenfläche vorgesehen, um ausreichend Zugangs-, Reinigungs- und Wartungsmöglichkeiten zu schaffen.

Böden gehören zu den am meisten ge- und missbrauchten Oberflächen von Prozessgebäuden. Sie werden mechanischer, chemischer, thermischer und jeder anderen unvorhergesehenen Beanspruchung ausgesetzt, die denkbar ist. Außerdem sind sie wegen häufiger Beschädigungen sowie unzugänglicher Stellen in Anlagenbereichen zu den am schwierigsten auszuführenden, zu reinigenden und instandzuhaltenden Elementen von Gebäuden zu zählen, von denen insbesondere in Nassbereichen hohe Kontaminationsrisiken ausgehen. Vor allem beschädigte Stellen mit Rissen und Absplitterungen lassen sich nicht mehr reinigen und ergeben damit ideale Stellen für Mikroorganismenwachstum. Selbst nach Testreinigungen mit verschiedenen Verfahren und einer anschließenden Desinfektion werden an solchen Problemstellen Mikroorganismen in Abstrichen nachgewiesen [83]. Auch allergene Substanzen können in Problembereichen des Bodens verborgen sein. Durch Aerosolbildung z. B. beim Reinigen oder Verspritzen von Wasser kann dann eine Verbreitung über Luftströmungen in den Prozessbereich und damit in das Produkt erfolgen. Wenn nicht ausreichende Schutzmaßnahmen getroffen werden, ist auch durch Personal eine ungewollte Verschleppung mit den Schuhen sowie der Kleidung in Produktbereiche möglich.

Böden unterscheiden sich innerhalb der Gebäude bezüglich ihrer Ausführung in Abhängigkeit der Raumnutzung. Die höchsten Anforderungen an die Reinigbarkeit werden an Böden gestellt, die aufgrund der Prozessgestaltung mit Produkten in Berührung kommen. Vor allem Betriebe mit rauen Prozessbedingungen sollten mit stabilen, hygienegerecht verlegten Böden ausgestattet werden, die einen geeigneten Belag erhalten.

Böden bestehen aus einem tragenden Untergrund und einer Nutzschicht. In speziellen Fällen können auch beide zusammenfallen. Der tragende Untergrund muss den statischen und konstruktiven Anforderungen der vorgesehenen Nutzung genügen. Die Nutzschicht ist die Oberfläche oder das oberflächennahe Material der Bodenkonstruktion, das unmittelbar die jeweiligen Hygieneanforderungen erfüllen muss. Sie ist gleichzeitig den Beanspruchungen durch Befahren, Begehen, Aufnehmen und Absetzen von Lasten, Lagern sowie dem

Angriff durch Chemikalien usw. unmittelbar ausgesetzt und wird deshalb auch als Verschleißschicht genutzt. Um Verschleiß, Beschädigungen und damit Instandhaltungsmaßnahmen in einem angemessenen Rahmen zu halten, muss sie besonders sorgfältig ausgewählt werden.

Fasst man das grundlegende Anforderungsprofil für Böden zusammen, so ist zwischen dem bautechnischen Bereich, den betrieblichen Gegebenheiten und den Hygienic-Design-Anforderungen zu unterscheiden. Aus bautechnischer Sicht ist neben den Eigenschaften des tragenden Untergrunds die Tragfestigkeit, Druckfestigkeit, Verschleißfestigkeit, Dichtheit und Ebenheit von Estrich sowie verwendeter Nutzschicht von Wichtigkeit (siehe z. B. [84]). Hinzu kommt bei Böden, deren Oberflächenschicht aus einzelnen Elementen besteht, die Ausbildung und Festigkeit von Fugen, Klebe- oder Schweißstellen. Schließlich spielt noch die Qualität der Ausführung von Wandanschlüssen bzw. -übergängen und von Installationen wie Bodenrinnen, Abläufen und Rohrdurchführungen eine entscheidende Rolle.

Die betrieblichen Anforderungen umfassen zunächst die auftretenden Beanspruchungen, die in Form statischer oder dynamischer Belastungen durch Flächen- oder Punktlasten sowie durch Stöße oder Schläge entstehen. Weiterhin sind Trocken-, Feucht- oder Nassbetrieb, die Belastung durch Chemikalien sowie das auftretende Temperaturprofil von entscheidender Bedeutung.

Durch die Art der Nutzung durch Fahrzeuge und Personen ergeben sich zusätzliche Anforderungen an die Verschleißfestigkeit der Nutzoberfläche, die durch rollende oder schleifende Beanspruchung gekennzeichnet sein kann. Je nach Art der Raumnutzung sowie der Arbeitsweise von Prozesslinien in Produktionsräumen ist auf Wärme- und Schalldämmung sowie auf Schutzmaßnahmen gegen Rutschen und Elektrostatik zu achten.

Aus Sicht von Hygienic Design spielen Oberflächenbeschaffenheit in Form von Rauheitsprofil, Struktur und Porosität, Benetzungseigenschaften und Neigung sowie die Ebenheit eine entscheidende Rolle. Das heißt, dass im Wesentlichen alle Spalte, Poren, Vertiefungen oder Erhöhungen zu vermeiden sind und eine Neigung von etwa 3° einzuhalten ist, damit Flüssigkeiten ablaufen können. Die Bodenoberfläche muss außerdem den jeweiligen Reinigungsverfahren wie z. B. Druckreinigung mit Heißwasser oder Dampf sowie den Reinigungschemikalien standhalten und darf sich nicht ablösen. Der Abrieb von Partikeln muss speziell in trockenen Reinräumen der Pharmaindustrie vermieden werden, da dadurch die Partikelzahl unkontrollierbar erhöht werden kann.

Bei der Bodenauswahl müssen außerdem die maßgebenden Sicherheitsvorschriften beachtet werden. Zum einen werden abhängig von der Raumnutzung rutschhemmende Eigenschaften der einzusetzenden Oberflächen gefordert. Die Rutschhemmung ist eine messbare Größe, die in Richtlinien der Berufsgenossenschaft [85, 86] definiert ist und bestimmt werden kann. Nutzschichten, die mit Stoffen in Kontakt kommen, die das Gleiten fördern, müssen deshalb ausreichend rutschhemmend ausgeführt werden. Um Sturz- und Stolperunfälle zu vermeiden, sind Kompromisse zwischen einer glatten, leicht reinigbaren und einer rutschhemmenden Oberflächenstruktur erforderlich. Das gilt gleichermaßen für Arbeitsbereiche und -räume als auch für Verkehrswege. Trotzdem stehen einige der wesentlichen hygienegerechten Gestaltungsmerkmale in Übereinstimmung mit den grundlegenden Sicherheitsanforderungen. Zunächst muss ein Boden eben und gleichmäßig geneigt sein, da schon kleinste Unebenheiten Wasseransammlungen ergeben, von denen Kontaminationsgefahren durch Mikroorganismen und Rutschgefahren ausgehen können. Außerdem können nicht vorgesehene Unebenheiten z. B. nach Reparaturen zu Stolperstellen werden, die bereits ab Höhenunterschieden von mehr als 4 mm als gefährlich eingestuft werden. Bei bestimmten Stoffen, die auf den Boden gelangen können, wie z. B. Gemüse, Fleischreste, Öle und Fette ist zusätzlich ein *Verdrängungsraum* innerhalb des Kontaktbereichs zwischen der Berührfläche von Schuhwerk oder Reifen erforderlich, indem der Boden mit hygienegerecht gestalteten Erhöhungen versehen wird. Wie z. B. bei rutschhemmenden Reifen oder Sohlen kann in manchen Fällen auch das sich bewegende Objekt mit Vertiefungen ausgestattet werden. Zusätzlich ist es bei der Bodenauswahl wichtig, die Verschleißfestigkeit und Rissfestigkeit zu berücksichtigen, da jede nachträglich entstehende Riss- oder Spaltbildung nicht nur die erwähnten mikrobiologischen Gefahrenherde, sondern auch Sicherheitsprobleme mit sich bringt.

Zum anderen ist aufgrund der neuen ATEX-Richtlinie [82] beim Neubau oder einer Sanierungsmaßnahme auf die Leitfähigkeit von Böden zu achten. In allen betrieblichen Bereichen, in denen Explosionsrisiken durch Gase, Dämpfe, Nebel oder Stäube erzeugt werden, ist ein elektrisch leitender bzw. ein ableitfähiger Fußboden eine wichtige Voraussetzung zur Einhaltung der Betriebssicherheit. Nach der Richtlinie sind verschiedene Zonen der Explosionsgefährdung festgelegt, die unterschiedliche Ansprüche an den Bodenbelag hinsichtlich der elektrischen Leitfähigkeit stellen. Einordnen und Festlegen eines elektrisch leitenden oder eines ableitfähigen Bodenbelages gehört zu den Planungsaufgaben, die durch Architekten und Nutzer zu erfolgen hat. Jeder Bereich mit Explosionsgefahr soll von einer akkreditierten Prüfstelle vor Inbetriebnahme im Sinne der ATEX-Richtlinie geprüft und klassifiziert werden. Der Nutzer elektrisch leitfähiger Fußböden ist für die fachgerechte Grundreinigung, Wartungs- und Unterhaltsreinigung sowie Desinfektion verantwortlich. Zu beachten ist, dass durch Auftragen von filmbildenden Pflegemitteln die elektrische Leitfähigkeit gestört werden kann. Als elektrisch leitende (ECF) bzw. ableitfähige (DIF) Bodenbeläge [87]) werden PVC, Keramik und Fußböden aus Reaktionsharzen eingesetzt.

Die Hauptproblemstellen der Nutzflächen von Böden ergeben sich an den Verbindungsstellen mit dem Untergrund und zu anderen Bodentypen, an den Übergängen zu Wänden sowie zu Fußbodeneinbauten, wie Rammschutz, Bodeneinläufen und Rinnen. Auch Dehnungsfugen in Gebäuden können eine Schwachstelle darstellen. Die Problematik dieser Bereiche wird durch dynamische Belastungen noch vergrößert.

Als Nutzschicht kommen z. B. Natur- oder Betonwerksteinplatten, keramische Fliesen und Platten, Estriche aus mineralischen Bestandteilen mit Zement als Bindemittel und gegebenenfalls Kunstharzzusätzen, Kunstharzbeschichtungen und Kunstharzestriche in Betracht [88]. Steinfliesen sowie glasierte Fliesen werden meist in sechseckiger Form empfohlen, wie es als Beispiel Abb. 5.68a zeigt. Außerdem sind Übergange zu quadratischen Fliesen sowie eine Ausgleichsfuge mit dargestellt. Wenn für hohe Belastungen Fliesen verwendet werden, sollten sie eine ausreichend große Dicke und einen kleinen Querschnitt besitzen, um eine hohe Stabilität zu erhalten.

Neben Fliesen stellt fugenloser Rüttelklinker einen sehr widerstandsfähigen Bodenbelag dar. Das Prinzip der Rüttelverlegung beruht auf dem hochverdichtenden, maschinellen Einrütteln von keramischen Bodenfliesen und -platten in ein Mörtelbett. Dazu wird der Mörtel vorverdichtet und waagerecht oder im vorgesehenen Gefälle ebenflächig abgezogen. Auf die Oberfläche wird eine mit Zement angereicherte Kontaktschicht aufgebracht, in die keramische Bodenfliesen und -platten engfugig, d. h. sich berührend, eingelegt und mit einem Flächenrüttler angeklopft werden. Durch die hohe Vibrationsfrequenz des Rüttlers erfolgt eine hohlraumfreie Verdichtung des Bettungsmörtels. Nach dem Überschleifen bildet er eine fugenlose, chemisch und mechanisch widerstandsfähige Oberfläche, die sich punktuell gut ausbessern lässt. Die Aufbauhöhe ist mit 6–10 cm relativ groß. Außerdem ist die Ausbildung von Hohlkehlen an Übergangsstellen relativ schwierig.

Pharma Terrazzo Bodensysteme kommen gemäß dem Beispiel nach Abb. 5.68b z. B. in der Lebensmittelindustrie sowie in der pharmazeutischen Industrie zum Einsatz. Aufgrund der Fugenlosigkeit erfüllen sie nationale und internationale Normen und Richtlinien. Der besondere Vorteil liegt in den variablen Ausführungs- und Einsatzmöglichkeiten, die den jeweiligen Betriebsanforderungen angepasst werden können. Dies sind z. B. thermische, chemische oder schwer mechanische Belastung, bei gleichzeitig hohem optischen Anspruch. Als Sonderausführung können die Beläge auch hoch chemisch belastbar, erhöht hitzebeständig, ableitfähig oder mit erhöhter Ebenheit ausgeführt werden.

Elektrisch leitende Terrazzo-Beläge werden z. B. auch für Reinräume der pharmazeutischen Produktion eingesetzt. Die Qualität eines elektrisch leitenden epoxydharzgebundenen Terrazzos für reine Räume ist stark von der Qualität des Harzes, das lösemittelhaltig stark vergilbend oder lösemittelfrei schwach vergilbend gewählt werden kann, den Zuschlägen in Form von Natursanden bzw. mit Polyurethanharz ummantelten Granulaten und der Penetration der Terrazzo-Nutzschicht mit Epoxydharz abhängig. Weitere Faktoren sind die Beschaffenheit und die Restfeuchte des Untergrundes sowie die Umgebungstemperaturen bei der Applikation. Unterböden wie Estriche sind meist notwendig, um die geforderte Ebenflächigkeit zu erreichen.

Gießharzbeläge aus Polyurethan- oder Epoxydharz erhalten üblicherweise Schichtdicken zwischen 1,5 und 3 mm. Ein Standardaufbau eines elektrisch leitenden Kunstharzbelags umfasst Grundierung, Leitschicht, Kupferleitbänder und leitfähige Nutzschicht. Durch eine entsprechende Deckbeschichtung kann die Nutzschicht auch so eingestellt werden, dass Lichtreflexionen vermieden sowie die Rutschsicherheit verbessert werden können. Die Deckschicht wird in einer Schichtdicke von 0,1 mm aufgetragen; sie unterliegt damit mechanischem Abrieb. Eine Erneuerung ist je nach Verschleiß möglich und nötig.

PVC-Belag und andere Kunststoffbeläge sind relativ schnell und einfach in Bahnen zu verlegen. Sie besitzen eine geringe Aufbauhöhe, wobei kaum Rissgefahr entsteht. Allerdings sind ein hoher Fugenanteil und eine geringe Oberflächenfestigkeit von Nachteil. Bei der Verlegung und Isolierung ist darauf zu achten, dass kein Dampfdruck von unten entstehen kann, der zu Aufwölbungen führt.

Metallböden z. B. aus nicht rostendem Edelstahl sind nur für bestimmte Anwendungsfälle wie z. B. für Zwischenböden oder Bühnen sowie in Sterilkammern oder Isolatoren geeignet, die CIP-bar ausgeführt werden. Obwohl ihre Verschleißfestigkeit hoch ist, muss auf einen entsprechend stabilen Untergrund sowie auf eine ausreichende Befestigung geachtet werden, damit keine Verwerfungen entstehen können, in denen sich Flüssigkeiten sammeln. Plattformen mit Metallgitterboden sind in und über Produktionsbereichen nicht erlaubt, da sie das Abkratzen von Schmutz von Schuhsohlen fördern, der auf darunter liegende Konstruktionen sowie ins Produkt gelangen und Kreuzkontamination verursachen kann. Außerdem lassen sich die Gitter selbst nur schwer reinigen.

Grundsätzlich müssen Böden den Anforderungen der Zoneneinteilung entsprechend ausgeführt werden. So können erfahrungsgemäß rostfreies Edelstahlblech mit glatter Oberfläche, Kunststoff-Estrichbeläge, Gießharzböden sowie kunststoffverfugte Fliesen- und Plattenböden als Nutzoberflächen in Räumen mit den höchsten Hygieneanforderungen (Klasse H bzw. A/B) eingesetzt werden. Fugenloser Bahnenbelag aus hoch verdichtetem PVC bzw. Kautschuk in statisch ableitender Ausführung, d. h. geeignet für Electrostatic Sensitive Devices (ESD-Belag), wird z. B. in der Pharmaindustrie meist für Räume der Klasse C und schlechter verwendet. Normaler verfugter PVC-Platten- oder Bahnenbelag sowie Rüttelklinker

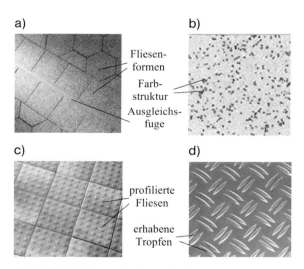

Abb. 5.68 Beispiele von Bodennutzflächen:
(a) ebene Fliesen, (b) Pharma Terazzo, (c) profilierte Fliesen,
(d) profiliertes Edelstahlblech.

eignen sich normalerweise z. B. für die Zonen M bzw. E oder schlechter, obwohl in der Lebensmittelindustrie Rüttelklinker auch in Zone H zu finden ist.

Nicht versiegelter Beton ist aus hygienischer Sicht ungeeignet, da er eine poröse Oberfläche besitzt und bei ständigem Kontakt mit Chemikalien zunehmend stärker werdende Defekte bekommt. Wenn in einer Betonoberfläche einmal Risse, Spalte oder Absplitterungen aufgetreten sind, ist sie besonders geeignet, Mikroorganismen aufzunehmen. Daher sind Nutzschichten aus Beton grundsätzlich nur mit versiegelter, d. h. nicht poröser Oberfläche, einsetzbar. Bei Beschädigung muss unverzüglich eine Ausbesserung erfolgen.

Wenn bei bestimmten Produkten, die auf den Boden gelangen, ein Verdrängungsraum innerhalb des Kontaktbereichs zwischen Schuhwerk oder Reifen von Fahrzeugen erforderlich wird, können Böden aus entsprechend gestalteten profilierten Fliesen gemäß Abb. 5.68c oder bei Blechböden Tropfenbleche aus Aluminium oder Edelstahl nach Abb. 5.68d eingesetzt werden.

Grundsätzlich kann der Boden sehr unterschiedlich aufgebaut sein, je nachdem welche Materialien verwendet werden und welche Dämmungsmaßnahmen erforderlich sind. In Abb. 5.69a ist ein Beispiel des Querschnitts durch den Bodenaufbau dargestellt, bei dem der produktberührte Bereich des Bodens von Fliesen gebildet wird, die auf eine isolierte und trittschallgedämmte Estrichschicht aufgeklebt sind. Die Fliesen müssen je nach Einsatzbereich rutschhemmend ausgeführt werden. Die Fugen sind bündig zur Fliesenoberfläche vergossen. Der Untergrund besteht aus Beton, für dessen Tragfähigkeit die maßgebenden Vorschriften einzuhalten sind. Wie das Beispiel zeigen soll, ist dabei zusätzlich zur Erfüllung von Hygiene- und Sicherheitsanforderungen sowohl auf entsprechende Abdichtungen gegen Feuchtigkeit, Wasser und Dampf als auf Schalldämmung zu achten.

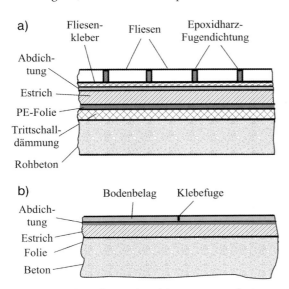

Abb. 5.69 Bodenaufbau und Ausführung von Nutzflächen: (a) Fliesenbelag, (b) Kunststoffbelag.

Tabelle 5.4 Beispiele für den Aufbau von Industriefußböden.

Bodenart	Darstellung der Schichten	Beschreibung der Schichten
Versiegelter „Vakuum"-Estrich (für Lagerbereiche)		• Versiegelung • Estrich ZE40 (Oberfläche durch maschinelles Glätten unter Absaugen verdichtet) • mineralische Haftbrücke • Tragbeton B25
Kunststoffbahnenbelag (für Trockenbereiche)		• Kunststoffbahn (fugenverschweißt) • Epoxidharz-Kleber • Epoxidharz-Spachtelmasse (geschliffen) • Epoxidharz-Haftbrücke • Ausgleichsestrich (ZE30/ZE40, mind. 25 mm stark, kugelgestrahlt, abgesaugt) • Haftbrücke (mineralisch oder Epoxidharz) • Beton B25 (kugelgestrahlt, abgesaugt)
Ableitfähiger Plattenboden (keramische Platten, definierte Fuge 2 mm)		• Fuge: Epoxidharz mit Rußzusatz • Platten mit Stegen • Haftschicht: Epoxidharz mit Rußzusatz • Kupferlitze • Verbundestrich (ZE30/ZE40, mind. 25 mm stark, kugelgestrahlt, abgesaugt) • Haftbrücke (mineralisch oder Epoxidharz) • Beton B25 (kugelgestrahlt, abgesaugt)
Kunststoffboden (EP, PUR)		• Oberfläche versiegelt • quarzgefüllter Kunststoff (mehrfache Spachtelung) • Epoxidharz-Haftbrücke • Ausgleichsestrich (ZE30/ZE40, geglättet, kugelgestrahlt, abgesaugt) • Isolierung bzw. Haftbrücke • Tragbeton (Güte > B25)
Epoxidharz-Gießboden (drei Schichten Epoxidharz selbstverlaufend mit Quarz)		• PUR-Versiegelung • Deckschicht (3–4 mm stark) • Grundschicht (1–2 mm stark) • Grundierung (EP-lösungsmittelfrei, Absandung) • Verbundestrich abgerieben (ZE 30) • Haftschicht • Tragbeton

Tabelle 5.4 (Fortsetzung)

Bodenart	Darstellung der Schichten	Beschreibung der Schichten
Ableitfähiger Hartstoffestrich-Boden		• Oberfläche geschliffen und poliert • Hartstoffschicht (Stärke > 15 mm) • mineralische Haftbrücke (Ableitung) • Verbundestrich ZE30 (> 30 mm, Estrichoberfläche kugelgestrahlt) • Haftschicht • Tragbeton
Maschinell eingebrachter ableitfähiger Epoxidboden (Edelstahlspäne, C-Fasern)		• Versiegelung • leitfähige Epoxidmörtelschicht • Leitgrundierung Epoxidharz • Verbundestrich abgerieben (ZE 30) • Haftschicht • Tragbeton
ESD-Bahnenbelag aus hochverdichtetem Kunststoff (fugenlos)		• ableitfähiger verdichteter, praktisch lösungsmittelfreier Kunststoff • Ableitgitter • Acrylkleber • Acrylspachtelmasse • Verbundestrich abgerieben (ZE 30) • Haftschicht • Tragbeton

Das Prinzip einer anderen Ausführung ist in Abb. 5.69b dargestellt, das als Nutzschicht einen verklebten Kunststoffboden zeigt. Auch in diesem Fall ist die Verbindung der Kunststoffschicht mit dem Untergrund entscheidend. Während bei vergossenem Material nur die Wandfugen Schwachstellen darstellen können, stellen bei Kunststoffbahnen die Klebe- oder Schweißnähte entscheidende Problemstellen dar.

In Tabelle 5.4 sind weitere Arten von Böden mit ihrem geschichteten Aufbau dargestellt.

In Abb. 5.70a ist dazu ein praktisches Beispiel eines gefliesten Bodens mit Problembereichen dargestellt. Die dunkel erscheinenden Stellen wurden mit einem anderen Material ausgebessert, das nicht ausreichend bündig zum ursprünglichen Fliesenboden verläuft. Aufgrund des anderen Werkstoffs und der geringfügig überstehenden Ausführung ist die Gefahr gegeben, an diesen Stellen zu stolpern. Außerdem ist im oberen Bereich des Bildes deutlich zu erkennen, dass sich eine Pfütze gebildet hat. Böden in Nassbereichen sollten daher eine Neigung von 2–3 % bzw. 3° in Richtung der Ablaufvorrichtungen wie Rinnen und Gullys erhalten. In Lagerräumen, wo eine Stapelung von Behältnissen oder Paletten stattfindet, sollte die Neigung auf 1 % begrenzt werden, um ein stabiles

580 | 5 Anlagengestaltung

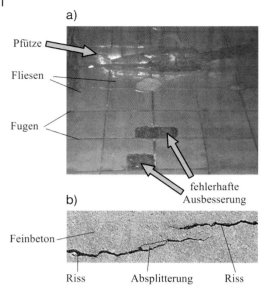

Abb. 5.70 Fehlstellen an Böden:
(a) Pfützenbildung durch schlechte Verlegetechnik und falsch ausgebesserte Bereiche,
(b) Risse und Absplitterungen in Beton.

Stapeln zu gewährleisten. Ein ebener, aber geneigter Boden, von dem Flüssigkeiten besser abfließen können, ist weniger rutschig und erfüllt auch die Voraussetzung für einen rüttelarmen Transport.

Häufig werden in untergeordneten Bereichen wie Lagerhallen usw. auch Betonböden ohne besondere Nutzschicht eingesetzt. In solchen Böden entstehen entsprechend der vergrößerten Detailansicht nach Abb. 5.70b relative leicht Risse, die danach zum Absplittern und damit zu größeren Beschädigungen führen. Solche Bereiche sind weder zu reinigen noch zu desinfizieren, sodass sie ausgezeichnete Kontaminationsquellen mit Mikroorganismen ergeben.

Beanspruchungen der verschiedensten Arten können die ursprünglich ebene Oberfläche beschädigen und damit die Reinigbarkeit verschlechtern, wenn der Boden nicht richtig auf die entstehenden Einflüsse abgestimmt ist. Der Transport mit Flurförderzeugen führt vor allem zu einer rollenden und reibenden Beanspruchung. Dies kann z. B. gemäß Abb. 5.71a Spurrillen und Vertiefungen erzeugen. Das Anfahren, Bremsen und Lenken von Fahrzeugen verursacht zusätzliche Scherbelastungen. In Räumen, die nur durch Personal begangen werden, entsteht ein mehr schleifender Abrieb der Oberfläche. Eine weitere mechanische Belastung ist das Schleifen und Absetzen von Gütern. Beim Absetzen von Lasten mit dem Gabelstapler ist die Schlag- und Stoßeinwirkung durch die Metallgabeln zu berücksichtigen, wie sie symbolisch in Abb. 5.71b dargestellt ist. Hierbei spielt nicht nur das Gewicht, sondern auch die Art der Lagergeräte eine Rolle. Vertiefte Fugen zwischen Fliesen, wie sie Abb. 5.71c zeigt, können entweder durch schlechte Verlegung oder durch Abnutzung infolge ungeeigneten Materials oder

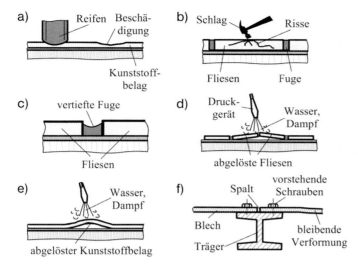

Abb. 5.71 Prinzipdarstellungen von Problembereichen an Böden:
(a) Rillen durch zu hohe Belastung, (b) Risse durch Schlagbelastung,
(c) schlecht ausgeführte oder erodierte Fliesenfuge,
(d) Ablösung von Fliesen durch Dampfreinigung, (e) Ablösen von Kunststoffbelägen,
(f) Spalte und vorstehende Schrauben bei Metallböden.

unvorhergesehener chemischer Belastung entstehen. Starke Bodenbelastungen entstehen, wenn mit Druckgeräten unter Verwendung von Wasser oder Dampf gereinigt wird. In vielen Fällen erfolgt entsprechend Abb. 5.71d ein Ablösen von Fliesen oder gemäß Abb. 5.71e von Kunststoffbelägen vom Untergrund. Bei Blechböden als Nutzoberfläche (Abb. 5.71f) müssen an den Stoßstellen Spalte vermieden werden, wenn sie mit Schraubenverbindungen befestigt werden. Überstehende Schraubenköpfe bedeuten Stolperstellen. Wenn Bleche verschweißt werden, ist die Gefahr des Verziehens zu beachten, wodurch Vertiefungen entstehen können, in denen Wasser stehen bleibt. Außerdem können bei Überlastung bleibende Verformungen auftreten.

Bei der Beständigkeit gegen Produkte und Chemikalien wird nach Art, Dauer und Häufigkeit der Einwirkung unterschieden, wie es am Beispiel von drei Belastungskategorien in Tabelle 5.5 (nach [88]) dargestellt ist. Um eine geeignete Nutzschicht danach auswählen zu können, empfiehlt es sich, die beabsichtigten Produkte, Chemikalien und Reinigungsmittel in ihrer jeweiligen Anwendungskonzentration aufzulisten und anhand der Informationen über die Eigenschaften der chemischen Belastbarkeit der Nutzschicht zu vergleichen.

Besonders schwer zugängliche Bereiche sollten grundsätzlich reinigungsfreundlich gestaltet werden. Dazu zählen in erster Linie die Bereiche am Übergang vom Boden zur Wand sowie an Bodendurchführungen. In Abb. 5.72a ist die Prinzipskizze einer Raumecke dargestellt, bei der die Übergänge vom Boden zu den Wänden jeweils rechtwinklig erfolgt. In den Ecken lassen sich in allen untersuchten Fällen trotz Reinigung Schmutzansammlungen aller Art nachweisen.

5 Anlagengestaltung

Tabelle 5.5 Chemikalienbeständigkeit von Böden (Belastungskategorien nach [88]).

Belastungsgrad	Belastungsart
Hoch	Einwirkung von Ölen und Fetten, höher konzentrierten anorganischen und organischen Säuren und Laugen sowie Lösungsmitteln von mehr als 2 Stunden pro Arbeitstag
Mittel	Häufiges Auftreten von Ölen, Fetten, anorganischen Säuren geringer Konzentration (bis ca. 10 %) und Laugen; kurzzeitige Einwirkung (z. B. durch Verschütten) von Benzinen, Lösungsmitteln sowie organischen Säuren
Gering	Für anorganische und organische Säuren und Laugen nicht geeignet; Benzine und Lösungsmittel dürfen nur kurzzeitig einwirken; häufige Einwirkung von Ölen und Fetten wird vertragen

Nach Stand der Technik müssen solche Stellen ausreichend ausgerundet werden, wie die Skizze in Abb. 5.72b am Beispiel von gefliesten Boden- und Wandflächen zeigt. Für solche Fälle stehen Formfliesen mit ausreichender Ausrundung entsprechend Abb. 5.72c zur Verfügung. In der Literatur werden häufig keine Maße für Ausrundungen und Sockelhöhen nach Radien angegeben. Nach [89] wird als Ausrundung zwischen Boden und Wand ein Radius von etwa 10 cm empfohlen. Das Abschrägen der Ecken beseitigt zwar einen Schwachpunkt, die inneren Kanten bilden trotzdem erhebliche schlecht reinigbare Problemstellen. Wenn der Übergang zwischen unterschiedlichen Materialien von Boden und Wand gestaltet werden soll, ist es empfehlenswert, den Bodenbelag über die Ausrundung an der Wand hochzuziehen und einen Sockel zu bilden, der entsprechend abgeschrägt werden muss. Der Bodenbelag sollte dann bis zu einer Wandhöhe von etwa 10 cm reichen. Die Rundung darf nicht durch Vinyl, Kunststoff oder andere Gussmaterialien ersetzt werden.

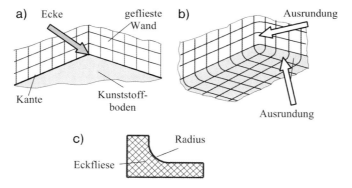

Abb. 5.72 Wand-Boden-Übergang:
(a) Problemstellen mit Ecken und Kanten, (b) hygienegerechte Ausrundung,
(c) Beispiel einer Rundungsfliese.

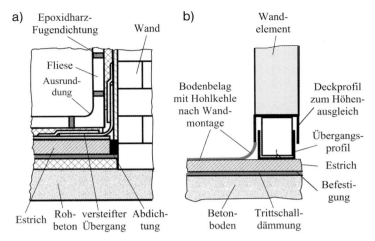

Abb. 5.73 Detaildarstellung des Boden-Wand-Übergangs:
(a) mit Fliesen, (b) bei Kunststoffbeschichtung.

In Abb. 5.73 sind für die beiden Beispiele nach Abb. 5.72 die Strukturen der Boden-Wandkonstruktion dem Prinzip nach dargestellt. Bei Verwendung von Fliesen gemäß Abb. 5.73a kann der Übergang durch spezielle Konstruktionselemente zusätzlich versteift werden, bevor die Rundungs- und Wandfliesen aufgeklebt werden. Für Kunststoffbeläge werden zusätzliche Formteile als Unterlage verwendet, wie in Abb. 5.73b dargestellt, um den Belag der Rundung anpassen zu können. Je nach Art der Konstruktion kann der Bodenbelag erst nach Montage der Wände eingebracht werden, um einwandfreie Ausrundungen und Wandanschlüsse zu erreichen.

Ein Beispiel einer praktischen Ausführung der Hohlkehle zwischen Boden und Wand ist in Abb. 5.74a abgebildet. Vor allem bei Nutzflächen aus Bahnenmaterial bildet die Ausrundung von Wandecken einen Problembereich, der bei und nach der Ausführung besonders kontrolliert werden sollte. Gleiches gilt für die Abrundung gegenüber anderen Bauelementen wie z. B. Rohrdurchführungen wie es Abb. 5.74b zeigt.

Um den Schmutzeintrag aus äußeren Bereichen so gering wie möglich zu halten, sollten in Eingangs- und Übergangsbereichen von Räumen Vorrichtungen als Schmutzschleusen oder zur Schmutzabsonderung verwendet werden. Dies können z. B. Abstreif- und Trittmatten oder Fußbecken sein, die jedoch hygienegerecht zu gestalten oder zum Reinigen zu entfernen sind. Für Eingänge zu Hygienebereichen wie Reinräumen in der Pharmazie und Lebensmittelherstellung werden meist Folien gemäß Abb. 5.75 verwendet, die auch mit einem Kleber beschichtet sein können. Der Kleber nimmt bei Berührung Festteile von Schuhsohlen und Transportgeräten auf. Für hochsensible Bereiche können Einwegfolien verwendet werden, die nach Gebrauch vom Folienstapel abgerissen werden können. Je nach Schmutzart können unterschiedliche Farben gewählt werden, um die Schmutzhaftung auf der Matte visuell überprüfen zu können.

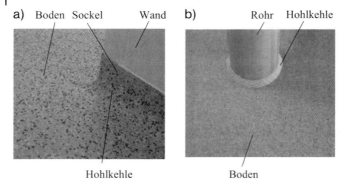

Abb. 5.74 Ausrundungen an Bodenübergängen:
(a) Wandübergang (Fa. Noraplan), (b) Übergang an Rohr (Fa. Weiss).

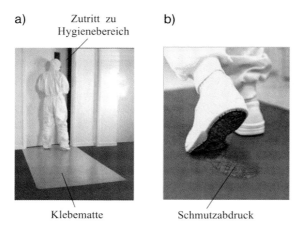

Abb. 5.75 Beispiele von Trittmatten:
(a) Permanentmatte (Fa. Basan), (b) Abdruck auf Staubbindematte (Fa. Loemat).

5.3.2.3 Wände

Neben Böden sind Wände im Inneren von Gebäuden sowie deren Oberflächenvergütungen bzw. -beschichtungen und Abdichtungen besonders sorgfältig auszuführen. Vor allem in der Umgebung von Prozessen, bei denen Nässe und raue Betriebsbedingungen vorherrschen, sind sie am meisten durch Verschmutzung und Beschädigung gefährdet. Daher verlangen die allgemeinen Hygieneanforderungen an Wände grundsätzlich, dass sie hygienegerecht ausgeführt werden, um Wachstum von Mikroorganismen und Absorption von allergenen Substanzen und anderem Schmutz zu vermeiden. Das bedeutet, dass sie vom Boden bis zur Decke eben und glatt, hart, nicht absorbierend, frei von Poren, Rissen und Spalten sowie undurchlässig an allen Übergängen und Dichtstellen sein sollten. Vor- oder Rücksprünge sowie vorstehende Teile wie Schrauben, Haken und andere Installationselemente, die die Reinigung behindern, sind so weit wie möglich zu vermeiden. Hinzu kommt die Forderung nach chemischer Beständigkeit der Nutzschichten gegen Produkte, Reinigungs- und Desinfektionsmittel sowie nach mechanischer Widerstandsfähigkeit gegen Beschädigung und Abrieb. Auch Anforderungen des Brand- und Explosionsschutzes, des Schallschutzes und der Wärmedämmung müssen erfüllt werden. Aus statischen Gründen sind Stabilitäten für vorgesehene Anhängelasten sowie gegen Luftdruck festzulegen. Außerdem sollte bei der Auswahl der Konstruktion darauf geachtet werden, dass Wandabschnitte leicht nachinstalliert werden können. Aufgrund der genannten Anforderungen ist die Auswahl der Materialien für die äußere Nutzschicht von Wänden sowie die technische Ausführung der Wandoberfläche mit besonderer Sorgfalt durchzuführen. Wenn Öffnungen wie Fenster, Türen, Durchreichen oder andere Schleusen vorhanden sind, müssen diese so eingebaut werden, dass die Wandeigenschaften dadurch nicht beeinflusst werden. Außerdem sollten Wände in allen Räumen helle Farben erhalten. Da konkrete Werte selten angegeben werden, kann man sich an der Empfehlung nach [89] orientieren, die einen Lichtreflexionswert von 70 % oder mehr vorschlägt. Besonders wichtig sind helle Farben für Produktionsräume.

Es gibt eine Reihe unterschiedlicher Ausführungsarten und Werkstoffe, die für die speziellen Anforderungen an Wände in Prozess- und Lagerbereichen oder in Sanitär- und Sozialräumen geeignet sind. Einige grundlegende Gestaltungsarten sollen in Verbindung mit Hygienic Design im Folgenden als Überblick zusammengestellt werden.

Bei traditioneller Bauweise werden im Innenbereich vieler Gebäude die Wände in massiver Bauweise errichtet, da sie hoch belastbar und für die Befestigung von Tragkonstruktionen oder Apparaten und Geräten geeignet sind. Vor allem bei rauem und nassem Betrieb sowie beim Befahren mit Staplern oder Transportwagen werden häufig Massivwände für die Produktion und Lagerung verwendet. Als Grundmaterial wird aus Tradition in manchen Betrieben Ziegelmauerwerk verwendet, das anschließend verputzt und mit einer reinigbaren Nutzschicht versehen wird. *Glasierte Keramikfliesen* werden meist für Nassbereiche z. B. in der Lebensmittelindustrie bei der Fleisch- oder Milchverarbeitung eingesetzt. Besonders hervorzuheben ist ihre Haltbarkeit und chemische Beständigkeit. Wichtig ist, dass die Verbindungsstellen sorgfältig, beständig und eben zu den Fliesen ausgeführt werden. In Abb. 5.76a ist ein Ausschnitt einer Wand eines weiß gefliesten Produktionsraums dargestellt. Für die Höhe, bis zu der Räume in verschiedenen Branchen der Lebensmittelindustrie gefliest werden müssen, sind spezifische Vorschriften maßgebend. Wenn in solchen Fällen der Übergang zu einem anderen Wandbelag, wie z. B. zu einem Anstrich erfolgt, entsteht meist ein horizontaler Sims. Dieser darf aus hygienischer Sicht nicht gemäß Abb. 5.76b als horizontaler Rücksprung ausgeführt werden, sondern muss entsprechend Abb. 5.76c ausreichend abgeschrägt oder zumindest mit einer Hohlkehle mit Radius bis zum Fliesenrand versehen werden.

In vielen Fällen wird wegen der fehlenden Stoßstellen sowie der einfachen Instandhaltung *gegossener Beton* eingesetzt. Er muss jedoch ausreichend fein, möglichst ohne Poren ausgeführt und an Verbindungsstellen zu Decken und Böden

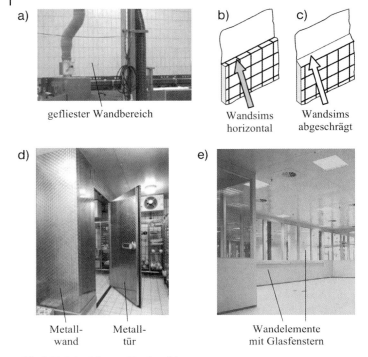

Abb. 5.76 Beispiele von Wandausführungen:
(a) weiße Fliesen, (b) horizontaler Absatz (Problembereich),
(c) hygienegerecht abgeschrägter Sims,
(d) Kühlraumwand aus Metall (Aluminium oder Edelstahl) (Fa. Jantz),
(e) Wandelemente mit Glasfenstern (Fa. Sartorius).

gut abgedichtet sein. Mit glatter Oberfläche ohne zusätzliche Nutzschicht eignet er sich nicht für Produktionsräume, sondern höchstens für Materiallagerräume oder Lagerhallen zur An- und Auslieferung unkritischer Materialien und verpackter Produkte. Auch Betonwände werden in vielen Fällen gefliest. Die Oberfläche kann aber auch z. B. mit Epoxydharz beschichtet werden, wobei sich spezielle aufgesprühte Beschichtungen als dicht, reinigbar und haltbar erwiesen haben.

Betonblocksteine für Wände sollten eine hohe Dichte aufweisen und nicht porös sein. Die Blöcke sollten entsprechend Abb. 5.22a (s. Abschnitt 5.2.3.1) fluchtend übereinander mit Armierung und nicht versetzt angeordnet werden, da dadurch eine gleichmäßigere Ausführung erreicht und die Gefahr von Schmutz- und Feuchtigkeitsansammlungen vermieden wird [90]. Die Verlegung sollte ohne Vorsprünge und Simse erfolgen. Eine durchgehende Abdeckung und Isolierung an der Oberseite erleichtert die Abdichtung zur Decke hin. Empfehlenswert für Beständigkeit und Reinigbarkeit ist auch bei solchen Wänden ein Überzug aus Epoxydharzlack oder mit Fliesen.

In manchen Betrieben und Bereichen werden *Fiberglasplatten* als Wandverkleidungen von Massivwänden eingesetzt, die vor allem in gelbeschichteter, verstärkter Form empfohlen werden. Werden sie sorgfältig montiert und an den Stoßstellen gut abgedichtet, ergeben sie eine harte, beständige, glatte und gut reinigbare Oberfläche. Es können aber leicht Hygieneprobleme entstehen, wenn die Verlegung mangelhaft ist, sich die Platten durchwölben und die Nähte nicht gut ausgeführt sind. Wenn die Platten bis zum Boden reichen, können sie durch Fahrzeuge wie Gabelstapler beschädigt werden. In diesen Fällen ist z. B. eine Bodenkante aus Beton oder andere Schutzvorrichtungen zu empfehlen. Um an solchen Stellen eine horizontale überstehende Fläche zu vermeiden, ist sie ausreichend abzuschrägen.

Häufig werden Kabinen oder Kühlraumwände, wie es das Beispiel in Abb. 5.76d zeigt, aus Stahlkonstruktionen mit verschweißten, versteiften Metallplatten z. B. aus rostfreiem Edelstahl, Aluminium oder galvanisierten Werkstoffen hergestellt. In nassen Produktionsbereichen ist dabei auf die Gefahr der Kondensatbildung zu achten. Größere geschweißte Metallwände können sich außerdem wegen der erforderlichen durchgehenden Schweißnähte so stark verziehen, dass die entstehenden Versetzungen die Reinigbarkeit beeinträchtigen. Es ist daher wichtig, solche Konstruktionen von ausgewiesenen Fachfirmen ausführen zu lassen, die Erfahrung mit großflächigen Schweißkonstruktionen besitzen. Eine andere Möglichkeit, solche Konstruktionen hygienegerecht herzustellen, besteht in modularer Bauweise. Dabei sind die Stoßstellen der Module besonders sorgfältig zu verbinden und ebenflächig abzudichten. Letzteres stellt aber meist ebenfalls ein Hygieneproblem dar. Verzinkte Metalle sollten wegen der Gefahr der Ablösung der Oberflächenschicht mit Splitterbildung in Prozessbereichen unbedingt vermieden werden.

In geeigneten Räumlichkeiten, vor allem in Reinräumen der Pharmaindustrie werden Trennwände in Leichtbauweise in unterschiedlicher Form hergestellt, wie sie die Teilansicht in Abb. 5.76e mit integrierten Glaselementen wiedergibt. Solche Wände eignen sich aber auch z. B. für Sozialräume. Hierbei werden meist Module verwendet, die z. B. bei Monoblocksystemen als Hohlwände mit oder ohne Ausschäumung oder bei Metallständerwänden mit beidseitiger Halbschale gestaltet werden. Aus hygienischer Sicht ist es wichtig, dass die Rasterstöße mit definierten Versiegelungsnuten versehen werden, die durch Verfugen die erforderliche glatte Wandfläche ergeben. In gleicher Weise sind wandbündige Abdichtungen an Boden und Decke erforderlich.

Monoblocksysteme stellen für viele Bereiche eine ausreichend robuste Standardlösung mit ausgereiften Ausführungen dar, die relativ preisgünstig und schnell montierbar ist. Außerdem können die Hohlräume bestimmte Elemente der Technikinstallation aufnehmen. Allerdings ist diese Möglichkeit durch den zur Verfügung stehenden Hohlraum begrenzt, da die Wandstärken in etwa zwischen 5 und 10 cm liegen. Bei Beschädigung muss meist ein ganzes Element ausgetauscht werden. Für die Wandnutzfläche können bei Monoblocksystemen dünne Edelstahlbleche, einbrennlackierte verzinkte Bleche, einbrennlackierte bzw. eloxierte Aluminiumbleche oder Kunststoffelemente eingesetzt werden. Für Sonderlösungen stehen auch Glaselemente zur Verfügung, die vorzugsweise in der Pharmaindustrie eingesetzt werden. In Abb. 5.77a ist das Prinzip der Wandan-

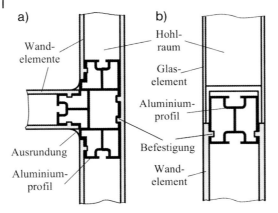

Abb. 5.77 Wandausführung in Modulform:
(a) T-Verbindung von Vollwandelementen (Normalausführung),
(b) Verbindung von Vollwand- und Glaselement.

bindung im Horizontalschnitt an einem T-förmigen Wandübergang dargestellt. Die Module werden z. B. an Aluminiumprofilen befestigt, die sehr unterschiedlich ausgeführt sein können, und sollten in den Ecken unbedingt entsprechend abgedichtete Ausrundungen erhalten. In Abb. 5.77b ist das Beispiel einer Verbindung von einem Vollwand- zu einem Glaselement dargestellt.

Die Module werden in bestimmten Rastermaßen im Achs- oder Bandraster ausgeführt und sind als Vollwandelemente, als ganz- oder teilverglaste Elemente mit geklebter, ebenflächig verfugter Zweischeibenverglasung und als Elemente mit ebenflächigen ein- oder zweiflügeligen Drehtüren oder mit Schiebetüren mit Hand- oder Automatikantrieb erhältlich. Die Oberflächen sind meist wasserabweisend ausgeführt. Der Einbau von Schaltern, Elektrodosen sowie Kleingeräten für Funktionsschaltungen erfolgt im Element oder Rasterknoten. Spätere Nachinstallationen sind problemlos möglich. Innenliegende Versteifungen zum Befestigen von wandhängenden Bauteilen wie z. B. Waschbecken oder Konsolen können eingeplant werden.

In Abb. 5.78 sind einige Beispiele von Modulen dargestellt. Durch verschiedene Ergänzungselemente wie Personal- und Materialschleusen, Durchreichen, Luftleiteinrichtungen, Medienkanäle, Rammschutzprofile und andere Sonderkonstruktionen lässt sich das System ergänzen. Je nach Wandausführung können nicht klebende Dichtungen oder dauerelastische, eventuell fungizide Versiegelungen für die Fugen der verschiedenen Einbauteile sowie der Elemente selbst eingesetzt werden.

Bei Metallständerwänden mit beidseitiger Halbschale, die meist teurer als Monoblocksysteme sind und eine längere Montagezeit benötigen, lassen sich nahezu beliebige Wandstärken ausführen. Metallständerwände bestehen aus einer Unterkonstruktion aus Metall und einer beidseitigen Beplankung aus Platten. Je nach Anforderung an die Wandkonstruktion, die z. B. Brand-, Schall- und Wärmeschutz umfassen kann, ist eine ein- oder mehrlagige Beplankung

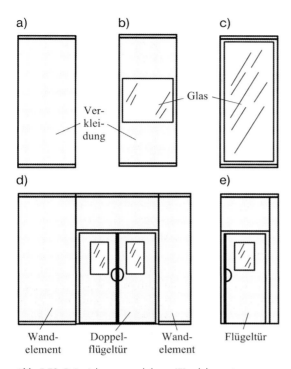

Abb. 5.78 Beispiele von modularen Wandelementen:
(a) Vollwandelement, (b) Element mit Glasfenster, (c) Vollglaselement,
(d) Einbindung eines Moduls mit Doppelflügeltür,
(e) Element mit einer einfachen Flügeltür.

erforderlich. Das Ständerwerk stellt die tragende Konstruktion für die Beplankungen dar und wird umlaufend mit den angrenzenden Bauteilen verbunden. Für besondere Anforderungen können auch Doppelständerwände in Form von zwei Ständerreihen direkt nebeneinander oder mit Abstand angeordnet werden. Dadurch sind Installationen und auch bodennahe Abluftkanäle im inneren Hohlraum einfacher und meist auch noch nachträglich ausführbar. Zusätzlich zu den bereits genannten Nutzflächenmaterialien stehen außerdem mit Epoxydharz beschichtete Faserzement- und Gipskartonplatten (GK), mit Melaminharz beschichtete Holzplatten und Vollkunststoffplatten als Wandverkleidungen zur Verfügung. Systeme mit Gipskartonplatten können fugenlos verlegt werden. Die Oberflächen sind allerdings empfindlich gegen Beschädigung und müssen an exponierten Stellen entsprechend geschützt werden. Bei Einbau in bestehende Betriebsräume muss vor allem berücksichtigt werden, dass die Montage mit starker Staubentwicklung verbunden ist.

In Abb. 5.79a ist als Beispiel der Horizontalschnitt durch eine Einfachständerwand als Prinzipskizze wiedergegeben, die auf einer Seite mit einer einlagigen Verschalung und auf der anderen mit einer Doppelbeplankung versehen ist. Die Abb. 5.79b zeigt zum Vergleich eine Doppelständerwand mit jeweils einer Schale

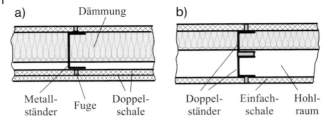

Abb. 5.79 Prinzipdarstellung von Wänden im Horizontalschnitt: (a) Einfachständerwand, (b) Doppelständerwand.

auf beiden Wandseiten. Die Elementfugen können mit einer dauerelastischen Versiegelung versehen werden.

Ebenso wie am Boden spielt der Übergang von Wänden zur Decke eine wichtige Rolle, da an diesen Stellen Spalte und nicht reinigbare Innenkanten entstehen können. Während es bereits als Stand der Technik anzusehen ist, dass Verbindungsstellen zwischen Wänden und Boden ausgerundet werden, wird dies am Übergang zur Decke zum Teil vergessen oder als nicht wichtig erachtet. In Abb. 5.80 ist das Prinzip des Wandanschlusses an die Decke an zwei Beispielen von Leichtbauausführungen in Modulbauweise dargestellt. In beiden Fällen werden Metallprofile verwendet, die an der Decke befestigt werden und zur Führung der Wandelemente dienen. Gleichzeitig dienen sie zum Toleranz- und Dehnungsausgleich. In Abb. 5.80a sollte das untere Ende des Profils abgeschrägt werden, um eine rechtwinklige Innenkante zu vermeiden, wenn diese Stelle nicht verfugt wird. Zwischen dem Monoblockelement und dem Metallprofil sorgt ein elastischer Dehnungskörper für Ausgleich. Am linken Übergang zur Wand ist als Beispiel ein problematischer rechter Winkel dargestellt, während die rechte Seite die Hygieneausführung mit Ausrundung zeigt. Die Ausrundung sollte mit einem Radius von 25 mm erfolgen, wenn man z. B. den Empfehlungen nach [78] folgt.

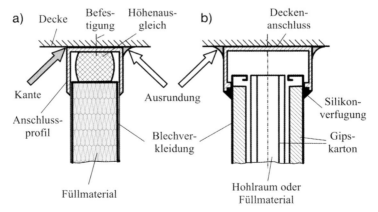

Abb. 5.80 Prinzip der Deckenanbindung von Wänden: (a) Monoblockwand, (b) Ständerwand.

Das Ausführungsbeispiel nach Abb. 5.80b zeigt eine Ständerwand, die gegenüber dem an der Decke befestigten Metallelement mit Silikon verfugt ist.

Einen Eindruck des generellen Aussehens von Wänden aus Modulelementen ist an zwei Praxisbeispielen in Abb. 5.81a als Front mit Glaselementen und einer Tür und in Abb. 5.81b in Form von Vollwandelementen wiedergegeben, bei denen beispielhaft Ramm- und Eckenschutz eingezeichnet sind.

Wenn obenliegende horizontale Flächen z. B. an Fenstern oder über Türen (Abb. 5.81a) für Technikkanäle oder als Beschädigungsschutz unbedingt erforderlich sind, sollten sie geneigt und nicht flach ausgeführt werden. Dabei sollte die Neigung etwa 45° betragen.

Generell sollten an kritischen Stellen von Wänden Schutzsysteme verwendet werden, um in Räumen der Produktion, Verpackung und Materiallagerung wirkungsvoll Kratzer und andere Beschädigungen zu vermeiden, die sich als Problemstellen bei der Reinigung erweisen. Leichtbauwände sind meist am stärksten gefährdet. Häufig wird eine Kombination aus einem Schrammschutz an der Wand sowie einem Rammschutz am Boden eingesetzt, vor allem wenn in den Bereichen Fahrzeuge und Handwagen eingesetzt werden. Wichtig ist, dass durch an der Wand befestigte Schutzelemente keine Hohlkörper entstehen, die an den Berührstellen mit der Wand Spalte haben, wenn sich die Elemente in hygienerelevanten Bereichen befinden. Solche Stellen sind vor allem in Feucht- und Nassbereichen ideale Brutstellen für Mikroorganismen. Häufig sind an den Enden zugeschweißte Edelstahlrohre, die ähnlich wie Handläufe gestaltet und mit ausreichendem Abstand zur Wand montiert werden, als Wandschutz geeignet. Hierbei wird üblicherweise die Wandbefestigung durch eine Rosette abgedeckt, wodurch sich sowohl am Außendurchmesser zur Wand hin als auch innen, wo gegenüber der Halterung eine Toleranz zum Verschieben notwendig ist, zwangsläufig Spalte ergeben, die in einen Hohlraum führen. Diese Problemstellen sollten sorgfältig abgedichtet werden.

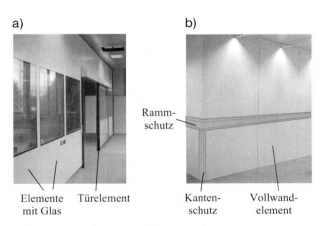

Abb. 5.81 Beispiele von ausgeführten Wänden:
(a) Elemente mit Glaseinsatz und Tür (Fa. Ecos),
(b) Vollwandelemente mit eingezeichneten Wandschutzelementen (Fa. Fellbach).

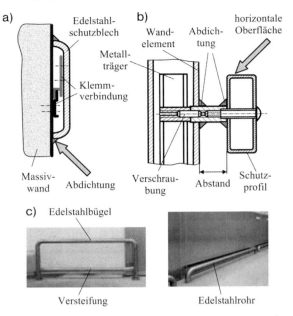

Abb. 5.82 Prinzipien von Rammschutzvorrichtungen an Wänden:
(a) klemmbares Edelstahlelement an Massivwand,
(b) Schutz durch Hohlprofil aus Edelstahl für Leichtbauwand,
(c) Rammschutz aus Edelstahlrohren.

In Abb. 5.82a ist als Beispiel die Prinzipskizze eines Wandschutzes aus dickwandigem Edlestahlblech dargestellt, das an Enden mit angeschweißten Deckeln zu verschließen ist. Zur Befestigung dienen zwei ineinander klemmbare Profilelemente, von denen eines an der Wand und eines am Schutzelement befestigt wird, das bei Montage von oben aufgesteckt wird. Um hygienegerechte Verhältnisse zu erreichen, muss anschließend eine Abdichtung zwischen Schutzelement und Wand erfolgen, für die üblicherweise Silikon eingesetzt wird. Hierbei ist auf eine einwandfreie Ausführung sowie die Problematik der relativ leichten Ablösung solcher Silikonnähte zu achten. Der als Beispiel gezeigte Wandschutz für eine Ständerwand nach Abb. 5.82b erfolgt durch ein Rechteckrohr aus Edelstahl, das mit Abstand zur Wand montiert ist, um Stöße aufzufangen und notfalls in Deformationsenergie umzuwandeln. Anstelle der horizontalen Oberfläche sollte die Schutzvorrichtung an der Oberseite abgeschrägt oder abgerundet werden. Außerdem ist ein ausreichend großer Abstand zur Wand erforderlich, um einwandfrei reinigen zu können. Die Spalte der Befestigung müssen sowohl zur Wand hin als auch am Schutzprofil abgedichtet werden. Gleiches gilt für den Schraubenkopf, der zudem reinigbar gestaltet werden sollte. Nur in Trockenbereichen sind die metallischen Kontaktflächen in Produktnähe zulässig. Durch die Anordnung eines zusätzlichen Rammschutzes am Boden ist auch eine maschinelle Reinigung der Fußböden problemlos möglich. An Wandecken können zusätzlich Schienen aus Edelstahlwinkeln als Schutz eingesetzt werden.

Die Abb. 5.82c zeigt einen Rammschutz, wie er häufig am Übergang von Wänden zu Türen oder Toren eingesetzt wird. Die geländerartige Rohrkonstruktion aus Edelstahl ist am Boden befestigt und durch ein Querrohr versteift. Die Bodenübergänge zum Rohr sollten ausgerundet werden, wie es bereits in Abb. 5.74b beispielhaft dargestellt wurde.

5.3.2.4 Decken

Die Vielfalt der Gestaltungsmöglichkeit von Decken ist groß, da für verschiedene Bereiche unterschiedliche Hygieneanforderungen gelten. Bei Sozial-, Sanitär- und Lagerräumen sind sie geringer als in Produktionsbereichen oder dort, wo Produkte offen der Umgebung ausgesetzt sind. Bei Decken über offenen Produktbereichen besteht das Hauptproblem darin, dass anhaftende Tropfen, Staub und Schmutzansammlungen aufgrund der Schwerkraft direkt in das Produkt gelangen können und dort Kontaminationen hervorrufen. Sie werden deshalb über Produktbereichen nach [91] sinngemäß als „produktberührt" eingestuft. Aus diesem Grund benötigen sie zur Vermeidung von Kondensatbildung eine haltbare Isolierung mit dampfdichter Deckschicht, die zudem ständig auf Risse und Beschädigungen zu überprüfen ist. Außerdem sollten an ihnen keine Objekte oder Rahmen mit obenliegenden horizontalen Oberflächen befestigt werden, auf denen sich Flüssigkeiten und Schmutz ansammeln können, die eine Gefahr für den Prozessbereich darstellen. In manchen Produktionsräumen kann außerdem eine permanent hohe Luftfeuchtigkeit eine besondere Herausforderung mit der Folge darstellen, dass z. B. die Abwaschbarkeit sowie die Desinfektion mit Chemikalien eine wesentliche Rolle spielt. Wenn in manchen Bereichen der Lebensmittelindustrie sowie in Produktionsräumen für Pharmaprodukte eine keimarme Atmosphäre erforderlich ist, müssen sie außerdem mit hochgradig gefilterter Luft versorgt werden. Speziell Reinräume müssen so ausgeführt werden, dass alle Oberflächen gut zugänglich und leicht gereinigt werden können. In anderen Räumen wie z. B. Trockenbereichen ist eventuell zusätzlich zur allgemein erforderlichen Hygiene die Anzahl von Partikeln in der Raumluft und deren Vermeidung besonders wichtig.

Für Decken werden neben den bereits bei Böden und Wänden angeführten Anforderungen an Hygienic Design häufig Maßnahmen zum Schallschutz erforderlich. Während man mit einem hohen Maß an Hygiene und einfach durchzuführender Reinigung im Allgemeinen glatte, helle, eventuell glänzende und harte Materialien auf der dem Raum zugewandten Seite verbindet, benötigt man für eine effektive Schallabsorption in der Regel weiche, poröse und stark strukturierte Werkstoffe. Aus Hygienegründen dürfen aber keine perforierten oder porösen Materialien zur Schalldämmung oder -absorption verwendet werden, da bei auftretender Feuchtigkeit Mikroorganismen wie z. B. Schimmel und Bakterien in den Poren wachsen. Aus diesem Grund ist die Entwicklung von reinigbaren Deckensystemen, die gleichzeitig gute akustische Absorptionseigenschaften erreichen, besonders notwendig. Meist sind zusätzlich gesetzliche Anforderungen an Feuerschutz und Branddämmung einzuhalten.

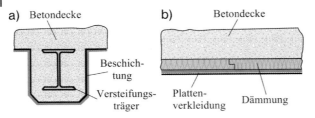

Abb. 5.83 Beispiele von massiven Betondecken:
(a) beschichtete Decke mit T-Träger als Unterzug, (b) Dämmschicht mit Beschichtung.

In vielen Bereichen, vor allem der Lebensmittelindustrie, ist die Massivbauweise von Gebäuden und Zwischendecken z. B. wegen notwendiger Tragfähigkeit oder Festigkeit Stand der Technik. In Räumen wie z. B. Lagerhallen, in denen verpackte Produkte und Materialien zwischengelagert werden, kann Feinbeton als Oberfläche der Innenbereiche akzeptiert werden. Ansonsten sollte, wie Abb. 5.83a dem Prinzip nach an einer verstärkten Betondecke verdeutlicht, eine Oberflächenbehandlung z. B. mit Putz und einer dichten Lackschicht oder eine Kunststoffbeschichtung die negativen Eigenschaften von Beton wie Porosität und zu starke Rauheit beseitigen. Auch durch Verkleidung mit glatten, porenfreien Platten z. B. mit lackierter Blechnutzseite oder Kunststoffoberfläche gemäß Abb. 5.83b, die auch eine Dämmschicht erhalten können, sind die notwendigen Eigenschaften der Oberfläche erreichbar. An den Stoßstellen müssen die Platten eben und hygienegerecht verfugt oder abgedichtet werden.

Abgehängte Decken werden in verschiedenen Ausführungen installiert. Auf der einen Seite bieten sie den Vorteil, dass in dem entstehenden Zwischenraum Leitungen für Versorgungsmedien sowie elektrische Kabel günstig verlegt und auf kürzestem Weg den Prozesslinien zugeführt werden können. Solche Konstruktionen sind vor allem in der Pharmaindustrie üblich und notwendig und werden auch in den USA [92] für bestimmte Bereiche empfohlen, um Versorgungsleitungen und Komponenten in konditionierten Bereichen unterzubringen. Allerdings dürfen sie keine unkontrollierbaren und undichten Hohlräume bilden, die nicht nur bei Beschädigung zu Kontaminationsgefahren für darunter befindliche Bereiche

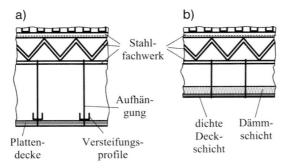

Abb. 5.84 Prinzipbeispiele von abgehängten Decken an Stahlkonstruktion:
(a) begehbar und ungedämmt, (b) bekriechbar, gedämmt.

führen. Gerade wegen des bestehenden Risikos lehnen manche Lebensmittelkonzerne abgehängte Decken über Produktionsräumen grundsätzlich ab.

In Abb. 5.84a ist eine begehbare abgehängte Decke als Prinzipskizze beispielhaft dargestellt, die an einer Stahlkonstruktion aufgehängt ist. Um Raum zu sparen, werden gemäß Abb. 5.84b auch bekriechbare Decken verwendet. In beiden Fällen ist zum einen wichtig, dass die Trag- und Deckenelemente auf der Hohlraumseite ausreichend steif gestaltet sind, sodass beim Begehen keine Undichtigkeiten zum Raum hin entstehen. Zum anderen muss auf der Unter- oder Nutzseite die Abdichtung oder Verfugung spaltfrei sowie eben sein und möglichst keine vorstehenden Elemente enthalten, die Spalte sowie innere Ecken und Kanten bilden.

Wie Wände werden auch abgehängte Decken meist aus Modulen hergestellt, die gemäß Abb. 5.85a–c in unterschiedlicher Weise aus Tragelementen und Verkleidungsplatten in bestimmter Rasterung wie z. B. Band- oder Kreuzbandraster und in Kassettenform ausgeführt werden. Außerdem stehen an das jeweilig Raster angepasste Grundelemente wie Beleuchtungs- und Belüftungseinheiten zur Verfügung. Die Abb. 5.85d zeigt das Beispiel eines ausgeführten Tragrasters für eine abgehängte Decke in der Montagephase, das aus Längs- und Querstreben besteht und Befestigungen für die einzusetzenden Deckenelemente enthält.

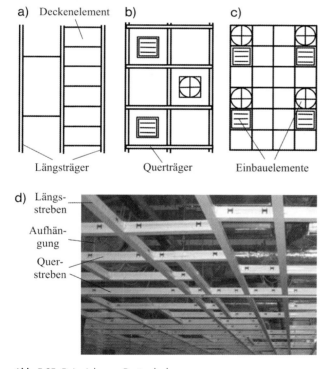

Abb. 5.85 Beispiele von Rasterdecken:
(a) Bandraster, (b, c) Kreuzbandraster mit Beleuchtungs- und Belüftungselementen,
(d) ausgeführtes Tragsystem einer Rasterdecke (Fa. Galileo).

596 | 5 Anlagengestaltung

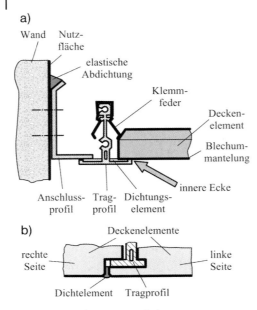

Abb. 5.86 Details von Rasterdecken:
(a) Beispiel von Wandanbindung und Elementbefestigung,
(b) Möglichkeit für verdeckte Kassettenbefestigung.

In Abb. 5.86a ist das Prinzip der Wandanbindung sowie der Gestaltung der Verbindungs- und Aufhängungselemente als Beispiel dargestellt. Das Deckenelement wird dabei auf das Tragprofil des aufgehängten Trägers aufgelegt und durch eine elastische Unterlage abgedichtet. Da das Metallprofil auf der Unterseite der Decke vorsteht, entstehen innere rechtwinklige Kanten und Ecken, die sich schlecht reinigen lassen. Eine Verbesserung könnte dadurch erreicht werden, dass die seitlichen Enden der Träger abschrägt werden, sodass ein stumpfer Winkel zum Wandelement hin entsteht.

Aus hygienischer Sicht sollten bei Deckensystemen die Anschlussstellen zwischen Verbindungsstück und Tragprofil möglichst plan sein. Nur dadurch wird Schmutz in Ecken vermieden und eine einwandfreie Reinigung ermöglicht. Die Herstellung der Verbindungsstücke im maßgenauen Leichtmetall-Druckgussverfahren ermöglich spaltfreie Ecken der Modulraster. Die dazwischenliegenden Profile z. B. aus Aluminium werden meist im Strangpressverfahren hergestellt und anschließend eloxiert. Speziell Kassettendecken werden üblicherweise an jedem Kreuz an der Grunddecke aufgehängt. Die Befestigung der Platten- und Einbauelemente kann auch verdeckt erfolgen, wie es in der Prinzipskizze für eine Formschlussbefestigung in Abb. 5.86b gezeigt ist. Der an der Stoßstelle zum Raum hin entstehende Spalt sollte unbedingt mit einem Dichtelement oder durch Verfugen hygienegerecht verschlossen werden.

Die Grundbausteine der Systeme sind Verbindungsstücke und Profile, die eine modulare flexible Bauweise gestatten. Verschiedene Komponenten wie Lampen oder Sprinkler können direkt in die Decke eingebaut werden. Bei der Ausführung der Konstruktion muss zwischen drucklosen und druckbeaufschlagten abgehängten Systemen unterschieden werden. *Drucklose Decken* finden Verwendung, wenn für die Luftversorgung Filterelemente mit Ventilator, sogenannte Filter-Fan Units, und Filterzellen mit Hauben bzw. Einzelanschluss eingesetzt werden. Bei *Druckdecken*, die meist nur für Reinräume verwendet werden, bestehen die höchsten Anforderungen an Dichtheit gegen Partikel und Falschluft. Bei diesem System herrscht im Raum ein niedrigerer statischer Druck als im Zwischenraum über der Decke sowie in der Umgebung. Um zu verhindern, dass auch nur Spuren ungefilterter Luft in den Reinraum gelangen, muss das Druckplenum über der Filterdecke auf der gesamten Deckenfläche gegenüber dem Reinraum abgedichtet werden. Die Filterzellen und Blindelemente der Decke werden durch ein Fluid partikeldicht abgedichtet, das entweder als Zwei-Komponenten-Gel auf Silikonbasis oder als Ein-Komponenten-Gel ohne Silikon verwendet werden kann.

Die Form der Modulelemente und deren Montage kann unterschiedlich gestaltet werden. Begehbare Metalldecken aus Stahl oder Aluminium werden als Band- bzw. Kreuzbandraster ausgeführt und stellen meist eine teure Konstruktion dar, da vor allem aufgrund des begehbaren Raums eine größere Raum- bzw. Gebäudehöhe erforderlich wird. Die Elemente können z. B. in Monoblockform mit Isoliermaterial ausgeschäumt und die Nutzoberfläche mit einer glatten und haltbaren Pulverbeschichtung versehen werden, die sich reinigen lässt. Da der Austausch von Elementen wie Leuchten oder Filtern von oben erfolgen kann, sind Wartungsarbeiten einfach auszuführen. Gleiches gilt für die Kontrolle und Ergänzungsinstallation von Versorgungseinheiten.

Nicht begehbare Metalldecken können ebenfalls in den erwähnten Rasterarten sowie als Klemmkassettendecke ausgeführt werden. Auch der Aufbau der Deckenverkleidung erfolgt aus den gleichen Materialien und in der gleichen Weise. Aufgrund der geringeren Bauhöhe ist diese Konstruktion kostengünstiger, insbesondere wenn sie als Klemmkassettendecke eingesetzt wird. Bei über der Decke installierten Technikelementen sind Kontrolle, Wartung und eventuell vorzunehmende Nachinstallation relativ schwierig, da sie nur vom Raum aus durch herausnehmbare Deckenelemente möglich ist. Gleiches gilt für Filter- und Beleuchtungselemente.

Bei der kostengünstigen Lösung von Sandwichdecken mit verklebtem Füllmaterial, deren Oberfläche aus Kunststoff oder pulverbeschichtetem Metall bestehen kann, lassen sich große Einzelplatten verwenden, sodass sich gegenüber den anderen Konstruktionen ein geringerer Fugenanteil ergibt. Dadurch entstehen relativ kurze Montagezeiten. Allerdings sind Einbauteile schwierig flächenbündig zu verlegen. Der Zugang zu installierter Technik ist nur vom Raum aus über vorgeplante Revisionsklappen möglich.

Schließlich sind noch Gipskartondecken mit Epoxybeschichtung zu erwähnen, die keine sichtbaren Fugen besitzen, da die Beschichtung nach Installation der Platten vorgenommen wird. Sie stellen ebenfalls eine relativ preisgünstige Lösung dar. Bei Montage lässt sich eine starke Staubentwicklung nicht vermeiden. Aufgrund der Epoxybeschichtung vor Ort sind relativ lange Montagezeiten

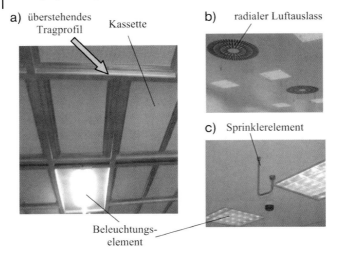

Abb. 5.87 Ausgeführte abgehängte Decken:
(a) vorstehendes Tragraster, (b) Decke mit radialem Luftauslass und Beleuchtung,
(c) Decke mit Sprinklerauslass und Leuchtelementen.

einzuplanen. Außerdem ist die flächenbündige Verlegung der Platten aufwändig und kann nur von erfahrenem Personal hygienegerecht ausgeführt werden. Für die Kontrolle von Technikinstallationen, die über der Decke verlegt werden, sind Revisionszugänge einzuplanen, die vom Raum aus zu öffnen sind. Soll eine Begehung im Bereich über der Decke erfolgen, müssen selbsttragende Stege installiert werden. Die Möglichkeit der Entstehung von Rissen ist nicht auszuschließen.

In Abb. 5.87a ist ein ausgeführtes Beispiel einer abgehängten Decke dargestellt, deren Trag- und Rahmenprofile unterhalb der Deckenelemente angeordnet sind. Obwohl abgerundet gestaltet, lassen sich an den von oben eingebauten Paneelen und Einbauelementen innere rechtwinklige Kanten und Ecken nicht vermeiden. Die Ausführungen nach Abb. 5.87b und c zeigen eine glatte Deckenoberfläche mit eingebauten radialen Lüfter- sowie Beleuchtungs- und Sprinklerelementen.

Wie bereits erwähnt, spielt die Absorption von Schall in vielen Räumen, vor allem der Lebensmittelindustrie mit starker Lärmentwicklung, eine besondere Rolle. Als Beispiel sind Füllstationen zu nennen, wo in Glasgebinde abgefüllt wird. Obwohl Primärmaßnahmen am Ort der Schallentstehung am wirksamsten sind und sorgfältig durchgeführt werden sollten, lässt sich meist auf eine sekundäre Schalldämmung nicht verzichten. Schallabsorbierende Decken sind aber für Hygieneräume nicht geeignet, da sie poröse, löchrige Strukturen und stark profilierte Oberflächen aufweisen müssen, um wirksam zu sein. In Abb. 5.88a ist als Beispiel eine massive Betondecke dargestellt, die zum Raum hin mit porösen Kunststoffplatten ausgekleidet ist, die als Absorptionsschicht dienen. Selbst wenn die Oberfläche mit einem Lacküberzug versehen ist, eignet sie sich nicht für Hygieneanwendungen. Erfahrungsgemäß lässt sich in Feucht- und Nassbereichen das Wachstum von Mikroorganismen in den Poren mit anschließender

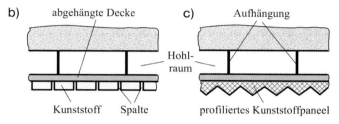

Abb. 5.88 Prinzipdarstellung von Beispielen schallabsorbierender Decken:
(a) Massivdecke mit porösen, weichen Kunststoffelementen,
(b) abgehängte Decke mit Spalten zwischen porösen Kunststoffpaneelen,
(c) abgehängte Decke mit stark profilierter, poröser Kunststoffoberfläche.

Biofilmbildung sowie der Befall mit Schimmel nicht vermeiden. Die Abb. 5.88b zeigt am Beispiel einer abgehängten Deckenkonstruktion eine Beplankung der Raumdecke mit brettartigen Kunststoffpaneelen. Sowohl die engen Spalte zwischen den Elementen als auch deren poröse und möglichst weiche Zusammensetzung sind günstig für die Schallabsorption, können aber aus Hygienegründen nicht eingesetzt werden. Schallabsorbierend erweisen sich auch in verschiedener Weise stark profilierte Oberflächen in Verbindung mit porösen Materialien gemäß der Prinzipdarstellung nach Abb. 5.88c. Wie die Beispiele dem Prinzip nach verdeutlichen, sollten aus den erwähnten Gründen keine schallabsorbierenden Decken in Produktions- und vor allem Reinräumen wie z. B. in der Zone H der Lebensmittelindustrie eingebaut, sondern andere Maßnahmen wie das Aufhängen von geeigneten absorbierenden Elementen ergriffen werden.

Reinigbare Absorptionselemente oder „Baffeln" werden aus einem hochdichten Fiberglaskern hergestellt, der von einer reinigbaren, chemisch resistenten, z. B. aufgeschrumpften Kunststofffolie umhüllt wird. Die Ecken werden dabei hermetisch durch Hitzeversiegelung abgedichtet. Es werden auch Ausführungen von Akustikplatten mit einer verstärkten Farbbeschichtung in reinigbarer Form und zum Schutz gegen das Eindringen von Wasser hergestellt. Wie in Abb. 5.89a und b dargestellt können plattenförmige oder runde Absorptionselemente auf einfache Weise unter der Decke aufgehängt werden. Sie müssen regelmäßig gereinigt werden. Die Baffeln sollten grundsätzlich an der oberen Oberfläche, die meist horizontal gestaltet ist, deutlich abgeschrägt oder abgerundet werden, um Schmutzansammlungen zu vermeiden. In Abb. 5.89c ist eine „sanitary" Ausführung in Kissenform abgebildet, die an zwei Ösen aufgehängt werden kann.

Zur Reinigung werden bei den verschiedenen Systemen unterschiedliche Angaben gemacht. So ist z. B. meist tägliches Staubwischen und Staubsaugen möglich. Außerdem kann eventuell wöchentlich feucht gereinigt und zudem

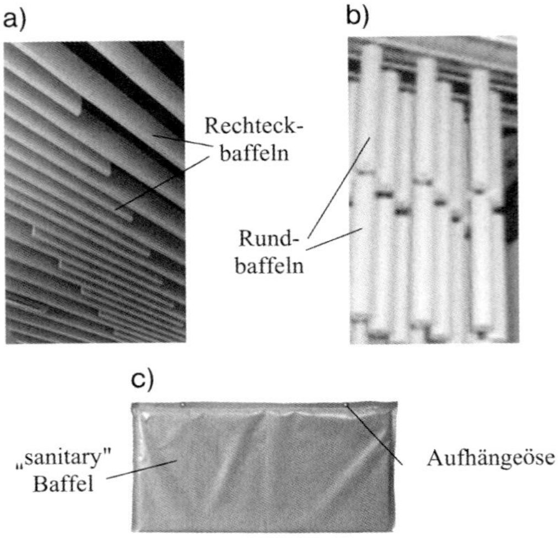

Abb. 5.89 Elemente zur Schallminderung:
(a) Rechteck-Schalldämpfer, (b) Rundelemente (Fa. Illbruck),
(c) Einzelelement in „sanitary"-Ausführung (Fa. Barricade).

zweimal pro Jahr mit Hochdruck abgespült werden. Auch ist die Reinigung mit gängigen desinfizierenden chemischen Reinigungszusätzen möglich. Die Elemente können entweder in Einbaulage gereinigt oder zur manuellen Reinigung einfach demontiert werden.

5.3.2.5 Innere Raumtore und -türen

Da die Aufgabenbereiche innerhalb von Gebäuden andere sind als beim Abschluss gegen die äußere Umgebung, sind zum Teil andere Tor- oder Türkonstruktionen im Einsatz. Auf spezielle Ausführungen, die sich in ihrer Gestaltung wesentlich von Gebäudeabschlusstoren unterscheiden, soll deshalb im Folgenden kurz eingegangen werden.

Tore und Türen übernehmen im Inneren zum einen die Aufgabe, Räume verschiedener Kategorien voneinander zu trennen. Zum anderen schließen sie aber auch in vielen Fällen Räume gleicher Klassifizierung gegeneinander ab, wenn z. B. unterschiedliche Arbeitsgänge stattfinden oder unterschiedliches Personal beschäftigt ist. Außerdem können sie als Barriere gegen die Ausbreitung von Schall und Schmutz dienen, Energieverluste beheizter oder gekühlter Gebäudesektionen minimieren, störende Zugluft vermeiden, unterschiedliche Lagerbereiche und Warengruppen separieren und zugleich einen zügigen Verkehrsfluss sicherstellen. In Lebensmittel- und Pharmabetrieben tragen solche Tore auch zur Erfüllung von unterschiedlichen Hygieneanforderungen bei. In speziellen Fällen öffnen sie im Gefahrenfall Fluchtwege oder dienen im Falle eines Brandes als Nachströmöffnung der Belüftung oder Entrauchung.

Als wesentliche Anforderung in Hygienebereichen gilt, dass Türen und Tore hygienegerecht gestaltet werden. Dies umfasst neben der Werkstoffwahl und

Oberflächenbeschaffenheit für die Torblätter und der Ausführung der Zargen vor allem auch die Antriebe, wie bereits in Abschnitt 5.2.3.3 vom Grundsatz her ausgeführt. Offene gut zugängliche Konstruktionen, die leicht gereinigt werden können, sind zu bevorzugen. Wenn Abdeckungen vorhanden sind, sollten sie leicht entfernbar gestaltet werden. Weiterhin können die Dichtstellen Problembereiche enthalten, da sie meist nicht spaltfrei sind und damit an versteckten Stellen Mikroorganismen wachsen und Biofilme entstehen können. Speziell für Nassbereiche der Lebensmittelindustrie wie z. B. bei der Verarbeitung von Fleisch, Geflügel oder Fisch sowie in Molkereien ist es wichtig, dass alle Tor- oder Türelemente reinigbar und abwaschbar ausgeführt sind. Wenn notwendig, sollte auch eine Desinfektion möglich sein.

Um die Öffnungszeit so kurz wie möglich zu halten, werden Tore in Innenbereichen jeweils nur kurzzeitig zum Betreten oder für Transportzwecke genutzt. Aus diesem Grund werden häufig schnelllaufende, automatisch betätigte Konstruktionen eingesetzt. Sie kommen sowohl mit flexiblem Behang als auch in Form von stabilen Metalltoren zum Einsatz und vereinen die kurzen Öffnungs- und Schließzeiten im Tagesbetrieb mit einem sicheren Nachtabschluss.

Vertikaltore öffnen je nach Ausführung mit Geschwindigkeiten von 0,8–1,5 m/s und mehr. Sie stellen die kostengünstigste und damit auch die am weitesten verbreitete Bauart dar. Ihre Schließgeschwindigkeit liegt zwischen 0,5–0,8 m/s. Ein Beispiel eines Vertikal-Schnelllauftors mit flexiblem Behang ist in Abb. 5.90a dargestellt. Der Antriebsbereich kann durch ein Edelstahlgehäuse abgedeckt werden, das hygienegerecht gestaltet werden sollte. Wie das Beispiel nach Abb. 5.90c zeigt, sollten vor allem obenliegende horizontale Flächen abgeschrägt werden. Die Beurteilung der aktuellen Öffnungshöhe für die Durchfahrt bereitet unter Zeitdruck häufig Probleme, sodass Berührung und Beschädigungen z. B. durch Stapler oder Transportfahrzeuge möglich sind. Da das Tor beim Schließen mit seiner Unterkante, die mit einer Dichtung versehen ist, auf dem Raumboden aufliegt, wird eine gute Abdichtung der Schließkante erreicht. Bei einer Spezialausführung gemäß Abb. 5.90d wird in das untere Ende des Torbehangs eine zur Seite geneigte Rinne integriert, die vom Torblatt ablaufendes Wasser sammelt und zur Seite leitet, um die Tordurchfahrt davon freizuhalten. Die Dichtheit des Tors wird durch seitliche Dichtungen im Bereich der Führungen unterstützt.

Wegen der gegenläufigen Bewegung der beiden Torhälften ergeben sich bei horizontal bewegten Schnelllauftoren, wie es das Beispiel in Abb. 5.90b zeigt, höhere Öffnungs- und Schließgeschwindigkeiten. Die Öffnungsgeschwindigkeit kann zwischen 2,0 m/s und 3,0 m/s und mehr betragen. Zusätzlich lässt sich die Breite der Durchfahrt gut beurteilen, sodass ein zügiger Verkehrsfluss bei hoher Kollisionssicherheit möglich ist. Allerdings verfügen Horizontaltore aufgrund der Bewegung über eine weniger gute Abdichtung im Bereich der Torunterkante. Wegen ihrer aufwändigeren Bauart sind sie auch meist teurer in der Anschaffung.

Sowohl für Vertikal- als auch für Horizontaltore werden häufig kunststoffbeschichtete Gewebe als Behang eingesetzt, die meist zum Schutz vor Kollisionen mit einem volltransparentem Sichtfeld aus klarer Folie ausgestattet sind, das über die volle Torbreite verlaufen sollte. Aluminium- oder Edelstahlprofile stabilisieren

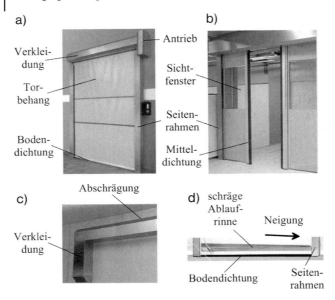

Abb. 5.90 Beispiele schnellbewegter Tore:
(a) Vertikaltor (Fa. Hörmann), (b) Horizontaltor (Fa. Hörmann),
(c) hygienegerechte Verkleidung (Fa. Rytec), (d) Sammelrinne (Fa. Rytec).

den Behang und sorgen bei Vertikaltoren am Boden, bei Horizontaltoren in der Mitte für die Abdichtung, die seitlich durch weitere Abdichtungen ergänzt wird. Alternativ werden bei vielen Konstruktionen auch Behänge angeboten, die auf der vollen Fläche transparent sind. Um das Tor deutlich zu kennzeichnen, können sie mit transparenten, farbigen Streifen ausgestattet werden.

Schnellöffnende und -schließende Pendeltor-Konstruktionen, wie das Beispiel in Abb. 5.91a zeigt, sind für leichte bis mittlere mechanische Beanspruchung geeignet und werden vor allem in der Lebensmittelindustrie sowie in Kühl- und Tiefkühlräumen als Tore für Kleinfahrzeuge oder als Personendurchgang bei hohen Verkehrsaufkommen eingesetzt. Der Öffnungswinkel beträgt jeweils 90°. Die Torblattarmierung oder -halterung besteht z. B. aus einem eloxierten, stranggepressten Aluminiumprofil. Wegen Korrosionsgefahr sollte jedoch in ausgesprochenen Nassbereichen Edelstahl verwendet werden. Die Schließvorrichtungen mit meist einstellbarer Schließkraft sind in die Halterung integriert. Sie lassen sich durch regulierbare Endanschläge auf die Mittelstellung der Torflügel einstellen. Die Torblätter werden in flexibler volltransparenter Qualität wie z. B. PVC oder PE geliefert. Der Werkstoff sollte zusätzlich möglichst abriebfest sowie kälte- und alterungsbeständig ausgeführt werden und Flammen widerstehen können. Im oberen Überlappungsbereich und im unteren Lagerbereich sollten bei den Torblättern Kunststoff-Eckverstärkungen verwendet werden, um das Einreißen des Torblattes an diesen stark beanspruchten Stellen zu verhindern. In Bereichen hoher Beanspruchung z. B. durch scharfe Kanten ist das Anbrin-

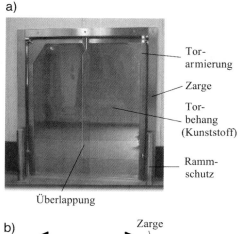

Abb. 5.91 Beispiel eines Pendeltors: (a) Vorderansicht (Fa. ITV), (b) Draufsicht.

gen von Prallschutzplatten bzw. Verstärkungen möglich. Aus hygienischer Sicht ist es wichtig, auch auf die Art der Befestigung der Torblätter zu achten, die in den Torflügeln z. B. durch metallische Befestigungselemente oder durch Wulste erfolgen kann, die in die Flügelprofile eingehängt werden, um Faltenbildung zu vermeiden.

In manchen Fällen werden vor allem in der Lebensmittelindustrie auch Streifenvorhänge zur Abgrenzung bei hohem Durchgangsverkehr eingesetzt, wie an einem Beispiel in Abb. 5.92 dargestellt. Wichtig für deren Effektivität ist die richtige Wahl von Streifenstärke und Überlappung. Daher sind Streifenvorhänge in verschiedenen Ausführungen erhältlich. Die Streifen bestehen meist aus transparentem PVC. Alle Streifen haben abgerundete Kanten und sind einzeln befestigt. Dadurch können sie einzeln einfach und schnell ausgetauscht werden.

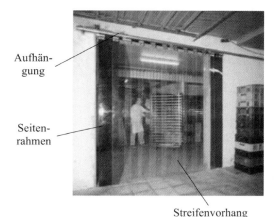

Abb. 5.92 Beispiel eines Streifenvorhangs (Fa. Albany).

Für die Befestigung kann meist zwischen verschiedenen Ausführungen wie schwenkbaren Scharnieren, Haken oder starrer Befestigung durch Klemmprofile gewählt werden, die entweder unter oder vor dem Sturz angebracht werden können. Häufig empfehlen sich farbige Randstreifen zur besseren Erkennung. Aus Gründen des Korrosionsschutzes sind die Metallteile meist verzinkt, sollten aber für ausgesprochene Nassbereiche in Edelstahl ausgeführt werden. In Pharmabetrieben werden auch Raumbereiche in Reinräumen durch Kunststoffvorhänge mit Zutrittsöffnungen eingesetzt.

Ein weiterer wichtiger Bereich umfasst den thermisch sicheren Abschluss von Kühlräumen und -zellen zu Räumen mit normaler Umgebungstemperatur durch Türen und Tore. Sie werden meist mit einem kunststoffbeschichteten Stahlmantel oder aus Edelstahl in Sandwichbauweise hergestellt. In Abb. 5.93 ist als Beispiel ein Schiebtor abgebildet, während Abb. 5.93b eine Drehtür zeigt. Der Mantel wird z. B. unter Hochdruck mit Hartschaum wie PUR ausgeschäumt oder je nach Anforderung mit anderen thermisch wirksamen Isoliermaterialien gefüllt. Entscheidend zur Unterbrechung des thermischen Flusses ist die Türdichtung, die unterschiedlich gestaltet und ausgeführt werden kann. In Abb. 5.93b ist sie z. B. an der Anschlagfläche des Türblattes befestigt. Sie kann als Hohlkammerdichtung ausgeführt werden und zusätzlich mit einer Heizleitung beheizt werden. Auch doppelte Neopren-Dichtungen zwischen Zarge und Tür werden verwendet. Die Tore und Türen müssen einen Sicherheitsverschluss erhalten, der mit einer Notlösefunktion auszustatten ist, um die Tür in jedem Zustand von innen öffnen zu können.

Verschlusselemente für Räume mit besonders hohen Dichtigkeits- und Reinheitsanforderungen wie z. B. für Reinräume oder für Laboratorien müssen hochdicht, wärmedämmend und eventuell schalldicht ausgeführt werden. Die

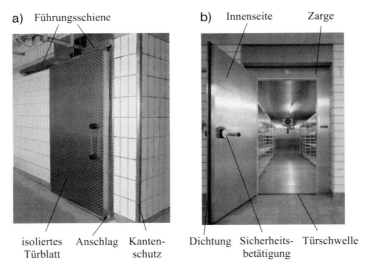

Abb. 5.93 Beispiele von Kühlraumtüren: (a) Schiebetür, (b) Drehtür.

Zargen sollten aus Edelstahl oder bei Systemwänden aus entsprechend haltbar beschichteten Materialien bzw. aus Kunststoff mit homogenen glatten Anlageflächen hergestellt werden. Das wärmedämmende und eventuell schallisolierende Türblatt wird meist in Sandwichbauweise mit Kunststoffschaumfüllung hergestellt. Die Umhüllung kann entweder mit dicht verschweißten Edelstahlblechen oder mit stabilen dicht verklebten oder verschweißten Kunststoffelementen erfolgen. Durch eine umlaufende, eventuell pneumatisch aufblasbare Dichtung wird gegenüber der Zarge die notwendige Dichtheit sowohl gegen Über- als auch Unterdruck erzielt. Bei pneumatischen Dichtungen kann durch ein pneumatisches Handventil manuell die Entlüftung erfolgen (Panikfunktion). Die Türen müssen normalerweise jeweils auf der unreinen Seite angeschlagen werden.

In Abb. 5.94a ist ein horizontaler Schnitt durch einen Teil eines Wandelements (rechts, schwarze Linien) zusammen mit einem Ausschnitt des drehbeweglichen Teils der Tür (links, dunkelgraue Linien) einer Reinraumdrehtür dem Prinzip nach abgebildet. Um eine doppelte und damit sichere Abdichtung zu erreichen, ist sowohl in die Tür als auch in die Zarge eine Dichtung eingesetzt. Eine dichte Konstruktion sagt aber noch nicht aus, dass eine hygienegerechte spaltfreie Dichtung vorliegt. Dies ist eine zusätzliche Anforderung, die zumindest in Bereichen, in denen Nässe oder Feuchtigkeit auftreten können oder Nassreinigung angewandt wird, unumgänglich ist. Das nach außen gelegte Drehgelenk ist auf diese Weise gut zugänglich. Die abgerundeten Übergänge zur Befestigung an Tür und Zarge ermöglichen eine leichte Reinigung und Wartung. Die Zarge ist am Abschlussprofil der Wand befestigt, das zur Verdeutlichung als Einzelheit vergrößert dargestellt ist. Wand und Türblatt sind mit Deckpaneelen versehen,

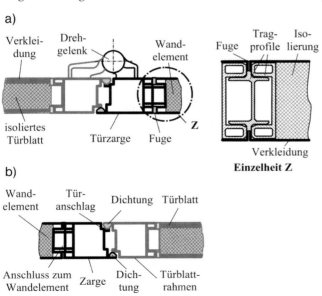

Abb. 5.94 Detaildarstellungen einer Reinraumdrehtür im Horizontalschnitt (Fa. Galileo): (a) Gelenkbereich, (b) Schließbereich.

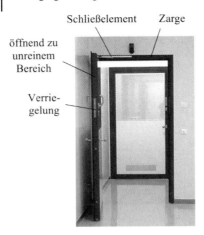

Abb. 5.95 Reinraumtür für Schleuse (Foto Fa. Ecos).

die eine glatte, haltbare und leicht reinigbare Oberfläche garantieren. Die Übergänge zwischen den Elementen werden eben verfugt. Den Türbereich mit dem Anschlag- und Absperrteil der Tür sowie das dazugehörige an der Wand befestigte Zargenelement zeigt Abb. 5.94b. Auch hier ist eine Doppeldichtung eingebaut.

In Abb. 5.95 sind zwei Drehtüren mit einem dazwischenliegenden Schleusenraum dargestellt. Um Kontaminationen zu vermeiden, muss jeweils eine Tür geschlossen sein, wenn die andere geöffnet ist.

Da Türen nach [29] so konstruiert sein müssen, dass unzugängliche Stellen vermieden werden, sind Schiebetüren wegen des Führungsbereichs *unerwünscht*. Diese Formulierung schließt für den Pharmabereich Schiebetüren eigentlich aus. Im Umkehrschluss bedeutet dies, dass es keine geeigneten „GMP-gerechten" Türen gibt. In der Praxis werden jedoch trotzdem akzeptierte Konstruktionen eingesetzt. Außerdem sind sie raumsparend und bei Räumen mit unterschiedlichem Druckniveau nimmt der Druck beim Öffnen nur langsam ab. In Abb. 5.96a ist zur Veranschaulichung eine Schiebetür abgebildet, die einen Raum mit Leichtbauwand abschließt. Tür und Wand sind mit Sichtscheiben ausgestattet. Die obenliegende Führung der Schiebetür ist durch eine Abdeckung geschützt, die an der Oberseite unmittelbar an die Decke angrenzt. Ist dies nicht der Fall, muss sie abgeschrägt werden, um keine obenliegende horizontale Fläche entstehen zu lassen, die zu Verschmutzung neigt. Solche Türen werden z. B. auch mit pneumatischer Betätigung eingesetzt. Die Abb. 5.96b verdeutlicht ein Prinzip einer akzeptierten Schiebetür für Reinräume, die von Hand betätigt wird, an einem Längsschnitt. Die Tür ist außerhalb der Wand geführt und wird in der Führung durch einen Dauermagneten gehalten. Das dargestellte Rad dient als Abstandhalter. Entsprechend den Prinzipien von Hygienic Design sollte die Oberseite der Zarge, die als horizontale Fläche ausgebildet ist, deutlich abgeschrägt werden, um Staubablagerungen sichtbar werden zu lassen. Zusätzlich sollte auf eine hygienegerechte Abdichtung zum Reinraum hin geachtet werden, da Schmutzablagerungen und Abrieb in der Führung nicht zu vermeiden sind.

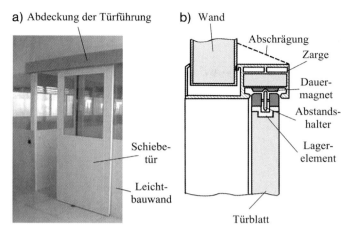

Abb. 5.96 Reinraumschiebetür: (a) Gesamtansicht (Fa. Ecos), (b) Tür mit Magnetaufhängung (Längsschnitt durch Führungsbereich).

Da Türen, die z. B. mit Aseptikhandschuhen in Kontakt kommen, potenzielle Kontaminationsflächen darstellen, spielen in Reinräumen mit hohen Hygieneanforderungen automatische Türanlagen eine wichtige Rolle. Sie ermöglichen ein berührungsloses Öffnen und Schließen der Durchgänge. Sowohl für Über- als auch Unterdruckanwendungen stehen automatisch betätigte Schiebe- und Drehtüren zur Verfügung. Manuelle Impulsgeber können als Ellbogentaster oder berührungslose Bewegungssensoren ausgeführt werden. Letztere lassen sich auch hermetisch abgeschlossen hinter einer nicht metallischen Wand einbauen. Außerdem können bei entsprechenden Sicherheitsanforderungen auch Lichtschranken oder Infrarot-Vorhangsysteme eingesetzt werden. Fluchtwegtüren können mit einem Notöffner ausgestattet werden.

5.3.3
Ver- und Entsorgung sowie Ausstattung von Räumen

Neben der hygienegerechten konstruktiven Gestaltung der Räume, bei denen die Produktionsräume im Hinblick auf Hygieneanforderungen im Vordergrund stehen, müssen auch die technischen Voraussetzungen geschaffen werden, um hygienische Zustände in unmittelbarer Prozessumgebung – vor allem bei offener Produktion – zu schaffen. Dazu gehört z. B. die technische Ausstattung zur:

- Versorgung mit qualitativ angepasster Raumluft in Abhängigkeit der Raumklassen sowie zur Luftentsorgung,
- Wasserversorgung sowie zum Abführen von Abwasser,
- Versorgung mit elektrischer Energie,
- Raumbeleuchtung und zum
- hygienegerechten Ein- und Ausschleusen von Material und Personal in Räumen mit hohen Hygieneanforderungen.

5.3.3.1 Luft

Luft wird in Betrieben der Lebensmittel-, Bio- und Pharmaindustrie in vielfältiger Weise verwendet. In unbehandelter Form in der Umgebung von Betrieben enthält sie mikroskopisch kleine Staubpartikel sowie Mikroorganismen wie Pilze, Bakterien, Sporen usw., die für sich allein existieren oder an Staubpartikel angelagert sind. Dadurch ist Luft eine potenzielle Kontaminationsquelle bei der Herstellung von Produkten. Sie muss deshalb generell der Qualitätskontrolle unterliegen, unabhängig davon, ob es sich um Prozessluft, Luft für die Betätigung von Geräten oder Umgebungsluft in Räumen handelt.

Zum einen wird sogenannte Prozessluft direkt für Produkte bei der Verarbeitung oder zu deren Transport wie bei der pneumatischen Förderung benötigt, die in ihrer Qualität definiert und in den Hygieneanforderungen denen der Produkte entsprechen muss. Sie kann zunächst wie ein Rohprodukt eingestuft werden. Prozessluft sollte aus Bereichen stammen, die möglichst geringe Verschmutzung durch luftgetragenen Staub und Mikroorganismen enthalten. Es wird daher empfohlen, atmosphärische Luft aus der Umgebung der Betriebsgebäude zu entnehmen und an einer möglichst hoch gelegenen Stelle in das Gebäude einzusaugen. Prozessluft muss effektiv gefiltert werden, um Staubpartikel zu entfernen.

Im Lebensmittelbereich, wo in erster Linie Kontaminationsrisiken durch Mikroorganismen vermieden werden müssen, hängt die Anforderung an die Feinheit der Filter von der Temperatur ab, auf die die Luft für die Verwendung im Prozess erhitzt werden muss. Grobe Trockenfiltration kann bei Temperaturen der Prozessluft über 120 °C akzeptiert werden, da Mikroorganismen in diesem Bereich abgetötet werden. Bei Temperaturen unter 120 °C muss zusätzlich eine Feinfiltration durchgeführt werden, um auch Mikroorganismen abzuscheiden.

In der Pharmaindustrie geht man im Allgemeinen davon aus, dass die mit Produkt in Berührung kommende Luft mindestens den Anforderungen der Reinraumklasse entsprechen muss, in der der jeweilige Prozess stattfindet. Diese wird durch die entsprechenden Partikelzahlen nach Tabelle 5.1 definiert und entsprechend kontrolliert.

Alle Anforderungen an Prozessluft sollten von einer Versorgungseinheit erfüllt werden, die in einem Raum getrennt von der Lebensmittelproduktion untergebracht ist. Dieser Raum wird in den Nichthygiene- oder Technikbereich eingeordnet. Es ist aber wichtig, dass dieser sauber gehalten wird, um die Erzeugung und Anlagerung von Staub an Oberflächen und damit zusätzliche Filterbelastungen zu vermeiden. Der Raum sollte eine Wasserversorgung enthalten, falls eine Nassreinigung erforderlich ist.

Zum anderen wird Steuer- oder Geräteluft für pneumatisch gesteuerte Geräte und Apparate verwendet, die von niederer Qualität sein darf, wenn eine Produktberührung ausgeschlossen werden kann und die Abluft nach außen in ein Entlüftungssystem abgegeben wird. Wird sie in die Umgebung von Prozessräumen abgegeben, muss sie feingefiltert werden, um Kontaminationen durch Staub, Schmutz oder Ölnebel zu verhindern. Häufig wird bei pneumatisch betätigten Geräten an diese Problematik nicht gedacht.

Schließlich ist die Raumluft zu nennen, die je nach Raumklassifizierung in unterschiedlichen, genau zu definierenden Qualitätsstufen zur Belüftung eingesetzt wird. Sie sollte in Bereichen der Lebensmittelherstellung so staubfrei wie möglich sein. In der Pharmatechnik muss sie die Anforderungen an die Partikelzahlen der jeweiligen Raumklassen erfüllen. Deshalb müssen die Oberflächen in Räumen wie Boden, Wände und Decken regelmäßig gereinigt werden. Absaugsysteme sollten überall dort eingesetzt werden, wo eine hohe Staubentwicklung wie z. B. bei der Handhabung und Verpackung pulverförmiger Produkte unvermeidlich ist. Solche Bereiche sollten daher unter leichtem Unterdruck stehen, um den Austritt von Staub in die weitere Umgebung zu verhindern.

Einen allgemeinen Überblick über die verschiedenen Möglichkeiten der Luftversorgung sowie des Luftflusses soll Abb. 5.97 geben, in der zwei benachbarte Räume unterschiedlicher Hygieneklassen mit den dazugehörigen Einrichtungen dem Prinzip nach dargestellt sind. Zuerst muss die zugeführte Frischluft den jeweiligen Raumanforderungen entsprechend aufbereitet werden. Nur in nicht klassifizierten Bereichen wie z. B. Lagern kann Außenluft eventuell direkt verwendet werden. Auch zurückgeführte Umluft sowie nach außen abgegebene Abluft aus Produktionsräumen müssen aufbereitet werden, da sie im Allgemeinen durch Schmutz und Mikroorganismen aus der Produktion belastet sind. Wenn hohe Anforderungen an gekühlte Luft gestellt werden, sollte das Raumluftsystem mit Umluft gefahren werden, um hohe Energieverluste zu vermeiden. Anfallendes Kondensat muss abgeschieden und aus dem System entfernt werden. Außerdem sind die Stellen sowie die Art von Luftzu- und Abführung festzulegen. Bei Transport von Material und Bewegung von Personal durch die Raumgrenzen hindurch wird Luft vom höheren zum niedrigeren Druckniveau abgegeben. Um den Luftfluss in solchen Bereichen zu minimieren, werden Schleusen eingesetzt. In Gebäuden, in denen die Stockwerke verschiedenen Hygienezonen angehören,

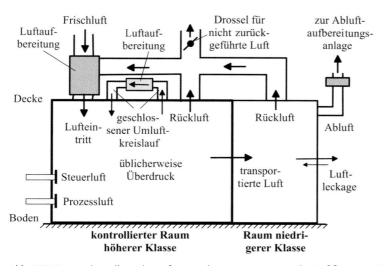

Abb. 5.97 Prinzipdarstellung der Luftver- und -entsorgung sowie des Luftflusses in Räumen.

muss der Transport von Luft über Treppenhäuser und Lifts ebenfalls durch den Einbau von Schleusen verhindert werden. Grundsätzlich kann aber auch ein Luftverlust auf unbeabsichtigte Leckagen zurückzuführen sein. In gleicher Weise ist das Eindringen von Leckage-Frischluft von außen in Räume hinein nicht völlig auszuschließen, wenn nicht besondere Maßnahmen in Bezug auf Dichtheit ergriffen werden. Zusätzlich soll die Abbildung verdeutlichen, dass die notwendigen Versorgungsanschlüsse für Prozessluft z. B. von Pneumatikelementen sowie für Produktluft für die Prozesslinien vorgesehen werden müssen.

Die Installation von Prozess- sowie Geräte- und Instrumentenluft in Räumen umfasst im Wesentlichen Rohrleitungen und dazugehörige Komponenten. Deshalb soll im Folgenden nicht auf diese Bereiche eingegangen werden. Für die Luftversorgung von Räumen werden dagegen die Einrichtungen und Ausstattungen und die dazu gehörigen Element detaillierter betrachtet, soweit sie in unmittelbarer Verbindung mit Räumen stehen und hygienerelevant sind. Dabei kann man zwischen Konzepten der Luftventilation, die lediglich eine Filterung und eventuell Temperierung vorsieht, sowie der Konditionierung unterscheiden, bei der zusätzlich Feuchtigkeit und Temperatur gesteuert oder geregelt werden.

Qualität von Raumluft
Die Qualität von Luft in Raumbereichen hygienerelevanter Industrien muss den gesetzlichen Anforderungen sowie vorhandenen Leitlinien und Normen entsprechen und im Betrieb regelmäßig kontrolliert werden. Für die Lebensmittelindustrie gibt die Lebensmittelhygieneverordnung [5] allgemein vor, dass in Betriebsstätten, in denen mit Lebensmitteln umgegangen wird, eine ausreichende und angemessene natürliche oder künstliche Belüftung gewährleistet sein muss. Künstlich erzeugte Luftströmungen aus einem kontaminierten in einen reinen Bereich sind zu vermeiden. Die Lüftungssysteme müssen so installiert sein, dass Filter und andere Teile, die gereinigt oder ausgetauscht werden müssen, leicht zugänglich sind. Auch alle sanitären Anlagen müssen über eine angemessene natürliche oder künstliche Belüftung verfügen.

Für die Pharmaindustrie sind zunächst allgemeine Anforderungen im GMP-Leifaden [90] vorgegeben. Danach sollten Betriebsmittel, die Einfluss auf die Produktqualität haben könnten (z. B. Dampf, Gase, Druckluft sowie Heizung, Belüftung und Klimatisierung), qualifiziert und ausreichend überwacht werden. Bei Überschreiten der festgelegten Grenzwerte sollten Maßnahmen ergriffen werden. Über diese Betriebssysteme sollten Aufzeichnungen verfügbar sein. Spezielle Vorgaben sind vor allem für Reinräume im EG GMP-Leifaden z. B. in [29] zu finden.

Für reine Bereiche wird die Versorgung mit Luft gefordert, die durch Filter mit entsprechend angepasster Effektivität aufbereitet wird. Für Räume der Klasse A wird dann z. B. zusätzlich laminare Strömung in speziellen Prozessbereichen vorausgesetzt.

Speziell für die Herstellung von Gasen für den medizinischen Gebrauch können nach [94] die chemische Synthese oder natürlichen Quellen mit nachfolgenden Reinigungsschritten wie z. B. in einer Luftaufbereitungsanlage verwendet werden.

In den USA wird nach [95] für die Luftversorgung vorgegeben, dass für Räume eine angemessene Belüftung vorzusehen ist. Außerdem müssen angemessene Geräte für die Kontrolle von Luftdruck, Mikroorganismen, Staub, Feuchtigkeit und Temperatur eingesetzt werden, wenn sie für Herstellung, Verpackung oder Handling von Pharmaprodukten geeignet sind. Wenn für den Produktionsbereich geeignet, sollen Luftfiltersysteme einschließlich Vorfilter und Schwebstofffilter verwendet werden. Umluft für Produktionsbereiche muss auf die Rückführung von Staub aus dem Produktbereich überprüft werden. Angemessene Abluftsysteme oder andere Systeme zur Begrenzung von Kontaminanten müssen verwendet werden, wenn eine Kontamination während der Produktion möglich ist.

Es ist darauf zu achten, dass Umkleideräume und Toiletten die Zuluft nach Möglichkeit direkt aus dem Freien oder wenigstens aus höchstens einem weiteren Raum erhalten, sofern sie nicht ohnedies durch einen ins Freie lüftbaren Vorraum von übrigen Räumen getrennt sein müssen [96].

Obwohl üblicherweise Pharma- und Lebensmittelindustrie aufgrund getrennter Gesetzgebung, Leitlinien und Normen getrennte Wege gehen, ist es oft sinnvoll, einen Blick über den Zaun zu werfen, um vorteilhafte Konzepte eventuell in angepasster Form zu übernehmen. Gerade der Bereich der Luftversorgung kann dafür ein Beispiel geben. Eine Vielzahl von sensiblen Produkten der Lebensmittelindustrie wird unter Verwendung von aseptischer, steriler oder keimarmer bzw. keimfreier Luft hergestellt. Die verschiedenen Begriffe sind im Prinzip äquivalent zur etablierten Bezeichnung „Reinraumtechnik" in der Pharmaindustrie. Die Praxis der Lebensmittelherstellung verbindet mit diesem Begriff meist, dass extreme Maßnahmen zur Reinhaltung getroffen werden müssen, die über die Möglichkeiten im Lebensmittelbetrieb hinausgehen. Wird die Reinraumtechnik jedoch auf das Wesentliche reduziert, so bedeutet ein Reinraum einen abgegrenzten Bereich, dessen Reinheitsgrad zunächst durch die Zuführung gereinigter Luft erreicht wird und der unter Überdruck steht. Wird diese Technik so verstanden, muss sie weder eine kostspielige noch eine aufwändige Technologie sein, sondern kann bereits mit einem geringen Aufwand eine große Wirkung erzielen [97]. Wichtig für die Lebensmittelindustrie ist es deshalb, für sensible Produkte und Produktionsabläufe ein System einzusetzen, das den besonderen Anforderungen Rechnung trägt und bei der Abwägung von Kosten und Nutzen günstig abschneidet. Ein wesentlicher Vorteil in Bezug auf die eingesetzte Luft ist, dass die Reinraumtechnik durch Reinraumklassen definiert ist, die die maximale Konzentration von Partikeln oder Keimen bzw. koloniebildenden Einheiten (KBE) eindeutig festlegen (s. Tabellen 5.2 und 5.3). Die Luftqualität wird somit zu einer festen Größe, die sicher und konstant beherrscht und aufgrund genormter Messverfahren kontrolliert werden kann. Für die Lebensmittelindustrie ist hauptsächlich die Keimkonzentration von zentraler Bedeutung, sodass die Klassifizierung nach KBE gewählt werden sollte.

Das Grundprinzip der Reinraumtechnik basiert auf der Filtration von Luft. Durch den Einsatz von Schwebstofffiltern ist es möglich, Partikel aus der Luft zu filtern und die gewünschte Reinheit zu erzielen. Größere Keime, wie zum Beispiel Schimmelsporen, werden direkt als Partikel erfasst. Kleinere Keime wie Bakterien, die nicht frei in der Luft schweben, werden über die Partikel und Aerosoltropfen abgeschieden, an denen sie haften. Problematisch ist es, wenn der Versuch unternommen wird eine Analogie zwischen Partikel- und Keimkonzentration herzustellen, denn ein direkter Zusammenhang besteht normalerweise nicht. Eine hohe Partikelkonzentration bedeutet nicht zwangsläufig auch eine große Anzahl von KBE, andererseits ist eine partikelfreie Luft aber keimfrei, wenn ausreichend feine Endfilter verwendet werden.

Dass eine exakt definierte Luftqualität unabhängig vom eingesetzten Druckerzeugungssystem nur mit entsprechender Aufbereitung garantiert werden kann, ist allgemein bekannt. Bei einer zentralen Druckluftversorgung für einen umfassenden Betriebsbereich erzeugt z. B. ein ölfrei verdichtender Kompressor eine mit der Ansaugluft identische Druckluftqualität. Nicht jeder ist sich jedoch darüber im Klaren, dass bereits diese Umgebungsluft einen bestimmten Ölgehalt aufweisen kann. Zusätzlich sind die Mengen an vorhandenen Fremdsubstanzen wie z. B. gasförmigen Kohlenwasserstoffen in manchen Gegenden in der atmosphärischen Luft nicht unerheblich. Grenzwerte für solche Schadstoffe werden unter anderem in [98] und [99] festgelegt. Werte über örtliche Messungen verschiedener Substanzen sind z. B. in [100] angegeben und können als Orientierung dienen.

Auch die Luft innerhalb der Kompressorenstation von Luftversorgungsanlagen muss ölfrei bleiben, um vorgegebene Qualitätsanforderungen zu erfüllen. Das ist nicht absolut gewährleistet, wenn z. B. bei der Entlüftung des Getriebegehäuses Öldämpfe nach außen gelangen können und die Luft beeinflussen. Die im Kompressorenöl enthaltenen Additive können dann z. B. vom Kompressor mit der Luft angesaugtes Schwefeldioxid lösen. Wenn bei einem ölfreien Kompressor im Nachkühler Kondensat ausfällt, verbindet sich das Schwefeldioxid aus der Luft mit dem Kondenswasser zu schwefliger Säure H_2SO_3. Dies bewirkt einen niedrigen pH-Wert, wie Messungen an Kompressorstationen gezeigt haben. Kondensat dieser Art darf vielerorts wegen des pH-Werts und vorhandener Schwermetallanteile nicht in Abwassersysteme eingeleitet werden, sondern muss vorher aufbereitet werden.

Wie diese kurzen Ausführungen zeigen, erfordert es bereits bei Auswahl und Einsatz eines geeigneten Druckerzeugers entsprechende Vorgaben, um eine für Produktionsräume ausreichende Luftqualität erzeugen zu können. Hinzu kommt, dass Temperatur, Feuchtigkeit, mikrobieller Zustand der Luft und Anzahl der Luftwechsel sowohl in der Umgebung offener Prozesse als auch für den Schutz des Arbeitspersonals von Einfluss sind. Das bedeutet, dass die Luftaufbereitung eine Reihe von Schritten mit entsprechend dimensionierten Apparaten erfordert, um die jeweiligen Anforderungen an eine definierte Raumluft zu erfüllen. Eine besondere Herausforderung besteht zudem darin, das erforderliche Langzeitniveau in Bezug auf Hygiene zu erreichen. Nur mithilfe festgelegter Vorgaben für Betrieb, Reinigung, Wartung und Überwachung wird dies ermöglicht. Die wichtigsten Anforderungen verlangen ein hygienegerecht gestaltetes, leicht zugängliches und zu reinigendes Belüftungssystem mit integrierter einfach gestalteter Überwachung der Luftqualität. Reinigung der Elemente der Luftversorgung sowie Austausch der Filtereinheiten müssen entsprechend festgelegt werden. Zusätzlich zu den

Hygienemaßnahmen müssen Druckdifferenzen in den entsprechend versorgten Räumen überwacht werden. Alarmfunktionen sollten Störungen anzeigen und ein schnelles Eingreifen ermöglichen.

Ein Belüftungssystem mit Hygieneanforderungen kann die folgenden Bauelemente enthalten:

- ein Mischsystem mit Regulierung der Frisch- und Umluftmengen,
- eine Vorheiz- oder Vorkühleinheit, die entsprechend den Vorbedingungen einzustellen ist,
- eine Vorfiltration mit Wasserabscheidung zum Schutz weiterer Geräte,
- eine Kühlung mit Wasserabscheider,
- eine Befeuchtung,
- einen Tropfenabscheider,
- eine Aufheizstation,
- ein Gebläse mit Siebelementen zum Strömungsausgleich,
- einen Schalldämpfer,
- eine Verteilungsstation,
- eine Feinfiltration sowie den Auslass in den jeweiligen Raum.

Aus hygienischer Sicht ist eine Grundvoraussetzung für eine hohe Luftqualität, dass das Luftsystem nicht selbst als Kontaminationsquelle wirkt. Dass in schlecht zugänglichen Bereichen, in denen eine Reinigung nicht möglich ist, Schmutzansammlungen erheblich sein und nachgeschaltete Geräte stark belasten können, zeigt Abb. 5.98 an einem abschreckenden Beispiel von Staubablagerungen in einer Versorgungsleitung.

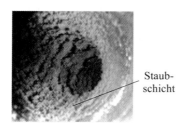

Staubschicht

Abb. 5.98 Verschmutzte Luftleitung.

Das Wachstum von Mikroorganismen innerhalb des Systems kann durch niedrige relative Luftfeuchtigkeit, bei der der a_W-Wert von Mikroorganismen zu berücksichtigen ist (siehe auch [20]), eingeschränkt oder vermieden werden. Wenn z. B. in Kühlbereichen eine niedrige Luftfeuchtigkeit nicht erreicht werden kann, sind gute Filtration mit entsprechenden Feinstaubfiltern und extreme Hygiene entscheidend dafür, die Qualität der Luftversorgung aufrechtzuerhalten. Der regelmäßige Austausch von Filtern ist ebenfalls wichtig, da Mikroorganismen durch Filtersysteme „hindurchwachsen" können, und dann die Reinluftseite trotzdem kontaminieren. Zusammenfassend können Wachstum, Überleben und Verbreitung von Mikroorganismen durch folgende Maßnahmen beeinflusst werden:

614 | 5 Anlagengestaltung

- Niedrige Temperatur und Feuchtigkeit verhindern oder verlangsamen das Wachstum.
- Überdruck vermindert das Eindringen in Räume.
- Durch Filtration werden Partikel abgeschieden, die als Träger für Mikroorganismen dienen können.
- Eine geeignete Luftführung ohne hohe Turbulenzen schränkt die Kreuzkontamination ein.
- Durch eine hygienegerechte Gestaltung werden Bereiche vermieden, in denen sich Mikroorganismen ungehindert vermehren und eventuell Biofilme bilden können.

Luftaufbereitung

In Abb. 5.99 ist das Prinzip einer zentralen Luft- und Klimaanlage, wie sie z. B. in der Lebensmittelindustrie eingesetzt wird, als Flussdiagramm dargestellt. Die Außenluft wird zunächst je nach Zustand vorgekühlt oder erwärmt, grob gefiltert und mit einem festgelegten Anteil von Umluft gemischt. Anschließend erfolgen Kühlung und den Vorgaben entsprechende Befeuchtung. Nach Abscheidung von Tröpfchen wird die Luft auf Raumtemperatur erwärmt, mit einem Gebläse auf den erforderlichen Druck gebracht, gleichgerichtet und nach dem Schalldämpfer der Filterendstufe zugeführt. Danach erfolgt das Einströmen in den Betriebsraum, das z. B. als turbulente Drall- oder Laminarströmung erfolgen kann. Jedes Gerät der Klimaanlage muss hygienegerecht gestaltet und gereinigt werden. Zu diesem Zweck sowie zur Kontrolle sind entsprechende Öffnungen vorzusehen. Es ist eventuell günstig, die Einzelelemente wie z. B. Filter, Gebläse, Kühler usw. als Einschubeinheiten in das Gehäuse der Luftbehandlungsanlage zu integrieren, um sie zum Reinigen sowie für die Wartung herauszuziehen. Grundsätzlich sollten die Systeme trocken gehalten und eine Trockenreinigung der Elemente durchgeführt

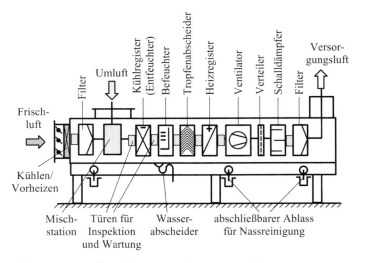

Abb. 5.99 Prinzipieller Aufbau einer Luftversorgungsanlage.

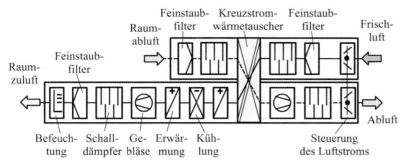

Abb. 5.100 Fließbild einer Luftversorgungsanlage mit Wärmetauscher.

werden, um Mikroorganismenwachstum auszuschließen. Wo jedoch Feuchtigkeit und Wasser anfallen, ist eine Nassreinigung unumgänglich. Dabei müssen die Reinigungs- und Spülflüssigkeiten geschlossen abgeführt werden, um das Verbreiten von Feuchtigkeit und dadurch entstehende Kontaminationen zu vermeiden.

Die Möglichkeit einer Energierückgewinnung aus der Rückluft mithilfe eines Kreuzstromwärmetauschers zeigt das Flussdiagramm nach Abb. 5.100. Wenn die Rückluft ein ausreichendes Temperaturniveau besitzt, kann sie zur Erwärmung der Frischluft herangezogen werden. Raumabluft und Frischluft werden jeweils durch einen Staubfilter von Staubpartikeln befreit, um eine Verschmutzung des Wärmetauschers zu vermeiden. Danach wird die zur Raumklimatisierung verwendete Luft eventuell entfeuchtet, temperiert und durch ein Gebläse verdichtet, ehe sie nach Endbehandlung durch Feinfiltration und Befeuchten in den Raum eingeblasen wird. Falls die Abluft nicht den Umweltanforderungen entspricht, muss sie ebenfalls behandelt werden, um nach entsprechender Schalldämpfung nach außen abgegeben werden zu können. Zur effektiven Energieausnutzung im Wärmetauscher müssen Frisch- und Abluftmenge abhängig voneinander geregelt werden, was die miteinander verbundenen Klappensysteme im Zu- und Abluftkanal verdeutlichen sollen.

Die Hauptaufgabe bei der Luftaufbereitung besteht in der Entfernung von Partikeln aller Art einschließlich Mikroorganismen sowie von unerwünschten Substanzen, die die Qualität der Raumluft für Produktionsräume vermindern. In Abb. 5.101 sind zum Überblick die Bereiche der Partikelgrößen von maßgebenden Substanzen in Verbindung mit den verschiedenen Abscheidemechanismen sowie den Sichtbarkeitsverhältnissen zusammengestellt.

Für die Entfernung von Partikeln und Substanzen aus der Luft werden unterschiedliche Filter eingesetzt, deren Einteilung und Bezeichnung in Abb. 5.102 zusammengestellt sind. Außerdem sind in Tabelle 5.6 die einzelnen Filtertypen zusammen mit Beispielen für deren Abscheidung und Anwendung angegeben.

Um einen kurzen Überblick über die eingesetzten Filter zu geben, werden im Folgenden einige ausgewählte Beispiele aufgezeigt. Wegen der Vielzahl der Kombinationsmöglichkeiten muss im Einzelfall auf die einschlägige Literatur zurückgegriffen werden (siehe z. B. [101]).

5 Anlagengestaltung

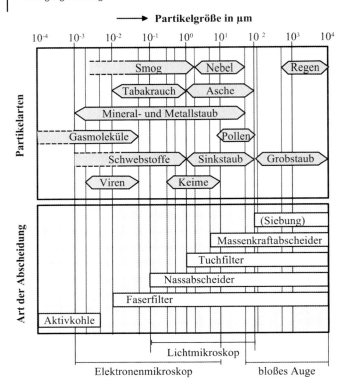

Abb. 5.101 Übersicht über Partikelgrößen von Schmutzsubstanzen, Art der Abscheidung und Sichtbarkeitsverhältnisse.

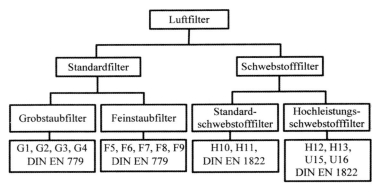

Abb. 5.102 Einteilung und Bezeichnung von Luftfiltern.

Grobstaubfilter mit den Bezeichnungen G1 bis G6 sind nach [102] genormt und werden als erste Filterstufe meist in Form von Taschenfiltern ausgeführt, wie es Abb. 5.103a an einem Beispiel verdeutlicht. Die Filtertaschen können dabei aus einem Synthetikmedium wie z. B. Polyesterfasern bestehen, die miteinander

Tabelle 5.6 Beispiele für die Anwendung von Grob-, Fein- und Schwebstoffstaubfiltern.

Staubfilter	Allgemeines	Anwendung
Grobstaubfilter nach DIN EN 779: Partikel > 10 µm		
G1, G2	Abscheidung von Grobpartikeln (z. B. Insekten, Sand, Textilfasern, Haare) sowie teilweise Flugasche, Pollen, Blütenstaub, Sporen	Geringe Anforderungen an Luftreinheit; Vorfiltration
G3, G4		Geringe Anforderungen an Luftreinheit; Vorfilter für Feinfilter F6 bis F8
Feinstaubfilter nach DIN EN 779: Partikel 1–10 µm		
F5	Abscheidung von Pollen, Blütenstaub, Sporen; beschränkte Abscheidung von fleckenbildenden Partikeln wie Rauch, Ruß, Ölnebel usw.; Abscheidung von Bakterien und Keimen auf Partikeln	Außenluftfilter für Lagerräume; Anlagen mit Entfeuchtung; Vorfiltration vor Feinfiltern F7 und F8
F5, F6, F7		Endfilter für Büroräume und bestimmte Produktionsräume; Luftvorhänge; Vorfilter für F9 bis H11
F7, F8, F9	Abscheidung aller Staubarten einschl. Tabakrauch, Metalloxidrauch, agglomerierter Ruß, Ölnebel usw.	Endfilter für Klimaanlagen von Produktionsräumen, Labors; Vorfilter für H11 bis H13
Schwebstofffilter nach DIN EN 1822: Partikel < 1 µm		
H10, H11, H12	Abscheidung von Tabakrauch, Metalloxidrauch, Keimen, Bakterien, Viren	Endfilter für Räume mit hohen und höchsten Anforderungen
H11		Endfilter für Raumklassen 100 000 bzw. 10 000
H12, H13	Abscheidung von Öldunst und Ruß im Entstehungszustand	Endfilter für Raumklassen 10 000 bzw. 100
H14, U15, U16	Abscheidung von Aerosolen	Endfilter für Raumklassen 100 bzw. 1

thermisch oder durch Vernadeln verbunden sind. Chemische Bindemittel werden häufig vermieden, da sie einen Nährboden für Mikroorganismen bilden können. Das Filtermedium kann progressiv aufgebaut werden, indem sowohl Faserdurchmesser als auch -abstände zur Reinluftseite hin abnehmen. Bei möglicher Korrosion sollten Kopfrahmen nicht aus Metall, sondern aus Kunststoff verwendet werden. Der Rahmen kann mit einer endlos geschäumten porenfreien Dichtung ausgerüstet werden, um Leckagen zum Element hin zu vermeiden, in dem er befestigt wird. Durch den Einsatz von Grobstaubfiltern wird die Lebensdauer der hochwertigen Feinfilter weiterer Stufen erheblich verlängert. In der Regel werden Grobtaschenfilter doppelt so häufig wie nachgeschaltete Feinfilter gewechselt.

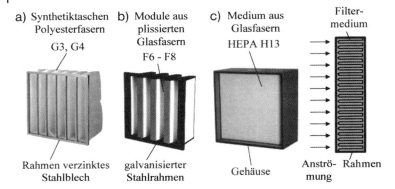

Abb. 5.103 Beispiele für verschiedene Filterarten (Fa. Camfil KG):
(a) Grobstaubfilter als Taschenfilter, (b) Feinstaubfilter in Kompaktausführung,
(c) HEPA-Filter mit Gehäuse sowie prinzipieller Aufbau der Filterelemente.

Wie alle Filter werden auch Feinstaubfilter in unterschiedlichen Arten hergestellt. Neben üblichen Taschenfiltern ist in Abb. 5.103b als Beispiel eine Kompaktfilterzelle abgebildet. Solche Filtertypen kommen vor allem bei erschwerten Betriebsbedingungen wie erhöhten Luftgeschwindigkeiten, mehrfachen Lastwechseln und Abschaltungen oder hoher Luftfeuchtigkeit zum Einsatz. Als Filtermedium werden plissierte (minipleat) Mikroglasfaserpapiere mit thermoplastischen Abstandshaltern eingesetzt, die dem Filterpaket die erforderliche Stabilität verleihen. Die Minipleat-Module werden im Kunststoffgehäuse V-förmig angeordnet und vergossen. Die richtige Wahl des Vergusswinkels ermöglicht es, dass Feuchtigkeit zur Lufteintrittsseite hin austreten kann und sich nicht im Medium festsetzt. Durch eine ausgewählte Geometrie kann eine laminare Luftströmung auf der Abströmseite des Filters erreicht werden. Häufig werden ein- oder beidseitige Griffschutzgitter verwendet, um das Filtermedium zu schützen. Die Filterrahmen werden z. B. aus Kunststoff wie PP oder stranggepressten Aluminiumprofilen hergestellt. Auf der Anströmseite wird die Abdichtung häufig mit einer aufgeschäumten porenfreien Endlosdichtung aus PUR vorgenommen. Feinstaubfilter können bei entsprechenden Anforderungen als Endstufe für die Raumbelüftung eingesetzt werden. Sie können auch unmittelbar in die Rasterung von Deckensystemen integriert werden.

Am schwersten abzuscheiden sind Partikel um 0,1–0,3 μm. Verwendet werden dafür Schwebstofffilter, die nach [103] genormt sind. HEPA-Filter (High Efficiency-Particulate Air) mit den Bezeichnungen H10 bis H14 entfernen über 99,9 % aller Staubpartikel größer als 0,1–0,3 μm wie Viren, lungengängige Stäube, Milbeneier und -ausscheidungen, Pollen, Rauchpartikel, Asbest, Bakterien, diverse toxische Stäube und Aerosole aus der Luft. Eingesetzt werden sie z. B. im Reinraumbereich und in Laboratorien bei hohen Anforderungen. Terminale HEPA-Filter werden in der Pharmaindustrie normalerweise etwa ab ISO-Klasse 10.000 eingesetzt.

Schwebstofffilter werden, unabhängig von ihrem Hersteller und Typ, immer als sogenannte Filterzellen gefertigt. Je nach Anwendung können jedoch die geometrischen Abmessungen, die Art der Rahmen und die effektive Filterfläche, d. h. die Oberfläche des Filtermediums, variiert werden. Aus Gründen der Materialersparnis wird versucht, möglichst viel effektive Filterfläche in einem möglichst kleinen Volumen unterzubringen, was zu der mäanderförmigen Anordnung führt. Außerdem muss ein optimaler Abscheidegrad erreicht werden, der dem jeweiligen Anwendungszweck entspricht. In Abb. 5.103c ist rechts eine Schwebstofffilterzelle mit ihrem prinzipiellen Aufbau dargestellt. Die Medien bestehen meist aus Mikroglasfasern oder aus Kunstfasern, die beide als Stoff völlig verascht werden können. Die einzelnen Fasern bilden eine heterogen aufgebaute Filtermatte, die entsprechend gefaltet und in einen Rahmen eingebaut wird. Je höher der Anspruch an den Abscheidegrad einer Schwebstofffilterzelle, desto aufwändiger ist die Verarbeitung der Fasern. Der Rahmen besteht bei Schwebstofffiltern aus Holz, halogenfreien Kunststoffen wie PP, beschichtetem oder galvanisiertem Stahl oder Aluminium.

Die Filterfläche wird aus einem plissierten Medium aus Mikroglasfasern gebildet. Als Abstandshalter wird z. B. Aluminium eingesetzt, während als Vergussmasse z. B. PUR dient. Der Rahmen aus verzinktem Stahlblech wird mit einer PUR-Dichtung abgedichtet. Außerdem werden HEPA-Filter auch in Kompaktform hergestellt, wie sie bereits oben kurz beschrieben wurde.

Noch effizienter als HEPA-Filter sind die sogenannten ULPA-Filter (Ultra Low Penetration Air) U15 und U16, die in Reinräumen mit höchsten Anforderungen, wie ISO-Klasse 100 und besser, verwendet werden. Sie müssen mit einer Mindesteffizienz von 99,999 % alle Schwebstoffe aus dem gefilterten Medium entfernen. Dieser Wert ist nicht auf eine bestimmte Partikelgröße, sondern auf eine definierte Luftgeschwindigkeit bezogen. Bei dieser müssen die erwähnten 99,999 % aller Partikel derjenigen Größe zurückgehalten werden, für die der Filter am durchlässigsten ist. Bei ULPA-Filtern werden als Filtermedium Mikroglasfasern oder PTFE verwendet. Als Abstandshalter dienen z. B. Schmelzkleber und als Vergussmasse PUR. Die Rahmen werden aus stranggepresstem Aluminium gefertigt. Als Abdichtung kann porenfrei verschäumtes PUR verwendet werden. Die Filter sind auf der Reinluftseite so ausgelegt, dass die Luft laminar austritt.

Die Effektivität der Abscheidung von HEPA- und ULPA-Filtern wird anhand der Korngrößen von 0,1–0,3 µm mittels DEHS-Prüfaerosol (Di-2-Ethylhexyl-Sebacat) klassifiziert.

Während sich in den vergangenen Jahren die Reinraumtechnik darauf konzentriert hat, die Partikelzahl in der Reinraumluft zu minimieren, gewinnt in verschiedenen Bereichen mit höchsten Reinheitsanforderungen wie z. B. bei der Elektronikverarbeitung und Chipherstellung auch die Kontamination durch gasförmige Substanzen zunehmend an Bedeutung, was sich zum Teil auch Pharmabetriebe zunutze machen. Für eine sogenannte „trockene Gaswäsche" werden z. B. Aktivkohlefilter und chemische Sorptionsmittel eingesetzt. Die gasförmigen Verunreinigungen werden durch unterschiedliche Prozesse verursacht, wie zum Beispiel die Ausgasung von Werkstoffen oder die Abgabe bei Fertigungsprozessen. Diese gasförmigen Verunreinigungen oder sogenannten

Airborne Molecular Contaminations (AMC) können in Form von Säuren, Basen und kondensierbaren Stoffen auftreten. In der Ausführung als gefaltete Filter oder Taschenfilter wird ein breites Spektrum an chemischen Filtern für den Einsatz z. B. in Filter-Ventilator-Einheiten oder Lüftungs- und Klimageräten angeboten, die wirkungsvoll vor gasförmigen Verunreinigungen schützen. Für alle diese Apparate ist die sorgfältige Gestaltung und Dimensionierung von entscheidender Bedeutung, um einen korrekten Abscheidungseffekt zu garantieren. Vor der endgültigen Festlegung der Filterkombinationen sollten Tests durchgeführt werden, um die Kontamination zu bestimmen.

Zentrale Luftversorgungseinheiten, die die Elemente nach Abb. 5.99 und 5.100 enthalten können, dienen meist dazu gesamte Betriebsbereiche mit Luft zu versorgen. Sie bestehen im Allgemeinen aus einem Gehäuse in Rahmenkonstruktion aus verzinkten Hohlprofilen, in denen doppelschalige isolierte Paneele befestigt sind. Diese sollten mit glatten Übergängen und spaltfreien Dichtungen hygienegerecht gestaltet werden. Die für die Luftaufbereitung erforderlichen Elemente werden als Einbauelemente in das Gehäuse integriert. Ein Beispiel eines Aufbereitungssystems für die Umluft eines Reinraums ist in Abb. 5.104a gezeigt. Die Türen dienen zur Reinigung sowie Inspektion der einzelnen Bereiche. Allerdings genügt es nicht, die Bauelemente zugänglich zu machen, sondern die reinigbare Gestaltung erfordert, dass innere Winkel, Ecken, Spalte, offene Gewinde und Muttern vermieden werden. Außerdem muss bei der

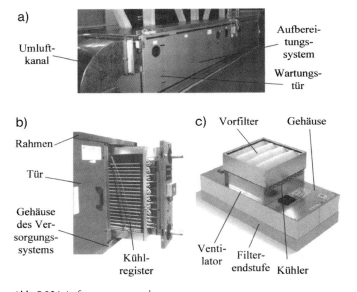

Abb. 5.104 Luftversorgungsanlagen:
(a) Aufbereitungssystem für Umluft
(Foto: IMTEK – Institut für Mikrosystemtechnik, Universität Freiburg),
(b) ausziehbares Kühlregister (Fa. Weiss),
(c) Beispiel einer FFU mit Vorfilter und Kühlung (Fa. M+W Zander).

Luftführung durch das System darauf geachtet werden, dass keine unzugänglichen Totzonen entstehen, in denen sich Schmutz anlagern kann. Da Schlangen von Wärmetauschern sowie Tropfbleche nasse Teile sind, ist es wichtig, dass sie leicht erreicht und kontrolliert werden können. Das Beispiel eines ausziehbaren Wärmetauschers eines Luftversorgungssystems ist in Abb. 5.104b abgebildet. In gleicher Weise können auch die Gebläseeinheit sowie Filter-, Entfeuchtungs- und Schalldämpferelemente herausgezogen werden, um sie einfacher reinigen und Wartungsarbeiten durchführen zu können.

Vor allem für Reinraumanwendungen kommen nicht nur zentrale Gesamtanlagen, sondern auch sogenannte Filter-Fan-Units (FFU) in verschiedenen Kombinationen zum Einsatz. Wie das Beispiel in Abb. 5.104c zeigt, können sie aus einem Gehäuse bestehen, in das z. B. Vorfilter, Motor, Ventilator, Kühler, Schalldämpfer und Schwebstofffilterzelle integriert sind. Auf der Oberseite der FFU befindet sich die Einlaufdüse mit einem Griffschutzgitter sowie eine Steckerplatte. Ein vorgefertigtes, steckerfertiges Kabelsystem stellt die Stromversorgung sicher. Die Funktionsüberwachung kann durch eine optische Anzeige oder einen akustischen Signalgeber für Störmeldungen erfolgen. Die Einheiten sind so ausgelegt, dass sie den unmittelbaren Einbau in Raster von Reinraum-Deckensystemen von der Reinraumseite oder der Zwischendecke aus erlauben. Die Ventilatoreinheit sowie die Schwebstofffilterzelle können dabei unabhängig voneinander eingebaut werden.

Um alle maßgebenden Hygieneeinflüsse zu erfassen, müssen neben den Vorgaben für eine hygienegerechte Gestaltung auch andere maßgebende Anforderungen berücksichtigt werden, die im Folgenden kurz zusammengefasst sind:

- Das gesamte Luftsystem sollte so gestaltet werden, dass es während des Produktionsprozesses und bei der Reinigung der Prozessbereiche nicht kontaminiert wird. Das bedeutet z. B., dass Dampf oder Wasser, die während der Reinigung entstehen oder verwendet werden, nicht in das Luftsystem und dessen Rohrleitungen eindringen und dort kondensieren dürfen. Dampf und Wasser sollten jeweils unverzüglich mithilfe von Absaugsystemen entfernt werden, die in das Luftversorgungssystem integriert werden müssen. Das Leitungssystem sollte Inspektions- bzw. Reinigungszugänge besitzen, die in der Nähe oder gegenüber von Bauelementen wie Heiz- oder Kühlregistern, Filtern und Luftklappen angebracht sein müssen. Dies erlaubt gegebenenfalls die Reinigung und Sterilisation solcher Elemente, wenn sie zu diesem Zweck nicht aus dem Gehäuse herausgezogen werden können.
- Das Luftsystem und seine Rohrleitungen müssen so ausgeführt sein, dass nicht Räume miteinander verbunden werden, wodurch Kontaminationsgefahren für Produkte entstehen können.
- Außerdem muss es so gestaltet sein, dass z. B. Gase und chemische Substanzen sicher aus dem Produktionsbereich abgesaugt werden können. Die Anordnung und Wirksamkeit von örtlichen Absaugsystemen muss bei der Auslegung der Luftver- und -entsorgung mitberücksichtigt werden.

- Das Luftsystem hat auch die Aufgabe, genügend Frischluft für das Bedienungspersonal bereitzustellen. Man geht davon aus, dass minimal 8 l/s Frischluft pro Person zugeführt werden müssen. Außerdem sollte die Luftgeschwindigkeit nicht so hoch sein, dass das Personal sie als lästig empfindet.
- Während der Gesamtreinigung von Prozesslinien und Räumen müssen Vorkehrungen getroffen werden, um das Luftsystem zu schützen. Um alle Elemente weitgehend davor zu sichern, dass sie durch Aerosole bei der Reinigung nass werden, sollte 100 % Frischluft durch das Luftversorgungssystem in den Raum eingeblasen werden. Außerdem darf dabei keine Abluft rezirkuliert, sondern nur direkt nach außen abgegeben werden. Dazu muss das Gleichgewicht zwischen Zu- und Abluft richtig eingestellt sein, um den notwendigen Überdruck in den entsprechend klassifizierten Räumen aufrechtzuerhalten. Um die Prozessumgebung schneller zu trocknen, kann dafür gefilterte Warmluft eingesetzt werden.
- Wenn mehrere Prozesslinien in einem Raum untergebracht sind und z. B. bei Dreischichtbetrieb eine Linie gereinigt wird, während die anderen produzieren, müssen Kontrollmaßnahmen ergriffen werden, um Kreuzkontamination und übermäßige Aufnahme von Wasserdampf durch das Luftversorgungssystem zu vermeiden, wodurch die laufenden Prozesslinien belastet werden. Dies kann z. B. dadurch erreicht werden, dass man entweder die Linien während der Reinigung physikalisch abgrenzt oder die Zahl der Luftwechsel erhöht. Das Ziel der zweiten Maßnahme ist es, das Trocknen der Prozessumgebung zu maximieren und die Kondensation im Luftsystem zu minimieren.
- Wenn ein Bereich mit Sprühdesinfektion behandelt wird, muss dies ohne Luftbewegung erfolgen. Dabei muss das Luftsystem sicher verschlossen werden. Nach Beendigung der Desinfektion muss die Raumluft abgeblasen und durch gefilterte Frischluft ersetzt werden. Vor Prozessbeginn ist sicherzustellen, dass ein völliger Austausch stattgefunden hat, sodass keine nachweisbaren Reste von Desinfektionsmittel in der Raumluft vorhanden sind.

Die Lebensmittelindustrie umfasst eine breit gestreute Palette an Produkten, die zum einen z. B. von Schlachtereien bis zur Herstellung von Babynahrung reicht und zum anderen sicher verpackte, hitzebehandelte oder vor dem Verzehr beim Verbraucher zu erhitzende Produkte bis hin zu risikoreichen z. B. tiefgefrorenen, ungekochten Lebensmitteln umfasst. Aus diesem Grund ist es besonders wichtig, die Risikokategorie des herzustellenden Produktes zu definieren, da sie die Stufe der Anforderungen an die Luftfiltration sowie die Gestaltung der Luftversorgungsanlage bestimmt. Dabei ist es entscheidend, alle Einflüsse auf die Luftführung in Räumen wie z. B. Türen oder Schleusen mit einzubeziehen.

Aus hygienischer und ökonomischer Sicht spielen bei der Festlegung von Anforderungen vor allem Betrachtungen zum Kontaminationsrisiko des Produktes durch die verwendete Qualität der Raumluft eine wichtige Rolle. In einem Bereich der Lebensmittelindustrie zur Bearbeitung von rohem Fleisch oder Gemüse verursacht z. B. die Verwendung von Luft, die mit einem HEPA-Filter feinstens gefiltert wurde, hohe Kosten, ohne die bereits bestehende Gesamtkontamination des Produktes durch Mikroorganismen in irgendeiner Weise zu beeinflussen. Dagegen kann ungefilterte Luft, die Partikel oder Aerosoltröpfchen mit Mikroorganismen enthält, in einer Prozessumgebung, in der gekühlt zu lagernde, unverpackte Fertiggerichte offen verarbeitet werden, eine erhebliche Gefährdung für die Produkte bedeuten. Bereits bei mittleren Hygieneanforderungen trägt ein geeignetes, hygienegerecht gestaltetes Luftsystem dazu bei, die Produktkontamination zu minimieren. Solche Lebensmittel werden typischerweise z. B. vor dem Verbrauch nicht gekocht, sondern höchstens erwärmt. Das Wachstum von Mikroorganismen kann aber durch Konservierungsmaßnahmen verhindert oder kontrolliert werden wie z. B. bei Tiefkühllagerung oder durch innere Konservierung bei niedrigen pH-Werten der Produkte. Bei hohen Hygieneanforderungen erfordert eine erfolgreiche Produktherstellung mit minimalen Risiken, dass die Stationen der Produktion, in denen die mikrobiologische Qualität des Endprodukts direkt beeinflusst werden kann, in einem physikalisch abgeschlossenen Bereich stattfindet. In diesem Bereich spielt die Luftversorgung eine kritische Rolle in Bezug auf die mikrobiologische Kontamination. Ein Beispiel stellen aseptische Füllsysteme dar, mit deren Hilfe empfindliche Produkte abgefüllt werden, um hohe mikrobiologische Sicherheit und lange Haltbarkeit zu erreichen. Diese Systeme verwenden Sterilluft für die Umgebung der Füllorgane sowie der unverschlossenen Verpackungen, um die Wahrscheinlichkeit zu minimieren, dass abgefüllte Einheiten kontaminiert sind. Die verwendete Luft muss in diesem Fall mit HEPA-Filtern z. B. der Qualität H13 gefiltert werden. Außerdem muss der gesamte Einflussbereich einschließlich der Füll-, Verschließ- und Transportelemente reinigbar und sterilisierbar ausgelegt sein.

In der Pharmaindustrie sind Produkte strenger kategorisiert und Einflüsse auf die Herstellung aufgrund der GMP-Anforderungen im Einzelnen festgelegt. Dazu gehören auch die Endstufen der Luftbehandlung wie Feinststaubfilter, die auf der Reinseite die Luft direkt in klassifizierte Räume abgeben. Man geht z. B. davon aus, dass Verunreinigung in Reinräumen zu etwa 5–10 % der Gesamtverunreinigung aus der Luft stammen, während durch den Menschen etwa 30–40 % erzeugt werden.

Die durch luftgetragene Partikel und Mikroorganismen verursachten Produktkontaminationen innerhalb von Räumen (airborne contamination) sind sehr komplexe Vorgänge. Sie hängen von einer Reihe von Einflussfaktoren ab, wie z. B. Art und Ort der Einleitung und Absaugung der Luft, ihrer Geschwindigkeit, der Anzahl der Luftwechsel, dem bestehenden statischen Raumdruck und der Anzahl mikrobieller Partikel in der Luft. Letztere müssen nicht direkt aus der zugeführten Luft stammen, sondern können im Lauf der Bewegung durch den Raum aufgenommen werden. Beispiele für das Risiko von Kontaminationen sowie deren Herkunft sind in Tabelle 5.7 zusammengefasst. In den vergangenen Jahren wurde eine Reihe von Untersuchungen durchgeführt, die die Einflussfaktoren festgestellt haben und mit Vergleichen von Messungen und Strömungssimulationen Aussagen und Vorhersagen zu treffen versuchen. Dabei spielen die unterschiedlichen Gegebenheiten in Räumen wie Wände, Türen, Einbauten und

Tabelle 5.7 Kontamination von Produkten durch Luft beim Herstellungsprozess in der Lebensmittelindustrie.

Quelle	Art der Kontamination	Effekt durch Luftbehandlung	Risiko für Produktsicherheit
Luftgetragene Kontaminanten	Frischluft	hoch	mittel
	Luftgetragene Partikel von Staub und pulverförmigen Produkten	hoch	mittel
	Aerosole vom Sprühen und Reinigen	mittel	hoch
	Pneumatischer Transport, Überdruck, Inertisierung	hoch	hoch

vor allem Prozesslinien mit bewegten Elementen eine entscheidende Rolle bei der Beeinflussung der geordneten Luftströmungen.

Aus den angegebenen Gründen ist neben der hygienegerechten Gestaltung der Luftversorgungssysteme auch die regelmäßig und zuverlässig durchgeführte Reinigung aller Elemente bzw. deren Austausch erforderlich, wenn wie bei Filtern eine Reinigung nicht möglich ist. Wie die Verschmutzung in Abb. 5.98 zeigt, ist die Reinigung der Luftkanäle besonders wichtig. Ablagerungen, die nicht entfernt werden, können die Filtersysteme erheblich belasten. Begehbare Kanäle lassen sich meist mit Staubsaugern reinigen. Wenn bei fest haftenden Schichten eine mechanische Reinigung erforderlich ist, müssen Bürsten verwendet werden, die z. B. an rotierenden Wellen befestigt werden können. Eine zusätzliche Anwendung von Druckluft, die durch Düsen eingeblasen wird, ist dabei möglich. Der entfernte Staub und Schmutz sollten in großvolumigen Filtern aufgefangen werden, die anschließend entfernt werden. Wenn feuchte, festgebackene Schmutzschichten beseitigt werden müssen, lässt sich eine Nassreinigung nicht vermeiden. Besonders in diesem Fall muss auf reinigungsgerechte Gestaltung geachtet werden, um bei einer nachfolgenden Trocknung keine Flüssigkeitsrückstände in Spalten und Vertiefungen zu erhalten. Die genannten Reinigungsmethoden lassen sich dem Prinzip nach auch bei der Reinigung anderer Elemente von Luftversorgungsanlagen anwenden.

Luftzirkulation in Räumen

Nach [93] sollten Produktionsbereiche mit Belüftungssystemen einschließlich Temperatur- und, falls nötig, Luftfeuchtigkeits- und Filterkontrollsystemen wirkungsvoll belüftet sein, die den dort gehandhabten Produkten, den durchgeführten Arbeitsgängen sowie der äußeren Umgebung angemessen sind. Außerdem sollte das Risiko einer Kontamination minimiert werden, das durch Rezirkulation oder Wiedereintritt von unbehandelter oder ungenügend behandelter Luft verursacht wird.

Die Zuführung von Luft in den Betriebsraum kann zum einen an einzelnen Stellen erfolgen. Am häufigsten liegen diese unter oder direkt in der Decke, in

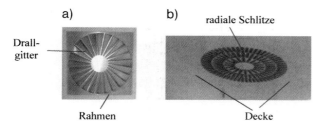

Abb. 5.105 Deckenauslass für Luft:
(a) Ansicht des Drallgitters (Fa. Lindner), (b) Einbausituation eines Drallauslasses.

manchen Fällen aber auch in den Seitenwänden. Zum unmittelbaren Einleiten in den Raum werden häufig Gitterelemente verwendet, die eine geordnete Parallel- oder Drallströmung erzeugen. Die Gitter müssen aus nicht rostenden Werkstoffen hergestellt und zur Reinigung zerlegbar oder abnehmbar gestaltet werden. Wenn sie für eine definierte Luftführung asymmetrisch ausgeführt sind, muss sichergestellt werden, dass sie nur in einer definierten Lage montiert werden können. Vor allem in der Lebensmittelindustrie werden aber auch diskrete Verteilungssysteme aus Gewebeelementen eingesetzt, die demontiert und gewaschen werden können.

Zum anderen kann z. B. in Reinräumen die Luftzufuhr über einen gesamten Deckenbereich kontinuierlich verteilt werden, indem die Parallelströmung der Filterendstufen dazu verwendet wird. Die Filterelemente werden in diesem Fall in das Deckengitter bündig zu der Seite hin eingesetzt, die dem Raum zugewandt ist. Dabei müssen Leckagen durch eine zuverlässige Abdichtung vermieden werden.

Ein Beispiel der Gestaltung für die Luftzuführung an diskreten Stellen ist in Abb. 5.105a dargestellt. Der abgebildete Drallauslass besteht aus feststehenden, radial angeordneten Luftleitelementen, die ein drallförmiges Ausblasen der Zuluft gewährleisten. Die Abb. 5.105b zeigt einen bündig in die Decke integrierten Auslass mit ringförmig angeordneten radialen Schlitzen. Beide Konstruktionen sollten strömungsgünstig so ausgeführt werden, dass die Möglichkeiten zum Ansatz von Schmutz und Mikroorganismen minimiert sind. Das bedeutet, dass vor allem Rücksprünge, Strömungsschatten oder tote Ecken vermieden werden.

Anstelle die Luft über Gitter oder Filter in Räume einzuleiten, können auch textile Verteilungssysteme benutzt werden. Dabei dient das Gewebe nicht als Filter, sondern zum Verteilen der Luft, die bereits mindestens mit Filtern der Klasse F7 gefiltert wurde. Die Raumbelüftung kann gemäß Abb. 5.106a effizient über kugel- oder D-förmig gestaltete Verteilerelemente aus PE, PP oder Baumwolle in Lebensmittelqualität mit Kreisquerschnitt an definierten Stellen oder gemäß Abb. 5.106b in Rohrform über die Länge eines Raumes erfolgen. Die Luft tritt entsprechend dem verwendeten Druck aus der gesamten Gewebeoberfläche aus und wird mit relativ niedriger Geschwindigkeit gleichmäßig verteilt und mit der vorhandenen Raumluft vermischt. Von Vorteil ist, dass die Elemente zum Waschen leicht demontiert werden können.

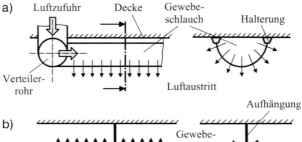
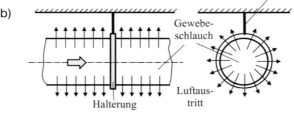

Abb. 5.106 Luftauslass mit Gewebeschläuchen:
(a) D-förmiger Querschnitt, (b) Rundquerschnitt.

Ein Beispiel für die Anordnung der Luftverteilung in einem Raum mithilfe von rohrförmigen Gewebeelementen, die an der Raumdecke befestigt sind, ist in Abb. 5.107 dargestellt. Die Zufuhr von aufbereiteter Frisch- oder Mischluft erfolgt über eine Verzweigung, deren Längselemente der Raumform angepasst sind. Der nicht dargestellte Luftabzug kann in Bodennähe oder, vor allem bei Umluftsystemen, ebenfalls an der Decke erfolgen.

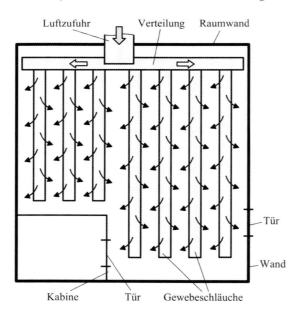

Abb. 5.107 Prinzip der Luftzufuhr und -verteilung in einem Betriebsraum durch Gewebeschläuche (Draufsicht).

In Lagerhallen und -räumen sowie in vielen Bereichen der Lebensmittelindustrie in Zone M wird keine spezielle Luftführung angewendet. Die aufbereitete Luft wird in solchen Fällen entweder an der Wand oder an der Decke an diskreten Stellen in die Räume eingeblasen und dient lediglich zur notwendigen Klimatisierung. In klassifizierten Räumen der Pharmaindustrie ist neben der Reinheit der Luft, die durch Filtern erreicht wird, auch der auf den Raum bezogene Luftwechsel und das gewählte Luftführungskonzept für das Erreichen einer Reinraumklasse entscheidend. Dabei muss die Partikelzahl in der Zuluft der Partikelzahlanforderung des Raums entsprechen. Grundsätzlich unterscheidet man zwei verschiedene Luftführungssysteme:

1. Bei der turbulenten Mischströmung wird die schwebstoffgefilterte Luft turbulent in den Reinraum eingeblasen (Abb. 5.108). Hierbei vermischt sich die reine Luft mit der Raumluft. Da die im Raum vorhandene Luft Partikel, Keime und eventuell Aerosoltröpfchen aufnimmt, wird die Reduktion der Partikel- und Keimkonzentration durch den Verdünnungseffekt erreicht. Die turbulente Mischströmung wird z. B. in der Pharmaindustrie für Reinräume der Klassen C und D verwendet, also bei sogenannten partikel- und keimarmen Produktionsbedingungen. In Abb. 5.109 ist das Prinzip einer Verdrängungsströmung dargestellt. Die an zwei Stellen eingeleitete Luft strömt turbulent im Wesentlichen in Richtung Abzug, der in diesem Fall am Boden angeordnet ist. Dabei vermischt sie sich entsprechend ihrem Turbulenzgrad mit der vorhandenen Raumluft. Vorhandene Apparate und Geräte werden dabei umströmt, sodass eventuell nicht gewünschte Strömungsrichtungen entstehen, die nicht vorhergesehene Kontaminationsrisiken bedeuten können.

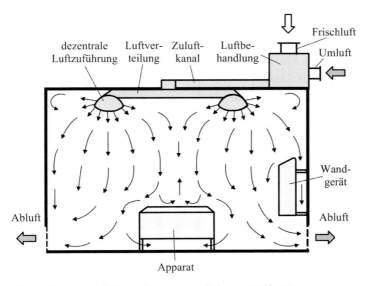

Abb. 5.108 Prinzipielle Darstellung einer turbulenten Mischströmung bei Lufteinleitung an zwei Stellen unter der Decke.

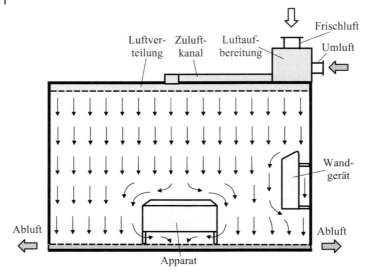

Abb. 5.109 Prinzip der turbulenzarmen (laminaren) Verdrängungsströmung.

2. Die zweite Form der Luftführung ist die laminare Verdrängungsströmung, die nach guter Gleichrichtung durch die Endstufen der Filterelemente als Parallelströmung in den Raum eintritt. Bei rein laminarer Strömung findet zwischen den einzelnen parallelen Schichten ein Quertransport nur durch Diffusion, nicht jedoch durch Strömungseffekte statt. Bei Anwendung dieses Prinzips soll möglichst die kontaminierte Raumluft durch reine schwebstoffgefilterte Luft wie bei einer Kolbenströmung verdrängt werden. Voraussetzung dafür ist, dass die Luft über die gesamte Deckenfläche des Raums gleichmäßig eintritt. Als Resultat der turbulenzarmen Verdrängungsströmung können die Reinraumklassen A und B erreicht werden. Die Luft eignet sich damit für sogenannte aseptische Produktionsbedingungen.

Allerdings muss man auch in diesem Fall berücksichtigen, dass Umströmungen an Hindernissen wie Apparaten und Geräten stattfinden, die zu Geschwindigkeitserhöhungen und Turbulenzen führen können, wie es am Beispiel der Abb. 5.109 verdeutlicht werden soll. Dadurch erfolgen an solchen Stellen Vermischungen mit vorhandener Raumluft, wodurch sich auch in diesem Fall Kontaminationsrisiken ergeben können.

Ein typisches Beispiel von Kontaminationsproblemen in hochreinen Räumen der Lebensmittelindustrie soll Abb. 5.110 dem Prinzip nach veranschaulichen. Bei der „aseptischen" Abfüllung sensibler Getränke oder von Milch erzeugen die mit hoher Geschwindigkeit umlaufenden Füllorgane sowie die schnell transportierten Flaschen eine starke Turbulenz. Die entstehenden Verwirbelungen können dabei Aerosole und Mikroorganismen aus Bereichen unterhalb der Abfüllzone wie z. B. vom Boden oder den Tragrahmen in den Abfüllbereich transportieren, wo die offen zugeführten Flaschen mit den offen der Umgebung ausgesetzten Füllorganen in

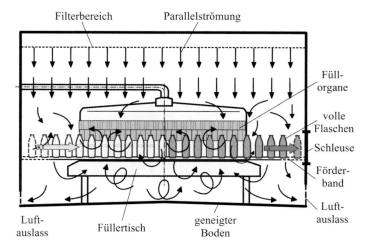

Abb. 5.110 Beispiel der Verwirbelung laminar eingeleiteter Luft durch schnelllaufende Prozesslinien wie Abfüllmaschinen.

Berührung kommen. Trotz hygienegerecht gestalteter Bauelemente, die unmittelbar produktberührt sind, und turbulenzarmer Verdrängungsströmung oberhalb der Fülllinie lassen sich bei den hohen Turbulenzen, die durch die Bewegung der Füllelemente und Flaschen entstehen, Kontaminationen nicht vermeiden. Dies ist vor allem dann der Fall, wenn Nässe und Feuchtigkeit aufgewirbelt werden, die von abtropfendem Produkt, von Reinigungsmitteln oder Spülwasser stammen und Mikroorganismen enthalten. Erheblich geringere Risiken entstehen, wenn es gelingt, den gesamten Raum im Betrieb trocken zu halten.

Wird die Luft nur über Teilbereiche eines Raums zugeführt, so treten auch bei der turbulenzarmen Verdrängungsströmung die Randbereiche des Luftstroms in Wechselwirkung mit der normalen Raumluft. Dadurch kommt es zu einer Vermischung von keimfreier und kontaminierter Luft. Abhilfe schaffen in diesem Fall Raum-in-Raum-Lösungen, wie sie in der Pharmaindustrie, aber auch in manchen Branchen der Lebensmittelindustrie üblich sind. Bei diesem Anlagenkonzept befindet sich der turbulenzarme Reinraum gemäß Abb. 5.111 innerhalb eines Reinraums mit turbulenter Mischströmung, sodass auch die induzierte Luft gefiltert und klassifiziert ist. Beide oben aufgeführten Prinzipien werden hier kombiniert angewandt. Der turbulenzarme Bereich könnte zusätzlich durch einen Streifenvorhang geschützt werden, wenn sich nicht dadurch weitere Kontaminationsprobleme ergeben. Ein Beispiel der praktischen Ausführung ist in Abb. 5.112 dargestellt, wo über einem sensiblen Produktionsbereich mit Mischbehältern eine Luftzuführung über eine Filtereinheit für turbulenzarme Verhältnisse sorgt.

Ein weiteres Reinraumkonzept, das in der Pharmaindustrie eingesetzt wird, in den letzten Jahren aber auch in der Lebensmittelindustrie Einzug gefunden hat, ist die Isolatortechnologie (siehe auch Abschnitt 4.2.3). Hierbei wird der kritische Produktionsbereich möglichst völlig gekapselt, wie es Abb. 5.113 zeigt. Um die

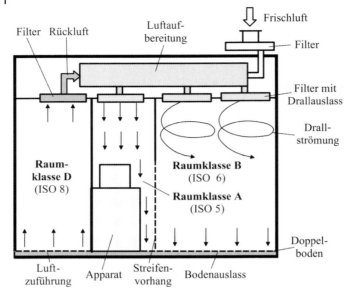

Abb. 5.111 Teilbereich mit laminarer Verdrängungsströmung in einem Raum mit turbulenter Mischströmung.

Einflüsse von außen auszuschließen, wird der Isolator mit schwebstoffgefilterter Luft im Überdruck zur Umgebung gehalten. Je nach Aufbau ist es möglich, dadurch die Reinraumklasse A zu erreichen. Vergleichbar mit der turbulenzarmen Verdrängungsströmung kann aber auch ein Isolator in Wechselwirkung mit seiner Umgebung treten, wenn der Bereich nicht völlig dicht gestaltet wird. Deshalb sollte für konstante und sichere Produktionsergebnisse auch ein Isolator in einer klassifizierten Umgebung angeordnet werden. Ein wesentlicher Unterschied zu Räumen mit turbulenzarmer Verdrängungsströmung besteht zusätzlich darin, dass er bei Produktion nicht von Personal betreten wird. Durch Eingreifen von außen z. B. über hermetisch abgedichtete Handschuhe wird das hohe Kontaminationspotenzial durch Personen ausgeschaltet.

Abb. 5.112 Beispiel einer laminaren Luftfiltereinheit innerhalb eines Betriebsraums.

5.3 Innenbereiche von Gebäuden | 631

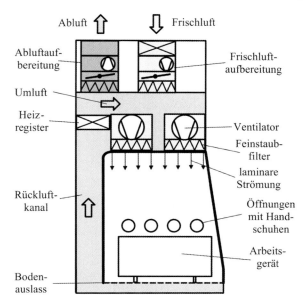

Abb. 5.113 Prinzipdarstellung der Luftversorgung für einen Isolator.

Ein praktisches Beispiel eines Isolatorausschnitts zeigt Abb. 5.114a. Notwendige Handhabungen an Prozesslinien und Geräten werden vom Bedienpersonal von außen mithilfe von Handschuhen durchgeführt. In den meisten Fällen befindet sich das Personal ebenfalls in einem den Isolator umgebenden Reinraum, sodass entsprechend Schutzkleidung notwendig ist. Die Prinzipskizze in Abb. 5.114b zeigt den Raum, der durch das Personal mit Handschuhen erreicht werden kann.

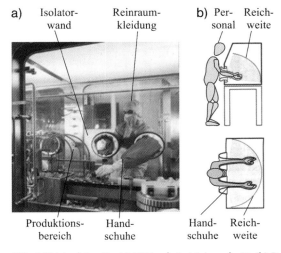

Abb. 5.114 Isolator (Fa. M+W Zander): (a) Ausschnitt, (b) Reichweite beim Arbeiten.

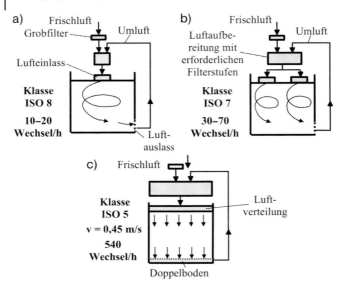

Abb. 5.115 Anforderungen an Luftwechsel in Abhängigkeit von Reinraumklassen: (a) Klasse ISO 8, (b) Klasse ISO 7, (c) Klasse ISO 5.

Wie bereits erwähnt, muss zum Erreichen einer bestimmten Rainraumklasse nicht nur die Reinheit der Luft in Bezug auf Partikelzahlen sichergestellt werden, sondern es ist auch eine bestimmte Anzahl von Lastwechseln einzuhalten. Dies ist dadurch begründet, dass stets eine Vermischung der zugeführten reinen Luft mit Raumluft erfolgt, die sich mit Schmutz beladen haben kann. Die Abb. 5.115 soll die maßgebenden Verhältnisse an drei Beispielen verdeutlichen. Bei einem Reinraum der ISO-Klasse 8 sollte bei turbulenter Mischströmung eine stündliche Luftwechselzahl von etwa 10–20 erreicht werden, während es bei Klasse 7 bereits 50–70 sein sollten (Abb. 5.115b), um die Vorgaben nach Tabelle 5.2 im gesamten Raum zu garantieren. Wie es Abb. 5.115c verdeutlichen soll, wird für die ISO-Klasse 5, die durch höchstens 100.000 Partikel der Größe 0,1 μm gekennzeichnet ist, bereits eine turbulenzarme Verdrängungsströmung erforderlich. Dabei sollte die Luftgeschwindigkeit in der Größenordnung von 0,45 m/s betragen, was bei einem Raum von etwa 3 m Höhe eine stündliche Lastwechselzahl von etwa 540 erfordert.

Während die Reinraumtechnik in der Pharmaindustrie den Stand der Produktion darstellt, sind in der Lebensmittelindustrie vielfältige Anwendungen denkbar bzw. notwendig. Neben der Wahl der richtigen Klasse entsprechend EN ISO 14 644 (s. Tabelle 5.2) und des geeigneten Luftführungskonzepts kommt es vor allem darauf an, die produktionsspezifischen Gegebenheiten zu berücksichtigen:

- In der Fleischindustrie muss darauf geachtet werden, dass die niedrigen Temperaturen beim Schneiden und Verpacken von Schnittware, aber auch die Reinigungsprozesse nach der Produktion die reinraumtechnischen Komponenten nicht beeinträchtigen.

- In der Getränkeindustrie kommt die Reinraumtechnik insbesondere bei der kaltaseptischen Abfüllung von stillem Wasser oder naturbelassenen Fruchtsäften zum Einsatz. Die hohe relative Luftfeuchte und Produktspritzer können hier Probleme verursachen und müssen von den Filtern ferngehalten werden.
- In der Milchindustrie findet man die Reinraumtechnik in Reiferäumen für Weichkäse wie Camembert oder Rotschmierkäse, aber auch bei der Abfüllung von Frischkäse sowie Milch oder Jogurt.
- Die Backwarenindustrie benötigt Reinraumtechnik, um die Produkte nach dem Backen, beispielsweise während des Transports zum Schneiden und Verpacken, vor einer Rekontamination mit Schimmelpilzsporen zu schützen.

Allen Branchen ist gemein, dass die eingesetzte Reinraumtechnik den Produktionsablauf nicht nennenswert behindern darf und den Reinigungsprozessen standhält. Die Reinraumtechnik ist sehr gut geeignet, eine Rekontamination von Produkt und Verpackungsmitteln durch luftgetragene Keime zu verhindern. Allerdings kann dadurch keine Entkeimung von Produkt und Verpackungsmitteln bewirkt werden. Die Sterilisation von Verpackungsmaterialien muss weiterhin mit geeigneten Sterilisationsmitteln und -verfahren durchgeführt werden.

Generell ist die Reinraumtechnik auch in der Lebensmittelindustrie in einigen Bereichen im Vormarsch. Dabei zeigt sich ein deutlichen Trend zu kleinen Reinräumen hin, bei denen gekapselte Lösungen in einem Isolator im Vordergrund stehen. Räume dieser Art lassen sich technisch einfacher hygienegerecht gestalten und unter hygienischen Gesichtspunkten leichter beherrschen als große. Deutlich erkennbar ist dabei, dass interdisziplinäre Anlagenkonzepte, bei denen Produktion-, Abfüll- oder Verpackungsprozess, Anlagenbau und Raumarchitektur eine Einheit bilden, nicht nur die Produktqualität verbessern, sondern auch dazu beitragen die Investitions- und Betriebskosten zu reduzieren.

5.3.3.2 Wasser

Wasser wird in verschiedenster Weise in Produktions-, Sozial- und Sanitärbereichen in unterschiedlicher Qualität gebraucht. Ausgangspunkt ist im Allgemeinen Trinkwasser aus der Trinkwasserversorgung. Von den eventuell notwendigen Aufbereitungsapparaten und Anlagen wird es über Rohrleitungen in die jeweiligen Räume transportiert, wo die Übergabe an Apparate, Prozesslinien und sonstige Einrichtungen erfolgt. Da es sich im Allgemeinen um geschlossene Systeme handelt, sind Kontaminationen von außen weitgehend ausgeschlossen, sodass das Wasser in seiner erzeugten Qualität zu seinem Bestimmungsort gelangt.

Eine problematischere Rolle spielt das Sammeln und die Entsorgung von gebrauchtem Wasser, Spülwasser usw. innerhalb von Räumen, das nicht in geschlossenen Prozessen, sondern in der offenen Umgebung von Räumen anfällt. In diesem Fall kann das Entsorgungssystem in Betriebsbereichen mit offener Produktion eine Kontaminationsgefahr darstellen und muss daher den Hygieneanforderungen entsprechend gestaltet werden.

Anforderungen an die Versorgung

Für jeden Betrieb mit Hygieneanforderungen ist Wasser eine grundlegende Voraussetzung, um ordnungsgemäß produzieren zu können. An erster Stelle steht dabei Trinkwasser, das den Mindestanforderungen der WHO [104] sowie der EU-Trinkwasserverordnung [105] entspricht, wo die Qualität von Wasser für den menschlichen Gebrauch definiert wird.

Für die Lebensmittelproduktion sind die Qualitätsanforderungen gemäß der folgenden kurzen Zusammenfassung im Einzelnen festgelegt: Entsprechend der Lebensmittelhygieneverordnung [46] muss Trinkwasser in ausreichender Menge zur Verfügung stehen, das erforderlichenfalls zu verwenden ist, um zu gewährleisten, dass Lebensmittel nicht kontaminiert werden.

Aufbereitetes Wasser, das zur Verarbeitung oder als Zutat verwendet wird, darf kein Kontaminationsrisiko darstellen. Es muss den Trinkwassernormen entsprechen, es sei denn, die zuständige Behörde hat festgestellt, dass die Wasserqualität die Genusstauglichkeit des Lebensmittels in seiner Fertigform in keiner Weise beeinträchtigen kann.

Unter *sauberem Wasser* versteht man natürliches, künstliches oder gereinigtes Wasser, das keine Mikroorganismen und schädlichen Stoffe aufweist, die die Gesundheitsqualität von Lebensmitteln direkt oder indirekt beeinträchtigen können. Sauberes Wasser kann zum äußeren Abwaschen von Lebensmitteln verwendet werden. Zur Entfernung von Oberflächenverunreinigungen von Erzeugnissen tierischen Ursprungs darf man nach [106] nur Trinkwasser oder sauberes Wasser einsetzen, wenn dessen Verwendung nach der Lebensmittelhygieneverordnung [46] oder der vorliegenden Verordnung erlaubt ist. Für das Abwaschen müssen ausreichende Versorgungseinrichtungen zur Verfügung stehen.

Für lebende Muscheln, Stachelhäuter, Manteltiere und Meeresschnecken kann *sauberes Meerwasser* verwendet werden, d. h. natürliches, künstliches oder gereinigtes Meer- oder Brackwasser, das keine Mikroorganismen, keine schädlichen Stoffe und kein toxisches Meeresplankton in Mengen aufweist, die die Gesundheitsqualität von Lebensmitteln direkt oder indirekt beeinträchtigen können.

Brauchwasser wird beispielsweise zur Brandbekämpfung, Dampferzeugung, Kühlung oder zu ähnlichen Zwecken verwendet. Es muss separat durch ordnungsgemäß gekennzeichnete Leitungen geleitet werden und darf weder eine Verbindung zur Trinkwasserleitung noch die Möglichkeit des Rückflusses in diese Leitung haben.

Eis, das mit Lebensmitteln in Berührung kommt oder Lebensmittel kontaminieren kann, muss aus Trinkwasser oder – bei der Kühlung von unzerteilten Fischereierzeugnissen – aus sauberem Wasser hergestellt werden. Es muss so hergestellt, behandelt und gelagert werden, dass eine Kontamination ausgeschlossen ist.

Dampf, der unmittelbar mit Lebensmitteln in Berührung kommt, darf keine potenziell gesundheitsgefährdenden oder kontaminationsfähigen Stoffe enthalten.

Offene Zapfstellen mit Auslaufarmaturen dienen in erster Linie zum Waschen von Rohprodukten wie z. B. von Gemüse oder zum Händewaschen des Betriebspersonals. Wenn erforderlich, müssen nach [46] geeignete Vorrichtungen zum Waschen von Lebensmitteln vorhanden sein. Jedes Waschbecken bzw. jede andere

Vorrichtung zum Waschen von Lebensmitteln muss über eine angemessene Zufuhr von warmem und/oder kaltem Trinkwasser verfügen und sauber gehalten sowie erforderlichenfalls desinfiziert werden.

Wesentlich komplexer sind die Anforderungen der Pharmaindustrie an die Versorgung mit Wasser, das in verschiedenen Stufen bis hin zu höchster Reinheit angewendet wird und als der wichtigste Ausgangsstoff bei der Arzneimittelherstellung eingestuft werden kann. Trinkwasser wird als solches von den verschiedenen Regelwerken der Pharmaindustrie nicht direkt definiert.

Speziell für die Wirkstoffherstellung sollte das verwendete Wasser für seinen vorgesehenen Einsatz nachweislich geeignet sein. Liegt keine anderweitige Begründung vor, sollte Prozesswasser mindestens den Leitlinien der WHO für Trinkwasserqualität [104] entsprechen. Falls Trinkwasser für eine Gewährleistung der Wirkstoffqualität nicht ausreicht und strengere chemische und/oder mikrobiologische Spezifikationen für die Wasserqualität notwendig sind, sind geeignete Spezifikationen für die physikalischen/chemischen Eigenschaften, die Gesamtkeimzahl, unzulässige Organismen und/oder Endotoxine festzulegen.

Wird das für den Prozess verwendete Wasser vom Hersteller zwecks Erreichen einer bestimmten Qualität aufbereitet, sollte der Aufbereitungsprozess validiert und unter Festlegung geeigneter Aktionsgrenzen überwacht werden. Beabsichtigt oder beansprucht der Hersteller eines nicht sterilen Wirkstoffs die Eignung dieses Wirkstoffs für eine Weiterverarbeitung zu sterilen Arzneimitteln, sollte das in den abschließenden Isolierungs- und Aufreinigungsschritten verwendete Wasser überwacht und auf seine Gesamtkeimzahl, unzulässige Organismen sowie Endotoxine kontrolliert werden.

Wasser wird im pharmazeutischen Bereich aber nicht nur bei der Produktion von Wirk- und Hilfsstoffen, sondern darüber hinaus auch zur Reinigung der Produktions- und Abfüllanlagen sowie auch der Abgabebehältnisse eingesetzt.

Nur in den seltensten Fällen kann Wasser jedoch in der Form als Trinkwasser direkt verwendet werden. Dies ist z. B. nur für die chemische Synthese oder in den frühen Stadien der Reinigung von pharmazeutischen Apparaten möglich, wenn keine speziellen Anforderungen für höhere Reinheit vorliegen. Allerdings ist Trinkwasser der einzig zugelassene Rohstoff zur Herstellung der Wasserarten für pharmazeutische Zwecke, die im Folgenden kurz charakterisiert sind (s. auch [107–110]) und deren Herstellungsstufen in Abb. 5.116 verdeutlicht werden sollen:

- *Purified water* (Aqua purificata, AP) wird aus Wasser für den menschlichen Gebrauch durch Destillation, Ionenaustausch oder durch andere geeignete Methoden hergestellt. Es kann für die Produktion von Arzneimitteln verwendet werden, wenn nicht die Benutzung von sterilem oder pyrogenfreiem Wasser vorgeschrieben ist. Für Dialyselösungen lässt es sich einsetzen, wenn es die einschlägigen Tests auf Endotoxine besteht. Welches Wasser im Einzelfall verwendet werden kann, richtet sich danach, ob das benötigte Wasser pyrogenfrei sein muss oder nicht. Größere Betriebe reinigen Behälter und Lagertanks z. B. mit CIP-Verfahren, bei denen sehr viel Wasser eingesetzt wird, um auch letzte

Reste von Reinigungschemikalien rückstandsfrei auszuspülen. Nach den geltenden Vorschriften muss für diesen Vorgang AP verwendet werden.

- *Wasser für Injektionszwecke* (water for injection, WFI) wird aus Wasser für den menschlichen Gebrauch oder aus AP durch Destillation hergestellt. Die dafür verwendeten Apparate müssen aus Glas, Quarz oder geeigneten Metallen bestehen und eine Vorrichtung enthalten, die das Mitreißen von Tröpfchen verhindert. WFI muss die Anforderungen an HPW sowie zusätzliche Vorgaben für bakterielle Endotoxine, Leitfähigkeit und organischen Gesamtkohlenstoff (Total organic carbon, TOC) erfüllen. Es wird für die Herstellung von parenteralen Verabreichungen, bei denen Wasser als Medium benutzt wird, sowie für die Lösung oder Verdünnung von parenteralen Arzneien vor Gebrauch verwendet.

- *Highly purified water* (HPW) wird z. B. durch Umkehrosmose verbunden mit anderen geeigneten Methoden wie Ultrafiltration und Deionisation aus Wasser für den menschlichen Gebrauch hergestellt. Es erfüllt dieselben Qualitätskriterien wie Wasser für Injektionen, wobei die Herstellungsmethoden als weniger sicher eingestuft werden, sodass es als WFI nicht verwendet werden darf.

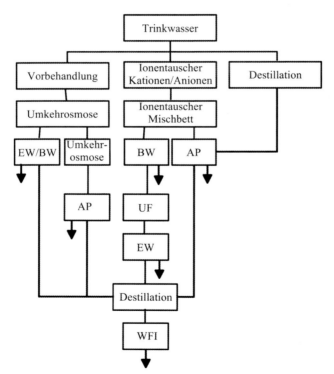

Abb. 5.116 Prinzip der Herstellung verschiedener Stufen von Pharmawasser:
BW = behandeltes Wasser, EW = entkontaminiertes Wasser,
WP = Aqua purificata, WFI = Wasser für Injektionszwecke.

In den meisten Fällen erfolgt die Wasserversorgung ausgehend von den jeweiligen Aufbereitungsanlagen zu den einzelnen Betriebsbereichen durch geschlossene Rohrleitungen, die direkt zu den jeweiligen Entnahmestellen oder Apparaten führen. Dort werden sie ebenfalls in geschlossener Weise an die Apparate, Prozesslinien, Reinigungsanlagen und sonstigen Einrichtungen angeschlossen. Probleme der hygienegerechten Gestaltung sind damit im Wesentlichen dem Rohrleitungs- und Komponentenbau zuzuordnen (siehe Kapitel 4) und sollen deshalb hier nicht besprochen werden. Gleiches gilt für die Aufbereitungssysteme selbst.

Für die Pharmaindustrie wird in [79] speziell vorgeschrieben, dass Leitungen für destilliertes und demineralisiertes Wasser und, wo angezeigt, andere Wasserleitungen nach schriftlich festgelegten Verfahren desinfiziert werden sollten, die genaue Angaben über die akzeptable mikrobiologische Verunreinigung und die bei Überschreitung der Grenzwerte zu treffenden Maßnahmen enthalten.

Wasserentsorgung

Für den Lebensmittelbereich schreibt die Lebensmittelhygieneverordnung [46] vor, dass Abwasserableitungssysteme zweckdienlich sein müssen. Sie sind so zu konzipieren und zu bauen, dass jedes Kontaminationsrisiko vermieden wird. Offene oder teilweise offene Abflussrinnen müssen so konzipiert sein, dass die Abwässer nicht aus einem kontaminierten zu einem oder in einen reinen Bereich, insbesondere einen Bereich fließen können, in dem mit Lebensmitteln umgegangen wird, die ein erhöhtes Risiko für die Gesundheit des Endverbrauchers darstellen könnten.

Für die Pharmaindustrie sind nach der GMP-Leitlinie [79] Spülbecken und Abwasserrinnen bei der aseptischen Herstellung in Reinraumbereichen der Klassen A und B verboten. In anderen Bereichen müssen Unterbrechungen oder sogenannte Rohrtrenner mit einem Luftzwischenraum zwischen Maschine oder Spülbecken und den Einrichtungen zur Abwasserentsorgung montiert werden, wie es in Abb. 5.117 dem Prinzip nach dargestellt ist. Damit soll verhindert werden, dass ein Rückfluss von Abwasser erfolgen kann. Eine Trennung lässt sich

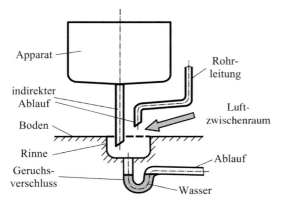

Abb. 5.117 Prinzip der Rohrtrennung mit Luftzwischenraum zwischen Maschine oder Spülbecken und Abwasserentsorgung.

zum einen dadurch erreichen, dass die Auslaufrohre ausreichend weit über dem Boden enden. Die auslaufende Flüssigkeit steht dann mit der Umgebungsluft in Kontakt und kann z. B. Aerosole bilden, die eine Kontaminationsgefahr in Zusammenhang mit Luftströmungen bedeutet. Zum anderen kann das Rohrende durch den Ablaufdeckel hindurchgeführt werden, sodass kein Kontakt mit der Umgebung besteht. In diesem Fall muss sichergestellt werden, dass der Bodeneinlauf weit und tief genug ist. Das offene Ende des Ablaufrohrs darf an keiner Stelle die Wand des Bodeneinlaufs berühren, um Kontamination des Rohres zu vermeiden.

In Abb. 5.118a zeigt ein Beispiel des freien Auslaufs von Reinigungsflüssigkeit in einen Ablauf, der zu klein gewählt ist. Dadurch wird unnötigerweise der gesamte Randbereich des Bodeneinlaufs sowie ein Teil der umgebenden Bodenfliesen mit Flüssigkeit bedeckt. Offene Bodenabläufe sollten deshalb ausreichend groß gewählt werden. Außerdem müssen sie einwandfrei verlegt werden, wie es Abb. 5.118b veranschaulichen soll, und die tiefste Stelle bilden, zu der die Flüssigkeiten ohne Hindernis ablaufen können.

Wichtig für die Hygiene von Räumen ist vor allem die Gestaltung und Anordnung der Einrichtungen zum offenen Ableiten, wenn bei der Produktion Wasser oder andere Flüssigkeiten auf den Boden gelangen, die Räume nass gereinigt und mit Wasser gespült werden oder in Bereichen, in denen Apparate oder Prozesslinien mit Methoden der Sprühreinigung gereinigt werden. Dabei ist es zwingend notwendig, die Bodeneinläufe zu reinigen und eventuell zu desinfizieren. Aus diesem Grund steht im Gegensatz zu üblichen Ausführungen die leicht reinigbare Gestaltung im Vordergrund. Vor allem sind alle inneren Ecken und Kanten auszurunden und nicht demontierbare Teile mit obenliegenden horizontalen Flächen mit der notwendigen Neigung zu versehen, die ein selbsttätiges Ablaufen von Wasser ermöglicht. Weiterhin muss eine ausreichende Anzahl an Abläufen vorgesehen werden, die so anzuordnen sind, dass eine Kontamination der Umgebung, vor allem aber von Produktionslinien, minimiert wird und die Verkehrswege

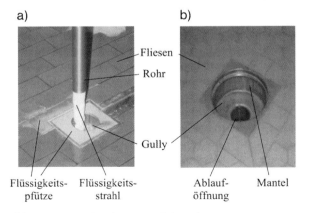

Abb. 5.118 (a) Praktisches Beispiel der Rohrtrennung, (b) Edelstahlablauf in Fliesenboden (Fa. Hixson).

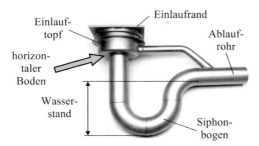

Abb. 5.119 Einlauftopf aus Edelstahl mit Geruchsverschluss.

möglichst trocken bleiben. Die Konstruktion muss den entstehenden Belastungen standhalten. Mechanische Belastungen werden durch ruhende Lasten und durch dynamische Beanspruchungen z. B. durch Fahrzeuge hervorgerufen. Außerdem müssen die Abläufe mit einem Geruchsverschluss ausgeführt werden, der durch eine permanente Wassersäule erzeugt wird, die eine Trennung zwischen der Kanalisation und den Betriebsräumen bewirkt und damit Gerüche aus Abwässern fernhält. Wenn Wasserrückfluss gegen die Ablaufrichtung möglich ist, sollte zusätzlich eine Rückstauklappe vorgesehen werden.

Offene Abläufe und Rinnen müssen tritt- und kippsicher sowie bodengleich ausgeführt werden. Behindertes Ablaufen und Stolperstellen können z. B. durch verbogene Abdeckungen entstehen, wenn ein Gabelstapler häufig darüber fährt, die gewählte Rinne und Abdeckungsvariante aber nicht der erforderlichen Belastungsklasse entspricht.

Die Abb. 5.119 zeigt ein Beispiel eines Bodeneinlaufs in Edelstahlausführung. Er besteht aus dem rechteckigen Einlaufflansch, der bündig zum Boden eingebaut werden sollte. An diesen ist der zylindrische Einlauftopf angeschweißt, in dessen Boden sich das zentrische Auslaufrohr befindet. Der Geruchsverschluss wird in üblicher Weise durch das gebogene Rohr verwirklicht, in dem das stehende Wasser Gerüche aus dem Ablaufsystem abhält. In den Ablauftopf können eine herausnehmbare Schutzglocke sowie ein Schmutzfang über dem Rohreinlauf eingesetzt werden. Aufgrund des einfachen zylindrischen Aufbaus lässt sich das System leicht im Durchfluss reinigen und im zugänglichen Bereich auch sterilisieren. Als Problemstelle könnte sich der horizontale Boden des Einlauftopfes erweisen, der zum selbsttätigen Ablaufen geneigt ausgeführt werden sollte. Da er gut zugänglich ist, lässt sich aber auch dieser Bereich reinigen.

In Abb. 5.120a ist ein anderes Prinzip eines reinigbaren Bodeneinlaufs aus Edelstahl mit Geruchsverschluss dargestellt. Der runde Einlaufrand kann durch einen Deckel abgedeckt werden, der z. B. mit einem Gitter versehen oder geschlossen mit Randspalt ausgeführt werden kann. Am Übergang zum zylindrischen Mantel liegt der herausnehmbare Schmutzfangkorb auf, der am Umfang mit Löchern versehen ist. Ein abschraubbarer Deckel über dem Ablaufrohr und dem linken Teil des Geruchsverschlusses ermöglicht die Reinigung dieser Bereiche. Bei dieser Konstruktion kann sich der Geruchsverschluss allerdings nicht selbsttätig entleeren.

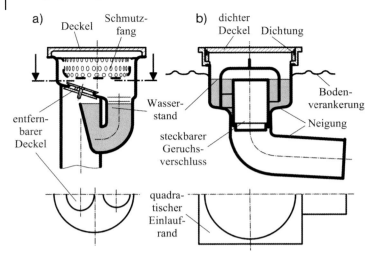

Abb. 5.120 Prinzip von reinigbaren Bodeneinläufen aus Edelstahl mit Geruchsverschluss:
(a) Ausführung mit zur Reinigung entfernbarem Deckel,
(b) Konstruktion mit abnehmbarer Glocke und Steckrohr.

Die Ausführung nach Abb. 5.120b kann mit einem Deckel vollständig dicht und plan zum Boden verschlossen werden, der in dem quadratischen Einlaufelement zentriert ist. In diesem Zustand besteht keine Öffnung zum Raum hin. Der zylindrische Einlauftopf ist zum Boden hin und am Übergang zum Ablaufrohr ausgerundet. Der Geruchsverschluss lässt sich durch ein Steckrohr realisieren, das im Abflussrohr abgedichtet ist und zur Reinigung entfernt wird. Über dem oberen Ende des Steckrohrs ist als Schutz und zum Absetzen von Schmutz eine herausnehmbare Glocke angeordnet. Das Abflussrohr kann mit Bogen und horizontalem Anschluss wie in der Abb. 5.120b gezeigt oder mit vertikalem Auslauf eingesetzt werden. Aufgrund der reinigbaren Gestaltung sowie der dichten Abdeckung lässt sich ein Bodeneinlauf dieser Art bei höheren Hygieneanforderungen sowie für bestimmte Reinräume verwenden.

Da die Rohrleitungen der Abläufe häufig durch Decken und Wände geführt werden müssen, ist es auch dabei notwendig, wichtige Gesichtspunkte der hygienegerechten Gestaltung zu berücksichtigen. Abwasserrohre sollten möglichst nicht in oder durch Produktionsräume, sondern in Technikbereichen wie Gängen oder Zwischendecken verlegt werden. Auf keinen Fall dürfen sie durch Reinräume der höchsten Reinheitsklassen führen. Vor allem bei Massivdecken dürfen vertikale Rohre nicht direkt eingemauert werden, wie es als Negativbeispiel in Abb. 5.121a dargestellt ist, da sich dabei Spalte nicht vermeiden lassen, durch die Flüssigkeit hindurchtreten kann. Außerdem tritt an solchen Stellen Schimmelbildung auf. Bei hygienegerechten Lösungen sollte die Rohrleitung zunächst durch ein Schutzrohr mit ausreichendem Durchmesser vor Verspannungen gesichert werden. In vielen Bereichen ist dies gesetzlich vorgeschrieben und dient gleichzeitig zur

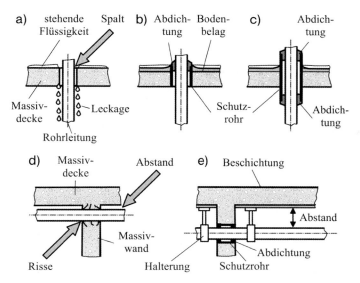

Abb. 5.121 Beispiele von Rohrdurchführungen:
(a) Problembereich ohne Abdichtung in der Decke,
(b, c) hygienegerecht gestaltete Durchführungen,
(d) schlecht ausgeführte Wanddurchführung,
(e) korrekte Ausführung.

Abtrennung von Räumen z. B. aus Gründen des Feuer- oder Explosionsschutzes. In diesen Fällen sind die gesetzlichen Sicherheitsanforderungen vordringlich zu erfüllen. Entsprechend Abb. 5.121b muss die Rohrleitung zumindest am oberen Ende hygienegerecht abgedichtet werden. Der Bodenbelag sollte um das Schutzrohr herum entsprechend abgerundet werden, wie es bereits in Abb. 5.74b gezeigt wurde. Günstiger ist es, das Schutzrohr gemäß Abb. 5.121c lang genug auszuführen und an beiden Enden abzudichten.

Bei Wanddurchführungen dürfen Rohre ebenfalls nicht eingemauert werden (Abb. 5.121d), da sie sich verspannen können. In entstehenden Rissen im Wandmaterial können sich Mikroorganismen einnisten, was in Produktbereichen zu Kontaminationsgefahren führt. Außerdem sollten die Leitungen weit genug von der Decke entfernt verlegt werden, um Kontrollen und Montagen zu erleichtern. Das Prinzipbild nach Abb. 5.121e zeigt den Schutz der Leitung durch ein Schutzrohr. Außerdem sollte sie beidseitig unmittelbar neben dem Schutzrohr gelagert werden, um Durchbiegungen zu vermeiden, die zu Beschädigungen führen können. Ein ausreichender Abstand zur Decke ist Voraussetzung für Reinigung und Kontrolle von Decke und Rohrleitung.

Offene Abflussrinnen sollten in Produktionsräumen möglichst vermieden werden. Wenn jedoch Flüssigkeiten großflächig auf den Boden gelangen und abgeführt werden müssen, ist dies nicht möglich. Ein Beispiel zeigt Abb. 5.122 für einen offenen Bereich, in dem Transportbänder während des Betriebs geschmiert und eventuell kontinuierlich gereinigt werden müssen. Sowohl Pro-

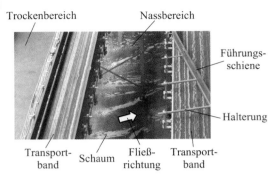

Abb. 5.122 Nassbereich mit Transportbändern (offener Prozess).

dukte als auch das abtropfende schäumende Schmiermittel müssen durch die Neigung zu Sammelrinnen hin abgeleitet werden, in denen die Flüssigkeiten zu den Bodenabläufen fließen. Günstig ist es, wenn sich der Nassbereich durch Abtrennmaßnahmen abgrenzen lässt und z. B. der Bedienbereich trocken gehalten werden kann. Bei kleineren Anlagen können die ablaufenden Flüssigkeiten z. B. in Wannen unter den Maschinen aufgefangen und dann in geschlossenen Rohrleitungen abgeführt werden.

Wenn Abflussrinnen erforderlich sind, sollten sie in Produktbereichen aus Edelstahl bestehen, hygienegerecht gestaltet und nicht zu tief ausgeführt werden, damit sie für Reinigung und Desinfektion gut zugänglich sind. Die Abb. 5.123a zeigt eine Prinzipdarstellung einer engen Rinne, die aufgrund der geringen Breite wenig Raum in der Bodenfläche einnimmt und meist hoch belastbar ausgeführt werden kann. Sie ist jedoch im Ablaufbereich nicht zugänglich. Deshalb sollte sie in Hygienebereichen nicht eingesetzt werden, da eine einwandfreie Reinigung zumindest nicht kontrollierbar ist. Außerdem ist es wichtig, den Randbereich entlang der Rinne besonders stabil auszuführen. Deshalb sollten jeweils nur ganze Fliesen den Anschluss an die Rinne bilden, um zu vermeiden, dass zu kleine Teilfliesen, wie in der Abbildung gezeigt, zu hoch belastet werden und durch Schräglage sowie Risse in den Fugen Problembereiche entstehen lassen.

Ein Beispiel einer weiten Entwässerungsrinne ist in Abb. 5.123b dargestellt. Das flache und offen ausgeführte Rinnenprofil ist für Reinigung und Desinfektion gut zugänglich. Es sollte am Boden gut ausgerundet werden, um innere Kanten zu vermeiden. Die Seiten sind mit zwei verschweißten Rechteckprofilen verstärkt, um im belasteten Bereich die Tragfähigkeit zu erhöhen. Zusätzlich ist die Konstruktion mit seitlichen Verankerungen sowie einer Höhenverstellung ausgestattet. Für die Abdeckung stehen verschiedene Möglichkeiten zur Verfügung. Wenn Gitter gewählt werden, sollten die Öffnungen weit genug sein, um sich leicht reinigen zu lassen. Nach einer Empfehlung in [111] sollten Bodenrinnen und Abläufe mit 3° geneigt werden, was auch den Vorgaben der EHEDG in [112] für Neigung von Rohrleitungen oder anderen Bauelementen entspricht.

Die Anordnungen von offenen Rinnen mit Abläufen direkt in Nähe der Prozesslinien wird meist gewählt, wenn ständig Flüssigkeiten während des Prozesses

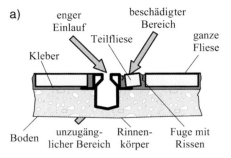

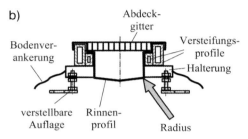

Abb. 5.123 Prinzipskizzen von Abflussrinnen:
(a) enge Ausführung, (b) weite, gut reinigbare Gestaltung.

z. B. durch Waschvorgänge sowie bei der Reinigung anfallen und nach unten frei abtropfen oder ablaufen können. In solchen Fällen sollten Rinnen und Abläufe so angeordnet werden, dass der nasse Bereich so klein wie möglich gehalten werden kann, um Kontaminationsgefahren zu minimieren. Wenn es die Prozessanlage ermöglicht, sollte das Bedienpersonal die nassen Stellen nicht betreten. Das den Boden erreichende Wasser sollte durch eine ausreichende Bodenneigung, für die ebenfalls 3° oder mehr zu empfehlen ist, möglichst rasch ablaufen können. Außerdem müssen die Rinnen und Abläufe gut zugänglich sein, um sie leicht reinigen und eventuell desinfizieren zu können.

In Abb. 5.124 sind Beispiele von Rinnenanordnungen dargestellt, die jeweils im Innenbereich der Räume in Nähe der Prozesslinien verlaufen. In Abb. 5.124a ist die Mündung einer kleineren Nebenrinne in eine Hauptrinne dargestellt. Beide Rinnen sind durch abnehmbare stabile Roste mit querliegenden Öffnungen abgedeckt. Wie gefordert sind angrenzend an beide Rinnen jeweils ganze Rechteckfliesen verlegt und mit den Rinnen verfugt. Dadurch ist der Randbereich ausreichend belastbar. Auch bei der Rinne in Abb. 5.124b besteht die Nutzschicht des Bodens aus Sechskantfliesen. Um halbe Fliesen entlang der Ränder der Rinne zu vermeiden, wurden dort Rechteckfliesen verwendet. Die Rinne selbst ist mit kurzen stabilen Rosten abgedeckt, die in Längsrichtung geschlitzt sind. Die abgewinkelte Rinne in Abb. 5.124c ist in einem Boden mit Kunststoffoberfläche verlegt. Hierbei ist die Verankerung in der Massivschicht entscheidend, um ausreichende Stabilität zu erreichen. Außerdem muss der Belag zum Rinnenrand dicht verfugt werden.

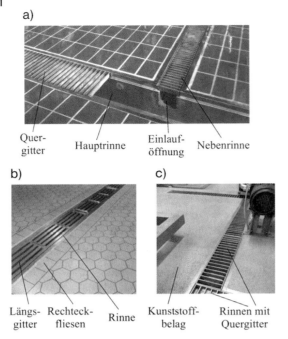

Quer-gitter   Hauptrinne   Einlauf-öffnung   Nebenrinne

Längs-gitter   Rechteck-fliesen   Rinne   Kunststoff-belag   Rinnen mit Quergitter

Abb. 5.124 Praktische Rinnenausführungen mit Gitterabdeckung: (a) breite Form, (b) in Fliesenboden, (c) in Kunststoffbelag.

Eine andere Möglichkeit besteht entsprechend der Prinzipdarstellung nach Abb. 5.125 darin, die Sammelrinnen entlang der Wände des Produktionsraums zu verlegen, um möglichst weit von offen herzustellenden Produkten entfernt zu sein und dadurch die Kontaminationsgefahr gering zu halten. Allerdings lässt sich auf diese Weise ein größerer nasser Bodenbereich nicht vermeiden.

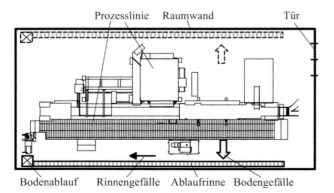

Prozesslinie   Raumwand   Tür

Bodenablauf   Rinnengefälle   Ablaufrinne   Bodengefälle

Abb. 5.125 Prinzipielle Möglichkeit der Rinnenanordnung in einem Produktionsraum (Draufsicht).

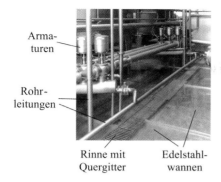

Abb. 5.126 Abflussrinne mit Auffangwannen aus Edelstahl.

Hinzu kommt, dass sich das Bedienpersonal in solchen Fällen oft in der nassen Umgebung aufhalten muss und dadurch Flüssigkeit in trockene Bereiche verschleppt werden kann. Günstig ist es, wenn ein Gefälle zu einer Seite hin ausreicht, den Bodenbereich unter den Maschinen zu entwässern und der Rest nicht direkt benetzt wird. Wenn es Ausdehnung und Konstruktion der Prozesslinien erfordern, müssen jedoch Rinnen an beiden Raumseiten angeordnet werden. Aus Gründen der Bedienbarkeit und Wartung sollten Apparate und Maschinen von Produktionslinien möglichst 1,5 m, mindestens aber 1 m Abstand zu den Raumwänden haben.

Bei der in Abb. 5.126 gezeigten Möglichkeit zum Ableiten von Wasser werden Edelstahlwannen verwendet, die unter den Apparaten und Komponenten verlaufen und unmittelbar in eine Rinne einmünden. Dadurch wird der Nassbereich, der durch Querbleche auch noch geteilt werden kann, auf das unbedingt notwendige Maß begrenzt, während der restliche Raum trocken bleibt. Auch ein empfindlicher Boden kann dadurch geschützt werden. Allerdings muss die Maßnahme bezüglich der Abdichtung der Wannen zum Boden hin als kritisch betrachtet werden. Wenn solche Wannen unmittelbar auf einen bereits bestehenden Boden gestellt werden, sind Spalte zwischen Boden und Wanne unvermeidbar, in denen bei Feuchtigkeit Mikroorganismen wachsen, die nicht beherrscht werden können. Eine zuverlässige Abdichtung um die Wannen herum lässt sich nur erreichen, wenn ein Vergießen z. B. mit Kunstharz mit einem gleichartigen Nutzbelag des Bodens möglich ist. Auch bei einem Edelstahlboden ist eine Lösung möglich, indem die Wannen mit einer durchgehenden Dichtnaht mit dem Boden verschweißt werden.

5.3.3.3 Beleuchtung

Die richtige Beleuchtung ist bei der Arbeitsplatzgestaltung ein wichtiger Aspekt, da Licht als Vermittler von Eindrücken dient und der Mensch bis zu 90 % aller Informationen über das Auge aufnimmt. Eine richtig ausgelegte und angebrachte Beleuchtung unterstützt das Arbeitspersonal bei seiner Tätigkeit, trägt zu seinem Wohlbefinden bei und mindert Unfallgefahren. Lichtmangel wirkt einschläfernd, führt zu Augenbrennen, Kopfschmerzen und Unwohlsein.

In den gesetzlichen Regelungen im Zusammenhang mit Hygiene wird auf die Beleuchtung von Betriebsräumen nur sehr allgemein eingegangen. Für die Lebensmittelindustrie legt die Verordnung über Lebensmittelhygiene [5] z. B. nur fest, dass Betriebsstätten, in denen mit Lebensmitteln umgegangen wird, über eine angemessene natürliche und/oder künstliche Beleuchtung verfügen müssen. Ähnlich kurz wird im Leitfaden der Guten Herstellungspraxis [90] für die Pharmaindustrie ausgesagt, dass in allen Bereichen für angemessene Beleuchtung gesorgt werden sollte, um Reinigung, Wartung und ordnungsgemäße Betriebsaktivitäten zu erleichtern. Beleuchtung, Temperatur, Luftfeuchtigkeit und Belüftung sollten geeignet und so beschaffen sein, dass sie weder direkt noch indirekt die Arzneimittel während der Herstellung und Lagerung oder das einwandfreie Funktionieren der Ausrüstung nachteilig beeinflussen. Beleuchtungskörper sollten so konstruiert und angebracht sein, dass keine schwer zu reinigenden Stellen entstehen. Für Wartungszwecke sollten sie möglichst von außerhalb der Produktionsbereiche zugänglich sein.

Die Aussagen im Arbeitsstättenrecht [98] sind ähnlich knapp ausgeführt. Danach müssen Arbeitsstätten möglichst ausreichend Tageslicht erhalten und mit Einrichtungen für eine der Sicherheit und dem Gesundheitsschutz der Beschäftigten angemessenen künstlichen Beleuchtung ausgestattet sein. Die Beleuchtungsanlagen sind so auszuwählen und anzuordnen, dass sich dadurch keine Unfall- oder Gesundheitsgefahren ergeben können. Arbeitsstätten, in denen die Beschäftigten bei Ausfall der Allgemeinbeleuchtung Unfallgefahren ausgesetzt sind, müssen eine ausreichende Sicherheitsbeleuchtung haben.

Die ausführlichsten Angaben über Anforderungen an Beleuchtungen sind in den Berufsgenossenschaftlichen Regeln [113] zu finden. Dabei fehlen jedoch Ausführungen zur hygienegerechten Gestaltung, die im Zusammenhang mit Produktionsräumen eine nicht zu vernachlässigende Rolle spielt. Von einer guten Beleuchtung spricht man, wenn sie gewissen Qualitätsansprüchen der sogenannten lichttechnischen Gütemerkmale entspricht. Dazu gehören z. B.

- ein ausreichendes Beleuchtungsniveau,
- ausreichende Tageslichtanteile,
- gute Leuchtdichteverteilung,
- Begrenzung der Blendung und Vermeidung störender Reflexionen,
- abgestimmte Lichtrichtung, Schattigkeit und Körperwiedergabe,
- angenehme Lichtfarbe und Farbwiedergabe,
- Flimmerfreiheit und
- eine angenehme Lichtatmosphäre im Raum.

Nur wenn die Gütemerkmale und weitere Aspekte bereits bei der Planung berücksichtigt und später auch im Betrieb entsprechend eingehalten werden, kann die Beleuchtung optimal wirken.

Bei der Verwirklichung einer guten Beleuchtung ist ein geeignetes Beleuchtungskonzept notwendig, das für eine ausreichende Beleuchtungsstärke in allen Betriebsbereichen sorgt. Erreicht wird dies durch eine zweckmäßige Anordnung von Fenstern sowie von Beleuchtungskörpern im Raum. Um störende Blendungen sowie Schatten im Arbeitsbereich und auf Verkehrswegen zu vermeiden, muss dabei die Lichtrichtung für die einzelnen Mitarbeiter richtig gewählt werden. Für Fenster sollten farbneutrale Verglasungen und für Lampen geeignete Lichtfarben mit einer guten Farbwiedergabe verwendet werden. Hinzu kommt die regelmäßige Wartung und Reinigung der Beleuchtungsanlage, wie z. B. der Fenster, Lampen und Leuchten, da die Lichtstärke durch Alterung und Verschmutzung abnimmt.

Wo immer möglich, sollten Arbeitsplätze mit Tageslicht beleuchtet werden, da es Qualitätsmerkmale aufweist, die durch künstliche Beleuchtung nicht erreichbar sind.

Nach den Berufsgenossenschaftlichen Regeln [113] unterscheidet man zwischen grundlegenden Konzepten:

- Bei *raumbezogener* Beleuchtung wird ein gesamter Raum oder eine Raumzone als ein Arbeitsbereich betrachtet. Der Raum soll dabei möglichst gleichmäßig ausgeleuchtet werden. Ein Randstreifen von 0,50 m Breite kann unberücksichtigt bleiben, sofern dort keine Arbeitsplätze angeordnet sind.
- Unter *arbeitsbereichsbezogener* Beleuchtung versteht man die gesonderte Beleuchtung von Arbeitsbereichen, Umgebungsbereichen sowie gegebenenfalls von sonstigen Bereichen. Auch hier kann für den Umgebungsbereich ein Randstreifen von 0,50 m Breite entlang der Raumbegrenzungsflächen unberücksichtigt bleiben.
- Bei der *teilflächenbezogenen* Beleuchtung werden Teile im Arbeitsbereich besonders beleuchtet, auf denen bestimmte Tätigkeiten mit höheren Sehanforderungen wie z. B. Lesen, Schreiben, Kontrollieren und Betrachten von Fertigungsprozessen verrichtet werden müssen.

Für das Beleuchtungskonzept eines Raumes müssen Anforderung, Größe und Position der einzelnen Bereiche festgelegt und die Beleuchtung technisch verwirklicht werden. Dabei ist es wichtig, dass der Helligkeitsunterschied zwischen verschiedenen Bereichen nicht zu hoch ist, da sich ansonsten das Auge ständig anpassen müsste.

Aus technischer Sicht ist bei der Auswahl von Raum- und Arbeitsplatzleuchten darauf zu achten, dass sie den sicherheitstechnischen, ergonomischen und lichttechnischen Erfordernissen genügen. Die Beleuchtungsstärke geht im Verlaufe des Betriebes einer Beleuchtungsanlage aufgrund der Alterung bzw. Verschmutzung von Lampen, Leuchten und des Raumes zurück. Daher muss bei der Planung der Beleuchtungsanlage von einem höheren mittleren Beleuchtungsstärkewert, dem sogenannten Planungswert, ausgegangen werden.

Hygienische Gesichtspunkte umfassen zum einen die hygienegerechte Gestaltung der Beleuchtungskörper und zum anderen die leichte Zugänglichkeit, um Reinigung und Wartung einfach durchführen zu können.

In Abb. 5.127 ist ein Prinzipbeispiel für abgestufte Anforderungen an eine künstliche Beleuchtung dargestellt. Die Draufsicht auf einen Produktionsraum zeigt die Prozessanlage sowie die einzelnen zu beleuchtenden Raumflächen. Zunächst wird eine Grundbeleuchtung benötigt, die den gesamten Raum erfasst und

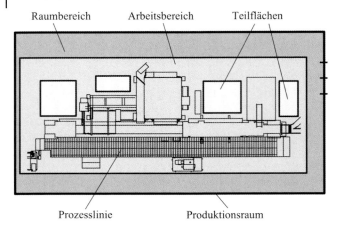

Abb. 5.127 Beispiel von Beleuchtungszonen in einem Produktionsraum (Draufsicht).

am günstigsten von der Raumdecke aus erfolgt. Der Bereich der Produktionslinie sollte als allgemeiner Arbeitsbereich stärker beleuchtet werden, da dort sporadisch Eingriffe durch das Bedienungspersonal erfolgen sowie regelmäßig Reinigungs- und Wartungsarbeiten durchgeführt werden müssen. Dieser Bereich könnte z. B. durch hängende Beleuchtungskörper erfasst werden, die an der Decke befestigt werden. Spezielle Teilbereiche, die für die Bedienung und Kontrolle sehr gute Sichtverhältnisse erfordern, können am Ort oder von den Apparaten aus durch einzelne Lampen zusätzlich beleuchtet werden.

Insgesamt muss die Beleuchtungsstärke der Arbeitsaufgabe, dem zu kontrollierenden oder zu bedienenden Gerät oder dem zu fertigenden Produkt sowie der Raumart angepasst werden. Je kleiner die Details und je niedriger der Kontrast bei der zu erfüllenden Aufgabe sind, desto höher muss die Beleuchtungsstärke gewählt werden. Sie sollte im gesamten Tätigkeitsbereich möglichst gleichmäßig und die nähere Umgebung nie heller als das eigentliche Arbeitsfeld sein.

In Tabelle 5.8 sind Beleuchtungsstärken für Arbeitsbereiche und Umgebungsbereiche in Innenräumen nach den Berufsgenossenschaftlichen Regeln [113] zusammengestellt.

Allgemeine Angaben umfassender Art sind in Normen [114, 115] zu finden, wie z. B. dass für spezielle Kontroll- und Messplätze 750 Lux und für Toiletten- und Waschräume 100 Lux empfohlen werden.

Da die Beleuchtungseinrichtung bei offenen Prozessen je nach Anordnung zum Spritzbereich (DIN EN 1672-2, [116]) oder zum produktberührten Bereich gehören kann, ist es zwingend erforderlich, für die Gestaltung Kriterien von Hygienic Design anzuwenden. Die wesentlichen Problemzonen können dabei neben Material und Oberflächenbeschaffenheit obenliegende horizontale Flächen, innere Kanten und Winkel, Vor und Rücksprünge sowie unzugängliche Bereiche umfassen. Beispiele für nicht hygienegerecht gestaltete Beleuchtungskörper sind in Abb. 5.128 als Prinzipskizzen dargestellt. Zunächst zeigen die Abb. 5.128a und b Beleuchtungskörper für Decken- bzw. Wandbefestigung mit horizontalen Flächen,

Tabelle 5.8 Beleuchtungsstärken für Arbeitsbereiche und Umgebungsbereiche in Innenräumen nach BG 131-1 [113].

Arbeitsbereiche	Wartungswert der horizontalen Beleuchtungsstärke	
	Arbeitsbereich	Umgebungsbereich
Arbeitsbereiche, in denen sich Beschäftigte bei der von ihnen auszuübenden Tätigkeit regelmäßig über einen längeren Zeitraum oder im Verlauf der täglichen Arbeitszeit nicht nur kurzfristig aufhalten	300 Lux[1]	200 Lux
Arbeitsbereiche, in denen aus sehphysiologischen oder produktionsbezogenen Erfordernissen[2] Werte ab 500 Lux erforderlich sind, z. B. Büroarbeitsplätze, Laboratorien, Arbeitsplätze im Gesundheitswesen oder alle Arbeitsbereiche mit besonderen Gefährdungen, z. B. Arbeiten mit Kreissägen	500 Lux	300 Lux
Arbeitsbereiche, in denen Mitarbeiter sich nicht regelmäßig über einen längeren Zeitraum oder im Verlauf der täglichen Arbeitszeit nur kurzfristig aufhalten, z. B. für Tätigkeiten im Lager, und die keine besondere Gefährdungen aufweisen	200 Lux	200 Lux

1) Der Wartungswert der Beleuchtungsstärke von 300 Lux wird aus sicherheitstechnischen Gründen festgelegt. Untersuchungen haben gezeigt, dass die Unfallhäufigkeit unter 300 Lux deutlich ansteigt. (Völker, Stephan, „Ermittlung von Beleuchtungsniveaus für Industriearbeitsplätze". BAuA Fb 881; Dortmund, Berlin 2000).
2) In Anhang 2 (BGR 131-Teil 2) werden beispielhaft Wartungswerte der Beleuchtungsstärken in Abhängigkeit von sehphysiologischen und produktionsbezogenen Erfordernissen aus DIN EN 12 464-1 empfohlen. Weitere Empfehlungen s. DIN EN 12 464-1

auf denen sich Schmutz anlagern und bei Feuchtigkeit Wachstum von Mikroorganismen stattfinden kann. Durch Luftströmung oder Abtropfen können sich daraus Kontaminationsgefahren für Produkte ergeben. Nicht zu vernachlässigen ist auch die Gefahr, dass sich an solchen Stellen Insekten einnisten. Außerdem sind innere rechte Winkel zwischen Beleuchtungskörper und Decke bzw. Wand bei der Reinigung schlecht zu säubern. Auch die Befestigungen an Massiv- oder Hohlraumdecken und -wänden ist zu beachten. Dort können sich Spalte bilden von denen ebenfalls Kontaminationsgefahren ausgehen. Die abgehängte Leuchte nach Abb. 5.128c, die neben der gezeigten Skizze auch runden Querschnitt aufweisen kann, enthält die bereits erwähnten Problemstellen. Hinzu kommt, dass die Lampe gerichtete Luftströmungen beeinflussen kann und bei zu geringem Deckenabstand die Oberflächen für die Reinigung schlecht zugänglich sind.

Die Abb. 5.129a zeigt das Prinzip einer Deckenleuchte, die hygienegerecht gestaltet ist. Sie ist in die Decke bündig eingebaut und an den Rändern abgedichtet.

5 Anlagengestaltung

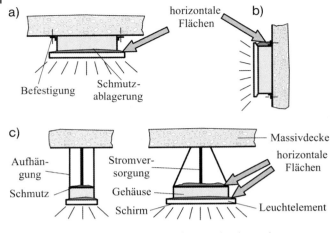

Abb. 5.128 Hygienische Problembereiche an Beleuchtungskörpern:
(a) Deckenleuchte, (b) Wandleuchte, (c) Hängelampe.

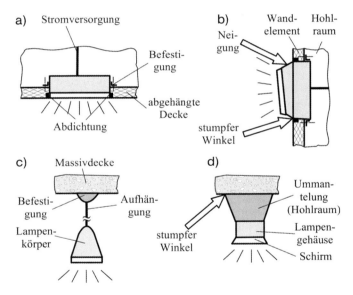

Abb. 5.129 Hygienegerecht gestaltete Beleuchtungskörper:
(a) Deckenleuchte, (b) Wandleuchte, (c) Hängelampe,
(d) Deckenlampe mit kastenförmiger Ummantelung.

Für den Einbau in abgehängte Decken sind sowohl Ausführungen verfügbar, die von der Raumseite als auch solche, die von der Deckenrückseite montierbar sind. Auch in Massivdecken können Beleuchtungskörper bündig eingebaut werden, wenn die Deckengestaltung bereits bei der Planung dafür entsprechend vorgesehen wird. Gleiches gilt für bündig in Wände eingebaute Beleuchtungselemente.

5.3 Innenbereiche von Gebäuden | 651

Bei vorstehenden Wandelementen sollte gemäß Abb. 5.129b die obere Oberfläche möglichst stark geneigt werden, um eine Sichtfläche zu schaffen. Die untenliegende Fläche sowie die seitlichen sollten möglichst stumpfe Winkel zur Wand bilden, um die Reinigung zu erleichtern. Außerdem muss die Wandabdichtung hygienegerecht, d. h. möglichst spaltfrei ausgeführt werden.

Bei Lampen, die von der Decke herabhängen, muss entsprechend Abb. 5.129c sowohl die Vorrichtung zur Befestigung als auch der Lampenkörper hygienegerecht geformt werden. Wenn ein Anstrahlen der Decke gewünscht wird, können kugelförmig gestaltete Lampen eingesetzt werden. Bei nicht zu weit abgehängten Beleuchtungen kann der Zwischenraum zur Decke durch ein geschlossenes Gehäuse überbrückt werden, um horizontale Flächen zu vermeiden. Wie Abb. 5.129d zeigt, sollte dieses so ausgebildet werden, dass gegenüber der Decke stumpfe Winkel entstehen. Bei gezielter Luftströmung ist darauf zu achten, dass durch die dargestellte Ausführung keine störenden Einflüsse entstehen.

In den USA können Ausführungen von hygienegerecht gestalteten Beleuchtungskörpern von Herstellerfirmen z. B. bei NSF (NSF/ANSI Standard 2, Food Equipment) in den USA registriert werden. In Europa sind solche Maßnahmen zur Zeit noch nicht vorgesehen. In Abb. 5.130 sind einige Beispiele von in der Praxis eingesetzten Leuchtkörpern dargestellt. Der Rechteckkörper nach Abb. 5.130a ist für Reinraumanwendungen geeignet und lässt sich in das Gitter von Kassettendecken einsetzen. Die beiden Ausführungen nach Abb. 5.130b und c sind für die Deckenmontage konzipiert, während die Hängelampe mit durchsichtigem Schirm nach Abb. 5.130d zur Beleuchtung einzelner Arbeitsstellen in Produktionsbereichen eingesetzt werden kann.

Die Abb. 5.131a zeigt die Rückseite einer Reinraumdecke in der Pharmaindustrie mit eingesetzten Beleuchtungskörpern und Filtereinheiten, während in Abb. 5.131b ein Ausschnitt der Reinraumseite mit den bündig in die Decke eingebauten Beleuchtungselementen dargestellt ist. Ein Beispiel aus der Lebensmittelindustrie ist in Abb. 5.131c abgebildet. Die tropfenförmig gestalteten Beleuchtungskörper sind an einer vorspringenden Decke befestigt. Die Beleuchtung

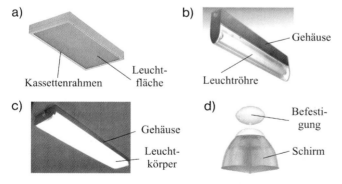

Abb. 5.130 Beispiele von ausgeführten Beleuchtungskörpern:
(a) Leuchte für Kassettendecke, (b, c) Beleuchtungen mit Leuchtstoffröhren, (d) Hängelampe.

a) Luftversorgung   b) Beleuchtungselement

Rahmen   Deckenunterseite

Deckenoberseite   Lampengehäuse

d) Kastenleuchte

c) Hängeleuchte

abgesetzte Decke   Prozesslinie

Abb. 5.131 Einbausituationen von Beleuchtungskörpern:
(a) Rückseite von Einbauleuchte in Kassettendecke,
(b) Einbauleuchte auf Raumseite, (c) Hängelampen (Fa. Hixson),
(d) Kastenlampen (Paramount Industries).

einer Prozesslinie erfolgt entsprechend Abb. 5.131d durch Beleuchtungselemente mit quadratischer Leuchtfläche, die an der Decke befestigt sind.

5.3.3.4 Elektroinstallation

Elektrische Starkstromkabel zur Versorgung von Antrieben, Schaltelementen und Beleuchtungskörpern werden in Produktionsbereichen meist in großer Anzahl an den verschiedensten Stellen von Prozesslinien und Apparaten benötigt. Hinzu kommen Steuer-, Mess- und Datenleitungen, die zwischen den entsprechenden Geräten und Steuer- und Informationszentralen verlaufen. Für eine hygienegerechte Gesamtplanung sollten rechtzeitig Konzepte entwickelt und mit den Maschinen- und Apparateherstellern abgestimmt werden, wo und wie die benötigten Leitungen zu verlegen sind. Dabei sollte z. B. auch versucht werden, Hauptleitungsstränge zu bilden, die erst vor Ort verzweigt werden und dann auf dem kürzesten und günstigsten Weg zu dem jeweiligen Apparat oder Gerät führen. Elektrische Leitungen sollten über größere Entfernungen so weit wie möglich in Versorgungsgängen, über abgehängten Decken oder in Kabel-

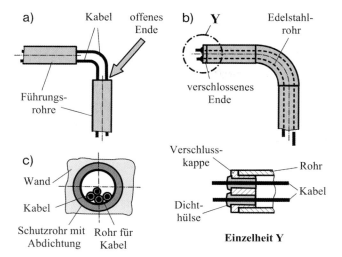

Abb. 5.132 Verlegung von elektrischen Kabeln:
(a) nicht akzeptable offene Rohre, (b) geschlossenes Rohr mit Abdichtung,
(c) in Wandschutzrohr.

schächten innerhalb von Hohlwänden bis zu den Bereichen verlegt werden, wo ihr unmittelbarer Anschluss erfolgt. Wenn eine Verlegung auf der Rauminnenseite an Wänden oder Decken erforderlich wird, sollten die Kabel möglichst unter Putz oder in geschlossenen Kabelschächten geführt werden, die gegen Wand oder Decke abgedichtet sein müssen.

Häufig werden vor allem im Bereich von Produktionsanlagen und Apparaten offene Edelstahlrohre zur Führung von Leitungen verwendet, wie es die Prinzipzeichnung nach Abb. 5.132a verdeutlichen soll. Solche Lösungen sind unbedingt zu vermeiden, da sie nicht nur verschmutzen und damit einen Nährboden für Mikroorganismen bilden, sondern auch als Unterschlupf für Insekten und Ungeziefer dienen. Eine Reinigung solcher mit Kabeln durchzogener Rohrelemente ist unmöglich, sodass in Bereichen offener Produktion ein hohes Kontaminationsrisiko entsteht. Ein Beispiel der Leitungsverlegung in einem Apparatebereich in der beschriebenen Weise zeigt Abb. 5.133a. Um die Verlegung und Befestigung zu vereinfachen, führen die verschiedenen Kabelbündel durch offene Rohrstücke, die an Apparateelementen fixiert sind. In dem rechten vertikalen Rohr sind sogar Öffnungen am Umfang vorhanden (sieh rechter Pfeil), aus denen einzelne Kabeln zu ihren Anschlussstellen geführt werden. Einen ähnlichen Problembereich zeigt Abb. 5.133b, wo ein Kabel aus einer Öffnung eines Kabelschachts aus Kunststoff herausgeführt wird. Eine Verschmutzung des Innenbereichs des Schachtes durch das vorhandene Loch ist dadurch unvermeidbar, lässt sich aber nachträglich auch nicht beseitigen.

Eine konsequente Lösung zur Verlegung von elektrischen Leitungen in hygienegerechter Weise in geschlossenen Rohrsystemen erfordert einen nicht unerheblichen Aufwand. Wie in Abb. 5.132b dem Prinzip nach skizziert, darf das

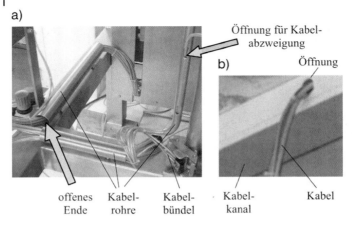

Abb. 5.133 Praktische Beispiele der Kabelverlegung:
(a) nicht hygienegerechte offene Rohre,
(b) Kunststoffkanal mit nicht akzeptabler Öffnung.

Rohrsystem für die Aufnahme der Leitungen keine offenen Stellen aufweisen. Zunächst müssen alle Elemente, die aus dünnwandigem Edelstahl oder Kunststoff wie z. B. PP bestehen können, dicht verbunden sein. Dies kann entweder durch Verschweißen bzw. Verkleben oder – wo ein Zugang erforderlich ist – mithilfe hygienegerechter lösbarer Verbindungen erfolgen. An den Enden müssen die Rohre mit einem Deckel dicht verschlossen werden, wie es die Einzelheit in Abb. 5.132b verdeutlichen soll. Zusätzlich müssen dann die einzelnen Kabel im Deckel mithilfe von elastischen Dichtelementen abgedichtet werden.

Um mit einem solchen System eigene praktische Erfahrung zu sammeln, wurden bei der Anlage zur Durchführung von Hygienetests am Lehrstuhl für Maschinen- und Apparatekunde alle Starkstrom- und Messkabel in einem geschlossenen Rohrleitungssystem aus Kunststoffrohren verlegt. Ein Ausschnitt oberhalb der Apparate und Behälter zeigt Abb. 5.134. Die handelsüblichen Komponenten wie Bögen und T-Stücke sind jeweils dicht verbunden. Die Rohrenden, aus denen Kabel herausgeführt werden müssen, sind entsprechend Abb. 5.132b gestaltet.

Die Verlegung von Kabeln in geschlossenen Rohren eignet sich besonders, wenn ein direkter Anschluss z. B. an Verteiler- oder Schaltschränke durch die Wand erfolgen kann, wie es in Abb. 5.135 skizziert ist. Der unmittelbar an der Wand stehende Schrank selbst sollte gegenüber der Wand abgedichtet werden, um keine Spalte entstehen zu lassen. Das Ende der Rohrleitung, die in diesem Fall in einem Technikbereich verläuft, kann z. B. an den Verteilerschrank angeflanscht und die Kabel offen in den Schrank eingeführt werden, wenn keine besonderen Anforderungen bestehen. Günstiger ist es, den Schaltschrank frei stehend mit entsprechenden Abständen zu Wand und Boden auszuführen (siehe Foto in Abb. 5.135). Die Wanddurchführung wird durch ein Schutzrohr mit Abdichtung abgesichert. Der Verlauf der Kabel im Technikraum unterliegt nicht den gleichen Hygieneanforderungen wie der Produktionsbereich, sodass die Verlegung dort

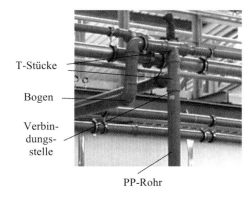

T-Stücke

Bogen

Verbindungsstelle

PP-Rohr

Abb. 5.134 Beispiel der hygienegerechten Kabelverlegung in geschlossenen Kunststoffrohren.

nicht in einem Rohr, sondern auch offen erfolgen kann. Konsequenterweise sollte jedoch das Rohrende im Technikbereich verschlossen ausgeführt werden. Der Schrank bildet dann zusammen mit der Rohrleitung einen geschlossenen Raum. Bei höheren Hygienevorgaben sollte auch das in den Schrank führende Rohrende abgedichtet werden, sodass eine doppelte Abdichtung durch das Rohr entsteht, ähnlich wie es bei einer Schleuse verlangt wird. Bei geringeren Anforderungen kann eventuell auch das Schutzrohr selbst zur Verlegung der Leitungen genutzt werden, wie es die Schnittdarstellung in Abb. 5.132 verdeutlicht.

Für Reinräume mit Leichtbauwänden stehen Systeme für die Leitungsverlegung sowie entsprechende Anschlüsse zur Verfügung. In Bereichen wie Büros oder Lagerräumen lassen sich konfektionierte Installationskanäle verwenden, die zur Aufnahme von Aderleitungen, Mantelleitungen, Kabeln sowie anderer elektrischer Betriebsmittel vorbereitet sind. Darunter werden im Speziellen Elektroinstallationskanäle nach DIN EN 50 085 [117] für Wand und Decke verstanden. Sie können geschlossen, oder aber mit Deckel versehen sein und stehen als Fertigbauteile mit entsprechendem Zubehör wie Schaltern und Steckdosen zur Verfügung. Für Hygienebereiche mit offenen Prozessen lassen sich die bestehenden Systeme nicht verwenden, da sie nicht ausreichend dicht und reinigbar sind.

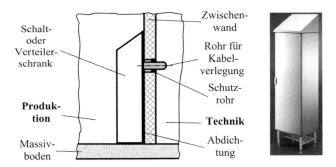

Abb. 5.135 Geschlossene Wanddurchführung zur Kabelverlegung zum Verteilerschrank und Beispiel eines hygienegerechten, frei stehenden Schaltschranks (Fa. Rittal).

In vielen Bereichen, vor allem in der Lebensmittelindustrie, werden offene Systeme wie Kabelrinnen, -pritschen oder -gitter für die Verlegung von Kabeln verwendet, die an Wänden, Decken oder Maschinen angebracht werden. In diesem Zusammenhang muss nochmals darauf verwiesen werden, dass sie nach EHEDG als „produktberührte Bereiche" zu behandeln sind, wenn Schmutz oder gar Mikroorganismen von diesen Stellen in offene Produkte gelangen können. Völlig ungeeignet für Hygienebereiche sind vor allem horizontal verlegte Kabeltrassen aus geschlossenen oder für die Aufhängung geschlitzten verzinkten Blechen, wie sie dem Prinzip nach in Abb. 5.136a und als Foto in Abb. 5.136b dargestellt sind. Die obenliegenden Flächen zusammen mit den meist gebündelten Kabeln nehmen schnell Schmutz auf, in dem bei Feuchtigkeit Mikroorganismen wachsen. Meist sind sie nahezu unzugänglich knapp unter der Decke verlegt. Durch Luftströmungen oder Herabrieseln ergeben sich Kontaminationsgefahren für darunter liegende Produktionsbereiche. Hinzu kommt, dass die Bleche korrodieren können und Korrosionspartikel nach unten fallen. Zusätzliche Problemstellen ergeben sich an den Aufhängungen, wenn dort Gewindestangen verwendet werden, an denen sich Spalte nicht vermeiden lassen.

Die zunehmende Nachfrage nach geeigneteren Systemen zur Kabelverlegung hat dazu geführt, dass mehr und mehr Traggitter aus miteinander verschweißten Edelstahlstäben angeboten werden. Wesentlich ist dabei, dass geschlossene Flächen vermieden und gute Sichtbarkeitsverhältnisse geschaffen werden. Die

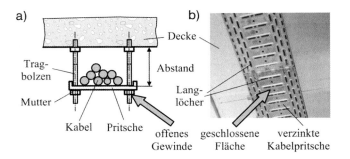

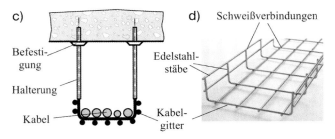

Abb. 5.136 Offene Kabelverlegung:
(a) Prinzipdarstellung einer nicht hygienegerechten Kabeltrasse,
(b) Unteransicht einer verzinkten Kabelpritsche,
(c) Prinzip eines Führungsgitters für Kabel, (d) Ansicht eines Edelstahlgitters.

5.3 Innenbereiche von Gebäuden | 657

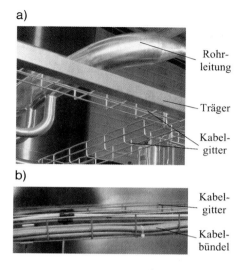

Abb. 5.137 Offene Kabelgitter:
(a) Anordnung an einer Maschine,
(b) Gitter mit Kabelbündel.

Abb. 5.136c zeigt eine Prinzipskizze mit dem Beispiel einer Befestigung. Die Aufhängung sollte hygienegerecht gestaltet werden und einen ausreichenden Abstand zur Decke zulassen, um eine leichte Zugänglichkeit und Reinigung zu ermöglichen. Bei der Befestigung der Halterungen an der Decke oder Wand muss besonders darauf geachtet werden, dass eine gleichmäßige Lastverteilung erfolgt und die Gitter nicht durch zu hohe Belastung deformiert oder beschädigt werden. Außerdem ist stets auf eine Erdung der Trassen zu achten. Außerdem sollten die Kabel geordnet und voneinander getrennt auf dem Traggitter befestigt werden. Das Foto nach Abb. 5.136d zeigt die Gestaltung des Kabelgitters.

In Abb. 5.137a ist ein Beispiel der Befestigung und Verlegung von Kabelgittern an Trägern im Apparatebereich dargestellt. Die Abb. 5.137b zeigt eine gebündelte Kabelverlegung in einem solchen Gitter. Bei einer derartigen Kabelanordnung ist grundsätzlich eine Verschmutzung zwischen den Kabeln zu befürchten. Deshalb ist besonders darauf zu achten, dass sie vereinzelt und unter Kopfhöhe angeordnet werden, um Kontrollen und Reinigung leicht durchführen zu können.

Ein Beispiel einer großen Anzahl von Kabeln, die in geordneter Form sowohl horizontal als auch vertikal in Gittertrassen verlegt sind, ist in Abb. 5.138 zu sehen. Dabei sollte aus Gründen der Reinigbarkeit darauf geachtet werden, dass sich die Kabel nicht berühren und ein ausreichender Abstand zur Wand eingehalten wird.

In Abb. 5.139 sind in einer Übersichtsskizze die wichtigsten Maßnahmen zu einer hygienegerechten Kabelverlegung beispielhaft zusammengestellt. Im Produktionsraum ist ein Verteiler- oder Schaltschrank angedeutet, der selbst hygienegerecht zu gestalten ist. Wenn möglich, sollte er in unmittelbarer Nähe der Prozesslinie angeordnet werden und ausreichende Bodenfreiheit gewähren. Die notwendigen Versorgungs-, Mess- und Datenkabel sollten so weit wie möglich außerhalb des Produktraums verlaufen. Zum einen besteht die Möglichkeit der Verlegung in einem begehbaren Zwischenraum über einer abgehängten Decke.

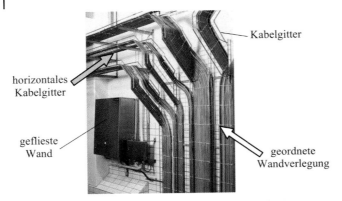

Abb. 5.138 Beispiel für offene Kabelverlegung (Quelle: Fa. Alpma).

Die günstigste Verbindung zum Schrank kann durch ein vertikales, geschlossenes, durch die Decke durchgeführtes Rohr erfolgen, das dicht mit dem Schrank verbunden wird. Zum anderen könnte ein Raum mit Hygieneanforderungen unter dem Produktbereich für die Kabelzuführung verwendet werden. In dem gezeigten Beispiel ist die Möglichkeit der Kabelverlegung in einem geschlossenen Rohr oder Kanalsystem angedeutet. Die Leitung wird dann durch den Boden verlegt und mündet an der Unterseite des Schrankes ein. Für die Versorgung der Produktionslinie lässt sich je nach Art der eingesetzten Maschinen und Apparate

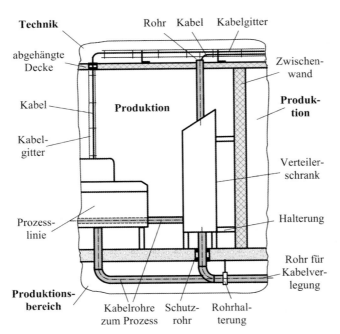

Abb. 5.139 Prinzipdarstellung zu grundsätzlichen Möglichkeiten der Kabelverlegung.

eventuell ein geschlossenes Rohrsystem vom Verteilerschrank aus realisieren. Wenn zusätzliche getrennte Zuleitungen zur Prozesslinie erforderlich sind, kann dies in der skizzierten Weise sowohl von der abgehängten Decke her als auch aus dem darunter liegenden Raum erfolgen.

Wie die beispielhaften Ausführungen darlegen, wirft der häufig vernachlässigte Bereich der Verlegung von elektrischen Leitungen und Systemen eine Reihe von Problemen auf. Ein nicht ausreichend durchdachtes und schlecht ausgeführtes Konzept kann erhebliche Kontaminationsgefahren in offenen Produktionsbereichen erzeugen. Hinzu kommt, dass die Leitungsanschlüsse an Apparaten, Motoren, Sensoren usw., die sich in unmittelbarer Nähe von Produkten befinden, häufig nicht hygienegerecht ausgeführt sind.

5.3.3.5 Grenzen von Hygienezonen

Für jede Zugangsstelle für Produkte, Materialien und Personal zu einem definierten Hygienebereich müssen eindeutige Regeln festgelegt werden, um die jeweilige Hygienestufe einhalten zu können. Dabei sind aufgrund der unterschiedlichen Festlegung der Raumklassen sowie der Art der zu verarbeitenden Produkte die praktisch angewendeten Maßnahmen in Lebensmittel-, Pharma- und Bioindustrie zum Teil sehr verschieden. Vor allem in der Lebensmittelindustrie wird die Abgrenzung von niedrigeren unterschiedlichen Hygienebereichen nicht immer durch feste physikalische Grenzen vorgenommen. Da jedoch vor allem höher klassifizierte Hygienezonen als Bereiche mit beschränktem Zugang zu betrachten sind, müssen die Grenzen speziell dort klar erkennbar gemacht werden, wo sie durch Personal oder Fahrzeuge überschritten werden müssen. In Lebensmittelbetrieben kann die Grenze zwischen den Bereichen B und M z. B. allein durch eine klar sichtbare Linie auf dem Boden gekennzeichnet werden [27]. Trotzdem ist sie wie eine normale physikalische Grenze zu behandeln, an der vom Betrieb festgelegte Regeln einzuhalten sind. Ein Beispiel ist in Abb. 5.140 dargestellt, wo auf der linken Seite ein Transportbereich, der der Zone B0 zugeordnet werden kann, gegenüber der rechts liegenden Zone B1, in der verpackte Produkte gehandelt werden, durch eine deutlich sichtbare Linie abgegrenzt ist.

Abb. 5.140 Markierung als Grenze zwischen unterschiedlichen Raumbereichen.

Abb. 5.141 Streifenvorhang zur Abgrenzung (Fa. Clean Tek).

Eine andere Möglichkeit besteht darin, eine solche sichtbare Linie z. B. durch einen Luftvorhang zu ergänzen, wenn der abzugrenzende offene Zugang einen relativ schmalen Bereich umfasst, der Rest jedoch durch Wände abgegrenzt wird. Durch den Luftvorhang lassen sich stärkere Strömungen über die Grenze hinweg einschränken.

Eine sichere Abgrenzung lässt sich jedoch nur durch konkrete physikalische Maßnahmen erreichen. Dazu gehören einfache Vorrichtungen wie Streifenvorhänge gemäß Abb. 5.141, die zwei Raumbereiche unterschiedlicher Klassifikation und Ausstattung voneinander abtrennen, oder automatisch öffnende Einfachtüren bis hin zu zwangsgesteuerten Doppeltüren entsprechend Abb. 5.142 mit ausreichendem Zwischenraum, der eine Schleuse darstellt. In den meisten Fällen werden solche Schleusen sehr unterschiedlich gestaltet und abgestuft und meist für Produkte, Materialien und Personal verschiedenartig ausgeführt.

Verbunden mit dem Überschreiten von Grenzen in Richtung höherer Hygienestufen sind meist Schutzmaßnahmen für die herzustellenden Produkte, in manchen Fällen wie z. B. bei bestimmten konzentrierten Stoffen, Wirkstoffen, gefährlichen Mikroorganismen oder genveränderten Substanzen aber auch solche für das Personal. Dazu gehört z. B. das Desinfizieren von Händen, Anlegen von

Abb. 5.142 Schleuse mit Doppeltüren (Fa. Wesco).

Mänteln, Tragen von Überschuhen und Hauben bis hin zu einem völligen Um- und Bekleiden mit Reinraumkleidung oder Ganzkörperschutz. Für Materialien, die in Hygienebereiche eingeschleust werden, sind meist Reinigungsmaßnahmen sowie eine eventuelle Dekontamination erforderlich.

Die wichtigsten und am sorgfältigsten zu planenden sowie auszustattenden Grenzen stellen Schleusen dar, da sie spezielle Räumlichkeiten mit hohen Anforderungen umfassen, in denen das Hygienegefälle zwischen zwei Zonen auszugleichen ist. In Schleusenbereichen erfolgt deshalb die effektive Reinigung und eventuelle Desinfektion von Personal und Material vor dem Betreten und gegebenenfalls nach dem Verlassen von Produktionsräumen. Schleusen haben aber auch noch die Zielsetzung eine psychologische Barriere darzustellen. Mit Schleusenprozessen soll der Eintritt in eine andere Umgebung verbunden werden. Mangelhafte Planung und schlecht definierte Regeln bergen die Gefahr in sich, die gesamte Disziplin im klassifizierten Produktionsraum zu verschlechtern. Ähnlich wie Eingangshallen oder Empfangshallen von Vorzeigeunternehmen die Firmenphilosophie wiederzugeben versuchen, wird mit der Einschleusung die Einstellung der Mitarbeiter und Besucher geprägt [118]. Je nach Hygienestufe des herzustellenden Produkts werden umfangreiche Konzepte für Schleusen verwirklicht, die z. B. für Personal eine Reihe von Maßnahmen vorsehen können, die zum Teil in unterschiedlichen Räumlichkeiten stattfinden. Schleusen werden zudem für die Aufrechterhaltung des Differenzdrucks zwischen den abzugrenzenden Räumen genutzt.

Personenschleusen dienen als Durchgangsschleusen für den Zutritt zu Räumen mit entsprechenden Hygieneanforderungen wie Reinräumen oder als Übergang zwischen solchen Bereichen mit verschiedener Anforderung bzw. Klassifizierung. Man kann ihnen den gesamten Garderobenraum für das Umkleiden und Anlegen von Schutzkleidung, den Reinigungs- und Desinfektionsbereich mit den notwendigen Einrichtungen sowie einen eventuell vorhandenen Teil mit Luftduschen zuordnen. In manchen Industriezweigen gehören auch noch Dusch- und Toilettenräume dazu. Meist werden diese verschiedenen Bereiche nochmals gegeneinander physikalisch z. B. durch Türen abgegrenzt. Auf der anderen Seite können Schleusen z. B. in der Pharmaindustrie nur mit Luftduschen ausgeführt sein, um die Kleidungsoberfläche von Partikeln abzureinigen. In ihrem Endbereich müssen sie die zugeordnete Raumkategorie des zu betretenden Bereichs erreichen und dieser neben der Ausrüstung auch bei Wänden, Decken und Fußböden entsprechen.

Materialschleusen können als Durchreichen für kleine Materialien oder als befahrbare Schleusen in verschiedenen Abmessungen ausgeführt werden. Sie sollten auf der einen Seite von Transportbereichen aus leicht zugänglich sein und müssen auf der anderen Seite direkt mit dem reinen Produktionsbereich oder Reinraum in Verbindung stehen. Sie sind in der Regel von den anderen Schleusen abgekoppelt. Materialien, Kleinteile, Geräte und Großteile werden in diesen Schleusen mit den unterschiedlichsten Verpackungsarten eingebracht, dort ausgepackt und gereinigt. Einschleusungen von Apparaten sind eher die Ausnahme, funktionieren aber meist relativ gut. Einfache Materialschleusen mit elektrischer Verriegelung werden aus pulverbeschichtetem Stahlblech oder Edelstahlblech gefertigt. Als Türen kommen verglaste Türen zum Einsatz. Die Größe kann individuell den Erfordernissen angepasst werden. Sie können mit Belüftung als aktive Materialschleuse oder ohne Belüftung als passive Materialschleuse ausgeführt werden. Oft werden sie in die Logistik integriert und mit automatisch öffnenden Türen ausgestattet. Auch druckdichte oder begasbare Ausführungen sind verfügbar. Materialschleusen können auch Luftduschen enthalten, um die Oberfläche von Fremdkörpern bzw. Transportwagen von Partikeln abzureinigen.

Wenn *Kleinteileschleusen* überhaupt vorhanden sind, werden sie meist in den verschiedensten Ausführungen in Personenschleusen integriert. Die größte Problematik dabei ist in der Regel die Einhaltung der Reinigungsvorschriften. Immer wieder trifft man Montage- oder Instandhaltungspersonal mit zum Teil verschmutztem Werkzeug und Installationsmaterial in Reinräumen an. Es empfiehlt sich daher, eigene Reinigungs- oder Putzstationen in der Personenschleuse einzurichten, die z. B. mit einer Durchreiche in der Nähe des Schleusenpersonals versehen wird. In manchen Betrieben werden die Kleinteile von speziell geschultem Schleusenpersonal gereinigt und eingeschleust.

Ob das jeweilige Schleusenkonzept funktioniert, liegt oft in der Sichtweise der ausführenden Firma bzw. des Anwenders und ist im seltensten Fall auf konkrete Untersuchungen begründet. Obwohl z. B. in der Pharmaindustrie fast alle Reinraumbetreiber im Wesentlichen dieselben Anforderungen haben, gibt es nach wie vor wenig konkrete Regeln über den Aufbau oder Empfehlungen über die reinigungsgerechte Gestaltung für diese Bereiche. Dabei zeigen sich sowohl zwischen unterschiedlichen Branchen, aber auch zwischen Unternehmen gleicher Branchen markante Unterschiede in der Schleusenphilosophie. Vor allem die Abläufe und Vorschriften weichen häufig voneinander stark ab. Gleiches gilt für Ausrüstung und Kleidung des Personals. In vielen Betrieben werden z. B. Abblasanlagen und Luftduschen für das Personal als notwendig erachtet. Bei einigen Schleusenkonzepten gehen die Personen jedoch bei gleicher Raumklassifizierung ohne Luftduschen in den Reinraum. In einigen Firmen arbeitet das Personal z. B. mit Handschuhen und Brillen und ist zum Händewaschen verpflichtet, während dies in anderen Betrieben bei gleicher Reinraumklasse nicht erforderlich ist. Dabei kann kaum jemand stichhaltig erklären bzw. beweisen, durch welches Schleusenkonzept bessere Ergebnisse zu erzielen sind.

Als Grundvoraussetzung gilt, dass der Endbereich von Schleusensystemen, der an einen Produktions- oder Reinraum angrenzt, dessen Hygieneniveau erreichen muss und damit als Verlängerung der jeweiligen klassifizierten Zone zu betrachten ist. Schleusen sollten aber in ihrem Gesamtbereich einen sauberen Eindruck vermitteln und daher ständig kontrolliert und möglichst häufig gereinigt werden. Um das Verständnis für die erforderlichen Maßnahmen und die notwendige Akzeptanz zu erlangen, müssen sie einen logischen Aufbau mit fortschreitenden Hygienemaßnahmen besitzen. Gute Konzepte zeichnen sich durch klare Wege, bedienungsfreundliche, einfach zu handhabende Schränke, Geräte und Systeme sowie gute Reinigungs- und Desinfektionsmöglichkeiten aus. Bei der Planung ist darauf zu achten, dass die verschiedenen Schleusenarten wie Personen-, Kleinteil-, und Materialschleusen möglichst an einem Ort angeordnet sind, da dies deutliche Einsparungen mit sich bringen kann sowie Organisation und Überwachung verbessert. Der Stellenwert von Personalschleusen wird besonders betont, wenn das Betreuungspersonal häufig präsent ist, das für den Zustand und die Sauberkeit verantwortlich ist. Dies hebt die Disziplin bei der Benutzung der Schleuse und verhindert Gewöhnungseffekte. Dabei sollten Kontrollen durchgeführt, Auskünfte gegeben und Hilfestellung angeboten werden. Benutzer von Schleusen müssen aber auch trainiert und geschult werden.

Um die höhere Raumzone zuverlässig von der niedrigeren zu trennen, ist eine Steuerung der Schleusentüren sinnvoll. Um auszuschließen, dass Keime in den Reinraum gelangen, darf nie mehr als eine Tür des Systems offen stehen. Gleichzeitig wird dadurch ein Druckausgleich ohne zu hohe Verluste möglich. Bei Ausführungen mit nur zwei Türen, genügt es, wenn diese so gegeneinander verriegelt sind, dass sich immer nur eine öffnen lässt. Bei komplizierteren Schleusen empfiehlt es sich, nicht mehr als fünf bis sechs Türen in einem Schleusensystem und dessen Steuerung zusammenzufassen. Automatiktüren lassen sich zusätzlich mit manuellen Impulsgebern ausrüsten, die in eine übergeordnete Schleusensteuerung eingebunden sind. Sie empfängt sämtliche Öffnungsbefehle und überprüft, ob alle Türen geschlossen sind, bevor der Öffnungsimpuls an die entsprechende Tür weitergegeben wird. Als Schnittstelle kann dabei z. B. die Förder-, Lüftungs- oder Gebäudeleittechnik des Unternehmens dienen. Bei Betätigung von Notschaltern müssen die Türen entriegelt werden, um den Fluchtweg freizugeben.

Ausführung von Schleusen
Zwischen der Ausführung von üblichen Schleusen für die Lebensmittelherstellung und die Pharmaindustrie bestehen aufgrund der zu bearbeitenden Produkte häufig erhebliche Unterschiede. Bei besonders empfindlichen Gütern der Lebensmittel- und Körperpflegemittelindustrie, die mit immer strengeren Hygieneauflagen konfrontiert werden, erfolgen jedoch Prozesse wie offene Herstellung, Abfüllung und Verpackung unter reinraumnahen Bedingungen.

Generell müssen Betriebsstätten, in denen mit Lebensmitteln umgegangen wird, so angelegt, konzipiert, gebaut, gelegen und bemessen sein, dass an geeigneten Standorten genügend Handwaschbecken vorhanden sind. In dem Flussdiagramm nach Abb. 5.143 ist das Konzept einer Schleusenausführung für die Fleischindustrie wiedergegeben. Durch den relativ rauen, ausgesprochenen Nassbetrieb, in dem Verspritzen von Fleischstückchen unvermeidlich ist, Fleischabfälle anfallen und eine Nassreinigung erforderlich ist, sind spezielle Maßnahmen innerhalb der Schleusen erforderlich. Nach Betreten des Betriebs wird zunächst in den Umkleideräumen I und II, die eine ausreichende Kapazität aufweisen sollten, die Straßenkleidung einschließlich der Schuhe abgelegt und gegen die Berufskleidung wie Overalls und Stiefel ausgewechselt. Grundsätzlich sollten Umkleideräume so genutzt werden, dass die einzelnen Umkleidevorgänge voneinander getrennt erfolgen und auf diese Weise die Kontamination der Schutzkleidung mit Mikroorganismen und Partikeln möglichst gering ist.

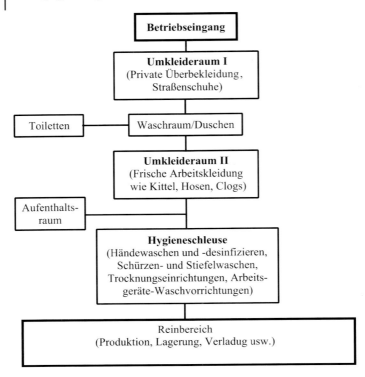

Abb. 5.143 Beispiel des grundlegenden Aufbaus einer Schleuse in der Fleischverarbeitung.

Sie sollten von gefilterter Luft wirksam durchströmt werden. Die letzte Zone des Umkleideraums sollte im Ruhezustand dieselbe Reinheitsklasse aufweisen wie der anschließende Bereich. Zuweilen sind separate Umkleideräume zum Betreten und Verlassen der reinen Bereiche wünschenswert. Handwaschbecken sollten im Allgemeinen nur im ersten Teil der Umkleideräume vorhanden sein. In diesem Bereich sind ausreichend Waschgelegenheiten, Duschen und Toiletten vorzusehen. Ohne „weiße" Arbeitskleidung mit täglich neu garantierter bakteriologischer Sauberkeit gelangt man gar nicht erst in den Hygienebereich, in dem vor Betreten der Produktionsräume sowie nach deren Verlassen bestimmte Reinigungsschritte durchlaufen werden müssen. Er kann als ein gemeinsamer Raum oder getrennt in zwei Bereiche für das Ein- und Ausschleusen ausgeführt werden. In vielen Betrieben wird zur Einhaltung eines hohen Hygienestandards ein kreuzungsfreier Personenfluss sowie ein kreuzungsfreier Materialfluss als Standard angesehen.

In Abb. 5.144 ist eine solche Schleuse mit Trennung der Bereiche für ein- und auszuschleusendes Personal dem Prinzip nach dargestellt. Beim Betreten der Schleuse nach Anlegen der Berufskleidung müssen Schuhsohlen und Hände gereinigt werden. Für die Stiefel werden spezielle Stiefel- und Sohlenwäscher verwendet, die ohne Berührung der Apparatur z. B. durch Knieschalter oder auf

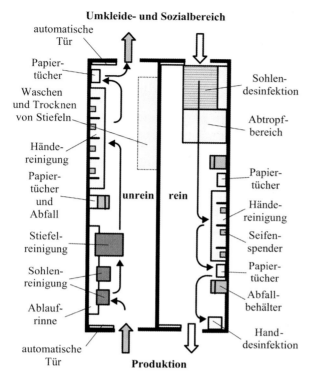

Abb. 5.144 Prinzip einer Schleuse mit getrenntem Zugangs- und Abgangsbereich.

automatische Weise mit Lichtschranke bedient werden können. Alternativ dazu können Durchschreitebecken mit Desinfektionsmittel eingesetzt werden. Zum Händewaschen stehen spezielle Waschbecken sowie Seifen- und Desinfektionsmittelspender zur Verfügung, die ebenfalls über Sensoren oder über Knieschalter zu betätigen sind. Zum Abtrocknen sind ausschließlich Einweghandtücher aus Papier zu verwenden, die hygienegerecht und ergonomisch gestalteten Spendern entnommen werden. Unmittelbar darunter oder daneben muss jeweils ein ausreichend großer Abfallbehälter angeordnet werden, der ebenfalls ohne Benutzung der Hände geöffnet werden kann. In der Praxis findet man anstelle von Papierhandtüchern häufig Trocknungssysteme, die ein Warmluftgebläse verwenden. Auf diese Weise wird in diesem Bereich kontaminierte Luft mit Aerosolen umgewälzt und aufgewirbelt, was Hygienemaßnahmen eher behindert als fördert. Als letzter Schritt unmittelbar vor Betreten der Produktionsräume kann eine Handdesinfektion vorgesehen werden.

Bei Verlassen der Produktion ist wegen der unvermeidlichen Verschmutzung durch Produktreste ebenfalls eine Reinigung erforderlich. Dazu gehört das Reinigen der Sohlen und Stiefel im Durchlauf sowie das Waschen der Hände. Außerdem müssen Gummistiefel, Handschuhe oder Plastikschürzen nach der Arbeit gründlich gewaschen und über Nacht getrocknet und desinfiziert wer-

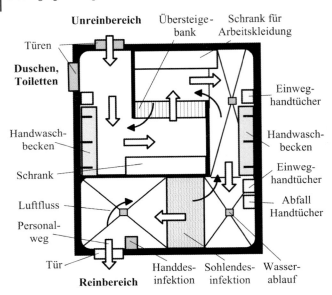

Abb. 5.145 Beispiel einer Schleuse mit Bereichsabgrenzung durch eine Sit-over-Bank.

den, da sich bei längerem Gebrauch hier Mikroorganismen festsetzen können. Entsprechende Geräte, die z. B. mit ozonisierter Heißluft arbeiten, können je nach vorhandenem Platz ebenfalls im Schleusenbereich untergebracht werden. Die getrockneten Kleidungsstücke sind dann im Umkleidebereich aufzubewahren. Durch entsprechende Anordnung der einzelnen Komponenten und Ausrüstungsgegenstände sollte das Personal gezwungen werden, diese auch in der vorgegebenen Reihenfolge zu benutzen, bevor es die Produktion betritt bzw. nachdem es sie wieder verlässt.

Die Ausführung einer Schleuse zum Einschleusen von Personal ist in Abb. 5.145 dargestellt, bei der Umkleide- und Reinigungsbereich kombiniert sind. Unmittelbar am Beginn der Schleuse sind Räume für Toiletten und eventuell Duschen angeordnet. Es folgen Waschgelegenheiten für die Hände, die grundsätzlich zu benutzen sind. Anschließend werden Straßenkleidung und Schuhe abgelegt und über eine „Übersteigebank" (Sit-over-Bank) der Hygienebereich betreten. In diesem wird die vorgeschriebene Kleidung einschließlich der Schuhe für die Produktion angelegt. Es folgen nochmaliges Waschen der Hände und Abtrocknen mit Einwegpapierhandtüchern. Vor Betreten der Produktion müssen Vorrichtungen zur Sohlen- sowie zur Handdesinfektion benutzt werden. Letztere kann z. B. mit einem Drehkreuz gekoppelt werden, das nur nach erfolgter Desinfektion den Zutritt zum Reinraum freigibt.

Den prinzipielle Aufbau einer Doppelschleuse soll das Beispiel nach Abb. 5.146 aus der Pharmaindustrie verdeutlichen. Im ersten Bereich, der nicht klassifiziert ist, erfolgt das Anlegen der üblichen Arbeitskleidung. Zu dieser kann z. B. bereits im unreinen Bereich ein Arbeitsmantel gehören. Anschließend folgen

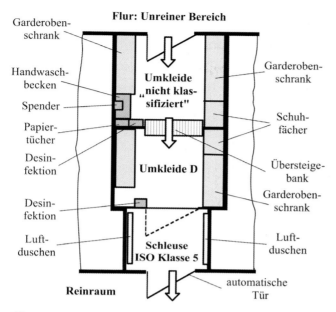

Abb. 5.146 Prinzip einer dreistufigen Schleuse.

Reinigen, Abtrocknen und eventuell Desinfizieren der Hände. Nach Übersteigen der Trennbank gelangt man in die Zone D der Schleuse, wo die entsprechende Reinraumkleidung angelegt wird. Als physikalische Grenze zwischen dem nicht klassifizierten Bereich und der Zone D dient nur die Bank, die zu übersteigen ist. Nach Desinfektion der Hände betritt man durch eine Tür die letzte Stufe der Schleuse, die in diesem Fall in einen Bereich der ISO-Klasse 5 führt. Diese Schleusenstufe kann gemäß der Darstellung mit Luftduschen ausgerüstet sein, um lose an der Kleidung haftende Partikel abzublasen. Die einzelnen Türen müssen untereinander zwangsverriegelt und automatisch zu betätigen sein. Auf keinen Fall sollte in der letzten Schleusenstufe eine Berührung mit Händen oder Handschuhen erforderlich sein.

In Abb. 5.147a ist ein Beispiel eines Schleusenbereichs mit Luftdusche abgebildet. Nach Eintritt einer Person in die Schleuse wird der Ventilator eingeschaltet und reine Zuluft mit hoher Geschwindigkeit und starkem Impuls durch die Düsen eingeblasen. Die Luftstrahlen sollten dabei die gesamte Oberfläche der Reinraumbekleidung erfassen. Grobe Staubpartikel und Aerosole werden dadurch von der Kleidung entfernt, mit der entweichenden Luft durch den Luftauslass in das Filtersystem transportiert und dort abgeschieden. Bis zu welcher Partikelgröße tatsächlich eine Wirksamkeit zu erreichen ist, ist fraglich, da bekanntlich feine Partikel mit großen Haftkräften an die Kleidungsoberfläche gebunden sind. Sie würden sich allerdings auch im Reinraum nicht bemerkbar machen, solange nicht mechanische Effekte an der Kleidung wie z. B. Reiben oder Abklopfen zu einem Ablösen führen.

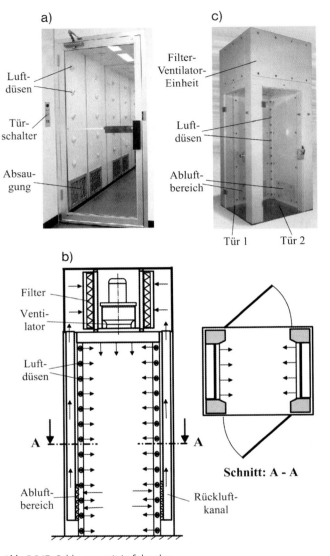

Abb. 5.147 Schleusen mit Luftdusche:
(a) Ausführung einer Durchgangsschleuse, (b) Prinzipdarstellung,
(c) Bild einer Rotationsschleuse (Fa. M+W Zander).

Die Abb. 5.147b zeigt den prinzipiellen Aufbau einer Schleuse mit Luftabreinigung. In die Wandelemente der Schleusenkabine sind Zuluftkanäle mit Luftdüsen integriert. Außerdem enthalten die Wandelemente die Luftauslassöffnungen mit je einem Vorfilter sowie den Umluftschacht. Über der Kabine befindet sich das Gehäuse des Antriebsmoduls, das den Radialventilator mit Motor, zwei Schwebstofffilterzellen und einen Schalt- und Steuerschrank enthält.

Wenn nur begrenzt Platz zur Einrichtung einer Schleuse mit Luftdusche zur Verfügung steht, empfiehlt sich der Einsatz von Rotationsschleusen in Kabinenform, wie sie Abb. 5.147c wiedergibt. Bevor man die unbesetzte Schleuse betritt, wird durch eine grüne Signallampe angezeigt, dass sie funktionsbereit ist. Der Ventilator läuft in diesem Zustand nicht. Beim Öffnen der Tür und Betreten der Schleuse von der niedrigeren Hygienezone aus wird die Beleuchtung auf der Reinraumseite auf rot geschaltet und die Reinraumtür verriegelt. Nach Schließen und Verriegeln der Eingangstür schaltet sich der Ventilator ein und läuft üblicherweise etwa 10 s. Nach dem Abschalten wird die Reinraumtür entriegelt, was durch eine grüne Lampe angezeigt wird, während die andere Tür verriegelt bleibt. Danach kann die Schleuse verlassen werden und ist für die nächste Ein- oder Ausschleusung wieder funktionsbereit. Der Reinigungseffekt der Schleuse ist abhängig von der Betriebsdauer. Sie wird bei Aufenthalt von Personen mit 10–12 s als optimal empfohlen. Solche Schleusen werden in modularer Bauweise erstellt und sind als Einheiten auch zwischen Reinräumen verschiedener Klassen einsetzbar, um eine Verschleppung von gröberen Partikeln zu vermeiden. Die Düsen können in diesem Fall diagonal gegenüber angeordnet werden. Für die Reduzierung elektrostatischer Partikelhaftkräfte kann auch eine Ionisationseinrichtung eingebaut werden. Die Kabinen sind mit gegenüberliegenden oder mit zu 90° zueinander angeordneten Türen erhältlich. Die kompakte Bauweise und der geringe Platzbedarf begünstigen auch einen nachträglichen Einbau in bestehende Reinräume.

Die Ein- und Ausschleusung von Material kann auf sehr unterschiedliche Weise erfolgen. In Abb. 5.148a ist als Beispiel die einfachste Möglichkeit der Materialübergabe zwischen zwei unterschiedlich eingestuften Räumen abgebildet. Zur Vereinfachung des Transports ist in jedem der beiden Räume ein Rollenband angeordnet, das dort jeweils entsprechend der Raumanforderung gereinigt werden kann. Wenn z. B. aus dem höher klassifizierten Bereich Material ausgeschleust werden soll, kann es entsprechend verpackt auf das Band gelegt werden. Nach Öffnen der Schiebetür lässt es sich dann auf der anderen Seite übernehmen.

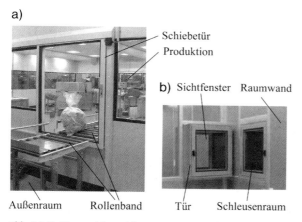

Abb. 5.148 Ein- und Ausschleusen von Material:
(a) Durchreiche mit Schiebetür (Fa. Nerling), (b) Kleinschleuse.

Abb, 5.148b zeigt eine Materialschleuse für kleinere Teile. Die mit Doppeltüren ausgerüstete Kammer ist in die Raumwand eingebaut. Die beiden Türen sind so gegeneinander verriegelt, dass sich jeweils nur eine öffnen lässt. Das einzuschleusende Material muss vorher entsprechend gereinigt und desinfiziert werden, bevor es z. B. in den Reinraum übergeben werden kann. Bei hohen Anforderungen an die Reinheit werden auch Autoklaven als Schleusen benutzt, die sowohl von der unreinen als auch der reinen Seite aus zugänglich sind. Das in den Reinraum einzuschleusende Material kann dann vor Übergabe autoklaviert werden.

Das Einschleusen von Materialien in Hygienebereiche oder klassifizierte Reinräume über Schleusen wird sehr unterschiedlich gehandhabt. Als Beispiel ist eine zweistufige Materialschleuse für größere Teile bzw. für Produkte, die mithilfe von Transportfahrzeugen und Personal in einen Reinraum eingeschleust werden müssen, dem Prinzip nach in Abb. 5.149 dargestellt. Alle Materialien, die für den Reinraum bestimmt sind, werden in gereinigter und desinfizierter Form in Folien oder Behälter verpackt und in die erste Schleuse transportiert. Dort können die Gebinde auf ein Förderband z. B. entsprechend Abb. 5.148a gelegt und die Oberfläche der Verpackung sowie benötigte Hilfsmittel gereinigt und eventuell desinfiziert werden. Danach kann das Stückgut auf ein getrenntes Transportband oder -mittel übergeben werden, das in der zweiten, reinen Schleuse zur Verfügung steht. Wenn das Personal mit dem Material ebenfalls in den Reinraum eingeschleust werden muss, hat es die einzelnen Schritte wie in einer Personalschleuse zu durchlaufen, die Händewaschen, Anlegen von Überschuhen und Hauben und eventuell Handdesinfektion umfassen. Falls erforderlich, wird

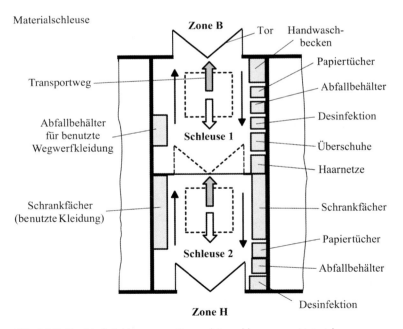

Abb. 5.149 Zweistufe Schleuse zum Ein- und Ausschleusen von Material.

im anschließenden Schleusenraum spezielle Reinraumkleidung angelegt, die keimfrei in Folien verpackt bereitgestellt wird. Im zweiten Schleusenbereich, der als Auspackraum fungieren kann, wird die Verpackung unter Beachtung besonderer Hygienemaßnahmen entfernt und das Material auf spezielle Reinraumwagen gelegt. In diesem Bereich können auch vor dem Auspacken Luftduschen zur Entfernung von Partikeln eingesetzt werden. Anschließend kann das Material in den Reinraum gebracht werden. Durch ein permanentes Monitoringsystem im Reinbereich der Schleuse sollten die Partikelzahl in der Luft sowie die Klimadaten laufend gemessen und aufgezeichnet werden. In bestimmten Intervallen sind außerdem die Luftkeimzahlen zu bestimmen und nach einem Probeplan die entsprechenden Hygienekontrollen an Geräten, Einrichtungen und Personal durchzuführen. Alle zugelieferten Produkte, die in den Reinraum eingeschleust werden, sollten schon reinraumtauglich gereinigt und verpackt bestellt und geliefert werden. Spezielle Reinigungs- und Verpackungsvorschriften helfen den Lieferanten, die Anforderungen zu erfüllen.

Im Verhältnis zur Einrichtung von Reinräumen und Ausführung von Produktionslinien sind Möbel und Geräte für Schleusen meist nur ein untergeordnetes Thema, sodass es dafür noch wenig konkrete Anforderungen und hygienegerechte Ausführungen gibt. Da sie in Hygienebereichen eingesetzt werden, sollten sie zunächst alle grundlegenden Anforderungen an Hygienic Design erfüllen. Einer der wesentlichsten Punkte ist die Wahl geeigneter Werkstoffe für die Einrichtung und daraus folgend die Resistenz gegen bei der Reinigung eingesetzte Substanzen. Am häufigsten werden erfahrungsgemäß Edelstähle vor allem in Nassbereichen verwendet. Sie weisen z. B. im Vergleich zu kunststoffbeschichteten Spanplatten eine wesentlich höhere Lebensdauer auf und bergen nahezu keine Gefahr, bei Beschädigung Partikel zu erzeugen. Auch Kunststoffkonstruktionen kommen in verschiedenen Fällen zur Anwendung. Kunststoffoberflächen haben aber im Trockenbereich den Nachteil, dass sie sich elektrostatisch aufladen und Staub anziehen. Aluminium kann in Trockenbereichen in Form ebener Flächen ebenfalls eingesetzt werden. Profilmaterial ist aufgrund der schlechten Reinigbarkeit der Profilnuten möglichst zu vermeiden.

Neben einer leicht reinigbaren Oberflächenqualität müssen vor allem konstruktive Parameter berücksichtigt werden. Die notwendigen Möbel und Einrichtungen für Reinraumkleidung und -schuhe sollten so einfach wie möglich, aber leicht reinigbar ausgeführt und auf die notwendige Größe beschränkt werden. So sollte z. B. auf Schubläden in Schränken und Regalen oder auf Unterbauten bei Tischen verzichtet werden. In manchen Betrieben wird z. B. vorgeschrieben, dass alle Radien größer als 10 mm ausgeführt, Tischrahmen und sonstige Gestelle dicht geschweißt und keine gelochten Bleche sowie vertieften Oberflächen mit Nuten, Schlitzen, Schrauben usw. verwendet werden. Bei mobilen Einrichtungen und fest eingebauten Möbeln ist außerdem eine möglichst große Wartungsfreiheit anzustreben. Obenliegende horizontale Flächen, vor allem über Augenhöhe, sollten geneigt ausgeführt werden, um Sichtflächen zu schaffen und das Abstellen von Gegenständen zu vermeiden. In Abb. 5.150a ist das Beispiel eines Schrankes mit offenen Regalfächern dargestellt, dessen Oberseite hygienegerecht abgeschrägt ist.

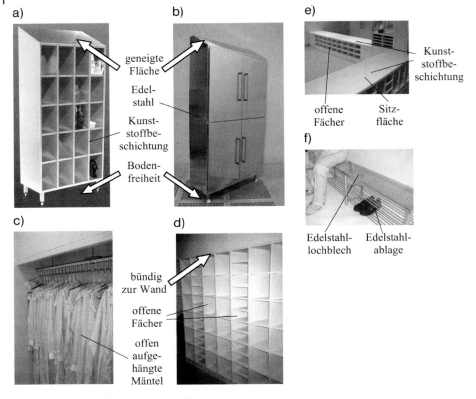

Abb. 5.150 Beispiele für Schleusenmobiliar:
(a) Fächerschrank mit Kunststoffbeschichtung,
(b) Edelstahlschrank mit Türen (Fa. Basan), (c) Aufhängung für Reinraumkleidung,
(d) Einbau-Wandschrank mit Fächern und (e) Sit-over-Bank mit Fächern für Schuhe
(Fa. Schoppmann), (f) Edelstahlbank mit Schuhablagen (bmf Profilsysteme).

Gleiches gilt für den durch Türen verschlossenen Schrank aus Edelstahl. Bei beiden Ausführungen ist auf ausreichende Bodenfreiheit zu achten, um unterhalb der Schränke auch den Boden reinigen zu können. Eine andere Möglichkeit besteht darin, Schränke spaltfrei an der Decke enden zulassen, wie es Abb. 5.150d zeigt. Entscheidend ist bei allen Schrankkonstruktionen, wie sie gegenüber der Wand abgedichtet sind. Spalte hinter den Schränken lassen sich nicht beherrschen und bergen in Nassbereichen eine erhebliche Kontaminationsgefahr durch Mikroorganismen. Auch Fächer, die eine Rückwand besitzen, lassen sich aufgrund der inneren Ecken und Kanten schlecht reinigen. Sie werden aber relativ stark verschmutzt, vor allem wenn sie z. B. für Straßenschuhe verwendet werden.

Eine günstige Gestaltung weist der Garderobenbereich für Schutzkleidung nach Abb. 5.150c auf. Er ist leicht zugänglich und offen gestaltet, sodass eine Reinigung leicht möglich ist. Die Abb. 5.150e zeigt eine übliche Ausführung von Sit-over-Bänken, die zur Abgrenzung unterschiedlicher Schleusenbereiche dienen. Für die Schuhfächer gilt das bereits Gesagte. Um leichter reinigbar zu sein, müssten die Fächer durchgehend ausgeführt werden, was aber in Widerspruch zur Abgrenzung der unterschiedlichen Bereiche stehen könnte. Die aus Edelstahl hergestellte Sit-over-Bank nach Abb. 5.150f ist allerdings beidseitig zugänglich. Die aus Längsstäben bestehende Schuhablage lässt sich leicht reinigen. Die Lochbleche der Sitzfläche müssten sich an der Unterseite erweitern, was man durch Ansenken erreichen kann.

Auch Behälter für Abfälle im Schleusenbereich sollten leicht reinigbar ausgeführt werden. Mithilfe eines Kunststoff-Inliners kann der Abfall gesammelt und aus der Schleuse transportiert werden, ohne dass der Abfall mit dem Behältnis selbst in Berührung kommt. Die Art der Betätigung verschlossener Abfallbehälter hängt vom Hygienebereich ab, in dem der Behälter aufgestellt wird. Bei unproblematischem Abfall empfiehlt es sich, offene Behälter zu verwenden.

Einen wichtigen Gesichtspunkt für eine zuverlässige und sichere Benutzung der einzelnen vorhandenen Ausrüstungsgegenstände und Geräte stellt ihre logistisch richtige Anordnung dar.

Maßnahmen und Vorrichtungen für Personal

Vor dem Überschreiten von Grenzen in Richtung höherer Reinheitsanforderungen sind vom Personal im Allgemeinen Hygienemaßnahmen zu erfüllen, die je nach Art der Produktion in unterschiedlicher Weise vom jeweiligen Betrieb vorgegeben werden. Sie bestehen meist aus einer Kombination von Waschen und eventuell Desinfizieren der Hände und dem Anlegen bestimmter Kleidungsstücke.

Da *Hygieneeinrichtungen* zum Händewaschen häufig in Schleusen eingebunden (Abb. 5.145 und 5.146) und Duschen sowie Toiletten für den Produktionsbereich von Schleusen aus zugänglich sind (Beispiele in Abb. 5.144 und 5.146), sollen die wesentlichen Gesichtspunkte der Gestaltung von Sanitäreinrichtungen in diesem Zusammenhang kurz diskutiert werden.

Für Lebensmittel- und Pharmabetriebe sind in etwa die gleichen Anforderungen in Bezug auf notwendige Sanitäreinrichtungen vorgegeben [5, 90]. Danach wird vorgeschrieben, dass dem Personal geeignete und saubere Waschanlagen und Toiletten zur Verfügung stehen sollten. Die Waschanlagen müssen Warm- und Kaltwasserzufuhr haben und mit Mitteln zum Händewaschen und zum hygienischen Händetrocknen ausgestattet sein. Die Waschräume und Toiletten müssen von den Herstellungsbereichen getrennt, von diesen aus jedoch leicht zugänglich sein. Falls erforderlich sollten geeignete Duschvorrichtungen und/oder Umkleidemöglichkeiten vorhanden sein.

Toiletten müssen in ausreichender Anzahl vorhanden sein. Toilettenräume dürfen auf keinen Fall unmittelbar in Räume öffnen, in denen mit Lebensmitteln umgegangen wird. Abwasserableitungssysteme, wie sie z. B. in Nassbereichen von Schleusen vorkommen (siehe z. B. Abb. 5.146), müssen zweckdienlich sein. Sie müssen so konzipiert und gebaut sein, dass jedes Kontaminationsrisiko vermieden wird. Offene oder teilweise offene Abflussrinnen müssen so ausgeführt werden, dass die Abwässer nicht aus einem kontaminierten zu einem oder in einen reinen Bereich fließen können

Einen wichtigen Stellenwert in Hygienebereichen nimmt das Händewaschen ein. Damit wird das Ziel verfolgt, Verschmutzungen zu entfernen und Mikroorganismen zu reduzieren, um Infektionen zu vermeiden. Als Reinigungsmittel sollten wirksame, hautschonende Lotionen verwendet werden. Eine zusätzliche Händedesinfektion sollte vor dem Betreten von Reinräumen durchgeführt werden. Damit sollen in erster Linie durch ein geeignetes Desinfektionsmittel Mikroorganismen abgetötet werden.

Die verwendeten Handwaschbecken sollten grundsätzlich hygienegerecht gestaltet sein. Gemäß dem in Abb. 5.151a abgebildeten Beispiel sollten horizontale Fläche geneigt ausgeführt werden und das Becken mit ausreichend großen Radien am inneren Umfang sowie am Boden ausgerundet sein. Um in reinen Bereichen von Schleusen Schmutz- oder Keimübertragungen auszuschließen, sollten Handwaschbecken mit Ellbogen, Fuß oder Sensor zu betätigen sein.

Spender für Seife, Papier oder andere Verbrauchsmaterialien sollten so ausgewählt werden, dass kein unnötiger Verbrauch von Füllgütern durch zu große Entnahmeöffnungen oder zu großzügige Dosierung entsteht. Ein zusätzlicher Verbrauch kann auch durch falsche Montagehöhen verursacht werden. Die Bedienung sollte je nach Einsatzort und -gebiet so erfolgen können, dass keine Keimübertragung möglich wird. Seifenspender sollten so gestaltet sein, dass an den Oberflächen ein Ablaufen von Wasser erfolgen kann und dass möglichst kein Nachtropfen der Seife erfolgt. Außerdem sollten sie über dem Waschbecken montiert werden, um eine Auffangmöglichkeit zu haben.

Papierhandtuchspender sollten möglichst nahe am Waschbecken sowie über einem zugeordneten Abfallbehälter angeordnet werden. Sie sollten gemäß Abb. 5.151b mit geneigter Oberfläche ausgeführt werden, um gute Sichtbarkeitsverhältnisse für die Reinigung zu schaffen und die Ablage von Gegenständen zu verhindern. Die Entnahme von Tüchern sollte ohne Berührung des Geräts möglich sein, das zu diesem Zweck mit einem automatischen Vorschub

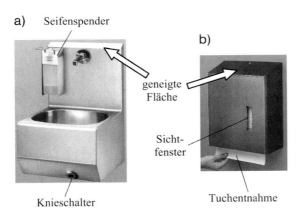

Abb. 5.151 Beispiele für Sanitäreinrichtung:
(a) Handwaschbecken mit Knieschalter und Seifenspender,
(b) hygienegerechter Papiertuchspender.

ausgerüstet sein sollte. Die Befüllung mit Tüchern kann je nach Ausführung z. B. durch Herabklappen oder Öffnen des Gehäuses erfolgen. Durch die Verwendung gut konstruierter Spender, die eine zuverlässige Vereinzelung gewährleisten und Staus verhindern, sowie eine günstige Anordnung der Entnahme mit richtig ausgewählten Tücher kann die unnötig entnommene Anzahl verringert und das Bespritzen oder Beschmutzen nachfolgender Tücher verhindert werden.

Für die Qualität und Saugfähigkeit der Papiertücher sind die verwendeten Rohstoffe maßgebend. Für Reinraumschleusen muss sichergestellt werden, dass bei Verwendung von Tüchern keine Fasern oder Abriebpartikel entstehen. Aufgrund der Wiederaufbereitung und der damit verbundenen kurzen Fasern sollten Recyclingpapiere in solchen Fällen nicht eingesetzt werden. Bei Zellstofftüchern ohne Recyclingware werden dagegen frische Fasern mit wenig Bindemittel verwendet. Dadurch sind die Tücher qualitativ hochwertiger, weich und fusseln nicht. Die Tücher können sowohl trocken als auch angefeuchtet bzw. nass verwendet werden. Vom Umweltbundesamt werden Zellstoffpapierhandtücher allerdings als ökologisch ungünstiges System bewertet, da sie nicht recyclingfähig sind. Dagegen kommt es zu dem Ergebnis, dass elektrische Warmlufthändetrockner, Stoffhandtuchspender und Handtuchspender mit Recyclingpapier ökologisch vergleichbar gute Systeme zum Trocknen der Hände sind. Dazu ist zu ergänzen, dass z. B. in der Arbeitsstättenrichtlinie [119] auch Warmlufthändetrocken als hygienische Mittel zum Händetrocknen eingestuft werden. Nach Untersuchungen des Fresenius-Instituts wird bestätigt, dass die Keimzahlen von Warmluftgeräten in der Ausblasluft unter denen der Ansaugluft liegen, sodass anzunehmen ist, dass durch die Warmluft sogar ein Teil der in der Luft vorhandenen Keime abgetötet werden kann. Allerdings gibt es keine Untersuchungen darüber, in welchem Umfang die Luftströmung der austretenden Luft Staub und Keime in der Umgebung aufwirbelt, sodass dadurch eventuell Kontaminationsrisiken entstehen. Es wäre denkbar, dass sich solche Probleme durch Absaugen der Luft beseitigen ließen. Als weiteres Problem ist jedoch zu berücksichtigen, dass sich die Gebläse im Allgemeinen schlecht reinigen lassen.

Spender für Desinfektionsmittel sollten bevorzugt mit dem Ellenbogen betätigt werden können, um nicht bereits behandelte Hände zu rekontaminieren. Im Allgemeinen befindet sich am Oberteil solcher Spender ein Hebel aus Edelstahl, der eine solche Betätigung zulässt. Er sollte ausreichend lang gewählt werden, um eine sichere Betätigung zu ermöglichen.

Besondere Hygieneregeln sind für das Personal vor Betreten reiner Arbeitsbereiche sowie hygienerelevanter Produktionsräume, wie bei der Produktion mit offenen Arbeitsprozessen, in Bezug auf die *Bekleidung* zu beachten. Vor allem in Reinraumbereichen stellt das Personal die größte Partikelquelle dar. Die meisten Staubteilchen gehen in Form von Haaren und Schuppen vom Kopf des Menschen aus. Hinzu kommen Speicheltröpfchen mit Mikroorganismen aus dem Mund. Schon bei einfachem Umhergehen lösen sich zwischen fünf und zehn Millionen Partikel pro Minute aus Körper und Kleidung, die von Luftströmungen erfasst werden und ein Hygienerisiko darstellen. Aus diesem Grund ist das Tragen von

Spezialkleidung Pflicht. Trotzdem können sich von Personen immer noch bis zu 20.000 Partikel pro Minute lösen. Um diese Zahl nicht weiter zu erhöhen, müssen besondere Regeln beachtet werden. Diese betreffen z. B. das Tragen von besonderer Arbeitskleidung, die abhängig von den jeweiligen Raumklassen festgelegt wird. Grundsätzlich soll damit das Produkt vor möglichen Kontaminationen durch den Mitarbeiter bewahrt und jede Form nachteiliger Beeinflussungen verhindert werden. Umgekehrt wird das Personal auch vor unerwünschter Verschmutzung durch das Produkt geschützt. Ein weiterer Gesichtspunkt kann auch sein, dass auf diese Weise die verschiedenen Tätigkeiten der Mitarbeiter für einzelne Betriebsbereiche kenntlich gemacht werden.

Im allgemeinen Sprachgebrauch wird diese Kleidung als Reinraumkleidung bezeichnet, da sie nach den Berufsgenossenschaftlichen Regeln [120] eine Arbeitskleidung ist, die die Umgebung gegen Einflüsse wie z. B. Haare, Hautpartikel usw. schützt, die vom Träger dieser Kleidung ausgehen können. Sie kommt im Allgemeinen in der Lebensmittel- und Pharmaindustrie zum Einsatz. Dagegen versteht man unter Schutzkleidung eine persönliche Schutzausrüstung, die den Rumpf, die Arme und die Beine vor schädigenden Einwirkungen bei der Arbeit schützen soll. Es gibt Schutzkleidungsarten, die nur Körperbereiche und solche, die den gesamten Körper schützen. Die verschiedenen Ausführungen der Schutzkleidung können gegen eine oder mehrere Einwirkungen schützen. Ein Schutz kann z. B. in der Pharmaindustrie bei der Produktion bestimmter Wirkstoffe oder in der Biotechnologie gegen Mikroorganismen oder genveränderte Substanzen erforderlich sein.

Grundsätzlich darf der gesamte Produktionsbereich nicht mit Straßenschuhen betreten werden, da dadurch besonders viele Verunreinigungen verbreitet werden können. Auch wenn Verwaltungsangestellte, Bürokräfte oder Fremdpersonal nur unregelmäßig oder kurz die Produktionsstätte betreten, müssen die Regelungen für Arbeitsbekleidung eingehalten werden. Um dies zu erreichen, ist ein Verständnis der gesamten Belegschaft für den Problemkreis der Hygieneanforderungen unabdingbar.

In Hygienezonen und Reinraumbereichen, in denen nicht aseptisch gearbeitet werden muss und keine stärkere Verschmutzung der Kleidung in der Produktion erfolgt, genügt es meist einen Arbeitsmantel sowie Haarschutz und spezielle Schuhe zu tragen, die auch Einweg-Überschuhe sein können. In diesem Zusammenhang ist es allerdings nicht zu verstehen, dass in vielen Betrieben zwar die Kopfhaare durch eine Haube bedeckt werden müssen, nicht jedoch Bärte, von denen ebenfalls ein Risiko für Produkte ausgeht. Das Tragen von Handschuhen und Mundschutz beschränkt sich in den meisten Fällen auf spezielle Arbeitsvorgänge, wie z. B. offene Prozesse mit sensiblen Endprodukten. Durch einen Mundschutz müssen Mund und Nase abgedeckt sein. Bei Bartträgern muss in diesem Fall auch der Bart mit erfasst werden. In Nassbereichen wie z. B. der Fleischverarbeitung werden neben Kopfbedeckungen meist Stiefel als Fußbekleidung sowie Overalls anstelle von Mänteln vorgeschrieben. Über die Nutzung von Overalls muss im Einzelfall diskutiert werden, da beim Toilettengang einzelne Stoffteile häufig den Boden im Toilettenraum berühren und somit eine Kontaminationsgefahr in der

Produktion entstehen kann. Sie müssten dementsprechend vorher ausgezogen werden.

Bei geschlossenen Prozessführungen können Anforderungen an die Bekleidung weniger streng gehandhabt werden als bei offenen. Dies wird im Einzelfall festgelegt und sollte gegebenenfalls begründet werden. Im Zusammenhang mit Ausnahmeregelungen besteht häufig die Tendenz, dass manche Mitarbeiter weniger strenge Hygieneregeln zum Anlass nehmen werden, sich über die für sie festgelegten Regelungen hinwegzusetzen. Bei den geforderten Maßnahmen sollte jedoch für jeden transparent gemacht werden, dass es sich um gezielte Maßnahmen handelt, die wesentlich zu hygienischen Arbeitsbedingungen in der Produktion beitragen.

Wesentlich umfangreicher und stärker eingeschränkt sind die Bekleidungsregeln für aseptische Bereiche der Lebensmittelindustrie und hochreine Zonen der Pharmabetriebe, wo die Partikelzahl beschränkt ist. Gerade in letzterem Fall stellt nach [121] der Mensch mit etwa 60 % der eingetragenen oder entstehenden Partikel in einem Reinraum die größte Kontaminationsquelle dar. Aus diesem Grund spielt das verwendete Stoffmaterial für die Reinraumbekleidung und deren Partikelrückhaltevermögen gegenüber luftgetragenen Partikeln eine entscheidende Rolle. Allerdings gibt es keine eindeutigen Standards und zum Teil völlig unterschiedliche Prüfmethoden zur Bewertung der Bekleidung. In erster Linie sind Eigenschaften wie z. B. Abriebfestigkeit und Aufrauneigung in Abhängigkeit der Tragezeit bei den unterschiedlichen Stoffen entscheidend. Vor allem in Trockenbereichen stellt das elektrische Aufladen ein erhebliches Problem dar. Abhilfe schaffen etwa das homogene oder inhomogene Einbringen von elektrisch leitfähigen Fasern in Verbindung mit dem Aufbau des jeweiligen Gewebes.

Grundsätzlich spielt neben den Möglichkeiten, unterschiedliche Materialien einsetzen zu können, die Akzeptanz der Mitarbeiter gegenüber der Reinraumbekleidung eine wichtige Rolle. Dabei hat es sich als günstig erwiesen, Entscheidungen über Ausführung und Schnitt in enger Zusammenarbeit mit den betroffenen Mitarbeitern zu treffen, sodass der Tragekomfort und das Wohlgefühl berücksichtigt werden können. Im Vordergrund stehen hierbei Eigenschaften, wie die Neigung zum Kleben, das Kratzen aufgrund zu hoher Rauheit, lokaler Druck bei zu steifen Stoffen und das Adsorptionsvermögen. Durch Testen möglicher Modelle über einen längeren Zeitraum lassen sich auch gewisse Mängel wie z. B. Wärmestau bei Verwendung von reinen Kunstfasern aufdecken, die sich erst nach einiger Zeit zeigen. Wesentlich aus Hygienegründen ist es, dass die Kleidung nicht als zusätzliche Quelle der Partikelemission fungiert und eine Barriere gegenüber Hautteilchen und Partikeln der Unterbekleidung darstellt. Untersuchungen zeigen, dass durch eine geeignete Zwischenbekleidung eine mikrobiologische Kontamination der Reinraumoberbekleidung vermieden werden kann. Insgesamt spiegelt der Einsatz einer effizienten Reinraumbekleidung unterschiedliche Sichtweisen von Hygienemaßnahmen wieder. Sowohl der Tragekomfort, das Partikelrückhaltevermögen, unterschiedliche Ausführung von Nähten und eine reinraumtaugliche Zwischenkleidung als auch die Tragezeit bis zum nächsten Wechsel, die z. B. durch die Zahl der Zyklen bei anschließender Sterilisation oder

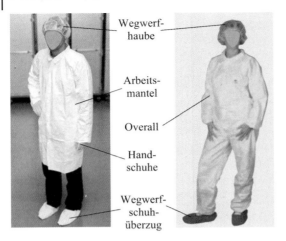

Abb. 5.152 Arbeitskleidung für Hygienebereiche:
(a) Haube, Mantel und Schuhüberzüge (Fa. Reinraumeinrichtung),
(b) Haube, Overall und Überschuhe (Fa. Basan).

ohne Sterilisation festgelegt wird, geben nur beispielhaft die Anforderungen an die Bekleidung wieder. Letzteres bedeutet, dass auch die reinraumgerechte Pflege und Dekontamination der Bekleidung einen wichtigen Punkt darstellen. Bei der Überprüfung sind Verschleißerscheinungen festzustellen und entsprechend zu beheben. Stark verschmutzte Arbeitskleidung aus kritischen Arbeitsbereichen sollte möglichst nicht mit anderen Textilien zusammengebracht werden. Im Pharmabereich beinhalten Forderungen an die Qualität der Räumlichkeiten und Reinigungsanlagen in den Waschbereichen und den Waschprozess sowohl die Validierung des Waschprozesses, die Qualifizierung der Reinigungsanlagen und Räumlichkeiten sowie die Rückverfolgbarkeit der gewaschenen Kleidung mit einem Codiersystem. Über ein Codiersystem wird die eindeutige Identität jedes Bekleidungsstückes und seiner Reinigungshistorie gewährleistet.

In Abb. 5.152a ist ein Beispiel einer einfachen Arbeitskleidung dargestellt, die aus einer Wegwerfhaube für die Haare, einem Arbeitmantel ohne Taschen, Handschuhen und einem Wegwerfüberzug für die Schuhe besteht. Durch einen Overall gemäß Abb. 5.152b werden zusätzlich die Beine abgedeckt. Einteilige Anzüge sind mit oder ohne Stiefel, Handschuhe und Kopfhaube erhältlich. Stiefel und Handschuhe können fest eingearbeitet oder abnehmbar sein.

Der Schutz des Kopfbereichs kann ebenfalls unterschiedlich vorgeschrieben sein. Die Abb. 5.153a zeigt zusätzlich zur üblichen Haarbedeckung auch einen Mundschutz. Bei Bartträgern muss dieser auch den Bart bedecken. In Abb. 5.153b ist der gesamte Kopf- und Halsbereich abgedeckt. Zusätzlich wird eine Schutzbrille sowie eine Atemmaske verwendet.

Zusammenfassend ist festzustellen, dass Bekleidungsvorschriften möglichst einfach, unmissverständlich und einheitlich sowie optionsfrei festgelegt und gehandhabt werden sollten. Zu viele verschiedene Anforderungen und Vorschriften

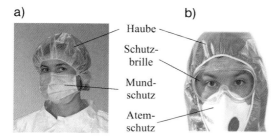

Abb. 5.153 Beispiele von Kopfschutz:
(a) Haube und Mundschutz (Fa. Basan),
(b) Kapuze, Schutzbrille und Atemschutz (Fa. Berner International).

für unterschiedliche Bereiche können Probleme schaffen und die anschließende Kontrolle unnötig erschweren. Andererseits kann aber verschiedenartige Arbeitskleidung auch die Trennung der Hygienezonen erleichtern und zusätzlich sichtbar machen, ob ein bestimmter Mitarbeiter die für seine Arbeitsbereiche vorgeschriebene Kleidung trägt. Gegenseitige Achtsamkeit der Belegschaft auf Vollständigkeit und Korrektheit der Bekleidung wirkt sich in jedem Fall positiv aus.

6
Reinigung und Reinigungssysteme

Die Reinigung von Apparaten, Anlagen und Prozessbereichen stellt einen wichtigen Themenkreis dar, ist aber nicht zentraler Gegenstand von Hygienic Design. Außerdem existieren darüber ausgezeichnete Bücher und Veröffentlichungen, die den Gesamtbereich oder spezielle Fragen ausführlich behandeln. Aus diesem Grund soll an dieser Stelle nur ein kurzer Überblick gegeben sowie die wichtigsten Faktoren und Problemkreise diskutiert werden. Von speziellem Interesse sind allerdings die Reinigungsanlagen und Geräte, die zur Durchführung der Reinigung verwendet werden, da für sie ebenso wie für Prozessanlagen eine hygienegerechte Gestaltung erforderlich ist.

In den hygienerelevanten Industriebereichen zur Herstellung von Nahrungsmitteln sowie pharmazeutischen, kosmetischen und biotechnischen Produkten nimmt die Reinigung denselben Stellenwert wie die Produktion ein, da sie eine unabdingbare Voraussetzung für Produktreinheit und -qualität im Sinne des Verbraucherschutzes darstellt. Im Gegensatz zur Reinigbarkeit, die die Fähigkeit bedeutet, dass Apparate unabhängig von den hergestellten Produkten leicht sauber werden können, versteht man unter Reinigung die Entfernung von Schmutz im konkreten Fall der Produktion, d. h. in Abhängigkeit der verwendeten Produkte und Apparate. In diesem Zusammenhang spricht man in der jeweiligen Situation auch von dem konkret erzielbaren oder erzielten Reinigungserfolg.

Als wesentlich für das Reinigungsergebnis werden unterschiedliche Verfahren abhängig von den jeweiligen Prozessen betrachtet. In geschlossenen Bereichen, in denen Flüssigkeiten oder feuchte bis nasse Produkte verarbeitet werden, ist die automatisierte *Nassreinigung* wie z. B. CIP das Mittel der Wahl. Sie kann bei hygienegerecht gestalteten Anlagen mit hoher Sicherheit und kontrollierbarem Ergebnis durchgeführt werden, sodass keine potenziellen Gefahren durch Kontaminationsquellen entstehen. Wenn dagegen Apparate nass von Hand wie z. B. durch Abspritzen, Abschäumen oder Abbürsten gereinigt werden müssen, können Risiken für Kontaminationen z. B. direkt durch unzuverlässig durchgeführte eventuell auch personenabhängige Reinigungsprozesse oder indirekt durch Verbreitung mittels Aerosolen entstehen. In solchen Fällen spielt die Überprüfung des Reinigungserfolgs eine entscheidende Rolle, um die Risiken weitgehend beherrschen zu können.

In der Betriebs- und Prozessumgebung, wo Feuchtigkeit bzw. Nässe ausgeschlossen werden kann, ist die *Trockenreinigung* der Nassreinigung vor allem unter dem Gesichtspunkt der Vorbeugung gegen Mikroorganismenwachstum sowie als Maßnahme gegen mikrobiologische Kreuzkontamination weit überlegen. Trotz ausreichender Hygienic-Design-Maßnahmen und regelmäßiger Wartung besteht immer die Gefahr, dass sich im Betrieb Risse und Spalte z. B. in Hohlkörpern bilden oder Totbereiche vorhanden sind. Wenn z. B. Produktreste, die als Nährmedien dienen, in solche Bereiche eindringen und trocken bleiben, entsteht keine mikrobiologische Kontaminationsgefahr. Sowie jedoch Wasser vorhanden ist, sind potenzielle Quellen für Kontaminationen nicht auszuschließen. Damit ist die Trockenreinigung die naheliegendste Wahl für trockene Prozesse wie trockenes Mischen, Fördern oder Lagern von Produkten mit niedriger Wasseraktivität in der Lebensmittelindustrie. In HACCP-Studien wird darauf hingewiesen, dass für solche Prozesse oder Produkte jede Quelle für Wasser ausgeschlossen werden muss. Es stellt sich dabei allerdings auch die Frage, mit welchen Mitteln und bei welchen Prozessen dies praktisch realisierbar ist.

Nach [1, 2] umfasst der Begriff „Schmutz" alle unerwünschten Substanzen einschließlich Resten von Produkt, Reinigungs- und Desinfektionsmitteln sowie Mikroorganismen aller Art. Schmutz setzt sich damit im Wesentlichen aus organischen und anorganischen (z. B. mineralischen) Substanzen zusammen. Bezüglich der Löslichkeit in Wasser unterscheidet man zwischen Substanzen, die wie Salze, Säuren und niedermolekulare Kohlehydrate echt löslich sind, und quellbaren Stoffen, zu denen höhermolekulare Kohlehydrate und Proteine gehören. Daneben sind z. B. Fette und Lipoide meist emulgierbar, während Zellulose und Rohfaseranteile als suspendierbar zu bezeichnen sind. Schmutzbestandteile können generell chemisch gebunden, physikalisch durch Haftkräfte anhaftend, koaguliert, kolloidal verteilt (Partikelgröße 10^{-2} µm $> x > 10^{-4}$ µm) oder suspendiert ($x > 10^{-2}$ µm) sein. Mikroorganismen entwickeln sich in Flüssigkeiten nicht in Form von Kolonien, sondern verbreiten sich vielmehr meist über die gesamte Flüssigkeitsmenge oder bilden einen Bodensatz bzw. bei ruhendem Flüssigkeitsspiegel z. B. in Behältern eine Deckschicht an der Oberfläche. Erst rund 100 Millionen Bakterienzellen pro Liter bewirken in klaren Flüssigkeiten eine leichte Eintrübung [3].

Während des Herstellungsprozesses befinden sich Produkte und die in ihnen enthaltenen Mikroorganismen in direktem Kontakt mit den Oberflächen von Apparaten und Bauteilen. Daneben können Feststoffpartikel von Suspensionen oder Tropfen von Emulsionen aufgrund verschiedener Transportmechanismen wie z. B. Sedimentation oder Impulswirkung durch Turbulenz an solche Oberflächen gelangen. Dort bilden sie Beläge, die durch chemische oder physikalische Einwirkungen (z. B. Denaturierung, Hitze, Druck) noch zusätzlich Veränderungen erfahren können. Mikroorganismen finden vor allem in Ecken und Spalten von Wandbereichen sowie in Toträumen günstige Bedingungen, um sich zu vermehren. Auf diese Weise entstehen Gefahren der Infektion bzw. Kontamination für das Produkt während der Produktion. Sie bilden zunächst Kolonien und schließlich äußerst hartnäckige Biofilme, in denen sie in Bereichen leben, die durch extrazelluläre Polymere geschützt werden und dadurch schwer angreifbar sind [71].

Eine Beeinflussung oder Kontamination von Produktchargen durch Schmutz einschließlich Mikroorganismen, der aufgrund ungenügender Reinigung von Anlagenbereichen und Komponenten nicht entfernt wird, ist aus rechtlichen Gründen im Zusammenhang mit Verbraucherschutz und Produkthaftung unbedingt auszuschließen, wenn damit gesundheitliche Risiken oder Beeinträchtigungen der Produktqualität verbunden sind. Daher ist auch innerhalb von Konzepten zur Bewertung der Reinigung sowie der Sauberkeit von Apparaten oder zum Ausschluss von Risiken eine Validierung der Reinigung vorzusehen.

Technisch kann die Reinigung von verschmutzten Apparaten durch unterschiedliche in-place oder manuelle Verfahren erfolgen, die mithilfe von Durchströmung, Spülen, Waschen, Absprühen oder -spritzen oder Schaumbehandlung durchgeführt werden und auch mechanische Hilfsmittel benutzen können.

Im Allgemeinen wird bei der Reinigung mit der Beseitigung von Schmutz bereits der größte Teil der vorhandenen Mikroorganismen entfernt. Der erzielte Reinigungserfolg stellt allerdings keine absolute Größe dar, da er durch gewählte Nachweismethoden festgestellt wird und damit von deren Nachweisgrenzen abhängt. Im nicht sichtbaren Mikrobereich können daher je nach gewählter Methode feinste Reste unerwünschter Substanzen und vor allem lebensfähiger Mikroorganismen vorhanden sein, ohne dass sie nachgewiesen werden. Das heißt aber, dass die Oberflächen von Apparaten vor allem in kritischen Bereichen nicht „vollständig sauber" und damit frei von Mikroorganismen werden. Es ist deshalb üblich und häufig auch notwendig, zusätzliche Verfahren zur Keimabtötung oder Desinfektion zu verwenden, um die rechtlichen Anforderungen des Verbraucherschutzes im Hinblick auf die Sauberkeit der gereinigten Anlagen zu erfüllen. Hierbei können je nach Anforderung an das Produkt sowie der vorhandenen Keime unterschiedliche Verfahren zur Abtötung von Mikroorganismen angewendet werden, die bezüglich ihrer Wirksamkeit zu unterscheiden sind. Entscheidend aber ist, dass eine Desinfektion ohne vorausgehende Reinigung erfolglos und damit sinnlos ist. Da vor allem Mikroorganismen in Biofilmen und anderen Schmutzschichten durch deren Isolierwirkung geschützt sind, können weder Hitze noch Chemikalien in vollem Umfang wirksam werden. Außerdem kann sogenannter „steriler Schmutz" toxische Stoffwechselsubstanzen von Mikroorganismen enthalten, sodass Kontaminationsgefahren nicht auszuschließen sind.

Die verschiedenen Möglichkeiten und Definitionen der Verfahren sollen zur Klarstellung kurz zusammengestellt werden:

Unter Desinfizieren im ursprünglichen Sinn versteht man, einen Gegenstand in den Zustand zu versetzen, in dem er nicht mehr infizieren, d. h. im medizinischen Sinne „krank machen" kann [4]. In [2] wird Desinfektion als Inaktivierung aller pathogenen Keime und einer großen Reihe anderer Mikroorganismen auf ein Niveau definiert, das der hygienischen Verwendung der Einrichtung entspricht. Im Sinne der Produktsicherheit bedeutet diese Aussage, dass Desinfektion in erster Linie der Beseitigung von Krankheitserregern dient, wobei zwangsläufig auch andere Keime abgetötet werden.

Unter Pasteurisieren versteht man einen Prozess, der alle relevanten Mikroorganismen außer einiger Sporen inaktiviert.

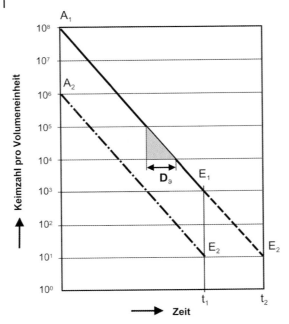

Abb. 6.1 Darstellung des Sterilisationserfolgs in Abhängigkeit der Zeit durch den D-Wert bei verschiedenen Anfangsgehalten an Mikroorganismen.

Durch Sterilisation müssen nach [2] definitionsgemäß alle Mikroorganismen und relevanten mikrobiellen Sporen inaktiviert werden. Letzteres wird vor allem für aseptische Prozesse verlangt, ist aber im Anlagenbereich technisch nicht realisierbar. Der für die Untersuchung der Sterilisierbarkeit von Apparaten relevante EHEDG-Test [5] geht z. B. von einer log-5-Keimreduzierung des verwendeten Testkeims aus, was als praktisch erreichbare Maßnahme anzusehen ist. In manchen Fällen wird aber auch von einer log-6-Reduzierungsrate von Keimen ausgegangen. Wesentlich dabei ist der Anfangskeimgehalt bei Beginn des Sterilisationsverfahrens, der z. B. durch vorangegangene Reinigungsverfahren so niedrig wie möglich gehalten werden sollte, da davon gemäß Abb. 6.1 der Endgehalt abhängt. Wie das Beispiel zeigt, wird bei vorgegebenem D-Wert (s. auch [22, 74]) bei einer log-5-Abtötungsrate in einer bestimmten Zeit t_1 die Keimzahl von einem Ausgangswert $A_1 = 10^8$ Keimen pro Volumeneinheit auf $E_1 = 10^3$ reduziert, während ausgehend von $A_2 = 10^6$ Keimen pro Volumeneinheit eine Reduzierung auf $E_2 = 10$ erfolgt. Um im ersten Fall den gleichen Endgehalt E_2 zu erreichen, müsste die Zeit t_1 auf t_2 verlängert werden.

Aufgrund dieser technisch maßgebenden Voraussetzungen definiert FDA in Zusammenhang mit aseptischen Bedingungen eine „commercial sterility" [6]. Die Übersetzung der Definition lautet: „*Gewerbliche Sterilität von Apparaten und Behältern, die für aseptische Prozesse und Verpackung von Lebensmitteln benutzt werden, bedeutet den Zustand, der durch Anwendung von Hitze, chemischen Substanzen oder andere gleichwertige Behandlungsmethoden erreicht wird, um Apparate und*

Behälter frei von lebenden Mikroorganismen mit Relevanz für die öffentliche Gesundheit sowie von nicht gesundheitsschädlichen Mikroorganismen zu machen, die sich unter normalen Bedingungen ohne Kühlung während der Lagerung oder des Vertriebs vermehren können."

Eine etwas andere Bedeutung hat der vor allem in der Pharmaindustrie sowie in den USA verwendete Begriff „sanitisieren". Nach FDA [7] bedeutet es ganz allgemein, produktberührte Oberflächen durch einen Prozess zu behandeln, der in angemessener Weise vegetative Zellen von gesundheitsrelevanten Mikroorganismen abtötet und zusätzlich die Anzahl von anderen unerwünschten Mikroorganismen reduziert, die das Produkt oder den Verbraucher nicht nachteilig beeinflussen.

Im Folgenden soll zunächst eine kurze Übersicht über die wesentlichen Reinigungs- und Desinfektionsmittel gegeben werden.

6.1
Reinigung und Keimabtötung

Sowohl Reinigungsmittel als auch Trägersubstanzen für Schmutz sind sehr unterschiedlich aufgebaut. Für alle Nassreinigungsprozesse im Durchlauf, die in vielen Industriezweigen bei Weitem überwiegen, bildet Wasser mengenmäßig den größten Anteil an den Reinigungslösungen. Es kann zwar selbst ebenfalls bestimmte Schmutzanteile wie beispielsweise viele Salze oder Zuckerbestandteile lösen beziehungsweise Proteine und höhermolekulare Kohlenhydrate quellen. Als Reinigungsmittel kann es jedoch nicht bezeichnet werden, da seine Wirksamkeit unter praxisüblichen Bedingungen meist nicht ausreicht, um eine ausreichende Reinigungswirkung zu erzielen. Entweder benötigen die Lösungs- und Quellvorgänge zu lange Zeit oder der Reinigungseffekt bleibt wie z. B. bei fetthaltiger Verschmutzung völlig unzureichend. Aus diesem Grund ist es notwendig, dem Wasser chemische Substanzen zuzusetzen, welche eine effektive und sichere Reinigung ermöglichen.

Grundlegende Reinigungswirkungen gehen von Laugen und Säuren aus. Sie werden in manchen Fällen direkt in Form der chemischen Grundstoffe eingesetzt oder sind in sogenannten konfektionierten Reinigungsmitteln zusammen mit anderen Substanzen oder Detergenzien enthalten, die vom Hersteller als fertig gemischte Präparate vertrieben werden. Letztere lassen sich nochmals in vollkonfektionierte Produkte und sogenannte Komponentenmittel unterteilen, die aus einer chemischen Grundsubstanz wie Natronlauge und einem Wirkstoffkonzentrat als zweiter, gesondert zu beziehender Komponente bestehen. Die Wirkstoffe bestehen dabei vorwiegend aus Substanzen, die die Härtebildner des Wassers abbinden.

Aufgrund ihrer Konsistenz unterscheidet man feste und flüssige Reinigungsmittel. Letztere werden bevorzugt für die vollautomatische Reinigung eingesetzt, da sie sich mittels spezieller Vorrichtungen wesentlich unproblematischer dosieren lassen als Pulver. Allerdings liegt ihr Gehalt an reinigungsaktiven Substanzen niedriger als in festen Reinigern. Eine beschränkte Löslichkeit mancher Einzelsubstanzen, insbesondere aber die wechselseitige Beeinflussung des Lösungsvermögens unterschiedlicher Stoffe im gleichen Ansatz, begrenzen die maximal erreichbare Konzentration flüssiger Reiniger [8]. Da die Löslichkeit chemischer Substanzen mit fallender Temperatur zurückgeht, können einzelne Bestandteile aus dem flüssigen Konzentrat z. B. auf dem Transport während kalter Jahreszeiten oder infolge zu niedriger Temperaturen in Aufbewahrungsräumen ausfallen.

Pulverförmige Reiniger lassen sich gegenüber Flüssigprodukten leichter handhaben. Außerdem werden Personal und dessen Kleidung nicht durch Flüssigkeitsspritzer gefährdet. Andererseits entsteht beim Ab- und Umfüllen Staub, vor dem sich das Personal schützen muss. Angebrochene Gebinde müssen gut verschlossen werden, da insbesondere stark alkalische Produkte sehr hygroskopisch sein und aus der umgebenden Luft erhebliche Mengen Wasserdampf aufnehmen können, sodass der Inhalt der Gebinde zusammenklumpt.

6.1.1
Alkalische Mittel

Die Alkalität eines Reinigungsmittels ergibt sich aus Art und Menge der alkalischen Komponenten. Als Hauptbestandteil ist hierbei Natronlauge (NaOH) zu nennen. Sie wirkt in erster Linie gegen organische Substanzen wie z. B. Proteinbeläge, indem sie denaturierte Proteine zum Quellen bringen und damit von der Oberfläche ablösbar macht. Sie besitzt jedoch keinerlei Fettlösevermögen. Lediglich, wenn bei langem Gebrauch der Lösung bei Temperaturen oberhalb 60 °C ein Teil des abgelösten Fetts verseift vorliegt, kann Natronlauge auf indirektem Wege ein begrenztes Emulgiervermögen entwickeln.

Soda (Natriumcarbonatdecahydrat, $Na_2CO_3 \cdot 10\,H_2O$) zeigt grundsätzlich ähnliche Effekte wie freie Laugen, jedoch wegen der geringen Alkalität in abgeschwächter Form.

Hinsichtlich ihres Beitrags zu Teilvorgängen während des Reinigungsprozesses können die einzelnen Substanzen erheblich differieren.

In alkalischen Reinigungsmitteln spielen Zusatzstoffe eine entscheidende Rolle. Hier sind zunächst Komplexbildner zu nennen, die Ca^{2+}- und Mg^{2+}-Ionen binden und damit die Wasserhärte absenken. In diesem Bereich wurde lange Zeit Natriumtriphosphat als „Weichmacher" eingesetzt, da es auch den Reinigungseffekt günstig beeinflusst. Aufgrund der zunehmenden Belastung von Flüssen und Gewässern durch Phosphate geriet es mehr und mehr in Verruf. Aus diesem Grund wurde es durch Chelatbildner und organische Säuren ersetzt, die zum Teil ein höheres Komplexbildungsvermögen besitzen, denen aber reinigende Effekte fehlen.

Eine dispergierende Wirkung und Verminderung der Härte von Wasser durch Ausfällung der Härtebildner zeigt z. B. Trinatriumorthophosphat. Im Gegensatz dazu wirkt Pentanatriumtriphosphat aus der Reihe der linearen Polyphosphate komplexbildend auf die Härtebestandteile des Wassers, ohne dass Ausfällungen entstehen. Dabei werden Calcium- und Magnesiumionen komplex gebunden und bleiben in dem alkalischen Mittel gelöst.

Aus der alkalisch reagierenden hochwirksamen freien Lauge bildet sich zunächst das weniger wirksame Natriumcarbonat:

$$Ca(HCO_3)_2 + 2\ NaOH \rightarrow CaCO_3 \downarrow + Na_2CO_3 + 2\ H_2O \qquad (1)$$

Dieses kann in der zweiten Stufe mit einem etwa vorhandenen Gipsanteil der Wasserhärte reagieren. So entsteht aus Natronlauge das weitgehend reinigungsinaktive Natriumsulfat:

$$CaSO_4 + Na_2CO_3 \rightarrow CaCO_3 \downarrow + Na_2SO_4 \qquad (2)$$

Auf der Komplexbildung mit mehrwertigen Metallionen beruht die Fähigkeit von Natriumtriphosphat, vorhandene Kalkablagerungen wieder aufzulösen. Auf der gleichen Reaktion basiert auch seine Wirksamkeit bei der Entfernung von Milchstein, indem es aus den ausgefällten Proteinen die vernetzenden mehrwertigen Metallionen herauslöst. Dadurch wird die Entfernung des Belages erleichtert. Im unterstöchiometrischen Konzentrationsbereich verhindert Natriumtriphosphat, dass scharfkantige Kalzitkristalle ausfallen, die einen festhaftenden Belag bilden. Stattdessen entsteht ein amorpher, leicht ausspülbarer Niederschlag, der sogenannte Threshold-Effekt.

Vielen konfektionierten Reinigungsmitteln werden außerdem verschiedenartige Silikate zugesetzt. Je nach Höhe des Alkaligehaltes tragen sie mehr oder weniger zur Gesamtalkalität bei. Sie lösen sich kolloidal und bilden Mizellen, welche hydrophile Schmutzanteile stabil in der Lösung zu zerteilen helfen. Alkaliärmere Silikate wie z. B. Disilikat besitzen neben der reinigenden auch eine wichtige korrosionsinhibierende Funktion z. B. gegenüber Aluminium und dessen Legierungen.

Außer den vorgenannten Inhaltsstoffen können alkalische Reiniger auch Natriumsulfat oder -chlorid enthalten. Solche Neutralsalze unterstützen in beschränktem Maß die Wirksamkeit von Tensiden. Sie erhöhen gleichzeitig die Rieselfähigkeit von pulverförmigen Mitteln. Ihre Reinigungseffekte sind jedoch relativ gering, sodass man ihre Menge möglichst begrenzt, um die Abwässer von chemischen Stoffen zu entlasten.

6.1.2
Saure Mittel

Sauer eingestellte Reiniger dienen in erster Linie der Beseitigung von steinartigen Ablagerungen wie Bier-, Milch- und Weinstein oder Wasserstein, die sich mit hartem Wasser im Warmwasserbereich bilden. Weiterhin werden Ablagerungen aus Proteinen, Harzen und insbesondere Ca-Oxalat abgereinigt. Die Basis dafür bilden häufig Mineralsäuren wie Phosphor- oder Salpetersäure. Die Wirksamkeit gegenüber mineralischen Ablagerungen beruht darauf, dass sie die ursprünglich unlöslichen Salze in eine wasserlösliche Form überführen wie z. B.:

$$Ca_3(PO_4)_2 + 4\ HNO_3 \rightarrow Ca(H_2PO_4)_2 + 2\ Ca(NO_3)_2 \qquad (3)$$

Außerdem werden als saure Reinigungsmittel Schwefel-, Essig-, Glucon-, Zitronen- und Ameisensäure eingesetzt. Letztere wird gelegentlich auch in Form einer Harnstoff-Einschlussverbindung $(CO\text{-}NH_2)_2HNO_3$ hergestellt. Diese liegt ebenso wie Amidosulfonsäure als Pulver vor.

Nur in Ausnahmefällen wird als Entsteinungsmittel oder zum Reinigen von Fußböden mit säurelöslichen Verunreinigungen inhibierte Salzsäure verwendet. Hierbei ist besonders auf die Korrosionsgefahr in Zusammenhang mit Edelstahl zu achten.

6.1.3
Tenside

Häufig werden die Stoffe in Reinigungsmitteln, die die Oberflächenspannung von Wasser herabsetzen und Fette binden, mit dem Oberbegriff „Detergenzien" bezeichnet. Man fasst damit sowohl natürlich vorkommende als auch synthetisch hergestellte Tenside, Netzmittel und Emulgatoren zusammen. Sie werden in unterschiedlichen Formen wie Flüssigkeiten, Pulver, Pasten, geformten Stücken usw. für industrielle Zwecke hergestellt. Im deutschen Sprachgebrauch wird für „synthetische Detergenzien" auch der Begriff Syndet verwendet. Wegen der hohen Umweltrelevanz wird in der EG-Verordnung Nr. 648/2004 [9] der freie Warenverkehr für Detergenzien und für Tenside, die für Detergenzien bestimmt sind, geregelt. Gleichzeitig soll ein hohes Schutzniveau für die Umwelt und die menschliche Gesundheit sichergestellt werden. Wesentliche Punkte betreffen die biologische Abbaubarkeit von Tensiden in Detergenzien, Beschränkungen oder Verbote aus Gründen der biologischen Abbaubarkeit, die zusätzliche Kennzeichnung sowie Informationen, die die Hersteller für die zuständigen Behörden und das medizinische Personal bereithalten müssen.

Tenside sind Substanzen, die auf die Oberflächenspannung der Grenzfläche zwischen zwei Phasen einwirken. Beim Einsatz in der Lebensmitteltechnik werden sie als Emulgator bezeichnet und als Hilfsstoffe eingesetzt, um zwei miteinander nicht mischbare Flüssigkeiten (zum Beispiel Öl in Wasser) zu einer Emulsion zu vermengen, schwer lösliche Stoffe zu benetzen oder Suspensionen zu stabilisieren.

Tenside werden in anionischer, nichtionischer und kationischer Form eingesetzt:

Anionische Tenside stellen den größten Anteil in Reinigungsmitteln dar. Die wichtigsten Vertreter sind heute lineares Alkylbenzolsulfonat (LAS), sekundäres Alkylsulfonat (SAS), Fettalkoholsulfat (FAS) und Seife.

Bei den nichtionischen Tensiden enthält der hydrophile Molekülteil keine Ladung, sondern besteht meist aus alkoholischen Hydroxygruppen oder Polyether. Die stark negative Wirkung der Sauerstoffatome bewirkt eine negative Polarisierung des hydrophilen Molekülteils. Dadurch sind die Eigenschaften der nichtionischen Tenside denen der anionischen Tenside ähnlich. Beispiele für nichtionische Tenside sind Fettalkoholpolyglycolether (AEO), Saccharosefettsäureester oder Alkylpolyglykoside (APGs).

AEO ist ein in Reinigern und flüssigen Waschmitteln viel verwendetes nichtionisches Tensid. Die Tenside auf Zuckerbasis, APGs und Saccharosefettsäureester, werden erst seit einigen Jahren in Kosmetika und einigen Flüssigwaschmitteln verwendet. Das APG hat dabei den Vorteil, dass es auch in alkalischer Waschlauge stabil ist, während der Saccharosefettsäureester in alkalischen Waschlaugen so schnell hydrolysiert wird, dass er fast nur in Körperpflegemitteln verwendet werden kann.

Zukünftig werden nichtionische Tenside größere Bedeutung in Wasch- und Reinigungsmitteln erlangen und möglicherweise die anionischen Tenside sogar mengenmäßig übertreffen [10]. Für diese Entwicklung spricht, dass nichtionische Tenside weniger härteempfindlicher, hautfreundlicher, vollständig aus nachwachsenden Rohstoffen herstellbar, nicht toxisch und vollständig biologisch abbaubar sind. Als Beispiel für ein nichtionisches Tensid ist APG zu nennen, das aus Fettalkoholen und Kohlehydraten hergestellt wird. Bei APGs wird durch einen Synergieeffekt die Waschleistung der Mischung größer als die addierte Waschleistung der Einzeltenside.

Kationische Tenside sind in Weichspülern enthalten. Als waschaktive Substanzen sind kationische Tenside ungebräuchlich. Sie können die Wirkung anionischer Tenside aufgrund der entgegengesetzten Ladung beeinträchtigen.

Ein wichtiger Aspekt bei der Beurteilung von Tensiden ist neben der Waschleistung die biologische Abbaubarkeit. Die organischen Kohlenstoffverbindungen können dabei zu Kohlendioxid, Wasser und Mineralstoffen abgebaut werden, was als Totalabbau bezeichnet wird. Er wird durch Stoffwechselvorgänge von Mikroorganismen vorgenommen, die organische Substanzen als Nahrungsquelle nutzen. Der Totalabbau entspricht einer vollständigen Oxidation der organischen Ausgangsverbindung, die das gleiche Ergebnis liefert wie eine vollständige Verbrennung. Vom Totalabbau muss man den Primärabbau unterscheiden, der dann vorliegt, wenn die Umwandlung der Substanz nicht der Endstufe des Totalabbaus entspricht. Die Abbaubarkeit eines Tensids hängt nicht von der Ladung des Moleküls, sondern von dessen Struktur ab. Daher sind nichtionische Tenside grundsätzlich nicht schlechter abbaubar als anionische Tenside. Der schnelle biologische Abbau von Tensiden ist nur möglich, wenn sie natürlich vorkommenden Verbindungen, die Mikroorganismen als Nahrungsquelle dienen, möglichst ähnlich sind. Tenside, die ohne große chemische Abwandlung aus nachwachsenden Rohstoffen hergestellt werden, erfüllen diese Bedingung meist besser, als auf petrochemischer Basis hergestellte Tenside.

6.1.4
Desinfektionsmittel

Wie bereits erwähnt soll durch Anwendung von Desinfektionsmitteln die geforderte Beseitigung relevanter Mikroorganismen erreicht werden. Zuallererst muss darauf hingewiesen werden, dass Desinfektionsmittel nur wirksam sind, wenn alle produktberührten Oberflächen vor der Anwendung zuverlässig gereinigt wurden. Mit der Reinigung werden Mikroorganismen bereits zum großen Teil entfernt. Verbleibende Reste müssen dann mit speziellen Mitteln oder Verfahren beseitigt werden. Um eine definierte Wirkung zu erreichen, ist die vom Hersteller ermittelte Einwirkzeit von chemischen Desinfektionsmitteln einzuhalten, die als die Zeit definiert wird, um 99,999 % bestimmter Keime zu inaktivieren [11]. Dabei ist zu beachten, dass z. B. ein in der Teilung befindliches Bakterium aufgrund der geringeren Resistenz der Membran in wesentlich kürzerer Zeit inaktivierbar ist als die Spore eines Bakteriums. Die richtige Anwendung des geeigneten Desinfektionsmittels ist die wichtigste Voraussetzung zur Abtötung von Keimen. Überlebende Mikroorganismen können Resistenzen bilden, die dann zu Risiken für Produkte werden können [12].

Die Vielfalt an wirksamen Substanzen lässt sich mit den Eigenschaften der Mikroorganismen erklären, sich gegen äußeren Bedingungen zu schützen. Der Erfolg der Desinfektion hängt dabei von der Keimzahl, von organischen Verunreinigungen, von der Oberflächenbeschaffenheit wie Rauheitsstrukturen, Poren, konstruktiv bedingten Spalten, Haarrissen usw. und von der Desinfektionstaktik ab (siehe z. B. [13, 14]). Man versteht darunter den optimalen Einsatz aller zur Verfügung stehenden Faktoren wie Chemikalien, Temperatur und Zeit. Die Wirkung der Desinfektionsmittel ist in erster Linie mit der Benetzung aller Bereiche verbunden, die mit der Oberflächenspannung zusammenhängen. Allerdings wird eine gute Benetzbarkeit umgekehrt durch eine schlechte Ausspülbarkeit erkauft. Da mit der Anwendung von Desinfektionsmitteln generell weitere Schädigungen verbunden sein können, ist im Rahmen des allgemeinen Risikomanagements die Europäische Biozidrichtlinie zu beachten [15].

Ein anwenderfreundliches Desinfektionsmittel sollte ein breites Wirkungsspektrum abdecken, möglichst viele Arten von Krankheitserregern abtöten; bereits bei niedriger Konzentration rasch wirken, nicht durch organisches Material (Proteine, Plasma usw.) beeinflussbar sein, das zu desinfizierende Material oder die zu desinfizierenden Geräte nicht beschädigen, möglichst geruchlos und ungiftig sein und bei kostengünstiger Ausführung die Umwelt nicht belasten.

6.1.4.1 Alkalische Desinfektionsmittel

Aktivchlor wird meist in Kombination mit Alkalien eingesetzt (pH = 11–12) und hat eine zusätzliche Reinigungswirkung. Das abgespaltene Chlor wirkt oxidativ. Es besitzt ein breites Wirkungsspektrum auf Mikroorganismen, wobei praktisch keine Resistenzen entstehen, ist aber empfindlich gegen organische Belastung, wegen Chlorabspaltung nicht stapelbar und deshalb auch nicht für eine Standdesinfektion anwendbar. Mit steigender Temperatur erfolgt ein schneller Abbau, sodass nur kalte Anwendungen, d. h. unter 40 °C, möglich sind.

Zu beachten ist die korrosive Wirkung gegenüber bestimmten Edelstahlsorten. In saurem Milieu ist Chlor flüchtig, wobei giftiges Chlorgas freigesetzt wird.

Chlordioxid (ClO_2) ist eine Chlorsauerstoffverbindung, die in wässriger Lösung angewendet wird. Gasförmiges ClO_2 kann aus chemischen und physikalischen Gründen nicht komprimiert werden, da es bei höherer Konzentration und Temperatur spontan reagieren kann. Es kann daher nicht gespeichert werden. Deshalb wird es *in situ* ausschließlich als wässrige Lösung hergestellt und angewandt.

ClO_2 reagiert im Gegensatz zu Chlor nicht mit Wasser, d. h. es hydrolisiert und dissoziiert nicht, sondern liegt rein physikalisch gelöst im Wasser vor. Im Bereich von pH 7–10 ist die sehr gute Wirkung von ClO_2 konstant [16].

Chlordioxid hat aufgrund seines hohen Redoxpotenzials eine starke Desinfektionswirkung gegen alle Arten von Keimen oder Verunreinigungen wie Viren, Bakterien, Pilze und Algen. Das Oxidationspotenzial ist höher als beispielsweise bei Chlor. Die längere Verweilzeit ist aufgrund der selektiven Zehrung ebenfalls von großem Vorteil. Selbst chlorresistente Keime, wie etwa Legionellen, können durch Chlordioxid sicher und vollständig abgetötet werden. Speziell bei Cleaning-in-place-Systemen ist die Verwendung von Chlordioxid möglich, wobei entsprechende Aufbereitungssysteme eingesetzt werden können.

6.1.4.2 Neutrale Desinfektionsmittel

Aldehyde liegen im neutralen Bereich. Ihre Wirkung beruht darauf, dass sie von der Zelle aufgenommen werden und dort die Enzyme inaktivieren. Ein lange Zeit umfassend eingesetztes, wichtiges Desinfektionsmittel war Formaldehyd, das als Lösung oder gasförmig verwendet werden kann. Da es im Verdacht steht, krebserregend zu sein, wird inzwischen auf andere Aldehyde ausgewichen. Als wesentliche Eigenschaften sind zu erwähnen, dass diese Mittel stapelbar und für Standdesinfektion verwendbar sind. Gegen Sporen dagegen ist ihre Wirkung schlecht.

Quaternäre Ammoniumverbindungen, auch Quats oder QAV genannt, haben den Charakter von Tensiden, d. h. sie bilden ein Dipolmolekül mit einem hydrophilen (polaren) und einem hydrophoben (unpolaren) Ende. Die sehr geringe Oberflächenspannung lässt die Quats tief in Kapillaren eindringen. Sie sind nicht korrosiv, stapelbar und gut hautverträglich (neutrale QAV). Nachteile liegen in starkem Schäumen, was die Verwendung von „Schaumbremsen" bei CIP-Anwendung erforderlich macht, in der sehr schlechten Ausspülbarkeit, der Gefahr der Resistenzbildung bei gramnegativen Bakterien und der Wirkungsverringerung bei hoher Wasserhärte. QAV werden in neutraler oder angesäuerter Form angeboten, in der ihre Einstellung durch den Leitwert steuerbar ist.

Wasserstoffperoxid (H_2O_2) wirkt durch abgespaltenen Sauerstoff oxidierend und greift die Zellen von außen her an [17]. Entscheidend ist die rasche Wirkung. Es kann kalt oder heiß angewendet werden und zerfällt praktisch rückstandsfrei in Sauerstoff und Wasser. Andererseits kann es nicht gestapelt werden und ist empfindlich gegen organische Belastung.

Lange etabliert sind „nasse" und „trockene" Verfahren, die Wasserstoffperoxid nutzen. Für empfindliche pharmazeutische Produkte oder medizinische Geräte sind sie oft nur bedingt nutzbar. Dies gilt nicht für ein mit Vakuumpulsen unterstütztes H_2O_2-Verfahren [18]. Für die Sterilisation medizinischer Implantate und anderer gasdurchlässig verpackten Geräte stehen dafür spezielle Sterilisatoren zur Verfügung. Eine Gasplasmaphase ist dabei nicht erforderlich. Die Materialverträglichkeit ist sehr gut. Es kann auch z. B. bei der Sterilisation von Gefriertrocknungsanlagen eingesetzt werden, wo es eine Alternative zur sonst üblichen Dampfsterilisation darstellt. Die Wirksamkeit dieses Sterilisationssystems ist für eine Vielzahl von Organismen einschließlich hochgradig resistenter Sporenbildner belegt.

Alkohole, wie z. B. Ethanol oder Isopropanol, finden als Alkohol-Wasser-Gemische Verwendung, da der Wasseranteil quellend auf Zellmembranen wirkt, die dadurch leichter angegriffen werden können. Wasserfreie Alkohole hemmen lediglich das Wachstum von Bakterien.

6.1.4.3 Saure Desinfektionsmittel

Peressigsäure ($C_2H_4O_3$, PES) ist ein hochwirksames und zugleich ökologisch unbedenkliches Desinfektionsmittel, das in vielen Betrieben der Nahrungsmittelbearbeitung eingesetzt wird. Sie tötet Bakterien, Viren und Pilze bereits bei niedriger Konzentration und niedrigen Temperaturen sicher ab. Bereits in einem Temperaturbereich zwischen 4 und 20 °C ist Peressigsäure als Kaltdesinfektionsmittel schnell wirksam, wobei sie bei niedrigen Temperaturen die gleiche Wirksamkeit wie bei höheren entfaltet. Sie wirkt durch abgespaltenen Sauerstoff oxidierend und wird häufig in Kombination mit H_2O_2 eingesetzt. Sie ist auch als Zusatz zu sauren Reinigungslösungen geeignet. Die Eigenschaften entsprechen etwa denen des H_2O_2.

Peressigsäure ist instabil und zerfällt unter Freisetzung von Sauerstoff und Wärme in Essigsäure bereits bei Zimmertemperatur. In fest verschlossenen Gebinden baut der frei werdende Sauerstoff ein Druckpolster auf, das zum Bersten der Gebinde führen kann. Deshalb werden die Konzentratgebinde mit gasdurchlässigen Verschlüssen ausgestattet.

Stabilisierte Peressigsäure dagegen ist über einen gewissen Zeitraum stapelbar. Ihre Leitfähigkeit wird durch Zusatz einer organischen Säure und deren Salze erhöht, wodurch eine Steuerung über Leitwertsonden möglich wird.

Als Jodophor bezeichnet man eine Lösung von elementarem Jod in einer starken Mineralsäure wie z. B. Schwefelsäure unter Zusatz eines organischen Lösungsmittels. Das Jod wirkt im sauren Bereich am stärksten oxidierend. Jodophore haben eine gute bakterizide und sporizide Wirkung. Sie können nur kalt bis maximal 40 °C, aber nicht für die Standdesinfektion verwendet werden. Sie sind stark korrosiv gegen rostfreien Stahl. Auch mit Kunststoffteilen aus manchen Werkstoffen sind Reaktionen möglich.

Halogencarbonsäuren sind Verbindungen von Chlor, Brom oder Jod mit organischen Säuren wie z. B. Chloressigsäure, Bromessigsäure sowie kovalente Jodverbindungen. Sie wirken unter pH = 4 durch Halogenierung der Zellen. Die Anwendung erfolgt immer zusammen mit Schwefel- oder auch Phosphorsäure. Die Mittel sind stapel- sowie leitwertsteuerbar, schäumen nicht und lassen sich gut ausspülen. Durch die feste chemische Bindung wird die Korrosivität der freien Halogene vermieden.

6.2
Maßgebende Effekte bei der Reinigung

Im Folgenden sollen einige grundlegende Effekte bei der Reinigung sowie die zugeordneten Parameter kurz zusammengefasst werden. Die bei der Reinigung wirksamen Haupteinflüsse wurden erstmals symbolisch durch den nach seinem Erfinder benannten Sinner'schen Kreis beschrieben (siehe z. B. [8, 19]), der einen ökonomisch idealen Reinigungsprozess beschreibt. Sie lassen sich gemäß Abb. 6.2a in vier Grundfaktoren, nämlich Chemie, Temperatur, Zeit und mechanische Wirkung einteilen. Die Änderung eines Parameters muss abhängig vom Reinigungsverfahren eine unterschiedliche Gewichtung dieser Faktoren und damit den Ausgleich durch einen der anderen Parameter nach sich ziehen. In Anlehnung daran, aber erweitert um die Art des Schmutzes und die Gestaltung der zu reinigenden Bauelemente, sind nach [20] in Abb. 6.2b die Einflussfaktoren für die meisten üblichen flüssigen Reinigungsverfahren prinzipiell dargestellt werden. Der überwiegende Anteil ist danach den chemischen Reinigungs- und Desinfektionsmitteln zuzuschreiben, deren Wirksamkeit von der Konzentration, der Zeit der Einwirkung und der Temperatur bestimmt wird. Nähere Einzelheiten der verschiedenartigen Effekte sind der Fachliteratur wie z. B. [8, 21, 22] zu entnehmen. Die Art des Schmutzes hängt in erster Linie vom hergestellten Produkt sowie dem Herstellungsprozess ab. Hier sind vor allem die Menge der Ablagerungen sowie deren Temperatur und Konsistenz entscheidend. Mechanische Einflüsse bei Strömungs- und Sprühreinigung sind gering. Sie können lediglich durch Spritzverfahren mit Zielstrahlreinigern oder durch Verwendung von Molchen ausreichend erhöht werden, um merkliche mechanische Schmutzablösungseffekte zu erreichen. Schließlich ist noch der zu reinigende Apparat und dessen Gestaltung für die Reinigung ausschlaggebend, was heute durch gesetzlich gefordertes Hygienic Design einen wichtigen Faktor darstellt.

Durch Hygienic Design lassen sich erhebliche Einflüsse erzielen, wie Verbesserungen in den letzten Jahren zeigen. Bei allen Verfahren, bei denen die vollstän-

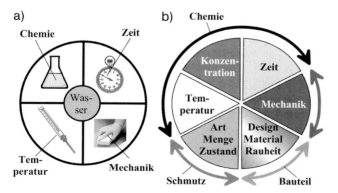

Abb. 6.2 Hauptparameter der Reinigung im Sinner'schen Kreis:
(a) ursprüngliche Darstellung der Parameter, (b) Erweiterung der Einflussfaktoren.

dige Benetzung der zu reinigenden oder desinfizierenden Oberflächen eine Rolle spielt, sind vor allem enge Spalte z. B. an Berühr- und Dichtstellen zu vermeiden. Wenn solche Bereiche überhaupt benetzbar sind, finden Reinigungseffekte nur durch diffusiven Austausch statt. Durch die meist langen Diffusionsstrecken sind lange Einwirkzeiten erforderlich, die bei üblichen Reinigungsverfahren nicht erreicht werden. Zu vermeiden sind auch alle Stellen, an denen sich Lufteinschlüsse halten können, da dort bei flüssigen Reinigungsmitteln ebenfalls keine Reinigungswirkung entsteht.

Die in der Darstellung angenommenen Anteile der einzelnen Einflüsse stellen eine ungefähre Größenordnung dar, sind von Fall zu Fall jedoch unterschiedlich.

Neben flüssiger Reinigung werden vor allem bei der Produktion trockener Produkte in der Lebensmittelindustrie trockene Reinigungsverfahren angewendet, um Feuchtigkeit als Grundlage für das Wachstum von Mikroorganismen grundsätzlich auszuschließen. Hierbei werden außer bei Wischverfahren im Allgemeinen keine chemischen Substanzen als Hilfsmittel eingesetzt.

6.2.1
Einflüsse der Reinigungssubstanzen

Aus verfahrenstechnischer Sicht stellt die flüssige Reinigung durch Strömung ein Problem des Stoffübergangs dar, bei dem echt löslicher Schmutz durch Diffusion von der Grenzfläche zwischen Reinigungsgut und Lösung in die strömende Flüssigkeit gelangt. Der Stofftransport durch Diffusion und Konvektion aus einem Schmutzbelag an der Wand in die Strömung kann im stationären Zustand durch den Massenstrom m_S gemäß

$$dm_S / dt = \beta \cdot A \cdot \Delta c_A \tag{4}$$

beschrieben werden [23]. β bezeichnet dabei den Stoffübergangskoeffizienten, A die Stoffübergangsfläche und Δc_A die Konzentrationsdifferenz der diffundierenden Komponente „Schmutz" zwischen der Apparatewand und dem strömenden Medium. Eine ausführlichere Darstellung, die die Einflüsse zusammenfasst und die Auswirkung auf die Beurteilung des Reinigungseffekts beschreibt, findet sich in [72]. Hierbei wird auch auf die Problematik der Beurteilung des Reinigungseffekts eingegangen.

Die Wirkung der Reinigungssubstanzen ist in erster Linie auf chemische Umwandlungen oder physikalische Lösungsvorgänge zurückzuführen. Im Fall unlöslicher Schmutzbestandteile werden z. B. gemäß der Prinzipdarstellung nach Abb. 6.3 Komplexe gebildet oder anorganische Beläge angegriffen, von der Oberfläche abgelöst und abtransportiert.

Als Beispiel kann die Entfernung von Schichten denaturierter Proteine dienen, bei der die Reinigung mit einer alkalischen Lösung folgende Phasen umfasst:

- Zu Beginn dringt oder diffundiert die Reinigungsflüssigkeit in die Schmutzschichten und -partikel ein.

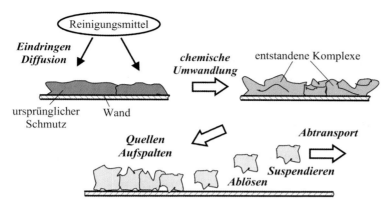

Abb. 6.3 Prinzipdarstellung der Wirkungsweise von chemischen Reinigungssubstanzen bei der Strömungsreinigung.

- Danach findet ein Quellen des Schmutzes statt, wobei zunächst kein messbarer Schmutzabtrag erfolgt.
- Der gequollene, nunmehr gummielastische Schmutz wird nicht schichtweise, sondern flächig in Form kleinerer oder größerer Aggregationen abgetragen, was zu einem wirksamen Reinigungseffekt führt.
- Die in der Reinigungsflüssigkeit dispergierten oder suspendierten Schmutzbestandteile werden durch die turbulente Strömung abtransportiert, wenn sie die laminare Unterschicht verlassen haben. Da Schmutzanteile, die sich in Bereichen verminderter Strömungsgeschwindigkeit befinden, nur sehr langsam abgetrennt werden, sind vor allem Totzonen durch geeignete Gestaltungsmaßnahmen zu vermeiden.

Für physikalisch lösliche Schmutzanteile dienen Wasser sowie die eingesetzten chemischen Substanzen als Lösungsmittel. Die vorhandene Strömung erfüllt zusätzlich die Aufgabe, ständig frisches Reinigungsmittel an die Schmutzschicht heranzubringen.

6.2.1.1 Zeiteffekte

Die Reinigungszeit ist stets an die übrigen erfolgsbestimmenden Faktoren des Reinigungsprozesses gekoppelt ist. Einerseits zeigt sich ihr Einfluss im Ergebnis der Einwirkdauer eines bestimmten Reinigungsmediums bei einer vorgegebenen Temperatur gegenüber der verschmutzten Oberfläche unter den jeweiligen Verfahrensbedingungen. Andererseits kann die Einwirkungszeit häufig in festgelegten Grenzen frei gewählt werden. Außerdem hängt der Erfolg der Reinigung zu einem erheblichen Teil von einer ausreichend langen Behandlungszeit ab, da verschiedene Einzelvorgänge während des Reinigens, aber auch der Keimabtötung, im Allgemeinen unterschiedlich lange Zeit beanspruchen, sodass sie durchaus als eigenständiger Verfahrensparameter angesehen werden kann.

Beispiele für die Teilvorgänge sind die Diffusion der Reinigungslösung in kolloidale Schmutzablagerungen und das Quellen des Schmutzes, das Diffundieren der Lösung durch die Zellwand in das Zellinnere von Mikroorganismen, das Benetzen fettiger Oberflächen und die Diffusion gelöster bzw. chemisch umgesetzter Schmutzanteile. Ebenso erfordert ein der Schmutzablösung vorausgehender Substanzabbau, etwa durch Enzyme, eine Mindestzeit.

Der Transport aus der Schmutzschicht kann ebenfalls nach [13] für einen weiten Bereich von Verschmutzungen, durch die Beziehung

$$dm_A/dt = -k_R \cdot m_A \tag{5}$$

beschrieben werden. Dabei bedeuten m_A die je Flächeneinheit adsorbierte Schmutzmenge und k_R die Geschwindigkeitskonstante des Reinigungsvorganges. Nachdem in der Praxis fast ausnahmslos komplexe Verschmutzungen vorliegen, sind die Zusammenhänge nicht immer in dieser eindeutigen Weise erfassbar. Trotzdem lassen sich aber Grundtendenzen aufzeigen, die eine praktische Hilfestellung bedeuten.

Aus den Gleichungen (4) und (5) lässt sich für die Zeitabhängigkeit des Schmutzabtrags ableiten, dass die erforderliche Zeit, um einen gewünschten Reinheitsgrad (Restschmutzmenge pro Flächeneinheit) zu erreichen, wesentlich von der Ausgangsmenge an haftendem Schmutz abhängt. Da theoretisch pro Zeiteinheit gleiche Anteile der jeweils noch auf der Flächeneinheit vorhandenen Schmutzmenge entfernt werden, lässt sich danach eine vollständig schmutzfreie Oberfläche erst nach unendlich langer Zeit erzielen. Aufgrund der in der Praxis verfügbaren endlichen Zeitspanne bleiben deshalb stets geringe Schmutzreste zurück, die sich bei gleichbleibenden Reinigungsbedingungen im Lauf der Zeit anreichern können. Die allmähliche Akkumulation geringster Schmutzrückstände erlaubt es, die Wirksamkeit einer über längere Zeiträume gleichbleibenden Reinigung messtechnisch zu erfassen, während dies nach einmaliger Reinigung aufgrund zu geringer Verschmutzung oft nicht möglich ist. Überlegungen dieser Art sind vor allem für die Reinigungsvalidierung wichtig.

Zusätzlich ist zu berücksichtigen, dass die Reinigungsflüssigkeit sich zunehmend mit dem abgelösten Schmutz anreichert und dessen Inhaltsstoffe bindet. Oberhalb eines für den jeweiligen Reinigungsprozess spezifischen Grenzwertes fällt deshalb die Wirksamkeit des Reinigungsmittels deutlich ab. Eine entsprechende Erneuerung des Reinigungsmittels ist daher erforderlich.

Wegen der ausgeprägten Zeitabhängigkeit des reinigenden Effektes dürfen die Zeiten für Reinigungsprozesse in der Praxis nicht zu kurz bemessen werden. Dies ist auch besonders deshalb wichtig, da die Reinigungszeiten einem Produktionsausfall gleichzusetzen sind und daher aus ökonomischen Gründen möglichst minimiert werden.

6.2.1.2 Temperatureinflüsse

Der Einfluss erhöhter Temperatur des Reinigungsmittels auf abzureinigenden Schmutz kann sich neben der unmittelbaren chemischen Wirkung, deren Ablauf je nach eingesetzter Substanz intensiviert und beschleunigt wird, in verschiedener Weise positiv bemerkbar machen. Zum einen kann die Viskosität von

Schmutzbelägen vermindert und die Haftkräfte herabgesetzt werden. Zum anderen werden Diffusion, Quellung und enzymatische Reaktionen beschleunigt. Für lösliche Schmutzsubstanzen wird die Löslichkeit in der Reinigungsflüssigkeit erhöht. Bei fetthaltigen Belägen wird das Ablösen begünstigt, wenn Schmelzen eintritt.

Den positiven Effekten von erwärmten Reinigungsmitteln stehen aber auch negative Auswirkungen gegenüber. Vor allem bei sprunghaftem Anstieg der Temperatur durch heiß antransportierte Reinigungslösung können Proteine denaturieren und schlecht durchlässige Deckschichten bilden, die den weiteren Schmutzabtrag behindern. Außerdem wird mit steigender Temperatur die Emulgierkapazität des Reinigungsmittels verringert. Als Reinigungssubstanzen verwendete Enzyme werden bei überhöhten Temperaturen inaktiviert und eventuell abgebaut. Die entstehenden Spaltprodukte wirken weniger gut reinigend als das ursprüngliche Reinigungsmittel.

Nicht zuletzt verursacht die Erwärmung von Reinigungslösungen Kosten, sodass abzuwägen ist, ob die erhöhte Wirksamkeit der Reinigung bei erhöhter Temperatur den gesteigerten Energieaufwand überwiegt. Vor allem in „Kaltbereichen" von Prozessen sind Abstrahlungsverluste sowie die Abkühlung nach der Reinigung zu berücksichtigen [24].

6.2.1.3 Effekte der Benetzung

Viele Reinigungsmittel enthalten als wichtige Wirkungsbestandteile Tenside. Sie machen z. B. in dem Zwei-Phasen-System, das Wasser und Feststoff bzw. Schmutz bilden, lipophile Schmutzpartikel für Wasser benetzbar und sind Lösungsvermittler (siehe z. B. [25]). Dadurch sind sie entscheidend an der Ablösung der Schmutzpartikel von der verschmutzten Oberfläche und an ihrer Dispergierung in Wasser beteiligt. Man nennt die Tenside deshalb auch „waschaktive Substanzen". Sie wirken als grenzflächenaktive Stoffe, setzen damit die Oberflächenspannung herab und können Schmutz unterwandern.

Die Eigenschaften der Tenside lassen sich durch ihre molekulare Struktur erklären. Tenside sind amphiphil, d. h. sie bestehen gemäß Abb. 6.4a aus einem hydrophoben, wasserabweisenden Kohlenwasserstoffrest, der gleichzeitig lipophil ist, und einem hydrophilen, in Wasser löslichen Molekülteil. Dabei können sie von ihrer Struktur her anionisch, kationisch, amphoter oder nichtionisch sein. Wenn Tenside mit Wasser in Berührung kommen, richten sich die einzelnen Tensidmoleküle so aus, dass der wasserabweisende Teil entweder in die Luft ragt oder mit anderen Molekülen einzelne sogenannte Mizellen bildet. An den wasserlöslichen Rest lagern sich Wassermoleküle an, wodurch eine Hydrathülle entsteht. Der als Hydratisierung bezeichnete Vorgang erfolgt aufgrund der elektrostatischen Kräfte zwischen den geladenen Ionen der Tenside und den Wasserdipolen.

Durch diese Struktur werden die Moleküle oberflächenaktiv, das heißt sie versuchen sich so anzuordnen, dass der hydrophobe Teil möglichst nicht mit Wasser in Berührung kommt. Das kann im Wesentlichen dadurch erfolgen, dass sich die Moleküle als Oberflächenschicht an der Grenzschicht zwischen Wasser und Luft anlagern oder dass sie eine Doppelschicht in Form von zwei flachen

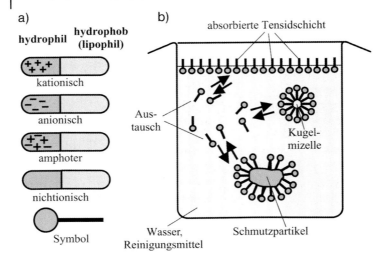

Abb. 6.4 Eigenschaften von Tensiden:
(a) symbolische Darstellung der Ladungsverhältnisse, (b) Wirkungsweise in Flüssigkeiten.

Schichten bilden, die mit den hydrophoben Enden aneinander liegen. Bei der Doppelschicht besteht das Problem, dass diese an den Rändern offen ist, also mit Wasser in Berührung kommt. Daher schließen sich solche Doppelschichten spontan zu Hohlkugeln, sogenannten Liposomen zusammen.

Die Wirkungsweise der unterschiedlichen Tenside, die in anionischer, nichtionischer und kationischer Form vorliegen können, ist grundsätzlich ähnlich. Die Tensidmoleküle sind in der Reinigungslauge gelöst. Die Abb. 6.4b zeigt die Haupteffekte eines Tensids, die z. B. nach [26] im Wesentlichen in der Belegung freier Flüssigkeitsoberflächen, der Myzelbildung im Fluid sowie der Anlagerung an Schmutzpartikel bestehen. Dabei entstehen durch den Lösungsvorgang aus den Natriumsalzen der Tenside negativ geladene Anionen.

Der hydrophobe Molekülrest lagert sich gemäß Abb. 6.5a an die Schmutzpartikel an und stellt so eine Art Verbindung zum umgebenden Wasser her. Der Schmutz wird von der Oberfläche abgelöst. Dieser Vorgang wird dadurch unterstützt, dass die Tensidmoleküle sich auch an die Oberfläche des Reinigungsgutes anlagern. Die Tensidmoleküle sind negativ geladen, sodass es zwischen der mit Tensidmolekülen belegten Oberfläche und den mit Tensidmolekülen belegten Schmutzpartikeln zu einer elektrostatischen Abstoßung kommt. Die elektrostatische Abstoßung kann auch eine Zerteilung der Schmutzpartikel in kleinere Bestandteile bewirken, wie Abb. 6.5b dem Prinzip nach verdeutlichen soll. Diese sind leichter dispergierbar als große Partikel. Die gleichartige elektrische Aufladung verhindert eine erneute Zusammenlagerung der dispergierten Schmutzpartikel.

Reinigungsmittel mit Tensiden können aufgrund des guten Benetzungsverhaltens in enge Spalte eindringen und dort ihre lösenden Eigenschaften ausüben. Bestimmte Tenside wirken schaumbildend, was bei der Schaumreinigung ausgenutzt wird. Allerdings bleiben aufgrund der guten Benetzbarkeit dünne, nicht

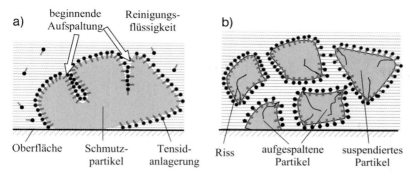

Abb. 6.5 Wirkung von Tensiden auf Schmutz:
(a) Schmutzablösung von der Oberfläche, (b) Zerteilung von Schmutzpartikeln.

sichtbare, stark an der Oberfläche haftende Schichten zurück, die sich nicht mehr ohne Weiteres völlig entfernen lassen. Aus diesem Grund wird in manchen Bereichen der Industrie wie z. B. bei speziellen Prozessen in Pharmabetrieben völlig auf Tenside verzichtet.

Neben dem generellen Einfluss der Tenside spielt die Benetzungsfähigkeit in einem Drei-Phasen-System, das durch eine feste Oberfläche, eine Flüssigkeit und die umgebende Luft gebildet wird, eine entscheidende Rolle. Als charakteristische Größe dient der Randwinkel α, der zwischen der festen Oberfläche und der Flüssigkeit gebildet wird (siehe z. B. auch [8, 74]). Ein Beispiel stellt der Einfluss auf die Restentleerung oder das Ablaufen von Flüssigkeiten und Spülmedien wie Wasser aus Rohrleitungen und von Apparateoberflächen dar. Bei offenen Anlagen können Verschmutzungs- und Reinigungseffekte von der Oberflächenspannung und damit der Benetzbarkeit der jeweiligen Medien abhängen.

Bei guter Benetzbarkeit, d. h. kleinem Randwinkel α wie z. B. im System Edelstahloberfläche-Wasser-Luft breitet sich die Flüssigkeit auf der festen Oberfläche gemäß Abb. 6.6a großflächig aus und wird z. B. beim Ablaufen als dünne Schicht durch Adhäsionskräfte zurückgehalten. Eine Entfernung solcher Rückstände ist nur durch Trocknen zu erreichen, wobei feste Bestandteile wie z. B. Kalk als Belag oder Flecken zurückbleiben. Bei schlechter Benetzbarkeit, die durch einen großen Randwinkel α gekennzeichnet ist, bilden sich Tropfen mit geringer Kontaktfläche zur festen Oberfläche. Bei vorhandener Neigung können diese Tropfen abrollen, wobei nur geringe Restmengen zurückbleiben. Typisch für ein solches Verhalten sind z. B. bestimmte Kunststoffe wie PVDF oder PTFE in Zusammenhang mit Wasser und Luft.

Von Einfluss auf die Benetzbarkeit können auch Oberflächenstrukturen in Kombination mit Materialeigenschaften sein, wie das Beispiel des Lotusblattes zeigt. Die nanostrukturierten Zäpfchen nach Abb. 6.6b die mit schlecht benetzbarem Wachs überzogen sind, ergeben ein stark hydrophobes Verhalten [73, 74]. Wie Abb. 6.6c verdeutlichen soll, bleibt der Randwinkel eines Tropfens gegenüber der Oberfläche an jeder Berührstelle erhalten. Bei der gezeigten zäpfchenartigen Struktur rollt er an der gekrümmtem Oberfläche ab und erreicht gemäß Abb. 6.6d

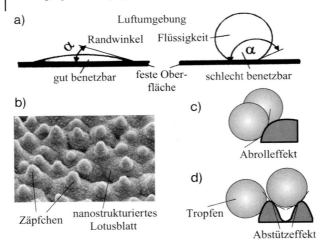

Abb. 6.6 Effekte der Benetzung (Drei-Phasen-System):
(a) gute und schlechte Benetzung einer festen Oberfläche,
(b) Rauheitsstruktur eines Lotusblattes [73],
(c) Abrolleffekt einer schlecht benetzenden Flüssigkeit an schrägen oder gekrümmten Flächen,
(d) Abstützen auf Nanorauheiten bei schlechter Benetzung.

die nächste Oberfläche, ohne dass er in die dazwischen liegende Vertiefung gelangen kann, die damit nicht benetzbar ist. Bei Ausbildung technischer Oberflächen unter Nutzung solcher Strukturen ist zu beachten, dass bei Anwendung das Drei-Phasen-System die entscheidende Grundlage bildet. Das bedeutet, dass bei mit Flüssigkeit gefüllten Systemen der Einfluss erst wirksam wird, wenn das System entleer wird und Luft hinzutreten kann. Die Oberfläche gefüllter Apparate wird dagegen nach Lösung evtl. vorhandener Luftreste völlig, d. h. auch in den Vertiefungen, benetzt.

6.2.2
Physikalische Reinigungseffekte

Bei den meisten Reinigungsverfahren sind nicht nur die Einflüsse der Reinigungssubstanzen maßgebend, sondern es treten zusätzliche unterstützende Effekte wie z. B. mechanische auf. Als Träger der mechanischen Energie zum Schmutzabtrag können die Reinigungsflüssigkeit oder mechanische Hilfsmittel wie Molche, Bürsten oder körnige Feststoffe bzw. eine Kombination davon fungieren. Bei der Trockenreinigung werden keine chemischen Substanzen eingesetzt. Dort ist ebenfalls der Strömungseinfluss durch Luft z. B. beim Absaugen mit Unterdruck oder in Verbindung mit mechanischen Effekten z. B. bei Strahlverfahren mit körnigen Produkten maßgebend.

6.2.2.1 Nassverfahren

In vielen Fällen, vor allem bei In-place-Verfahren, werden für die Reinigung von Apparaten und Anlagen flüssige Reinigungsmittel verwendet. Die physikalische Wirkung wird in diesen Fällen auf verschiedene Weise an der Grenzfläche zum Schmutz ausgeübt.

Rohrströmung

Wie bereits erwähnt kann man bei der Nassreinigung z. B. beim Durchströmen von Rohrleitungen entsprechend von der Modellvorstellung ausgehen, dass nach dem Ausschieben und Entfernen von Produktresten durch Spülwasser der noch anhaftende Restschmutz hauptsächlich durch chemische Reinigungsmittel gelöst oder zu Komplexen umgewandelt, damit von verschmutzten Oberflächen abgelöst und durch die Reinigungsflüssigkeit abtransportiert wird.

Mechanische Effekte der Strömung werden zwar sehr häufig in den Vordergrund gestellt, spielen aber an Oberflächen von Bauteilen meist nicht die entscheidende Rolle. Sie beruhen in erster Linie auf der Wirkung der Wandschubspannung in der laminaren Unterschicht der Strömung, wie in Abb. 6.7 prinzipiell dargestellt [74, 75]. Aufgrund der Haftbedingung ist die Strömungsgeschwindigkeit selbst an der Wand gleich null.

Bei turbulenter Rohrströmung hängt die Größe der Wandschubspannung τ gemäß Abb. 6.8 von der mittleren Strömungsgeschwindigkeit u ab. Wie die Darstellung am Beispiel einer Rohrleitung mit $D = 100$ mm Durchmesser für Wasser von etwa 20 °C zeigt, ist der Verlauf mit zunehmender Geschwindigkeit progressiv.

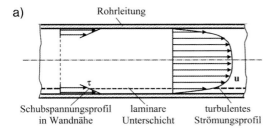

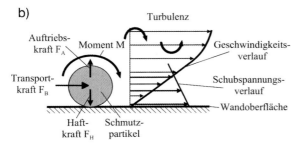

Abb. 6.7 Verhältnisse in einer turbulenten Rohrströmung:
(a) Strömungsprofil und Schubspannung in Wandnähe,
(b) Wirkung der Strömung auf ein Partikel in der laminaren Unterschicht.

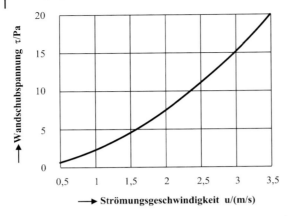

Abb. 6.8 Abhängigkeit der Wandschubspannung von der mittleren Strömungsgeschwindigkeit bei turbulenter Rohrströmung.

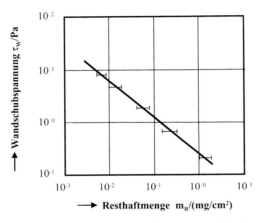

Abb. 6.9 Einfluss der Wandschubspannung auf die Restmenge eines Fettbelags auf einer Oberfläche bei Strömungsreinigung von Rohren [27].

Bei kontinuierlichen Schmutzschichten bilden diese zunächst die Wand. Durch die auftretende Schubspannung im Reinigungsmedium an der Grenzfläche zum Schmutz müsste dessen Festigkeit überwunden werden, um die Schicht mechanisch zu beeinflussen. Dass die Annahme des Einflusses der Wandschubspannung begründet sein kann, zeigt ein Ergebnis nach [27] entsprechend Abb. 6.9, bei dem die vorhandene Restmenge m_R einer Schmutzschicht (Fett) in Abhängigkeit des mechanischen Effektes durch die Wandschubspannung τ_W dargestellt ist. Die Wirksamkeit des Schubspannungseffekts hängt wesentlich von der Konsistenz des Schmutzes und dessen Scherfestigkeit ab.

Bezüglich der mechanischen Wirkung der Strömung auf Mikroorganismen, die an der Wand von Apparaten haften, gibt es nur relativ wenige Erkenntnisse und Versuchsergebnisse. Als Beispiel ist in [28] gemäß Abb. 6.10 die Restanzahl

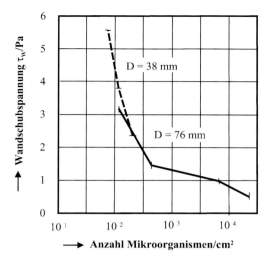

Abb. 6.10 Einfluss der Wandschubspannung auf die Entfernung von Mikroorganismen von der Oberfläche bei der Reinigung von Rohren (nach [28]).

z von Mikroorganismen in Rohren (NW = 76 mm und NW = 38 mm) mit einer definierten Rauhigkeit in Abhängigkeit der mittleren Reinigungsgeschwindigkeit bestimmt worden. Dabei wird die Anfangsverkeimung mit etwa $z_A = 5{,}5 \cdot 10^5$ Mikroorganismen auf eine Fläche von $A = 1\ \text{cm}^2$ angegeben.

Die mechanische Wirkung an der Wand kann durch Pulsieren der Strömung erhöht werden. Die dabei auftretenden Beschleunigungs- und Verzögerungsvorgänge und damit verbundene Umsetzung der kinetischen Energie beeinflussen die Wandschubspannung und deren Änderung, wodurch die Schmutzablösung intensiviert werden kann.

Weiter verbessert werden kann der mechanische Reinigungseffekt durch eine pulsierende Zweiphasenströmung entsprechend Abb. 6.11 [29]. Dabei wird eine Pfropfenströmung aus Luft und Flüssigkeit erzeugt. Aufgrund der hohen Wanderungsgeschwindigkeit der Luftpfropfen können hohe Wandschubspannungen erzeugt werden. Außerdem entsteht eine mechanische Wirkung an der Wand durch die Grenzflächen zwischen Flüssigkeit und Gaspfropfen. Entscheidend

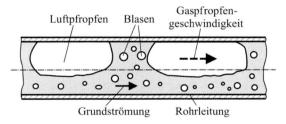

Abb. 6.11 Reinigungsverhältnisse bei einer pulsierenden Zweiphasenströmung Flüssigkeit/Luft (nach [29]).

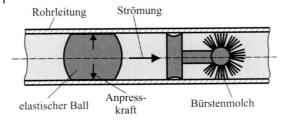

Abb. 6.12 Mechanische Wirkung von Molchen bei der Rohrreinigung.

dabei ist, dass die Pfropfenströmung über die gesamte Länge der Rohrleitung erhalten bleibt.

Eine weitere Möglichkeit der mechanischen Einflussnahme besteht darin, an der Rohrwand anhaftenden Schmutz durch mechanisches Abschaben zu verringern. Gemäß Abb. 6.12 können dazu Bälle mit geschlossener Oberfläche oder speziell geformte Molche verwendet werden, die auch mit Bürsten versehen sein können. Durch Übermaß der elastisch verformbaren Elemente gegenüber dem Innendurchmesser der Rohrleitung ergibt sich eine radiale Kraftkomponente, die eine Anpressung bewirkt und mechanisch Schmutzschichten axial abzutragen hilft. Der Transport der Hilfsmittel durch die Rohrleitung erfolgt mit Wasser oder Reinigungsmitteln. Die erforderliche Technologie wird auch zum Trennen oder Ausschieben von Produkten eingesetzt (s. auch Abschnitt 2.3.5).

Rieselfilm

Möchte man vergleichbare Stofftransportbedingungen wie bei der Strömung in Rohrleitungen auch für die Rieselfilmreinigung z. B. von Behältern erreichen, so müssen bei der Rieselfilmströmung [70] turbulente Verhältnisse vorliegen, vergleichbare Wandschubspannungen bewirkt werden und auch die Dicke der Konzentrationsgrenzschicht in der gleichen Größenordnung liegen [30]. Die Abb. 6.13 zeigt die Abhängigkeit der Wandschubspannung von der pro Meter Tankumfang aufgebrachten Medienmenge, die sich bei einem Rieselfilm an einer senkrechten Behälterwand einstellt. Bei den dargestellten Werten handelt es sich um Näherungen, die aus der Extrapolation der laminaren Filmströmung in den turbulenten Bereich hinein resultieren. Der Einfluss der Welligkeit und die damit verbundenen Schwankungen von Filmdicke und Wandschubspannung sind nicht berücksichtigt. Als wesentliche Aussage ergibt sich, dass die Wandschubspannung bei Rieselfilmen durch eine Volumenstromerhöhung nicht so effektiv beeinflusst werden kann, wie dies bei Rohrströmungen der Fall ist. Im Gegensatz zum progressiven Anstieg bei der Rohrströmung erfolgt der Anstieg bei der Rieselfilmströmung degressiv. Legt man die bei der chemischen Rohrleitungsreinigung als hinreichend ermittelten Wandschubspannungen zugrunde, so bedeutet dies, dass bei der Behälterreinigung hohe Linienbeaufschlagungen pro Minute bezogen auf den Tankumfang realisiert werden müssen, die mit sehr viel größeren Medienmengen und damit erheblichen Kosten verbunden sind. Auf der anderen Seite besteht nicht die Gefahr, dass die Tankreinigung bei zu

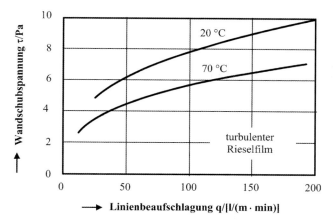

Abb. 6.13 Abhängigkeit der Wandschubspannung vom bezogenen Volumenstrom (Linienbeaufschlagung) bei einem turbulenten Rieselfilm.

geringem Volumenstrom versagt. Es muss allerdings auf jeden Fall sichergestellt sein, dass eine turbulente Rieselfilmströmung vorliegt. Für Wasser ist dies bei Film-Re-Zahlen von Re > 400 der Fall.

Sprühen und Spritzen

Theoretisch geht man beim Sprühen von einem zerteilten Flüssigkeitsstrahl aus, während beim Spritzen der Strahl gebündelt bleibt. Jedoch zertropft oder zerstäubt jeder Strahl hinter der Düse bzw. dem Zerstäuberteller mehr oder weniger je nach Entfernung von der Düse. Das Tropfenspektrum eines Flüssigkeitsstrahles verschiebt sich wegen der Instabilität großer Tropfen gegenüber dem Luftwiderstand mit zunehmender Austrittsgeschwindigkeit aus der Düse und mit wachsendem Abstand von der Düse hin zu kleineren Tropfen. Deshalb geht man bei der Definition z. B. nach [31] bei Tropfengrößen zwischen 25 und 250 µm von Sprühen und bei 150 und 1000 µm von Spritzen aus.

Bei der Sprühreinigung trifft das Reinigungsmittel ohne wesentlichen Druck auf die zu reinigende Oberfläche auf. Das Versprühen sorgt dabei für den Transport und die Verteilung des Reinigungsmittels, dessen chemische Wirkung auf den Schmutz entscheidend ist. Die Besprühung führt zu einer Überflutung der gesamten Oberfläche durch einen Rieselfilm (s. oben).

Bei der Spritzreinigung, die mit Flüssigkeiten oder Dampf unter Hochdruck durchgeführt wird, werden örtlich stärkere mechanische Einflüsse erzielt. Grundlage ist die Umwandlung von Druck in kinetische Energie in Düsen. Die mit hoher Geschwindigkeit möglichst schräg auf die Bauteiloberfläche auftreffende Reinigungsflüssigkeit weist eine starke mechanische Wirkung sowie einen guten Spül- und Schwemmeffekt auf, wie Abb. 6.14 verdeutlichen soll. Entscheidenden Einfluss auf die Qualität der Reinigung haben der Spritzdruck, die Strahlneigung zur Oberfläche, die Form der eingesetzten Düsen sowie deren Anordnung im Arbeitsraum. Während bei einem Spritzkegel gemäß Abb. 6.14a die Flüssigkeit über

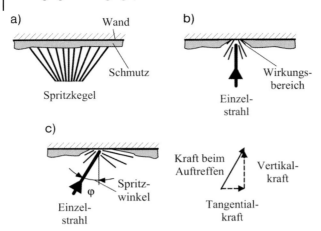

Abb. 6.14 Prinzipielle Darstellung der Spritzwirkung von Düsen:
(a) Spritzkegel mit geringem Wanddruck, (b) Spritzstrahl senkrecht zur Wand,
(c) Spritzstrahl schräg zur Wand (Tangentialkomponente).

den Kegelquerschnitt verteilt ist und eine flächige Wirkung erreicht wird, erfolgt durch einen gebündelten Strahl (Abb. 6.14b) eine örtliche Abtragung des Schmutzes. Dabei wird durch den Aufprall des Strahls eventuell unter zusätzlichem Einfluss von Reinigungsmitteln die Schmutzschicht zum Aufplatzen gebracht und Schuppen, Flocken oder Partikel abgetragen. Die Neigung beim Auftreffen auf die Schmutzschicht beeinflusst das Verhältnis von Scher- zu Druckwirkung, wie das Kräftedreieck in Abb. 6.14c zeigen soll. Für eine wirksame Spritzreinigung ist eventuell eine zusätzliche Bewegung der Düsen z. B. in senkrecht oder waagerecht drehender Form erforderlich. Die chemische Wirkung der Reinigungssubstanzen wird dabei wesentlich durch die mechanische Spritzwirkung ergänzt.

Der Spritzdruck kann in Abhängigkeit von den zu reinigenden Bauteilen und den zu entfernenden Verschmutzungen in einem weiten Bereich verändert werden. Die Abb. 6.15 zeigt an einem Beispiel den Zusammenhang zwischen Aufpralldruck p_a und Abstand a der Düse von der zu reinigenden Fläche nach [32]. Für schonende Reinigung mit starker Schwemmwirkung durch den Rieselfilm kann ein geringer Druck mit hoher Volumenleistung gewählt werden. Für hartnäckigere Verschmutzungen werden höhere Spritzdrücke mit entsprechend größerer mechanischer Reinigungswirkung verwendet. Generell gilt, je höher der Spritzdruck gewählt werden kann, um so geringer kann bei gleicher Reinigungsleistung die Lösekraft des verwendeten Reinigers sein.

Schaum
Flüssiger Schaum besteht gemäß Abb. 6.16a aus kleinen Gasblasen, die durch Flüssigkeitslamellen getrennt sind, die mit Verwendung von Detergenzien aus Wasser gebildet werden. Durch Herabsetzung der Oberflächenspannung der wässrigen Phase mithilfe von Tensiden an der Grenzfläche Wasser/Luft kann durch Einschlagen, Einblasen oder ähnliche Methoden Luft in einer solchen Lösung

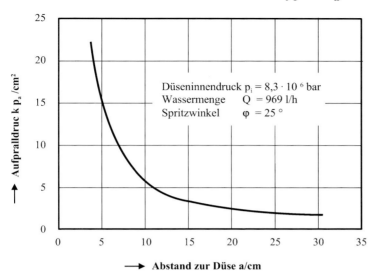

Abb. 6.15 Aufpralldruck beim Spritzen mit Flüssigkeit auf eine Oberfläche in Abhängigkeit der Entfernung der Düse.

Bläschen erzeugen, die partiell durch die Ausbildung einer Oberflächenschicht stabilisiert werden können, ohne schnell zu koaleszieren. Schaum ist mithin eine Dispersion von Luft in einer Tensidlösung, wobei ein dreidimensionales Netzwerk flüssiger Lamellen als kontinuierliche Phase die Luft einschließt, wie Abb. 6.16b zeigt. Je nach den strukturellen und elektrostatischen Eigenschaften der oberflächenaktiven Moleküle können Schaumbläschen mit unterschiedlicher Größe, Wandstärke und Lebensdauer erzeugt werden.

Die wesentliche physikalische Wirkung besteht in der Benetzungsfähigkeit der verschmutzten Oberflächen durch den erzeugten Schaum. Feinsahniger und nicht zu feuchter Schaum bzw. die freigesetzte Reinigungsflüssigkeit dringen infolgedessen auch in feine Spalte und Vertiefungen ein. Die Schaumlamellen setzen nach und nach Reinigungsflüssigkeit mit den darin enthaltenen chemi-

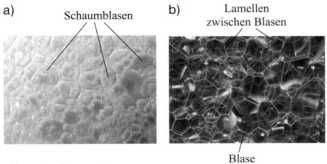

Abb. 6.16 Schaumreinigung: (a) frisch aufgetragener Schaum, (b) Darstellung der Lamellenstruktur.

schen Komponenten frei, die dann bis zum Abfließen des Flüssigkeitsfilmes oder dem Abspritzen mit Wasser auf den Schmutz einwirken und die beschriebenen chemischen Umsetzungen bewirken. Reinigungsschaum sollte zunächst möglichst stabil sein, um auch an senkrechten Flächen gut zu haften. Beim Abspritzen sollte er jedoch schnell zusammenfallen, um ein schnelles Abspülen zu erreichen.

Ultraschall
Als Ultraschall bezeichnet man Schwingungen im Frequenzbereich oberhalb des menschlichen Hörbereichs, also über 20.000 Hz. Technische Anwendungen benutzen im Allgemeinen den Bereich von 20 kHz bis 4 MHz. Die Ausbreitung des Schalls erfordert immer ein Medium, welches flüssig, fest oder gasförmig sein kann.

Bei der Reinigung mit Ultraschall in flüssigen Übertragungsmedien beruht die mechanische Wirkung auf Kavitation. Flüssigkeiten werden durch innere Anziehungskräfte, sogenannte Kohäsionskräfte, zusammengehalten, deren Größe die Zugfestigkeit der Flüssigkeit bestimmt. Die Fortpflanzung des Ultraschalls erfolgt dabei in Form von Longitudinalwellen. Durch den wechselnden Schalldruck entstehen in der Flüssigkeit „Verdichtungen" und „Verdünnungen", wobei die Zugkräfte in der Unterdruckphase der Verdünnung die Kohäsionskräfte der Flüssigkeiten überwinden. Dadurch kommt es zum „Zerreißen", sodass kleinste Hohlräume entstehen. Diese als Kavitation bezeichnete Erscheinung ist im Wesentlichen Ursache der Oberflächenwirkung des Schalls. Die entstandenen Hohlräume verschwinden in der Druckphase der Längswelle wieder spontan, wodurch große Drücke und Temperaturen erzeugt werden. Lösungen mit niedriger Oberflächenspannung nehmen bei der Kavitation weniger Energie auf als solche mit hoher, die beim Implodieren umgesetzt wird. Da Wasser eine hohen Oberflächenspannung besitzt und damit viel Energie speichert, die beim Implodieren frei wird, ist es für die Ultraschallreinigung besonders geeignet.

Man unterscheidet zwischen zwei verschiedenen Arten der Kavitation: Ist die Ursache die in der Flüssigkeit gelöste Luft oder nicht sichtbare suspendierte Luftbläschen, so spricht man von unechter Kavitation. In der Unterdruckphase entbindet gelöste Luft an den festen Oberflächen oder die Bläschen vergrößern sich. Durch Koaleszens unter dem Einfluss der Druckphase steigt die Luft schließlich sichtbar an die Oberfläche der Flüssigkeit.

Bei völlig entgasten und gereinigten Flüssigkeiten tritt echte Kavitation in Form von Dampfkavitation auf. Die in der Unterdruckphase entstehenden Hohlräume füllen sich ausschließlich mit Dampf der verdampfenden Flüssigkeit. In der Druckphase implodieren diese Bläschen und es entstehen dadurch in den jeweiligen Mikrobereichen lokale Druckspitzen und hohe Temperaturen. Durch die Implosionen werden in der mikroskopisch nächsten Nachbarschaft Druckwellen ausgelöst, deren Beschleunigungskräfte die des primären Ultraschallfeldes bis um den Faktor 1000 übertreffen können.

Durch die Druckunterschiede infolge von Kavitation kann Schmutz auch in kleinsten Bereichen von der jeweiligen Oberfläche abgelöst werden. Der Zusatz von Reinigungsmitteln wie z. B. von Alkalien, nichtionischen Tensiden, Sequestriermitteln, Korrosions- und Schauminhibitoren kann die Wirkung der Ultraschallreinigung verbessern.

Bürsten, Wischen, Scheuern
Manuelles Bürsten und Wischen beschränkt sich im Wesentlichen auf Geräte und Bauteile, für die keine anderen Reinigungsverfahren eingesetzt werden können. Beispiele aus der Lebensmittelindustrie sind Schlachtbestecke, Fleischwölfe, Siebe, Filter, kleine Behältnisse sowie Bauteile oder deren Elemente, die durch andere Verfahren nicht wirksam in-place gereinigt werden können und die daher periodisch auszubauen sind. Verschiedene Wasch- und Spülmaschinen mit Transporteinrichtungen enthalten eine, mehrere oder ausschließlich Stationen mit rotierenden Bürsten, an denen das Reinigungsgut vorbeigeführt wird. Sie werden häufig mit Tauch-, Befüll- oder Spritzvorgängen verbunden. Wenn eine maschinelle Reinigung nicht möglich ist, muss auf eine gleichartige Handreinigung ausgewichen werden. Der mechanische Effekt dieser Verfahren beruht auf dem über Bürste, Tuch, Pad etc. ausgeübten Druck.

6.2.2.2 Trockenverfahren
Bei der Herstellung von Trockenprodukten sollte vermieden werden, nass zu reinigen, da das Trocknen einen erheblichen Aufwand bedeutet und Restfeuchte unausweichlich zu Wachstum von Mikroorganismen führt. In solchen Fällen kann leicht entfernbarer Schmutz in geschlossenen Systemen abgesaugt oder ausgeblasen und über Filter abgeschieden werden. Wenn sich Verkrustungen und Anbackungen an Apparatewänden entwickeln, erfolgt eine Abreinigung mit körnigen Feststoffen. Bei offenen Anlagen sollte Schmutz möglichst abgesaugt werden, um Staubverbreitung zu vermeiden. Zusätzlich wird vor allem im hygienerelevanten Umfeld von Anlagen häufig von Hand oder mit automatisierten Geräten durch Wischen oder Kehren gereinigt.

Bürsten und Kehren
Fest haftenden trockenen Schmutz oder hartnäckige Verkrustungen kann man durch mechanische Wirkung mit Schabern, Bürsten oder Besen von zugänglichen Oberflächen entfernen. Das übliche trockene Abkehren gemäß Abb. 6.17, Abbürsten oder gar Abblasen von verschmutzten Flächen bewirkt zwar die örtliche Entfernung von lockerem Schmutz durch mechanische Wirkung, der dann üblicherweise in einem Bereich oder Behältnis wie z. B. einer Schaufel gesammelt wird. Da dies im Normalfall in offener Weise geschieht, kann jedoch nicht verhindert werden, dass vor allem Feinstaub in die Umgebung entweicht. Außerdem erzeugt bereits der Vorgang des Kehrens oder Bürstens Staubwolken, die Mikroorganismen transportieren können. Eine Verschleppung ist auch dadurch möglich, dass Schmutz an den Borsten der Bürsten hängen bleibt, der eventuell an sensibleren Stellen wieder abgestreift wird. Hinzu kommt, dass man durch Kehren oder mit Bürsten keine verborgenen und unzugänglichen Stellen erreichen kann.

Abb. 6.17 Zusammenkehren und Sammeln von trockenem Schmutz.

Absaugen

Locker haftende Schmutz- und Staubschichten können durch Vakuum von Oberflächen abgesaugt werden. Durch die Druckdifferenz zwischen dem erzeugten Vakuum und der Umgebung wird eine Strömung erzeugt. Die durch diese auf die Partikel ausgeübten Saug- bzw. Widerstandskräfte müssen dann in der Lage sein, die Haftkräfte gegenüber der Oberfläche sowie zwischen den Partikeln zu überwinden, um eine Reinigungswirkung zu erzielen. Die Schmutzteilchen werden dann durch Schleppkräfte von der Saugströmung mitgenommen und können in Sammelbehältern aufgefangen werden. Um eine hohe Strömungsgeschwindigkeit in der Saugströmung an den Stellen der Schmutzablösung und -aufnahme zu erreichen, muss die Saugöffnung zur verschmutzten Oberfläche gemäß Abb. 6.18 einen engen definierten Spalt bilden.

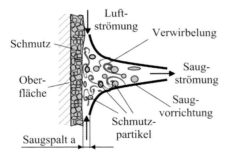

Abb. 6.18 Aufsaugen von trockenem Schmutz mit Saugvorrichtung oder Saugdüse.

Durch die Anwendung von Saugverfahren kann man zum einen schlecht zugängliche verschmutzte Stellen z. B. unter Apparaten erreichen, zum anderen kann Schmutz über Kopfhöhe abgereinigt werden, ohne dass Staubwolken erzeugt werden. Außerdem können Saugverfahren sehr effektiv genutzt werden, um z. B. die Kette im Kreislauf von Salmonellen an den Stellen zu unterbrechen, wo Rückstände das Produkt kontaminieren könnten.

Effekte von Feststoffpartikeln

Bei der Reinigung mit Feststoffpartikeln, die innerhalb von Rohrleitungen ähnlich einer pneumatischen Förderung mit Luft eingesetzt wird, kollidieren die Teilchen in der turbulenten Luftströmung und werden zum Teil an die Rohr-

6.2 Maßgebende Effekte bei der Reinigung | 711

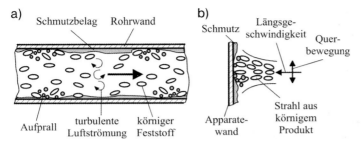

Abb. 6.19 Reinigungswirkung von körnigen Feststoffpartikeln auf trockene Verschmutzungen: (a) Rohrströmung, (b) Strahlen von offenen Oberflächen.

wand transportiert, wo sie aufgrund der hohen Geschwindigkeiten aufprallen und Schmutzschichten zum Aufreißen bzw. Abplatzen bringen. Die Abb. 6.19a soll die Wirkungsweise dem Prinzip nach veranschaulichen. In der Lebensmittelindustrie verwendet man dabei korn- oder kristallförmige Lebensmittel wie z. B. Reis oder Salz, die aufgrund ihrer geringen Festigkeit die zu reinigende Oberfläche schonen.

Zugängliche Apparatewände werden mithilfe von Druckstrahlvorrichtungen gereinigt. Dabei werden Feststoffpartikel in einem Luftstrahl beschleunigt und gemäß Abb. 6.19b auf die relevanten Oberflächen geschossen. Durch Impulsaustausch mit der trockenen Schmutzschicht an der zu reinigenden Oberfläche kann damit ein mechanischer Reinigungseffekt erzielt werden, indem durch die örtliche Wirkung die Schicht aufreißt und abplatzt. In offenen Bereichen besteht dabei die Gefahr der Kreuzkontamination durch Staubbildung und -transport.

Eine erhöhte Wirkung lässt sich durch Verwendung von Trockeneispartikeln (Eispellets) erzielen [33]. Die Trockeneisreinigung stellt ein Strahlverfahren dar, bei dem – anstatt herkömmlicher Strahlmittel, wie Sand, Wasser, Glas, Plastgranulat oder körnige Lebensmittelprodukte wie z. B. Reis – Trockeneis in Pelletform angewendet wird. Die festen Granulatkörner, die etwa Reiskorngröße und -form besitzen, weisen eine Temperatur von −78 °C auf. Sie gehen bei Energiezufuhr z. B.

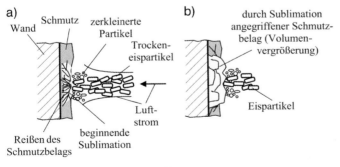

Abb. 6.20 Effekte des Tockeneisstrahlens: (a) Prallwirkung, (b) Aufplatzen der Schmutzschicht.

durch Wärme oder Aufprall infolge von Sublimation direkt in den gasförmigen Zustand über und geben dabei Kälte ab.

Wie es Abb. 6.20 veranschaulichen soll, tragen zur Reinigungswirkung in diesem Fall verschiedene Mechanismen bei. Beim Auftreffen der Trockeneispellets auf Schmutzschichten wird durch den kinetischen Effekt der Belag von der Oberfläche abgelöst, wobei Risse entstehen und dieser aufbrechen kann. Einen wesentlichen Beitrag zur Schmutzablösung leistet der thermische Effekt. Durch die niedrige Temperatur der Trockeneispellets versprödet der Schmutzbelag, was zu Rissbildung und zur Ablösung von der Oberfläche führt. Dadurch kann Trockeneis auch in die Risse und unter den Belag gelangen. Durch den Sublimationseffekt verdampft das Trockeneis, das in Risse des Belags eindringt. Die mit der Sublimation verbundene Volumenvergrößerung ergibt eine explosionsartige Reaktion, durch die der Belag von der Oberfläche abgetrennt wird.

6.3
Effekte der Desinfektion

Die Abtötung von Mikroorganismen kann aufgrund chemischer Einwirkung oder mithilfe physikalischer Effekte erfolgen. In manchen Fällen erzielt man durch Kombination die besten Ergebnisse.

6.3.1
Chemische Wirkung

Den zahlreichen Desinfektions- und Sterilisationsverfahren liegen hauptsächlich drei Mechanismen der Einwirkung auf vorhandene Mikroorganismen zugrunde:

- Schädigung der Nukleinsäuren durch chemische Agenzien wie z. B. Ethylenoxid,
- Zerstörung der Raumstruktur von Proteinen durch chemische Agenzien und
- Zerstörung der Zytoplasmamembran durch Herauslösen von Membranlipiden z. B. bei Alkoholen oder oberflächenaktiven Substanzen.

Wie bei Reinigungsmitteln ist auf ausreichende Einwirkzeit und die jeweils empfohlene Anwendungstemperatur zu achten. Bei Verbrauch oder Abbau der Wirksubstanzen muss für Austausch mit frischem Mittel gesorgt werden.

6.3.2
Physikalische Einflüsse

Eine wesentliche Rolle zur Abtötung von Mikroorganismen spielen thermische Verfahren. Dabei muss es die Gestaltung der Anlage zulassen, dass an allen Stellen die notwendige Temperatur erreicht werden kann. Außerdem ist seit Langem bekannt, dass die Feuchte des Erhitzungsmilieus einen großen Einfluss auf die Hitzeresistenz von Mikroorganismen einschließlich Sporen ausübt. Jede unzureichende thermische Behandlung kann daher eine anormale Vermehrung, besonders von Sporenbakterien, nach sich ziehen.

Die Sterilfiltration stellt aufgrund des Zurückhaltens von Mikroorganismen eigentlich ein Verfahren dar, das für „sterile" Produkte angewendet wird, die keine Wärmebehandlung vertragen. Es soll hier deshalb angeführt werden, da in seltenen Fällen das Nachspülwasser auf diese Weise behandelt wird.

6.3.2.1 Nasse Hitze

Umlaufverfahren mit heißem Wasser können in Bezug auf die Abtötung vegetativer Formen von Mikroorganismen gute Resultate bringen, wenn die Temperatur im ganzen Kreislauf mindestens über 90 °C gehalten wird, in der gesamten Anlage Turbulenz herrscht und die Bildung von Totwassergebieten verhindert wird. Luftpolster oder -einschlüsse im Produktbereich müssen unbedingt vermieden werden. Bei der Beurteilung von Sterilisationsprozessen für Produktionsanlagen ist außerdem zu berücksichtigen, dass die im zirkulierenden Heißwasser bzw. im Kondensat gemessenen Temperaturen in manchen Anlagenteilen nicht oder nur sehr langsam erreicht werden. Dies gilt unter anderem für Armaturen mit einer größeren Masse und Oberfläche, die erhöhte Wärmeabstrahlung verursachen kann, oder mit Luftpolstern hinter Kunststoffteilen wie z. B. Membranen, wodurch eine zusätzliche Kühlwirkung entstehen kann. Unter diesen Bedingungen ist es erforderlich, die Behandlung so lange auszudehnen, bis alle Stellen dieser Art sowie nicht vermeidbaren Spalte z. B. an Dichtstellen bis in ausreichende Tiefe eine abtötende Temperatur erreicht haben. Sind diese Bedingungen nicht erfüllt, so überleben die Mikroorganismen und kontaminieren das anschließend hergestellte Produkt infolge der wieder einsetzenden Vermehrung. Zu berücksichtigen ist dabei, dass manche der Werkstoffe wie z. B. Dichtungen und andere Kunststoffteile eine sehr geringe Wärmeleitfähigkeit besitzen, sodass in der Praxis oft sehr lange Behandlungsdauern zur Erzielung einer völligen Abtötung der vegetativen Formen erforderlich wird.

Das Umlaufverfahren mit überhitztem Druckwasser kann außerdem deshalb problematisch sein, weil in sämtlichen Teilen der Apparate ausreichende Turbulenz vorliegen muss, um die erforderliche Wandtemperatur zu erreichen.

Durch Dampf unter Druck bzw. Dämpfen mit gesättigtem oder überhitztem Dampf lassen sich aufgrund der möglichen hohen Temperaturen, die zurzeit bis zu 140 °C und mehr betragen können, nahezu völlig sterile Bedingungen erreichen. Voraussetzung ist, dass die Behandlungsdauer genügend lang ist und dass Kondensation verhindert wird. Dieser Umstand muss bei der Konstruktion der Apparate speziell berücksichtigt werden, da durch Bereiche mit nicht abgelaufenem Kondensat das Ergebnis aufgrund niedrigerer Temperatur im Kondensatbereich beeinträchtigt wird. Ventile müssen außerdem während des Sterilisationsprozesses in regelmäßigen Abständen betätigt werden.

Das „Unter-Druck-Setzen" mit Dampf ist das einzige praktische Verfahren, das bei richtiger Anwendung eine nahezu vollständige Abtötung der vegetativen Formen und Sporen ermöglicht. Die Apparate, die außen wärmeisoliert sein müssen, sind für diesen Zweck speziell und vor allem auch hygienegerecht (spaltfrei) zu gestalten.

6.3.2.2 Autoklavieren

Wendet man auf ein zu sterilisierendes Gerät gleichzeitig Hitze, Überdruck und Wasserdampf (z. B. 121 °C, 1 bar, 15–30 min) an, so reicht bereits diese niedrigere Temperatur zur Sterilisation aus. Die Technik des Autoklavierens wird in der Lebensmittel- und Pharmaindustrie und in Labors z. B. für Nährböden zur Anzucht von Mikroorganismen sowie in der Medizin z. B. zur Sterilisation von medizinischen Geräten und Instrumenten angewendet.

6.3.2.3 Trockene Hitze

Sie eignet sich speziell zur Sterilisation von temperaturbeständigen Behältnissen aus Metall oder Glas mit Heißluft oder Brenngasen, z. B. bei der aseptischen Abfüllung. Bei Geräten erfolgt üblicherweise ein Erhitzen auf 180 °C für ca. 30 min. Entscheidend ist, dass speziell bei der Sporenabtötung die relative Feuchte im Bereich der meist sehr kleinen Werte von $\varphi \leq 0{,}05$ einen starken Einfluss auf die Resistenz [34] ausübt. Die reduzierte Feuchte bewirkt eine deutlich höhere Resistenz der Sporen als im wässrigen Milieu, wobei der Resistenzunterschied mit der Temperatur zunimmt. Auch bei vegetativen Keimen ergibt sich durch Senkung der Wasseraktivität eine Resistenzsteigerung. Werden zur Abtötung vegetativer Keime niedrigere Temperaturen angewendet, so ist die Reduzierung der Wasseraktivität weniger ausgeprägt. Andererseits erreichen vegetative Keime ihr Resistenzmaximum schon bei höheren relativen Feuchten als Sporen. Das Ausmaß der Resistenzsteigerung bei vegetativen Keimen kann daher nicht vorhergesagt werden, sondern sollte experimentell untersucht werden.

Als hygienisch kritisch sind in diesem Sinne vor allem Spalte anzusehen, in denen sowohl die genaue Temperatur als auch die relative Feuchte nicht definiert werden können. Eine hohe Resistenz kann immer dann auftreten, wenn Mikroorganismen z. B. an Dichtstellen zwischen Metall und Kunststoff geraten können und die Flüssigkeit später durch den Kunststoff wie z. B. durch das Schalten von Ventilen oder das Nachziehen gelockerter Verschraubungen verdrängt wird. Wie bereits bei den anderen Methoden erwähnt, können Mikroorganismen, welche die Sterilisation im Grenzbereich von Dichtung, Dichtfläche und Medium überlebt haben, während der nachfolgenden Betriebszeit unter der Dichtung herauswachsen und zu einer Kontaminationsgefahr werden.

Für unempfindliche Geräte kann das Sterilisieren z. B. durch Flammensterilisation, d. h. durch das direkte Ausglühen in einer Flamme erfolgen. Dabei müsste der Einfluss der Feuchte auf die Resistenz von Sporen ebenfalls berücksichtigt werden, da die relative Feuchte der Brenngase je nach Temperatur sowie dem Mischungsverhältnis von Luft und Gas variiert.

Beim Abflammen werden Gegenstände in Ethanol getaucht bzw. die Oberflächen mit Ethanol besprüht und dann angezündet. Aufgrund der raschen Verdampfung ist es aber fraglich, ob der Haupteffekt der Flammentemperatur unmittelbar an der kontaminierten Oberfläche oder in dem gasförmigen Bereich in geringem Abstand von der Oberfläche wirksam wird.

6.3.2.4 UV-Strahlung

Kurzwellige UV-Strahlung dient speziell zur Desinfektion großer Flächen bzw. ganzer Räume z. B. durch UV-Deckenlampen in bakteriologischen Labors, die über Nacht eingeschaltet werden. Durch die spezifische Wirkung der UV-Strahlung mit einem Reaktionsmaximum bei Wellenlängen zwischen 250 und 270 nm, die im UV-C-Bereich liegen, erfolgt die Zerstörung von DNA (Desoxyribonukleinsäure) bzw. RNA (Ribonukleinsäure). Einfach strukturierte Mikroorganismen weisen eine hohe Empfindlichkeit gegenüber der UV-C-Bestrahlung auf, sodass sie sich in kurzer Zeit problemlos inaktivieren lassen. Um komplexe Mikroorganismen wie Schimmel oder Algen abzutöten, benötigt man dagegen wesentlich größere Energien.

Die Wirksamkeit der UV Entkeimung bei der Inaktivierung von Mikroorganismen steht in direktem Zusammenhang mit der angewandten Dosis, die sich aus dem Produkt aus Zeit und Intensität ergibt und durch die Größe J/m^2 ausgedrückt wird. Hohe Intensitäten während einer kurzen Zeit oder geringe Intensitäten über einen langen Zeitraum sind praktisch austauschbar und beinahe gleichwertig in der Desinfektionswirkung.

UV-C-Strahlung wird technisch durch Quecksilberniederdrucklampen, wahlweise auch durch Hoch- oder Mitteldrucklampen, erzeugt. Dabei sind Niederdruckröhren mit einem Wirkungsgrad von über 90 % im bakteriziden Wellenlängenbereich in ihrer Effizienz am wirksamsten. Die übrige Strahlung einer Niederdruckröhre verteilt sich auf sekundäre Emissionen wie etwa Licht (oberhalb 400 nm) und Wärme. Das bläuliche Glimmen einer UV-Röhre lässt deshalb keinerlei Rückschlüsse auf die Leistungsfähigkeit einer Strahlenquelle zu.

6.3.2.5 Sterilfiltration

Die Sterilfiltration wird in diesem Zusammenhang deshalb angeführt, weil es in Spezialbereichen erforderlich ist, das letzte Spülwasser weitgehend aufzubereiten. Durch entsprechend feinporige Membranen mit Porenweite von 0,22 µm und kleiner können Mikroorganismen aus Wasser herausgefiltert werden. Sie helfen den Bedarf an chemischen Desinfektionsmitteln wie Ozon oder Chlor zu reduzieren. Zu beobachten ist, dass Filter aufgrund ihrer Porenverteilung auch durchdrungen bzw. „durchwachsen" werden können, d. h. nicht absolut wirken.

6.4
Gestaltung von Reinigungsanlagen und -geräten

Industrielle Reinigungsmethoden verschiedenster Art sind schon seit Jahrzehnten im Einsatz. Im Zuge der fortschreitenden Automatisierung und der Anforderungen an den Verbraucherschutz in der Lebensmittel-, Pharma- und Bioindustrie besteht jedoch verstärkt die Tendenz, Produkte in geschlossenen und fest verrohrten Produktionsanlagen herzustellen. Dadurch ist die Anlagenreinigung zu einem komplexen Prozess und deren technische Ausführung zu einer anspruchsvollen und intelligenten Ingenieuraufgabe geworden.

Folgt man der EHEDG [35] zunächst bezüglich der Klasseneinteilung, so kann man grundsätzlich zwischen Apparaten und Geräten der Klasse I, die in-place gereinigt werden, und der Klasse II unterscheiden, bei denen die Reinigung nach Zerlegen stattfindet. Um ein Öffnen von geschlossenen Prozessen während der Reinigung zu vermeiden, wird die In-place-Nassreinigung als automatisiertes Verfahren konzipiert und dann im Allgemeinen Sprachgebrauch als CIP definiert [25]. Aber auch bei offenen Prozessen können häufig zumindest Teilbereiche automatisch in-place gereinigt werden. Oft lassen sich jedoch wegen der Kompliziertheit von Apparaten und dem Prozessumfeld Reinigungsverfahren nicht vermeiden, die zwar in-place, aber unter Verwendung von Hilfsmitteln und Geräten von Hand durchgeführt werden müssen. In anderen Bereichen oder aufgrund bestimmter Vorschriften wie z. B. in der Pharmaindustrie lässt sich eine Demontage von Apparateteilen nicht vermeiden, sodass eine Out-of-place-Reinigung von Hand oder mithilfe handgeführter Geräte erforderlich wird. Als eigenständiger Begriff wird Cleaning-out-of-place oder COP in der Pharmaindustrie sowie generell in den USA verwendet (siehe z. B. [36]).

Neben der flüssigen Reinigung mit unterschiedlichen Reinigungssubstanzen sowie mit Wasser oder Dampf sind Schaum- und trockene Strahlverfahren im Einsatz, die körnige Produkte als Reinigungsmedien verwenden.

Die verschiedenen Reinigungsverfahren werden heute zunehmend durch Auflagen der Personensicherheit und des Umweltschutzes bestimmt, die den Kontakt von Personal mit schädlichen Substanzen sowie die Entsorgung oder Aufbereitung von Reinigungsrückständen betreffen. Zum Beispiel können bei der Verwendung von aggressiven Reinigungssubstanzen für den Menschen und die Umwelt schädliche Emissionen durch Verdampfung auftreten. Außerdem dürfen Medien nicht mehr eingesetzt werden, die Fluorchlorkohlenwasserstoffe (FCKW) und Fluorkohlenwasserstoffe (FKW) enthalten. Eine wesentliche Rolle spielt auch der Kostenanstieg für die Entsorgung und Aufbereitung der Reinigungsrückstände, die Gemische aus Lösemittel und Schmutz enthalten. Dadurch entstehen z. B. Nachteile für manche trockenen Strahlverfahren, da die Strahlmedien wie Sand oder Glasperlen und häufig auch Lebensmittel wie Reis oder Salz entweder aufwändig aufbereitet oder kostenintensiv entsorgt werden müssen. Abrasive Strahlmedien können zusätzlich Abnutzungserscheinungen mit Struktur- und Rauheitsveränderungen an den zu reinigenden Oberflächen ergeben.

Ein weiterer wesentlicher Punkt bei der Reinigung betrifft die Stillstandzeiten der zu reinigenden Aggregate, wobei vor allem die Zerlegung meist eine erhebliche Verlängerung bedeutet.

6.4.1
Anlagen für die automatische In-place-Nassreinigung geschlossener Prozesse (CIP-Prozesse)

Wie bereits erwähnt, versteht man unter „Cleaning-in-place" oder CIP die automatische Reinigung einer geschlossenen Anlage oder eines Prozessbereichs mit flüssigen Medien und Dampf, ohne dass eine Zerlegung erfolgt. Im Rahmen der Nassreinigung wird außerdem für die automatische Sterilisation häufig der Begriff „Sterilisation-in-place" oder SIP gebraucht. Falls erforderlich, muss die Anlage am Ende auch noch mit Luft oder Inertgas getrocknet werden, was als „Drying-in-place" oder DIP bezeichnet wird.

Eine CIP-Anlage für die Nassreinigung hat eine ganze Reihe verschiedener Funktionen zu erfüllen, die durch Bevorraten der Reinigungslösungen, Dosieren und Durchmischen der Reinigungs- und Desinfektionsmittel, Aufheizen und Heißhalten von Reinigungslösungen, Fördern des Reinigungsmittels zu den Reinigungsobjekten, Messen der Betriebsparameter (z. B. Leitfähigkeit, Temperatur usw.) sowie Steuern und Regeln der Reinigungsprozesse bestimmt werden.

Da die Gestaltung von größeren CIP-Anlagen eine komplexe Problematik darstellt, kann man planungsbegleitend eine Anlagen- und Prozesssimulation durchführen, um ein hohes Maß an Planungssicherheit zu erlangen. Der Einsatz der Simulation sollte vorwiegend in den frühen Planungsphasen von Konzeptstudien und im Basic Engineering erfolgen, um die Anlage zu optimieren.

Die Reinigungsabfolge enthält unterschiedliche Schritte. Nach einem Vorspülen mit Wasser erfolgt üblicherweise eine Reinigung mit Lauge und – falls erforderlich – nach einem Spülschritt mit Wasser eine Säurereinigung. Vor der getrennt durchzuführenden Desinfektion wird wiederum zwischengespült. Als letzter Schritt wird eine Spülung (Final Rinse) mit reinem Wasser durchgeführt, das je nach Anforderung unterschiedlich aufbereitet werden muss.

Eine in ein hygienisches Gesamtkonzept integrierte Reinigungsanlage muss die erforderlichen Reinigungs- und Desinfektionsmedien zunächst herstellen, d. h. dass die Reinigungsmittelkonzentrate dosiert und mit Wasser vermischt werden müssen.

Für die Chemikaliendosierung werden häufig komplette Einheiten mit den erforderlichen Dosierpumpen eingesetzt. Diese können auf Konsolen mit Tropfwannen aus Edelstahl oder chemikalienresistenten Kunststoffen montiert werden. Zusätzlich werden die Einheiten je nach Anforderung mit den notwendigen Komponenten wie z. B. Druckhalteventil, Manometern, Schaltventilen, Spüleinrichtung usw. ausgestattet. Zur Bevorratung der Chemikalien verwendet man häufig Kunststofftanks. Je nach Anwendung können einwandige Tanks mit kleinem Volumen oder geschweißte großvolumige Tanks eingesetzt werden, für die jeweils eine Auffangwanne vorzusehen ist.

Darüber hinaus werden die Reinigungsmedien sowie die verschiedenen Wasserqualitäten in aller Regel bevorratet. Dies geschieht meist in Edelstahlbehältern unterschiedlicher Größe. Außerdem gehören dazu die notwendige Verrohrung, die entsprechenden Armaturen sowie Mess- und Steuerelemente.

In der Pharmaindustrie werden an die CIP-Anlage sowie an die sichere Medientrennung oft höhere Anforderungen gestellt als in anderen Branchen, wodurch die gesamte Anordnung und Gestaltung der Anlage beeinflusst wird [37]. Wenn eine klare Trennung zwischen den Schritten der Vorreinigung und der Endreinigung mit Final Rinse, Sterilisierung (SIP) und Trocknung (DIP) vorgenommen werden muss, sind unterschiedliche Konzepte möglich, die unterschiedlichen Aufwand zur Folge haben. Soll die gesamte Anlage für Vor- und Endreinigung mit Reindampf sterilisiert und anschließendem mit Sterilluft oder Sterilstickstoff getrocknet werden, müssen die Medienbehälter druckfest und isoliert ausgeführt werden. Wenn nur der Bereich der Endreinigung sterilisierbar sein muss, ist eine leckagesichere Trennung dieses Bereichs von der Vorreinigung erforderlich. Damit entfällt die Notwendigkeit, den Medienansatzbereich druckfest zu gestalten. Auch bei der Ausführung der Ventile können dann andere Anforderungen gelten, indem auf T-Membranventile im Medienbereich verzichtet werden kann. Trotzdem muss auch ein Konzept zur Sanitisierung von Reinigungsdetergenzien für diesen Bereich vorliegen. Möglichkeiten dafür sind beispielsweise Dämpfen bei atmosphärischen Bedingungen oder Behandeln mit Heißwasser oder Desinfektionsmittel. Hier muss klar festgelegt sein, welche Zielsetzung für den Medienbereich hinsichtlich Mikrobiologie und chemischen und physikalischer Anforderungen an die Reinigbarkeit gilt.

Von der Anwendung her ist zwischen verschiedenen CIP-Verfahren zu unterscheiden, die im Folgenden an Anlagenbeispielen erläutert werden sollen. Bei verlorener Reinigung werden die Reinigungsmittel nach dem Gebrauch verworfen, während sie bei gestapeltem CIP zur Wiederverwendung zwischengelagert werden. In Abhängigkeit von den Reinigungsmittelkosten, die im Wesentlichen durch die Menge der verwendeten Substanzen und die Entsorgung, die Größe der Anlage und das vorgesehene CIP-Programm bestimmt werden, sind unterschiedliche Lösungen wirtschaftlich sinnvoll.

Wenn ein CIP-System projektiert wird, ist eine große Anzahl von Einflussfaktoren zu klären: Zum einen muss eine Übersicht über die Prozessbereiche mit den entsprechenden Elementen zusammengestellt werden. Für Tanks und Behälter sind Inhalt, Abmessungen, Formen, Werkstoffe und Ausrüstungen zu erfassen. Entsprechendes ist für Maschinen, Apparate und Aggregate erforderlich. Weiterhin spielt die Zusammengehörigkeit von Tank- und Maschinengruppen eine Rolle, die zu gleichen Zeiten gereinigt werden müssen, sowie sämtliche Rohrleitungssysteme und deren Einbauten, die nach Zusammengehörigkeit bzw. Produktdurchfluss und Nennweiten anzugeben sind.

Bei den örtlichen Verhältnissen muss festgelegt werden, welcher Aufstellungsraum in welchen Bereichen der Räumlichkeiten vorgesehen ist und auf welchem Niveau die CIP-Anlage im Verhältnis zu den zu reinigenden Objekten stehen soll. Außerdem ist zu prüfen, welche Medien und Energieträger zur Verfügung stehen. Hierbei handelt es sich z. B. um Frischwasser; Brauchwasser, Heißwasser, Dampf, Heizwasser, Steuerluft, Instrumentenluft, Sterilluft, andere Gase, elektrische Spannungen und Frequenzen sowie das Abwasser- und Entsorgungssystem. In diesem Zusammenhang ist auch zu diskutieren, welche Planungen für die Zukunft bestehen, d. h. ob und in welchen Bereichen Produktionsumstellungen oder Kapazitätserweiterungen geplant sind.

Einen wesentlichen Einfluss auf die Gestaltung der CIP-Anlage mit den durchzuführenden Reinigungsvorgängen üben die Produkte und ihre Verarbeitungsprozesse aus. Hierbei ist es z. B. wichtig, ob es sich um drucklose Verfahren oder solche unter Druck handelt, ob Gaspolster vorhanden sind und ob thermische Prozesse vorliegen. Damit hängen im Wesentlichen die technologischen Rahmenbedingungen zusammen, aus denen sich die Art der Verschmutzungen und deren Beseitigung ergeben. Liegen aufgrund des Produktes und Prozesses z. B. lediglich Benetzungen der produktberührten Oberflächen vor oder ist mit Ausfällungen, Ablagerungen oder Anbrennungen zu rechnen? Dabei sollte auch auf bereits gemachte Erfahrungen mit Reinigungsmitteln zurückgegriffen werden, die bereits erfolgreich in diesem Zusammenhang eingesetzt wurden.

Bei den einzelnen Produktionsabläufen ist aufzunehmen, wann produziert wird und wann welche Produktionsbereiche für die Reinigung zur Verfügung stehen, in wie vielen Schichten produziert wird, welche Zeiten für die Reinigung verfügbar sind und welche Bereiche zu Reinigungszwecken zusammengefasst werden können. Bei komplexen Projekten kann zur Systemanalyse ein Produktions- und Belegungsdiagramm sehr nützlich sein. Außerdem muss festgelegt werden, welche Reinigungsverfahren wie. z. B. Kalt- oder Heißreinigung mit alkalischen und sauren Mitteln angewendet werden sollen. Bei der Desinfektion sind die Einsatzmöglichkeiten von thermischen oder chemischen Verfahren zu überprüfen. Bei thermischen Prozessen ist auf den Einzug von Luft beim Abkühlen zu achten, die je nach Anforderung z. B. steril sein muss.

Über die Auswahl der Reinigungsschritte sowie Temperatur und Anwendungsdauer ist von Fall zu Fall zu entscheiden. Bei Verschmutzungen in Behältern, die quellen müssen, empfiehlt es sich ein Zweistufen-Verfahren anzuwenden, indem die Oberflächen bei geringem Druck mit relativ konzentrierter Lösung eingesprüht und nach einer Einwirkdauer von 10–15 min mit klarem Wasser unter hohem Druck abgespritzt werden. Die zwangsweise niedrigen Temperaturen in Kühlräumen, Gär- und Lagerkellern, die sich im Bereich von kalt bis 20–30 °C bewegen, müssen eventuell durch längere Reinigungszeiten und höhere Temperaturen ausgeglichen werden. Fass-, Flaschen- und Utensilienreinigungsmaschinen arbeiten dagegen im Allgemeinen mit Temperaturen von 70–85 °C. Daher genügen pro Spritzstation Taktzeiten von wenigen Sekunden bis zu maximal 3 min. Wegen der schnellen Abkühlung darf der thermische Effekt der Dampfsprühreinigung nicht überschätzt werden. Während die Temperatur des vorgespannten Dampfes im Kessel noch 140–150 °C beträgt, ist sie bis zum Verlassen der Düse bereits auf 90–100 °C abgesunken und fällt auf dem Weg zum Objekt noch weiter rapide ab. Die Dampfsprühreinigung ist nur auf kurze Distanzen wirksam. Die für eine thermische Oberflächendesinfektion notwendige Temperatur von mehr als 100 °C wird wegen zu kurzer Einwirkzeiten in der Betriebspraxis kaum erreicht. Auch bei der Heißreinigung unter Hochdruck ist mit erheblichen Wärmeverlusten zu rechnen, sodass nur ein relativ geringer Teil der thermischen Energie reinigungswirksam wird.

Die Reinigungsanlagen selbst sind in gleicher Weise hygienegerecht zu gestalten wie Prozessanlagen zur Produktherstellung, da sie selbst verschmutzen und als Ausgangspunkt für Kontaminationen fungieren können. Aus diesem Grund sind die CIP-Anlagen auch in definierten Zeitabständen einer eigenen Reinigung zu unterziehen.

Zusätzlich zum Design der Reinigungsanlage müssen die Elemente und Reinigungsgeräte hygienegerecht gestaltet werden, die vor Ort in der Prozessanlage für die Versorgung mit Reinigungslösung sowie zur Erzielung zusätzlicher Reinigungseffekte dienen. Dazu gehören z. B. Sprühkugeln und Spritzvorrichtungen. Auf sie wird später noch eingegangen.

Bei Spülung der Prozessanlage mit Wasser als letztem Schritt sollte möglichst nur die Prozessanlage erfasst werden, um eine Belastung des Spülwassers durch Bereiche bis zur Prozessanlage sowie innerhalb der CIP-Anlage zu vermeiden, die mit Resten von Reinigungs- und Desinfektionsmittel benetzt sind. Eine Spülung dieser Bereiche kann getrennt erfolgen. Die gewählte Verfahrensweise für den letzten Spülschritt ist für die Anordnung der zugeordneten Behälter wichtig.

An die für die Spülung verwendete Wasserqualität können sehr unterschiedliche Anforderungen gestellt werden. Trinkwasser darf entsprechend der Trinkwasserverordnung [38] einen bestimmten Gehalt an Mikroorganismen aufweisen. Daher reicht in manchen Fällen wie z. B. bei aseptischen Prozessen die übliche Trinkwasserqualität zum Spülen der Anlage nicht aus, sodass aufbereitetes Wasser verwendet werden muss. Speziell in der Pharmaindustrie kann die Anforderung an die Wasserqualität bis zu sogenanntem Reinstwasser reichen, das völlig frei von Mikroorganismen, Pyrogenen und sonstigen Inhaltsstoffen sein muss. In diesem Fall benötigt man eine Qualität, die der von „water for injection" (WFI) gleichzusetzen ist, aber anders hergestellt werden kann.

Eine entscheidende Rolle bei der letzten Spülung der Prozessanlage spielen Reste von Reinigungsmitteln, die je nach Anforderung in den verschiedenen Industriezweigen nachweislich entfernt werden müssen. Speziell Tenside können aufgrund ihrer Benetzungsfähigkeit durch Wasser nicht vollständig ausgespült werden. Bei hohen Anforderungen an die Beseitigung von Reinigungs- und Desinfektionsmitteln müssen entweder in einem vorausgehenden Schritt die Tenside auf chemischem Weg beseitigt werden oder es muss auf ihren Einsatz bei der Reinigung völlig verzichtet werden.

6.4.1.1 Verlorene Reinigung

Unter verlorener Reinigung versteht man die einmalige Verwendung einer frisch angesetzten Reinigungslösung. Diese Methode eignet sich besonders für Anwendungen, bei denen unverbrauchte und mikrobiologisch hochwertige, möglichst keimarme Reinigungsmedien erforderlich sind und die Reinigungsaufgabe eine individuelle Anpassung notwendig macht, da sich wegen der einmaligen Verwendung des Reinigungsmittels Kreuzkontaminationen durch das Reinigungssystem weitgehend ausschließen lassen. Sie wird außerdem bei hohen Verschmutzungsgraden und geringen Umlaufmengen im Reinigungssystem eingesetzt, oder wenn Reinigungsabläufe nur selten erforderlich sind. Weitere Spezifikationen können hohe Wirkstoffzehrung der Reinigungs- und Desinfektionsmittel sein, die Verwendung von Mitteln, die nicht oder nur eingeschränkt langzeitstabil sind oder die im besonderen Maße die verwendeten Werkstoffe angreifen. Ein Beispiel eines solchen Verfahrens ohne Zirkulation ist in Abb. 6.21 dargestellt. Die notwendige Anlage erfordert im Allgemeinen eine geringe Stellfläche und kann zur Vermeidung unwirtschaftlicher Zu- und Ableitungen zum Reinigungsobjekt

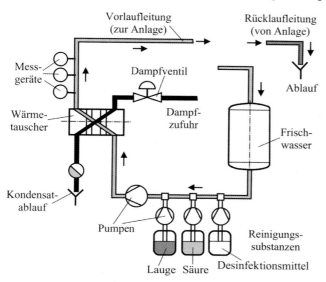

Abb. 6.21 Prinzipdarstellung einer Anlage für verlorene Reinigung ohne Zirkulation.

dezentral aufgebaut werden. Sie besteht im Wesentlichen aus den Behältern für Frischwasser und die konzentrierten Reinigungsmittel, die jeweils in die Vorlaufleitung dosiert werden. Die reproduzierbare In-line-Dosierung der Reinigungsmittel erfolgt mithilfe der Volumenstromkontrolle einer frequenzgeregelten Pumpe. Außerdem sichert eine In-line-Erhitzung durch einen Wärmetauscher mit Temperaturkontrolle im Reinigungsvorlauf die notwendige Temperatur, ohne die Reinigungsmedien über die Behälter führen zu müssen. Eine Temperaturkontrolle im Reinigungsrücklauf ermöglicht die korrekte Einhaltung der Reinigungszeit auf eine reproduzierbare Art und Weise. Erst wenn dort die gewünschte Temperatur herrscht, wird die Reinigungszeit gestartet. An den erforderlichen Schaltstellen oder Knotenpunkten befinden sich je nach Anforderung entsprechende Ventile. Zur Überwachung z. B. von Temperatur, Druck und Konzentration werden entsprechende Messgeräte und Sensoren eingesetzt. Die Vorlaufleitung führt zur Prozessanlage, wo im Durchlauf gereinigt wird. Der Rücklauf wird in den Ablauf abgelassen, der zur Neutralisations- und Aufbereitungsanlage führt.

Bei der verlorenen Reinigung können auch einzelne oder alle Komponenten im Umlauf gefahren werden. In diesem Fall kann gemäß Abb. 6.22 der Rücklauf zum Ausgleich über einen Stapeltank gefahren und erneut der Prozessanlage zugeführt werden. Nach der notwendigen Anzahl von Zirkulationen wird das Reinigungsmedium in den Ablauf abgelassen und der nächste Reinigungsschritt durchgeführt. Das Prinzip des Reinigungsablaufs mit den einzelnen Schritten ist in Tabelle 6.1 angegeben.

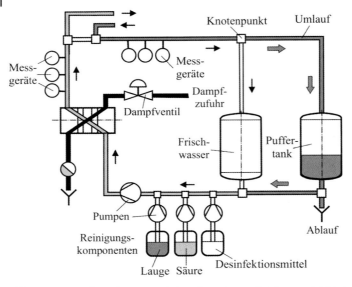

Abb. 6.22 Prinzipdarstellung einer Anlage für verlorene Reinigung mit Zirkulation.

Tabelle 6.1 Beispiel des Ablaufprinzips der verlorenen Reinigung.

Schritt	CIP-Ablauf	Kontrollwerte
Vorspülung mit Frischwasser	Frischwasser aus Tank über den CIP-Kreislauf ins Abwasser	Zeit
Laugenspülung	Lauge über den CIP-Kreislauf im Umlauf, Tank bleibt zum Ausgleich geöffnet. Erhitzung auf erforderliche Temperatur, Dosierung auf erforderliche Konzentration	Zeit
Laugenausschub mit Frischwasser	Frischwasser schiebt Lauge über CIP-Kreislauf ins Abwasser	Leitwert
Zwischenspülung mit Frischwasser	Zwischenspülung über CIP-Kreislauf ins Abwasser. Erhitzung auf erforderliche Temperatur	Zeit
Säurespülung	Säure über den CIP-Kreislauf im Umlauf, Tank bleibt zum Ausgleich geöffnet. Erhitzung auf erforderliche Temperatur, Dosierung auf erforderliche Konzentration	Zeit
Säureausschub mit Frischwasser	Frischwasser schiebt Säure über CIP-Kreislauf ins Abwasser	Leitwert
Nachspülung mit Frischwasser	Frischwasser über CIP-Kreislauf ins Abwasser. Erhitzung auf erforderliche Temperatur (oft ohne Erhitzung)	Zeit
	Weitere Ablauf-Schritte nach Bedarf möglich	

6.4.1.2 Gestapelte Reinigung

Bei gestapelter Reinigung wird die zuvor angesetzte Reinigungslösung mehrfach verwendet. Diese Art wird vor allem dann eingesetzt, wenn mehrere und häufig zeitgleiche Reinigungsaufgaben und große Umlaufmengen im Reinigungssystem notwendig werden. Stapelreinigung eignet sich für die Reinigung komplexer Systeme beim Einsatz teurer Mittel. Die Anforderungen der Reinigungsaufgabe in den verschiedenen Anlagenteilen an die Reinigungs- und Desinfektionsmittel sollten möglichst gleich sein.

Dabei ist ein zentraler Aufbau der Reinigungsanlage und ihrer Behälter mit meist hoher Pufferkapazität in Bezug auf Medienvolumen erforderlich. Sie enthält zusätzlich zu den notwendigen Dosier- und Erhitzungseinheiten die verschiedenen Stapelbehälter, die je nach Anforderungen Reinigungs- und Desinfektionsmittel sowie Rück- und Nachspülwasser aufnehmen. Die Anlagen- bzw. Tankgröße wird den erforderlichen Reinigungszyklen angepasst. Eine Prinzipdarstellung der Anlagengestaltung zeigt Abb. 6.23, während in Abb. 6.24 eine ausgeführte Anlage mit Stapelbehältern für die Lebensmittelindustrie dargestellt ist. Tabelle 6.2 gibt eine Übersicht über den Verfahrensablauf einer Reinigung mit Zwischenstapelung von Wasser.

Die Stapelreinigung kann auch in Form kombinierter Verfahren durchgeführt werden. Eine Möglichkeit stellt die zwischenstapelnde Reinigung dar, bei der einzelne chemisch oder biologisch wirksame Komponenten nach einer Reinigung zurückgewonnen und für eine folgende Reinigung noch einmal verwendet werden. Danach werden sie ausgeschoben und verworfen. Beispiele stellen die Verwendung des letzten Spülwassers zur Vorspülung der entleerten Anlage oder

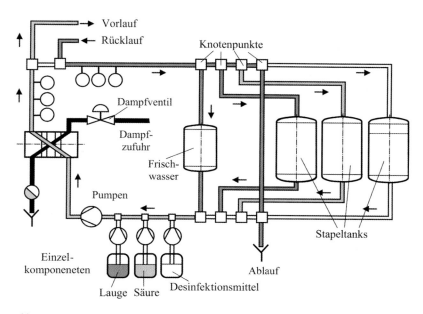

Abb. 6.23 Prinzipdarstellung einer Anlage für gestapelte Reinigung.

Abb. 6.24 Beispiel einer ausgeführten CIP-Anlage mit Stapelbehältern für Reinigungs- und Desinfektionsmittel (Fa. Alpma).

Tabelle 6.2 Funktionsprinzip einer Reinigung mit Zwischenstapelung von Wasser.

Schritt	CIP-Ablauf	Kontrollwerte
Vorspülung mit Rückwasser	Rückwasser aus Tank 1 über den CIP-Kreislauf ins Abwasser	Zeit
Ausschub von Rückwasser mit Frischwasser	Frischwasser über Tank 2 schiebt Rückwasser über den CIP-Kreislauf ins Abwasser.	Zeit
Laugenspülung	Lauge über den CIP-Kreislauf im Umlauf, Tank 2 bleibt zum Ausgleich geöffnet. Erhitzung auf erforderliche Temperatur, Dosierung auf erforderliche Konzentration	Zeit
Ausschub Lauge mit Frischwasser	Frischwasser über Tank 2 schiebt Lauge über CIP-Kreislauf ins Abwasser	Leitwert
Zwischenspülung mit Frischwasser	Zwischenspülung mit FW über Tank 2, über CIP-Kreislauf ins Abwasser. Erhitzung auf erforderliche Temperatur	Zeit
Säurespülung	Säure über den CIP-Kreislauf im Umlauf, Tank 2 bleibt zum Ausgleich geöffnet. Erhitzung auf erforderliche Temperatur, Dosierung auf erforderliche Konzentration	Zeit
Ausschub Säure mit Frischwasser	Frischwasser über Tank 2 schiebt Säure über CIP-Kreislauf ins Abwasser	Leitwert
Nachspülung mit Frischwasser	FW über Tank 2 über CIP-Kreislauf in Tank 1. Erhitzung auf erforderliche Temperatur (meist ohne Erhitzung)	Zeit
	Weitere Ablauf-Schritte nach Bedarf	

die Rückgewinnung von Lauge zur Vorreinigung von verschmutzten, vorgespülten Prozesslinien dar. Außerdem ist dies z. B. für weniger anspruchsvolle Reinigungsaufgaben möglich, wie bei der Weiterverwendung von Reinigungsmittel aus dem Filtratbereich im Unfiltratbereich oder von bereits einmal benutzten Reinigungsmitteln für die Vorreinigung in einem anderen CIP-System. Hauptziel ist es dabei, die jeweiligen Medien aus wirtschaftlichen Gründen ausreichend auszunutzen.

Bei der teilstapelnden Reinigung werden nur einzelne chemisch oder biologisch wirksame Komponenten nach der Reinigung zurückgewonnen und ihre Verluste ausgeglichen. Danach können sie in der gleichen Weise für eine beliebige Anzahl von Folgereinigungen weiter verwendet werden.

Häufig müssen verschiedene abgegrenzte Prozessbereiche unterschiedlich gereinigt werden. In solchen Fällen können Satellitenanlagen für CIP und SIP eingesetzt werden, die aus einem oder mehreren Behältern mit Medienheizung und Dosiersystem für Reinigungsmittelkonzentrate bestehen. Die Reinigung erfolgt in einem Durchgang. Nach Ende der Reinigungszeit werden die benutzten Flüssigkeiten entsorgt. Die Reinigungsmedien können je nach Anforderung auch von einer zentralen Station zu den Satelliten geführt werden, wie es in Abb. 6.25 zusätzlich angedeutet ist.

Die Anzahl der Reinigungssysteme wird durch Reinigungshäufigkeit, Gleichzeitigkeit und Anzahl der Objekte bestimmt. Die Systeme werden verfahrenstechnisch auf diese Ziele eingestellt.

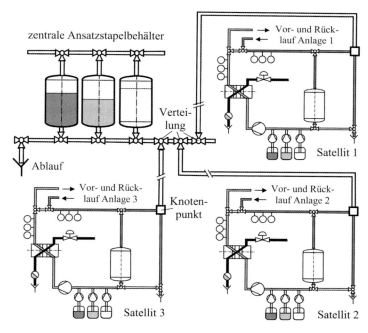

Abb. 6.25 Prinzipdarstellung einer Anlage mit Zentralstation für Ansatzbehälter und drei Reinigungssatelliten.

6.4.1.3 Komponenten und Geräte für CIP-Anlagen

Neben der Gestaltung der eigentlichen CIP-Anlage, die die Bereitstellung der Reinigungskonzentrate, deren Mischung, Lagerung und eventuell Stapelung übernimmt, sind in der Prozessanlage Armaturen und Geräte notwendig, die in direktem Zusammenhang mit der Reinigung stehen. Sie werden dazu verwendet, eine sichere Trennung zwischen Reinigungsmitteln und Produkten zu garantieren. Um Reinigungs- und Desinfektionslösungen mit den zu reinigenden Oberflächen in Kontakt zu bringen, stehen unterschiedliche Sprüh- und Spritzgeräte zur Verfügung, die zum Teil zusätzliche Effekte ausnutzen (siehe z. B. [39, 40]).

Armaturen zur sicheren Medientrennung

Eine wichtige Aufgabe zur Absicherung des Produktes übernehmen Armaturen, die an der Schnittstelle zwischen Produkt und Reinigungs- bzw. Desinfektionsmittel eingesetzt werden, um eine Vermischung zu verhindern. Gleiches kann auch an Stellen der CIP-Anlage erforderlich sein, wo unterschiedliche Reinigungsmedien voneinander oder gegenüber Wasser sicher zu trennen sind.

Um die Problematik und mögliche Lösungen zu veranschaulichen, wird im Folgenden als Beispiel eines Bereichs einer Prozessanlage die Behälterreinigung herangezogen, wobei ein einzelner Behälter aus einer Kolonne herausgegriffen wird. Bei automatisierten Anlagen werden je nach Anforderung z. B. Lager- oder Stapelbehälter für Produkte befüllt, entleert oder gereinigt und desinfiziert. Wenn mehrere Behälter vorhanden sind, laufen die verschiedenen Vorgänge parallel ab, weshalb bei automatisierten Anlagen jeder Behälter mit den entsprechenden Leitungen für Befüllung, Entleerung und Reinigung automatisch verbunden werden kann. Wie Abb. 6.26 an einem Behälter veranschaulichen soll, der gerade mithilfe einer Sprühkugel gereinigt wird, können mit einer definierten

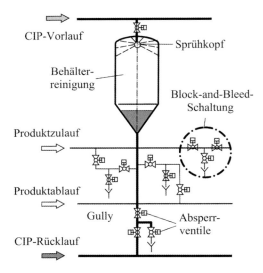

Abb. 6.26 Medientrennung durch Block-and-bleed-Schaltung von einzelnen Absperrventilen.

Anordnung von einzelnen Absperrventilen feindliche Medien sicher voneinander getrennt werden. Zur Verdeutlichung ist der Weg der Reinigungsflüssigkeit durch dicke Linien gekennzeichnet, während die nicht aktiven Teile des Prozesses dünn dargestellt sind.

Wie die Abbildung zeigt, besteht eine Block-and-bleed-Schaltung aus drei Ventilen. In geschlossenem Zustand dient jeweils ein Einzelventil zum Absperren der beiden „feindlichen" Leitungen wie z. B. Produkt- und Reinigungsleitung. Zwischen den Ventilen befindet sich ein Leer- oder Leckageraum der in diesem Zustand über ein offenes Absperrventil nach außen geöffnet ist. Wird eines der beiden geschlossenen Ventile undicht, so läuft das Leckagemedium nach außen ab und kann detektiert werden, d. h. die Anordnung „blutet". Außerdem kann die Flüssigkeit im drucklosen Leckageraum nicht in das andere, abgesperrte und unter Druck stehende Medium eindringen (s. auch Abschnitt 2.4.4.2).

Wichtig ist, dass solche Anordnungen hygienegerecht und vor allem totraumfrei gestaltet und alle Wege in die Reinigung und Desinfektion integriert werden.

Bei aseptischen Anlagen, bei denen keine Kontamination von außen erfolgen darf, müssen aseptische Ventile wie z. B. Membran- oder Faltenbalgventile eingesetzt werden. Außerdem sollte der Leckageraum keine offene Verbindung zur Umgebung besitzen. In diesem Fall kann die Leckageflüssigkeit in einem geschlossenen System detektiert und aufgefangen werden.

In vielen Branchen der Industrie ist es üblich, die relativ aufwändige Block-and-bleed-Schaltung durch Einzelventile, sogenannte Doppelsitz-Leckageventile (s. Abschnitt 2.4.4.2), zu ersetzen, die in einer Ventilkonstruktion die gleiche

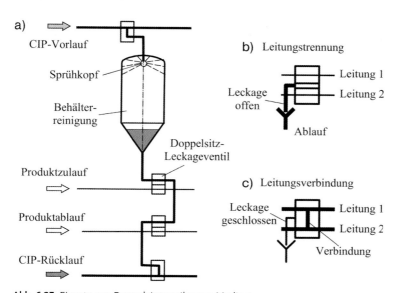

Abb. 6.27 Einsatz von Doppelsitzventilen zur Medientrennung:
(a) Beispiel der Verwendung bei der Tankreinigung,
(b) Prinzipdarstellung der Medientrennung und Leckage mithilfe des Ventils,
(c) Schaltstellung bei Verbindung von Leitungen.

Doppelsitz-Leckageventil   getrennte Rohrleitungen

Abb. 6.28 Beispiel eines Ventilknotens mit Doppelsitz-Leckageventilen (Fa. GEA Tuchenhagen).

Aufgabe übernehmen. In Abb. 6.27a ist für das Beispiel der Tankreinigung die prinzipielle Schaltung mit Doppelsitz-Leckageventilen dargestellt. Die aktiven Leitungszweige und Verbindungen sind wieder durch dicke Linien charakterisiert. Gemäß der Prinzipdarstellung in Abb. 6.27b können solche Ventile zum einen zwei feindliche Medienströme durch einen Leckageraum trennen und eine eventuelle Leckage sichtbar machen. Zum anderen lassen sich entsprechend Abb. 6.27c zwei Leitungen miteinander verbinden, während der Leckageraum dabei geschlossen ist.

Die Ventile für eine Behältergruppe oder einen Prozessbereich können gemäß Abb. 6.28 in einem Ventilknoten zusammengefasst werden. Eine solche Anordnung erfordert eine funktionelle und hygienegerechte Auslegung, wobei Hygienic Design sowohl bei der Einzelkonstruktion als auch der Gesamtausführung entscheidend für den Reinigungserfolg ist.

Vor allem bei kleineren Anlagen oder aus Sicherheitsgründen wird in manchen Fällen trotz Automatisierung des CIP-Bereichs die Trennung zwischen Produkt und Reinigungs- bzw. Desinfektionsmedien durch Schaltelemente vollzogen, die von Hand geschaltet werden müssen. Ein solches Beispiel ist dem Prinzip nach in Abb. 6.29 aufgezeigt. Als Schaltelemente werden Rohrbögen verwendet, die auf einem Paneel oder Rahmen angeordnet sind. Die Verbindungen können gemäß Abb. 6.29b durch Schwenkbögen oder entsprechend Abb. 6.29c über parallele Schaltbögen hergestellt werden, die mit Hand verbunden werden.

In manchen Fällen werden die Verbindungen sowohl zur Versorgung mit Reinigungsmedien von der Reinigungsmittelbereitstellung her als auch zur Erzeugung des Reinigungskreislaufs gemäß der Darstellung nach Abb. 6.30a mithilfe von Schläuchen hergestellt. Zum Umpumpen werden in solchen Fällen fahrbare Aggregate an der jeweils erforderlichen Stelle verwendet. Um die Schläuche in einwandfrei sauberem Zustand zu erhalten, werden sie nach der Reinigung in einem Desinfektionsbad aufbewahrt, wie es Abb. 6.30b veranschaulichen soll.

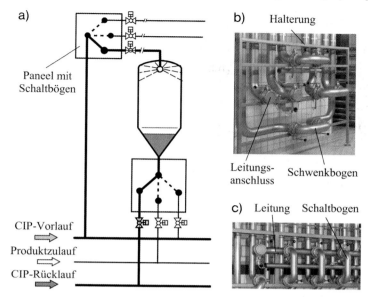

Abb. 6.29 Ankopplung der Reinigungsmedien bei der Behälterreinigung mithilfe von Wechselelementen:
(a) prinzipielle Anordnung, (b) Anordnung von Schwenkbögen,
(c) Verwendung von parallelen Schaltbögen.

Um das Risiko der Kreuzkontamination von Produkten auszuschließen ist gegebenenfalls eine Trennung von Reinigungskreisläufen erforderlich. Die Abb. 6.31 zeigt eine Anordnung der Reinigungsverbindungen (nach [37]) für einen Sterilapparat innerhalb eines Reinraums. Die Anlagenteile zur Herstellung und Bereitstellung der Reinigungs- und Desinfektionsmedien sowie des benötigten Wassers befinden sich außerhalb des Reinraums in einem Technikbereich. Die Bereitung der CIP-Medien kann seitens der CIP-Anlage zentral in Ansatzbehältern erfolgen. Von diesen Ansatzbehältern wird das vorbereitete Medium in den jeweiligen Reinigungskreislauf überführt. Ein Rückfließen in den Ansatzbereich muss ausgeschlossen sein, weshalb eine eindeutige Trennung und Absicherung erfolgen muss. Eine solche Ausführung ist sowohl mit einer zentralen als auch mit einer dezentralen Anordnung möglich. Auch innerhalb der CIP-Anlage muss ein Vermischen von Reinigungsmedien verhindert werden. Die erforderlichen Elemente sind entweder außen fest mit den entsprechenden in den Reinraum führenden Leitungsteilen steril verbunden oder, wenn eine Trennung vorgeschrieben ist, durch Koppelbögen je nach Bedarf angedockt. Im Inneren wird dann über steril anzudockende Schläuche ein Kreislauf zu dem jeweils zu reinigenden und sterilisierenden Apparat hergestellt.

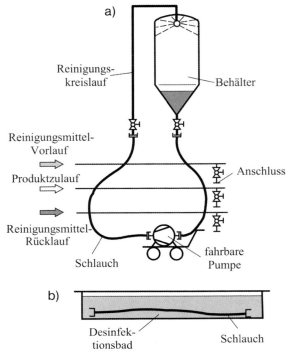

Abb. 6.30 Verwendung von Schläuchen am Beispiel der Behälterreinigung: (a) prinzipielle Anordnung von Armaturen, Schläuchen und Pumpe zur Erzeugung des Kreislaufs, (b) Schlauchdesinfektion.

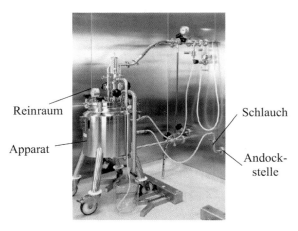

Abb. 6.31 Andocken von Geräten zur Reinigung innerhalb eines Reinraums mit Schläuchen (Fa. Ruland Engineering [37]).

Statische Sprühkugeln

Die statische Sprühkugel ist seit Langem für die Reinigung von Behältern, Tanks und Reaktoren eingeführt und bis heute das am häufigsten verwendete Reinigungsgerät geblieben. Sie ist in diversen Formen, Größen und Kapazitäten erhältlich und stellt vor allem zur In-place-Reinigung in unkritischen Fällen ein einfaches Mittel zur Verteilung der Reinigungsflüssigkeit auf die inneren Oberflächen dar [41]. Allerdings werden im Allgemeinen nicht vergleichbare Stofftransportbedingungen für die Reinigung realisierbar wie bei der Rohrreinigung, da die notwendigen Volumenströme meist nicht erreicht werden. Nur bei Behältern mit kleineren Durchmessern und großen Volumenströmen der Sprühkugel lassen sich turbulente Rieselfilme mit ausreichender Wandschubspannung erreichen (siehe Abb. 6.13). Der verwendete Druck vor der Sprühkugel liegt im Allgemeinen zwischen 0,5 bar und 2,5 bar.

Die Kugelbohrungen sind, wie Abb. 6.32a beispielhaft zeigt, in ihrer Anordnung, ihrem Durchmesser, der im Allgemeinen zwischen $d = 1$ mm bis $d = 3$ mm liegt, sowie dem Sprühwinkel jeweils individuell festgelegt. Daraus ergibt sich, in welchem Bereich und mit welchem Durchsatz das Reinigungsmittel auf die Behälterwand trifft. Entscheidend ist, dass keine Sprühschatten z. B. in Stutzen

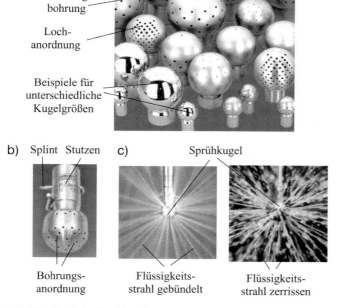

Abb. 6.32 Statische Sprühkugeln:
(a) unterschiedliche Größe und Bohrungsanordnung (Fa. GEA Tuchenhagen),
(b) Beispiel für die Befestigung mit Splint (Fa. Lechler),
(c) Beispiele unterschiedlicher Sprühbilder (Fa. Lechler).

entstehen, sondern dass alle Oberflächen erfasst werden. Da sich das Gesamtvolumen auf alle vorhandenen Bohrungen verteilt, haben statische Sprühkugeln einen relativ geringen wirksamen Reinigungsradius. Ferner trifft der jeweilige Flüssigkeitsstrahl oder -fächer, wie das Sprühbild in Abb. 6.32c für eine Kugel zeigt, stets an derselben Stelle auf die Behälterwand. Im Wesentlichen wird dadurch die Oberfläche örtlich besprüht, ohne dass eine größere zusätzliche mechanische Wirkung entsteht. Der sich ergebende Flüssigkeitsfilm läuft dann über die Behälterwand ab. Um den ständigen Austausch mit frischem Reinigungsmittel zu gewährleisten und die Sedimentation von abgereinigten Substanzen zu vermeiden, darf am Behälterboden kein Sumpf entstehen.

Bei stehenden Behältern ohne Einbauten gemäß Abb. 6.33a sollte die Kugel rotationssymmetrisch, d. h. in der horizontalen Behältermitte und in einem Abstand zur Tankdecke montiert werden, der etwa einem Viertel ihres Wirkungsbereichs entspricht. Um eine ausreichende Beschwallung der Tankoberfläche zu erreichen, werden meist Kugeln verwendet, deren unterer Bereich nicht gelocht ist. Bei vorhandenen Einbauten wie z. B. Rührern muss Schattenbildung vermieden werden, sodass die Anordnung z. B. von zwei Kugeln gemäß Abb. 6.33b sinnvoll ist. In diesem Fall enthält die gesamte Kugeloberfläche Bohrungen, um auch die unteren Teile des Rührers mit Reinigungslösung zu versorgen. Bei liegenden Behältern sind meist zwei oder mehrere Sprühkugeln notwendig.

Um die gesamte Behälteroberfläche mit Reinigungsmedium zu versorgen, genügen meist Kugeln mit Lochungen im oberen Bereich, wie es in Abb. 6.34 beispielhaft dargestellt ist.

Wegen der fehlenden Rotation benötigen fixierte Sprühkugeln eine große Flüssigkeitsmenge, um eine turbulente Strömung in dem entstehenden Rieselfilm zu

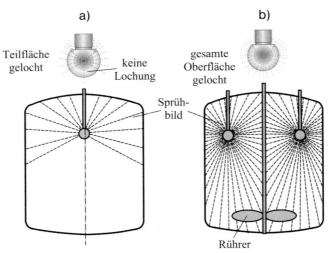

Abb. 6.33 Beispiele für die Sprühwirkung von statischen Sprühkugeln: (a) Anordnung einer zentralen Kugel ohne Bohrungen im unteren Bereich in Behälter ohne Einbauten, (b) Einbau von zwei Kugeln zur Vermeidung von Schattenbereichen in Behälter mit Rührer.

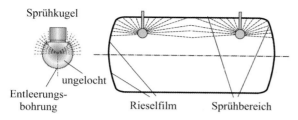

Abb. 6.34 Einsatz von Sprühkugeln in einem liegenden Behälter.

erzeugen (s. auch Abschnitt 6.2.2.2). Aus diesem Grund führt die Reinigung zu hohem Reinigungsmittel- und Wasserverbrauch. Gegenüber der permanenten Beschwallung kann eine Verringerung der Reinigungsflüssigkeitsmenge erzielt werden, wenn in Intervallen mit kurzen Pausen das Reinigungsmittel versprüht wird.

Ein Problem der Sprühkugeln besteht darin, dass sie aufgrund der Bohrungen als Filter für gröbere Partikel wirken. Die in der Reinigungs- und Spülflüssigkeit befindlichen Verunreinigungen, wie z. B. Fasern von nicht hygienegerecht gestalteten und damit beschädigten Dichtungen, können die Bohrungen verstopfen. Dies führt zu einer zunehmend unzureichenden Benetzung von Teilen der Tankoberfläche. Da dies häufig nicht sofort erkannt wird, zieht dies eine Beeinträchtigung des Reinigungserfolgs mit der Gefahr von Kontaminationen nach sich. Daher empfiehlt es sich, generell Filter einzusetzen, vor allem aber, wenn die Reinigungsflüssigkeit im Kreislauf genutzt wird bzw. Stapelwasser zum Einsatz kommt.

Das Reinigungs- bzw. Spülverfahren mit statischen Sprühkugeln kann automatisiert werden. Es kann jedoch selbst durch die Überwachung der Prozesspumpen nicht immer gewährleistet werden, dass die Behälter auch tatsächlich vollständig und zuverlässig gereinigt wurden. Aufgrund der hohen Volumenströme entstehen außerdem hohe Reinigungsmittel- und Wasserkosten.

Bezüglich der Gestaltung müssen Sprühkugeln die Anforderungen an Hygienic Design erfüllen, da sie sowohl innen als auch außen als produktberührt zu betrachten sind. Daher sollte die Oberflächenrauheit innen und außen in der allgemein empfohlenen Größenordnung von $Ra \leq 0{,}8$ µm liegen. Außerdem müssen die Bohrungen entgratet werden. Von Vorteil ist, dass statische Sprühkugeln keine beweglichen Teile besitzen und selbstentleerend sind.

Ein Problem stellen die Verbindungen zum Behälter dar. In den meisten Fällen ist der Anschlussstutzen in den Behälter eingeschweißt, sodass eine Verbindung zwischen Stutzen und Kugel innerhalb des Behälters erforderlich wird. Auf keinen Fall darf der Kugelstutzen auf den Behälterstutzen ohne Abdichtung aufgeschraubt werden, da die Gewindeteile und deren Spalte nicht reinigbar sind. Abb. 6.35a zeigt beispielhaft die Problemstellen einer Schraubverbindung zwischen Behälterstutzen und Kugelanschluss. Sowohl das ungedichtete Gewinde außen als auch der innere Spalt an der Stoßstelle müssen als produktberührt betrachtet werden und sind daher für Behälter nicht zulässig,

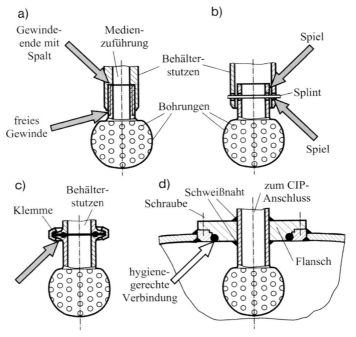

Abb. 6.35 Befestigung von Sprühelementen im produktberührten Bereich von Behältern: (a) Schraubverbindung mit offenem Gewinde, (b) Splintbefestigung, (c) Klemmverbindung, (d) Schweißverbindung.

die in hygienerelevanten Bereichen einschließlich der CIP-Anlage eingesetzt werden. Um hygienegerechte Verhältnisse zu erreichen, müsste das Gewinde abgedeckt und beide Gewindeenden abgedichtet werden. Konstruktionen dieser Art sind nach Hygienic-Design-Anforderungen wegen der notwendigen doppelten Dichtung mit Anschlag und Zentrierung nicht zuverlässig ausführbar. Einzige Möglichkeit wäre, die Kugel jedes Mal auch selbst zu reinigen, indem sie demontiert wird.

Häufig wird die Verbindung zwischen Kugel und Behälterstutzen als Steckverbindung ausgeführt. Die Sprühkugel wird dann in den Stutzen entweder eingesteckt oder außen aufgesteckt und mit einer splintartigen Schnellverbindung befestigt. Auch auf diese Weise lassen sich Spalte nicht vermeiden. Wenn sie zu eng sind, können sie zudem nicht zuverlässig gereinigt werden. Da außerdem Produkt in den Bereich der Sprühkugel und ihrer Befestigung spritzen kann, ist die Gefahr von Mikroorganismenwachstum und damit ein Kontaminationsrisiko gegeben. Aus diesem Grund wird in vielen Fällen ein deutlicher Ringspalt zwischen dem Stutzen und der Steckverbindung gelassen wie es Abb. 6.35b veranschaulichen soll, um eine Reinigung mit durchtretender Reinigungsflüssigkeit zu gewährleisten. Da dieser infolge einer meist fehlenden Zentrierung nicht überall am Umfang gleich ist, können trotzdem schlecht reinigbare Stellen entstehen.

Auch die Bohrungen für den Splint sind größer ausgeführt, um eine Spülung mit Reinigungsmittel zuzulassen.

In einigen Fällen werden in der Nahrungsmittel- und Getränkeindustrie Klemmverbindungen zwischen innenliegendem Anschlussrohr- und Kugelstutzen gemäß Abb. 6.35c verwendet. Diese Verbindung erfüllt zwar, wenn sie nach DIN 11 864-3 [42] ausgeführt wird, im Inneren die Anforderungen an Hygienic Design. Die äußere Klemme sowie die darunter liegenden Flanschbereiche sind jedoch nicht in-place reinigbar.

Zum Vergleich soll in Abb. 6.35d das Prinzip einer hygienegerechten Kugelanbindung dargestellt werden. In diesem Fall ist der verlängerte Kugelstutzen beidseitig in einen Flansch eingeschweißt. Dieser wird von außen mit einem Blockflansch verschraubt, der mit dem Behälter bündig zur inneren Oberfläche verschweißt ist, und mit einer hygienegerechten Abdichtung z. B. in Anlehnung an DIN 11 864 mit O-Ring innen gedichtet. Der äußere Anschluss des Sprühkugelstutzens an die CIP-Leitung erfolgt ebenfalls mit einer lösbaren hygienegerechten Verbindung.

Dynamische Sprüh- und Spritzgeräte

Weiterentwicklungen der statischen Sprühköpfe haben zu rotierenden Konstruktionen mit ökonomischerer Strahlausformung geführt. Sie werden zum Teil durch das Reinigungsmedium angetrieben. Die Rotationsköpfe sind sowohl mit Bohrungen als auch mit speziell geformten Schlitzen oder Düsen im Einsatz. Eine Übersicht über die verschiedenen Systeme wie Zielstrahl- und Orbitalreiniger wird z. B. in [43] gegeben.

Rotierende Sprühkugeln vereinigen die Eigenschaften der statischen Sprühkugel mit den Vorteilen eines rotierenden Systems. In Abb. 6.36 ist links ein Foto nach [44] und rechts eine Prinzipdarstellung im Halbschnitt wiedergegeben. Die in rostfreiem Edelstahl ausgeführte Konstruktion enthält für die Drehbewegung zwei Kugellager, die üblicherweise nicht abgedichtet sind. Sie sollten ebenfalls aus Edelstahl bestehen. Kugel- oder Gleitlager aus PTFE können wegen der fehlenden Elastizität des Werkstoffs bei höheren Belastungen Probleme bereiten. Die entstehenden Spalte zwischen den rotierenden und statischen Elementen sollten von Reinigungsmittel ausreichend durchspülbar sein, um hygienegerechte

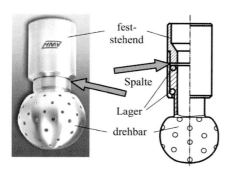

Abb. 6.36 Dynamische Sprühkugel mit Bohrungen (Fa. AWH Armaturenwerk Hötensleben):
(a) äußere Ansicht, (b) Schnittdarstellung.

Verhältnisse aufrechtzuerhalten. Allerdings muss berücksichtigt werden, dass der Widerstand in den Spaltbereichen wesentlich höher als in den Bohrungen ist. Andererseits unterstützt die Relativbewegung den Transport in den Spalten.

Da durch die Rotation des Sprühkopfes die gesamte im Sprühbereich liegende Innenoberfläche des Behälters mit Reinigungsmedium beaufschlagt wird, werden wesentlich weniger Bohrungen am Umfang angebracht. Dadurch wird weniger Reinigungsmittel benötigt und die Reinigungsdauer reduziert. Gleichzeitig wird bei gleichem Durchsatz der wirksame Reinigungsradius größer, sodass zur Reinigung einer gleich großen Oberfläche weniger rotierende Sprühköpfe als statische Sprühkugeln eingesetzt werden müssen. Das bedeutet aber, dass wie bei der statischen Sprühkugel durch den entstehenden Rieselfilm keine mechanischen, sondern nur chemische Effekte an der Wand erzielt werden. Sollte es zu einem Ausfall der Rotation kommen, bleibt die Reinigungsfunktion der dann statischen Sprühkugel erhalten.

Der typische Anwendungsfall liegt im Niederdruckbereich, wo keine Zielstrahlreiniger benötig werden. Bestehende Anlagen mit statischen Sprühkugeln können ohne Änderungen umgerüstet werden.

Um vergleichbare Stofftransportbedingungen zwischen verschmutzter Oberfläche und Reinigungslösung wie bei der Rohrreinigung auch bei der Behälterreinigung zu erreichen, können rotierende Reinigungskomponenten eingesetzt werden, die Fächerstrahlen erzeugen. Damit wird die Medienmenge nicht gleichzeitig auf die gesamte Behälteroberfläche verteilt, wie dies bei Sprühkugeln der Fall ist. Die Strahlen selbst ergeben keine nennenswerte mechanische Wirkung an der Behälteroberfläche. Der erhöhte Reinigungseffekt entsteht vielmehr durch den turbulenten Rieselfilm an der Wand. Durch die Fächerstrahlen wird zeitgleich jeweils nur ein bestimmtes Tanksegment mit einem bestimmten Winkel mit einer relativ großen spezifischen Medienmenge beschwallt, sodass bei ausreichendem auf den Umfang bezogenem Volumenstrom gute Reinigungsbedingungen erzeugt werden.

Rotierende Sprühköpfe mit speziell angeordneten Sprühschlitzen, wie sie Abb. 6.37 im Bild sowie im Halbschnitt zeigt, ermöglichen eine breite Strahlbildung mit einem gleichmäßigen Spritzbild und größeren Reichweiten [45].

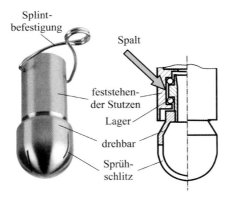

Abb. 6.37 Dynamische Sprühkugel mit Sprühschlitzen (Fa. GEA Tuchenhagen): (a) äußere Ansicht, (b) Schnittdarstellung.

Die Rotation erfolgt mit einigen Umdrehungen pro Minute um die Mittelachse des Sprühkopfes. Der Antrieb wird durch die Reinigungsflüssigkeit über die asymmetrischen Schlitze bewirkt. Dabei wird durch die Rotation des Sprühkopfes je nach Ausführung die gesamte oder nur die obere Innenoberfläche des Behälters mit der Reinigungsflüssigkeit beaufschlagt. Das bedeutet, dass neben Standardausführungen mit dem Sprühwinkel von 360° auch Versionen mit 90° bzw. 180° eingesetzt werden können. Das Reinigungsmedium wird jeweils in Richtung des Sprühwinkels gesprüht. Die Zeit, in der die Tankwände nicht mit Reinigungsmedien besprüht werden, steht für Destabilisierungsvorgänge der Schmutzschicht zur Verfügung. Diese Vorgehensweise ist besonders dann zu empfehlen, wenn bei Umgebungstemperatur gereinigt werden soll oder muss. Bei vorgegebenem Gesamtvolumenstrom können mit rotierenden Reinigungskomponenten Rieselfilme mit mehr als der fünffachen Linienbeaufschlagung gegenüber statischen Sprühkugeln realisiert werden.

Die Köpfe lassen sich in jeder Einbaulage betreiben. Verschiedene Anschlüsse und Anschweißenden ermöglichen eine an die Aufgaben angepasste Installation, die in jedem Fall hygienegerecht sein sollte. Die Aufprallenergie des Reinigungsstrahls beim Schwallreiniger lässt sich über den Versorgungsdruck in gewisser Weise steigern. Trotzdem kann nicht von einer bemerkenswerten mechanischen Impact-Leistung ausgegangen werden. Der Druckbereich liegt üblicherweise zwischen $p = 1$ bar und $p = 8$ bar, jedoch sind Ausführungen bis $p = 20$ bar möglich. Um die Reinigung in den Lagern sowie den Spalten zwischen drehendem und feststehendem Teil zu ermöglichen, werden die Spalte mit großem Spiel ausgeführt. Dadurch soll das Reinigungsmittel die Spalte durchströmen.

Bei Zielstrahlreinigern, die ebenfalls zur Niederdruckreinigung von Behältern, Großtanks und Gefäßen aller Art eingesetzt werden, erfolgt die Rotation des Spritzkopfes um die Achse der Antriebswelle, wie es dem Prinzip nach in Abb. 6.38a in einer vereinfachten Schnittdarstellung gezeigt ist. Dabei strömt das Reinigungsmedium in den Druckstutzen, in dem z. B. eine Turbine durch den Flüssigkeitsstrom angetrieben wird. Mittels einer Getriebekonstruktion mit Schnecke und Schneckenrad wird die Drehbewegung über eine Welle auf den Sprühkopf übertragen. In Abb. 6.38b ist die Außenansicht des Geräts dargestellt. Die Menge des Reinigungsmediums in der Zuleitung mit der daraus resultierenden Strömungsgeschwindigkeit bestimmt die Drehzahl des Sprühkopfes. Es sind auch Antriebe mithilfe eines externen elektrischen Motors möglich.

Der Sprühkopf, von dem ein Beispiel in Abb. 6.38c dargestellt ist, erzeugt mithilfe von Schlitzdüsen einen langsam umlaufenden Fächerstrahl, der auf der Behälterwand eine Intervallspülung mit verstärktem Schwall bewirkt. So ist trotz des stark reduzierten Durchsatzes der Reinigungsflüssigkeit eine intensive Reinigungswirkung gegeben. Durch verschiedene Düsen bzw. Düsenanordnungen kann eine optimale Anpassung des Zielstrahlreinigers an Form, Abmessung und Verschmutzung des zu reinigenden Behältnisses erreicht werden. Die Abb. 6.39a zeigt ein Beispiel eines Sprühkopfes mit den Spritzwinkeln von drei Düsen. Das zugeordnete Spritzbild in einem stehenden Behälter gemäß Abb. 6.39b zeigt die völlige Besprühung des Behälterdeckels sowie eines großen Bereichs der Zarge.

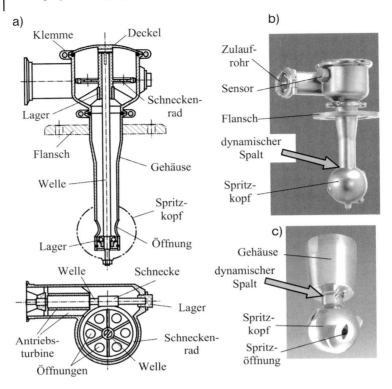

Abb. 6.38 Beispiel eines Zielstrahlreinigers:
(a) Schnittdarstellung vom Antrieb der Spritzkugel (Fa. GEA Tuchenhagen),
b) Außenansicht des Geräts, (c) Spritzkopf mit Spritzdüse.

Wenn an den Oberflächen ablaufende Flüssigkeitsmenge einen turbulenten Rieselfilm erzeugt, können Reinigungswirkungen in der Größenordnung der Rohrreinigung mit den dabei erzielbaren Wandschubspannungen erreicht werden. Wenn die eingebrachten Mengen an Reinigungsmittel zwar ausreichen, um Verschmutzungen abzulösen, nicht jedoch um sie abzuspülen zu können, lassen sich Zielstrahlreiniger in Kombination mit statischen oder dynamischen Sprühkugeln oder Schwallreinigern einsetzen.

Anforderungen an die hygienegerechte Gestaltung von Zielstrahlreinigern sind vor allem im Inneren des Gehäuses aufgrund des Getriebes zum Antrieb des Spritzkopfes zu berücksichtigen. Hier sind in dem gezeigten Beispiel vor allem die Lagerstellen der beiden Antriebswellen sowie eventuelle Strömungsschatten unter dem Schneckenrad zu beachten. Außerdem muss das Gehäuse selbstentleerend gestaltet werden. Eine Problemstelle ergibt sich auch an dem dynamischen Spalt zwischen feststehendem Gehäuse und rotierendem Spritzkopf. Diese Stelle kann mit Produkt bespritzt werden, sodass auch die Entstehung von Biofilmen eine besondere Gefahr darstellen kann. Da eine hygienegerechte Abdichtung

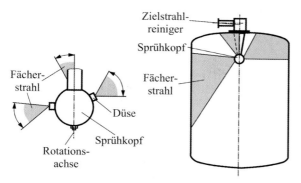

Abb. 6.39 Spritzwirkung der Düsen sowie erreichte Oberflächen in einem Behälter.

schwierig zu gestalten ist, sollte zumindest der Spalt so dimensioniert werden, dass während des Reinigungsvorgangs eine Durchströmung stattfinden kann. Man muss sich aber immer darüber im Klaren sein, dass als letzter Schritt im Reinigungsablauf eine Spülung mit Wasser stattfindet, das je nach Reinheit Mikroorganismen enthalten kann, die in dem Intervall bis zur nächsten Reinigung ein Risiko darstellen können.

Orbitalreiniger sind mit Rundstrahldüsen ausgestattet, die in zwei im Allgemeinen zueinander senkrechten Ebenen rotieren. Entsprechend Abb. 6.40 können sie mit zwei oder vier Düsen ausgestattet sein. Bei Ausstattung mit zwei Düsen wird die Abwicklungszeit gegenüber einer Düse halbiert. Die Düsen reinigen die Tank- bzw. Behälterinnenflächen um 180° versetzt. In der zweiten Hälfte des Reinigungsablaufs wird durch die zweite Düse zusätzlich der Strahlwinkel halbiert. Durch Auswahl des Düsendurchmessers kann die effektive Strahllänge und Durchflussmenge bei festgelegtem Druck optimiert werden. Außerdem können die Düsen auf bestimmte Betriebsdrücke abgestimmt werden, wodurch ein Zerstäuben der Reinigungsflüssigkeit verhindert wird. Den Anforderungen entsprechend können geringe, mittlere und hohe Betriebsdrücke angewendet werden. Vor allem bei Letzteren kann mit dem scharf gebündelten Strahl eine

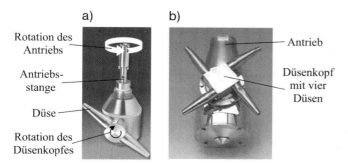

Abb. 6.40 Orbitalgeräte (Fa. Lechler): (a) mit zwei Düsen, (b) mit vier Düsen.

mechanische Wirkung auf die Tank- bzw. Behälterinnenflächen ausgeübt werden. Dadurch wird die Hauptmenge von organischen Verschmutzungen bereits während der Vorspülung von der Tankoberfläche abgelöst und ausgetragen. Kontrollsysteme, bei denen Drucksensoren so im Tank platziert werden, dass der Medienstrahl in entsprechenden Abständen wiederkehrend auf den Sensor trifft, können die Funktion der einzelnen Düsenköpfe elektronisch überwachen, sodass die ordnungsgemäße Reinigung dokumentiert werden kann. Damit lässt sich auch der Reinigungserfolg validieren.

Das besondere Merkmal des Orbitalsystems besteht darin, dass bei einem Umlauf oder Zyklus die Düsen ein symmetrisches Grundmuster auf die Tankoberfläche zeichnen wie es Abb. 6.41a beispielhaft für ein fest installiertes Gerät zeigt. Entsprechend Abb. 6.41b können Orbitalgeräte aber auch in der Höhe verschieblich in Behältern eingesetzt werden. Die gute Reinigungswirkung der Düsenköpfe wird generell dadurch erzielt, dass die Strahlen in einem immer enger werdenden Strahlmuster auf die Tankoberfläche auftreffen, wodurch sich mit zunehmender Zyklenzahl das Muster verfeinert, bis eine vollständige Flächenreinigung erreicht

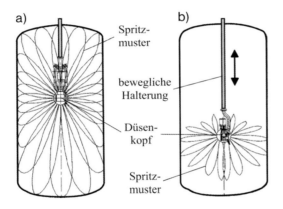

Abb. 6.41 Wirkung von Orbitalreinigungsgeräten:
(a) stationäres Gerät (Fa. GEA Tuchenhagen),
(b) axial verschiebliche Anordnung (Fa. GEA Tuchenhagen),
(c) Spritzmuster nach zeitlichen Intervallen (Fa. Alfa Laval, Toftejorg [46]).

ist. In Abb. 6.41c sind die Strahlmuster eines Orbitalgeräts mit zwei Düsen nach drei verschiedenen Zeiten als Beispiel dargestellt [46]. Die Reinigungsflüssigkeit kann somit jeden Punkt des Behälterinneren erreichen. Durch das anfänglich grobe Muster der Medienspuren werden Vor-, Zwischen- und Nachspülungen möglich. Die Reinigungszeit wird deutlich verkürzt.

Da bei orbitalen Düsenköpfen ein geringerer Volumenstrom als bei statischen Sprühkugeln und rotierenden Sprühköpfen benötigt wird, können die Anlagenverrohrungen und die notwendigen Ventile kleiner gewählt werden. Dies gilt auch für die Vorlagetanks für das Reinigungsmedium, deren Größe sich um etwa 50 % gegenüber der Reinigung mit Sprühkugeln verringern lässt.

Aufgrund des gleichmäßig erzielbaren Reinigungsmusters ist eine Unterbrechung der Reinigung möglich, ohne dass verschiedene Teile oder die Tankoberfläche unterschiedlich benetzt werden.

Außerdem ist es mit entsprechender Software möglich, per Computer die Spritzmuster zu simulieren und damit Anordnung, Dimensionierung und Auswahl von Orbitalgeräten von vornherein zu optimieren, um eine sichere Reinigung zu erreichen. Dies ist vor allem für eine effiziente Reinigung von Tanks mit Rührwerken oder anderen Einbauten von Vorteil.

Der Antrieb für die Drehbewegung des Düsenkopfes kann über den Rückstoß der Reinigungsflüssigkeit erfolgen. Bei Geräten können z. B. nach [47, 48] für die Rotation um die zweite Achse offenliegende Kegelräder gemäß Abb. 6.42 mit kleinstem Übersetzungsverhältnis eingesetzt werden, die vom Düsenkopf angetrieben werden und damit keinen eigenständigen Antrieb benötigen. Das flüssigkeitsgetriebene Gerät kann mit einem Drehzahlregler ausgestattet werden, der die Drehgeschwindigkeit bei Druckschwankungen konstant hält. Orbitalreiniger können auch über einen separaten Antrieb verfügen, für den z. B. Elektromotoren oder in explosionsgefährdeten Bereichen pneumatische Antriebe verwendet werden.

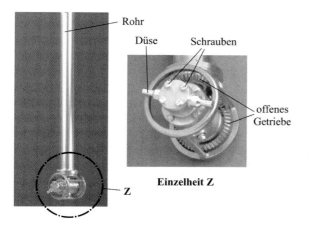

Abb. 6.42 Orbitalgerät mit offenliegendem Antrieb durch Kegelräder (Fa. GEA Tuchenhagen).

Wie bereits bei den Zielstrahlreinigern besprochen, stellen auch Orbitalgeräte aufgrund der vorhandenen Getriebe und Antriebe hohe Anforderungen an die hygienegerechte Gestaltung. Die höhere mechanische Wirkung der beweglichen Spritzelemente wird durch zum Teil störungs- bzw. wartungsanfälligere Konstruktionen erkauft. Zum Beispiel können Gleitlager durch Produktreste relativ schnell verkleben. Die offene Gestaltung von Getrieben hat den Nachteil, dass sie während der Produktion direkt mit den Produkten durch Bespritzen in Kontakt kommen. Wenn sie hygienegerecht ohne Vertiefungen, enge Spalte und Toträume gestaltet werden, ist von Vorteil, dass sie während der Reinigung von den Reinigungsmedien um- und durchspült werden. Bei geschlossen gestalteten Getrieben für die beiden Rotationsbewegungen sind entweder leicht reinigbare Abdichtungen erforderlich oder eine ausreichende Durchströmung der dynamischen Spalte durch die Reinigungsmedien.

In Abb. 6.43 ist ein Orbitalgerät aus Edelstahl als Beispiel dargestellt, das die von der EHEDG vorgegebenen Anforderungen an Hygienic Design erfüllt [49]. Im Allgemeinen wird das System durch das Reinigungsmedium angetrieben, ist aber auch mit einem externen Antrieb durch Elektro- oder Pneumatikmotor mit Magnetkupplung erhältlich. Der Antriebsmechanismus befindet sich außerhalb der Behälter, sodass nur wenige Teile mit dem Produkt in Berührung kommen. Die Betriebstemperatur liegt üblicherweise zwischen 0 °C und 90 °C, bei Dampfsterilisation kann jedoch mit Temperaturen bis zu 140 °C gearbeitet werden. Der zulässige Druck liegt zwischen 3 bar und 13 bar, der empfohlene Betriebsdruck bei 3–8 bar.

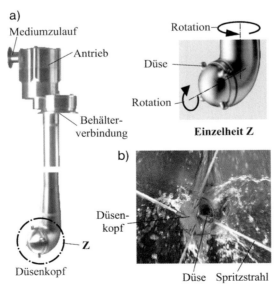

Abb. 6.43 Orbitalgerät mit geschlossen ausgeführtem Antrieb (Fa. Alfa Laval, Toftejorg [49]): (a) äußere Gestaltung, (b) Spritzstrahl.

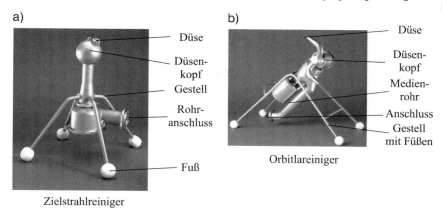

Abb. 6.44 Mobile Geräte für die Innenreinigung von Behältern (Fa. GEA Tuchenhagen): (a) Zielstrahlreiniger, (b) Orbitalreiniger.

Für manche Anwendungen ist die temporäre Installation sowohl des Zielstrahls als auch der Orbitalgeräte für die Dauer der Reinigung günstiger als eine feste Montage. Wie es Abb. 6.44 verdeutlicht, sind die Geräte auf einem Gestell mit Füßen befestigt. Sie lassen sich durch das Mannloch einführen und können im Behälterinneren aufgestellt und angeschlossen werden. Sowohl Reinigung als auch Wartung der Geräte lassen sich außerhalb der Behälter erheblich einfacher durchführen.

6.4.2
Automatische In-place-Trockenreinigung geschlossener Prozesse

In manchen Branchen der Lebensmittelindustrie wie z. B. bei der Mehlproduktion, wo ausschließlich trocken gearbeitet wird und Chargen nicht getrennt und deklariert werden müssen, wird häufig nur in sehr großen Zeitabständen eine Reinigung durchgeführt. Grundsätzlich bleiben aber pulverförmige Produkte in Winkeln, Spalten und auf Oberflächen von geschlossenen Apparaten als Reste zurück, die Mikroorganismen z. B. in Form von Sporen enthalten können. Vor allem fördern manche Produkte wie beispielsweise Milchpulver trotz trockener Verhältnisse das Überleben mikrobieller Zellen wie z. B. von Salmonellen. Dadurch stellen sie grundsätzlich eine potenzielle Quelle für Kontaminationen dar. Wenn solche Reste feucht werden, können die vorhandenen Mikroorganismen zu keimen beginnen, wachsen und sich vermehren. Aus diesem Grund können Produktreste in solchen Bereichen nicht akzeptiert werden. Sie müssen möglichst mit trockenen Reinigungsmethoden entfernt werden. Die Anwendung von Nassverfahren ist zwar hinsichtlich des Reinigungsergebnisses sicherer, die Feuchtigkeit danach durch Trocknen völlig zu entfernen, stellt jedoch eine schwierige Aufgabe dar. Wenn z. B. Spalte an Dichtstellen vorhanden sind, in denen Feuchtigkeit zurückbleibt, wird das Wachstum von Mikroorganismen erheblich begünstigt.

Die grobe Entfernung von Produktresten aus Behältern und Apparaten kann durch Absaugen in-place erfolgen, wenn schwacher Unterdruck angewendet werden kann. Große industrielle Absauganlagen stehen für solche Zwecke zur Verfügung, die für die Reinigung an die entsprechenden Apparate angeschlossen werden können. Wenn Schmutzschichten und Verkrustungen stärker an den Oberflächen anhaften, müssen Strahlverfahren eingesetzt werden, die in Apparaten meist nicht in-place, d. h. im geschlossenen Zustand, durchgeführt werden können.

Bei Rohrleitungssystemen kann dagegen eine In-place-Reinigung mit körnigen Feststoffen angewendet werden. Körnige Lebensmittel wie z. B. Reis werden zu diesem Zweck über Schleusen kontinuierlich in das Rohrsystem eingebracht und mithilfe von Flugförderung in großer Verdünnung mit Druckluft durch das System gefördert. Durch den wiederkehrenden Aufprall auf die Rohrwand können auch fest haftende Schichten abgetragen werden. Danach erfolgt das Ausblasen der Leitung. Der Schmutzaustrag wird in Filtern gesammelt.

Ein typisches Anwendungsgebiet für diese Art der Trockenreinigung sind pneumatische Förderanlagen, die bereits die erforderliche Ausrüstung wie Schleusen und Druckluftanschlüsse mitbringen.

6.4.3
Automatische In-place-Nassreinigung offener Apparate

Für einige spezielle offene Apparate werden zunehmend Reinigungssysteme entwickelt, die automatisch in-place arbeiten. Ein Beispiel dafür sind Transportbänder, die an geeigneten Stellen z. B. stationäre Spritzstationen enthalten, durch die die produktberührten Bereiche des Bandes automatisch gereinigt werden (s. auch Abschnitt 3.2.1). Als anderes Beispiel können an den Enden offene Tunnelapparate angeführt werden, in die bewegliche Spritzstationen integriert werden können, die im Inneren entlang fahren und eine automatische In-place-Reinigung aller relevanten Oberflächen durchführen. Die Reinigungsmittel werden in selbsttätig ablaufenden Wannen gesammelt und automatisch entsorgt.

6.4.4
Reinigungsgeräte und -verfahren für die Führung von Hand

Neben den automatisierten In-place-Verfahren wird zum einen eine Vielzahl verschiedener Reinigungsverfahren mit den entsprechenden Geräten für die Reinigung von offenen Prozessen in Bereichen eingesetzt, wo eine Automatisierung nicht möglich ist. Zum anderen müssen viele Kleinkomponenten, die aufgrund ihres komplizierten Aufbaus nicht in-line gereinigt werden können, zerlegt und die Einzelteile mit entsprechenden Geräten oder von Hand gereinigt werden. Auch Werkzeuge zur Produktbearbeitung, Behältnisse und Formen zur vorübergehenden Aufnahme von Produkten sowie die gesamte Prozessumgebung müssen jeweils in angepasster Weise gereinigt werden.

Bei nicht automatisierter Reinigung wird der Reinigungsablauf in erster Linie durch das Personal bestimmt, das die Reinigung durchführt. In vielen Fällen zählt bereits der Ansatz sowie das Auswechseln der Reinigungs- und Desinfektionsmittel dazu. Wenn außerdem die Oberfläche mithilfe von handgeführten Hilfsmitteln behandelt wird, spielen zusätzlich z. B. die Dauer, Gleichmäßigkeit und Geschwindigkeit eine wesentliche Rolle, mit der die Reinigung erfolgt. Bei sorgfältiger Arbeitsweise kann diese Reinigungsart vorteilhaft sein, da man sie der örtlichen Verschmutzung individuell anpassen und dadurch gezieltere Ergebnisse als mit automatisierten Verfahren erreichen kann. Auf der anderen Seite sind bei unzuverlässigem Personal entsprechende Risiken durch nicht ausreichend gereinigte Bereiche nicht auszuschließen.

Weiterhin ist es wichtig, handbediente und handgeführte Reinigungsgeräte selbst in definierten Intervallen zu reinigen. Dabei muss festgelegt werden, ob dies nur für den Innenbereich der Geräte zutrifft, oder ob auch die äußeren Oberflächen gereinigt werden müssen, um Kreuzkontaminationen zu vermeiden. Dies trifft vor allem dann zu, wenn Geräte in Hygienebereiche eingebracht werden. In diesem Fall müssen alle relevanten Oberflächen vorher sauber sein. Um leichte Reinigung zu garantieren, müssen die entsprechenden Anforderungen an Hygienic Design erfüllt werden, d. h. die Geräte müssen leicht reinigbar gestaltet werden, obwohl sie nur Hilfsgeräte sind.

6.4.4.1 Nieder- und Hochdruckgeräte für die Nassreinigung

Die Einteilung in Nieder- und Hochdruckgeräte erfolgt relativ willkürlich nach dem Düsendruck, der bei Niederdruck zwischen 1 bar und 10 bar liegt und bei Hochdruck bis weit über 100 bar reichen kann. Für den mechanischen Reinigungseffekt ist jedoch, wie bereits erwähnt, die wirksame Energie an der zu reinigenden Stelle maßgebend, die vom Abstand zwischen Düse und Oberfläche abhängt. Sie kann infolge der Handführung stark variiert werden. Während die Wirksamkeit der Niederdruckreinigung hauptsächlich auf der Überschwallung mit einem Rieselfilm mit Reinigungssubstanzen liegt, sollte bei der Hochdruckreinigung ein scharf gebündelten Strahl mit hohem mechanischem Effekt auf die zu reinigende Fläche auftreffen, der allerdings auch z. B. bei der Wand- und Bodenreinigung zerstörend wirken kann. Wenn hohe Temperaturen für die Reinigung erforderlich sind, wird die Dampfstrahlreinigung eingesetzt, bei der mehr die thermische als die mechanische Wirkung entscheidend ist, da der Dampfstrahl meist feinste Tropfen vor dem Auftreffen auf die Oberfläche bildet.

Aufgrund der Handführung der Geräte können komplizierte Bereiche von Apparaten gereinigt werden, bei denen automatische Reinigungssysteme nicht eingesetzt werden können. Unterschiedliche Ausführungen stehen für die Reinigung mit Kalt- oder Heißwasser bzw. Dampf zur Verfügung. Die Abb. 6.45 zeigt eine Prinzipdarstellung des Aufbaus eines handgeführten Geräts. Die verschiedenen Arten sind jeweils mit einer Spritzeinrichtung in Form einer Spritzpistole oder einer je nach Anwendung unterschiedlich geformten Spritzlanze ausgestattet. Die Verbindung zum Gerät erfolgt durch einen Druckschlauch, der z. B. mit Stahlgewebe verstärkt sein kann. Zur Druckerzeugung werden vor allem bei

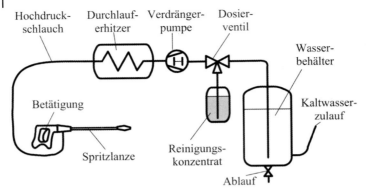

Abb. 6.45 Prinzipdarstellung der Elemente eines Heißwasser-Hochdruckspritzgeräts mit handgeführter Lanze.

Hochdruckgeräten Verdrängerpumpen mit stufenloser Druckregulierung eingesetzt. Das Reinigungsmittel wird meist aus einem Konzentratbehälter dem Kaltwasser zudosiert, das einem Pufferbehälter entnommen wird. Dieser kann je nach Bedarf an die Wasserleitung angeschlossen sein. Wenn die Anwendung von heißem Reinigungsmittel erforderlich wird, erfolgt die Erhitzung mit einem Durchlauferhitzer. Zusätzlich ist die Anordnung mit Mess- und Kontrollgeräten wie z. B. Druckschalter, Manometer, Thermostat und Sicherung bei Wassermangel ausgerüstet.

Um die Beweglichkeit und den Transport der Geräte zu erleichtern, sind sie entweder gemäß Abb. 6.46a auf fahrbaren Gestellen montiert oder besitzen ein integriertes Fahrwerk. Wenn die Geräte in einer Hygienezone eingesetzt werden, müssen neben den inneren Oberflächen auch alle Außenbereiche leicht reinigbar gestaltet werden. Das bedeutet, dass beim Gehäuse Vor- und Rücksprünge mit nicht ausgerundeten innere Ecken und vor allem Spalte zu vermeiden sind. Einen Problembereich stellen z. B. am Gerät befestigte Kabeltrommeln dar. An ihrer Stelle sollten Kabel verwendet werden, die an das Gerät angesteckt werden und getrennt gereinigt werden können. Weitere Problemzonen befinden sich meist im Bereich der Gehäuseunterseite sowie der Räder. Auch der von Hand geführte Teil von Spritzpistole und -lanze in Abb. 6.46b ist häufig kompliziert und muss nach Gesichtspunkten von Hygienic Design gestaltet werden. Er kann sonst eine Quelle für Kreuzkontaminationen sein. Während die Spritzrohre selbst entsprechend Abb. 6.46c meist leicht zu reinigen sind, gilt dies nicht gleichermaßen für die Anschlussverschraubungen am Rohr sowie am Betätigungsteil. Diese müssen daher bei der Gerätereinigung zerlegt und getrennt behandelt werden. Auch der Betätigungsgriff der Spritzpistole (Abb. 6.46d) ist eine Stelle, die relativ schnell verschmutzt, aber nur schwierig zu reinigen ist.

Die handgeführte Spritzreinigung wird vor allem auf kompliziert gestalteten Oberflächen und Bereichen von offenen Apparaten angewendet, die mit stark haftendem oder verkrustetem Schmutz belegt sind und wo eine gezielte mechanische Wirkung erforderlich ist. Von Vorteil ist, dass unterschiedlich verschmutzte

6.4 Gestaltung von Reinigungsanlagen und -geräten

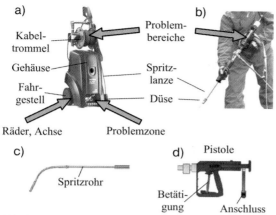

Abb. 6.46 Spritzreinigung:
(a) mobiles Kaltwassergerät mit Kabeltrommel (Fa. Nilfisk),
(b) Hochdruckspritzlanze in der Anwendung (Fa. Woma),
(c) Niederdrucklanze, (d) Spritzpistole.

Zonen unterschiedlich lang und intensiv behandelt werden können. Nachteilig wirkt sich die Entstehung von Aerosolen aus, durch die Kontaminationen in der Umgebung verbreitet werden.

6.4.4.2 Schaum- und Gelreinigung

Bei der Anwendung von Schaum zu Reinigung und gegebenenfalls auch zur Desinfektion wird neben den notwendigen chemischen Substanzen ein Verschäumungssystem benötigt. Dabei haben sich zwei unterschiedliche Verfahren technisch durchgesetzt: Beim Druckbehälterverfahren wird das Reinigungsmittel anwendungsfertig in den Behälter eingefüllt und mittels Druckluft über eine Schaumdüse am Ende einer Lanze unter starker Luftverwirbelung verschäumt. Beim Injektorverfahren saugt der Injektor gemäß der Prinzipdarstellung nach Abb. 6.47 das chemische Mittel in geregelter Form in den Druckwasserstrom ein und zieht nachfolgend einen definierten Luftstrom in die anwendungsfertige Lösung zur Schaumerzeugung hinzu, die dann ebenfalls mit einer Lanze versprüht wird.

Vor dem Ausbringen des Schaums empfiehlt es sich, den zu behandelnden Bereich mit Wasser grob vorzuspülen. Sichtbarer Grobschmutz sollte mit einem Wasserstrahl oder anderen Hilfsmitteln mechanisch entfernt werden. Unter optimalen Bedingungen sollte der Schaum an den zu reinigenden Oberflächen maximal zwischen 15 min und 20 min anhaften. Abschließend wird möglichst mit warmem Wasser von definierter Qualität nachgespült. Die Anwendung gleichzeitig reinigender und desinfizierender Schaumreiniger ist ebenso möglich wie das anschließende Versprühen einer Desinfektionsmittellösung.

Geräte für die Schaumreinigung werden deshalb üblicherweise für mehrere aufeinander folgende Vorgänge wie Spülen, Schäumen und Desinfizieren ausgelegt und eingesetzt. Sie können als stationäre Hauptgeräte mit Gehäuse aus

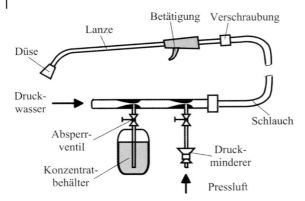

Abb. 6.47 Prinzip der Schaumerzeugung nach dem Injektorverfahren.

Edelstahl, das mit Edelstahlpumpe, Vorratsbehälter für Chemikalien und Dosiereinheit sowie den entsprechenden Leitungsanschlüssen ausgestattet ist, in den entsprechenden Abteilungen z. B. an die Wand montiert werden. Die Versorgung erfolgt mit Wasser sowie Druckluft im Niederdruckbereich (etwa 4–10 bar). Satellitengeräte, wie eines beispielhaft in Abb. 6.48a dargestellt ist, können von einem zentralen Gerät beschickt und jeweils in Nähe der zu reinigenden Prozessbereiche angebracht werden. Es ist aber auch möglich, die Einheiten ortsbeweglich auf fahrbare Gestelle zu montieren. Von den Geräten über Schläuche versorgte handgeführte Schaum-, Spül- oder kurze Desinfektionslanzen dienen dann zur Behandlung der Oberflächen.

Der erzeugte Schaum aus z. B. tensidhaltigen Reinigungslösungen sollte feinsahnig und nicht zu feucht verdüst werden. Durch die hohe Benetzungsfähigkeit dringt er bzw. die freigesetzte Reinigungsflüssigkeit in feine Spalte und Vertiefungen ein. Die Schaumlamellen setzen nach und nach Reinigungsflüssigkeit mit den darin enthaltenen chemischen Komponenten frei, die dann bis zum Abfließen des Flüssigkeitsfilms oder dem Abspritzen auf den Schmutz einwirken. Reinigungsschaum muss daher stabil sein und auch an senkrechten Flächen gut haften, wie es das Beispiel der Abb. 6.48b zeigt. Beim Abspritzen sollte er jedoch schnell zusammenfallen, um ein rasches Ablaufen zu gewährleisten.

Anwendungsbeispiele für Schaumreinigung sind zum einen in erster Linie offene Prozessbereiche mit Transportvorrichtungen, Sieben, Rosten, Arbeitstischen, Schneidbrettern und Wannen mit entsprechend löslichen Verschmutzungen. Zum anderen können senkrechte Wände, Decken, Böden von Prozessräumen und -bereichen schonend mit Schaum behandelt werden.

Reinigungsgele lassen sich anstelle von Schaum als dünne Filme auftragen, wenn aufgrund von begrenzter Schaumstabilität oder zu kurzer Haftzeit an glatten, wenig haftenden Oberflächen keine genügend lange Einwirkdauer erreicht werden kann. Reinigungsgele sind hochviskose, thixotrope Substanzen, die sehr heiß angewandt werden können und Einwirkzeiten von mehreren Stunden ermöglichen. Sie werden danach mit Niederdruckgeräten abgespritzt.

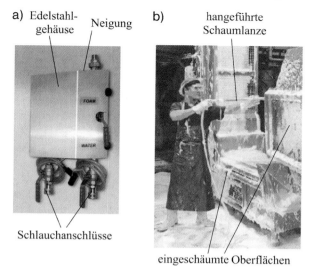

Abb. 6.48 Schaumreinigung: (a) Satelliten-Gerät (Fa. Treezze), (b) Einschäumen von Apparateoberflächen (Fa. Thyssen-Krupp).

6.4.4.3 Scheuer- und Wischgeräte für die Nassreinigung

Trotz Automation und zunehmender Anstrengungen bei der Gestaltung von Apparaten und deren Umfeld, wodurch heute die Reinigung erleichtert werden kann, ist es häufig notwendig, viele kleine offene produktberührte Bauelemente oder Zonen sowie Bereiche im Prozessumfeld nass von Hand zu reinigen. Je nach Anforderung werden dafür unterschiedliche Hilfsmittel eingesetzt. Die Anwendung kann bei Apparaten z. B. zugängliche Teile von Füllern wie Spindeln, Schutzschirme, Führungen, Haltevorrichtung sowie Verbindungsteile, aber auch Roste, Transportketten, Führungen, Dosiereinheiten oder Gestellteile umfassen, während im Prozessumfeld Wand-, Boden- und Deckenbereiche sowie Fenster und Türen in Frage kommen.

Handbürsten werden zum Teil für die Nassreinigung von kleineren Flächen an Apparaten, Wänden und Böden eingesetzt, wo durch hartnäckige Verschmutzung eine mechanische Handreinigung mit unterstützender Wirkung durch Reinigungssubstanzen erforderlich wird. Die Form der Bürsten sollte der Oberfläche angepasst sein, die zu reinigen ist. Sie dürfen keinen Schmutz zurückhalten, sollten nicht hohl oder mit Griff ausgeführt werden und schnell trocknen. Die Borsten müssen weicher als die Oberfläche sein, die zu behandeln ist, damit Beschädigungen vermieden werden. Deshalb sollten generell keine metallischen Werkstoffe, vor allem aber nicht bei der Reinigung von bei Kunststoffoberflächen, verwendet werden, da die Oberflächen zerkratzt und Metallpartikel abgegeben werden können. Körper und Borsten sollten aus Werkstoffen wie z. B. HD-Polyethylen (PE) oder Polypropylen (PP) hergestellt sein, die kochendes Wasser sowie die üblichen Reinigungssubstanzen vertragen. Blaue Borsten werden oft bevorzugt, da sie leichter zu erkennen sind, wenn sie sich ablösen. Sie sollten in das Rückenteil eingelassen oder abgedichtet, nicht jedoch geklebt oder geklammert sein. Borsten aus porösen Kunststoffen oder geflochtenen Fasern nehmen Schmutz und Mikroorganismen auf. Sie verlieren außerdem in nasser Umgebung schnell ihre Steifigkeit. Auch Naturborsten sind für die industrielle Reinigung ungeeignet. Minderwertige Werkstoffe können sich in heißem Wasser verformen oder quellen. Holzteile müssen vermieden werden, da der Werkstoff porös ist und außerdem quillt. Abgenutzte Bürsten müssen unverzüglich ersetzt werden.

Um die Sauberkeit von Bürsten zu gewährleisten, müssen sie selbst möglichst nach jedem Reinigungsvorgang gereinigt und eventuell desinfiziert werden. Dies sollte in einem zweiteiligen Waschbecken für Reinigung und Nachspülen erfolgen. Außer wenn zur Desinfektion Hitze benutzt wird, sollte das Desinfizieren mit Chemikalien in einem dritten Behältnis durchgeführt werden.

Außerdem sollten dieselben Bürsten nicht in unterschiedlichen Hygiene- oder Kontaminationsbereichen verwendet werden. So dürfen z. B. Bürsten, mit denen Bodenabläufe gereinigt werden, nicht für produktberührte Apparateoberflächen eingesetzt werden. Die unterschiedliche Verwendung sollte durch Kennzeichnung mit Farbe oder andere Markierungen deutlich sichtbar sein.

Abstreifer oder Schaber zum Entfernen von dicken zähen oder harten Schmutzschichten sollten aus widerstandsfähigem Kunststoff hergestellt werden. Die Verwendung metallischer Abstreifer wird ebenso wie Stahlwolle selbst auf Edelstahloberflächen nicht empfohlen, da ein Zerkratzen möglich ist und Metallpartikel hinterlassen werden können.

Mehrfach verwendete Lappen und Tücher zum Wischen gemäß Abb. 6.49a von Oberflächen in der Lebensmittelindustrie sollten möglichst vermieden werden, da sie aufgrund ihrer porösen Gewebestruktur, wie sie Abb. 6.49b beispielhaft zeigt, eine Kontaminationsgefahr darstellen. Für jeden neuen Reinigungsvorgang sollten daher neue oder frisch gewaschene Tücher eingesetzt werden. Außerdem ist ihre Struktur zu beachten, da z. B. gewebte Stoffe Fäden verlieren, die bei offenen Prozessen in das Produkt gelangen können.

Für die Oberflächen von Reinräumen sowie von Geräten, Apparaten und des Maschineninnern in der Pharmaindustrie ist zumeist eine turnusmäßige, wischende Oberflächenreinigung vorgesehen [50]. Durch dieses Verfahren wird einem ständig zunehmenden Zuwachs der Oberflächenverunreinigung vorgebeugt. Die meist nur einmal verwendbaren Reinraumwischtücher werden nach der Abgabe von Partikeln beurteilt.

Schwämme gemäß Abb. 6.49c und Schwammtücher z. B. aus Poly-Vinyl-Formal (PVF) besitzen zwar eine hohe Abriebfestigkeit und sind aufgrund ihrer netzartigen Porenstruktur besonders geschmeidig und elastisch. Durch ihre feinen Poren werden hohe Kapillarkräfte bewirkt, durch die sehr kleine Partikel aufgesaugt werden können. Der mehrmalige Gebrauch von solchen absorbierenden Artikeln sollte jedoch grundsätzlich ausgeschlossen werden, da die Verbreitung von Mikroorganismen im gesamten Apparatebereich damit vorprogrammiert ist. Außerdem bleiben Schwämme und andere poröse Reinigungsgeräte meist feucht und können dadurch eine Quelle für Mikroorganismenwachstum werden. Wenn sie in sensiblen Hygienebereichen eingesetzt werden, müssen sie nach jedem Reinigungs-

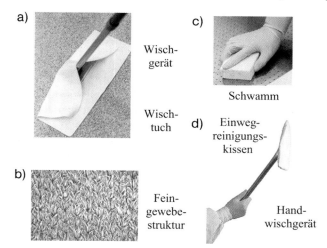

Abb. 6.49 Nasswischen von Oberflächen:
(a) Wischtuch für Handreinigungsgerät (Fa. Loemat), (b) Gewebestruktur eines Wischtuchs [51], (c) Verwendung eines Schwammpads (Fa. Loemat), (d) Handwischgerät mit Einmalwischtuch (Fa. Ecolab-Shield Medicare).

ablauf gewaschen und möglichst ausgekocht werden. Die Porenstruktur bedingt jedoch umgekehrt, dass die Reinigung der Schwämme und Tücher problematisch ist, da die Poren Schmutz zurückhalten. Eine hygienisch einwandfreie Alternative können steril verpackte Einmaltücher bilden, die nach dem Reinigungsvorgang entsorgt werden. Zusätzlich muss bei der Reinigung entsprechend vorsichtig vorgegangen werden, um Kreuzkontaminationen zu vermeiden.

Schrubber und Mopps sollten einen abnehmbaren Wischkopf haben, der gewaschen und ausgekocht werden kann. Die Kennzeichnung für die Verwendung in verschiedenen Hygienebereichen muss sichergestellt werden. Die Geräte müssen nach Gebrauch sorgfältig gereinigt, eventuell desinfiziert und danach getrocknet werden. Sie sollten ebenso wie Bürsten nicht in Eimern mit Wasser oder Desinfektionsmittel aufbewahrt werden, da entweder das Wachstum oder die Entwicklung von resistenten Mikroorganismen möglich wird. Wie alle Reinigungsgeräte sollten die gereinigten Schrubber sowie die Zubehörteile in einem sauberen und trockenen Bereich mindestens 45 cm über dem Boden so aufbewahrt werden, dass sie vor einer Kontamination durch Spritzen, Staub oder andere Quellen geschützt sind.

In Reinräumen und Isolatoren der Pharmaindustrie werden zum Wischen kleinerer Flächen von Hand sowohl sterile Einwegmopptücher als auch autoklavierbare verwendet, die sich auf dem Kopf eines Halters befestigen lassen. Speziell für Isolatoren stehen Wischgeräte gemäß Abb. 6.49d für die Reinigung und Desinfektion zur Verfügung, die z. B. eine zweiteilige Haltestange aus Edelstahl und ein speziell konstruiertes Kopfteil umfassen. Das Kopfteil ist zur Aufnahme von sterilen Einwegreinigungskissen vorgesehen, die einen inneren Kern aus absorbierender Viskose und eine Auswahl an weichen und starken Abdeckungen

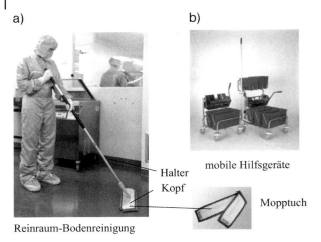

Abb. 6.50 Bodenreinigung im Reinraum:
(a) Mopp mit Einwegtuch (Fa. Vileda), (b) mobile Geräte mit Behältern für Reinigungsmittel, Wasser und eventuell Desinfektionsmittel (Fa. Ecolab-Shield Medicare).

aus partikelarmem Material oder Polyestermaschenware enthalten. Die neuen Geräte und Kissen sind mit sterilem Alkohol gereinigt, in Reinraumverpackungen doppelt verpackt und danach bestrahlt. Nach Gebrauch ist ein vollständiges Autoklavieren möglich.

Mit hygienegerecht gestalteten Mopps lassen sich gemäß Abb. 6.50a auch größere Oberflächen z. B. in Reinräumen reinigen und desinfizieren. Hier werden ebenfalls sowohl Einweggeräte als auch Mopps zur Wiederverwendung eingesetzt. Die Einwegmopps, die mit sterilen imprägnierten Wischtüchern arbeiten, sind entweder in partikelarmer Ausführung oder in Polyestermaschenware erhältlich. Sie verfügen über eine hohe chemische und mikrobielle Widerstandskraft und Flüssigkeitsretention.

Für wiederverwendbare Mopps werden ebenfalls saugfähige Tücher verwendet, die während der Benutzung feucht bleiben und gewährleisten, dass die Flüssigkeit gleichmäßig auf den gesamten Flächenbereich aufgetragen wird.

Als Zubehör zu den Mopps stehen Edelstahlwagen mit zwei oder drei Eimern zur Verfügung wie beispielhaft in Abb. 6.50b dargestellt. Das Schmutzwasser des Mopps wird in einer Edelstahlpresse in einen separaten Eimer ausgewrungen, um das frische Reinigungsmittel in einem zweiten Eimer nicht zu kontaminieren. Bei Verwendung von drei Eimern kann der Mopp zusätzlich in reinem Wasser gespült werden. Das gesamte System kann autoklaviert werden.

Zum Desinfizieren von ebenen Oberflächen wie z. B. Fenstern, Türen, oder Wänden können handgeführte Geräte gemäß Abb. 6.51 verwendet werden, die mit einem Desinfektionspad ausgerüstet sind [52]. Das Desinfektionsmittel wird dem Wischpad aus einem fahrbaren Behälter, der über eine Leitung mit Druck versorgt wird, aus einem Vorratsbehälter durch einen Schlauch und eine handgeführte Stange mit Bedienrevolver zugeführt.

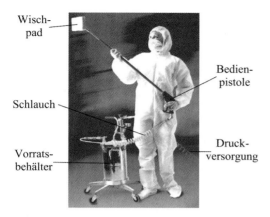

Abb. 6.51 Handgeführtes Wischgerät mit Vorratsbehälter für Desinfektionsmittel für die Anwendung im Reinraum [52].

Für enge Stellen sowie kleinere ebene Bereiche können Geräte zum Nasswischen und Saugen eingesetzt werden. Solche Sauggeräte bilden wie Staubsauger mit dem Saugschlauch, dem Edelstahlbehälter und der Saugturbine, die meist in einem abnehmbaren Kopf angeordnet wird, ein geschlossenes System. Um die Lebensdauer zu verlängern, können die Luftströme für die Motorkühlung und die Unterdruckerzeugung getrennt werden. Für das Filtern der Abluft stehen verschiedene Filtervarianten zur Verfügung. Der Behälter kann auf einem fahrbaren Kippgestell befestigt werden, um bequemes und rasches Entleeren zu ermöglichen. Aufgrund des einfachen Aufbaus können solche Geräte aus Edelstahl ohne Vor- und Rücksprünge hygienegerecht und damit leicht reinigbar gestaltet werden.

Zur Reinigung von Böden werden je nach Größe der Flächen handgeführte Maschinen, Systeme mit Fahrantrieb oder Aufsitzwagen gemäß Abb. 6.52 als Scheuersaugmaschinen eingesetzt. In der Regel wird dabei eine Reinigungsflüssigkeit z. B. auf Tensidbasis zusammen mit Wasser zu rotierenden Bürsten geleitet. Unmittelbar danach wird die verschmutzte Flüssigkeit automatisch wieder abgesaugt, sodass der Boden danach praktisch trocken und wieder begehbar ist.

Abb. 6.52 Beispiel einer Scheuersaugmaschine in Aufsitzausführung (Fa. Nilfisk).

Bei den fahrbaren Großgeräten können Batterien oder Druckluft als Energiequelle für den Antrieb dienen. Bei Verwendung von Druckluft ist darauf zu achten, dass der Druckluftschlauch bei der Reinigung nicht behindert.

Für Reinräume müssen Scheuersaugmaschinen mit geeigneten Abluftfiltern ausgerüstet werden. Wenn für die Anwendung in Reinsträumen Luftfilter nicht ausreichen, können separate Abluftleitungen gelegt werden, die vom Scheuersauger direkt zur Entsorgung führen, damit durch die Luftzirkulation kein Staub aufgewirbelt werden kann. Um das Bedienpersonal als Kontaminationsquelle völlig auszuschalten, lassen sich Bodenreinigungsroboter verwenden [53, 54], die mit einem Wasserrecyclingsystem für die mehrmalige Verwendung der Reinigungslösung ausgestattet werden können und somit auch für größere Reichweiten einsetzbar sind. Damit sich der Roboter auch in eng zugestellten Bereichen zurechtfindet, wird er während einer Lernfahrt auf den gewünschten Reinigungsweg programmiert.

Da die genannten Wisch-Sauggeräte in Nassbereichen eingesetzt werden und Schmutzflüssigkeiten aufsaugen, die als Nährboden für Mikroorganismen geeignet sind, ist für die Verwendung in Hygienebereichen eine konsequente hygienegerechte Gestaltung sowohl des Außen- als auch des Innenbereichs erforderlich. Entscheidend ist weiterhin, dass zusätzlich zur Außenreinigung dieser Geräte in definierten Zeitabständen eine Reinigung aller inneren Oberflächen durchzuführen ist, um Mikroorganismenwachstum und damit verbundene Kreuzkontaminationen zu vermeiden. Bei der nassen und feuchten Umgebung im Innenbereich der Geräte ist vor allem das Entstehen von Biofilmen zu vermeiden.

6.4.4.4 Trockenes Absaugen mit Sauggeräten

Für die Beurteilung der Anforderungen an Hygienic Design von offener Prozesstechnik bei trockenen Produkten stellt die Art der Reinigung eine wichtige Einflussgröße dar, da sie grundsätzlich sowohl nass als auch trocken durchgeführt werden kann. In geschlossenen Bereichen, in denen eine Nassreinigung wie z. B. CIP mit reproduzierbar sicherem Ergebnis durchgeführt werden kann, entsteht keine potenzielle Gefahr für Kontaminationsquellen. Wenn dagegen Apparate in offenen Prozessen nass gereinigt werden müssen, lässt sich eine ungenügende oder unzuverlässige Reinigung in Problembereichen nicht ausschließen. Trotz regelmäßiger Reinigung und Kontrolle besteht immer die Gefahr, dass z. B. Produktreste in nicht erkannte Risse oder unvermeidbare Spalte, Hohlkörper und Totbereiche eindringen. Solange diese Stellen trocken bleiben, entsteht keine Kontaminationsgefahr. Sowie jedoch Wasser vorhanden ist, dienen sie als Nährboden für Mikroorganismen und stellen damit eine potenzielle Quelle für Kontaminationen dar. In solchen Fällen ist die Trockenreinigung vorzuziehen, wenn ihr Einsatz möglich ist. Vor allem in der normalen Betriebs- und Prozessumgebung von Trockenprozessen, wo Feuchtigkeit bzw. Nässe von vornherein ausgeschlossene werden kann, ist die Trockenreinigung der Nassreinigung auch unter Gesichtspunkten der Vorbeugung gegen Kontamination weit überlegen. Schließlich ist die Trockenreinigung die naheliegendste Wahl für trockene Prozesse und Produkte mit niedriger Wasseraktivität. HACCP-Studien weisen stets

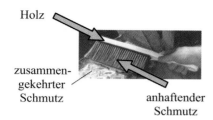

Holz

zusammen-
gekehrter
Schmutz

anhaftender
Schmutz

Abb. 6.53 Problembereiche eines Handbesens zum Zusammenkehren von trockenem Schmutz.

darauf hin, dass in solchen Fällen die Anwesenheit von Wasser oder Feuchtigkeit eine potenzielle Gefahr darstellt. Um diesen Punkt unter Kontrolle zu haben, muss jede Quelle für Wasser ausgeschlossen werden.

Aus diesen Überlegungen folgt, dass trockene Reinigung auf der einfachen Voraussetzung basiert, Feuchtigkeit in sogenannten „trockenen Prozessbereichen" völlig zu vermeiden, um Wachstum oder Vermehrung von Mikroorganismen auszuschließen, selbst wenn Nährmedien vorhanden sind. Dadurch wird auch in der Umgebung von Prozessen ein Niveau an Mikroorganismen vermieden, das letztendlich zu einer Gefahr bei der Produktherstellung wird. Eine weitere Anforderung an die Trockenreinigung besteht darin, „staubfrei" zu arbeiten. Dies ist vor allem der wesentliche Grund dafür, dass eine trockene Handreinigung mit Bürsten oder Besen möglichst zu vermeiden ist. Abgesehen davon, dass man keine verborgenen und unzugänglichen Stellen erreichen kann, werden – wie Abb. 6.53 zeigt – Produktreste und sonstiger Schmutz zusammengekehrt und in einem Bereich oder Behältnis wie z. B. einer Schaufel zu konzentriert. Da dies im Normalfall in offener Weise geschieht, kann nicht verhindert werden, dass Staub in die Umgebung entweicht. Außerdem erzeugt bereits der Vorgang des Kehrens Staubwolken, die z. B. auch Mikroorganismen transportieren können. Eine Verschleppung ist auch dadurch gegeben, dass Schmutz an den Borsten hängen bleibt, der eventuell an sensibleren Stellen wieder abgestreift werden kann.

Bei offenen trockenen Prozessen sowie in deren Umgebungsbereich sollten deshalb produktberührte Stellen sowie Bereiche unter Apparaten mithilfe von Sauggeräten wie Staubsaugern gereinigt werden. Gleiches gilt, wenn trockener Schmutz über Kopfhöhe entfernt werden muss, da ansonsten die Gefahr besteht, dass Staubwolken erzeugt werden. Außerdem können Staubsauger sehr effektiv genutzt werden, um z. B. die Kette im Kreislauf von gefährlichen Mikroorganismen wie z. B. in der Lebensmittelindustrie von Salmonellen an den Stellen zu unterbrechen, wo Rückstände das Produkt kontaminieren könnten.

Um die Bedeutung der Staubverbreitung z. B. durch Staubwolken während der Trockenreinigung zu bewerten, wurden die Verhältnisse zwischen Reinigungsintervallen mikrobiologisch überwacht. Dabei wurde Milchpulver mit einem Indikatormikroorganismus in zwei Räumen verteilt. Danach erfolgte die Reinigung in einem Raum durch Bürsten bzw. Kehren und in dem anderen durch Saugen mit einem Staubsauger. Es wurden Staubsauger mit Grobfiltern sowie mit Grobfilter und Mikrofilter getestet. Die Ermittlung der Anzahl der in der Luft befindlichen Testmikroorganismen erfolgte mit einem Biotest-Luftsammler. Dabei zeigte sich, dass Bürsten und Kehren einen signifikanten Anstieg an Mikroorganismen z. B.

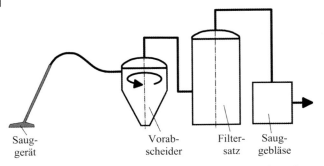

Abb. 6.54 Prinzipdarstellung einer Sauganlage für Hygienebereiche zur trockenen Reinigung.

von 20 pro m³ bis 1000 pro m³ zur Folge hatte. Die Proben ergaben, dass der Testmikroorganismus noch in zwei Metern Entfernung von der Reinigungsstelle nachgewiesen werden konnten. Auch bei Staubsaugern zeigte sich ein geringer Anstieg in der Anzahl der luftgetragenen Mikroorganismen, was wahrscheinlich durch Luftströmungen des Motors verursacht wurde. Dagegen stellte man keine Testkeime fest, wenn Mikrofilter im Staubsauger eingesetzt wurden. Im Gerät entstanden jedoch hohe Konzentrationen an Mikroorganismen. Diese Ergebnisse berechtigen zu der Aussage, dass die Entfernung von Schmutz- und Staubresten mit Staubsaugern bei Einsatz entsprechender Filter ohne die Gefahr der Rekontamination möglich ist.

Mithilfe von zentralen Absaugsystemen, deren prinzipieller Aufbau in Abb. 6.54 dargestellt ist, lassen sich trockene pulvrige Produktrückstände und Staub an verschieden platzierten Einzelstationen absaugen und in isolierten geschlossenen Containern oder Säcken innerhalb der Anlage zentral sammeln. Wesentliche Bestandteile sind der vor Ort handgeführte Saugrüssel, der über eine Schlauchleitung mit einem Vorabscheider oder Zyklon für grobe Partikel verbunden ist. Nachfolgend wird die angesaugte Luft je nach Anforderung über verschiedene Filterstufen gereinigt. Durch ein starkes Sauggebläse wird der erforderliche Unterdruck für die Anlage erzeugt.

Eine wichtige Rolle für die Hygiene und Reinheit der Abluft des Saugsystems spielen die verwendeten Filter. Beim trockenen Absaugen von Schmutz können Staubwolken zunächst nur innerhalb der Geräte entstehen. Da aber feiner Staub aus dem Luftauslass austreten und sich durch Luftströme in weiten Bereichen verbreiten kann, besteht die Gefahr einer großflächigen Verteilung des Staubs. Deshalb muss ein auf die jeweilige Anwendung abgestimmtes Filtersystem verhindern, dass die Umgebung gefährdet wird. Die Filtersätze sollten grundsätzlich aus einem Grobfilter bestehen, der große Partikel > 5 µm zurückhält, sowie aus Feinfiltern je nach Anforderung. Mit zusätzlichen Mikrofiltern können Partikelgrößen bis hinunter zu 5–0,5 µm zurückgehalten werden, die keine Bakterien, Hefen und Pilze durchlassen. Allerdings können Mikroorganismen auch solche Filter „durchwachsen". Das empfohlene Rückhaltevermögen für Partikel > 5 µm sollte dabei 99,9 % betragen. In sensiblen Bereichen der Pharmaindustrie sowie z. B. bei der Herstellung diätätischer Lebensmittel oder Babynahrung sollten

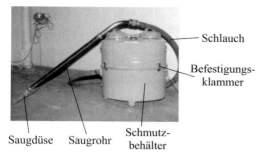

Abb. 6.55 Industriesauger ohne Feinfilter für Trockenbereiche mit mittleren Hygieneanforderungen.

Staubsauger unbedingt mit sogenannten Mikrofiltern ausgestattet werden, die als „High Efficiency Particulate Air" Filter (HEPA-Filter) oder „Ultra Low Penetration Air" Filter (ULPA-Filter) zur Verfügung stehen.

Neben Zentralsystemen werden in vielen Fällen kleinere bewegliche Sauggeräte in Form industrieller Staubsauger zum trockenen Reinigen eingesetzt, wie das Beispiel nach Abb. 6.55 aus der industriellen Praxis zeigt. Sie haben den gleichen prinzipiellen Aufbau wie Zentralsysteme, d. h. sie bestehen aus dem handgeführten Rüssel mit Saugdüse, einem Abscheidebehälter, dem Filtersystem und dem Sauggebläse. Der Antrieb kann je nach Anforderung elektrisch oder pneumatisch erfolgen. Die zu einer Einheit zusammengefassten, leicht demontierbaren Teile werden auf einem fahrbaren Gestell befestigt. Je nach Anforderung können Behälter und Gehäuse aus Edelstahl hergestellt werden. Der Einsatz ohne Feinfilter ist nur in Räumen sinnvoll, in denen geringe Hygieneanforderungen gestellt werden, da Feinstaub durch die Abluft der Sauggeräte in die Umgebung geblasen wird. Auch Staubwolken können durch die Abluft erzeugt werden, wenn sie in nicht gereinigte Bereiche mit Staub geblasen wird.

Industriesauger, die in Räumen mit hohen Hygieneanforderungen oder Reinräumen eingesetzt werden, sind mit nachgeschalteten HEPA- oder ULPA-Filtern ausgestattet. Die Abb. 6.56a zeigt beispielhaft ein Sauggerät für den Lebensmittelbereich, während in Abb. 6.56b eine Reinraumanwendung dargestellt ist. Die Filtereinheit ist gemäß Abb. 6.56c leicht zugänglich und demontierbar.

Wichtige Regeln für die hygienegerechte Anwendung umfassen zunächst den Schutz von Staubsaugern für Trockenbereiche vor Wasser und Feuchtigkeit, indem Kondensation zu vermeiden ist und die Geräte niemals für nassen Schmutz verwendet oder in feuchte Zonen gebracht werden dürfen. Dies betrifft auch das Zubehör wie Saugschläuche, Saugrüssel und Motoren. Dasselbe Zubehör für einem Staubsauger darf nicht sowohl für direkt produktberührte Oberflächen von Apparaten als auch für verschmutzte Umgebungsbereiche wie Böden oder Wände eingesetzt werden, da ansonsten Kreuzkontamination unvermeidbar ist. Aus diesem Grund sollten verschiedene Sätze von Zubehör verwendet werden, die durch Farben deutlich zu kennzeichnen sind und in den jeweiligen Bereichen aufbewahrt werden sollten. Die Vorrichtungen zum Sammeln des Staubes

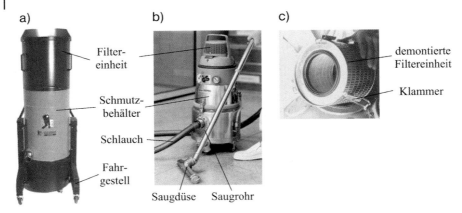

Abb. 6.56 Beispiele von industriellen Sauggeräten:
(a) Staubsauger für Hygienebereiche (Fa. K-W-H Lange),
(b) Reinraumanwendung (Fa. Loemat), (c) demontierte Filtereinheit.

innerhalb der Staubsauger wie Container oder Staubbeutel müssen unbedingt außerhalb der Produktionsstätten entleert oder ausgewechselt werden. Da es nicht zu vermeiden ist, dass die Behältnisse auch an der Außenwand verstauben, müssen transportable Staubsauger zum Entleeren aus dem Produktbereich heraus und möglichst in einen speziell für diesen Zweck geeigneten, isolierten Raum gebracht werden. Für die Staubentwicklung beim Herausnehmen und Entleeren ist die Größe der Öffnung des Behältnisses entscheidend, die in den meisten Fällen nicht abgesperrt werden kann. Staubbeutel sollten regelmäßig ausgetauscht werden.

Da Staubsauger in unmittelbarer Nähe der zu reinigenden Oberflächen keine Kreuzkontaminationen bewirken dürfen, müssen das Äußere der Gehäuse sowie die fahrbaren Gestelle leicht reinigbar gestaltet werden. Gleiches gilt für die Saugdüse und den Schlauch, der möglichst frei von Rillen und Spalten sein sollte. Auch die Befestigung des Zubehörs muss nach Hygienic-Design-Anforderungen gestaltet und abgedichtet sein. Sie erfolgt häufig über ungeeignete Verschraubungen oder Bajonettverschlüsse, die sich schlecht reinigen lassen. Außerdem sind sie oft nicht dicht, sodass Staub austreten kann.

Sowohl die Innenwände der Staubsauger und Filter als auch des Zubehörs werden mit der Zeit mit einer feinen Staubschicht bedeckt. Deshalb ist eine Reinigung der Geräte selbst sowohl innen als auch außen in definierten Zeitabständen, z. B. wöchentlich, erforderlich. Diese kann in einem isolierten Raum von Hand in trockener Weise unter Verwendung von Bürsten und Schabern erfolgen. Grobfilter können ausgeschüttelt oder abgebürstet werden. In manchen Fällen werden sie extern gewaschen und getrocknet, um für den Austausch verfügbar zu sein. Wenn versehentlich Feuchtigkeit zu Belägen und Anbackungen in Staubsaugern geführt hat, sollte eine Reinigung mit Heißwasser und Bürsten erfolgen. Unmittelbar danach müssen Geräte und Zubehör mit Heißluft getrocknet werden, bis die gesamte Feuchtigkeit entfernt ist.

Der wirksame Einsatz von Staubsaugern erfordert außerdem eine einwandfreie und regelmäßige Wartung. Damit sie nicht zu einer Kontaminationsquelle werden, müssen Kontrollverfahren in vorgeschriebenen Zeitabständen angewendet werden. Nach Montage ist jeweils zu prüfen, ob die Anschlüsse richtig befestigt und dicht sind. Weiterhin muss die Wirksamkeit der Filter und ihrer Abdichtungen regelmäßig überprüft werden. Bei Anzeichen von Leckage oder unzureichender Luftdurchlässigkeit muss ein unverzüglicher Austausch erfolgen.

6.4.4.5 Trockeneisreinigung

Bei diesem Verfahren werden feste Granulatkörner aus Trockeneis verwendet, die etwa Reiskorngröße und -form besitzen. Sie entstehen, wenn flüssiges Kohlendioxid (CO_2) zu feinpulvrigem Schnee expandiert und unter hohem Druck durch eine Matrize gepresst wird. Die Abb. 6.57a zeigt beispielhaft die Form solcher Pellets. Sie weisen eine Temperatur von −78 °C auf und besitzen die besondere Eigenschaft, dass sie bei Energiezufuhr z. B. durch Wärme oder Aufprall direkt unter Abgabe von Kälte in den gasförmigen Zustand übergehen, ohne sich dabei zu verflüssigen. Die Trockeneispellets werden von speziellen Firmen hergestellt und vertrieben. Am Ort der Reinigung werden sie dann in den Vorratsbehälter der eigentlichen transportablen Maschine eingefüllt, wie sie beispielhaft in Abb. 6.57b dargestellt ist. Die Geräte für Hygienebereiche bestehen aus rostfreiem Stahl oder Aluminium, werden rein pneumatisch betätigt und können aufgrund ihrer kompakten Abmessungen im Produktionsbereich eingesetzt werden. Bei Zweischlauch-Anlagen besteht das Schlauchpaket aus zwei voneinander getrennten Schläuchen, die in den beiden Leitungen zum einen für den Transport von Trockeneispartikeln und zum anderen für Druckluft zur Pistole (Abb. 6.57c) sorgen. Nach dem Venturi-Prinzip werden die Pellets durch Unterdruck schonend durch den Pelletschlauch von der Anlage zur Pistole gesaugt. Dort werden sie in der Venturi-Düse vom Druckluftstrom mitgerissen und treten dann mit Schallgeschwindigkeit aus der Pistole aus (siehe z. B. [55–58]).

Abb. 6.57 Trockenreinigung mit Eispellets:
(a) Form der Pellets (Fa. Air Liquide), (b) Spritzgerät (Fa. Ice Tech), (c) Spritzpistole.

Gitterrost　Spritzvorrichtung　Schutz-
　　　　　　für Eispellets　　　kleidung

Abb. 6.58 Beispiel zur Reinigung einer offenen Anlage mit Trockeneispellets (Fa. Wieland).

Bei Einschlauchsystemen werden die Trockeneispellets bereits ab der eigentlichen Maschine mit hohem Druck durch den Schlauch zur Pistole transportiert.

Ein Beispiel für das Arbeiten mit einem Trockeneisgerät zeigt Abb. 6.58 an einer offenen Anlage. Mit der handgeführten Spritzvorrichtung werden die verschmutzen und eventuell verkrusteten Roste der Anlage individuell je nach Verschmutzungsgrad behandelt. Da das Eis bei Anwendung sublimiert, hinterlässt das Verfahren keine sekundären Rückstände, wie es bei den anderen genannten Strahlverfahren der Fall ist. Einziges zu entsorgendes Abfallprodukt ist der entfernte Belag, der z. B. abgesaugt werden kann. Da es sich um ein trockenes und stromloses Verfahren handelt, kann es auf feuchtigkeitsempfindlichen Oberflächen und in elektrischen Stromkreisen angewandt werden.

Neben der Verwendung von Pellets sind auch Maschinen im Einsatz, die mit ganzen Eisblöcken beaufschlagt werden und sich das Eis dann in der erforderlichen Größe abschaben. Bei einem weiteren Strahlverfahren wird das CO_2 direkt aus einer Druckgasflasche oder einem Tank entnommen und erst in der Pistole zu Schneekristallen umgewandelt.

6.4.5
Out-of-place-Nassreinigung

In manchen Fällen müssen z. B. Kleinteile von Apparaten ausgebaut, zerlegt und damit out-of-place gereinigt werden. Dies kann grundsätzlich durch Handreinigung mit Bürsten oder andere Hilfsmittel erfolgen. Dabei muss besondere Aufmerksamkeit Bereichen unter Dichtungen sowie kleinen Vertiefungen, Nuten und Öffnungen gewidmet werden, in denen sich Rückstände und Mikroorganismen ansammeln können. Effektiver können Bauteile in Ultraschallbädern gereinigt werden, da die mechanischen Schwingungen bis in feine Poren und Spalte reichen.

6.4.5.1 Ultraschallreinigung

Die Erzeugung des Ultraschalls erfolgt durch Schwingelemente, die auch als Konverter bezeichnet werden. Sie werden durch einen elektrischen Generator mit der entsprechenden Frequenz angeregt und wandeln die elektrische Energie in mechanische Schwingungen um. Für die Ultraschallreinigung werden heute überwiegend piezoelektrische Schwinger eingesetzt.

Gemäß Abb. 6.59a können sie z. B. in Form von Stabsonden in ein Flüssigkeitsbad eingebracht werden. Bei der Reinigung von Behältnissen werden sie meist in offener Anordnung direkt in diese eingehängt. Als Push-pull-Schwingelemente nach [59] werden sie auch gemäß Abb. 6.59b stabförmig ausgeführt. Die Anregung der Schwingsysteme aus massivem Titan erfolgt an beiden Enden durch Ultraschallkonverter. Ihr Anschluss kann entweder über korrosionsbeständige Edelstahlschläuche oder direkt durch die Wand z. B. von Wannen über Gewindestutzen erfolgen. Eine weitere Alternative stellen plattenförmige Tauchschwinger dar. Sie bestehen aus einem flüssigkeitsdicht verschweißten Edelstahlgehäuse entsprechend Abb. 5.59c, in das einseitig von innen entsprechend der gewünschten Leistung eine Anzahl von Ultraschall-Schwingelementen eingebaut ist. Die elektrische Zuleitung erfolgt über ein flexibles PTFE-Rohr. Sie können an Seitenwänden oder Böden sowohl bei Neukonstruktionen als auch zur Nachrüstung bestehender Anlagen eingesetzt werden.

Verschiedene Kleinteile wie z. B. Messer, Werkzeuge, Bleche, Roste oder Schneidunterlagen werden entweder in Drahtkörben in ein Reinigungsbad gesenkt oder sie durchlaufen es auf einem Förderband. In diesem Fall werden Ultraschallschwinger an den Boden oder die Seiten der Reinigungswannen oder -behälter außen angeklebt. Die Schwingelemente bestehen aus einer Anordnung von piezoelektrischen Keramikelementen und entsprechenden mechanischen Bauteilen, die einen Resonator bilden und die Schwingungen an das zu beschallende Objekt anpassen. Um eine ausreichend hohe Leistung zu erreichen, werden mehrere Schwinger zu einer Gruppe zusammengeschaltet. Bei größeren

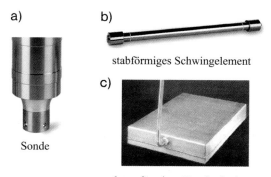

Abb. 6.59 Ultraschallsonden:
(a) zylindrische Tauchsonde, (b) stabförmiges Schwingelement
(Fa. Martin Walter AG), (c) plattenförmiger Tauchschwinger.

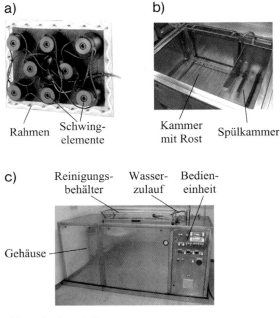

Abb. 6.60 Ultraschallgeräte:
(a) Rahmen mit Schwingelementen (Fa. Martin Walter AG),
(b) Tauchwanne (Fa. GTB Gerätetechnik Brieselang GmbH),
(c) Großgerät (Fa. GTB Gerätetechnik Brieselang GmbH).

Reinigungsbecken werden diese Schwinggruppen als Flanschschwinger gemäß Abb. 6.60a ausgeführt und mittels Anschweißrahmen, Dichtung und Andruckrahmen von außen an einen entsprechenden Durchbruch im Reinigungsbehälter mit Schrauben angeflanscht.

Für die Reinigung kleinerer Teile sind meist sogenannte Schwingwannen mit 2–48 l Inhalt ausreichend, wie es das Beispiel einer Wanne mit zwei Kammern nach Abb. 6.60b zeigt. Für größere Teile werden geschweißte Reinigungsbecken oder -behälter mit integrierter Bedien- und Steuereinheit entsprechend Abb. 6.60c verwendet. Bei häufiger Nutzung und stärkeren Verunreinigungen ist ein Kreislauf mit Pumpe und Filter empfehlenswert. Dauerbetrieb im industriellen Bereich erfordert zusätzlich einen beheizten Vorlagetank. Anschließend sollte in einer zweiten Station mit sauberem, warmem Wasser unter Verwendung von Ultraschall nachgespült werden. Dabei kommen auch Inhibitoren als Korrosionsschutz zum Einsatz. Eine anschließende Trocknung verhindert Korrosion und sichert das Reinigungsergebnis. Bei temperaturempfindlichen Teilen wird eine Trocknung im Vakuum vorgenommen. Vollautomatische Mehrkammeranlagen mit Transport, Trocknung, Wassermanagement, Waschmitteldosierung und Ölabscheidung ermöglichen den Einsatz in der Industrie im Schichtbetrieb.

Die erforderliche, relativ kurze Behandlungsdauer bei Verwendung von Ultraschall liegt zwischen etwa 20 s und 4 min. Der optimale Temperaturbereich umfasst 50–80 °C. Häufig wird die Ultraschallreinigung mit anderen Techniken zum Vor- und Nachspülen wie Tauchen, Spritzen oder Schwallen verbunden.

Unter dem Gesichtspunkt von Hygienic Design kann man feststellen, dass sowohl produktberührte Sonden als auch Tauchschwinger für Reinigungszwecke in der Lebensmittel-, Pharma- und Bioindustrie im Allgemeinen sowohl von der Oberflächenbeschaffenheit als auch von der Gestaltung her leicht reinigbar ausgeführt werden. Gleiches gilt für Ultraschallwannen aus Edelstahl oder Kunststoff. Bei Durchführungen durch Wände z. B. bei Flanschschwingelementen ist auf die hygienegerechte Gestaltung der Dichtungen sowie die Verbindungen zu achten, da diese Teile im Inneren von Behältnissen als produktberührt einzustufen sind.

6.4.5.2 Reinigungs- und Desinfektionstauchbäder

Reine Tauchbäder in Form von Wannen werden für die Reinigung von Bauelementen nur selten verwendet, da der ständig notwendige Austausch von verbrauchten Substanzen an den verschmutzten Stellen fehlt. Durch Ausrüstung mit Pumpen kann eine Umwälzung entsprechende Verbesserungen bewirken. Auch durch das Einblasen von Dampf oder Sterilluft lassen sich Verwirbelungen erzielen, die die Reinigungswirkung verbessern.

Dagegen werden manche Elemente, wie z. B. Schläuche oder Armaturen, die z. B. nach erfolgter Durchlaufreinigung während bestimmter Phasen der Produktherstellung nicht benötigt werden, in dieser Zeit in Desinfektionstauchbäder eingelegt, um Mikroorganismenwachstum zu vermeiden.

6.5
Anforderungen an die Reinigung und Reinigungsvalidierung

Die Reinigung von Bauteilen, Apparaten und Anlagen hygienerelevanter Industrien wie der Lebensmittel-, Pharma- und Bioindustrie stellt einen erheblichen, aber nicht zu umgehenden Kostenfaktor dar. Vor allem die Regelungen zum Schutz des Verbrauchers verlangen, dass Produkte wie Lebensmittel, Medikamente und Kosmetika in hygienisch einwandfreien Produktionsanlagen hergestellt und verpackt werden. Das Image gegenüber dem Verbraucher wurde in vergangener Zeit durch verschiedene Skandale im Bereich der Lebensmittelsicherheit angegriffen, da jedes Jahr Rückrufaktionen und Umsatzeinbußen durch kontaminierte Produkte entstehen. Zum Teil verursachen kontaminierte Produkte auch Erkrankungen von Verbrauchern, was man bei Lebensmitteln international als „Foodborn Disease" bezeichnet. Ein großer Anteil der entstehenden Kosten ist ursächlich auf hygienische Problemstellen in den Prozessanlagen zurückzuführen, die sich deshalb nicht zuverlässig reinigen lassen. Außerdem verlangt die zunehmende allergologische Empfindlichkeit der Bevölkerung bei Produktwechsel, der heute bei vielfach verwendeten Produktionsanlagen üblich ist, erhöhte Anforderungen an die Reinigung zu stellen, um Kontaminationen durch unterschiedliche, nacheinander hergestellte Produkte zu vermeiden. Besonders in der Steril- und Reinraumtechnik ist die Frage nach der Gestaltung und Optimierung von produktberührten Bereichen aus wirtschaftlicher und technischer Sicht von essenzieller Bedeutung. Zu den heutigen Anforderungen an Sauberkeit und Hygiene tragen bei reinigungsgerecht gestalteten Anlagen Technologien bei, die es ermöglichen, leistungsfähige und zuverlässige Reinigungstechniken und -maschinen zu vertretbaren Kosten zu realisieren.

Im Folgenden soll kurz auf die verschiedenen Anforderungen eingegangen werden, die den Bereich der Reinigung von Anlagen, Apparaten, Geräten sowie des Prozessumfeldes betreffen.

6.5.1
Anforderungen in der Lebensmittelindustrie

Im Bereich der Lebensmittelindustrie hat die Reinigung von Prozessanlagen und deren Umfeld aufgrund neuer rechtlicher Grundlagen an weiterem Stellenwert gewonnen. Seit dem 1. Januar 2006 gelten die neuen EU-Regelungen des sogenannten Lebensmittelhygienepaketes, die aus den Verordnungen VO (EG) Nr. 852/2004 [60], VO (EG) Nr. 853/2004 [61] und VO (EG) Nr. 854/2004) [62] bestehen. Sie lösen die bisherigen nationalen Produktvorschriften wie z. B. die Milchverordnung oder die Fischhygieneverordnung ab und sind in allen Mitgliedstaaten unmittelbar anzuwendendes Recht. Damit wurde ein EU-einheitliches Hygieneregelwerk eingeführt, das dem Grundsatz des EU-Weißbuchs zur Lebensmittelsicherheit „Vom Acker bis zum Teller" entspricht. Die Hygienevorschriften gelten für die Erzeugung und Vermarktung aller Lebensmittel und umfassen alle Stufen der Lebensmittelherstellung und Vermarktung einschließlich der landwirtschaftlichen Primärproduktion. Ihre Beachtung und Einhaltung ist eine wesentliche Voraussetzung für ein hohes Niveau der Lebensmittelsicherheit und für den ungestörten Warenverkehr im Binnenmarkt.

Um das allgemeine Ziel eines hohen Maßes an Schutz für Leben und Gesundheit der Menschen zu erreichen, stützt sich das Lebensmittelrecht im Allgemeinen auf Risikoanalysen [63], in die auch die Reinigung einzuschließen ist. Die Risikobewertung beruht auf den verfügbaren wissenschaftlichen Erkenntnissen und ist in einer unabhängigen, objektiven und transparenten Art und Weise vorzunehmen. Die Lebensmittelunternehmer sollten daher Programme für die Lebensmittelsicherheit und Verfahren auf der Grundlage der HACCP-Grundsätze einführen und anwenden.

Im Einzelnen müssen Industriebetriebe entsprechend [60, 61] die jeweils angemessenen Maßnahmen treffen, dass Betriebsstätten, in denen mit Lebensmitteln umgegangen wird, so angelegt, konzipiert, gebaut und bemessen werden, dass eine angemessene Instandhaltung, Reinigung und/oder Desinfektion möglich ist, aerogene Kontaminationen vermieden oder auf ein Mindestmaß beschränkt werden und ausreichende Arbeitsflächen vorhanden sind, die hygienisch einwandfreie Arbeitsgänge ermöglichen. Die Ansammlung von Schmutz, der Kontakt mit toxischen Stoffen, das Eindringen von Fremdteilchen in Lebensmittel, die Bildung von Kondensflüssigkeit oder unerwünschte Schimmelbildung auf Oberflächen muss vermieden werden, sodass eine gute Lebensmittelhygiene, einschließlich

Schutz gegen Kontaminationen und insbesondere Schädlingsbekämpfung gewährleistet wird.

Allgemeine Vorschriften für den Anlagenbereich legen nach [64] fest, dass Gegenstände, Armaturen und Ausrüstungen, mit denen Lebensmittel in Berührung kommen, gründlich gereinigt und erforderlichenfalls desinfiziert werden müssen. Reinigung und Desinfektion müssen so häufig erfolgen, dass kein Kontaminationsrisiko besteht. Die Anlagen müssen so gebaut, beschaffen und instandgehalten sein, dass das Risiko einer Kontamination so gering wie möglich ist.

Außerdem wird das Bundesministerium für Ernährung, Landwirtschaft und Verbraucherschutz ermächtigt, durch Rechtsverordnung erforderlichenfalls vorzuschreiben, dass über die Reinigung, die Desinfektion oder sonstige Behandlungsmaßnahmen im Hinblick auf die Einhaltung der hygienischen Anforderungen von Räumen, Anlagen, Einrichtungen oder Beförderungsmitteln, in denen Lebensmittel hergestellt, behandelt oder in den Verkehr gebracht werden, Nachweise zu führen sind.

In speziellen Leitlinien für die „Gute Hygienepraxis", die für die verschiedenen Lebensmittelbereiche aufzustellen sind, sollten außerdem angemessene Informationen über mögliche Gefahren bei der Primärproduktion und damit zusammenhängenden Vorgängen und Maßnahmen zur Eindämmung von Gefahren enthalten sein, einschließlich der in gemeinschaftlichen und einzelstaatlichen Rechtsvorschriften oder Programmen dargelegten einschlägigen Maßnahmen. Dazu können beispielsweise die Verfahren, Praktiken und Methoden gehören, die sicherstellen, dass Lebensmittel unter angemessenen Hygienebedingungen hergestellt, behandelt, verpackt, gelagert und befördert werden, einschließlich einer gründlichen Reinigung und Schädlingsbekämpfung.

Als Beispiel für konkrete Anforderungen sollte nach [65] im Rahmen der Guten Hygienepraxis ein Reinigungs- und Desinfektionsplan, ein Probenahmeplan sowie ein Schädlingsbekämpfungsplan (z. B. mit Eintragung von Fliegen- und Schabenfallen oder Nagerköderstationen auf dem Grundrissplan) aufgestellt werden. Notwendige Arbeitsanweisungen sowie die Vorbereitung von Personalschulungen sind im Einzelnen festzulegen.

In Zusammenhang mit der Anlagenhygiene sollten Belege zur Verfügung stehen, die die stichprobenweise Kontrolle von Sterilisationseinrichtungen z. B. durch Temperaturmessungen, die regelmäßige mikrobiologische Kontrolle der Reinigung und Desinfektion, die mindestens einmal jährlich alle Probenahmestellen erfassen sollen, sowie die Personalschulungen zum Thema Reinigung und Desinfektion nachweisen können. Außerdem sind Maßnahmen zur Mängelbeseitigung bei unbefriedigendem Ergebnis dieser Kontrollen (z. B. Wechsel des Reinigungs- oder Desinfektionsmittels, gegebenenfalls Reinigungs- und Desinfektions-Checklisten) zu dokumentieren. Die Dokumentation sollte dabei umfassen, wer, wo, wie oft und mit welchen Utensilien, Geräten, Maschinen, mit welchem Verfahren (trocken, nass, Temperatur, Wasserdruck usw.) und mit welchen Mitteln (Art, Konzentration, Einwirkzeit, Nachspülen) reinigt und wenn notwendig desinfiziert. Außerdem ist festzuhalten, wer den Reinigungserfolg auf welche Weise überprüft und dokumentiert. Der Hersteller in der Lebensmittelverarbeitung muss bei Problemen den Entlastungsbeweis bringen können, dass er hygienisch einwandfrei gearbeitet hat.

Für den Nachweis des Erfolgs von Reinigungs- und Desinfektionsmaßnahmen werden in der Praxis unterschiedliche Kontrollmethoden eingesetzt. Neben der sehr groben Sicht- und Geruchsprüfung lassen sich als Beispiele Abklatsch- und Abstrichverfahren unter Verwendung unterschiedlicher Nährböden, der Nachweis von ATP durch Biolumineszens oder die Bestimmung von Protein- oder Stärkerückständen durch entsprechende Reagenzien anführen. Ausführlichere Angaben zu diesem Problembereich finden sich in [8].

Einen weiteren wichtigen Problembereich mit eventuellen Risiken stellen Reste von Reinigungs- und Desinfektionsmittel dar, die in den Anlagen entweder zwangsläufig aufgrund von Benetzung und Haftung oder willkürlich durch Fehler zurückbleiben und in die anschließend hergestellten Produkte migrieren. Anorganische Bestandteile von Reinigungsmitteln sind meist auch natürliche Inhaltsstoffe von Lebensmitteln, die bei diesen relativ große Schwankungsbreiten umfassen. Deshalb lassen sich geringe Reste von solchen Reinigungsmitteln in Lebensmitteln kaum analytisch feststellen. Als lebensmittelfremde und daher potenzielle Indikatorsubstanzen könnten synthetische Tenside dienen, die chemisch nachgewiesen werden könnten. Allerdings ist fraglich, welche Anteile davon in Lebensmittel übergehen und welche an den Oberflächen der Apparate haften bleiben. Andere physikalische Parameter wie z. B. eine pH-Verschiebung lassen sich durch das Pufferungsvermögen vieler Lebensmittel nicht detektieren [8].

Daher lässt sich das zu erwartende Ausmaß einer Kontamination von Lebensmitteln durch anhaftende bzw. verschleppte Reinigungsmittelreste häufig nur in Modellversuchen abschätzen. Ein Beispiel dafür ist die Bestimmung von Resten in gereinigten Flaschen. Eine Abschätzung der voraussichtlichen Rückstandsmengen anhand der Haftwassermengen an gereinigten Oberflächen liefert für Tenside wegen ihres ausgeprägten Haftvermögens keine relevante Aussage.

Größeres Interesse als Reste von Reinigungsmitteln haben verständlicherweise die Rückstände keimtötender Substanzen gefunden, weil sie mikrobielle Prozesse in der Lebensmittelindustrie empfindlich stören können. Während mikrobizide reaktive Wirkstoffe wie Peroxide, Halogenverbindungen sowie Aldehyde mit Lebensmittelinhaltsstoffen chemisch reagieren und sich danach nicht mehr als solche analytisch erfassen lassen, treten nicht reaktive Substanzen nur in physikochemische Wechselwirkung mit organischen Begleitstoffen der Matrix. Die Menge ihrer bestimmbaren Rückstände nimmt mit der Zeit ab, indem z. B. elementares Jod zu Jodid oder desinfizierendes Chlor zu Chloriden reduziert wird.

Selbst sorgfältiges Nachspülen kann nicht verhindern, dass Restmengen von mikrobiziden Wirkstoffen an den behandelten Oberflächen zurückbleiben. Für die dadurch verursachte Kontamination bestehen bisher kaum verbindliche, bewertende Empfehlungen. Sie müssten höchstzulässige, weil technisch unvermeidbare Wirkstoffspuren in Lebensmitteln definieren.

In den USA stellt die einwandfreie Reinigung und Desinfektion von Prozessanlagen und deren Umgebung nach dem „Guidebook on HACCP" der USDA [66] die grundlegende Basis im Lebensmittelbereich dar, um sichere Produkte herzustellen. Außerdem dient eine gut durchgeführte und dokumentierte Reinigung und Desinfektion als ausgezeichnete und notwendige Grundlage, um einen HACCP-Plan aufzustellen. Es wird dadurch bestätigt, dass man über das Engagement und die Voraussetzungen verfügt, um den HACCP-Plan erfolgreich aufstellen zu können. Eine weitere Voraussetzung für HACCP, das in allen Betrieben durchgeführt werden muss, besteht in der Erfüllung der gesetzlichen Anforderungen für die entsprechenden „Standard-Arbeitsanweisungen" (Standard Operating Procedures, SOP) für die Reinigung. Daher wurden von USDA ein besonderer Führer sowie Modell-Arbeitsanweisungen für die Reinigung als Hilfen vorbereitet. Zusätzlich zu diesen Unterlagen können andere vorausgehende Programme für HACCP entwickelt werden, die extrem nützlich sind, wie die Gute Herstellungspraxis (GMP), die Arbeitsvorgänge und Instandhaltungsarbeiten für Apparate abdeckt. Ein niedergeschriebener Plan, der das Vorgehen bei Rückholaktionen beschreibt, ist ebenfalls eine wertvolle Voraussetzung für einen HACCP-Plan.

Für das Reinigen und Desinfizieren („Sanitisieren") schreibt FDA in [67] für lebensmittelberührte Oberflächen vor, dass sie so häufig zu reinigen sind, dass die Lebensmittel grundsätzlich vor Kontamination geschützt werden. Im Einzelnen umfassen die Vorschriften:

- Kontaktflächen für Produkte mit niedrigem Feuchtigkeitsgehalt bei der Herstellung oder Lagerung sollen während des Gebrauchs in trockenem hygienischen Zustand gehalten werden. Wenn die Oberflächen nass gereinigt werden, sollen sie erforderlichenfalls desinfiziert und vor der nächsten Verwendung sorgfältig getrocknet werden.

- Bei nassen Prozessen, bei denen die Reinigung notwendig ist, um Lebensmittel vor dem Eindringen von Mikroorganismen zu schützen, müssen alle produktberührten Oberflächen vor Verwendung gereinigt und desinfiziert werden. Gleiches gilt nach jeder Unterbrechung, bei der die Oberflächen kontaminiert wurden. Wenn Apparate und Geräte für kontinuierliche Prozesse verwendet werden, sollen die produktberührten Oberflächen so oft wie erforderlich gereinigt und desinfiziert werden.

- Nicht von Lebensmitteln berührte Oberflächen von Apparaten der Lebensmittelindustrie sollten so häufig gereinigt werden, wie es notwendig ist, um die Lebensmittel vor Kontamination zu schützen.

6.5.2
Anforderungen in der Pharmaindustrie

Die für die Pharmaindustrie maßgebende sogenannte GMP-Richtlinie [68] enthält über die Reinigung von Anlagen nur die sehr allgemeinen Aussagen, dass Räumlichkeiten und Ausrüstungen so ausgelegt, gestaltet und genutzt werden, dass das Risiko von Fehlern minimal und eine gründliche Reinigung und Wartung möglich ist, um Verunreinigungen, Kreuzkontamination und ganz allgemein jeden die Qualität des Produkts beeinträchtigenden Effekt zu vermeiden.

Darüber hinaus fällt der Reinigungsvalidierung eine entscheidende Bedeutung zu, die im GMP-Leitfaden gemäß [69] verankert ist. Eine Reinigungsvalidierung ist durchzuführen, um die Wirksamkeit eines Reinigungsverfahrens zu belegen. Die Begründung für die Festlegung von Grenzwerten für die Übertragung von Produktrückständen, Reinigungsmitteln und mikrobieller Kontamination sollte logisch auf der Basis der beteiligten Materialien erfolgen. Die Grenzwerte sollten erreichbar und verifizierbar sein. Es sollten validierte Prüfmethoden, die empfindlich genug sind, Rückstände oder Kontaminanten nachzuweisen, verwendet werden. Die jeweilige Prüfmethode sollte eine ausreichend empfindliche Nachweisgrenze aufweisen, um das festgelegte akzeptable Maß der Rückstände oder Kontaminanten bestimmen zu können.

Im Regelfall müssen nur Reinigungsverfahren für produktberührende Ausrüstungsoberflächen validiert werden. Gegebenenfalls sollten auch Teile, die keinen Kontakt mit dem Produkt haben, berücksichtigt werden. Die Zeitabstände zwischen der Verwendung und der Reinigung sowie der Reinigung und der Wiederverwendung sollten validiert werden. Reinigungsintervalle und -methoden sind festzulegen.

Bei der Reinigungsvalidierung muss der dokumentierte Beweis geführt werden, dass ein beschriebenes Reinigungsverfahren reproduzierbar zum erwünschten Erfolg führt. Als Folge einer erfolgreich durchgeführten Validierung kann dann eine Reduzierung der analytischen Kontrollen nach der Reinigung im Routinebetrieb auf ein Minimum erfolgen [70].

Gesetzliche und behördliche Anforderungen an die Herstellung pharmazeutischer Produkte ergeben immer mehr die Notwendigkeit, die Reinigung nach validierten Verfahren durchzuführen. Dies ist besonders bei Mehrproduktanlagen (Multi-Purpose-Plants) sinnvoll.

Die Durchführung der Reinigungsvalidierung im Pharmabereich kann effizient und kostensparend gestaltet werden, wenn sich in der Praxis Apparategruppen und Produktfamilien bilden lassen. Durch diese Maßnahme kombiniert mit einer strukturierten Vorgehensweise kann man den Validierungsaufwand erheblich reduzieren. Zum einen ist es z. B. möglich durch die Bildung einer Apparategruppe „Behälter", die Reinigung eines ganzen Behälterlagers mit der Durchführung der Reinigungsvalidierung eines einzigen Behälters im Lager abzuschließen, wenn sich alle Behälter des Lagers in ihrem Design sowie in ihrer Produktbelegung nicht wesentlich voneinander unterscheiden. Zum anderen kann man z. B. durch die Bildung der Produktfamilie „wasserlösliche Stoffe" ein einziges Reinigungsverfahren für eine bestimmte Anlage einführen und validieren, das den am schlechtesten wasserlöslichen Stoff in der Anlage zuverlässig entfernt (Worst-case-Betrachtung). Gleiches gilt wenn wasserunlösliche Stoffe in der Anlage gehandhabt werden. Es kann somit auf die Etablierung vieler verschiedener Reinigungsverfahren für die Anlage und deren Validierung verzichtet werden.

Entscheidungen dieser Art werden im Validierungsteam festgelegt und dokumentiert.

Die Standard-Betriebsanweisung (SOP) sollte zunächst den Ablauf ganz allgemein beschreiben. Vorgaben bzw. Angaben sollten grundsätzlich zu der allgemeinen Vorgehensweise, dem Aufbau, Inhalt und der Durchführung der Risikoanalyse „Reinigung", dem Aufbau und Inhalt des Reinigungsvalidierungsplans, der grundsätzlichen Durchführung der Reinigung während der Validierung, der Dokumentation, die zwingend nötig ist, und dem Aufbau und Inhalt des Reinigungsvalidierungsberichts gemacht werden.

Weiter sollten alle bei der Validierung zwingend anzufertigenden Dokumente und der angedachte Inhalt dieser Dokumente festgelegt werden.

Die Risikoanalyse der Reinigung setzt sich mit allen Reinigungsverfahren und Reinigungsschritten der gesamten Anlage auseinander. Das Validierungsteam setzt dann kritische, d. h. zu validierende und unkritische, nicht zu validierende Schritte fest.

Erstere sind im Wesentlichen von den Reinheitsanforderungen abhängig, die an die in der Anlage hergestellten Produkte gestellt werden und von der Art und den Eigenschaften der potenziellen Verunreinigungen, die auftreten könnten. Dabei ist zu berücksichtigen, welche Pharmaprodukte in der Anlage hergestellt werden und ob sie äußerlich, oral oder parenteral beim Menschen angewendet werden. Zusätzlich spielen die weitere Verarbeitung der hergestellten Produkte, die festgelegten Produktspezifikationen, mögliche Zerfalls- oder Nebenprodukte bei den verwendeten Stoffen, mögliche Verunreinigungen, die je nach Anlagentyp von außen in die offene oder geschlossene Anlage gelangen könnten und die Art der verwendeten Reinigungsmedien eine entscheidende Rolle.

Bei der Auswahl der kritischen Reinigungsverfahren und -schritte ist zu beachten, welche Anforderungen bezüglich Reinigbarkeit an die einzelnen Anlagenteile gestellt werden. Dabei ist z. B. zu berücksichtigen, ob eine Mehrproduktanlage vorliegt, alle Anlagenteile davon betroffen sind, wo sich die für die Reinigung kritischen Stellen bzw. Anlagenkomponenten befinden, ob es CIP/SIP-Anforderungen gibt und wie die Reinigungsabläufe sinnvoll zu gestalten sind.

Zur Dokumentation werden die zu validierenden Reinigungsschritte in ihrem Ablauf kurz beschrieben und für jeden Schritt die für die Reinigung kritischen Anlagenstellen bzw. Komponenten festgelegt. Für jede kritische Stelle wird eine vorgesehene Prüf- oder Probenahmestelle angegeben. An diesen Prüf- oder Probenahmestellen müssen dann visuelle oder analytische Untersuchungen durchgeführt werden. Die Festlegung dieser kritischen Stellen kann in Zeichnungen oder Apparateschemata erfolgen. In einem Validierungsplan werden dann die kritischen Prüf- oder Probenahmestellen, zusammen mit den dort durchzuführenden Prüfungen und den Prüfmethoden festgelegt.

Der Inhalt des Reinigungsvalidierungsplans sollte die Beschreibung der spezifischen Vorgehensweise bei der Validierung, die Festlegung der verwendeten Reinigungsmittel, die Festlegung des Prüf- oder Probenahmeplans mit Ort und Zeitpunkt der Probenahme sowie die Beschreibung der Prüfstellen umfassen. Weiterhin gehört dazu die Festlegung der Prüf- und Auswertemethoden und der zugehörigen Akzeptanzkriterien für eine erfolgreiche Validierung, die wissenschaftlich begründet werden sollten. Bei Abweichung müssen entsprechende Folgemaßnahmen vereinbart werden. Schließlich ist die Dokumentation aufzulisten, die bei der Validierung erstellt werden muss.

Anhand des Reinigungsvalidierungsplans, der Reinigungs-SOP bzw. der zur Anweisung gehörenden Checkliste wird die Reinigungsvalidierungsfahrt durchgeführt. Es ist dabei zu beachten, dass immer nach der vorgegebenen Reinigungsanweisung vorzugehen ist. Abweichungen werden in die Checkliste eingetragen und so erfasst. Dies ist wichtig, um bei Abweichungen von Akzeptanzkriterien mit entsprechenden Maßnahmen reagieren zu können. Die Abweichungen müssen im Reinigungsvalidierungsbericht beurteilt und die daraus folgenden Maßnahmen festgelegt werden.

Nach der Durchführung von üblicherweise drei erfolgreichen Reinigungsfahrten wird ein Gesamtbericht erstellt. Dieser fasst noch einmal alle wesentlichen Ergebnisse zusammen und beurteilt abschließend das Reinigungsverfahren hinsichtlich der Validität. Zusätzlich wird eine Angabe zum Zeitintervall oder dem Auslöser für eine Revalidierung des Verfahrens gemacht.

7
Bewertung und Testen von hygienegerecht gestalteten Komponenten und Apparaten

In allen hygienerelevanten Industriebereichen, in denen die Prozessausrüstungen einer gründlichen Reinigung und eventuell einer Desinfektion unterzogen werden müssen, um Kontamination der hergestellten Produkte zu vermeiden, sollte die hygienegerechte Gestaltung zur Erzielung einer leichten Reinigbarkeit eine entscheidende Rolle spielen. Obwohl z. B. der Hersteller von Maschinen für den Nahrungsmittelbereich schon seit 1989 nach dem Gesetz verpflichtet ist, den Anforderungen entsprechend hygienegerechte Apparate und Ausrüstungen herzustellen, werden oft selbst grundlegende Regeln der Gestaltung verletzt, sodass eine zuverlässige Reinigung nicht möglich ist [1]. Ab Dezember 2009 wird diese Verpflichtung auch auf den Pharmabereich ausgedehnt.

Aus diesem Grund nimmt die offizielle Bewertung der Gestaltung von Komponenten, Apparaten und Anlagen unter Gesichtspunkten von Hygienic Design einen hohen Stellenwert ein. Mit ihrer Hilfe soll nachgewiesen werden, ob spezifizierte Anforderungen z. B. nach Rechtsvorschriften, Normen, Leitlinien oder anderen Vorgaben erfüllt sind. Sowohl zum Nutzen des Herstellers als auch zur Kontrolle durch den Anwender wird damit eine dokumentierte Bestätigung über die Ausführung der Konstruktion bereitgestellt. Wichtige Maßnahmen im Rahmen der verschiedenen Bewertungssysteme können Herstellererklärungen oder Zertifizierungen durch unabhängige Institutionen nach vorangegangener Prüfung und Inspektion sein. Während die Herstellererklärung eine Eigenbestätigung darstellt, dass ein Produkt, ein Prozess oder ein System mit festgelegten Anforderungen konform ist, versteht man unter Zertifizierung ein Verfahren, nach dem eine unabhängige dritte Stelle schriftlich die Konformität bestätigt. Die Zertifikate „Dritter" werden dabei oft zeitlich befristet vergeben. Um Vertrauen in die Tätigkeit der Stellen zu haben, die die Prüfungen und Zertifizierungen durchführen, ist die Akkreditierung von Laboratorien und Zertifizierungsstellen ein wichtiges Instrument. Sie dient zur Sicherung der Kompetenz dieser Stellen, d. h. sie bestätigt, dass sie für die Durchführung einer Bewertung in einem bestimmten Fachbereich die hinreichende Fachkunde, Zuverlässigkeit und Unabhängigkeit besitzen [2].

Grundsätzlich kann eine Bewertung der hygienegerechten Gestaltung von Bauteilen, Apparaten und Anlagen rein aufgrund einer vergleichenden Beurteilung von Zeichnungen oder Prototypen der Geräte mit den entsprechenden Anforderungen in gesetzlichen Regelungen, Normen oder Leitlinien erfolgen.

Hygienegerechte Apparate und Anlagen für die Lebensmittel-, Pharma- und Kosmetikindustrie. Gerhard Hauser
Copyright © 2008 WILEY-VCH Verlag GmbH & Co. KGaA, Weinheim
ISBN: 978-3-527-32291-6

In vielen Fällen ist dies aber für fundierte Aussagen nicht ausreichend, da vor allem Einflüsse im mikroskopischen Bereich auf diese Weise nicht beurteilt werden können. Aus diesem Grund sind zusätzliche Tests z. B. über die Reinigbarkeit erforderlich, die reproduzierbar sein müssen und nur von akkreditierten Testlabors durchgeführt werden sollten.

7.1
Beispiele für Bewertungssysteme

In der Nahrungsmittelindustrie sind Bewertungssysteme für Hygienic Design verfügbar. Wesentlich ist, dass in diesem Bereich eine Zertifizierung der hygienegerechten Gestaltung von Geräten, Maschinen, Apparaten und Anlagen durch unabhängige Stellen nicht gesetzlich vorgeschrieben ist.

In der Pharmaindustrie sollte im Rahmen von GMP die Designqualifizierung (DQ) der erste Schritt einer Validierung neuer Einrichtungen, Anlagen oder Ausrüstungsgegenstände sein. Spezielle Grundlagen und detaillierte Anforderungen an Hygienic Design sind zurzeit speziell für diesen Bereich nicht festgelegt. Allerdings werden Zertifikate von unabhängigen Stellen über die reinigungsgerechte Gestaltung von Apparaten eingebunden, wenn solche beim Hersteller von Apparaten und Geräten verfügbar sind.

In der Biotechnik ist die Reinigung ein wesentlicher Bestandteil biotechnischer Verfahren zur Sicherstellung des Schutzes von Personen und der Umwelt sowie zur Verhinderung produktionsbedingter schädlicher Auswirkungen in Folge einer Ansammlung von Verunreinigungen [3]. Aus diesem Grund sollen Prüfverfahren erarbeitet werden, die die Reinigbarkeit sicherstellen. Der Hersteller von Geräten und Ausrüstungen und/oder der Anwender sollten die zur Bewertung der Reinigbarkeit von Bauteilen und Apparaten anzuwendenden Verfahren festlegen und dokumentieren. Die Dokumentation sollte die angewandten Prüfbedingungen und die Ergebnisse der Prüfung beinhalten. Eine Zertifizierung von dritter Seite wird in diesem Rahmen nicht angesprochen.

Auf Fragen der Validierung soll in diesem Zusammenhang nicht eingegangen werden, da sie im Allgemeinen den Anwender und nicht den Hersteller von Ausrüstungen betreffen.

7.1.1
Verfahren in Europa

In Europa werden für Zertifizierungen von Maschinen, Anlagen und deren Komponenten für die Nahrungsmittelindustrie in erster Linie die Anforderungen der EU-Maschinenrichtlinie [4], der Normen DIN EN 1672-2 [5] oder DIN EN ISO 14 159 [6] sowie von EHEDG-Leitlinien als Grundlagen benutzt.

In vielen Fällen bemühen sich Hersteller unabhängig von der gesetzlichen Lage um neutrale Bewertungen, um eine Absicherung des eigenen Standpunktes zu erreichen.

In der Pharmaindustrie müssen nach der sogenannten GMP-Richtlinie [7] Räumlichkeiten und Ausrüstung, die für kritische Herstellungsvorgänge hinsichtlich der Produktqualität verwendet werden, auf ihre Eignung hin durch eine Qualifizierung überprüft und validiert werden. Nach [8] bedeutet die Designqualifizierung eine dokumentierte Verifizierung, dass das vorgesehene Design für den entsprechenden Verwendungszweck geeignet ist. Dabei sollte die Übereinstimmung mit den GMP-Anforderungen demonstriert werden. Spezielle Hygienic-Design-Zertifizierungen, abweichend von den in der Nahrungsmittelindustrie angewandten, sind derzeit nicht bekannt. Von ISPE ist im Rahmen von cGMP-Qualifizierungen zu erwarten, dass auch Zertifizierungsverfahren für Hygienic Design erstellt werden. Von der ISPE Professional Certification Commission (PCC) wird derzeit ein Zertifizierungsprogramm erstellt und implementiert.

7.1.1.1 Konformitätsbewertung des Herstellers nach der Maschinenrichtlinie

Die gemeinsame Basis für EG-Konformitätsbewertungen wurde bereit 1989 von der EU durch das „Globale Konzept für Zertifizierung und Prüfwesen" geschaffen [9, 10]. Gleichzeitig wurde zur Bestätigung der Konformität das CE-Zeichen gemäß Abb. 7.1 als äußeres Kennzeichen eingeführt.

Die spezielle Bewertung der Konformität von Maschinen basiert auf der Maschinenrichtlinie [4], die neben Sicherheitsanforderungen auch sogenannte Gesundheitsanforderungen für Nahrungsmittelmaschinen enthält, die sich im Wesentlichen auf die hygienegerechte, d. h. leicht reinigbare Gestaltung von Maschinen beziehen. Beim Verfahren der Konformitätsbewertung erklärt der Hersteller (oder sein in der Gemeinschaft niedergelassener Bevollmächtigter), dass die in den Verkehr gebrachte Maschine für Herstellungs- und Verarbeitungsprozesse von Nahrungsmitteln sowohl allen einschlägigen grundlegenden Sicherheitsanforderungen entspricht als auch alle genannten Anforderungen an Hygienic Design erfüllt. Damit gehört die Konformitätsbestätigung nach Maschinenrichtlinie bezüglich der hygienegerechten Gestaltung in die Kategorie der Eigenbestätigungen, deren Richtigkeit weder vonseiten der Behörden noch anderer Institutionen am Objekt kontrolliert wird. Mit dieser Maßnahme, die im Rahmen der Deregulierung zu betrachten ist, sollen sich Hersteller und Anwender ohne behördliche Kontrolle als Partner auf Vertrauensbasis abstimmen.

Vor Ausstellung der EG-Konformitätserklärung muss gewährleistet sein, dass die notwendigen Unterlagen zur Verfügung stehen. Diese umfassen eine technische Dokumentation mit einem Gesamtplan der Maschine sowie die Steuerkreispläne, detaillierte und vollständige Pläne mit eventuellen Berechnungen, Versuchsergebnissen usw. für die Überprüfung der Übereinstimmung der

Abb. 7.1 CE-Kennzeichen.

Maschine mit den grundlegenden Sicherheits- und Gesundheitsanforderungen, eine Liste der grundlegenden Anforderungen der Maschinenrichtlinie, der Normen sowie anderer technischer Spezifikationen, die bei der Konstruktion der Maschine berücksichtigt wurden sowie eine Beschreibung der Lösungen, die zur Verhütung der von der Maschine ausgehenden Gefahren gewählt wurden. Zusätzlich können technische Berichte oder von einem zuständigen Laboratorium ausgestellte Zertifikate oder Ergebnisse von Prüfungen verwendet werden. Außerdem ist ein Exemplar der Betriebsanleitung der Maschine erforderlich, das auch die erforderlichen Angaben zur Reinigung enthält.

Mit Unterzeichnung der EG-Konformitätserklärung durch den Hersteller ist die Berechtigung verbunden, auf der Maschine die CE-Kennzeichnung anzubringen. Wichtig ist, dass das CE-Zeichen auch alle anderen Richtlinien einzubeziehen hat, die für die gekennzeichnete Maschine gelten.

Bei der Konformitätsbewertung ist zu berücksichtigen, dass die Maschinenrichtlinie wie jede Rechtsakte nur sehr grundlegende Anforderungen an Hygienic Design enthält, die nur allgemeine Prinzipien festlegen sollen. Zur Auslegung und Ausfüllung der angeführten Maßnahmen der Gestaltung sollen EU-Normen dienen, die anhand von Definitionen und Beispielen die wesentlichen Ideen belegen und vermitteln. Die in diesem Zusammenhang erstellte Übersichtsnorm findet sich in EN 1672-2 [5]. Sie enthält außerdem als wesentliche zusätzliche Maßnahme eine Risikoanalyse über die hygienegerechte Gestaltung sowie eine Übersicht über die relevanten Gefahrenstellen.

7.1.1.2 Zertifizierung nach Maschinenrichtlinie durch BGN

Die Prüf- und Zertifizierungsstelle des Fachausschusses Nahrungs- und Genussmittel bei der Berufsgenossenschaft Nahrungsmittel und Gaststätten (BGN) ist in die zentrale Prüforganisation „BG-PRÜFZERT" beim Hauptverband der gewerblichen Berufsgenossenschaften eingebettet. Zu ihren Arbeitsbereichen gehört auch das Zertifizieren von technischen Produkten nach der EG-Maschinenrichtlinie [4], sodass in diesem Rahmen eine neutrale Bewertung durch eine unabhängige Organisation möglich ist. Dabei wird auch die Prüfung von Teilaspekten wie Hygienic Design durchgeführt. Als Ergebnis kann entweder eine Baumusterprüfbescheinigung ohne Zeichenvergabe oder eine BG-Prüfbescheinigung mit Zeichenberechtigung ausgestellt werden. In letzterem Fall wird das BG PrüfZert-Zeichen gemäß Abb. 7.2 für den Teilaspekt Hygiene vergeben, mit dem besondere Kontrollmaßnahmen verbunden sind.

Die mit der Zertifizierung verbundene Prüfung setzt sich in der Regel aus der Prüfung der Unterlagen einschließlich Betriebsanleitung oder Gebrauchsanleitung und der Prüfung am Baumuster zusammen. Im europäisch harmonisierten Bereich, zu dem die EG-Maschinenrichtlinie gehört, werden der Prüfung die prinzipiellen Gesundheitsanforderungen sowie harmonisierte EN-Normen zur Richtlinie und Empfehlungen der europäischen und Beschlüsse der nationalen Erfahrungsaustauschkreise zugrunde gelegt. Die Prüfung am Baumuster wird in der Prüf- und Zertifizierungsstelle oder an einem mit der Prüf- und Zertifizierungsstelle zu vereinbarenden Ort durchgeführt, der für die Prüfungen geeignet

Abb. 7.2 Prüfzeichen der Berufsgenossenschaft für Hygienic-Design-Konformität.

sein muss. Grundsätzlich sind betriebsbereite bzw. verwendungsfertige Baumuster in der von der Prüf- und Zertifizierungsstelle angegebenen Anzahl sowie notwendige Hilfsmittel und Ersatzteile kostenlos bereitzustellen [11].

7.1.1.3 Zertifizierung nach Leitlinien der EHEDG

Einen anderen Weg der Bewertung hat die EHEDG als unabhängige private europäische Organisation beschritten. Sie hat ein Bewertungs- und Zertifizierungsprogramm entwickelt, das Leitlinien als Bewertungsgrundlage benutzt, die nach Verkündigung der Maschinenrichtlinie zu deren Ausfüllung von unabhängigen Experten aufgestellt wurden. Damit sollte ermöglicht werden, dass hygienegerecht gestaltete Apparate und Maschinen auf dem Markt verfügbar sind [12]. Zu diesem Zweck wurde ein Zertifizierungssystem eingeführt, das den Prinzipien von DIN EN 45 011 [13] folgt. Der Zertifizierungsvorgang wird von autorisierten Organisationen und Instituten durchgeführt, die akkreditiert und in der Lage sein müssen, die beiden Qualitätsnormen DIN EN ISO 17 025 [14] für Durchführung von Tests und DIN EN 45 011 für die Zertifizierungsbedingungen erfüllen zu können.

Für die Bewertung werden zunächst die beiden EHEDG-Leitlinien „Hygienic Equipment Design Criteria" (Doc. 8) [15] und „A method for the assessment of in-place cleanability of food processing equipment" (Doc. 2) [16] verwendet.

Die Leitlinie über die Hygienic-Design-Kriterien diskutiert die wesentlichen Prinzipien, die für hygienische und aseptische Prozessausrüstungen erfüllt sein müssen. Sie vermittelt, wie eine hygienegerechte Gestaltung durchzuführen ist, damit keine negative Beeinflussung der mikrobiologischen Sicherheit und der Lebensmittelqualität erfolgt. Die Empfindlichkeit der Lebensmittelprodukte gegenüber mikrobieller Aktivität bestimmt, ob hygienische oder aseptische Anlagen für die Herstellung und Verpackung von Lebensmitteln verlangt werden müssen.

Die Leitlinie über die In-place-Reinigbarkeit beschreibt eine Testprozedur, die schlecht gestaltete Bereiche erkennen lässt, wo sich Produktreste und Mikroorganismen ansammeln können. Auf die Methode wird später noch ausführlich eingegangen.

TYPE EL
MARCH 2002

Abb. 7.3 EHEDG-Zeichen „equipment liquid" für zertifizierte hygienegerechte Geräte (flüssige Reinigung).

In einem ersten Schritt können Geräte und Komponenten für die Lebensmittelindustrie, die mit flüssigen Medien gereinigt werden, nach EHEDG zertifiziert werden. Voraussetzung ist, dass die Überprüfung durch ein autorisiertes EHEDG-Institut ergeben hat, dass sie vollständig mit den angegebenen Kriterien übereinstimmen oder für die ein schlüssiger Nachweis gezeigt hat, dass sie reinigbar sind. Als Ergebnis wird ein Zertifikat ausgestellt und die Erlaubnis erteilt, das in Abb 7.3 dargestellte Kennzeichen mit den Buchstabe EL für „equipment liquid" und der Jahreszahl auf den entsprechenden Bauteilen anzubringen. Die Zertifizierung muss in definierten Zeitabständen erneuert werden, um sicherzustellen, dass keine Änderungen der bewerteten Geräte erfolgt sind

Es ist beabsichtigt, die Zertifizierung auf andere Bereiche wie z. B. Apparate für Trockenprodukte auszudehnen.

7.1.1.4 Qualified Hygienic Design des VDMA

Das Bewertungs- und Prüfsystem des VDMA für die Reinigbarkeit von Komponenten, Apparaten und Maschinen wurde in Zusammenarbeit mit Firmen und dem Lehrstuhl für Maschinen- und Apparatekunde der TU-München entwickelt. Es trägt den Namen „Qualified Hygienic Design (QHD)" [17] und ist in zwei Prüfstufen aufgegliedert. Die erste Stufe beinhaltet den theoretischen Nachweis der hygienegerechten Konstruktion, während in der zweiten Stufe mittels eines Standardtests die leichte Reinigbarkeit verifiziert wird. Die gesamte Dokumentation ist in einem sogenannten QHD-Handbuch festgehalten. Der Anwender des Prüfsystems kann – sofern die notwendigen Voraussetzungen erfüllt werden – dies durch eine beim Deutschen Patentamt München angemeldete Wort- und Bildmarke „QHD" dokumentieren.

Für den theoretischen Nachweis der hygienerechten Gestaltung hat die Fachabteilung „Sterile Verfahrenstechnik" alle hygienerelevanten Regelwerke zusammengefasst und diese in Form einer Checkliste zur Selbstüberprüfung dargestellt. Darin werden Hinweise z. B. auf Auswahl der Werkstoffe, Oberflächenqualität, allgemeine Gestaltungsgrundsätze, Fertigung sowie Montage gegeben.

Abb. 7.4 Qualified-Hygienic-Design-Kennzeichnung des VDMA.

Die Einhaltung dieser für das jeweilige Bauteil relevanten Normen kann mit einer Eigenbescheinigung und mit dem auf das Bauteil aufgebrachten QHD-Zeichen entsprechend Abb. 7.4 dokumentiert werden. Damit erklärt der Hersteller, dass er sich an den Stand der Technik hinsichtlich der in Regelwerken festgeschriebenen Anforderungen an eine hygienegerechte Konstruktion gehalten hat.

Falls die theoretische Bewertung nicht zu einem zweifelsfreien Ergebnis führt, muss zusätzlich der Standardtest durchgeführt werden. Voraussetzung dafür ist, dass der Hersteller an einer Schulung über dessen Durchführung teilnimmt.

7.1.2
Verfahren in den USA

Zunächst muss festgestellt werden, dass in den USA von FDA keinerlei Zertifizierungen von Apparaten und Ausrüstungen für die Pharmaindustrie vorgenommen werden [18]. Allerdings wird die Übereinstimmung mit dem Code of Federal Regulations (CFR) bei der Qualifizierung verlangt.

Hygienic-Design-Zertifizierungen werden in erster Linie nach 3-A-Standards und ursprünglich nur für die Nahrungsmittelindustrie durchgeführt. In jüngster Zeit wird auch die Pharmaindustrie einbezogen, worauf auch FDA hinweist. Eine immer stärker werdende Rolle spielt außerdem NSF International, eine Organisation die in erster Linie im Cateringbereich tätig war, neuerdings aber auch Regularien für Anlagen zur Fleisch- und Geflügelverarbeitung entwickelt hat. Ebenfalls für den Lebensmittelbereich gibt es von USDA Programme zur Bewertung von Anlagen und deren Komponenten für bestimmte Produkte.

7.1.2.1 Zertifizierung nach 3-A-Normen
In den USA wird die Zertifizierung oder Verifizierung der hygienegerechten Gestaltung von Geräten und Apparaten der Lebensmittelindustrie und neuerdings auch der Pharmaindustrie in erster Linie durch die Organisation 3-A vollzogen, die selbst Normen für Hygienic Design entwickelt [19]. Diese dienten nach der früheren Praxis dazu, eine Bewertung und Zertifizierung durch Angehörige von 3-A vorzunehmen und durch das 3-A-Logo zu kennzeichnen. Im Jahr 2003 ist man dazu übergegangen, den Autorisierungsprozess von der Selbstzertifikation durch 3-A zu unabhängigen Dritten zu verlagern. In erster Linie wird damit das Ziel verfolgt, die Lebensmittelsicherheit und Integrität in den Augen der Maschi-

Abb. 7.5 3-A-Kennzeichen für zertifizierte Geräte.

nenhersteller, Anwender, Hygieniker, USDA, FDA und anderen Organisationen dem 3-A-Symbol gemäß Abb. 7.5 gleichzustellen.

Als unabhängige Dritte fungieren sogenannte zertifizierte Konformitätsbegutachter (Certified Conformance Evaluator, CCE). Sie werden durch 3-A Sanitary Standards Inc. individuell zertifiziert, um in der Lage zu sein, die Verifizierung von hygienegerechten Apparaten nach den Regeln von 3-A vorzunehmen. Um europäischen Maschinenherstellern, die nach den USA exportieren, das Zertifizierungsverfahren zu erleichtern, stehen auch in Europa Begutachter zur Verfügung.

Die Maschinenhersteller müssen für die Prüfung durch den unabhängigen Dritten die zu beurteilenden Geräte oder Apparate mit den dazugehörigen Zeichnungen und den maßgebenden 3-A-Normen zur Verfügung stellen, damit ein Vergleich mit den Normen möglich wird. Über die verwendeten Werkstoffe muss eine Dokumentation vorliegen. Weiterhin wird eine Besichtigung der Firma vorgenommen und eine Bestätigung über das Qualitätssicherungsprogramm verlangt, um eine kontinuierliche Übereinstimmung zu gewährleisten.

7.1.2.2 NSF-Zertifizierung

NSF verwendet die Bezeichnung „zertifiziert" z. B. in Zusammenhang mit einem Produkt, einer Komponente, einem Werkstoff oder einem System [20]. Zertifizierung bedeutet, dass jeweils eine Übereinstimmung mit der maßgebenden NSF-Norm vorhanden ist, die auch relevant für Hygienic Design sein kann. Außerdem werden periodische Audits durchgeführt, um festzustellen, dass die Übereinstimmung mit der Norm auch weiterhin gegeben ist.

Nach erfolgreicher Zertifizierung muss der Hersteller das NSF-Zeichen gemäß Abb. 7.6 in Zusammenhang mit dem geprüften Gegenstand benutzen.

Abb. 7.6 NSF-Kennzeichen für zertifizierte Komponenten.

Das NSF-Zeichen bestätigt, dass die unabhängige Organisation NSF eine vergleichende Bewertung mit den relevanten Normen erfolgreich vorgenommen hat.

7.1.2.3 USDA-Zertifizierung

Im Rahmen der Dienste des USA-Landwirtschaftsministeriums USDA werden freiwillige Zertifizierungen von Geräten, Maschinen, Apparaten und Anlagen nach Hygienic-Design-Anforderungen angeboten. Dabei wird davon ausgegangen, dass Hersteller und Anwender aufgrund der hohen Kosten für Prozessanlagen ihre Investitionen durch eine offizielle Beurteilung der hygienegerechten Gestaltung schützen sollten. Die Bewertung bietet sowohl Herstellern als auch Anwendern die Sicherheit, dass die gesamte Anlage bereits vor Installation alle Anforderungen der Überprüfung erfüllt.

Die Bewertungsabteilung für Molkereien (Dairy Grading Branch) des landwirtschaftlichen Marketing Service (Agricultural Marketing Service's AMS) von USDA zertifiziert gegen eine Benutzergebühr Molkereianlagen und -geräte bezüglich „Sanitary Design" entsprechend [21]. Damit wird für den Käufer die Gewissheit gegeben, dass die Geräte und Ausrüstungen mit den maßgebenden Anforderungen übereinstimmen und wirksam gereinigt werden können, um Molkereiprodukte mit hoher Qualität herzustellen. Für die Bewertung werden international anerkannte Kriterien für die hygienegerechte Gestaltung herangezogen. Dazu gehören 3-A Sanitary Standards und 3-A Accepted Practices. Wenn keine Anforderungen zur Verfügung stehen, werden die USDA-Richtlinien für Hygienic Design und Herstellung für Molkereianlagen (USDA Guidelines for the Sanitary Design and Fabrication of Dairy Processing Equipment) [22] benutzt. Diese Richtlinien, Verfahren und Normen stellen einschlägige Kriterien für Werkstoffe, Gestaltung, Herstellung und Installation bereit.

Für die Bewertung müssen die Hersteller oder Anwender entweder Zeichnungen und Unterlagen einreichen oder ein Experte kann die Firma besuchen, um sowohl Zeichnungen als auch die Geräte oder Anlagen vor Ort zu besichtigen und zu beurteilen. Wenn die bewerteten Gegenstände alle Anforderungen der maßgebenden Standards oder USDA-Richtlinien erfüllen, wird eine Bestätigung erteilt, dass sie für die Verwendung in Molkereianlagen geeignet sind. Auf Anfrage kann ein Zertifikat über die Anerkennung der Ausrüstung von USDA ausgestellt werden.

In gleicher Weise ist das Verfahren für die Bewertung, Abnahme und Zertifizierung von hygienischen Gestaltungs- und Herstellungsmerkmalen von Anlagen und Geräten festgelegt, das für die Verwendung beim Schlachten, Verarbeiten oder Verpacken von Fleisch und Geflügel vorgesehen ist [23]. Der „Agricultural Marketing Service" (landwirtschaftliche Marketingdienst) von USDA verlangt zwar nicht, dass Vieh und Geflügel verarbeitende Geräte, Maschinen und Anlagen zur Bewertung eingereicht werden. Wenn jedoch bei behördlichen Routineinspektionen Mängel bei Werkstoffen, der Gestaltung, Herstellung oder Verarbeitung der Anlagen festgestellt werden, die die maßgebenden Normen verletzen, kann die Inspektionsbehörde „Food Safety and Inspection Service (FSIS)" verlangen, dass entsprechende Änderungen vorgenommen werden, die letztendlich den Hersteller treffen. Deshalb können Firmen bereits vorher freiwillig eine Bewertung des USDA Dairy Grading Branch verlangen, um die Wahrscheinlichkeit solcher Beanstandungen zu minimieren. Die Anwender und Käufer von Geräten und Anlagen werden ermuntert, die Annerkennung durch USDA Dairy Grading Branch als Vorsorge bei einem Kaufvertrag zu verlangen.

Für die Zertifizierung werden die Normen benutzt, die vom gemeinsamen Komitee von NSF/3-A für Prozessanlagen der Lebensmittelindustrie entwickelt und veröffentlicht wurden [24]. Die ANSI/NSF/3-A- und NSF/3-A-Normen stellen Kriterien für Werkstoffe sowie die Gestaltung und Herstellung von Geräten und Anlagen für die Verwendung beim Schlachten, Verarbeiten oder Verpacken von Fleisch- und Geflügelprodukten zur Verfügung.

Nach erfolgreicher Beendigung der Überprüfung und Bewertung aufgrund der maßgebenden Anforderungen kann ein Zertifikat über die Abnahme von Geräten und Ausrüstungen ausgestellt werden. Maßgebend sind hierbei die relevanten Abschnitte der „Regulations Governing the Inspection and Grading of Manufactured or Processed Dairy Products" nach [25] oder der „Regulations Governing the Certification of Sanitary Design and Fabrication of Equipment Used in the Slaughter, Processing, and Packaging of Livestock and Poultry Products" nach [26]. Damit verbunden wird die Genehmigung erteilt, das offizielle Kennzeichen gemäß Abb. 7.7 auf Verpackungsmaterial, Komponenten und Apparaten, Geräten, Betriebsanleitungen oder Werbematerial anzubringen.

Abb. 7.7 USDA-Kennzeichen für anerkannte Geräte.

7.2
Testmethoden

Die Wirksamkeit von Konstruktionsmaßnahmen, die aufgrund theoretischer Ansätze und veröffentlicher grundlegender Anforderungen zu hygienegerechten Bauelementen, Apparaten und Anlagen führen, kann schlüssig meist nur durch eine praktische Überprüfung nachgewiesen werden. Für die hygienegerechte Gestaltung spielen daher Testverfahren eine bedeutende Rolle, ohne dass sie zwangsläufig als zusätzliche Grundlage für eine Bewertung in Form einer offiziellen Zertifizierung dienen müssen. Nach den gesetzlichen Vorschriften und Normen der EU, die Hygienic-Design-Anforderungen definieren und von den relevanten Industriezweigen fordern, werden nur in der Biotechnologie Tests zum Nachweis der Auswirkung angewendeter Maßnahmen verlangt. In den anderen Bereichen wie Lebensmittel-, Pharma- und Kosmetikindustrie genügt aus der Sicht des Gesetzgebers die Dokumentation bzw. Bestätigung, dass die zum Schutz des Verbrauchers geforderten hygienegerechten Gestaltungsmaßnahmen von den Herstellern eingehalten und von den Anwendern eingesetzt werden. Maßgebende Instrumente sind dabei die Qualifizierung und Validierung, die meist jeweils in Eigenverantwortung durchgeführt werden. Zusätzliche behördliche Inspektionen dienen der Überprüfung.

Ein wichtiger Einsatzbereich für Testverfahren liegt zusätzlich darin, konstruktive Verbesserungen in bezug auf Hygienic Design bereits in der Entwicklungsphase objektiv überprüfen zu können, da man die Wirksamkeit ansonsten erst in der praktischen Anwendung erkennen kann. Vor allem konstruktive Maßnahmen zur Beseitigung von Problembereichen, die im nicht sichtbaren Bereich liegen, können nur mithilfe wirksamer Testmethoden beurteilt werden.

In den USA werden zurzeit weder bei 3-A noch bei NSF-Testmethoden als Hilfe für die Bewertung von Geräten und Apparaten eingesetzt. Man verfolgt aber mit Interesse die Entwicklungen in Europa, da man in vielen Fällen allein mit der visuellen Beurteilung von Zeichnungen und Prototypen an die Grenze einer fundierten Bewertung stößt.

7.2.1
Reinigbarkeitstests

Wie bereits erläutert haben die Begriffe Reinigbarkeit und Reinigungserfolg grundsätzlich unterschiedliche Bedeutung und müssen deshalb voneinander abgegrenzt werden. Unter Reinigbarkeit versteht man die Eignung von Geräten und Apparaten, auf einfache Weise sauber werden zu können [27]. „Sauber" definiert den Zustand von Oberflächen und anderen Bereichen von Geräten mit einer Restverunreinigung unterhalb eines festgelegten Grenzwerts. Die Überprüfung auf Reinigbarkeit beinhaltet die Kontrolle von schlecht zu reinigenden Bereichen oder Stellen in Bauteilen und Anlagen. Unter hygienegerechter Gestaltung versteht man entsprechend „leicht reinigbare" Konstruktionen. Die Eigenschaft der guten Reinigbarkeit kann daher meist als unabhängig vom herzustellenden Produkt und vom angewendeten Reinigungsverfahren betrachtet werden, sodass definierte Prozeduren zur ihrer Verifizierung angewendet werden können.

Das Überprüfen des Reinigungserfolgs dagegen bedeutet, für ein definiertes Reinigungsverfahren den Nachweis zu führen, ob nach erfolgter Reinigung der Apparate oder Geräte, die in einem bestimmten Prozess für ein bestimmtes Produkt verwendet werden, noch Restschmutz vorhanden ist. Das heißt, dass die Effektivität eines festgelegten Reinigungsablaufs unter Verwendung der ausgewählten Reinigungsmittel überprüft wird. Daher ist der Reinigungserfolg abhängig vom hergestellten Produkt und der daraus resultierenden Verschmutzung sowie vom angewendeten Reinigungsverfahren und -schema. Bei leicht reinigbar gestalteten Apparaten stellt sich generell bei gleichen Reinigungsverhältnissen ein besserer Reinigungserfolg ein als bei solchen, die nach herkömmlichen Gesichtspunkten konstruiert sind und Hygienic Design nicht berücksichtigen.

Die Anforderungen an die Reinigbarkeit können vom Produktionsverfahren und dessen Risikoeinstufung abhängen. Prozesse, bei denen eine Keimbelastung vorliegt, können z. B. von „keimarm" bis „aseptisch" eingestuft werden, was unterschiedliche Designmaßnahmen bedingt. Bei der Herstellung von Trockenprodukten kann in bestimmten Fällen das Wachstum von Mikroorganismen völlig ausgeschlossen werden, sodass vereinfachte Gestaltungsanforderungen im Hinblick auf Hygiene greifen. Deshalb werden in den Normen DIN EN 1672-2 [5] und DIN EN ISO 14 159 [6], die gemeinsam für die Lebensmittel-, Pharma- und Bioindustrie konzipiert wurden, Risikoanalysen für die Einstufung von Maschinen gefordert und Beispiele für richtig und falsch konstruierte Details dargestellt.

In den relevanten Industrien sind essenzielle Anforderungen an die leicht reinigbare Gestaltung (Hygienic Design) gesetzlich festgelegt, einzuhalten und durch eine Konformitätserklärung in Form einer Eigenbestätigung nachzuweisen [4]. Um eine zusätzliche Absicherung zu erreichen, gehen immer mehr Hersteller auf Verlangen der Anwender den Weg, Reinigbarkeitstests entweder selbst durchzuführen oder von dritter Seite durchführen zu lassen, um einen Nachweis über den Erfolg der getroffenen Maßnahmen führen zu können.

Für die Pharmaindustrie ist zusätzlich die Reinigungsvalidierung vorgeschrieben, durch die der reproduzierbare Reinigungserfolg für ein festgelegtes und genau beschriebenes Verfahren in der jeweiligen konkreten Situation nachzuweisen ist.

Für die Biotechnologie werden definierte Klassen der Reinigbarkeit festgelegt, die für die „Biosicherheit" von Geräten und Ausrüstungen dienen. Damit ist die Absicht verbunden, dass die Hersteller Gestaltungsmaßnahmen in verschiedenen Stufen anwenden und durch z. B. definierte Prüfverfahren bestätigen. Da die Verunreinigungen in der Biotechnologie sehr unterschiedliche mikrobielle Substanzen umfassen können, verlangt man, dass die Indikatorsubstanzen zum Nachweis der Reinigbarkeit repräsentativ dafür sein sollen.

Bei den meisten Verfahren und Testmethoden zur Überprüfung der Reinigbarkeit von Komponenten und Apparaten wird eine bestimmte Vorgehensweise benutzt:

- Zunächst wird das Testobjekt für den Test vorbereitet und dabei von allen Resten wie Schmiermittel, Trennmittel, Mikroorganismen usw., die von Herstellung und Transport herrühren können, durch eine gründlichen Reinigung und Desinfektion befreit. Anschließend werden die relevanten Bereiche mit einem definierten Schmutz beaufschlagt, der gut benetzend sein muss, um in alle Problembereiche wie enge Spalte, Risse und Poren eindringen zu können. In den meisten Fällen enthält die Schmutzmatrix einen Indikator oder Tracer, der zum späteren Nachweis von nicht sauber gewordenen Stellen dient. Die-

ser Tracer kann auf chemischen Reagenzien oder Mikroorganismen basieren. Bestimmte Indikatoren, die chemische Reaktionen hervorrufen, können für Schnellnachweise genutzt werden. Der wesentliche Vorteil von Mikroorganismen als Tracer beruht auf deren Vermehrung, sodass geringe Spuren zu relativ großen, gut detektierbaren Mengen führen können.
- Nach dem Verschmutzen, dem häufig eine Ruhephase folgt, wird eine genau festgelegte Reinigung durchgeführt.
- Zuletzt erfolgt der Nachweis, ob das Testobjekt Restbereiche enthält, die nicht ausreichend sauber geworden sind, d. h. ob und in welcher Menge die verwendeten Tracer nachzuweisen sind. Eine Dokumentation des Testergebnisses schließt den Test ab.

Für den Nachweis von Restverschmutzungen und Indikatorsubstanzen gibt es verschiedene Prüfverfahren. In EN 12 296 [3], Anhang B werden Information über Prüfverfahren zur Reinheit von Ausrüstungen bzw. zum Nachweis von Tracersubstanzen zusammengestellt, die im Wesentlichen Grundlagen wiedergeben, die auch bei Reinigbarkeitstest angewendet werden. Als solche werden Sichtprüfungen, Abstrichverfahren und die Probenahme aus dem letzten Spülwasser genannt.

Restverunreinigungen, adsorbierte Mikroorganismenkolonien bis hin zu Biofilmen oder relevante Indikatorsubstanzen wie fluoreszierende Beläge oder Farben können durch eine Sichtprüfung des zu untersuchenden Geräts festgestellt werden. Dieser Befund kann mit bloßem Auge, mit Lupen oder unter Anwendung mikroskopischer Vergrößerung erfolgen. Um diese Techniken anwenden zu können, wird es den meisten Fällen erforderlich sein, freien Zugang zu den Teststellen zu haben.

Durch Abstrichnahme von den Innenflächen können Indikatorsubstanzen chemischer oder mikrobiologischer Natur bestimmt werden, indem von genau festgelegten Stellen der Geräte Abstriche genommen werden. Wichtig für statistisch relevante Ergebnisse sind die richtige Auswahl der Abstrichstellen und die Fläche der Abstrichnahme. Die Probenahmebereiche müssen zugänglich sein. Der Abstrich kann direkt erfolgen, z. B. mit Agar-Zählplatten, oder indirekt, z. B. mit Watte, Alginat-Tupfern oder Petri-Filmen. Das Problem von Abstrichen besteht darin, dass keine Vergleichsmöglichkeit zwischen dem Abstrich einer Fläche und z. B. eines Spalts oder einer Nut besteht, da keine einheitliche Bezugsgröße definiert werden kann.

Nach der Reinigung können Proben der letzten Spülflüssigkeit genommen werden, um einen geeigneten Indikator, das Erzeugnis selbst oder eine der Komponenten des Herstellungsprozesses zu analysieren. Beispiele sind lebensfähige Mikroorganismen, der Proteingesamtgehalt, Lipopolysaccharide (z. B. beim Limulus-Lysat-Test), Salze, Zucker oder gesamter rein organisch gebundener Kohlenstoff (Total Organic Carbon, TOC). Die verunreinigenden Stoffe müssen in der Spülflüssigkeit löslich oder suspendierbar sein und die Spülflüssigkeit muss alle Teile des Gerätes ausreichend benetzen. Die Methode des Nachweises von Mikroorganismen im letzten Spülwasser ist zumindest als problematisch zu betrachten, da diese starke Haftkräfte gegenüber den Geräteoberflächen besitzen und in Wasser nicht löslich sind. Wenn sie während der Reinigungsschritte nicht bereits von Oberflächen entfernt wurden, ist nicht zu erwarten, dass dies mit dem letzten Spülwasser erfolgt, wenn die physikalischen Parameter nicht geändert werden. Es besteht höchstens die Möglichkeit, dass durch die vorangegangenen Spülvorgänge verdünntes Reinigungsmittel mit Mikroorganismen in Totwasserbereichen zurückbleibt, sodass beim letzten Ausspülen Mikroorganismen nachweisbar sind. Der Umkehrschluss, dass ein Testobjekt reinigbar ist, wenn im letzten Spülwasser keine Mikroorganismen enthalten sind, ist höchst umstritten.

Die EHEDG hat nach Einführung der Maschinenrichtlinie als erste Organisation ein Standard-Testverfahren zur Überprüfung der In-place-Reinigbarkeit von kleineren Bauelementen veröffentlicht. Damit wurde versucht, eine grundlegende, in Labors bereits ausreichend erprobte Methode für die hygienegerechte Gestaltung von Apparaten bereitzustellen, die vor allem im Lebensmittelbereich weitgehende Anerkennung erreicht hat. Mittlerweile sind weitere Testmethoden hinzugekommen, wobei vor allem Schnellmethoden von großem Interesse sind. Einige Beispiele von Methoden werden im Folgenden kurz wiedergegeben und bezüglich ihrer Vor- und Nachteile diskutiert.

7.2.1.1 Abstrichtests mit Mikroorganismen als Testsubstanzen

Abstrichtests, die den Reinigungserfolg nach der produktspezifischen Reinigung von Anlagen nachweisen, werden schon sei Langem angewendet [28]. Im Rahmen von Hygienic Design von Apparaten und Komponenten hat der Lehrstuhl für Maschinen- und Apparatekunde der TU München ein Abstrichverfahren viele Jahre lang als festgeschriebene Testmethode für hygienisch relevante Bereiche benutzt, bevor die Veröffentlichung von anderen Reinigbarkeitstests, insbesondere der Testmethode der EHEDG für kleinere Bauteile, als günstigere Alternative erfolgte. Um die grundsätzliche Vorgehensweise sowie die generelle Problematik dieser Methodik aufzuzeigen, soll die Vorgehensweise des Abstrichtests in wesentlichen Punkten wiedergegeben werden.

Zunächst werden anhand einer technischen Zeichnung und der Betriebsanleitung Funktion und Arbeitsweise der Testobjekte studiert und der Stand von Hygienic Design in Bezug auf die vorhandenen Anforderungen bewertet. Danach wird nach einer Checkliste sowie aufgrund praktischer Erfahrung nach Bereichen mit potenziellen hygienischen Schwachstellen gesucht und diese auf der Zeichnung gekennzeichnet.

Im nächsten Schritt wird das Gerät oder der Apparat anhand der Betriebsanleitung sorgfältig zerlegt, um mit der Vorgehensweise vertraut zu werden. Dabei muss jedes Einzelteil, dessen Reinigbarkeit nicht ohne Test geklärt werden kann, unter Berücksichtigung seiner funktionellen Wirkung visuell auf Problemstellen untersucht werden.

Danach werden alle Rückstände wie Schmier- und Beizmittel, Späne sowie andere Verschmutzungen, die von der Herstellung herrühren, durch sorgfältige Reinigung der Bauteile entfernt. Anschließend erfolgt der Zusammenbau unter genauer Einhaltung der Montageanleitung, wobei vor allem vorgegebene Anzugsmomente für Schrauben und spezielle Anweisungen z. B. für die Montage von Dichtungen entscheidend sind.

Vor Testbeginn wird das Testobjekt in einem Autoklav sterilisiert. Falls Werkstoffe nicht autoklavierbar sind, können die Einzelteile mit einem Biozid chemisch desinfiziert werden. Gleiches gilt auch für Geräte, die zum Autoklavieren zu groß sind. In beiden Fällen muss die Montage nach der Desinfektion in steriler Umgebung wie z. B. in einem Reinraum oder unter UV-Licht erfolgen. Mit dieser Behandlung soll vermieden werden, dass Schmutz einschließlich Mikroorganismen auf produktberührten Oberflächen, an Flächen sich gegenseitig berührender Teile, in Spalten, Nuten usw. vor der Anwendung der definierten Testverschmutzung zurückbleibt.

Die Testanlage besteht entsprechend Abb. 7.8 im Wesentlichen aus Behältern für die flüssige Schmutzmatrix sowie die für die Reinigung notwendigen Medien (Reinigungsmittel, Wasser), einer Pumpe, Ventilen zum Umschalten, einem Drosselventil sowie Messgeräten zur Messung von Druck, Temperatur und Durchflussmenge. Nach Reinigung der Testanlage wird das Testobjekt in diese eingebaut. Als Testschmutz kann z. B. eine Suspension aus Bierwürze mit Brauereihefe, Milch mit Milchsäurebakterien oder eine andere Mikroorganismen enthaltende Flüssigkeit verwendet werden. Die Mikroorganismen dienen dabei als testrelevant für nachzuweisende Substanzen, die vermehrungsfähig sind. Der Testschmutz wird in einen der Behälter eingefüllt und danach unter Druck im Kreislauf durch die Anlage gepumpt. Zusätzlich wird intervallweise der Druck bis zum maximal zulässigen Betriebsdruck variiert. Bewegte Bauteile des Testobjekts müssen entsprechend mehrfach geschaltet werden, um eine zuverlässige Verschmutzung aller produktberührten Bereiche zu gewährleisten. Alternativ kann die Verschmutzung unter Durchführung der gleichen Prozedur nur mit dem Testobjekt außerhalb der Testanlage durchgeführt werden, um zu vermeiden, dass von ihr Kreuzkontaminationen ausgehen.

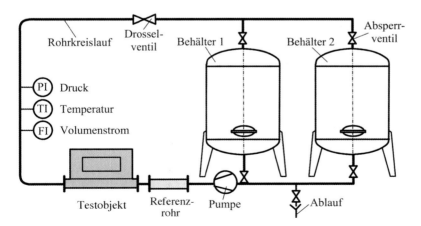

Abb. 7.8 Prinzipieller Aufbau einer Testanlage für die Überprüfung der Reinigbarkeit von Bauteilen.

Danach wird die Testanlage zusammen mit dem Testobjekt nach einer festgelegten Vorschrift gereinigt. Die Prozedur muss bezüglich der Auswahl von Reinigungsmittel, Temperatur und Dauer berücksichtigen, dass Mikroorganismen, die sich an schlecht reinigbaren Stellen befinden, nicht grundsätzlich abgetötet werden, sondern überleben können. Um dies sicherzustellen, ist es hilfreich, ein zusätzliches Bauteil mit einer bekannten und ausreichend wiederkehrend getesteten Problemstelle zu verwenden, das als Referenz dient.

In einem weiteren Schritt muss das Testobjekt sorgfältig unter keimarmen Bedingungen zerlegt werden. Von jeder vorher festgelegten Stelle wird dann ein Abstrich mit einem Teststäbchen genommen, das in ein flüssiges Nährmedium eingebracht wird. Danach erfolgt die Bebrütungsphase, deren Parameter dem jeweiligen Testkeim angepasst sein muss. Um eine höhere Konzentration der überlebenden Mikroorganismen oder Kolonien bildenden Einheiten zu erhalten, kann das Nährmedium mit einem Mikrofilter filtriert werden. Dieser kann dann z. B. direkt für die Auswertung herangezogen oder weiter in einem Nährmedium bebrütet werden. Wachstum des verwendeten Testkeims identifiziert schlecht reinigbare Bereiche des Testobjekts. Um die Reproduzierbarkeit zu gewährleisten, sollte der Test fünfmal wiederholt werden.

Ein wesentliches Problem des Tests besteht – wie bei jeder Abstrichmethode – darin, dass die Ergebnisse keine quantitative oder vergleichende Aussage zulassen. Wie bereits erwähnt, ist entscheidend dafür, dass ein Abstrich einer definierten Fläche keinen Vergleich mit einem Abstrich in einer Ecke, einem Spalt oder in einer Dichtungsnut zulässt, da dort keine gleich großen Flächen zur Verfügung stehen. Außerdem hängt die Genauigkeit, mit der sich Schwachstellen wie Spalte oder Ecken erfassen lassen, von der Größe der Tupfer ab. Hier kann man sich jedoch durch selbst hergestellte, sehr kleine und entsprechend spitze Tupfer helfen.

7.2.1.2 Ausgusstest mit mikrobieller Verschmutzungsmatrix für kleinere Bauteile von geschlossenen Anlagen (EHEDG-Reinigbarkeitstest)

Die Methode wurde von der EHEDG für geschlossene Komponenten konzipiert, die in-place gereinigt werden sollen [2]. Sie ist nicht für die Bewertung von industriellen Reinigungssituationen vorgesehen und dafür auch nicht geeignet. Wegen der verwendeten Testsubstanzen und deren Nachweis kann sie nur in Testlabors durchgeführt werden, die die Ausstattung für das Arbeiten mit bestimmten Mikroorganismen besitzen. Da die Methode relativ häufig eingesetzt wird, für Praktiker aber schwer zu verstehen ist, soll sie etwas ausführlicher dargelegt werden.

Das Verfahren basiert auf der Adaption einer ursprünglich von Galesloot et al. [29] beschriebenen Methode, die Stellen ungünstiger hygienischer Gestaltung detektiert, indem Restverschmutzungen nach einem definierten Reinigungsprozess nachgewiesen werden. Sie kann auch dazu benutzt werden, die In-place-Reinigbarkeit verschieden gestalteter Bauelemente zu vergleichen. Durch verschiedene Testinstitute wurde ausreichend nachgewiesen, dass das Testverfahren reproduzierbare Ergebnisse liefert, wenn das Personal, das den Test durchführt, ausreichend ausgebildet ist und eine gewisse Erfahrung in der

Bewertung der Ergebnisse gewonnen hat. Zwischen den zurzeit für die EHEDG akkreditierten Testinstituten werden Ringtests durchgeführt, um die Arbeits- und Beurteilungsweise zu standardisieren.

Das Wesentliche der Methode und gleichzeitig ihr entscheidender Vorteil liegt zum einen in der Verwendung eines leicht reinigbaren Referenzbauteils, nämlich einem glatten Rohr mit definierter Oberflächenrauheit von $Ra = 0{,}5$ µm, das als „Normal" für die Bewertung des Testergebnisses des Testobjektes dient. Das bedeutet, dass die Reinigbarkeit durch einen Vergleich zwischen dem zu untersuchenden Bauteil (Testobjekt) und dem als Referenz dienenden geraden Rohr (Referenzrohr) festgestellt wird. Um den Vergleich bewerten zu können, ist es notwendig, dass das Referenzrohr nach der Reinigung noch einen bestimmten Restverschmutzungsgrad aufweist, der als Referenz für das zu testende Bauelement dient.

Ein weiterer Vorteil besteht darin, dass als Tracersubstanz Sporen verwendet werden, deren Reste nach der Reinigung durch Bebrüten keim- und vermehrungsfähig sind, wodurch sie leichter nachgewiesen werden können als geringe sich nicht verändernde Restsubstanzen eines Indikators.

Schließlich ist es vorteilhaft, dass die Sporen einem thermophilen Teststamm (*Bacillus stearothermophilus var. calidolactis*) angehören, damit bei der Wachstumstemperatur des Teststammes sich andere Mikroorganismen praktisch nicht vermehren können und dadurch eine Handhabung der Testobjekte unter nicht sterilen Bedingungen möglich wird. Als Trägermedium des standardisierten „Schmutzes" wird Sauermilch verwendet, der die Sporen in einer definierten Konzentration zugegeben werden. Sie hat die Funktion alle produktberührten Oberflächen, Spalte, Poren usw. zu benetzen, um die Sporen an diese Stellen zu bringen, wo sie aufgrund ihrer geringen Größe haften bleiben und durch die mechanische Wirkung der Strömung beim Reinigen nicht entfernt werden können.

Zur Reinigung wird ein mildes alkalisches Reinigungsmittel verwendet, das für alle Testinstitute konfektioniert hergestellt wird. Das Mittel sowie der Reinigungsablauf sind geeignet, eine geforderte Menge an Restschmutz nach der Reinigung im Referenzrohr zu hinterlassen, der die Beurteilungsbasis für das Testobjekt darstellt. Wäre das Referenzrohr völlig sauber, gäbe es keinen Maßstab für das zu testende Bauteil. Eine Aussage wäre dann lediglich rein subjektiv möglich und würde von Testinstitut zu Testinstitut unterschiedlich ausfallen.

Für die Durchführung der Tests ist eine Anlage erforderlich, die hauptsächlich für den Reinigungsprozess verwendet wird. Sie entspricht Abb. 7.8 und besteht aus zwei Behältern, aus denen das Reinigungsmittel bzw. das Spülwasser von einer Kreiselpumpe im Kreislauf durch Referenzrohr und Testobjekt gepumpt werden, sowie der Teststrecke in die Referenzrohr und Testobjekt eingebaut werden. Als Kontrollelemente sind ein Thermometer, ein Durchflussmessgerät sowie ein Drucksensor erforderlich. Zur Regelung der Strömungsgeschwindigkeit wird nach der Teststrecke ein Drosselventil eingesetzt, das zur Einstellung des erforderlichen Betriebsdruckes im Testbereich dient. Um jede signifikante Rekontamination, die nicht von der Testverschmutzung herrührt, zu vermeiden, muss die Testanlage der

EHEDG-Definition für hygienische Ausrüstungen der Klasse I entsprechen [27], d. h. in-place reinigbar und frei von relevanten Mikroorganismen sein, in diesem Fall von thermophilen Bakteriensporen. Eine Rekontamination von gereinigten Testbauteilen und des Vergleichsrohrs mit thermophilen Mikroorganismen könnte die Abschätzung des Anteils von Restschmutz beeinflussen. Müssen aus technischen Gründen nicht hygienegerechte Komponenten als Bauelemente der Testanlage verwendet werden, kann der Reinigbarkeitstest trotzdem durchgeführt werden, wenn die nicht hygienegerechten Bauteile zerlegt, sorgfältig gereinigt und vor Zusammenbau autoklaviert werden.

Das zu untersuchende Testobjekt sowie das zugeordnete Referenzrohr werden vor Testbeginn zerlegt, sorgfältig gereinigt, entfettet und eventuell entzundert. Die Bauteile werden dann möglichst in einem Autoklaven bei 120 °C für 30 min sterilisiert. Alternativ können die Bauteile für 30 min in-line mit Dampf sterilisiert werden. Falls die Werkstoffe des Testobjekts nicht für die Sterilisation im Autoklaven oder durch Dampf geeignet sind, sollte eine geeignete chemische Desinfektion (z. B. 20 min mit 1000 ppm Hypochlorit desinfizieren) durchgeführt werden. Danach muss mit sterilem destilliertem Wasser gespült werden. Der Einbau in die Testanlage muss so erfolgen, dass eine ausreichende Beruhigungsstrecke in Form gerader Rohrstücke vor und nach dem Testobjekt bzw. dem Referenzrohr für eine ausgebildete turbulente Strömung sorgt.

Das Testverfahren beginnt mit dem Befüllen der Teststrecke mit Testbauteil und Referenzrohr mit der Schmutzmatrix bestehend aus Sauermilch mit Sporen. Anschließend wird jeweils wiederholt ein definierter Druck angelegt, um vorhandene Spalte oder Vertiefungen besser mit der Schmutzmatrix zu kontaminieren. Gleichzeitig werden alle beweglichen Teile betätigt, um Praxisbedingungen zu simulieren. Nach Entleeren der Schmutzmatrix wird die Teststrecke mit trockener gefilterter Luft getrocknet. Danach wird die gesamte verschmutzte Teststrecke in die Testanlage eingebaut und definiert gereinigt. Die Reinigungsschritte der milden Reinigungsprozedur bestehen aus Vorspülen mit kaltem Wasser, Zirkulieren der Reinigungslösung und Nachspülen mit kaltem Wasser. Bei allen Rohrdurchmessern sollte die auf das Referenzrohr bezogene mittlere Durchflussgeschwindigkeit der Reinigungslösung bei $w = 1{,}5$ m/s liegen. Von den Spülwässern vor und nach der Reinigung werden jeweils, so nah wie möglich am Auslauf, Proben entnommen und auf Sporen untersucht. Alle freien Sporen, die nicht an den Oberflächen der Testelemente haften, sollten durch die Reinigung bzw. durch das Spülen entfernt worden sein, sodass das Nachspülwasser weitgehend frei von Sporen sein sollte.

Nach der Reinigung wird die Teststrecke aus der Anlage ausgebaut. Das Referenzrohr und das Teststück werden mit flüssigem, warmem, violettfarbigem Nährmedium (Agar) für die Sporen ausgekleidet bzw. gefüllt, das sich nach Abkühlung verfestigt. Danach werden Referenzrohr und Testobjekt bei festgelegter Temperatur eine definierte Zeit in einem Brutschrank gelagert. Vorhandene Sporen keimen dabei aus und bilden bei ihrer Vermehrung säurehaltige Stoffwechselprodukte, die das violette Nährmedium gelb färben und dadurch eine Detektion von nicht völlig gereinigten Stellen ermöglichen. Nach der Bebrütung wird der Agar vorsichtig aus Testobjekt und Referenzrohr herauspräpariert und die Schichten, die in Kontakt mit den Oberflächen von Referenzrohr und Testobjekt waren, auf einer Leuchtplatte ausgelegt, um vorhandene Gelbfärbungen des Agars sichtbar zu machen. Die Oberflächen des Nährmediums geben im Prinzip einen Fingerabdruck der produktberührten Bereiche wieder, sodass alle produktberührten Bereiche des Testobjekts gleichermaßen erfasst werden.

Entscheidend ist die Bewertung und Interpretation der Testergebnisse. Eine vergleichende Bewertung von Testobjekt und Referenzrohr ist nur möglich, wenn das Referenzrohr nicht völlig sauber ist. Die gelb verfärbten Stellen des Referenzrohrabdrucks sind wegen der glatten Oberfläche, die keinerlei Querschnittsänderungen besitzt, statistisch verteilt. Ihre Gesamtfläche muss innerhalb eines definierten Bereichs liegen, um als Vergleichsmaßstab herangezogen werden zu können. Sind im Abdruck des Testobjekts nur gelbe Zonen sichtbar, so wird die gesamte Fläche der Gelbfärbung ausgemessen oder abgeschätzt und in Beziehung zum Referenzrohr gesetzt. Wenn Kolonien sichtbar sind, kann eine quantitative Bestimmung des restlichen Schmutzes dadurch vorgenommen werden, dass man die Zahl der Kolonien mit der ursprünglichen Konzentration an Sporen in der Sauermilch vergleicht.

Generell gibt es drei mögliche Resultate für das Testobjekt:

- Sind Milchrückstände beim Betrachten des Testbauteils vor der Auskleidung des Testobjekts mit Agar sichtbar, so ist es nicht notwendig, irgendwelche mikrobiologischen Untersuchungen durchzuführen, da Sporen sicherlich zusätzlich vorhanden sind. In diesem Fall hat das Teststück bei zuverlässig durchgeführtem Test bedeutende hygienische Gestaltungsfehler. Falls bei Wiederholung des Tests im Testbauteil an derselben Stelle wieder Milchrückstände auftreten, ist eine Änderungen im Design unbedingt erforderlich.

- Alternativ können gelbe Zonen im Testobjekt statistisch verteilt oder an definierten Stellen wie z. B. Dichtungen vorhanden sein, die den Nachweis des Schmutzindikators bilden. Die Abb. 7.9 zeigt einen Ausschnitt des abgeschälten Agars eines Referenzrohrs, bei dem die abgebildeten hellen Flecken den statistisch verteilten Gelbfärbungen entsprechen, während die violette Grundfarbe dunkel erscheint. In Abb. 7.10 sind Beispiele des herauspräparierten Agars von Testobjekten mit Gelbverfärbungen abgebildet, die auf dem Bild hell erscheinen. Die Abb. 7.10a zeigt den Deckel eines Kugelgehäuses, dessen Randbereiche parallel zur Durchflussrichtung wiederkehrend gelbe Verfärbungen aufweisen. Diese hellen Zonen sind zur Verdeutlichung durch Linien abgegrenzt. Sie ergeben sich dadurch, dass zwischen den Anschlussstutzen des Gehäuses eine Kurzschlussströmung entsteht, während im Restbereich durch Wirbelbildung der Austausch behindert ist. Trotz dieses Befundes zählt das Kugelgehäuse zu den gut reinigbaren Bauelementen, wenn die Größenverhältnisse Rohr/Kugel stimmen und die Deckeldichtstelle hygienegerecht gestaltet ist. In Abb. 7.10b ist ein Ausschnitt eines Hosenrohrs (Rohrbogen) dargestellt, dessen Problemzonen im vorliegenden Fall am Rand des Bauteils als Folge von Ablösungen liegen.

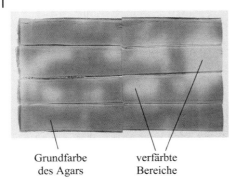

Abb. 7.9 Von der Kontaktfläche mit einem Referenzrohr abgeschälter Agar mit verfärbten Zonen (helle Flecken).

Grundfarbe des Agars

verfärbte Bereiche

Um zu überprüfen, ob die gelben Zonen im Teststück auf ein unzureichendes Hygienic Design zurückzuführen sind, muss der Versuchsablauf bis maximal fünfmal wiederholt werden. Treten bei drei verschiedenen Versuchen immer an derselben Stelle im Teststück Verschmutzungsrückstände auf, weist dies auf Zonen hin, die schwierig zu reinigen sind. Diese Zonen sollten bezüglich ihrer Reinigbarkeit konstruktiv verbessert werden. Sind die Gelbfärbungen dagegen bei jedem Wiederholungsversuch jeweils statistisch verteilt, kann die Reinigbarkeit des Teststücks mit der des Referenzrohres verglichen werden, indem die relativen Prozentzahlen der gelben Flächen in Bezug auf das Referenzrohr bewertet werden. Ist der prozentuale Anteil der gelben Flächen beim Testobjekts ähnlich groß wie beim Referenzrohr, so ist auch die Reinigbarkeit des Testbauteils und des Referenzrohres ähnlich gut. Ist der prozentuale Anteil der gelben Flächen beim Testobjekt größer oder kleiner als beim Referenzrohr, so ist das Testbauteil entsprechend schlechter oder besser reinigbar. Bei Versuchen zum Vergleich zweier Teststücke können die relativen Flächen der Gelbfärbungen in beiden Teststücken als Maß für ihre relative Reinigbarkeit verwendet werden. Bei diesen vergleichenden Versuchen sollte das Alter und der Zustand der Teststücke protokolliert werden.

- Manchmal sind im Teststück keine gelben Zonen sichtbar. Tritt dieser Fall in drei aufeinanderfolgenden Versuchen auf, sind keine weiteren Versuche nötig und das Teststück kann als „vorzüglich reinigbar" bezeichnet werden. Es muss allerdings beachtet werden, dass manche Dichtungsmaterialien oder Kunststoffteile antimikrobielle Substanzen enthalten. Dies führt dazu, dass anwesende Sporen auf der Dichtungsoberfläche sich im Agar nicht vermehren bzw. wachsen. In diesem Fall können Zonen mit mangelndem Hygienic Design nicht detektiert werden, da keine Gelbfärbung sichtbar wird. Um diese Testverfälschung zu vermeiden, muss jedes Kunststoffmaterial vor Testbeginn mit einer Sporenkultur auf antimikrobielle Wirkung hin untersucht werden.

Es ist bekannt, dass einige natürlich vorkommende thermophile, sporenbildende Mikroorganismen die Durchführung des Reinigbarkeitstests gegenläufig beeinflussen können, da sie die Fähigkeit besitzen, sich leicht über die Oberfläche des Agars auszubreiten. Wenn eine Infektion durch eine einzelne Spore solcher

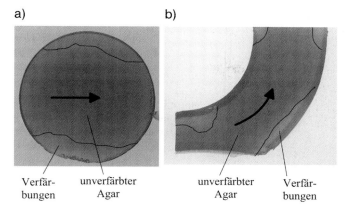

Abb. 7.10 Agar-Abdruck von Kontaktflächen:
(a) am Deckel eines Kugelgehäuses mit helleren Zonen, die eine schwache Gelbfärbung kennzeichnen,
(b) von einem Krümmer (Teil eines Hosenrohrs) mit hellen Bereichen (gelb verfärbte Zonen).

Mikroorganismen erfolgt, kann der Test unbrauchbar werden. Entsprechend der örtlichen Erfahrung kann es nützlich sein, die Testanlage regelmäßig oder vor jedem Test zu sterilisieren.

Entscheidend für die Bewertung und das Verständnis der Testergebnisse ist, dass es kein „Bestehen" oder „Nichtbestehen" gibt. Generell sind zwei Aussagen möglich: Treten zum einen bei jeder Versuchswiederholung statistisch verteilte Befunde in Form von gelb verfärbten Bereichen auf, so kann eine relative Abstufung zum Referenzrohr gegeben werden. Das Referenzrohr stellt dabei einen sehr hohen Vergleichsmaßstab dar, da nur wenige Bauteile besser reinigbar sind als ein gerades Rohr von hoher Oberflächenqualität. Die Erfahrung zeigt, dass eine bessere Reinigbarkeit vor allem dann vorliegen kann, dass das Testobjekt hydrophobe Oberflächeneigenschaften (z. B. bei Kunststoffen) aufweist oder zusätzliche Energie eingetragen wird (z. B. bei Pumpen). Sind zum anderen bei jedem Wiederholungsversuch an denselben Stellen des Testobjekts wiederkehrend Gelbfärbungen zu detektieren, so ist dies ein Hinweis auf hygienische Problemzonen wie z. B. ungenügende Oberflächenqualität, Spalte oder ungünstige Strömungsbereiche. Solche Stellen sollten möglichst durch verbesserte Gestaltung beseitigt werden. Allerdings stößt dies auf Grenzen, die z. B. durch Funktion oder extremen Kostenaufwand gegeben sind. In diesem Fall müssen nicht optimal reinigbar gestaltete Bauteile akzeptiert werden. Das Testergebnis gibt dann dem Benutzer der getesteten Geräte den Hinweis, welche Stellen im praktische Einsatz nach der Reinigung speziell beobachtet bzw. bei der Validierung überprüft werden müssen. Das Testergebnis sagt nicht aus, dass Stellen mit Befunden grundsätzlich nicht reinigbar sind. Die Testmethode verwendet bewusst eine milde Reinigung, während in der Praxis erheblich stärkere Reinigungsmittel angewendet werden.

7.2.1.3 Test mit organischer Verschmutzungsmatrix für mittelgroße Bauteile geschlossener Anlagen (EHEDG-Reinigbarkeitstest)

Der Grad der Reinigbarkeit beruht bei dieser Testmethode [30] auf der Entfernung eines fetthaltigen Schmutzes. Die Bewertung erfolgt über den Nachweis von Schmutz, der nach einer definierten Reinigung auf Oberflächen zurückgeblieben ist, durch visuelle Inspektion und mithilfe von Abstrichen mit Tupfern. Auch in diesem Fall wird ein Referenzrohr als Vergleichsmaßstab verwendet. Ein definiertes, mildes Reinigungsverfahren sichert, dass schlecht gestaltete Bereiche in den Testbauteilen nicht völlig sauber werden, was man ansonsten durch hohe Reinigungsmittelkonzentration, lange Reinigungszeiten und hohe Temperaturen erreichen könnte. Die Methode ist nicht so empfindlich wie der mit Sporen arbeitende Test für kleinere Bauteile, da die Nachweisgrenze des nicht vermehrungsfähigen Restschmutzes relativ hoch liegt.

Das Trägermaterial der Verschmutzung besteht aus versprühbarem Fett, dem neben anderen Zusatzstoffen β-Karotin als Tracersubstanz zugesetzt wird. Als Reinigungsmittel wird eine Lösung verschiedener Natriumsalze verwendet, denen geringe Mengen an Ether zugegeben werden. Das verwendete Referenzrohr muss eine Oberflächenrauheit von $Ra = 0{,}5$ µm besitzen.

Der Aufbau der Testanlage entspricht dem in Abb. 7.8 abgebildeten. Das Gleiche gilt für die Vorbereitung von Referenzrohr und Testobjekt vor den Versuchen. Anschließend werden Referenzrohr, Testobjekt und die vorgeschriebenen Ausgleichsleitungen mit der Schmutzmatrix gefüllt und mehrmals unter Druck gesetzt, um alle relevanten Stellen gut mit dem Testschmutz zu benetzen bzw. ihn in Spalte und Poren eindringen zu lassen. Nach Montage in den Testkreislauf erfolgt die festgelegte Reinigungsprozedur.

Die Überprüfung auf Restschmutz erfolgt nach Ausbau und Zerlegen der Testbauteile durch visuelle Inspektion und Abstriche von definierten Flächenelementen. Im Fall von Dichtstellen und anderen nicht flächenartigen Bereichen ist ein direkter Vergleich mit Flächenelementen nicht möglich. Daher müssen solche Stellen genau dokumentiert und im Testbericht erwähnt werden.

Bei der Bewertung der Testergebnisse sind keine direkten quantitativen Aussagen möglich, da Restschmutzmengen des Testobjekts mit denen des Referenzrohrs verglichen werden. Um eine gute Bewertung zu erhalten, sollte das Referenzrohr nur geringe Schmutzreste enthalten, die z. B. aus einem dünnen sichtbaren Fettfilm ohne sichtbare Gelbfärbung bestehen. An Tupfern sollte nach dem Abstreichen die gelbe Farbe gerade noch erkennbar sein.

Wegen der erforderlichen Reproduzierbarkeit sollten die Tests fünfmal wiederholt werden. Die Reinigbarkeit des Testobjekts kann mit der des Referenzrohrs verglichen werden, indem man relative Mengen von Restschmutz abschätzt. Bei zu starker Restverschmutzung des Testobjekts ist eine konstruktive Verbesserung erforderlich.

7.2.1.4 ATP-Test für Bauteile von geschlossenen Anlagen (VDMA-Reinigbarkeitstest)

Der Lehrstuhl für Maschinen- und Apparatekunde hat für die Fachabteilung „Sterile Verfahrenstechnik" des VDMA [17] im Rahmen des Prüfsystems „Qualified Hygienic Design, QHD" eine Testmethode entwickelt, die einfach und kostengünstig handhabbar ist und von den Herstellern von Apparaten, Komponenten und Geräten selbst durchgeführt werden kann. Ein wesentlicher Gesichtspunkt ist dabei, dass es sich um einen Schnelltest handelt, der von geschultem Personal in den Herstellerfirmen des Maschinen- und Apparatebaus durchgeführt werden kann, bei dem eine einfache apparative Ausstattung verwendet wird und alle für den Test benötigten Medien einfach zu beschaffen und zu handhaben sind. Spezielle mikrobiologische Kenntnisse sind dabei nicht notwendig. Voraussetzung für die Durchführung sind eine genaue und detaillierte Beschreibung des Testablaufs und ein definiertes Auswertungsverfahren.

In seiner grundsätzlichen Struktur sowie den einzelnen Schritten der Vorgehensweise folgt der Test der Methode nach Abschnitt 7.2.1.1. Als Standardnachweis wird die ATP-Methode (Adenosintriphosphat) verwendet, die sich in verschiedenen Bereichen der Lebensmittelherstellung und bei der Untersuchung von Hygienefragen bewährt hat. Bei dieser instrumentellen Schnellmethode wird über die biochemische Reaktion des Luziferin-Luziferase-Systems gemäß Abb. 7.11 der Nachweis von Zell-ATP geführt, das sich in allen lebenden Zellsystemen findet, unabhängig davon, ob diese von mikrobieller Art sind oder nicht. Die aufgrund dieser Reaktion erzeugte Biolumineszenz sendet Licht aus, das in einem Luminometer gemessen wird. Zur Auswertung wird die Lichtintensität herangezogen, die in sogenannten „Relative Light Units, RLU" gemessen wird. Für die Durchführung der Messung ist eine Übertragung des Restschmutzes der Testobjekte auf das Messsystem notwendig, was über Abstriche mit Tupfern geschieht. Damit sind naturgemäß alle Probleme der Abstrichtechnik mit Tupfern bezüglich der Vergleichbarkeit verschiedener Stellen verbunden.

Zur Überprüfung der Reinigbarkeit eines Bauteils wird wie bei den bisher beschriebenen Methoden ein Referenzrohr verwendet, da mit der vergleichenden Bewertung ausreichend Erfahrung mit den eingeführten Methoden vorlag. Als definierter Schmutz wird eine Hefesuspension (Bäckereihefe) verwendet, deren Hefezellen als ATP-Träger fungieren. Referenzrohr und Testeinheit werden bei dem Test mit der Schmutzmatrix gefüllt, die danach angetrocknet wird. Anschlie-

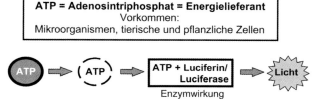

Abb. 7.11 Prinzipdarstellung der ATP-Umwandlung in sichtbares Licht.

ßend erfolgt eine definierte milde Reinigung. Dabei wird die Art des Reinigungsprozesses so ausgelegt, dass sich noch eine Restschmutzmenge im Referenzrohr detektieren lässt. Dadurch ist nicht nur die Kontrolle des Reinigungsablaufs möglich, sondern das zu testende Bauteil kann in seiner Reinigbarkeit mit dem Referenzrohr verglichen werden.

Vor der Probenahme ist eine genaue Festlegung und Bezeichnung der kritischen Stellen des Testobjekts notwendig, was eine entsprechende konstruktive Erfahrung voraussetzt. Danach werden die bezeichneten Bereiche mit vorgefertigten Teststäbchen abgestrichen. Diese werden in einem Reagenzansatz in das Messgerät eingeführt, das das vorhandene ATP im Luziferin-Luzeferase-System zur Generierung des Biolumineszenz-Lichtes biochemisch umsetzt. Die ermittelten Messwerte werden dann sofort als Relativ Light Units (RLU) dargestellt. Bei der Auswertung der Ergebnisse werden die so erhaltenen Zahlenwerte logarithmiert und können miteinander verglichen werden.

Festzustellen ist, dass nach einer Vielzahl von Versuchen auf das Referenzrohr durchaus verzichtet werden kann, da bei strikter Einhaltung des Reinigungsprozesses primär die erzielten Ergebnisse (RLUs) von Relevanz sind. Bei der Methode, die als relativ grober Test zu betrachten ist, wird eine Einteilung der Ergebnisse (MW) empfohlen, die folgende Differenzierung vorsieht:

- sehr gut: MW < 500 RLU
- tolerabel: 500 < MW < 1.000 RLU
- schlecht: MW > 1.000 RLU

Neuere Untersuchungen haben gezeigt, dass eine enge Differenzierung der Ergebnisse problematisch ist. Eine sichere Unterscheidung lässt sich im Allgemeinen nur zwischen „sauberen" Bereichen (MW < 500 RLU) und „verschmutzten" Stellen (MW > 1000 RLU) treffen. Ein wesentliches Problem besteht zusätzlich – wie bei jeder Abstrichmethode – darin, dass ein flächiger Abstrich keinen exakten Vergleich mit einem Abstrich in einer Ecke oder Dichtungsnut zulässt. Außerdem hängt die Genauigkeit, mit der sich Schwachstellen wie Spalte oder Ecken erfassen lassen, von der Größe der Tupfer ab. Diese werden meist mit den ATP-Messgeräten mitgeliefert und sind in erster Linie für flächenhafte Abstriche konzipiert. Eine weitere Voraussetzung für die Vergleichbarkeit der Ergebnisse und die Vermeidung von Fehlern ist bei deren Interpretation eine streng definierte „Verschmutzung" des Testbauteils sowie ein streng definiertes Reinigungsverfahren. Dieses sowie der Versuchsaufbau nebst Teileliste sind mit Bestandteile eines QHD-Handbuchs.

Zu erwähnen ist noch, dass verschiedene Testobjekte aufgrund ihrer Werkstoffe und Oberflächenstrukturen unterschiedliche ATP-Blindwerte ergeben, die vor Versuchsbeginn ermittelt werden müssen. Sie dienen einerseits der Kontrolle der Vorreinigung, zum anderen ermöglicht ihr Vergleich mit den erhaltenen Messwerten eine klarere Aussage über die Reinigbarkeit der Teststücke.

7.2.1.5 Riboflavin-Test für Apparate geschlossener Anlagen

Riboflavin ist ein wasserlösliches Vitamin der B-Gruppe (Vitamin B_2). Es ist in mineralischen Säuren im Dunkeln bei Raumtemperatur stabil. Dagegen wird es sowohl in sauren als alkalischen Lösungen abgebaut.

Bei dem üblichen, hauptsächlich in der Pharmaindustrie eingesetzten Reinigbarkeitstest wird nach sorgfältiger Reinigung des Testobjekts eine fluoreszierende Riboflavin-Lösung auf alle produktberührten Oberflächen gesprüht. Das Testobjekt wird anschließend – meist nur mit reinem Wasser – mit einem definierten Spülprogramm im Rahmen einer CIP-Prozedur im Durchfluss oder durch eine Sprühreinigung (siehe z. B. [31]) mit einer Sprühkugel gereinigt. Mit ultraviolettem Licht kann danach der Produktbereich des Testobjekts untersucht werden. Alle Stellen, die Reste von Riboflavin enthalten, werden durch Betrachtung unter ultraviolettem Licht sichtbar.

Eine andere Anwendung besteht darin, das kristalline Vitamin B Riboflavin pulverförmig als Testsubstanz zu verwenden [32]. Als Teil der Testprozedur wird zunächst das Testobjekt zerlegt, alle Bauelemente mit Isopropylalkohol gereinigt, mit Luft getrocknet und dann unter ultraviolettem Licht auf Spuren von Riboflavin untersucht. Anschließend wird das Testobjekt vorschriftsmäßig zusammengebaut und mit Riboflavin-Pulver beaufschlagt. Um eine praxisgerechte Verschmutzung zu erreichen, wird das Testobjekt kurzzeitig mit Argon stoßhaft unter Druck gespült. Bewegte Teile müssen dabei geschaltet werden. Danach wird das Bauteil über eine definierte Zeit mit deionisiertem Wasser gespült, entleert und getrocknet. Nach Zerlegen des Testobjekts werden die relevanten Flächen visuell unter Standardbeleuchtung sowie ultraviolettem Licht auf Reste von Riboflavin untersucht.

7.2.1.6 Fluoreszin-Test für offene Apparate (IPA-Reinigbarkeitstest)

Die Methode wurde am Fraunhofer Institut für Biotechnologie, IPA, implementiert, getestet und erfolgreich in industriellen Projekten eingesetzt [33]. Sie ermöglicht die Bewertung der hygienischen Qualität von Bauteilen, Maschinen und Anlagen für offene Prozesse. Je nach Durchführungsmodalität lässt der Test die Identifizierung der hygienischen Schwachstellen oder zusätzlich die Bewertung der Reinigbarkeit im Vergleich mit Referenzmustern zu. Das Testprinzip beruht auf der Suche nach Lebensmittelrückständen nach einer künstlichen Kontamination und einer definierten Reinigung. Für die Kontamination wird ein Milchprodukt benutzt, in das Fluoreszin gemischt wird. Dieser als Tracer benutzte gelbe Farbstoff, der selbst in hoher Verdünnung noch gut sichtbar ist, emittiert bei Beleuchtung mit einer bestimmten Wellenlänge Fluoreszenzlicht.

Das zu testende Objekt wird mit der Schmutzmatrix verunreinigt und anschließend mit einem Druckreiniger gereinigt. Die Auswertung erfolgt durch die Suche nach Schmutzrückständen bei Tageslicht und bei Anregungslicht. Die Fluoreszenzemission ermöglicht eine Detektion sehr geringer Mengen von Milchprodukten, die unter normalen Bedingungen nicht zu entdecken wären. Die erhöhte Ansammlung von Rückständen am Testobjekt lässt schlecht reinigbare Schwachstellen erkennen. Bei der Durchführung des Tests mit Vergleichs-

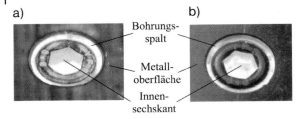

Abb. 7.12 Untersuchungsergebnis einer Innensechskant-Schraubenverbindung mit dem Fluoreszenz-Test [33]:
(a) verschmutzter Zustand vor der Reinigung, (b) Schmutzreste nach der Reinigung.

objekten, die als Referenzen dienen, kann zusätzlich die relative Reinigbarkeit ermittelt werden.

Die Abb. 7.12a zeigt als anschauliches Beispiel die verschmutzte Schraubenverbindung mit einer Innensechskantschraube vor der Reinigung, während in Abb. 7.12b die Schmutzrückstände nach der Reinigung zu sehen sind. Wie bekannt, lassen sich sowohl der Innensechskant als auch der Bohrungsspalt nicht reinigen. In Abb. 7.13 sind verschiedene Betätigungsschalter abgebildet, deren bewegliche Druckflächen jeweils durch einen elastischen Balg mit dem Haltering verbunden und abgedichtet sind. Während die Konstruktion nach Abb. 7.13a nach der Reinigung an der Druckfläche verschmutzt und zusätzlich an der Unterseite undicht ist, zeigt die verbesserte Gestaltung nach Abb. 7.13b nur noch kleine Stellen mit Restschmutz, die durch das Fluoreszieren sichtbar werden. Bei der Ausführung nach Abb. 7.13c ist kein zurückgebliebener Schmutz detektierbar.

Der Test identifiziert mit geringem Aufwand die Optimierungspotenziale bezüglich Hygienic Design. Daher lässt er sich besonders gut auf Prototypen von Bauteilen und Apparaten anwenden. Der Test kann auch dazu dienen, die Erfüllung der gesetzlichen Hygieneanforderungen zu verifizieren. Darüber hinaus erzeugt der Vergleich der Reinigbarkeit von Testobjekten mit Referenzmustern sehr anschauliche Bilder.

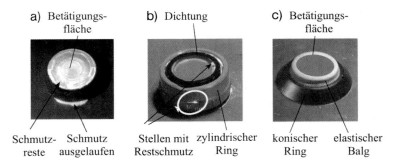

Abb. 7.13 Ergebnisse von Fluoreszenz-Tests an Betätigungsschaltern nach der Reinigung [33]:
(a) Schmutzreste auf der Oberfläche sowie Undichtheit an der Unterseite,
(b) kleine Stellen mit Schmutzresten, (c) Konstruktion ohne Befund.

7.2.1.7 Farbeindringtest zur Unterstützung von Reinigbarkeitstests

Das Vermögen von gut benetzenden Farbstofflösungen, deren Pigmente im Nanobereich liegen, in Spalte und Kapillaren einzudringen, wird seit Langem zur Erkennung von Rissen in Bauteilen verwendet. Im Bereich Hygienic Design können diese relativ einfach anzuwendenden Farbeindringtests als Vorstufe zu Reinigbarkeitstests eingesetzt werden, um Poren und Risse in Oberflächen oder tiefreichende Spalte an Dichtungen zu erkennen. Gegenüber den meisten Reinigbarkeitstests kann man mit dieser Methode an zerlegbaren Stellen die Tiefe von Spalten erkennen. Voraussetzung ist, dass die Stellen, die untersucht werden, frei zugänglich sind.

Die Durchführung und Auswertung des Tests ist relativ einfach, obwohl wegen der zum Teil schwierig zu entfernenden Farblösungen ein sorgfältiges und gezieltes Arbeiten notwendig ist. Eingefärbte Elastomere und manche Plastomere können nach dem Test nicht mehr verwendet werden, da Farbreste nicht mehr entfernbar sind.

Die zu untersuchenden Bereiche werden zunächst mit der Testlösung benetzt. Nach ausreichend langer Zeit, die zum Eindringen in Poren und Spalte durch Kapillarwirkung notwendig ist, werden die eingefärbten Stellen soweit mit Wasser oder einer geeigneten Flüssigkeit abgespült, bis glatte Oberflächenbereiche farbfrei sind. In Fehlstellen wie Rissen, Poren und Spalten bleibt der Farbstoff deutlich sichtbar zurück, sodass eine Detektion visuell möglich ist. Bei üblichen Eindringtests der Materialprüfung (siehe z. B. [34]) wird im Allgemeinen ein Entwickler verwendet, der die in Fehlstellen verbleibenden Farbreste absorbiert und ein deutlicheres Bild ergibt, wie Abb. 7.14 an einer Oberfläche mit sichtbar gemachten Rissen verdeutlicht.

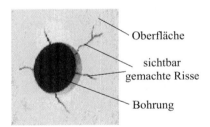

Abb. 7.14 Beispiel von sichtbar gemachten Rissen mithilfe des Farbeindringtests.

Um die Eindringtiefe an zerlegbaren Stellen wie z. B. metallischen Kontaktstellen von Verbindungen oder Dichtstellen beurteilen zu können, müssen die verbleibenden Farbstoffreste nach dem Spülvorgang antrocknen, damit sie beim Zerlegen nicht verlaufen.

7.2.1.8 Reinigbarkeitstest für Anlagen

Um größere Apparate und schließlich ganze Anlagen auf Reinigbarkeit zu überprüfen und untereinander zu vergleichen, wird eine Testmethode derzeit am Lehrstuhl für Maschinen- und Apparatekunde der TU München entwickelt

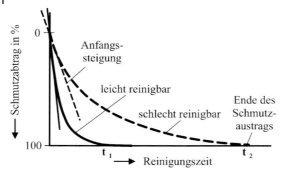

Abb. 7.15 Prinzipielle Darstellung des Schmutzaustrags während der Reinigung bei einer gut und einer schlecht reinigbaren Anlage.

[35, 36]. In diesem für die Industrie sehr wichtigen Bereich fehlen derzeit Reinigbarkeitstests völlig.

Um den Test auch an bereits fertigen Anlagen beim Hersteller oder Anwender und nicht im Testlabor durchführen zu können, muss ein Tracer verwendet werden, der sich einfach und zuverlässig durch Reinigung entfernen lässt. Mikroorganismen kommen daher nicht in Frage, da Reste stets die Gefahr einer Kontamination bedeuten. Ein mögliches Beispiel für eine Indikatorsubstanz ist Molkeprotein, das ein Lebensmittelbestandteil ist und leicht und rückstandsfrei aus Anlagen zu entfernen ist.

Ein weiteres Problem stellt die Beurteilung des Ergebnisses dar. Einige bereits aufgezeigte Methoden verwenden dafür ein einfaches Referenzbauteil wie ein glattes Rohr mit definierter Oberflächenstruktur. Eine andere Möglichkeit besteht darin, ohne Referenzrohr zu arbeiten und stattdessen den Reinigungseffekt über die gesamte Reinigungszeit zu bestimmen. Zur Interpretation wird dann der Zeitverlauf des Schmutzaustrags herangezogen, der gemäß Abb. 7.15 folgende charakteristischen Eigenschaften wiedergibt. Einerseits ermöglicht der Gradient am Beginn des aufgenommenen Reinigungsverlaufs eine wichtige Aussage. Bei einer Anlage, bei der alle inneren Oberflächen leicht reinigbar gestaltet sind, die selbsttätig entleerbar ist und keine toten Enden enthält, ist die Neigung steil. Bei Vorhandensein von hygienischen Problemstellen, die schlecht reinigbar sind, erscheint sie dagegen flach. Andererseits liefert der Bereich, in dem sich die Kurve der x-Achse nähert, ein weiteres Bewertungskriterium in Form der Reinigungszeit t_1 bzw. t_2. Der Schmutzaustrag ist um so früher beendet, je besser reinigbar eine Anlage gestaltet ist. Ein Bewertungsmaßstab ließe sich durch quantitativen Vergleich des in die Anlage eingebrachten Testschmutzes zum Schmutzaustrag aufstellen.

Der Testablauf folgt den üblichen Verfahrensweisen. Nach Verschmutzen der Anlage mit der Verschmutzungsmatrix, die im vorliegenden Fall Molkeprotein enthält, erfolgt die Reinigung mit Natronlauge. Während der Reinigung werden in vorher festgelegten Zeitabständen Proben am Ausgang aus der Anlage gezogen und auf den Proteingehalt analysiert. Zur Bestimmung dient eine kommerzielle

BCA^(TM)-Protein-Prüfsubstanz, die reinigungsmittelkompatibel ist und zur Farbbestimmung und Quantifizierung von Gesamtprotein dient. Die auftretende Farbreaktion wird in einem Fotometer gemessen. Für die Auswertung wird die Messkurve aufgezeichnet und die beschriebenen Parameter bestimmt.

Derzeit wird auch geprüft, ob nicht andere Indikatorsysteme eventuell einfacher zu handhaben sind. Ein Beispiel basiert auf Persulfat, das ein hohes Oxidationspotenzial besitzt. Nach [37] können die auf Persulfat basierenden Produkte mit einem Farbindikator versehen werden, der das Vorhandensein organischer Substanzen wie z. B. Fett, Zucker, Bakterien, Hefe etc. anzeigt. Der zunächst violette Indikator schlägt bei Vorhandensein dieser Substanzen, die auch eine Schmutzmatrix für ein Testverfahren darstellen können, in grün um. Die Schmutzsubstanzen werden dabei durch Katalyse von Persulfat oxidiert und in anorganisches Material umgewandelt. Die Oberfläche wird dadurch gereinigt und schließlich völlig sauber. Das frische violette Reinigungsmittel ändert solange seine Farbe in grün, solange noch Schmutz vorhanden ist. Somit kann der Status der Reinheit von Apparaten und Anlagen verfolgt werden. Ein optisch an das Reinigungssystem gekoppeltes Photometer kann in periodischen Abständen Fotos der Verifizierungslösung aufnehmen. Dabei können sowohl die Bilder als auch die darüber hinaus anfallenden Daten online verarbeitet werden. Damit lassen sich zum einen die aktuellen Bilder am Computer betrachten, zum anderen ist eine Echtzeitgrafik der Farbverläufe und die Visualisierung von eventuellen Trends möglich.

7.2.2
Tests zur Sterilisierbarkeit und Pasteurisierbarkeit geschlossener Bauteile

Testverfahren zur Sterilisierbarkeit und Pasteurisierbarkeit sollen verifizieren, dass Geräte und Apparate so gestaltet sind, dass durch die entsprechende, definierte Behandlung relevante Mikroorganismen abgetötet werden und danach aseptische oder keimarme Verhältnisse möglich sind.

Bei der Sterilisierung eines Gerätes werden (im Idealfall) alle enthaltenen Mikroorganismen und deren Sporen abgetötet sowie Viren, Plasmide und andere DNA-Fragmente zerstört.

Beim Pasteurisieren handelt es sich um ein Verfahren, bei dem Mikroorganismen durch Hitze (65–90 °C) in der Regel abgetötet werden, nicht aber ihre Sporen. Durch die kurze Zeitdauer der Hitzeeinwirkung und die mäßige Temperatur, die gerade dazu ausreicht Albumine zu denaturieren, werden die meisten Lebensmittelverderber wie Milchsäurebakterien und Hefepilze sowie viele krankheitserregende Bakterien wie Salmonellen zuverlässig abgetötet. Haltbare Bakteriensporen, etwa die von *Clostridium botulinum* oder Schimmelsporen überleben diese Behandlung.

Bei der Anwendung von Sterilisierbarkeitstests wird ein ausgewähltes Sterilisierungsverfahren im jeweiligen Testobjekt angewendet, wobei unterschiedliche Methoden denkbar sind. Am wirksamsten und auch am häufigsten eingesetzt ist die Dampfsterilisation. Bei ihr bewirkt die feuchte Hitze das Abtöten der Mikroorganismen. Mit der Kondensation des gesättigten Dampfes auf den kühleren

Oberflächen des Testobjekts und der damit verbundenen Energieübertragung werden die vorhandenen Testmikroorganismen zerstört. Dabei ist die Anwendung von feuchter Hitze am effektivsten und wirksamsten. Mit trockener Hitze kann zwar auch sterilisiert werden, dazu sind aber wesentlich höhere Temperaturen und längere Einwirkzeiten notwendig. Dieser Unterschied hat sehr wichtige Auswirkungen auf den Ablauf eines Sterilisationszyklus.

7.2.2.1 Prüfung der Sterilisierbarkeit in der Biotechnologie

Das Ziel der Sterilisierbarkeitsprüfung in der Biotechnologie [38] besteht darin, das Entweichen von solchen Mikroorganismen aus Geräten und Apparaten z. B. vor Wartungsarbeiten zu verhindern, die eine gefährdende Wirkung auf Mitarbeiter ausüben oder nachteilig auf die Umwelt wirken. Dabei wird das generelle Vorgehen definiert und unterschiedliche Prüfverfahren genannt, die als geeignet anzusehen sind. Im Folgenden sollen die Anforderungen sinngemäß zusammengefasst wiedergegeben werden.

Zunächst ist ein geeignetes Prüfverfahren auszuwählen und ein dem Betrieb des Testobjekts angepasster Indikator oder Tracer festzulegen, der durch ein definiertes Analyseverfahren quantitativ bestimmt werden kann. Biologische Indikatoren sollten sich nicht nachteilig auf Beschäftigte und Umwelt auswirken. Weiterhin ist der Ablauf der Sterilisierung und das Sterilisiermittel festzulegen.

Der Testablauf umfasst folgende Schritte:

- Entsprechend den Betriebsbedingungen wird das Testobjekt mit dem ausgewählten Indikator beaufschlagt.
- Nach dem festgelegten Analyseverfahren wird der Indikator vor Sterilisationsbeginn quantitativ bestimmt.
- Anschließend erfolgt die Sterilisation des Testobjekts nach dem vorgegebenen Verfahrensablauf.
- Nach Abschluss der Sterilisation wird der Indikator im Testobjekt quantitativ bestimmt.
- Danach ist die Sterilisierbarkeit durch die gewonnenen Analysendaten auszudrücken und eine entsprechende Klasse festzulegen.

Die möglichen Prüfverfahren sind in den Tabellen 7.1 und 7.2 zusammengestellt. Wenn Prüfergebnisse schnell zur Verfügung stehen müssen, können indirekte Prüfverfahren verwendet werden, wenn eine validierte Korrelation zwischen der gemessenen Wirkung und der erwünschten Leistungsfähigkeit nachgewiesen werden kann. Bei Anwendung direkter Prüfverfahren sollten geeignete Kontrolluntersuchungen mit einbezogen werden, um falsche Ergebnisse auszuschließen. Die Verfahren sind in der Norm mit Literaturstellen belegt, die hier nicht aufgeführt werden sollen.

Tabelle 7.1 Direkte Prüfverfahren für die Sterilisierbarkeit nach EN 12 297.

Nr.	Nachweisverfahren	Bemerkungen	Probenahme erforderlich	Sofortergebnis
1	**Indikator Mikroorganismen (in Suspension)**			
1.1	Trübung	inklusive Anreicherung/ Inaktivierung	ja	nein
1.2	PCR/DNA-Sonden immunologische Verfahren		ja	(ja)
1.3	Ausplattieren		ja	nein
1.4	Mikroskopie (Auflicht, Fluoreszenz)		ja	nein
1.5	Überwachung von Substratverbrauch/Produktbildung		ja	(ja)
1.6	Mikrokalorimeter		ja	(ja)
2	**Indikator-Mikroorganismen (immobilisiert)**			
2.1	PCR/DNA-Sonden Immunologische Verfahren	Päckchen/Streifen/Flaschen	ja	(ja)
2.2	Sichtprüfung/Farbumschlag		ja	nein
2.3	Mikroskopie		ja	nein
3	**Abstriche**			
2.1	Ausplattieren		ja	nein
3.2	Sichtprüfung		ja	nein
4	**Prüfläufe mit Medien**			
4.1	Trübung		ja	nein
4.2	Ausplattieren		ja	nein
4.3	Mikroskopie		ja	nein
4.4	Überwachung von Substratverbrauch/Produktbildung		ja	nein

Tabelle 7.2 Indirekte Prüfverfahren für die Sterilisierbarkeit nach EN 12 297.

Nr.	Nachweisverfahren	Bemerkungen	Probenahme erforderlich	Sofortergebnis
5	Temperatur/Zeit Sonde		(ja)	ja
6	Temperatur/Zeit infrarot			ja
7	Sterilisiermittel			
7.1	pH		ja	ja
7.2	Trübung		nein	ja
7.3	Leitfähigkeit		nein	ja
7.4	Gasanalysen	Formaldehyd Ethylenoxid Wasserstoffperoxid	ja	ja

7.2.2.2 EHEDG-Test für die In-line-Dampfsterilisierbarkeit

Die Methode beschreibt ein Testverfahren der EHEDG [39] zur Bewertung eines Bauteils bezüglich seiner In-line-Sterilisierbarkeit. Sie basiert auf einer Vorgehensweise des Unilever Forschungslabors [40] und ist für den Nachweis vorgesehen, ob ein Bauteil intern von lebensfähigen Mikroorganismen durch In-line-Dampfsterilisation befreit werden kann. Die Methode eignet sich für Anlagenbauteile kleiner Größe.

Hintergrund ist, dass in Bauteilen aufgrund von Werkstoffeigenschaften oder der konstruktiven Gestaltung Stellen und Bereiche vorliegen können, die während der Sterilisationszeit nicht ausreichend lange heiß genug werden. Beispiele dafür sind massive Kunststoffteile mit Poren, Spalte an Dichtungen mit schlechtem Wärmeübergang, Totbereiche mit ungenügendem Strömungsaustausch sowie Stellen mit behinderter Strömung. Um solche Problembereiche vor Durchführung des Tests weitgehend ausschalten zu können, ist es notwendig, vor dem Sterilisierbarkeitstest einen In-place-Reinigbarkeitstests durchzuführen, um die hygienegerechte Gestaltung der Bauteile zu verifizieren.

Als Indikatorkeim wird ein hitzeresistenter Stamm von *Bacillus subtilis* als Testorganismus verwendet, der wegen seines relativ hohen D-Werts ausgewählt wurde. Er hat außerdem eine lange Tradition bezüglich der Anwendung bei der Bewertung der Sterilisation von Lebensmitteln. Die Sporensuspension wird mit physiologischer Kochsalzlösung auf eine Konzentration von ca. $5 \cdot 10^7$ Sporen pro ml verdünnt und zum Verschmutzen des Testobjekts verwendet. Zum Nachweis des Wachstums des Indikatorkeims wird eine Trypticase-Soja-Brühe als Nährmedium verwendet.

Vor Testbeginn muss das zu untersuchende Bauteil zerlegt, sorgfältig entfettet, gereinigt und, falls notwendig, entkalkt und desoxidiert werden. Das zerlegte Bauteil sollte dann nach Vorschrift in einem Autoklaven sterilisiert werden. Alternativ kann bei größeren Bauteilen eine entsprechende In-line-Sterilisierung mit Dampf erfolgen. Wichtig ist, dass alle Werkstoffe, Dichtungen usw. der Reinigungs- und Sterilisationsprozedur standhalten. Bauteile mit Wellendurchführungen sollten mit Doppeldichtungen ausgestattet werden, deren Zwischenraum mit einem sterilisierenden Fluid wie z. B. Dampf gespült werden muss, um das Eindringen von Mikroorganismen während des Tests zu vermeiden.

Mit der verdünnten Sporensuspension (Schmutzlösung) wird danach die Testeinheit ausgeschwenkt. Alle inneren (produktberührten) Oberflächen und alle Flächen, die nach dem Zusammenbau miteinander in Berührung stehen (z. B. Dichtungen und Dichtungsnuten) müssen vollständig benetzt werden. Anschließend wird die Testeinheit getrocknet. Die kontaminierten Oberflächen sollten vor dem Einbau in die Testanlage visuell überprüft werden, um eine ausreichende Trocknung zu gewährleisten.

Ein Beispiel eines Testkreislaufs zur Durchführung der Testmethode zur In-line-Dampfsterilisierbarkeit ist in Abb. 7.16 dargestellt. Ein aseptischer Behälter mit zwei aseptischen Durchflussventilen nach Abb. 7.17, der mit einem entsprechenden Volumen an Nährmedium gefüllt ist, wird in einem Autoklaven sterilisiert. Beide Anschlüsse der Ventile werden während des Autoklavierens über Silikonschläuche kurzgeschlossen. Dabei bleiben die Ventile in Offen-Stellung. Nach dem Autoklavieren werden die Ventile geschlossen und der autoklavierte Vorlaufbehälter und die kontaminierte Testeinheit in den Testkreislauf eingebaut. Der Testkreislauf inklusive Testobjekt wird dann mit Sattdampf sterilisiert. Der Dampf muss gesättigt sein, wobei der geforderte Gegendruck von $p = 2$ bar absolut mittels eines Drosselventils reguliert werden muss. Während der Sterilisation müssen Temperatur und Druck des Dampfes innerhalb des Systems immer mit den Angaben für gesättigten Dampf übereinstimmen. Wenn dies nicht der Fall ist, ist der Test unwirksam, da der Dampf z. B. Gase wie Luft enthalten kann.

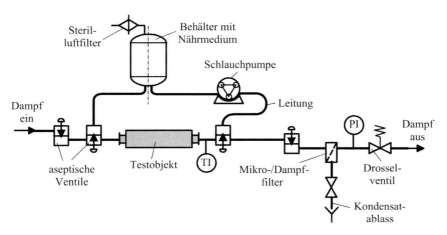

Abb. 7.16 Testkreislauf zur Durchführung der EHEDG-Testmethode zur In-line-Dampfsterilisierbarkeit.

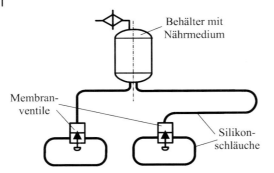

Abb. 7.17 Aseptischer Behälter für Nährmedium mit zwei aseptischen Durchflussventilen (EHEDG-Testmethode zur In-line-Dampfsterilisierbarkeit).

Um während der Sterilisation kalte Punkte innerhalb des Systems zu vermeiden, muss darauf geachtet werden, dass sich in der Dampfstrecke kein Kondensat ansammelt, d. h. dass alle Bereiche selbsttätig entleerbar gestaltet sind. Nach Beendigung der Dampfsterilisation werden die Absperrventile geschlossen und eine aseptische Verbindung der Testeinheit mit dem Vorlaufbehälter hergestellt. Alle Komponenten müssen so miteinander verbunden sein, dass keine Feststoffe oder Luft in den Kreislauf eindringen können.

Die Versuchszeit beträgt fünf Tage. Während dieser Zeit wird das Nährmedium aus dem Vorlaufbehälter in Intervallen durch den Testkreislauf gepumpt. Um anaerobe Verhältnisse zu vermeiden, muss es täglich mindestens $t = 2$ h zirkulieren. Während dieser Zeit sollen beweglich Bauteile der Testeinheit jeweils 10-mal betätigt werden (z. B. Ventile oder Pumpen). Der Testkreislauf muss während der Versuchszeit auf einer definierten Temperatur gehalten werden. Nach der Inkubationszeit wird aus dem Testkreislauf eine Probe des Nährmediums steril entnommen. Ist diese klar, so wurden während der Sterilisation die Sporen abgetötet und die Testeinheit wird als in-line dampfsterilisierbar klassifiziert. Ist das Nährmedium trüb, so wird die Probe mikroskopisch auf die Anwesenheit des Testkeims untersucht. Um die Mikroorganismen eindeutig zu bestimmen, wird eine weitere Probe des Nährmediums auf dem Nährboden ausgestrichen und bebrütet.

Obwohl der Teststamm in dem Nährmedium schnell wächst (Trübung innerhalb von 24 h), wurde eine relativ lange Inkubationszeit von fünf Tagen gewählt, da überlebende Sporen eventuell hitzegeschädigt sind und deshalb eine längere Wiederherstellungsphase benötigen. Zusätzlich können Sporen zwischen Anlagenteilen verborgen sein und längere Zeit benötigen, um durch Vermehrung das zirkulierende Nährmedium zu erreichen. Die vorgegebene Sterilisation (Temperatur, Zeit) reicht aus, um die Sporen in der vorgegebenen Konzentration abzutöten, wenn es im Kreislauf keine kalten Stellen gibt. Die Trübung der Bouillon ist daher ein Indikator für kalte Punkte und Bereiche innerhalb der Testeinheit.

Der Test sollte mindestens dreimal durchgeführt werden, vorausgesetzt, dass die Ergebnisse dieser drei Versuche übereinstimmen. Falls nach maximal fünf

Versuchen immer noch variierende Ergebnisse erhalten werden, muss sorgfältig geprüft werden, ob die Versuche durch Fehler in der Testeinheit, im Testkreislauf oder der Testdurchführung bzw. -analyse beeinflusst worden sind. Werden Fehler entdeckt, müssen diese ausgeschlossen und die Versuche wiederholt werden. Liegen keine offensichtlichen Fehler vor, die Ergebnisse variieren jedoch weiterhin, kann die Testeinheit als nicht geeignet für eine In-line-Dampfsterilisierung klassifiziert werden.

7.2.2.3 Pasteurisierbarkeitstest (EHEDG-Test)

In manchen Fällen, vor allem bei der Herstellung bestimmter Lebensmittel wie Milchprodukte oder Jogurt, ist es zum einen nicht notwendig, Apparate sterilisierbar auszulegen, da es ausreicht, relevante Mikroorganismen abzutöten und nicht auch ihre vegetative Sporen. Zum anderen sind manche Konstruktionswerkstoffe nicht geeignet, die Temperatur oder den Druck für eine Dampfsterilisation auszuhalten. Für solche Zwecke wurde von der EHEDG [41] eine Testmethode entwickelt, um die Pasteurisierbarkeit von Geräten und Apparaten mit Heißwasser zu verifizieren. Dazu ist zu bemerken, dass dampfsterilisierbare Bauteile nicht zwangsläufig für eine Heißwasserpasteurisierung geeignet sein müssen, da neben Druck und Temperatur das verwendete Medium eine entscheidende Rolle für die Wirksamkeit des Verfahrens darstellt.

Als Indikatorkeime werden bei diesem Test Sporen von *Neosartorya fischeri var. glabra* eingesetzt, die vor Verwendung auf ihre Hitzebeständigkeit überprüft werden sollten. Die Abb. 7.18 zeigt das Beispiel eines Testkreislaufs für die Untersuchung des Testobjekts. Dieses wird in zerlegtem Zustand an allen

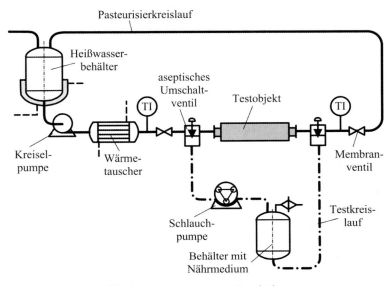

Abb. 7.18 Testkreislauf für die Untersuchung eines Testobjekts nach der EHEDG-Testmethode für Pasteurisierbarkeit.

inneren Oberflächen sowie in allen sich nach der Montage berührenden Kontaktbereichen wie an Dichtungen und in Dichtungsnuten mit einer verdünnten Sporensuspension aus physiologischer Kochsalzlösung benetzt. Danach kann die Indikatorlösung bei Raumtemperatur antrocknen. Nach Zusammenbau wird das kontaminierte Testobjekt in den vorher sterilisierten Testkreislauf montiert. Mit einer Kreiselpumpe wird dann der Pasteurisierungsprozess mit Heißwasser von einer Temperatur von $\vartheta = 90 \pm 0{,}5$ °C für eine Zeit von $t = 30$ min durchgeführt. Danach werden die Membranventile geschlossen und das Testobjekt durch Überschwallen mit Kaltwasser von außen abgekühlt. Nach Anschluss des Behälters und Füllen mit Nährmedium (Malzextrakt) wird dieses $t = 14$ Tage lang durch das Testobjekt mit der sterilen Schlauchpumpe bei definiertem Volumenstrom mit einer Temperatur von $\vartheta = 23\text{–}25$ °C gepumpt. Schaltbare Elemente des Testobjekts sollten dabei mehrmals täglich betätigt werden.

Wenn nach der Pasteurisierung Ascosporen vorhanden waren, wird das Nährmedium zunächst trüb. Danach erfolgt ein exzessives Wachstum von weißem Myzel auf der Oberfläche des Nährmediums im Behälter sowie auf dessen Oberfläche. Wenn Zweifel an der Art der gewachsenen Mikroorganismen bestehen, muss eine Probe auf einem Hafermehl-Agar oder Malz-Agar ausplattiert werden, um auf einfache Weise den Keim *Neosartorya fischeri* zu identifizieren.

Es muss nochmals darauf hingewiesen werden, dass dampfsterilisierbare Bauteile nicht zwangsläufig auch pasteurisierbar sind. Bei Anwendung von Heißwasser ist der Einfluss von „kalten Stellen" viel größer als bei Dampf, dessen Wärmeübergang besser ist. Außerdem dringt Dampf in Luft enthaltende Bereiche wie tote, nach oben weisende Enden ein, während Wasser dies nicht kann. Umgekehrt kann in nicht entleerbaren, nach unten weisenden Totstellen Dampf kondensieren und dort nicht die erwünschte Temperatur erreichen, während Heißwasser dort seine volle Wirkung entfaltet.

7.2.3
Dichtheitstest

Für aseptische Prozesse muss sichergestellt werden, dass die eingesetzten Bauelemente dicht gegen das Eindringen von Bakterien in das produktberührte Innere sind. Nur in diesem Fall können nach dem Reinigungs- und Sterilisierungsprozess der Anlage sowie während der Produktion aseptische Verhältnisse im produktberührten Bereich aufrechterhalten werden.

Im Fall von biotechnischen Anlagen, in denen gefährliche oder genveränderte Mikroorganismen bearbeitet werden, ist es notwendig, die Umgebung vor dem Austritt der Mikroorganismen zu schützen. Auch in diesem Fall müssen Bauteile und Apparate während der Produktion dicht gegen Mikroorganismen sein.

In manchen Fällen kann es jedoch auch erforderlich sein, das Eindringen von Luft aus der Umgebung während der Produktion in den Prozessbereich bzw. von Gasen in umgekehrter Richtung auszuschließen. In diesem Fall müssen die Anlage oder bestimmte Bauteile ausreichend vakuumdicht sein.

7.2.3.1 EHEDG-Durchdringungstest mit Mikroorganismen als Tracer

Die folgende Methode beschreibt die Vorgehensweise, wie man die Dichtheit von Bauelementen gegen Bakterien nachweist. Sie basiert auf einer von Unilever entwickelten Testprozedur [42] und liefert den Nachweis, ob Bakterien in der Lage sind, aus der äußeren Umgebung in das Innere von Bauelementen eindringen zu können und damit eine Kontamination zu verursachen.

Als Testkeim werden Mikroorganismen des Stammes *Serrata marcescens* verwendet. Diese sehr kleinen Mikroorganismen sind stark beweglich und können in durchgehende kleine Risse und Spalte in Bauteilen, die mit physikalischen Methoden schwer nachzuweisen sind, eindringen und diese durchdringen. Außerdem können sie aufgrund eines stark roten Pigments nachgewiesen werden, das bei Wachstum und Vermehrung das verwendete Nährmedium rosa verfärbt.

Die zu untersuchenden Bauteile müssen in gleicher Weise wie beim EHEDG-Sterilisierbarkeitstest vorbehandelt werden, um sterile Bedingungen zu garantieren. Die Werkstoffe der Testobjekte dürfen außerdem nicht bakterizid sein, da dies das Testergebnis beeinflusst. Bauteile, die eine Wellendurchführung besitzen, müssen mit Doppeldichtungen und einer dazwischenliegenden Spülkammer ausgestattet sein, die mit einem sterilen Medium beaufschlagt werden muss. Grundvoraussetzung ist, dass für alle für die Testanlage verwendeten Bauteile nachgewiesen sein muss, dass sie „aseptisch" und „bakteriendicht" sind.

Die Testapparatur für die Durchführung des Tests entspricht im Wesentlichen der Anlage nach Abb. 7.16. Zunächst wird ein aseptischer Behälter mit einem vorgegebenen Volumen an Nährmedium entsprechend Abb. 7.17 sterilisiert und danach in den Testkreislauf integriert. Anschließend wird das Testobjekt mit dem Nährmediumbehälter verbunden. Um das Bauteil zu verschmutzen, wird es außen mit einer frischen Kultur des Testkeims sorgfältig besprüht. Alle Stellen, an denen ein Eindringen von Mikroorganismen möglich ist, werden zweimal täglich behandelt. Bewegte Elemente des Testobjekts werden nach dem Besprühen 10-mal betätigt. Im Inneren der Anlage wird das Nährmedium täglich umgepumpt, um eine gute Vermischung und einen raschen Nachweis wachsender Mikroorganismen zu erreichen.

Wenn sich das Nährmedium verfärbt, wird eine Probe gezogen und auf die Anwesenheit des Teststammes untersucht. Eine rötliche Verfärbung bestätigt das Resultat. Wenn der Teststamm im Inneren des Kreislaufs nachgewiesen wird, hat das Testobjekt den Test nicht bestanden und ist nicht für aseptische Zwecke einsetzbar. Da der Teststamm sehr empfindlich gegen Hitze und Chemikalien ist, kann mit Sicherheit davon ausgegangen werden, dass die Mikroorganismen über durchgehende Spalte des Testobjekts eingedrungen sind.

7.2.3.2 Verfahren zur Prüfung der Leckagesicherheit für biotechnische Anlagen

Die Europäische Norm DIN EN 12 298 [43] dient als Leitlinie zur Bewertung der Leckagesicherheit von biotechnischen Geräten, Apparaten und Ausrüstungen in Bezug auf ein Entweichen von gefährlichen oder potenziell gefährlichen Mikroorganismen, die Beschäftigte gefährden können. Als Prüfverfahren wird die Bestimmung der Leckagerate herangezogen, die den Vergleich von Emissionen

Tabelle 7.3 Prüfverfahren auf Leckagesicherheit nach EN 12 298.

Nr.	Prüfverfahren	Nr.	Prüfverfahren
1	Druckverlust – Gas/Luft	11	Elektronische Teilchenzählung
2	Druckverlust – Flüssigkeit	12	Tracer-Aerosol (NaCl)
3	Prüfung mit Helium	13	Produktaerosol (nicht mikrobiell)
4	Prüfung mit SF_6/Freon	14	Qualitative Bioaerosol-Erfassung
5	Wärmeleitwert	15	Quantitative Bioaerosol-Erfassung
6	Ultraschall	16	Oberflächenabstrich
7	Schalluntersuchung (nur Überwachung)	17	Oberflächenleitfähigkeit
8	Flüssige Tracerfarbstoffe	18	Sichtprüfung (nur qualitativ)
9	Blasenpunkt nur für Filter)	19	Bakteriendichtheit
10	Blasenbildung (nur qualitativ)		

unabhängig von der Konzentration an Mikroorganismen im Inneren der Testobjekte ermöglicht. Es werden die Grundlagen für die Prüfung im Einzelnen zusammengestellt sowie Prüfmethoden verschiedener Art aufgeführt. Im Folgenden sollen lediglich einige wichtige Aussagen im Überblick dargestellt werden, die bei Ermittlung der Leckagesicherheit wichtig sind.

Für das Prüfverfahren müssen ein geeigneter Indikator festgelegt, ein Analysenverfahren zur quantitativen Bestimmung des Indikators ausgewählt und eine Vorschrift zur Druckbeaufschlagung des Testobjekts vorgegeben werden. Das Testobjekt wird dann entsprechend dem vorgesehenen Betriebsablauf mit dem Indikator beschickt. Die quantitative Bestimmung des Indikators ist dann sowohl vor als nach Druckbeaufschlagung durchzuführen und die Leckagesicherheit anhand der gewonnenen Daten zu bestimmen.

Für die Prüfung stehen direkte und indirekte Verfahren zur Verfügung (Tabelle 7.3). Letztere dürfen nur angewandt werden, wenn eine validierte Korrelation zwischen der gemessenen Wirkung und der erwünschten Leistungsfähigkeit für das jeweilige Testobjekt nachgewiesen wird:

- Bei direkter Prüfung der Leckage aus Flüssigkeiten kann bei kleinen Leckagemengen eine halbquantitative Erfassung durch Oberflächenkontakt-Verfahren wie durch Abstriche oder mit Kontaktplatten erfolgen, wobei das Volumen der Trägerflüssigkeit abgeschätzt wird. Bei großen Leckagemengen wird die Leckageflüssigkeit gesammelt und die Konzentration der Mikroorganismen bestimmt.

- Bei direkten Prüfverfahren für Bioaerosole werden vorzugsweise nicht pathogene Prüfmikroorganismen verwendet. In einer kontrollierten Umgebung des Testobjekts erfolgt zur Ermittlung der Leckage die Probenahme einer repräsentativen Luftmenge, die auf die Indikatorkeime untersucht wird. Die Leckagerate wird dann durch Division der Emissionsrate durch die bekannte Konzentration der Mikroorganismen im Inneren des Testobjekts ermittelt.
- Bei indirekten Prüfverfahren für Flüssigkeiten oder Aerosole sollten solche mit validierten Korrelationen zum Austritt von Mikroorganismen vorgezogen werden. Wenn keine Korrelationen vorliegen, sollte beim Ergebnis auf die verwendete Leckageflüssigkeit oder Tracersubstanz hingewiesen werden.

7.2.3.3 Vakuumtest

Die Dichtheit eines Testobjekts in Bezug auf Luft kann dadurch geprüft werden, dass ein definiertes Vakuum im Inneren des zu prüfenden Geräts erzeugt wird und im Falle einer Leckage die Änderung des Vakuums bzw. die Leckagerate gemessen wird. Hierdurch wird jedoch lediglich eine Aussage über die Gasdichtheit und nicht das Verhalten gegenüber Mikroorganismen möglich. Bei aseptischen Apparaten ist allerdings die Gasdichtheit im Allgemeinen eine wichtige Voraussetzung.

Der prinzipielle Aufbau einer Testanordnung ist in Abb. 7.19 dargestellt. Das Testobjekt wird in diesem Fall mit Vakuumverbindungen in das Vakuumsystem integriert, wobei für erforderliche Absperrventile übliche Vakuumkomponenten verwendet werden. Für die Durchführung der Versuche werden das Leitungssystem sowie die Gehäuseanschlüsse so kurz wie möglich gewählt, um das Volumen gering zu halten und damit Leckagen ausreichend schnell registrieren zu können.

Nach entsprechenden Kalibrierversuchen (Dichtheit des Systems ohne Testobjekt) wird das zu testende Gerät in die Testvorrichtung integriert und über die Vakuumpumpe unter Vakuum gesetzt. Nach Schließen der Leitung wird das Vakuum in Abhängigkeit der Zeit registriert, um die Dichtheit zeitabhängig zu überprüfen.

Eine weitere Prüfung auf Dichtheit gegenüber Mikroorganismen geht ebenfalls von einem Vakuum im Inneren von Anlagen aus. Sie beruht auf Verhältnissen, die in der Industrie anzutreffen sind. In der Praxis wird häufig nach einer Heißreinigung bzw. Hitzebehandlung die Anlage mit Heißwasser gefüllt und über mehrere Stunden stehen gelassen, wobei sie abkühlt. Bei dem dadurch entstehenden Unterdruck dürfen keine Mikroorganismen z. B. über statische Dichtungen von Verbindungen oder dynamische Dichtungen von Ventilen oder

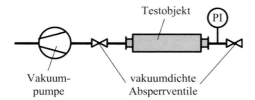

Abb. 7.19 Testanordnung für einen Vakuum-Dichtheitstest.

Pumpen, die während der Betätigung bei Bewegung abdichten, im Ruhezustand aber vakuumdicht sein müssen, in das System eindringen.

Bei der Testmethode wird das beschriebene Vorgehen nachgeahmt. Zusätzlich werden alle relevanten Stelle mit einem Testkeim benetzt. Nach der Entstehung des Vakuums durch Abkühlen werden der Innenbereich des Testobjekts sowie die kritischen Bereiche auf Eindringen des Testkeims z. B. durch Abstriche überprüft.

8
Abschließende Aspekte zu den hygienischen Anforderungen an den Anlagenbau

Im Idealfall umfasst der Anlagenbau die Gesamtplanung und Erstellung einer neuen Betriebsanlage mit Gebäuden und Prozesslinien. In diesem Fall sollte zunächst der Prozess im Hinblick auf die Produktverarbeitung und -herstellung in seiner Gesamtheit mit Produktionslinien, Apparaten, Zubehör und Versorgungsmedien sowohl als Anlagenkonzept als auch im Detail ausgelegt werden. Auf dieser Basis können dann Raum- und Platzbedarf hinreichend konkret abgeschätzt werden. Davon ausgehend kann das Konzept für die erforderlichen Gebäude mit den notwendigen Räumlichkeiten und Außenanlagen geplant werden. Leider wird in vielen Fällen ein architektonisch hervorragend gestaltetes Gebäude geplant und erstellt, an das sich letztendlich die Produktionsanlage konzeptionell anpassen muss, was häufig Kompromisse erfordert und zu Lasten der Produktion geht. In solchen Fällen lässt es sich nicht vermeiden, dass für den Anlagenbau bestimmte Abstriche und Einschränkungen unumgänglich sind.

8.1
Anforderungen an die Konstruktion

Bei der Gestaltung und Konstruktion von Prozesslinien, Maschinen, Apparaten und Geräten sind zunächst eine Vielfalt einzelner Anforderungen und Gesichtspunkte wie *Gesetzliche Vorgaben, Funktionalität, Hygienic Design, Lebensdauer, Wartung und Wirtschaftlichkeit* systematisch zu ermitteln und zu analysieren. Vor allem das Gebiet *Hygienic Design* ist in umfassender Weise erst in den letzten Jahren zu einem systematischen Arbeitsgebiet im Bereich der konstruktiven Gestaltung von Anlagen für die Pharma-, Lebensmittel- und Bioindustrie geworden. Da es für Konstrukteure auf diesem Gebiet der Technik keine Ausbildung gibt, müssen sie auf die Erfahrungen zurückgreifen, die in der Praxis der betrieblichen Tätigkeit vorhanden sind. Dabei kann man feststellen, dass die Anwendung von Hygienic Design und die Entwicklung zufriedenstellender Lösungen in unterschiedlichen Branchen unterschiedlich schnell und abhängig von der Kompliziertheit der Anlagen vorangeht. Viele Entwicklungen sind noch im Gange oder werden erst gestartet.

Hygienegerechte Apparate und Anlagen für die Lebensmittel-, Pharma- und Kosmetikindustrie. Gerhard Hauser
Copyright © 2008 WILEY-VCH Verlag GmbH & Co. KGaA, Weinheim
ISBN: 978-3-527-32291-6

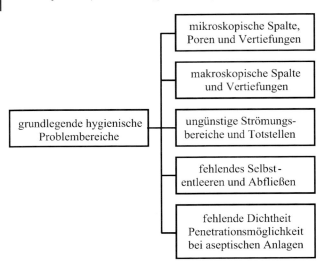

Abb. 8.1 Prinzipielle Zusammenstellung von kritischen Konstruktionsbereichen aus Sicht von Hygienic Design.

Wie bereits in [1] ausführlich dargelegt, ist zunächst eine Strukturierung der Konstruktionsaufgaben in Form von Checklisten hilfreich. Zum Beispiel lassen sich die generellen Problemstellen entsprechend Abb. 8.1 in Kategorien angeben, die Grundlage aller wesentlichen Überlegungen bei der Konstruktion im Detail bis hin zur Ausführung von Anlagen sein können. Dabei sollte man sich bei der Entwicklung von Neukonstruktionen frei von bisherigen Ausführungen machen und zunächst alles bisherige in Frage stellen. Wesentlicher Gesichtspunkt sollte dabei sein, nach *einfachen* Lösungen zu suchen. Hilfestellung können dabei auch die Gestaltungsskizzen in den Normen DIN EN 1672-2 [2] oder DIN EN ISO 14 159 [3] gegeben.

Der Konstrukteur für die Gestaltung von Prozesslinien und ihre Komponenten ist zunächst für Hygienic Design im unmittelbaren Maschinen- und Apparatebereich zusammen mit dem notwendigen Zubehör zuständig. Damit hat er sich in erster Priorität mit allen Fragen des produktberührten Bereichs zu beschäftigen, in dem die höchsten Hygieneanforderungen zu erfüllen sind. Für die Gestaltung des Produktbereichs ist die Überlegung wichtig, ob das Konstruktionsobjekt als *geschlossener* oder als *offener* Prozess einzuordnen ist. Während beim geschlossenen Prozess nur die *inneren* Maschinen- und Apparatebereiche als produktberührt gelten, erweitert sich dies beim offenen Prozess auch auf *außenliegende* Oberflächen. Als Ergebnis sollten *Produktbereich* und *Nichtproduktbereich* jeweils gekennzeichnet werden, um die unterschiedlichen Maßnahmen für die hygienegerechte Gestaltung gegeneinander abzugrenzen.

Nach dieser prinzipiellen Einordnung können die grundlegenden Maßnahmen für Hygienic Design für die Detailkonstruktion diskutiert und festgelegt werden (siehe ausführlicher in [1]). In Abb. 8.2 sind die wesentlichen Elemente zusam-

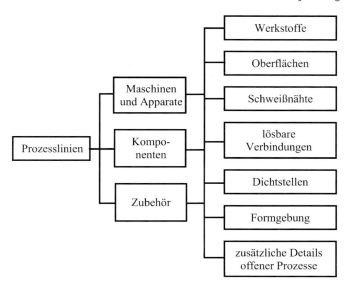

Abb. 8.2 Beispiel für maßgebende Elemente für Detail- und Gesamtkonstruktion von Prozesslinien.

mengestellt, die ausgehend von der *Werkstoffwahl* die Ausführung der *Oberflächen*, die Gestaltung von *Schweißnähten, lösbaren Verbindungen, Dichtstellen* in Form *statischer* und *dynamischer Dichtungen* bis hin zu weiteren *Maschinenelemneten* wie *Wellen, Naben, Antrieben* usw. umfasst. Schließlich ist die *geometrische Formgebung* der Detail- und Gesamtkonstruktion, die meist aufgrund eines Entwurfs unter Berücksichtigung des Gesamtkonzepts grob vorgegeben ist, zu überprüfen und abschließend im Hinblick auf Hygienic Design zu diskutieren.

Zusätzliche Konstruktionsanforderungen für *offene Prozesse* ergeben sich dadurch, dass zu den angeführten Anforderungen noch die Bereiche hinzukommen, die bei geschlossenen Konstruktionen als nichtproduktberührt gelten. Das bedeutet, dass z. B. alle Gehäuseteile, Abdeckungen, Gestelle, Füße, Führungen, Antriebe und Kabel usw. eine Kontaminationsgefahr für das herzustellende Produkt darstellen können und damit als „produktberührt" bzw. „indirekt produktberührt" eingestuft werden müssen. Wenn solche Bereiche bei der hygienegerechten Gestaltung von vornherein nicht berücksichtigt werden, muss im Prinzip ein Nachweis erbracht werden muss, dass Hygienerisiken ausgeschlossen werden können.

Wie bereits angedeutet ist abschließend nochmals zu bemerken, dass eine Umgestaltung bestehender Konstruktionen unter Berücksichtigung der Anforderungen an Hygienic Design meist kompliziert ist und in der Folge dadurch teuer wird. Bei Neukonstruktionen ist es am wichtigsten, neue Wege zu gehen, indem die Funktionen neu analysiert und ein schlüssiges Gesamtkonzept für Funktionalität, Hygienic Design, Herstellbarkeit, Montage, Bedienbarkeit, Wartungsfreundlichkeit und Wirtschaftlichkeit erstellt wird.

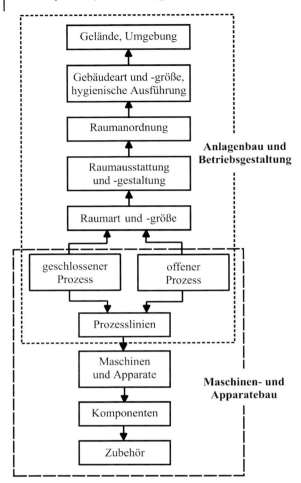

Abb. 8.3 Beispiele für prinzipielle Aufgaben des Maschinen- und Apparatebaus sowie der Anlagen- und Betriebsgestaltung.

Nach grober Festlegung der maschinellen und apparativen Ausstattung der Prozesslinien, ihres Raumbedarfs sowie der notwendigen Ver- und Entsorgungslinien sind die Anforderungen für das Umfeld zu planen und zu gestalten. Die einzelnen Zuordnungen soll als Beispiel Abb. 8.3 aufzeigen. Einige Hinweise dazu werden im Folgenden kurz zusammengestellt.

8.2
Raumzuordnung

Die Anforderungen an die Räumlichkeiten richten sich wesentlich danach, ob es sich um einen geschlossenen oder offenen Prozess handelt (s. auch Abschnitt 5.1.2). Bei geschlossenen Prozesslinien kann der Raum im Allgemeinen dem Nicht-Produktbereich zugeordnet werden, sodass die entsprechenden abgemilderten Anforderungen an Hygienic Design gelten. Bei offenen Prozessen muss der Raum denselben Hygieneanforderungen wie der Produktbereich, d. h. einer hohen Hygienezone entsprechen. Wegen der hohen Anforderungen sollte er so klein wie möglich ausgeführt werden, um nur den eigentlich offenen Bereich zu umgrenzen. In vielen neueren Entwicklungen führt dies zur Isolatortechnik, bei der zusätzlich die Kontaminationsrisiken des Personals ausgegrenzt werden. Zusätzlich sollten bei allen, vor allem aber bei offenen Prozessen die Versorgungsmedien in getrennten Gängen neben oder in Zwischengeschossen über oder unter den Produktionsräumen verlegt werden. Wenn möglich sind Antriebe, wie es z. B. bei Zentrifugen zum Teil möglich ist, und Versorgungsausrüstungen wie Pumpen und Ventile ebenfalls vom Produktraum zu trennen.

8.3
Raumausführung

Glatte, leicht reinigbare Wände und Decken sowie ausreichend tragfähige und rutschsichere, jedoch reinigbare Böden sind die wesentlichen Hygieneanforderungen an Räume (s. auch Abschnitt 5.3.2). Türen und Tore für den Zugang müssen aus korrosionsbeständigen Werkstoffen hergestellt sein. Problemzonen ergeben sich häufig an den Abdichtungen sowie abhängig vom Öffnungsmechanismus z. B. in Gelenkbereichen, Aufhängungen oder Führungen. Reinräume für hohe Anforderungen sollten keine Fenster erhalten. Wenn Vorschriften dies nicht zulassen, sollten Fenster bündig, ohne Sims oder Fensterbrett, zum Raum hin ausgeführt werden. Die Unterseiten der Rahmen sollten abgeschrägt werden, um Ablaufen von Wasser zu ermöglichen.

8.4
Führung von Versorgungsleitungen

Für die Zuführungen von Versorgungsmedien wie Wasser, Dampf, Gas, elektrische Energie usw. zu den Prozesslinien sollten möglichst kurze Wege gewählt werden, die bei offenen Prozessen nicht über den Produktbereich führen dürfen. Als hygienisch besonders günstig erweisen sich direkte vertikale Verbindungen von Zwischengeschossen unmittelbar zu den Maschinenanschlüssen hin. Elektrische Leitungen sollten vereinzelt in Edelstahlgittern verlegt werden, um sie leicht reinigen zu können. Die Verlegung in geschlossenen Rohren mit Stopfbuchsen an den Enden erweist sich als kompliziert und ist nur bei kurzen Wegen z. B. bei direkter Verbindung von Wandanschluss zu Schaltschrank zu empfehlen.

8.5
Anordnung und Ausführung von Ablaufeinrichtungen

Grundsätzlich ist anzustreben, die Bereiche unter den Prozesslinien so weit wie möglich trocken zu halten, um Kontaminationsgefahren auszuschließen. Wenn in Räumen Abläufe oder Ablaufrinnen erforderlich sind, sollten sie vor allem bei offenen Prozessen möglichst weit entfernt, z. B. entlang der Raumwände und möglichst nur auf einer Seite angeordnet werden. Dadurch lässt sich unter Umständen der Boden auf der anderen Seite trocken halten. Die Anordnung unmittelbar unter den Prozesslinien sollte vermieden werden.

In Reinräumen für aseptische Prozesse dürfen keine Ablaufrinnen oder Abläufe installiert werden. Zu entsorgende Medien müssen in Behältern gesammelt und ausgeschleust werden. Dies kann auch über festinstallierte sterilisierbare Behälter mit fester Verrohrung und nach außen erfolgen, die durch Ventile entsprechend abgesichert ist.

8.6
Anordnung und Gestaltung von Raumausrüstungen

Offene Ablaufrinnen sollten mit Gefälle bündig zum Boden verlegt und abgedichtet werden. Eine ausreichende Breite muss eine leichte Reinigung ermöglichen. Aus Sicherheitsgründen sollten leicht entfernbare Gitter zur Abdeckung verwendet werden. Abläufe und Gullys benötigen einen Geruchsverschluss. Sie sollten zur Reinigung leicht zerlegbar ausgeführt werden. Wenn sie während des Prozessablaufs nicht benötigt werden, sollten sie bei offenen Prozessen mit einem abgedichteten Deckel verschlossen werden.

Beleuchtungseinrichtungen für die Grundbeleuchtung sollten bündig und hygienegerecht abgedichtet in Decken und Wände integriert werden. Gitter auf Beleuchtungskörpern sind zu vermeiden. Hängende Leuchten müssen auf der Oberseite abgeschrägt werden, um das Ablaufen von Kondensat zu ermöglichen und das Anlagern von Schmutz sichtbar zu machen.

Die Belüftungseinrichtungen mit Ventilatoren und Filtern sollten über Decken oder hinter Wänden zugänglich installiert werden. Zu- und Abluftvorrichtungen sollten hygienegerecht gestaltet werden. Gezielte Strömungsverhältnisse durch die Art der Filter und die Anordnung der Luftverteilung sind zu bevorzugen.

Rohrleitungen müssen mit einem Gefälle von 3° verlegt werden, weder nicht entleerbare Bereiche noch Stellen mit Gaseinschlüssen aufweisen, mit hygienegerechten Dehnungsmöglichkeiten wie z. B. natürlicher Kompensation versehen werden und bei Wand- und Deckendurchführungen in abgedichteten Schutzrohren verlegt werden. Im Bereich offener Prozesse müssen auch Rohrhalterungen hygienegerecht d. h. leicht reinigbar gestaltet sein.

Verteiler- und Schaltschränke sollten mit ausreichendem Abstand zur Wand sowie genügender Bodenfreiheit aufgestellt werden. Abdichtungen sind sowohl zum Boden als auch zur Wand als hygienisch problematisch einzustufen. Die Oberseiten der Schränke sollten soweit abgeschrägt werden, dass Sichtflächen entstehen, die Verschmutzungen erkennen lassen.

8.7
Gebäudegestaltung

Innerhalb der Gebäude ist zunächst die Anordnung getrennt nach Produktions-, Technik-, Versorgungs- und Sozialräumen vorzunehmen. Durch die hygienegerechte Gestaltung der äußeren Gebäudekonstruktion sollen Kontaminationsgefahren für Innenbereiche ausgeschlossen werden. Dazu müssen durch gestalterische Maßnahmen wie Werkstoffwahl und glatte Flächen Schmutzablagerungen oder -ansätze an den Außenkonstruktionen minimiert und die äußeren Bereiche in sauberem Zustand gehalten werden (s. auch Abschnitt 5.2.3). Hygienische Anforderungen an die bauliche Gestaltung und Konstruktion betreffen sowohl Fundamente, Außenwände, Mauerwerk und Dächer als auch Fenster, Türen und Öffnungen für Be- und Entlüftung usw., um die Bereiche der Herstellung und Handhabung von Produkten an den Durchgangstellen von außen nach innen soweit wie möglich vor Kontaminationsquellen und Schädlingen abzuschirmen.

8.8
Außenbereiche von Anlagen

Obwohl die Herstellung von Produkten innerhalb von Gebäuden abläuft, beeinflussen die Bedingungen außerhalb auch das Innere des Betriebes, da z. B. Rohstoffe, Gebrauchs- und Verbrauchsmittel und Personal von außen in den Betrieb kommen und als potenzielle Träger von Hygienerisiken angesehen werden müssen (s. auch Abschnitt 5.2). Deshalb sind entscheidende Merkmale für eine hygienegerechte Anlage sowohl die Lage des Ortes als auch die Gestalt des Geländes. In vielen Fällen sind Regeln für Emissionen von Lärm oder Geruch vorgegeben. Auch die betriebsinternen Hygienezonen müssen in der Phase der Vorbereitung und Strukturierung des Grundstücks berücksichtigt werden. Besondere Maßnahmen für Zonen mit höheren Hygieneanforderungen wie z. B. für Außensilos oder Lagerbehälter müssen eventuell zusätzlich abgegrenzt werden. Andere Bereiche auf dem Gelände, wie z. B. Abwasseraufbereitung, Entwässerung, Kanalsysteme, Luftaufbereitung usw. müssen unter Hygieneaspekten geplant werden, um Kontaminationsrisiken z. B. für Frischluft auszuschließen. Die Landschaftsgestaltung auf dem Betriebsgelände stellt einen weiteren wichtigen Einflussfaktor dar, da sich durch Bäume, Büsche und Gras, die zu nahe an die

Betriebsgebäude heranreichen, die Möglichkeit erhöht, dass Ungeziefer in die Gebäude eindringt. Eine wichtige Rolle spielen Instandhaltung und regelmäßige Wartung des Geländebereichs. Sie müssen dafür sorgen, dass die Bedingungen zum Schutz vor Kontamination der Produkte ständig aufrechterhalten werden. Grundsätzlich muss das Betriebsgelände in sauberem und ordentlichen Zustand sowie frei von Gerüchen gehalten werden.

8.9
Ausblick

Abschließend lässt sich sagen, dass die Gestaltung hygienerelevanter Betriebe ein Gesamtkonzept verlangt, in dem die einzelnen Bereiche miteinander verzahnt sind. Dabei spielt die hygienegerechte Gestaltung in allen Stufen eine Rolle, obwohl letztendlich im Prozess- und Produktbereich die Hauptanforderungen zu sehen sind.

Für den gesamten Personenkreis, der in den Gestaltungs- und Errichtungsprozess eingebunden ist, sind Ausbildungskonzepte und Schulungen notwendig, die vor allem auch die wesentlichen Grundlagen enthalten müssen, die für die beteiligten Gruppen außerhalb ihres üblichen Betrachtungs- und Erfahrungsbereichs liegen. Hierzu gehören z. B. die grundlegenden Auswirkungen mikrobiologischer Einflüsse, das Haftverhalten von Substanzen im Mikro- und Nanobereich, die Wirkung wandnaher Strömungen (laminare Unterschicht) sowie der Einfluss von Diffusion in oberflächennahen Schichten und an hygienischen Problemstellen, wo Strömungseffekte keine Wirkung zeigen. Alles das ist für das Verstehen in allen Bereichen der hygienegerechten Gestaltung eine grundlegende Voraussetzung. Allerdings können auf diesen Gebieten bei weitem noch nicht alle Fragen bezüglich der Einflüsse auf hygienegerechte Maßnahmen bei der Konstruktion beantwortet werden, so dass auch in Zukunft wissenschaftliche Grundlagen durch Forschungsvorhaben bereitgestellt werden müssen.

Es wird noch nicht in allen Betrieben der Produktherstellung als notwendig erachtet, dass das Verständnis für Hygienic Design bzw. für hygienische Problemstellen in Anlagen auch für den Anwender, vor allem aber für das für den Prozess verantwortliche Personal, eine notwendige Voraussetzung für eine hygienisch einwandfreie Produktion ist und einen höheren Stand erreichen muss. Vor allem Fragen im Bereich von HACCP bzw. der Validierung sind eng mit der Anlagengestaltung verbunden. Auch hier sollten im Rahmen der notwendigen Schulungen Grundlagen der hygienegerechten Gestaltung in festen Abständen zum Ausbildungsprogramm gehören.

Für Konstrukteure und Anlagenbauer ist es außerdem wichtig, dass weitere universell anwendbare Testmethoden entwickelt werden, die es gestatten, eine entstehende oder fertiggestellte Konstruktion in Bezug auf hygienegerechte Gestaltung objektiv zu beurteilen und zu optimieren.

Für alle, die in den relevanten Bereichen in Gestaltungsprozesse involviert sind, sollte der Begriff *Hygienic Design* nicht mit Kompliziertheit der technischen Ausführung und hohen Kosten sondern mit dem Leitwort *„hygienegerecht gestalten heißt einfache Lösungen anstreben"* verbunden sein. Im Englischen ist der Begriff „keep it simple" prägend.

Literatur

Literatur zu Kapitel 1

1 Hauser, G.: Hygienische Produktionstechnologie, Wiley-Verlag, April 2008, ISBN: 978-3-527-30307-6
2 EHEDG: Hygienic design of closed equipment for the processing of liquid food, Guideline Doc. Nr. 10, EHEDG updated 2006
3 EHEDG: Hygienic design of equipment for open processing, Guideline Doc. Nr. 13, EHEDG updated 2006
4 EN 1620, Biotechnik, Verfahren im Großmaßstab und Produktion, Gebäude entsprechend dem jeweiligen Gefährdungsgrad, Juli 1996, Beuth Verlag GmbH, Berlin
5 Schmidt, R.: Materialoberflächen und Sterilität. PROCESS (1999), Heft 11
6 Bongrand, P.; Claesson, P. M.; Curtis, A. S. G. (Eds.): Studying Cell Adhesion, Springer, Berlin/Heidelberg/New York 1994.
7 VDMA: Materialoberflächen in der Reinstraum- und Steriltechnik, VDMA Verlag, 2005, ISBN 3-8163-0506-7
8 DIN EN ISO 4287, Norm: Geometrische Produktspezifikationen (GPS) – Oberflächenbeschaffenheit: Tastschnittverfahren – Benennungen, Definitionen und Kenngrößen der Oberflächenbeschaffenheit 1998-10 (ISO 4287:1997); Deutsche Fassung EN ISO 4287: 1998
9 EHEDG: Hygienic Equipment Design Criteria, Guideline Doc. 8, EHEDG, 2005
10 DIN EN 10 088-2, Ausgabe: 1995-08 Nichtrostende Stähle – Teil 2: Technische Lieferbedingungen für Blech und Band für allgemeine Verwendung; Deutsche Fassung EN 10 088-2: 1995
11 DIN 11 480, Milchwirtschaftliche Maschinen, Tanks und Apparate, Oberflächen, Juni 1992 (wird 2008-05 ersatzlos zurückgezogen)
12 VDMA 24432: Komponenten und Anlagen für keimarme oder sterile Verfahrenstechniken; Qualitätsmerkmale und Empfehlungen, Technische Regel, 1992-11
13 DIN 11 866: Rohre aus nichtrostendem Stahl für Aseptik, Chemie und Pharmazie – Maße, Werkstoffe, Norm, 2008-01
14 Bobe, U. et al.: Optimierung von Reinigungsverfahren in der Lebensmittelindustrie bei Oberflächen mit makroskopischen und mikroskopischen Fehlstellen (Schweißnähte, Risse, Poren) in Verbindung mit der Auswahl und dem Verbrauch von lebensmittelgerechten Reinigungsmitteln und Tensiden, Abschlussbericht, AiF-FV 13586 N – Anschluss zu AiF-FV 12636 N
15 Flemming, H. C., Wingender, J.: Biofilme – die bevorzugte Lebensform der Bakterien, Biologie in unserer Zeit, Nr. 3 31. Jahrg., 2001
16 Flemming, H.-C.: Biofouling und Biokorrosion – die Folgen unerwünschter Biofilme, Chemie Ingenieur Technik (67) 11, 1995
17 Schmidt, R.: Mathematical Modeling of Destruction Mechanisms and Biofilm Reactions. ch. 5. In: E. Heitz, W. Sand, H.-G. Flemming (Eds.): Microbially Influenced Corrosion of Materials. Springer, Berlin/Heidelberg 1996, pp. 56–72.
18 Informationsstelle Edelstahl Rostfrei: Merkblatt 968, Mechanische Ober-

flächenbehandlung nichtrostender Stähle in dekorativen Anwendungen, 1. Auflage 2005
19 Euro Inox, Crookes, R.: Beizen und Passivieren nichtrostender Stähle; Luxemburg, 2. Auflage 2007, ISBN 978-2-87997-262-6
20 EHEDG: Passivation of stainless steel, Guideline Doc. 18, EHEDG, 1998
21 Informationsstelle Edelstahl rostfrei: Borges, W., Mitwirkung: Pießlinger-Schweiger, S.: Elektropolieren und Polieren nichtrostender Stähle, Merkblatt 823,, Düsseldorf, 1. Auflage Oktober (1995)
22 ISO 15 730: Metallische und andere anorganische Überzüge – Elektropolieren als Mittel zum Glätten und Passivieren von rostfreiem Stahl, Norm, 2000-12
23 Pießlinger-Schweiger, S.: Elektropolieren hochwertiger funktioneller Edelstahloberflächen, Chemie-Technik, 12, Heft 4 (1983)
24 EHEDG: General hygienic design criteria for the safe processing of dry particulate materials, Guideline Doc. 22, EHEDG, 2001
25 Richtlinie 2006/42/EG des Europäischen Parlaments und des Rates vom 17. Mai 2006 über Maschinen und zur Änderung der Richtlinie 95/16/EG (Neufassung), Amtsblatt der Europäischen Union, L 157/24, L 157/24
26 DIN EN 1672-2: Nahrungsmittelmaschinen – Allgemeine Gestaltungsleitsätze – Teil 2: Hygieneanforderungen; Norm, 2005-07; Deutsche Fassung EN 1672-2: 2005, Norm-Entwurf 2008-04
27 DIN EN ISO: Sicherheit von Maschinen – Hygieneanforderungen an die Gestaltung von Maschinen (ISO 14 159: 2002); Deutsche Fassung EN ISO 14 159: 2004-05, Norm-Entwurf 2008-02
28 Grasshoff, A., Reuter, H.: Untersuchungen zum Reinigungsverhalten zylindrischer Toträume, Chem.-Ing.-Tech. 55 (1983), Nr. 5
29 EHEDG: Welding stainless steel to meet the hygienic requirements, Guideline doc. 9, EHEDG, 1993
30 EHEDG: Welding of Stainless Steel tubing in the food industry, Guideline doc. 35, EHEDG, 2004
31 Informationsstelle Edelstahl Rostfrei: Schweißen von Edelstahl; Merkblatt 823, 4. Auflage 2004, Düsseldorf
32 Lohmeyer, S.: Edelstahl, Eigenschaften, optimale Verarbeitung und Korrosionsschutz hochlegierter Stähle, Band 70, Kontakt & Studium, Werkstoffe, expert verlag, 1981
33 Informationsstelle Edelstahl Rostfrei: Die Verarbeitung von Edelstahl Rostfrei; Merkblatt 822, 3. Auflage 2001, Düsseldorf
34 Henkel, G.: Hinweise zur Bildung, Entstehung und Wirkung von δ (Delta)-Ferrit in austenitischen Edelstahllegierungen (Werkstoffnummern 1.4404/1.4435), Aufsatz Nr. 32, Sonderdruck Dockweiler, 1999
35 DVS 0917: Unterpulverschweißen austenitischer Stähle, Technische Regel, Ausgabe: 2006-10
36 DIN EN 1011-3: Empfehlungen zum Schweißen metallischer Werkstoffe, Teil 3: Lichtbogenschweißen von nichtrostenden Stählen, Januar 2001
37 DIN EN 439: Schweißzusätze – Schutzgase zum Lichtbogenschweißen und Schneiden, Ausgabe: 1995-05, Deutsche Fassung EN 439:1994
38 Henon, B. K.: Orbital welding of stainless steel tubing for biopharmaceutical, food and dairy use, Sept. 1999, Arc Machines, Inc., Pacoima, California,
39 DVS 3203-3: Qualitätssicherung von CO_2-Laserstrahlschweißarbeiten; Laserstrahl-Schweißeignung von metallischen Werkstoffen, Technische Regel, Ausgabe: 1990-01
40 DIN 11 480 Norm: Milchwirtschaftliche Maschinen; Tanks und Apparate; Oberflächen, 1992-06
41 DIN 10 502-1 Norm: Lebensmittelhygiene – Transportbehälter für flüssige, granulatförmige und pulverförmige Lebensmittel – Teil 1: Werkstoffe und konstruktive Merkmale, Teil 2: Beurteilung der Eignung, 2000-11
42 ASME: Bioprocessing Equipment, BPE-2002, Revision of ASME BPE-1997
43 Euro Inox und DSLV Duisburg: Richtlinien für die Schweißtechnische Verarbeitung nichtrostender Stähle, Reihe Werkstoffe und Anwen-

dungen, Band 9, Euro Inox, 2007, ISBN 978-2-87997-241-1
44 Potente, H.: Fügen von Kunststoffen, Hanser Fachbuchverlag, 2004-04, ISBN 978-3-446-22755-2
45 DIN 1910, Teil 3: Schweißen, Schweißen von Kunststoffen, Verfahren, Sept. 1977-09
46 Georg Fischer, +GF+: Wulst und nutfreie Rohrleitungssysteme, Fi 5604/1a Georg Fischer Rohrleitungssysteme AG, CH-8201 Schaffhausen/Schweiz, 2001
47 Bayer AG: Laserdurchstrahlschweißen Bayer-Thermoplaste, Anwendungstechnische Informationen, Sept. 2001, plastics.bayer.de/pdf/A1142DE.PDF
48 Habenicht, G.: Kleben – Grundlagen, Technologien, Anwendungen, 5. erweiterte und akrualisierte Ausgabe, Springer Verlag, Berlin, Heidelberg, 2006, ISBN 978-3-540-26273-2
49 Merkblatt 382: Das Kleben von Stahl und Edelstahl Rostfrei, 5. Auflage 1998, Informations-Zentrum Edelstahl Rostfrei, Düsseldorf
50 Code of Federal Regulations (U. S. Goverment Printing Office): Indirect Food Additives: Adhesives and Components of Coatings, 21CFR175, Revised as of April 1, 2001
51 Pfeifer, Jochen: Einfluss der Wasseraktivität sowie des Milieus zwischen Dichtungen und Dichtflächen auf die Hitzeinaktivierung von Mikroorganismen am Beispiel bakterieller Sporen, Dissertation, Fakultät für Brauwesen, Lebensmitteltechnologie und Milchwissenschaft, TU-München, 1992
52 EHEDG: A method for the assessment of bacteria tightness of food processing equipment, Guideline Document 7, EHEDG, 1990
53 LFGB, Bekanntmachung der Neufassung des Lebensmittel- und Futtermittelgesetzbuches, BGBl 2006 Teil I Nr. 20, 27. April 2006
54 BFR: Datenbank Kunststoff-Empfehlungen, www.bfr.bund.de/cd/447
55 European Commission, Health & Consumer Protection Directorate-General: Synoptic Document – Provisional List of Monomers and Additives notified to European Commission as Substances which may bBe used in the manufacture of Plastics or Coatings intended to come into contact with Foodstuffs, updated 2005-06, ec.europa.eu/food/food/chemicalsafety/foodcontact/synoptic_doc_en.pdf
56 European Commission, Health & Consumer Protection Directorate-General: Food Contact Materials – Practical Guide, updated 2003-04, ec.europa.eu/food/food/chemicalsafety/foodcontact/practical_guide_en.pdf
57 Code of Federal Regulations CFR: Indirect Food Additives, 21CFR177, U. S. Government Printing Office
58 Jost, H.: Komponenten für die pharmazeutische Industrie und Biotechnologie, Neumo, Fachartikel technopharm TNI, 2007
59 EHEDG: Hygienic Pipe Couplings, Guideline Doc. 16, EHEDG, 1995
60 ISO 3601-1, Norm: Systeme der Fluidtechnik; O-Ringe – Teil 1: Innendurchmesser, Querschnitte, Grenzabmaße und Größenkennzeichnung, Teil 3: Kriterien der Güteabnahme; 2002-08; ISO/FDIS 3601-1, Norm-Entwurf, 2008-04: Fluidtechnik – O-Ringe – Teil 1: Innendurchmesser, Schnurdurchmesser, Toleranzen und Bezeichnungsschlüssel
61 DIN 3771-5: Fluidtechnik; O-Ringe; Berechnungsverfahren und Maße der Einbauräume, Norm, 1993-11
62 DIN 11 864, Armaturen aus nichtrostendem Stahl für Aseptik, Chemie und Pharmazie – Teil 1: Aseptik-Rohrverschraubung, Normalausführung; Teil 2: Aseptik-Flanschverbindung, Normalausführung; Teil 3: Aseptik-Klemmverbindung, Normalausführung; Norm, 2006-01
63 DIN 11 851: Armaturen für Lebensmittel, Chemie und Pharmazie – Rohrverschraubungen aus nichtrostendem Stahl – Ausführung zum Einwalzen und Anschweißen, 1998-11
64 ISO 2852: Klemmverbindungen für Rohre aus nichtrostendem Stahl für die Lebensmittelindustrie, Norm, 1993-06
65 DIN 32 676: Armaturen für Lebensmittel, Chemie und Pharmazie – Klemmverbindungen für Rohre aus nichtrostendem Stahl – Ausführung zum Anschweißen, Norm, 2001-02

66 Mosse, R., van der Post, J.: A Pipe Joint and a Gasket therefore, Hyjoin, Advanced Couplings Limited, GB; www.wikipatents.com/ca/2405056.html
67 DIN 3760: Radial-Wellendichtringe, Norm, 1996-09
68 Liedtke, U., Paasch, D.: Spalt- und totraumfrei – Hygiene-Wellendichtring aus PTFE, cav, 2/2007
69 DIN 28 138: Teil 1: Gleitringdichtungen für Rührwellen; Rührwellen aus unlegiertem und nichtrostendem Stahl; Betriebsdaten, Einbaumaße, 2006-6
70 EHEDG: Design of Mechanical Seals for hygienic and aseptic applications, Guideline doc. 25, 2002
71 DIN 28 138-3: Gleitringdichtungen für Rührwellen; Bezeichnung, Sperrflüssigkeits-, Kühl-, Kontroll- und Montageanschlüsse, 1983-10
72 DIN EN 12 690 Norm, 1999-04: Biotechnik – Leistungskriterien für Wellendichtungen; Deutsche Fassung EN 12 690:1999
73 DIN ISO 1891 (Norm-Entwurf): Mechanische Verbindungselemente – Benennungen, 2007-06
74 DIN ISO 1891, Norm, Ausgabe: 1979-09, Mechanische Verbindungselemente; Schrauben, Muttern und Zubehör, Benennungen
75 DIN 917: Sechskant-Hutmuttern, niedrige Form, 2000-10
76 DIN 1587: Sechskant-Hutmuttern, hohe Form, 2000-10
77 DIN EN ISO 4014 (Berichtigung 1): Sechskantschrauben mit Schaft, Produktklassen A und B, Norm, 2006-10 (ISO 4014:1999); Deutsche Fassung EN ISO 4014:2000, Berichtigungen zu DIN EN ISO 4014:2001-03
78 EHEDG: Production and use of food-grade lubricants, Guideline doc 23; 2002
79 Code of Federal Regulations: Lubricants with incidental food contact, 21CFR178.3570, April 2002, USA, U. S. Government Printing Office
80 DIN 11 484: Milchwirtschaftliche Maschinen; Rührwerke; Anforderungen an die Reinigungsfähigkeit, Norm, 1990-02
81 Richtlinie des Rates: 73/23/EWG vom 19. Februar 1973 zur Angleichung der Rechtsvorschriften der Mitgliedstaaten betreffend elektrische Betriebsmittel zur Verwendung innerhalb bestimmter Spannungsgrenzen, EG-Niederspannungsrichtlinie, ABl. L 77 vom 26.3.1973
82 K-Magazin: HygienicDrive^{TM} von Danfoss Bauer, www.k-magazin.de

Literatur zu Kapitel 2

1 Hauser, G.; Michel, R.: Rohrleitungen und Armaturen in der Lebensmittel- und Getränkeindustrie, 3-R-international 24 (1984), Nr. 4
2 Hauser, G.; Michel, R.: Entscheidungshilfen für technische und mikrobiologische Kontrollmaßnahmen an automatisierten Produktleitungen in der Lebensmittelindustrie, ZFL 35 (1984), Nr. 1
3 Schmitt, W.: Ermittlung des wirtschaftlich optimalen Durchmessers von Rohrleitungen in verfahrenstechnischen Anlagen, Prozessrohrleitungen, Handbuch, 2. Auflage, Vulkan Verlag, 1989
4 EHEDG, Hygienic design of closed equipment for the processing of liquid food, Doc. 10, 1993, modified: Apr. 2007
5 Informationsstelle Edelstahl Rostfrei (ISER): Edelstahl Rostfrei – Eigenschaften,„ Merkblatt 821, 4. Auflage 2006
6 Basler Norm BN 2, BCI, Arbeitsgruppe Chemieanlagenbau, Basler chemische Industrie Ausgabe 1997-06-19
7 Henkel, G.: Hinweise zur Bildung, Entstehung und Wirkung von δ (Delta)-Ferrit in austenitischen Edelstahllegierungen (Werkstoffnummern 1.4404/1.4435), Aufsatz Nr. 32, Sonderdruck Dockweiler, 1999
8 Schlipf, M.: Kleine Veränderung mit großer Wirkung -Fluorpolymere der 2. Generation für den schwierigen Korrosionsschutz im chemischen Apparatebau, Sonderdruck, cav, 2/99
9 Henkel, G., Henkel, B.: Der Reinheitszustand einer Edelstahloberfläche und diesbezügliche Messmethoden, Aufsatz Nr 57, Rev. 01, Technical Bulletin provided by Henkel Pickling and Electropolishing, 2003
10 Hauser, G.; Michel, R.; Sommer, K.: Hygienische Gesichtspunkte bei der Konstruktion von lebensmittelver-

arbeitenden Anlagen, Deutsche Milchwirtschaft 36 (1985), Nr. 51-52,
11 Hauser, G.: Hygienische Produktionstechnologie, Wiley-Verlag, April 2008, ISBN: 978-3-527-30307-6
12 DIN 11 852: Armaturen für Lebensmittel und Chemie – Formstücke aus nichtrostendem Stahl – T-Stücke, Bogen und Reduzierstücke zum Anschweißen, Norm-Entwurf, 2007-09
13 DIN 11 866, Norm, 2008-01: Rohre aus nichtrostendem Stahl für Aseptik, Chemie und Pharmazie- Maße, Werkstoffe
14 Welding stainless steel to meet hygienic requirements, EHEDG Doc. 9, 1993, modified 2007
15 Welding of Stainless Steel tubing in the food industry, EHEDG Doc. 35, modified 2007
16 ANSI/ASME BPE-2005; Bioprocessing Equipment, American Society of Mechanical Engineers; 2005
17 ANSI/AWS D18.2: Guide to Weld Discoloration Levels on Inside of Austenitic Stainless Steel Tube, American Welding Society, 01-Jan-1999
18 J. Barz, M. et. Al.: Interaction of Cells with Surfaces: A Study on Fluorocarbon PlasmaCoatings, Vortrag + Abstr., Veranstaltung: PSE 2006, Garmisch-Partenkirchen, 11.–15. September 2006
19 Georg Fischer GF: Ultrapure Water – High purity system solutions for high end water applications, Firmenbrochure, www.piping.georgfischer.com, übernommen 03-2008
20 Läderach, W.: Echte Alternative – Kunststoffrohrleitungen für pharmazeutische Reinstwassersysteme, Pharma + Food 6/2004
21 Büchi: Technische Informationen, Apparate- und Rohrleitungsbau mit Borosilikatglas, Katalog Nr. 8801, Kap. 2; zitiert: März 2008; www.buchiglas.ch
22 DIN EN 12 585, Norm, 1999-03: Apparate, Rohrleitungen und Fittings aus Glas – Rohrleitungen und Fittings DN 15 bis DN 1000 – Verbindbarkeit und Austauschbarkeit; Deutsche Fassung EN 12 585:1998
23 ISO 3587: Apparaturen, Rohrleitungen und Rohrverbindungen aus Glas; Rohrleitungen und Rohrverbindungen mit Nennweiten von 15 bis 150 mm; Anschlußfähigkeit und Austauschbarkeit, Norm, 1976-04
24 ISO 4704: Apparaturen, Rohrleitungen und Rohrverbindungen aus Glas; Apparatur-Bauteile aus Glas, Norm, 1977-07
25 Fa. Schott: Schott Technical Glasses – Physical and technical properties, Firmenschrift, Oct. 2007, Mainz
26 Phoenix Fluid Handling Industry: Katalog, Hamburg, www.phoenix-ag.com, übernommen 2004
27 Schmidt, Th.: Flexibel bleiben – PTFE-Glattschläuche im KiloLab von Bayer Chemicals, CHEMIE TECHNIK Nr. 1/2, 2004 (33. Jahrgang)
28 Hauser, G., Sommer, K.: Basic Aspects on Plant Cleaning in the Food Industry; In Proceedings of the 2. Conference „Engineering Inovation in the Food Industry: Its Role in Quality Assurance", University of Bath, Great Britain, 9.–11. April 1990, R. W. Field et al., 1990
29 Richtlinie 2006/42/EG des Europäischen Parlaments über Maschinen (EG-Maschinenrichtlinie); 17. Mai 2006
30 DIN 11 850: Rohre für Lebensmittel, Chemie und Pharmazie – Rohre aus nichtrostenden Stählen – Maße, Werkstoffe; Norm, 1999-10 (Norm-Entwurf, 2006-02)
31 DIN EN ISO 1127: Nichtrostende Stahlrohre – Maße, Grenzabmaße und längenbezogene Maße, 1997-03 (ISO 1127:1992); Deutsche Fassung EN ISO 1127:1996
32 DIN EN 10 217-7: Geschweißte Stahlrohre für Druckbeanspruchungen – Technische Lieferbedingungen – Teil 7: Rohre aus nichtrostenden Stählen; Norm, 2005-05; Deutsche Fassung EN 10 217-7:2005
33 ANSI/ASME B36.10: Welded and Seamless Wrought Steel Pipe, 2004
34 ANSI/ASME B36.19M: Stainless Steel Pipe, 2004
35 Rechenberg, I.: Eine kurze Geschichte der Evolutionstrategie, Umsicht zur Sache, Workshop, 2. 6. 2005, Techn. Univ. Berlin
36 Forkert, J.: Strömungsoptimierung 90°-Rohrbögen; www.flow-optimization.com Ingenieurbüro Dr. Jan Forkert
37 Graßhoff, A., Reuter, H.: Untersuchungen zum Reinigungsverhalten zylind-

rischer Toträume, Chem.-Ing.-Tech. 55 (1983) Nr. 5, S. 406 – 407
38 GEA Tuchenhagen: Varicomp-Dehnungskompensator für hygienische und aseptische Anwendungen, Process Equipment Division, Büchen
39 DIN 11 864, Norm, 2006-01: Armaturen aus nichtrostendem Stahl für Aseptik, Chemie und Pharmazie – Teil 1: Aseptik-Rohrverschraubung, Normalausführung, Teil 2: Aseptik-Flanschverbindung, Normalausführung, Teil 3: Aseptik-Klemmverbindung, Normalausführung
40 DIN 11 481, Milchwirtschaftliche Maschinen, Betriebsmittel-Rohrleitungen in Molkereibetrieben; Verlegung und Wärmedämmung, März 1981
41 DVGW G 469: Druckprüfverfahren für Leitungen und Anlagen der Gasversorgung, Technische Regel, 1987-07
42 DVGW G 472: Gasleitungen bis 10 bar – Betriebsdruck aus Polyethylen (PE 80, PE 100 und PE-Xa) – Errichtung, Technische Regel, 2000-08
43 Unilever Research & Engineering, Hygienic plant engineering requirements, SEACO (Safety, Health and Environment Advisory Committee), Unilever, 1992
44 EHEDG: A method for assessing the in-place cleanability of food processing equipment, Doc 2, updated 2004
45 Jost, H.: Keine Schwachheiten, Chemie Technik, July 2007
46 EHEDG: Certified Equipment, www.ehedg.org
47 DIN 11 851: Armaturen für Lebensmittel, Chemie und Pharmazie – Rohrverschraubungen aus nichtrostendem Stahl – Ausführung zum Einwalzen und Anschweißen, 11, 1998
48 ISO 2853, Rohrverschraubungen aus nichtrostendem Stahl für die Lebensmittelindustrie, Ausgabe: 1993-06
49 Unilever Research & Engineering, Hygienic plant engineering requirements, SEACO (Safety, Health and Environment Advisory Committee), Unilever, 1992
50 EHEDG, Hygienic pipe couplings, Doc. 16, 1997
51 DIN 32 676: Armaturen für Lebensmittel, Chemie und Pharmazie – Klemmverbindungen für Rohre aus nichtrostendem Stahl – Ausführung zum Anschweißen, Norm, 2001-02; Norm-Entwurf, 2007-09
52 HYJOIN Ltd (Incorporated in the United Kingdom): A gasket device for a pipe joint, GB2377975 (GB0118032.2), 24 Jul 2001, Patents and Designs Journal No. 593229, January 2003
53 DIN 11 854: Armaturen für Lebensmittel; Schlauchverschraubungen aus nichtrostendem Stahl; Schlauch-Gewindestutzen, Schlauch-Kegelstutzen, Norm, 1991-01
54 EHEDG: General hygienic design criteria for the safe processing of dry particulate materials, Guideline Doc. 22, 2001
55 EHEDG: Hygienic design of valves for food processing, Guideline Doc. 14, 2004
56 Amri: Butterfly Valves for High Corrosion, Ultra High Purity and General Industrial Applications, Firmenschrift C-1002/08.01.2001 Revision 2, AMRI, Inc. Houston, Texas
57 EHEDG, Doc. 20: Hygienic design and safe use of double-seat mixproof valves, 2000
58 Hauser, G., Krüs, H.: Hygienegerechte Gestaltung von Bauteilen für die Lebensmittelherstellung (Schwachstellenanalyse durch Tests und numerische Berechnungen), 1997, www.cyclone.nl/ventil/ventil.htm
59 DIN 2430-1, Rohrleitungen für Molchanlagen – Teil 1: Rohre und Rohrbögen,: 09.2001 (Norm-Entwurf, 2008-04), Teil 2: Rohrverbindungen, 11.2002 (Norm-Entwurf, 2008-04), Teil 3: Prüfungen vor Inbetriebnahme, 11.2002 (Norm-Entwurf, 2008-04)
60 Molitor, F.: Werkstoffkundliche Anforderungen an Molche bei Prozessmolchanlagen, Semesterarbeit, FH Nordakademie, Hochschule der Wirtschaft, Fachbereich: Wirtschaftsingenieurwesen, 04. 2003
61 Heep, D., Hofmann, R. C., Fuller, M.: Besen mit Turbolader – Molchsystem für die Reinigung von Schüttgut-Förderleitungen, CHEMIE TECHNIK, 30, Nr. 12, 2001
62 Arbeitsgemeinschaft Druckbehälter (AD): Sicherheitseinrichtungen gegen Drucküberschreitung, AD-Merkblatt A2: Sicherheitsventile, VdTÜF, 2002

63 Stüber, E.: Hygienisch Dampf ablassen, Sicherheitsventile für Pharmaanlagen, Chemie Technik29. Jahrgang (2000), Nr. 5
64 EHEDG: Doc17: Hygienic desing of pumps, homogenisers and dampening devices
65 3-A Sanitary Standards, Doc. No. 3A 02-09: Centrifugal and Positive Rotary Pumps for Milk and Milk Products, 01-Nov-1996
66 EHEDG: Doc. 25: Design of Mechanical Seals for hygienic and aseptic applications, 2002
67 DIN EN 12 462, Ausgabe: 1998-10, Biotechnik – Leistungskriterien für Pumpen; Deutsche Fassung EN 12 462:1998
68 Firmenschrift: Rotary positive displacement pumps, 2/97, Waukesha Cherry-Burrell, Delavan, WI, USA
69 Netzsch: Geometrie-Ausführungen – Für jeden Anwendungsfall die richtige Geometrie – möglich mit dem modularen Baukastensystem von NETZSCH!, Firmenschrift, NETZSCH Mohnopumpen GmbH, Waldkraiburg (www.netzsch-pumpen.de/de/geometrien/), übernommen 2008
70 Europäisches Patentamt: European Application, EP 1 637 739 A1, Vane pump comprising a two-part stator, Applicant: Maso Process-Pumpen GmbH, Ilsfeld, 2006
71 Störk, U.: Hochdruck-Plungerpumpen für superkritischeFluide, Fachberichte, 2001, URACA Pumpenfabrik GmbH & Co. KG, Bad Urach
72 GDF: Sterilisierbare Dichtungen und Komplettkolben, Firmenschrift, GDF-Gesellschaft für Dichtungstechnik mbH, Brackenheim, www.seals.de (zitiert 2008)
73 Firmenbroschüre: Eine saubere Lösung, Dosiersystem easyclean, Highlight Nr. 4, Herbert Grunwald GmbH, Wangen, Allgäu, www.grunwald-wangen.de, 12-2004
74 LEWA ecodos sanitary Diaphragm pump series, Firmenbroschüre, D1-402 en · 05.2006, LEWA Herbert Ott GmbH+Co, Leonberg (www.lewa.de)
75 Technische Information TI 344F/00/de: Füllstand-Radar micropilot, Endress + Hauser Meßtechnik GmbH + Co., Weil am Rhein
76 Emaillierte pH-Messsonde, Pfaudler-Werke GmbH, Schwetzingen,
77 Technische Information TI 245F/00/de: Füllstandgrenzschalter liquiphant FTL 330 L, Endress+Hauser Meßtechnik GmbH + Co., Weil am Rhein
78 Rohrdruckmittler – Für die sterile Verfahrenstechnik, WIKA Alexander Wiegand GmbH & Co. KG, 63911 Klingenberg
79 Magnetisch induktiver Durchflussmesser FSM4000, ABB Automation Products GmbH, 63755 Alzenau, www.abb.de/durchfluss
80 Schwebekörper Durchflussmesser, KROHNE Messtechnik GmbH & Co. KG, 47058 Duisburg
81 Coriolis Massedurchflussmesser, Yokogawa Deutschland GmbH, 40880 Ratingen
82 Druckmittler: Foxboro Eckardt GmbH, 70333 Stuttgart
83 Sterilanschluss, Membran-Druckmittler, für Lebensmittel-, Bio- und Pharmaindustrie: WIKA Alexander Wiegand GmbH & Co. KG, 63911 Klingenberg

Literatur zu Kapitel 3

1 Hauser, G.: Hygienische Produktionstechnologie, Wiley-Verlag, April 2008, ISBN: 978-3-527-30307-6
2 EHEDG, Doc. 13: Hygienic design of open equipment for processing of food, Second Edition, 2005
3 Entwicklung innovativer Strategien zur effizienten und umweltschonenden Bekämpfung von Biofilmen in der Lebensmittelindustrie am Beispiel der Bierabfüllung; A: 13042; Abschlussbericht, Abt. Mikrobiologie, Universität Osnabrück; Lehrstuhl Aquatische Mikrobiologie, Universität Duisburg; Privatbrauerei A. Rolinck GmbH & Co; Bitburger Brauerei Th. Simon GmbH
4 DIN EN 1672-2, Nahrungsmittelmaschinen – Allgemeine Gestaltungsleitsätze – Sicherheits- und Hygieneanforderungen; Deutsche Fassung EN 1672-2, 2005; Beuth Verlag, Berlin, Juli 2005
5 DIN EN ISO 14159, Sicherheit von Maschinen – Hygieneanforderungen

an die Gestaltung von Maschinen (ISO 14159:2002); Deutsche Fassung EN ISO 14159:2004
6 Richtlinie 98/37/EG des Europäischen Parlaments und des Rates vom 22. Juni 1998, Amtsblatt der Europäischen Gemeinschaften, L 207/1; gültig ab Dez. 2009: Richtlinie 2006/42/EG des Europäischen Parlaments über Maschinen (EG-Maschinenrichtlinie); 17. Mai 2006
7 Richtlinie 2002/72/EG der Kommission: Materialien und Gegenstände aus Kunststoff, die dazu bestimmt sind, mit Lebensmitteln in Berührung zu kommen, 6. August 2002, Amtsblatt der Europäischen Gemeinschaften, L 220/18, 15.8.2002
8 Datenbank Kunststoff-Empfehlungen, BfR Bundesinstitut für Risikobewertung, www.bfr.bund.de, Bundesgesundheitsblatt, Springer Verlag, Heidelberg, 2005
9 Lebensmittel-, Bedarfsgegenstände- und Futtermittelgesetzbuch (LFGB), BGBl. I 2005
10 Abschnitt XXXIX. Bedarfsgegenstände auf Basis von Polyurethanen, Stand vom 01.06.1998, BfR Bundesinstitut für Risikobewertung
11 Intralox: Konstruktionshandbuch für Förderbänder, © 2002 Intralox, Inc. 18034-IE, German, Intralox Inc. Europe, Amsterdam, Niederlande
12 Blüml, S.; Fischer, S.: Handbuch der Fülltechnik – Grundlagen und Praxis für das Abfüllen flüssiger Produkte, Behr's Verlag, 2004
13 Uni Chains: uni-chains Chain Catalogue, ©2007, uni-chains A/S [012061/0307], www.unichains.com, Unichains Deutschland, Rheine
14 Habasit: Food Processing Belts Improve Hygiene Standards, 4008FLY. FOD-ENG1203HQR, Habasit AG, Reinach, CH, www.habasit.com
15 Heinen: Technik fürs Erhitzen, Gären, Kühlen & Frosten, Tiefkühl Report, 10/2007, Heinen Freezing GmbH, Varel, www.heinen.biz
16 Habasit: HyGUARD Europe, Antimicrobial Conveyor and Processing Belts for the Food Industry, 4003BRO. FOD-ENG0903HQR, Habasit AG, Reinach, CH, www.habasit.com

17 Bundesanstalt für Risikoanalyse (BfR): Bericht über die 109. Sitzung der Kommission/Expertengruppe für die gesundheitliche Beurteilung von Kunststoffen und anderen Materialien im Rahmen des Lebensmittel- und Bedarfsgegenständegesetzes des Bundesinstitutes für gesundheitlichen Verbraucherschutz und Veterinärmedizin, 25./26. April 2001 in Berlin
18 Siegling, Transilon Empfehlungen zur Anlagenkonstruktion, Best.-Nr. 305, Ausgabe 06/05, www.sigling.com
19 Apullma, SuperClean: APULLMA's neue Förderband-Produktlinie für die Lebensmittelindustrie, 11. 2004, Apullma Maschinenefabrik, Lutten, www.apullma.de
20 Prefqu GmbH, Schweiz, www.prfqu.ch
21 BDL: Technisches Handbuch Trommelmotor, TM 07-12-05, BDL Maschinenbau, Wassenberg, www.bdldrummotors.com
22 Interroll: Roller Drives and Drive Control, 0502/D 3000/Bu, Interroll Fördertechnik GmbH, Wermelskirchen
23 Intralox, Förderbänder von Intralox erfüllen strenge Standards, Intralox Inc. Europe, Amsterdam, Niederlande
24 DIN EN 1678, Nahrungsmittelmaschinen – Gemüseschneidemaschinen; Sicherheits- und Hygieneanforderungen; Deutsche Fassung EN 1678, 1998; Beuth Verlag, Berlin, Juni 1998
25 DIN EN 12855, Nahrungsmittelmaschinen – Kutter mit umlaufender Schüssel- Sicherheits- und Hygieneanforderungen; Deutsche Fassung EN 12855, 2003; Beuth Verlag, Berlin, Juli 2004

Literatur zu Kapitel 4

1 Rohmilchtanks, Bolz Apparatebau GmbH, Edel Tank GmbH, Wangen, www.bolz-edel.de/de/db_edelstahltanks_behaelter/db_milch/milch_mi010.php, übernommen 2008
2 Silobau, Zeppelin Silos & Systems GmbH, Friedrichshafen, www.zeppelin-industry.de/silotechnik
3 EHEDG: Hygienic design of equipment for open processing, Document No. 13, 1995; Second Editon 2005

4 EHEDG: Hygienic Design Criteria, Document No. 8, 1993, updated Second Edition 2005
5 EHEDG: Hygienic design of closed equipment for the processing of liquid food, Document No. 10, 1993, Second Edition 2005
6 Worczinski, G.: A futuristic vision becomes reality: ECO-MATRIX is the new, efficient piping concept for Process Plants! Tuchenhagen Brewery Systems GmbH, Büchen, 10-2006
7 DIN 28082-2, Ausgabe: 1996-06, Standzargen für Apparate – Teil 2: Fußring mit Pratzen oder Doppelring mit Stegen; Maße
8 DIN 28082-1, Ausgabe: 1994-07, Standzargen für Apparate; Teil 1: Mit einfachem Fußring; Maße
9 AD 2000-Merkblatt Z 1, Technische Regel, 2004-02; Leitfaden zur Erfüllung der grundlegenden Sicherheitsanforderungen der Druckgeräte-Richtlinie bei Anwendung der AD 2000-Merkblätter für Druckbehälter, Rohrleitungen und Ausrüstungsteile
10 Richtlinie 97/23/EG, des Europäischen Parlaments und des Rates zur Angleichung der Rechtsvorschriften der Mitgliedstaaten über Druckgeräte vom 29. Mai 1997 (ABl. EG vom 09.07.1997 Nr. L 181 S. 1)
11 DIN EN 10028-7, Norm, 2008-02: Flacherzeugnisse aus Druckbehälterstählen – Teil 7: Nichtrostende Stähle; Deutsche Fassung EN 10028-7: 2007
12 Rules For Construction of Pressure Vessels, BPVC Section VIII – Division 1, Division 2, (1998), ASME International, The American Society of Mechanical Engineers, New York
13 Basler Norm BN2, Nichtrostender Stahl, Herausgeber: Basler Chemische Industrie
14 TRB 404, Ausrüstung der Druckbehälter; Ausrüstungsteile, Ausgabe: 1984-01; Veröffentlicht in: BArbBl (1984); TRB 404 Änd 2002-09
15 DIN 28124-3, Ausgabe: 1992-12, Mannlochverschlüsse für Druckbehälter aus nichtrostenden Stählen
16 Hauser, G.: Recommendations on Hygienic Design of Open Processing. New Food (1998), S. 10–16
17 D. Schulze: Anwendungen der Schüttguttechnik in der Lebensmittelindustrie, Schüttgut, Spezial „Lebensmittel", April 2003, pp. 10–14
18 Vollrath, K.: Stoff statt Stahl – Flexible Silos aus Gewebe für „schwierige" Schüttgüter, Verfahrenstechnik 35 (2001) Nr. 3
19 Sonntag, W.: Immer mehr Rohstoffe kommen in Big-Bags, Betrieb, Süßwarenproduktion, 7/8, 2005
20 Richtlinie 98/37/EG des Europäischen Parlaments und des Rates zur Angleichung der Rechts- und Verwaltungsvorschriften der Mitgliedstaaten für Maschinen, vom 22. Juni 1998
21 U. Brendel-Thimmel, R. Jaenchen, F. Schlamp: Sterilfiltration von Flüssigkeiten und Gasen, Chemie Ingenieur Technik, No. 11, 2006
22 EC Guide to Good Manufacturing Practice, Revision to Annex 1: Manufacture of Sterile Medicinal Products; European Commission, Brussels, May 2003
23 Elwell, M. W., Barbano, D. M.: Use of Microfiltration to Improve Fluid Milk Quality, J. Dairy Sci. 89:E20-E30, American Dairy Science Association, 2006
24 Fraunhofer-Institut für Umwelt-, Sicherheits- und Energietechnik, IUSE, Oberhausen: Filter aus Metall; Mediendienst 8-2006, Thema 6
25 Rösler, H.-W.: Membrantechnologie in der Prozessindustrie – Polymere Membranwerkstoffe, Chemie Ingenieur Technik 2005, 77, No. 5
26 Ohlrogge, K., Ebert, K.: Membranen – Grundlagen, Verfahren und industrielle Anwendungen, Wiley-VCH Verlag, Weinheim, 2006
27 DIN 11864, Norm, 2006-01: Armaturen aus nichtrostendem Stahl für Aseptik, Chemie und Pharmazie (Teil 1–3)
28 Zlokarnik, M.: Rührtechnik. Theorie und Praxis, Springer, Berlin; Auflage: 1, Januar 1999
29 EHEDG: General hygienic design criteria for the safe processing of dry particulate materials, Doc. 22, 2001
30 Stahl, W. H.: Industrie Zentrifugen, Fest-Flüssig-Trennung, Band II, DrM Press, 2004

31 Europäische Union: Entschließung des Rates zur Funktion der Normung in Europa vom 28. Oktober 1999 (Amtsblatt C 141 vom 19.5.2000)

32 DIN EN 12855: Nahrungsmittelmaschinen – Kutter mit umlaufender Schüssel – Sicherheits- und Hygieneanforderungen; 2004-07, Deutsche Fassung EN 12855:2003

33 DIN EN 1672-2, Nahrungsmittelmaschinen – Allgemeine Gestaltungsleitsätze – Teil 2: Hygieneanforderungen, 2005-07; Deutsche Fassung EN 1672-2:2005

34 PIC/S: Isolators Used for Aseptic Processing and Sterility Testing, Recommendation, PI 014-1, Juni 2002

35 ISPE: Sterile Manufacturing Facilities; Baseline Pharmaceutical Engineering Guides for New and Renovated Facilities, Volume 3, Jan. 1999

36 Gesetz über den Verkehr mit Arzneimitteln, Arzneimittelgesetz (AMG), 12.12.2005, zuletzt geändert durch Gesetz zur Änderung medizinprodukterechtlicher und anderer Vorschriften vom 14.6.2007

37 Europäisches Arzneibuch (Pharm. Eur. 6), Bundesinstitut für Arzneimittel und Medizinprodukte, 2007, Bonn

38 EG-GMP Leitfaden: Annex 1: Manufacture of Sterile Medicinal Products, revision, Brussels, 2003

39 ISPE: Water and Steam Systems; Baseline Pharmaceutical Engineering Guides for New and Renovated Facilities, Volume 4, Jan. 2001

40 CDER: Compliance Program Guidance Manual for FDA Staff: Drug Manufacturing Inspections, 2002, www.fda.gov/cder/dmpq/compliance_guide.htm

41 FDA: Guide to Inspections of High Purity Water-Systems, Jan 2006, www.fda.gov/ora/inspect_ref/igs/high.html

42 The US Pharmacopeia (USP), Amerikanisches Arzneibuch, 2006

43 Redaktion PROCESS: Hohe Standards für Basiswasser, PROCESS; Reinstwasser SPECIAL, 25.11.2005

44 Hauser, G.: Hygienische Produktionstechnologie, Wiley-VCH, Weinheim, April 2008, ISBN: 978-3-527-30307-6

45 Richtlinie 2006/42/EG des Europäischen Parlaments und des Rates vom 17. Mai 2006 über Maschinen, Amtsblatt der Europäischen Union, L 157/24 (gültig ab 12-2009)

46 DIN EN ISO 14159: Sicherheit von Maschinen – Hygieneanforderungen an die Gestaltung von Maschinen (ISO 14159: 2002); Deutsche Fassung EN ISO 14159, 2004

47 Träger, U.: Highly Purified Water für Parenteralia und Diagnostika, cav Ausgabe: 10/2005

48 Tramperdach, F.: Alle Aspekte beachtet? – WFI-Wasser wirtschaftlich herstellen – Vergleich verschiedener Destillationsverfahren; Pharma + Food, 3/2000

49 DIN EN 415-1: Terminologie und Klassifikation von Bezeichnungen für Verpackungsmaschinen und zugehörige Ausrüstungen; 2000-10; Sicherheit von Verpackungsmaschinen – Teil 1: Deutsche Fassung EN 415-1: 2000 sowie DIN EN 415-1/A1, Norm-Entwurf, 2008-04, Sicherheit von Verpackungsmaschinen – Teil 1: Terminologie und Klassifikation von Bezeichnungen für Verpackungsmaschinen und zugehörige Ausrüstungen; Englische Fassung EN 415-1:2000/prA1: 2008

50 DIN 8782: Getränke-Abfülltechnik; Begriffe für Abfüllanlagen und einzelne Aggregate, 1984-05

51 Verordnung (EG) Nr. 1935/2004 des Europäischen Parlaments und des Rates über Materialien und Gegenstände, die dazu bestimmt sind, mit Lebensmitteln in Berührung zu kommen und zur Aufhebung der Richtlinien 80/590/EWG und 89/109/EWG, 27. Okt. 2004

52 EHEDG: Hygienic packing of food products, Guideline Doc. 11, 1993

53 EHEDG: Microbiologically safe aseptic packing of food products, Doc. 3, 1993

54 Blüml, S., Fischer, S.: Handbuch der Fülltechnik – Grundlagen und Praxis für das Abfüllen flüssiger Produkte, Behr's Verlag, 2004

55 Abteilung Mikrobiologie, Universität Osnabrück, Lehrstuhl Aquatische Mikrobiologie, Universität Duisburg, Privatbrauerei A. Rolinck GmbH & Co, Bitburger Brauerei Th. Simon GmbH: Entwicklung innovativer Strategien zur effizienten und umweltschonenden Bekämpfung von Biofilmen in der

Lebensmittelindustrie am Beispiel der Bierabfüllung; AZ 13042 Abschlussbericht, 2002

56 3A: Accepted Practices for the Design, Fabrication, and Installation of Milking and Milk Handling Equipment, 606-05 Accepted Practice, Nov. 2002

57 Müller, K.; Weisser, H.: Ausgewählte Aspekte der Getränkeabfüllung. GETRÄNKE Technologie & Marketing (2002), Nr. 2, S. 26–31

58 DIN 6099: Packmittel – Kronenkorken, 1997-07

59 Arndt, G.: Verpacken in der Getränkeindustrie. Brauwelt 142 (2002), Nr. 4, S. 104–112

60 Müller, K.: O_2-Durchlässigkeit von Kunststoffflaschen und Verschlüssen – Messung und Modellierung der Stofftransportvorgänge, Diss., Technische Universität München, 02.07.2003

61 Sabotka, K. G.: Das Maschinenumfeld, ein unterschätzter Faktor für die hygienische Produktion, Hassia Verpackungsmaschinen GmbH

Literatur zu Kapitel 5

1 Baugesetzbuch (BauGB) – BauNVO, PlanzV, WertVu.-Richtlinien, Raumordnungsgesetz, Dt. Taschenbuch-Verlag, München, 2005

2 Betriebssicherheitsverordnung (BetrSichV): Verordnung über Sicherheit und Gesundheitsschutz bei der Bereitstellung von Arbeitsmitteln und deren Benutzung bei der Arbeit, über Sicherheit beim Betrieb überwachungsbedürftiger Anlagen und über die Organisation des betrieblichen Arbeitsschutzes, vom 27. September 2002, BGBl. I S.3777

3 FDA: Code of Federal Regulations, 21CFR110.3, Current Good Manufacturing Practice in Manufacturing, Packing, or Holding Human Food; Subpart B: Buildings and Facilities, April 1, 2003

4 Verordnung (EG) Nr. 178/2002 des Europäischen Parlaments und des Rates vom 28. Januar 2002, zur Festlegung der allgemeinen Grundsätze und Anforderungen des Lebensmittelrechts, zur Errichtung der Europäischen Behörde für Lebensmittelsicherheit und zur Festlegung von Verfahren zur Lebensmittelsicherheit, Amtsblatt der Europäischen Gemeinschaften, L 31, 1.2.2002

5 Verordnung (EG) Nr. 852/2004 des Europäischen Parlaments und des Rates, vom 29. April 2004, über Lebensmittelhygiene, Amtsblatt der Europäischen Union, L 139, 30.4.2004

6 Betriebsverordnung für pharmazeutische Unternehmer, vom 8. März 1985 (BGBl. I, S. 546), zuletzt geändert durch, Art. 3 des Gesetzes vom 10. Februar 2005 (BGBl. I S. 234)

7 Arbeitskreis „Maschinen und Anlagen in der Süßwarenindustrie": Leitfaden zur Gestaltung und Durchführung technischer Investitionsprojekte in der Süßwarenindustrie, Stand: Dezember 2003, Lebensmitteltechnik 12/2003

8 Zingel H.: Grundzüge des Projektmanagements, http://www.zingel.de, 2005

9 Wengerowski, J.: Anlagenbau – von der Idee bis zur Inbetriebnahme, Prozesstechnik, 1, 2001

10 Bowser, T. J.: Planning the Engineering Design of a Food Processing Facility, Technology Facts, Food & Agricultural Products Center FAPC, Oklahoma State University, 104/1

11 Gareis, R., Stummer, M.: Prozesse & Projekte, Neue Theorien – Modelle – Best Practice – Fallstudien, Manz Verlag, Juni 2006

12 Knauth U.: Gemeinsam schneller zum Ziel-Tool für das Concurrent Engineering im Anlagenbau, Chemie Technik, 30. Jahrgang, Nr.1/2

13 Stach, R. et al.: Applying CE-Methods in Small and Medium Sized Enterprises, In: Thoben, K.-D.; Weber, F.; Pawar, K. S.: Engineering the Knowledge Economy through Co-operation. Proceedings of the 7th International Conference on Concurrent Enterprising (ICE 2001); Bremen, Germany, 27–29 June 2001, pp. 385–394.

14 Kaya, A.: Planungssicherheit durch prozessbegleitende Simulation, CAV, 10, 2005

15 Jones, S.: Application of computer modelling to hygienic plant design, IMA J Management Math 5, 1993; doi:10.1093

16 Fahlbusch, M.: Einsatz von Simulation und Virtual Reality als Lehrunterstüt-

zung in der Fabrikplanung, Proceedings der Tagung „Simulation und Visualisierung 2000" in Magdeburg am 23./24.05.2000; Society for Computer Simulation International, Delft, Erlangen, 2000
17 Plass L.: Schlüsselfertig – Global Engineering: Herausforderung für den Anlagenbau, Chemie Technik, 30. Jahrgang, 1/2, 2001
18 Ellbacher, G. et al.: Errichtung von Industriebauten für die Lebensmittelindustrie, Ernährungsindustrie, April 2000
19 Novartis: Masterplan, www.novartis.ch, übernommen Nov. 2006
20 Hauser, G.: Hygienische Produktionstechnologie, Wiley-Verlag, April 2008, ISBN: 978-3-527-30307-6
21 Steenstrup, L. D. et al.: Wanted: Hygienic systems integration, new food, Issue 2, 2005
22 EHEDG: Integration of Hygienic and Aseptic systems, Doc. 34, March 2006
23 DIN EN 61512-1, Norm, 2000-01: Chargenorientierte Fahrweise – Teil 1: Modelle und Terminologie (IEC 61512-1:1997); Deutsche Fassung EN 61512-1:1999
24 DIN 69905: Projektwirtschaft – Projektabwicklung – Begriffe, 1997-05
25 Gail, L., Hortig, H.-P. (Hrsg.): Reinraumtechnik, 2. überarbeitete und erweiterte Auflage, Springer Verlag, Berlin, 2004
26 Böhler, G.: Organisieren, bauen und planen führen zur Hygiene-Zertifizierung, Lebensmittel-Industrie Nr. 1/2 2005
27 EHEDG: Hygienic Engineering of Plants for the Processing of Dry Particulate Materials, Doc. 26, 2003
28 EUDRALEX, Volume 4 – Medicinal Products for Human and Veterinary Use: Good Manufacturing Practice, Chapter 3 Premise and Equipment, 2005
29 EC Guide to Good Manufacturing Practice, Revision to Annex 1, Manufacture of Sterile Medicinal Products, Mai 2005
30 ISPE Baseline Pharmaceutical Engineering Guide, Volume 3: Sterile Manufacturing Facilities, First Edition, January 1999
31 EN ISO 14644-1: Reinräume und zugehörige Reinraumbereiche – Teil 1: Klassifizierung der Luftreinheit (ISO 14644-1:1999); Deutsche Fassung EN ISO 14644-1:1999
32 U. S. Federal Standard 209E: Airborne Particulate Cleanliness Classes in Cleanrooms and Clean Zones, Revised 1992
33 VDI-Richtlinie: Reinraumtechnik – Partikelreinheitsklassen der Luft, VDI 2083 Blatt 1, 2005-05
34 IDF Group of Experts B48: IDF guidelines for hygienic design and maintenance of dairy buildings and services. Bulletin of the International Dairy Federation, 324/1997.
35 Meyer, A.: Rodent Proofing, New Food, Iss. 3, 2001
36 Bio-Integral Resource Center, P. O. Box 7414, Berkeley, CA: Commensal Rodents – Biology, Population Dynamics & IPM Integrated Pest Management, Rodent Curriculum, 2005
37 Schuler, G. A. et al.: Cleaning, Sanitizing, and Pest Control in Food Processing, Storage and Service Areas, The University of Georgia, College of Agricultural and Environmental Sciences, Bulletin 927, Updated June 2005, http//:pubs.caes.uga.edu/caespubs/pubcd/b927-w.html
38 Schwack, W.: Schädlingsbekämpfung in der Lebensmittelproduktion, Behrs Verlag, 2005
39 GDCh, Gesellschaft Deutscher Chemiker: Schädlinge in Lebensmitteln – Wie Gesundheitsrisiken minimiert werden, April 2004
40 Chemikalien-Verbotsverordnung (ChemVerbotsV), BGBl. I S. 867, 13. Juni 2003
41 Verordnung zum Schutz vor gefährlichen Stoffen (Gefahrstoffverordnung – GefStoffV), BGBl. I S. 3855, 23. Dezember 2004
42 Rückstands-Höchstmengenverordnung, in der Fassung der Bekanntmachung vom 21. Oktober 1999 (BGBl. I S. 2082; 2002 I S. 1004), zuletzt geändert durch Artikel 1 der Verordnung vom 27. Juni 2006 (BGBl. I S. 1408)
43 Food Safety Inspection Service (FSIS): Sanitation Performance Standards Compliance Guide, Federal register, 1999
44 Binus, N.: Reducing Risks form Pesticides by Precision Targeting, New Food, Issue 2, 2002

45 Schmidt R. H.: Sanitary Design and Construction of Food Processing and Handling Facilities, Doc. FSHN04-08, Food Science and Human Nutrition Department, Florida Cooperative Extension Service, Institute of Food and Agricultural Sciences, University of Florida, May 2005, http://edis.ifas.ufl.edu

46 Verordnung (EG) Nr. 852/2004 des Europäischen Parlaments und des Rates über Lebensmittelhygiene vom 29. April 2004, Amtsblatt der Europäischen Union L 139/1

47 Andrei, P.: Praxishandbuch Hygiene und HACCP, Behr's Verlag, Hamburg, 2005

48 Pharmaceutical Inspection Convention, Pharmaceutical Inspection Co-Operation Scheme, PIC/S: Recommendations on Validation Master Plan, Installation and Operational Qualification, non-sterile Process Validation, Cleaning Validation, PI 006-2, 1 July 2004

49 Tagscherer, F. et al.: Pressure is for Tyres, Pharmafabrik Altana in Cork/Irland, Züblin Rundschau 37, 2005

50 Industriebauten: Neubau einer Lagerhalle der Schokinag-Schokolade-Industrie, Herrmann GmbH & Co. KG in Mannheim, 2000, http://www.ingenieurgruppe-bauen.de/Deutsch/Projekte

51 FDA: Good Manufacturing Practices (GMP)/Quality System (QS) Regulation, http://www.fda.gov/cdrh/devadvice/32.html, Updated 01/28/2004

52 Code of Federal Regulations, Title 7, Volume 3, Part 58 (7CFR58): Sec. 58.125 Premises, Jan. 2003

53 Graham, D. J.: A Mind Set (Part III), Dairy, Food and Environmental Sanitation, Sept. 1991

54 Pharmaplan Casestudy, Green Cross Vaccine Corp., CHEManager 15, 12. Jahrg., 7.–20. August, 2003

55 Leichter, G., Turstam, L.: Modular Design and Construction – An Alternativ Apparoach to the Modular Design and Construction of Large-Scale Bulk Biopharmaceutical Manufacturing Facilities, Pharmaceutical Engineering, May/June 2004

56 Smith III, W. E., Sundin, H. A.: Modular Plants – A Model to Enhance the Competitiveness of Generics Business, Business Briefing: Pharmagenerics, 2004

57 Graham, D. J.: A Mind Set (Part II), Dairy, Food and Environmental Sanitation, Aug. 1991

58 CreativeLine, SpecialLine, ClassicLine – Bauen mit Stahl ThyssenKrupp Hoesch Bausysteme GmbH, www.tks-bau.com

59 Merkblatt 875: Edelstahl Rostfrei im Bauwesen: Technischer Leitfaden, Informationsstelle Edelstahl Rostfrei, 1. Aufl., Mai 1998

60 Dokumentation 966: Gebäudehüllen aus Edelstahl Rostfrei, Informationsstelle Edelstahl Rostfrei, 1. Aufl., 2004

61 Dokumentation 872: Bedachungen mit Edelstahl Rostfrei, Informationsstelle Edelstahl Rostfrei, 5. Aufl., 2004

62 Dokumentation 962: Dächer aus Edelstahl Rostfrei, Informationsstelle Edelstahl Rostfrei, 1. Aufl., 2002

63 Euro Inox: Gebäudehüllen aus Edlestahl Rostfrei, Reihe Bauwesen, Bd. 4, 1. Aufl. 2002, Foto: Rudolf Schmidt GmbH, Großkarolinenfeld

64 Hetzel, M., Euro Inox: Dächer aus Edelstahl Rostfrei, Reihe Bauwesen, Bd. 6, 1. Aufl. 2004

65 Merkblatt 963: Technischer Leitfaden: Dächer aus Edelstahl Rostfrei, Informationsstelle Edelstahl Rostfrei, 1. Aufl., 2003

66 Konstruktionsdetails: Isowelle Dach, ThyssenKrupp Hoesch Bausysteme, 05.2006

67 Smith, T.: Roofing Systems, WBGD Whole Building Design Guide, März 2006, http://www.wbdg.org/design/

68 Single-Ply Membrane Roofing, Design Guideline, Section 07 53 23: BART Facilities Standards, Release – R1.2, 2004

69 Laaly, H. O.: Science and Technology of Traditional and Modern Roofing Systems, Laaly Scientific Publishing, Los Angeles, CA 90035 (1992)

70 DIN EN ISO 10077-1 Norm, 2006-12: Wärmetechnisches Verhalten von Fenstern, Türen und Abschlüssen – Berechnung des Wärmedurchgangskoeffizienten – Teil 1: Allgemeines (ISO 10077-1:2006); Deutsche Fassung EN ISO 10077-1: 2006

71 IDF guidelines for hygienic design and maintenance of dairy buildings and

services. Bulletin of the International Dairy Federation No 324/1997
72 DIN 4242: Glasbaustein-Wände; Ausführung und Bemessung, 1979-01
73 Lass, J. P.: Gebrauchstaugliche Fenster und Fassaden – Konstruktionsgrundsätze für neue Entwicklungen, ift Rosenheim, Rosenheimer Fenstertage, 2006
74 DIN EN ISO 10077-1 Norm: Wärmetechnisches Verhalten von Fenstern, Türen und Abschlüssen – Berechnung des Wärmedurchgangskoeffizienten – Teil 1: Allgemeines, 2006-12 (ISO 10077-1:2006); Deutsche Fassung EN ISO 10077-1
75 DIN EN 1027 Norm, 2000-09: Fenster und Türen – Schlagregendichtheit – Prüfverfahren; Deutsche Fassung EN 1027: 2000
76 DIN EN 1026 Norm, 2000-09: Fenster und Türen – Luftdurchlässigkeit – Prüfverfahren; Deutsche Fassung EN 1026: 2000
77 DIN EN 13241-1 Norm, 2004-04: Tore – Produktnorm – Teil 1: Produkte ohne Feuer- und Rauchschutzeigenschaften; Deutsche Fassung EN 13241-1: 2003
78 Code of Federal Regulations, Title 7, Volume 3, Part 58 – Grading and Inspection, General Specifications for Approved Plants and Standards for Grades of Dairy Products: Premises, Buildings, Facilities, Equipment and Utensils, überarbeitet Jan 2006
79 Richtlinie 2003/94/EG der Kommission zur Festlegung der Grundsätze und Leitlinien der Guten Herstellungspraxis für Humanarzneimittel und zur Anwendung beim Menschen bestimmte Prüfpräparate, vom 8. Oktober 2003
80 EC Guide to Good Manufacturing Practice, Revision to Annex 1, European Commission Enterprise Directorate-General, 30 May 2003
81 Code of Federal Regulations, Title 21 – Food and Drugs, Chapter I, Subchapter C – Drugs: General, Part 211, Current Good Manufacturing Practice for Finished Pharmaceuticals, Subpart C – Buildings and Facilities, Sec. 211.42 Design and construction features
82 Richtlinie 1999/92/EG des Europäischen Parlaments und des Rates vom 16. Dezember 1999 über Mindestvorschriften zur Verbesserung des Gesundheitsschutzes und der Sicherheit der Arbeitnehmer, die durch explosionsfähige Atmosphären gefährdet werden können (Fünfzehnte Einzelrichtlinie im Sinne von Artikel 16 Absatz 1 der Richtlinie 89/391/EWG), Amtsblatt Nr. L 023 vom 28/01/2000 S. 0057–0064
83 Graham, D. J.: Using Sanitary Design to Avoid HACCP Hazards and Allergen Contamination, Food Safety Magazine, June/July 2004
84 DIN 18560-1 Norm: Estriche im Bauwesen, 2004-04
85 BGR 181: Fußböden in Arbeitsräumen und Arbeitsbereichen mit Rutschgefahr, Aktualisierte Fassung Oktober 2003, Herausgeber: Hauptverband der gewerblichen Berufsgenossenschaften
86 ASI Arbeitssicherheitsinformationen: Unfallsichere Gestaltung von Fußböden, 4.40/05, Herausgeber: Berufsgenossenschaft Nahrungsmittel und Gaststätten BGN, Mannheim
87 Bartel-Lingg, G.: Knalleffekt vermeiden, Pharma + Food 26, Nov. 2005
88 Esser, Ch.: Standortfrage – Anforderungen an Fußböden sind sehr vielfältig, Getränkeindustrie, 1/2001
89 Food Facility Plan Check Requirements, San Francisco Environmental Health Section Plan, Check Guide for Retail Food Facilities
90 Leitfaden der Guten Herstellungspraxis Teil I und Teil 2, Anlage 2 zur Bekanntmachung des Bundesministeriums für Gesundheit zu § 2 Nr. 3 der Arzneimittel- und Wirkstoffherstellungsverordnung vom 27. Oktober 2006 (Banz, S. 6887)
91 EHEDG: Hygienic design of equipment for open processing, Doc. 13, 1996, Revision 2007
92 Code of Federal Regulations: Rural Housing Service, Rural Business-Cooperative Service, Rural Utilities Service, and Farm Service Agency, Part 1924: Construction And Repair; Department of Agriculture, Title 7, Vol. 12, January 2005]
93 GMP-Navigator (Suchmaschine), Provided by Concept Heidelberg and ECA (European Compliance Academy), CD-ROM 6.0, 2004

94 EC Guide to Good Manufacturing Practice, Revision to Annex 6, Manufacture of Medicinal Gases, April 2001

95 Code of Federal Regulations: Current Good Manufacturing Practice for Finished Pharmaceuticals; Sec. 211.46: Ventilation, air filtration, air heating and cooling, Title 21, Volume 4, Part 211; Revised as of April 1, 2005

96 Lembke, Ch.: Die Luft beherrschen; Reinräume in der Lebensmittelindustrie – Trend oder überzogene Anforderung? Lebensmitteltechnik 11, 2003

97 Richtlinie 96/62/EG: Über die Beurteilung und die Kontrolle der Luftqualität, vom 27. September 1996

98 Verordnung über Arbeitsstätten (Arbeitsstättenverordnung – ArbStättV), vom 12. August 2004 (BGBl. I S. 2179), zuletzt geändert durch Artikel 388 der Verordnung vom 31. Oktober 2006 (BGBl. I, Nr. 50, S. 2407) in Kraft getreten am 8. November 2006

99 Erste Allgemeine Verwaltungsvorschrift zum Bundes-Immissionsschutzgesetz (Technische Anleitung zur Reinhaltung der Luft – TA Luft), GMBl. 2002, Heft 25–29, S. 511–605, 24. Juli 2002

100 Immissionsmessnetz Saarland IMMESA: 82. Quartalsbericht, Ministerium für Umwelt des Saarlands, 2006

101 Trogisch, A.: Planungshilfen Lüftungstechnik; für Architekten und Ingenieure; Müller (C. F.), Heidelberg, 2006

102 DIN EN 779: Partikel-Luftfilter für die allgemeine Raumlufttechnik – Bestimmung der Filterleistung, 2003-05; Deutsche Fassung EN 779: 2002

103 DIN EN 1822: Schwebstofffilter (HEPA und ULPA) – Teil 1: Klassifikation, Leistungsprüfung, Kennzeichnung, 1998-07; Deutsche Fassung EN 1822-1: 1998, DIN EN 1822-1, Norm-Entwurf, 2008-04: Schwebstofffilter (HEPA und ULPA) – Teil 1: Klassifikation, Leistungsprüfung, Kennzeichnung; Deutsche Fassung EN 1822-1

104 WHO: Guidelines for drinking-water quality, 2nd Edition, Geneva, 2002

105 Richtlinie 98/83/EG über die Qualität von Wasser für den menschlichen Gebrauch, 3. Nov. 1998, Amtsblatt der Europäischen Gemeinschaften, L 330/32, 5. 12. 1998

106 Verordnung (EG) Nr. 853/2004 mit spezifischen Hygienevorschriften für Lebensmittel tierischen Ursprungs vom 29. April 2004, Amtsblatt der Europäischen Union, L 226/22, 25.6.2004

107 Europäisches Arzneibuch, 5. Ausgabe, Deutscher Apotheker Verlag, 2005

108 ISPE: Baseline® Guides: Water and Steam System, Volume 4, 2001

109 EC Guide to Good Manufacturing Practice: Revision to Annex 1, European Commission, 2003

110 FDA: Guide to Inspections of High Purity Water Systems, www.fda.gov/ora/inspect_ref/igs/high.html, 2006

111 California Health and Safety Code, Division 22, Chapter 4, Section 113700 et. Seg. (CURFFL),

112 EHEDG: Hygienic Design of Closed Equipment for Processing of Liquid Food, (Second Edition), Doc. 10, 2007

113 Berufsgenossenschaftliche Regeln für Sicherheit und Gesundheit bei der Arbeit: Natürliche und künstliche Beleuchtung von Arbeitsstätten, BGR 131 Teil 1 und Teil 2, Okt. 2006

114 DIN 5035-8, Norm, 2007-07: Beleuchtung mit künstlichem Licht – Teil 8: Arbeitsplatzleuchten – Anforderungen, Empfehlungen und Prüfung

115 DIN EN 12464-1: Licht und Beleuchtung – Beleuchtung von Arbeitsstätten – Teil 1: Arbeitsstätten in Innenräumen; 2003-03; Deutsche Fassung EN 12464-1: 2002

116 DIN EN 1672-2, Nahrungsmittelmaschinen – Allgemeine Gestaltungsleitsätze – Teil 2: Hygieneanforderungen, 2005-07; Deutsche Fassung EN 1672-2:2005; DIN EN 1672-2/A1, Norm-Entwurf, 2008-04: Nahrungsmittelmaschinen – Allgemeine Gestaltungsleitsätze – Teil 2: Hygieneanforderungen (EN 1672-2:2005); Englische Fassung EN 1672-2:2005/prA1: 2008

117 DIN EN 50085-1; VDE 0604-1: Elektroinstallationskanalsysteme für elektrische Installationen – Teil 1: Allgemeine Anforderungen;, 2006-03; Deutsche Fassung EN 50085-1:2005

118 Gamper, W.: Reinraumschleusen und Einschleusung; ReinRaumTechnik 3/2001, S. 40–42, GIT Verlag GmbH, Darmstadt, www.gitverlag.com

119 Arbeitsstätten-Richtlinie: Waschräume, ASR 35/1-4, Ausgabe September 1976
120 Berufsgenossenschaftliche Regeln für Sicherheit und Gesundheit bei der Arbeit: Einsatz von Schutz, BG-Regeln: BGR 189, aktualisierte Nachdruckfassung Okt. 2004
121 Hauff, G.: Squeky Clean People – Human Recources for Clean Rooms, Pharma + Food International, 2000

Literatur zu Kapitel 6

1 DIN EN 1672-2, Nahrungsmittelmaschinen – Allgemeine Gestaltungsleitsätze – Sicherheits- und Hygieneanforderungen; Deutsche Fassung EN 1672-2, 2005; DIN EN 1672-2/A1, Norm-Entwurf, 2008-04
2 DIN EN ISO 14159, Norm, 2008-07: Sicherheit von Maschinen – Hygieneanforderungen an die Gestaltung von Maschinen (ISO 14159: 2002); deutsche Fassung EN ISO 14159: 2008
3 BGVV, Verbrauchertipps zu Lebensmittelhygiene, Reinigung und Desinfektion, eine Information des Bundesinstituts für gesundheitlichen Verbraucherschutz und Veterinärmedizin, Berlin 2002
4 BfArM, Bundesinstitut für Arzneimittel und Medizinprodukte, Arzneibuch, 2005
5 EHEDG Doc. 5: A Method for the Assessment of In-line Steam Sterilisability of Food Processing Equipment, 1993
6 FDA, Code of Federal Regulations, USA, Titel 21: Food and Drugs, Part 113, Thermally Processed Low-Acid Foods Packaged in Hermetically Sealed Containers, Sec. 113.3 Definitions, Revised as of April 1, 2008
7 FDA, Code of federal Regulations, USA, Titel 21: Part 110, Current Good Manufacturing Practice in Manufacturing, Packing, or Holding Human Food, Sec. 113.3 Definitions; Revised as of April 1, 2003
8 Wildbrett, G.: Reinigung und Desinfektion in der Lebensmittelindustrie, Behr's Verlag, Hamburg, März 2006
9 Verordnung (EG) Nr. 648/2004 des Europäischen Parlaments und des Rates vom 31. März 2004 über Detergenzien, Amtsblatt der Europäischen Union, L 104/1, 8.4.2004
10 Wagner, G.: Waschmittel, Chemie, Umwelt, Nachhaltigkeit, Wiley-VCH Verlag, Weinheim, 2005
11 Van den Heuvel, M.: Hygiene und Desinfektion in Klinik und Haushalt – eine Einführung, GSF – Forschungszentrum für Umwelt und Gesundheit, Neuherberg, März 2004, www.gsf.de/flugs
12 Meyer, B.: Kein Gewöhnungseffekt – Müssen Desinfektionsmittel regelmäßig gewechselt werden? Pharma + Food 4/2000
13 Reuter, G.: Anforderungen an die Wirksamkeit von Desinfektionsmitteln für den Lebensmittelverarbeitenden Bereich, Zbl. Bakt. Hyg. B 187, 1989
14 Edelmeyer, H.: Über die Eigenschaften, Wirkmechanismen und Wirkungen chemischer Desinfektionsmittel, Archiv Lebensmittelhygiene 33, 1982
15 Richtlinie 98/8/EG des Europäischen Parlaments und des Rates vom 16. Februar 1998 über das Inverkehrbringen von Biozid-Produkten
16 Behmel, U.: Chlordioxid für Ihre Betriebshygiene – Desinfektionsaufgaben in der Lebensmittelindustrie, Lebensmittelindustrie 02/2005
17 Schulte, S.: Wirksamkeit von Wasserstoffperoxid gegenüber Biofilmen, Dissertation, Fakultät für Naturwissenschaften der Universität Duisburg-Essen, Dez. 2003
18 Hart zum Keim, sanft zum Produkt – Empfindliche Produkte bei niedrigen Temperaturen sterilisieren, PROCESS Sonderpublikation, 01/2006
19 Husnik, A.: Workshop – Ökologisch Reinigen leicht gemacht, Salzburg, 4/2004, Umweltberatung Wien, www.konsument.at
20 Hauser, G., Hofmann, J.: Hochschulkurs „Hygienic Design", TU-München, Lehrstuhl für Maschinen- und Apparatekunde, 2006, www.wzw.tum.de/blm/mak/mak/hygienic_design1.html
21 Reuter, H.: Reinigen und Desinfizieren im Molkereibetrieb – Stand des Wissens und der Technik, Chem.-Ing.-Tech., 55, 1983

22 Kessler, H. G., Lebensmittel- und Bioverfahrenstechnik; Verlag A. Kessler, Freising (1996)
23 Donhauser, S., Linsemann, O.: Die automatische Reinigung, Getränketechnik, Heft 2, 1985
24 Loncin, M., Grundlagen der chemischen Technik, Die Grundlagen der Verfahrenstechnik in der Lebensmittelindustrie, Sauerländer, Frankfurt am Main, 1969
25 Dörfler, H.-D.: Grenzflächen und kolloid-disperse Systeme, Springer Verlag, 2002
26 Pahl, M. H., Wöhler, M.: Deutung der Grenzflächenspannung in der gereinigten Bierflasche, Brauwelt (1998)31, S. 1424/1428.
27 Nassauer, J.: Adsorption und Haftung an Oberflächen und Membranen, Schadel GmbH, Bamberg, 1985
28 Timperley, D. A.: The Mechanism of in-place cleaning of Pipelines: A practical and theoretical study; 2nd World Congress of Chem. Eng., Montreal, Canada, Oct. 1981
29 Grasshoff, A., Reinemann, D. J.: Zur Reinigung der Milchsammelleitung mit Hilfe einer 2-Phasen-Strömung, Kieler Milchwirtsch. Forsch. Ber. 45, 1993
30 Welchner, K.: Oberstes Gebot – Reproduzierbare Anlagenreinigung als zentrales Qualitätskriterium (Teil 2), Pharma + Food 2/2000
31 Schliesser, T., Strauch, D. (Hrsg.): Desinfektion in Tierhaltung, Fleisch- und Milchwirtschaft, Enke Verlag, Stuttgart, 1981
32 Englert, G.: Anforderungen an Hochdruckreinigungssysteme, 6. Weihenstephaner Tagung „Moderne Haltungssysteme und Tiergesundheit", Okt. 1979
33 Airliquide, Rückstandslos sauber – Strahlverfahren mit Trockeins-Pellets reinigen materialschonend und umweltfreundlich, PROCESS-07/08-2002
34 Pfeiffer, J.: Einfluss der Wasseraktivität sowie des Milieus zwischen Dichtungen und Dichtflächen auf die Hitzeinaktivierung von Mikroorganismen am Beispiel bakterieller Sporen, Dissertation, TU München, 1992
35 EHEDG: EHEDG-Glossary, Ausgabe 2004, www.ehedg.org/guidelines/glossary.pdf
36 FDA: Grade „A" Pasteurized Milk Ordinance, 2003 Revision, CFSAN/Office of Compliance, March 2, 2004
37 Schöberl, V.: Sauber soll's sein – CIP/SIP/DIP-Stationen für die Pharmaindustrie, Pharma + Food, Nr. 2, 2005
38 Verordnung über die Qualität von Wasser für den menschlichen Gebrauch (TrinkwV 2001 – Trinkwasserverordnung), Umsetzung der Richtlinie 98/83/EG, vom 21. Mai 2001, (BGBl. I, S. 959), geändert durch Artikel 363 der Verordnung vom 31. Oktober 2006 (BGBl. I, S. 2407)
39 Haucke, W.: Statisch, rotierend oder dreidimensional – Düsensysteme für die wirtschaftliche Behälter-Innenreinigung, Verfahrenstechnik, 38, N3. 3, 2004
40 Koller, K: Validierbare Reinigung von Bioreaktoren – Keine Sprühschatten durch den Einsatz von CIP-Ventilen, die 12-7-2003
41 Tuchenhagen, Firmenschrift: VARIPURE® Cleaning Devices, www.niro.com/tuchenhagen/cmsresources.nsf/filenames/broch_varipure_cleaning_633e.pdf, 2002
42 DIN 11864-3: Armaturen aus nichtrostendem Stahl für Aseptik, Chemie und Pharmazie – Teil 3: Aseptik-Klemmverbindung, 2006-01
43 Moerman, F.: Rotary jet heads for pertect tank cleaning, New Food, Issue 4, 2005
44 Meierkordt, Th. (AWH): Kontrolliert sauber – Wirtschaftliche Behälterreinigung, Chemie Technik, 34. Jahrgang, Nr. 5, 2005
45 Tuchenhagen, Firmenschrift: Rotiko – rotierender Sprühkopf, www.tuchenhagen.de, 651d-10/04
46 Alfa Laval, Firmenschrift: Meets the Highest Standards in Sanitary Cleaning – Toftejorg SaniJet 20 Rotary Jet Head, PD 66400 GB1, 08-2003
47 Tuchenhagen, Firmenschrift: VARIPURE®-Reinigungsgeräte, Programmübersicht, www.tuchenhagen.com/tuchenhagende/cmsresources.nsf/filenames/cat_register_6_cleaning_2008.pdf
48 Armaturenwerk Hötterleben AWH, Firmenschrift: Edelstahl Reinigugnstechnik, www.awh.de/

pdf/deutsch/AWH-RT8-Spiral-0208-dt-tm.pdf, 02/2008-RT
49 Alpha Laval, CSI: Tank Cleaning Machine, Toftejorg SaniJet 25 Rotary Jet Head, Firmenschrift
50 Labuda, W. et al: Qualitäts-Optimierung des Reinraum – Verbrauchsmaterials, GIT ReinRaumTechnik Nr. 3/2001 und 1/2002
51 Labuda, W. et al.: Die Kosten des wischenden Reinigens im Reinraumbetrieb, ReinRaumTechnik, Nr. 2/2001, GIT-Verlag
52 Hilsmann, Ch.: Lückenlos sauber – Reinraumreinigung als Bestandteil der Reinraumkontrolle, Pharma + Food 3/2004
53 Heider-Peschel, M.: Auf der sicheren Seite – Scheuersaugmaschine erfüllt die Anforderungen des Explosionsschutzes, CHEMIE TECHNIK, Nr. 9, 2004 (33. Jahrgang)
54 Kärcher, Firmenschrift: Robocleaner RC3000, www.robot-magic.co.uk/acatalog/KarcherRobocleaner.html, zitiert 06-2008
55 Air Liquide, Firmenschrift: Trockeneisstrahlen – Chemie & Pharma http://www.airliquide.de/loesungen/business/chemie/anwendungen, zitiert 2008
56 Ice Tech, Firmenschrift: Strahlreinigen mit Trockeneis, www.icetech.dk/de_index.asp, zitiert 2007
57 Berndorf, Firmenschrift: Service News Nr. 9, NEWS 9 7/03 Wo
58 Dry Ice Clean, Firmenschrift: Eiskalt sauber! – Reinigen mit Trockeneis, www.dryice clean, 04-2003
59 Martin Walter Ultraschalltechnik AG, Push-Pull-Schwinger, www.walter-ultraschall.de
60 Verordnung (EG) Nr. 852/2004 des Europäischen Parlaments und des Rates vom 29. April 2004 über Lebensmittelhygiene, Amtsblatt der Europäischen Union L 139/1, 30.4.2004
61 Verordnung (EG) Nr. 853/2004 des Europäischen Parlaments und des Rates vom 29. April 2004 mit spezifischen Hygienevorschriften für Lebensmittel tierischen Ursprungs, Amtsblatt der Europäischen Union L 226/22, 25.6.2004
62 Verordnung (EG) Nr. 854/2004 des Europäischen Parlaments und des Rates vom 29. April 2004 mit besonderen Verfahrensvorschriften für die amtliche Überwachung von zum menschlichen Verzehr bestimmten Erzeugnissen tierischen Ursprungs, Amtsblatt der Europäischen Union L 226/83, 25.6.2004
63 Verordnung (EG) Nr. 178/2002 des Europäischen Parlaments und des Rates vom 28. Januar 2002 zur Festlegung der allgemeinen Grundsätze und Anforderungen des Lebensmittelrechts, zur Errichtung der Europäischen Behörde für Lebensmittelsicherheit und zur Festlegung von Verfahren zur Lebensmittelsicherheit, Amtsblatt der Europäischen Gemeinschaften L 31/1, 1.2.2002
64 Lebensmittel-, Bedarfsgegenstände- und Futtermittelgesetzbuch (LFGB), September 2005, BGBl I 2005, 2618
65 Thiele-Kohler, U.: Baden Württembergische Leitlinie für Hygiene in Schlacht-, Zerlegungs- und Fleischverarbeitungsbetrieben, HACCP, Regierungspräsidium, Stuttgart, 4-2004
66 United States Department of Agriculture (USDA): Guidebook for the Preparation of HACCP Plans, Food Safety and Inspection Service, Sept 1999
67 Food and Drug Administration (FDA), Department of Health and Human Services: Current Good Manufacturing Practice in Manufacturing, Packing, or Holding Human Food, 21CFR110, Sec. 110.35 Sanitary operations, Revised as of April 1, 2008
68 Richtlinie 2003/94/EG der Kommission vom 8. Oktober 2003 zur Festlegung der Grundsätze und Leitlinien der Guten Herstellungspraxis für Humanarzneimittel und für zur Anwendung beim Menschen bestimmte Prüfpräparate Amtsblatt der Europäischen Union L 262/22, 14.10.2003
69 Europäische Kommission, Arbeitsgruppe „Regulierung von Arzneimitteln und Prüfungen", Endfassung von Anhang 15 zum EU-Leitfaden einer guten Herstellungspraxis, Qualifizierung und Validierung, Brüssel, Juli 2001
70 Koppenhöfer, J.: Effiziente und Kosten sparende Reinigungsvalidierung im Wirkstoffbereich bei Mehrprodukteanlagen, Gempex GmbH, Mannheim, 2003

71 Flemming, H. C., Wingender, J.: Biofilme – die bevorzugte Lebensform der Bakterien, Biologie in unserer Zeit, Nr. 3 31. Jahrg., 2001

72 Hofmann, J.: Stoffübergang bei der Reinigung als Qualifizierungsmethode der Reinigbarkeit, Dissertation, Tu München, Wissenschaftszentrum Weihenstephan für Ernäh- rung, Landnutzung und Umwelt, 19.11.2007

73 Barthlott, W., Neinhuis, C.: Der Lotus-Effekt: biologische Grundlagenforschung und die Entwicklung neuer Werkstoffe. In: Gleich, A. von: Bionik. Ökologische Technik nach dem Vorbild der Natur? 2. Auflage. B. G. Teubner Stuttgart Leipzig Wiesbaden, 2001

74 Hauser, G.: Hygienische Produktionstechnologie, Wiley-VCH, Weinheim, April 2008, ISBN: 978-3-527-30307-6

75 Dubbel: Taschenbuch für den Maschinenbau (Mehrphasenströmung), 21. Auflage, Springer-Verlag, Berlin, Heidelberg, 2005

Literatur zu Kapitel 7

1 Lelieveld, H. L. M.: The EHEDG Certification Scheme, 2005, www.ehedg.org

2 Honnacker, M. et. al.: Auswirkungen einer Neuordnung des deutschen Anerkennungs- und Akkreditierungswesens – Zusammenfassung -, BMWA, Projekt 55/04, Dortmund/Berlin/Dresden 2005

3 DIN EN 12296: Biotechnik – Geräte und Ausrüstungen – Leitfaden für Verfahren zur Prüfung der Reinigbarkeit, Deutsche Fassung, Beuth Verlag GmbH, 1998-05

4 Richtlinie 98/37/EG des Europäischen Parlaments und des Rates vom 22. Juni 1998 zur Angleichung der Rechts- und Verwaltungsvorschriften der Mitgliedstaaten für Maschinen, Richtlinie 2006/42/EG des Europäischen Parlaments und des Rates vom 17. Mai 2006 über Maschinen und zur Änderung der Richtlinie 95/16/EG (Neufassung), Amtsblatt der Europäischen Union, L 157/24, L 157/24

5 DIN EN 1672-2: Nahrungsmittelmaschinen – Allgemeine Gestaltungsleitsätze – Teil 2: Hygieneanforderungen, EN 1672-2, Deutsche Fassung, Beuth Verlag, Berlin, 2004, Norm-Entwurf 2008-04

6 DIN EN ISO 14159, Norm, 2008-07 Sicherheit von Maschinen – Hygieneanforderungen an die Gestaltung von Maschinen (ISO 14159:2002); Deutsche Fassung EN ISO 14159: 2008

7 Richtlinie 2003/94/EG der Kommission vom 8. Oktober 2003 zur Festlegung der Grundsätze und Leitlinien der Guten Herstellungspraxis für Humanarzneimittel und für zur Anwendung beim Menschen bestimmte Prüfpräparate, Amtsblatt der Europäischen Union L 262/22, 14.10.2003

8 Europäische Kommission, Arbeitsgruppe „Regulierung von Arzneimitteln und Prüfungen", Endfassung von Anhang 15 zum EU-Leitfaden einer guten Herstellungspraxis, Qualifizierung und Validierung, Brüssel, Juli 2001

9 Ein globales Konzept für Zertifizierung und Prüfwesen – Instrument zur Gewährleistung der Qualität bei Industrieerzeugnissen, KOM/89/209ENDG – SYN 208, Amtsblatt Nr. C 267 vom 19/10/1989

10 Entschließung des Rates vom 21. Dezember 1989 zu einem Gesamtkonzept für die Konformitätsbewertung, Amtsblatt Nr. C 010 vom 16/01/1990

11 BGG 902, Prüf- und Zertifizierungsordnung der Prüf- und Zertifizierungsstellen im BG-PRÜFZERT, April 2004

12 Kastelein, J:, Wirtanen, G.: EHEDG procedures for evaluating, testing and certification of process equipment, EHEDG-Newsletter, No. 5, Autumn 2003

13 DIN EN 45011 Norm, 1998-03 Allgemeine Anforderungen an Stellen, die Produktzertifizierungssysteme betreiben (ISO/IEC Guide 65:1996); Dreisprachige Fassung EN 45011: 1998

14 ISO/IEC 17025 Norm, 2005-08 Allgemeine Anforderungen an die Kompetenz von Prüf- und Kalibrierlaboratorien (ISO/IEC 17025:2005); Deutsche und Englische Fassung EN ISO/IEC 17025: 2005

15 EHEDG, Doc. 8: Hygienic Equipment Design Criteria, updated 2004; Vollversion: www.ehedg.org

16 EHEDG, Doc. 2: A method for assessing the in-place cleanability of food proces-

sing equipment, updated 2004; Abstract: www.ehedg.org
17 VDMA: Qualified Hygienic Design – das Prüfsystem für die Reinigbarkeit von Komponenten, VDMA Verband Deutscher Maschinen- und Anlagenbau e. V., Fachgemeinschaft Verfahrenstechnische Maschinen und Apparate, Fachabteilung Sterile Verfahrenstechnik, Frankfurt/Main, zitiert 04-2008, www.vdma.org,
18 Human Drug CGMP Notes: A Memo for FDA Personnel, on Current Good Manufacturing Practice For Human Use Pharmaceuticals; Issued By: The Division of Manufacturing and Product Quality, HFD-320, Office of Compliance, Center for Drug Evaluation and Research, Volume 7, Number 3, September, 1999
19 3-A Sanitary Standards Incorporated: 3-A Sanitary Standards and 3-A Accepted Practices, www.3-a.org/standards/index.htm
20 NSF: Commercial Food Equipment Product Certification (FE), zitiert 04-2008, www.nsf.org/international/europe/services/food equipment.asp
21 Code of Federal Regulations: Grading and inspection, general specifications for approved plants and standards for grades of dairy products, 7 CFR, Ch. I, Part 58, Subpart A, Stand Jan. 2006
22 USDA: Usda Guidelines for the Sanitary Design and Fabrication of Dairy Processing Equipment, U. S. Department of Agriculture, Agricultural Marketing Service, Dairy Programs Dairy Grading Branch, June 2001
23 Code of Federal Regulations: Regulations Governing the Certification of Sanitary Design and Fabrication of Equipment Used in the Slaughter, Processing, and Packaging of Livestock and Poultry Products, 7 CFR, Ch. I, Part 54, Subpart C, Stand Jan. 2006
24 NSF International and 3-A Sanitary Standards Committee: New Standards for Meat and Poultry Processing Equipment, Regulatory World, 1999-2, www.nsf.com
25 USDA: Dairy Equipment Sanitary Design Evaluation Service, Agricultural Marketing Service U. S. Department of Agriculture, May 2002
26 USDA: Meat and Poultry Equipment Sanitary Design Evaluation Service, Agricultural Marketing Service, U. S. Department of Agriculture, Feb. 2007
27 EHEDG: Glossary, 2004; pdf-Datei: www.ehedg.org
28 Wildbrett, G.: Reinigung und Desinfektion in der Lebensmittelindustrie, Behr's Verlag, Hamburg, 2. Auflage 2006
29 Galesloot, Th. E., Radema, L. M., Kooy, E. G. and Hup, G.: A: Sensitive method for the evaluation of cleaning processes, with a special version adapted to the study of the cleaning of tanks, Netherlands Milk and Dairy Journal, 21, 214-222, 1967
30 EHEDG, Doc. 15: A method for the assessment of in-place cleanability of moderately-sized food processing equipment, 1997; Abstract: www.ehedg.org
31 VDMA, Information sheet: Riboflavin test for low-germ or sterile process technologies – Fluorescence test for examination of cleanability; for food, aseptic, pharmacy and chemistry, Edition Dec. 2007
32 Perusek, R; Orlando, M.: Riboflavin Tests Serve as Indicator of Potential Entrapment Areas in Weir-Style Valves, Pharmaceutical Processing, Sept. 2001, www.pharmpro.com
33 Optimierungspotenziale bei der hygienischen Qualität anschaulich machen, Interaktiv 1-2005 (Zeitschrift des Fraunhofer IPA), Herausgeber: Fraunhofer-Institut für Produktionstechnik und Automatisierung IPA, Stuttgart
34 WK3037- Standard Test Method for Visible Penetrant Examination Using the Water-Washable Process (früher ASTM 1418), American Society for Testing and Materials (ASTM), zitiert Apr. 2008, www.astm.org
35 Hofmann, J., Sommer, K.: Hygienic design testing for open and closed equipment in the food industry, Proceedings, ICEF9 – 2003, International Conference Engineering and Food
36 Hofmann, J.: Stoffübergang bei der Reinigung als Qualifizierungsmethode der Reinigbarkeit, Dissertation, Tu München, Wissenschaftszentrum Weihenstephan für Ernäh- rung, Landnutzung und Umwelt, 19.11.2007

37 Brauwlt: Thonhauser GmbH: CIP-Verifizierung in Brauwelt Nr. 22 (2005), (siehe auch www.weintechnologie.at/html/d/persulfat.htm)
38 EN 12297: Biotechnik – Geräte und Ausrüstungen: Leitfaden für Verfahren zur Prüfung der Sterilisierbarkeit, Beuth Verlag, Berlin, 1998
39 EHEDG: Doc. 5: A method for the assessment of in-line steam sterilisability of food processing equipment, update 2004
40 Lelieveld, H. L. M.: Hygienic Design and Testmethods, Journal of the Society of Dairy Technology, 1985, Vol. 38, No. 1
41 EHEDG: Doc. 4: A method for the assessment of in-line pasteurisation of food processing equipment, update 2004
42 EHEDG: Doc. 4: A method for the assessment of bacteria tightness of food processing equipment, update 2004
43 EN 12298: Biotechnik – Geräte und Ausrüstungen: Leitfaden für Verfahren zur Prüfung der Leckagesicherheit, Beuth Verlag, Berlin, 1998

Literatur zu Kapitel 8

1 Hauser, G.: Hygienische Produktionstechnologie, Wiley-VCH, Weinheim, April 2008, ISBN: 978-3-527-30307-6
2 DIN EN 1672-2, Norm, 2005-07, Nahrungsmittelmaschinen – Allgemeine Gestaltungsleitsätze – Teil 2: Hygieneanforderungen, Deutsche Fassung EN 1672-2:2005, DIN EN 1672-2/A1, Norm-Entwurf, 2008-04
3 DIN EN ISO 14159, Norm, 2008-07: Sicherheit von Maschinen – Hygieneanforderungen an die Gestaltung von Maschinen (ISO 14159:2002); Deutsche Fassung EN ISO 14159: 2008

Stichwortverzeichnis

a

Abfallbeseitigung 501
Abfüllen 448 ff.
- Doppelklappensystem 448 f.
- Füllbereich 471 f.
- lineare Abfüllmaschinen 468 ff.
- Reinraum 453 f.
- Schlauchbeutelmaschine 472 ff.
- Schutzfoliensystem 449
Abfüllung von Getränken 454 ff.
- ACF (Aseptic Cold Filling) 455 f., 465
- Aufbau des Abfüllbereiches 454 f.
- Aufbau des Verpackungsbereiches 454 f.
- Drehverteiler 459
- Flaschen aus Blasmaschine 456
- geschlossener Prozess 458, 460
- Gestaltung von Führungssternen 465
- Mehrwegflaschen 454 f.
- offener Prozess 458, 462
- PET-Flaschen 456, 467
- Problemzonen 463 f., 466
- Ringbehälter mit Füllventil 460 ff.
- Rundfüller 457 ff.
- Verschließmittel von Flaschen 467 f.
Abwasser 501, 507
- Abflussrinnen 641 ff.
- Abläufe 638 f.
- Ableitungssysteme 637, 639 ff.
- Auffangwannen 645
- Auslaufrohre 638
- Bodeneinlauf 639 f.
- Entsorgung 501, 637
- Geruchsverschluss 640
- Neutralisation 507
- Qualität 510
- Sicherheitsanforderungen 641
Abwasserbelastung 208
American Society of Mechanical Engineers 365

Anlagen 475 ff.
- außen, *siehe* Außenbereiche von Anlagen
- bauliche Anlage 476
- Bodenqualität 497
- Funktionseinheiten 476
- Gebäude, *siehe* Innenbereiche von Gebäuden
- Gesamtkonzept 475 ff.
- Gestaltung 187, 475 ff.
- hygienerelevante Zonen, *siehe* Hygienezonen
- innen, *siehe* Innenbereiche von Gebäuden
- Integration und Vernetzung hygienischer Systeme 485 ff.
- klimatische Bedingungen 497
- Kontaminationsgefahr durch die Umgebung 496
- Masterplan 483 ff.
- offen, *siehe* offene Anlagen
- Projektierungsorganisation 480 ff.
- Projektmanagement 478 ff.
- Schädlinge 497 ff.
- Umwelteinflüsse 496 f.
- Voraussetzungen für Hygienic Design 477
Apparate und Maschinen 351, 390
- abgedichtete Umgrenzung, *siehe* Isolatoren
- CEN7TC 153, *siehe* Normen
- Mischapparate 411 f., 413 ff.
- mit bewegten Elementen 410 ff.
- ohne bewegte Elemente 390 ff.
- Rührapparate, *siehe* Rührbehälter
- statische Filterapparate, *siehe* Filtration
- statische Mischer 398 f.
- Wärmeübertragungssysteme, *siehe* Wärmetauscher
Armaturen 143 ff.
- Absperrorgane 147 ff.
- Andockarmaturen 214 ff.

Hygienegerechte Apparate und Anlagen für die Lebensmittel-, Pharma- und Kosmetikindustrie. Gerhard Hauser
Copyright © 2008 WILEY-VCH Verlag GmbH & Co. KGaA, Weinheim
ISBN: 978-3-527-32291-6

- Anforderungen 143 f.
- Behälterarmaturen 217
- Block-and-bleed-Anordnung 143, 154 f., 187, 726 f.
- Blockventile 180 ff.
- Bodenventile für Behälter 205 ff.
- Bogenventile 158 f.
- computergesteuerte Ventile 220
- Doppeldicht-Ventile 187 f.
- Doppelsitz-Leckageventile 188 ff.
- Drehklappe 148 f., 155
- Faltenbalg 148 f., 167 f., 184 f., 202 f., 205 ff.
- hermetische Ventilabdichtungen 148 f., 166 ff.
- Kugelhahn 148 f., 155 ff.
- Mehrwegeventile 143, 179 ff.
- Membran 148 f., 168 f.
- Membranventile 169 ff.
- Molch-Armaturen 208 ff.
- Quetschventile 177 f.
- Regelorgane 144
- Regelventile 213 f.
- Reinigbarkeit 144 f.
- Rückschlagventile 216 f., 220 f.
- Schieber 148 f.
- Scheibenventile 148 ff.
- Schnellschlussarmaturen 143
- Schrägsitzventile 161 f.
- Schwenkbogen-Schaltelemente 145 f.
- Sensoren 187
- Sicherheitsorgane 144
- Tellerventile 148 ff.
- Überdruckventile 216 ff.
- Umschaltventile 143, 184, 188
- Vakuumventile 216 ff.
- Ventile zur Probennahme 200 ff.
- Ventilknoten 188, 357 f.
- Wechselventile 182, 186
- Werkstoffe 150 f., 170
Aseptik, *siehe* Produktbereich
ASME 32 f.
ATEX-Betriebsrichtlinie 558, 574
Außenbereiche von Anlagen 500 ff.
- Abluft 501
- Abwasserbeseitigung, *siehe* Abwasser
- äußere Tore, *siehe* Tore
- Außenbeleuchtung 513 ff.
- Außensilos, *siehe* Silos
- Außenwände, *siehe* Wände
- Dächer, *siehe* Dachausführungen
- Drainagesystem 510 ff.
- Entwässerung des Geländes 509 f.
- Fenster 532 ff.
- Gebäude 515 ff.
- Gestaltung des Betriebsgeländes 508
- Glasbausteine 534
- hygienegerechte Außengestaltung 513
- Lage 507
- Landschaftsgestaltung 511 f.
- Lebensmittelindustrie 500, 508
- Logistik 506 f.
- Masterplan 501
- Materialeingang 506
- Pflichtenheft 515
- Pharmaindustrie 500, 506 f.
- Produktionsbereich 506 f.
- Strukturen für das Betriebsgelände 502 ff.
- Verkehrsstruktur 503 ff.
- Verladeschleusen, *siehe* Verladestellen
- Warenausgang 506
- Zuluft 501
a_W-Wert 414, 446 f.

b
Behälter 351 ff.
- Anschluss an Rohrleitungssysteme 356
- Ausführungsformen 353
- Außenbereich 359, 362, 365
- Beschichtungen 354
- Big Bag 389, 431 f., 449
- Bodenabstand 362
- Dampfsperre 361
- Deckel 381 f.
- doppelwandig 372
- druckbeaufschlagt, *siehe* Druckbehälter
- Flanschkonstruktionen 368 f., 372 f.
- Formen 378 f.
- Füße 362 f.
- geschlossen 353, 355, 359, 366 ff.
- Glasbehälter 354
- Großraumsilos, *siehe* Silos
- Großtanks 365
- horizontal 362 f.
- hygienegerechte Gestaltung 354 ff.
- hygienische Problembereiche 355 f., 361 f.
- Innenbereich 355 f., 365
- Innenraum 381
- Inspektionsarbeiten 365
- Isolierungen 359 ff.
- Korrosion 354 f., 360
- Lagerungen 362 f., 365
- Montagearbeiten 365
- offen 355 f., 359
- ohne Betriebsüberdruck, *siehe* drucklose Behälter

Stichwortverzeichnis | 845

- Outdoor-Puffertanks 352
- Ränder 382 ff.
- Reinigbarkeit 354 ff.
- Schaugläser 373 f.
- Selbstentleerung 377 ff.
- Stützen 362 f., 370 f., 374 ff.
- Transfercontainer, *siehe* Isolator
- Umfeld 352
- Werkstoff 352, 364 f., 373
- Zugangsöffnung, *siehe* Mannloch

Beleuchtung 645 ff.
- Arbeitsstättenbereich 646 f.
- berufsgenossenschaftliche Regeln 646 ff.
- hygienische Gesichtspunkte 647 f., 650
- Konzept 646 f.
- lichttechnische Gütemerkmale 646
- raumbezogen 647
- Sicherheitsbeleuchtung 646
- teilflächenbezogen 647
- Wartung 647

Beleuchtungseinrichtung 648
Beleuchtungskörper 650 ff.
Beleuchtungsstärke 647 ff.
Beleuchtungszonen 648
Betrieb, *siehe* Anlagengestaltung
Betriebssicherheitsverordnung (BetrSichV) 476
Biofilme, *siehe* Kontamination
Biofouling 7, 391
Biokorrosion 7
Böden 572 ff.
- Anforderungsprofil 573
- Aufbau 577 ff.
- Chemikalienbeständigkeit 581 f.
- elektrisch ableitfähige (DIF) 574
- elektrisch leitende (ECF) 574 f.
- Electrostatic Sensitive Devices (ESD) 576, 579
- Hauptproblemstellen 574 f., 580 f.
- Leitfähigkeit 574 ff.
- Nassbereiche 572
- Nutzflächen 576 f.
- Oberflächenbeschaffenheit 573
- Schmutzhaftung 583 f.
- Sicherheitsvorschriften 573 f.
- Wand-Boden-Übergang 582 f.

c

CEN/TC153 (Technisches Komitee des Europäischen Normenausschusses CEN), *siehe* Normen
Chargen
- Produktion 382

- Wechsel 14

CIP (cleaning-in-place) 90, 147, 172, 194, 234 f., 269 f., 373, 681, 691, 716 ff.
- Anforderung 217
- Behälter 352, 370, 411, 413, 416
- Filter 408
- geschlossene Prozesse, *siehe* CIP-Prozesse
- Isolatoren 436
- offene Apparate 744
- Pumpen 223 f., 234, 236, 240 f., 243, 251 f., 258 f.
- Sensoren 270
- Verfahren 14, 52, 92, 146, 150, 158, 269 f., 716
- Wellenabdichtung 238
- Zentrifugen 418, 421, 423

CIP-Prozesse
- Ankopplung von Reinigungsmedien 729 f.
- Anlage mit Zentralstationen 725
- Anlagen- und Prozesssimulation 717
- Armaturen zur Medientrennung 726 ff.
- Aufstellungsraum 718, 730
- block-and-bleed-Schaltung 726 f.
- Chemikaliendosierung 717
- Design der Reinigungsanlage 719
- Drying-in-place (DIP) 717
- dynamische Sprühgeräte 735 ff.
- gestapelte Reinigung 723 ff.
- Reinigungsschritte 717, 719
- statische Sprühkugeln 731 ff.
- Sterilisation-in-place (SIP) 717, 725
- teilstapelnde Reinigung 725
- Trennung von Reinigungskreisläufen 729 f.
- Trockenreinigung 743 f.
- verlorene Reinigung 718, 720 ff.

concurrent engineering (CE) 482
Code of Federal Regulation (CFR) 556
commercial sterility, *siehe* Reinigung
COP (cleaning-out-of-place) 716, 760 ff.
- Reinigungs- und Desinfektionstauchbäder 763
- Ultraschallreinigung 761 ff.

Coriolis-Effekt 274

d

Dachausführungen 524 f.
- Blechelemente 527 f.
- Dachaufbauten 529
- Dachentwässerung 531
- Dachformen 525 f.
- Dachkonstruktionen 527, 530
- Details 526, 531

– Werkstoffe 527 ff.
Dampf 634
Dampfdruck 217, 226
Dampfsperre 361
Dampfsterilisation 742
Dampfstrahlpumpen 222
Dampfstrahlreinigung, *siehe* Reinigungsverfahren
Decken
– abgehängte 594 f., 598
– Baffeln 599
– Betondecken 594, 598
– Druckdecken 597
– drucklose 597
– modulare Bauweise 596 f.
– nicht begehbare 597
– Rasterdecken 595 f.
– Reinigung 599 f.
– Sandwichdecken 597
– Schallschutz 593, 598 ff.
– Sprinkler 597 f.
– Wandanbindung 596
Desinfektion 683, 712 ff.
– Autoklavieren 714
– chemische Wirkung 712
– nasse Hitze 713
– Sterilfiltration 715
– trockene Hitze 714
– UV-Strahlung 715
Desinfektinonsmittel 685, 689 ff.
– alkalische 690 f.
– Kaltdesinfektionsmittel 692
– neutrale 691
– saure 692
Dichtungen 12 f., 45 f., 147 f.
– Absperrorgane, *siehe* Armaturen
– berührende Dichtstellen 46
– berührungslose 48
– Clip-on- 397
– Dichtlippen- 57 f., 264 f., 316 f.
– Dichtspalt 46 f., 264
– Dichtungsformen 150 f.
– Doppeldichtprinzip 165
– druckbeaufschlagte 54 f.
– dynamische 55 ff.
– Elastomer- 48 ff.
– EPDM- 13
– Flachdichtung 52 ff.
– Formdichtung 52 f., 165
– für drehende Bewegungen 58
– für Längsbewegungen 55
– Gleitring- 59 f., 228 f., 235 f.
– Heliumtest 47
– hermetische Abdichtung 58, 60 f.

– hygienegerechte Gestaltung 45, 47, 57
– Klemmverbindungen 52 ff.
– Kolben- 58
– Kombinationsringe 52
– lineare 48
– Membranen 54 f., 58
– Messerkanten 318
– metallische 48 f.
– Profilring der Verschraubung 52
– Rundring- (O-Ring) 50 f., 56
– statische 45 f., 150, 202 f.
– Wellendichtringe 59
– Werkstoffwahl 47, 238
Druckbehälter 352 f., 365 ff.
– AD-Merkblätter (Arbeitsgemeinschaft Druckbehälter) 365
– äußerer Überdruck 365
– Außenbereich 365
– Behälterboden 367
– Behälterinnendruck 365
– Druckgeräterichtlinie 365
– Flanschkonstruktionen 368 ff.
– geschlossener Behälter 366 ff.
– Politur 369
– Rührbehälter 411 ff.
– Schweißnähte 367 f.
– Vakuumbehälter 365
– Werkstoffe 365
– Zugangsöffnung, *siehe* Mannloch
drucklose Behälter 352 f., 377 ff.
– Rührbehälter 411

e
Edelstahl, *siehe* Metalle
EHEDG 3, 15, 125
– Armaturen 154
– Dichtungen 49, 51
– Elektromotoren 72, 410
– Förderbänder 310
– Integration hygienischer Systeme 486, 488 f.
– offene Anlagen 330, 343
– Pumpen 223, 225, 247
– Reinigbarkeitstests 128, 223
– Rohrleitungen 642
– Schraubenverbindungen 62 f.
– Schweißverbindungen 32 f.
– Sterilisierbarkeit 684
– Verpackungen 451
– Zoneneinteilung 565 f.
Elastizitätsmodul 98, 175
Elektroinstallation 652 ff.
– Kabelverlegung 653 ff.
– konfektionierte Installationskanäle 655

- Messkabel 654
- offene Kabelgitter 657 f.
- Reinigbarkeit 657
- Starkstromkabel 654
- Technikbereich 654 f.
- Werkstoffe 654 ff.
Elektromotoren 72 ff.
- hygienegerechte Gestaltung 73 f.
- hygienische Problembereiche 72
- Lüfter 72 f.
- Ventilatoren 72 ff.
Elektropolieren 6, 9 f., 81 f., 84, 170, 369

f
FDA-Anforderungen
- Armaturen 170, 174, 196
- Dichtungen 48
- offene Anlagen 296, 301, 312, 323
- Pumpen 254 f.
- Rohrleitungssysteme 84, 94
Filtration 399 ff.
- Adhäsion 402
- Adsorption 402
- Anschwemmfiltration 407
- Cross Flow 402
- Dead-end 400
- Feinfiltration 399
- Filterkuchen 401 f., 405 f.
- Filtermittel 400 ff.
- Filtermodul 407
- Filteroberfläche 401, 403
- Filtrationsstrom 402
- Geruchs- und Geschmackstoffe 399
- herkömmlich 399 f.
- hygienische Problemstellen 403 f.
- Kerzenfilter 407 ff.
- Membran 402 ff.
- Membranfilterkerzen 408
- Membrantuchfilter 406
- Mikrofiltration 400, 755 ff.
- Oberflächenfiltration 400 ff.
- Querstromfiltration 401 f.
- Schichtenfilter 405, 407
- Sterilfiltration 400
- Suspension 400, 405 f.
- Tiefenfiltration 401 f., 406
- Ultrafiltration 399 f., 402
- Ultrafiltrationsmembranen 402
- Umkehrosmose 400
- Werkstoffe 404, 408
Finite-Elemente (FE)-Berechnungen 160, 165
Flüssigkeiten
- Dampfdruck 226
- Druck 213, 217
- Druckabsenkung 226
- entlüftete 240
- Förderung 221, 243, 245
- Massenstrom 213, 217
- Viskositäten 223, 227, 244 f., 253, 257, 392
Flüssigkeitsfilm 225
Flüssigkeitsstrahlen 226

g
Gase
- Druck 213, 217
- Massenstrom 213, 217
Gaspolster 245
Getriebe 71
Glasfaserverstärkung 293 f.
Glasgewebe 293, 295
Glasrohre 91 f.
- Borosilikat 91 f.
- Inertheit 91
GMP (Good Manufacturing Practice) 170, 476, 485 f., 557, 606, 646, 767 f.
- EU-Leitfaden 493, 557, 567
Gussmaterialien 224, 232
- Feinguss-Membranwerkstoff 170 f.
- Oberflächenfehler 224
Gute Hygienepraxis 765

h
HACCP, siehe Risikoanalyse
Hooke'scher Bereich, siehe Werkstoffe
Hygienezonen 489 ff.
- Grenzen 659 ff.
- Lebensmittelindustrie 489
- Markierungen 659 f.
- Pharmaindustrie 493
- physikalische Grenzen, siehe Schleusen
- schwarze Zone 490
- Streifenvorhang 660
- Zone B („Basis"-Zone) 490, 492
- Zone B0 490 f.
- Zone B1 491
- Zone H („hoch"-Zone) 492 f.
- Zone M („mittel"-Zone) 491 ff.
hygienische Integration 486 f.
- Flussdiagramm 487 f.

i
Innenbereiche von Gebäuden 552 ff.
- Ausführung der baulichen Gestaltung 557 ff.
- Ausstattung 607 ff.
- Bodenfläche, siehe auch Böden 572 ff.

- Deckenfläche, *siehe* Decken
- Double Containment 572
- elektrische Stromkabel, *siehe* Elektroinstallation
- Elemente eines Innenraumes 552 f.
- Essbereiche 555
- Hygienezonen 559, 561, 568 ff.
- Lebensmittelindustrie 553 ff.
- Licht, *siehe* Beleuchtung
- Luftstrom, *siehe auch* Luft 570 f.
- Materialfluss 568 f.
- Modulbauweise 553
- Pharmaindustrie 556 f., 566 ff.
- Produktionsbereich 560
- Prozesslinien 559 ff.
- Raumanordnung 558 f., 562 ff.
- rechtliche Vorgaben 553 ff.
- sanitäre Einrichtungen 554, 556
- Sicherheitsmaßnahmen 571
- Technikbereich 560 f.
- Tore und Türen, *siehe* Raumtore und -türen
- Trinkwasser, *siehe* Wasser
- unidirektionales Raumkonzept 564
- Verbindung von Räumen 563
- Ver- und Entsorgung 607 ff.
- Wandfläche, *siehe* Wände
- Zonenkonzept 561, 564, 566

Installation 187
- Pumpen 226

Isolatoren 428 ff.
- Andockbehälter 433 ff.
- Aufbau 429 f.
- Ausrüstung 429
- Filterreinheitsklassen 429
- Innenraum 429 f. 434 f.
- Isolator-Containment-Systeme 428, 431 f., 447
- lufttechnische Versorgung 429
- Reinigung 429 f.
- Schleusen 433 f., 436
- Transfercontainer 433 ff.

Isolatortechnik 436

k

Kavitation 226 f., 231, 241
- Heißförderung 226

KBE (koloniebildende Einheiten) 496, 611 f.

keimarme-Ausführungen, *siehe* Produktbereich

Keramik 170
- Oberflächenbearbeitung 13
- SSIC 238

Klebeverbindungen (Stoffschlussverbindungen) 41, 43 f.
- Adhäsion 43
- Bindematerial 41
- Festigkeit 44
- Kohäsion 43
- Kunststoffe 43
- Metalle 43

Klemmverbindungen 52 f., 129 f., 196 ff.

Kondensatbildung 339, 360
- Dampfsperre 361

Konstruktionsbereiche 2 f.

Konstruktionselemente 3, 5, 14

Kontaktflächen 14 ff.
- Kapillarwirkung 14
- Strukturen 14 f.

Kontamination 3 f., 6 ff.
- Biofilme 6, 17, 413, 682 f.
- Endotoxine 635 f.
- Fettbelege 4
- Foulingschichten 7, 391
- Kalkablagerungen 4
- Kreuzkontamination 219, 285, 287, 309, 319 f., 329, 347, 556, 682
- Mikroorganismen 4, 6 ff.
- offene Anlagen 283 ff.
- Pyrogene 493, 635
- Rekontamination 3, 32, 144, 340, 356, 431

Kontrolle
- Behälter 353
- offene Anlagen 326, 330, 347

Korrosion 7, 263, 353, 360
- interkristalline 23

Korrosionsbeanspruchung 23

Korrosionsbeständigkeit 4, 7, 83, 108, 268

Kunststoffe 4, 12
- Dichtungen 49 ff.
- Elastomere 12, 14 f., 173, 175
- hydrophil 404
- hydrophob 88, 404
- Klebeverbindungen 43
- Kontaktflächen 14 f.
- Membranventil 172 ff.
- Oberflächenbearbeitung 12 f.
- PEEK 158, 160
- PTFE 12, 94, 152 f., 156, 158, 160, 163 f.
- Rohre 88 ff.
- Thermoplaste 12, 40
- Schweißverbindungen 39 ff.
- unpolar 88

Kunststoffschweißverfahren
- Heizelementeschweißen 39
- Infrarotschweißen 40, 90
- Laserschweißen 40

- Ultraschallschweißen   40
- Warmgasschweißen   40
- WNF-Verfahren   39

l

Lager   69 ff.
- Gleitlager   70, 346
- Wälzlager   70 f., 346
- Werkstoffe   70

LBGF   258
Leckage   143, 145, 154 f., 157, 187, 610
- Bereich   143, 154, 165 f., 188, 193
- Erkennung   143, 165, 190
- Raum   143, 154 f., 183, 190 f., 193 ff.
- Ventil   154, 165 f., 183, 188 ff.
- Wellenabdichtung   234

Lebensmittelhygienepaket   764
Lebensmittelhygieneverordnung   476, 610, 637, 646
Lebensmittelrecht   476, 764
Lebensmittelsicherheit   764
LFBG   48, 254
LMBG   255
Lötverbindungen (Stoffschlussverbindungen)   41
- Benetzungstemperatur   42
- Bindematerial   41
- Grundwerkstoff   42

Luft   570 f., 608 ff.
- Airborne Molecular Contaminations (AMC)   620, 623
- Aufbereitung   614 f.
- Außenluft   609
- Belüftungssystem   612 f.
- Drallströmung   625
- Druckluft   612, 624
- gekühlte Luft   609
- Kontamination   624, 628
- laminare Verdrängungsströmung   627 ff.
- Leckagen   610, 625
- Parallelströmung   625
- Prozessluft   608, 610
- Qualität   610 ff.
- Raumluft   609, 625
- Steuer- und Geräteluft   608, 610
- turbulente Mischströmung   627, 630
- Verwirbelung   629
- Zirkulation   624
- Zuluft   611, 625 f.

Luftauslass   625 f.
Luftfeuchtigkeit   613, 615, 624, 629
Luftfilter   608, 610 f., 615 ff.
- Filter-Fan-Units (FFU)   621
- Filterkombinationen   620
- Filterkontrollsysteme   624
- Grobfilter   758
- HEPA-Filter (High Efficiency-Particulate Air)   618 f., 622 f., 757
- Mikrofilter   755 f.
- ULPA-Filter (Ultra Low Penetration Air)   619, 757

Luftfluss   570 f., 609
Luftführungskonzept   627 f., 632
Luftversorgungsanlage   614 f., 620, 622, 630 f.
Luftwechsel   632

m

Mannloch   367, 373 ff.
- Deckel   376
- Dichtung   374 f.
- Konstruktion   374 ff.
- Verschlüsse   373

Maschinenrichtlinie   72, 96, 225
- Entleerbarkeit (Drainability)   225

Metall
- Austenit   7 f., 20, 23 ff.
- chemische Oberflächenbearbeitung   7, 9 f.
- Chrom   7, 21 f., 25
- Delta-Ferrit (δ-Ferrit)   24
- Dichtungen   48 f.
- Edelstahl,   6 f., 14, 20 ff.
- Ferrit   7
- elektrochemische Oberflächenbearbeitung   7, 9 ff.
- elektrochemisches Potenzial   21 f., 360, 391
- Klebeverbindungen   43
- Kontaktflächen   14 f.
- Legierungsbestandteile   24
- Lochfraß, *siehe auch* Metalle   107 f., 360
- Lötverbindungen   42
- low carbon steels   24, 238, 391
- mechanische Oberflächenbearbeitung   7 ff.
- nicht rostender Edelstahl   20 ff.
- rostender Stahl   7
- Schäffler-Diagramm   24
- Wärmeausdehnungskoeffizient   20
- Zusatzmaterialien   24 f.

Mikroorganismen, *siehe* Kontamination
Molche   208 f., 704
- Doppelkugelform   209
- Reinigungsstation   212
- Rohrleitungssysteme   208 ff.
- Werkstoffe   209

Molchempfangsstation   210 ff.
Molchsensoren   210

Molchstationen 209
Molchtechnik 208 ff.

n
Niederspannungsrichtlinie 72
Normen 5 f., 16
– Beleuchtung 648
– CEN/TC153 423 ff.
– DIN 5 ff.
– Elektroinstallationskanäle 655
– ISO 41, 50, 52, 90, 126 f.
– VDMA-Einheitsblatt 24242 5

o
Oberflächen 3 ff.
– Bearbeitungsverfahren 7 ff.
– Beizen 9 f.
– Benetzung 697 f., 707
– Berührungsflächen 14
– elektropolierte 6, 9 ff.
– Energie 7
– Feinstruktur 4
– glasperlenbestrahlte 172
– konstruktive Ausführung 15 ff.
– Löcher 223, 226 f.
– Lunker 223
– mechanisch Polieren 172
– nicht produktberührte 3, 20
– Passivschicht 6 f., 9
– Porigkeit 6, 223
– produktberührte 4 f., 15
– Rauheit 4 ff.
– Reinigungsverhalten 5 f.
– Repassivieren 10
– Strömungsprofil 701 f.
– Struktur 6 f.
– Wandschubspannung 6, 701 ff.
Oberflächengeometrie 15 ff.
– Profile 19
Oberflächenqualität 3 ff.
Oberflächenvertiefungen 223
offene Anlagen 283 ff.
– Abgrenzungen an Bändern 305 ff.
– Anforderungen 285 ff.
– Antriebselemente von Bändern 313, 319 ff.
– Bandanordnungen 306 f.
– Bodenabstand 330
– durchlässige Bänder 304 f.
– Elemente 283, 287 ff.
– Führungselemente von Bändern 313 ff.
– Führungsschienen 313 ff.
– Füße von Apparaten 341 ff.
– Gehäuse 326 ff.
– Geräte zur Bandreinigung 324 ff.
– Gestelle 331 ff.
– Gleitlager 314 f.
– Gleitschienen 313 ff.
– Halterungen 311 f.
– Haubenkonstruktion 337 ff.
– hygienische Risikobereiche 312
– In-line-Bandreinigung 323, 325 f.
– konstruktive Gestaltung 284 ff.
– kontinuierliche offene Fördereinrichtungen 287 ff.
– Lagerung von Apparaten 331
– Leitern 347, 350
– Lüfterbereich 319 f., 329
– Maschinengröße 330
– modulare Förderbänder 296 ff.
– Modulausführungen 301 ff.
– nicht-modulare Förderbänder 291 ff.
– nicht unmittelbar produktberührt 286
– offener Produktbereich 284
– Plattenkettenbänder 311
– Plattformen 347 ff.
– produktberührte Bereiche 283, 285 ff.
– Räder von Apparaten 341, 346
– Rahmen 331 ff.
– Reinigbarkeit 284, 292, 301 ff.
– Spannvorrichtung 318 f.
– Transportband-Anlagen 290 ff.
– Trommelmotor 320 ff.
– Umlenkelemente von Bändern 313 ff.
– unmittelbar produktberührt 286 f.
– Werkstoffe 293 f., 296 ff.
– Zahnräder 322 ff.

p
Paneele 146 f.
Pestizide, *siehe* Schädlingsbekämpfung
Pharmazie 6
Poisson-Konstante 50
Poren 30
Precision Targeting, *siehe* Schädlingsbekämpfung
Probennahme
– aus Rohrleitungen 202 ff.
– On-line- 200
Probennahmesystem 202
Probennahmeventil 200 ff.
Produktbereich
– aseptisch 6, 75, 184 f., 200, 213, 218, 223, 228 f., 234, 431
– höhere Hygieneanforderungen 199
– keimarm 159, 164, 184 f., 197 f., 203, 213, 228
– Nicht- 8, 72 f., 229, 359, 411

- offen 284 ff.
- steril 159, 166, 186, 200, 202 ff.
Produkt
- Feuchtigkeitsgehalt, *siehe* a_W-Wert
- fließfähig 384 f., 411 ff.
- pulverförmig 385, 448
- Reinheit 681
- Schüttgut 385 f., 389, 432
- trocken 413 f.
Produkthaftung 683
Produktionsstillstandzeiten 208
Produktqualität 681, 683
Produktraum 164
Produkttransportsysteme, *siehe* Rohrleitungen
Produktverluste 208
Projektierung 480 f.
Prozess
- geschlossen 1 f., 76, 410 f., 437 ff.
- Nassprozess 438, 565, 642
- offen 1 f., 410 f., 448 ff.
- Reinigung 683 ff.
- semikontinuierlicher Prozessschritt 567
- trocken 140 f., 446 f., 565, 571, 572
Prozessautomatisierung 221
Prozesslinien 351, 437, 560 f.
- Abfüllmaschinen, *siehe* Abfüllen
- geschlossen 437 ff.
- Mischanlage für alkoholfreie Getränke 437 ff.
- Rundläufer-Maschinen, *siehe* Abfüllung von Getränken
- Trockenprozess Gewürzverarbeitung 446 f.
- Verpackungsmaschinen, *siehe* Verpacken
- Wasser mit definierten Reinheitsanforderungen 439 ff.
Prozessüberwachung 200
Prozesswasser, *siehe* Wasser
Pumpen 221 ff.
- allgemeine Hygieneanforderung 222
- Betriebsdruck 225
- betriebstechnische Anforderungen 226 ff.
- Blockbauweise 231
- Dampfstrahlpumpen 222
- Drehkolbenpumpen 247 ff.
- Drosselventil 245
- Druckmittelflüssigkeit 269 f.
- Dosiergenauigkeit 254
- Dosierkolbenpumpen 265 f.
- dynamische 227
- Einbau 227
- Entleerung 222, 225 f., 230 f., 236
- Entspannungsbehälter 240

- Exzenterschneckenpumpen 222, 252 ff.
- Hochdruckanwendung 262 f.
- Hubkolbenpumpen 222, 260 ff.
- Kapselpumpen, *siehe* Drehkolbenpumpen
- Kreiselpumpen 221 f., 226 ff.
- Kreiskolbenpumpen 247 ff.
- Laufräder 232 ff.
- Leckverluste 245
- Luftschraube 241
- Medium-Gas-Gemisch 240
- Membranpumpen 266 ff.
- Motor 233 f.
- Pumpenelemente 225 ff.
- Reinigbarkeit 221 ff.
- Rotationsverdrängerpumpen 247, 252 ff.
- Rotor 252 ff.
- Saugleitung 231 f., 242
- Scheibenkolbenpumpen 264
- Schlauchpumpen 222, 259 f.
- Scraper 258 f.
- Seitenkanalpumpen 242 ff.
- Selbstansaugen 222, 240 ff.
- Sinuspumpen 222, 258 f.
- statische 227
- Stator 253 f.
- Sterilpumpen 238
- Strömungspumpen 222
- Überstromventil 245
- Verdrängerpumpen 221 f., 225, 244 f.
- Wandschubspannung 223
- Wasserstrahlpumpen 222
- Werkstoffwahl 231 f., 236, 238, 248, 252 ff.
- Wirkungsgrad 247
- Zahnradpumpen 222, 251 f.
- Zentrifugalwirkung, *siehe* Zentrifugen
Pumpengeräusche 232

q

Qualifizierung (Qualification) 3, 444
- Design (DQ) 444
- Installation (IQ) 444
- Operation (OQ) 444
Qualitätskontrolle 200

r

Rauheit 4 ff.
- Mittenrauwert (Rα) 4, 6, 366
Rauheitsanforderungen 5
Rauheitsempfehlungen 6
Rauheitsprofil 4
Rauheitswerte 5
Raumtore und -türen 600 ff.
- Horizontaltor 601 f.

- Kühlraumtüren 604 f.
- Oberflächenbeschaffenheit 601
- Öffnungszeit 601 f.
- Pendeltor 602 f.
- Reinraumtüren 605 ff.
- Sichtscheiben 606
- Streifenvorhang 603
- Vertikaltor 601 f.
- Werkstoffwahl 600 ff.

Reibung 262, 318
Reibungskoeffizient 262, 296
Reibungskraft 318
Reibungswärme 262
Reinigung 199 f., 681 ff.
- Ablaufen (Selfdraining) 18 f., 96, 207, 216, 220, 430
- Anforderungen in der Lebensmittelindustrie 763 ff.
- Anforderungen in der Pharmaindustrie 767 ff.
- aseptische Bedingungen (commercial sterility) 684
- Foodborn Disease 763
- Härtebildner 685 f.
- log-5-Keimreduzierung 684
- Nachweisgrenzen 683
- Sinner'scher Kreis 693
- Sprühkugeln 370 f.
- Sprühschatten 370 f.
- Spülanschlüsse 187, 195
- Spülkammer 166, 188, 194, 199 f., 225, 250, 415
- Spülkanal 195
- Spülung 194 f.
- von Behältern 254 f., 352, 370

Reinigungsanlagen 715 ff.
- Gestaltung 715 ff.
- Klasse I, *siehe* CIP (cleaning-in-place)
- Klasse II, *siehe* COP (cleaning-out-of-place)

Reinigungseffekt 194, 196 f., 685 f., 693 ff.
- Absaugen 710, 744
- Bürsten 709
- dynamische Sprühgeräte 735 ff.
- Feststoffpartikel 710 ff.
- mechanischer 700 ff.
- Molche 704
- Pfropfenströmung 703 f.
- pulsierende Zweiphasenströmung 703
- Rieselfilm 704 f., 731, 745
- Schaum 706 f.
- Spritzen 705 f.
- Sprühen 705 f.
- statische Sprühkugeln 731 ff.
- Trockeneispartikel 711 f.
- turbulenter Rieselstrom 736
- turbulente Rohrströmung 701 f., 731
- Ultraschall 708 f.

Reinigungsgeräte
- Bürsten 749 f.
- dynamische Spritzgeräte 735 f.
- dynamische Sprühgeräte 735 ff.
- Filter, *siehe* Luft-Filter
- Gelreinigung 747 f.
- Hochdruckgeräte 745 ff.
- Niederdruckgeräte 745, 747 f.
- Orbital-Reinigungsgeräte 71, 739 ff.
- Reinraum 751 f.
- Sauggeräte 754 ff.
- Schaumreinigung 747 f.
- Scheuersaugmaschine 753 f.
- Scheuer- und Wischgeräte für Nassreinigung 749 ff.
- Werkstoffe 749 f.
- Wisch-Sauggeräte 754
- Zielstrahlreiniger 737 ff.

Reinigungsintervalle 166, 356
Reinigungsmethoden 194 ff.
Reinigungsmittel 6, 156, 172, 189, 194, 197, 638, 685
- Benetzung 697 ff.
- chlorhaltige 296
- Desinfektinonsmittel, *siehe* Desinfektion
- Detergenzien 688
- Diffusion 694 f.
- Emulgatoren 688
- feste 685, 743 f.
- flüssige 685 f.
- konfektionierte 685
- Kosten 733
- Laugen (alkalische Mittel) 685 ff.
- Lösungsvermögen 685 f.
- Netzmittel 688
- pulverförmige 686, 743
- Säuren 685, 687 f.
- Strömungsgeschwindigkeit 172
- synthetische Detergenzien (Syndet) 688
- Temperatureinfluss 696 f.
- Tenside 688 f.
- Threshold-Effekt 687
- Verbrauch 208
- vollkonfektionierte 685
- Weichmacher 686
- Wirkungsweise 694 f.

Reinigungsprozess
- aseptisch 684, 720
- Dampfsterilisation 742
- Inaktivierung pathogener Keime, *siehe* Desinfektion

- Pasteurisieren 683
- Sanitisieren 685
- Sterilfiltration 715
- Sterilisation 684, 691

Reinigungsvalidierung
- Anforderungen in der Lebensmittelindustrie 763 ff.
- Anforderungen in der Pharmaindustrie 767 ff.
- Mehrproduktanlagen (Multi-Purpose-Plants) 768
- Standard-Arbeitsanweisungen (SOP) 767 f.
- Validierungsteam 768
- Worst-Case-Betrachtung 768

Reinigungsverhalten 5
- pulsierende Zweiphasenströmung 703 f.
- turbulente Rohrströmung 701 f., 731

Reinigungsverfahren
- Dampfstrahlreinigung 719, 745
- Durchflussreinigung 99
- dynamische Sprühreinigung 735 ff.
- In-line-Systeme 323, 325 f.
- In-place-, *siehe* CIP
- manuelle Verfahren 683, 744 ff.
- Nassreinigung 385, 414, 681 f., 685, 691, 693, 716 ff.
- Nasssterilisation 457
- Rieselfilmreinigung 704, 731, 745
- Reinigung der dynamischen Dichtungsbereiche 194
- Saugverfahren 710
- Schaumreinigung 706 ff.
- Spritzreinigung 372, 411, 693, 705 f., 746
- Sprühreinigung 194, 220, 370 f., 411 f., 638, 693, 705
- statische Sprühkugeln 732 ff.
- Strömungsreinigung 693 ff.
- taktweises Anlüften der Ventilteller 194 f.
- Trockeneisreinigung 759 f.
- Trockenreinigung 14, 614, 682, 691, 694, 743 f., 754 ff.
- Zielstrahl-Reinigung 189, 693, 737 ff.

Reinigungswasser 208
Reinigungszeiten 15, 208, 695 f.
Reinräume 417 f., 431, 453 f., 457, 494 ff.
- Mikroorganismen in koloniebildenden Einheiten, *siehe auch* KBE 496
- Partikelzahlen 494 ff.
- Reinraumklassen nach EN ISO 14 644-1 495, 632 f.
- Reinraumklassen nach GMP-Leitlinie 494 f., 565
- Reinraumkleidung 671 ff.
- Reinraumtechnik 489, 611, 632 f.

Reinstwasser, *siehe* Wasser
Risikoanalyse 3, 444, 477, 485 f., 690, 764, 766 f.
- 3-A Accepted Practices 463
- FMEA (failure-made and -effect analysis) 486
- Guidebook on HACCP der USDA 766
- HACCP-Konzept 462, 485 f., 501, 682, 754, 764, 767

Rohre 6, 78 ff.
- aus nicht rostendem Stahl 6
- Betriebstemperaturen 88 f.
- Edelstahlrohre 79 ff.
- Elektropolieren 81 f.
- Glasrohre 90 f.
- Herstellungsprozess 79 ff.
- Korrosionsbeständigkeit 83, 108
- Lochfraß, *siehe* Metalle
- nahtlose 79, 81
- Oberflächenbearbeitung 81
- Oberflächenqualität 78, 81 f., 84 f.
- reinigungsgerechte Gestaltung 79
- Schweißen 84 f.
- Schweißnaht 79, 86 f.
- Wärmeausdehnungskoeffizient 88, 98
- Werkstoffe 78 f., 82 f., 88 ff.

Rohrleitungen 17, 75 ff.
- Anordnung 114 ff.
- Befestigung 114 ff.
- Installation 76, 114, 118
- Isolierung 114
- lösbare Verbindungen, *siehe* Verbindungen
- Reinigung 114
- Schüttgut- 209
- Schweißen 33 ff.
- Wartung 114

Rohrleitungssysteme 75 ff.
- Absicherung 216 ff.
- Bypass-Leitung 103 f., 212, 240, 243, 246
- Dehnungskompensatoren 111 ff.
- Dichtheitsprüfung 118
- Doppelwand-Rohrsysteme 88, 90
- Druckprüfung 118
- Formstücke 108 f.
- Gaseinschlüsse 100 f.
- horizontale 96 f.
- hygienische Gestaltung 96 ff.
- hygienische Problemstellen 78, 101, 112
- Isolierung 107 f., 114
- Kunststoff- 88 ff.
- Leitungselemente 108 ff.
- Masterplan 76

- Messeinrichtungen 76
- molchbare 208 ff.
- Reinigungsleitung 103
- Rohrbogen 102 f., 108 f., 145
- Rohrleitungspläne 77 f.
- Rohrverbindungen 76
- Rohrzäune 146 f.
- Sammelleitung 356 f.
- Schaugläser 110 f.
- Selbstentleerung (Selfdraining) 96 ff.
- Toträume 103 f.
- Totwasserbereiche 102 ff.
- Totzonen 105 f.

Rührbehälter 411
- feststehende Behälter 411
- geschlossen 416
- hygienische Problemzonen 412
- konstruktive Gestaltung 411
- offen 415 f.
- Rührerformen 411 f., 415
- Wellendurchführung 412

S

Schädlingsbekämpfung 497 ff.
- GPS-System 500
- Pestizide 499 f.

Schläuche 93 f., 178 f.
- Aufbau 93 f.
- Eigenschaften 93 f.
- Innenoberfläche 93
- Oberfläche 93
- Schweißen 95
- Wellschläuche 95
- Werkstoffe 93 f., 178

Schleusen
- Aufbau 663 ff.
- Ausführungen 663 ff.
- dreistufig 667
- Doppelschleuse 666, 670
- Kleinteilschleusen 662, 669 f.
- Konzepte 661 ff.
- Luftdusche 667 f.
- Materialschleusen 661 f., 669
- permanentes Monitoringsystem 671
- Personenschleusen 661 ff.
- Reinraumkleidung, *siehe* Reinräume
- Sanitäreinrichtungen 673 ff.
- sit-over-bank (Übersteigbank) 666 f.
- Zugangs- und Abgangsbereich 665

Schleusenmobiliar 671 f.
Schmieden 170 f.
Schmutz 682 f.
- Ablösungseffekte 693, 695 f.
- chemisch gebunden 682
- Diffusion 696
- emulgierbar 682
- kontinuierliche Schmutzschicht 702
- Löslichkeit 682, 685 f., 697
- physikalisch anhaftend 682
- Scherfestigkeit 702
- steril 683
- suspendierbar 682
- Trägersubstanzen 685
- trocken 754 ff.
- Viskosität 696 f.

Schmutzreste 696, 702
Schraubenverbindungen 61 ff.
- Flanschverbindungen 65 ff.
- Gestaltung der Verbindung 63
- Gestaltung von Gewindespindeln 65 f.
- hygienegerechte Muttern 62 f.
- hygienegerechte Schrauben 62 f.
- hygienische Problembereiche 61 f.
- überlappend 64

Schweißverbindungen 20 ff.
- Bleche 36 f.
- Dampfkapillare (keyhole) 29
- Hygieneanforderungen 29 f., 35 ff.
- Inertisierung 33 ff.
- Kunststoffe 38 ff.
- Nahtgefüge 21 ff.
- Pilgerschrittschweißen 38
- Rohrleitungen 33 ff.
- Schweißgeschwindigkeit 26, 28 ff.
- Schweißnähte 5, 21 ff.
- Schweißnahtfehler 30 ff.
- Schweißraupe 29 f., 34

Schweißverbindungen von nicht rostendem Edelstahl 20 ff.
- Chromgehalt 21 f.
- Chromkarbid 22 f.
- elektrochemisches Potenzial, *siehe* Metalle
- Lösungsglühen 25
- Nachbehandlung von Schweißnähten 25 f.
- Schweißnähte 21 ff.
- Spannungsarmglühen 25
- Verzunderung 20
- Zusatzwerkstoff 22, 25

Schweißverfahren 26 ff.
- Elektronenstrahlschweißen 29, 79
- Gasschmelzverfahren 26
- Laserstrahlschweißen 29
- Mehrlagenschweißen 27
- Metall-Inert-Gas-Verfahren (MIG) 27
- Orbitalschweißen 27
- Plasmaschneiden 28
- Plasmaschweißen (WPL) 27 f.

– Unterpulverschweißen (UP) 26, 367
– WIG-Orbitalschweißverfahren 84 ff.
– WNF (glatte Spezialschweißung) 90
– Wolfram-Inertgas-Schweißen (WIG) 26 ff.
Sedimentation, *siehe* Zentrifugen
Sensoren 270 ff.
– Drucksensoren 275, 277 f., 280 f.
– Edelstahlmembran 275 ff.
– Edelstahlstab 271
– Füllstandmessung 271 f.
– Hersteller 270
– induktive Durchflussmessgeräte 273 f.
– In-line-Messungen 277, 281
– Konstruktion 282
– Massendurchflussmesser 274 f.
– pH-Messsonde 271
– produktberührte Bereiche 271 ff.
– Prozessanbindung 278 ff.
– Reinigbarkeit 271 ff.
– Rohrmembransensoren 273
– Rohrsensoren 272 f.
– stabförmige 271 f.
– Temperatursensor 271 f., 279 f.
– Trübungsmessgerät 278
– Werkstoffe 276 f.
Sensorenelemente 271
Siloausläufe 388 f.
Silogestaltung 388
Siloquerschnitt 386, 389
Silos 352, 384 ff.
– Außensilos 505
– Big Bags, *siehe* Behälter
– Entleeren 385 ff.
– first in/first out 385
– Fließprofile 386
– für Feststoffprodukte 384 ff.
– Getreidesilos 385
– Großraumsilos 352
– Kernflusssilos 386 f.
– Massenflusssilos 385 ff.
– Outdoor-Betonsilos 388
– Schüttgut 385 f., 389
– Schwerkrafteinwirkung 385
– Speichervolumen 388
– Werkstoffe 388
SIP 269 f., 769
– Isolatoren 436
– Pumpen 234, 236, 251, 269
– Sensoren 270
– Sterilisierbarkeit 236
Standard-Arbeitsanweisungen (Standard Operating Procedures, SOP) 767 f.

STLB (spezielle technische Liefer- und Bezugsbedingungen) 467
steril, *siehe* Produktbereich
Strömung
– kontinuierlich 221
– Umströmung 203, 282
Strömungsenergie 221
Strömungsschatten 185, 224, 261, 279, 412
Strömungsverhalten 221 f.
Suspensionen 244 f., 257, 400f, 405 f., 682

t

Tenside 687 ff.
– Alkylbenzolsulfonat (LAS) 688
– Alkylpolyglykoside (APGs) 688 f.
– Alkylsulfonat (SAS) 688
– Benetzung 697 ff.
– Doppelschicht 697 f.
– Drei-Phasen-System 699 f.
– elektrostatische Kräfte 697 f.
– Fettalkoholpolyglycolether (AEO) 688 f.
– Fettalkoholsulfat (FAS) 688
– hydrophil 697
– hydrophob 697, 699
– lipophil 697
– Mizellen 697 f.
– Seife 688
– Zwei-Phasen-System 697
Tore
– Antriebe 542
– Anordnung 537
– Arten 537
– Doppeltore 537
– Hochgeschwindigkeitstore 541
– horizontale Schiebetore 540
– Lebensdauer 537
– linear öffnende 537
– Rolltore 541 ff.
– Sektionaltore 543
– selbsttätiges Schließen 536
– thermische Isolierung 536
– vertikal öffnende 538 f., 541
– Werkstoffe 538
Toträume 17 f., 77, 154, 181, 187, 210
– Behälter 356 ff.
– Pumpen 246 f.
– Rohrleitungen 103 ff.
– Sensoren 279, 281 f.
– Zentrifugen 422
Totwasserbereiche 17, 197
– Behälter 357
– offene Anlagen 287
– Pumpen 224 f., 253
– Rohrleitungen 102 ff.

Totzonen
- Behälter   356 f., 370
- Filter   621
- Pumpen   246
- Rohrleitungen   105 f.
- Sensoren   279
Trockenbereiche   3, 153, 361

u

USDA/FSIS, offene Anlagen   297, 312

v

Validierung
- Anlagengestaltung   483, 571
- Reinigung, *siehe* Reinigungsvalidierung
- Rohrleitungssysteme   187
VE (vollentsalztes Wasser)   89
Ventile, *siehe* Armaturen
Verbindungen zum Lösen für Rohrleitungen und Apparateanschlüsse   119 ff.
- Edelstahlverbindungen mit metallischer Dichtstelle   120 ff.
- Flanschverbindungen   132 ff.
- Klemmverbindungen   129 ff.
- Milchrohrverschraubung   123 ff.
- Schlauchanschlüsse   138 ff.
- SMS-Verschraubung   126
- Verbindungen bei Kunststoffbauelementen   135 f.
- Verbindungen für Glasbauteile   137 f.
- Verbindungen für trockene Prozesse   140 ff.
- Verschraubung nach ISO 2853   126 f.
- Verschraubungen mit Polymerdichtungen   122 ff.
- Verschraubungen mit Rundringdichtungen   127 ff.
Verbraucherschutz   681, 683, 715
Verladestellen   544 ff.
- Andockstellen   545 f., 549
- Dichtelemente   546 f., 549
- konstruktive Gestaltung   547
- Ladebrücke   550 f.
- Verladeschleusen   548 f.
Verpacken   448 ff.
- aktive Lebensmittelkontakt-Materialien   450
- aseptische Verpackungen   452
- bewegte Verpackungsbereiche   451 f.
- hygienegerechte Verpackungen   451
- intelligente Lebensmittelkontakt-Materialien   450
- lineare Verpackungsmaschinen   468 ff.
- Schlauchbeutelmaschine   472 f.

- Schutzfoliensystem   449
- Tiefzieh-Verpackungsmaschine   469 f.

w

Wachsausschmelzverfahren   170
Wände   517 ff.
- Anforderungen   585
- chemische Beständigkeit   585
- Deckenanbindung   590
- Modulform   588 ff.
- Problembereiche an Außenwänden   519 ff.
- Profilwände   524
- Reinigung   584 f.
- Schutzsysteme   591 ff.
- Übergänge zwischen Außenwand und Sockel   518 f.
- Verkleidungen   522 ff.
- Wandausführungen   585 ff.
- Wandschubspannung   162, 223
- Werkstoffe   585 f.
Wärmeausdehnungskoeffizient   20, 88, 98
Wärmetauscher   390 f.
- Effizienz   391
- Kreuzstrom   390
- Plattenwärmetauscher   396
- Röhrenwärmetauscher   392 ff.
- Rohrbündelwärmetauscher   393 ff.
- Schüttgüter   397
- Strömungskörper   395
- Strömungstotzonen   392, 393
- Strömungsverhältnisse   395
- Verschmutzung   397
- Viskositäten   392
- Wärmedurchgangswert   395
- Wärmeleitfähigkeit   391
- Wärmeübergang   395
- Wärmeübertragung   390
- Werkstoffe   391 f.
Wartung   187, 232, 490
- Behälter   352, 362, 365, 682
- Beleuchtung   647
- offene Anlagen   326, 347
- Pumpen   232
waschaktive Substanzen, *siehe* Tenside
Wasser   89 f., 234, 423, 439 ff.
- Abwasserbeseitigung, *siehe* Abwasser
- Aqua Purificata (AP, gereinigtes Wasser)   439 f., 442, 445, 635 f.
- aufbereitet   634
- Aufbereitungsanlagen   633, 637
- behandelt (BW)   636
- Brauchwasser   634
- Dampf   634

- Eis   634
- elektrochemische Entsalzung (CDI)   441
- Elektro-Deionisation   441, 445
- entkontaminiert (EW)   636
- Entsalzung   440 f.
- Härtebildner   685 f.
- Härtestabilisierung   441, 445
- Highly Purified Water (HPW)   439 f., 445, 636
- Leitfähigkeit   441 f.
- Oberflächenspannung, *siehe auch* Tenside   688
- Prozesswasser, *siehe* Wasser
- Qualität   439 f., 633 ff.
- sauberes Meerwasser   634
- sauberes Wasser   634
- TOC (Total Organic Carbon)   441 f., 636
- Trinkwasser (Potable Water)   439, 633 ff.
- VE-Wasser (vollentsalzteSpeisewasser)   442, 445
- Versorgung   634 ff.
- Wasseraufbereitungsanlagen   90, 440 ff.
- water for injection (WFI)   79, 89, 234, 439 f., 443, 636, 720

Wellen   66 ff.
Wellenkupplungen   69
Wellen-Naben-Verbindungen   68
Werkstoff
- Benetzungsverhalten   157
- Eigenschaften   4
- Gefügestruktur   11 f.
- Hooke'scher Bereich   351
Werkstoffermüdung   267
Werkstofffehler   30

Z

Zentrifugen
- Ausführungsarten   417 f., 422
- Düsentrommel   419
- Entleerbarkeit   419, 422
- Filterzentrifuge   417 ff.
- Filtration   416
- konstruktive Gestaltung   417 ff.
- Schneckenförderer   417
- Sedimentation   416
- Tellerseparatoren   418, 420 f.
- Vollmanteltrommel   419 f.
- Wellendurchführung   417
- Zentrifugalwirkung   227, 245, 416, 418

Quellenverzeichnis

Alfa Laval	Abb. 4.42, Abb. 4.43
Air Liquide Deutschland GmbH	Abb. 6.57 a
Akotherm GmbH	Abb. 5.36 b
Albany Door Systems	Abb. 5.92
Alpma Alpenland Maschinenbau GmbH	Abb. 3.1 b, Abb. 5.138, Abb. 6.24
Altana AG	Abb. 5.11
Apullma Maschinenfabrik GmbH & Co. KG	Abb. 3.32 c
APV Deutschland GmbH	Abb. 2.177
AWH Armaturenwerk Hötensleben GmbH	Abb. 6.36 a
Basan GmbH	Abb. 5.75 a, Abb. 5.148 b, Abb. 5.152 b, Abb. 5.153 a
BDL Maschinenbau GmbH	Abb. 3.34
Berner International GmbH	Abb. 5.153 b
BMF Produktions- und Handels GmbH	Abb. 150 f
Bosch Bosch Packaging Technology	Abb. 3.2, Abb. 4.76
Bühler AG, Schweiz	Abb. 5.9
Butt GmbH	Abb. 5.50 a, Abb. 5.51
Camfil KG	Abb. 5.103
Clean-Tek GmbH	Abb. 5.141
Danfoss GmbH Bauer Geared Motors	Abb. 1.81
Dastex Reinraumzubehör GmbH & Co. KG	Abb. 5.152
Duro Last Roofing, Inc., USA	Abb. 5.29
Ecolab-Shield Medicare	Abb. 6.49 b, Abb. 6.50 b
Ecos GmbH & Co. KG	Abb. 5.81 a, Abb. 5.95, Abb. 5.96 a
Elga Berkefeld GmbH	Abb. 4.83
Raumtechnik Fellbach GmbH	Abb. 5.81 b
Ferro Pfanstiehl, USA	Abb. 4.73
Fillpack GmbH & Co. KG	Abb. 4.102 b
Filtrox AG, Schweiz	Abb. 4.51
Forbo Siegling GmbH	Abb. 3.25 a
GALILEO^{TM} – Kreatives Bauen mit Sandwich	Abb. 5.85 d
G. A. Kiesel GmbH	Abb. 4.41 d
GEA Tuchenhagen GmbH	Abb. 2.1, Abb. 2.150, Abb. 2.170 b, Abb. 4.6 b, c, Abb. 4.38 a, b, Abb. 4.41 a, b, c, Abb. 6.28, Abb. 6.37, Abb. 6.38 b, Abb. 6.41 a, b, Abb. 6.42, Abb. 6.44
GEA Westfalia Separator GmbH	Abb. 4.63, Abb. 4.66 b, Abb. 6.32 a
Gemü	Abb. 2.101, Abb. 2.109, Abb. 2.112, Abb. 2.114, Abb. 2.116 b
Georg Fischer Piping Systems Ltd, Schweiz	Abb. 2.10

Gericke AG, Schweiz	Abb. 4.72
Glatt GmbH	Abb. 4.87
GTB Gerätetechnik Brieselang GmbH	Abb. 6.60 b, Abb. 6.60 c
Habasit AG, Schweiz	Abb. 3.11 a, Abb. 3.17, Abb. 3.25 b, c, Abb. 3.39 a, b
Handtmann Maschinenfabrik	Abb. 3.1 a
Hecht Anlagenbau GmbH	Abb. 6.70, Abb. 4.88
Heinen Freezing GmbH	Abb. 3.25 a
Hilge GmbH und Co. KG	Abb. 2.174
Hixson Inc., USA	Abb. 5.118 b, Abb. 5.131 c
Hörmann KG	Abb. 5.43
IceTech A/S, Dänemark	Abb. 6.57 b
IGB Ingenieurgruppe-Bauen	Abb. 5.12
Illbruck acoustic GmbH	Abb. 5.89 b
IMTEK – Institut für Mikrosystemtechnik, Universität Freiburg	Abb. 5.104 a
Informationsstelle Edelstahl Rostfrei (ISER)	Abb. 5.25, 5.27, Abb. 5.31
Intralox	Abb. 3.16, Abb. 3.38
IPA Fraunhofer-Institut für Produktionstechnik und Automatisierung, Stuttgart	Abb. 7.12, Abb. 7.13
ITT Pure Flo	Abb. 2.116 a
ITV Service GmbH	Abb. 5.91 a
Jantz AG, Schweiz (SKE Group)	Abb. 5.76 d
KHS AG	Abb. 4.97 c, Abb. 4.106
KILIA Fleischerei- und Spezial-Maschinen-Fabrik GmbH	Abb. 4.67 c, Abb. 5.12
KMPT AG	Abb. 4.61
Krones AG (Behr's Verlag: Handbuch der Fülltechnik)	Abb. 4.93
Krones AG	Abb. 4.78, Abb. 4.97 b, d, Abb. 4.98b
K-W-H Lange Filtersysteme GmbH	Abb. 6.56 a
La Calhène, Frankreich	Abb. 4.75 b
Lechler GmbH	Abb. 6.32 b, c, Abb. 6.40
Leonhard Weiss Fußbodentechnik GmbH & Co. KG	Abb. 5.74 b
Loemat GmbH	Abb. 5.75 b, Abb. 6.49 a, b, Abb. 6.56 b
Loesch	Abb. 3.3 a
Martin Walter AG	Abb. 6.59 b, Abb. 6.60 a
Maschinenfabrik Seydelmann KG	Abb. 4.67 a
Maso Prozess-Pumpen	Abb. 2.189, Abb. 2.190
MayTec Aluminium Systemtechnik GmbH	Abb. 3.11 b
MULTIVAC Sepp Hagmüller GmbH	Abb. 3.3 a, 4.101
M+W Zander Products GmbH	Abb. 6.70, Abb. 5.54 b, Abb. 5.104 c, Abb. 5.114 a, Abb. 5.147 c
Nani Verladetechnik GmbH & Co. KG	Abb. 5.46 b, Abb. 5.47, 5.48 b, Abb. 5.50 d
Nerling Systemräume GmbH	Abb. 5.148 a
Netzsch Mohnopumpen GmbH	Abb. 2.187
Nilfisk Advance AG	Abb. 6.46 a, Abb. 6.52
Nora systems GmbH	Abb. 5.74 a
Novartis, Schweiz	Abb. 5.1
Oreco A/S (Toftejorg Technology A/S)	Abb. 6.41 c, Abb. 6.43
Paramount Industries Inc., USA	Abb. 5.131 d
Pentalift Equipment Corporation, USA	Abb. 5.52
PFM Packaging Machinery	Abb. 4.103

Phoenix Fluid Handling Industry GmbH	Abb. 2.13
PREFQU GmbH, Schweiz	Abb. 3.32 c
ReinRaumTechnik, Nr. 2/2001, GIT-Verlag	Abb. 6.51
Rittal GmbH & Co. KG	Abb. 5.135 b
Ritterwand GmbH & Co. KG Metall-Systembau (Wesco AG, Schweiz)	Abb. 5.142
Ruland Engineering & Consulting	Abb. 6.31
Rytec Corporation, USA	Abb. 5.90 c, d
Sartorius AG	Abb. 4.55, Abb. 5.76 e
Scanbelt, Dänemark	Abb. 3.25 a
Skan AG, Schweiz	Abb. 4.75 a
Sound Seal, Agawam, MA, USA	Abb. 5.89 c
Sulzer Chemtech Ltd, Schweiz	Abb. 4.45
ThyssenKrupp Industrieservice GmbH	Abb. 6.48 b
TREESSE Automation GmbH	Abb. 6.48 a
Unichains Ammeraal Beltech Modular GmbH	Abb. 3.15
Vileda	Abb. 6.50 a
Vinci Bautec GmbH	Abb. 5.54 a
Weiss Klimatechnik GmbH	Abb. 5.104 b
WeteA-Wasser-Technische Anlagen Wilhelm Werner GmbH	Abb. 4.84
WIKA Alexander Wiegand GmbH & Co. KG	Abb. 2.204
Woma GmbH	Abb. 6.46 b
Zesbaugh Inc., USA	Abb. 5.39